理论全球地震学

〔美〕弗兰西斯·安东尼·达伦　〔美〕友荣·特龙普　著

赵　里　丁　浩　杨欣颖　译

科学出版社

北　京

图字：01-2021-2968 号

内 容 简 介

每次大地震之后，整个地球都会像个铃铛一样响彻许多天。在世界各地的地震台站上都可以观测到地球整体的自由振荡或在地球内部传播的体波和面波。在本书中，F.A. Dahlen 和 Jeroen Tromp 系统阐述了全球地震学的理论方法，描述了用于确定地球内部三维结构和震源机制的简正模式及体波和面波方法。作者对全球地震学研究的历史以及取得的主要理论和观测进展进行了全面介绍。

审图号：GS 京 (2023)2214 号

图书在版编目 (CIP) 数据

理论全球地震学/(美) 弗兰西斯・安东尼・达伦 (F.A.Dahlen) , (美) 友荣・特龙普 (Jeroen Tromp) 著；赵里，丁浩，杨欣颖译. 一北京：科学出版社，2024.6

书名原文: Theoretical Global Seismology

ISBN 978-7-03-074247-6

I. ①理… II. ①弗… ②友… ③赵… ④丁… ⑤杨… III. ①地震学 V. ①P315

中国版本图书馆 CIP 数据核字（2022）第 237901 号

责任编辑：韩 鹏 崔 妍 / 责任校对：何艳萍
责任印制：吴兆东 / 封面设计：图阅盛世

科学出版社 出版
北京东黄城根北街 16 号
邮政编码：100717
http://www.sciencep.com
保定市中画美凯印刷有限公司印刷
科学出版社发行 各地新华书店经销
*
2024 年 6 月第 一 版 开本：787×1092 1/16
2024 年 7 月第二次印刷 印张：48 1/4
字数：1140 000

定价：398.00 元

（如有印装质量问题，我社负责调换）

中文版序言

当我和托尼在 1998 年完成《理论全球地震学》一书时，我们两人谁都没想到 25 年后会有它的中文版。令人无比激动的是，我们的书今天仍有其价值，真希望托尼能够见证这一刻。我衷心感谢赵里、丁浩和杨欣颖为中文版的圆满完成而付出的非凡努力。在翻译过程中，他们发现并纠正了许多英文版的印刷错误，进一步提高了这一专著的质量。我希望这个译本能够有助于中国所有新一代的地震学家。

友荣・特龙普
普林斯顿
2023年10月

Preface to the Chinese Edition

When Tony and I finished *Theoretical Global Seismology* in 1998, neither of us anticipated that 25 years later, there would be a Chinese edition. It is thrilling that our book continues to be relevant, and I wish Tony were still alive to witness it. I sincerely thank Li Zhao, Hao Ding, and Hsin-Ying Yang for their extraordinary efforts in bringing this Chinese edition to fruition. In the process, they found and fixed numerous typos, further improving the quality of the manuscript. I hope this translation will serve entire new generations of Chinese seismologists.

Jeroen Tromp
Princeton
October 2023

中文版序言

Preface to the Chinese Edition

前　　言

五年前的1993年夏天，我们开始撰写一本篇幅不大的专著，暂时定名为*The Free Oscillations of the Earth*。经过各章节初稿的一次次意见交换，我们当初有限的设想迅速地膨胀了；最终完成的这本书：*Theoretical Global Seismology*，是一部以研究生和地球物理及相关领域研究人员为读者的高阶专著。尽管现在的书名比最初的更符合本书的范围，然而内容却仍然是原先所设想的。我们关注的几乎完全是计算接近真实的三维地球模型中合成地震图的正演问题，尤其侧重于简正模式叠加方法。自由振荡与面波之间有许多紧密关联的地方，这也是我们详细讨论的；我们仅简要介绍了体波，而对地震仪器、数据分析和地球物理反演理论则没有涉及。

历史引言一章回顾了自由振荡和面波研究的历史，从18世纪20年代最早的弹性球体振荡的理论探讨开始，到1960年智利大地震后对地球最长周期振荡的观测，直到20世纪80年代数字化地震波形记录初步确定全球的上地幔不均匀性。全书的其余部分被分为三大部分，就像古代的高卢一样。第一部分*基础知识*，我们推导出受到非流体静力学初始应力作用的弹性与非弹性地球的线性化的运动方程，并且呈现如何将对任意震源的弹性–重力响应表示成自由振荡或者简正模式的叠加。在第一部分的最后讨论了瑞利–里兹方法，用来获得与有限自由度系统小振动的经典理论相同的截断矩阵表述，并推广到可以考虑自转与非弹性。第二部分*球对称地球*，我们将注意力局限于无自转的球对称地球模型；该模型中环型与球型模式的本征频率与本征函数基本上可以通过对径向常微分方程组的积分精确计算。我们介绍了如何用简正模式叠加来计算球对称地球的合成地震图，并讨论了勒夫波和瑞利波的传播以及模式–射线二象性。第三部分*非球对称地球*，我们以前面的结果为基础考虑更普遍的情况，用微扰理论来处理因地球的自转、椭率和其他对球对称的偏离而导致的多态简正模式的分裂与耦合，并用JWKB理论来描述体波与面波在横向不均匀地球内部的传播。

这三大部分的顺序是依照其“保质期”从长到短而排列的。第一部分所得到的基本方程与结果适用于非常普遍的地球模型，在可以预见的未来都可以作为研究地球的弹性–重力形变的基础。同样地，第二部分关于球对称地球的结果也是很成熟的；仅有一些相对比较次要的数值细节会随着地球的平均球对称结构的不断改善而改变。第三部分所讨论的处理地球的横向不均匀性的近似方法发展得还不够完善；目前全球三维成像还是一个极为活跃的研究领域，本书所描述的方法与结果可能会得到改进。除了第一部分至第三部分的十五章之外，还有四个以数学工具为主的附录，讨论矢量与张量、普通与广义球谐函数，以及计算自转、非弹性、横向不均匀地球的模式耦合合成地震图所要用到的所有矩阵部件。

变分原理以几种不同的形式出现，作为一条统一的脉络把各章连在一起。我们在第3章阐明一般弹性地球模型的哈密顿原理，并在第4章讨论它在自转与无自转地球中频率域形式的瑞利原理。在第6章中我们将瑞利原理推广到非弹性地球，在第7章中推导出弹性与非弹性的矩阵形式的瑞利原理，并在第8章利用表面球谐函数的正交归一性得到球对称地球中纯径向的变分原理形式。瑞利原理的一维和三维形式为第9章和第13章中球对称和非球对称微扰的讨论提供了基础。最后，第15章和第16章，我们用相关的慢变分原理建立光滑变化的横向不均匀地球中体波的射线理论与面波的JWKB理论。

或许我们可以说本书的主题是数学，因为与文字相比公式所占比例甚高；然而，所有的理论处理都是形式化的，完全没有在严谨性上下功夫。只要能够保证物理上的正确性，我们不会过于纠结位移场、应变场和应力场的连续性与可微分性，以及地球内部区域的开放与闭合性。对于地球的自由振荡所满足的弹性–重力算子来说，唯一有物理意义的数学性质是它是否是埃尔米特算子。我们也做了一些随意的假定，包括弹性地球模型简正模式的完备性，在推导非弹性地球响应的模式叠加表达式中忽略了分支切割的存在，在无穷矩阵的处理中不考虑收敛性，并且很少去担心球谐函数和其他无穷正交归一本征函数展开式的确切意义。

有星号*标注的小节中包含比较难以理解的内容，初次阅读时可以跳过。许多标了星号的小节中处理的是由于考虑地球自转而造成的理论上的复杂性；例如，在分析非弹性对自由振荡的影响时，有必要引入一对对偶本征函数，即地球自身的本征函数 $\mathbf{s}$ 和一个朝反方向自转的“逆转地球”的本征函数 $\bar{\mathbf{s}}$。有几个未标星号的小节为简洁性和普遍性起见也用到这种对偶本征函数；不感兴趣的读者可以直接忽略符号上面的横线，因为在不考虑自转时对偶的本征函数之间是重叠的，即$\bar{\mathbf{s}} = \mathbf{s}$。

我们要对在这本书的写作过程中提供了慷慨的支持与协助的同事们表示深深的感谢。我们首先要感谢的是弗里曼·吉尔伯特 (Freeman Gilbert)，他连珠炮式的电子邮件充斥着鼓励和对各种问题的宝贵意见，从群速度固有的正值性到射线理论在侦测匿踪飞行器中的应用。我们也要对胡斯特·诺莱 (Guust Nolet) 表达诚挚的谢意，他的详细与建设性的批评，尤其是对附录部分，给了我们极大的帮助。布赖恩·肯尼特 (Brian Kennett)、盖伊·马斯特斯 (Guy Masters) 和芭芭拉·罗曼诺维奇 (Barbara Romanowicz) 审阅了一个早期未完成的草稿；他们提出了一些修改意见，这些都纳入在最终的版本里。其他人慷慨地同意了我们的请求，阅读了书中与各自专长相关的章节；我们在此特别感谢汉克·马奎林 (Henk Marquering) 和卢·斯涅德 (Roel Snieder) 对第11章的评论，赵里对第12章的详细审阅，以及科林·汤姆森 (Colin Thomson) 对第15章的建议。附录B和C的普通和广义球谐函数中部分内容是基于乔治·巴克斯 (George Backus) 和约翰·伍德豪斯 (John Woodhouse) 两个人的课程讲义。此外，克里斯·查普曼 (Chris Chapman)、亚当·杰旺斯基 (Adam Dziewonski)、安迪·杰克逊 (Andy Jackson)、保罗·理查兹 (Paul Richards) 和菲利普·洛格纳 (Philippe Lognonné) 也提出了修改意见。我们对早期关于面波的德语文献的涉足得到了托马斯·迈耶 (Thomas Meier) 的协助。最后，我们还要向石井美明 (Miaki Ishii) 对全书详尽的审阅致以谢意。

我们还要对帮助我们编辑了超过 225 个插图的许多人表示感谢。书中的理论频谱、地震图、本征函数和佛雷歇 (Fréchet) 积分核几乎都是友荣·特龙普 (Jeroen Tromp）在哈佛大学和麻省理工学院的全球地震学课程的学生制作的，为此我们感谢何雄、谷宇、里希·贾 (Rishi Jha)、赫拉芬克尔·卡拉森 (Hrafnkell Kárason)、埃里克·拉森 (Erik Larson)、刘险峰、杰夫·麦圭尔 (Jeff McGuire)、梅雷迪思·内特尔斯 (Meredith Nettles)、弗雷德里克·赛蒙斯 (Frederik Simons) 和马克·泰勒 (Mark Taylor)。还有一些同事为我们提供了更多的插图，包括戈兰·埃克斯特龙 (Göran Ekström)、盖伊·马斯特斯 (Guy Masters)、乔·雷索夫斯基 (Joe

Resovsky)、麦克 · 里茨沃勒 (Mike Ritzwoller)、芭芭拉 · 罗曼诺维奇 (Barbara Romanowicz)、吉纳维芙 · 鲁尔特 (Genevieve Roult)、彼得 · 希勒 (Peter Shearer)、王政、棉田辰吾 (Shingo Watada)、鲁埃迪 · 威德默 (Ruedi Widmer) 和赵里，我们表示诚挚的谢意。大多数卡通式的示意图都是迪尔巴拉 · 麦克亨利 (Dearbhla McHenry) 和莱斯莉 · 徐 (Leslie Hsu) 根据我们的潦草涂鸦巧妙地制作的；所有插图的编排、尺寸调整、美化、合并直到制作成最终的照相稿都是不可缺少的莱斯莉完成的。

LATEX, BIBTEX 和 *MakeIndex* 使这本1000多页、包含3800个有编号公式的巨作的撰写、格式化和排版的苦差事减轻了许多，这方面我们得益于鲍勃 · 费希尔 (Bob Fischer) 和埃里克 · 拉森 (Erik Larson) 的专业协助。梅雷迪思 · 内特尔斯 (Meredith Nettles) 和谷宇忍受了我们偏执的请求，小心翼翼地将所有章节和插图文件做了备份。我们与普林斯顿大学出版社优秀的编辑团队的合作非常愉快，尤其是杰克 · 瑞切克 (Jack Repcheck) 指导本书从起步直至出版，以及珍妮弗 · 斯莱特 (Jennifer Slater) 出色的编审工作。

非常感谢约翰 · 西蒙 · 古根海姆基金会授予安东尼 · 达伦的纪念基金奖和大卫与露西 · 帕卡德基金会授予友荣 · 特龙普的奖金。此外，安东尼 · 达伦还要特别感谢劳尔 · 马达里亚加 (Raul Madariaga)，让-保罗 · 蒙塔涅尔 (Jean-Paul Montagner) 和菲利普 · 洛格纳 (Philippe Lognonné) 在他1993至1994年间在巴黎地球物理研究所 (Institut de Physique du Globe de Paris) 学术休假期间提供的支持和盛情款待。本书第一部分的初稿和其余部分的架构就是在那次访问期间完成的。美国国家科学基金会 (National Science Foundation) 分别为普林斯顿大学和哈佛大学的两位作者提供了进一步资助。

最后，我们还要感谢伊丽莎白 (Elisabeth)、特莱西 (Tracey) 和阿列克斯 (Alex)，他们在过去五年中耐心地忍受了我们的地震学疯话和对这项工作的执着。事实上，他们对我们有点滴的忍耐我们都感恩不尽。

作　者

1998年6月于普林斯顿和剑桥

目　录

第一部分　基 础 理 论

第二部分　球对称地球

第三部分 非球对称地球

附 录

第 1 章 历史引言

每次大地震发生之后，整个地球都会像一只被敲的钟一样响彻许多天。地球的这种自由振荡可以被当今遍布全球的现代化宽频地震台站常规地检测到。通过测量振荡的本征频率和衰减速率，我们可以约束地球内部密度、地震波速度以及非弹性衰减结构的径向与横向的分布，而振幅和相位的观测数据，同样可以用来推测激发这些振荡的地震的发震时间、地点、地震矩以及断层的几何形态。确定地球内部结构与地震震源机制所用到的对地球自由振荡的分析及其连带的简正模式理论就是本书的主题，也是定量地震学的奠基石之一。对该领域的研究，Stoneley (1961)、Lapwood 和 Usami(1981)、Buland (1981) 分别在两个关键时刻对当时的发展状况做出了非常出色的概括。本章是我们自己对类地星球自由振荡及其相关面波传播的研究进程所做的观察，重点放在1985年之前的理论与观测发展。在本书的后续章节中，我们将按理论的架构详细讨论其后的发展，而不再遵循它们的历史脉络。

1.1 早期理论研究

对地球自由振荡的理论分析可以追溯到一个半世纪前的1828年8月，法国数学家泊松在提交给巴黎科学院的一部出色的回忆录中，基于“分子之间相互作用的考虑”，发展出固态物体形变的普遍理论，并且将其应用于一大批弹性静力学与动力学问题，其中包括无引力均匀球体纯径向振荡频率的确定 (Poisson 1829)。泊松与他的同代人纳维 (Navier) 和柯西的工作奠定了现代线性弹性力学的基础。泊松所得到的平衡及振动方程在后来被发现是不完整的，因为他仅用一个弹性参数而不是两个来描述各向同性固体的弹性响应；然而他得到的径向振荡模式的本征频率和本征函数确实是正确的，前提是我们所说的是泊松固体，在这一特例下 $\kappa = 5\mu/3$，其中 κ 和 μ 分别为固体的不可压缩性和刚性。泊松不是一个物理学家或自然哲学家，他只把他得到的最终结果用无量纲的比值来表达，而没有去尝试估计或计算地球或任何人造球体的径向振荡的自由周期。

地球自由振荡本征频率的第一个数值估计是开尔文勋爵于1863年做出的。当时大多数地质与地球物理学家所主张的观点是地球除了一层薄薄的固态岩石地壳以外都是熔融的。支持这一结论的证据包括对地球形状椭率的观测与克莱罗 (Clairaut) 的流体静力学理论符合得较好，矿井内部温度随深度的迅速升高，以及活火山所喷发出的岩浆。为了挑战这一观点，开尔文用两个假设计算了地球的基阶二次球型振荡的本征频率 (Thomson 1863a)。对于一个考虑自引力的流体地球，他得到该模式（今天被表示为 ${}_0\mathrm{S}_2$）的周期是94分钟，而一个刚性与钢相同的固体地球的周期则为 69 分钟。前一个数值是对一个均匀不可压缩 ($\kappa = \infty$) 液态 ($\mu = 0$) 球的严格动力学分析得到的 (Thomson 1863b)，而后者则是基于剪切波穿过整个地球的直径所需要的时间估计得到的，其中用到了他在格拉斯哥的弟弟詹姆斯在实验室得到的钢的刚性数值。因为无法测量地球振荡的本征频率，开尔文巧妙地设计了一个利用半月和全月潮汐的高度来确定地球平均刚性的办法。他指出，月亮和太阳的引力作用会导致固体地球的固体潮，与航海者所熟悉的海潮一样。他还指出，在熔融的地球上，以变形的海床为基准所观测到的海潮应该接近于零。他确定了一个均匀不可压缩固体球对潮汐势作用的弹性重力响应，得出弹性地球上的海潮与一个刚性地球上平衡态下的数值相比应该减小$\eta = (19\mu/2\rho ga)(1 + 19\mu/2\rho ga)^{-1}$，其中$\rho$为密度，$a$为半径，$g$为地面重力加速度。由于开尔文的分析是半静态的，他的弹性地球的减小因子不能直接用于占主导地位的半日潮和全日潮；但是，他认为应该可以适用于半月和全月潮，因为它们已经基本上不包含大洋盆地的共振效应。但是当时所有的半月和全月潮汐观测的精度都达不到他的要求，因此，他说服英国科学协会成立了一个潮汐委员会，其任务就是“估计长周期潮汐以解决地球刚性数值的问题”。为此，乔治·达尔文对来自英国、法国和印度14个港口的66年潮汐观测数据进行了调和分析，其结果发表在《自然哲学论》(*Treatise on Natural Philosophy*) 第二版(Thomson & Tait 1883)中。经过对所有港口的两种潮汐结果的平均，达尔文得到$\eta = 0.676 \pm 0.076$，表明地球潮汐的有效刚性确实“与钢的刚性大致相同”。这一著名的结论佐证了开尔文对${}_0\mathrm{S}_2$模式周期的69分钟估计值，使其植根于实际测量到的地球的物理性质。

一项早期有关均匀球体的环型振荡模式的研究是由Jaerisch (1880)进行的，但是第一个完整分析无重力球体自由振荡的是Lamb (1882)的经典性处理。他将球型与环型振荡做出明确区分，称前者为“第一类振荡”，后者为“第二类振荡”，同时得出与地球大小相同的钢球在$\kappa = \infty$时其${}_0\mathrm{S}_2$模式的周期应为65分钟，而当$\kappa = 5\mu/3$时其周期则为66分钟。兰姆 (Lamb)的结果与开尔文的数量级估计之间的一致性在一定程度上说是一种巧合，因为他使用了改进了的略为增大了的钢的刚性值μ；而椭球状的形变以剪切为主，因此对不可压缩性κ的数值并不敏感。兰姆在推导中使用的是三维笛卡儿坐标系；但是Chree (1889)后来证明用球极坐标系可以更容易地得到同样的结果。从那以后，在绝大多数理论分析中都使用了这一基于球谐函数表示的地球的弹性重力形变。

通过不同的严格处理得到的${}_0\mathrm{S}_2$的两个周期比较接近：对于恢复力仅为各部分之间引力的流体球为94 分钟，而没有任何引力作用的泊松固体球则是65分钟，这显示对于实际的地球弹性和自引力在该模式中的所占的比重差不多。Bromwich (1898)考虑了不可压缩固体球的自由振荡，发现自引力会使这一周期从65分钟减小到55分钟。对可压缩和有自引力的球体的正确处理难度大很多，在其后的十年里犯了许多错误。Jeans (1903)第一个认识到并指出这一问题的复杂性，并指出为了得到自洽的控制方程组，必需“人为地取消平衡态的引力，以使该平衡态完全无应力作用，且介质的任一部分皆处于正常状态”。他的论述解释了早期相关学者所面临的难题：建立经典的线性弹性理论的目的是处理相对于无应力应变的平衡态的形变；然而，在像地球一样的有自引力的物体内部，其总应力明显过大，无法与无穷小应变用胡克定律联系起来。Rayleigh (1906)将经典理论进行了推广，把总应力分解为一个较大的自引力作用下的*初始应力*和一个满足胡克定律的无穷小的*应力增量*。瑞利勋爵写道：

> “在我看来，要得到对这些问题的令人满意的处理就必须从一个处于自引力应力作用下的地球出发，而这种处理方法将遇到的困难可能并不像想象得那么大……。我所得到的结论是过去的方程可以用于应力作用下的介质，条件是我们使用变化了的弹性系数。”

瑞利得到的弹性引力方程组是错误的，但是他提出的解决问题的观点却很有影响。Love (1907) 对瑞利的想法做了进一步阐述，并且得到另一组方程；然而结果还是错误的，因为他没有区分在空间固定位置的欧拉应力增量与固定在介质质点上的观测者所感受到的拉格朗日应力增量。他很快就意识到了错误，在四年之后夺得亚当奖的意义深远的论文《地球动力学若干问题》(*Some Problems of Geodynamics*) (Love 1911) 中推导出正确的方程组并且给出了解。他对应力的论点相当清楚，值得在这里重温一下：

> “必须把地球当作一个受到*初始应力*作用的物体；可以把这一初始应力看作是克服物体初始状态自引力的流体静力学压力；而当物体受到扰动时，它的应力可以认为是初始应力与一个*附加应力*的合成；而这个附加应力与 (相对于初始未变形状态的) 应变之间的关系和 (相对于初始应力状态产生微小应变的) 各向同性弹性体所满足的关系一样。这里所描述的理论从如下意义上说是模糊的：物体中在变形状态时位于 (x, y, z) 点的初始应力可能是 (1) 初始状态位于 (x, y, z) 点的压力，或 (2) 物体变形后移动到 (x, y, z) 处的那个点在初始状态的压力。毫无疑问后者是正确的，物体的一小部分从一处移动到另一处，在移动中该部分物体受到压力与形变。因此该部分物体既携带原有的初始压力，同时也获得依赖于移动中所受压力与形变的额外应力。”

勒夫 (Love) 发现有自引力且刚性与钢相同的泊松固体球的 $_0S_2$ 模式的周期“几乎正好是 60 分钟”。他的结果严格来讲仅适用于*均匀*弹性自引力球；然而，他的分析中隐含了具有*径向变化*的 κ、μ、ρ 特性的球体所满足的正确的动力学方程和边界条件。第一次明确给出普遍方程的是Hoskins (1920)。一个显然是独立的推导由杰弗里斯 (Jeffreys) 在《地球》(*The Earth*) (1924) 第一版中给出。考虑到这一问题错综复杂的历史，他用单独的一章来介绍他的分析，而作为标题他引用了但丁的《炼狱》(*Inferno*) 中刻在地狱之门上的名句“Lasciate ogni speranza, voi ch'entrate (放弃所有希望吧，你们进来的人)”。

前述一系列工作的目的都是探讨天体演化和对大规模自引力结构不稳定机制的认识，借以解释大陆与海洋的不对称分布以及月球的分裂起源学说。Jeans (1927) 第一个把地球的简正模式放到地震学的背景下；他展示了由地震所激发的自由振荡即驻波的叠加也可以被看作是体波和面波这些行波的叠加。他提出的一个简正模式的角频率 ω 和球谐函数次数 l 与相对应的地震波射线参数 p 之间的渐近关系 $\omega p = l + 1/2$ 直到今天还是*模式–射线二象性*讨论的基础。

地球的自由振荡所遵循的动力学定律也可以用变分原理的形式来表示，这一变分原理在时间域和频率域分别为*哈密顿原理*和*瑞利原理*。这些原理既可以通过对线性化的守恒定律和本构关系进行直接的处理推导得到，也可以利用第一性原理分析由一个无穷小形变引起的动能与弹性引力势能来得到。Stoneley (1926b) 在用变分计算弹性自引力地球的准静态潮汐响应方面做了一个早期的尝试；然而，他用瑞利原理推导得出“对总能量表达式的估计显示引力项仅相当于弹性项的 1/20”，这一结论是错误的。最早用变分计算得到较真实地球模型的弹性引力振荡本征频率的是由 Jobert (1956; 1957; 1961)、Pekeris 和 Jarosch (1958)、Takeuchi (1959) 差不多同时独立做出的。得到的基阶环型振荡模式 $_0T_2$ 的周期大约是 43.5 分钟，而球型振荡模式 $_0S_2$ 的周期则是 52 分钟；两个数值均比现代的结果小了百分之几，其原因是变分法的一个内在特性——它总是给出本征频率的上限。

第一个对描述球对称地球模型弹性引力形变的径向微分方程组进行数值积分的是Takeuchi (1950)。他推导出环型振荡所满足的单个二阶方程和球型振荡满足的三个二阶方程，并且通过对后者用$\omega = 0$积分得到了真实地球的二阶静态勒夫数h，k和l；同时利用亚当斯–威廉森 (Adams-Williamson) 关系式得到了描述液态地核中静态形变的自洽的二阶微分方程。竹内 (Takeuchi) 的计算代表了一项重要的成就，尤其是考虑到那是在没有电子计算机的帮助下做出的。他所得到的结果$k = 0.28-0.29$，$h = 0.59-0.61$，$l = 0.07-0.08$与多种地球物理观测有很好的一致性，包括达尔文测量的半月与全月潮汐，钱德勒摆动的周期 (Love 1909) 以及Michelson 和 Gale(1919) 的水管潮汐倾斜测量。

现代计算时代的开启是 Alterman, Jarosch 和 Pekeris(1959) 这篇开拓性的论文。他们把竹内的径向方程组转换成环型振荡${}_n\mathrm{T}_l$的两个一阶方程和球型振荡${}_n\mathrm{S}_l$的六个一阶方程，从而消除了对模型参数径向导数的依赖，使得对结果的数值积分变得更为便利。纯径向模式所满足的两个一阶方程已经在更早的时候由 Pekeris 和 Jarosch(1958) 得到。他们使用龙格–库塔 (Runge-Kutta) 方法计算了地球的一些低阶自由振荡的本征频率和本征函数，得到基阶模式${}_0\mathrm{T}_2$ 和${}_0\mathrm{S}_2$的周期分别为44.1分钟和53.7分钟，与现今的结果非常一致。佩克里斯 (Pekeris) 和他的同事们所推导的方程和边界条件与今天计算球对称地球的简正模式所使用的基本上一样；现代长周期地震学大部分是建立在他们的开创性贡献之上的。

几乎在同一时间，Gilbert 和 MacDonald(1960) 对地球的环型振荡进行了一项大规模计算；他们在计算中使用了汤姆森-哈斯克尔 (Thomson-Haskell) 层矩阵的球坐标形式来代替数值积分，得到了大量的基阶和高阶模式的本征频率，并用金斯 (Jeans) 关系式确定了相对应的勒夫波的相速度和群速度。吉尔伯特 (Gilbert) 接着把汤姆森・哈斯克尔方法推广到球型振荡，并以此作为 Backus 和 Gilbert(1961) 计算本征频率分裂工作的基础。不久之后，他又弃而转用可变阶数及可变步长的龙格–库塔积分法，使计算效率大大提高。在后来的二十年里，吉尔伯特和他的同事们主导了简正模式研究领域；他的数值积分程序成为今天被广泛用于计算地球本征频率的两个程序`MINEOS`和`OBANI`的前身。

1.2 观测时代的开端

观测时代可以追溯到Benioff (1958)对位于帕萨迪纳的电磁应变仪记录到的1952年11月4日堪察加地震信号中存在周期为57分钟的振荡的报道。对地震波记录没有做任何傅里叶分析；这个57分钟周期显然是用肉眼观察到的一个明显的振荡，几个周期过去就消失了。事后来看，这一振荡似乎是某种仪器失灵造成的；贝尼奥夫 (Benioff) 自己也承认“不幸的是噪声水……相当高……因此测量结果没有我们期望的那么可靠”。Kanamori (1976) 对原有记录进行了重新分析，发现了一些可能是地球简正模式的频谱峰值；但是，这些振荡的振幅过大，不大可能是被一个$M_0 \approx 4 \times 10^{22}$ 牛・米的地震激发的，使得结果十分可疑。贝尼奥夫所声称的观测结果的重要性主要在于它刺激了长周期应变仪与重力仪的进一步发展，以及像佩克里斯和吉尔伯特这些理论家们大规模计算工作的开展。

1960年5月22日，20世纪最大的地震使位于智利的约1000千米长的一段纳斯卡–美洲 (Nazca-America) 板块边界发生破裂。从简正模式地震学的角度来看，这个$M_0 \approx 2 \times 10^{23}$ 牛・

来的地震发生在一个最佳的时间：①能够记录长周期自由振荡的仪器不久前才被开发出来；②能够对长时间序列做傅里叶分析的计算机才得到普及；③数值谱分析技术的程序刚刚在被广泛阅读的 Blackman 和 Tukey(1958) 的著作中发表；④地球的理论本征频率也已被计算出来，能够在观测的频谱中对谱峰做出识别。1960年7月，地震刚过了两个月，来自加州理工学院和加州大学洛杉矶分校的地震学家们就在国际地震学与地球内部物理学联合会 (International Association of Seismology and Physics of the Earth's Interior, IASPEI) 赫尔辛基大会上展示了地震的频谱，显示出检测地球基阶简正模式的清楚的证据。本书两位作者都不够年长，没能参加这次历史性的IASPEI会议（其中一位作者甚至还没有出生），但是当时的描述把它说得像是地震学的伍德斯托克 (Woodstock) 音乐节。加州理工学院的研究组用位于秘鲁尼亚尼亚 (Ñaña) 和美国加州伊莎贝拉 (Isabella) 的石英应变仪以及帕萨迪纳的摆式地震仪记录到了从${}_0\mathrm{S}_2$到${}_0\mathrm{S}_{38}$的球型振荡和从${}_0\mathrm{T}_3$到${}_0\mathrm{T}_{11}$的环型振荡，而加州大学洛杉矶分校研究组则用位于洛杉矶的拉科斯特–隆贝格 (Lacoste-Romberg) 潮汐重力仪记录到了从${}_0\mathrm{S}_2$到${}_0\mathrm{S}_{41}$的基阶球型振荡；因为重力仪记录中没有环型振荡的谱峰，为模式的辨别提供了便利。这些研究结果，与哥伦比亚大学拉蒙特地质观象台用新布设在新泽西州奥格登堡的石英应变仪和纽约州帕利塞兹 (Palisades) 的摆式地震仪所记录到的振荡分析结果，后来接连发表在 *Journal of Geophysical Research* (Benioff, Press & Smith 1961; Ness, Harrison & Slichter 1961; Alsop, Sutton & Ewing 1961)。不久后，Bolt 和 Marussi (1962), Connes, Blum, Jobert 和 Jobert (1962) 也发表了关于在意大利的里雅斯特附近 Grotta Gigante 的摆式地震仪和法国巴黎的倾斜仪记录到的振荡的分析结果。Pekeris, Alterman 和 Jarosch (1961a) 证实了测量的地球的本征频率与理论估计的符合程度“在1%以内，而且明显与古登堡的(低速)模型更加吻合”。利用观测自由振荡来增进我们对地球内部结构认识的探索已经正式开始了。

在赫尔辛基会议上还收到加州理工学院和加州大学洛杉矶分校的电报，报道${}_0\mathrm{S}_2$和${}_0\mathrm{S}_3$两个谱峰均明显地一分为二。这一分裂的原因迅速被确认是地球的自转，其结果是解除了${}_n\mathrm{S}_l$和${}_n\mathrm{T}_l$这些多态模式的$2l+1$重简并。Backus 和 Gilbert(1961)、Pekeris, Alterman 和 Jarosch (1961b) 发表了基于瑞利–薛定谔简并微扰理论对这种自转分裂的解释。他们不了解的是 Cowling 和 Newing (1949)、Ledoux (1951) 已经从天体物理学的角度对这种自转效应进行了研究。在最低阶近似下，科里奥利力导致本征频率微扰为$\delta\omega_m = m\chi\Omega$的$2l+1$个等间隔的单态模式谱峰，这里$m$是零阶本征函数中复数球谐函数$Y_{lm}$的级数，$\Omega$是自转的角速率；这一效应与磁场中原子谱线的塞曼 (Zeeman) 分裂类似。对于球型多态模式，无量纲分裂参数χ与地球模型参数κ、μ和ρ有微弱的相关性，对于环型多态模式则等于$[l(l+1)]^{-1}$。单态模式的振幅取决于观测地点、震级以及地震与观测的位置和分量之间的几何关系。智利地震所激发的明显的谱峰中多态模式${}_0\mathrm{S}_2$的谱峰与级数为$m=\pm1$的分裂相对应，而多态模式${}_0\mathrm{S}_3$的谱峰与级数为$m=\pm2$的分裂相对应。

1.3 球对称地球模型的完善

在1960年智利地震之后的二十年里，大部分自由振荡的研究方向都是在改进地球的球对称平均结构模型。一开始所采用的方法是迭代：先用一个初始地球模型来识别最低频的多态模式，然后通过试错调整κ、μ和ρ来改进模型，使得一些频率更高且更为接近的多态模式也能够识别，以此类推。1964 年 3 月 28 日发生的$M_0 \approx 8 \times 10^{22}$牛・米的阿拉斯加地震为这一循序渐进过程提供了更多的数据 (Smith 1966; Slichter 1967)。通过对首次检测到自由振荡后不到十年的发展状态的总结，Derr (1969) 整理了一个包含265个已测量到的简正模式本征频率的目录。然而，他承认"只有基阶的球型和环型模式以及少数几个高阶球型模式……能够被可靠地识别"。在1970年7月31日哥伦比亚深源地震之后，Dratler, Farrell, Block 和 Gilbert (1971) 首次观测到一些高Q值的高阶球型模式。由于地震发生在相应的本征函数随深度指数衰减的尾部，这种深源地震不会激发强烈的基阶模式，而这些基阶模式通常主导了地震波响应，而把低振幅的高阶模式掩盖了。通过衰减滤波，相当于在傅里叶变换之前把前几个小时的数据去除，可以使高Q值的谱峰更为突出。

Gilbert (1971a) 证明，*对角线之和法则*导致多态模式${}_n\mathrm{T}_l$和${}_n\mathrm{S}_l$因地球自转、椭率以及横向不均匀性所造成的分裂而产生的本征频率的一阶微扰之和恒等于零，即$\sum_{j=1}^{2l+1} \delta\omega_j = 0$：

> "我们对这一结果的解释是这样的，如果在以地球的质心为中心的球面上把地球做平均，其结果将是一个没有非球对称微扰的平均地球，我们称之为地球单极子。真实地球与地球单极子之间的差别仅仅是非球对称微扰。对角线之和法则的意义在于每个被一阶微扰所分裂的多态模式的平均频率所对应的正是这个地球单极子。换句话说，我们知道我们的平均数据属于微扰前的球对称地球，也就是做了球面平均的地球。"

这一定理为利用在众多震源和台站得到的谱峰测量值来约束球面平均地球结构的做法提供了依据。吉尔伯特总结性地指出"尽管我们能够期望在台站分布上取得好的覆盖，我们却很难控制震源的分布"。

在之后的几年里，通过灵活运用来自全球的三分量的世界标准地震台网 (World-Wide Standard Seismographic Network, WWSSN) 数据，*振荡模式识别*的问题有了急剧改善。由于布设的主要目的是监测地下核试验，仪器的长周期灵敏度有所下降，但是大量观测点的存在完全给予了补偿。Dziewonski 和 Gilbert (1972; 1973) 使用了1964年阿拉斯加地震的84个WWSSN记录识别出249个简正模式并测量了它们的周期。他们使用了一些简单的鉴别方法，包括偏振和简单的直方图分析以及衰减滤波，来分离并识别本征频谱中间隔较近的多态模式。Mendiguren (1973) 首次将 WWSSN作为一个全球台阵，充分发挥了它的效力，取得了非常重要的进展。他开发了一个相位均衡化方法，将频谱做适当的符号改变之后做叠加，来强化关注的多态模式，减少临近多态模式的影响。这一方法需要预先知道地震的震源机制，Gilbert 和 Dziewonski(1975) 对其加以改进，并应用于 1970 年的哥伦比亚地震和1963年8月15日秘鲁-玻利维亚边界的深源地震的213个 WWSSN记录。综合他们自己以及之前几项研究中所识别的模式，他们得到一组标准的数据，包含1064个测量到的地球自由振荡的本征频率。至此，在1960年首次检测之后仅仅15年，大约60%的周期大于80秒的地球的简正振荡模式已经被观测到并识别出来。

1970年哥伦比亚地震之后从单个反馈式加速度仪记录中识别高Q值高阶模式获得的丰收为Agnew, Berger, Buland, Farrell 和 Gilbert (1976) 开展加速度仪国际部署计划(International Deployment of Accelerometers, IDA) 台网提供了动力。这些噪声水平较低的仪器使得用震级不太大的地震来进行常规的简正模式谱峰的检测成为可能：

> “我们必须等待极少发生的绝对大地震来增加我们对地球自由振荡的观测认识的时代一去不复返了。”

1977年8月19日印度尼西亚松巴哇岛(Sumbawa)发生了$M_0 = 4 \times 10^{21}$牛·米的地震，新建的IDA台网中有六个台站记录到了所激发的长周期振荡，Buland, Berger 和 Gilbert (1979)使用球谐函数叠加方法从中提取了多态模式${}_0S_2$的全部5个单态模式和${}_0S_3$的全部7个单态模式。测量得到的本征频率的间隔与Dahlen 和 Sailor(1979)考虑了地球的自转和流体静力学椭率效应更新之后的理论计算结果符合良好。

从事地球自由振荡研究的地震学家们还引领了一个影响深远的新学科的发展：地球物理反演理论。该理论使我们能够从一组数目有限的整体地球数据中最佳地提取关于地球内部结构的信息。在施加了各种约束条件下，拟合数据最好的模型可以通过同时改变所有的控制参数得到(Gilbert 1971b; Jackson 1972; Wiggins 1972)；模型的评价问题，比如分辨度和精确度，也可以同时解决(Backus & Gilbert 1968; 1970)。在此我们并不试图讨论这一优雅的、涉及多方面的理论；Menke (1984)、Tarantola (1987)、Parker (1994)提供了极好的全面性综述。Backus 和 Gilbert(1967)用瑞利原理推导出联系本征频率的微扰$\delta\omega$与不可压缩性、刚性、密度的任意径向微扰$\delta\kappa$、$\delta\mu$、$\delta\rho$的弗雷歇(Fréchet)积分核表达式。Gilbert 和 Dziewonski(1975)用这些积分核反演了他们已经测量到的1064个本征频率和由大地测量得到的地球的质量和转动惯量；得到的两个球对称模型被冠以奇怪的名称1066A和1066B。一小组径向和其他模式的数据为内核的固态性提供了无可辩驳的证据(Dziewonski & Gilbert 1971)。

在展示1066A和1066B两个模型对体波走时数据的拟合中，Gilbert 和 Dziewonski(1975)在压缩波和剪切波观测数据中分别增加了1.6秒和4.3秒。这种*基线校正*通常被认为是合理的，因为所使用的迭代过程要用测量的到时来同时确定走时和地震的发生时刻，同时大多数地震台站都布设在大陆地区。而Akopyan, Zharkov 和 Lyubimov (1975; 1976)、Randall (1976)以及Liu, Anderson 和 Kanamori (1976)则给出了上述差异的更令人满意的解释：非弹性衰减所必然导致的*物理频散*使典型的200–300秒周期的自由振荡所“感受到的”地幔比10–20秒周期的远震剪切波所“感受到的”弹性更弱。Jeffreys (1958a; 1958b)、Carpenter 和 Davies (1966)也曾关注到这一效应，但没有成功；后两位作者曾探讨了非弹性频散能否弥合经典的杰弗里斯-布伦(Jeffreys-Bullen)和古登堡(Gutenburg)的两个地球模型之间的差异。他们在报告这一弥合努力失败的信中以如下明确的警告结尾：

> “然而，结果确实显示任何用含有衰减的地球模型所做的研究中频率依赖性都是重要的，并且应当考虑。Q值的考虑与否……给频散曲线带来的差别要大于现代研究中结果的标准误差。”

这一告诫在其后的十年里被忽视了，直到在走时基线校正的研究中人们重新发现了地球弹性参数的频率依赖性。Akopyan, Zharkov 和 Lyubimov、Randall以及Liu, Anderson 和 Kanamori的研究结果的广泛传播使人们重新燃起了用测量到的自由振荡的衰减速率来确定地球内部的体变和剪切品质因子Q_κ和Q_μ的兴趣(Stein & Geller 1978; Sailor & Dziewonski 1978; Geller & Stein 1979; Riedesel, Agnew, Berger & Gilbert 1980)。

由于在许多大地测量和地球物理学应用中需要对称模型，应国际大地测量和地球物理联合会的请求，Dziewonski 和 Anderson(1981)研发了初步参照地球模型(Preliminary Reference

Earth Model, PREM)，这一成果代表了二十年测量与解释地球的自由振荡进展的结晶。PREM不仅是非弹性的因而有频散，同时是横向各向同性的，在最上部地幔的24–220千米深度范围内有五个而非两个弹性参数。后来更高质量的本征频率测量与PREM模型有系统性的拟合误差(Widmer 1991; Masters & Widmer 1995)；此外，有些模型特征，如引人注目的220千米不连续面，也不被体波反射率分析的结果所支持(Shearer 1991)。尽管有这些缺陷，由于目前还没有一个更好的模型，本书中所显示的大多数数值结果均基于PREM。其后的工作中又得到了对径向非弹性结构有显著改善的模型 (Masters & Gilbert 1983; Widmer, Masters & Gilbert 1991; Durek & Ekström 1996)。由于衰减速率的测量在本质上比本征频率的测量更受噪声影响，同时在频谱叠加之后对谱峰宽度的测量还会因分裂而导致偏差，对Q_κ和Q_μ这两个参数的约束极为困难。

1.4 震源机制确定

Alterman, Jarosch 和 Pekeris (1959)、Backus 和 Gilbert (1961)和其他人曾尝试计算了1960年智利地震激发的振荡的振幅；然而，所有这些早期的工作都使用了过于简化的、今天回头来看不真实的震源表述（爆破、点力、单力偶等）。球对称地球模型对一个平面断层震源（双力偶）的响应是Saito (1967)首次得到的。Gilbert (1971c)后来重新推导并拓展了他的结果，同时指出：

> “如果能够计算一个给定震源所激发的地球的简正模式，我们就可以用这种计算来推断震源机制和总地震矩。瑞利和劳斯(Routh)大约一个世纪前得到的简正模式理论的一些普遍结果使激发的计算出奇的简单。”

吉尔伯特和Kostrov (1970)分别独立地引入了*地震矩张量*$\mathbf{M}$的概念，它可以用来表示曲面或平面断层，而且已经成为地震的标准点源模型。地震响应与$\mathbf{M}$的分量之间的线性关系使矩张量表述特别有利于震源机制的研究，正如Gilbert (1973)指出的：

> “我们的问题是用在地球表面上几个位置$\mathbf{r}$的（位移）记录$\mathbf{u}$来确定$\mathbf{M}$。由于$\mathbf{u}$是$\mathbf{M}$的线性函数，这个问题变得相当简单。”

Mendiguren (1973)、Gilbert 和 Dziewonski(1975)分别使用了斋藤(Saito)和吉尔伯特的震源理论公式对1970年哥伦比亚地震和1963年秘鲁–玻利维亚深源地震所激发的振荡做了球对称地球叠加分析。Gilbert 和 Dziewonski用观测到的激发振幅得到了两个地震的随频率变化的矩张量；其后Buland 和 Gilbert(1976)、Gilbert 和 Buland(1976)又发展了另外一种方法，更适合使用稀疏地震台网来求解$\mathbf{M}$。

Dziewonski, Chou 和 Woodhouse (1981)推广了Buland 和 Gilbert的结果，可以允许震源的矩心有时间和空间上的移动：

> “我们在本报告中描述一个可以在改善位置参数的同时修正矩张量解的方法。该方法实际上给出‘最佳点源’的位置，对于有限大小的震源这一位置不必是破裂开始的位置。”

这些研究人员所发展的确定震源机制的*矩心矩张量* (Centroid Moment Tensor, CMT) 的方法通过在时间域拟合长周期波形来求得震源矩心的空间和时间偏移 $\boldsymbol{\Delta}\mathbf{x}$ 和 Δt 以及矩张量 $\mathbf{M}$；联系给定接收点的响应与未知的震源参数之间的积分核可以用简正模式叠加来计算。Dziewonski 和 Woodhouse(1983) 用这一方法系统地研究了 1981 年发生的 201 个中大规模地震。这一工作标志着哈佛矩心矩张量计划的起点，目前该计划每天都要常规性地确定两到三个地震矩在 10^{16}–10^{17} 牛 • 米之间的地震。由 1977 年到今天的 16000 多个 CMT 解组成的全球地震活动目录对我们理解区域地质与构造做出了巨大贡献，也是过去二十年的自由振荡研究最有价值的遗产之一。

1.5 面　波

球型和环型的多态模式 ${}_n\mathrm{S}_l$ 和 ${}_n\mathrm{T}_l$ 在 $n \ll l$ 的极限条件下分别等价于基阶及高阶的瑞利波和勒夫面波。正因如此，弹性面波的研究与地球自由振荡的研究向来是携手并进的。有关面波传播的文献，尤其是平层介质的，比讨论弹性–重力简正模式的甚至更多；我们在此仅作一个极粗略的回顾。

Rayleigh (1885) 首次提出在均匀弹性半空间的表面之下存在随深度呈指数衰减的行波。这种面波是没有频散的。对于泊松固体，$\alpha = \sqrt{3}\beta$，其中 α 和 β 分别为压缩波和剪切波的速度，瑞利波的相速度为 $c = 0.9194\,\beta$。瑞利在做他的研究时地震学还处于初创期；然而，他给出了一个非常有远见的结论：

> “这里所讨论的面波可能在地震中起重要的作用……由于仅在两个维度上扩散，在离震源较远时它们的优势地位一定会不断增加。”

瑞利的结果仍然局限于无源行波，Lamb (1904) 将其推广，得到均匀半空间对线源和点源的完整的响应；他在论文结尾画出了有史以来第一幅合成地震图，我们现在将这一经典结果称为*兰姆问题*。

由于最早的地震仪只记录水平向的运动，因而在“初至波”和“次达波”之后，地震所产生的“主要震动”中有显著的横向运动存在是观测地震学中最早确定的事实之一。而瑞利波的质点运动是一个在通过震源和观测点的垂直平面内的逆进椭圆，因此这一结果最初阻碍了“主要震动”中包含面波的观点。Love (1911) 解决了这一争议，他证明在一个有均匀层覆盖均匀半空间的系统里可以存在横向面波。这样得到的勒夫波有多阶模式，而且有频散，其相速度 $c_n(\omega)$ 依赖于阶数 n 和频率 ω。勒夫非常有远见地指出面波的频散是造成观测到的“主要震动”的振荡特征的原因：

> “我想要给出的解释是这一振荡是由于频散……实际的运动当然可以看作是……一列谐波的集合，每个谐波传播的速度与其波长相关。”

这种半空间加上表面一层组成的系统中瑞利波频散关系的推导难度要大很多。勒夫处理了表层和半空间都是不可压缩的情形，Bromwich (1898) 考虑了半空间上面有一层不可压缩流体的情况，Stoneley (1926a) 又将其拓展为可压缩流体。一层弹性固体覆盖弹性半空间的普遍情形最终是由 Sezawa (1927)、Stoneley (1928) 解决的。任意分层半空间中不考虑重力的勒夫波和瑞利波的瑞利变分原理最先分别由Meissner (1926)、Jeffreys (1935) 给出。

有一些早期研究者，包括Angenheister (1921)、Tams (1921)都注意到面波在陆地和海洋路径的传播速度不同。第一个系统地研究了这一现象的是Gutenberg (1924)，他对纵向和横向分量记录的波做了清楚的区分，并且将勒夫的理论结果用于后者来确定海洋与陆地地壳的厚度。古登堡用震中距除以到时来估计10–60秒周期范围内的勒夫波速度。Stoneley (1925)指出这种估计得到的是理论群速度C，而不是古登堡所认为的相速度c；这两种速度的关系是$C = c + k(dc/dk)$，这里k是波数。其他通过比较观测与理论群速度来约束地壳结构的工作随后展开；Stoneley 和 Tilotson(1928)考虑了双层地壳——一个“花岗岩”上层和一个“闪长岩”下层——对勒夫波传播的影响。大多数这些早期的工作最终都无定论，因为观测数据过于离散，同时对于适当的地壳模型也缺乏定量的理论结果。陆地的整体厚度与特性主要是从近震的P_n、S_n和其他体波的分析中推断的，而薄很多的海洋地壳的结构最终则是利用船上进行的地震折射实验确定的。

在理论上对面波传播频散理解的大幅度进展要归功于第二次世界大战中Pekeris (1948)和他的合作者们对水下声波传播的研究。佩克里斯澄清了群速度在控制面波波形特征上的作用，他创造了艾里(Airy)震相这一名称来描述与群速度极大或极小值相关联的大振幅信号。这一认知上的改进在战后的年代里为地震学家们所采用，导致在不久之后陆地与海洋区域的基阶瑞利波以及一定程度上的勒夫波的群速度都有了可靠的结果。Ewing 和 Press(1954) 使用1952年堪察加地震在帕萨迪纳的贝尼奥夫记录将瑞利波的频散曲线周期延展到480 秒；并且识别了环绕地球多圈的面波从R6一直到R15，其中后者完整地环绕地球超过7圈。在Ewing, Jardetzky 和 Press (1957)这一重要专著中对战后面波的研究状况进行了总结；他们对地幔瑞利波的频散特征的描述——“在225秒周期群速度达到极小值3.5千米/秒，在70秒短周期极限是3.8千米/秒，在周期长于400秒时曲线趋平”——在今天还是精确的。另一方面，勒夫波在70–400秒的周期范围内表现出近乎常数的群速度，约4.4千米/秒，导致一个脉冲式的震相，因为是古登堡最先使其受到人们关注(Gutenberg & Richter 1934)，被称为G波。

早期的区域性面波相速度测量使用了三台三角测量技术(Press 1956)或依赖于震源和台站地理位置的双站法。Sâto (1955)引入了双站法，但并未用于任何际数据分析，是 Brune 和 Dorman(1963)将其用于对加拿大地盾的一项经典研究。长周期地幔波的相速度是用多次通过给定台站的同一波群，以大圆方法来确定的。Sâto (1958)、Nafe 和 Brune(1960) 分别首次用这种方法对勒夫波和瑞利波进行了测量，他们分别使用了1938年2月1日新几内亚地震的G3–G1和G4–G2震相、1952年堪察加地震的G3–G1震相和在帕萨迪纳记录的1950年8月15日阿萨姆地震的R5–R3震相。Brune, Nafe 和 Alsop (1961)后来证明这些开创性的测量结果稍微偏高，因为都忽略了在震源和对跖点处因焦散效应导致$\pi/2$的极点相移。

Brune, Nafe 和 Oliver (1960)提出了一种用小圆路径来测量面波相速度的方法；然而，由于需要知道面波离开震源时的初始相位，直到Haskell (1964)、Ben-Menahem 和 Harkrider (1964) 首次解决了双力偶激发的问题，以及Saito (1967)给出的更易于应用的形式，这一单站方法才变得可靠。Forsyth (1975)使用17个已知震源机制的地震的小圆弧R1和G1面波记录对东太平洋下的结构进行了一项重要研究。目前地震震源机制解的可靠性以及哈佛CMT目录的便利性使得该方法成为今天相速度测量的首选方法。

高阶勒夫波和瑞利波的分离比基阶的困难得多，因为它们的群速度在周期小于100秒时都重合在4.4千米/秒左右。早期的分析集中在较短周期的地壳导波如L_g和R_g的群速度测量

(Press & Ewing 1952)。Nolet (1977) 和 Cara (1978) 使用新颖的多台叠加技术分别测量了经过欧洲和北美的高阶瑞利波相速度；他们获得了阶数达 $n = 6$ 的结果，在25秒到100秒周期范围内相速度为 $c = 7.5$ 千米/秒。Takeuchi, Dorman 和 Saito (1964) 最先用瑞利原理得到分层半空间中将基阶和高阶面波相速度变化 δc 与模型参数的变化 $\delta\kappa$、$\delta\mu$、$\delta\rho$ 联系起来的弗雷歇积分核。在一定的周期下，更高阶的模式能够"感觉"到地球的更深部，因而可以提供对深部更高的分辨力。

第一个测量地球内部地震波衰减的是Angenheister (1906)。他比较了5个远震的15–20秒周期的面波沿劣弧和优弧到哥廷根的振幅。从他的描述中并不清楚他测量中用的是勒夫波还是瑞利波；他只是把劣弧和优弧的信号分别表示为 W_1 和 W_2。他把振幅比表示为 $A_2/A_1 = e^{-\gamma d}$，其中 d 是以千米为单位的距离，得到衰减系数为 $\gamma = 1.8 \times 10^{-4}$–$3.4 \times 10^{-4}$ 千米$^{-1}$ 之间，对20秒的地震波相当于品质因子 $Q = 150$–300。考虑到当时人们对面波传播的理解仍极其幼稚，这一对地球的非弹性衰减的开创性测量是一项相当值得称道的成果。

1.6 横向不均匀性

观测到的周期小于100秒的面波频散的区域性变化是陆地与海洋地壳厚度之间的强烈对比以及近地表结构差异的结果；战后的地震学家们清楚地认识到这一点，并尝试用短周期面波作为工具来勾画地壳结构的区域性变化。第一个给出上地幔剪切波速横向变化 $\delta\beta$ 证据的是Toksöz 和 Ben-Menahem (1963)；他们测量了沿6个大圆路径的50–400秒周期的勒夫波相速度，发现差别大于1%，"远远高于实验误差"。Backus (1964) 探讨了用相速度观测来推断上地幔不均匀性的反演问题，指出用大圆平均的数据只能确定地球的偶数次部分。为了克服这一模糊性，Toksöz 和 Anderson(1966)、Kanamori (1970) 提出了区划方案将地表分为"地盾"、"海洋"和"构造"等区域。

基阶多态模式 ${}_0\mathrm{T}_l$ 和 ${}_0\mathrm{S}_l$ 的视中心频率的变化为上地幔横向不均匀性提供了额外的约束；这种谱峰位置的偏移是每个多态模式中无法辨别的所有分裂单态模式之间干涉的结果。Jordan (1978)、Dahlen (1979a) 用简正模式的简并微扰理论证明，在 $s_{\max} \ll l$ 的极限下，其中 $s_{\max}$ 是横向不均匀性的最大球谐函数次数，而 l 则是使用的多态模式的球谐函数次数，测量到的谱峰偏移仅依赖于震源–台站大圆路径下面的结构；在此几何光学的极限下简正模式的谱峰频率与大圆近似的面波相速度是可以互换的数据。Silver 和 Jordan(1981) 分析了IDA台网的72个加速度记录，得到2193个从 ${}_0\mathrm{S}_5$ 至 ${}_0\mathrm{S}_{43}$ 的基阶球型模式的视中心频率，并对结果以一种更复杂的区划方案进行了解释，其中包含3个以年代排列的海洋区域和3个"依显生宙的广义构造历史划分"的陆地区域。

其后Masters, Jordan, Silver 和 Gilbert (1982) 搜集了557个IDA记录，得到了一个更大规模的包含3934个可靠测量结果的数据集。当把观测到的谱峰偏移画在相对应的震源–台站大圆的极点时，他们观察到一个具有高度一致性的图像，这一发现使他们摒弃区划方案而选择用球谐函数来表述不均匀性：

> "自由振荡数据揭示地幔不均匀性的地理分布形态被二次球谐函数所主导 ……
> 不均匀性可以被看作是局限于过渡带（深度在420–670千米）且与大尺度地幔对流

有关。”

他们用简单的二次模型得到了惊人的70%的方差降；从那以后大多数全球成像研究都采用了球谐函数来表述地球的三维结构。

Woodhouse 和 Dziewonski(1984) 设计了一个反演时间域地震波形数据的方法，并将其应用到包括IDA和全球数字化地震台网 (GDSN) 的2000个来自53个地震矩为4×10^{18}–3.6×10^{21}牛·米的地震记录的数据。相应的合成地震图是用路径平均或大圆近似方法计算的，该近似把地球横向不均匀性的影响通过对传统模式叠加算法得到的多态模式的本征频率和视震中距的改变来模拟；该方法假定观测到的响应仅依赖于沿震源–台站大圆路径下面横向平均的结构，但是对奇数和偶数次球谐函数都敏感，因为它对不同的震相R1, R2,……或G1, G2,……是分开处理的。Woodhouse 和 Dziewonski的上地幔剪切波不均匀性$\delta\beta$的模型，“水平向展开到 8 次 8 级球谐函数，垂直向把深度到670千米用一个三次多项式表示”，同时体现了在横向和径向上分辨率的提高。尽管没有做任何先验的构造区划，他们的波形反演结果显示“地盾和山脉是25–250千米深度范围内的主要特征”。

从1985年以来，全球成像研究的目标不仅在于改善地球的三维弹性与非弹性结构图像的分辨率和可重复性，更重要的是解答有关不均匀性的地球动力学和成分来源的根本性问题。现代的研究使用各种各样的地震观测数据，包括高度分裂的自由振荡多态模式的完整频谱、体波和面波的完整波形、测量的R1, R2,……或G1, G2,……面波相速度、测量的P、PKP和PKIKP绝对到时与SS–S和ScS–S到时差，以及上地幔转换、反射与多重反射波的观测结果。在此我们对这些方法都不做讨论，也不对目前三维地幔模型的真实性做出评论或评估，因为本书的重点在于讨论地球的自由振荡及相关的模式叠加和面波射线理论计算长周期合成地震图的方法。Romanowicz (1991)、Ritzwoller 和 Lavely(1995) 对全球地震波成像这一更广泛的题目专门做了综述。

第一部分

基 础 理 论

第一部分

基础理论

第 2 章　连续介质力学

在地震学和地球动力学中，我们把地球看作是一个*连续体*；即一个物质的连续分布，物质内部可以有短程与长程的相互作用力。在本章中，我们对连续介质力学的基本原理做一个简要的回顾，并着重在地球自由振荡及全球地震学现象的研究中最需要的内容。连续介质力学中所研究的数学对象是标量、矢量和张量场；附录A简要介绍了我们将会用到的有关多线性代数和多变量微分的一些基本结果。

在从运动学的角度对运动和形变进行讨论之后，我们会概述质量、动量、角动量和能量守恒的基本定律。最低频的地球自由振荡和最长周期的面波受自重力的影响很大；为此我们也会对重力势函数理论做一个简要的回顾。此外，对这四个守恒定律和牛顿平方反比万有引力定律的求解还需要引入描述物质物理特性的本构关系。在本章的结尾，我们讨论（非线性）完全弹性体的本构关系。

我们对连续介质力学的讨论虽然很不完整，但与 Aki 和 Richards (1980) 或 Ben-Menahem 和 Singh (1981) 等大多数高等地震学教科书相比要详尽得多。特别是在柯西应力之外，我们还引入两种皮奥拉–基尔霍夫 (Piola-Kirchhoff) 应力张量，同时，对所有的守恒方程，我们不仅推导出人们较为熟悉的欧拉形式，还推导了拉格朗日形式。对这些内容的处理我们是以 Malvern (1969)为样板，目的是强调其物理含义。Marsden 和 Hughes (1983) 采用现代微分几何和泛函分析的语言，在数学上做了更严格的讨论。有关势函数的理论可以参见 Kellogg (1967)的通俗而权威性的专著。

2.1　欧拉变量与拉格朗日变量

一个连续体的运动有两种可能的表述方式。第一种方式被称为*拉格朗日表述*，它显然是从对行星围绕太阳旋转这种单个或多个质点运动问题的标准运动学表述推广而来的。连续体中的质点以其在$t=0$时刻的位置 $\mathbf{x}$来标记，而质点$\mathbf{x}$在t时刻的位置则以$\mathbf{r}(\mathbf{x},t)$表示。已知所有质点$\mathbf{x}$在所有$t\geqslant 0$时刻的位置 $\mathbf{r}(\mathbf{x},t)$，则可对物体的运动做完整的运动学表述。由于$\mathbf{x}$是质点在 $t=0$时刻的位置，因而有$\mathbf{r}(\mathbf{x},0)=\mathbf{x}$。运动的时间导数可以用与孤立质点相同的方式来定义；例如，质点$\mathbf{x}$在t时刻的速度$\mathbf{u}^{\mathrm{L}}(\mathbf{x},t)$是$\mathbf{u}^{\mathrm{L}}=\partial_t\mathbf{r}$。

第二种方式叫作*欧拉表述*，一个理想化的、遍布各地的气象站可能会用它来报告大气中的气流。所关注的重点不是单个的质点，而是空间中的固定位置（如气象站）。我们会一贯地用$\mathbf{r}$而非$\mathbf{x}$来标记空间中的固定位置，而用$\mathbf{u}^{\mathrm{E}}(\mathbf{r},t)$来表示$t$时刻位于$\mathbf{r}$处的质点的速度。有了在所有$t\geqslant 0$时刻连续体占据的所有空间点$\mathbf{r}$的$\mathbf{u}^{\mathrm{E}}(\mathbf{r},t)$，同样可以对物体的运动做完整的运动学表述。需要指出的是$\mathbf{u}^{\mathrm{E}}$与$\mathbf{u}^{\mathrm{L}}$是两个不同的场，前者给出的速度是空间位置$\mathbf{r}$的函数，而后者则是质点标记$\mathbf{x}$的函数。为此我们用上角标E（代表欧拉）和L（代表拉格朗日）来对两者加以区分。

一个运动中的弹性体内任一标量、矢量或张量变量q均有其欧拉表述$q^{\mathrm{E}}(\mathbf{r},t)$和拉格朗日表述$q^{\mathrm{L}}(\mathbf{x},t)$。例如，若$q$为温度，则$q^{\mathrm{E}}(\mathbf{r},t)$表示的是在空间定点$\mathbf{r}$处所记录的温度，而$q^{\mathrm{L}}(\mathbf{x},t)$则表示附着在运动质点$\mathbf{x}$上的温度计所记录的温度。这两种表述之间的关系是

$$q^{\mathrm{E}}(\mathbf{r}(\mathbf{x},t),t) = q^{\mathrm{L}}(\mathbf{x},t) \tag{2.1}$$

这一结果是不言而喻的，因为等式两边所表示的都是在t时刻位于$\mathbf{r}$处的质点$\mathbf{x}$所记录的q的值。

将等式(2.1) 对时间求导，利用链式法则我们得到

$$\partial_t q^{\mathrm{L}} = \partial_t q^{\mathrm{E}} + \mathbf{u}^{\mathrm{E}} \cdot \boldsymbol{\nabla}_{\mathbf{r}} q^{\mathrm{E}} \equiv D_t q^{\mathrm{E}} \tag{2.2}$$

其中$\boldsymbol{\nabla}_{\mathbf{r}}$表示在空间定点 $\mathbf{r}$处的梯度。按(2.2)式的约定，一个固定在运动质点$\mathbf{x}$上的观察者会感受到变量q的两种变化：除了空间中静止的观察者所感受到的变化$\partial_t q^{\mathrm{E}}$之外，还有一种因质点在空间梯度$\boldsymbol{\nabla}_{\mathbf{r}} q^{\mathrm{E}}$中移动而引起的变化$\mathbf{u}^{\mathrm{E}} \cdot \boldsymbol{\nabla}_{\mathbf{r}} q^{\mathrm{E}}$。我们将这种时间和空间导数的组合$D_t = \partial_t + \mathbf{u}^{\mathrm{E}} \cdot \boldsymbol{\nabla}_{\mathbf{r}}$称为*实质导数*或*物质导数*。

在本书的第一部分我们将严格遵循上述符号约定，用上角标E和L分别表示空间定点$\mathbf{r}$测量到的欧拉变量q^{E}和在运动质点$\mathbf{x}$上测量到的拉格朗日变量q^{L}。物质导数D_t仅作用在欧拉变量q^{E}上，此时$D_t q^{\mathrm{E}}$表示在保持$\mathbf{x}$不变时$q^{\mathrm{E}}(\mathbf{r}(\mathbf{x},t),t)$的变化率。通过对相应的拉格朗日变量求一般偏导数$\partial_t q^{\mathrm{L}}$，也可以得到与运动质点上的观察者所感受到的同样的变化率。例如，位于$\mathbf{r}(\mathbf{x},t)$的质点的加速度既可以表示为$\mathbf{a}^{\mathrm{L}} = \partial_t \mathbf{u}^{\mathrm{L}} = \partial_t^2 \mathbf{r}$，也可以写成$\mathbf{a}^{\mathrm{E}} = D_t \mathbf{u}^{\mathrm{E}} = \partial_t \mathbf{u}^{\mathrm{E}} + \mathbf{u}^{\mathrm{E}} \cdot \boldsymbol{\nabla}_{\mathbf{r}} \mathbf{u}^{\mathrm{E}}$。

由于一个理想地震仪给出的记录本身是与其相连的质点$\mathbf{x}$的运动$\mathbf{r}(\mathbf{x},t)$，地震学使用拉格朗日表述是很自然的。然而，地震学家们所最熟知的描述应力的柯西应力张量却是欧拉变量。在一般的线性弹性理论中，应力的欧拉本性都被忽略了，这样做的前提是物体内部的初始应力与应力增量具有相同的量级，如大多数工程应用的问题。然而，Rayleigh (1906) 、Love (1911)指出，地球深部的初始应力很大；正因如此，在地球的弹性–重力形变所满足的基本定律的推导中，我们必须认真地区分应力以及其他变量的欧拉与拉格朗日表述。

2.2 形变的度量

要描述形变，我们必须分析空间中邻近两点之间的相对运动，或是追踪两邻近质点的运动。下面我们来讨论欧拉和拉格朗日表述中形变的各种描述以及它们之间的关系。

空间中两邻近点$\mathbf{r}$与$\mathbf{r}+d\mathbf{r}$之间的相对欧拉速度$d\mathbf{u}^{\mathrm{E}}$是$d\mathbf{u}^{\mathrm{E}} = d\mathbf{r} \cdot \boldsymbol{\nabla}_{\mathbf{r}} \mathbf{u}^{\mathrm{E}}$。我们定义张量$\mathbf{G}^{\mathrm{E}}$

$$\mathbf{G}^{\mathrm{E}} = (\boldsymbol{\nabla}_{\mathbf{r}} \mathbf{u}^{\mathrm{E}})^{\mathrm{T}} \tag{2.3}$$

式中上角标T表示转置，$d\mathbf{u}^{\mathrm{E}}$与微分距离$d\mathbf{r}$之间的线性关系可以表示成

$$d\mathbf{u}^{\mathrm{E}} = \mathbf{G}^{\mathrm{E}} \cdot d\mathbf{r} \tag{2.4}$$

这里的$\mathbf{G}^{\mathrm{E}}$称为*欧拉形变率张量*。

如果当前位于$\mathbf{r}$和$\mathbf{r}+d\mathbf{r}$的两个质点在初始时分别位于$\mathbf{x}$和$\mathbf{x}+d\mathbf{x}$，那么两质点当前与最初的相对位置矢量$d\mathbf{r}$和$d\mathbf{x}$有关系$d\mathbf{r} = d\mathbf{x} \cdot \boldsymbol{\nabla}_{\mathbf{x}} \mathbf{r}$，其中$\boldsymbol{\nabla}_{\mathbf{x}}$表示关于质点标记$\mathbf{x}$ 的梯度。通过引

入如下转置张量

$$\mathbf{F} = (\boldsymbol{\nabla}_{\mathbf{x}}\mathbf{r})^{\mathrm{T}} \tag{2.5}$$

我们可以将上述关系写为

$$d\mathbf{r} = \mathbf{F} \cdot d\mathbf{x} \tag{2.6}$$

我们把 $\mathbf{F}$ 称为*形变张量*。下述条件保证物理上所不允许的现象如弯折、撕裂或反转不会发生

$$\det \mathbf{F} \neq 0 \tag{2.7}$$

其中 $\det \mathbf{F}$ 表示矩阵 $\mathbf{F}$ 的行列式。

形变率张量 $\mathbf{G}^{\mathrm{E}}$ 和形变张量 $\mathbf{F}$ 是形变的两个基本度量：$\mathbf{G}^{\mathrm{E}}(\mathbf{r},t)$ 给出一个固定点 $\mathbf{r}$ 附近的瞬时形变率，而 $\mathbf{F}(\mathbf{x},t)$ 则是围绕一个移动质点 $\mathbf{x}$ 的小球体所感受的累积形变。在数学上更复杂的处理中，$\mathbf{F}$ 被认为是一个*两点张量*，因为它将当前的变形后相对位置矢量 $d\mathbf{r}$ 与初始的变形前相对位置矢量 $d\mathbf{x}$ 联系起来。而初始矢量 $d\mathbf{x}$ 则可借由此两点张量的逆与当前矢量 $d\mathbf{r}$ 联系起来：

$$d\mathbf{x} = \mathbf{F}^{-1} \cdot d\mathbf{r} \tag{2.8}$$

逆张量 $\mathbf{F}^{-1}$ 满足 $\mathbf{F} \cdot \mathbf{F}^{-1} = \mathbf{F}^{-1} \cdot \mathbf{F} = \mathbf{I}$，这里 $\mathbf{I}$ 是单位张量。(2.7) 的限制条件保证了 $\mathbf{F}^{-1}$ 的存在。严格来说，应该有两个单位张量 $\mathbf{I}$，一个在变形前的位形中，另一个在变形后的位形中；不过，在此后的讨论中我们将忽略这些由 $\mathbf{F}$ 与 $\mathbf{F}^{-1}$ 的两点特性所引起的细微差异。

$\mathbf{G}^{\mathrm{E}}$ 和 $\mathbf{F}$ 这两个张量之间存在着关系

$$\partial_t \mathbf{F} = \mathbf{G}^{\mathrm{E}} \cdot \mathbf{F} \tag{2.9}$$

或者可等效地表示为

$$\mathbf{G}^{\mathrm{E}} = \partial_t \mathbf{F} \cdot \mathbf{F}^{-1} \tag{2.10}$$

可通过将定义式 (2.5) 对时间求导，然后使用链式法则来证明等式 (2.9)。

我们可以将形变率张量 $\mathbf{G}^{\mathrm{E}}$ 表示为一个对称张量和一个反对称张量的和：

$$\mathbf{G}^{\mathrm{E}} = \mathbf{D}^{\mathrm{E}} + \mathbf{W}^{\mathrm{E}} \tag{2.11}$$

其中

$$\mathbf{D}^{\mathrm{E}} = \frac{1}{2}[\mathbf{G}^{\mathrm{E}} + (\mathbf{G}^{\mathrm{E}})^{\mathrm{T}}], \qquad \mathbf{W}^{\mathrm{E}} = \frac{1}{2}[\mathbf{G}^{\mathrm{E}} - (\mathbf{G}^{\mathrm{E}})^{\mathrm{T}}] \tag{2.12}$$

式中对称部分 $\mathbf{D}^{\mathrm{E}} = (\mathbf{D}^{\mathrm{E}})^{\mathrm{T}}$ 是欧拉应变率张量，而反对称部分 $\mathbf{W}^{\mathrm{E}} = -(\mathbf{W}^{\mathrm{E}})^{\mathrm{T}}$ 则是转动率或*涡度张量*。利用等式 (2.11) 我们可以将微分速度矢量 $d\mathbf{u}^{\mathrm{E}}$ 分解为分别与局地应变率和局地转动率相对应的两个部分：

$$d\mathbf{u}^{\mathrm{E}} = \mathbf{D}^{\mathrm{E}} \cdot d\mathbf{r} + \mathbf{W}^{\mathrm{E}} \cdot d\mathbf{r} \tag{2.13}$$

欧拉速度的旋度，即涡度矢量 $\boldsymbol{\nabla}_{\mathbf{r}} \times \mathbf{u}^{\mathrm{E}}$, 与涡度张量 $\mathbf{W}^{\mathrm{E}}$ 之间有如下关系

$$\boldsymbol{\nabla}_{\mathbf{r}} \times \mathbf{u}^{\mathrm{E}} = -\wedge \mathbf{W}^{\mathrm{E}} \tag{2.14}$$

其中 $\wedge$ 表示楔形算子，其定义请见附录 A.1.6. 欧拉速度微分 $d\mathbf{u}^{\mathrm{E}}$ 中与 $\mathbf{W}^{\mathrm{E}}$ 相关的部分可以用

$\nabla_{\mathbf{r}} \times \mathbf{u}^{\mathrm{E}}$ 表示成如下形式:

$$\mathbf{W}^{\mathrm{E}} \cdot d\mathbf{r} = \frac{1}{2}(\nabla_{\mathbf{r}} \times \mathbf{u}^{\mathrm{E}}) \times d\mathbf{r} \tag{2.15}$$

上述关系表明了将$\mathbf{W}^{\mathrm{E}}$称为“涡度张量”的合理性，同时也表明$\nabla_{\mathbf{r}} \times \mathbf{u}^{\mathrm{E}}$是$t$时刻在$\mathbf{r}$处周围物质的瞬时角速度的两倍。至于将$\mathbf{D}^{\mathrm{E}}$称为“应变率张量”的合理性，我们可以考虑微分长度平方$\|d\mathbf{r}\|^2$ 的变化率，通过简单的推导可以得到如下关系：

$$\begin{aligned} \frac{d}{dt}\|d\mathbf{r}\|^2 &= 2(d\mathbf{r} \cdot \partial_t \mathbf{F} \cdot d\mathbf{x}) \\ &= 2(d\mathbf{r} \cdot \partial_t \mathbf{F} \cdot \mathbf{F}^{-1} \cdot d\mathbf{r}) = 2(d\mathbf{r} \cdot \mathbf{G}^{\mathrm{E}} \cdot d\mathbf{r}) \end{aligned} \tag{2.16}$$

这里我们使用了式(2.6), (2.8)和(2.10)。因为涡度张量$\mathbf{W}^{\mathrm{E}}$是反对称的，它对二次型乘积$d\mathbf{r} \cdot \mathbf{G}^{\mathrm{E}} \cdot d\mathbf{r}$没有贡献；因而相对位置矢量长度的平方$\|d\mathbf{r}\|^2$ 的变化率可以由应变率完全确定：

$$\frac{d}{dt}\|d\mathbf{r}\|^2 = 2(d\mathbf{r} \cdot \mathbf{D}^{\mathrm{E}} \cdot d\mathbf{r}) \tag{2.17}$$

拉格朗日应变张量$\mathbf{E}^{\mathrm{L}}$是通过初始和当前的长度平方$\|d\mathbf{x}\|^2$和$\|d\mathbf{r}\|^2$ 定义的

$$\|d\mathbf{r}\|^2 - \|d\mathbf{x}\|^2 = 2(d\mathbf{x} \cdot \mathbf{E}^{\mathrm{L}} \cdot d\mathbf{x}) \tag{2.18}$$

考虑到

$$\|d\mathbf{r}\|^2 = (\mathbf{F} \cdot d\mathbf{x}) \cdot (\mathbf{F} \cdot d\mathbf{x}) = d\mathbf{x} \cdot (\mathbf{F}^{\mathrm{T}} \cdot \mathbf{F}) \cdot d\mathbf{x} \tag{2.19}$$

我们可以在$\mathbf{E}^{\mathrm{L}}$与形变张量$\mathbf{F}$ 之间建立如下关系

$$\mathbf{E}^{\mathrm{L}} = \frac{1}{2}(\mathbf{F}^{\mathrm{T}} \cdot \mathbf{F} - \mathbf{I}) \tag{2.20}$$

张量$\mathbf{E}^{\mathrm{L}}$给出的是从$t=0$时刻开始在质点$\mathbf{x}$ 附近的物质所累积的总的有限应变。从式(2.20)可以清楚看到这一累积应变是对称的，即$(\mathbf{E}^{\mathrm{L}})^{\mathrm{T}} = \mathbf{E}^{\mathrm{L}}$.

随质点$\mathbf{x}$运动的观察者所感受到的瞬时应变率是$\partial_t \mathbf{E}^{\mathrm{L}}$。要想得到这个拉格朗日应变率与欧拉应变率$\mathbf{D}^{\mathrm{E}}$之间的关系，我们考虑如下等式

$$\frac{d}{dt}\left(\|d\mathbf{r}\|^2 - \|d\mathbf{x}\|^2\right) = 2(d\mathbf{x} \cdot \partial_t \mathbf{E}^{\mathrm{L}} \cdot d\mathbf{x}) \tag{2.21}$$

然而，因为$d\mathbf{x}$是不变的，于是我们有

$$\frac{d}{dt}\left(\|d\mathbf{r}\|^2 - \|d\mathbf{x}\|^2\right) = \frac{d}{dt}\|d\mathbf{r}\|^2 = 2[d\mathbf{x} \cdot (\mathbf{F}^{\mathrm{T}} \cdot \mathbf{D}^{\mathrm{E}} \cdot \mathbf{F}) \cdot d\mathbf{x}] \tag{2.22}$$

这里使用了式(2.6)和(2.17)。通过比较式(2.21) 和(2.22)中的结果，我们发现

$$\partial_t \mathbf{E}^{\mathrm{L}} = \mathbf{F}^{\mathrm{T}} \cdot \mathbf{D}^{\mathrm{E}} \cdot \mathbf{F} \tag{2.23}$$

或者等效于

$$\mathbf{D}^{\mathrm{E}} = \mathbf{F}^{-\mathrm{T}} \cdot \partial_t \mathbf{E}^{\mathrm{L}} \cdot \mathbf{F}^{-1} \tag{2.24}$$

根据球极分解定理，形变张量$\mathbf{F}$可以用一个独特的方式表示成如下两种形式之一

$$\mathbf{F} = \mathbf{Q} \cdot \mathbf{R} = \mathbf{L} \cdot \mathbf{Q} \tag{2.25}$$

分解式 (2.25) 中的两个张量**R**和**L**均为对称的正定张量：

$$\mathbf{R}^{\mathrm{T}}=\mathbf{R}, \qquad \mathbf{L}^{\mathrm{T}}=\mathbf{L} \tag{2.26}$$

而**Q**则是一个正交张量：

$$\mathbf{Q}^{\mathrm{T}}\cdot\mathbf{Q}=\mathbf{Q}\cdot\mathbf{Q}^{\mathrm{T}}=\mathbf{I} \tag{2.27}$$

我们称对称张量**R**和**L**分别为*右伸展张量*和*左伸展张量*，称正交张量**Q**为*转动张量*。伸展张量可以用**F**以显式表示为

$$\mathbf{R}=(\mathbf{F}^{\mathrm{T}}\cdot\mathbf{F})^{1/2}, \qquad \mathbf{L}=(\mathbf{F}\cdot\mathbf{F}^{\mathrm{T}})^{1/2} \tag{2.28}$$

右伸展张量**R**与应变张量$\mathbf{E}^{\mathrm{L}}$ 密切相关；通过比较式 (2.20) 和 (2.28) 我们看到

$$\mathbf{R}=(\mathbf{I}+2\mathbf{E}^{\mathrm{L}})^{1/2} \tag{2.29}$$

(2.25) 式对球极分解的物理解释是很清楚的：围绕质点**x**的一个无穷小球体的形变既可以被看作是先经过对称伸展**R**而后做刚体转动**Q**，也可以被看作是先经过有限转动**Q**而后做对称伸展**L** (图 2.1)。两个伸展张量互为转动的结果，即两者之间可以用正交变换相连：$\mathbf{R}=\mathbf{Q}^{\mathrm{T}}\cdot\mathbf{L}\cdot\mathbf{Q}$.

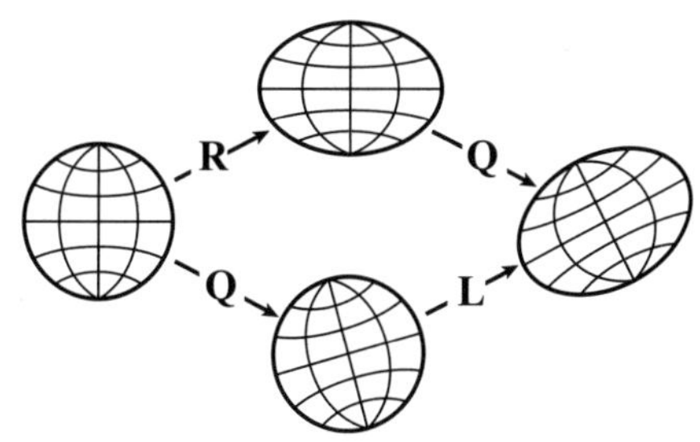

图 2.1 形变张量的球极分解$\mathbf{F}=\mathbf{Q}\cdot\mathbf{R}=\mathbf{L}\cdot\mathbf{Q}$的示意图。围绕质点**x**的一个无穷小球体可以先做伸展**R**而后做转动**Q** (上) 或者先做转动**Q**而后做伸展**L** (下)

2.3 体积与面积变化

在结束对运动学的回顾之前，我们来讨论一下无穷小连续体内体积元与面积元所遵循的变换公式。我们先来考虑一个在$t=0$时刻围绕质点**x**的体积为dV^0的无穷小球体，在后续时刻t，小球体移动到了**r**处，并且经历了转动与变形。将其新的体积用dV^t表示，我们可以计算这个无穷小体积元变形后与变形前的体积比

$$J=\frac{dV^t}{dV^0} \tag{2.30}$$

这是因为该比值无非就是从质点**x**坐标系到空间**r**坐标系变换的雅可比

$$J=\det\mathbf{F} \tag{2.31}$$

我们接下来考虑一个在变形前的位形中以质点**x**为中心的带方向的无穷小表面面积元$\hat{\mathbf{n}}^0 d\Sigma^0$。

在t时刻，该面积元已经移动到$\mathbf{r}$处并且经历了转动与伸展而成为$\hat{\mathbf{n}}^t d\Sigma^t$。我们试图建立变形前的面积元$\hat{\mathbf{n}}^0 d\Sigma^0$与变形后的面积元$\hat{\mathbf{n}}^t d\Sigma^t$之间的关系。为简化计算，我们考虑变形前后的两个无穷小平行四边形，其边长分别为 $d\mathbf{x}$与$\delta\mathbf{x}$ 和$d\mathbf{r}$与$\delta\mathbf{r}$(图2.2)。$\hat{\mathbf{n}}^0 d\Sigma^0$和$\hat{\mathbf{n}}^t d\Sigma^t$这两个量可以分别表示为。

$$\hat{\mathbf{n}}^0 d\Sigma^0 = d\mathbf{x} \times \delta\mathbf{x}, \qquad \hat{\mathbf{n}}^t d\Sigma^t = d\mathbf{r} \times \delta\mathbf{r} \tag{2.32}$$

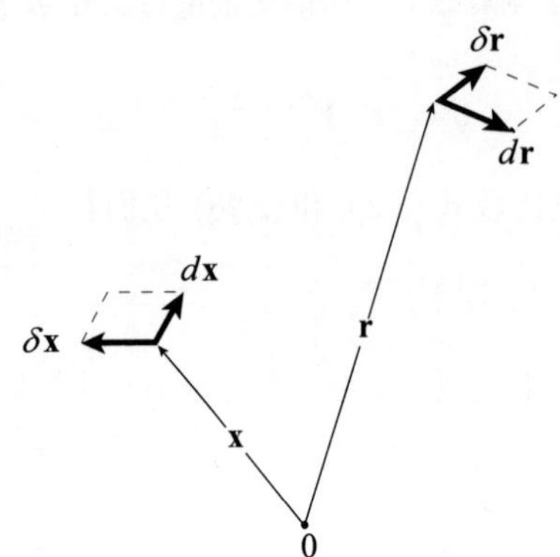

图2.2 在变形前的初始时刻位于$\mathbf{x}$点的平行四边形$\hat{\mathbf{n}}^0 d\Sigma^0 = d\mathbf{x} \times \delta\mathbf{x}$在$t$时刻成为位于$\mathbf{r}$处的变形后的平行四边形$\hat{\mathbf{n}}^t d\Sigma^t = d\mathbf{r} \times \delta\mathbf{r}$。两个无穷小的面积元之间的关系为式(2.37)

引入笛卡儿坐标系$\hat{\mathbf{x}}_1$，$\hat{\mathbf{x}}_2$，$\hat{\mathbf{x}}_3$，我们可以把式(2.32)写成分量形式

$$n_i^0 d\Sigma^0 = \varepsilon_{ijk}\, dx_j\, \delta x_k, \qquad n_l^t d\Sigma^t = \varepsilon_{lmn}\, dr_m\, \delta r_n \tag{2.33}$$

将$dx_j = F_{jm}^{-1} dr_m$和$\delta x_k = F_{kn}^{-1}\delta r_n$代入(2.33)中的第一个等式，我们得到

$$n_i^0 d\Sigma^0 = \varepsilon_{ijk}\, F_{jm}^{-1} F_{kn}^{-1}\, dr_m\, \delta r_n \tag{2.34}$$

在(2.34)的两边同时乘以F_{il}^{-1}并利用下面的等式

$$J^{-1}\varepsilon_{lmn} = \varepsilon_{ijk}\, F_{il}^{-1} F_{jm}^{-1} F_{kn}^{-1} \tag{2.35}$$

则可以得到

$$F_{il}^{-1} n_i^0 d\Sigma^0 = J^{-1}\varepsilon_{lmn}\, dr_m\, \delta r_n = J^{-1} n_l^t d\Sigma^t \tag{2.36}$$

其中最后一个等号需要利用(2.33) 中的第二个等式。转回到与坐标系无关的矢量形式，(2.36)可以最终表示成

$$\hat{\mathbf{n}}^t d\Sigma^t = J\, \hat{\mathbf{n}}^0 d\Sigma^0 \cdot \mathbf{F}^{-1} \tag{2.37}$$

这一建立$\hat{\mathbf{n}}^t d\Sigma^t$与$\hat{\mathbf{n}}^0 d\Sigma^0$之间联系的关系式是体积关系式$dV^t = J\, dV^0$的面积形式。

2.4 雷诺传输定理

令V^t为随物体移动的任意体积，其内部及边界∂V^t始终由同样的质点组成，如图2.3 所示。假设q^{E}是遍布于连续体内的力学或热力学量的体密度，我们来考虑在V^t内部这个总的“q量”随时间t的变化率。被积函数q^{E}和积分区域V^t均随时间t变化；因此在同步移动的体积V^t

内的积分对时间的全导数是

$$\frac{d}{dt}\int_{V^t} q^{\mathrm{E}}\, dV^t = \int_{V^t} \partial_t q^{\mathrm{E}}\, dV^t + \int_{\partial V^t} (\hat{\mathbf{n}}^t \cdot \mathbf{u}^{\mathrm{E}}) q^{\mathrm{E}}\, d\Sigma^t \tag{2.38}$$

其中 $\hat{\mathbf{n}}^t$ 是 ∂V^t 上向外的单位法向矢量，这里我们用上角标 t 来提醒我们微分体积元 dV^t 和面积元 $d\Sigma^t$ 是同步移动的。等式 (2.38) 中第一项是由局地的密度空间变化 $\partial_t q^{\mathrm{E}}$ 引起的，而第二项则代表由流过移动中边界的通量 $(\hat{\mathbf{n}}^t \cdot \mathbf{u}^{\mathrm{E}})q^{\mathrm{E}}$ 所带来的变化。将高斯定理应用于 ∂V^t 上的表面积分，我们有

$$\frac{d}{dt}\int_{V^t} q^{\mathrm{E}}\, dV^t = \int_{V^t} [\partial_t q^{\mathrm{E}} + \boldsymbol{\nabla}_{\mathbf{r}} \cdot (\mathbf{u}^{\mathrm{E}} q^{\mathrm{E}})]\, dV^t \tag{2.39}$$

这一结果称为*雷诺传输定理*，它将移动中体积内积分的时间导数表示为在同一体积内的积分。式 (2.39) 中的 q^{E} 可以是标量、矢量或是张量；需要记住的是，如果 q^{E} 不是标量，那么张量乘积是不可交换的，即 $\mathbf{u}^{\mathrm{E}} q^{\mathrm{E}} \neq q^{\mathrm{E}} \mathbf{u}^{\mathrm{E}}$。我们将在第 2.6 节中利用雷诺传输定理，以任意移动中的体积内积分形式的平衡原理，推导出欧拉形式的质量、动量、角动量和能量守恒定律。

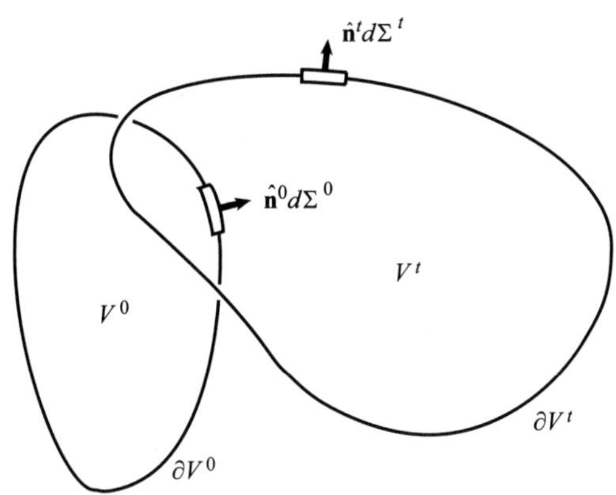

图 2.3 欧拉形式的守恒定律是通过考虑一个移动中的体积得到的，该体积内部的物质组成始终不变。组成初始体积 V^0 的边界 ∂V^0 上的面积元 $\hat{\mathbf{n}}^0 d\Sigma^0$ 的质点移动到变形后体积 V^t 的边界 ∂V^t 上的面积元 $\hat{\mathbf{n}}^t d\Sigma^t$

2.5 应力的度量

连续介质力学中分子之间的短程作用力是用*应力张量*来表示的。应力可以用三种不同的方法来度量或定义，每一种定义在地球的弹性–重力形变的理论中有各自的作用。最为人们熟知的度量是*柯西应力*，它的定义方式如下。令 $\hat{\mathbf{n}}^t d\Sigma^t$ 为一个在 t 时刻以固定点 $\mathbf{r}$ 为中心的带有方向的表面面积元；我们称法向矢量 $\hat{\mathbf{n}}^t$ 所指向的一侧为面积元的正面或 + 面，而称另外一侧为背面或 − 面 (图 2.4)。若以 $d\mathbf{f}^{\mathrm{E}}$ 表示紧贴面积元正面的所有质点作用在紧贴背面的所有质点的瞬时面力，这个透过面元的作用力 $d\mathbf{f}^{\mathrm{E}}$ 可以用欧拉柯西应力 $\mathbf{T}^{\mathrm{E}}$ 表示成如下形式：

$$d\mathbf{f}^{\mathrm{E}} = \hat{\mathbf{n}}^t d\Sigma^t \cdot \mathbf{T}^{\mathrm{E}} \tag{2.40}$$

与任何其他变量一样，柯西应力也有拉格朗日和欧拉表述；相应的拉格朗日应力 $\mathbf{T}^{\mathrm{L}}$ 的定义同样是 $\mathbf{T}^{\mathrm{L}}(\mathbf{x},t)=\mathbf{T}^{\mathrm{E}}(\mathbf{r}(\mathbf{x},t),t)$。欧拉应力 $\mathbf{T}^{\mathrm{E}}$ 很自然地出现在欧拉形式的动量守恒定律中，而相应的拉格朗日形式的守恒定律则不能很容易地以 $\mathbf{T}^{\mathrm{L}}$ 来表示。

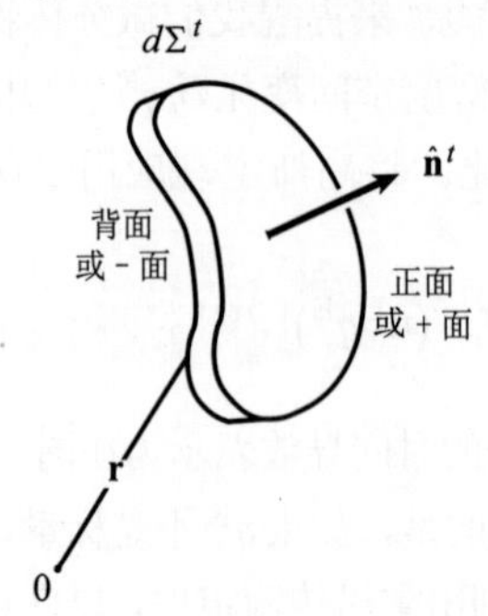

图 2.4 带有方向的表面面积元 $\hat{\mathbf{n}}^t d\Sigma^t$ 的正面 + 和背面 −。本书中我们将一贯遵循这一符号规则

能够使拉格朗日动量方程的形式最为简单的应力度量是所谓的第一类皮奥拉–基尔霍夫应力。这个以 $\mathbf{T}^{\mathrm{PK}}$ 表示的量的定义是

$$d\mathbf{f}^{\mathrm{E}}=\hat{\mathbf{n}}^0 d\Sigma^0\cdot\mathbf{T}^{\mathrm{PK}} \tag{2.41}$$

很明显，$\mathbf{T}^{\mathrm{PK}}$ 将作用在位于 $\mathbf{r}$ 处的变形后面积元 $\hat{\mathbf{n}}^t d\Sigma^t$ 上的力 $d\mathbf{f}^{\mathrm{E}}$ 用位于初始位置 $\mathbf{x}$ 处变形前的面积元 $\hat{\mathbf{n}}^0 d\Sigma^0$ 来表示。此外，第一类皮奥拉–基尔霍夫应力 $\mathbf{T}^{\mathrm{PK}}$ 表示的是变形前单位面积上的力，而欧拉柯西应力 $\mathbf{T}^{\mathrm{E}}$ 与拉格朗日–柯西应力 $\mathbf{T}^{\mathrm{L}}$ 均为变形后单位面积上的力。我们可以用变形前后面积元之间的变换式 (2.37) 得到 $\mathbf{T}^{\mathrm{PK}}$ 和 $\mathbf{T}^{\mathrm{L}}$ 之间的关系；结果可以表示成两个等价的形式

$$\mathbf{T}^{\mathrm{PK}}=J\,\mathbf{F}^{-1}\cdot\mathbf{T}^{\mathrm{L}},\qquad \mathbf{T}^{\mathrm{L}}=J^{-1}\mathbf{F}\cdot\mathbf{T}^{\mathrm{PK}} \tag{2.42}$$

(2.41) 式中的表面力 $d\mathbf{f}^{\mathrm{E}}$ 作用在移动后的位置 $\mathbf{r}$，而面积元矢量 $\hat{\mathbf{n}}^0 d\Sigma^0$ 是固定在初始点 $\mathbf{x}$ 的；因此，严格来讲，第一类皮奥拉–基尔霍夫应力 $\mathbf{T}^{\mathrm{PK}}$ 与形变张量 $\mathbf{F}$ 一样，也是一个两点张量。

最适合表示完全弹性体本构关系的是应力的第三种度量，叫作第二类皮奥拉–基尔霍夫应力。我们用 $\mathbf{T}^{\mathrm{SK}}$ 来表示这个量，它给出的不是作用在变形后面积元 $\hat{\mathbf{n}}^t d\Sigma^t$ 上的实际的力，而是以建立初始位置微分 $d\mathbf{x}$ 与空间位置微分 $d\mathbf{r}$ 之间的关系相同的方式，给出与 $d\mathbf{f}^{\mathrm{E}}$ 相关的力 $d\mathbf{f}^{\mathrm{L}}$，即

$$d\mathbf{f}^{\mathrm{L}}=\mathbf{F}^{-1}\cdot d\mathbf{f}^{\mathrm{E}} \tag{2.43}$$

这与关系式 $d\mathbf{x}=\mathbf{F}^{-1}\cdot d\mathbf{r}$ 类似。

定义 $\mathbf{T}^{\mathrm{SK}}$ 为

$$d\mathbf{f}^{\mathrm{L}}=\hat{\mathbf{n}}^0 d\Sigma^0\cdot\mathbf{T}^{\mathrm{SK}} \tag{2.44}$$

我们看到第一类和第二类皮奥拉–基尔霍夫应力之间的关系是

$$\mathbf{T}^{\mathrm{SK}}=\mathbf{T}^{\mathrm{PK}}\cdot\mathbf{F}^{-\mathrm{T}},\qquad \mathbf{T}^{\mathrm{PK}}=\mathbf{T}^{\mathrm{SK}}\cdot\mathbf{F}^{\mathrm{T}} \tag{2.45}$$

与式 (2.42) 比较，我们可以得到 $\mathbf{T}^{\mathrm{SK}}$ 与拉格朗日–柯西应力 $\mathbf{T}^{\mathrm{L}}$ 之间的相互关系：

$$\mathbf{T}^{\mathrm{SK}}=J\,\mathbf{F}^{-1}\cdot\mathbf{T}^{\mathrm{L}}\cdot\mathbf{F}^{-\mathrm{T}},\qquad \mathbf{T}^{\mathrm{L}}=J^{-1}\mathbf{F}\cdot\mathbf{T}^{\mathrm{SK}}\cdot\mathbf{F}^{\mathrm{T}} \tag{2.46}$$

由于变换后的力 $d\mathbf{f}^{\mathrm{L}}$ 可以被看作是作用在初始位置 $\mathbf{x}$，而不是在移动后的位置 $\mathbf{r}$，因此，第二类皮奥拉-基尔霍夫应力 $\mathbf{T}^{\mathrm{SK}}$ 是一个普通张量，而不是两点张量。图2.5 显示了 $\hat{\mathbf{n}}^t d\Sigma^t$ 和 $\hat{\mathbf{n}}^0 d\Sigma^0$ 两个面积元以及 $d\mathbf{f}^{\mathrm{E}}$ 和 $d\mathbf{f}^{\mathrm{L}}$ 两个力之间的几何关系。

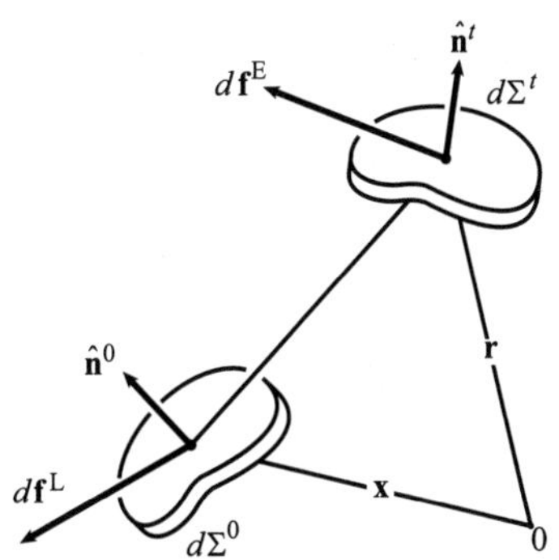

图 2.5 表面力 $d\mathbf{f}^{\mathrm{E}}$ 和 $d\mathbf{f}^{\mathrm{L}}$ 分别作用在位于 $\mathbf{r}$ 的变形后的面积元 $\hat{\mathbf{n}}^t d\Sigma^t$ 上和位于 $\mathbf{x}$ 的变形前的面积元 $\hat{\mathbf{n}}^0 d\Sigma^0$ 上

2.6 欧拉守恒定律

与前面一样，我们假定 q^{E} 是遍布于连续体内的"q量"的密度。任一局地欧拉守恒定律的普遍形式是

$$\partial_t q^{\mathrm{E}} + \boldsymbol{\nabla}_{\mathbf{r}} \cdot \mathbf{k}^{\mathrm{E}} = c^{\mathrm{E}} \tag{2.47}$$

其中 $\mathbf{k}^{\mathrm{E}}$ 和 c^{E} 分别表示"q量"在固定的 $\mathbf{r}$ 点在 t 时刻的通量和生成率。通量 $\mathbf{k}^{\mathrm{E}}$ 必须是比密度 q^{E} 或瞬时生成率 c^{E} 高一阶的张量。如果将式(2.47)在一个固定的体积 V 内积分，并使用高斯定理，我们有

$$\frac{d}{dt}\int_V q^{\mathrm{E}}\, dV = -\int_{\partial V} (\hat{\mathbf{n}} \cdot \mathbf{k}^{\mathrm{E}})\, d\Sigma + \int_V c^{\mathrm{E}}\, dV \tag{2.48}$$

此处 ∂V 是 V 的边界，$\hat{\mathbf{n}}$ 是向外的单位法向矢量。式(2.48)证实了对守恒定律(2.47)中 $\mathbf{k}^{\mathrm{E}}$ 和 c^{E} 两项的解释。体积 V 内"q量"的变化包含两项：一项表面积分是因"q量"的通量 $\mathbf{k}^{\mathrm{E}}$ 流过固定边界 ∂V 的部分，另一项体积分来自每一点处"q量"的生成率 c^{E}。表面积分前面的负号是因为 $\hat{\mathbf{n}}$ 是向外的单位法向矢量；"q量"透过面积元 $\hat{\mathbf{n}}\, d\Sigma$ 流入体积 V 的速率是 $-(\hat{\mathbf{n}} \cdot \mathbf{k}^{\mathrm{E}})\, d\Sigma$。

2.6.1 质量守恒

形如(2.47)的最简单的定律是质量守恒定律；我们用 ρ^{E} 表示质量密度。由于质量不生不灭，移动体积 V^t 内物体的总质量必须是常数：

$$\frac{d}{dt}\int_{V^t} \rho^{\mathrm{E}}\, dV^t = 0 \tag{2.49}$$

利用雷诺传输定理(2.39)，我们可以把式(2.49)写成

$$\int_{V^t} [\partial_t \rho^{\mathrm{E}} + \boldsymbol{\nabla}_{\mathbf{r}} \cdot (\rho^{\mathrm{E}} \mathbf{u}^{\mathrm{E}})]\, dV^t = 0 \tag{2.50}$$

式 (2.50) 必须对连续体中任意移动体积 V^t 均成立；这一结果只有在被积函数恒等于零时才有可能：

$$\partial_t \rho^{\mathrm{E}} + \boldsymbol{\nabla}_{\mathbf{r}} \cdot (\rho^{\mathrm{E}} \mathbf{u}^{\mathrm{E}}) = 0 \tag{2.51}$$

这一欧拉形式的质量守恒定律被称为*连续性方程*。式 (2.51) 是普遍形式 (2.47) 中取 $q^{\mathrm{E}} = \rho^{\mathrm{E}}$，$\mathbf{k}^{\mathrm{E}} = \rho^{\mathrm{E}}\mathbf{u}^{\mathrm{E}}$ 和 $c^{\mathrm{E}} = 0$ 的特例。

利用连续性方程，我们可以得到适用于任意广延“q 量”的另一种形式的雷诺传输定理。令 χ^{E} 为该广延量的*密度比*，即单位质量中而非单位体积中的量，因而

$$q^{\mathrm{E}} = \rho^{\mathrm{E}} \chi^{\mathrm{E}} \tag{2.52}$$

将 (2.52) 代入 (2.39)，并利用式 (2.2) 和 (2.51)，我们得到

$$\frac{d}{dt} \int_{V^t} \rho^{\mathrm{E}} \chi^{\mathrm{E}} \, dV^t = \int_{V^t} \rho^{\mathrm{E}} D_t \chi^{\mathrm{E}} \, dV^t \tag{2.53}$$

下面我们将用此式来推导其余三个欧拉守恒定律。我们也可以利用连续性方程将一般的守恒定律 (2.47) 用物质导数 D_t 来表示：

$$\rho^{\mathrm{E}} D_t \chi^{\mathrm{E}} + \boldsymbol{\nabla}_{\mathbf{r}} \cdot \boldsymbol{\kappa}^{\mathrm{E}} = c^{\mathrm{E}} \tag{2.54}$$

其中

$$\boldsymbol{\kappa}^{\mathrm{E}} = \mathbf{k}^{\mathrm{E}} - \mathbf{u}^{\mathrm{E}} q^{\mathrm{E}} = \mathbf{k}^{\mathrm{E}} - \rho^{\mathrm{E}} \mathbf{u}^{\mathrm{E}} \chi^{\mathrm{E}} \tag{2.55}$$

从物理上讲，$\boldsymbol{\kappa}^{\mathrm{E}}$ 这个量是“q量”相对于移动物体的通量；总的欧拉通量 $\mathbf{k}^{\mathrm{E}}$ 包含平流产生的通量 $\mathbf{u}^{\mathrm{E}} q^{\mathrm{E}} = \rho^{\mathrm{E}} \mathbf{u}^{\mathrm{E}} \chi^{\mathrm{E}}$ 加上相对通量 $\boldsymbol{\kappa}^{\mathrm{E}}$。质量的通量完全是平流的：$\chi^{\mathrm{E}} = 1$ 和 $\boldsymbol{\kappa}^{\mathrm{E}} = \mathbf{0}$，因此 (2.54) 变得多余了。

用物质导数 D_t 也可以将连续性方程 (2.51) 写成如下形式

$$D_t \rho^{\mathrm{E}} + \rho^{\mathrm{E}} \boldsymbol{\nabla}_{\mathbf{r}} \cdot \mathbf{u}^{\mathrm{E}} = 0 \tag{2.56}$$

式 (2.56) 给出了欧拉速度散度的物理解释，即欧拉应变率张量的迹：$\boldsymbol{\nabla}_{\mathbf{r}} \cdot \mathbf{u}^{\mathrm{E}} = \mathrm{tr}\, \mathbf{D}^{\mathrm{E}}$。定义*体积比* τ^{E} 为

$$\rho^{\mathrm{E}} \tau^{\mathrm{E}} = 1 \tag{2.57}$$

我们看到

$$\boldsymbol{\nabla}_{\mathbf{r}} \cdot \mathbf{u}^{\mathrm{E}} = -\frac{D_t \rho^{\mathrm{E}}}{\rho^{\mathrm{E}}} = \frac{D_t \tau^{\mathrm{E}}}{\tau^{\mathrm{E}}} \tag{2.58}$$

显然，$\boldsymbol{\nabla}_{\mathbf{r}} \cdot \mathbf{u}^{\mathrm{E}}$ 是在 t 时刻位于 $\mathbf{r}$ 处的质点其单位质量的分数体积变化率。对于*不可压缩*的物体，其组成质点具有恒定的体积：$\boldsymbol{\nabla}_{\mathbf{r}} \cdot \mathbf{u}^{\mathrm{E}} = 0$。

2.6.2 动量守恒

惯性参照系内一团移动物体的*牛顿第二定律*是

$$\frac{d}{dt} \int_{V^t} \rho^{\mathrm{E}} \mathbf{u}^{\mathrm{E}} \, dV^t = \boldsymbol{\mathcal{F}} \tag{2.59}$$

其中$\boldsymbol{\mathcal{F}}$是作用在移动中体积V^t上的总外力。力$\boldsymbol{\mathcal{F}}$包括了透过边界∂V^t作用的**短程表面力**$\boldsymbol{\mathcal{F}}_{\mathrm{s}}$以及作用在体积$V^t$内部所有质点上的**长程体力**$\boldsymbol{\mathcal{F}}_{\mathrm{b}}$:

$$\boldsymbol{\mathcal{F}} = \boldsymbol{\mathcal{F}}_{\mathrm{s}} + \boldsymbol{\mathcal{F}}_{\mathrm{b}} \tag{2.60}$$

其中表面力可以利用作用在边界上的柯西应力$\mathbf{T}^{\mathrm{E}}$写成

$$\boldsymbol{\mathcal{F}}_{\mathrm{s}} = \int_{\partial V^t} (\hat{\mathbf{n}}^t \cdot \mathbf{T}^{\mathrm{E}})\, d\Sigma^t = \int_{V^t} (\boldsymbol{\nabla}_{\mathbf{r}} \cdot \mathbf{T}^{\mathrm{E}})\, dV^t \tag{2.61}$$

上式中第二个等号可以从高斯定理得到。我们假定长程体力$\boldsymbol{\mathcal{F}}_{\mathrm{b}}$可以通过一个特定的体力密度$\mathbf{g}^{\mathrm{E}}$表示为

$$\boldsymbol{\mathcal{F}}_{\mathrm{b}} = \int_{V^t} \rho^{\mathrm{E}} \mathbf{g}^{\mathrm{E}}\, dV^t \tag{2.62}$$

典型的长程力当然是引力;与其相应的$\mathbf{g}^{\mathrm{E}}$则是t时刻在$\mathbf{r}$处的引力场。

将式(2.61)和(2.62)代入式(2.59),再利用(2.53)形式的雷诺传输定理,我们有

$$\int_{V^t} [\rho^{\mathrm{E}} D_t \mathbf{u}^{\mathrm{E}} - \boldsymbol{\nabla}_{\mathbf{r}} \cdot \mathbf{T}^{\mathrm{E}} - \rho^{\mathrm{E}} \mathbf{g}^{\mathrm{E}}]\, dV^t = \mathbf{0} \tag{2.63}$$

由于式(2.63)对连续体中任意移动中体积都成立,因此被积函数必须恒等于零;因而欧拉形式的动量守恒定律成为

$$\rho^{\mathrm{E}} D_t \mathbf{u}^{\mathrm{E}} = \boldsymbol{\nabla}_{\mathbf{r}} \cdot \mathbf{T}^{\mathrm{E}} + \rho^{\mathrm{E}} \mathbf{g}^{\mathrm{E}} \tag{2.64}$$

式(2.64)是一般形式(2.54)中取$\chi^{\mathrm{E}} = \mathbf{u}^{\mathrm{E}}$, $\boldsymbol{\kappa}^{\mathrm{E}} = -\mathbf{T}^{\mathrm{E}}$和$c^{\mathrm{E}} = \rho^{\mathrm{E}} \mathbf{g}^{\mathrm{E}}$的特例。其中应力张量的符号是因为我们约定了式(2.40)中的$d\mathbf{f}^{\mathrm{E}}$是由表面面积元$\hat{\mathbf{n}}^t d\Sigma^t$**正面**的质点对**背面**质点的作用力。依照这个约定,**负**的柯西应力$-\mathbf{T}^{\mathrm{E}}$可以被看作是相对于移动中物体的动量通量;相对于惯性空间的通量则是$\mathbf{k}^{\mathrm{E}} = \rho^{\mathrm{E}} \mathbf{u}^{\mathrm{E}} \mathbf{u}^{\mathrm{E}} - \mathbf{T}^{\mathrm{E}}$。为简洁起见,我们称守恒定律(2.64)为**动量方程**。

2.6.3 角动量守恒

一团物体的角动量变化率必须等于外来力矩的和。忽略任何可能的内部角动量以及任何与固有自转相关的面力矩与体力矩,我们有

$$\frac{d}{dt} \int_{V^t} \rho^{\mathrm{E}} (\mathbf{r} \times \mathbf{u}^{\mathrm{E}})\, dV^t = \boldsymbol{\mathcal{N}}_{\mathrm{s}} + \boldsymbol{\mathcal{N}}_{\mathrm{b}} \tag{2.65}$$

其中$\boldsymbol{\mathcal{N}}_{\mathrm{s}}$和$\boldsymbol{\mathcal{N}}_{\mathrm{b}}$分别为作用在$V^t$上的表面力和体力所产生的力矩:

$$\begin{aligned} \boldsymbol{\mathcal{N}}_{\mathrm{s}} &= \int_{\partial V^t} \mathbf{r} \times (\hat{\mathbf{n}}^t \cdot \mathbf{T}^{\mathrm{E}})\, d\Sigma^t = -\int_{\partial V^t} (\hat{\mathbf{n}}^t \cdot \mathbf{T}^{\mathrm{E}}) \times \mathbf{r}\, d\Sigma^t \\ &= -\int_{\partial V^t} \hat{\mathbf{n}} \cdot (\mathbf{T}^{\mathrm{E}} \times \mathbf{r})\, d\Sigma^t = -\int_{V^t} \boldsymbol{\nabla}_{\mathbf{r}} \cdot (\mathbf{T}^{\mathrm{E}} \times \mathbf{r})\, dV^t \end{aligned} \tag{2.66}$$

$$\boldsymbol{\mathcal{N}}_{\mathrm{b}} = \int_{V^t} \rho^{\mathrm{E}} (\mathbf{r} \times \mathbf{g}^{\mathrm{E}})\, dV^t \tag{2.67}$$

将式 (2.66) 和 (2.67) 代入 (2.65)，再使用 (2.53) 形式的传输定理，我们得到

$$\int_{V^t}[\rho^{\mathrm{E}}D_t(\mathbf{r}\times\mathbf{u}^{\mathrm{E}})+\boldsymbol{\nabla}_{\mathbf{r}}\cdot(\mathbf{T}^{\mathrm{E}}\times\mathbf{r})-\rho^{\mathrm{E}}(\mathbf{r}\times\mathbf{g}^{\mathrm{E}})]\,dV^t=\mathbf{0} \tag{2.68}$$

同样，由于 V^t 是任意的移动中体积，被积函数必须恒等于零；因而我们得到角动量守恒定律

$$\rho^{\mathrm{E}}D_t(\mathbf{r}\times\mathbf{u}^{\mathrm{E}})+\boldsymbol{\nabla}_{\mathbf{r}}\cdot(\mathbf{T}^{\mathrm{E}}\times\mathbf{r})=\rho^{\mathrm{E}}(\mathbf{r}\times\mathbf{g}^{\mathrm{E}}) \tag{2.69}$$

式 (2.69) 的结果是在欧拉形式 (2.54) 中取 $\chi^{\mathrm{E}}=\mathbf{r}\times\mathbf{u}^{\mathrm{E}}$，$\boldsymbol{\kappa}^{\mathrm{E}}=\mathbf{T}^{\mathrm{E}}\times\mathbf{r}$ 和 $c^{\mathrm{E}}=\rho^{\mathrm{E}}(\mathbf{r}\times\mathbf{g}^{\mathrm{E}})$；相对于惯性空间的角动量总通量是 $\mathbf{k}^{\mathrm{E}}=\rho^{\mathrm{E}}\mathbf{u}^{\mathrm{E}}(\mathbf{r}\times\mathbf{u}^{\mathrm{E}})+\mathbf{T}^{\mathrm{E}}\times\mathbf{r}$。

经过合并同类项，并考虑到 $(D_t\mathbf{r})\times\mathbf{u}^{\mathrm{E}}=\mathbf{u}^{\mathrm{E}}\times\mathbf{u}^{\mathrm{E}}=\mathbf{0}$，我们可以将 (2.69) 表示成

$$\mathbf{r}\times(\rho^{\mathrm{E}}D_t\mathbf{u}^{\mathrm{E}}-\boldsymbol{\nabla}_{\mathbf{r}}\cdot\mathbf{T}^{\mathrm{E}}-\rho^{\mathrm{E}}\mathbf{g}^{\mathrm{E}})-\wedge\mathbf{T}^{\mathrm{E}}=\mathbf{0} \tag{2.70}$$

根据动量方程 (2.64)，式 (2.70) 中括号内的表达式恒等于零；因此角动量守恒定律可以简化为

$$\wedge\mathbf{T}^{\mathrm{E}}=\mathbf{0} \tag{2.71}$$

式 (2.71) 确保了柯西应力 $\mathbf{T}^{\mathrm{E}}$ 一定是对称的：

$$(\mathbf{T}^{\mathrm{E}})^{\mathrm{T}}=\mathbf{T}^{\mathrm{E}} \tag{2.72}$$

上式为无自转或非极性连续体角动量守恒定律的最常见形式。利用对称性 (2.72), 角动量通量可以表示成另一种形式 $\mathbf{k}^{\mathrm{E}}=\rho^{\mathrm{E}}\mathbf{u}^{\mathrm{E}}(\mathbf{r}\times\mathbf{u}^{\mathrm{E}})-\mathbf{r}\times\mathbf{T}^{\mathrm{E}}$。

2.6.4 能量守恒

要建立普遍的能量守恒定律必须明确地将热作为一种能量来对待；为此我们需要引入一些热力学的概念。宏观的动能密度 $\frac{1}{2}\rho^{\mathrm{E}}(\mathbf{u}^{\mathrm{E}}\cdot\mathbf{u}^{\mathrm{E}})$ 并不是连续体内唯一的能量形式；实际的物体还可以储存并传输热能以及原子之间的势能。我们将这种热动力学内能的密度用 U^{E} 来表示；而总的欧拉能量密度为 $\rho^{\mathrm{E}}(\frac{1}{2}\mathbf{u}^{\mathrm{E}}\cdot\mathbf{u}^{\mathrm{E}}+U^{\mathrm{E}})$。因物质的平流而产生的欧拉内能通量是 $\rho^{\mathrm{E}}U^{\mathrm{E}}\mathbf{u}^{\mathrm{E}}$；此外，内能还可以通过热传导过程传输出入物体。我们用 $\mathbf{H}^{\mathrm{E}}$ 表示欧拉热通量矢量；而热能或内能的总通量是 $\rho^{\mathrm{E}}U^{\mathrm{E}}\mathbf{u}^{\mathrm{E}}+\mathbf{H}^{\mathrm{E}}$。我们要引入的最后一个热动力学量是内部生热率 h^{E}；它用在普遍公式中来代表由微观过程如放射性衰变带来的贡献。

适用于一个移动中体积 V^t 的能量守恒定律有如下形式

$$\begin{aligned}\frac{d}{dt}\int_{V^t}&\rho^{\mathrm{E}}(\frac{1}{2}\mathbf{u}^{\mathrm{E}}\cdot\mathbf{u}^{\mathrm{E}}+U^{\mathrm{E}})\,dV^t\\&=\int_{V^t}\rho^{\mathrm{E}}\mathbf{g}^{\mathrm{E}}\cdot\mathbf{u}^{\mathrm{E}}\,dV^t+\int_{\partial V^t}(\hat{\mathbf{n}}^t\cdot\mathbf{T}^{\mathrm{E}})\cdot\mathbf{u}^{\mathrm{E}}\,d\Sigma^t\\&\quad+\int_{V^t}\rho^{\mathrm{E}}h^{\mathrm{E}}\,dV^t-\int_{\partial V^t}(\hat{\mathbf{n}}^t\cdot\mathbf{H}^{\mathrm{E}})\,d\Sigma^t\end{aligned} \tag{2.73}$$

式 (2.73) 左边的量代表的是体积内总能量变化率，包括动能与内能；右边的四项代表能够改变该能量的各种方式。前两个积分表示通过体力与面力的作用能够给该体积带来的机械能的增加率，而后两个积分则是由内部生热和热传导而带来的热能的增加率。最后一项前面的负号是由于根据定义 $(\hat{\mathbf{n}}^t\cdot\mathbf{H}^{\mathrm{E}})\,d\Sigma^t$ 是热能从面元 $\hat{\mathbf{n}}^t\,d\Sigma^t$ 的背面传导到正面的速率。利用高斯定理和

式 (2.53) 形式的雷诺定理，我们得到

$$\int_{V^t}[\rho^{\mathrm{E}}D_t(\frac{1}{2}\mathbf{u}^{\mathrm{E}}\cdot\mathbf{u}^{\mathrm{E}}+U^{\mathrm{E}}) \\ +\boldsymbol{\nabla}_{\mathbf{r}}\cdot(\mathbf{H}^{\mathrm{E}}-\mathbf{T}^{\mathrm{E}}\cdot\mathbf{u}^{\mathrm{E}})-\rho^{\mathrm{E}}(h^{\mathrm{E}}+\mathbf{g}^{\mathrm{E}}\cdot\mathbf{u}^{\mathrm{E}})]\,dV^t=0 \tag{2.74}$$

令 (2.74) 中的被积函数为零，然后用从 (2.69) 到 (2.70) 同样的做法消去其中隐含的动量方程，再利用对称性 (2.72)，我们得到欧拉能量守恒定律：

$$\rho^{\mathrm{E}}D_tU^{\mathrm{E}}+\boldsymbol{\nabla}_{\mathbf{r}}\cdot\mathbf{H}^{\mathrm{E}}=\mathbf{T}^{\mathrm{E}}:\mathbf{D}^{\mathrm{E}}+\rho^{\mathrm{E}}h^{\mathrm{E}} \tag{2.75}$$

式 (2.75) 称作*内能方程*，它是一般式 (2.54) 取 $\chi^{\mathrm{E}}=U^{\mathrm{E}}$ 和 $\boldsymbol{\kappa}^{\mathrm{E}}=\mathbf{H}^{\mathrm{E}}$ 的特例。单位体积里的内能由机械过程产生或因放射性衰变而“生成”的速率是 $c^{\mathrm{E}}=\mathbf{T}^{\mathrm{E}}:\mathbf{D}^{\mathrm{E}}+\rho^{\mathrm{E}}h^{\mathrm{E}}$。

所有地震现象的时间和空间尺度决定了在一个振荡周期内从压缩传到扩张区域的热是可以忽略不计的。要看清这一点，我们将一个时间段 T 内热传输过的距离 $L_{\mathrm{heat}}\approx\sqrt{\kappa T}$ 与地震波传播的距离 $L_{\mathrm{wave}}\approx vT$ 做一个比较。显然，在振荡周期 $T\gg\kappa v^{-2}$ 时，$L_{\mathrm{heat}}\ll L_{\mathrm{wave}}$。将上地幔普遍的热扩散系数 κ 和 P 波波速度 v 代入，我们发现热流只有对超短周期的地震波 $\kappa v^{-2}\approx10^{-14}$ 秒才是重要的。在地震学中，我们所关心的波的周期通常都大于 $T\approx10^{-2}$ 秒；因此把形变看作*绝热*过程是一个很好的近似：

$$\mathbf{H}^{\mathrm{E}}=\mathbf{0} \tag{2.76}$$

在地震学的时间尺度上放射性生热也是完全可以忽略的，因此我们设定 $h^{\mathrm{E}}=0$。经过这些简化，在所有地震学感兴趣的问题中内能方程变为

$$\rho^{\mathrm{E}}D_tU^{\mathrm{E}}=\mathbf{T}^{\mathrm{E}}:\mathbf{D}^{\mathrm{E}} \tag{2.77}$$

在一闭合的形变周期内克服应力所做的机械功严格来说一般是正的，即

$$\oint\mathbf{T}^{\mathrm{E}}:\mathbf{D}^{\mathrm{E}}\,dt\geqslant0 \tag{2.78}$$

这反映了在任意实际的物体中内摩擦过程从本质上讲都是耗散性的。只有在完全弹性连续体这一理想情况下所做的功才是*可恢复的*，只有此时式 (2.78) 中的等号才会成立。

2.6.5 边界条件

前面所推导出的质量、动量、角动量和能量的守恒定律还必须结合在分隔两个不同物体的边界上的连续性条件才行。在本书中，我们用符号 $[q]_-^+$ 来表示物理量 q 从一个边界的正 $+$ 面到背 $-$ 面在数值上的跳跃。

在两个固体之间的焊接边界上，欧拉速度必须连续：

$$[\mathbf{u}^{\mathrm{E}}]_-^+=\mathbf{0} \tag{2.79}$$

在固体与非黏滞性流体间的边界上，以及分隔两个固体的理想断层面上，切向的滑动是允许的。在这种滑动边界上，式 (2.79) 由下式取代

$$[\hat{\mathbf{n}}^t\cdot\mathbf{u}^{\mathrm{E}}]_-^+=0 \tag{2.80}$$

其中$\hat{\mathbf{n}}^t$是边界面的单位法向矢量。式(2.80)保证了在边界处两种介质之间既没有分离也没有相互穿透。

除了上述两个运动学条件之外，在焊接和滑动边界上还有一个牵引力$\hat{\mathbf{n}}^t \cdot \mathbf{T}^{\mathrm{E}}$必须连续的动力学条件：

$$[\hat{\mathbf{n}}^t \cdot \mathbf{T}^{\mathrm{E}}]_-^+ = \mathbf{0} \tag{2.81}$$

最后，在固体和非黏滞性流体之间的边界上不能有切向牵引力，即在一个无摩擦力的固–液边界上$\hat{\mathbf{n}}^t \cdot \mathbf{T}^{\mathrm{E}}$的方向必须与瞬时法向矢量$\hat{\mathbf{n}}^t$一致：

$$\hat{\mathbf{n}}^t \cdot \mathbf{T}^{\mathrm{E}} = \hat{\mathbf{n}}^t(\hat{\mathbf{n}}^t \cdot \mathbf{T}^{\mathrm{E}} \cdot \hat{\mathbf{n}}^t) \tag{2.82}$$

上述四个条件 (2.79)–(2.82) 适用于瞬时的边界位置，即在t时刻的边界上的所有点$\mathbf{r}$都必须满足这些条件。

2.6.6 转动参照系

现在假设我们不是在惯性系中来观察运动，而是在一个以恒定的角速度$\boldsymbol{\Omega}$相对于惯性系转动的参照系里。质量与内能守恒定律、柯西应力的对称性以及运动学和动力学边界条件均不受这一参照系改变的影响。但是，动量方程(2.64)必须做修改以纳入科里奥利加速度和向心加速度这两种视加速度：

$$\rho^{\mathrm{E}}[D_t\mathbf{u}^{\mathrm{E}} + 2\boldsymbol{\Omega} \times \mathbf{u}^{\mathrm{E}} + \boldsymbol{\Omega} \times (\boldsymbol{\Omega} \times \mathbf{r})] = \boldsymbol{\nabla}_{\mathbf{r}} \cdot \mathbf{T}^{\mathrm{E}} + \rho^{\mathrm{E}}\mathbf{g}^{\mathrm{E}} \tag{2.83}$$

由于地震仪总是在地球的周日自转所产生的科里奥利加速度和向心加速度的作用下，我们很自然地使用转动参照系来分析地球对地震或其他加载现象的弹性–重力响应。为考虑自转，在本章的剩余部分以及第 3 章我们将使用式 (2.83) 而不是(2.64)。

2.7 拉格朗日守恒定律

前面讨论的四个欧拉守恒定律每一个都有相对应的拉格朗日形式，这是我们下一步要考虑的。在推导欧拉守恒定律时，我们都是首先用一个任意移动中的体积来建立积分形式的平衡原理，然后再把积分号“涂掉”。我们将用类似的方法来推导拉格朗日定律，首先寻求用初始位形的变形前体积V^0来建立积分形式的平衡原理。

2.7.1 质量守恒

利用空间坐标$\mathbf{r}$与物质坐标$\mathbf{x}$之间的变换关系，移动中体积 V^t内的质量可以表示成在变形前体积 V^0上的积分：

$$\int_{V^t} \rho^{\mathrm{E}}\, dV^t = \int_{V^0} \rho^{\mathrm{L}} J\, dV^0 \tag{2.84}$$

其中 J 是该坐标变换的雅可比矩阵。由于质量不生不灭，在任何 t 时刻的体积内的质量必须等于 $t=0$ 时刻体积内的质量：

$$\int_{V^0} \rho^{\mathrm{L}} J\, dV^0 = \int_{V^0} \rho^0\, dV^0 \tag{2.85}$$

这里$\rho^0(\mathbf{x}) = \rho^{\mathrm{L}}(\mathbf{x}, 0)$。式(2.85)必须对初始位形中的任意体积$V^0$均成立；而这只有在左右两边的被积函数处处相等时才能满足，即

$$\rho^{\mathrm{L}} J = \rho^0 \tag{2.86}$$

这就是拉格朗日形式的质量守恒定律，它建立了质点的瞬时密度ρ^{L}与其初始密度ρ^0之间的关系。

拉格朗日形式的质点体积比仍然定义为$\tau^{\mathrm{L}}(\mathbf{x}, t) = \tau^{\mathrm{E}}(\mathbf{r}(\mathbf{x}, t), t)$，或者等效为$\rho^{\mathrm{L}}\tau^{\mathrm{L}} = 1$。用$\tau^{\mathrm{L}}$而非$\rho^{\mathrm{L}}$，式(2.86)变成

$$\tau^{\mathrm{L}} = J\tau^0 \tag{2.87}$$

其中$\tau^0(\mathbf{x}) = \tau^{\mathrm{L}}(\mathbf{x}, 0)$。式(2.87)实际上就是以不同的符号来表示的微分体积的关系$dV^t = J\, dV^0$。

与利用欧拉形式(2.51) 把雷诺传输定理改写成(2.53) 的形式一样，我们也可以用拉格朗日质量守恒律(2.86) 来改写任意“q量”的变换公式。一个移动中体积V^t内部总的“q量”可以写成体积V^0内的积分形式

$$\int_{V^t} \rho^{\mathrm{E}} \chi^{\mathrm{E}}\, dV^t = \int_{V^0} \rho^0 \chi^{\mathrm{L}}\, dV^0 \tag{2.88}$$

其中$\chi^{\mathrm{L}}(\mathbf{x}, t) = \chi^{\mathrm{E}}(\mathbf{r}(\mathbf{x}, t), t)$是密度比。下面我们将利用(2.88)来推导拉格朗日形式的动量与能量守恒定律。

2.7.2 动量守恒

我们考虑任意移动中体积V^t的欧拉动量方程 (2.83)的积分。将所有与密度ρ^{E}成比例的项移到左边，并利用高斯定理，我们得到

$$\begin{aligned}
&\int_{V^t} \rho^{\mathrm{E}}[D_t\mathbf{u}^{\mathrm{E}} + 2\boldsymbol{\Omega} \times \mathbf{u}^{\mathrm{E}} + \boldsymbol{\Omega} \times (\boldsymbol{\Omega} \times \mathbf{r}) - \mathbf{g}^{\mathrm{E}}]\, dV^t \\
&\quad = \int_{\partial V^t} (\hat{\mathbf{n}}^t \cdot \mathbf{T}^{\mathrm{E}})\, d\Sigma^t
\end{aligned} \tag{2.89}$$

左边的量可以利用式(2.88)变换为在变形前体积V^0上的积分：

$$\begin{aligned}
&\int_{V^t} \rho^{\mathrm{E}}[D_t\mathbf{u}^{\mathrm{E}} + 2\boldsymbol{\Omega} \times \mathbf{u}^{\mathrm{E}} + \boldsymbol{\Omega} \times (\boldsymbol{\Omega} \times \mathbf{r}) - \mathbf{g}^{\mathrm{E}}]\, dV^t \\
&\quad = \int_{V^0} \rho^0[\partial_t^2\mathbf{r} + 2\boldsymbol{\Omega} \times \partial_t\mathbf{r} + \boldsymbol{\Omega} \times (\boldsymbol{\Omega} \times \mathbf{r}) - \mathbf{g}^{\mathrm{L}}]\, dV^0
\end{aligned} \tag{2.90}$$

其中$\mathbf{g}^{\mathrm{L}}(\mathbf{x}, t) = \mathbf{g}^{\mathrm{E}}(\mathbf{r}(\mathbf{x}, t), t)$。右边的面积分也可以用(2.41)所定义的第一类皮奥拉–基尔霍夫应力张量变换为

$$\begin{aligned}
\int_{\partial V^t} (\hat{\mathbf{n}}^t \cdot \mathbf{T}^{\mathrm{E}})\, d\Sigma^t &= \int_{\partial V^0} (\hat{\mathbf{n}}^0 \cdot \mathbf{T}^{\mathrm{PK}})\, d\Sigma^0 \\
&= \int_{V^0} (\boldsymbol{\nabla}_{\mathbf{x}} \cdot \mathbf{T}^{\mathrm{PK}})\, dV^0
\end{aligned} \tag{2.91}$$

其中第二个等号是通过在变形前体积V^0上使用高斯定理得到的。结合式(2.90)和式(2.91)，我们可以把平衡原理(2.89)写成如下形式

$$\int_{V^0} \{\rho^0[\partial_t^2\mathbf{r} + 2\boldsymbol{\Omega}\times\partial_t\mathbf{r} + \boldsymbol{\Omega}\times(\boldsymbol{\Omega}\times\mathbf{r})] - \boldsymbol{\nabla}_{\mathbf{x}}\cdot\mathbf{T}^{\mathrm{PK}} - \rho^0\mathbf{g}^{\mathrm{L}}\}\, dV^0 = \mathbf{0} \tag{2.92}$$

由于体积V^0是任意的，(2.92) 中的被积函数必须恒等于零，因而我们得到均匀转动参照系中拉格朗日形式的动量方程

$$\rho^0[\partial_t^2\mathbf{r} + 2\boldsymbol{\Omega}\times\partial_t\mathbf{r} + \boldsymbol{\Omega}\times(\boldsymbol{\Omega}\times\mathbf{r})] = \boldsymbol{\nabla}_{\mathbf{x}}\cdot\mathbf{T}^{\mathrm{PK}} + \rho^0\mathbf{g}^{\mathrm{L}} \tag{2.93}$$

值得注意的是，(2.83) 中欧拉柯西应力的散度$\boldsymbol{\nabla}_{\mathbf{r}}\cdot\mathbf{T}^{\mathrm{E}}$变换成为 (2.93) 中的第一类皮奥拉–基尔霍夫应力的散度$\boldsymbol{\nabla}_{\mathbf{x}}\cdot\mathbf{T}^{\mathrm{PK}}$；事实上，当初对$\mathbf{T}^{\mathrm{PK}}$的定义 (2.41) 就是为了实现这一简单的变换。

拉格朗日形式的动量方程也可以用第二类皮奥拉–基尔霍夫应力$\mathbf{T}^{\mathrm{SK}}$而不是$\mathbf{T}^{\mathrm{PK}}$来表示；将关系式 (2.45) 代入 (2.93) 我们有

$$\rho^0[\partial_t^2\mathbf{r} + 2\boldsymbol{\Omega}\times\partial_t\mathbf{r} + \boldsymbol{\Omega}\times(\boldsymbol{\Omega}\times\mathbf{r})] = \boldsymbol{\nabla}_{\mathbf{x}}\cdot(\mathbf{T}^{\mathrm{SK}}\cdot\mathbf{F}^{\mathrm{T}}) + \rho^0\mathbf{g}^{\mathrm{L}} \tag{2.94}$$

式 (2.94) 中的应力散度项比 (2.93) 中的更复杂；相反，我们下面会看到，角动量守恒定律用$\mathbf{T}^{\mathrm{SK}}$表示要比用$\mathbf{T}^{\mathrm{PK}}$更简单。

2.7.3 角动量守恒

第一类皮奥拉–基尔霍夫应力$\mathbf{T}^{\mathrm{PK}}$与其转置$(\mathbf{T}^{\mathrm{PK}})^{\mathrm{T}}$之间有关系

$$(\mathbf{T}^{\mathrm{PK}})^{\mathrm{T}} = \mathbf{F}\cdot\mathbf{T}^{\mathrm{PK}}\cdot\mathbf{F}^{-\mathrm{T}} \tag{2.95}$$

式 (2.95) 可以很容易地结合关系式 (2.42) 与拉格朗日–柯西应力的对称性$(\mathbf{T}^{\mathrm{L}})^{\mathrm{T}} = \mathbf{T}^{\mathrm{L}}$得到证明。相反，利用 (2.46)，我们发现如果$\mathbf{T}^{\mathrm{L}}$是对称的，那么第二类皮奥拉–基尔霍夫应力$\mathbf{T}^{\mathrm{SK}}$也是对称的：

$$(\mathbf{T}^{\mathrm{SK}})^{\mathrm{T}} = \mathbf{T}^{\mathrm{SK}} \tag{2.96}$$

式 (2.95) 和 (2.96) 就是拉格朗日形式的角动量守恒定律。

严格来说，从关系式 (2.95) 我们不能对$\mathbf{T}^{\mathrm{PK}}$是否对称下任何结论。如果我们坚持把第一类皮奥拉–基尔霍夫应力看作是一个两点张量，那么对称这个概念是毫无意义的，因为$\mathbf{T}^{\mathrm{PK}}$与其转置$(\mathbf{T}^{\mathrm{PK}})^{\mathrm{T}}$是在不同的空间里。不过，我们将如同对待形变张量$\mathbf{F}$一样，不去考虑$\mathbf{T}^{\mathrm{PK}}$的两点特性；因此我们说，基于式 (2.95)，第一类皮奥拉–基尔霍夫应力是不对称的。

2.7.4 能量守恒

对绝热内能方程 (2.77) 在任意移动中体积V^t上积分，我们得到

$$\int_{V^t} \rho^{\mathrm{E}} D_t U^{\mathrm{E}}\, dV^t = \int_{V^t} \mathbf{T}^{\mathrm{E}} : \mathbf{D}^{\mathrm{E}}\, dV^t \tag{2.97}$$

利用式 (2.88)，上式左边可以变换为在变形前体积V^0上的积分：

$$\int_{V^t} \rho^{\mathrm{E}} D_t U^{\mathrm{E}}\, dV^t = \int_{V^0} \rho^0 \partial_t U^{\mathrm{L}}\, dV^0 \tag{2.98}$$

在对右边做变换时，我们必须先把内能的机械生成率 $\mathbf{T}^{\mathrm{E}}:\mathbf{D}^{\mathrm{E}}$ 用第一类和第二类皮奥拉–基尔霍夫应力 $\mathbf{T}^{\mathrm{PK}}$ 和 $\mathbf{T}^{\mathrm{SK}}$ 来表示。利用式 (2.10) 和 (2.42)，我们得到

$$\begin{aligned}\mathbf{T}^{\mathrm{E}}:\mathbf{D}^{\mathrm{E}} &= \mathbf{T}^{\mathrm{E}}:\mathbf{G}^{\mathrm{E}} = \mathrm{tr}\,[J^{-1}(\mathbf{F}\cdot\mathbf{T}^{\mathrm{PK}})\cdot(\partial_t\mathbf{F}\cdot\mathbf{F}^{-1})] \\ &= J^{-1}\,\mathrm{tr}\,(\mathbf{T}^{\mathrm{PK}}\cdot\partial_t\mathbf{F}) = J^{-1}(\mathbf{T}^{\mathrm{PK}}:\partial_t\mathbf{F}^{\mathrm{T}})\end{aligned} \tag{2.99}$$

而如果用式 (2.24) 和 (2.46)，我们得到另一个形式

$$\begin{aligned}\mathbf{T}^{\mathrm{E}}:\mathbf{D}^{\mathrm{E}} &= \mathrm{tr}\,[J^{-1}(\mathbf{F}\cdot\mathbf{T}^{\mathrm{SK}}\cdot\mathbf{F}^{\mathrm{T}})\cdot(\mathbf{F}^{-\mathrm{T}}\cdot\partial_t\mathbf{E}^{\mathrm{L}}\cdot\mathbf{F}^{-1})] \\ &= J^{-1}\,\mathrm{tr}\,(\mathbf{T}^{\mathrm{SK}}\cdot\partial_t\mathbf{E}^{\mathrm{L}}) = J^{-1}(\mathbf{T}^{\mathrm{SK}}:\partial_t\mathbf{E}^{\mathrm{L}})\end{aligned} \tag{2.100}$$

将以上两个表达式代入 (2.97) 的左边，经过变换并与 (2.98) 结合，我们有

$$\int_{V^0} [\rho^0\partial_t U^{\mathrm{L}} - \mathbf{T}^{\mathrm{PK}}:\partial_t\mathbf{F}^{\mathrm{T}}]\, dV^0 = 0 \tag{2.101}$$

$$\int_{V^0} [\rho^0\partial_t U^{\mathrm{L}} - \mathbf{T}^{\mathrm{SK}}:\partial_t\mathbf{E}^{\mathrm{L}}]\, dV^0 = 0 \tag{2.102}$$

由于式 (2.101) 和 (2.102) 中的体积都是任意的，被积函数必须为零；因而拉格朗日绝热内能方程可以写成两个等价形式之一

$$\rho^0\partial_t U^{\mathrm{L}} = \mathbf{T}^{\mathrm{PK}}:\partial_t\mathbf{F}^{\mathrm{T}} = \mathbf{T}^{\mathrm{SK}}:\partial_t\mathbf{E}^{\mathrm{L}} \tag{2.103}$$

在形变的一个闭合周期内克服 $\mathbf{T}^{\mathrm{PK}}$ 或 $\mathbf{T}^{\mathrm{SK}}$ 所做的功本质上是耗散性的，即

$$\oint \mathbf{T}^{\mathrm{PK}}:\partial_t\mathbf{F}^{\mathrm{T}}\, dt = \oint \mathbf{T}^{\mathrm{SK}}:\partial_t\mathbf{E}^{\mathrm{L}}\, dt \geqslant 0 \tag{2.104}$$

其中等号仍然是在完全弹性介质的情况才成立的。在第 2.10 节中，我们将借助式 (2.103) 来讨论完全弹性介质的本构关系。

2.7.5 边界条件

在 $t=0$ 时刻叠置在一个焊接边界两侧的质点必须始终保持叠置在一起；因此拉格朗日形式的运动学边界条件可以简单地表示成

$$[\mathbf{r}]_-^+ = \mathbf{0} \tag{2.105}$$

焊接边界的动力学边界条件 (2.81) 也可以直接用第一类皮奥拉–基尔霍夫应力表示成

$$[\hat{\mathbf{n}}^0\cdot\mathbf{T}^{\mathrm{PK}}]_-^+ = \mathbf{0} \tag{2.106}$$

这里我们用到了等式 $\hat{\mathbf{n}}^t\cdot\mathbf{T}^{\mathrm{E}}\, d\Sigma^t = \hat{\mathbf{n}}^0\cdot\mathbf{T}^{\mathrm{PK}}\, d\Sigma^0$ 以及微分面元 $d\Sigma^t$ 和 $d\Sigma^0$ 的连续性条件。(2.105) 和 (2.106) 这两个拉格朗日连续条件都是施加在初始位形中变形前的边界上的，相反地，欧拉条件 (2.79)–(2.82) 则是施加在当前位形中变形后的边界上。在固–液边界或断层边界上，由于切向滑动的存在，两个条件均不成立；我们到 3.4 节再来考虑这种滑动边界上的拉格朗日边界条件。

2.8 重力势函数理论

由于引力是一种保守力，我们可以把单位质量的欧拉引力$\mathbf{g}^{\mathrm{E}}$表示成欧拉引力势函数ϕ^{E}的梯度：

$$\mathbf{g}^{\mathrm{E}} = -\boldsymbol{\nabla}_{\mathbf{r}}\phi^{\mathrm{E}} \tag{2.107}$$

由于式(2.107)中的负号，势函数ϕ^{E}处处为负；我们将在全书中遵循这一符号规则。

2.8.1 泊松方程

给定瞬时欧拉密度分布ρ^{E}，我们可以通过求解泊松方程得到ϕ^{E}

$$\nabla_{\mathbf{r}}^2\phi^{\mathrm{E}} = 4\pi G\rho^{\mathrm{E}} \tag{2.108}$$

其中G是万有引力常数。如果在一个边界两侧ρ^{E}是不连续的，那么 (2.108)还必须附加以下边界条件

$$[\phi^{\mathrm{E}}]_-^+ = 0 \tag{2.109}$$

$$[\hat{\mathbf{n}}^t\cdot\boldsymbol{\nabla}_{\mathbf{r}}\phi^{\mathrm{E}}]_-^+ = 0 \tag{2.110}$$

这里$\hat{\mathbf{n}}^t$是边界的法向矢量。与(2.79)–(2.82)一样，在瞬时边界上也必须满足连续性条件(2.109)和(2.110)。要注意标量ϕ^{E}和$\hat{\mathbf{n}}^t\cdot\boldsymbol{\nabla}_{\mathbf{r}}\phi^{\mathrm{E}}$的连续意味着引力矢量$\mathbf{g}^{\mathrm{E}} = -\boldsymbol{\nabla}_{\mathbf{r}}\phi^{\mathrm{E}}$也是连续的。

边界值问题(2.108)–(2.110)的解是

$$\phi^{\mathrm{E}}(\mathbf{r},t) = -G\int_{V^t}\frac{\rho^{\mathrm{E}}(\mathbf{r}',t)}{\|\mathbf{r}-\mathbf{r}'\|}\,dV^{t\prime} \tag{2.111}$$

其中的积分是在介质于t时刻所占据的空间里，即所有具有$\rho^{\mathrm{E}}(\mathbf{r}',t) > 0$的点$\mathbf{r}'$。结合(2.107)和(2.111)所得到的引力场$\mathbf{g}^{\mathrm{E}}$是

$$\mathbf{g}^{\mathrm{E}}(\mathbf{r},t) = -G\int_{V^t}\frac{\rho^{\mathrm{E}}(\mathbf{r}',t)\,(\mathbf{r}-\mathbf{r}')}{\|\mathbf{r}-\mathbf{r}'\|^3}\,dV^{t\prime} \tag{2.112}$$

公式(2.111)和(2.112)是牛顿平方反比引力定律的数学表达。

以上所讨论的经典引力势理论本质上属于欧拉描述；ϕ^{E}和$\mathbf{g}^{\mathrm{E}}$这两个量分别为空间定点$\mathbf{r}$处的引力势函数和引力。然而，相应的拉格朗日变量可以很容易地通过$\phi^{\mathrm{L}}(\mathbf{x},t) = \phi^{\mathrm{E}}(\mathbf{r}(\mathbf{x},t),t)$和$\mathbf{g}^{\mathrm{L}}(\mathbf{x},t) = \mathbf{g}^{\mathrm{E}}(\mathbf{r}(\mathbf{x},t),t)$这两个关系得到。用(2.88)将(2.111)和(2.112)变换成相应的初始体积V^0上的积分，我们得到

$$\phi^{\mathrm{L}}(\mathbf{x},t) = -G\int_{V^0}\frac{\rho^0(\mathbf{x}')}{\|\mathbf{r}(\mathbf{x},t)-\mathbf{r}(\mathbf{x}',t)\|}\,dV^{0\prime} \tag{2.113}$$

$$\mathbf{g}^{\mathrm{L}}(\mathbf{x},t) = -G\int_{V^0}\frac{\rho^0(\mathbf{x}')\,[\mathbf{r}(\mathbf{x},t)-\mathbf{r}(\mathbf{x}',t)]}{\|\mathbf{r}(\mathbf{x},t)-\mathbf{r}(\mathbf{x}',t)\|^3}\,dV^{0\prime} \tag{2.114}$$

其中ρ^0为初始密度。式(2.114)给出了拉格朗日动量方程(2.93)中右边的体力密度$\mathbf{g}^{\mathrm{L}}$的显式表达式。

2.8.2 离心势函数

欧拉动量方程 (2.83) 中单位质量的离心力 $-\boldsymbol{\Omega}\times(\boldsymbol{\Omega}\times\mathbf{r})$ 也可以表示成一个势函数的梯度：

$$-\boldsymbol{\Omega}\times(\boldsymbol{\Omega}\times\mathbf{r}) = -\boldsymbol{\nabla}_{\mathbf{r}}\psi \tag{2.115}$$

式 (2.115) 中的离心势函数 ψ 由下式给出

$$\psi(\mathbf{r}) = -\frac{1}{2}[\Omega^2 r^2 - (\boldsymbol{\Omega}\cdot\mathbf{r})^2] \tag{2.116}$$

其中 $\Omega = \|\boldsymbol{\Omega}\|$ 和 $r = \|\mathbf{r}\|$。将 (2.107) 和 (2.115) 代入，则动量方程 (2.83) 可改写为

$$\rho^{\mathrm{E}}(D_t\mathbf{u}^{\mathrm{E}} + 2\boldsymbol{\Omega}\times\mathbf{u}^{\mathrm{E}}) = \boldsymbol{\nabla}_{\mathbf{r}}\cdot\mathbf{T}^{\mathrm{E}} - \rho^{\mathrm{E}}\boldsymbol{\nabla}_{\mathbf{r}}(\phi^{\mathrm{E}} + \psi) \tag{2.117}$$

在第 3 章中我们将把这种形式的方程线性化。

★2.8.3 引力应力张量

欧拉*引力应力张量*与电磁学中的麦克斯韦应力张量 (Jackson 1962) 类似，其定义为

$$\mathbf{N}^{\mathrm{E}} = (8\pi G)^{-1}[(\mathbf{g}^{\mathrm{E}}\cdot\mathbf{g}^{\mathrm{E}})\mathbf{I} - 2\mathbf{g}^{\mathrm{E}}\mathbf{g}^{\mathrm{E}}] \tag{2.118}$$

可以很容易地验证 $\boldsymbol{\nabla}_{\mathbf{r}}\cdot\mathbf{N}^{\mathrm{E}} = \rho^{\mathrm{E}}\mathbf{g}^{\mathrm{E}}$。这使得我们能够用 $\mathbf{N}^{\mathrm{E}}$ 而不是用 $\mathbf{g}^{\mathrm{E}}$ 或 ϕ^{E} 来表示欧拉动量方程：

$$\rho^{\mathrm{E}}[D_t\mathbf{u}^{\mathrm{E}} + 2\boldsymbol{\Omega}\times\mathbf{u}^{\mathrm{E}} + \boldsymbol{\Omega}\times(\boldsymbol{\Omega}\times\mathbf{r})] = \boldsymbol{\nabla}_{\mathbf{r}}\cdot(\mathbf{T}^{\mathrm{E}} + \mathbf{N}^{\mathrm{E}}) \tag{2.119}$$

如果我们用寻常的方式以拉格朗日引力应力 $\mathbf{N}^{\mathrm{L}}(\mathbf{x},t) = \mathbf{N}^{\mathrm{E}}(\mathbf{r}(\mathbf{x},t),t)$ 来定义第一类皮奥拉–基尔霍夫应力 $\mathbf{N}^{\mathrm{PK}}$

$$\mathbf{N}^{\mathrm{PK}} = J\,\mathbf{F}^{-1}\cdot\mathbf{N}^{\mathrm{L}}, \qquad \mathbf{N}^{\mathrm{L}} = J^{-1}\mathbf{F}\cdot\mathbf{N}^{\mathrm{PK}} \tag{2.120}$$

那么我们也可以把拉格朗日形式的动量方程 (2.93) 改写成相应的形式

$$\rho^0[\partial_t^2\mathbf{r} + 2\boldsymbol{\Omega}\times\partial_t\mathbf{r} + \boldsymbol{\Omega}\times(\boldsymbol{\Omega}\times\mathbf{r})] = \boldsymbol{\nabla}_{\mathbf{x}}\cdot(\mathbf{T}^{\mathrm{PK}} + \mathbf{N}^{\mathrm{PK}}) \tag{2.121}$$

欧拉引力应力 (2.118) 是对称的，即 $(\mathbf{N}^{\mathrm{E}})^{\mathrm{T}} = \mathbf{N}^{\mathrm{E}}$，但是第一类皮奥拉–基尔霍夫应力则不对称；事实上，$(\mathbf{N}^{\mathrm{PK}})^{\mathrm{T}} = \mathbf{F}\cdot\mathbf{N}^{\mathrm{PK}}\cdot\mathbf{F}^{-\mathrm{T}}$。引力场 $\mathbf{g}^{\mathrm{E}}$ 的连续性确保了作用在每一个变形后的边界上的欧拉引力牵引力也是连续的：$[\hat{\mathbf{n}}^t\cdot\mathbf{N}^{\mathrm{E}}]_-^+ = \mathbf{0}$。借由关系式 $\hat{\mathbf{n}}^t\,d\Sigma^t\cdot\mathbf{N}^{\mathrm{E}} = \hat{\mathbf{n}}^0\,d\Sigma^0\cdot\mathbf{N}^{\mathrm{PK}}$，在变形前的焊接边界上，第一类皮奥拉–基尔霍夫应力也必须满足 $[\hat{\mathbf{n}}^0\cdot\mathbf{N}^{\mathrm{PK}}]_-^+ = \mathbf{0}$；但是，这一连续性条件在有切向滑动的固–液边界或断层边界上不必成立。

★2.9 引 力 势 能

一个质量分布的*引力势能* $\mathcal{E}_{\mathrm{g}}$ 是把散布在无穷远处的物质汇聚成该分布所要做的功；由于引力本身的保守性，这个功与汇聚过程的细节无关。我们可以通过把物质的汇聚看作是逐点的过程来计算 $\mathcal{E}_{\mathrm{g}}$。

假设绝大部分的物质已经就位，此时的欧拉密度和势函数分别为 ρ^{E} 和 ϕ^{E}。这时要把一个无穷小质量元 $\delta\rho^{\mathrm{E}}\,dV^t$ 从无穷远处沿任意路径移到 $\mathbf{r}$ 需要做的功是 $\delta\rho^{\mathrm{E}}\,\phi^{\mathrm{E}}\,dV^t$。于是，在体积

V^t 内部各处密度都增加 $\delta\rho^{\mathrm{E}}$ 所需要做的总的功是

$$\delta\mathcal{E}_{\mathrm{g}} = \int_{V^t} \delta\rho^{\mathrm{E}}\, \phi^{\mathrm{E}}\, dV^t \tag{2.122}$$

因密度变化而产生的势函数变化 $\delta\phi^{\mathrm{E}}$ 满足 $\nabla_{\mathbf{r}}^2(\delta\phi^{\mathrm{E}}) = 4\pi G\,(\delta\rho^{\mathrm{E}})$；因此我们可以把 (2.122) 改写为

$$\delta\mathcal{E}_{\mathrm{g}} = \frac{1}{4\pi G}\int_{\bigcirc} \nabla_{\mathbf{r}}^2(\delta\phi^{\mathrm{E}})\, \phi^{\mathrm{E}}\, dV^t \tag{2.123}$$

式中 $\bigcirc$ 表示全空间，上式的积分可以在全空间内，因为在任何没有质量的地方，即 $\bigcirc - V^t$，$\nabla_{\mathbf{r}}^2(\delta\phi^{\mathrm{E}}) = 0$。将高斯定理用于 (2.123)，我们有

$$\begin{aligned}\delta\mathcal{E}_{\mathrm{g}} &= -\frac{1}{4\pi G}\int_{\bigcirc} \boldsymbol{\nabla}_{\mathbf{r}}(\delta\phi^{\mathrm{E}})\cdot\boldsymbol{\nabla}_{\mathbf{r}}\phi^{\mathrm{E}}\, dV^t \\ &= -\frac{1}{8\pi G}\,\delta\Big(\int_{\bigcirc} \|\boldsymbol{\nabla}_{\mathbf{r}}\phi^{\mathrm{E}}\|^2\, dV^t\Big)\end{aligned} \tag{2.124}$$

式 (2.124) 中的表面积分为零，因为 $\phi^{\mathrm{E}} \sim r^{-1}$ 和 $\boldsymbol{\nabla}_{\mathbf{r}}(\delta\phi^{\mathrm{E}}) \sim r^{-2}$，所以在 $r \to \infty$ 时，被积函数 $\sim r^{-3}$，而表面积 $\sim r^2$。把所有的贡献 $\delta\mathcal{E}_{\mathrm{g}}$ 叠加起来，我们看到把散布在无穷远处的物质汇聚成任意质量分布所需的总能量为

$$\mathcal{E}_{\mathrm{g}} = -\frac{1}{8\pi G}\int_{\bigcirc} \|\boldsymbol{\nabla}_{\mathbf{r}}\phi^{\mathrm{E}}\|^2\, dV^t \tag{2.125}$$

因为引力是吸引力，这里的能量 $\mathcal{E}_{\mathrm{g}}$ 是负的；这也是结合能所共有的特性。

同样用高斯定理，并结合泊松方程 $\nabla_{\mathbf{r}}^2\phi^{\mathrm{E}} = 4\pi G\rho^{\mathrm{E}}$ 我们可以得到另一个表达式

$$\mathcal{E}_{\mathrm{g}} = \frac{1}{2}\int_{V^t} \rho^{\mathrm{E}}\phi^{\mathrm{E}}\, dV^t \tag{2.126}$$

式中的积分还是在质量所占据的瞬时体积 V^t 内。后一种形式也可以用拉格朗日势函数 ϕ^{L} 来表示；利用 (2.88)，我们有

$$\mathcal{E}_{\mathrm{g}} = \frac{1}{2}\int_{V^0} \rho^0\phi^{\mathrm{L}}\, dV^0 \tag{2.127}$$

其中 ρ^0 是初始密度，V^0 是变形前的初始体积。将表达式 (2.113) 代入 (2.127)，我们得到以 V^0 上的双重积分形式来表示的 $\mathcal{E}_{\mathrm{g}}$ 的最终表达式：

$$\mathcal{E}_{\mathrm{g}} = -\frac{1}{2}G\int_{V^0}\int_{V^0} \frac{\rho^0(\mathbf{x})\rho^0(\mathbf{x}')}{\|\mathbf{r}(\mathbf{x},t) - \mathbf{r}(\mathbf{x}',t)\|}\, dV^0\, dV^{0\prime} \tag{2.128}$$

式 (2.128) 给出了一个初始密度为 ρ^0 的有限连续体的瞬时引力势能，其质点 $\mathbf{x}$ 在 t 时刻移动到 $\mathbf{r}$；它适用于在任意大小且分段光滑的形变下、任何分段光滑的密度分布。

所有势能都可以选取任意的基准面，在第3章我们会看到 $\mathcal{E}_{\mathrm{g}}$ 可以很方便地重新定义为

$$\begin{aligned}\mathcal{E}_{\mathrm{g}} = &-\frac{1}{2}G\int_{V^0}\int_{V^0} \frac{\rho^0(\mathbf{x})\rho^0(\mathbf{x}')}{\|\mathbf{r}(\mathbf{x},t) - \mathbf{r}(\mathbf{x}',t)\|}\, dV^0\, dV^{0\prime} \\ &+ \frac{1}{2}G\int_{V^0}\int_{V^0} \frac{\rho^0(\mathbf{x})\rho^0(\mathbf{x}')}{\|\mathbf{x} - \mathbf{x}'\|}\, dV^0\, dV^{0\prime}\end{aligned} \tag{2.129}$$

这个量表示的是汇聚成变形后的物体所需的功减去汇聚成相应的变形前物体所需的功，也就

是与形变相关的引力势能变化。式 (2.129) 中的双重积分的积分区域包含所有 $\rho^0(\mathbf{x}) > 0$ 的质点 $\mathbf{x}$ 和所有 $\rho^0(\mathbf{x}') > 0$ 的质点 $\mathbf{x}'$。

2.10 弹性本构关系

非弹性耗散对地球的自由振荡及与其等价的体波和面波的传播影响较小；因此考虑完全弹性介质这一理想情况还是有意义的。每一个完全弹性体都有一个自然的参考位形，在没有施加应力时，它都会回到参考位形；因此，我们很自然地使用本构关系的拉格朗日表述。最普遍的完全弹性体的拉格朗日内能密度 U^{L} 仅依赖于局地瞬时应变 $\mathbf{E}^{\mathrm{L}}$ 和局地比熵密度 S^{L}：

$$U^{\mathrm{L}} = U^{\mathrm{L}}(\mathbf{E}^{\mathrm{L}}, S^{\mathrm{L}}) \tag{2.130}$$

对应变 $\mathbf{E}^{\mathrm{L}}$ 的依赖性确保了本构关系 (2.130) 符合物质参照系无关原理。该原理要求任何本构关系不随参照系的伽利略变换而改变；对于完全弹性体，它所表述的是刚性转动不改变质点内能这一明确的物理条件。固定 $\mathbf{x}$，将关系式 (2.130) 对时间 t 求偏导数得到

$$\partial_t U^{\mathrm{L}} = \left(\frac{\partial U^{\mathrm{L}}}{\partial \mathbf{E}^{\mathrm{L}}}\right)_{S^{\mathrm{L}}} : \partial_t \mathbf{E}^{\mathrm{L}} + \left(\frac{\partial U^{\mathrm{L}}}{\partial S^{\mathrm{L}}}\right)_{\mathbf{E}^{\mathrm{L}}} \partial_t S^{\mathrm{L}} \tag{2.131}$$

用热动力学的语言，方程 (2.130) 被称作*热状态方程*，而 (2.131) 则被称为*吉布斯关系*。

除了具有绝热的性质，地震形变还可以很好地近似为*等熵的*，这意味着

$$\partial_t S^{\mathrm{L}} = D_t S^{\mathrm{E}} = 0 \tag{2.132}$$

用公式 (2.132) 化简吉布斯关系 (2.131)，再乘以初始密度 ρ^0，我们得到

$$\rho^0 \partial_t U^{\mathrm{L}} = \rho^0 \left(\frac{\partial U^{\mathrm{L}}}{\partial \mathbf{E}^{\mathrm{L}}}\right)_{S^{\mathrm{L}}} : \partial_t \mathbf{E}^{\mathrm{L}} \tag{2.133}$$

比较 (2.133) 的结果和绝热形式的内能守恒定律 (2.103)，我们看到完全弹性体内的第二类皮奥拉–基尔霍夫应力 $\mathbf{T}^{\mathrm{SK}}$ 可以用内能写成如下形式

$$\mathbf{T}^{\mathrm{SK}} = \rho^0 \left(\frac{\partial U^{\mathrm{L}}}{\partial \mathbf{E}^{\mathrm{L}}}\right)_{S^{\mathrm{L}}} \tag{2.134}$$

形变的等熵性使我们得以避免在地震学中做明确的热动力学考虑。以下我们将不再考虑对熵密度 S^{L} 的依赖性，而直接把 U^{L} 看成是应变的一个任意函数：

$$U^{\mathrm{L}} = U^{\mathrm{L}}(\mathbf{E}^{\mathrm{L}}) \tag{2.135}$$

这样，我们很自然地将 $\rho^0 U^{\mathrm{L}}$ 称为体积分布的*弹性应变能密度*。因此，微分关系 (2.134) 要求第二类皮奥拉–基尔霍夫应力 $\mathbf{T}^{\mathrm{SK}}$ 也仅为应变的函数：

$$\mathbf{T}^{\mathrm{SK}} = \mathbf{T}^{\mathrm{SK}}(\mathbf{E}^{\mathrm{L}}) = \rho^0 \left(\frac{\partial U^{\mathrm{L}}}{\partial \mathbf{E}^{\mathrm{L}}}\right) \tag{2.136}$$

式 (2.136) 是一般非线性弹性体的等熵应力–应变本构关系的基本形式。

此外，我们还可以把 U^{L} 看作是右伸展张量 $\mathbf{R} = (\mathbf{I} + 2\mathbf{E}^{\mathrm{L}})^{1/2}$ 的函数，而不是应变张量 $\mathbf{E}^{\mathrm{L}}$

的函数；$U^{\mathrm{L}}(\mathbf{E}^{\mathrm{L}})$ 和 $U^{\mathrm{L}}(\mathbf{R})$ 这两个函数之间的关系为

$$\left(\frac{\partial U^{\mathrm{L}}}{\partial \mathbf{E}^{\mathrm{L}}}\right)=\frac{1}{2}\left[\left(\frac{\partial U^{\mathrm{L}}}{\partial \mathbf{R}}\right)\cdot\mathbf{R}^{-1}+\mathbf{R}^{-1}\cdot\left(\frac{\partial U^{\mathrm{L}}}{\partial \mathbf{R}}\right)\right] \tag{2.137}$$

用 (2.137) 我们可以将本构关系 (2.136) 改写成

$$\mathbf{T}^{\mathrm{SK}}=\mathbf{T}^{\mathrm{SK}}(\mathbf{R})=\frac{1}{2}\rho^0\left[\left(\frac{\partial U^{\mathrm{L}}}{\partial \mathbf{R}}\right)\cdot\mathbf{R}^{-1}+\mathbf{R}^{-1}\cdot\left(\frac{\partial U^{\mathrm{L}}}{\partial \mathbf{R}}\right)\right] \tag{2.138}$$

与 $\mathbf{T}^{\mathrm{SK}}$ 不同，第一类皮奥拉–基尔霍夫应力 $\mathbf{T}^{\mathrm{PK}}$ 和拉格朗日–柯西应力 $\mathbf{T}^{\mathrm{L}}$ 依赖于整个形变张量 $\mathbf{F}=\mathbf{Q}\cdot\mathbf{R}$。将 U^{L} 看作是形变张量 $\mathbf{F}$ 而不是 $\mathbf{E}^{\mathrm{L}}$ 的函数，从 (2.20) 我们得到

$$\left(\frac{\partial U^{\mathrm{L}}}{\partial \mathbf{F}}\right)=\mathbf{F}\cdot\left(\frac{\partial U^{\mathrm{L}}}{\partial \mathbf{E}^{\mathrm{L}}}\right),\qquad\left(\frac{\partial U^{\mathrm{L}}}{\partial \mathbf{F}^{\mathrm{T}}}\right)=\left(\frac{\partial U^{\mathrm{L}}}{\partial \mathbf{E}^{\mathrm{L}}}\right)\cdot\mathbf{F}^{\mathrm{T}} \tag{2.139}$$

因为弹性应变能必须独立于转动张量 $\mathbf{Q}$，函数 $U^{\mathrm{L}}(\mathbf{F})$ 不能任意指定；从 (2.139) 我们看到它必须满足如下约束

$$\mathbf{F}\cdot\left(\frac{\partial U^{\mathrm{L}}}{\partial \mathbf{F}^{\mathrm{T}}}\right)=\left(\frac{\partial U^{\mathrm{L}}}{\partial \mathbf{F}}\right)\cdot\mathbf{F}^{\mathrm{T}} \tag{2.140}$$

将式 (2.136) 和 (2.139) 代入 (2.45)，我们发现第一类皮奥拉–基尔霍夫应力可以写成

$$\mathbf{T}^{\mathrm{PK}}=\mathbf{T}^{\mathrm{PK}}(\mathbf{F})=\rho^0\left(\frac{\partial U^{\mathrm{L}}}{\partial \mathbf{F}^{\mathrm{T}}}\right) \tag{2.141}$$

该式与变化率关系 (2.103) 是一致的。利用 (2.46) 和 (2.140)，可以得到等熵弹性柯西应力 $\mathbf{T}^{\mathrm{L}}$ 的相应表达式：

$$\mathbf{T}^{\mathrm{L}}=\mathbf{T}^{\mathrm{L}}(\mathbf{F})=\rho^0J^{-1}\mathbf{F}\cdot\left(\frac{\partial U^{\mathrm{L}}}{\partial \mathbf{F}^{\mathrm{T}}}\right)=\rho^0J^{-1}\left(\frac{\partial U^{\mathrm{L}}}{\partial \mathbf{F}}\right)\cdot\mathbf{F}^{\mathrm{T}} \tag{2.142}$$

此外，我们可以用方程 (2.137) 把 $\mathbf{T}^{\mathrm{PK}}(\mathbf{F})$ 改写成一个能够显示其对转动张量 $\mathbf{Q}$ 依赖性的形式：

$$\mathbf{T}^{\mathrm{PK}}=\mathbf{T}^{\mathrm{PK}}(\mathbf{R})\cdot\mathbf{Q}^{\mathrm{T}} \tag{2.143}$$

其中

$$\mathbf{T}^{\mathrm{PK}}(\mathbf{R})=\frac{1}{2}\rho^0\left[\left(\frac{\partial U^{\mathrm{L}}}{\partial \mathbf{R}}\right)+\mathbf{R}^{-1}\cdot\left(\frac{\partial U^{\mathrm{L}}}{\partial \mathbf{R}}\right)\cdot\mathbf{R}\right] \tag{2.144}$$

同样地，我们也可以把 $\mathbf{T}^{\mathrm{L}}(\mathbf{F})$ 改写成

$$\mathbf{T}^{\mathrm{L}}=\mathbf{Q}\cdot\mathbf{T}^{\mathrm{L}}(\mathbf{R})\cdot\mathbf{Q}^{\mathrm{T}} \tag{2.145}$$

其中

$$\mathbf{T}^{\mathrm{L}}(\mathbf{R})=\frac{1}{2}\rho^0J^{-1}\left[\mathbf{R}\cdot\left(\frac{\partial U^{\mathrm{L}}}{\partial \mathbf{R}}\right)+\left(\frac{\partial U^{\mathrm{L}}}{\partial \mathbf{R}}\right)\cdot\mathbf{R}\right] \tag{2.146}$$

本构关系式 (2.143)–(2.144) 和 (2.145)–(2.146) 对 $\mathbf{T}^{\mathrm{PK}}$ 和 $\mathbf{T}^{\mathrm{L}}$ 的物理解释非常明确：质点 $\mathbf{x}$ 的第一类皮奥拉–基尔霍夫或拉格朗日–柯西应力是与伸展 $\mathbf{R}$ 以及围绕该质点的球体做相同转动 $\mathbf{Q}$ 相关的应力。但由于张量 $\mathbf{T}^{\mathrm{PK}}$ 的两点特性，这两种应力对 $\mathbf{Q}$ 有不同的显式依赖关系。

在所谓的简单非弹性介质中，应力 $\mathbf{T}^{\mathrm{SK}}$、$\mathbf{T}^{\mathrm{PK}}$ 和 $\mathbf{T}^{\mathrm{L}}$ 不仅仅依赖于瞬时形变 $\mathbf{F}$；相反，它

们依赖于形变的全部历史$\mathbf{F}_{\text{hist}}$。物质参照系无关原理对这一依赖性有很强的限制；可以证明，在这种介质中最普遍的应力–应变关系有如下形式

$$\mathbf{T}^{\text{SK}} = \mathbf{T}^{\text{SK}}(\mathbf{R}_{\text{hist}}) \tag{2.147}$$

$$\mathbf{T}^{\text{PK}} = \mathbf{T}^{\text{PK}}(\mathbf{R}_{\text{hist}}) \cdot \mathbf{Q}^{\text{T}} \tag{2.148}$$

$$\mathbf{T}^{\text{L}} = \mathbf{Q} \cdot \mathbf{T}^{\text{L}}(\mathbf{R}_{\text{hist}}) \cdot \mathbf{Q}^{\text{T}} \tag{2.149}$$

这里对刚体的转动历史$\mathbf{Q}_{\text{hist}}$没有依赖性；质点$\mathbf{x}$的应力是与伸展历史$\mathbf{R}_{\text{hist}}$以及当前的转动$\mathbf{Q}$相关的应力。在第6章我们将讨论线性非弹性对地球的无穷小弹性–重力振荡的影响。

第 3 章 运动方程

由于地震形变的幅度小，使得建立完全线性化的地球自由振荡理论成为可能；本章我们来推导初始状态为静态平衡的地球模型的无穷小弹性–重力形变所满足的线性化运动方程和边界条件。我们将采用三种不同的方法：①对第 2 章中得出的严格的欧拉守恒定律和边界条件直接做系统的线性化；②对严格的拉格朗日守恒定律做类似的线性化；③将哈密顿原理应用于一个通过对动能加弹性–重力能的收支做独立分析而得到的作用量。得到的结果将适用于具有任意给定密度和弹性结构的一般地球模型。这三种推导中主要的复杂因素是固态地壳与地幔中的初始偏应力，任何对横向密度不均匀地球模型的自洽处理都必须考虑这一点。这里的推导详细阐述并扩展了讨论一般地球模型形变的一些文章中的结果，特别是Dahlen (1972; 1973)、Woodhouse 和 Dahlen (1978)、Valette (1986)、Vermeersen 和 Vlaar (1991)。

3.1 平衡地球模型

我们假设地球是由许多液态和固态区域组成的，这些区域由互不相交、光滑且封闭的界面隔开，这些界面被称为内部边界。一些内部边界是焊接的固–固边界，如莫霍洛维奇间断面[①]和上地幔相变面，另外一些则是无摩擦的固–液边界，如内核边界、核幔边界和海底。我们用 $\oplus_{\mathrm{S}}$ 表示固态区域的集合，用 $\oplus_{\mathrm{F}}$ 表示液态区域的集合；用 $\oplus = \oplus_{\mathrm{S}} \cup \oplus_{\mathrm{F}}$ 表示模型的全部体积部分。所有内部固–固边界的集合由 Σ_{SS} 表示，所有内部固–液边界的集合则由 Σ_{FS} 表示。所有包含外表面 $\partial\oplus$ 的边界集合，表示为 $\Sigma = \partial\oplus \cup \Sigma_{\mathrm{SS}} \cup \Sigma_{\mathrm{FS}}$。我们仍然使用 $\bigcirc$ 表示全空间，因而 $\bigcirc - \oplus$ 代表地球以外的空间。Σ 的向外单位法向为 $\hat{\mathbf{n}}$，Σ 的内外两侧分别为 $-$ 侧和 $+$ 侧。图 3.1是一般地球模型横截面的示意图，其中标注了上述符号；不同区域的大小和形状不能按图示简单理解。我们在这里所阐述的理论也可以推广到更真实的有边界相交的模型；然而，这会不必要地使变分和能量的分析复杂化。为简便起见，我们将主要关注在图中所示的“洋葱状”模型。

我们假定地球在地震发生之前处于力学平衡状态，相对于一组笛卡儿坐标轴 $\hat{\mathbf{x}}_1, \hat{\mathbf{x}}_2, \hat{\mathbf{x}}_3$ 静止不动，这组坐标轴绕着位于质心的原点 O 以周日角速度 $\boldsymbol{\Omega}$ 均匀自转。我们将 $\oplus$ 中或 Σ 上的点即物质质点用它们在该均匀转动参照系中的平衡位置 $\mathbf{x}$ 表示，而任何时候在使用角标符号时，所有的矢量和张量都是用它们在转动坐标系中的分量表示。我们在本章中引入与地球自转相关的科里奥利力和离心力，因为这样做并不会导致更多的复杂性。由此而得到的结果也适用于作为特例的无自转 ($\boldsymbol{\Omega} = \mathbf{0}$) 地球。

在第2章中，我们发现区分欧拉梯度 $\boldsymbol{\nabla}_{\mathbf{r}}$ 和拉格朗日梯度 $\boldsymbol{\nabla}_{\mathbf{x}}$ 是有益的。在初始位形中，$\boldsymbol{\nabla}_{\mathbf{r}}$ 和 $\boldsymbol{\nabla}_{\mathbf{x}}$ 是相同的，而线性方程和边界条件仅需要相对于初始坐标的梯度 $\boldsymbol{\nabla}_{\mathbf{x}}$；因而我们将从此略去下角标 $\mathbf{x}$，用简单的 $\boldsymbol{\nabla}$ 来表示 $\boldsymbol{\nabla}_{\mathbf{x}}$。我们将用 dV 而不是用 dV^0 来做变形前体积元的符号，用 $d\Sigma$

① 通常简称莫霍面

而不是用 $d\Sigma^0$ 来做变形前面积元的符号。边界 Σ 上的带方向的面元将简单地用 $\hat{\mathbf{n}}\,d\Sigma$ 表示，而不是前面所采用的 $\hat{\mathbf{n}}^0 d\Sigma^0$。这些更改的目的只是为了避免在后面的公式中出现过多的上下角标。

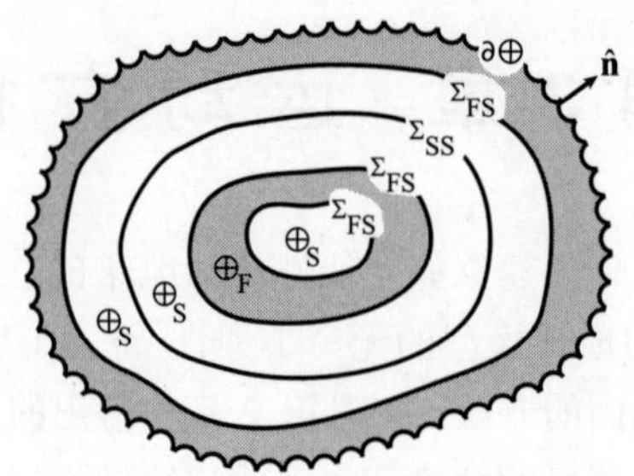

图 3.1 本书通篇使用的一般地球模型示意图以及用来表示区域和边界的符号。固态内核、地幔和地壳（无阴影）构成 $\oplus_{\mathrm{S}}$，而液态外核和海洋（阴影）构成 $\oplus_{\mathrm{F}}$。内部间断面 Σ_{FS} 和 Σ_{SS} 以及自由表面 $\partial\oplus$ 的向外单位法向用 $\hat{\mathbf{n}}$ 表示。要注意，所有的边界都假定为互不相交的；也不允许有封闭的固–液"海岸线"

令 ρ^0 为 $\oplus$ 内的初始密度分布，ϕ^0 为初始的引力势函数，以及

$$\mathbf{g}^0 = -\boldsymbol{\nabla}\phi^0 \tag{3.1}$$

为相应的初始引力场，ϕ^0 和 $\mathbf{g}^0$ 这两个量可以用 ρ^0 写成

$$\phi^0 = -G\int_{\oplus}\frac{\rho^{0\prime}}{\|\mathbf{x}-\mathbf{x}'\|}\,dV' \tag{3.2}$$

和

$$\mathbf{g}^0 = -G\int_{\oplus}\frac{\rho^{0\prime}\,(\mathbf{x}-\mathbf{x}')}{\|\mathbf{x}-\mathbf{x}'\|^3}\,dV' \tag{3.3}$$

这里撇号表示在积分变量 $\mathbf{x}'$ 处取值。密度 ρ^0 被认为是在地球以外为零，然而 ϕ^0 和 $\mathbf{g}^0$ 在 $\bigcirc$ 内处处均不为零。在地球内部，势函数 ϕ^0 满足泊松方程

$$\nabla^2\phi^0 = 4\pi G\rho^0 \tag{3.4}$$

以及在边界 $\oplus$ 上的连续性条件

$$[\phi^0]_-^+ = 0, \qquad [\hat{\mathbf{n}}\cdot\boldsymbol{\nabla}\phi^0]_-^+ = 0 \tag{3.5}$$

在地球以外的 $\bigcirc - \oplus$ 区域，势函数是调和的，即 $\nabla^2\phi^0 = 0$。

在变形前的位形中，柯西应力与两个皮奥拉–基尔霍夫应力相等；我们用 $\mathbf{T}^0$ 表示地球模型内部的*初始静应力*。在液态区域 $\oplus_{\mathrm{F}}$，必须有流体静力学初始应力：$\mathbf{T}^0 = -p^0\mathbf{I}$，其中 p^0 是*初始流体静力学压强*。在固态区域 $\oplus_{\mathrm{S}}$，我们将压强 p^0 和*初始偏应力* $\boldsymbol{\tau}^0$ 定义为

$$p^0 = -\frac{1}{3}\,\mathrm{tr}\,\mathbf{T}^0, \qquad \boldsymbol{\tau}^0 = p^0\mathbf{I} + \mathbf{T}^0 \tag{3.6}$$

式 (3.6) 构成了初始应力的常规分解 $\mathbf{T}^0 = -p^0\mathbf{I} + \boldsymbol{\tau}^0$，即分解为各向同性和偏应力张量两部分；偏应力的迹为零：$\mathrm{tr}\,\boldsymbol{\tau}^0 = 0$。我们用 ϖ^0 表示边界 Σ 上牵引力的负法向分量

$$\varpi^0 = -(\hat{\mathbf{n}} \cdot \mathbf{T}^0 \cdot \hat{\mathbf{n}}) \tag{3.7}$$

在固–液边界Σ_{FS}上，则有$\hat{\mathbf{n}} \cdot \mathbf{T}^0 = -\varpi^0 \hat{\mathbf{n}}$，其中$\varpi^0$与液态一侧的初始压力$p^0$相等。

静态动量方程保证了均匀自转地球模型的力学平衡：

$$\boldsymbol{\nabla} \cdot \mathbf{T}^0 = \rho^0 \boldsymbol{\nabla}(\phi^0 + \psi) \tag{3.8}$$

其中的离心势函数为

$$\psi = -\frac{1}{2}[\Omega^2 x^2 - (\boldsymbol{\Omega} \cdot \mathbf{x})^2] \tag{3.9}$$

在液态区域$\oplus_{\mathrm{F}}$，静态偏应力$\boldsymbol{\tau}^0$为零，方程(3.8) 成为流体静力学平衡方程：

$$\boldsymbol{\nabla} p^0 + \rho^0 \boldsymbol{\nabla}(\phi^0 + \psi) = \mathbf{0} \tag{3.10}$$

方程(3.8) 和(3.10) 必须在所有$\oplus_{\mathrm{S}}$和$\oplus_{\mathrm{F}}$区域内都要成立，且在边界Σ上需要满足牵引力连续性边界条件

$$[\hat{\mathbf{n}} \cdot \mathbf{T}^0]_-^+ = \mathbf{0} \tag{3.11}$$

在地球的自由外表面$\partial\oplus$，牵引力必须为零，即 $\hat{\mathbf{n}} \cdot \mathbf{T}^0 = \mathbf{0}$。

3.2 线 性 微 扰

我们采用运动的拉格朗日描述，将位置矢量$\mathbf{r}(\mathbf{x}, t)$写为

$$\mathbf{r}(\mathbf{x}, t) = \mathbf{x} + \mathbf{s}(\mathbf{x}, t) \tag{3.12}$$

其中$\mathbf{s}$是质点$\mathbf{x}$在t时刻偏离其平衡位置的位移 (图 3.2)。为了得到微小弹性–重力振荡所满足的线性化的运动方程和边界条件，我们将$\mathbf{s}$视为一个小量，且系统性地忽略所有的阶数为$\|\mathbf{s}\|^2$的项。在对质量和动量守恒定律做线性化之前，我们先讨论一些一般性的认知。为后续讨论方便起见，我们将地球以外$\bigcirc - \oplus$区域的$\mathbf{s}$定义为零。

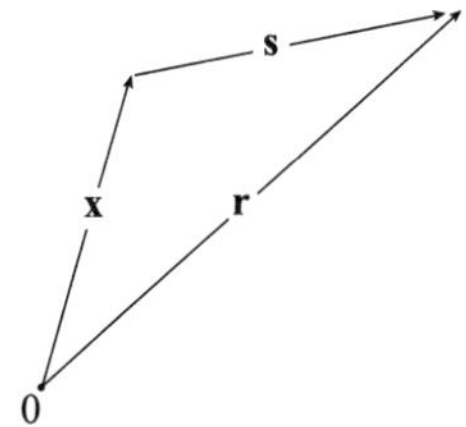

图 3.2 初始位于点$\mathbf{x}$的质点在t时刻移动到点$\mathbf{r}(\mathbf{x}, t) = \mathbf{x} + \mathbf{s}(\mathbf{x}, t)$。在本章所做的形变的线性化分析中，质点的位移$\mathbf{s}(\mathbf{x}, t)$均被认为是小量

3.2.1 欧拉微扰和拉格朗日微扰

对于任意的物理量q，我们定义一阶欧拉微扰和拉格朗日微扰q^{E1}和q^{L1}为

$$q^{\mathrm{E}}(\mathbf{r}, t) = q^0(\mathbf{r}) + q^{\mathrm{E1}}(\mathbf{r}, t) \tag{3.13}$$

$$q^{\mathrm{L}}(\mathbf{x}, t) = q^0(\mathbf{x}) + q^{\mathrm{L1}}(\mathbf{x}, t) \tag{3.14}$$

其中 q^0 表示零阶初始值。如果形变小到足以允许线性化，那么精确到 $\|\mathbf{s}\|$ 的一阶，我们有

$$q^{\mathrm{E1}}(\mathbf{r},t)=q^{\mathrm{E1}}(\mathbf{x},t),\qquad q^{\mathrm{L1}}(\mathbf{x},t)=q^{\mathrm{L1}}(\mathbf{r},t) \tag{3.15}$$

(3.15) 式表明将一阶微扰 q^{E1} 和 q^{L1} 看作是 $\mathbf{r}$ 还是 $\mathbf{x}$ 的函数是无关紧要的。因而我们之后将把所有的零阶和一阶变量都视为初始位置 $\mathbf{x}$ 的函数；而得到的线性化方程的适用区域则是变形前的地球体积 $\oplus$。与这些方程一起，我们还要加上在变形前的内外边界 Σ 上成立的线性化边界条件。

将式 (3.12) 和 (3.13)–(3.14) 代入 (2.1)，并忽略二阶项，我们得到拉格朗日微扰 q^{L1} 和欧拉微扰 q^{E1} 之间的关系：

$$q^{\mathrm{L1}}=q^{\mathrm{E1}}+\mathbf{s}\cdot\boldsymbol{\nabla}q^0 \tag{3.16}$$

公式 (3.16) 实质上是物质导数公式 $D_t=\partial_t+\mathbf{u}^{\mathrm{E}}\cdot\boldsymbol{\nabla}_{\mathbf{r}}$ 线性化的、积分后的形式。其物理解释是相似的：一个固定在运动质点上的观察者所感受到的一阶变化 q^{L1} 包含在空间中定点 $\mathbf{r}$ 处的变化 q^{E1} 以及质点在初始的空间梯度 $\boldsymbol{\nabla}q^0$ 中的位移 $\mathbf{s}$ 而导致的变化 $\mathbf{s}\cdot\boldsymbol{\nabla}q^0$。$q$ 量可以是任何具有非零静态值的物理变量，如密度、引力或应力。

3.2.2 形变的线性分析

不考虑形变张量 $\mathbf{F}$ 的两点特性，我们将其写成

$$\mathbf{F}=\mathbf{I}+(\boldsymbol{\nabla}\mathbf{s})^{\mathrm{T}} \tag{3.17}$$

其中 $\mathbf{I}$ 是单位张量。对于无限小形变，为方便起见可以将 $\mathbf{F}$ 分解为对称和反对称部分：

$$\mathbf{F}=\mathbf{I}+\boldsymbol{\varepsilon}+\boldsymbol{\omega} \tag{3.18}$$

其中

$$\boldsymbol{\varepsilon}=\frac{1}{2}[\boldsymbol{\nabla}\mathbf{s}+(\boldsymbol{\nabla}\mathbf{s})^{\mathrm{T}}],\qquad \boldsymbol{\omega}=-\frac{1}{2}[\boldsymbol{\nabla}\mathbf{s}-(\boldsymbol{\nabla}\mathbf{s})^{\mathrm{T}}] \tag{3.19}$$

对称部分 $\boldsymbol{\varepsilon}=\boldsymbol{\varepsilon}^{\mathrm{T}}$ 是*无穷小应变张量*，反对称部分 $\boldsymbol{\omega}=-\boldsymbol{\omega}^{\mathrm{T}}$ 则是*无穷小转动张量*。精确到 $\|\mathbf{s}\|$ 的一阶，我们可以将 (3.18) 改写为另一种形式

$$\mathbf{F}=(\mathbf{I}+\boldsymbol{\omega})\cdot(\mathbf{I}+\boldsymbol{\varepsilon})=(\mathbf{I}+\boldsymbol{\varepsilon})\cdot(\mathbf{I}+\boldsymbol{\omega}) \tag{3.20}$$

(3.20) 可以被解释为小形变版的*球极分解定理* (2.25)。精确到 $\|\mathbf{s}\|$ 的一阶，转动张量 $\mathbf{Q}$ 以及右伸展和左伸展张量 $\mathbf{R}$ 和 $\mathbf{L}$ 由下式给定

$$\mathbf{Q}=\mathbf{I}+\boldsymbol{\omega},\qquad \mathbf{R}=\mathbf{L}=\mathbf{I}+\boldsymbol{\varepsilon} \tag{3.21}$$

精确到 $\|\mathbf{s}\|$ 的一阶，$\boldsymbol{\omega}$ 的反对称性确保 $\mathbf{Q}$ 是正交的：

$$(\mathbf{I}+\boldsymbol{\omega})^{\mathrm{T}}\cdot(\mathbf{I}+\boldsymbol{\omega})=(\mathbf{I}+\boldsymbol{\omega})\cdot(\mathbf{I}+\boldsymbol{\omega})^{\mathrm{T}}=\mathbf{I} \tag{3.22}$$

从公式 (2.20) 或 (2.29) 我们可以看到，精确到 $\|\mathbf{s}\|$ 的一阶，拉格朗日应变张量 $\mathbf{E}^{\mathrm{L}}$ 成为

$$\mathbf{E}^{\mathrm{L}}=\boldsymbol{\varepsilon} \tag{3.23}$$

鉴于(3.20)–(3.23) 中的结果，我们此后一般会去掉“无穷小”这一形容词，而直接将$\boldsymbol{\varepsilon}$和$\boldsymbol{\omega}$称为应变张量和转动张量。

将公式(2.10) 和(2.11) 线性化，我们获得精确到$\|\mathbf{s}\|$的一阶的欧拉应变率张量$\mathbf{D}^{\mathrm{E}}$ 和转动率张量$\mathbf{W}^{\mathrm{E}}$：

$$\mathbf{D}^{\mathrm{E}} = \partial_t\boldsymbol{\varepsilon}, \qquad \mathbf{W}^{\mathrm{E}} = \partial_t\boldsymbol{\omega} \tag{3.24}$$

亦即它们只是应变张量和转动张量对时间的导数。同样地，一阶欧拉速度$\mathbf{u}^{\mathrm{E}}$是位移对时间的导数：

$$\mathbf{u}^{\mathrm{E}} = \partial_t\mathbf{s} \tag{3.25}$$

鉴于(3.24)–(3.25) 式，人们有时会认为对于无穷小形变，不需要区分欧拉和拉格朗日表述。然而，正如我们在 3.2.1节看到的，这一结论对于像密度、引力和应力等具有零阶初值的变量并不成立。

3.2.3 体积微扰和面积微扰

精确到$\|\mathbf{s}\|$的一阶，联系变形前后相应体积元的雅可比$J = \det\mathbf{F}$可写为

$$J = 1 + \mathrm{tr}\,\boldsymbol{\varepsilon} = 1 + \boldsymbol{\nabla}\cdot\mathbf{s} \tag{3.26}$$

在同阶近似下，形变张量$\mathbf{F}^{-1}$的逆可写为

$$\mathbf{F}^{-1} = \mathbf{I} - (\boldsymbol{\nabla}\mathbf{s})^{\mathrm{T}} \tag{3.27}$$

将式(3.26)和(3.27)代入(2.37)，并忽略二阶项，我们得到变形后面元$\hat{\mathbf{n}}^t d\Sigma^t$与相应的变形前面元$\hat{\mathbf{n}}\, d\Sigma$之间的线性化关系：

$$\hat{\mathbf{n}}^t d\Sigma^t = (1 + \boldsymbol{\nabla}\cdot\mathbf{s})\,\hat{\mathbf{n}}\,d\Sigma - (\boldsymbol{\nabla}\mathbf{s})\cdot\hat{\mathbf{n}}\,d\Sigma \tag{3.28}$$

涉及法向导数$\partial_n\mathbf{s}$的项会被消去，因此该结果可以仅用*表面梯度*$\boldsymbol{\nabla}^{\Sigma} = \boldsymbol{\nabla} - \hat{\mathbf{n}}\partial_n$改写为

$$\hat{\mathbf{n}}^t d\Sigma^t = (1 + \boldsymbol{\nabla}^{\Sigma}\cdot\mathbf{s})\,\hat{\mathbf{n}}\,d\Sigma - (\boldsymbol{\nabla}^{\Sigma}\mathbf{s})\cdot\hat{\mathbf{n}}\,d\Sigma \tag{3.29}$$

(3.29)式中的第一项表示无穷小面元的面积变化，而第二项表示单位法向的偏转。精确到$\|\mathbf{s}\|$的一阶，这两个变化可以分别表示为

$$d\Sigma^t = (1 + \boldsymbol{\nabla}^{\Sigma}\cdot\mathbf{s})\,d\Sigma \tag{3.30}$$

$$\hat{\mathbf{n}}^t = \hat{\mathbf{n}} - (\boldsymbol{\nabla}^{\Sigma}\mathbf{s})\cdot\hat{\mathbf{n}} \tag{3.31}$$

公式(3.30)是体积关系(3.26)的面积形式；变形后与变形前体积元dV^t和dV的关系为

$$dV^t = (1 + \boldsymbol{\nabla}\cdot\mathbf{s})\,dV \tag{3.32}$$

表示单位法向偏转的(3.31)式也可以用初等几何方法得到；(3.30)–(3.31)这两个关系式合起来意味着(3.29)的结果。

3.2.4 应力微扰

欧拉和拉格朗日–柯西应力的一阶微扰的定义为

$$\mathbf{T}^{\mathrm{E}} = \mathbf{T}^0 + \mathbf{T}^{\mathrm{E1}}, \qquad \mathbf{T}^{\mathrm{L}} = \mathbf{T}^0 + \mathbf{T}^{\mathrm{L1}} \tag{3.33}$$

固定在运动质点上的观察者所感受到的拉格朗日微扰$\mathbf{T}^{\mathrm{L1}}$与空间中某一定点的欧拉微扰$\mathbf{T}^{\mathrm{E1}}$可由(3.16)式联系起来：

$$\mathbf{T}^{\mathrm{L1}} = \mathbf{T}^{\mathrm{E1}} + \mathbf{s}\cdot\boldsymbol{\nabla}\mathbf{T}^0 \tag{3.34}$$

我们将第一类和第二类皮奥拉–基尔霍夫应力增量分别用$\mathbf{T}^{\mathrm{PK1}}$和$\mathbf{T}^{\mathrm{SK1}}$表示。这些量以类似于(3.33)的方式定义为

$$\mathbf{T}^{\mathrm{PK}} = \mathbf{T}^0 + \mathbf{T}^{\mathrm{PK1}}, \qquad \mathbf{T}^{\mathrm{SK}} = \mathbf{T}^0 + \mathbf{T}^{\mathrm{SK1}} \tag{3.35}$$

将(3.26)–(3.27)、(3.33)和(3.35)代入(2.42)和(2.46)，我们得到将皮奥拉–基尔霍夫微扰$\mathbf{T}^{\mathrm{PK1}}$和$\mathbf{T}^{\mathrm{SK1}}$与拉格朗日–柯西应力增量$\mathbf{T}^{\mathrm{L1}}$相关联的线性化方程：

$$\mathbf{T}^{\mathrm{PK1}} = \mathbf{T}^{\mathrm{L1}} + \mathbf{T}^0(\boldsymbol{\nabla}\cdot\mathbf{s}) - (\boldsymbol{\nabla}\mathbf{s})^{\mathrm{T}}\cdot\mathbf{T}^0 \tag{3.36}$$

$$\mathbf{T}^{\mathrm{SK1}} = \mathbf{T}^{\mathrm{L1}} + \mathbf{T}^0(\boldsymbol{\nabla}\cdot\mathbf{s}) - (\boldsymbol{\nabla}\mathbf{s})^{\mathrm{T}}\cdot\mathbf{T}^0 - \mathbf{T}^0\cdot\boldsymbol{\nabla}\mathbf{s} \tag{3.37}$$

相应的$\mathbf{T}^{\mathrm{PK1}}$与$\mathbf{T}^{\mathrm{SK1}}$之间的一阶关系可以通过线性化(2.45)或比较(3.36)和(3.37)得到：

$$\mathbf{T}^{\mathrm{PK1}} = \mathbf{T}^{\mathrm{SK1}} + \mathbf{T}^0\cdot\boldsymbol{\nabla}\mathbf{s} \tag{3.38}$$

值得注意的是，$\mathbf{T}^{\mathrm{E1}}$、$\mathbf{T}^{\mathrm{L1}}$和$\mathbf{T}^{\mathrm{SK1}}$均为对称的，而第一类皮奥拉–基尔霍夫应力增量$\mathbf{T}^{\mathrm{PK1}}$则不是；事实上，

$$(\mathbf{T}^{\mathrm{PK1}})^{\mathrm{T}} = \mathbf{T}^{\mathrm{PK1}} - \mathbf{T}^0\cdot\boldsymbol{\nabla}\mathbf{s} + (\boldsymbol{\nabla}\mathbf{s})^{\mathrm{T}}\cdot\mathbf{T}^0 \tag{3.39}$$

由(3.36)而得到的(3.39)是(2.95)式的线性化形式。在3.6节中，我们将讨论线性弹性本构关系，并将应力微扰$\mathbf{T}^{\mathrm{L1}}$、$\mathbf{T}^{\mathrm{PK1}}$和$\mathbf{T}^{\mathrm{SK1}}$用位移梯度$\boldsymbol{\nabla}\mathbf{s}$来表示。

3.2.5 引力微扰

引力势函数与引力场的欧拉和拉格朗日微扰分别定义为

$$\phi^{\mathrm{E}} = \phi^0 + \phi^{\mathrm{E1}}, \qquad \mathbf{g}^{\mathrm{E}} = \mathbf{g}^0 + \mathbf{g}^{\mathrm{E1}} \tag{3.40}$$

和

$$\phi^{\mathrm{L}} = \phi^0 + \phi^{\mathrm{L1}}, \qquad \mathbf{g}^{\mathrm{L}} = \mathbf{g}^0 + \mathbf{g}^{\mathrm{L1}} \tag{3.41}$$

这些微扰满足通常的一阶关系：

$$\phi^{\mathrm{L1}} = \phi^{\mathrm{E1}} + \mathbf{s}\cdot\boldsymbol{\nabla}\phi^0, \qquad \mathbf{g}^{\mathrm{L1}} = \mathbf{g}^{\mathrm{E1}} + \mathbf{s}\cdot\boldsymbol{\nabla}\mathbf{g}^0 \tag{3.42}$$

可以将欧拉场微扰$\mathbf{g}^{\mathrm{E1}}$写为相应的势函数微扰的梯度：

$$\mathbf{g}^{\mathrm{E1}} = -\boldsymbol{\nabla}\phi^{\mathrm{E1}} \tag{3.43}$$

$\mathbf{g}^{\mathrm{L1}}$的相应结果更为复杂；从(3.42)–(3.43)可见

$$\mathbf{g}^{\mathrm{L1}} = -\boldsymbol{\nabla}\phi^{\mathrm{E1}} - \mathbf{s}\cdot\boldsymbol{\nabla}\boldsymbol{\nabla}\phi^0 = -\boldsymbol{\nabla}\phi^{\mathrm{L1}} + \boldsymbol{\nabla}\mathbf{s}\cdot\boldsymbol{\nabla}\phi^0 \tag{3.44}$$

(3.43) 和 (3.44) 这两个关系之间的差异反映了经典引力势函数理论固有的欧拉属性。在3.5节中，我们将推导引力微扰ϕ^{E1}、$\mathbf{g}^{\mathrm{E1}}$、ϕ^{L1}和$\mathbf{g}^{\mathrm{L1}}$与位移$\mathbf{s}$之间的线性积分关系。

3.3 线性化的守恒定律

质量与动量守恒定律的线性化形式很容易得到。线性理论的一个固有特征是，在所有的能量分析中都要求二阶精度；因此，对能量守恒定律进行线性化处理是不够的。在3.8节和3.9节中，我们将对弹性–重力能做一致性的二阶处理。

3.3.1 线性化连续性方程

密度的欧拉和拉格朗日微扰ρ^{E1}和ρ^{L1}定义为

$$\rho^{\mathrm{E}} = \rho^0 + \rho^{\mathrm{E1}}, \qquad \rho^{\mathrm{L}} = \rho^0 + \rho^{\mathrm{L1}} \tag{3.45}$$

通过线性化欧拉和拉格朗日质量守恒定律，可以将这两个微扰与位移$\mathbf{s}$联系起来。将 (3.45) 的分解式代入欧拉连续性方程 (2.51)，并对时间积分，精确到$\|\mathbf{s}\|$的一阶，我们得到

$$\rho^{\mathrm{E1}} = -\boldsymbol{\nabla} \cdot (\rho^0 \mathbf{s}) \tag{3.46}$$

将 (3.26) 和 (3.45) 一起代入拉格朗日质量守恒方程 (2.86) 可得 (精确到相同量级)：

$$\rho^{\mathrm{L1}} = -\rho^0 (\boldsymbol{\nabla} \cdot \mathbf{s}) \tag{3.47}$$

令人放心的是，(3.46) 和 (3.47) 这两个微扰有下面的关系：

$$\rho^{\mathrm{L1}} = \rho^{\mathrm{E1}} + \mathbf{s} \cdot \boldsymbol{\nabla} \rho^0 \tag{3.48}$$

它与普遍的关系式 (3.16) 一致。

(3.47) 式为质点位移$\boldsymbol{\nabla} \cdot \mathbf{s}$的散度提供了物理解释。定义拉格朗日比容微扰$\tau^{\mathrm{L1}}$为

$$\tau^{\mathrm{L}} = \tau^0 + \tau^{\mathrm{L1}} \tag{3.49}$$

其中$\rho^0 \tau^0 = 1$，我们看到

$$\boldsymbol{\nabla} \cdot \mathbf{s} = -\frac{\rho^{\mathrm{L1}}}{\rho^0} = \frac{\tau^{\mathrm{L1}}}{\tau^0} \tag{3.50}$$

显然，$\boldsymbol{\nabla} \cdot \mathbf{s}$是质点$\mathbf{x}$在$t$时刻单位质量的体积的相对变化。(3.50) 式可以看作是 (2.58) 的线性化、积分后的形式。

3.3.2 线性化动量方程

要得到欧拉动量方程的线性化形式，我们将表达式 (3.33)、(3.40) 和 (3.45) 代入精确关系式 (2.117)。忽略$\|\mathbf{s}\|$的二阶项，并消去静态平衡条件 (3.8) 式，可得

$$\rho^0 (\partial_t^2 \mathbf{s} + 2\boldsymbol{\Omega} \times \partial_t \mathbf{s}) = \boldsymbol{\nabla} \cdot \mathbf{T}^{\mathrm{E1}} - \rho^0 \boldsymbol{\nabla} \phi^{\mathrm{E1}} - \rho^{\mathrm{E1}} \boldsymbol{\nabla} (\phi^0 + \psi) \tag{3.51}$$

严格来讲，这一结果适用于变形后地球内部的点$\mathbf{r}$，而不是变形前地球内部的点$\mathbf{x}$，且梯度为$\boldsymbol{\nabla}_{\mathbf{r}}$，而不是$\boldsymbol{\nabla}_{\mathbf{x}}$。但是，正如我们在3.2.1节所看到的，若只精确到$\|\mathbf{s}\|$的一阶，这一区别是无关紧要的。另一种获得(3.51)式的方法涉及较多的代数运算，但得到的结果在变形前的地球内也是明确有效的，其做法是将下面的另一组关系式代入公式(2.117)中：

$$\rho^{\mathrm{E}} = \rho^0 + \rho^{\mathrm{E1}} + \mathbf{s}\cdot\boldsymbol{\nabla}\rho^0 \tag{3.52}$$

$$\phi^{\mathrm{E}} = \phi^0 + \phi^{\mathrm{E1}} + \mathbf{s}\cdot\boldsymbol{\nabla}\phi^0 \tag{3.53}$$

$$\mathbf{T}^{\mathrm{E}} = \mathbf{T}^0 + \mathbf{T}^{\mathrm{E1}} + \mathbf{s}\cdot\boldsymbol{\nabla}\mathbf{T}^0 \tag{3.54}$$

$$\boldsymbol{\nabla}_{\mathbf{r}} = \boldsymbol{\nabla} - (\boldsymbol{\nabla}\mathbf{s})\cdot\boldsymbol{\nabla} \tag{3.55}$$

公式(3.52)–(3.54)中多出来的平流项$\mathbf{s}\cdot\boldsymbol{\nabla}\rho^0$、$\mathbf{s}\cdot\boldsymbol{\nabla}\phi^0$和$\mathbf{s}\cdot\boldsymbol{\nabla}\mathbf{T}^0$将自变量从$\mathbf{r}$变为$\mathbf{x}$，最终关系式(3.55)是空间梯度$\boldsymbol{\nabla}_{\mathbf{r}}$到$\boldsymbol{\nabla}=\boldsymbol{\nabla}_{\mathbf{x}}$所对应的一阶变换。

我们将在3.6节中看到，借助弹性参数与$\boldsymbol{\nabla}\mathbf{s}$相关联的是拉格朗日应力微扰$\mathbf{T}^{\mathrm{L1}} = \mathbf{T}^{\mathrm{E1}} + \mathbf{s}\cdot\boldsymbol{\nabla}\mathbf{T}^0$，而不是欧拉微扰$\mathbf{T}^{\mathrm{E1}}$；因此，为简便起见，我们将(3.51)用$\mathbf{T}^{\mathrm{L1}}$以显式改写成

$$\begin{aligned}\rho^0(\partial_t^2\mathbf{s} + 2\boldsymbol{\Omega}\times\partial_t\mathbf{s}) &= \boldsymbol{\nabla}\cdot\mathbf{T}^{\mathrm{L1}} \\ &\quad - \boldsymbol{\nabla}\cdot(\mathbf{s}\cdot\boldsymbol{\nabla}\mathbf{T}^0) - \rho^0\boldsymbol{\nabla}\phi^{\mathrm{E1}} - \rho^{\mathrm{E1}}\boldsymbol{\nabla}(\phi^0+\psi)\end{aligned} \tag{3.56}$$

在液态区域$\oplus_{\mathrm{F}}$，(3.56)式变为

$$\begin{aligned}\rho^0(\partial_t^2\mathbf{s} + 2\boldsymbol{\Omega}\times\partial_t\mathbf{s}) &= \boldsymbol{\nabla}\cdot\mathbf{T}^{\mathrm{L1}} \\ &\quad - \boldsymbol{\nabla}[\rho^0\mathbf{s}\cdot\boldsymbol{\nabla}(\phi^0+\psi)] - \rho^0\boldsymbol{\nabla}\phi^{\mathrm{E1}} - \rho^{\mathrm{E1}}\boldsymbol{\nabla}(\phi^0+\psi)\end{aligned} \tag{3.57}$$

这里我们利用(3.10)式消去了初始压强p^0。固态区域$\oplus_{\mathrm{S}}$的相应结果为

$$\begin{aligned}\rho^0(\partial_t^2\mathbf{s} + 2\boldsymbol{\Omega}\times\partial_t\mathbf{s}) &= \boldsymbol{\nabla}\cdot\mathbf{T}^{\mathrm{L1}} \\ &\quad - \boldsymbol{\nabla}[\rho^0\mathbf{s}\cdot\boldsymbol{\nabla}(\phi^0+\psi)] - \rho^0\boldsymbol{\nabla}\phi^{\mathrm{E1}} - \rho^{\mathrm{E1}}\boldsymbol{\nabla}(\phi^0+\psi) \\ &\quad + \boldsymbol{\nabla}[\mathbf{s}\cdot(\boldsymbol{\nabla}\cdot\boldsymbol{\tau}^0)] - \boldsymbol{\nabla}\cdot(\mathbf{s}\cdot\boldsymbol{\nabla}\boldsymbol{\tau}^0)\end{aligned} \tag{3.58}$$

其中$\boldsymbol{\tau}^0$为初始偏应力。

拉格朗日动量方程的线性化形式可用类似方法得到；我们将(3.35)和(3.41)代入(2.93)式，并消去静态平衡条件(3.8)式。得到的结果在变形前地球$\oplus$内部任何地方均成立：

$$\rho^0[\partial_t^2\mathbf{s} + 2\boldsymbol{\Omega}\times\partial_t\mathbf{s} + \boldsymbol{\Omega}\times(\boldsymbol{\Omega}\times\mathbf{s})] = \boldsymbol{\nabla}\cdot\mathbf{T}^{\mathrm{PK1}} + \rho^0\mathbf{g}^{\mathrm{L1}} \tag{3.59}$$

精确到$\|\mathbf{s}\|$的一阶，(3.59)式等价于

$$\begin{aligned}\rho^0(\partial_t^2\mathbf{s} + 2\boldsymbol{\Omega}\times\partial_t\mathbf{s}) &= \boldsymbol{\nabla}\cdot\mathbf{T}^{\mathrm{PK1}} \\ &\quad - \rho^0\boldsymbol{\nabla}\phi^{\mathrm{E1}} - \rho^0\mathbf{s}\cdot\boldsymbol{\nabla}\boldsymbol{\nabla}(\phi^0+\psi)\end{aligned} \tag{3.60}$$

这里我们使用了(3.44)和等式$\boldsymbol{\Omega}\times(\boldsymbol{\Omega}\times\mathbf{s}) = \mathbf{s}\cdot\boldsymbol{\nabla}\boldsymbol{\nabla}\psi$。要使线性化动量方程的两个版本(3.56)和(3.60)一致，必须要有

$$\begin{aligned}\boldsymbol{\nabla}\cdot\mathbf{T}^{\mathrm{L1}}&-\boldsymbol{\nabla}\cdot(\mathbf{s}\cdot\boldsymbol{\nabla}\mathbf{T}^{0})-\rho^{\mathrm{E1}}\boldsymbol{\nabla}(\phi^{0}+\psi)\\&=\boldsymbol{\nabla}\cdot\mathbf{T}^{\mathrm{PK1}}-\rho^{0}\mathbf{s}\cdot\boldsymbol{\nabla}\boldsymbol{\nabla}(\phi^{0}+\psi)\end{aligned}\tag{3.61}$$

此等式可以很容易地利用$\mathbf{T}^{\mathrm{L1}}$和$\mathbf{T}^{\mathrm{PK1}}$这两个应力增量之间的关系(3.36)来验证。

线性化的动量方程还有其他的形式；例如，利用(3.37)或(3.38)式，可以将其以第二类皮奥拉–基尔霍夫应力增量$\mathbf{T}^{\mathrm{SK1}}$来表示：

$$\begin{aligned}\rho^{0}(\partial_t^2\mathbf{s}+2\boldsymbol{\Omega}\times\partial_t\mathbf{s})&=\boldsymbol{\nabla}\cdot\mathbf{T}^{\mathrm{SK1}}\\&+\boldsymbol{\nabla}\cdot(\mathbf{T}^{0}\cdot\boldsymbol{\nabla}\mathbf{s})-\rho^{0}\boldsymbol{\nabla}\phi^{\mathrm{E1}}-\rho^{0}\mathbf{s}\cdot\boldsymbol{\nabla}\boldsymbol{\nabla}(\phi^{0}+\psi)\end{aligned}\tag{3.62}$$

这一结果是(2.94)式的线性化形式，在全球地震学中并不常用。

3.4 线性化的边界条件

前面所推导的线性化运动方程还必须辅以在边界$\Sigma=\partial\oplus\cup\Sigma_{\mathrm{SS}}\cup\Sigma_{\mathrm{FS}}$上的线性化的运动学、动力学和引力边界条件。

3.4.1 运动学边界条件

在焊接或固–固边界Σ_{SS}上的运动学边界条件当然是

$$[\mathbf{s}]_-^+=\mathbf{0}\tag{3.63}$$

在固–液边界Σ_{FS}上，切向滑动是容许的；要确保没有分离或相互穿透的线性化的连续条件是

$$[\hat{\mathbf{n}}\cdot\mathbf{s}]_-^+=0\tag{3.64}$$

(3.63)式是精确的，而(3.64)式仅仅精确到$\|\mathbf{s}\|$的一阶；我们将在3.4.4节中考虑二阶的切向滑动条件。

3.4.2 动力学边界条件

焊接边界Σ_{SS}上的动力学边界条件可以很容易地用(2.106)式减去(3.11)式得到：

$$[\hat{\mathbf{n}}\cdot\mathbf{T}^{\mathrm{PK1}}]_-^+=\mathbf{0}\tag{3.65}$$

在自由外表面$\partial\oplus$上相应的条件为

$$\hat{\mathbf{n}}\cdot\mathbf{T}^{\mathrm{PK1}}=\mathbf{0}\tag{3.66}$$

与拉格朗日动量增量方程(3.59)一样，公式(3.65)和(3.66)都是精确的。

固–液边界Σ_{FS}上的动力学边界条件则需要考虑更多的因素。在有切向滑动时，拉格朗日关系 (2.106) 是不成立的，因为最初叠置的两个面元在变形后不一定是叠置的，反之亦然。必须通过将精确的欧拉条件(2.81)–(2.82)线性化才能得到一阶的关系。我们首先推导出适用于任意滑动界面（包括断层面）的连续性条件，然后再考虑无摩擦固–液边界的特例。图3.3显示了一个滑动边界的局部；$\hat{\mathbf{n}}^{+}d\Sigma^{+}$和$\hat{\mathbf{n}}^{-}d\Sigma^{-}$分别为以变形前边界的正面和背面上的质点$\mathbf{x}^{+}$

和$\mathbf{x}^-$为中心的两个初始面元。变形使两个质点$\mathbf{x}^+$和$\mathbf{x}^-$移动到同一点$\mathbf{r}$，两个面元$\hat{\mathbf{n}}^+ d\Sigma^+$和$\hat{\mathbf{n}}^- d\Sigma^-$合并成变形后边界上相接的面元$\hat{\mathbf{n}}^t d\Sigma^t$。我们用上角标$\pm$表示在$\mathbf{x}^\pm$处取值；例如，质点$\mathbf{x}^\pm$的位移表示为$\mathbf{s}^\pm$。一般的步骤是先将精确的关系式从$\mathbf{r}$转换到$\mathbf{x}^\pm$，然后把在$\mathbf{x}^+$与$\mathbf{x}^-$两处的项用下式联系起来

$$\mathbf{x}^+ - \mathbf{x}^- = -[\mathbf{s}]_-^+ \tag{3.67}$$

由于仅精确到$\|\mathbf{s}\|$的一阶，因此究竟在变形前边界上何处计算 (3.67) 中的滑动$[\mathbf{s}]_-^+$并不重要。

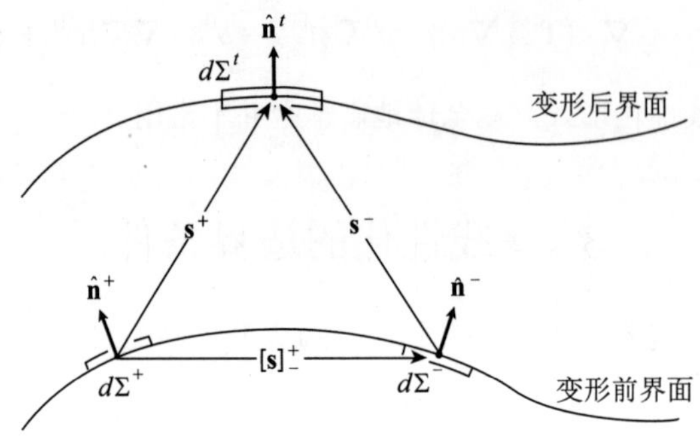

图 3.3 一个滑动边界的局部示意图，包括变形之前（下）和之后（上）。初始面元$\hat{\mathbf{n}}^+ d\Sigma^+$和$\hat{\mathbf{n}}^- d\Sigma^-$在$t$时刻合并成变形后的面元$\hat{\mathbf{n}}^t d\Sigma^t$。确保这一点的一阶条件是$\mathbf{r} = \mathbf{x}^+ + \mathbf{s}^+ = \mathbf{x}^- + \mathbf{s}^-$

在移动后的点$\mathbf{r}$处精确的欧拉边界条件为

$$[\hat{\mathbf{n}}^t d\Sigma^t \cdot \mathbf{T}^{\mathrm{E}}]_-^+ = \mathbf{0} \tag{3.68}$$

这里为方便起见，我们已将（连续的）微分面积$d\Sigma^t$代入公式 (2.81) 中。这一结果可以用第一类皮奥拉–基尔霍夫应力的定义式 (2.41) 写成变形前边界上的条件：

$$\hat{\mathbf{n}}^+ d\Sigma^+ \cdot (\mathbf{T}^{0+} + \mathbf{T}^{\mathrm{PK1}+}) = \hat{\mathbf{n}}^- d\Sigma^- \cdot (\mathbf{T}^{0-} + \mathbf{T}^{\mathrm{PK1}-}) \tag{3.69}$$

无穷小面积$d\Sigma^\pm$与$\mathbf{x}^\pm$处单位法向$\hat{\mathbf{n}}^\pm$之间的关系为

$$d\Sigma^+ - d\Sigma^- = -(\boldsymbol{\nabla}^\Sigma \cdot [\mathbf{s}]_-^+)\, d\Sigma \tag{3.70}$$

$$\hat{\mathbf{n}}^+ - \hat{\mathbf{n}}^- = (\boldsymbol{\nabla}^\Sigma [\mathbf{s}]_-^+) \cdot \hat{\mathbf{n}} \tag{3.71}$$

此外，由于初始牵引力$\hat{\mathbf{n}} \cdot \mathbf{T}^0$是连续的，因此变化量$\hat{\mathbf{n}}^+ \cdot \mathbf{T}^{0+}$和$\hat{\mathbf{n}}^- \cdot \mathbf{T}^{0-}$之间存在关系

$$\hat{\mathbf{n}}^+ \cdot \mathbf{T}^{0+} - \hat{\mathbf{n}}^- \cdot \mathbf{T}^{0-} = -[\mathbf{s}]_-^+ \cdot \boldsymbol{\nabla}^\Sigma (\hat{\mathbf{n}} \cdot \mathbf{T}^0) \tag{3.72}$$

同样地，由于精确到$\|\mathbf{s}\|$的一阶，究竟公式 (3.70)–(3.72) 右侧的$d\Sigma$是$d\Sigma^\pm$，或者$\hat{\mathbf{n}}$是$\hat{\mathbf{n}}^\pm$，或者$\mathbf{T}^0$是$\mathbf{T}^{0\pm}$，都是无关紧要的。利用 (3.70) 和 (3.72) 对 (3.69) 进行简化，我们得到

$$[\hat{\mathbf{n}} \cdot \mathbf{T}^{\mathrm{PK1}} - \boldsymbol{\nabla}^\Sigma \cdot (\mathbf{s}\, \hat{\mathbf{n}} \cdot \mathbf{T}^0)]_-^+ = \mathbf{0} \tag{3.73}$$

(3.73) 式是确保牵引力在任意滑动边界连续的线性化条件；在 5.3 节中，我们将使用这个关系

来得到理想化的地震断层的等效力表述。无滑动的焊接边界可以被看作是滑动边界的特例；如果$\mathbf{s}$是连续的，则(3.73)式必然退化为(3.65)。

在固–液边界Σ_{FS}上，初始牵引力的形式为

$$\hat{\mathbf{n}}\cdot\mathbf{T}^0 = -\varpi^0\hat{\mathbf{n}} \tag{3.74}$$

其中$\varpi^0 = -(\hat{\mathbf{n}}\cdot\mathbf{T}^0\cdot\hat{\mathbf{n}})$等于液态一侧的初始压强$p^0$。将(3.74)代入(3.73)得到条件

$$[\hat{\mathbf{n}}\cdot\mathbf{T}^{\mathrm{PK1}} + \boldsymbol{\nabla}^{\Sigma}\cdot(\varpi^0\mathbf{s}\hat{\mathbf{n}})]_-^+ = \mathbf{0} \tag{3.75}$$

经过一番整理之后，这一结果可以写成另一种形式

$$[\hat{\mathbf{n}}\cdot\mathbf{T}^{\mathrm{PK1}} + \hat{\mathbf{n}}\,\boldsymbol{\nabla}^{\Sigma}\cdot(\varpi^0\mathbf{s}) - \varpi^0(\boldsymbol{\nabla}^{\Sigma}\mathbf{s})\cdot\hat{\mathbf{n}}]_-^+ = \mathbf{0} \tag{3.76}$$

这里我们使用了$\hat{\mathbf{n}}\cdot\mathbf{s}$和$\varpi^0$的连续性以及表面曲率张量的对称性：$(\boldsymbol{\nabla}^{\Sigma}\hat{\mathbf{n}})^{\mathrm{T}} = \boldsymbol{\nabla}^{\Sigma}\hat{\mathbf{n}}$。(3.76)式是$\Sigma_{\mathrm{FS}}$上线性化动力学连续性条件的最有用的形式。

我们还需要条件(2.82)的线性化形式，即$\mathbf{r}$处的牵引力必须垂直于变形后的固–液边界：

$$(\hat{\mathbf{n}}^t\cdot\mathbf{T}^{\mathrm{E}})\cdot(\mathbf{I}-\hat{\mathbf{n}}^t\hat{\mathbf{n}}^t) = \mathbf{0} \tag{3.77}$$

(3.77)式也可以改写为在变形前的边界Σ_{FS}上的公式

$$\begin{aligned}&[-\varpi^{0\pm}\hat{\mathbf{n}}^{\pm} + \hat{\mathbf{n}}^{\pm}\cdot\mathbf{T}^{\mathrm{PK1}\pm}]\\ &\quad\cdot\{\mathbf{I} - [\hat{\mathbf{n}}^{\pm} - (\boldsymbol{\nabla}^{\Sigma}\mathbf{s}^{\pm})\cdot\hat{\mathbf{n}}][\hat{\mathbf{n}}^{\pm} - (\boldsymbol{\nabla}^{\Sigma}\mathbf{s}^{\pm})\cdot\hat{\mathbf{n}}]\} = \mathbf{0}\end{aligned} \tag{3.78}$$

精确到$\|\mathbf{s}\|$的一阶，这一条件等效于

$$[\hat{\mathbf{n}}\cdot\mathbf{T}^{\mathrm{PK1}} + \hat{\mathbf{n}}\,\boldsymbol{\nabla}^{\Sigma}\cdot(\varpi^0\mathbf{s}) - \varpi^0(\boldsymbol{\nabla}^{\Sigma}\mathbf{s})\cdot\hat{\mathbf{n}}]\cdot(\mathbf{I}-\hat{\mathbf{n}}\hat{\mathbf{n}}) = \mathbf{0} \tag{3.79}$$

这里为方便起见，我们略去了已经无关紧要的上角标$\pm$，并增加了$\hat{\mathbf{n}}\,\boldsymbol{\nabla}^{\Sigma}\cdot(\varpi^0\mathbf{s})$一项。公式(3.79)是确保固–液边界上没有切向牵引力的一阶关系式。比较(3.76)和(3.79)，我们看到牵引力

$$\mathbf{t}^{\mathrm{PK1}} = \hat{\mathbf{n}}\cdot\mathbf{T}^{\mathrm{PK1}} + \hat{\mathbf{n}}\,\boldsymbol{\nabla}^{\Sigma}\cdot(\varpi^0\mathbf{s}) - \varpi^0(\boldsymbol{\nabla}^{\Sigma}\mathbf{s})\cdot\hat{\mathbf{n}} \tag{3.80}$$

是在Σ_{FS}上连续的法向矢量：

$$[\mathbf{t}^{\mathrm{PK1}}]_-^+ = \mathbf{0} \tag{3.81}$$

$$\mathbf{t}^{\mathrm{PK1}} = \hat{\mathbf{n}}(\hat{\mathbf{n}}\cdot\mathbf{t}^{\mathrm{PK1}}) \tag{3.82}$$

很容易验证公式(3.81)在Σ_{SS}上也是成立的；因此，法向条件(3.82)是无摩擦的固–液边界与焊接的固–固边界之间仅有的差别。

应用关系式(3.36)，以上推导的所有条件都可以用拉格朗日–柯西应力增量$\mathbf{T}^{\mathrm{L1}}$来表示，而不是用$\mathbf{T}^{\mathrm{PK1}}$；然而，我们并不需要这些结果。在3.11节中，我们将看到用$\mathbf{T}^{\mathrm{L1}}$可以很方便地表示流体静力学地球模型中的动力学边界条件。

3.4.3 引力边界条件

引力势函数和引力场微扰 ϕ^{E1} 和 $\mathbf{g}^{\mathrm{E1}}$ 的边界条件也是通过线性化变形后边界上精确的欧拉条件得到的。参照图3.3，我们考虑边界上可能有切向滑动的普遍情况。

精确到 $\|\mathbf{s}\|$ 的一阶，在变形后边界上具有位移的点 $\mathbf{r}$ 处精确的连续性条件

$$[\phi^{\mathrm{E}}]_-^+ = 0 \tag{3.83}$$

可以写为以下形式

$$\phi^{0+} + \mathbf{s}^+ \cdot \boldsymbol{\nabla}\phi^{0+} + \phi^{\mathrm{E1}+} = \phi^{0-} + \mathbf{s}^- \cdot \boldsymbol{\nabla}\phi^{0-} + \phi^{\mathrm{E1}-} \tag{3.84}$$

其中上角标 $\pm$ 表示在 $\mathbf{x}^{\pm}$ 处取值。初始势函数 $\phi^{0\pm}$ 由一阶展开式联系起来

$$\phi^{0+} - \phi^{0-} = -[\mathbf{s}]_-^+ \cdot \boldsymbol{\nabla}^{\Sigma}\phi^0 \tag{3.85}$$

结合 (3.84) 和 (3.85)，我们得到简单的线性化条件

$$[\phi^{\mathrm{E1}}]_-^+ = 0 \tag{3.86}$$

精确到 $\|\mathbf{s}\|$ 的一阶，另外那个精确条件

$$[\hat{\mathbf{n}}^t \cdot \mathbf{g}^{\mathrm{E}}]_-^+ = 0 \tag{3.87}$$

可以写成

$$\begin{aligned}
&[\hat{\mathbf{n}}^+ - (\boldsymbol{\nabla}^{\Sigma}\mathbf{s}^+) \cdot \hat{\mathbf{n}}] \cdot [\mathbf{g}^{0+} + \mathbf{s}^+ \cdot \boldsymbol{\nabla}\mathbf{g}^{0+} + \mathbf{g}^{\mathrm{E1}+}] \\
&\quad = [\hat{\mathbf{n}}^- - (\boldsymbol{\nabla}^{\Sigma}\mathbf{s}^-) \cdot \hat{\mathbf{n}}] \cdot [\mathbf{g}^{0-} + \mathbf{s}^- \cdot \boldsymbol{\nabla}\mathbf{g}^{0-} + \mathbf{g}^{\mathrm{E1}-}]
\end{aligned} \tag{3.88}$$

$\hat{\mathbf{n}}^{\pm} \cdot \mathbf{g}^{0\pm}$ 也可以由类似于 (3.72) 的展开式联系起来：

$$\hat{\mathbf{n}}^+ \cdot \mathbf{g}^{0+} - \hat{\mathbf{n}}^- \cdot \mathbf{g}^{0-} = -[\mathbf{s}]_-^+ \cdot \boldsymbol{\nabla}^{\Sigma}(\hat{\mathbf{n}} \cdot \mathbf{g}^0) \tag{3.89}$$

结合 (3.88) 和 (3.89)，经过一系列推导，我们得到

$$[\hat{\mathbf{n}} \cdot \boldsymbol{\nabla}\phi^{\mathrm{E1}} + 4\pi G\rho^0\hat{\mathbf{n}} \cdot \mathbf{s}]_-^+ = 0 \tag{3.90}$$

在推导 (3.90) 时，我们使用了泊松方程 (3.4)、ϕ^0 的连续性及其法向导数 $\partial_n\phi^0 = \hat{\mathbf{n}} \cdot \boldsymbol{\nabla}\phi^0$，以及拉普拉斯公式 $\nabla^2 = \boldsymbol{\nabla} \cdot \boldsymbol{\nabla} = \partial_n^2 + (\boldsymbol{\nabla} \cdot \hat{\mathbf{n}})\partial_n + \boldsymbol{\nabla}^{\Sigma} \cdot \boldsymbol{\nabla}^{\Sigma}$。两个引力边界条件 (3.86) 和 (3.90) 在理想化的断层面及所有的 $\Sigma = \partial\oplus \cup \Sigma_{\mathrm{SS}} \cup \Sigma_{\mathrm{FS}}$ 上都是成立的。

为方便起见，表3.1完整地总结了 Σ 上的线性化边界条件。

表 3.1 一般非流体静力学地球模型所满足的线性化运动学、动力学和引力边界条件

边界类型	线性化边界条件
$\partial\oplus$: 自由表面	$\hat{\mathbf{n}} \cdot \mathbf{T}^{\mathrm{PK1}} = \mathbf{0}$

续表

边界类型	线性化边界条件
Σ_{SS}: 固-固边界	$[\mathbf{s}]_-^+ = \mathbf{0}$ $[\hat{\mathbf{n}}\cdot\mathbf{T}^{\mathrm{PK1}}]_-^+ = \mathbf{0}$
Σ_{FS}: 固-液边界	$[\hat{\mathbf{n}}\cdot\mathbf{s}]_-^+ = 0$ $[\mathbf{t}^{\mathrm{PK1}}]_-^+ = \hat{\mathbf{n}}[\hat{\mathbf{n}}\cdot\mathbf{t}^{\mathrm{PK1}}]_-^+ = \mathbf{0}$
Σ: 所有边界	$[\phi^{\mathrm{E1}}]_-^+ = 0$ $[\hat{\mathbf{n}}\cdot\boldsymbol{\nabla}\phi^{\mathrm{E1}} + 4\pi G\rho^0\,\hat{\mathbf{n}}\cdot\mathbf{s}]_-^+ = 0$
$\mathbf{t}^{\mathrm{PK1}} = \hat{\mathbf{n}}\cdot\mathbf{T}^{\mathrm{PK1}} + \hat{\mathbf{n}}\,\boldsymbol{\nabla}^{\Sigma}\cdot(\varpi^0\mathbf{s}) - \varpi^0(\boldsymbol{\nabla}^{\Sigma}\mathbf{s})\cdot\hat{\mathbf{n}}$	

*3.4.4 二阶切向滑动条件

在3.9.4节中，我们需要一个二阶切向滑动条件来计算具有固–液边界的地球模型在变形后所储存的弹性能。这一条件的获得可以通过对精确的欧拉连续性条件

$$[\hat{\mathbf{n}}^t\cdot\mathbf{u}^{\mathrm{E}}]_-^+ = 0 \tag{3.91}$$

做展开，然后保留到二阶项 $\|\mathbf{s}\|^2$。精确到 $\|\mathbf{s}\|$ 的二阶，我们可以将 (3.91) 式用相应的位于 $\mathbf{x}^{\pm}$ 的拉格朗日速度 $\partial_t\mathbf{s}^{\pm}$ 写成

$$[\hat{\mathbf{n}}^+ - (\boldsymbol{\nabla}^{\Sigma}\mathbf{s}^+)\cdot\hat{\mathbf{n}}]\cdot\partial_t\mathbf{s}^+ = [\hat{\mathbf{n}}^- - (\boldsymbol{\nabla}^{\Sigma}\mathbf{s}^-)\cdot\hat{\mathbf{n}}]\cdot\partial_t\mathbf{s}^- \tag{3.92}$$

$\hat{\mathbf{n}}^{\pm}\cdot\partial_t\mathbf{s}^{\pm}$ 由类似于 (3.72) 的表达式联系起来：

$$\hat{\mathbf{n}}^+\cdot\partial_t\mathbf{s}^+ - \hat{\mathbf{n}}^-\cdot\partial_t\mathbf{s}^- = [\hat{\mathbf{n}}\cdot\partial_t\mathbf{s} - \mathbf{s}\cdot\boldsymbol{\nabla}^{\Sigma}(\hat{\mathbf{n}}\cdot\partial_t\mathbf{s})]_-^+ \tag{3.93}$$

其中我们保留了一阶项 $[\hat{\mathbf{n}}\cdot\partial_t\mathbf{s}]_-^+$。结合 (3.92) 和 (3.93) 式，我们看到

$$\begin{aligned}&[\hat{\mathbf{n}}\cdot\partial_t\mathbf{s} - \partial_t\mathbf{s}\cdot\boldsymbol{\nabla}^{\Sigma}(\hat{\mathbf{n}}\cdot\mathbf{s}) - \mathbf{s}\cdot\boldsymbol{\nabla}^{\Sigma}(\hat{\mathbf{n}}\cdot\partial_t\mathbf{s}) + \partial_t\mathbf{s}\cdot(\boldsymbol{\nabla}^{\Sigma}\hat{\mathbf{n}})\cdot\mathbf{s}]_-^+\\ &\quad = \partial_t[\hat{\mathbf{n}}\cdot\mathbf{s} - \mathbf{s}\cdot\boldsymbol{\nabla}^{\Sigma}(\hat{\mathbf{n}}\cdot\mathbf{s}) + \frac{1}{2}\mathbf{s}\cdot(\boldsymbol{\nabla}^{\Sigma}\hat{\mathbf{n}})\cdot\mathbf{s}]_-^+ = 0\end{aligned} \tag{3.94}$$

这里我们使用了对称性 $(\boldsymbol{\nabla}^{\Sigma}\hat{\mathbf{n}})^{\mathrm{T}} = \boldsymbol{\nabla}^{\Sigma}\hat{\mathbf{n}}$ 来得到第二个等式。对 (3.94) 积分，并使用初始条件 $\mathbf{s}(\mathbf{x},0) = \mathbf{0}$ 来消去未定常数，我们得到最终结果：

$$[\hat{\mathbf{n}}\cdot\mathbf{s} - \mathbf{s}\cdot\boldsymbol{\nabla}^{\Sigma}(\hat{\mathbf{n}}\cdot\mathbf{s}) + \frac{1}{2}\mathbf{s}\cdot(\boldsymbol{\nabla}^{\Sigma}\hat{\mathbf{n}})\cdot\mathbf{s}]_-^+ = 0 \tag{3.95}$$

(3.95) 式是确保边界两侧物质没有分离或互相穿透的二阶条件；它既适用于固–固断层面，也适用于固–液边界 Σ_{FS}。

3.5 线性化的势函数理论

有两种方法可以建立引力微扰 ϕ^{E1}、$\mathbf{g}^{\mathrm{E1}}$、ϕ^{L1} 和 $\mathbf{g}^{\mathrm{L1}}$ 与位移 $\mathbf{s}$ 之间的关系。我们在这里对两种方法都加以考虑，并证明它们是等价的。

3.5.1 线性化泊松方程

欧拉势函数微扰ϕ^{E1}满足线性化的泊松方程

$$\nabla^2\phi^{E1} = 4\pi G\rho^{E1} \tag{3.96}$$

以及前面推导出的边界条件

$$[\phi^{E1}]_-^+ = 0, \qquad [\hat{\mathbf{n}}\cdot\boldsymbol{\nabla}\phi^{E1}]_-^+ = -4\pi G[\rho^0]_-^+(\hat{\mathbf{n}}\cdot\mathbf{s}) \tag{3.97}$$

微扰方程(3.96)可以直接在(2.108)中消去初始方程(3.4)而得到。在地球以外$\rho^{E1}=0$，故势函数微扰是调和的，即 $\nabla^2\phi^{E1}=0$。线性化边值问题(3.96)–(3.97)中所有的量都有简单的物理解释；特别是$-[\rho^0]_-^+(\hat{\mathbf{n}}\cdot\mathbf{s})$，它是因边界$\Sigma$的法向位移而产生的*表观的表面质量密度*。(3.96)的解ϕ^{E1}显然是

$$\phi^{E1} = -G\int_\oplus \frac{\rho^{E1\prime}}{\|\mathbf{x}-\mathbf{x}'\|}\,dV' + G\int_\Sigma \frac{[\rho^{0\prime}]_-^+(\hat{\mathbf{n}}'\cdot\mathbf{s}')}{\|\mathbf{x}-\mathbf{x}'\|}\,d\Sigma' \tag{3.98}$$

其中第一项来自$\oplus$中的体积分布的密度微扰ρ^{E1}，第二项则来自表观的表面分布质量微扰。将$\rho^{E1\prime}=-\boldsymbol{\nabla}'\cdot(\rho^{0\prime}\mathbf{s}')$代入公式(3.98)，并应用高斯定理，我们发现面积分相消，而仅剩下

$$\phi^{E1} = -G\int_\oplus \frac{\rho^{0\prime}\mathbf{s}'\cdot(\mathbf{x}-\mathbf{x}')}{\|\mathbf{x}-\mathbf{x}'\|^3}\,dV' \tag{3.99}$$

由于被积函数中的密度ρ^0在Σ上可能是不连续的，因此有必要将高斯定理分别应用于$\oplus$中每个部分的体积，并将其结果相加。(3.99)式是欧拉势函数微扰ϕ^{E1}作为质点位移$\mathbf{s}$的线性泛函的最简便的解析表达式。其相应的欧拉引力增量$\mathbf{g}^{E1}=-\boldsymbol{\nabla}\phi^{E1}$可以写为

$$\mathbf{g}^{E1} = G\int_\oplus \rho^{0\prime}(\mathbf{s}'\cdot\boldsymbol{\Pi})\,dV' \tag{3.100}$$

其中

$$\boldsymbol{\Pi} = \frac{\mathbf{I}}{\|\mathbf{x}-\mathbf{x}'\|^3} - \frac{3(\mathbf{x}-\mathbf{x}')(\mathbf{x}-\mathbf{x}')}{\|\mathbf{x}-\mathbf{x}'\|^5} \tag{3.101}$$

借助(3.42)，可以建立拉格朗日微扰ϕ^{L1}和$\mathbf{g}^{L1}$与ϕ^{E1} 和$\mathbf{g}^{E1}$之间的关系。

3.5.2 线性化积分关系

我们也可以用另外一种方式，将精确的积分关系(2.111)–(2.114)线性化来得到ϕ^{E1}、$\mathbf{g}^{E1}$、ϕ^{L1}和$\mathbf{g}^{L1}$。以(2.113)为例，我们将其改写为

$$\phi^0 + \phi^{L1} = -G\int_\oplus \frac{\rho^{0\prime}}{\|\mathbf{x}+\mathbf{s}-\mathbf{x}'-\mathbf{s}'\|}\,dV' \tag{3.102}$$

再将右边以$\mathbf{s}$和$\mathbf{s}'$的幂级数展开，可得到零阶项就是ϕ^0，而一阶项则为

$$\phi^{L1} = -G\int_\oplus \frac{\rho^{0\prime}(\mathbf{s}'-\mathbf{s})\cdot(\mathbf{x}-\mathbf{x}')}{\|\mathbf{x}-\mathbf{x}'\|^3}\,dV' \tag{3.103}$$

可以看到，该式正好就是$\phi^{L1}=\phi^{E1}+\mathbf{s}\cdot\boldsymbol{\nabla}\phi^0$，其中$\phi^{E1}$由(3.99)给定。将下式展开

$$\mathbf{g}^0 + \mathbf{g}^{L1} = -G\int_\oplus \frac{\rho^{0\prime}(\mathbf{x}+\mathbf{s}-\mathbf{x}'-\mathbf{s}')}{\|\mathbf{x}+\mathbf{s}-\mathbf{x}'-\mathbf{s}'\|^3}\,dV' \tag{3.104}$$

同样会得到

$$\mathbf{g}^{\mathrm{L1}} = G\int_{\oplus} \rho^{0\prime}[(\mathbf{s}' - \mathbf{s})\cdot\mathbf{\Pi}]\,dV' \tag{3.105}$$

上式与$\mathbf{g}^{\mathrm{L1}} = \mathbf{g}^{\mathrm{E1}} + \mathbf{s}\cdot\boldsymbol{\nabla}\mathbf{g}^0 = -\boldsymbol{\nabla}\phi^{\mathrm{E1}} - \mathbf{s}\cdot\boldsymbol{\nabla}\boldsymbol{\nabla}\phi^0$完全相同。

⋆3.5.3 引力应力张量增量

在2.8.3节中定义的引力应力张量可以分解为初始应力和一阶微扰：

$$\mathbf{N}^{\mathrm{E}} = \mathbf{N}^0 + \mathbf{N}^{\mathrm{E1}}, \qquad \mathbf{N}^{\mathrm{PK}} = \mathbf{N}^0 + \mathbf{N}^{\mathrm{PK1}} \tag{3.106}$$

其中

$$\mathbf{N}^0 = (8\pi G)^{-1}[(\mathbf{g}^0\cdot\mathbf{g}^0)\mathbf{I} - 2\mathbf{g}^0\mathbf{g}^0] \tag{3.107}$$

欧拉应力增量显然是

$$\mathbf{N}^{\mathrm{E1}} = (4\pi G)^{-1}[(\mathbf{g}^0\cdot\mathbf{g}^{\mathrm{E1}})\mathbf{I} - \mathbf{g}^0\mathbf{g}^{\mathrm{E1}} - \mathbf{g}^{\mathrm{E1}}\mathbf{g}^0] \tag{3.108}$$

通过与(3.34)和(3.36)类比，第一类皮奥拉–基尔霍夫应力增量则为

$$\mathbf{N}^{\mathrm{PK1}} = \mathbf{N}^{\mathrm{E1}} + \mathbf{s}\cdot\boldsymbol{\nabla}\mathbf{N}^0 + \mathbf{N}^0(\boldsymbol{\nabla}\cdot\mathbf{s}) - (\boldsymbol{\nabla}\mathbf{s})^{\mathrm{T}}\cdot\mathbf{N}^0 \tag{3.109}$$

很容易验证如下结果

$$\boldsymbol{\nabla}\cdot\mathbf{N}^{\mathrm{E1}} = \rho^0\mathbf{g}^{\mathrm{E1}} + \rho^{\mathrm{E1}}\mathbf{g}^0, \qquad \boldsymbol{\nabla}\cdot\mathbf{N}^{\mathrm{PK1}} = \rho^0\mathbf{g}^{\mathrm{L1}} \tag{3.110}$$

因此，线性化动量方程(3.51)或(3.59)可以用下面两种形式中的任何一种来表示

$$\begin{aligned}\rho^0[\partial_t^2\mathbf{s} + 2\mathbf{\Omega}\times\partial_t\mathbf{s} + \mathbf{\Omega}\times(\mathbf{\Omega}\times\mathbf{s})] &= \boldsymbol{\nabla}\cdot(\mathbf{T}^{\mathrm{E1}} + \mathbf{N}^{\mathrm{E1}})\\ &= \boldsymbol{\nabla}\cdot(\mathbf{T}^{\mathrm{PK1}} + \mathbf{N}^{\mathrm{PK1}})\end{aligned} \tag{3.111}$$

变形后边界上引力牵引力所满足的精确的欧拉连续性条件 $[\hat{\mathbf{n}}^t d\Sigma^t\cdot\mathbf{N}^{\mathrm{E}}]_-^+ = \mathbf{0}$ 可遵循 3.4.2 节中的步骤来进行线性化；类似于 (3.73) 式，这样得到的变形前边界上的一阶关系为

$$[\hat{\mathbf{n}}\cdot\mathbf{N}^{\mathrm{PK1}} - \boldsymbol{\nabla}^{\Sigma}\cdot(\mathbf{s}\,\hat{\mathbf{n}}\cdot\mathbf{N}^0)]_-^+ = \mathbf{0} \tag{3.112}$$

(3.112)在焊接和滑动边界上的任何一点都必须成立，该式也可以直接从势函数和引力边界条件(3.86)和(3.90)得到。

3.6 线性化的弹性本构关系

到目前为止，我们在本章中得到的所有结果都可以视为是线性化的几何或物理定律。要使这些公式完备化还必须要有应力增量$\mathbf{T}^{\mathrm{L1}}$、$\mathbf{T}^{\mathrm{PK1}}$和$\mathbf{T}^{\mathrm{SK1}}$与位移梯度$\boldsymbol{\nabla}\mathbf{s}$之间的线性化的本构关系。如2.10节所述，我们目前暂且假设组成地球的物质是绝热且完全弹性的。我们在第6章会将这里的结果推广到线性非弹性地球模型的情形。

3.6.1 弹性应变能密度

根据定义，绝热、完全弹性物质的拉格朗日内能体积密度 $\rho^0 U^{\mathrm{L}}$ 仅依赖于局地拉格朗日应变张量 $\mathbf{E}^{\mathrm{L}}$。在自洽的线性理论中，能量的计算必须精确到 $\|\mathbf{s}\|$ 的二阶；这就使得在能量分析中不可能使用线性化的近似 $\mathbf{E}^{\mathrm{L}}=\boldsymbol{\varepsilon}$。在给定 $\rho^0 U^{\mathrm{L}}$ 时，我们必须使用 $\mathbf{E}^{\mathrm{L}}$ 和 $\boldsymbol{\nabla}\mathbf{s}$ 之间的精确关系：

$$\mathbf{E}^{\mathrm{L}}=\frac{1}{2}[\boldsymbol{\nabla}\mathbf{s}+(\boldsymbol{\nabla}\mathbf{s})^{\mathrm{T}}]+\frac{1}{2}(\boldsymbol{\nabla}\mathbf{s})\cdot(\boldsymbol{\nabla}\mathbf{s})^{\mathrm{T}} \tag{3.113}$$

在下面的大部分讨论中，使用坐标不变量的符号会使公式变得十分烦琐，因此我们会经常采用角标符号；用笛卡儿坐标系 $\hat{\mathbf{x}}_1$，$\hat{\mathbf{x}}_2$，$\hat{\mathbf{x}}_3$ 的分量形式，(3.113) 式可以表示为

$$E_{ij}^{\mathrm{L}}=\frac{1}{2}(\partial_i s_j+\partial_j s_i)+\frac{1}{2}\partial_i s_k\,\partial_j s_k \tag{3.114}$$

将弹性能密度对应变 $\mathbf{E}^{\mathrm{L}}$ 的依赖关系展开到 $\|\mathbf{s}\|$ 的二阶，我们将 $\rho^0 U^{\mathrm{L}}$ 写为

$$\begin{aligned}\rho^0 U^{\mathrm{L}}&=\rho^0 U^0+\mathbf{T}^0:\mathbf{E}^{\mathrm{L}}+\frac{1}{2}\mathbf{E}^{\mathrm{L}}:\boldsymbol{\Xi}:\mathbf{E}^{\mathrm{L}}\\&=\rho^0 U^0+T_{ij}^0\,E_{ij}^{\mathrm{L}}+\frac{1}{2}E_{ij}^{\mathrm{L}}\,\Xi_{ijkl}\,E_{kl}^{\mathrm{L}}\end{aligned} \tag{3.115}$$

其中 $\boldsymbol{\Xi}$ 是一个四阶张量。零阶项 $\rho^0 U^0$ 是变形前参考位形中的内能密度；接着的两项分别来自 $\rho^0 U^{\mathrm{L}}$ 对应变的一阶和二阶依赖关系。式 (3.115) 中一阶展开系数的选择必须满足确保在精确到 $\|\mathbf{s}\|$ 的零阶时，所有三个应力 $\mathbf{T}^{\mathrm{L}}$、$\mathbf{T}^{\mathrm{PK}}$ 和 $\mathbf{T}^{\mathrm{SK}}$ 都退化为初始应力 $\mathbf{T}^0$。不失一般性，可以假定四阶张量 $\boldsymbol{\Xi}$ 的分量 Ξ_{ijkl} 满足对称关系

$$\Xi_{ijkl}=\Xi_{jikl}=\Xi_{ijlk}=\Xi_{klij} \tag{3.116}$$

第二类皮奥拉–基尔霍夫应力 $\mathbf{T}^{\mathrm{SK}}$ 可以由公式 (2.136) 用能量密度 $\rho^0 U^{\mathrm{L}}$ 定义为

$$\mathbf{T}^{\mathrm{SK}}=\mathbf{T}^0+\mathbf{T}^{\mathrm{SK1}}=\rho^0\left(\frac{\partial U^{\mathrm{L}}}{\partial\mathbf{E}^{\mathrm{L}}}\right)=\mathbf{T}^0+\boldsymbol{\Xi}:\mathbf{E}^{\mathrm{L}} \tag{3.117}$$

将展开式 (3.115) 对 $\mathbf{E}^{\mathrm{L}}$ 做两次微分，我们得到张量 $\boldsymbol{\Xi}$ 分量的显式公式：

$$\Xi_{ijkl}=\rho^0\left(\frac{\partial^2 U^{\mathrm{L}}}{\partial E_{ij}^{\mathrm{L}}\,\partial E_{kl}^{\mathrm{L}}}\right) \tag{3.118}$$

等式 $\Xi_{ijkl}=\Xi_{klij}$ 可以被看作是 $\rho^0 U^{\mathrm{L}}$ 的混合偏导数相等的结果。这些在热力学中普遍存在的关系被称为*麦克斯韦关系*。一旦有了线性关系 (3.117)，就可以将 $\mathbf{E}^{\mathrm{L}}$ 用无穷小应变张量 $\boldsymbol{\varepsilon}$ 来替换，并且在 $\|\mathbf{s}\|$ 的一阶精度下将第二类皮奥拉–基尔霍夫应力增量 $\mathbf{T}^{\mathrm{SK1}}$ 的本构关系写为

$$\mathbf{T}^{\mathrm{SK1}}=\boldsymbol{\Xi}:\boldsymbol{\varepsilon} \tag{3.119}$$

或是等价的 $T_{ij}^{\mathrm{SK1}}=\Xi_{ijkl}\,\varepsilon_{kl}$。但是，我们不能在弹性应变能密度 (3.115) 中将 $\mathbf{E}^{\mathrm{L}}$ 用 $\boldsymbol{\varepsilon}$ 做类似的替换，因为在 $\|\mathbf{s}\|$ 的二阶精度下 $\mathbf{T}^0:\mathbf{E}^{\mathrm{L}}$ 不等于 $\mathbf{T}^0:\boldsymbol{\varepsilon}$。

利用关系式 (3.36)–(3.38)，可借由 (3.119) 得到第一类皮奥拉–基尔霍夫应力增量 $\mathbf{T}^{\mathrm{PK1}}$ 和拉格朗日–柯西应力增量 $\mathbf{T}^{\mathrm{L1}}$ 的线性化本构关系。其结果最简便的表达式是用两个新的四阶张量 $\boldsymbol{\Lambda}$ 和 $\boldsymbol{\Upsilon}$：

$$\mathbf{T}^{\mathrm{PK1}} = \mathbf{\Lambda} : \boldsymbol{\nabla}\mathbf{s} \tag{3.120}$$

$$\mathbf{T}^{\mathrm{L1}} = \boldsymbol{\Upsilon} : \boldsymbol{\nabla}\mathbf{s} \tag{3.121}$$

或是等价的$T_{ij}^{\mathrm{PK1}} = \Lambda_{ijkl}\,\partial_k s_l$，$T_{ij}^{\mathrm{L1}} = \Upsilon_{ijkl}\,\partial_k s_l$。$\mathbf{\Lambda}$和$\boldsymbol{\Upsilon}$的分量可以用$\mathbf{\Xi}$的分量定义

$$\Lambda_{ijkl} = \Xi_{ijkl} + T_{ik}^{0}\,\delta_{jl} \tag{3.122}$$

$$\begin{aligned}\Upsilon_{ijkl} &= \Lambda_{ijkl} + T_{jk}^{0}\,\delta_{il} - T_{ij}^{0}\,\delta_{kl} \\ &= \Xi_{ijkl} + T_{ik}^{0}\,\delta_{jl} + T_{jk}^{0}\,\delta_{il} - T_{ij}^{0}\,\delta_{kl}\end{aligned} \tag{3.123}$$

其中δ_{ij}是克罗内克符号。从(3.116)和(3.122)–(3.123)可以看到，Λ_{ijkl}和Υ_{ijkl}的分量满足对称关系

$$\Lambda_{ijkl} = \Lambda_{klij} \tag{3.124}$$

$$\Upsilon_{ijkl} = \Upsilon_{jikl} \tag{3.125}$$

将(3.113)式代入(3.115)，并使用 (3.122)，我们发现在$\|\mathbf{s}\|$的二阶精度下弹性能密度$\rho^0 U^{\mathrm{L}}$可以改写为

$$\begin{aligned}\rho^0 U^{\mathrm{L}} &= \rho^0 U^0 + \mathbf{T}^0 : \boldsymbol{\varepsilon} + \frac{1}{2}\boldsymbol{\nabla}\mathbf{s} : \mathbf{\Lambda} : \boldsymbol{\nabla}\mathbf{s} \\ &= \rho^0 U^0 + T_{ij}^{0}\,\varepsilon_{ij} + \frac{1}{2}\partial_i s_j\,\Lambda_{ijkl}\,\partial_k s_l\end{aligned} \tag{3.126}$$

比较(3.120)和(3.126)，我们可以用类似于(3.117)的方式将第一类皮奥拉–基尔霍夫应力$\mathbf{T}^{\mathrm{PK}}$写为

$$\mathbf{T}^{\mathrm{PK}} = \mathbf{T}^0 + \mathbf{T}^{\mathrm{PK1}} = \rho^0\left[\frac{\partial U^{\mathrm{L}}}{\partial(\boldsymbol{\nabla}\mathbf{s})}\right] \tag{3.127}$$

(3.127)是普遍关系(2.141)的线性化形式。利用之前得到的$\mathbf{F}^{\mathrm{T}} = \mathbf{I} + \boldsymbol{\nabla}\mathbf{s}$和链式法则，我们可以确认$\partial U^{\mathrm{L}}/\partial \mathbf{F}^{\mathrm{T}} = \partial U^{\mathrm{L}}/\partial(\boldsymbol{\nabla}\mathbf{s})$。将(3.126)对位移梯度$\boldsymbol{\nabla}\mathbf{s}$微分两次，我们看到张量$\mathbf{\Lambda}$的分量可以写为

$$\Lambda_{ijkl} = \rho^0\left[\frac{\partial^2 U^{\mathrm{L}}}{\partial(\partial_i s_j)\,\partial(\partial_k s_l)}\right] \tag{3.128}$$

$\Lambda_{ijkl} = \Lambda_{klij}$这一重要的对称关系是弹性麦克斯韦关系的又一个实例。

如果在一开始将$\rho^0 U^{\mathrm{L}}$写成(3.126)而不是(3.115)的形式，我们本可以避免引入第二类皮奥拉–基尔霍夫应力张量$\mathbf{T}^{\mathrm{SK}}$。(3.115)的优点在于它明确地符合物质参照系无关原理。为确保(3.115)的表述不依赖于转动张量$\mathbf{Q}$，我们必须要求它满足(2.140)的约束。在$\|\mathbf{s}\|$的一阶精度下，这会导致如下两个条件

$$\Lambda_{jikl} - \Lambda_{ijkl} = T_{jk}^{0}\,\delta_{il} - T_{ik}^{0}\,\delta_{jl} \tag{3.129}$$

$$\Lambda_{ijlk} - \Lambda_{ijkl} = T_{il}^{0}\delta_{jk} - T_{ik}^{0}\,\delta_{jl} \tag{3.130}$$

在目前的推导中，上述条件连同下面$\boldsymbol{\Upsilon}$的相应结果

$$\Upsilon_{ijlk} - \Upsilon_{ijkl} = T^0_{il}\delta_{jk} - T^0_{ik}\delta_{jl} + T^0_{jl}\delta_{ik} - T^0_{jk}\delta_{il} \tag{3.131}$$

$$\Upsilon_{klij} - \Upsilon_{ijkl} = T^0_{il}\delta_{jk} - T^0_{jk}\delta_{il} + T^0_{ij}\delta_{kl} - T^0_{kl}\delta_{ij} \tag{3.132}$$

是关系式 (3.122)–(3.123) 和张量 $\mathbf{\Xi}$ 的对称性 (3.116) 的直接结果。

3.6.2 弹性张量

在没有任何初始应力 $\mathbf{T}^0$ 的情况下，经典线性弹性应力应变关系为

$$\mathbf{T} = \mathbf{\Gamma}:\boldsymbol{\varepsilon} \tag{3.133}$$

其中 $\mathbf{T}$ 可以解释为 $\mathbf{T}^{\mathrm{L}}$ 或 $\mathbf{T}^{\mathrm{E}}$，且 $\mathbf{\Gamma}$ 满足

$$\Gamma_{ijkl} = \Gamma_{jikl} = \Gamma_{ijlk} = \Gamma_{klij} \tag{3.134}$$

公式 (3.133) 通常被称为*胡克定律*；(3.134) 是具有 21 个独立系数的*四阶弹性张量*的经典对称关系。而对于有应力增量叠加在零阶初始应力 $\mathbf{T}^0$ 上这一更普遍的情形，我们会发现将 $\mathbf{\Xi}$、$\mathbf{\Lambda}$ 和 $\mathbf{\Upsilon}$ 用 $\mathbf{T}^0$ 和具有弹性对称关系 (3.134) 的张量 $\mathbf{\Gamma}$ 来表示是有益的。根据 (3.116)，张量 $\mathbf{\Xi}$ 已经满足这些对称关系，因此 (3.122) 和 (3.123) 这些关系是所期望的类型；然而，$\mathbf{\Xi}$ 却不是最能满足我们目的的弹性张量。

事实上，我们在弹性张量的选择上有相当大的自由度；唯一的要求是满足 (3.116) 和 (3.124)–(3.125) 这三组对称关系以及相互之间的关系 (3.122)–(3.123)。很容易验证具有以下形式的张量 $\mathbf{\Xi}$、$\mathbf{\Lambda}$ 和 $\mathbf{\Upsilon}$ 满足所有上述条件

$$\begin{aligned}\Xi_{ijkl} = \Gamma_{ijkl} &+ a(T^0_{ij}\delta_{kl} + T^0_{kl}\delta_{ij}) \\ &+ b(T^0_{ik}\delta_{jl} + T^0_{jk}\delta_{il} + T^0_{il}\delta_{jk} + T^0_{jl}\delta_{ik})\end{aligned} \tag{3.135}$$

$$\begin{aligned}\Lambda_{ijkl} = \Gamma_{ijkl} &+ a(T^0_{ij}\delta_{kl} + T^0_{kl}\delta_{ij}) \\ &+ (1+b)T^0_{ik}\delta_{jl} + b(T^0_{jk}\delta_{il} + T^0_{il}\delta_{jk} + T^0_{jl}\delta_{ik})\end{aligned} \tag{3.136}$$

$$\begin{aligned}\Upsilon_{ijkl} = \Gamma_{ijkl} &+ (a-1)T^0_{ij}\delta_{kl} + aT^0_{kl}\delta_{ij} \\ &+ (1+b)(T^0_{ik}\delta_{jl} + T^0_{jk}\delta_{il}) + b(T^0_{il}\delta_{jk} + T^0_{jl}\delta_{ik})\end{aligned} \tag{3.137}$$

其中 $\Gamma_{ijkl} = \Gamma_{jikl} = \Gamma_{ijlk} = \Gamma_{klij}$，$a$ 和 b 为任意标量。(3.135) 中括号内与 a 和 b 相乘的两个表达式是两个仅有的能满足弹性对称关系的 $\mathbf{T}^0\mathbf{I}$ 的排列的线性组合。每一组标量 a 和 b 的选择都定义了一个可能的弹性张量 $\mathbf{\Gamma}$。其中最方便的选择是 Dahlen (1972) 所采用的：

$$a = -b = \frac{1}{2} \tag{3.138}$$

这一选择所得到的张量 $\mathbf{\Xi}$、$\mathbf{\Lambda}$ 和 $\mathbf{\Upsilon}$ 为

$$\begin{aligned}\Xi_{ijkl} = \Gamma_{ijkl} &+ \frac{1}{2}(T^0_{ij}\delta_{kl} + T^0_{kl}\delta_{ij} \\ &- T^0_{ik}\delta_{jl} - T^0_{jk}\delta_{il} - T^0_{il}\delta_{jk} - T^0_{jl}\delta_{ik})\end{aligned} \tag{3.139}$$

$$\Lambda_{ijkl} = \Gamma_{ijkl} + \frac{1}{2}(T_{ij}^0\delta_{kl} + T_{kl}^0\delta_{ij} + T_{ik}^0\delta_{jl} - T_{jk}^0\delta_{il} - T_{il}^0\delta_{jk} - T_{jl}^0\delta_{ik}) \tag{3.140}$$

$$\Upsilon_{ijkl} = \Gamma_{ijkl} + \frac{1}{2}(-T_{ij}^0\delta_{kl} + T_{kl}^0\delta_{ij} + T_{ik}^0\delta_{jl} + T_{jk}^0\delta_{il} - T_{il}^0\delta_{jk} - T_{jl}^0\delta_{ik}) \tag{3.141}$$

将公式 (3.139)–(3.141) 及分解式 $\mathbf{T}^0 = -p^0\mathbf{I} + \boldsymbol{\tau}^0$ 和 $(\boldsymbol{\nabla}\mathbf{s})^{\mathrm{T}} = \boldsymbol{\varepsilon} + \boldsymbol{\omega}$ 代入表达式 (3.119)–(3.121)，我们可以将应力增量 $\mathbf{T}^{\mathrm{SK1}}$、$\mathbf{T}^{\mathrm{PK1}}$ 和 $\mathbf{T}^{\mathrm{L1}}$ 写为

$$T_{ij}^{\mathrm{SK1}} = \Gamma_{ijkl}\varepsilon_{kl} + p^0(2\varepsilon_{ij} - \varepsilon_{kk}\delta_{ij}) + \frac{1}{2}(\tau_{ij}^0\varepsilon_{kk} + \tau_{kl}^0\varepsilon_{kl}\delta_{ij}) - \varepsilon_{ik}\tau_{kj}^0 - \tau_{ik}^0\varepsilon_{kj} \tag{3.142}$$

$$T_{ij}^{\mathrm{PK1}} = \Gamma_{ijkl}\varepsilon_{kl} + p^0(\varepsilon_{ij} + \omega_{ij} - \varepsilon_{kk}\delta_{ij}) + \frac{1}{2}(\tau_{ij}^0\varepsilon_{kk} + \tau_{kl}^0\varepsilon_{kl}\delta_{ij}) - \varepsilon_{ik}\tau_{kj}^0 - \tau_{ik}^0\omega_{kj} \tag{3.143}$$

$$T_{ij}^{\mathrm{L1}} = \Gamma_{ijkl}\varepsilon_{kl} + \frac{1}{2}(-\tau_{ij}^0\varepsilon_{kk} + \tau_{kl}^0\varepsilon_{kl}\delta_{ij}) + \omega_{ik}\tau_{kj}^0 - \tau_{ik}^0\omega_{kj} \tag{3.144}$$

(3.142)、(3.143) 和 (3.144) 分别是一般结果 (2.138)、(2.143)–(2.144) 和 (2.145)–(2.146) 的线性化形式。这些关系一并构成了胡克定律在具有预应力弹性介质中的推广；$\mathbf{T}^{\mathrm{SK1}}$、$\mathbf{T}^{\mathrm{PK1}}$ 和 $\mathbf{T}^{\mathrm{L1}}$ 对初始压强 p^0 和偏应力 $\boldsymbol{\tau}^0$ 以及对应变和转动张量 $\boldsymbol{\varepsilon}$ 和 $\boldsymbol{\omega}$ 的依赖性是明显的。值得注意的是，拉格朗日–柯西应力增量 $\mathbf{T}^{\mathrm{L1}}$ 并不显性地依赖于初始压强 p^0，而仅依赖于弹性张量 $\boldsymbol{\Gamma}$ 和初始偏应力 $\boldsymbol{\tau}^0$。事实上，这也是促使我们在 (3.135)–(3.137) 中取 $a = -b = 1/2$ 的原因；因为只有这一选择完全消除了 $\mathbf{T}^{\mathrm{L1}}$ 对 p^0 的显性依赖。完整的拉格朗日–柯西应力 $\mathbf{T}^{\mathrm{L}} = \mathbf{T}^0 + \mathbf{T}^{\mathrm{L1}}$ 可以用坐标不变量符号写为

$$\mathbf{T}^{\mathrm{L}} = \overbrace{-p^0\mathbf{I} + \boldsymbol{\tau}^0 + \boldsymbol{\omega}\cdot\boldsymbol{\tau}^0 - \boldsymbol{\tau}^0\cdot\boldsymbol{\omega}}^{\text{转动后的初始应力}} + \underbrace{\boldsymbol{\Gamma}:\boldsymbol{\varepsilon} - \frac{1}{2}\boldsymbol{\tau}^0(\mathrm{tr}\,\boldsymbol{\varepsilon}) + \frac{1}{2}(\boldsymbol{\tau}^0:\boldsymbol{\varepsilon})\mathbf{I}}_{\text{依赖于应变的应力}} \tag{3.145}$$

(3.145) 中的前四项可以被看出是*转动后的初始应力* $\mathbf{Q}^{\mathrm{T}}\cdot\mathbf{T}^0\cdot\mathbf{Q}$，其余几项表示应变 $\boldsymbol{\varepsilon}$ 引起的应力微扰。

根据定义，各向同性固体的弹性张量为

$$\Gamma_{ijkl} = (\kappa - \frac{2}{3}\mu)\delta_{ij}\delta_{kl} + \mu(\delta_{ik}\delta_{jl} + \delta_{il}\delta_{jk}) \tag{3.146}$$

其中 κ 是等熵不可压缩性或体变模量，μ 是刚性或剪切模量。近似式 (3.146) 最常用于 $\boldsymbol{\tau}^0 = \mathbf{0}$ 的流体静力学地球模型。在各向同性流体静力学模型中，拉格朗日–柯西应力增量可以表示为 $\mathbf{T}^{\mathrm{L1}} = -p^{\mathrm{L1}}\mathbf{I} + \boldsymbol{\tau}^{\mathrm{L1}}$，其中 $p^{\mathrm{L1}} = -\kappa(\boldsymbol{\nabla}\cdot\mathbf{s})$，$\boldsymbol{\tau}^{\mathrm{L1}} = 2\mu\mathbf{d}$，而 $\mathbf{d} = \boldsymbol{\varepsilon} - \frac{1}{3}(\mathrm{tr}\,\boldsymbol{\varepsilon})\mathbf{I}$ 为偏应变。

更普遍地，通过以下写法

$$\Gamma_{ijkl} = (\kappa - \frac{2}{3}\mu)\delta_{ij}\,\delta_{kl} + \mu(\delta_{ik}\,\delta_{jl} + \delta_{il}\,\delta_{jk}) + \gamma_{ijkl} \tag{3.147}$$

我们可以在流体静力学或非流体静力学地球模型中将弹性张量$\boldsymbol{\Gamma}$的各向同性部分分离出来，其中$\gamma_{ijkl} = \gamma_{jikl} = \gamma_{ijlk} = \gamma_{klij}$。在(3.147) 的分解中不可压缩性$\kappa$和刚性$\mu$的定义为

$$\kappa = \frac{1}{9}\Gamma_{iijj}, \qquad \mu = \frac{1}{10}(\Gamma_{ijij} - \frac{1}{3}\Gamma_{iijj}) \tag{3.148}$$

因而有

$$\gamma_{iijj} = \gamma_{ijij} = 0 \tag{3.149}$$

张量$\Gamma'_{ijkl} = (\kappa - \frac{2}{3}\mu)\delta_{ij}\,\delta_{kl} + \mu(\delta_{ik}\,\delta_{jl} + \delta_{il}\,\delta_{jk})$是在最小二乘意义上对弹性张量的最佳的各向同性张量近似：

$$(\Gamma_{ijkl} - \Gamma'_{ijkl})(\Gamma_{ijkl} - \Gamma'_{ijkl}) = \text{极小值} \tag{3.150}$$

剩下的残差$\boldsymbol{\gamma}$则是弹性张量的纯各向异性部分。

在地球的液态区域$\oplus_{\rm F}$，刚性μ和各向异性$\boldsymbol{\gamma}$二者均恒为零，拉格朗日–柯西应力增量是各向同性的：$\mathbf{T}^{\rm L1} = -p^{\rm L1}\mathbf{I}$，其中$p^{\rm L1} = -\kappa(\boldsymbol{\nabla}\cdot\mathbf{s})$。相应的欧拉应力增量为$\mathbf{T}^{\rm E1} = -p^{\rm E1}\mathbf{I}$，其中$p^{\rm E1} = -\kappa(\boldsymbol{\nabla}\cdot\mathbf{s}) - \mathbf{s}\cdot\boldsymbol{\nabla}p^0$。

⋆3.6.3 体波传播速度

通过考虑局部弹性体波的传播，我们可以更深刻地理解弹性张量$\boldsymbol{\Gamma}$的本质；为此可以采用两种等价方法中的任意一个(Whitham 1974)。依照阿达马(Hadamard)方法，我们可以考虑加速度跃变的传播，即在一个面的两侧其质点加速度有不连续的跃变：

$$\mathbf{a} = [\partial_t^2\mathbf{s}]_-^+ \tag{3.151}$$

这种波前两侧二阶时间导数的跃变一定会伴随着类似的二阶空间导数的跃变：

$$[\boldsymbol{\nabla}\boldsymbol{\nabla}\mathbf{s}]_-^+ = \hat{\mathbf{k}}\hat{\mathbf{k}}\,c^{-2}\mathbf{a} \tag{3.152}$$

其中$\hat{\mathbf{k}}$是波前的单位法向，c是传播速度。将跃变算子$[\cdot]_-^+$应用于线性化动量方程(3.56)或(3.60)的二者之一得到

$$\rho^0[\partial_t^2 s_j]_-^+ = \Lambda_{ijkl}\,[\partial_i\partial_k s_l]_-^+ = \Upsilon_{ijkl}\,[\partial_i\partial_k s_l]_-^+ \tag{3.153}$$

这里我们使用了ρ^0、$\mathbf{T}^0$、$\boldsymbol{\Gamma}$、$\mathbf{s}$和$\partial_t\mathbf{s}$的连续性。将(3.151)和(3.152) 代入(3.153)，我们得到波前传播所满足的克里斯托弗尔(Christoffel)方程：

$$\mathbf{B}\cdot\mathbf{a} = c^2\,\mathbf{a} \tag{3.154}$$

其中

$$\rho^0 B_{jl} = \Lambda_{ijkl}\,\hat{k}_i\hat{k}_k = \Upsilon_{ijkl}\,\hat{k}_i\hat{k}_k \tag{3.155}$$

或者，我们也可以考虑以下形式的JWKB尝试解

$$\mathbf{s} = \mathbf{a}\exp(i\Psi) \tag{3.156}$$

频率ω和波矢量$\mathbf{k}=k\hat{\mathbf{k}}$通过相位$\Psi$定义为

$$\omega=-\partial_t\Psi,\qquad \mathbf{k}=\boldsymbol{\nabla}\Psi \tag{3.157}$$

在大波数的极限情况下，即$k\to\infty$，将(3.156)代入(3.56)或(3.60)，也可以得到本征值问题(3.154)；此时c是波的*相速度*：

$$c=\omega/k \tag{3.158}$$

在这两种情况下，(3.155)中的量$\hat{k}_i$和$\hat{k}_k$都表示*单位波矢量*，即相位传播方向$\hat{\mathbf{k}}$的相应分量。值得注意的是，在克里斯托弗尔方程(3.154)中没有自转和自引力项；由于引力本质上是长程力，因此自引力在不连续跃变$[\cdot]_-^+$或在$k\to\infty$的极限下不存在。

对于每个传播方向，克里斯托弗尔张量$\mathbf{B}$具有三个本征值c^2和相应的本征矢量$\mathbf{a}$。本征值是可以在介质中传播的三种独立体波类型的相速度平方，而本征矢量则描述相应的偏振。关系式(3.134)和(3.140)–(3.141)确保克里斯托弗尔张量总是对称的：$\mathbf{B}^{\mathrm{T}}=\mathbf{B}$。因此，所有三个本征值都是实数，而且本征矢量可以假设是相互正交的。利用不可压缩性κ、刚性μ、各向异性弹性张量$\boldsymbol{\gamma}$，以及初始偏应力$\boldsymbol{\tau}^0$，我们可以将$\mathbf{B}$写为

$$\begin{aligned}\rho^0B_{jl}=&(\kappa+\frac{1}{3}\mu)\hat{k}_j\hat{k}_l+\mu\delta_{jl}\\&+\gamma_{ijkl}\,\hat{k}_i\hat{k}_k+\frac{1}{2}(\hat{k}_i\tau^0_{ik}\hat{k}_k)\delta_{jl}-\frac{1}{2}\tau^0_{jl}\end{aligned} \tag{3.159}$$

值得注意的是，相速度和偏振与初始流体静力学压强p^0都没有明显的依赖关系；同样地，在(3.135)–(3.137)中也只有选择$a=-b=1/2$才能得到这一期望的结果。在物理上可实现的介质中，相速度平方c^2是非负的，因此张量$\mathbf{B}$也必须是非负的；确保这一点的条件是对于所有$\|\hat{\mathbf{k}}\|=\|\hat{\mathbf{a}}\|=1$均有

$$\begin{aligned}&(\kappa+\frac{1}{3}\mu)(\hat{\mathbf{a}}\cdot\hat{\mathbf{k}})^2+\mu+\hat{\mathbf{a}}\hat{\mathbf{k}}{:}\boldsymbol{\gamma}{:}\hat{\mathbf{a}}\hat{\mathbf{k}}\\&\qquad+\frac{1}{2}(\hat{\mathbf{k}}\cdot\boldsymbol{\tau}^0\cdot\hat{\mathbf{k}})-\frac{1}{2}(\hat{\mathbf{a}}\cdot\boldsymbol{\tau}^0\cdot\hat{\mathbf{a}})\geqslant 0\end{aligned} \tag{3.160}$$

这是在物理上可实现的地球模型中对弹性参数κ、μ、$\boldsymbol{\gamma}$和初始偏应力$\boldsymbol{\tau}^0$的必要约束条件。

在具有流体静力学预应力的各向同性弹性固态介质中，克里斯托弗尔张量简化为$\rho^0\mathbf{B}=(\kappa+\frac{1}{3}\mu)\hat{\mathbf{k}}\hat{\mathbf{k}}+\mu\mathbf{I}$。在这种介质中，除了具有纵向偏振$(\hat{\mathbf{a}}\parallel\hat{\mathbf{k}})$和速度$\alpha=[(\kappa+\frac{4}{3}\mu)/\rho^0]^{1/2}$的压缩波或P波之外，亦存在具有横向偏振$(\hat{\mathbf{a}}\perp\hat{\mathbf{k}})$和速度$\beta=(\mu/\rho^0)^{1/2}$的剪切波或S波。更一般地，体波在预应力固态介质中的传播是*各向异性的*；相速度c和偏振$\hat{\mathbf{a}}$依赖于传播方向$\hat{\mathbf{k}}$。固有的弹性各向异性$\boldsymbol{\gamma}$和各向异性预应力$\boldsymbol{\tau}^0$都对体波各向异性有贡献；如果$\|\boldsymbol{\gamma}\|\ll\mu$并且$\|\boldsymbol{\tau}^0\|\ll\mu$，则如同地球的情形，独立的体波类型将是准P波和准S波。能够在液态区域$\oplus_{\mathrm{F}}$中传播的唯一的波是具有纵向偏振$(\hat{\mathbf{a}}\parallel\hat{\mathbf{k}})$和速度$\alpha=(\kappa/\rho^0)^{1/2}$的P波。

由于相速度c仅依赖于波矢量的方向，而不是其大小k，因此体波的传播是无频散的。一组波矢量为$\mathbf{k}$的波的*群速度*是

$$\mathbf{C}=\boldsymbol{\nabla}_{\mathbf{k}}\omega=c\hat{\mathbf{k}}+\boldsymbol{\nabla}_1 c \tag{3.161}$$

其中$\boldsymbol{\nabla}_{\mathbf{k}}=\hat{\mathbf{k}}\partial_k+k^{-1}\boldsymbol{\nabla}_1$。三种独立体波类型的群速度$\mathbf{C}$也仅依赖于传播方向$\hat{\mathbf{k}}$。令$C=\|\mathbf{C}\|$，

在(3.161)中我们看到

$$C^2 = c^2 + \|\boldsymbol{\nabla}_1 c\|^2 \tag{3.162}$$

因而对任何方向$\hat{\mathbf{k}}$，群速度都大于或等于相速度，$C \geqslant c$。

作为本节的结束，我们在表3.2中列出最重要的弹性–重力方程和本构关系。由于拉格朗日应力增量$\mathbf{T}^{\mathrm{PK1}}$和$\mathbf{T}^{\mathrm{L1}}$以及欧拉密度和势函数微扰$\rho^{\mathrm{E1}}$和$\phi^{\mathrm{E1}}$的存在，两种形式的动量方程都具有拉格朗日-欧拉的混合特征。对于一般非流体静力学地球，含有第一类皮奥拉–基尔霍夫应力$\mathbf{T}^{\mathrm{PK1}}$的方程比含有柯西应力$\mathbf{T}^{\mathrm{L1}}$的方程在大多数应用中更方便；因此，表3.1中列出的动力学边界条件也是用$\mathbf{T}^{\mathrm{PK1}}$表示的。要把非流体静力学地球的自由振荡所满足的方程和边界条件表示成不依赖于初始静态应力$\mathbf{T}^0$的形式是不可能的。

表 3.2　一般非流体静力学地球所满足的最重要的体积内的弹性–重力线性化关系

名称	线性化弹性–重力方程
连续性方程	$\rho^{\mathrm{E1}} = -\boldsymbol{\nabla}\cdot(\rho^0\mathbf{s})$
动量方程	$\rho^0(\partial_t^2\mathbf{s} + 2\boldsymbol{\Omega}\times\partial_t\mathbf{s}) = \boldsymbol{\nabla}\cdot\mathbf{T}^{\mathrm{PK1}} - \rho^0\boldsymbol{\nabla}\phi^{\mathrm{E1}} - \rho^0\mathbf{s}\cdot\boldsymbol{\nabla}\boldsymbol{\nabla}(\phi^0+\psi)$ $\rho^0(\partial_t^2\mathbf{s} + 2\boldsymbol{\Omega}\times\partial_t\mathbf{s}) = \boldsymbol{\nabla}\cdot\mathbf{T}^{\mathrm{L1}} - \boldsymbol{\nabla}\cdot(\mathbf{s}\cdot\boldsymbol{\nabla}\mathbf{T}^0) - \rho^0\boldsymbol{\nabla}\phi^{\mathrm{E1}} - \rho^{\mathrm{E1}}\boldsymbol{\nabla}(\phi^0+\psi)$
泊松方程	$\nabla^2\phi^{\mathrm{E1}} = 4\pi G\rho^{\mathrm{E1}}$
势函数微扰	$\phi^{\mathrm{E1}} = -G\int_{\oplus}\frac{\rho^{0\prime}\mathbf{s}'\cdot(\mathbf{x}-\mathbf{x}')}{\|\mathbf{x}-\mathbf{x}'\|^3}\,dV'$
引力微扰	$\mathbf{g}^{\mathrm{E1}} = -\boldsymbol{\nabla}\phi^{\mathrm{E1}} = G\int_{\oplus}\rho^{0\prime}(\mathbf{s}'\cdot\boldsymbol{\Pi})\,dV'$
胡克定律	$\mathbf{T}^{\mathrm{PK1}} = \boldsymbol{\Lambda}:\boldsymbol{\nabla}\mathbf{s}$ $\mathbf{T}^{\mathrm{L1}} = \boldsymbol{\Upsilon}:\boldsymbol{\nabla}\mathbf{s}$
弹性张量关系	$\Lambda_{ijkl} = \Gamma_{ijkl} + \frac{1}{2}(T_{ij}^0\delta_{kl} + T_{kl}^0\delta_{ij} + T_{ik}^0\delta_{jl} - T_{jk}^0\delta_{il} - T_{il}^0\delta_{jk} - T_{jl}^0\delta_{ik})$ $\Upsilon_{ijkl} = \Gamma_{ijkl} + \frac{1}{2}(-T_{ij}^0\delta_{kl} + T_{kl}^0\delta_{ij} + T_{ik}^0\delta_{jl} + T_{jk}^0\delta_{il} - T_{il}^0\delta_{jk} - T_{jl}^0\delta_{ik})$
弹性对称性	$\Gamma_{ijkl} = \Gamma_{jikl} = \Gamma_{ijlk} = \Gamma_{klij}$ $\Lambda_{ijkl} = \Lambda_{klij}$ $\Upsilon_{ijkl} = \Upsilon_{jikl}$

3.7 哈密顿原理

地球的弹性–重力形变所满足的线性方程和边界条件可以用变分原理来推导。该原理有两个不同但等价的形式，它们的差别在于欧拉引力势函数的微扰ϕ^{E1}和位移$\mathbf{s}$是否做独立的改变。

我们分别称其为位移和位移–势函数变分原理。在本节中，我们将直接写出这两个原理并确认它们能够给出所要满足的方程和边界条件。在后面的3.10节中，我们将利用第一性原理来分析变形中地球能量的收支平衡，来推导出下面所引入的拉格朗日量密度。

3.7.1 位移变分原理

令t_1和t_2为可能的位移路径$\mathbf{s}(\mathbf{x},t)$的起始和结束时刻。定义该路径的作用量$\mathcal{I}$为

$$\mathcal{I} = \int_{t_1}^{t_2}\int_{\oplus} L(\mathbf{s},\partial_t\mathbf{s},\boldsymbol{\nabla}\mathbf{s})\,dV dt + \int_{t_1}^{t_2}\int_{\Sigma_{\mathrm{FS}}} [L^{\Sigma}(\mathbf{s},\boldsymbol{\nabla}^{\Sigma}\mathbf{s})]_-^+\,d\Sigma\,dt \tag{3.163}$$

其中

$$L = \frac{1}{2}[\rho^0\partial_t\mathbf{s}\cdot\partial_t\mathbf{s} - 2\rho^0\mathbf{s}\cdot\boldsymbol{\Omega}\times\partial_t\mathbf{s} - \boldsymbol{\nabla}\mathbf{s}:\boldsymbol{\Lambda}:\boldsymbol{\nabla}\mathbf{s} - \rho^0\mathbf{s}\cdot\boldsymbol{\nabla}\phi^{\mathrm{E1}} - \rho^0\mathbf{s}\cdot\boldsymbol{\nabla}\boldsymbol{\nabla}(\phi^0+\psi)\cdot\mathbf{s}] \tag{3.164}$$

$$L^{\Sigma} = \frac{1}{2}[(\hat{\mathbf{n}}\cdot\mathbf{s})\boldsymbol{\nabla}^{\Sigma}\cdot(\varpi^0\mathbf{s}) - \varpi^0\mathbf{s}\cdot(\boldsymbol{\nabla}^{\Sigma}\mathbf{s})\cdot\hat{\mathbf{n}}] \tag{3.165}$$

(3.164)中的势函数微扰ϕ^{E1}被视为位移$\mathbf{s}$的已知泛函，对任何$\mathbf{s}$由方程(3.99)以显式给出。因而拉格朗日量体密度L仅是$\mathbf{s}$、$\partial_t\mathbf{s}$和$\boldsymbol{\nabla}\mathbf{s}$的泛函，如上面公式所示。(3.163)中涉及$\phi^{\mathrm{E1}}$的积分可以用$\mathbf{s}$表示为

$$\int_{\oplus}\rho^0\mathbf{s}\cdot\boldsymbol{\nabla}\phi^{\mathrm{E1}}\,dV = -G\int_{\oplus}\int_{\oplus}(\rho^0\mathbf{s}\cdot\boldsymbol{\Pi}\cdot\rho^{0\prime}\mathbf{s}')\,dV\,dV' \tag{3.166}$$

值得注意的是，由于(3.101)式中定义的积分核具有对称性$\boldsymbol{\Pi}(\mathbf{x},\mathbf{x}') = \boldsymbol{\Pi}^{\mathrm{T}}(\mathbf{x}',\mathbf{x})$，因此(3.166)是$\mathbf{s}$的对称二次泛函。而(3.163)中多出来的拉格朗日量面密度L^{Σ}的作用是提供与固–液边界Σ_{FS}上可能的切向滑动相关的额外自由度。

哈密顿原理申明，当且仅当$\mathbf{s}$满足前面得到的线性化运动方程和边界条件时，且精确到路径的无穷小可容许变化$\delta\mathbf{s}$的一阶，则作用量$\mathcal{I}$是稳定的。一个可容许变化$\delta\mathbf{s}$是其在起始和结束时刻t_1和t_2皆为零，并且在Σ_{SS}上满足$[\delta\mathbf{s}]_-^+ = \mathbf{0}$与在$\Sigma_{\mathrm{FS}}$上满足$[\hat{\mathbf{n}}\cdot\delta\mathbf{s}]_-^+ = 0$的变化。精确到$\|\mathbf{s}\|$的一阶，因路径变化$\delta\mathbf{s}$所导致的作用量变分$\delta\mathcal{I}$为

$$\delta\mathcal{I} = \int_{t_1}^{t_2}\int_{\oplus}[\delta\mathbf{s}\cdot(\partial_{\mathbf{s}}L) + \partial_t(\delta\mathbf{s})\cdot(\partial_{\partial_t\mathbf{s}}L) + \boldsymbol{\nabla}(\delta\mathbf{s}):(\partial_{\boldsymbol{\nabla}\mathbf{s}}L)]\,dV dt + \int_{t_1}^{t_2}\int_{\Sigma_{\mathrm{FS}}}[\delta\mathbf{s}\cdot(\partial_{\mathbf{s}}L^{\Sigma}) + \boldsymbol{\nabla}^{\Sigma}(\delta\mathbf{s}):(\partial_{\boldsymbol{\nabla}^{\Sigma}\mathbf{s}}L^{\Sigma})]_-^+\,d\Sigma\,dt \tag{3.167}$$

对时间t做分部积分，并分别在$\oplus$内和Σ_{FS}上使用三维和二维形式的高斯定理，我们将其改写为

$$\delta\mathcal{I} = \int_{t_1}^{t_2}\int_{\oplus}\delta\mathbf{s}\cdot\Big[\partial_{\mathbf{s}}L - \partial_t(\partial_{\partial_t\mathbf{s}}L) - \boldsymbol{\nabla}\cdot(\partial_{\boldsymbol{\nabla}\mathbf{s}}L)\Big]\,dV dt - \int_{t_1}^{t_2}\int_{\Sigma_{\mathrm{SS}}}\delta\mathbf{s}\cdot\Big[\hat{\mathbf{n}}\cdot(\partial_{\boldsymbol{\nabla}\mathbf{s}}L)\Big]_-^+\,d\Sigma\,dt$$

$$+\int_{t_1}^{t_2}\int_{\Sigma_{\rm FS}}\left[\boldsymbol{\delta}\mathbf{s}\cdot\left\{\partial_{\mathbf{s}}L^{\Sigma}-\boldsymbol{\nabla}^{\Sigma}\cdot(\partial_{\boldsymbol{\nabla}^{\Sigma}\mathbf{s}}L^{\Sigma})-\hat{\mathbf{n}}\cdot(\partial_{\boldsymbol{\nabla}\mathbf{s}}L)\right\}\right]_-^+ d\Sigma\, dt$$
$$+\int_{t_1}^{t_2}\int_{\partial\oplus}\boldsymbol{\delta}\mathbf{s}\cdot\left[\hat{\mathbf{n}}\cdot(\partial_{\boldsymbol{\nabla}\mathbf{s}}L)\right]d\Sigma\, dt \tag{3.168}$$

在写出(3.168)式时，我们利用了$\partial_{\boldsymbol{\nabla}^{\Sigma}\mathbf{s}}L^{\Sigma}$是$\Sigma_{\rm FS}$上的切向矢量这一特性：$\hat{\mathbf{n}}\cdot(\partial_{\boldsymbol{\nabla}^{\Sigma}\mathbf{s}}L^{\Sigma})=0$。哈密顿原理要求，对于位移的任意可容许变化$\boldsymbol{\delta}\mathbf{s}$，作用量的变分必须为零，$\delta\mathcal{I}=0$；满足这个要求的条件是当且仅当下面的欧拉–拉格朗日方程及其相应的边界条件成立：

$$\partial_{\mathbf{s}}L-\partial_t(\partial_{\partial_t\mathbf{s}}L)-\boldsymbol{\nabla}\cdot(\partial_{\boldsymbol{\nabla}\mathbf{s}}L)=\mathbf{0},\quad 在\oplus内 \tag{3.169}$$

$$\hat{\mathbf{n}}\cdot(\partial_{\boldsymbol{\nabla}\mathbf{s}}L)=\mathbf{0},\quad 在\partial\oplus上 \tag{3.170}$$

$$[\hat{\mathbf{n}}\cdot(\partial_{\boldsymbol{\nabla}\mathbf{s}}L)]_-^+=\mathbf{0},\quad 在\Sigma_{\rm SS}上 \tag{3.171}$$

$$[\partial_{\mathbf{s}}L^{\Sigma}-\boldsymbol{\nabla}^{\Sigma}\cdot(\partial_{\boldsymbol{\nabla}^{\Sigma}\mathbf{s}}L^{\Sigma})-\hat{\mathbf{n}}\cdot(\partial_{\boldsymbol{\nabla}\mathbf{s}}L)]_-^+$$
$$=\hat{\mathbf{n}}\hat{\mathbf{n}}\cdot[\partial_{\mathbf{s}}L^{\Sigma}-\boldsymbol{\nabla}^{\Sigma}\cdot(\partial_{\boldsymbol{\nabla}^{\Sigma}\mathbf{s}}L^{\Sigma})-\hat{\mathbf{n}}\cdot(\partial_{\boldsymbol{\nabla}\mathbf{s}}L)]_-^+=\mathbf{0},\quad 在\Sigma_{\rm FS}上 \tag{3.172}$$

用麦克斯韦关系$\Lambda_{ijkl}=\Lambda_{klij}$和曲率张量的对称性$(\boldsymbol{\nabla}^{\Sigma}\hat{\mathbf{n}})^{\rm T}=\boldsymbol{\nabla}^{\Sigma}\hat{\mathbf{n}}$足以证明

$$\partial_{\boldsymbol{\nabla}\mathbf{s}}L=-\mathbf{T}^{\rm PK1} \tag{3.173}$$

$$\partial_{\mathbf{s}}L^{\Sigma}-\boldsymbol{\nabla}^{\Sigma}\cdot(\partial_{\boldsymbol{\nabla}^{\Sigma}\mathbf{s}}L^{\Sigma})-\hat{\mathbf{n}}\cdot(\partial_{\boldsymbol{\nabla}\mathbf{s}}L)=\mathbf{t}^{\rm PK1} \tag{3.174}$$

从这些结果和(3.166)中的二次对称项，我们可以看到变分方程(3.169)–(3.172)等价于：

$$\rho^0(\partial_t^2\mathbf{s}+2\boldsymbol{\Omega}\times\partial_t\mathbf{s})=\boldsymbol{\nabla}\cdot\mathbf{T}^{\rm PK1}$$
$$-\rho^0\boldsymbol{\nabla}\phi^{\rm E1}-\rho^0\mathbf{s}\cdot\boldsymbol{\nabla}\boldsymbol{\nabla}(\phi^0+\psi),\quad 在\ \oplus内 \tag{3.175}$$

$$\hat{\mathbf{n}}\cdot\mathbf{T}^{\rm PK1}=\mathbf{0},\quad 在\partial\oplus上 \tag{3.176}$$

$$[\hat{\mathbf{n}}\cdot\mathbf{T}^{\rm PK1}]_-^+=\mathbf{0},\quad 在\Sigma_{\rm SS}上 \tag{3.177}$$

$$[\mathbf{t}^{\rm PK1}]_-^+=\hat{\mathbf{n}}[\hat{\mathbf{n}}\cdot\mathbf{t}^{\rm PK1}]_-^+=\mathbf{0},\quad 在\Sigma_{\rm FS}上 \tag{3.178}$$

公式(3.175)–(3.178)正是线性化动量方程(3.60)及其相应的动力学边界条件(3.65)–(3.66)和(3.81)–(3.82)。这里的动量方程被视为如下形式的关于位移s的积分–微分方程：

$$\rho^0(\partial_t^2\mathbf{s}+2\boldsymbol{\Omega}\times\partial_t\mathbf{s})=\boldsymbol{\nabla}\cdot(\boldsymbol{\Lambda}:\boldsymbol{\nabla}\mathbf{s})$$
$$-\rho^0\mathbf{s}\cdot\boldsymbol{\nabla}\boldsymbol{\nabla}(\phi^0+\psi)+\rho^0G\int_{\oplus}\rho^{0\prime}(\mathbf{s}'\cdot\boldsymbol{\Pi})\,dV' \tag{3.179}$$

运动方程的这一积分–微分特性是引力恢复力的长程性质的结果。

形如$\boldsymbol{\delta}\mathbf{s}=\varepsilon\mathbf{s}$的变化，其中$\varepsilon$是一个无穷小常数，当然是可容许的，而且由于作用量$\mathcal{I}$是s的二次泛函，其变分就是简单的$\delta\mathcal{I}=2\varepsilon\mathcal{I}$。因此，沿稳定路径作用量的值恒为零：

$$\mathcal{I}=0 \tag{3.180}$$

3.7.2 位移–势函数变分原理

作为另一个处理方法，我们可以将微扰ϕ^{E1}视为边值问题的解：

$$\nabla^2\phi^{\mathrm{E1}} = \begin{cases} -4\pi G\,\boldsymbol{\nabla}\cdot(\rho^0\mathbf{s}), & \text{在}\oplus\text{内} \\ 0, & \text{在}\bigcirc-\oplus\text{内} \end{cases} \tag{3.181}$$

$$[\phi^{\mathrm{E1}}]_-^+ = 0 \quad \text{和} \quad [\hat{\mathbf{n}}\cdot\boldsymbol{\nabla}\phi^{\mathrm{E1}} + 4\pi G\rho^0\hat{\mathbf{n}}\cdot\mathbf{s}]_-^+ = 0, \quad \text{在}\Sigma\text{上} \tag{3.182}$$

为方便起见，我们定义一个辅助矢量

$$\boldsymbol{\xi}^{\mathrm{E1}} = (4\pi G)^{-1}\boldsymbol{\nabla}\phi^{\mathrm{E1}} + \rho^0\mathbf{s} \tag{3.183}$$

其中假设位移$\mathbf{s}$在地球以外的$\bigcirc-\oplus$内为零。这样可以将(3.181)–(3.182)精简为两个式子

$$\boldsymbol{\nabla}\cdot\boldsymbol{\xi}^{\mathrm{E1}} = 0, \quad \text{在}\bigcirc\text{内} \tag{3.184}$$

$$[\hat{\mathbf{n}}\cdot\boldsymbol{\xi}^{\mathrm{E1}}]_-^+ = 0, \quad \text{在}\Sigma\text{上} \tag{3.185}$$

这里我们将ϕ^{E1}的连续性看作是理所当然的。我们寻找一个新的变分原理，使$\mathbf{s}$和ϕ^{E1}能够彼此独立变化，而约束条件是它们之间的关系满足(3.184)–(3.185)。我们认为可容许的势函数变化$\delta\phi^{\mathrm{E1}}$是其在起始和结束时刻t_1和t_2为零，并且在边界Σ上满足$[\delta\phi^{\mathrm{E1}}]_-^+ = 0$的变化。要推导出这一约束变分原理，我们考虑变更作用量

$$\begin{aligned} \mathcal{I}' = \mathcal{I} \; &+ \int_{t_1}^{t_2}\int_{\bigcirc} \lambda\,[\nabla^2\phi^{\mathrm{E1}} + 4\pi G\,\boldsymbol{\nabla}\cdot(\rho^0\mathbf{s})]\,dV dt \\ &+ \int_{t_1}^{t_2}\int_{\Sigma} \lambda\,[\hat{\mathbf{n}}\cdot\boldsymbol{\nabla}\phi^{\mathrm{E1}} + 4\pi G\rho^0\hat{\mathbf{n}}\cdot\mathbf{s}]_-^+\,d\Sigma\,dt \end{aligned} \tag{3.186}$$

其中λ是未定的拉格朗日乘子。当ϕ^{E1}改变而$\mathbf{s}$和λ保持不变时，$\mathcal{I}'$的变分是

$$\begin{aligned} \delta\mathcal{I}' = &\int_{t_1}^{t_2}\int_{\bigcirc} \delta\phi^{\mathrm{E1}}[\nabla^2\lambda + \frac{1}{2}\boldsymbol{\nabla}\cdot(\rho^0\mathbf{s})]\,dV dt \\ &+ \int_{t_1}^{t_2}\int_{\Sigma} \delta\phi^{\mathrm{E1}}[\hat{\mathbf{n}}\cdot\boldsymbol{\nabla}\lambda + \frac{1}{2}\rho^0\hat{\mathbf{n}}\cdot\mathbf{s}]_-^+\,d\Sigma\,dt \end{aligned} \tag{3.187}$$

这里我们连续使用了两次高斯定理。欲确保变分(3.187)为零的λ的合适选择是

$$\lambda = (8\pi G)^{-1}\phi^{\mathrm{E1}} \tag{3.188}$$

将结果(3.188)代回到(3.186)，再次应用高斯定理，我们可以将变更作用量$\mathcal{I}'$改写为

$$\begin{aligned} \mathcal{I}' = &\int_{t_1}^{t_2}\int_{\bigcirc} L'(\mathbf{s},\partial_t\mathbf{s},\boldsymbol{\nabla}\mathbf{s},\boldsymbol{\nabla}\phi^{\mathrm{E1}})\,dV dt \\ &+ \int_{t_1}^{t_2}\int_{\Sigma_{\mathrm{FS}}} [L^{\Sigma}(\mathbf{s},\boldsymbol{\nabla}^{\Sigma}\mathbf{s})]_-^+\,d\Sigma\,dt \end{aligned} \tag{3.189}$$

其中L^{Σ}不变，变更拉格朗日量密度L'由下式给出

$$L' = \frac{1}{2}[\rho^0\partial_t\mathbf{s}\cdot\partial_t\mathbf{s} - 2\rho^0\mathbf{s}\cdot\boldsymbol{\Omega}\times\partial_t\mathbf{s} - \boldsymbol{\nabla}\mathbf{s}:\boldsymbol{\Lambda}:\boldsymbol{\nabla}\mathbf{s}$$

$$
\begin{aligned}
&- 2\rho^0 \mathbf{s} \cdot \boldsymbol{\nabla}\phi^{\mathrm{E1}} - \rho^0 \mathbf{s} \cdot \boldsymbol{\nabla}\boldsymbol{\nabla}(\phi^0 + \psi) \cdot \mathbf{s} \\
&- (4\pi G)^{-1} \boldsymbol{\nabla}\phi^{\mathrm{E1}} \cdot \boldsymbol{\nabla}\phi^{\mathrm{E1}}]
\end{aligned} \tag{3.190}
$$

公式(3.189)中的体积分是在全空间$\bigcirc$内；然而在地球以外的$\bigcirc - \oplus$，只有涉及$\boldsymbol{\nabla}\phi^{\mathrm{E1}} \cdot \boldsymbol{\nabla}\phi^{\mathrm{E1}}$的最后一项是非零的。

取(3.189)式的变分，将位移$\mathbf{s}$和势函数ϕ^{E1}视为独立的，我们得到

$$
\begin{aligned}
\delta\mathcal{I}' = \delta\mathcal{I} &- \int_{t_1}^{t_2} \int_{\bigcirc} \delta\phi^{\mathrm{E1}} [\boldsymbol{\nabla} \cdot (\partial_{\boldsymbol{\nabla}\phi^{\mathrm{E1}}} L')] \, dV \, dt \\
&- \int_{t_1}^{t_2} \int_{\Sigma} \delta\phi^{\mathrm{E1}} [\hat{\mathbf{n}} \cdot (\partial_{\boldsymbol{\nabla}\phi^{\mathrm{E1}}} L')]_-^+ \, d\Sigma \, dt
\end{aligned} \tag{3.191}
$$

其中$\delta\mathcal{I}$由(3.168)给定。由位移的变化$\boldsymbol{\delta}\mathbf{s}$而引起的变分$\delta\mathcal{I}$会导致与前面相同的线性化运动方程和动力学边界条件(3.175)–(3.178)。唯一的差别是$\rho^0\mathbf{s} \cdot \boldsymbol{\nabla}\phi^{\mathrm{E1}}$一项不再被视为由(3.166)给定的$\mathbf{s}$的二次泛函；然而，由于(3.190)中变更拉格朗日量密度中的显式系数为2，这一项的变分是一样的。因势函数变化$\delta\phi^{\mathrm{E1}}$而产生的项为零的条件是当且仅当以下两式成立：

$$
\boldsymbol{\nabla} \cdot (\partial_{\boldsymbol{\nabla}\phi^{\mathrm{E1}}} L') = 0, \quad \text{在}\bigcirc\text{内} \tag{3.192}
$$

$$
[\hat{\mathbf{n}} \cdot (\partial_{\boldsymbol{\nabla}\phi^{\mathrm{E1}}} L')]_-^+ = 0, \quad \text{在}\Sigma\text{上} \tag{3.193}
$$

很容易验证$\partial_{\boldsymbol{\nabla}\phi^{\mathrm{E1}}} L' = -\boldsymbol{\xi}^{\mathrm{E1}}$。因此，(3.192)–(3.193)与微扰边值问题(3.184)–(3.185)是等价的。

总而言之，对于任意独立的可容许变化$\boldsymbol{\delta}\mathbf{s}$和$\delta\phi^{\mathrm{E1}}$，可以用变更哈密顿原理$\delta\mathcal{I}' = 0$得到完备的线性化弹性–重力方程组和边界条件。这样得到的方程组被视为是关于$\mathbf{s}$和ϕ^{E1}的耦合微分方程组，而不是像前面那样只是关于$\mathbf{s}$的单个积分–微分方程。对于形如$\boldsymbol{\delta}\mathbf{s} = \varepsilon\mathbf{s}$和$\phi^{\mathrm{E1}} = \varepsilon\phi^{\mathrm{E1}}$的可容许变化，这里$\varepsilon$是常数，其变更作用量$\mathcal{I}'$的变分是$\delta\mathcal{I}' = 2\varepsilon\mathcal{I}'$，因此$\mathcal{I}'$的稳定值也为零：

$$
\mathcal{I}' = 0 \tag{3.194}
$$

确保在稳定路径上$\mathcal{I}$与$\mathcal{I}'$相等的是以下等式

$$
\begin{aligned}
&\frac{1}{2} \int_{\oplus} \rho^0 (\mathbf{s} \cdot \boldsymbol{\nabla}\phi^{\mathrm{E1}\prime} + \mathbf{s}' \cdot \boldsymbol{\nabla}\phi^{\mathrm{E1}}) \, dV \\
&\qquad + \frac{1}{4\pi G} \int_{\bigcirc} \boldsymbol{\nabla}\phi^{\mathrm{E1}} \cdot \boldsymbol{\nabla}\phi^{\mathrm{E1}\prime} \, dV = 0
\end{aligned} \tag{3.195}
$$

这一结果对满足(3.181)–(3.182)的任一函数对($\mathbf{s}$，ϕ^{E1})和($\mathbf{s}'$，$\phi^{\mathrm{E1}\prime}$)可以很容易地用高斯定理推得。对于我们这里所关心的问题，带与不带撇号的量是相同的；但是，在后续几种场合，我们将需要用到(3.195)这一更普遍的结果。

3.8 能量守恒

能量的体密度E和面密度E^{Σ}可以分别用拉格朗日量体密度L和面密度L^{Σ}定义为

$$
E = (\partial_{\partial_t \mathbf{s}} L) \cdot \partial_t \mathbf{s} - L, \qquad E^{\Sigma} = -L^{\Sigma} \tag{3.196}
$$

使用(3.164)和(3.165)式后我们有

$$E=\frac{1}{2}[\rho^0\partial_t\mathbf{s}\cdot\partial_t\mathbf{s}+\boldsymbol{\nabla}\mathbf{s}:\boldsymbol{\Lambda}:\boldsymbol{\nabla}\mathbf{s}\\+\rho^0\mathbf{s}\cdot\boldsymbol{\nabla}\phi^{\mathrm{E1}}+\rho^0\mathbf{s}\cdot\boldsymbol{\nabla}\boldsymbol{\nabla}(\phi^0+\psi)\cdot\mathbf{s}] \tag{3.197}$$

$$E^{\Sigma}=\frac{1}{2}[\varpi^0\mathbf{s}\cdot(\boldsymbol{\nabla}^{\Sigma}\mathbf{s})\cdot\hat{\mathbf{n}}-(\hat{\mathbf{n}}\cdot\mathbf{s})\boldsymbol{\nabla}^{\Sigma}\cdot(\varpi^0\mathbf{s})] \tag{3.198}$$

用速度$\partial_t\mathbf{s}$点乘线性化动量方程(3.175)，并使用麦克斯韦关系$\Lambda_{ijkl}=\Lambda_{klij}$，我们得到

$$\partial_tE+\boldsymbol{\nabla}\cdot\mathbf{K}=0 \tag{3.199}$$

其中

$$\mathbf{K}=-\mathbf{T}^{\mathrm{PK1}}\cdot\partial_t\mathbf{s}+\frac{1}{2}\phi^{\mathrm{E1}}(\partial_t\boldsymbol{\xi}^{\mathrm{E1}})-\frac{1}{2}(\partial_t\phi^{\mathrm{E1}})\boldsymbol{\xi}^{\mathrm{E1}} \tag{3.200}$$

(3.199)式可以被解释为一般地球模型中的*局地能量守恒定律*；$\mathbf{K}$是转动参照系中的*能量通量*。能量密度(3.197)中没有任何科里奥利项$2\rho^0\boldsymbol{\Omega}\times\partial_t\mathbf{s}$，这反映了科里奥利力在任何地方始终与速度$\partial_t\mathbf{s}$正交这一事实，因而它不做功。

在地球模型$\oplus$内对(3.199)式积分并应用高斯定理，我们得到

$$\frac{d}{dt}\int_{\oplus}E\,dV+\int_{\Sigma_{\mathrm{FS}}}[\hat{\mathbf{n}}\cdot\mathbf{T}^{\mathrm{PK1}}\cdot\partial_t\mathbf{s}]_-^+\,d\Sigma=0 \tag{3.201}$$

由于连续性条件(3.182)，法向通量跃变$[\hat{\mathbf{n}}\cdot\mathbf{K}]_-^+$中的引力项在$\Sigma$上处处为零；另外，(3.176)和(3.177)导致$[\hat{\mathbf{n}}\cdot\mathbf{T}^{\mathrm{PK1}}\cdot\partial_t\mathbf{s}]_-^+$只能在固–液边界$\Sigma_{\mathrm{FS}}$上不为零。从(3.80)–(3.82)式我们看到，对于在Σ_{FS}上满足$[\hat{\mathbf{n}}\cdot\mathbf{v}]_-^+=0$的任意矢量场$\mathbf{v}$

$$\int_{\Sigma_{\mathrm{FS}}}[\hat{\mathbf{n}}\cdot\mathbf{T}^{\mathrm{PK1}}\cdot\mathbf{v}]_-^+\,d\Sigma\\=\int_{\Sigma_{\mathrm{FS}}}[\varpi^0\mathbf{v}\cdot(\boldsymbol{\nabla}^{\Sigma}\mathbf{s})\cdot\hat{\mathbf{n}}-(\hat{\mathbf{n}}\cdot\mathbf{v})\boldsymbol{\nabla}^{\Sigma}\cdot(\varpi^0\mathbf{s})]_-^+\,d\Sigma \tag{3.202}$$

将高斯定理用于(3.202)右边的两项，并利用$[\hat{\mathbf{n}}\cdot\mathbf{s}]_-^+=0$以及对称关系$(\boldsymbol{\nabla}^{\Sigma}\hat{\mathbf{n}})^{\mathrm{T}}=\boldsymbol{\nabla}^{\Sigma}\hat{\mathbf{n}}$，我们得到$\mathbf{s}$与$\mathbf{v}$互换的一个类似的表达式：

$$\int_{\Sigma_{\mathrm{FS}}}[\hat{\mathbf{n}}\cdot\mathbf{T}^{\mathrm{PK1}}\cdot\mathbf{v}]_-^+\,d\Sigma\\=\int_{\Sigma_{\mathrm{FS}}}[\varpi^0\mathbf{s}\cdot(\boldsymbol{\nabla}^{\Sigma}\mathbf{v})\cdot\hat{\mathbf{n}}-(\hat{\mathbf{n}}\cdot\mathbf{s})\boldsymbol{\nabla}^{\Sigma}\cdot(\varpi^0\mathbf{v})]_-^+\,d\Sigma \tag{3.203}$$

取$\mathbf{v}=\partial_t\mathbf{s}$，将(3.202)和(3.203)做平均，并对时间t积分，我们得到

$$\int_{\Sigma_{\mathrm{FS}}}[\hat{\mathbf{n}}\cdot\mathbf{T}^{\mathrm{PK1}}\cdot\partial_t\mathbf{s}]_-^+\,d\Sigma=\frac{d}{dt}\int_{\Sigma_{\mathrm{FS}}}[E^{\Sigma}]_-^+\,d\Sigma \tag{3.204}$$

其中E^{Σ}由(3.198)给定。将(3.204)代入(3.201)，我们得到简单的结果

$$\frac{d\mathcal{E}}{dt}=0 \tag{3.205}$$

其中

$$\mathcal{E} = \int_{\oplus} E\,dV + \int_{\Sigma_{\rm FS}} [E^{\Sigma}]_{-}^{+}\,d\Sigma \tag{3.206}$$

关系式(3.205)表示全球能量守恒；$\mathcal{E}$可以被解释为正在变形中的地球模型的总能量：它包括动能加弹性能再加引力能。

我们也可以根据变更拉格朗日量密度E'定义另一种能量密度L'：

$$E' = (\partial_{\partial_t \mathbf{s}} L') \cdot \partial_t \mathbf{s} - L' \tag{3.207}$$

从(3.190)我们看到

$$\begin{aligned} E' = \frac{1}{2}[&\rho^0 \partial_t \mathbf{s} \cdot \partial_t \mathbf{s} + \boldsymbol{\nabla}\mathbf{s} : \boldsymbol{\Lambda} : \boldsymbol{\nabla}\mathbf{s} + 2\rho^0 \mathbf{s} \cdot \boldsymbol{\nabla}\phi^{\rm E1} \\ &+ \rho^0 \mathbf{s} \cdot \boldsymbol{\nabla}\boldsymbol{\nabla}(\phi^0 + \psi) \cdot \mathbf{s} + (4\pi G)^{-1} \boldsymbol{\nabla}\phi^{\rm E1} \cdot \boldsymbol{\nabla}\phi^{\rm E1}] \end{aligned} \tag{3.208}$$

这种变更能量密度满足守恒定律

$$\partial_t E' + \boldsymbol{\nabla} \cdot \mathbf{K}' = 0 \tag{3.209}$$

其中

$$\mathbf{K}' = -\mathbf{T}^{\rm PK1} \cdot \partial_t \mathbf{s} - (\partial_t \phi^{\rm E1}) \boldsymbol{\xi}^{\rm E1} \tag{3.210}$$

E或E'都可以被解释为局地能量密度；其相应的通量则分别为$\mathbf{K}$和$\mathbf{K}'$。对(3.209)式在全空间$\bigcirc$上积分，用与前面类似的论述，我们得到

$$\frac{d\mathcal{E}}{dt} = 0 \tag{3.211}$$

其中

$$\mathcal{E} = \int_{\bigcirc} E'\,dV + \int_{\Sigma_{\rm FS}} [E^{\Sigma}]_{-}^{+}\,d\Sigma \tag{3.212}$$

等式(3.195)确保了总能量$\mathcal{E}$的两个表达式(3.206)和(3.212)是等价的。

★3.9 能量收支

$\mathcal{E}$是守恒的，它所包含的被积函数，如$\frac{1}{2}\rho^0(\partial_t \mathbf{s} \cdot \partial_t \mathbf{s})$，具有明显的能量意义；尽管如此，我们迄今还只是保守地说$\mathcal{E}$“可以被解释为”总能量。事实上，$\mathcal{E}$正是自由变形中的地球模型的瞬时总能量（动能、弹性能和引力能的总和）；为了证明这一点，我们做一个全球能量收支的分析，并用第一性原理计算这三种能量对总能量的单独贡献。作为这一分析的副产品，我们对(3.206)和(3.212)中固–液边界$\Sigma_{\rm FS}$上的面积分提出一个物理解释。

★3.9.1 动能

正在变形中地球的动能扣除初始均匀自转地球的动能为

$$\begin{aligned} \mathcal{E}_{\rm k} = \frac{1}{2}\int_{\oplus} &\rho^0 \|\partial_t \mathbf{s} + \boldsymbol{\Omega} \times (\mathbf{x} + \mathbf{s})\|^2\,dV \\ &- \frac{1}{2}\int_{\oplus} \rho^0 \|\boldsymbol{\Omega} \times \mathbf{x}\|^2\,dV \end{aligned} \tag{3.213}$$

使用下面等式

$$(\boldsymbol{\Omega}\times\mathbf{x})\cdot(\boldsymbol{\Omega}\times\mathbf{s}) = -\mathbf{s}\cdot\boldsymbol{\nabla}\psi \tag{3.214}$$

$$(\boldsymbol{\Omega}\times\mathbf{s})\cdot(\boldsymbol{\Omega}\times\mathbf{s}) = -\mathbf{s}\cdot\boldsymbol{\nabla}\boldsymbol{\nabla}\psi\cdot\mathbf{s} \tag{3.215}$$

我们可以将 (3.213) 式写为

$$\begin{aligned}\mathcal{E}_{\mathrm{k}} = \int_{\oplus}\rho^0[\frac{1}{2}\partial_t\mathbf{s}\cdot\partial_t\mathbf{s} - (\mathbf{x}+\mathbf{s})\cdot(\boldsymbol{\Omega}\times\partial_t\mathbf{s})\\ - \mathbf{s}\cdot\boldsymbol{\nabla}\psi - \frac{1}{2}\mathbf{s}\cdot\boldsymbol{\nabla}\boldsymbol{\nabla}\psi\cdot\mathbf{s}]\,dV\end{aligned} \tag{3.216}$$

在没有任何外部力矩的情况下，地球的角动量必须保持恒定；而确保这一点的条件是

$$\begin{aligned}\int_{\oplus}\rho^0(\mathbf{x}+\mathbf{s})\times[\partial_t\mathbf{s}+\boldsymbol{\Omega}\times(\mathbf{x}+\mathbf{s})]\,dV\\ - \int_{\oplus}\rho^0[\mathbf{x}\times(\boldsymbol{\Omega}\times\mathbf{x})]\,dV = 0\end{aligned} \tag{3.217}$$

用转动矢量 $\boldsymbol{\Omega}$ 点乘 (3.217) 式，并再次使用等式 (3.214)–(3.215)，我们得到

$$\int_{\oplus}\rho^0[(\mathbf{x}+\mathbf{s})\cdot(\boldsymbol{\Omega}\times\partial_t\mathbf{s}) + 2\mathbf{s}\cdot\boldsymbol{\nabla}\psi + \mathbf{s}\cdot\boldsymbol{\nabla}\boldsymbol{\nabla}\psi\cdot\mathbf{s}]\,dV = 0 \tag{3.218}$$

结合 (3.216) 和 (3.218) 的结果，我们有

$$\mathcal{E}_{\mathrm{k}} = \int_{\oplus}\rho^0[\frac{1}{2}\partial_t\mathbf{s}\cdot\partial_t\mathbf{s} + \mathbf{s}\cdot\boldsymbol{\nabla}\psi + \frac{1}{2}\mathbf{s}\cdot\boldsymbol{\nabla}\boldsymbol{\nabla}\psi\cdot\mathbf{s}]\,dV \tag{3.219}$$

式 (3.219) 是自由变形地球模型瞬时动能的精确表达式。

★3.9.2 弹性能

相对于初始的变形前地球，变形后地球中储存的总弹性能为

$$\mathcal{E}_{\mathrm{e}} = \int_{\oplus}\rho^0(U^{\mathrm{L}} - U^0)\,dV = \int_{\oplus}[\mathbf{T}^0{:}\boldsymbol{\varepsilon} + \frac{1}{2}\boldsymbol{\nabla}\mathbf{s}:\boldsymbol{\Lambda}{:}\boldsymbol{\nabla}\mathbf{s}]\,dV \tag{3.220}$$

相对于地球初始内能所估计的 $\mathcal{E}_{\mathrm{e}}$ 类似于相对于均匀自转地球动能所估计的 $\mathcal{E}_{\mathrm{k}}$。在物理上，$\mathcal{E}_{\mathrm{e}}$ 是与形变相应的弹性能。

★3.9.3 引力能

与形变 $\mathbf{s}$ 相关的引力势能可以用以下两种方法中的一种来计算。最简单的方法是注意到引力能的变化率必须等于克服引力体力的功率：

$$\frac{d\mathcal{E}_{\mathrm{g}}}{dt} = -\int_{\oplus}\rho^0\partial_t\mathbf{s}\cdot(\mathbf{g}^0 + \mathbf{g}^{\mathrm{L1}})\,dV \tag{3.221}$$

将表达式 (3.1) 和 (3.44) 代入，并利用 (3.166) 的二次对称性，我们可以将上式写为

$$\frac{d\mathcal{E}_{\mathrm{g}}}{dt} = \frac{d}{dt}\int_{\oplus}\rho^0[\mathbf{s}\cdot\boldsymbol{\nabla}\phi^0 + \frac{1}{2}\mathbf{s}\cdot\boldsymbol{\nabla}\phi^{\mathrm{E1}} + \frac{1}{2}\mathbf{s}\cdot\boldsymbol{\nabla}\boldsymbol{\nabla}\phi^0\cdot\mathbf{s}]\,dV \tag{3.222}$$

如同在计算 $\mathcal{E}_{\mathrm{k}}$ 和 $\mathcal{E}_{\mathrm{e}}$ 时所做的那样，我们以变形前位形作为引力势能的参照水准，并对时间 t

积分，得到最终结果为

$$\mathcal{E}_{\rm g} = \int_{\oplus} \rho^0[\mathbf{s}\cdot\boldsymbol{\nabla}\phi^0 + \frac{1}{2}\mathbf{s}\cdot\boldsymbol{\nabla}\phi^{\rm E1} + \frac{1}{2}\mathbf{s}\cdot\boldsymbol{\nabla\nabla}\phi^0\cdot\mathbf{s}]\,dV \tag{3.223}$$

我们也可以采取另一种方法，利用一般公式来计算将散布在无穷远的物质汇聚成变形后质量分布所需能量，扣除掉将散布在无穷远的物质汇聚成变形前质量分布所需能量。其结果就是(2.129)式，我们将其改写为

$$\begin{aligned}\mathcal{E}_{\rm g} = &-\frac{1}{2}G\int_{\oplus}\int_{\oplus}\frac{\rho^0\rho^{0\prime}}{\|\mathbf{x}+\mathbf{s}-\mathbf{x}'-\mathbf{s}'\|}\,dV\,dV' \\ &+\frac{1}{2}G\int_{\oplus}\int_{\oplus}\frac{\rho^0\rho^{0\prime}}{\|\mathbf{x}-\mathbf{x}'\|}\,dV\,dV'\end{aligned} \tag{3.224}$$

然后将其中第一个被积函数展开到$\|\mathbf{s}\|$的二阶，得到

$$\begin{aligned}\mathcal{E}_{\rm g} = &\,G\int_{\oplus}\int_{\oplus}\frac{\rho^0\rho^{0\prime}\mathbf{s}\cdot(\mathbf{x}-\mathbf{x}')}{\|\mathbf{x}-\mathbf{x}'\|^3}\,dV\,dV' \\ &-\frac{1}{2}G\int_{\oplus}\int_{\oplus}\rho^0\rho^{0\prime}(\mathbf{s}\cdot\boldsymbol{\Pi}\cdot\mathbf{s}')\,dV\,dV' \\ &+\frac{1}{2}G\int_{\oplus}\int_{\oplus}\rho^0\rho^{0\prime}(\mathbf{s}\cdot\boldsymbol{\Pi}\cdot\mathbf{s})\,dV\,dV'\end{aligned} \tag{3.225}$$

上式正是(3.223)的双重积分形式。

★3.9.4 总能量

总能量是动能、弹性能和引力能的和：

$$\mathcal{E} = \mathcal{E}_{\rm k} + \mathcal{E}_{\rm e} + \mathcal{E}_{\rm g} \tag{3.226}$$

$\mathcal{E}_{\rm k}$、$\mathcal{E}_{\rm e}$和$\mathcal{E}_{\rm g}$都各有一部分是无穷小位移$\|\mathbf{s}\|$的一阶以及另一部分是$\|\mathbf{s}\|$的二阶；将同类项合并，我们得到

$$\begin{aligned}\mathcal{E} = &\int_{\oplus}[\mathbf{T}^0:\boldsymbol{\varepsilon} + \rho^0\mathbf{s}\cdot\boldsymbol{\nabla}(\phi^0+\psi)]\,dV \\ &+\frac{1}{2}\int_{\oplus}[\rho^0\partial_t\mathbf{s}\cdot\partial_t\mathbf{s} + \boldsymbol{\nabla}\mathbf{s}:\boldsymbol{\Lambda}:\boldsymbol{\nabla}\mathbf{s} \\ &\qquad + \rho^0\mathbf{s}\cdot\boldsymbol{\nabla}\phi^{\rm E1} + \rho^0\mathbf{s}\cdot\boldsymbol{\nabla\nabla}(\phi^0+\psi)\cdot\mathbf{s}]\,dV\end{aligned} \tag{3.227}$$

运用高斯定理于一阶项得到

$$\int_{\oplus}[\mathbf{T}^0:\boldsymbol{\varepsilon} + \rho^0\mathbf{s}\cdot\boldsymbol{\nabla}(\phi^0+\psi)]\,dV = -\int_{\Sigma_{\rm FS}}[\hat{\mathbf{n}}\cdot\mathbf{T}^0\cdot\mathbf{s}]_-^+\,d\Sigma \tag{3.228}$$

这里我们使用了静态平衡条件(3.8)。(3.228)中的面积分在$\Sigma_{\rm SS}$和$\partial\oplus$上为零；然而，精确到$\|\mathbf{s}\|$的二阶，积分在固–液边界$\Sigma_{\rm FS}$上不为零。事实上，利用二阶切向滑动条件(3.95)，我们看到

$$\int_{\Sigma_{\rm FS}}[\hat{\mathbf{n}}\cdot\mathbf{T}^0\cdot\mathbf{s}]_-^+\,d\Sigma = -\int_{\Sigma_{\rm FS}}\varpi^0[\hat{\mathbf{n}}\cdot\mathbf{s}]_-^+\,d\Sigma$$

$$
\begin{aligned}
&= -\int_{\Sigma_{\rm FS}} \varpi^0[\mathbf{s}\cdot\boldsymbol{\nabla}^\Sigma(\hat{\mathbf{n}}\cdot\mathbf{s}) - \frac{1}{2}\mathbf{s}\cdot(\boldsymbol{\nabla}^\Sigma\hat{\mathbf{n}})\cdot\mathbf{s}]_-^+\,d\Sigma \\
&= -\frac{1}{2}\int_{\Sigma_{\rm FS}} [\varpi^0\mathbf{s}\cdot(\boldsymbol{\nabla}^\Sigma\mathbf{s})\cdot\hat{\mathbf{n}} - (\hat{\mathbf{n}}\cdot\mathbf{s})\boldsymbol{\nabla}^\Sigma\cdot(\varpi^0\mathbf{s})]_-^+\,d\Sigma
\end{aligned}
\tag{3.229}
$$

这里我们在得到最后一个等式时在$\Sigma_{\rm FS}$上使用了高斯定理。结合(3.227)–(3.229)，最终我们得到

$$
\begin{aligned}
\mathcal{E} = \frac{1}{2}\int_\oplus [\rho^0\partial_t\mathbf{s}\cdot\partial_t\mathbf{s} + \boldsymbol{\nabla}\mathbf{s}:\boldsymbol{\Lambda}:\boldsymbol{\nabla}\mathbf{s} \\
+ \rho^0\mathbf{s}\cdot\boldsymbol{\nabla}\phi^{\rm E1} + \rho^0\mathbf{s}\cdot\boldsymbol{\nabla}\boldsymbol{\nabla}(\phi^0+\psi)\cdot\mathbf{s}]\,dV \\
+ \frac{1}{2}\int_{\Sigma_{\rm FS}} [\varpi^0\mathbf{s}\cdot(\boldsymbol{\nabla}^\Sigma\mathbf{s})\cdot\hat{\mathbf{n}} - (\hat{\mathbf{n}}\cdot\mathbf{s})\boldsymbol{\nabla}^\Sigma\cdot(\varpi^0\mathbf{s})]_-^+\,d\Sigma
\end{aligned}
\tag{3.230}
$$

与(3.197)和(3.198)对比，我们看到这正是

$$
\mathcal{E} = \int_\oplus E\,dV + \int_{\Sigma_{\rm FS}} [E^\Sigma]_-^+\,d\Sigma \tag{3.231}
$$

这证实了$\mathcal{E} = \mathcal{E}_{\rm k} + \mathcal{E}_{\rm e} + \mathcal{E}_{\rm g}$是自由变形中地球模型的瞬时总能量，它提供了前面所承诺的对于面积分贡献的解释：

$$
\int_{\Sigma_{\rm FS}} [E^\Sigma]_-^+\,d\Sigma = -\int_{\Sigma_{\rm FS}} [\hat{\mathbf{n}}\cdot\mathbf{T}^0\cdot\mathbf{s}]_-^+\,d\Sigma \tag{3.232}
$$

显然，这一项来自于在固–液边界上克服初始牵引力$\hat{\mathbf{n}}\cdot\mathbf{T}^0$所做的功；与在$\Sigma_{\rm FS}$上滑动相关的功的一阶项为零，但功的二阶项不为零。

★3.9.5 相对动能和势能

为方便起见，可以将$\mathcal{E}$视为两个新的泛函之和：

$$
\mathcal{E} = \mathcal{T} + \mathcal{V} \tag{3.233}
$$

其中

$$
\mathcal{T} = \frac{1}{2}\int_\oplus \rho^0(\partial_t\mathbf{s}\cdot\partial_t\mathbf{s})\,dV \tag{3.234}
$$

$$
\begin{aligned}
\mathcal{V} = \frac{1}{2}\int_\oplus [\boldsymbol{\nabla}\mathbf{s}:\boldsymbol{\Lambda}:\boldsymbol{\nabla}\mathbf{s} + \rho^0\mathbf{s}\cdot\boldsymbol{\nabla}\phi^{\rm E1} + \rho^0\mathbf{s}\cdot\boldsymbol{\nabla}\boldsymbol{\nabla}(\phi^0+\psi)\cdot\mathbf{s}]\,dV \\
+ \frac{1}{2}\int_{\Sigma_{\rm FS}} [\varpi^0\mathbf{s}\cdot(\boldsymbol{\nabla}^\Sigma\mathbf{s})\cdot\hat{\mathbf{n}} - (\hat{\mathbf{n}}\cdot\mathbf{s})\boldsymbol{\nabla}^\Sigma\cdot(\varpi^0\mathbf{s})]_-^+\,d\Sigma
\end{aligned}
\tag{3.235}
$$

$\mathcal{T}$是在均匀转动参照系中的观察者所看到的运动的相对动能；同样地，$\mathcal{V}$是相对势能。

正如我们已经看到的，$\mathcal{E}_{\rm g}$可以被解释为克服引力体力所做的功。在转动参照系中，我们还必须克服表观离心力而做功；与(3.223) 类比，这部分功为

$$
\mathcal{E}_\psi = \int_\oplus \rho^0[\mathbf{s}\cdot\boldsymbol{\nabla}\psi + \frac{1}{2}\mathbf{s}\cdot\boldsymbol{\nabla}\boldsymbol{\nabla}\psi\cdot\mathbf{s}]\,dV \tag{3.236}
$$

相对动能是总动能减去为克服离心力所做的功：

$$\mathcal{T} = \mathcal{E}_{\mathrm{k}} - \mathcal{E}_{\psi} \tag{3.237}$$

而相对势能则是总弹性–引力能加上为克服离心力所做的功：

$$\mathcal{V} = \mathcal{E}_{\mathrm{e}} + \mathcal{E}_{\mathrm{g}} + \mathcal{E}_{\psi} \tag{3.238}$$

总能量$\mathcal{E}$可以被视为总的动能加势能的和，或者是相对动能与相对（重力）势能的和：

$$\mathcal{E} = \mathcal{E}_{\mathrm{k}} + \mathcal{E}_{\mathrm{e}} + \mathcal{E}_{\mathrm{g}} = \mathcal{T} + \mathcal{V} \tag{3.239}$$

⋆3.9.6 长期稳定性

平衡中的地球处于静止、相对势能为零的状态。为了确定这种平衡状态是否稳定，我们考虑一个偏离平衡的小位移，并且询问该系统是自然地趋于回到零势能状态还是会移得更远。对于自转地球模型，必须区分*普通稳定性*，即没有任何摩擦耗散的稳定性，与*长期稳定性*，即有耗散的稳定性。长期稳定性比动力学稳定性（见4.2.4节）的条件更严格，且由于所有实际的物质都表现出非弹性耗散，因此对自转地球模型的限制是长期稳定性而不是普通稳定性。我们可以用简单的能量分析来确定地球的长期稳定性条件(Lyttleton 1953)。我们不需要像第6章那样为耗散建立具体的现象学描述；仅需要注意到它的作用是将能量守恒定律(3.205)或(3.211)用下式代替

$$\frac{d\mathcal{E}}{dt} \leqslant 0 \tag{3.240}$$

(3.240) 式所造成的动能和弹性–引力能的“损失”都转化为加热地球的能量。

假设地球在$t=0$时刻处于变形后的静止状态，且具有初始条件$\mathbf{s}(\mathbf{x},0)=\mathbf{s}(\mathbf{x})$，$\partial_t\mathbf{s}(\mathbf{x},0)=\mathbf{0}$。该状态的总能量$\mathcal{E}$仅包含与初始变形$\mathbf{s}$相关的相对（重力）势能$\mathcal{V}$。紧接在$t=0$之后，随着地球的运动，相对动能$\mathcal{T}$一定会增加；同时，由于(3.240)，总能量$\mathcal{E}=\mathcal{T}+\mathcal{V}$必定略有减少。如果初始（重力）势能$\mathcal{V}$为负，那么它必须变得更负，即地球将以由非弹性决定的速率偏离平衡态。另一方面，如果$\mathcal{V}$最初为正，它就必须变得不那么正；此时地球将以由非弹性决定的速率回到$\mathcal{V}=0$的状态。由此推论，对于在固–固边界Σ_{SS}上满足$[\mathbf{s}]_-^+=\mathbf{0}$和在固–液边界$\Sigma_{\mathrm{FS}}$上满足$[\hat{\mathbf{n}}\cdot\mathbf{s}]_-^+=0$的任何可能的初始位移场$\mathbf{s}$，只要

$$\mathcal{V} \geqslant 0 \tag{3.241}$$

则具有非弹性耗散的地球便处于稳定。式(3.241)是一般地球模型的线性长期稳定性的*必要和充分条件*。从直觉上看，这一条件是合理的；要使地球稳定，任何可容许的形变$\mathbf{s}$都必须使储存的弹性–重力势能$\mathcal{V}$增加。换句话说，平衡位形必须是局部的*势能极小值*。值得注意的是，自转唯一的影响是(3.235)所定义的$\mathcal{V}$中的初始势函数$\phi^0+\psi$中多出的ψ。$\phi^0+\psi$叫作重力势函数，在地球中它与纯引力势函数ϕ^0之间仅有三百分之一的差别。

⋆3.10 第一性原理变分分析

在本章的开头，我们承诺将用三种不同的方法推导出普遍的弹性–重力运动方程和边界条件，包括“将哈密顿原理应用于一个通过对动能加弹性–重力能收支的独立分析所得到的作用

量”。到目前为止，我们已经从拉格朗日量密度得到能量密度，但反之还没有做到。为完成第三种推导，下面我们将展示如何从能量密度E和E^{Σ}得到拉格朗日量密度L和 L^{Σ}。

在自转地球内部，与位移$\mathbf{s}$共轭的一阶动量密度为

$$\mathbf{p}=\rho^{0}(\partial_{t}\mathbf{s}+\boldsymbol{\Omega}\times\mathbf{s}) \tag{3.242}$$

我们将(3.230)–(3.231)式中能量的体密度和面密度E和E^{Σ}视为形如$H(\mathbf{s},\mathbf{p},\boldsymbol{\nabla}\mathbf{s})$和$H^{\Sigma}(\mathbf{s},\boldsymbol{\nabla}^{\Sigma}\mathbf{s})$的哈密顿量密度，其中

$$\begin{aligned}H=&\frac{1}{2}(\mathbf{p}\cdot\mathbf{p})/\rho^{0}-\mathbf{p}\cdot(\boldsymbol{\Omega}\times\mathbf{s})\\&+\frac{1}{2}[\boldsymbol{\nabla}\mathbf{s}:\boldsymbol{\Lambda}:\boldsymbol{\nabla}\mathbf{s}+\rho^{0}\mathbf{s}\cdot\boldsymbol{\nabla}\phi^{\mathrm{E1}}+\rho^{0}\mathbf{s}\cdot\boldsymbol{\nabla}\boldsymbol{\nabla}\phi^{0}\cdot\mathbf{s}]\end{aligned} \tag{3.243}$$

$$H^{\Sigma}=\frac{1}{2}[\varpi^{0}\mathbf{s}\cdot(\boldsymbol{\nabla}^{\Sigma}\mathbf{s})\cdot\hat{\mathbf{n}}-(\hat{\mathbf{n}}\cdot\mathbf{s})\boldsymbol{\nabla}^{\Sigma}\cdot(\varpi^{0}\mathbf{s})] \tag{3.244}$$

用$\mathbf{p}$可以将线性化动量方程(3.175)写为

$$\partial_{t}\mathbf{s}=\partial_{\mathbf{p}}H,\qquad\partial_{t}\mathbf{p}=-\partial_{\mathbf{s}}H+\boldsymbol{\nabla}\cdot(\partial_{\boldsymbol{\nabla}\mathbf{s}}H) \tag{3.245}$$

这里我们使用了等式$\boldsymbol{\Omega}\times(\boldsymbol{\Omega}\times\mathbf{s})=\mathbf{s}\cdot\boldsymbol{\nabla}\boldsymbol{\nabla}\psi$。(3.245)是哈密顿方程组。此时拉格朗日量密度L和L^{Σ}可以用H和H^{Σ}通过勒让德变换(3.196)的反变换来定义：

$$L=(\partial_{\mathbf{p}}H)\cdot\mathbf{p}-H,\qquad L^{\Sigma}=-H^{\Sigma} \tag{3.246}$$

很容易验证(3.246)等价于(3.164)–(3.165)。如预期的，其共轭动量密度(3.242)可以用拉格朗日量体密度由$\mathbf{p}=\partial_{\partial_{t}\mathbf{s}}L$给定。

我们本来也可以不用(3.242)，而是引入总动量密度

$$\mathbf{p}_{\mathrm{tot}}=\rho^{0}[\partial_{t}\mathbf{s}+\boldsymbol{\Omega}\times(\mathbf{x}+\mathbf{s})] \tag{3.247}$$

其中第二项和第三项分别来自均匀自转的零阶和一阶效应。将(3.247)代入(3.230)得到的哈密顿量体密度为

$$\begin{aligned}H_{\mathrm{tot}}=&\frac{1}{2}(\mathbf{p}_{\mathrm{tot}}\cdot\mathbf{p}_{\mathrm{tot}})/\rho^{0}-\mathbf{p}_{\mathrm{tot}}\cdot\boldsymbol{\Omega}\times(\mathbf{x}+\mathbf{s})\\&+\frac{1}{2}\rho^{0}\|\boldsymbol{\Omega}\times\mathbf{x}\|^{2}-\rho^{0}\mathbf{s}\cdot\boldsymbol{\nabla}\psi\\&+\frac{1}{2}[\boldsymbol{\nabla}\mathbf{s}:\boldsymbol{\Lambda}:\boldsymbol{\nabla}\mathbf{s}+\rho^{0}\mathbf{s}\cdot\boldsymbol{\nabla}\phi^{\mathrm{E1}}+\rho^{0}\mathbf{s}\cdot\boldsymbol{\nabla}\boldsymbol{\nabla}\phi^{0}\cdot\mathbf{s}]\end{aligned} \tag{3.248}$$

$H_{\mathrm{tot}}(\mathbf{s},\mathbf{p}_{\mathrm{tot}},\boldsymbol{\nabla}\mathbf{s})$和$H(\mathbf{s},\mathbf{p},\boldsymbol{\nabla}\mathbf{s})$的数值相同；另外，哈密顿方程组

$$\partial_{t}\mathbf{s}=\partial_{\mathbf{p}_{\mathrm{tot}}}H_{\mathrm{tot}},\qquad\partial_{t}\mathbf{p}_{\mathrm{tot}}=-\partial_{\mathbf{s}}H_{\mathrm{tot}}+\boldsymbol{\nabla}\cdot(\partial_{\boldsymbol{\nabla}\mathbf{s}}H_{\mathrm{tot}}) \tag{3.249}$$

与(3.245)完全一样。这里的拉格朗日量体密度为

$$L_{\mathrm{tot}}=(\partial_{\mathbf{p}_{\mathrm{tot}}}H_{\mathrm{tot}})\cdot\mathbf{p}_{\mathrm{tot}}-H_{\mathrm{tot}}=L+\rho^{0}\partial_{t}\mathbf{s}\cdot(\boldsymbol{\Omega}\times\mathbf{x}) \tag{3.250}$$

总动量密度(3.247)由$\mathbf{p}_{\mathrm{tot}}=\partial_{\partial_{t}\mathbf{s}}L_{\mathrm{tot}}$给定。

对经典作用量

$$\mathcal{I}_{\rm tot} = \int_{t_1}^{t_2} [\mathcal{E}_{\rm k} - (\mathcal{E}_{\rm e} + \mathcal{E}_{\rm g})]\, dt \tag{3.251}$$

做严格的“第一性原理”变分分析中所出现的是拉格朗日“总动量”密度$L_{\rm tot}$而不是“一阶动量”密度L。将(3.216)、(3.220)和(3.223)代入(3.251)，经过与3.9.4节类似的推论，我们得到

$$\begin{aligned}\mathcal{I}_{\rm tot} = &\int_{t_1}^{t_2}\int_{\oplus} L_{\rm tot}(\mathbf{s}, \partial_t\mathbf{s}, \boldsymbol{\nabla}\mathbf{s})\, dV dt \\ &+ \int_{t_1}^{t_2}\int_{\Sigma_{\rm FS}} [L^{\Sigma}(\mathbf{s}, \boldsymbol{\nabla}^{\Sigma}\mathbf{s})]_-^+\, d\Sigma\, dt\end{aligned} \tag{3.252}$$

由于$\partial_{\partial_t\mathbf{s}}(L_{\rm tot} - L) = \rho^0(\boldsymbol{\Omega}\times\mathbf{x})$与时间无关，因此，“总动量”的欧拉–拉格朗日方程

$$\partial_{\mathbf{s}} L_{\rm tot} - \partial_t(\partial_{\partial_t\mathbf{s}} L_{\rm tot}) - \boldsymbol{\nabla}\cdot(\partial_{\boldsymbol{\nabla}\mathbf{s}} L_{\rm tot}) = \mathbf{0} \tag{3.253}$$

与(3.169)完全相同。另外，$L_{\rm tot}$和L这两个拉格朗日量密度给出了相同的（与科里奥利无关的）能量密度：

$$E = (\partial_{\partial_t\mathbf{s}} L_{\rm tot})\cdot\partial_t\mathbf{s} - L_{\rm tot} = (\partial_{\partial_t\mathbf{s}} L)\cdot\partial_t\mathbf{s} - L \tag{3.254}$$

为简单起见，在本书中我们所采用的对自转地球的分析是基于二次的拉格朗日量密度L，而不是线性（一次）加二次的“第一性原理”密度$L_{\rm tot}$。

3.11 流体静力学地球模型

到目前为止，我们所考虑的一般地球模型是由其密度ρ^0、初始应力$\mathbf{T}^0$、自转速率$\boldsymbol{\Omega}$以及弹性张量$\boldsymbol{\Gamma}$所给定的。前三个参数由静态平衡条件$\boldsymbol{\nabla}\cdot\mathbf{T}^0 = \rho^0\boldsymbol{\nabla}(\phi^0+\psi)$以及在$\partial\oplus$上$\hat{\mathbf{n}}\cdot\mathbf{T}^0 = \mathbf{0}$和在$\Sigma_{\rm SS}$和$\Sigma_{\rm FS}$上$[\hat{\mathbf{n}}\cdot\mathbf{T}^0]_-^+ = \mathbf{0}$的边界条件联系起来。对于给定的$\rho^0$和$\boldsymbol{\Omega}$，这些条件可以约束静应力$\mathbf{T}^0 = -p^0\mathbf{I} + \boldsymbol{\tau}^0$的六个独立分量中的三个；其余三个分量必须当作独立给定的参数来处理。

如果我们要求在$\oplus$中的任何地方$\mathbf{T}^0 = -p^0\mathbf{I}$，就不必给定$\mathbf{T}^0$，也就是不必给定初始偏应力$\boldsymbol{\tau}^0$。此时平衡条件简化为

$$\boldsymbol{\nabla}p^0 + \rho^0\boldsymbol{\nabla}(\phi^0+\psi) = \mathbf{0} \tag{3.255}$$

边界条件也简化为在$\partial\oplus$上$p^0 = 0$，在$\Sigma_{\rm FS}$和$\Sigma_{\rm SS}$上$[p^0]_-^+ = 0$，其中p^0是流体静力学压强。在本节中，我们来推导这种*流体静力学地球模型*所满足的线性化运动方程和边界条件。为简单起见，我们用相同的符号来表示流体静力学和非流体静力学地球上的拉格朗日量密度和能量密度以及相应的作用量和能量积分。

3.11.1 理论的适用性

取(3.255)式的旋度，我们推导出

$$\boldsymbol{\nabla}\rho^0 \times \boldsymbol{\nabla}(\phi^0+\psi) = \mathbf{0} \tag{3.256}$$

同样地，用$\boldsymbol{\nabla} p^0$与(3.255)式做叉乘，我们得到

$$\boldsymbol{\nabla} p^0 \times \boldsymbol{\nabla}(\phi^0 + \psi) = \mathbf{0} \tag{3.257}$$

这些结果表明密度ρ^0、压强p^0和重力势函数$\phi^0 + \psi$的等值面在流体静力学地球模型中必须重合。任何两侧有ρ^0跃变不连续性的边界面，包括自由表面，也必须是等值面；这意味着在$\Sigma = \partial\oplus \cup \Sigma_{\mathrm{SS}} \cup \Sigma_{\mathrm{FS}}$上我们也必须有

$$\boldsymbol{\nabla}^{\Sigma}\rho^0 = \mathbf{0}, \qquad \boldsymbol{\nabla}^{\Sigma}(\phi^0 + \psi) = \mathbf{0}, \qquad \boldsymbol{\nabla}^{\Sigma} p^0 = \mathbf{0} \tag{3.258}$$

(3.256)–(3.258)这几个条件非常严格地限制了能够处于流体静力学平衡状态的密度ρ^0分布；事实上，每个等值面都必须是一个轴对称的椭球面，或者在$\boldsymbol{\Omega} \to \mathbf{0}$的极限下是一个球面。要得到其线性化方程和边界条件，简单地令偏应力$\boldsymbol{\tau}^0$为零是不够的；我们还必须系统性地利用(3.258)中的约束条件。由此得到的理论比普遍理论简单许多；然而，它只严格适用于*自转的椭球形地球模型*或*无自转的球对称地球模型*。

任何更普遍的横向不均匀密度ρ^0分布都要有非零初始偏应力$\boldsymbol{\tau}^0$的支撑。要想严格处理这类地球模型，我们必须给定$\boldsymbol{\tau}^0$，并使用前面推导出的普遍的运动方程和边界条件。在目前，对地球内部偏应力的了解还很不够，以至于在任何地点都无法给出有丝毫精度的偏应力；因此，在定量全球地震学中，$\boldsymbol{\tau}^0$普遍是被省略的。这样做的过程很简单：流体静力学的运动方程和边界条件被简单地假设为可以更普遍地适用于非流体静力学的地球模型。我们把这种技巧称为*准流体静力学近似*。从实用的角度来看，这一近似是有益的，因为它从理论上消除了对初始应力的任何显性依赖性，因而一个准流体静力学、横向不均匀地球模型可由其密度ρ^0、自转速率$\boldsymbol{\Omega}$和弹性张量$\boldsymbol{\Gamma}$完全给定。以数学的观点来看，最恰当的说法是这一过程是自洽的，且精确到无量纲比值$\|\boldsymbol{\tau}^0\|/\mu$的零阶，其中$\mu$是刚性。由实验室岩石强度测量所得到的地球岩石圈内部偏应力幅度$\|\boldsymbol{\tau}^0\|$小于0.5 吉帕，而岩石圈刚性μ的量级约为50 吉帕，因此$\|\boldsymbol{\tau}^0\|/\mu \ll 10^{-2}$。我们所观测到的地球刚性因温度和岩性变化而造成的横向不均匀性$\delta\mu/\mu$比这一数值要大了几倍；因此，准流体静力学近似应该是一个合理的近似。

3.11.2 运动方程和边界条件

流体静力学地球模型所满足的方程可以最简便地用拉格朗日–柯西应力增量$\mathbf{T}^{\mathrm{L1}}$而不是皮奥拉–基尔霍夫应力增量$\mathbf{T}^{\mathrm{PK1}}$来表示。线性化的动量方程可以写为

$$\begin{aligned}\rho^0(\partial_t^2\mathbf{s} + 2\boldsymbol{\Omega} \times \partial_t\mathbf{s}) &= \boldsymbol{\nabla} \cdot \mathbf{T}^{\mathrm{L1}} \\ &- \boldsymbol{\nabla}[\rho^0\mathbf{s} \cdot \boldsymbol{\nabla}(\phi^0 + \psi)] - \rho^0\boldsymbol{\nabla}\phi^{\mathrm{E1}} - \rho^{\mathrm{E1}}\boldsymbol{\nabla}(\phi^0 + \psi)\end{aligned} \tag{3.259}$$

这里我们在(3.58)中假设了$\boldsymbol{\tau}^0 = \mathbf{0}$。线性化本构关系(3.144)简化为

$$\mathbf{T}^{\mathrm{L1}} = \boldsymbol{\Gamma}:\boldsymbol{\varepsilon} \tag{3.260}$$

其中$\boldsymbol{\Gamma}$是弹性张量，$\boldsymbol{\varepsilon} = \frac{1}{2}[\boldsymbol{\nabla}\mathbf{s} + (\boldsymbol{\nabla}\mathbf{s})^{\mathrm{T}}]$是应变。方程(3.155)中的克里斯托弗尔张量$\mathbf{B}$成为

$$\rho^0 B_{jl} = (\kappa + \frac{1}{3}\mu)\hat{k}_j\hat{k}_l + \mu\delta_{jl} + \gamma_{ijkl}\hat{k}_i\hat{k}_k \tag{3.261}$$

因此，与经典的无预应力介质中波传播理论一样，弹性体波传播的各向异性仅依赖于张量$\boldsymbol{\gamma}$。

精确到 $\|\mathbf{s}\|$ 的二阶，弹性能密度 (3.115) 或 (3.126) 可以写为

$$\rho^0 U^{\mathrm{L}} = \rho^0 U^0 - p^0(J-1) + \frac{1}{2}(\boldsymbol{\varepsilon}:\boldsymbol{\Gamma}:\boldsymbol{\varepsilon}) \tag{3.262}$$

其中

$$J = 1 + \boldsymbol{\nabla}\cdot\mathbf{s} + \frac{1}{2}(\boldsymbol{\nabla}\cdot\mathbf{s})^2 - \frac{1}{2}(\boldsymbol{\nabla}\mathbf{s}):(\boldsymbol{\nabla}\mathbf{s})^{\mathrm{T}} \tag{3.263}$$

是精确的雅可比行列式。

(3.262) 式右边的第二项表示克服各向同性初始应力所做的功，而第三项则是没有任何预应力时的经典弹性能密度。第一类皮奥拉–基尔霍夫应力增量 $\mathbf{T}^{\mathrm{PK1}}$ 与流体静力学地球中的 $\mathbf{T}^{\mathrm{L1}}$ 之间的关系为

$$\mathbf{T}^{\mathrm{PK1}} = \mathbf{T}^{\mathrm{L1}} - p^0(\boldsymbol{\nabla}\cdot\mathbf{s})\mathbf{I} + p^0(\boldsymbol{\nabla}\mathbf{s})^{\mathrm{T}} \tag{3.264}$$

总的皮奥拉–基尔霍夫应力 $\mathbf{T}^0 + \mathbf{T}^{\mathrm{PK1}}$ 是流体静力学弹性能密度 (3.262) 的导数 (3.127)，与有初始偏应力的情形相同。

在自由表面 $\partial\oplus$ 上的线性化动力学边界条件 $\hat{\mathbf{n}}\cdot\mathbf{T}^{\mathrm{PK1}} = \mathbf{0}$ 简化为

$$\hat{\mathbf{n}}\cdot\mathbf{T}^{\mathrm{L1}} = \mathbf{0} \tag{3.265}$$

同样地，在固–固边界 Σ_{SS} 上，条件 $[\hat{\mathbf{n}}\cdot\mathbf{T}^{\mathrm{PK1}}]_-^+ = \mathbf{0}$ 意味着

$$[\hat{\mathbf{n}}\cdot\mathbf{T}^{\mathrm{L1}}]_-^+ = \mathbf{0} \tag{3.266}$$

辅助矢量 $\mathbf{t}^{\mathrm{PK1}}$ 成为 $\hat{\mathbf{n}}\cdot\mathbf{T}^{\mathrm{L1}} + \hat{\mathbf{n}}(\mathbf{s}\cdot\boldsymbol{\nabla}^{\Sigma}p^0)$；然而，由于等值面条件 (3.258)，它就是 $\hat{\mathbf{n}}\cdot\mathbf{T}^{\mathrm{L1}}$。因此，流体静力学地球中固–液边界 Σ_{FS} 上的动力学边界条件为

$$[\hat{\mathbf{n}}\cdot\mathbf{T}^{\mathrm{L1}}]_-^+ = \hat{\mathbf{n}}[\hat{\mathbf{n}}\cdot\mathbf{T}^{\mathrm{L1}}\cdot\hat{\mathbf{n}}]_-^+ = \mathbf{0} \tag{3.267}$$

总的来说，牵引力 $\hat{\mathbf{n}}\cdot\mathbf{T}^{\mathrm{L1}}$ 在所有边界 Σ 上连续，垂直于固–液边界 Σ_{FS}，并且在自由表面 $\partial\oplus$ 上为零。为方便起见，表 3.3 和表 3.4 分别完整列出了流体静力学地球所满足的线性化运动方程及相应的边界条件。

表 3.3 流体静力学地球模型所满足的线性弹性–重力关系

名称	线性化弹性–重力方程
连续性方程	$\rho^{\mathrm{E1}} = -\boldsymbol{\nabla}\cdot(\rho^0\mathbf{s})$
动量方程	$\rho^0(\partial_t^2\mathbf{s} + 2\boldsymbol{\Omega}\times\partial_t\mathbf{s}) = \boldsymbol{\nabla}\cdot\mathbf{T}^{\mathrm{L1}} - \boldsymbol{\nabla}[\rho^0\mathbf{s}\cdot\boldsymbol{\nabla}(\phi^0+\psi)] - \rho^0\boldsymbol{\nabla}\phi^{\mathrm{E1}} - \rho^{\mathrm{E1}}\boldsymbol{\nabla}(\phi^0+\psi)$
泊松方程	$\nabla^2\phi^{\mathrm{E1}} = 4\pi G\rho^{\mathrm{E1}}$
势函数微扰	$\phi^{\mathrm{E1}} = -G\int_{\oplus}\frac{\rho^{0\prime}\mathbf{s}'\cdot(\mathbf{x}-\mathbf{x}')}{\|\mathbf{x}-\mathbf{x}'\|^3}\,dV'$
引力微扰	$\mathbf{g}^{\mathrm{E1}} = -\boldsymbol{\nabla}\phi^{\mathrm{E1}} = G\int_{\oplus}\rho^{0\prime}(\mathbf{s}'\cdot\boldsymbol{\Pi})\,dV'$

续表

名称	线性化弹性–重力方程
胡克定律	$\mathbf{T}^{\mathrm{L1}} = \mathbf{\Gamma}:\boldsymbol{\varepsilon}$
弹性对称性	$\Gamma_{ijkl} = \Gamma_{jikl} = \Gamma_{ijlk} = \Gamma_{klij}$

注：这些关系对初始静态应力 $\mathbf{T}^0 = -p^0\mathbf{I}$ 没有显式的依赖性

表 3.4 流体静力学地球模型所满足的线性边界条件

边界条件	线性化边界条件
$\partial\oplus$: 自由表面	$\hat{\mathbf{n}}\cdot\mathbf{T}^{\mathrm{L1}} = \mathbf{0}$
Σ_{SS}: 固–固边界	$[\mathbf{s}]_-^+ = \mathbf{0}$ $[\hat{\mathbf{n}}\cdot\mathbf{T}^{\mathrm{L1}}]_-^+ = \mathbf{0}$
Σ_{FS}: 固–液边界	$[\hat{\mathbf{n}}\cdot\mathbf{s}]_-^+ = 0$ $[\hat{\mathbf{n}}\cdot\mathbf{T}^{\mathrm{L1}}]_-^+ = \hat{\mathbf{n}}[\hat{\mathbf{n}}\cdot\mathbf{T}^{\mathrm{L1}}\cdot\hat{\mathbf{n}}]_-^+ = \mathbf{0}$
Σ: 所有边界	$[\phi^{\mathrm{E1}}]_-^+ = 0$ $[\hat{\mathbf{n}}\cdot\boldsymbol{\nabla}\phi^{\mathrm{E1}} + 4\pi G\rho^0\,\hat{\mathbf{n}}\cdot\mathbf{s}]_-^+ = 0$

注：运动方程和边界条件都可以最简便地用拉格朗日–柯西应力增量 $\mathbf{T}^{\mathrm{L1}}$ 表示

3.11.3 哈密顿原理

(3.163)–(3.165) 式中的作用量 $\mathcal{I}$ 简化为

$$\mathcal{I} = \int_{t_1}^{t_2}\int_{\oplus} L(\mathbf{s}, \partial_t\mathbf{s}, \boldsymbol{\nabla}\mathbf{s})\,dVdt \tag{3.268}$$

其中

$$\begin{aligned} L = \frac{1}{2}[&\rho^0\partial_t\mathbf{s}\cdot\partial_t\mathbf{s} - 2\rho^0\mathbf{s}\cdot\mathbf{\Omega}\times\partial_t\mathbf{s} - \boldsymbol{\varepsilon}:\mathbf{\Gamma}:\boldsymbol{\varepsilon} \\ &- \rho^0\mathbf{s}\cdot\boldsymbol{\nabla}\phi^{\mathrm{E1}} - \rho^0\mathbf{s}\cdot\boldsymbol{\nabla}\boldsymbol{\nabla}(\phi^0+\psi)\cdot\mathbf{s} \\ &- \rho^0\boldsymbol{\nabla}(\phi^0+\psi)\cdot(\mathbf{s}\cdot\boldsymbol{\nabla}\mathbf{s} - \mathbf{s}\,\boldsymbol{\nabla}\cdot\mathbf{s})] \end{aligned} \tag{3.269}$$

在 (3.268)–(3.269) 的推导中，我们假设 $\varpi^0 = p^0$，并应用了高斯定理和等值面条件 (3.258) 来消去固–液边界 Σ_{FS} 上的面积分。(3.269) 中的势函数微扰 ϕ^{E1} 被视为位移 $\mathbf{s}$ 的已知泛函，由 (3.99) 给定，因而，如前面指出的，流体静力学拉格朗日量密度 L 仅为 $\mathbf{s}$、$\partial_t\mathbf{s}$ 和 $\boldsymbol{\nabla}\mathbf{s}$ 的泛函。

流体静力学地球模型所满足的运动方程和边界条件可以从位移变分原理 $\delta\mathcal{I} = 0$ 得到；一个可容许的变化 $\boldsymbol{\delta}\mathbf{s}$ 是一个在起始和结束时刻 t_1 和 t_2 均为零，且满足在 Σ_{SS} 上 $[\boldsymbol{\delta}\mathbf{s}]_-^+ = \mathbf{0}$ 和在 Σ_{FS} 上

$[\hat{\mathbf{n}}\cdot\boldsymbol{\delta}\mathbf{s}]_-^+=0$ 的变化。欧拉–拉格朗日方程和相应的连续性条件为

$$\partial_{\mathbf{s}}L-\partial_t(\partial_{\partial_t\mathbf{s}}L)-\boldsymbol{\nabla}\cdot(\partial_{\boldsymbol{\nabla}\mathbf{s}}L)=\mathbf{0},\quad 在\oplus内 \tag{3.270}$$

$$\hat{\mathbf{n}}\cdot(\partial_{\boldsymbol{\nabla}\mathbf{s}}L)=\mathbf{0},\quad 在\partial\oplus上 \tag{3.271}$$

$$[\hat{\mathbf{n}}\cdot(\partial_{\boldsymbol{\nabla}\mathbf{s}}L)]_-^+=\mathbf{0},\quad 在\Sigma_{\mathrm{SS}}上 \tag{3.272}$$

$$[\hat{\mathbf{n}}\cdot(\partial_{\boldsymbol{\nabla}\mathbf{s}}L)]_-^+=\hat{\mathbf{n}}[\hat{\mathbf{n}}\cdot(\partial_{\boldsymbol{\nabla}\mathbf{s}}L)\cdot\hat{\mathbf{n}}]_-^+=\mathbf{0},\quad 在\Sigma_{\mathrm{FS}}上 \tag{3.273}$$

这些正是线性化的动量方程 (3.259) 和相应的边界条件 (3.265)–(3.267)。

(3.189)–(3.190) 中的变更作用量 $\mathcal{I}'$ 简化为

$$\mathcal{I}'=\int_{t_1}^{t_2}\int_{\bigcirc}L'(\mathbf{s},\partial_t\mathbf{s},\boldsymbol{\nabla}\mathbf{s},\boldsymbol{\nabla}\phi^{\mathrm{E1}})\,dV dt \tag{3.274}$$

其中

$$\begin{aligned}L'=\frac{1}{2}[&\rho^0\partial_t\mathbf{s}\cdot\partial_t\mathbf{s}-2\rho^0\mathbf{s}\cdot\boldsymbol{\Omega}\times\partial_t\mathbf{s}-\boldsymbol{\varepsilon}:\boldsymbol{\Gamma}:\boldsymbol{\varepsilon}\\&-2\rho^0\mathbf{s}\cdot\boldsymbol{\nabla}\phi^{\mathrm{E1}}-\rho^0\mathbf{s}\cdot\boldsymbol{\nabla}\boldsymbol{\nabla}(\phi^0+\psi)\cdot\mathbf{s}\\&-\rho^0\boldsymbol{\nabla}(\phi^0+\psi)\cdot(\mathbf{s}\cdot\boldsymbol{\nabla}\mathbf{s}-\mathbf{s}\,\boldsymbol{\nabla}\cdot\mathbf{s})\\&-(4\pi G)^{-1}\boldsymbol{\nabla}\phi^{\mathrm{E1}}\cdot\boldsymbol{\nabla}\phi^{\mathrm{E1}}]\end{aligned} \tag{3.275}$$

由 $\mathbf{s}$ 引起的 $\mathcal{I}'$ 的变分会给出与前面一样的方程 (3.270)–(3.273)，而由 ϕ^{E1} 的变化引起的变分则给出了如下形式的势函数边值问题 (3.181)–(3.182)

$$\boldsymbol{\nabla}\cdot(\partial_{\boldsymbol{\nabla}\phi^{\mathrm{E1}}}L')=0,\quad 在\bigcirc内 \tag{3.276}$$

$$[\hat{\mathbf{n}}\cdot(\partial_{\boldsymbol{\nabla}\phi^{\mathrm{E1}}}L')]_-^+=0,\quad 在\Sigma上 \tag{3.277}$$

一个可容许的变化 $\delta\phi^{\mathrm{E1}}$ 是在起始和结束时刻 t_1 和 t_2 均为零，且在 Σ 上满足 $[\delta\phi^{\mathrm{E1}}]_-^+=0$ 的变化。由于等式 (3.195)，两个作用量积分沿稳定路径的值均为

$$\mathcal{I}=\mathcal{I}'=0 \tag{3.278}$$

3.11.4 能量守恒

用拉格朗日量密度 L 和 L' 定义的弹性–重力能密度 E 和 E' 为

$$E=(\partial_{\partial_t\mathbf{s}}L)\cdot\partial_t\mathbf{s}-L,\qquad E'=(\partial_{\partial_t\mathbf{s}}L')\cdot\partial_t\mathbf{s}-L' \tag{3.279}$$

从 (3.269) 和 (3.275) 中，我们看到

$$\begin{aligned}E=\frac{1}{2}[&\rho^0\partial_t\mathbf{s}\cdot\partial_t\mathbf{s}+\boldsymbol{\varepsilon}:\boldsymbol{\Gamma}:\boldsymbol{\varepsilon}+\rho^0\mathbf{s}\cdot\boldsymbol{\nabla}\phi^{\mathrm{E1}}\\&+\rho^0\mathbf{s}\cdot\boldsymbol{\nabla}\boldsymbol{\nabla}(\phi^0+\psi)\cdot\mathbf{s}\\&+\rho^0\boldsymbol{\nabla}(\phi^0+\psi)\cdot(\mathbf{s}\cdot\boldsymbol{\nabla}\mathbf{s}-\mathbf{s}\,\boldsymbol{\nabla}\cdot\mathbf{s})]\end{aligned} \tag{3.280}$$

$$E' = \frac{1}{2}[\rho^0 \partial_t \mathbf{s} \cdot \partial_t \mathbf{s} + \boldsymbol{\varepsilon} : \boldsymbol{\Gamma} : \boldsymbol{\varepsilon} + 2\rho^0 \mathbf{s} \cdot \boldsymbol{\nabla} \phi^{\mathrm{E1}} \\ + \rho^0 \mathbf{s} \cdot \boldsymbol{\nabla}\boldsymbol{\nabla}(\phi^0 + \psi) \cdot \mathbf{s} \\ + \rho^0 \boldsymbol{\nabla}(\phi^0 + \psi) \cdot (\mathbf{s} \cdot \boldsymbol{\nabla}\mathbf{s} - \mathbf{s}\,\boldsymbol{\nabla} \cdot \mathbf{s}) \\ + (4\pi G)^{-1} \boldsymbol{\nabla}\phi^{\mathrm{E1}} \cdot \boldsymbol{\nabla}\phi^{\mathrm{E1}}] \tag{3.281}$$

用速度 $\partial_t \mathbf{s}$ 点乘线性化动量方程 (3.259)，并利用弹性对称关系 $\Gamma_{ijkl} = \Gamma_{klij}$ 和流体静力学条件 (3.256)，我们得到局地能量守恒定律

$$\partial_t E + \boldsymbol{\nabla} \cdot \mathbf{K} = 0, \qquad \partial_t E' + \boldsymbol{\nabla} \cdot \mathbf{K}' = 0 \tag{3.282}$$

与 E 和 E' 这两个密度相应的弹性–重力能通量为

$$\mathbf{K} = -\mathbf{T}^{\mathrm{L1}} \cdot \partial_t \mathbf{s} - \frac{1}{2}\rho^0 \boldsymbol{\nabla}(\phi^0 + \psi) \cdot [(\partial_t \mathbf{s})\mathbf{s} - \mathbf{s}(\partial_t \mathbf{s})] \\ + \frac{1}{2}\phi^{\mathrm{E1}}(\partial_t \boldsymbol{\xi}^{\mathrm{E1}}) - \frac{1}{2}(\partial_t \phi^{\mathrm{E1}})\boldsymbol{\xi}^{\mathrm{E1}} \tag{3.283}$$

$$\mathbf{K}' = -\mathbf{T}^{\mathrm{L1}} \cdot \partial_t \mathbf{s} - \frac{1}{2}\rho^0 \boldsymbol{\nabla}(\phi^0 + \psi) \cdot [(\partial_t \mathbf{s})\mathbf{s} - \mathbf{s}(\partial_t \mathbf{s})] \\ - (\partial_t \phi^{\mathrm{E1}})\boldsymbol{\xi}^{\mathrm{E1}} \tag{3.284}$$

其中 $\boldsymbol{\xi}^{\mathrm{E1}} = (4\pi G)^{-1}\boldsymbol{\nabla}\phi^{\mathrm{E1}} + \rho^0 \mathbf{s}$。将 (3.282) 中第一个方程在地球模型 $\oplus$ 内积分，或将第二个方程在全空间 $\bigcirc$ 内积分，我们得到全球或全空间能量守恒关系

$$\frac{d\mathcal{E}}{dt} = 0 \tag{3.285}$$

其中

$$\mathcal{E} = \int_{\oplus} E\, dV = \int_{\bigcirc} E'\, dV \tag{3.286}$$

由于边界条件 (3.182) 和 (3.265)–(3.267)，在所有 Σ 上的跃变项 $[\hat{\mathbf{n}} \cdot \mathbf{K}]_-^+$ 和 $[\hat{\mathbf{n}} \cdot \mathbf{K}']_-^+$ 均为零。

流体静力学地球模型中的能量表达式 (3.286) 也可以从第一性原理得到。与一般情形一样，总能量是瞬时动能与储存的弹性和引力势能之和：

$$\mathcal{E} = \mathcal{E}_{\mathrm{k}} + \mathcal{E}_{\mathrm{e}} + \mathcal{E}_{\mathrm{g}} \tag{3.287}$$

动能 $\mathcal{E}_{\mathrm{k}}$ 和引力能 $\mathcal{E}_{\mathrm{g}}$ 仍然分别由 (3.219) 和 (3.223) 给定；而流体静力学地球中的弹性能则为

$$\mathcal{E}_{\mathrm{e}} = \int_{\oplus} [-p^0(J-1) + \frac{1}{2}\boldsymbol{\varepsilon} : \boldsymbol{\Gamma} : \boldsymbol{\varepsilon}]\, dV \tag{3.288}$$

将同类项分组，并像 3.9.4 节一样推导，我们看到总能量 (3.287) 成为 (3.286)；与 (3.268)–(3.269) 中作用量的推导一样，应用高斯定理和等值面条件 (3.258)，可以消去由 Σ_{FS} 上的二阶切向滑动条件而产生的面积分。

3.11.5 相对动能和势能

流体静力学地球模型的能量也可以被看作是相对动能和势能的和：

$$\mathcal{E} = \mathcal{T} + \mathcal{V} \tag{3.289}$$

其中

$$\mathcal{T} = \frac{1}{2}\int_{\oplus} \rho^0(\partial_t\mathbf{s}\cdot\partial_t\mathbf{s})\,dV \tag{3.290}$$

与

$$\begin{aligned}\mathcal{V} = \frac{1}{2}\int_{\oplus} [\boldsymbol{\varepsilon}:\boldsymbol{\Gamma}:\boldsymbol{\varepsilon} + \rho^0\mathbf{s}\cdot\boldsymbol{\nabla}\phi^{\mathrm{E1}} + \rho^0\mathbf{s}\cdot\boldsymbol{\nabla\nabla}(\phi^0+\psi)\cdot\mathbf{s} \\ + \rho^0\boldsymbol{\nabla}(\phi^0+\psi)\cdot(\mathbf{s}\cdot\boldsymbol{\nabla}\mathbf{s} - \mathbf{s}\,\boldsymbol{\nabla}\cdot\mathbf{s})]\,dV\end{aligned} \tag{3.291}$$

一个流体静力地球模型的长期稳定性条件为当且仅当其平衡态是势能的局部极小值，因此

$$\mathcal{V} \geqslant 0 \tag{3.292}$$

对于在Σ_{FS}上满足$[\hat{\mathbf{n}}\cdot\mathbf{s}]_-^+ = 0$的所有可能的位移$\mathbf{s}$都必须成立。

流体静力学地球的相对（重力）势能通常被进一步划分为“弹性”、“引力”和“离心力”部分：

$$\mathcal{V} = \mathcal{V}_{\mathrm{e}} + \mathcal{V}_{\mathrm{g}} + \mathcal{V}_{\psi} \tag{3.293}$$

$\mathcal{V}_{\mathrm{e}}$就是经典的不存在任何预应力时的弹性能：

$$\mathcal{V}_{\mathrm{e}} = \frac{1}{2}\int_{\oplus} (\boldsymbol{\varepsilon}:\boldsymbol{\Gamma}:\boldsymbol{\varepsilon})\,dV \tag{3.294}$$

剩下的$\mathcal{V}_{\mathrm{g}}$和$\mathcal{V}_{\psi}$分别表示依赖于引力和离心力的部分：

$$\begin{aligned}\mathcal{V}_{\mathrm{g}} = \frac{1}{2}\int_{\oplus} [\rho^0\mathbf{s}\cdot\boldsymbol{\nabla}\phi^{\mathrm{E1}} + \rho^0\mathbf{s}\cdot\boldsymbol{\nabla\nabla}\phi^0\cdot\mathbf{s} \\ + \rho^0\boldsymbol{\nabla}\phi^0\cdot(\mathbf{s}\cdot\boldsymbol{\nabla}\mathbf{s} - \mathbf{s}\,\boldsymbol{\nabla}\cdot\mathbf{s})]\,dV\end{aligned} \tag{3.295}$$

$$\mathcal{V}_{\psi} = \frac{1}{2}\int_{\oplus} [\rho^0\mathbf{s}\cdot\boldsymbol{\nabla\nabla}\psi\cdot\mathbf{s} + \rho^0\boldsymbol{\nabla}\psi\cdot(\mathbf{s}\cdot\boldsymbol{\nabla}\mathbf{s} - \mathbf{s}\,\boldsymbol{\nabla}\cdot\mathbf{s})]\,dV \tag{3.296}$$

正如我们所看到的，实际的弹性能、引力势能和离心势能其实是$\mathcal{E}_{\mathrm{e}}$、$\mathcal{E}_{\mathrm{g}}$和$\mathcal{E}_{\psi}$，而并不是$\mathcal{V}_{\mathrm{e}}$、$\mathcal{V}_{\mathrm{g}}$和$\mathcal{V}_{\psi}$。但是，$\mathcal{V}_{\mathrm{e}}$和$\mathcal{V}_{\mathrm{g}}$这两项在任何地方都分别被称为**弹性势能**和**引力势能**；我们将在本书的后续部分坚持这一传统。

第 4 章　简 正 模 式

均匀转动参照系中地球性质的时不变性使得我们很自然地寻求在时间上为谐波函数的解：

$$\mathbf{s}(\mathbf{x},t)=\mathbf{s}(\mathbf{x})\exp(i\omega t) \tag{4.1}$$

我们称 ω 为地球的角*本征频率*，称位移场 $\mathbf{s}(\mathbf{x})$ 为相应的*本征函数*。在本章中我们来探究这些简正模式解的本质。

寻找形如 (4.1) 式的振荡解等价于利用如下关系将运动方程和边界条件转换到频率域：

$$\mathbf{s}(\mathbf{x},\omega)=\int_{-\infty}^{\infty}\mathbf{s}(\mathbf{x},t)\exp(-i\omega t)\,dt \tag{4.2}$$

无论哪种做法，我们都是通过 $\partial_t\longleftrightarrow i\omega$ 这一替换从一个域转到另一个域。(4.2) 式的傅里叶变换定义是最适合于考虑地球自由振荡的；值得注意的是，这里指数上的符号约定与行波分析中所采用的习惯 (Aki & Richards 1980) 不同。

本章的大部分工作是将第 3 章的时间域结果简单地转换到频率域。对大多数变量，我们在时间域和频率域使用相同的符号；这应该不会导致任何混淆。由于多种原因，将无自转地球与有自转地球这两种情况分开考虑会更为方便。我们先考虑较简单的无自转 ($\mathbf{\Omega}=\mathbf{0}$) 情况，再将更为复杂但相对应的具有自转弹性地球模型的讨论放到一个单独的带星号小节。

4.1　无自转地球模型

若要得到无自转地球的本征频率 ω 与本征函数 $\mathbf{s}$，我们求解方程：

$$-\omega^2\rho^0\mathbf{s}-\boldsymbol{\nabla}\cdot\mathbf{T}^{\mathrm{PK1}}+\rho^0\boldsymbol{\nabla}\phi^{\mathrm{E1}}+\rho^0\mathbf{s}\cdot\boldsymbol{\nabla}\boldsymbol{\nabla}\phi^0=\mathbf{0},\quad 在\oplus内 \tag{4.3}$$

并满足边界条件

$$\hat{\mathbf{n}}\cdot\mathbf{T}^{\mathrm{PK1}}=\mathbf{0},\quad 在\partial\oplus上 \tag{4.4}$$

$$[\hat{\mathbf{n}}\cdot\mathbf{T}^{\mathrm{PK1}}]_-^+=\mathbf{0},\quad 在\Sigma_{\mathrm{SS}}上 \tag{4.5}$$

$$[\mathbf{t}^{\mathrm{PK1}}]_-^+=\hat{\mathbf{n}}[\hat{\mathbf{n}}\cdot\mathbf{t}^{\mathrm{PK1}}]_-^+=\mathbf{0},\quad 在\Sigma_{\mathrm{FS}}上 \tag{4.6}$$

不失一般性，我们可认为无自转地球模型的本征频率平方 ω^2 和本征函数 $\mathbf{s}$ 皆为实数：

$$(\omega^2)^*=\omega^2,\qquad \mathbf{s}^*=\mathbf{s} \tag{4.7}$$

其中星号表示复共轭。转换后的动量方程 (4.3) 对 ω^2 的依赖性表明，对于每个实的本征函数 $\mathbf{s}$ 有两个相关的本征频率；如果 $\omega^2>0$，本征频率为实数 $\pm\omega$，而如果 $\omega^2<0$，则它们为虚数 $\pm i|\omega|$。为简单起见，此后我们将假定所有的本征频率都是实数；在 4.1.5 节中，我们将推导出一个确保

该假定成立的动力学稳定性条件。

4.1.1 埃尔米特算子方法

为了简明起见，我们将本征解 $\pm\omega$ 和 $\mathbf{s}$ 满足的方程 (4.3)–(4.6) 改写为符号化形式

$$\mathcal{H}\mathbf{s} = \omega^2\mathbf{s} \tag{4.8}$$

以及在 $\Sigma = \partial\oplus \cup \Sigma_{\mathrm{SS}} \cup \Sigma_{\mathrm{FS}}$ 上的边界条件 (4.4)–(4.6)。这里的符号 $\mathcal{H}$ 表示在地球模型 $\oplus$ 内的积分–微分算子

$$\rho^0\mathcal{H}\mathbf{s} = -\boldsymbol{\nabla}\cdot\mathbf{T}^{\mathrm{PK1}} + \rho^0\boldsymbol{\nabla}\phi^{\mathrm{E1}} + \rho^0\mathbf{s}\cdot\boldsymbol{\nabla}\boldsymbol{\nabla}\phi^0 \tag{4.9}$$

ω^2 和 $\mathbf{s}$ 可以被视为线性算子 $\mathcal{H}$ 的本征值和相应的本征函数。我们目前暂且视欧拉势函数微扰 ϕ^{E1} 为 $\mathbf{s}$ 的已知泛函，由 (3.99) 给定。

我们定义 $\oplus$ 内部任意两个分段光滑实函数 $\mathbf{s}$ 和 $\mathbf{s}'$ 的内积 $\langle\mathbf{s},\mathbf{s}'\rangle$ 为

$$\langle\mathbf{s},\mathbf{s}'\rangle = \int_\oplus \rho^0\mathbf{s}\cdot\mathbf{s}'\,dV \tag{4.10}$$

对于这样的内积定义，算子 $\mathcal{H}$ 是埃尔米特或自共轭算子，即

$$\langle\mathbf{s},\mathcal{H}\mathbf{s}'\rangle = \langle\mathcal{H}\mathbf{s},\mathbf{s}'\rangle = \langle\mathbf{s}',\mathcal{H}\mathbf{s}\rangle \tag{4.11}$$

(4.11) 式很容易被验证，其左右两侧可以显式分别表示为

$$\langle\mathbf{s},\mathcal{H}\mathbf{s}'\rangle = \int_\oplus \mathbf{s}\cdot[-\boldsymbol{\nabla}\cdot\mathbf{T}^{\mathrm{PK1}\prime} + \rho^0\boldsymbol{\nabla}\phi^{\mathrm{E1}\prime} + \rho^0\mathbf{s}'\cdot\boldsymbol{\nabla}\boldsymbol{\nabla}\phi^0]\,dV \tag{4.12}$$

$$\langle\mathbf{s}',\mathcal{H}\mathbf{s}\rangle = \int_\oplus \mathbf{s}'\cdot[-\boldsymbol{\nabla}\cdot\mathbf{T}^{\mathrm{PK1}} + \rho^0\boldsymbol{\nabla}\phi^{\mathrm{E1}} + \rho^0\mathbf{s}\cdot\boldsymbol{\nabla}\boldsymbol{\nabla}\phi^0]\,dV \tag{4.13}$$

其中 $\mathbf{T}^{\mathrm{PK1}\prime}$ 和 $\phi^{\mathrm{E1}\prime}$ 分别为与带撇号的位移 $\mathbf{s}'$ 相关的皮奥拉–基尔霍夫应力增量和欧拉势函数微扰。应用高斯定理，以及在 $\partial\oplus$ 和 Σ_{SS} 上的边界条件 (4.4) 和 (4.5)，我们得到

$$\begin{aligned}\langle\mathbf{s},\mathcal{H}\mathbf{s}'\rangle = &\int_\oplus [\boldsymbol{\nabla}\mathbf{s}:\boldsymbol{\Lambda}:\boldsymbol{\nabla}\mathbf{s}' + \rho^0\mathbf{s}\cdot\boldsymbol{\nabla}\phi^{\mathrm{E1}\prime} + \rho^0\mathbf{s}\cdot\boldsymbol{\nabla}\boldsymbol{\nabla}\phi^0\cdot\mathbf{s}']\,dV\\ &+\int_{\Sigma_{\mathrm{FS}}}[\hat{\mathbf{n}}\cdot\mathbf{T}^{\mathrm{PK1}\prime}\cdot\mathbf{s}]_-^+\,d\Sigma\end{aligned} \tag{4.14}$$

$$\begin{aligned}\langle\mathbf{s}',\mathcal{H}\mathbf{s}\rangle = &\int_\oplus [\boldsymbol{\nabla}\mathbf{s}':\boldsymbol{\Lambda}:\boldsymbol{\nabla}\mathbf{s} + \rho^0\mathbf{s}'\cdot\boldsymbol{\nabla}\phi^{\mathrm{E1}} + \rho^0\mathbf{s}'\cdot\boldsymbol{\nabla}\boldsymbol{\nabla}\phi^0\cdot\mathbf{s}]\,dV\\ &+\int_{\Sigma_{\mathrm{FS}}}[\hat{\mathbf{n}}\cdot\mathbf{T}^{\mathrm{PK1}}\cdot\mathbf{s}']_-^+\,d\Sigma\end{aligned} \tag{4.15}$$

由于麦克斯韦关系 $\Lambda_{ijkl} = \Lambda_{klij}$ 和引力等式

$$\begin{aligned}\int_\oplus \rho^0\mathbf{s}\cdot\boldsymbol{\nabla}\phi^{\mathrm{E1}\prime}\,dV &= \int_\oplus \rho^0\mathbf{s}'\cdot\boldsymbol{\nabla}\phi^{\mathrm{E1}}\,dV\\ &= -G\int_\oplus\int_\oplus(\rho^0\mathbf{s}\cdot\boldsymbol{\Pi}\cdot\rho^{0\prime}\mathbf{s}')\,dV\,dV'\end{aligned} \tag{4.16}$$

使得 (4.14) 和 (4.15) 两式右边的体积分是相等的，而上式中对称的积分核 $\boldsymbol{\Pi}(\mathbf{x},\mathbf{x}') = \boldsymbol{\Pi}^{\mathrm{T}}(\mathbf{x}',\mathbf{x})$ 由 (3.101) 式给定。在 Σ_{FS} 上的面积分也是相等的，因此从 (3.202) 和 (3.203) 我们得到

$$\begin{aligned}\int_{\Sigma_{\mathrm{FS}}} [\hat{\mathbf{n}}\cdot\mathbf{T}^{\mathrm{PK1}\prime}\cdot\mathbf{s}]_-^+\,d\Sigma &= \int_{\Sigma_{\mathrm{FS}}} [\hat{\mathbf{n}}\cdot\mathbf{T}^{\mathrm{PK1}}\cdot\mathbf{s}']_-^+\,d\Sigma \\ &= \frac{1}{2}\int_{\Sigma_{\mathrm{FS}}} [\varpi^0\mathbf{s}\cdot(\boldsymbol{\nabla}^{\Sigma}\mathbf{s}')\cdot\hat{\mathbf{n}} + \varpi^0\mathbf{s}'\cdot(\boldsymbol{\nabla}^{\Sigma}\mathbf{s})\cdot\hat{\mathbf{n}} \\ &\quad - (\hat{\mathbf{n}}\cdot\mathbf{s})\boldsymbol{\nabla}^{\Sigma}\cdot(\varpi^0\mathbf{s}') - (\hat{\mathbf{n}}\cdot\mathbf{s}')\boldsymbol{\nabla}^{\Sigma}\cdot(\varpi^0\mathbf{s})]_-^+\,d\Sigma\end{aligned} \tag{4.17}$$

值得注意的是，在建立弹性–引力算子 $\mathcal{H}$ 的埃尔米特性质中所需要的处理细节与3.8节中建立能量守恒定律 $d\mathcal{E}/dt = 0$ 所做的处理完全一样。这表明了一个普适原理：由埃尔米特算子所决定的物理系统是能量守恒的。

4.1.2 正交归一性

取 $\mathcal{H}\mathbf{s} = \omega^2\mathbf{s}$ 与 $\mathbf{s}'$ 的内积可得

$$\omega^2\langle\mathbf{s}',\mathbf{s}\rangle = \langle\mathbf{s}',\mathcal{H}\mathbf{s}\rangle \tag{4.18}$$

而取 $\mathcal{H}\mathbf{s}' = \omega'^2\mathbf{s}'$ 与 $\mathbf{s}$ 的内积则有

$$\omega'^2\langle\mathbf{s},\mathbf{s}'\rangle = \langle\mathbf{s},\mathcal{H}\mathbf{s}'\rangle \tag{4.19}$$

将 (4.18) 与 (4.19) 相减，并应用埃尔米特对称性 (4.11)，我们发现与两个不等的正本征频率相对应的本征函数 $\mathbf{s}$ 和 $\mathbf{s}'$ 是相互正交的，即

$$\langle\mathbf{s},\mathbf{s}'\rangle = 0, \quad 若\ \omega \neq \omega' \tag{4.20}$$

由于这种正交性，我们将每一组本征解 $[\pm\omega,\mathbf{s}]$ 称为一个简正模式。

如果 $\mathbf{s}$ 是 $\pm\omega$ 所对应的本征函数，则 $c\mathbf{s}$ 也是，其中 c 为任意常数。要确定 $|c|$，我们采用归一化条件

$$\langle\mathbf{s},\mathbf{s}\rangle = 1 \tag{4.21}$$

这样就完全确定了本征函数 $\mathbf{s}$，除了一个无关紧要的正负号。在4.2.1节、6.2.1节和6.3.1节中我们会看到，自转和线性非弹性都会使正交归一性条件有所变更。但无论如何，我们都会要求这些更为复杂的条件在取适当的极限时与 (4.20)–(4.21) 是一致的。

4.1.3 瑞利原理

每一个形如 $\mathcal{H}\mathbf{s} = \omega^2\mathbf{s}$ 的自共轭本征值问题都有一个相关的变分原理，称为瑞利原理。我们将公式

$$\omega^2 = \frac{\langle\mathbf{s},\mathcal{H}\mathbf{s}\rangle}{\langle\mathbf{s},\mathbf{s}\rangle} \tag{4.22}$$

的右边看作是一个泛函，它从每一个可能的位移场 $\mathbf{s}$ 得到一个标量 ω^2。瑞利原理表明，当且仅当 $\mathbf{s}$ 是 $\mathcal{H}$ 的与本征频率平方 ω^2 相对应的本征函数时，该泛函为任意变化 $\boldsymbol{\delta}\mathbf{s}$ 的稳定泛函。要验证这一点，我们注意到，精确到 $\|\boldsymbol{\delta}\mathbf{s}\|$ 的一阶，

$$\delta\omega^2 = \frac{\langle \boldsymbol{\delta}\mathbf{s}, \mathcal{H}\mathbf{s}\rangle + \langle \mathbf{s}, \mathcal{H}\boldsymbol{\delta}\mathbf{s}\rangle - \omega^2\langle \boldsymbol{\delta}\mathbf{s}, \mathbf{s}\rangle - \omega^2\langle \mathbf{s}, \boldsymbol{\delta}\mathbf{s}\rangle}{\langle \mathbf{s}, \mathbf{s}\rangle}$$
$$= \frac{2\langle \boldsymbol{\delta}\mathbf{s}, \mathcal{H}\mathbf{s} - \omega^2\mathbf{s}\rangle}{\langle \mathbf{s}, \mathbf{s}\rangle} \tag{4.23}$$

其中我们使用了算子$\mathcal{H}$的自共轭性(4.11)式。(4.23)式清楚地表明，对任意的$\boldsymbol{\delta}\mathbf{s}$，当且仅当$\omega^2$和$\mathbf{s}$满足$\mathcal{H}\mathbf{s} = \omega^2\mathbf{s}$时，变化$\delta\omega^2$为零。这就建立了瑞利原理；$\langle \mathbf{s}, \mathcal{H}\mathbf{s}\rangle$与$\langle \mathbf{s}, \mathbf{s}\rangle$这两个量的比值被称为*瑞利商*。

与此等价，作为稳定泛函我们也可以不用本征频率平方ω^2，而是考虑下面的量

$$\mathcal{I} = \frac{1}{2}\omega^2\langle \mathbf{s}, \mathbf{s}\rangle - \frac{1}{2}\langle \mathbf{s}, \mathcal{H}\mathbf{s}\rangle \tag{4.24}$$

对于固定的ω^2，我们把$\mathcal{I}$视为位移场$\mathbf{s}$的二次泛函；精确到$\|\boldsymbol{\delta}\mathbf{s}\|$的一阶，我们则有

$$\delta\mathcal{I} = \langle \boldsymbol{\delta}\mathbf{s}, \omega^2\mathbf{s} - \mathcal{H}\mathbf{s}\rangle \tag{4.25}$$

这里我们再次使用了$\mathcal{H}$的自共轭性。显然，对任意的$\boldsymbol{\delta}\mathbf{s}$，当且仅当$\delta\omega^2$为零时，$\delta\mathcal{I}$也为零；这两个变化由$\delta\omega^2 = -2\langle \mathbf{s}, \mathbf{s}\rangle^{-1}\delta\mathcal{I}$联系起来。本征频率平方$\omega^2$的稳定性具有十分吸引人的物理意义；然而，$\mathcal{I}$对测试本征函数$\mathbf{s}$的平方依赖性使其在之后的应用中更容易处理。此外，在4.2.3节、6.2.2节和6.3.2节中我们会看到，$\mathcal{I}$的稳定性可以更容易地推广到考虑自转和非弹性地球的情形。

上述对任意自共轭本征值问题$\mathcal{H}\mathbf{s} = \omega^2\mathbf{s}$的瑞利原理的“证明”只是示意性的；对于任何特定的应用，我们必须考虑与算子$\mathcal{H}$相关的边界条件。也需要对可接受的或可容许的变化$\boldsymbol{\delta}\mathbf{s}$加以限制；在目前情况下，可容许的变化是在固–固边界Σ_{SS}上满足$[\boldsymbol{\delta}\mathbf{s}]_-^+ = \mathbf{0}$且在固–液边界$\Sigma_{\mathrm{FS}}$上满足$[\hat{\mathbf{n}}\cdot\boldsymbol{\delta}\mathbf{s}]_-^+ = 0$的变化。要得到*位移形式*的瑞利原理的更精确表述，可以方便地将作用量$\mathcal{I}$改写为

$$\mathcal{I} = \frac{1}{2}(\omega^2\mathcal{T} - \mathcal{V}) \tag{4.26}$$

其中

$$\mathcal{T} = \int_\oplus \rho^0(\mathbf{s}\cdot\mathbf{s})\,dV \tag{4.27}$$

$$\mathcal{V} = \int_\oplus [\boldsymbol{\nabla}\mathbf{s}\!:\!\boldsymbol{\Lambda}\!:\!\boldsymbol{\nabla}\mathbf{s} + \rho^0\mathbf{s}\cdot\boldsymbol{\nabla}\phi^{\mathrm{E1}} + \rho^0\mathbf{s}\cdot\boldsymbol{\nabla}\boldsymbol{\nabla}\phi^0\cdot\mathbf{s}]\,dV$$
$$+ \int_{\Sigma_{\mathrm{FS}}} [\varpi^0\mathbf{s}\cdot(\boldsymbol{\nabla}^\Sigma\mathbf{s})\cdot\hat{\mathbf{n}} - (\hat{\mathbf{n}}\cdot\mathbf{s})\boldsymbol{\nabla}^\Sigma\cdot(\varpi^0\mathbf{s})]_-^+\,d\Sigma \tag{4.28}$$

由(4.27)–(4.28)所定义的$\mathcal{T}$和$\mathcal{V}$均为位移$\mathbf{s}$的二次泛函。出于明显的理由，我们分别将其称为*动能*和*弹性–引力势能*泛函。使用在3.7.1节中验证哈密顿原理同样的做法，分别在$\oplus$内和Σ_{FS}上应用三维和二维高斯定理，我们发现(4.25)中$\mathcal{I}$的变分可以写为

$$\delta\mathcal{I} = \int_\oplus \boldsymbol{\delta}\mathbf{s}\cdot[\omega^2\rho^0\mathbf{s} + \boldsymbol{\nabla}\cdot\mathbf{T}^{\mathrm{PK1}} - \rho^0\boldsymbol{\nabla}\phi^{\mathrm{E1}} - \rho^0\mathbf{s}\cdot\boldsymbol{\nabla}\boldsymbol{\nabla}\phi^0]\,dV$$
$$- \int_{\partial\oplus} \boldsymbol{\delta}\mathbf{s}\cdot(\hat{\mathbf{n}}\cdot\mathbf{T}^{\mathrm{PK1}})\,d\Sigma$$
$$+ \int_{\Sigma_{\mathrm{SS}}} \boldsymbol{\delta}\mathbf{s}\cdot[\hat{\mathbf{n}}\cdot\mathbf{T}^{\mathrm{PK1}}]_-^+\,d\Sigma$$

$$+\int_{\Sigma_{\mathrm{FS}}}[\boldsymbol{\delta}\mathbf{s}\cdot\mathbf{t}^{\mathrm{PK1}}]_-^+\,d\Sigma \tag{4.29}$$

(4.29) 式表明，对任意可容许的变化 $\boldsymbol{\delta}\mathbf{s}$，当且仅当 ω^2 和 $\mathbf{s}$ 满足简正模式方程 (4.3) 及相应的边界条件 (4.4)–(4.6) 时，$\delta\mathcal{I}$ 为零。在地球简正模式的讨论中，$\mathcal{I}=\frac{1}{2}(\omega^2\mathcal{T}-\mathcal{V})$ 这一频率域的量通常被称为作用量。

到目前为止，我们仅考虑了位移本征函数 $\mathbf{s}$ 的变化，而把欧拉势函数微扰 ϕ^{E1} 视为由 (3.99) 给定的 $\mathbf{s}$ 的已知泛函。然而，与哈密顿原理一样，也有一个*位移–势函数形式的瑞利原理*，其中 $\mathbf{s}$ 和 ϕ^{E1} 两个量是独立变化的。这时的稳定泛函是*变更作用量*

$$\mathcal{I}'=\frac{1}{2}(\omega^2\mathcal{T}-\mathcal{V}') \tag{4.30}$$

其中

$$\begin{aligned}\mathcal{V}'=&\int_{\bigcirc}[\boldsymbol{\nabla}\mathbf{s}:\boldsymbol{\Lambda}:\boldsymbol{\nabla}\mathbf{s}+2\rho^0\mathbf{s}\cdot\boldsymbol{\nabla}\phi^{\mathrm{E1}}\\&+\rho^0\mathbf{s}\cdot\boldsymbol{\nabla}\boldsymbol{\nabla}\phi^0\cdot\mathbf{s}+(4\pi G)^{-1}\boldsymbol{\nabla}\phi^{\mathrm{E1}}\cdot\boldsymbol{\nabla}\phi^{\mathrm{E1}}]\,dV\\&+\int_{\Sigma_{\mathrm{FS}}}[\varpi^0\mathbf{s}\cdot(\boldsymbol{\nabla}^{\Sigma}\mathbf{s})\cdot\hat{\mathbf{n}}-(\hat{\mathbf{n}}\cdot\mathbf{s})\boldsymbol{\nabla}^{\Sigma}\cdot(\varpi^0\mathbf{s})]_-^+\,d\Sigma\end{aligned} \tag{4.31}$$

一个可容许的势函数变化 $\delta\phi^{\mathrm{E1}}$ 是在边界 Σ 上满足 $[\delta\phi^{\mathrm{E1}}]_-^+=0$ 的变化。精确到 $\|\boldsymbol{\delta}\mathbf{s}\|$ 和 $\delta\phi^{\mathrm{E1}}$ 的一阶，变更作用量的变分为

$$\delta\mathcal{I}'=\delta\mathcal{I}+\int_{\bigcirc}\delta\phi^{\mathrm{E1}}(\boldsymbol{\nabla}\cdot\boldsymbol{\xi}^{\mathrm{E1}})\,dV+\int_{\Sigma}\delta\phi^{\mathrm{E1}}[\hat{\mathbf{n}}\cdot\boldsymbol{\xi}^{\mathrm{E1}}]_-^+\,d\Sigma \tag{4.32}$$

其中 $\boldsymbol{\xi}^{\mathrm{E1}}=(4\pi G)^{-1}\boldsymbol{\nabla}\phi^{\mathrm{E1}}+\rho^0\mathbf{s}$。(4.32) 中的第一项由 (4.29) 给定，和之前一样，对于任意可容许的变化 $\boldsymbol{\delta}\mathbf{s}$，当且仅当 ω^2、$\mathbf{s}$ 和 ϕ^{E1} 满足动量方程 (4.3) 及动力学边界条件 (4.4)–(4.6) 时，该项为零，而对于任意可容许的变化 $\delta\phi^{\mathrm{E1}}$，其余两项为零的条件则是当且仅当 ϕ^{E1} 与 $\mathbf{s}$ 能够通过下面的引力边值问题相关联

$$\boldsymbol{\nabla}\cdot\boldsymbol{\xi}^{\mathrm{E1}}=0,\quad \text{在}\bigcirc\text{内},\qquad [\hat{\mathbf{n}}\cdot\boldsymbol{\xi}^{\mathrm{E1}}]_-^+=0,\quad \text{在}\Sigma\text{上} \tag{4.33}$$

这样就建立了位移–势函数变分原理。由于等式 (3.195)，对于任何一组本征解 $[\omega^2,\mathbf{s},\phi^{\mathrm{E1}}]$，$\mathcal{V}$ 和 $\mathcal{V}'$ 这两个势能泛函以及 $\mathcal{I}$ 和 $\mathcal{I}'$ 这两个作用量都是相等的。根据 (4.22) 和 (4.24)，两个作用量的稳定值均为

$$\mathcal{I}=\mathcal{I}'=0 \tag{4.34}$$

4.1.4 拉格朗日量密度与能量密度

在本书后面的部分，我们会看到频率域作用量以下面的显式形式表示会更方便

$$\mathcal{I}=\int_{\oplus}L(\mathbf{s},\boldsymbol{\nabla}\mathbf{s})\,dV+\int_{\Sigma_{\mathrm{FS}}}[L^{\Sigma}(\mathbf{s},\boldsymbol{\nabla}^{\Sigma}\mathbf{s})]_-^+\,d\Sigma \tag{4.35}$$

$$\mathcal{I}'=\int_{\bigcirc}L'(\mathbf{s},\boldsymbol{\nabla}\mathbf{s},\boldsymbol{\nabla}\phi^{\mathrm{E1}})\,dV+\int_{\Sigma_{\mathrm{FS}}}[L^{\Sigma}(\mathbf{s},\boldsymbol{\nabla}^{\Sigma}\mathbf{s})]_-^+\,d\Sigma \tag{4.36}$$

其中

$$L = \frac{1}{2}[\omega^2\rho^0\mathbf{s}\cdot\mathbf{s} - \boldsymbol{\nabla}\mathbf{s}:\boldsymbol{\Lambda}:\boldsymbol{\nabla}\mathbf{s} - \rho^0\mathbf{s}\cdot\boldsymbol{\nabla}\phi^{\mathrm{E1}} - \rho^0\mathbf{s}\cdot\boldsymbol{\nabla}\boldsymbol{\nabla}\phi^0\cdot\mathbf{s}] \tag{4.37}$$

$$\begin{aligned} L' = \frac{1}{2}[&\omega^2\rho^0\mathbf{s}\cdot\mathbf{s} - \boldsymbol{\nabla}\mathbf{s}:\boldsymbol{\Lambda}:\boldsymbol{\nabla}\mathbf{s} - 2\rho^0\mathbf{s}\cdot\boldsymbol{\nabla}\phi^{\mathrm{E1}} \\ &- \rho^0\mathbf{s}\cdot\boldsymbol{\nabla}\boldsymbol{\nabla}\phi^0\cdot\mathbf{s} - (4\pi G)^{-1}\boldsymbol{\nabla}\phi^{\mathrm{E1}}\cdot\boldsymbol{\nabla}\phi^{\mathrm{E1}}] \end{aligned} \tag{4.38}$$

$$L^{\Sigma} = \frac{1}{2}[(\hat{\mathbf{n}}\cdot\mathbf{s})\boldsymbol{\nabla}^{\Sigma}\cdot(\varpi^0\mathbf{s}) - \varpi^0\mathbf{s}\cdot(\boldsymbol{\nabla}^{\Sigma}\mathbf{s})\cdot\hat{\mathbf{n}}] \tag{4.39}$$

我们将把L、L'和L^{Σ}分别称为拉格朗日量的体密度和面密度。与(3.196)和(3.207)两式类比，相应的频率域能量密度可定义为

$$E = \omega\partial_\omega L - L, \qquad E' = \omega\partial_\omega L' - L', \qquad E^{\Sigma} = -L^{\Sigma} \tag{4.40}$$

或等价的

$$E = \frac{1}{2}[\omega^2\rho^0\mathbf{s}\cdot\mathbf{s} + \boldsymbol{\nabla}\mathbf{s}:\boldsymbol{\Lambda}:\boldsymbol{\nabla}\mathbf{s} + \rho^0\mathbf{s}\cdot\boldsymbol{\nabla}\phi^{\mathrm{E1}} + \rho^0\mathbf{s}\cdot\boldsymbol{\nabla}\boldsymbol{\nabla}\phi^0\cdot\mathbf{s}] \tag{4.41}$$

$$\begin{aligned} E' = \frac{1}{2}[&\omega^2\rho^0\mathbf{s}\cdot\mathbf{s} + \boldsymbol{\nabla}\mathbf{s}:\boldsymbol{\Lambda}:\boldsymbol{\nabla}\mathbf{s} + 2\rho^0\mathbf{s}\cdot\boldsymbol{\nabla}\phi^{\mathrm{E1}} \\ &+ \rho^0\mathbf{s}\cdot\boldsymbol{\nabla}\boldsymbol{\nabla}\phi^0\cdot\mathbf{s} + (4\pi G)^{-1}\boldsymbol{\nabla}\phi^{\mathrm{E1}}\cdot\boldsymbol{\nabla}\phi^{\mathrm{E1}}] \end{aligned} \tag{4.42}$$

$$E^{\Sigma} = \frac{1}{2}[\varpi^0\mathbf{s}\cdot(\boldsymbol{\nabla}^{\Sigma}\mathbf{s})\cdot\hat{\mathbf{n}} - (\hat{\mathbf{n}}\cdot\mathbf{s})\boldsymbol{\nabla}^{\Sigma}\cdot(\varpi^0\mathbf{s})] \tag{4.43}$$

一个模式的积分能量

$$\mathcal{E} = \int_{\oplus} E\,dV + \int_{\Sigma_{\mathrm{FS}}}[E^{\Sigma}]_-^+\,d\Sigma = \int_{\bigcirc} E'\,dV + \int_{\Sigma_{\mathrm{FS}}}[E^{\Sigma}]_-^+\,d\Sigma \tag{4.44}$$

可以写成动能和势能二次泛函的形式

$$\mathcal{E} = \frac{1}{2}(\omega^2\mathcal{T} + \mathcal{V}) = \frac{1}{2}(\omega^2\mathcal{T} + \mathcal{V}') \tag{4.45}$$

(4.34)中的结果表示一个模式的动能和弹性–引力势能之间的平均分配：

$$\omega^2\mathcal{T} = \mathcal{V} = \mathcal{V}' \tag{4.46}$$

因此，单个振荡的总能量就是动能的两倍：$\mathcal{E} = \omega^2\mathcal{T}$。

4.1.5 动力学稳定性

正如我们所看到的，瑞利商的实数性保证了本征频率要么是纯实数$\pm\omega$，要么是纯虚数 $\pm i|\omega|$。任何虚数的本征频率$\pm i|\omega|$都具有不稳定性，相关的初始扰动以$\exp(|\omega|t)$的形式呈指数增长。这种不稳定性称为普通不稳定性，因为它在不存在任何无穷小非弹性时也会发生。在这一普通的意义上，当且仅当所有本征频率平方$\omega^2 = \mathcal{V}/\mathcal{T}$都是非负时，地球模型在动力学上是稳定的。动能泛函$\mathcal{T}$为正是其固有特性；因此，普通稳定性的充要条件是，对于所有在固–固边界Σ_{SS}上满足$[\mathbf{s}]_-^+ = \mathbf{0}$且在固–液边界$\Sigma_{\mathrm{FS}}$上满足$[\hat{\mathbf{n}}\cdot\mathbf{s}]_-^+ = 0$的分段光滑的位移$\mathbf{s}$都具有：

$$\mathcal{V} \geqslant 0 \tag{4.47}$$

这正是我们在3.9.6节得到的长期稳定性的条件；一个无自转地球模型中，在有无摩擦时线性稳定性条件都是一样的。

*4.1.6 刚体模式与地转模式

有一类“模式”，它们的本征频率 $\pm\omega$ 都为零；相应的本征函数空间由所有不改变地球的弹性–引力势能 $\mathcal{V}$ 且不依赖时间的位移场 $\mathbf{s}$ 构成。由于这些模式都无关紧要，我们将它们简称为平凡模式。在无自转地球中，这些模式确实平凡得几乎不值一提；然而，在自转的地球上，这些模式在对作用力响应的分析中却十分棘手，因而在这里对它们加以讨论。无自转的平凡模式包括两类：整个地球的刚体模式和局限于液态区域 $\oplus_{\mathrm{F}}$ 的地转模式。

刚体模式具有如下形式的实数位移本征函数

$$\mathbf{s} = \mathbf{X} + \mathbf{Q} \cdot \mathbf{x} \tag{4.48}$$

其中 $\mathbf{X}$ 为恒定矢量，$\mathbf{Q}$ 是一个满足 $\mathbf{Q}^{\mathrm{T}} \cdot \mathbf{Q} = \mathbf{Q} \cdot \mathbf{Q}^{\mathrm{T}} = \mathbf{I}$ 的恒定正交张量。很显然，这种由刚体平移 $\mathbf{X}$ 和转动 $\mathbf{Q}$ 组成的位移对地球的弹性–引力能没有影响。我们很容易验证频率域的动量方程 (4.3) 是满足的；其中相应的欧拉密度和引力势函数变化为 $\rho^{\mathrm{E1}} = -\mathbf{s} \cdot \boldsymbol{\nabla}\rho^0$ 和 $\phi^{\mathrm{E1}} = -\mathbf{s} \cdot \boldsymbol{\nabla}\phi^0$。一般而言，这类模式共有六个，每一个都具有相应的本征频率平方 $\omega^2 = 0$，分别源于地球的6个刚体自由度。在某些情况下，这一模式目录显然需要加以修正；例如，如果液态外核的边界具有球或椭球对称性，那么地壳和地幔与固态内核会有各自独立的刚体转动模式 $\mathbf{Q} \cdot \mathbf{x}$。

在地球的液态区域 $\oplus_{\mathrm{F}}$，方程 (4.3) 变成

$$-\omega^2 \rho^0 \mathbf{s} + \boldsymbol{\nabla} p^{\mathrm{E1}} + \rho^0 \boldsymbol{\nabla}\phi^{\mathrm{E1}} + \rho^{\mathrm{E1}} \boldsymbol{\nabla}\phi^0 = \mathbf{0} \tag{4.49}$$

其中 $\rho^{\mathrm{E1}} = -\boldsymbol{\nabla} \cdot (\rho^0 \mathbf{s})$，$p^{\mathrm{E1}} = -\kappa(\boldsymbol{\nabla} \cdot \mathbf{s}) - \mathbf{s} \cdot \boldsymbol{\nabla} p^0$。地转模式的位移场为

$$\mathbf{s} = \mathbf{0}, \quad \text{在}\oplus_{\mathrm{S}}\text{内} \tag{4.50}$$

$$\hat{\mathbf{n}} \cdot \mathbf{s} = 0, \quad \text{在}\Sigma_{\mathrm{FS}}\text{上} \tag{4.51}$$

$$\mathbf{s} = (1/\rho^0)(\hat{\boldsymbol{\gamma}}^0 \times \boldsymbol{\nabla}\chi), \quad \text{在}\oplus_{\mathrm{F}}\text{内} \tag{4.52}$$

单位矢量 $\hat{\boldsymbol{\gamma}}^0$ 与 $\oplus_{\mathrm{F}}$ 中的 ρ^0、ϕ^0 和 p^0 的等值面垂直，χ 为任意标量。地球的弹性–引力势能不受任何这种位移的影响；由于相应的密度、引力势函数和压强的欧拉微扰 ρ^{E1}、ϕ^{E1} 和 p^{E1} 在地球内部处处为零，静态动量方程 (4.49) 因此被满足了。在 $\oplus_{\mathrm{F}}$ 中这种地转模式家族有无穷多个成员，每一个都有其相应的本征频率平方 $\omega^2 = 0$。在同一等值面 $(\hat{\boldsymbol{\gamma}}^0 \cdot \mathbf{s} = 0)$ 内的、不改变空间任一点密度的稳定流动都是地转本征函数空间的一员。

在 $\oplus_{\mathrm{F}}$ 的任一中性分层区域内，地转流动模式的家族更大；表述一般地球模型内的中性分层状态的亚当斯–威廉森 (Adams-Williamson) 条件是 $\boldsymbol{\nabla} p^0 = (\kappa/\rho^0)\boldsymbol{\nabla}\rho^0$。只要这个关系成立，(4.52) 就可以被替换为

$$\mathbf{s} = (1/\rho^0)(\boldsymbol{\nabla} \times \boldsymbol{\chi}) \tag{4.53}$$

其中 $\boldsymbol{\chi}$ 为一任意矢量。

4.1.7 格林张量

地球对于地震或任何能够激发其自由振荡和等效体波与面波行波的其他震源的响应，可以很方便地用二阶格林张量或脉冲响应 $\mathbf{G}(\mathbf{x},\mathbf{x}';t)$ 来表示。按照定义，$G_{pq}(\mathbf{x},\mathbf{x}';t)$ 是在 t 时刻、$\mathbf{x}$ 处对作用在 $\mathbf{x}'$ 处、0 时刻的 $\hat{\mathbf{x}}_q$ 方向上的单位脉冲力的位移响应的 $\hat{\mathbf{x}}_p$ 分量。与此等价，我们也可以将 $\mathbf{G}$ 描述为以下齐次方程的解

$$\rho^0(\partial_t^2\mathbf{G} + \mathcal{H}\mathbf{G}) = \mathbf{0} \tag{4.54}$$

且需满足非齐次的初始条件

$$\mathbf{G}(\mathbf{x},\mathbf{x}';0) = \mathbf{0}, \qquad \partial_t\mathbf{G}(\mathbf{x},\mathbf{x}';0) = (1/\rho^0)\mathbf{I}\,\delta(\mathbf{x}-\mathbf{x}') \tag{4.55}$$

要求解 (4.54)–(4.55) 中的初值问题，我们将本征频率和本征函数用带角标的符号 $\pm\omega_k$ 和 $\mathbf{s}_k$ 表示。这样可以把正交归一化关系 (4.20)–(4.21) 写成 $\langle\mathbf{s}_k,\mathbf{s}_{k'}\rangle = \delta_{kk'}$ 的形式，或是等价的

$$\int_\oplus \rho^0\mathbf{s}_k\cdot\mathbf{s}_{k'}\,dV = \delta_{kk'} \tag{4.56}$$

我们假设归一化的本征函数构成一个*完备的正交归一基*，并将脉冲响应 $\mathbf{G}$ 表示为如下实数自由振荡的线性组合

$$\mathbf{G}(\mathbf{x},\mathbf{x}',t) = \sum_k \mathbf{s}_k(\mathbf{x})[\mathbf{a}_k(\mathbf{x}')\cos\omega_k t + \mathbf{b}_k(\mathbf{x}')\sin\omega_k t] \tag{4.57}$$

其中求和是对所有非负的本征频率 $\omega_k \geqslant 0$。可以观察到这一简正模式叠加是满足方程 (4.54) 的；而满足初始条件 (4.55) 还需要有

$$\sum_k \mathbf{s}_k\mathbf{a}_k = \mathbf{0}, \qquad \sum_k \omega_k\mathbf{s}_k\mathbf{b}_k = (1/\rho^0)\mathbf{I}\,\delta(\mathbf{x}-\mathbf{x}') \tag{4.58}$$

通过取 (4.58) 与 $\mathbf{s}_k$ 的内积，并利用正交归一化关系 (4.56) 式，可以很容易地得到系数 $\mathbf{a}_k$ 和 $\mathbf{b}_k$：

$$\mathbf{a}_k = \mathbf{0}, \qquad \mathbf{b}_k = \omega_k^{-1}\mathbf{s}_k(\mathbf{x}') \tag{4.59}$$

因此，无自转地球的格林张量可以由简正模式的本征频率和本征函数给定：

$$\mathbf{G}(\mathbf{x},\mathbf{x}';t) = \sum_k \omega_k^{-1}\mathbf{s}_k(\mathbf{x})\mathbf{s}_k(\mathbf{x}')\sin\omega_k t \tag{4.60}$$

(4.60) 这一结果适用于所有 $t \geqslant 0$ 时刻；显然，$t < 0$ 时 $\mathbf{G} = \mathbf{0}$。

单位脉冲力的作用使得每个模式以 $\sin\omega_k t$ 的形式开始振荡。由于本征函数 $\mathbf{s}_k$ 是实的，因此，在地球的任何地方所有振荡的相位都同样是 $\pm\pi$。这是*驻波*的特征。值得注意的是，$\mathbf{G}$ 有以下形式的对称性：

$$\mathbf{G}(\mathbf{x},\mathbf{x}';t) = \mathbf{G}^{\mathrm{T}}(\mathbf{x}',\mathbf{x};t) \tag{4.61}$$

(4.61) 式所表达的是*地震互易性原理*。笼统地讲，该原理表明，源点和接收点可以互换；要注意的是方向和位置必须对换，如图 4.1 所示。

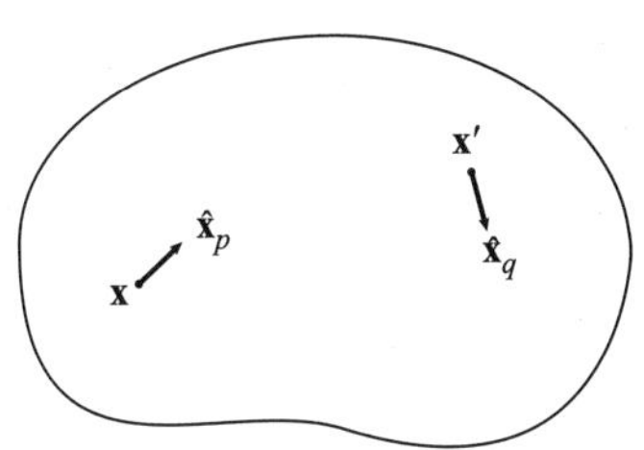

图 4.1 无自转地球上的地震互易性：作用在$\mathbf{x}'$处$\hat{\mathbf{x}}_q$方向上的点力在$\mathbf{x}$处产生的响应的$\hat{\mathbf{x}}_p$分量等于作用在$\mathbf{x}$处$\hat{\mathbf{x}}_p$方向的点力在$\mathbf{x}'$处产生的响应的$\hat{\mathbf{x}}_q$分量。格林张量或单位脉冲响应的分量满足
$G_{pq}(\mathbf{x},\mathbf{x}';t)=G_{qp}(\mathbf{x}',\mathbf{x};t)$

由于当$\omega_k\to 0$时，$\omega_k^{-1}\sin\omega_k t\to t$，因而地球的每一个平凡模式对格林张量$\mathbf{G}$的贡献都随时间线性增长。这种线性增长并非意味着不稳定性，因为相应的质点速度$\partial_t\mathbf{G}$仍然是有界的。无论如何，地震震源都不可能激发任何平凡模式。刚体模式是不能被激发的，因为没有任何内在源可以对地球施加净力或净力矩；地转模式也不能被激发，因为它们都局限于地球的液态区域，而地震皆发生在固态的地壳或地幔中。我们称(4.60)的求和中扣除了平凡模式的$\mathbf{G}$为**地震格林张量**。

4.1.8 对暂态力的响应

在第5章中，我们将展示任何内在源（如地震）都可以用作用在$\oplus$上的等效体力密度$\mathbf{f}$和作用在$\partial\oplus$上的等效面力密度$\mathbf{t}$来表示。任何这类源所产生的位移$\mathbf{s}$均可写为脉冲响应$\mathbf{G}$与等效力$\mathbf{f}$和$\mathbf{t}$在整个既往历程的卷积：

$$\begin{aligned}\mathbf{s}(\mathbf{x},t)&=\int_{-\infty}^{t}\int_{\oplus}\mathbf{G}(\mathbf{x},\mathbf{x}';t-t')\cdot\mathbf{f}(\mathbf{x}',t')\,dV'\,dt'\\&\quad+\int_{-\infty}^{t}\int_{\partial\oplus}\mathbf{G}(\mathbf{x},\mathbf{x}';t-t')\cdot\mathbf{t}(\mathbf{x}',t')\,d\Sigma'\,dt'\end{aligned}\tag{4.62}$$

这一结果体现了叠加与因果原理，是不证自明的；对于有疑虑的读者，我们会在5.3节中给出（在自转地球上的）推导。

将表达式(4.60)代入(4.62)，我们可以把$\mathbf{s}$写成简正模式的叠加

$$\mathbf{s}(\mathbf{x},t)=\sum_k\omega_k^{-1}\mathbf{s}_k(\mathbf{x})\int_{-\infty}^{t}A_k(t')\sin\omega_k(t-t')\,dt'\tag{4.63}$$

其中

$$A_k(t)=\int_{\oplus}\mathbf{f}(\mathbf{x},t)\cdot\mathbf{s}_k(\mathbf{x})\,dV+\int_{\partial\oplus}\mathbf{t}(\mathbf{x},t)\cdot\mathbf{s}_k(\mathbf{x})\,d\Sigma\tag{4.64}$$

对时间做分部积分，我们得到等价的结果

$$\mathbf{s}(\mathbf{x},t)=\sum_k\omega_k^{-2}\mathbf{s}_k(\mathbf{x})\int_{-\infty}^{t}\partial_{t'}A_k(t')[1-\cos\omega_k(t-t')]\,dt'\tag{4.65}$$

其中

$$\partial_t A_k(t)=\int_{\oplus}\partial_t\mathbf{f}(\mathbf{x},t)\cdot\mathbf{s}_k(\mathbf{x})\,dV+\int_{\partial\oplus}\partial_t\mathbf{t}(\mathbf{x},t)\cdot\mathbf{s}_k(\mathbf{x})\,d\Sigma\tag{4.66}$$

公式 (4.65) 将响应 $\mathbf{s}$ 表示为亥维赛 (Heaviside) 或阶跃函数响应 $\omega_k^{-2}[1-\cos\omega_k(t-t')]$ 的叠加，而 (4.63) 则将其表示为狄拉克或脉冲响应 $\omega_k^{-1}\sin\omega_k(t-t')$ 的叠加。

与地震相关的等效力 $\mathbf{f}$ 和 $\mathbf{t}$ 在某一起始时刻 t_0 之前为零，而在 t_f 之后分别达到恒定的静态值 $\mathbf{f}_\mathrm{f}$ 和 $\mathbf{t}_\mathrm{f}$，如图 4.2 所示。在第 5 章中，我们会看到，对于断层源，$t_\mathrm{f}-t_0$ 这一时间段代表破裂的持续时间，而 $\mathbf{f}_\mathrm{f}$ 和 $\mathbf{t}_\mathrm{f}$ 这两个量则与断层上最终的静态滑动量有关。当 $t\geqslant t_\mathrm{f}$ 时，等效力随时间的变化停止，对这种**暂态震源**的响应在形式上会特别简单。从 (4.65) 式我们看到

$$\mathbf{s}(\mathbf{x},t)=\sum_k \omega_k^{-2}(a_k^\mathrm{f}-a_k\cos\omega_k t-b_k\sin\omega_k t)\,\mathbf{s}_k(\mathbf{x}),\quad t\geqslant t_\mathrm{f} \tag{4.67}$$

其中

$$a_k^\mathrm{f}=\int_\oplus \mathbf{f}_\mathrm{f}(\mathbf{x})\cdot\mathbf{s}_k(\mathbf{x})\,dV+\int_{\partial\oplus}\mathbf{t}_\mathrm{f}(\mathbf{x})\cdot\mathbf{s}_k(\mathbf{x})\,d\Sigma \tag{4.68}$$

$$a_k=\int_{t_0}^{t_\mathrm{f}}\int_\oplus \partial_t\mathbf{f}(\mathbf{x},t)\cdot\mathbf{s}_k(\mathbf{x})\cos\omega_k t\,dV\,dt+\int_{t_0}^{t_\mathrm{f}}\int_{\partial\oplus}\partial_t\mathbf{t}(\mathbf{x},t)\cdot\mathbf{s}_k(\mathbf{x})\cos\omega_k t\,d\Sigma\,dt \tag{4.69}$$

$$b_k=\int_{t_0}^{t_\mathrm{f}}\int_\oplus \partial_t\mathbf{f}(\mathbf{x},t)\cdot\mathbf{s}_k(\mathbf{x})\sin\omega_k t\,dV\,dt+\int_{t_0}^{t_\mathrm{f}}\int_{\partial\oplus}\partial_t\mathbf{t}(\mathbf{x},t)\cdot\mathbf{s}_k(\mathbf{x})\sin\omega_k t\,d\Sigma\,dt \tag{4.70}$$

对 (4.67) 这一结果有很清楚的物理解释。振荡项 $a_k\cos\omega_k t$ 和 $b_k\sin\omega_k t$ 表示由地震所激发的地球的**自由振荡**。地球内部不可避免存在的非弹性会导致这些振荡随时间衰减；因而在 $t\to\infty$ 的极限时与时间无关的位移成为

$$\mathbf{s}_\mathrm{f}(\mathbf{x})=\sum_k \omega_k^{-2}a_k^\mathrm{f}\mathbf{s}_k(\mathbf{x}) \tag{4.71}$$

$\mathbf{s}_\mathrm{f}$ 表示地球对等效力的最终稳态值 $\mathbf{f}_\mathrm{f}$ 和 $\mathbf{t}_\mathrm{f}$ 的**静态响应**。对于断层源，断层两侧的相对位错在地球内部各点 $\mathbf{x}$ 都产生一个永久形变。

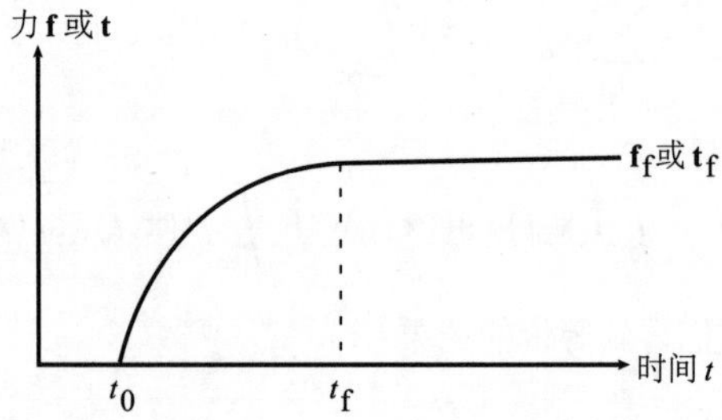

图 4.2 暂态等效力 $\mathbf{f}(\mathbf{x},t)$ 或 $\mathbf{t}(\mathbf{x},t)$ 随时间变化示意图。等效力的起始时刻为 $t=t_0$，当 $t\geqslant t_\mathrm{f}$ 时，分别达到恒定的静态值 $\mathbf{f}_\mathrm{f}(\mathbf{x})$ 或 $\mathbf{t}_\mathrm{f}(\mathbf{x})$

在破裂停止后，质点的加速度 $\mathbf{a}=\partial_t^2\mathbf{s}$ 为

$$\mathbf{a}(\mathbf{x},t)=\sum_k(a_k\cos\omega_k t+b_k\sin\omega_k t)\,\mathbf{s}_k(\mathbf{x}),\quad t\geqslant t_{\mathrm{f}} \tag{4.72}$$

我们一般用加速度图来表示地球对地震的响应，因为这样可以简化后面章节中的一些理论结果。事实上，一个理想的加速度计除了对仪器外壳的加速度产生响应外，还会对地球的引力场的变化有所响应。我们将在 4.4 节中讨论如何处理这些效应。

★4.2 自转地球模型

在自转地球上，频率域的动量方程 (4.3) 由下式取代

$$-\omega^2\rho^0\mathbf{s}+2i\omega\rho^0\boldsymbol{\Omega}\times\mathbf{s}-\boldsymbol{\nabla}\cdot\mathbf{T}^{\mathrm{PK1}}\\+\rho^0\boldsymbol{\nabla}\phi^{\mathrm{E1}}+\rho^0\mathbf{s}\cdot\boldsymbol{\nabla\nabla}(\phi^0+\psi)=\mathbf{0} \tag{4.73}$$

其中 ψ 是离心势函数。科里奥利力项 $2i\omega\rho^0\boldsymbol{\Omega}\times\mathbf{s}$ 的存在使得我们不能像对 (4.3) 的处理那样将 (4.73) 视为一个实数方程。自转地球模型的本征函数 $\mathbf{s}$ *本质上是复数的*。我们会继续假定本征频率 ω 是实数（我们下面会证明任何长期稳定的地球模型都可确保这一点）。取 (4.73) 式的复共轭，我们注意到当且仅当 $[\omega,\mathbf{s}]$ 是一组本征解时，$[-\omega,\mathbf{s}^*]$ 也是一组本征解。这种成对的互为复共轭的本征解 $[\omega,\mathbf{s}]$ 与 $[-\omega,\mathbf{s}^*]$ 是自转地球简正模式的特性。

在相反方向自转的*逆转地球*的本征频率和本征函数也是值得关注的。注意到方程 (4.73) 在同时做 $\boldsymbol{\Omega}\to-\boldsymbol{\Omega}$ 和 $\omega\to-\omega$ 的变换时是不变的，我们看到当且仅当 $[\omega,\mathbf{s}]$ 是真实地球的模式时，$[\omega,\mathbf{s}^*]$ 也是逆转地球的模式。因此，本征频率 ω 并不依赖于地球的自转方向。

★4.2.1 正交归一性

我们来重新定义自转地球的积分–微分算子 $\mathcal{H}$，以便包含离心势函数 ψ：

$$\rho^0\mathcal{H}\mathbf{s}=-\boldsymbol{\nabla}\cdot\mathbf{T}^{\mathrm{PK1}}+\rho^0\boldsymbol{\nabla}\phi^{\mathrm{E1}}+\rho^0\mathbf{s}\cdot\boldsymbol{\nabla\nabla}(\phi^0+\psi) \tag{4.74}$$

从而频率域的动量方程 (4.73) 可以用符号形式写为

$$\mathcal{H}\mathbf{s}+2i\omega\boldsymbol{\Omega}\times\mathbf{s}=\omega^2\mathbf{s}. \tag{4.75}$$

方程 (4.75) 是一个非标准本征值问题，因为本征频率 ω 在科里奥利项 $2i\omega\boldsymbol{\Omega}\times\mathbf{s}$ 中是线性的，而在惯性项 $\omega^2\mathbf{s}$ 中是二次的。

我们定义自转地球 $\oplus$ 中任意两个复函数 $\mathbf{s}$ 和 $\mathbf{s}'$ 的*内积*为

$$\langle\mathbf{s},\mathbf{s}'\rangle=\int_{\oplus}\rho^0\mathbf{s}^*\cdot\mathbf{s}'\,dV \tag{4.76}$$

很容易验证 (4.75) 中的算子 $\mathcal{H}$ 与 $i\boldsymbol{\Omega}\times$ 在 (4.76) 的复内积定义下具有*埃尔米特或自共轭性质*：

$$\langle\mathbf{s},\mathcal{H}\mathbf{s}'\rangle=\langle\mathcal{H}\mathbf{s},\mathbf{s}'\rangle=\langle\mathbf{s}',\mathcal{H}\mathbf{s}\rangle^* \tag{4.77}$$

$$\langle\mathbf{s},i\boldsymbol{\Omega}\times\mathbf{s}'\rangle=\langle i\boldsymbol{\Omega}\times\mathbf{s},\mathbf{s}'\rangle=\langle\mathbf{s}',i\boldsymbol{\Omega}\times\mathbf{s}\rangle^* \tag{4.78}$$

要建立 (4.77) 式可以直接将验证无自转地球的 (4.11) 式所做的推导加以拓展，而 (4.78) 式则是简单的三重积等式。方程 (4.75) 的埃尔米特性质应该并不意外：在有无自转的地球模型中能量都是守恒的，正如我们在 3.8 节中所见。

取 $\mathcal{H}\mathbf{s} + 2i\omega\boldsymbol{\Omega} \times \mathbf{s} = \omega^2\mathbf{s}$ 与 $\mathbf{s}'$ 的内积得到

$$\omega^2\langle\mathbf{s}', \mathbf{s}\rangle - 2\omega\langle\mathbf{s}', i\boldsymbol{\Omega} \times \mathbf{s}\rangle - \langle\mathbf{s}', \mathcal{H}\mathbf{s}\rangle = 0 \tag{4.79}$$

而取 $\mathcal{H}\mathbf{s}' + 2i\omega'\boldsymbol{\Omega} \times \mathbf{s}' = \omega'^2\mathbf{s}'$ 与 $\mathbf{s}$ 的内积，则有

$$\omega'^2\langle\mathbf{s}, \mathbf{s}'\rangle - 2\omega'\langle\mathbf{s}, i\boldsymbol{\Omega} \times \mathbf{s}'\rangle - \langle\mathbf{s}, \mathcal{H}\mathbf{s}'\rangle = 0 \tag{4.80}$$

从 (4.80) 中减去 (4.79)，并利用埃尔米特对称性 (4.77)–(4.78) 式，我们得到

$$\langle\mathbf{s}, \mathbf{s}'\rangle - 2(\omega + \omega')^{-1}\langle\mathbf{s}, i\boldsymbol{\Omega} \times \mathbf{s}'\rangle = 0, \quad 若\ \omega \neq \omega' \tag{4.81}$$

这里为方便起见，我们已经除以了本征频率之和 $\omega + \omega'$。与 (4.20) 对应，(4.81) 是自转弹性地球中简正模式*正交性*的表达式。具有不同的正本征频率 $\omega \neq \omega'$ 的复本征函数 $\mathbf{s}$ 和 $\mathbf{s}'$ 在 $\langle\mathbf{s}, \mathbf{s}'\rangle = 0$ 这一通常的意义上并不是正交的；相反地，正交性条件明确地涉及科里奥利项。对于本征函数的*归一化*，我们要求

$$\langle\mathbf{s}, \mathbf{s}\rangle - \omega^{-1}\langle\mathbf{s}, i\boldsymbol{\Omega} \times \mathbf{s}\rangle = 1 \tag{4.82}$$

有了这一选择，在 $\boldsymbol{\Omega} = \mathbf{0}$ 的无自转的极限情形，正交归一性关系 (4.81)–(4.82) 退化为之前的 (4.20)–(4.21)。

★4.2.2 转化为标准本征值问题

遵循 Dyson 和 Schutz (1979)、Wahr (1981a)，我们可以将非标准本征值问题 (4.75) 转化为普通的本征值问题，其代价是本征函数的维数翻倍。对于每一对三维本征函数 $\mathbf{s}$ 和本征频率 ω，我们定义一个相应的*六维矢量*

$$\mathbf{z} = \begin{pmatrix} \mathbf{s} \\ \omega\mathbf{s} \end{pmatrix} \tag{4.83}$$

很容易证明 (4.75) 等价于

$$\mathcal{K}\mathbf{z} = \omega\mathbf{z} \tag{4.84}$$

其中

$$\mathcal{K} = \begin{pmatrix} 0 & 1 \\ \mathcal{H} & 2i\boldsymbol{\Omega}\times \end{pmatrix} \tag{4.85}$$

因此，ω 和 $\mathbf{z}$ 可以被视为六维线性算子 $\mathcal{K}$ 的本征频率和相应的本征函数。

对任意两个六维矢量

$$\mathbf{z} = \begin{pmatrix} \mathbf{s} \\ \mathbf{v} \end{pmatrix}, \quad \mathbf{z}' = \begin{pmatrix} \mathbf{s}' \\ \mathbf{v}' \end{pmatrix} \tag{4.86}$$

我们定义其点积或标量积为 $\mathbf{z} \cdot \mathbf{z}' = \mathbf{s} \cdot \mathbf{s}' + \mathbf{v} \cdot \mathbf{v}'$，而其*内积* $\langle\langle\mathbf{z}, \mathbf{z}'\rangle\rangle$ 则定义为

$$\langle\langle \mathbf{z}, \mathbf{z}' \rangle\rangle = \int_{\oplus} \mathbf{z}^* \cdot \mathcal{P}\mathbf{z}' \, dV \tag{4.87}$$

其中

$$\mathcal{P} = \rho^0 \begin{pmatrix} \mathcal{H} & 0 \\ 0 & 1 \end{pmatrix} \tag{4.88}$$

用相应的三维矢量以显式写开来，该六维内积为 $\langle\langle \mathbf{z}, \mathbf{z}' \rangle\rangle = \langle \mathbf{s}, \mathcal{H}\mathbf{s}' \rangle + \langle \mathbf{v}, \mathbf{v}' \rangle$。如果 $\mathbf{z}$ 和 $\mathbf{z}'$ 均为六维本征函数，即 $\mathbf{v} = \omega\mathbf{s}$ 且 $\mathbf{v}' = \omega'\mathbf{s}'$，那么我们有 $\langle\langle \mathbf{z}, \mathbf{z}' \rangle\rangle = \langle \mathbf{s}, \mathcal{H}\mathbf{s}' \rangle + \omega\omega'\langle \mathbf{s}, \mathbf{s}' \rangle$。

在六维内积 (4.87) 定义下，算子 $\mathcal{K}$ 在形式上是自共轭的或埃尔米特的，即对于任意两个六维矢量 $\mathbf{z}$ 和 $\mathbf{z}'$ 有

$$\langle\langle \mathbf{z}, \mathcal{K}\mathbf{z}' \rangle\rangle = \langle\langle \mathcal{K}\mathbf{z}, \mathbf{z}' \rangle\rangle = \langle\langle \mathbf{z}', \mathcal{K}\mathbf{z} \rangle\rangle^* \tag{4.89}$$

通过简单的运算可以证明上述关系；$\langle\langle \mathbf{z}, \mathcal{K}\mathbf{z}' \rangle\rangle$ 和 $\langle\langle \mathbf{z}', \mathcal{K}\mathbf{z} \rangle\rangle$ 两者由下式明确给定：

$$\langle\langle \mathbf{z}, \mathcal{K}\mathbf{z}' \rangle\rangle = \int_{\oplus} \rho^0 \left[\begin{pmatrix} \mathbf{s} & \mathbf{v} \end{pmatrix}^* \cdot \begin{pmatrix} 0 & \mathcal{H} \\ \mathcal{H} & 2i\boldsymbol{\Omega}\times \end{pmatrix} \begin{pmatrix} \mathbf{s}' \\ \mathbf{v}' \end{pmatrix} \right] dV \tag{4.90}$$

$$\langle\langle \mathbf{z}', \mathcal{K}\mathbf{z} \rangle\rangle = \int_{\oplus} \rho^0 \left[\begin{pmatrix} \mathbf{s}' & \mathbf{v}' \end{pmatrix}^* \cdot \begin{pmatrix} 0 & \mathcal{H} \\ \mathcal{H} & 2i\boldsymbol{\Omega}\times \end{pmatrix} \begin{pmatrix} \mathbf{s} \\ \mathbf{v} \end{pmatrix} \right] dV \tag{4.91}$$

这里我们使用了算子等式：

$$\mathcal{P}\mathcal{K} = \rho^0 \begin{pmatrix} \mathcal{H} & 0 \\ 0 & 1 \end{pmatrix} \begin{pmatrix} 0 & 1 \\ \mathcal{H} & 2i\boldsymbol{\Omega}\times \end{pmatrix} = \rho^0 \begin{pmatrix} 0 & \mathcal{H} \\ \mathcal{H} & 2i\boldsymbol{\Omega}\times \end{pmatrix} \tag{4.92}$$

执行 (4.90) 和 (4.91) 中所显示的运算，再把结果用三维内积表示，我们得到

$$\langle\langle \mathbf{z}, \mathcal{K}\mathbf{z}' \rangle\rangle = \langle \mathbf{s}, \mathcal{H}\mathbf{v}' \rangle + \langle \mathbf{v}, \mathcal{H}\mathbf{s}' \rangle + 2\langle \mathbf{v}, i\boldsymbol{\Omega} \times \mathbf{v}' \rangle \tag{4.93}$$

$$\langle\langle \mathbf{z}', \mathcal{K}\mathbf{z} \rangle\rangle = \langle \mathbf{s}', \mathcal{H}\mathbf{v} \rangle + \langle \mathbf{v}', \mathcal{H}\mathbf{s} \rangle + 2\langle \mathbf{v}', i\boldsymbol{\Omega} \times \mathbf{v} \rangle \tag{4.94}$$

根据埃尔米特对称性 (4.77)–(4.78)，(4.93) 等于 (4.94) 的复共轭；由此建立了六维埃尔米特关系 (4.89)。从根本上说，是 $\mathcal{H}$ 和 $i\boldsymbol{\Omega}\times$ 的埃尔米特性质决定了算子 $\mathcal{K}$ 的自共轭性。

取 $\mathcal{K}\mathbf{z} = \omega\mathbf{z}$ 与 $\mathbf{z}'$ 以及 $\mathcal{K}\mathbf{z}' = \omega'\mathbf{z}'$ 与 $\mathbf{z}$ 的六维内积，并将结果相减，我们得到六维正交关系

$$\langle\langle \mathbf{z}, \mathbf{z}' \rangle\rangle = 0, \quad 若\, \omega \neq \omega' \tag{4.95}$$

很容易验证 (4.95) 与三维正交关系 (4.81) 是等价的；用 (4.79) 消去 $\langle \mathbf{s}, \mathcal{H}\mathbf{s}' \rangle$，我们看出 $\langle\langle \mathbf{z}, \mathbf{z}' \rangle\rangle = \omega(\omega + \omega')[\langle \mathbf{s}, \mathbf{s}' \rangle - 2(\omega + \omega')^{-1}\langle \mathbf{s}, i\boldsymbol{\Omega} \times \mathbf{s}' \rangle]$。与 (4.82) 等价的六维归一化条件为

$$\langle\langle \mathbf{z}, \mathbf{z} \rangle\rangle = 2\omega^2 \tag{4.96}$$

因此，自转地球中涉及科里奥利力的非常规的正交归一性关系被视为是六维本征函数空间中的一般正交归一性关系。

上面的推导尽管优雅，却有一个小缺陷：(4.87) 这一关系并没有在由地球模型 $\oplus$ 中所有分段光滑的六维矢量 $\mathbf{z}$ 组成的空间中定义一个合理的内积，因为存在一类六维范数 $\langle\langle \mathbf{z}, \mathbf{z} \rangle\rangle$ 为零的平凡

模式。解决该问题的方法很简单——我们只需从所考虑的空间中剔除平凡模式以及任何其他同样不满足约束条件 $\langle\langle \mathbf{z},\mathbf{z}\rangle\rangle > 0$ 的相关矢量；这一剔除步骤的技术细节可参见 Wahr (1981a)。在 4.2.5 节和 4.2.7–4.2.8 节，我们以平凡模式为例，简要描述在简正模式的激发问题中是如何处理它们的。

★4.2.3 瑞利原理

瑞利原理可以很容易推广到自转地球模型。取 $\mathcal{K}\mathbf{z} = \omega\mathbf{z}$ 与 $\mathbf{z}$ 的六维内积，我们得到瑞利商：

$$\omega = \frac{\langle\langle \mathbf{z}, \mathcal{K}\mathbf{z}\rangle\rangle}{\langle\langle \mathbf{z}, \mathbf{z}\rangle\rangle} \tag{4.97}$$

我们视 (4.97) 的右侧为一泛函，它将一个标量 ω 赋予每一个非零的六维矢量 $\mathbf{z}$。瑞利原理指出，当且仅当 $\mathbf{z}$ 为算子 $\mathcal{K}$ 的本征频率为 ω 的本征函数时，该泛函对于任意变化 $\boldsymbol{\delta}\mathbf{z}$ 是稳定的。要验证这一点，我们指出，当精确到 $\|\boldsymbol{\delta}\mathbf{z}\|$ 的一阶时有

$$\begin{aligned}\delta\omega &= \frac{\langle\langle \boldsymbol{\delta}\mathbf{z}, \mathcal{K}\mathbf{z}\rangle\rangle + \langle\langle \mathbf{z}, \mathcal{K}\boldsymbol{\delta}\mathbf{z}\rangle\rangle - \omega\langle\langle \boldsymbol{\delta}\mathbf{z}, \mathbf{z}\rangle\rangle - \omega\langle\langle \mathbf{z}, \boldsymbol{\delta}\mathbf{z}\rangle\rangle}{\langle\langle \mathbf{z}, \mathbf{z}\rangle\rangle} \\ &= \frac{2\,\mathrm{Re}\,\langle\langle \boldsymbol{\delta}\mathbf{z}, \mathcal{K}\mathbf{z} - \omega\mathbf{z}\rangle\rangle}{\langle\langle \mathbf{z}, \mathbf{z}\rangle\rangle}\end{aligned} \tag{4.98}$$

这里我们使用了算子 $\mathcal{K}$ 的自共轭性。从 (4.98) 这一结果可以清楚地看到，当且仅当 ω 和 $\mathbf{z}$ 满足 $\mathcal{K}\mathbf{z} = \omega\mathbf{z}$ 时，对任意的 $\boldsymbol{\delta}\mathbf{z}$，都有 $\delta\omega$ 为零的结果。由此我们建立了六维形式的瑞利原理。

与此等价，我们也可以不用本征频率 ω 作为稳定泛函，而是考虑作用量

$$\mathcal{I} = \frac{1}{2}\langle\langle \mathbf{z}, \mathbf{z}\rangle\rangle - \frac{1}{2}\omega^{-1}\langle\langle \mathbf{z}, \mathcal{K}\mathbf{z}\rangle\rangle \tag{4.99}$$

精确到 $\|\boldsymbol{\delta}\mathbf{z}\|$ 的一阶，$\mathcal{I}$ 的变分为

$$\delta\mathcal{I} = \omega^{-1}\mathrm{Re}\,\langle\langle \boldsymbol{\delta}\mathbf{z}, \omega\mathbf{z} - \mathcal{K}\mathbf{z}\rangle\rangle \tag{4.100}$$

这里我们再次用到了 $\mathcal{K}$ 的自共轭性。显然，$\delta\omega$ 和 $\delta\mathcal{I}$ 这两个变化通过 $\delta\omega = -2\omega\langle\langle \mathbf{z}, \mathbf{z}\rangle\rangle^{-1}\delta\mathcal{I}$ 联系起来，因而瑞利商 ω 和作用量 $\mathcal{I}$ 具有共同的稳定点 $\mathbf{z}$。

作用量 $\mathcal{I}$ 也可以用三维本征函数 $\mathbf{s}$ 表示为

$$\mathcal{I} = \frac{1}{2}\omega^2\langle \mathbf{s}, \mathbf{s}\rangle - \omega\langle \mathbf{s}, i\boldsymbol{\Omega}\times\mathbf{s}\rangle - \frac{1}{2}\langle \mathbf{s}, \mathcal{H}\mathbf{s}\rangle \tag{4.101}$$

(4.101) 是 (4.24) 的自然推广，这也是为什么在六维定义式 (4.99) 中明确地引入了因子 ω^{-1}。由位移场的一个无穷小变化 $\boldsymbol{\delta}\mathbf{s}$ 所引起的 $\mathcal{I}$ 的变分为

$$\delta\mathcal{I} = \mathrm{Re}\,\langle \boldsymbol{\delta}\mathbf{s}, \omega^2\mathbf{s} - 2i\omega\boldsymbol{\Omega}\times\mathbf{s} - \mathcal{H}\mathbf{s}\rangle \tag{4.102}$$

这里我们使用了算子 $\mathcal{H}$ 和 $i\boldsymbol{\Omega}\times$ 的自共轭性 (4.77)–(4.78)。从 (4.102) 可以清楚看到，当且仅当 $\mathcal{H}\mathbf{s} + 2i\omega\boldsymbol{\Omega}\times\mathbf{s} = \omega^2\mathbf{s}$ 时，对于任意变化 $\boldsymbol{\delta}\mathbf{s}$，$\delta\mathcal{I}$ 均为零；这是瑞利原理的另外一种三维表述。

同无自转情形一样，以上示意性的“证明”在与算子 $\mathcal{H}$ 相关的边界条件以及变化 $\boldsymbol{\delta}\mathbf{s}$ 所必须满足的可容许性条件上过于随意。要做更严格的推导，我们将三维作用量 (4.101) 重新写为

$$\mathcal{I} = \frac{1}{2}(\omega^2\mathcal{T} - 2\omega\mathcal{W} - \mathcal{V}) \tag{4.103}$$

其中

$$\mathcal{T} = \int_{\oplus} \rho^0 \mathbf{s}^* \cdot \mathbf{s}\, dV \tag{4.104}$$

$$\mathcal{W} = \int_{\oplus} \rho^0 \mathbf{s}^* \cdot (i\boldsymbol{\Omega} \times \mathbf{s})\, dV \tag{4.105}$$

$$\begin{aligned}\mathcal{V} = \int_{\oplus} & [\boldsymbol{\nabla}\mathbf{s}^* : \boldsymbol{\Lambda} : \boldsymbol{\nabla}\mathbf{s} + \frac{1}{2}\rho^0(\mathbf{s}^* \cdot \boldsymbol{\nabla}\phi^{\mathrm{E1}} + \mathbf{s} \cdot \boldsymbol{\nabla}\phi^{\mathrm{E1}*}) \\ & + \rho^0 \mathbf{s}^* \cdot \boldsymbol{\nabla}\boldsymbol{\nabla}(\phi^0 + \psi) \cdot \mathbf{s}]\, dV \\ & + \frac{1}{2}\int_{\Sigma_{\mathrm{FS}}} [\varpi^0 \mathbf{s}^* \cdot (\boldsymbol{\nabla}^{\Sigma}\mathbf{s}) \cdot \hat{\mathbf{n}} + \varpi^0 \mathbf{s} \cdot (\boldsymbol{\nabla}^{\Sigma}\mathbf{s}^*) \cdot \hat{\mathbf{n}} \\ & - (\hat{\mathbf{n}} \cdot \mathbf{s}^*)\boldsymbol{\nabla}^{\Sigma} \cdot (\varpi^0 \mathbf{s}) - (\hat{\mathbf{n}} \cdot \mathbf{s})\boldsymbol{\nabla}^{\Sigma} \cdot (\varpi^0 \mathbf{s}^*)]_-^+\, d\Sigma \end{aligned} \tag{4.106}$$

我们分别称$\mathcal{T}$、$\mathcal{W}$和$\mathcal{V}$为动能泛函、科里奥利泛函和势能泛函。动能和势能泛函的定义方式与无自转地球的 (4.27) 和 (4.28) 类似，不同之处在于我们容许复数的本征函数$\mathbf{s}$，且将引力势函数ϕ^0换为重力势函数$\phi^0 + \psi$。(4.104)–(4.106) 这三个泛函均为自变量$\mathbf{s}$的二次实函数，因而作用量$\mathcal{I}$亦然。

位移形式的瑞利原理所说的是，当且仅当$\mathbf{s}$是本征频率为ω的本征函数时，对于任意可容许变化$\boldsymbol{\delta}\mathbf{s}$，$\mathcal{I}$是稳定的。如同在 4.1.3 节中所做的，应用三维和二维形式的高斯定理，我们得到

$$\begin{aligned}\delta\mathcal{I} = \mathrm{Re}\int_{\oplus} & \boldsymbol{\delta}\mathbf{s}^* \cdot [\omega^2\rho^0\mathbf{s} - 2i\omega\rho^0\boldsymbol{\Omega} \times \mathbf{s} + \boldsymbol{\nabla} \cdot \mathbf{T}^{\mathrm{PK1}} \\ & - \rho^0\boldsymbol{\nabla}\phi^{\mathrm{E1}} - \rho^0\mathbf{s} \cdot \boldsymbol{\nabla}\boldsymbol{\nabla}(\phi^0 + \psi)]\, dV \\ & - \mathrm{Re}\int_{\partial\oplus} \boldsymbol{\delta}\mathbf{s}^* \cdot (\hat{\mathbf{n}} \cdot \mathbf{T}^{\mathrm{PK1}})\, d\Sigma \\ & + \mathrm{Re}\int_{\Sigma_{\mathrm{SS}}} \boldsymbol{\delta}\mathbf{s}^* \cdot [\hat{\mathbf{n}} \cdot \mathbf{T}^{\mathrm{PK1}}]_-^+\, d\Sigma \\ & + \mathrm{Re}\int_{\Sigma_{\mathrm{FS}}} [\boldsymbol{\delta}\mathbf{s}^* \cdot \mathbf{t}^{\mathrm{PK1}}]_-^+\, d\Sigma \end{aligned} \tag{4.107}$$

(4.107) 式显示，当且仅当本征频率ω及相应本征函数$\mathbf{s}$满足自转地球的简正模式方程 (4.73) 以及动力学边界条件 (4.4)–(4.6) 时，对于任意可容许变化$\boldsymbol{\delta}\mathbf{s}$，$\delta\mathcal{I} = 0$，这正是瑞利原理所说的。

自转地球当然也有其位移-势函数形式的瑞利原理。以类似于 (4.31) 的方式，容许复数的本征函数，并将ϕ^0换为$\phi^0 + \psi$，我们定义变更势能泛函$\mathcal{V}'$：

$$\begin{aligned}\mathcal{V}' = \int_{\bigcirc} & [\boldsymbol{\nabla}\mathbf{s}^* : \boldsymbol{\Lambda} : \boldsymbol{\nabla}\mathbf{s} + \rho^0(\mathbf{s}^* \cdot \boldsymbol{\nabla}\phi^{\mathrm{E1}} + \mathbf{s} \cdot \boldsymbol{\nabla}\phi^{\mathrm{E1}*}) \\ & + \rho^0\mathbf{s}^* \cdot \boldsymbol{\nabla}\boldsymbol{\nabla}(\phi^0 + \psi) \cdot \mathbf{s} + (4\pi G)^{-1}\boldsymbol{\nabla}\phi^{\mathrm{E1}*} \cdot \boldsymbol{\nabla}\phi^{\mathrm{E1}}]\, dV \\ & + \frac{1}{2}\int_{\Sigma_{\mathrm{FS}}} [\varpi^0\mathbf{s}^* \cdot (\boldsymbol{\nabla}^{\Sigma}\mathbf{s}) \cdot \hat{\mathbf{n}} + \varpi^0\mathbf{s} \cdot (\boldsymbol{\nabla}^{\Sigma}\mathbf{s}^*) \cdot \hat{\mathbf{n}} \\ & - (\hat{\mathbf{n}} \cdot \mathbf{s}^*)\boldsymbol{\nabla}^{\Sigma} \cdot (\varpi^0\mathbf{s}) - (\hat{\mathbf{n}} \cdot \mathbf{s})\boldsymbol{\nabla}^{\Sigma} \cdot (\varpi^0\mathbf{s}^*)]_-^+\, d\Sigma \end{aligned} \tag{4.108}$$

当且仅当$[\omega, \mathbf{s}, \phi^{\mathrm{E1}}]$为一组本征解时，对于任意且独立的可容许变化$\boldsymbol{\delta}\mathbf{s}$和$\delta\phi^{\mathrm{E1}}$，其相应的变更作用量

$$\mathcal{I}' = \frac{1}{2}(\omega^2\mathcal{T} - 2\omega\mathcal{W} - \mathcal{V}') \tag{4.109}$$

是稳定的。由于等式 (3.195)，对于任意本征解，$\mathcal{V}$ 与 $\mathcal{V}'$ 这两个势能泛函以及 $\mathcal{I}$ 与 $\mathcal{I}'$ 这两个作用量都是相等的。由于 (4.97) 和 (4.99)，作用量的稳定值为

$$\mathcal{I} = \mathcal{I}' = 0 \tag{4.110}$$

要得到 (4.110) 这一结果，也可以将三维动量方程 (4.73) 与 $\mathbf{s}^*$ 点乘，并在地球模型 $\oplus$ 内积分，或者等价地，在 (4.79) 和 (4.80) 两式中令带撇号与不带撇号的本征解相等。

$\mathcal{I}$ 和 $\mathcal{I}'$ 的稳定性也可以直接用哈密顿原理推出，对固定的频率 ω，考虑时间域位移：

$$\mathbf{s}(\mathbf{x}, t) = \frac{1}{2}[\mathbf{s}(\mathbf{x}) \exp(i\omega t) + \mathbf{s}^*(\mathbf{x}) \exp(-i\omega t)] \tag{4.111}$$

如果时间间隔 $t_2 - t_1$ 是振荡周期的整数倍，则时间域的作用量 (3.163) 和 (3.189) 分别为常数乘以 (4.103) 和 (4.109)，因而瑞利原理是哈密顿原理的特例。(3.234)–(3.235) 中的瞬时相对动能和弹性–重力势能与 (4.104) 和 (4.106) 中的不依赖时间的泛函 $\mathcal{T}$ 和 $\mathcal{V}$ 之间的差别是值得注意的。从物理上讲，泛函 $\omega^2\mathcal{T}$ 和 $\mathcal{V}$ 是以 (4.111) 形式振荡的相对动能和势能在一个周期上的平均值的四倍。

★4.2.4 动力学稳定性

将能量平衡关系 $\omega^2\mathcal{T} - 2\omega\mathcal{W} - \mathcal{V} = 0$ 视为一个 ω 的二次方程，我们看到与本征函数 $\mathbf{s}$ 相关的本征频率必须是下面的两个解之一

$$\omega = \frac{\mathcal{W} \pm \sqrt{\mathcal{W}^2 + \mathcal{T}\mathcal{V}}}{\mathcal{T}} \tag{4.112}$$

因为 $\mathcal{W}^2 \geqslant 0$ 且 $\mathcal{T} > 0$，本征频率均为实数，因此，只要对 $\oplus$ 内所有分段光滑函数 $\mathbf{s}$ 都有

$$\mathcal{V} \geqslant 0 \tag{4.113}$$

那么地球就是动力学稳定的。(4.113) 是 3.9.6 节中得到的长期稳定的条件，同时我们看到长期稳定性意味着动力学稳定性。然而，$\mathcal{V} \geqslant 0$ 在此并不是动力学稳定性的必要和充分条件；这里的必要条件是只要公式 (4.112) 中的判别式 $\mathcal{W}^2 + \mathcal{T}\mathcal{V}$ 为非负即可，而即便是 $\mathcal{V} < 0$，即初始位形的弹性–重力势能是局部的极大值而非局部的极小值，这个必要条件也是能够被满足的。这种动态稳定但长期不稳定位形的一个经典例子是绕最小惯量主轴自转的准刚性地球模型。在没有任何摩擦耗散时，一个小扰动就会激发一个稳定的欧拉自由章动或钱德勒摆动。然而，如果存在任何的非弹性，该振荡的振幅将以一个取决于能量耗散的速率而增大，并且地球将重新定向，直到自转轴与最大惯量主轴重叠。绕最大惯量主轴均匀自转是角动量固定的地球模型唯一的长期稳定位形；这一状态的小扰动会激发一个衰减的钱德勒摆动。因而我们自此将假设地球在地震之前处于这种长期稳定状态，即对所有可能的弹性–重力形变均有 $\mathcal{V} \geqslant 0$。

★4.2.5 刚体模式与地转模式

自转地球的平凡模式由六维范数 $\langle\langle \mathbf{z}, \mathbf{z}' \rangle\rangle$ 为零的本征解组成；用三维动能和势能泛函表示的相应的条件为 $\mathcal{V} + \omega^2\mathcal{T} = 0$。与无自转地球一样，有两类平凡模式：整个地球的刚体模式和仅限于液态区域 $\oplus_{\mathrm{F}}$ 的地转模式。

自转地球的刚体模式比无自转地球的要更复杂；但是，从根本上讲，它们仍然来自刚体运动的六个自由度。要列举这些模式，采用 $\hat{\mathbf{z}}$ 与自转轴 $\boldsymbol{\Omega} = \Omega\hat{\mathbf{z}}$ 平行，从而使 $\hat{\mathbf{x}}$ 和 $\hat{\mathbf{y}}$ 在赤道面上的笛

卡儿坐标系更为方便。轴向平动模式的本征频率和未归一化本征函数为

$$\omega = 0, \qquad \mathbf{s} = \hat{\mathbf{z}} \tag{4.114}$$

而轴向转动模式则有

$$\omega = 0, \qquad \mathbf{s} = \hat{\mathbf{z}} \times \mathbf{x} \tag{4.115}$$

(4.114) 和 (4.115) 分别对应于与自转轴方向平行的刚体平动和绕自转轴的刚体自转。而两个*赤道面平动模式*的本征解为

$$\omega = \pm\Omega, \qquad \mathbf{s} = \hat{\mathbf{x}} \pm i\hat{\mathbf{y}} \tag{4.116}$$

此刻的运动包括在惯性参照系中平行于赤道面的恒定平动；在转动参照系中，这一恒定位移以一个表观的周日运动呈现。最后一个能够解析给定的刚体模式是*倾斜模式*，其本征解为

$$\omega = \pm\Omega, \qquad \mathbf{s} = (\hat{\mathbf{x}} \pm i\hat{\mathbf{y}}) \times \mathbf{x} \tag{4.117}$$

该模式对应于一个赤道面的恒定转动，或者是地球在惯性参照系中相对于自转轴的倾斜；在地面观测者的参照系中，它也呈现为一个周日运动。(4.114)–(4.117) 中的所有位移场都是零应变的，即 $\boldsymbol{\varepsilon} = \mathbf{0}$，因此相应的密度和引力势函数的欧拉微扰都是纯平流的，即 $\rho^{\mathrm{E1}} = -\mathbf{s}\cdot\boldsymbol{\nabla}\rho^0$，$\phi^{\mathrm{E1}} = -\mathbf{s}\cdot\boldsymbol{\nabla}\phi^0$。弹性–重力算子 (4.74) 简化为 $\rho^0\mathcal{H}\mathbf{s} = \rho^0\mathbf{s}\cdot\boldsymbol{\nabla}\boldsymbol{\nabla}\psi - \rho^0\boldsymbol{\nabla}\psi\cdot\boldsymbol{\nabla}\mathbf{s}$，因而满足方程 (4.75)。对于两个赤道面平动模式，判别式 $\mathcal{W}^2 + \mathcal{T}\mathcal{V}$ 均为零，因此它们占有了两个赤道面平动自由度。另一方面，倾斜模式仅占有赤道面转动自由度中的一个；另一个赤道面转动模式是钱德勒摆动 (Smith & Dahlen 1981)。前四个刚体模式 (4.114)–(4.116) 均有 $\langle\langle\mathbf{z},\mathbf{z}\rangle\rangle = 0$；因此，在用 (4.87) 作为内积之前，必须将它们从可容许的六维矢量空间中剔除。倾斜模式 (4.117) 并不是平凡模式，因为它有 $\langle\langle\mathbf{z},\mathbf{z}\rangle\rangle = 2C\Omega^2$，其中 C 是地球的球极转动惯量。

地转模式在特征上与无自转地球的完全一样；其相应的位移本征函数 $\mathbf{s}$ 的形式为 (4.50)–(4.52)，本征频率为 $\omega = 0$。唯一的区别是 ρ^0 和 p^0 的等值面与重力势函数 $\phi^0 + \psi$ 而不是 ϕ^0 自身的等值面重合。如 4.1.6 节所讨论的，在任何中性分层的 $\oplus_{\mathrm{F}}$ 区域内，地转流动的家族更大。一般而言，地转模式的本征空间包含 $\oplus_{\mathrm{F}}$ 中不改变地球弹性–重力势能 $\mathcal{V}$ 的所有稳定流动。

★4.2.6 格林张量

自转地球的格林张量或脉冲响应 $\mathbf{G}(\mathbf{x},\mathbf{x}';t)$ 满足齐次方程

$$\rho^0(\partial_t^2\mathbf{G} + 2i\boldsymbol{\Omega}\times\partial_t\mathbf{G} + \mathcal{H}\mathbf{G}) = \mathbf{0} \tag{4.118}$$

以及初始条件

$$\mathbf{G}(\mathbf{x},\mathbf{x}';0) = \mathbf{0}, \qquad \partial_t\mathbf{G}(\mathbf{x},\mathbf{x}';0) = (1/\rho^0)\mathbf{I}\,\delta(\mathbf{x}-\mathbf{x}') \tag{4.119}$$

若要求解 (4.118)–(4.119)，我们假设本征函数 $\mathbf{s}_k$ 及其复共轭 $\mathbf{s}_k^*$ 构成一个完备集，并将 $\mathbf{G}$ 写为

$$\mathbf{G}(\mathbf{x},\mathbf{x}';t) = \mathrm{Re}\sum_k \mathbf{s}_k(\mathbf{x})\mathbf{c}_k(\mathbf{x}')\exp(i\omega_k t) \tag{4.120}$$

要使这一展开式满足初始条件 (4.119) 的前提是

$$\sum_k (\mathbf{s}_k \mathbf{c}_k + \mathbf{s}_k^* \mathbf{c}_k^*) = \mathbf{0} \tag{4.121}$$

$$\sum_k (\omega_k \mathbf{s}_k \mathbf{c}_k - \omega_k \mathbf{s}_k^* \mathbf{c}_k^*) = -(2i/\rho^0)\mathbf{I}\,\delta(\mathbf{x} - \mathbf{x}') \tag{4.122}$$

我们可以将 (4.121)–(4.122) 在六维本征函数空间中写为单一方程：

$$\sum_k (\mathbf{z}_k \mathbf{c}_k + \mathbf{z}_k^* \mathbf{c}_k^*) = \begin{pmatrix} \mathbf{0} \\ -(2i/\rho^0)\mathbf{I}\,\delta(\mathbf{x} - \mathbf{x}') \end{pmatrix} \tag{4.123}$$

其中

$$\mathbf{z}_k = \begin{pmatrix} \mathbf{s}_k \\ \omega_k \mathbf{s}_k \end{pmatrix}, \qquad \mathbf{z}_k^* = \begin{pmatrix} \mathbf{s}_k^* \\ -\omega_k \mathbf{s}_k^* \end{pmatrix} \tag{4.124}$$

取 (4.123) 与 $\mathbf{z}_{k'}$ 和 $\mathbf{z}_{k'}^*$ 的六维内积，并利用正交归一关系 $\langle\langle \mathbf{z}_k, \mathbf{z}_{k'} \rangle\rangle = 2\omega_k^2\,\delta_{kk'}$，或等价的

$$\int_\oplus \rho^0 \mathbf{s}_k^* \cdot \mathbf{s}_{k'}\,dV - 2(\omega_k + \omega_{k'})^{-1} \int_\oplus \rho^0 \mathbf{s}_k^* \cdot (i\boldsymbol{\Omega} \times \mathbf{s}_{k'})\,dV = \delta_{kk'} \tag{4.125}$$

我们得到

$$\mathbf{c}_k = (i\omega_k)^{-1} \mathbf{s}_k^*(\mathbf{x}) \tag{4.126}$$

因而自转地球的格林张量为

$$\mathbf{G}(\mathbf{x}, \mathbf{x}'; t) = \mathrm{Re} \sum_k (i\omega_k)^{-1} \mathbf{s}_k(\mathbf{x}) \mathbf{s}_k^*(\mathbf{x}') \exp(i\omega_k t) \tag{4.127}$$

如预期的，在无自转极限 $\boldsymbol{\Omega} \to \mathbf{0}$ 下，(4.125) 和 (4.127) 两式分别退化为相应的 (4.56) 和 (4.60) 两式。

由于本征函数 $\mathbf{s}_k$ 的复数特性，单位脉冲力的作用不会使每个简正模式以相同的相位开始振荡。相反，在模式叠加 (4.127) 中每一项都具有向东或向西的行波特征。因此，自转地球的格林张量并不满足源点–接收点互易性原理：$\mathbf{G}(\mathbf{x}, \mathbf{x}'; t) \neq \mathbf{G}^{\mathrm{T}}(\mathbf{x}', \mathbf{x}; t)$。然而，通过考虑反向自转 $\boldsymbol{\Omega} \to -\boldsymbol{\Omega}$ 的逆转地球的脉冲响应，我们可得到一个相关但更为复杂的结果。我们将该*逆转格林张量*表示为 $\overline{\mathbf{G}}(\mathbf{x}, \mathbf{x}'; t)$；为得到它，我们需要求解

$$\rho^0(\partial_t^2 \overline{\mathbf{G}} - 2i\boldsymbol{\Omega} \times \partial_t \overline{\mathbf{G}} + \mathcal{H}\overline{\mathbf{G}}) = \mathbf{0} \tag{4.128}$$

并满足初始条件

$$\overline{\mathbf{G}}(\mathbf{x}, \mathbf{x}'; 0) = \mathbf{0}, \qquad \partial_t \overline{\mathbf{G}}(\mathbf{x}, \mathbf{x}'; 0) = (1/\rho^0)\mathbf{I}\,\delta(\mathbf{x} - \mathbf{x}') \tag{4.129}$$

如果实际地球的本征解为 $[\omega_k, \mathbf{s}_k]$，则逆转地球的本征解为 $[\omega_k, \mathbf{s}_k^*]$；因此

$$\overline{\mathbf{G}}(\mathbf{x}, \mathbf{x}'; t) = \mathrm{Re} \sum_k (i\omega_k)^{-1} \mathbf{s}_k^*(\mathbf{x}) \mathbf{s}_k(\mathbf{x}') \exp(i\omega_k t) \tag{4.130}$$

通过对比 (4.127) 和 (4.130)，我们发现

$$\mathbf{G}(\mathbf{x},\mathbf{x}';t)=\overline{\mathbf{G}}^{\mathrm{T}}(\mathbf{x}',\mathbf{x};t) \tag{4.131}$$

(4.131) 这一结果有很直接的物理解释。在自转地球上不存在互易性，这是*多普勒效应*的结果：在地面观测者看来，向东和向西传播的行波有不同的传播速度。在源点和接收点互换时要想得到同样的响应，我们还必须反转自转方向来弥补这一效应；我们将 (4.131) 式称为*广义互易性*原理（图4.3）。

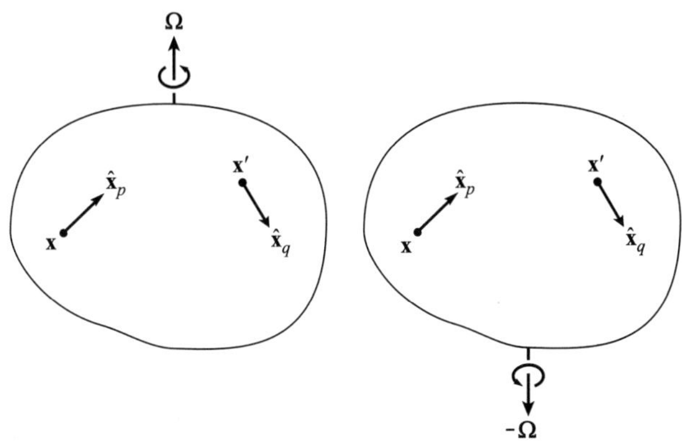

图 4.3　自转地球上的地震互易性：作用在地球上 $\mathbf{x}'$ 处 $\hat{\mathbf{x}}_q$ 方向点力所造成的在 $\mathbf{x}$ 处响应的 $\hat{\mathbf{x}}_p$ 分量 (*左*) 等于作用在逆转地球上 $\mathbf{x}$ 处 $\hat{\mathbf{x}}_p$ 方向点力所造成的在 $\mathbf{x}'$ 处响应的 $\hat{\mathbf{x}}_q$ 分量 (*右*)。格林张量和逆转格林张量的分量之间的关系为：$G_{pq}(\mathbf{x},\mathbf{x}';t)=\overline{G}_{qp}(\mathbf{x}',\mathbf{x};t)$

在取 (4.123) 与 $\mathbf{z}_{k'}$ 和 $\mathbf{z}_{k'}^*$ 的六维内积之前，必须先将平凡模式从本征解中剔除；因此，公式 (4.127) 中的求和是针对所有本征频率为正 ($\omega_k>0$) 的非平凡模式。严格来说，倾斜模式不是平凡模式，因此它应该被包括在内；然而，由于地震这样的内部源对地球没有净力矩的作用，所以不能激发倾斜模式。我们把从叠加中剔除了倾斜模式和所有平凡模式的 $\mathbf{G}$ 称为*地震格林张量*。Wahr (1981a) 第一个利用上述方法得到了自转地球上的格林张量；Dahlen 和 Smith (1975)、Dahlen (1977; 1978; 1980b) 给出了在优雅程度上稍显逊色的三维推导。值得注意的是，即使存在本征频率的偶然简并，(4.127) 式也是适用的；对于我们将在6.2.3节和6.3.3节中推导的非弹性地球的模式叠加格林张量，情况却并非如此。倾斜模式虽然在地震学应用中可以忽略，但它对由于外部日月潮汐力矩所引起的地球章动响应却有显著影响；还有一个相邻的非刚体模式，称为自由核章动或近周日自由摆动，在这方面起着更为重要的作用 (Smith 1977; Wahr 1981c)。

*4.2.7　对暂态力的响应

在体力密度 $\mathbf{f}$ 和面力密度 $\mathbf{t}$ 作用下的完整响应为

$$\mathbf{s}(\mathbf{x},t)=\int_{-\infty}^{t}\int_{\oplus}\mathbf{G}(\mathbf{x},\mathbf{x}';t-t')\cdot\mathbf{f}(\mathbf{x}',t')\,dV'\,dt' + \int_{-\infty}^{t}\int_{\partial\oplus}\mathbf{G}(\mathbf{x},\mathbf{x}';t-t')\cdot\mathbf{t}(\mathbf{x}',t')\,d\Sigma'\,dt'$$

$$+\,\mathbf{s}_{\mathrm{triv}}(\mathbf{x},t) \tag{4.132}$$

其中$\mathbf{s}_{\mathrm{triv}}$是平凡模式的线性组合，是仍待确定的。我们暂且忽略它微不足道的贡献，将格林张量(4.127)代入(4.132)式，得到以模式叠加表示的地震响应：

$$\mathbf{s}(\mathbf{x},t)=\mathrm{Re}\sum_k (i\omega_k)^{-1}\mathbf{s}_k(\mathbf{x})\int_{-\infty}^{t} C_k(t')\exp i\omega_k(t-t')\,dt' \tag{4.133}$$

其中

$$C_k(t)=\int_{\oplus}\mathbf{f}(\mathbf{x},t)\cdot\mathbf{s}_k^*(\mathbf{x})\,dV+\int_{\partial\oplus}\mathbf{t}(\mathbf{x},t)\cdot\mathbf{s}_k^*(\mathbf{x})\,d\Sigma \tag{4.134}$$

类似于(4.65)，我们对时间做分部积分，可以得到等价的结果：

$$\mathbf{s}(\mathbf{x},t)=\mathrm{Re}\sum_k \omega_k^{-2}\mathbf{s}_k(\mathbf{x})\int_{-\infty}^{t}\partial_{t'}C_k(t')[1-\exp i\omega_k(t-t')]\,dt' \tag{4.135}$$

其中

$$\partial_t C_k(t)=\int_{\oplus}\partial_t\mathbf{f}(\mathbf{x},t)\cdot\mathbf{s}_k^*(\mathbf{x})\,dV+\int_{\partial\oplus}\partial_t\mathbf{t}(\mathbf{x},t)\cdot\mathbf{s}_k^*(\mathbf{x})\,d\Sigma \tag{4.136}$$

与无自转地球一样，我们更感兴趣的是对与地震等效的暂态力的响应，该暂态力在某一起始时刻t_0之前为零，在t_{f}时刻之后达到恒定值$\mathbf{f}_{\mathrm{f}}$和$\mathbf{t}_{\mathrm{f}}$。在破裂停止之后，这种力所产生的位移为

$$\mathbf{s}(\mathbf{x},t)=\mathrm{Re}\sum_k \omega_k^{-2}[c_k^{\mathrm{f}}-c_k\exp(i\omega_k t)]\mathbf{s}_k(\mathbf{x}),\quad t\geqslant t_{\mathrm{f}} \tag{4.137}$$

其中

$$c_k^{\mathrm{f}}=\int_{\oplus}\mathbf{f}_{\mathrm{f}}(\mathbf{x})\cdot\mathbf{s}_k^*(\mathbf{x})\,dV+\int_{\partial\oplus}\mathbf{t}_{\mathrm{f}}(\mathbf{x})\cdot\mathbf{s}_k^*(\mathbf{x})\,d\Sigma \tag{4.138}$$

$$\begin{aligned}c_k=&\int_{t_0}^{t_{\mathrm{f}}}\int_{\oplus}\partial_t\mathbf{f}(\mathbf{x},t)\cdot\mathbf{s}_k^*(\mathbf{x})\exp(-i\omega_k t)\,dV\,dt\\&+\int_{t_0}^{t_{\mathrm{f}}}\int_{\partial\oplus}\partial_t\mathbf{t}(\mathbf{x},t)\cdot\mathbf{s}_k^*(\mathbf{x})\exp(-i\omega_k t)\,d\Sigma\,dt\end{aligned} \tag{4.139}$$

由于地球的非弹性，公式(4.137)中的自由振荡项$c_k\exp(i\omega_k t)$随时间衰减；在长时间极限$t\to\infty$下，最终的静态位移为

$$\mathbf{s}_{\mathrm{f}}(\mathbf{x})=\mathrm{Re}\sum_k \omega_k^{-2}c_k^{\mathrm{f}}\mathbf{s}_k(\mathbf{x}) \tag{4.140}$$

而破裂停止后的质点加速度则为

$$\mathbf{a}(\mathbf{x},t)=\mathrm{Re}\sum_k c_k\exp(i\omega_k t)\,\mathbf{s}_k(\mathbf{x}),\quad t\geqslant t_{\mathrm{f}} \tag{4.141}$$

令$c_k=a_k-ib_k$，$c_k^{\mathrm{f}}=a_k^{\mathrm{f}}-ib_k^{\mathrm{f}}$，公式(4.137)–(4.141)成为(4.67)–(4.72)。(4.141)式的叠加是在$t\geqslant t_{\mathrm{f}}$时能够被地震仪记录到的运动的完备表述；我们接下来将注意力转向(4.132)式中的平凡模式响应$\mathbf{s}_{\mathrm{triv}}$。

★4.2.8 自转速率的变化

只有一个平凡模式——轴向转动模式——可以被地壳或地幔中的地震所激发；地转模式因为都局限于地球的液态区域是不能被激发的，而平动模式只能被对地球有净力作用的源激发。轴向转动模式即使在对地球净力矩为零时也能被激发，原因是静态形变 $\mathbf{s}_{\mathrm{f}}$ 会导致主转动惯量 C 的扰动，必须通过自转速率 Ω 的变化来抵消。Wahr (1981a)确定了一个随时间变化的任意力密度 $\mathbf{f}$、$\mathbf{t}$ 所引起的无穷小转动响应。我们在此直接引用他的结果：

$$\mathbf{s}_{\mathrm{triv}}(\mathbf{x},t) = c_{\mathrm{triv}}(t)(\hat{\mathbf{z}}\times\mathbf{x}) \tag{4.142}$$

其中

$$c_{\mathrm{triv}}(t) = 2(C\Omega)^{-1}\mathrm{Re}\sum_k \omega_k^{-2}\int_\oplus \rho^0\mathbf{s}_k\cdot\boldsymbol{\nabla}\psi\,dV \times \int_{-\infty}^{t} C_k(t')\,dt' \tag{4.143}$$

对于暂态力，(4.143) 式中的时间依赖性简化为

$$\int_{-\infty}^{t} C_k(t')\,dt' = \int_{t_0}^{t_{\mathrm{f}}} C_k(t')\,dt' + c_k^{\mathrm{f}}(t-t_{\mathrm{f}}) \tag{4.144}$$

(4.143) 是在位移 $\mathbf{s}_{\mathrm{triv}}$ 可被线性化的假设下推导出来的，而且 (4.144) 很显然只在 t_{f} 之后的短时间内成立。然而，上式中正比于 $t-t_{\mathrm{f}}$ 的项可以被解释为地球自转速率无穷小的变化：

$$\delta\Omega = 2(C\Omega)^{-1}\mathrm{Re}\sum_k \omega_k^{-2}c_k^{\mathrm{f}}\int_\oplus \rho^0\mathbf{s}_k\cdot\boldsymbol{\nabla}\psi\,dV \tag{4.145}$$

地震位移 (4.137) 式可以被视为在以新的角速度 $\Omega+\delta\Omega$ 转动的参照系中的观察者所测量的位移。这同将 $\mathbf{s}_{\mathrm{f}}$ 解释为代表了地球的无穷小静态形变是一致的。

(4.145) 式也可用第一性原理来推导，根据角动量守恒定律，自转速率的变化 $\delta\Omega$ 与主转动惯量的无穷小变化 δC 之间有关系

$$C\,\delta\Omega + \delta C\,\Omega = 0 \tag{4.146}$$

与质量的静态重新分布相关的惯性张量 $\mathbf{C}=\int_\oplus \rho^0[(\mathbf{x}\cdot\mathbf{x})\mathbf{I}-\mathbf{xx}]\,dV$ 的一阶扰动为

$$\boldsymbol{\delta}\mathbf{C} = \int_\oplus \rho^0[2(\mathbf{x}\cdot\mathbf{s}_{\mathrm{f}})\mathbf{I} - \mathbf{x}\mathbf{s}_{\mathrm{f}} - \mathbf{s}_{\mathrm{f}}\mathbf{x}]\,dV \tag{4.147}$$

令 $\delta C = \hat{\mathbf{z}}\cdot\boldsymbol{\delta}\mathbf{C}\cdot\hat{\mathbf{z}}$，将其代入 (4.146)，我们得到

$$\delta\Omega = 2(C\Omega)^{-1}\int_\oplus \rho^0\mathbf{s}_{\mathrm{f}}\cdot\boldsymbol{\nabla}\psi\,dV \tag{4.148}$$

此式与 (4.145) 一致。

4.3 流体静力学地球模型

本章中得到的所有结果只需很小的改动都适用于具有流体静力学初始应力的地球模型。我们在此对必要的修改做一个扼要的介绍，为了简明起见，将注意力局限在无自转情况；通过类比可

以很容易地得到自转流体静力学地球的相应结果。

无自转流体静力学地球的本征频率 ω 和本征函数 $\mathbf{s}$ 来自于求解方程：

$$\begin{aligned}&-\omega^2\rho^0\mathbf{s}-\boldsymbol{\nabla}\cdot\mathbf{T}^{\mathrm{L1}}\\&\quad+\boldsymbol{\nabla}(\rho^0\mathbf{s}\cdot\boldsymbol{\nabla}\phi^0)+\rho^0\boldsymbol{\nabla}\phi^{\mathrm{E1}}+\rho^{\mathrm{E1}}\boldsymbol{\nabla}\phi^0=\mathbf{0}\end{aligned} \tag{4.149}$$

以及边界条件

$$\hat{\mathbf{n}}\cdot\mathbf{T}^{\mathrm{L1}}=\mathbf{0},\quad \text{在}\,\partial\oplus\,\text{上} \tag{4.150}$$

$$[\hat{\mathbf{n}}\cdot\mathbf{T}^{\mathrm{L1}}]_-^+=\mathbf{0},\quad \text{在}\,\Sigma_{\mathrm{SS}}\,\text{上} \tag{4.151}$$

$$[\hat{\mathbf{n}}\cdot\mathbf{T}^{\mathrm{L1}}]_-^+=\hat{\mathbf{n}}[\hat{\mathbf{n}}\cdot\mathbf{T}^{\mathrm{L1}}\cdot\hat{\mathbf{n}}]_-^+=\mathbf{0},\quad \text{在}\,\Sigma_{\mathrm{FS}}\,\text{上} \tag{4.152}$$

拉格朗日–柯西应力增量 $\mathbf{T}^{\mathrm{L1}}$ 和欧拉密度微扰 ρ^{E1} 分别由 $\mathbf{T}^{\mathrm{L1}}=\boldsymbol{\Gamma}:\boldsymbol{\varepsilon}$ 和 $\rho^{\mathrm{E1}}=-\boldsymbol{\nabla}\cdot(\rho^0\mathbf{s})$ 给定。

4.3.1　埃尔米特性与正交归一性

我们可以将简正模式的本征值问题 (4.149)–(4.152) 写为符号形式

$$\mathcal{H}\mathbf{s}=\omega^2\mathbf{s} \tag{4.153}$$

其中

$$\rho^0\mathcal{H}\mathbf{s}=-\boldsymbol{\nabla}\cdot\mathbf{T}^{\mathrm{L1}}+\boldsymbol{\nabla}(\rho^0\mathbf{s}\cdot\boldsymbol{\nabla}\phi^0)+\rho^0\boldsymbol{\nabla}\phi^{\mathrm{E1}}+\rho^{\mathrm{E1}}\boldsymbol{\nabla}\phi^0 \tag{4.154}$$

利用高斯定理及边界条件 (4.150)–(4.151) 可得

$$\begin{aligned}\langle\mathbf{s},\mathcal{H}\mathbf{s}'\rangle=\int_\oplus&[\boldsymbol{\varepsilon}:\boldsymbol{\Gamma}:\boldsymbol{\varepsilon}'+\rho^0\mathbf{s}\cdot\boldsymbol{\nabla}\phi^{\mathrm{E1}\prime}+\rho^0\mathbf{s}\cdot\boldsymbol{\nabla}\boldsymbol{\nabla}\phi^0\cdot\mathbf{s}'\\&+\rho^0\boldsymbol{\nabla}\phi^0\cdot(\mathbf{s}\cdot\boldsymbol{\nabla}\mathbf{s}'-\mathbf{s}\boldsymbol{\nabla}\cdot\mathbf{s}')]\,dV\end{aligned} \tag{4.155}$$

$$\begin{aligned}\langle\mathbf{s}',\mathcal{H}\mathbf{s}\rangle=\int_\oplus&[\boldsymbol{\varepsilon}':\boldsymbol{\Gamma}:\boldsymbol{\varepsilon}+\rho^0\mathbf{s}'\cdot\boldsymbol{\nabla}\phi^{\mathrm{E1}}+\rho^0\mathbf{s}'\cdot\boldsymbol{\nabla}\boldsymbol{\nabla}\phi^0\cdot\mathbf{s}\\&+\rho^0\boldsymbol{\nabla}\phi^0\cdot(\mathbf{s}'\cdot\boldsymbol{\nabla}\mathbf{s}-\mathbf{s}'\boldsymbol{\nabla}\cdot\mathbf{s})]\,dV\end{aligned} \tag{4.156}$$

利用麦克斯韦关系 $\Gamma_{ijkl}=\Gamma_{klij}$、引力对称性 (4.16) 以及等式

$$\begin{aligned}&\int_\oplus\rho^0\boldsymbol{\nabla}\phi^0\cdot(\mathbf{s}\cdot\boldsymbol{\nabla}\mathbf{s}'-\mathbf{s}\boldsymbol{\nabla}\cdot\mathbf{s}')]\,dV\\&\quad=\int_\oplus\rho^0\boldsymbol{\nabla}\phi^0\cdot(\mathbf{s}'\cdot\boldsymbol{\nabla}\mathbf{s}-\mathbf{s}'\boldsymbol{\nabla}\cdot\mathbf{s})]\,dV\end{aligned} \tag{4.157}$$

可以看到 (4.155) 和 (4.156) 两式是相等的。因此，算子 $\mathcal{H}$ 相对于 (4.10) 定义的内积是具有埃尔米特性质的：

$$\langle\mathbf{s},\mathcal{H}\mathbf{s}'\rangle=\langle\mathcal{H}\mathbf{s},\mathbf{s}'\rangle=\langle\mathbf{s}',\mathcal{H}\mathbf{s}\rangle \tag{4.158}$$

在得到 (4.157) 式的过程中，我们在 $\oplus$ 内和 Σ 上分别应用了体积和表面的流体静力学条件 $\boldsymbol{\nabla}\rho^0\times\boldsymbol{\nabla}\phi^0=\mathbf{0}$ 和 $\boldsymbol{\nabla}^\Sigma\phi^0=\mathbf{0}$。埃尔米特对称性 (4.158) 确保了简正模式的正交关系 (4.20) 能够适用于无自转流体静力学地球模型；我们仍然利用 $\langle\mathbf{s},\mathbf{s}\rangle=1$ 来对本征函数做归一化。

4.3.2 瑞利原理

势能泛函 (4.28) 和变更势能泛函 (4.31) 成为

$$\mathcal{V} = \int_{\oplus} [\boldsymbol{\varepsilon}:\boldsymbol{\Gamma}:\boldsymbol{\varepsilon} + \rho^0\mathbf{s}\cdot\boldsymbol{\nabla}\phi^{\mathrm{E1}} + \rho^0\mathbf{s}\cdot\boldsymbol{\nabla\nabla}\phi^0\cdot\mathbf{s} \\ + \rho^0\boldsymbol{\nabla}\phi^0\cdot(\mathbf{s}\cdot\boldsymbol{\nabla}\mathbf{s} - \mathbf{s}\boldsymbol{\nabla}\cdot\mathbf{s})]\, dV \tag{4.159}$$

$$\mathcal{V}' = \int_{\bigcirc} [\boldsymbol{\varepsilon}:\boldsymbol{\Gamma}:\boldsymbol{\varepsilon} + 2\rho^0\mathbf{s}\cdot\boldsymbol{\nabla}\phi^{\mathrm{E1}} + \rho^0\mathbf{s}\cdot\boldsymbol{\nabla\nabla}\phi^0\cdot\mathbf{s} \\ + \rho^0\boldsymbol{\nabla}\phi^0\cdot(\mathbf{s}\cdot\boldsymbol{\nabla}\mathbf{s} - \mathbf{s}\boldsymbol{\nabla}\cdot\mathbf{s}) + (4\pi G)^{-1}\boldsymbol{\nabla}\phi^{\mathrm{E1}}\cdot\boldsymbol{\nabla}\phi^{\mathrm{E1}}]\, dV \tag{4.160}$$

利用这两个泛函做替换，各种形式的瑞利原理仍然成立。当且仅当ω和$\mathbf{s}$满足频率域动量方程和边界条件 (4.149)–(4.152) 时，对于任意可容许变化$\boldsymbol{\delta}\mathbf{s}$，作用量$\mathcal{I} = \frac{1}{2}(\omega^2\mathcal{T} - \mathcal{V})$是稳定的；同样地，当且仅当$\mathbf{s}$和$\phi^{\mathrm{E1}}$满足势函数边值问题 (4.33) 时，对于任意的独立可容许变化$\boldsymbol{\delta}\mathbf{s}$和$\delta\phi^{\mathrm{E1}}$，变更作用量$\mathcal{I}' = \frac{1}{2}(\omega^2\mathcal{T} - \mathcal{V}')$是稳定的。根据等式 (3.195)，不带撇号与带撇号的势能泛函和作用量是相等的。对于所有本征解$[\mathbf{s}, \phi^{\mathrm{E1}}]$，两种流体静力学作用量的稳定值都是$\mathcal{I} = \mathcal{I}' = 0$。

4.3.3 拉格朗日量密度与能量密度

无自转流体静力学地球的作用量可以写为

$$\mathcal{I} = \int_{\oplus} L(\mathbf{s}, \boldsymbol{\nabla}\mathbf{s})\, dV \tag{4.161}$$

$$\mathcal{I}' = \int_{\bigcirc} L'(\mathbf{s}, \boldsymbol{\nabla}\mathbf{s}, \boldsymbol{\nabla}\phi^{\mathrm{E1}})\, dV \tag{4.162}$$

其中

$$L = \frac{1}{2}[\omega^2\rho^0\mathbf{s}\cdot\mathbf{s} - \boldsymbol{\varepsilon}:\boldsymbol{\Gamma}:\boldsymbol{\varepsilon} - \rho^0\mathbf{s}\cdot\boldsymbol{\nabla}\phi^{\mathrm{E1}} \\ - \rho^0\mathbf{s}\cdot\boldsymbol{\nabla\nabla}\phi^0\cdot\mathbf{s} - \rho^0\boldsymbol{\nabla}\phi^0\cdot(\mathbf{s}\cdot\boldsymbol{\nabla}\mathbf{s} - \mathbf{s}\boldsymbol{\nabla}\cdot\mathbf{s})] \tag{4.163}$$

$$L' = \frac{1}{2}[\omega^2\rho^0\mathbf{s}\cdot\mathbf{s} - \boldsymbol{\varepsilon}:\boldsymbol{\Gamma}:\boldsymbol{\varepsilon} - 2\rho^0\mathbf{s}\cdot\boldsymbol{\nabla}\phi^{\mathrm{E1}} \\ - \rho^0\mathbf{s}\cdot\boldsymbol{\nabla\nabla}\phi^0\cdot\mathbf{s} - \rho^0\boldsymbol{\nabla}\phi^0\cdot(\mathbf{s}\cdot\boldsymbol{\nabla}\mathbf{s} - \mathbf{s}\boldsymbol{\nabla}\cdot\mathbf{s}) \\ - (4\pi G)^{-1}\boldsymbol{\nabla}\phi^{\mathrm{E1}}\cdot\boldsymbol{\nabla}\phi^{\mathrm{E1}}] \tag{4.164}$$

相应的频率域能量密度$E = \omega\partial_\omega L - L$和$E' = \omega\partial_\omega L' - L'$为

$$E = \frac{1}{2}[\omega^2\rho^0\mathbf{s}\cdot\mathbf{s} + \boldsymbol{\varepsilon}:\boldsymbol{\Gamma}:\boldsymbol{\varepsilon} + \rho^0\mathbf{s}\cdot\boldsymbol{\nabla}\phi^{\mathrm{E1}} \\ + \rho^0\mathbf{s}\cdot\boldsymbol{\nabla\nabla}\phi^0\cdot\mathbf{s} + \rho^0\boldsymbol{\nabla}\phi^0\cdot(\mathbf{s}\cdot\boldsymbol{\nabla}\mathbf{s} - \mathbf{s}\boldsymbol{\nabla}\cdot\mathbf{s})] \tag{4.165}$$

$$E' = \frac{1}{2}[\omega^2\rho^0\mathbf{s}\cdot\mathbf{s} + \boldsymbol{\varepsilon}:\boldsymbol{\Gamma}:\boldsymbol{\varepsilon} + 2\rho^0\mathbf{s}\cdot\boldsymbol{\nabla}\phi^{\mathrm{E1}} \\ + \rho^0\mathbf{s}\cdot\boldsymbol{\nabla\nabla}\phi^0\cdot\mathbf{s} + \rho^0\boldsymbol{\nabla}\phi^0\cdot(\mathbf{s}\cdot\boldsymbol{\nabla}\mathbf{s} - \mathbf{s}\boldsymbol{\nabla}\cdot\mathbf{s})$$

$$+ (4\pi G)^{-1}\boldsymbol{\nabla}\phi^{\mathrm{E1}}\cdot\boldsymbol{\nabla}\phi^{\mathrm{E1}}] \tag{4.166}$$

能量密度的体积分$\mathcal{E}=\frac{1}{2}(\omega^2\mathcal{T}+\mathcal{V})=\frac{1}{2}(\omega^2\mathcal{T}+\mathcal{V}')$是在以$\mathbf{s}(\mathbf{x})\cos\omega t$或$\mathbf{s}(\mathbf{x})\sin\omega t$的形式做自由振荡的一个周期中，地球内部所具有的平均动能与势能之和的四倍。

4.3.4 弹性能与引力能

与时间域中一样，我们可以将无自转流体静力学地球的一个模式的势能分为独立的弹性能和引力能：

$$\mathcal{V}=\mathcal{V}_{\mathrm{e}}+\mathcal{V}_{\mathrm{g}} \tag{4.167}$$

其中

$$\mathcal{V}_{\mathrm{e}}=\int_{\oplus}(\boldsymbol{\varepsilon}:\boldsymbol{\Gamma}:\boldsymbol{\varepsilon})\,dV \tag{4.168}$$

$$\begin{aligned}\mathcal{V}_{\mathrm{g}}=\int_{\oplus}[&\rho^0\mathbf{s}\cdot\boldsymbol{\nabla}\phi^{\mathrm{E1}}+\rho^0\mathbf{s}\cdot\boldsymbol{\nabla\nabla}\phi^0\cdot\mathbf{s}\\&+\rho^0\boldsymbol{\nabla}\phi^0\cdot(\mathbf{s}\cdot\boldsymbol{\nabla}\mathbf{s}-\mathbf{s}\boldsymbol{\nabla}\cdot\mathbf{s})]\,dV\end{aligned} \tag{4.169}$$

在归一化条件$\mathcal{T}=1$下，能量均分关系$\omega^2\mathcal{T}=\mathcal{V}$成为

$$f_{\mathrm{e}}+f_{\mathrm{g}}=1 \tag{4.170}$$

其中$f_{\mathrm{e}}=\omega^{-2}\mathcal{V}_{\mathrm{e}}$和$f_{\mathrm{g}}=\omega^{-2}\mathcal{V}_{\mathrm{g}}$为弹性能占比和引力能占比。非平凡模式的弹性能必定是非负的，即$\mathcal{V}_{\mathrm{e}}\geqslant 0$，而引力能则可正可负，取决于引力的作用是否有助于稳定。

4.3.5 无引力的极限情形

从物理上讲，我们预期长程的引力恢复力对短周期、短波长振荡的影响是可以忽略不计的。为了确定一个忽略引力的标准，我们对比一下 (4.149) 中各项的相对大小：

$$\begin{aligned}&\text{惯性项：}\quad -\omega^2\rho^0\mathbf{s},\\&\text{弹性项：}\quad -\boldsymbol{\nabla}\cdot\mathbf{T}^{\mathrm{L1}},\\&\text{引力项：}\quad \boldsymbol{\nabla}(\rho^0\mathbf{s}\cdot\boldsymbol{\nabla}\phi^0)+\rho^0\boldsymbol{\nabla}\phi^{\mathrm{E1}}+\rho^{\mathrm{E1}}\boldsymbol{\nabla}\phi^0\end{aligned}$$

利用$\rho^{\mathrm{E1}}=-\boldsymbol{\nabla}\cdot(\rho^0\mathbf{s})$和$\nabla^2\phi^{\mathrm{E1}}=4\pi G\rho^{\mathrm{E1}}$来估计密度增量和引力势函数增量的大小，我们发现

$$\|-\omega^2\rho^0\mathbf{s}\|\approx\|-\boldsymbol{\nabla}\cdot\mathbf{T}^{\mathrm{L1}}\|\approx\omega^2(\rho^0 S) \tag{4.171}$$

$$\|\boldsymbol{\nabla}(\rho^0\mathbf{s}\cdot\boldsymbol{\nabla}\phi^0)+\rho^0\boldsymbol{\nabla}\phi^{\mathrm{E1}}+\rho^{\mathrm{E1}}\boldsymbol{\nabla}\phi^0\|\approx 4\pi G\rho^0(\rho^0 S) \tag{4.172}$$

其中$S\approx\|\mathbf{s}\|$为质点位移的大小。比较 (4.171) 和 (4.172)，我们看到，只有在振荡的频率低到

$$\omega\approx(4\pi G\rho^0)^{1/2} \tag{4.173}$$

时，引力的影响才会与惯性和弹性的影响相当。假设地球的平均密度为$\rho^0\approx 5500$千克/米^3，我们发现对应的周期为$2\pi/\omega\approx 3000$秒。无独有偶，这一数值几乎与受引力剧烈影响的橄榄球模式

${}_0S_2$ 的周期相等 (见1.1节和8.8.10节)。在实践中，在周期短于大约30秒的体波、区域波和勘探地震学中，引力是被忽略的。

在无引力的近似下，波的传播满足经典的弹性动力学方程

$$-\omega^2\rho^0\mathbf{s} - \boldsymbol{\nabla}\cdot\mathbf{T}^{\mathrm{L1}} = \mathbf{0}, \quad \text{其中} \quad \mathbf{T}^{\mathrm{L1}} = \boldsymbol{\Gamma}:\boldsymbol{\varepsilon} \tag{4.174}$$

对应于 (4.174) 的经典拉格朗日量和能量密度为

$$L = \frac{1}{2}(\omega^2\rho^0\mathbf{s}\cdot\mathbf{s} - \boldsymbol{\varepsilon}:\boldsymbol{\Gamma}:\boldsymbol{\varepsilon}), \qquad E = \frac{1}{2}(\omega^2\rho^0\mathbf{s}\cdot\mathbf{s} + \boldsymbol{\varepsilon}:\boldsymbol{\Gamma}:\boldsymbol{\varepsilon}) \tag{4.175}$$

在这种近似下，振荡的势能当然是纯弹性的；由于 $\mathcal{V} = \mathcal{V}_{\mathrm{e}} \geqslant 0$，无引力的液态或固态弹性体具有内在稳定性。

也可以忽略引力势函数的一阶微扰 ϕ^{E1}，但保留初始势函数 ϕ^0。这样，(4.149) 退化为一个纯微分形式的本征值问题：

$$-\omega^2\rho^0\mathbf{s} - \boldsymbol{\nabla}\cdot\mathbf{T}^{\mathrm{L1}} + \boldsymbol{\nabla}(\rho^0\mathbf{s}\cdot\boldsymbol{\nabla}\phi^0) + \rho^{\mathrm{E1}}\boldsymbol{\nabla}\phi^0 = \mathbf{0} \tag{4.176}$$

在天体物理学中，方程 (4.176) 的声波形式（其中 $\mathbf{T}^{\mathrm{L1}} = -\kappa(\boldsymbol{\nabla}\cdot\mathbf{s})\mathbf{I}$）被称为考林 (Cowling) 近似；它使得在探究太阳和其他恒星受引力主导 ($f_{\mathrm{g}} \gg f_{\mathrm{e}}$) 的振荡和受声波主导 ($f_{\mathrm{e}} \gg f_{\mathrm{g}}$) 的振荡的定性特征时，不需要去求解一个积分–微分方程 (Cowling 1941; Cox 1980; Unno, Osaki, Ando, Saio & Shibahashi 1989)。所有观测到的地球的振荡都是以弹性特征为主的；因此，考林近似在类地星球地震学上几乎没有得到任何应用。

★4.4 理想地震仪的响应

在将 (4.72) 和 (4.141) 这种以模式叠加表示的加速度响应 $\mathbf{a}(\mathbf{x}, t)$ 应用于分析地震数据之前，我们还必须考虑记录仪器的响应。遵循 Gilbert (1980)、Wahr (1981b)，我们将三分量地震仪模拟为一个在固定于质点 $\mathbf{x}$ 上的外壳内的有三个自由度的感应质量。在下面的讨论中，我们会考虑地球自转 $\boldsymbol{\Omega}$ 对地震仪的影响，因为它并不带来任何额外的复杂性。

令 $\boldsymbol{\nu}$ 表示感应质量相对于仪器外壳的位移；其相对于均匀转动参照系的位置则为 $\mathbf{r} = \mathbf{x}+\mathbf{s}+\boldsymbol{\nu}$。感应质量的运动方程为

$$\partial_t^2\mathbf{r} + 2\boldsymbol{\Omega}\times\partial_t\mathbf{r} + \boldsymbol{\Omega}\times(\boldsymbol{\Omega}\times\mathbf{r}) = \mathbf{F} + \mathbf{g}^{\mathrm{L}} \tag{4.177}$$

其中 $\mathbf{g}^{\mathrm{L}}$ 为地球对质点 $\mathbf{x}$ 的总的引力作用，$\mathbf{F}$ 为仪器所施加的机电恢复力。将依赖于相对位移 $\boldsymbol{\nu}$ 的项移到左边，所有其他项移到右边，方程 (4.177) 成为

$$\begin{aligned}\partial_t^2\boldsymbol{\nu} + 2\boldsymbol{\Omega}\times\partial_t\boldsymbol{\nu} + \boldsymbol{\Omega}\times(\boldsymbol{\Omega}\times\boldsymbol{\nu}) &= \mathbf{F} - \boldsymbol{\nabla}(\phi^0 + \psi) \\ &\quad - \partial_t^2\mathbf{s} - 2\boldsymbol{\Omega}\times\partial_t\mathbf{s} - \boldsymbol{\nabla}\phi^{\mathrm{E1}} - \mathbf{s}\cdot\boldsymbol{\nabla}\boldsymbol{\nabla}(\phi^0 + \psi)\end{aligned} \tag{4.178}$$

这里我们使用了一阶关系 (3.44) 以及离心势函数等式 $\boldsymbol{\Omega}\times(\boldsymbol{\Omega}\times\mathbf{x}) = \boldsymbol{\nabla}\psi$ 和 $\boldsymbol{\Omega}\times(\boldsymbol{\Omega}\times\mathbf{s}) = \mathbf{s}\cdot\boldsymbol{\nabla}\boldsymbol{\nabla}\psi$。现代的力平衡式地震仪是通过对恢复力 $\mathbf{F}$ 的持续调节，使得感应质量相对于仪器外壳的位置保持不变；在没有任何地面运动时，平衡力为 $\mathbf{F}^0 = \boldsymbol{\nabla}(\phi^0 + \psi)$，而要保持 $\boldsymbol{\nu} = \mathbf{0}$ 所需的反馈力则为

$\mathbf{F} = \boldsymbol{\nabla}(\phi^0 + \psi) + \partial_t^2\mathbf{s} + 2\boldsymbol{\Omega} \times \partial_t\mathbf{s} + \boldsymbol{\nabla}\phi^{\mathrm{E1}} + \mathbf{s} \cdot \boldsymbol{\nabla\nabla}(\phi^0 + \psi)$。所记录到的信号正比于

$$\begin{aligned} A = \hat{\boldsymbol{\nu}} \cdot \mathbf{F} - \hat{\boldsymbol{\nu}}^0 \cdot \mathbf{F}^0 &= (\hat{\boldsymbol{\nu}} - \hat{\boldsymbol{\nu}}^0) \cdot \boldsymbol{\nabla}(\phi^0 + \psi) \\ &+ \hat{\boldsymbol{\nu}}^0 \cdot [\partial_t^2\mathbf{s} + 2\boldsymbol{\Omega} \times \partial_t\mathbf{s} + \boldsymbol{\nabla}\phi^{\mathrm{E1}} + \mathbf{s} \cdot \boldsymbol{\nabla\nabla}(\phi^0 + \psi)] \end{aligned} \tag{4.179}$$

其中$\hat{\boldsymbol{\nu}}$和$\hat{\boldsymbol{\nu}}^0$分别为仪器的瞬时和静态偏振方向。在得到第二个等式时, 我们忽略了$\mathbf{s}$的二阶项。

对于*垂向地震仪*，有$\hat{\boldsymbol{\nu}}^0 = -\hat{\boldsymbol{\gamma}}^0$和$\hat{\boldsymbol{\nu}} - \hat{\boldsymbol{\nu}}^0 = -\boldsymbol{\nabla}_\perp\mathbf{s} \cdot \hat{\boldsymbol{\nu}}^0$，其中$\boldsymbol{\gamma}^0 = -\boldsymbol{\nabla}(\phi^0 + \psi)$为扰动前的引力与向心加速度之和，$\boldsymbol{\nabla}_\perp = \boldsymbol{\nabla} - \hat{\boldsymbol{\gamma}}^0(\hat{\boldsymbol{\gamma}}^0 \cdot \boldsymbol{\nabla})$为垂直于偏振方向的梯度。将这些关系代入(4.179)式，并利用正交性$\hat{\boldsymbol{\gamma}}^0 \cdot \boldsymbol{\nabla}_\perp = 0$和微分对称性$(\boldsymbol{\nabla}_\perp\hat{\boldsymbol{\nu}}^0)^{\mathrm{T}} = \boldsymbol{\nabla}_\perp\hat{\boldsymbol{\nu}}^0$，我们得到

$$A_{\mathrm{vert}} = \hat{\boldsymbol{\nu}}^0 \cdot (\partial_t^2\mathbf{s} + 2\boldsymbol{\Omega} \times \partial_t\mathbf{s} + \boldsymbol{\nabla}\phi^{\mathrm{E1}}) + \mathbf{s} \cdot \boldsymbol{\nabla}\gamma^0 \tag{4.180}$$

其中$\gamma^0 = \|\boldsymbol{\gamma}^0\|$。从(4.180)我们看到，垂向偏振的仪器除了对质点加速度$\partial_t^2\mathbf{s}$的响应之外，还有对科里奥利加速度$2\boldsymbol{\Omega} \times \partial_t\mathbf{s}$、引力势函数微扰$\boldsymbol{\nabla}\phi^{\mathrm{E1}}$以及自由空气重力变化$\mathbf{s} \cdot \boldsymbol{\nabla}\gamma^0$的响应。对于*水平向地震仪*，则有$\hat{\boldsymbol{\nu}}^0 \cdot \hat{\boldsymbol{\gamma}}^0 = 0$和$\hat{\boldsymbol{\nu}} - \hat{\boldsymbol{\nu}}^0 = \hat{\boldsymbol{\nu}}^0 \cdot \boldsymbol{\nabla}\mathbf{s}$；此时(4.179)成为

$$A_{\mathrm{horiz}} = \hat{\boldsymbol{\nu}}^0 \cdot [\partial_t^2\mathbf{s} + 2\boldsymbol{\Omega} \times \partial_t\mathbf{s} + \boldsymbol{\nabla}\phi^{\mathrm{E1}} - \boldsymbol{\nabla}(\gamma^0 \cdot \mathbf{s})] \tag{4.181}$$

这样的仪器除了对质点加速度$\partial_t^2\mathbf{s}$的响应之外，还有对科里奥利加速度$2\boldsymbol{\Omega} \times \partial_t\mathbf{s}$、引力势函数微扰$\boldsymbol{\nabla}\phi^{\mathrm{E1}}$以及地面倾斜$\boldsymbol{\nabla}(\gamma^0 \cdot \mathbf{s})$的响应。

总之，垂向或水平向偏振的加速度仪所感受到的并不是简单的仪器外壳加速度$\mathbf{a} = \partial_t^2\mathbf{s}$，而是*变更加速度*

$$\begin{aligned} \mathbf{A} = \partial_t^2\mathbf{s} + 2\boldsymbol{\Omega} \times \partial_t\mathbf{s} + \boldsymbol{\nabla}\phi^{\mathrm{E1}} - \hat{\boldsymbol{\nu}}^0\mathbf{s} \cdot \boldsymbol{\nabla}(\hat{\boldsymbol{\nu}}^0 \cdot \boldsymbol{\gamma}^0) \\ - \hat{\boldsymbol{\nu}}^0[\hat{\boldsymbol{\nu}}^0 - \hat{\boldsymbol{\gamma}}^0(\hat{\boldsymbol{\nu}}^0 \cdot \hat{\boldsymbol{\gamma}}^0)] \cdot \boldsymbol{\nabla}(\gamma^0 \cdot \mathbf{s}) \end{aligned} \tag{4.182}$$

其中$\hat{\boldsymbol{\nu}}^0$为所观测的分量。在无自转地球上，我们可以通过对(4.72)式中的本征函数$\mathbf{s}_k(\mathbf{x})$做下面的替换来计入这些自引力效应:

$$\begin{aligned} \mathbf{s}_k \to \mathbf{s}_k - \omega_k^{-2}\{\boldsymbol{\nabla}\phi_k^{\mathrm{E1}} - \hat{\boldsymbol{\nu}}^0\mathbf{s}_k \cdot \boldsymbol{\nabla}(\hat{\boldsymbol{\nu}}^0 \cdot \mathbf{g}^0) \\ - \hat{\boldsymbol{\nu}}^0[\hat{\boldsymbol{\nu}}^0 - \hat{\mathbf{g}}^0(\hat{\boldsymbol{\nu}}^0 \cdot \hat{\mathbf{g}}^0)] \cdot \boldsymbol{\nabla}(\mathbf{g}^0 \cdot \mathbf{s}_k)\} \end{aligned} \tag{4.183}$$

在自转地球上，我们还必须包含科里奥利力和离心力的效应，此时我们需要在(4.141)中做如下替换：

$$\begin{aligned} \mathbf{s}_k \to \mathbf{s}_k - 2i\omega_k^{-1}\boldsymbol{\Omega} \times \mathbf{s}_k - \omega_k^{-2}\{\boldsymbol{\nabla}\phi_k^{\mathrm{E1}} - \hat{\boldsymbol{\nu}}^0\mathbf{s}_k \cdot \boldsymbol{\nabla}(\hat{\boldsymbol{\nu}}^0 \cdot \boldsymbol{\gamma}^0) \\ - \hat{\boldsymbol{\nu}}^0[\hat{\boldsymbol{\nu}}^0 - \hat{\boldsymbol{\gamma}}^0(\hat{\boldsymbol{\nu}}^0 \cdot \hat{\boldsymbol{\gamma}}^0)] \cdot \boldsymbol{\nabla}(\gamma^0 \cdot \mathbf{s}_k)\} \end{aligned} \tag{4.184}$$

我们仍将继续使用简单的公式(4.72)和(4.141)来表示暂态体力和表面力的加速度响应，同时也意识到在任何实际应用中，结果应依照(4.183)和(4.184)加以修正。在10.4节中我们会看到，对于一些低频的球型振荡，这些附加效应是十分重要的。

第 5 章　震源的表述

在前面一章，我们讨论了如何计算地球在体力密度$\mathbf{f}$和面力密度$\mathbf{t}$作用下的自由振荡响应。在本章中，我们将介绍地震断层震源的*等效力表述*。等效的体力和面力分布是指一个$\mathbf{f}$和$\mathbf{t}$的唯一组合，使得当以该组合作用替换断层破裂时，在各处产生同样的运动 $\mathbf{s}$。我们将用两种不同的方法来得到地震震源的这一表述，第一种是利用Backus 和 Mulcahy (1976a；1976b) 提出的应力过剩的概念，第二种则是对Burridge 和 Knopoff (1964) 早期经典理论的简单延伸。第一种方法更为优雅，它证明了*任何内在震源*都可以表示成一组等效体力和面力的分布；第二种方法比较有局限性，因为其关注点从一开始就限制在断层源。

理想断层源的等效力表述是现代全球地震学理论的奠基石之一；这一基本结果的推导也可以在一些高等教科书和专著中看到，包括Aki 和 Richards (1980)、Ben-Menahem 和 Singh (1981)、Kennett (1983)、Kostrov 和 Das (1988)。相较于标准的弹性动力学分析，我们的推导更具有普遍性，因为我们考虑了自引力以及非流体静力学初始应力的存在。同时我们还考虑了地球的自转，因为自转并不增加问题的复杂性，且对震源的表述亦无任何影响。

为方便起见，我们稍微改变一下前面使用的符号；在本章中，我们将不用Σ来表示所有界面的集合$\partial\oplus\cup\Sigma_{\mathrm{SS}}\cup\Sigma_{\mathrm{FS}}$。相反地，在地震断层震源的讨论中，我们用 Σ^t 表示t时刻的*瞬时断层面*。

5.1　应力过剩

为简洁起见，我们首先把考虑的介质局限为处处光滑的固态地球模型。这一做法是容许的，因为我们的目标是确定等效力的密度$\mathbf{f}$和$\mathbf{t}$，其形式仅依赖于震源区域的条件。在本节末尾，我们会简要地讨论一下因地球内部的固–固和固–液不连续面的存在而引起的些微复杂性。

一个光滑的固态地球模型的形变所满足的线性化弹性–重力运动方程和自由表面动力学边界条件为

$$\rho^0(\partial_t^2\mathbf{s}+2\mathbf{\Omega}\times\partial_t\mathbf{s})-\boldsymbol{\nabla}\cdot\mathbf{T}^{\mathrm{PK1}} + \rho^0\boldsymbol{\nabla}\phi^{\mathrm{E1}}+\rho^0\mathbf{s}\cdot\boldsymbol{\nabla}\boldsymbol{\nabla}(\phi^0+\psi)=\mathbf{0},\quad \text{在}\oplus\text{内} \tag{5.1}$$

$$\hat{\mathbf{n}}\cdot\mathbf{T}^{\mathrm{PK1}}=\mathbf{0},\quad \text{在}\partial\oplus\text{上} \tag{5.2}$$

这里的ϕ^{E1}是欧拉引力势函数微扰，由下式给出

$$\phi^{\mathrm{E1}}=-G\int_{\oplus}\frac{\rho^{0\prime}\mathbf{s}'\cdot(\mathbf{x}-\mathbf{x}')}{\|\mathbf{x}-\mathbf{x}'\|^3}dV' \tag{5.3}$$

其中$\mathbf{T}^{\mathrm{PK1}}$是第一类皮奥拉–基尔霍夫应力增量，其表达式为

$$\mathbf{T}^{\mathrm{PK1}} = \mathbf{\Lambda} : \boldsymbol{\nabla}\mathbf{s} \tag{5.4}$$

一个*内在源*是任一发生在地球表面或其内部的不涉及来自其他物体的作用力的现象。断层上的滑动，无论多么复杂，当然都是内在源，而突发相变也是一样，但彗星或陨石的撞击则不是。如果地球最初是静止的，且没有外来的作用力，那么齐次方程组 (5.1)–(5.4) 的唯一解应该是地震学的永寂：在所有 $t \geqslant 0$ 时刻，$\mathbf{s} = \mathbf{0}$。然而地震的存在明确地表明 $\mathbf{s} \neq \mathbf{0}$；因此，方程 (5.1)–(5.4) 中至少有一个是不成立的。动量方程 (5.1)、自由表面边界条件 (5.2) 以及牛顿万有引力定律 (5.3) 都是线性化的物理定律，任何无穷小的位移 $\mathbf{s}$ 都必须满足；唯一的例外是胡克的经验性“定律”(5.4)。因此，地震及其他内部源可以被看作是*线性化弹性本构关系*的局地、瞬时失效的结果；这一简单却又深刻的观察是由 Backus 和 Mulcahy (1976a; 1976b) 首次提出的。

我们把线性化的方程和边界条件 (5.1)–(5.3) 看作是对物理的或*真实的应力* $\mathbf{T}^{\mathrm{PK1}}_{\mathrm{true}}$ 成立的，而式 (5.4) 仅仅是胡克或*模型应力* $\mathbf{T}^{\mathrm{PK1}}_{\mathrm{model}}$ 的定义。*应力过剩* $\mathbf{S}$ 则被定义为模型应力与真实应力之间的差别：

$$\mathbf{S} = \mathbf{T}^{\mathrm{PK1}}_{\mathrm{model}} - \mathbf{T}^{\mathrm{PK1}}_{\mathrm{true}} \tag{5.5}$$

而*等效体力密度* $\mathbf{f}$ 和*面力密度* $\mathbf{f}$ 和 $\mathbf{t}$ 则可以通过 $\mathbf{S}$ 定义为

$$\mathbf{f} = -\boldsymbol{\nabla} \cdot \mathbf{S}, \quad 在 \oplus 内, \qquad \mathbf{t} = \hat{\mathbf{n}} \cdot \mathbf{S}, \quad 在 \partial\oplus 上 \tag{5.6}$$

于是，控制方程组 (5.1)–(5.2) 可以用这些量改写成

$$\begin{aligned} &\rho^0(\partial_t^2 \mathbf{s} + 2\mathbf{\Omega} \times \partial_t \mathbf{s}) - \boldsymbol{\nabla} \cdot \mathbf{T}^{\mathrm{PK1}} \\ &\quad + \rho^0 \boldsymbol{\nabla}\phi^{\mathrm{E1}} + \rho^0 \mathbf{s} \cdot \boldsymbol{\nabla}\boldsymbol{\nabla}(\phi^0 + \psi) = \mathbf{f}, \quad 在 \oplus 内 \end{aligned} \tag{5.7}$$

$$\hat{\mathbf{n}} \cdot \mathbf{T}^{\mathrm{PK1}} = \mathbf{t}, \quad 在 \partial\oplus 上 \tag{5.8}$$

方程组 (5.7)–(5.8) 中的 $\mathbf{T}^{\mathrm{PK1}}$ 是由式 (5.4) 给出的弹性应力增量 $\mathbf{T}^{\mathrm{PK1}}_{\mathrm{model}}$。非齐次方程组 (5.7)–(5.8) 的初值问题具有唯一解 $\mathbf{s} \neq \mathbf{0}$；因胡克定律失效而带来的等效力 $\mathbf{f}$ 和 $\mathbf{t}$ 是激发地球的自由振荡和等效的地震波的作用力。以上论述决定性地表明任何内在源均可以表示成形如 (5.6) 的等效体力和面力密度。

第一类皮奥拉–基尔霍夫应力增量 $\mathbf{T}^{\mathrm{PK1}}$ 与拉格朗日–柯西应力增量 $\mathbf{T}^{\mathrm{L1}}$ 之间有如下关系

$$\mathbf{T}^{\mathrm{PK1}} = \mathbf{T}^{\mathrm{L1}} + \mathbf{T}^0(\boldsymbol{\nabla} \cdot \mathbf{s}) - (\boldsymbol{\nabla}\mathbf{s})^{\mathrm{T}} \cdot \mathbf{T}^0 \tag{5.9}$$

其中 $\mathbf{T}^0$ 是初始静态应力。我们把 (5.9) 看作是一个线性化的几何关系，它对于真实应力 $\mathbf{T}^{\mathrm{PK1}}_{\mathrm{true}}$ 和 $\mathbf{T}^{\mathrm{L1}}_{\mathrm{true}}$ 以及模型应力 $\mathbf{T}^{\mathrm{PK1}}_{\mathrm{model}}$ 和 $\mathbf{T}^{\mathrm{L1}}_{\mathrm{model}}$ 都是成立的。在此条件下，应力过剩 $\mathbf{S}$ 也可以被看作是模型与真实柯西应力之间的差别：

$$\mathbf{S} = \mathbf{T}^{\mathrm{L1}}_{\mathrm{model}} - \mathbf{T}^{\mathrm{L1}}_{\mathrm{true}} \tag{5.10}$$

从 (5.10) 可知 $\mathbf{S}$ 是对称的，即

$$\mathbf{S}^{\mathrm{T}} = \mathbf{S} \tag{5.11}$$

基于简单的物理考虑，真实柯西应力 $\mathbf{T}^{\mathrm{L1}}_{\mathrm{true}}$ 可以很容易地用位移梯度 $\boldsymbol{\nabla}\mathbf{s}$ 给定，因此，在 5.2 节我们将使用 (5.10) 这一表述，而不是 (5.5) 来推导理想化的地震断层震源的应力过剩。

一般而言，胡克定律的失效在空间上会局限于某个震源区域S^t。这里上角标的作用是提示这一破裂过程的时间依赖性；通常，震源会成核于一个点而后灾难性地向周围的点扩散。瞬时震源体积或者完全埋藏在地球内部，或者其表面∂S^t也可能与自由表面相交，如图5.1所示。应力过剩在所有瞬时破裂区域以外为零，包括在被掩埋的破裂边界上：

$$\mathbf{S}=\mathbf{0}, \quad \text{在}\oplus - S^t\text{内以及在}\partial S^t - \partial S^t\cap\partial\oplus\text{上} \tag{5.12}$$

然而要注意的是$\mathbf{S}$在$\partial S^t\cap\partial\oplus$上可能不为零；例如，一个浅部的断层上的错动可能延伸至自由表面。

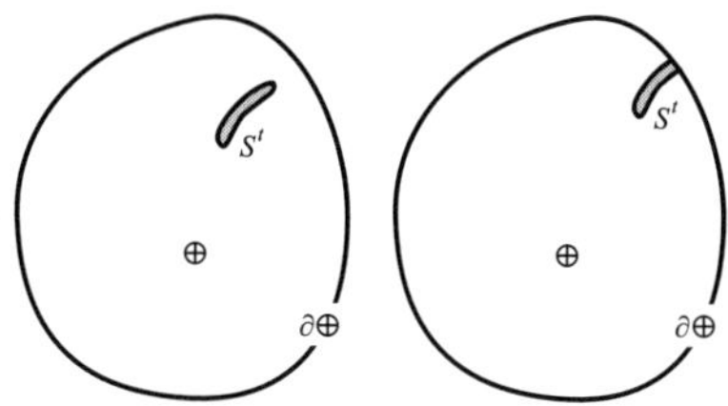

图 5.1 在光滑的、处处为固态的地球模型中一个瞬时破裂体积S^t的示意图。(左)一个$\partial S^t\cap\partial\oplus=0$的完全掩埋震源。(右)一个$\partial S^t\cap\partial\oplus\neq 0$的出露震源

由等效体力密度$\mathbf{f}$和面力密度$\mathbf{f}$和$\mathbf{t}$作用在地球上的*总的力*为

$$\boldsymbol{\mathcal{F}}=\int_{S^t}\mathbf{f}\,dV+\int_{\partial S^t\cap\partial\oplus}\mathbf{t}\,d\Sigma \tag{5.13}$$

此处在表示积分区域时我们使用了两个约束：在$\oplus - S^t$内$\mathbf{f}=\mathbf{0}$，以及在$\partial\oplus-\partial S^t\cap\partial\oplus$上$\mathbf{t}=\mathbf{0}$。将(5.6)式代入(5.13)，再使用高斯定理，我们得到

$$\boldsymbol{\mathcal{F}}=-\int_{\partial S^t-\partial S^t\cap\partial\oplus}(\hat{\mathbf{n}}\cdot\mathbf{S})\,d\Sigma \tag{5.14}$$

而作用在地球上的*总力矩*

$$\boldsymbol{\mathcal{N}}=\int_{S^t}(\mathbf{x}\times\mathbf{f})\,dV+\int_{\partial S^t\cap\partial\oplus}(\mathbf{x}\times\mathbf{t})\,d\Sigma \tag{5.15}$$

同样可以用应力过剩来表示

$$\boldsymbol{\mathcal{N}}=\int_{S^t}(\wedge\mathbf{S})\,dV-\int_{\partial S^t-\partial S^t\cap\partial\oplus}\mathbf{x}\times(\hat{\mathbf{n}}\cdot\mathbf{S})\,d\Sigma \tag{5.16}$$

其中$\wedge$是附录A.1.6中定义的楔形算子。由于(5.12)这一条件，(5.14)和(5.16)两式中在掩埋的震源边界$\partial S^t-\partial S^t\cap\partial\oplus$上的面积分为零，而因为对称性(5.11)，使得包含$\wedge\mathbf{S}$的体积分亦为零。最终，与内在源相应的等效力密度作用在地球上的净力与净力矩均为零：

$$\boldsymbol{\mathcal{F}}=\mathbf{0}, \qquad \boldsymbol{\mathcal{N}}=\mathbf{0} \tag{5.17}$$

这个结果是可以预期的，因为任何发生在地球内部及其表面的事件都不可能改变地球的线动量或角动量。

与第4章中的结果一样，非齐次激发问题(5.7)–(5.8)的解可以表示成简正模式的叠加：

$$\mathbf{s}(\mathbf{x},t)=\mathrm{Re}\sum_k(i\omega_k)^{-1}\mathbf{s}_k(\mathbf{x})\int_{-\infty}^{t}C_k(t')\exp i\omega_k(t-t')\,dt' \tag{5.18}$$

其中

$$C_k(t)=\int_{\oplus}\mathbf{f}(\mathbf{x},t)\cdot\mathbf{s}_k^*(\mathbf{x})\,dV+\int_{\partial\oplus}\mathbf{t}(\mathbf{x},t)\cdot\mathbf{s}_k^*(\mathbf{x})\,d\Sigma \tag{5.19}$$

将(5.6)中的等效力表达式带入上式，并使用高斯定理，我们可以把式(5.19)用应力过剩表示成

$$C_k(t)=\int_{S^t}\mathbf{S}(\mathbf{x},t):\boldsymbol{\varepsilon}_k^*(\mathbf{x})\,dV \tag{5.20}$$

这里$\boldsymbol{\varepsilon}_k=\dfrac{1}{2}[\boldsymbol{\nabla}\mathbf{s}_k+(\boldsymbol{\nabla}\mathbf{s}_k)^{\mathrm{T}}]$为相应于位移本征函数$\mathbf{s}_k$的应变。同样地，由(4.141)式所表示的对一个起始于t_0时刻并在其后的t_{f}时刻达到稳定破裂状态的暂态内在源的加速度响应可以表示为

$$\mathbf{a}(\mathbf{x},t)=\mathrm{Re}\sum_k c_k\exp(i\omega_k t)\mathbf{s}_k(\mathbf{x}),\quad t\geqslant t_{\mathrm{f}} \tag{5.21}$$

其中

$$c_k=\int_{t_0}^{t_{\mathrm{f}}}\int_{S^t}\partial_t\mathbf{S}(\mathbf{x},t):\boldsymbol{\varepsilon}_k^*(\mathbf{x})\exp(-i\omega_k t)\,dV\,dt \tag{5.22}$$

无论地球有无自转，式(5.20)和(5.22)都是成立的；$\boldsymbol{\varepsilon}_k^*$上的星号在无自转时是不需要的。

上面的结果是在假定地球处处为固态且光滑所得到的；但是它们也同样适用于任何由分段光滑的液态和固态区域所组成的更一般的地球模型。由于地震都局限在固态的地壳和上地幔中，应力过剩$\mathbf{S}$在液态的地核与海水$\oplus_{\mathrm{F}}$中为零。当震源区S^t跨越内部固–固界面或与海底相接时，如图5.2所示，除了在$\partial\oplus$上的外部等效面力密度$\mathbf{t}=\hat{\mathbf{n}}\cdot\mathbf{S}$，还必须考虑在$\Sigma_{\mathrm{SS}}$和$\Sigma_{\mathrm{FS}}$上的内部等

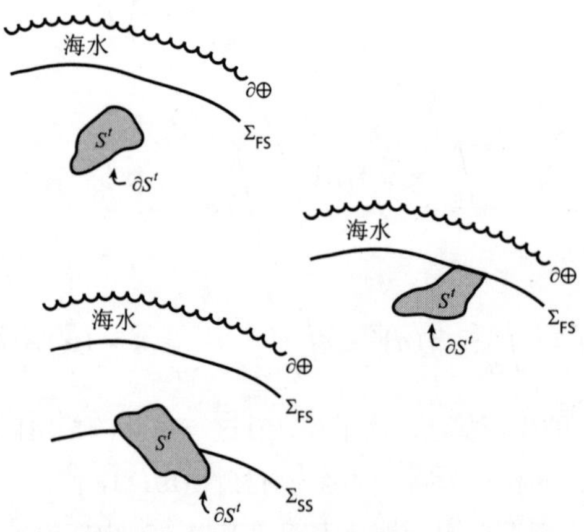

图 5.2 在更一般的分段连续地球模型中，震源体积S^t的三个例子。(左上)一个远离任何内部不连续面的完全掩埋震源，其$\mathbf{t}=\mathbf{0}$。(左下)一个跨越内部固–固不连续面的震源，在Σ_{SS}上有$\mathbf{t}=-[\hat{\mathbf{n}}\cdot\mathbf{S}]_-^+$。(右中)一个在固态地球内部但与海床相接的震源，在Σ_{FS}上有$\mathbf{t}=-[\hat{\mathbf{n}}\cdot\mathbf{S}]_-^+$

效面力密度$\mathbf{t} = -[\hat{\mathbf{n}} \cdot \mathbf{S}]_-^+$。此时需要将高斯定理分别应用于地球的每一个光滑区域，然后把结果合并起来，才能得到简正模式叠加的激发表达式 (5.20) 和 (5.22)。

5.2 地震的断层震源

一般认为地震是地球内部断层上发生错动的结果。在本节中我们将计算这种地震断层震源的应力过剩$\mathbf{S}$及其等效体力和面力密度$\mathbf{f}$和$\mathbf{t}$。我们首先用一个不太严格的定性分析来澄清一下应力"过剩"这一名称的来源，然后用分布理论来对一个无穷薄的断层做一个更严格的处理。

5.2.1 基本观念

我们用一个实际的例子来形象地说明基本观念：考虑在一个像加利福尼亚州圣安德烈斯断层一样的垂直走滑断层上的地震。我们可以把断层想象为一层很薄的断层泥或破碎带，在地震时发生剧烈形变，而其周围是具有线性弹性的围岩。定义x为右旋滑动的方向，y为断层的法向。同震滑动量s_x与相应的剪应变$\varepsilon_{xy} = \varepsilon_{yx} = \frac{1}{2}(\partial_y s_x)$如图5.3所示。在断层带和围岩内部的模型剪应力均用胡克定律计算，即$T_{xy}^{\mathrm{model}} = T_{yx}^{\mathrm{model}} = \mu(\partial_y s_x)$，尽管断层泥内的应变已经大到使这一经典的弹性本构关系不再成立。这里我们假定地壳是各向同性的，并且为了避免过于杂乱而省略了表示拉格朗日增量的上角标 L1;我们还假定断层带和围岩具有几乎相同的刚性μ。根据连续

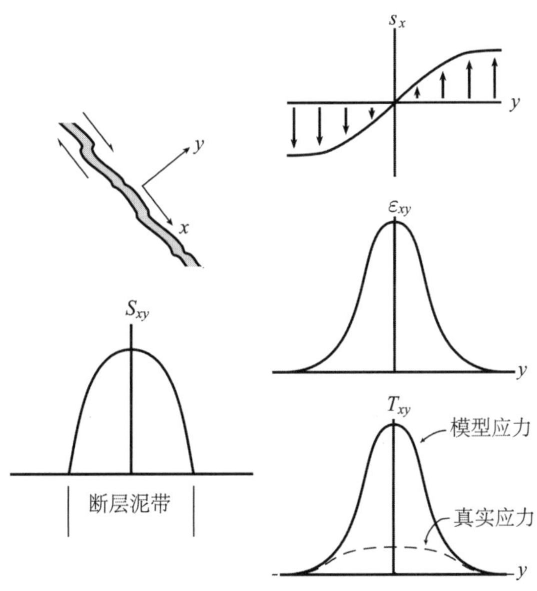

图 5.3 （左上）一个垂直右旋走滑断层的俯视图，图中显示了水平坐标x和y。阴影表示理想化的断层泥带，在其内部胡克定律失效。（右上）断层泥带内部位移s_x随着与断层的垂直距离y的变化而变化。（右中）相应的剪应变ε_{xy}。（右下）模型和真实剪切应力T_{xy}。（左下）应力过剩$S_{xy} = T_{xy}^{\mathrm{model}} - T_{xy}^{\mathrm{true}}$在断层泥带以外为零

性条件，在断层泥带内部与周围的弹性围岩中，两者的真实剪应力$T_{xy}^{\text{true}} = T_{yx}^{\text{true}}$不应相差太大。在图5.3中，我们分别用实线和虚线显示T_{xy}^{model}和T_{xy}^{true}两种应力的变化。如图所示，两者的差$S_{xy} = T_{xy}^{\text{model}} - T_{xy}^{\text{true}}$仅在破碎带内不为零。由于断层带内部过大的非弹性应变而带来过多或“过剩”的模型应力，这正是这一名称的由来。

当破碎带变窄时模型应力增加而真实应力基本保持不变，因此一个窄的垂直走滑断层的应力过剩可以用$S_{xy} = S_{yx} \approx \mu(\partial_y s_x)$很好地近似。在无穷薄断层的理想情况下，位移$s_x$趋近于一个阶梯函数，而应力过剩则趋近于狄拉克$\delta$函数：

$$S_{xy} = S_{yx} = \mu \Delta s\, \delta(y) \tag{5.23}$$

其中$\Delta s = [s_x]_-^+$为断层上的滑动量。在5.2.3节我们将会计算在考虑弹性各向异性以及有非流体静力学初始应力时无穷薄的理想断层的应力过剩。我们将会看到，结果与上面针对各向同性且为流体静力学地球模型所做的启发式分析是一致的。

5.2.2 分布理论

在考虑一般的理想断层之前，对分布理论的一些简单概念做一个回顾是有益的。依照定义，一个分布是光滑测试函数空间中的一个连续的线性泛函。我们用$\langle f, \varphi \rangle$来表示分布$f$给予一个测试函数$\varphi$的标量值。对于一个处处为光滑固态的地球模型，测试函数在真空空间$\bigcirc - \oplus$中必须为零；更一般地，我们要求测试函数在震源所在的地球的固态区域之外均为零。在下面的推导中，我们将指定积分区域为$\oplus$，其边界为$\partial\oplus$，同时意识到当存在固–液不连续面时这些区域必须有所修正。在有液态外核和海洋的地球模型中，可以假定测试函数在地壳与地幔里不为零，而在核幔边界与海底则光滑地趋近于零。

如果我们做如下的定义

$$\langle f, \varphi \rangle = \int_{\oplus} f \varphi \, dV \tag{5.24}$$

则任一普通函数f也可以被看作是一个分布，其中$\oplus$可以用上面描述的一般意义来解释。任何分布，如果只是一个普通函数，而它只有在(5.24)的意义上被看作是分布的话，则该分布被称为是*常规的*，而其他所有的分布则被称为是*奇异的*。在有必要区分函数与分布时，我们用$\mathcal{D}f$来表示一个与函数f相关的常规分布。与此类似，我们也经常会用(5.24)的形式来表示由奇异分布f赋予φ的标量；此时，“积分”纯粹是象征性的。

对于一个普通可微分函数f，我们有

$$\int_{\oplus} (\boldsymbol{\nabla} f) \varphi \, dV = -\int_{\oplus} f (\boldsymbol{\nabla} \varphi) \, dV \tag{5.25}$$

这里我们使用了高斯定理以及φ在积分边界$\partial\oplus$上为零这一条件。与结果(5.25)对比，我们可以将一个奇异分布f的梯度定义为

$$\langle \boldsymbol{\nabla} f, \varphi \rangle = -\langle f, \boldsymbol{\nabla} \varphi \rangle \tag{5.26}$$

如果测试函数φ足够光滑，那么在这个意义上所有的分布f都可以被微分任意多次。

最为人熟知的奇异分布是*狄拉克δ分布*δ_0，其定义为

$$\langle \delta_0, \varphi \rangle = \int_{\oplus} \delta_0 \varphi \, dV = \varphi(\mathbf{x}_0) \tag{5.27}$$

我们将使用 (5.27) 的一个或许更为人熟知的形式

$$\int_{\oplus} \delta(\mathbf{x}-\mathbf{x}_0)\,\varphi(\mathbf{x})\,dV = \varphi(\mathbf{x}_0) \tag{5.28}$$

依照 (5.26) 的定义，狄拉克分布的梯度 $\boldsymbol{\nabla}\delta_0$ 可以写成

$$\begin{aligned}\langle \boldsymbol{\nabla}\delta_0, \varphi\rangle &= \int_{\oplus} \boldsymbol{\nabla}\delta(\mathbf{x}-\mathbf{x}_0)\,\varphi(\mathbf{x})\,dV \\ &= -\int_{\oplus} \delta(\mathbf{x}-\mathbf{x}_0)\,\boldsymbol{\nabla}\varphi(\mathbf{x})\,dV = -\boldsymbol{\nabla}\varphi(\mathbf{x}_0)\end{aligned} \tag{5.29}$$

$\delta(\mathbf{x}-\mathbf{x}_0)$ 常常被不太严谨地称作是狄拉克 δ “函数”。

如果 w 是定义在位于 $\oplus$ 内部的表面 Σ 上的一个普通函数，我们可以定义奇异分布 $w\delta_\Sigma$ 为

$$\langle w\delta_\Sigma, \varphi\rangle = \int_{\oplus} (w\delta_\Sigma)\varphi\,dV = \int_{\Sigma} w\varphi\,d\Sigma \tag{5.30}$$

我们也可以把这一表面狄拉克分布写成一种更明确的形式：

$$w\delta_\Sigma(\mathbf{x}) = \int_{\Sigma} w(\mathbf{x}')\,\delta(\mathbf{x}-\mathbf{x}')\,d\Sigma' \tag{5.31}$$

我们可以把 $w\delta_\Sigma$ 看作是狄拉克 δ 函数在表面 Σ 上的一个加权“分布”，正如我们把 $\sum_k w_k \delta(\mathbf{x}-\mathbf{x}_k)$ 看作是加权的离散“分布”。$w\delta_\Sigma$ 的值在 Σ 以外处处为零，如同 $\sum_k w_k\delta(\mathbf{x}-\mathbf{x}_k)$ 的值一样，除了在 $\mathbf{x}_k$ 点以外处处为零（一个奇异分布的逐点取值这一直观上易于理解的概念可以通过考虑测试函数 φ 的支撑来严格定义）。狄拉克梯度的加权“分布”

$$w\boldsymbol{\nabla}\delta_\Sigma(\mathbf{x}) = \int_{\Sigma} w(\mathbf{x}')\,\boldsymbol{\nabla}\delta(\mathbf{x}-\mathbf{x}')\,d\Sigma' \tag{5.32}$$

对于任一测试函数 φ 具有可复制性

$$\langle w\boldsymbol{\nabla}\delta_\Sigma, \varphi\rangle = -\int_{\Sigma} w(\boldsymbol{\nabla}\varphi)\,d\Sigma \tag{5.33}$$

我们现在假设 f 是一个在 $\oplus$ 内处处光滑的函数，只有在一个包覆于内部的表面 Σ 上有一个不连续跃变 $[f]_-^+$。f 的梯度作为一个普通函数在 $\oplus$ 内部不存在，尤其是在 Σ 上。但是，我们可以计算与之相应的常规分布 $\mathcal{D}f$ 的梯度。要计算 $\boldsymbol{\nabla}(\mathcal{D}f)$，我们来考虑它赋予一个任意测试函数的标量：

$$\langle \boldsymbol{\nabla}(\mathcal{D}f), \varphi\rangle = -\langle \mathcal{D}f, \boldsymbol{\nabla}\varphi\rangle \tag{5.34}$$

我们可以把 (5.34) 右边的量看作是在一个去除了不连续面之后的有缝的体积 $\oplus-\oplus_\varepsilon$ 内普通积分的极限值：

$$\langle \boldsymbol{\nabla}(\mathcal{D}f), \varphi\rangle = -\lim_{\varepsilon\to 0}\int_{\oplus-\oplus_\varepsilon} f(\boldsymbol{\nabla}\varphi)\,dV \tag{5.35}$$

如图 5.4 所示，积分体积 $\oplus-\oplus_\varepsilon$ 内部的表面 $\partial\oplus_\varepsilon$ 完全包覆了 Σ，而且在取 $\varepsilon\to 0$ 的极限时塌缩到 Σ 上。在取极限之前可以对式 (5.35) 中的积分使用高斯定理。由于 φ 在 $\partial\oplus$ 上为零，我们得到

$$\langle \boldsymbol{\nabla}(\mathcal{D}f), \varphi\rangle = \int_{\oplus} (\boldsymbol{\nabla}f)\varphi\,dV + \int_{\Sigma} \hat{\boldsymbol{\nu}}[f]_-^+\,\varphi\,d\Sigma \tag{5.36}$$

其中$\hat{\boldsymbol{\nu}}$是表面Σ的单位法向矢量。式 (5.36) 右边体积分中的函数$\boldsymbol{\nabla} f$一般在跨过表面Σ时是不连续的；从分布理论的角度，它在Σ面上的值是无关紧要的。把$\boldsymbol{\nabla} f$用相应的常规分布$\mathcal{D}(\boldsymbol{\nabla} f)$替代，并利用 (5.30) 的定义，我们得到

$$\langle \boldsymbol{\nabla}(\mathcal{D}f), \varphi \rangle = \langle \mathcal{D}(\boldsymbol{\nabla} f) + \hat{\boldsymbol{\nu}}[f]_-^+ \delta_\Sigma, \varphi \rangle \tag{5.37}$$

式 (5.37) 表明$\boldsymbol{\nabla}(\mathcal{D}f)$和$\mathcal{D}(\boldsymbol{\nabla} f) + \hat{\boldsymbol{\nu}}[f]_-^+ \delta_\Sigma$赋予每一个测试函数$\varphi$相同的标量；因而它们一定是同一个奇异分布：

$$\boldsymbol{\nabla}(\mathcal{D}f) = \mathcal{D}(\boldsymbol{\nabla} f) + \hat{\boldsymbol{\nu}}[f]_-^+ \delta_\Sigma \tag{5.38}$$

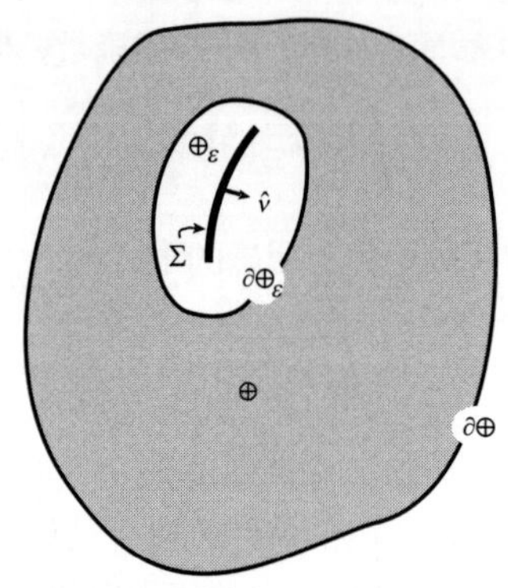

图 5.4 图中阴影表示公式 (5.35) 中的积分体积$\oplus - \oplus_\varepsilon$。在$\varepsilon \to 0$的极限情形，内边界$\partial\oplus_\varepsilon$塌缩到被包覆的不连续面$\Sigma$上

用一个不够严谨的说法，式 (5.38) 的结果表明f的梯度处处是“普通”梯度$\boldsymbol{\nabla} f$，除了在表面Σ上会有因不连续跃变$[f]_-^+$而产生的一个额外的δ函数贡献。我们也许对以下一维而非三维的类似结果更加熟悉：

$$d(\mathcal{D}f)/dx = \mathcal{D}(df/dx) + [f]_-^+ \delta_0 \tag{5.39}$$

式 (5.39) 中的函数f处处光滑，只有在$x = x_0$处有一个不连续的跃变$[f]_-^+$。它的导数$d(\mathcal{D}f)/dx$包含一个“普通”贡献$\mathcal{D}(df/dx)$和一个奇异贡献$[f]_-^+ \delta_0$。

5.2.3 理想断层

一个*理想断层*是$\oplus$内的一个表面Σ^t，跨过该表面有一个切向的不连续滑动$\boldsymbol{\Delta}\mathbf{s} = [\mathbf{s}]_-^+$。断层面的两侧不容许分离或相互穿透，因而我们有

$$\hat{\boldsymbol{\nu}} \cdot \boldsymbol{\Delta}\mathbf{s} = 0, \quad 在\,\Sigma^t\,上 \tag{5.40}$$

此外，滑动$\boldsymbol{\Delta}\mathbf{s}$在瞬时的断层边缘$\partial\Sigma^t$上必须为零，除非在该边缘与固态地表或海底相交的地方。Σ^t和$\partial\Sigma^t$的上角标表示发生破裂的区域一般是随时间变化的，因为滑动会以一个点为核心向外扩展。我们假设在地球内部线性弹性本构关系$\mathbf{T}^{\mathrm{L}1} = \boldsymbol{\Upsilon} : \boldsymbol{\nabla}\mathbf{s}$在$\Sigma^t$面以外处处成立。因此，可以认为胡克定律的失效仅局限于无穷薄的断层上。

真实物理应力 $\mathbf{T}^{\mathrm{L1}}_{\mathrm{true}}$ 在跨越断层时一般是不连续的，但是相应的分布 $\mathcal{D}(\mathbf{T}^{\mathrm{L1}}_{\mathrm{true}})$ 是常规的：

$$\mathcal{D}(\mathbf{T}^{\mathrm{L1}}_{\mathrm{true}}) = \boldsymbol{\Upsilon}:\mathcal{D}(\boldsymbol{\nabla}\mathbf{s}) \tag{5.41}$$

然而胡克模型应力却是奇异分布

$$\mathbf{T}^{\mathrm{L1}}_{\mathrm{model}} = \boldsymbol{\Upsilon}:\boldsymbol{\nabla}(\mathcal{D}\mathbf{s}) \tag{5.42}$$

应力过剩，即模型与真实应力之间的差 $\mathbf{T}^{\mathrm{L1}}_{\mathrm{model}} - \mathcal{D}(\mathbf{T}^{\mathrm{L1}}_{\mathrm{true}})$，当然就是

$$\mathbf{S} = \boldsymbol{\Upsilon}:[\boldsymbol{\nabla}(\mathcal{D}\mathbf{s}) - \mathcal{D}(\boldsymbol{\nabla}\mathbf{s})] = (\boldsymbol{\Upsilon}:\hat{\boldsymbol{\nu}}\boldsymbol{\Delta}\mathbf{s})\delta_{\Sigma^t} \tag{5.43}$$

这里我们使用了分布的求导关系 (5.38)。为方便起见，可以定义断层面上的*应力过剩密度*

$$\mathbf{m} = \boldsymbol{\Upsilon}:\hat{\boldsymbol{\nu}}\boldsymbol{\Delta}\mathbf{s} \tag{5.44}$$

利用应力过剩密度，我们可以把 (5.43) 写成

$$\mathbf{S} = \mathbf{m}\delta_{\Sigma^t} \tag{5.45}$$

(5.45) 中的理想断层的应力过剩是一个奇异分布，它除了在胡克定律失效的断层面 Σ^t 上不为零以外，在其他地方处处为零。$\mathbf{m}$ 这个量也被称为*表面地震矩密度张量*，它是滑动断层的每个无穷小面元上单位面积上的应力过剩。在一个一般各向异性地球模型中，四阶张量 $\boldsymbol{\Upsilon}$ 与弹性张量 $\boldsymbol{\Gamma}$ 之间有一定关系 $\Upsilon_{ijkl} = \Gamma_{ijkl} + \frac{1}{2}(-T^0_{ij}\delta_{kl} + T^0_{kl}\delta_{ij} + T^0_{ik}\delta_{jl} + T^0_{jk}\delta_{il} - T^0_{il}\delta_{jk} - T^0_{jl}\delta_{ik})$。一个不连续函数与狄拉克分布的乘积是没有定义的；因此，有必要要求在跨越断层时 $\boldsymbol{\Upsilon}$ 是连续的：

$$[\boldsymbol{\Upsilon}]^+_- = \mathbf{0}, \quad 在\,\Sigma^t\,上 \tag{5.46}$$

(5.45) 在断层与海底相交或穿过固–固不连续面时成立；但是，由于上式的条件，它不适用于断层与 Σ_{SS} 的一部分有重叠的情形。

利用 (5.6) 得到的等效体力密度 $\mathbf{f}$ 与面力密度 $\mathbf{t}$ 是

$$\mathbf{f} = -\mathbf{m}\cdot\boldsymbol{\nabla}\delta_{\Sigma^t}, \quad 在\oplus内, \qquad \mathbf{t} = (\hat{\mathbf{n}}\cdot\mathbf{m})\,\delta_{\Sigma^t}, \quad 在\,\partial\oplus\,上 \tag{5.47}$$

体力密度 $\mathbf{f}$ 在瞬时断层面 Σ^t 之外处处为零，而面力密度 $\mathbf{t}$ 也在可见的破裂迹线 $\partial\Sigma^t \cap \partial\oplus$ 之外处处为零。很容易证明 (5.47) 中的等效力作用在地球上的净力与净力矩满足 (5.17) 的约束。由于表面地震矩密度张量的对称性：$\mathbf{m}^{\mathrm{T}} = \mathbf{m}$，力矩 $\boldsymbol{\mathcal{N}}$ 为零。该对称性同时保证 $\mathbf{m}$ 总是能够写成对角的形式：

$$\mathbf{m} = m_+\hat{\mathbf{e}}_+\hat{\mathbf{e}}_+ + m_0\hat{\mathbf{e}}_0\hat{\mathbf{e}}_0 + m_-\hat{\mathbf{e}}_-\hat{\mathbf{e}}_- \tag{5.48}$$

其中 $m_+ \geqslant m_0 \geqslant m_-$ 为本征值，$\hat{\mathbf{e}}_+$、$\hat{\mathbf{e}}_0$、$\hat{\mathbf{e}}_-$ 为相应的归一化本征矢量。如图 5.5 所示，等效体力密度 $\mathbf{f}$ 可以被看作是分布在 Σ^t 上的互相垂直的*线形矢量偶极子*，其强度分别为 m_+、m_0、m_-。本征值为正的偶极子方向“向外”，本征值为负的偶极子方向“向内”。

在一个具有流体静力学初始应力的各向同性地球模型中，张量 $\boldsymbol{\Upsilon}$ 可以写成 $\Upsilon_{ijkl} = \Gamma_{ijkl} = (\kappa - \dfrac{2}{3}\mu)\delta_{ij}\delta_{kl} + \mu(\delta_{ik}\delta_{jl} + \delta_{il}\delta_{jk})$，其中 κ 是等熵不可压缩性，μ 是刚性。表面地震矩密度张量 (5.44) 可因此简化为

$$\mathbf{m} = \mu\Delta s(\hat{\boldsymbol{\nu}}\hat{\boldsymbol{\sigma}} + \hat{\boldsymbol{\sigma}}\hat{\boldsymbol{\nu}}) \tag{5.49}$$

其中Δs是滑动矢量的大小，$\hat{\boldsymbol{\sigma}}$ 为其方向，即$\Delta \mathbf{s} = \Delta s\, \hat{\boldsymbol{\sigma}}$。各向同性地球模型中的等效体力密度 $\mathbf{f}$ 可被视为断层面Σ^t上的双力偶分布；这一为人熟知的表述已经在许多地震学研究中得到应用。另外，我们也可以把$\mathbf{m}$写成对角的形式

$$\mathbf{m} = \mu\Delta s(\hat{\mathbf{e}}_+\hat{\mathbf{e}}_+ - \hat{\mathbf{e}}_-\hat{\mathbf{e}}_-) \tag{5.50}$$

其中$\hat{\mathbf{e}}_\pm = (\hat{\boldsymbol{\nu}} \pm \hat{\boldsymbol{\sigma}})/\sqrt{2}$，同时把$\mathbf{f}$看作是大小相等、方向相反的线形矢量偶极子分布，如图5.5所示。如同所预期的，(5.49) 中的表述与前面得到的垂直走滑断层的结果 (5.23) 一致。

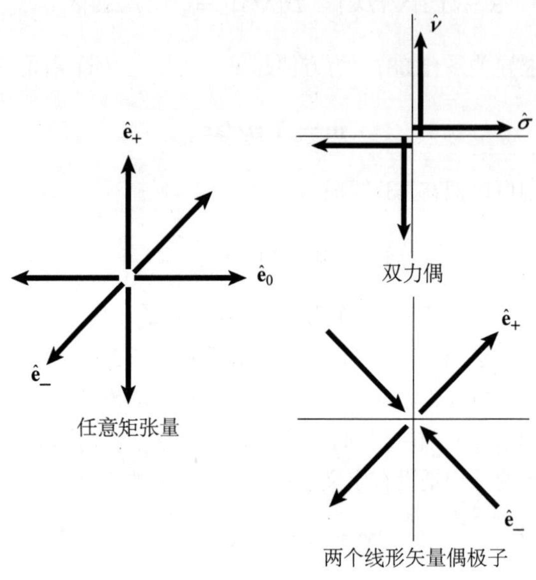

图 5.5 (*左*) 与任意地震矩密度张量$\mathbf{m}$相应的等效体力密度$\mathbf{f}$。很明显，这种线形矢量偶极子分布对地球的净力和净力矩作用均为零。(*右*) 在具有流体静力学初始应力的各向同性地球中，$\mathbf{f}$可以被想象成是地震矩为$\mu\Delta s$的反向力偶分布，称为双力偶 (*右上*)，也可以是与断层面夹45度角的两个互相正交的线形矢量偶极子分布 (*右下*)

一个理想断层源产生的位移可以用表面地震矩密度张量表示为

$$\mathbf{s}(\mathbf{x},t) = \mathrm{Re}\sum_k (i\omega_k)^{-1}\mathbf{s}_k(\mathbf{x})\int_{-\infty}^{t} C_k(t')\exp i\omega_k(t-t')\,dt' \tag{5.51}$$

其中

$$C_k(t) = \int_{\Sigma^t} \mathbf{m}(\mathbf{x},t):\boldsymbol{\varepsilon}_k^*(\mathbf{x})\,d\Sigma \tag{5.52}$$

同样地，破裂停止后的加速度响应可以写成

$$\mathbf{a}(\mathbf{x},t) = \mathrm{Re}\sum_k c_k \exp(i\omega_k t)\mathbf{s}_k(\mathbf{x}), \quad t \geqslant t_\mathrm{f} \tag{5.53}$$

其中

$$c_k = \int_{t_0}^{t_\mathrm{f}}\int_{\Sigma^t} \partial_t\mathbf{m}(\mathbf{x},t):\boldsymbol{\varepsilon}_k^*(\mathbf{x})\exp(-i\omega_k t)\,d\Sigma\,dt \tag{5.54}$$

上述结果只要将 (5.45) 代入普遍公式 (5.18)–(5.22) 中即可得到。

以上推导固然给人一种奇妙的感觉；数学支撑一旦建立，(5.47) 的等效力表述就像凭空出现一样轻松地获得。我们已经尽可能地在讨论中以物理意义为主，但必须承认，对于初学者来说，应力过剩并不是一个容易理解的物理概念。特别是很难设想出一个能够由实验家设计制造的"应力过剩测量仪"。因此，考虑到 (5.47) 结果的重要性，在下一步讨论之前，我们用一个更传统的伯里奇-诺波夫 (Burridge-Knopoff) 方法再把它推导一遍。

★5.3 伯里奇-诺波夫方法

要想得到在体力密度 $\mathbf{f}$ 和表面牵引力 $\mathbf{t}$ 作用下产生的位移 $\mathbf{s}$，我们需求解下列方程及边界条件

$$\rho^0(\partial_t^2\mathbf{s} + 2\boldsymbol{\Omega}\times\partial_t\mathbf{s}) - \boldsymbol{\nabla}\cdot\mathbf{T}^{\mathrm{PK1}} + \rho^0\boldsymbol{\nabla}\phi^{\mathrm{E1}} + \rho^0\mathbf{s}\cdot\boldsymbol{\nabla\nabla}(\phi^0+\psi) = \mathbf{f}, \quad \text{在}\oplus\text{内} \tag{5.55}$$

$$\hat{\mathbf{n}}\cdot\mathbf{T}^{\mathrm{PK1}} = \mathbf{t}, \quad \text{在}\partial\oplus\text{上} \tag{5.56}$$

$$[\hat{\mathbf{n}}\cdot\mathbf{T}^{\mathrm{PK1}}]_-^+ = \mathbf{0}, \quad \text{在}\Sigma_{\mathrm{SS}}\text{上} \tag{5.57}$$

$$[\mathbf{t}^{\mathrm{PK1}}]_-^+ = \hat{\mathbf{n}}[\hat{\mathbf{n}}\cdot\mathbf{t}^{\mathrm{PK1}}]_-^+ = \mathbf{0}, \quad \text{在}\Sigma_{\mathrm{FS}}\text{上} \tag{5.58}$$

同样地，对一组不同的力密度 $\overline{\mathbf{f}}$ 和 $\overline{\mathbf{t}}$，以反向角速度 $\boldsymbol{\Omega}\to-\boldsymbol{\Omega}$ 自转的逆转地球的响应 $\overline{\mathbf{s}}$ 可以通过求解下列方程和边界条件得到

$$\rho^0(\partial_t^2\overline{\mathbf{s}} - 2\boldsymbol{\Omega}\times\partial_t\overline{\mathbf{s}}) - \boldsymbol{\nabla}\cdot\overline{\mathbf{T}}^{\mathrm{PK1}} + \rho^0\boldsymbol{\nabla}\overline{\phi}^{\mathrm{E1}} + \rho^0\overline{\mathbf{s}}\cdot\boldsymbol{\nabla\nabla}(\phi^0+\psi) = \overline{\mathbf{f}}, \quad \text{在}\oplus\text{内} \tag{5.59}$$

$$\hat{\mathbf{n}}\cdot\overline{\mathbf{T}}^{\mathrm{PK1}} = \overline{\mathbf{t}}, \quad \text{在}\partial\oplus\text{上} \tag{5.60}$$

$$[\hat{\mathbf{n}}\cdot\overline{\mathbf{T}}^{\mathrm{PK1}}]_-^+ = \mathbf{0}, \quad \text{在}\Sigma_{\mathrm{SS}}\text{上} \tag{5.61}$$

$$[\overline{\mathbf{t}}^{\mathrm{PK1}}]_-^+ = \hat{\mathbf{n}}[\hat{\mathbf{n}}\cdot\overline{\mathbf{t}}^{\mathrm{PK1}}]_-^+ = \mathbf{0}, \quad \text{在}\Sigma_{\mathrm{FS}}\text{上} \tag{5.62}$$

我们将 $\overline{\mathbf{s}}$ 与动量方程 (5.55) 做点乘，将 $\mathbf{s}$ 与逆转地球动量方程 (5.59) 做点乘，并在地球模型 $\oplus$ 内积分，同时使用高斯定理。与前面的推导一样，在 $\partial\oplus\cup\Sigma_{\mathrm{SS}}\cup\Sigma_{\mathrm{FS}}$ 上包含跃变 $[\hat{\mathbf{n}}\cdot\mathbf{T}^{\mathrm{PK1}}\cdot\overline{\mathbf{s}}]_-^+$ 和 $[\hat{\mathbf{n}}\cdot\overline{\mathbf{T}}^{\mathrm{PK1}}\cdot\mathbf{s}]_-^+$ 的面积分以及体积分中的埃尔米特项均被消掉，只剩下

$$\int_\oplus[\rho^0\overline{\mathbf{s}}\cdot\partial_t^2\mathbf{s} + 2\rho^0\overline{\mathbf{s}}\cdot(\boldsymbol{\Omega}\times\partial_t\mathbf{s}) - \overline{\mathbf{s}}\cdot\mathbf{f}]\,dV - \int_{\partial\oplus}\overline{\mathbf{s}}\cdot\mathbf{t}\,d\Sigma = \int_\oplus[\rho^0\mathbf{s}\cdot\partial_t^2\overline{\mathbf{s}} - 2\rho^0\mathbf{s}\cdot(\boldsymbol{\Omega}\times\partial_t\overline{\mathbf{s}}) - \mathbf{s}\cdot\overline{\mathbf{f}}]\,dV - \int_{\partial\oplus}\mathbf{s}\cdot\overline{\mathbf{t}}\,d\Sigma \tag{5.63}$$

方程 (5.63) 中有上横线和无上横线的量即使是在不同时刻的取值也是成立的；为方便起见，可以假定 $\mathbf{f}$、$\mathbf{t}$、$\mathbf{s}$ 均在 t 时刻取值，而 $\overline{\mathbf{f}}$、$\overline{\mathbf{t}}$、$\overline{\mathbf{s}}$ 均在 $-t$ 时刻取值。在 $-\infty\leqslant t\leqslant\infty$ 上对时间做分部积分，我们得到

$$\int_{-\infty}^{\infty}\int_{\oplus}\mathbf{s}(\mathbf{x},t)\cdot\bar{\mathbf{f}}(\mathbf{x},-t)\,dV\,dt + \int_{-\infty}^{\infty}\int_{\partial\oplus}\mathbf{s}(\mathbf{x},t)\cdot\bar{\mathbf{t}}(\mathbf{x},-t)\,d\Sigma\,dt = \int_{-\infty}^{\infty}\int_{\oplus}\bar{\mathbf{s}}(\mathbf{x},-t)\cdot\mathbf{f}(\mathbf{x},t)\,dV\,dt + \int_{-\infty}^{\infty}\int_{\partial\oplus}\bar{\mathbf{s}}(\mathbf{x},-t)\cdot\mathbf{t}(\mathbf{x},t)\,d\Sigma\,dt \tag{5.64}$$

力$\mathbf{f}$、$\mathbf{t}$和$\bar{\mathbf{f}}$、$\bar{\mathbf{t}}$既可以假定是逐渐开启的，或者是在过去某个有限的时刻开始的，因而根据因果条件，来自$\pm\infty$的贡献均为零。公式 (5.64) 是经典的贝蒂 (Betti) 互易性关系在有自转和自引力地球情形的推广。值得注意的是，它同时依赖于逆转地球以及实际地球。

现在假设两个施加的表面牵引力均为零，即$\mathbf{t}=\bar{\mathbf{t}}=\mathbf{0}$，同时两个体力均为脉冲点力：

$$\mathbf{f}(\mathbf{x},t)=\hat{\mathbf{x}}_q\,\delta(\mathbf{x}-\mathbf{x}')\,\delta(t-t') \tag{5.65}$$

$$\bar{\mathbf{f}}(\mathbf{x}',t')=\hat{\mathbf{x}}_p\,\delta(\mathbf{x}'-\mathbf{x})\,\delta(t'+t) \tag{5.66}$$

此时相应的响应可以用格林张量$\mathbf{G}$和逆转地球格林张量$\overline{\mathbf{G}}$表示成

$$s_p(\mathbf{x},t)=G_{pq}(\mathbf{x},\mathbf{x}';t-t') \tag{5.67}$$

$$\overline{s}_q(\mathbf{x}',t')=\overline{G}_{qp}(\mathbf{x}',\mathbf{x};t'+t) \tag{5.68}$$

贝蒂关系 (5.64) 简化为$s_p(\mathbf{x},t)=\overline{s}_q(\mathbf{x}',-t')$，或是等价的

$$\mathbf{G}(\mathbf{x},\mathbf{x}';t-t')=\overline{\mathbf{G}}^{\mathrm{T}}(\mathbf{x}',\mathbf{x};t-t') \tag{5.69}$$

公式 (5.69) 正是我们在前面 4.2.6 节所建立的*广义源点–接收点互易性原理*。

取$\bar{\mathbf{t}}$为零，$\bar{\mathbf{f}}$为 (5.66) 的脉冲形式，令$\mathbf{f}$和$\mathbf{t}$为任意形式，我们有

$$\mathbf{s}(\mathbf{x},t)=\int_{-\infty}^{t}\int_{\oplus}\overline{\mathbf{G}}^{\mathrm{T}}(\mathbf{x}',\mathbf{x};t-t')\cdot\mathbf{f}(\mathbf{x}',t')\,dV'\,dt' + \int_{-\infty}^{t}\int_{\partial\oplus}\overline{\mathbf{G}}^{\mathrm{T}}(\mathbf{x}',\mathbf{x};t-t')\cdot\mathbf{t}(\mathbf{x}',t')\,d\Sigma'\,dt' \tag{5.70}$$

这里我们认出 (5.68) 式，并且利用了逆转地球格林张量$\overline{\mathbf{G}}(\mathbf{x},\mathbf{x}';t-t')$在$t<t'$时为零的特性。利用互易性关系 (5.69)，我们可以从式 (5.70) 中消去所有对逆转地球的依赖性：

$$\mathbf{s}(\mathbf{x},t)=\int_{-\infty}^{t}\int_{\oplus}\mathbf{G}(\mathbf{x},\mathbf{x}';t-t')\cdot\mathbf{f}(\mathbf{x}',t')\,dV'\,dt' + \int_{-\infty}^{t}\int_{\partial\oplus}\mathbf{G}(\mathbf{x},\mathbf{x}';t-t')\cdot\mathbf{t}(\mathbf{x}',t')\,d\Sigma'\,dt' \tag{5.71}$$

公式 (5.71) 用与格林张量 $\mathbf{G}$ 做卷积的形式给出了对施加的力$\mathbf{f}$和$\mathbf{t}$的响应$\mathbf{s}$。在 4.2.7 节中我们曾利用这一直觉上显而易见的结果把该响应表示为简正模式的叠加。

我们接下来假设施加的面力$\mathbf{t}$和$\bar{\mathbf{t}}$为零，但是在地球内部有断层面Σ^t，跨过该面位移 $\mathbf{s}$和$\bar{\mathbf{s}}$可

以不连续。重复我们在推导 (5.64) 时所采用的思路，可以得到

$$\int_{-\infty}^{\infty}\int_{\oplus}\mathbf{s}(\mathbf{x},t)\cdot\bar{\mathbf{f}}(\mathbf{x},-t)\,dV\,dt \\ -\int_{-\infty}^{\infty}\int_{\Sigma^t}[\hat{\boldsymbol{\nu}}(\mathbf{x})\cdot\overline{\mathbf{T}}^{\mathrm{PK1}}(\mathbf{x},-t)\cdot\mathbf{s}(\mathbf{x},t)]_-^+\,d\Sigma\,dt = \\ \int_{-\infty}^{\infty}\int_{\oplus}\bar{\mathbf{s}}(\mathbf{x},-t)\cdot\mathbf{f}(\mathbf{x},t)\,dV\,dt \\ -\int_{-\infty}^{\infty}\int_{\Sigma^t}[\hat{\boldsymbol{\nu}}(\mathbf{x})\cdot\mathbf{T}^{\mathrm{PK1}}(\mathbf{x},t)\cdot\bar{\mathbf{s}}(\mathbf{x},-t)]_-^+\,d\Sigma\,dt \tag{5.72}$$

上式为贝蒂互易性关系的推广。式 (5.72) 中的面积分并不为零，这一点与固–液边界 Σ_{FS} 上相应的积分并不相同，因为在断层面 Σ^t 上并不是没有摩擦力的。要使 (5.72) 成立并不需要假定断层是完全处于地壳或上地幔的某个光滑区域内部。如果 Σ^t 与固态自由表面 $\partial\oplus$ 或海底 Σ_{FS} 相交，或是穿过一个固–固不连续面 Σ_{SS}，那么就必须在积分时使用高斯定理，如图 5.6 所示。

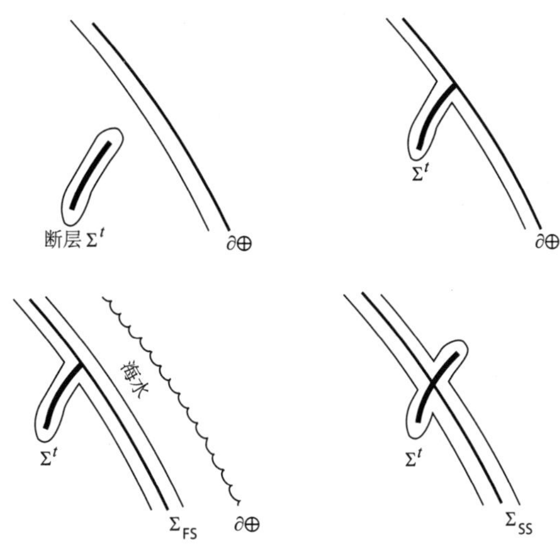

图 5.6 在推导广义贝蒂互易性关系 (5.72) 中积分处理的示意图。细线表示在使用高斯定理时必须考虑的积分面；在每一种情形中，可以想象这些面都需要变形，以使积分区域为整个地球 $\oplus$。(左上) 若断层完全掩埋于地球 $\oplus$ 的一个光滑的固态区域内，则积分面包括自由表面 $\partial\oplus$ 的外侧和 Σ^t 的双侧。(右上) 若断层面与固态自由表面相交，则积分面必须以“单侧”方式包覆住 Σ^t；此时出露的断层迹线 $\partial\Sigma^t\cap\partial\oplus$ 对 (5.75) 中的线积分没有贡献。(右下) 若断层穿过一个固–固不连续面，则积分面必须把 Σ^t 和 Σ_{SS} 同时包覆住。(左下) 如果断层与海床相接，则 $\partial\Sigma^t\cap\Sigma_{\mathrm{FS}}$ 对 (5.75) 中的线积分没有贡献

为了应用 (5.72)，我们再次取 $\bar{\mathbf{f}}$ 为 (5.66) 一样的单位脉冲形式，并取 $\mathbf{f}$ 为零；将位移 $\mathbf{s}$ 看作是对断层破裂的响应。借助广义互易性关系 (5.69) 以及麦克斯韦关系 $\Lambda_{ijkl}=\Lambda_{klij}$，将逆转地球中的位移 $\bar{\mathbf{s}}$ 和与其相关的应力 $\overline{\mathbf{T}}^{\mathrm{PK1}}$ 用格林张量 $\mathbf{G}$ 表示，我们得到

$$s_p(\mathbf{x},t)=\int_{-\infty}^{t}\int_{\Sigma^t}[\partial_i' G_{pj}(\mathbf{x},\mathbf{x}';t-t')\Lambda_{ijkl}(\mathbf{x}')\nu_k(\mathbf{x}')s_l(\mathbf{x}',t')$$
$$-G_{pj}(\mathbf{x},\mathbf{x}';t-t')\nu_i(\mathbf{x}')T_{ij}^{\mathrm{PK1}}(\mathbf{x}',t')]_-^+\,d\Sigma'\,dt' \tag{5.73}$$

其中∂_i'代表对坐标x_i'的偏导数。牵引力增量$\hat{\boldsymbol{\nu}}\cdot\mathbf{T}^{\mathrm{PK1}}$满足线性化的动力学边界条件(3.73)，该条件可以写成更方便的分量形式：

$$[\nu_i T_{ij}^{\mathrm{PK1}}]_-^+=[\partial_i^{\Sigma}(s_i\nu_k T_{kj}^0)]_-^+ \tag{5.74}$$

这里$\partial_i^{\Sigma}=\partial_i-\nu_i(\nu_j\partial_j)$。利用式(5.74)以及附录中的二维形式的高斯定理(A.77)–(A.78)，我们可以把(5.73)右边的第二项表示成

$$\int_{\Sigma^t}[G_{pj}\nu_i T_{ij}^{\mathrm{PK1}}]_-^+\,d\Sigma'=\int_{\partial\Sigma_{\mathrm{c}}^t}G_{pj}[\nu_k T_{kj}^0 b_i s_i]_-^+\,dL'$$
$$-\int_{\Sigma^t}\partial_i' G_{pj}[\nu_k T_{kj}^0 s_i]_-^+\,d\Sigma' \tag{5.75}$$

其中$\hat{\mathbf{b}}$为在$\partial\Sigma^t$上与Σ^t相切且指向Σ^t外部的单位法向矢量。公式(5.75)中的线积分只需在掩埋部分的断层边界上计算，那里积分面折叠在自身上面，如图5.6所示；在这种瞬时破裂前缘或断裂尖端$\partial\Sigma_{\mathrm{c}}^t$，滑动量$\boldsymbol{\Delta}\mathbf{s}$趋于零，因而其贡献为零。将(5.73)和(5.75)中剩下的面积分合并，再利用弹性张量关系式(3.123)，我们可以把对Σ^t上给定滑动分布$\boldsymbol{\Delta}\mathbf{s}$的响应写为一个简洁的形式

$$s_p(\mathbf{x},t)=\int_{-\infty}^{t}\int_{\Sigma^t}\partial_i' G_{pj}(\mathbf{x},\mathbf{x}';t-t')m_{ij}(\mathbf{x}',t')\,d\Sigma'\,dt' \tag{5.76}$$

其中$\mathbf{m}=\boldsymbol{\Upsilon}:\hat{\boldsymbol{\nu}}\boldsymbol{\Delta}\mathbf{s}$是表面地震矩密度张量。在(5.76)的推导中，我们假定初始静态应力在断层两侧是连续的，即$[\mathbf{T}^0]_-^+=\mathbf{0}$，同时使用了运动学边界条件$\hat{\boldsymbol{\nu}}\cdot\boldsymbol{\Delta}\mathbf{s}=0$。我们还假定了格林张量及其梯度是连续的，即$[\mathbf{G}]_-^+=\mathbf{0}$和$[\boldsymbol{\nabla}'\mathbf{G}]_-^+=\mathbf{0}$。由于后一个限制，断层面不能与$\Sigma_{\mathrm{SS}}$有重叠的部分。将位移$\mathbf{s}$用$\mathbf{m}$表示的公式 (5.76)有时候被称为沃尔泰拉(Volterra)表述定理。

为了确定等效体力和面力密度$\mathbf{f}$和$\mathbf{t}$，我们把格林张量的梯度改写为

$$\partial_i' G_{pj}(\mathbf{x},\mathbf{x}';t-t')=\int_{\oplus}\delta(\mathbf{x}''-\mathbf{x}')\,\partial_i'' G_{pj}(\mathbf{x},\mathbf{x}'';t-t')\,dV''$$
$$=\int_{\partial\oplus}\delta(\mathbf{x}''-\mathbf{x}')\,n_i(\mathbf{x}'')G_{pj}(\mathbf{x},\mathbf{x}'';t-t')\,d\Sigma''$$
$$-\int_{\oplus}\partial_i''\delta(\mathbf{x}''-\mathbf{x}')\,G_{pj}(\mathbf{x},\mathbf{x}'';t-t')\,dV'' \tag{5.77}$$

其中$\delta(\mathbf{x}''-\mathbf{x}')$是狄拉克分布。将(5.77)代入沃尔泰拉表述定理(5.76)，我们有

$$\mathbf{s}(\mathbf{x},t)=\int_{-\infty}^{t}\int_{\oplus}\mathbf{G}(\mathbf{x},\mathbf{x}';t-t')\cdot\mathbf{f}(\mathbf{x}',t')\,dV'\,dt'$$
$$+\int_{-\infty}^{t}\int_{\partial\oplus}\mathbf{G}(\mathbf{x},\mathbf{x}';t-t')\cdot\mathbf{t}(\mathbf{x}',t')\,d\Sigma'\,dt' \tag{5.78}$$

其中

$$\mathbf{f}(\mathbf{x},t)=-\int_{\Sigma^t}\mathbf{m}(\mathbf{x}',t)\cdot\boldsymbol{\nabla}\delta(\mathbf{x}-\mathbf{x}')\,d\Sigma',\quad 在\oplus内 \tag{5.79}$$

$$\mathbf{t}(\mathbf{x},t) = \hat{\mathbf{n}}(\mathbf{x}) \cdot \int_{\Sigma^t} \mathbf{m}(\mathbf{x}',t)\,\delta(\mathbf{x}-\mathbf{x}')\,d\Sigma', \quad \text{在}\,\partial\oplus\,\text{上} \tag{5.80}$$

公式 (5.79)–(5.80) 与 (5.47) 一样，只是用了不同的符号而已；两个结果均给出理想断层的等效力密度 $\mathbf{f}$ 和 $\mathbf{t}$。Dahlen (1972) 首次用上述的推导得到了在具有非流体静力学初始应力的自引力地球中断层的等效体力和面力密度公式。

5.4 点源近似

在简正模式和面波地震学中，我们所感兴趣的周期范围通常比震源的持续时间长很多，波长也远超过震源的尺度。在这种情形下，前面的结果可以大大简化。我们将介绍几种常用的点源近似，除了具有动态滑动矢量 $\boldsymbol{\Delta}\mathbf{s}$ 的理想断层源以外，也考虑具有给定的应力过剩张量 $\mathbf{S}$ 的一般内在源。

5.4.1 地震矩张量

(5.22) 式给定的简正模式的复数激发振幅 c_k 是一个在震源体积 S^t 上和在震源持续时间 $t_0 \leqslant t \leqslant t_{\mathrm{f}}$ 内的积分。在长波长和长周期的极限情况下，我们可以把积分中的量 $\boldsymbol{\varepsilon}_k^*(\mathbf{x})\exp(-i\omega_k t)$ 以常量替代：

$$\boldsymbol{\varepsilon}_k^*(\mathbf{x})\exp(-i\omega_k t) = \boldsymbol{\varepsilon}_k^*(\mathbf{x}_{\mathrm{s}})\exp(-i\omega_k t_{\mathrm{s}}) \tag{5.81}$$

于是振幅 c_k 简化为 $c_k = \mathbf{M}:\boldsymbol{\varepsilon}_k^*(\mathbf{x}_{\mathrm{s}})\exp(-i\omega_k t_{\mathrm{s}})$，其中

$$\mathbf{M} = \int_{t_0}^{t_{\mathrm{f}}}\int_{S^t} \partial_t\mathbf{S}\,dV\,dt \tag{5.82}$$

注意到 $\mathbf{S}$ 在 $S^{\mathrm{f}} - S^t$ 内为零，其中 S^{f} 是 t_{f} 时刻的震源体积。我们将积分顺序交换，(5.82) 式可改写成

$$\mathbf{M} = \int_{S^{\mathrm{f}}} \mathbf{S}_{\mathrm{f}}\,dV \tag{5.83}$$

其中 $\mathbf{S}_{\mathrm{f}}$ 表示应力过剩的最终稳态值。$\mathbf{M}$ 称为震源的矩张量。

在这一最低阶的点源近似中，应力过剩率是一个时–空上的狄拉克分布：

$$\partial_t\mathbf{S} = \mathbf{M}\,\delta(\mathbf{x}-\mathbf{x}_{\mathrm{s}})\,\delta(t-t_{\mathrm{s}}) \tag{5.84}$$

与此相应的等效体力密度 $\mathbf{f}$ 与面力密度 $\mathbf{t}$ (5.6) 分别是

$$\mathbf{f} = -\mathbf{M}\cdot\boldsymbol{\nabla}\delta(\mathbf{x}-\mathbf{x}_{\mathrm{s}})\,H(t-t_{\mathrm{s}}), \qquad \mathbf{t} = \mathbf{0} \tag{5.85}$$

这里的 $H(t-t_{\mathrm{s}})$ 是亥维赛阶梯函数。$\mathbf{x}_{\mathrm{s}}$ 和 t_{s} 分别为基准震源位置和发震时刻。对这一脉冲矩张量源的位移响应 (5.18) 为

$$\mathbf{s}(\mathbf{x},t) = \mathrm{Re}\sum_k \omega_k^{-2}\mathbf{M}:\boldsymbol{\varepsilon}_k^*(\mathbf{x}_{\mathrm{s}})\,\mathbf{s}_k(\mathbf{x})[1-\exp i\omega_k(t-t_{\mathrm{s}})] \tag{5.86}$$

这里应变上的星号在无自转地球的情形时是不需要的。其相应的加速度 (5.21) 为

$$\mathbf{a}(\mathbf{x},t) = \mathrm{Re}\sum_k \mathbf{M}:\boldsymbol{\varepsilon}_k^*(\mathbf{x}_\mathrm{s})\,\mathbf{s}_k(\mathbf{x})\exp i\omega_k(t-t_\mathrm{s}) \tag{5.87}$$

(5.86)–(5.87) 中的结果由 Gilbert (1971c) 首次得到，它们已成为众多确定震源机制工作的基础；不过原文中错误地将 $\mathbf{M}$ 看作是应力降的积分而不是应力过剩的积分。

一个理想断层的矩张量是

$$\mathbf{M} = \int_{\Sigma^\mathrm{f}} \boldsymbol{\Upsilon}:\hat{\boldsymbol{\nu}}\boldsymbol{\Delta}\mathbf{s}_\mathrm{f}\,d\Sigma \tag{5.88}$$

其中 Σ^f 是最终的断层面，而 $\boldsymbol{\Delta}\mathbf{s}_\mathrm{f}$ 是最终的断层稳态滑动量。在各向同性的流体静力学地球模型中，该结果简化为

$$\mathbf{M} = \int_{\Sigma^\mathrm{f}} \mu\Delta s_\mathrm{f}(\hat{\boldsymbol{\nu}}\hat{\boldsymbol{\sigma}} + \hat{\boldsymbol{\sigma}}\hat{\boldsymbol{\nu}})\,d\Sigma \tag{5.89}$$

这里 $\Delta s_\mathrm{f} = \|\boldsymbol{\Delta}\mathbf{s}_\mathrm{f}\|$。对于一个具有单向滑动的平面断层，地震矩张量 (5.89) 直接就是

$$\mathbf{M} = M_0(\hat{\boldsymbol{\nu}}\hat{\boldsymbol{\sigma}} + \hat{\boldsymbol{\sigma}}\hat{\boldsymbol{\nu}}), \quad \text{其中 } M_0 = \int_{\Sigma^\mathrm{f}} \mu\Delta s_\mathrm{f}\,d\Sigma \tag{5.90}$$

此处 M_0 是*标量地震矩*，它自从被 Aki (1966) 引入定量地震学以来，已经成为度量地震大小的标准。与地震矩张量 (5.90) 相关的等效体力 (5.85) 正是经典的*双力偶*点源。众所周知，在该近似下法向为 $\hat{\boldsymbol{\nu}}$ 的断层面与法向为 $\hat{\boldsymbol{\sigma}}$ 的*辅助面*是无法区分的。

更普遍地，任意矩张量源的标量地震矩 $\mathbf{M}_0$ 可以定义为

$$M_0 = \frac{1}{\sqrt{2}}(\mathbf{M}:\mathbf{M})^{1/2} \tag{5.91}$$

这里的因子 $1/\sqrt{2}$ 确保 (5.91) 与 Aki 给出的双力偶源的经典定义一致。与 (5.90) 类似，我们可以把任意震源的地震矩张量写成如下形式

$$\mathbf{M} = \sqrt{2}M_0\hat{\mathbf{M}} \tag{5.92}$$

这里的 $\hat{\mathbf{M}}$ 被称为*单位震源机制张量*，它满足归一化关系 $\hat{\mathbf{M}}:\hat{\mathbf{M}} = 1$。

5.4.2 矩心矩张量

式 (5.81) 中的常量 $\boldsymbol{\varepsilon}_k^*(\mathbf{x}_\mathrm{s})\exp(-i\omega_k t_\mathrm{s})$ 实际上就是变量 $\boldsymbol{\varepsilon}_k^*(\mathbf{x})\exp(-i\omega_k t)$ 的泰勒级数展开的零阶项。我们也可以保留接下来的一阶项, 以得到更好的近似:

$$\begin{aligned}\boldsymbol{\varepsilon}_k^*(\mathbf{x})\exp(-i\omega_k t) &= \boldsymbol{\varepsilon}_k^*(\mathbf{x}_\mathrm{s})\exp(-i\omega_k t_\mathrm{s})\\ &\quad + (\mathbf{x}-\mathbf{x}_\mathrm{s})\cdot\boldsymbol{\nabla}\boldsymbol{\varepsilon}_k^*(\mathbf{x}_\mathrm{s})\exp(-i\omega_k t_\mathrm{s})\\ &\quad - i\omega_k(t-t_\mathrm{s})\boldsymbol{\varepsilon}_k^*(\mathbf{x}_\mathrm{s})\exp(-i\omega_k t_\mathrm{s})\end{aligned} \tag{5.93}$$

在此情形下, 简正模式的激发振幅成为

$$\begin{aligned}c_k =& \mathbf{M}:\boldsymbol{\varepsilon}_k^*(\mathbf{x}_\mathrm{s})\exp(-i\omega_k t_\mathrm{s}) + \mathbf{D}\,\vdots\,\boldsymbol{\nabla}\boldsymbol{\varepsilon}_k^*(\mathbf{x}_\mathrm{s})\exp(-i\omega_k t_\mathrm{s})\\ &- i\omega_k\mathbf{H}:\boldsymbol{\varepsilon}_k^*(\mathbf{x}_\mathrm{s})\exp(-i\omega_k t_\mathrm{s})\end{aligned} \tag{5.94}$$

其中$\mathbf{M}$仍由(5.83)给出，此外

$$\mathbf{D}=\int_{t_0}^{t_f}\int_{S^t}(\mathbf{x}-\mathbf{x}_s)\partial_t\mathbf{S}\,dV\,dt \tag{5.95}$$

$$\mathbf{H}=\int_{t_0}^{t_f}\int_{S^t}(t-t_s)\partial_t\mathbf{S}\,dV\,dt \tag{5.96}$$

$\mathbf{D}$和$\mathbf{H}$分别为应力过剩率$\partial_t\mathbf{S}$的一阶空间矩和一阶时间矩，正如地震矩张量$\mathbf{M}$是它的零阶矩一样。这些矩都是相对于基准震源位置$\mathbf{x}_s$和发震时刻t_s所定义的。

遵循Backus (1977a; 1977b)的做法，我们定义矩心位置$\mathbf{x}_c$和矩心时间t_c分别为使得$\mathbf{D}$和$\mathbf{H}$两者在最小二乘意义上均为极小的$\mathbf{x}_s$和t_s的值。用$\mathbf{D}_c$和$\mathbf{H}_c$表示相对于该时–空矩心的一阶矩，我们要求

$$\mathbf{D}_c\,\vdots\,\mathbf{D}_c=(\mathbf{D}-\boldsymbol{\Delta}\mathbf{x}\,\mathbf{M})\,\vdots\,(\mathbf{D}-\boldsymbol{\Delta}\mathbf{x}\,\mathbf{M})=\text{极小值} \tag{5.97}$$

$$\mathbf{H}_c:\mathbf{H}_c=(\mathbf{H}-\Delta t\,\mathbf{M}):(\mathbf{H}-\Delta t\,\mathbf{M})=\text{极小值} \tag{5.98}$$

其中

$$\boldsymbol{\Delta}\mathbf{x}=\mathbf{x}_c-\mathbf{x}_s,\qquad \Delta t=t_c-t_s \tag{5.99}$$

矩心与基准震源$(\mathbf{x}_s,t_s)$之间的偏离 $\boldsymbol{\Delta}\mathbf{x}$和$\Delta t$为

$$\boldsymbol{\Delta}\mathbf{x}=\frac{\mathbf{D}:\mathbf{M}}{\mathbf{M}:\mathbf{M}},\qquad \Delta t=\frac{\mathbf{H}:\mathbf{M}}{\mathbf{M}:\mathbf{M}} \tag{5.100}$$

取极小值的两个张量

$$\mathbf{D}_c=\int_{t_0}^{t_f}\int_{S^t}(\mathbf{x}-\mathbf{x}_c)\partial_t\mathbf{S}\,dV\,dt \tag{5.101}$$

$$\mathbf{H}_c=\int_{t_0}^{t_f}\int_{S^t}(t-t_c)\partial_t\mathbf{S}\,dV\,dt \tag{5.102}$$

必须满足约束条件$\mathbf{D}_c:\mathbf{M}=\mathbf{0}$和$\mathbf{H}_c:\mathbf{M}=0$。

要给出任意震源的矩心$(\mathbf{x}_c,t_c)$的物理解释，我们可以通过定义一个归一化的标量应力过剩率密度：

$$\dot{m}=\frac{1}{2}M_0^{-2}(\mathbf{M}:\partial_t\mathbf{S}) \tag{5.103}$$

其中M_0为式(5.91)中的标量矩。上述标量密度在震源上的时–空积分是归一化的：

$$\int_{t_0}^{t_f}\int_{S^t}\dot{m}\,dV\,dt=1 \tag{5.104}$$

矩心偏移(5.100)可以用$\dot{m}$表示成

$$\boldsymbol{\Delta}\mathbf{x}=\int_{t_0}^{t_f}\int_{S^t}(\mathbf{x}-\mathbf{x}_s)\dot{m}\,dV\,dt \tag{5.105}$$

$$\Delta t=\int_{t_0}^{t_f}\int_{S^t}(t-t_s)\dot{m}\,dV\,dt \tag{5.106}$$

或是等价的

$$\mathbf{x}_{\mathrm{c}} = \int_{t_0}^{t_{\mathrm{f}}} \int_{S^t} \mathbf{x}\, \dot{m}\, dV\, dt, \qquad t_{\mathrm{c}} = \int_{t_0}^{t_{\mathrm{f}}} \int_{S^t} t\, \dot{m}\, dV\, dt \tag{5.107}$$

从 (5.107) 我们看到 $(\mathbf{x}_{\mathrm{c}}, t_{\mathrm{c}})$ 可以被看作是归一化应力过剩率的时–空中心；我们可以将 $\dot{m}$ 看作是一种标量的震源“电荷”密度。

在具有流体静力学初始应力的各向同性地球中，一个单向滑动的平面断层的归一化应力过剩率密度 (5.103) 为

$$\dot{m} = M_0^{-1} \mu \partial_t \Delta s\, \delta_{\Sigma^t} \tag{5.108}$$

其矩心坐标 (5.107) 为

$$\mathbf{x}_{\mathrm{c}} = \frac{1}{M_0} \int_{\Sigma^{\mathrm{f}}} \mathbf{x}\, \mu \Delta s_{\mathrm{f}}\, d\Sigma \tag{5.109}$$

$$t_{\mathrm{c}} = \frac{1}{M_0} \int_{t_0}^{t_{\mathrm{f}}} \int_{\Sigma^t} t\, \mu \partial_t \Delta s\, d\Sigma\, dt \tag{5.110}$$

这里的标量矩 M_0 由 (5.90) 给出。公式 (5.109) 表明空间矩心 $\mathbf{x}_{\mathrm{c}}$ 位于平面断层面上，这在物理的考量上是显而易见的。

在上述结果的实际应用中，相对于矩心 $(\mathbf{x}_{\mathrm{c}}, t_{\mathrm{c}})$ 的矩张量 $\mathbf{D}_{\mathrm{c}}$ 和 $\mathbf{H}_{\mathrm{c}}$ 一般是被忽略的。如果地震发生在具有流体静力学初始应力的各向同性地球中的一个单向滑动的平面断层上，这一处理是容许的。事实上，这类震源应有 $\mathbf{D}_{\mathrm{c}} = \mathbf{0}$ 和 $\mathbf{H}_{\mathrm{c}} = \mathbf{0}$。如果我们采用这一简化处理，加速度响应 (5.21) 成为

$$\begin{aligned}\mathbf{a}(\mathbf{x}, t) = \mathrm{Re} \sum_k (1 - i\omega_k \Delta t) \mathbf{M} : \boldsymbol{\varepsilon}_k^*(\mathbf{x}_{\mathrm{s}})\, \mathbf{s}_k(\mathbf{x}) \exp i\omega_k (t - t_{\mathrm{s}}) \\ + \mathrm{Re} \sum_k \boldsymbol{\Delta}\mathbf{x}\, \mathbf{M} : \boldsymbol{\nabla} \boldsymbol{\varepsilon}_k^*(\mathbf{x}_{\mathrm{s}})\, \mathbf{s}_k(\mathbf{x}) \exp i\omega_k (t - t_{\mathrm{s}})\end{aligned} \tag{5.111}$$

在该近似下，地震震源可以用相对于基准震源 $(\mathbf{x}_{\mathrm{s}}, t_{\mathrm{s}})$ 的矩心偏移 $(\boldsymbol{\Delta}\mathbf{x}, \Delta t)$ 和矩张量 $\mathbf{M}$ 来描述。如果 $(\mathbf{x}_{\mathrm{s}}, t_{\mathrm{s}})$ 是依照惯常的做法由高频体波到时观测值所确定，那么它们应该是对破裂起始的位置和时间的估计；然而矩心的空间位置 $\mathbf{x}_{\mathrm{c}}$ 和时间 t_{c} 则通常与之不同。因此，在确定震源机制时，更好的做法是使用 (5.111) 容许的矩心偏移 $(\boldsymbol{\Delta}\mathbf{x}, \Delta t)$，而不是使用 (5.87)，即使对 $(\mathbf{x}_{\mathrm{s}}, t_{\mathrm{s}})$ 的初始估计是精确的。基于 (5.111) 的**矩心矩张量解**（称为 CMT 解）一共有十个需要确定的震源参数 (Dziewonski, Chou & Woodhouse 1981)。

5.4.3 偏矩张量与双力偶震源

任一对称矩张量都可以分解为各向同性和偏张量两部分：

$$\mathbf{M} = \frac{1}{3} (\mathrm{tr}\, \mathbf{M}) \mathbf{I} + \boldsymbol{\mathcal{M}} \tag{5.112}$$

其中 $\mathrm{tr}\, \boldsymbol{\mathcal{M}} = 0$。在各向同性且具有流体静力学初始应力的地球内部的理想断层源没有各向同性部分

$$\mathrm{tr}\, \mathbf{M} = 0 \tag{5.113}$$

其原因是约束条件$\hat{\boldsymbol{\nu}}\cdot\hat{\boldsymbol{\sigma}}=0$。由于这一原因，也因为在深震与其他震源中寻找各向同性部分的尝试都没有成功 (Kawakatsu 1991，1996; Hara, Kuge & Kawakatsu 1995，1996; Okal 1996)，一般在确定震源机制时都会加上 (5.113) 这一线性约束。这使得公式 (5.111) 中待定的CMT参数的数目降为9个。

为了与近场大地测量观测做比较以及其他原因，我们经常希望得到一个 (5.90) 形式的双力偶矩张量。通过施加矩张量行列式为零

$$\det\mathbf{M}=0 \tag{5.114}$$

以及 (5.113) 这两个条件就可以确保$\mathbf{M}$是所想要的形式；然而，该约束是非线性的，难以在现实中实现。所以，通常的做法是寻找一个双力偶矩张量$\mathbf{M}_{\text{bfdc}}$，它在最小二乘的意义上是对偏矩张量$\boldsymbol{\mathcal{M}}$的最佳近似：

$$(\mathbf{M}_{\text{bfdc}}-\boldsymbol{\mathcal{M}}):(\mathbf{M}_{\text{bfdc}}-\boldsymbol{\mathcal{M}})=\text{极小值} \tag{5.115}$$

极小值问题 (5.115) 的解在转换到主轴坐标系后可以很容易得到；我们把对角化后的偏矩张量写为

$$\boldsymbol{\mathcal{M}}=\begin{pmatrix}\mathcal{M} & 0 & 0\\ 0 & -\mathcal{M}-\mathcal{M}' & 0\\ 0 & 0 & \mathcal{M}'\end{pmatrix} \tag{5.116}$$

此处$|\mathcal{M}|\geqslant|\mathcal{M}+\mathcal{M}'|\geqslant|\mathcal{M}'|$，然后将其分解为

$$\boldsymbol{\mathcal{M}}=\mathbf{M}_{\text{bfdc}}+\mathbf{M}_{\text{clvd}} \tag{5.117}$$

其中

$$\mathbf{M}_{\text{bfdc}}=\begin{pmatrix}\mathcal{M}+\frac{1}{2}\mathcal{M}' & 0 & 0\\ 0 & -\mathcal{M}-\frac{1}{2}\mathcal{M}' & 0\\ 0 & 0 & 0\end{pmatrix} \tag{5.118}$$

$$\mathbf{M}_{\text{clvd}}=\begin{pmatrix}-\frac{1}{2}\mathcal{M}' & 0 & 0\\ 0 & -\frac{1}{2}\mathcal{M}' & 0\\ 0 & 0 & \mathcal{M}'\end{pmatrix} \tag{5.119}$$

张量$\mathbf{M}_{\text{bfdc}}$为最佳拟合双力偶；剩下的迹为零的$\mathbf{M}_{\text{clvd}}$是所谓的补偿线形矢量偶极子 (Knopoff & Randall 1970)。需要注意的是，如果$\mathcal{M}$是最大的正本征值，那么$-\mathcal{M}-\mathcal{M}'$就是绝对值最大的负本征值，反之如果$\mathcal{M}$是绝对值最大的负本征值，那么$-\mathcal{M}-\mathcal{M}'$就是最大的正本征值；换句话说，$\mathcal{M}'$始终是中间本征值。另一种偶尔会用来替代 (5.117) 的分解是

$$\boldsymbol{\mathcal{M}}=\mathbf{M}_{\text{maj}}+\mathbf{M}_{\text{min}} \tag{5.120}$$

其中

$$\mathbf{M}_{\text{maj}} = \begin{pmatrix} \mathcal{M} & 0 & 0 \\ 0 & -\mathcal{M} & 0 \\ 0 & 0 & 0 \end{pmatrix} \tag{5.121}$$

$$\mathbf{M}_{\text{min}} = \begin{pmatrix} 0 & 0 & 0 \\ 0 & -\mathcal{M}' & 0 \\ 0 & 0 & \mathcal{M}' \end{pmatrix} \tag{5.122}$$

张量$\mathbf{M}_{\text{maj}}$和 $\mathbf{M}_{\text{min}}$分别被称为*主要*和*次要*双力偶。

一个可以方便地量化偏矩张量源$\boldsymbol{\mathcal{M}}$偏离双力偶程度的参数是$\varepsilon = \mathcal{M}'/|\mathcal{M}|$。一般来说，该比值落在$|\varepsilon| \leqslant 1/2$这一范围，其中$\varepsilon = 0$对应于一个双力偶，而$|\varepsilon| = 1/2$则对应于一个纯粹的补偿线形矢量偶极子。由于地球的各向异性以及初始偏应力的存在，一个具有单向滑动的平面断层的矩张量可能不是双力偶；但是，这些效应均包含在一般的结果 (5.88) 中，而且应该都很弱。显著偏离双力偶机制的更可能的原因是在弯曲或分段断层上的多向滑动 (Ekström 1994; Kuge & Lay 1994)。即使如此，满足条件的几何构造比我们设想的还要少，因为$\hat{\boldsymbol{\nu}}$、$\hat{\boldsymbol{\sigma}}$和$\hat{\boldsymbol{\nu}} \times \hat{\boldsymbol{\sigma}}$这三个矢量中任何一个是恒定的话，都会使各向同性地球中任一普通断层的矩张量(5.89)退化为双力偶的形式 (Frohlich 1990)。在哈佛大学CMT目录中的16000多个地震中，仅有不到4%的地震有$|\varepsilon| \geqslant 0.3$ (Ekström 1994)。

5.4.4 沙滩球

围绕震中$\mathbf{x}_\text{s}$的点$\mathbf{x}_\text{s} + \hat{\mathbf{p}}_\text{s}$的集合被称为*震源球*。离开震源的地震射线出射方向由单位矢量$\hat{\mathbf{p}}_\text{s}$给定。我们将在12.5.5节和15.7.2节看到出射压缩波的远场振幅与标量积$\hat{\mathbf{p}}_\text{s} \cdot \hat{\mathbf{M}} \cdot \hat{\mathbf{p}}_\text{s}$成正比。由于历史的原因，我们习惯上用下半震源球上的P波辐射花样的赤平投影或等面积投影来展示震源机制 $\hat{\mathbf{M}}$，分别对投影中$-1 \leqslant \hat{\mathbf{p}}_\text{s} \cdot \hat{\mathbf{M}} \cdot \hat{\mathbf{p}}_\text{s} < 0$和$0 < \hat{\mathbf{p}}_\text{s} \cdot \hat{\mathbf{M}} \cdot \hat{\mathbf{p}}_\text{s} \leqslant 1$的区域空白和涂黑，就得到传统的黑白*沙滩球展示*。如果我们把单位矩张量写成对角形式

$$\hat{\mathbf{M}} = \hat{M}_+\hat{\mathbf{e}}_+\hat{\mathbf{e}}_+ + \hat{M}_0\hat{\mathbf{e}}_0\hat{\mathbf{e}}_0 + \hat{M}_-\hat{\mathbf{e}}_-\hat{\mathbf{e}}_- \tag{5.123}$$

其中$\hat{M}_+ \geqslant \hat{M}_0 \geqslant \hat{M}_-$，$\hat{M}_+\hat{M}_+ + \hat{M}_0\hat{M}_0 + \hat{M}_-\hat{M}_- = 1$，则三个彼此垂直的本征矢量 $\hat{\mathbf{e}}_+$、$\hat{\mathbf{e}}_0$和$\hat{\mathbf{e}}_-$分别被称为震源的T、B和P轴。T轴和P轴分别位于黑白象限的中间；为便于记忆，我们可以想象向外和向内的初动分别是来自于震源处互相垂直的伸张与压缩状态。图5.7显示了与一个右旋走滑断层相应的沙滩球和本征矢量$\hat{\mathbf{e}}_+ = (\hat{\boldsymbol{\nu}} + \hat{\boldsymbol{\sigma}})/\sqrt{2}$，$\hat{\mathbf{e}}_0 = \hat{\boldsymbol{\nu}} \times \hat{\boldsymbol{\sigma}}$和$\hat{\mathbf{e}}_- = (\hat{\boldsymbol{\nu}} - \hat{\boldsymbol{\sigma}})/\sqrt{2}$，其中$\hat{\boldsymbol{\nu}}$和$\hat{\boldsymbol{\sigma}}$分别为单位法向和滑动矢量。

在全球地震学中，一个地震的矩张量习惯上用震中处的球极坐标分量来表示：

$$\mathbf{M} = \begin{pmatrix} M_{rr} & M_{r\theta} & M_{r\phi} \\ M_{\theta r} & M_{\theta\theta} & M_{\theta\phi} \\ M_{\phi r} & M_{\phi\theta} & M_{\phi\phi} \end{pmatrix} \tag{5.124}$$

其中$M_{r\theta} = M_{\theta r}$，$M_{r\phi} = M_{\phi r}$和$M_{\theta\phi} = M_{\phi\theta}$。径向、余纬向和经向单位矢量分别指向上方、南

方和东方。对于图5.7中东西走向的右旋走滑断层，$\hat{M}_{\theta\phi}=\hat{M}_{\phi\theta}=-1/\sqrt{2}$，其他分量均为零。表5.1汇集了一些基本的双力偶与非双力偶震源机制的$\hat{\mathbf{M}}$及其震源球。

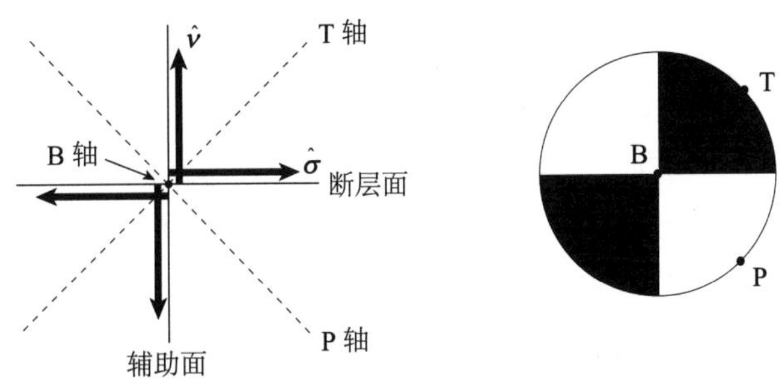

图 5.7 (左)与一个右旋走滑断层等价的静态力$\mathbf{f}_{\mathrm{f}}=-M_0(\hat{\boldsymbol{\nu}}\hat{\boldsymbol{\sigma}}+\hat{\boldsymbol{\sigma}}\hat{\boldsymbol{\nu}})\cdot\boldsymbol{\nabla}\delta(\mathbf{x}-\mathbf{x}_{\mathrm{s}})$的俯视图。(右)相应的沙滩球，其中标明了T、B和P轴$\hat{\mathbf{e}}_{+}=(\hat{\boldsymbol{\nu}}+\hat{\boldsymbol{\sigma}})/\sqrt{2}$，$\hat{\mathbf{e}}_0=\hat{\boldsymbol{\nu}}\times\hat{\boldsymbol{\sigma}}$和$\hat{\mathbf{e}}_{-}=(\hat{\boldsymbol{\nu}}-\hat{\boldsymbol{\sigma}})/\sqrt{2}$的投影。这一双力偶源的中间轴，即B轴，位于两个正交的P波节面的交线上。值得注意的是，在这个例子中要区分东西走向的右旋滑动与南北走向的左旋滑动是不可能的，因为它们的点源P波辐射花样是一样的

表 5.1 一些基本的单位矩张量$\hat{\mathbf{M}}$及其相应的沙滩球

矩张量	沙滩球	矩张量	沙滩球
$\frac{1}{\sqrt{3}}\begin{pmatrix}1&0&0\\0&1&0\\0&0&1\end{pmatrix}$		$-\frac{1}{\sqrt{3}}\begin{pmatrix}1&0&0\\0&1&0\\0&0&1\end{pmatrix}$	
$-\frac{1}{\sqrt{2}}\begin{pmatrix}0&0&0\\0&0&1\\0&1&0\end{pmatrix}$		$\frac{1}{\sqrt{2}}\begin{pmatrix}0&0&0\\0&1&0\\0&0&-1\end{pmatrix}$	
$\frac{1}{\sqrt{2}}\begin{pmatrix}0&1&0\\1&0&0\\0&0&0\end{pmatrix}$		$\frac{1}{\sqrt{2}}\begin{pmatrix}0&0&1\\0&0&0\\1&0&0\end{pmatrix}$	
$\frac{1}{\sqrt{2}}\begin{pmatrix}1&0&0\\0&-1&0\\0&0&0\end{pmatrix}$		$\frac{1}{\sqrt{2}}\begin{pmatrix}1&0&0\\0&0&0\\0&0&-1\end{pmatrix}$	
$\frac{1}{\sqrt{6}}\begin{pmatrix}1&0&0\\0&1&0\\0&0&-2\end{pmatrix}$		$\frac{1}{\sqrt{6}}\begin{pmatrix}1&0&0\\0&-2&0\\0&0&1\end{pmatrix}$	
$\frac{1}{\sqrt{6}}\begin{pmatrix}-2&0&0\\0&1&0\\0&0&1\end{pmatrix}$		$-\frac{1}{\sqrt{6}}\begin{pmatrix}-2&0&0\\0&1&0\\0&0&1\end{pmatrix}$	

注：分量$\hat{M}_{rr},\hat{M}_{\theta\theta},\cdots,\hat{M}_{\theta\phi}$以(5.124)中的约定排列。最上一行中全黑的沙滩球是纯爆破源$\hat{\mathbf{M}}=\mathbf{I}/\sqrt{3}$，另一个全白的沙滩球是纯内爆源$\hat{\mathbf{M}}=-\mathbf{I}/\sqrt{3}$。接着的三行是一些双力偶源，包括垂直走滑断层(从上数第二行)，垂直倾滑断层(从上数第三行)和45度倾角的逆冲断层(从上数第四行)。第五行和第六行为纯补偿线形矢量偶极子，右下角一个是理想的“眼球”或“煎蛋”式机制。除了纯爆破源和内爆源，其他所有震源都是纯偏矩张量：$\mathrm{tr}\,\hat{\mathbf{M}}=0$

哈佛大学矩心矩张量和其他震源机制目录中的大多数地震都属于浅源的板块边界地震，而这些地震的最佳拟合双力偶的断层面与辅助面较容易分辨。图5.8中的俯视图显示这些地震一贯以走滑机制在转换断层带上发生以及以低角度逆冲机制沿削减带发生，这一现象是板块构造的最引人注目的表现之一。这些地震的滑动矢量的切向分量为描述当今板块运动的欧拉矢量提供了重要约束 (Minster & Jordan 1978; De Mets, Gordon, Argus & Stein 1990)。图5.9显示了位于冰岛Bárdarbunga火山附近的一组非比寻常却又很有意思的非双力偶型地震，它们的“眼球”或“煎蛋”式的震源机制在一些其他火山地区也已经被发现。这些地震被认为是环绕火山口、向外倾斜的弯曲断层在深部岩浆库膨胀作用下发生滑动的结果 (Ekström 1994)。

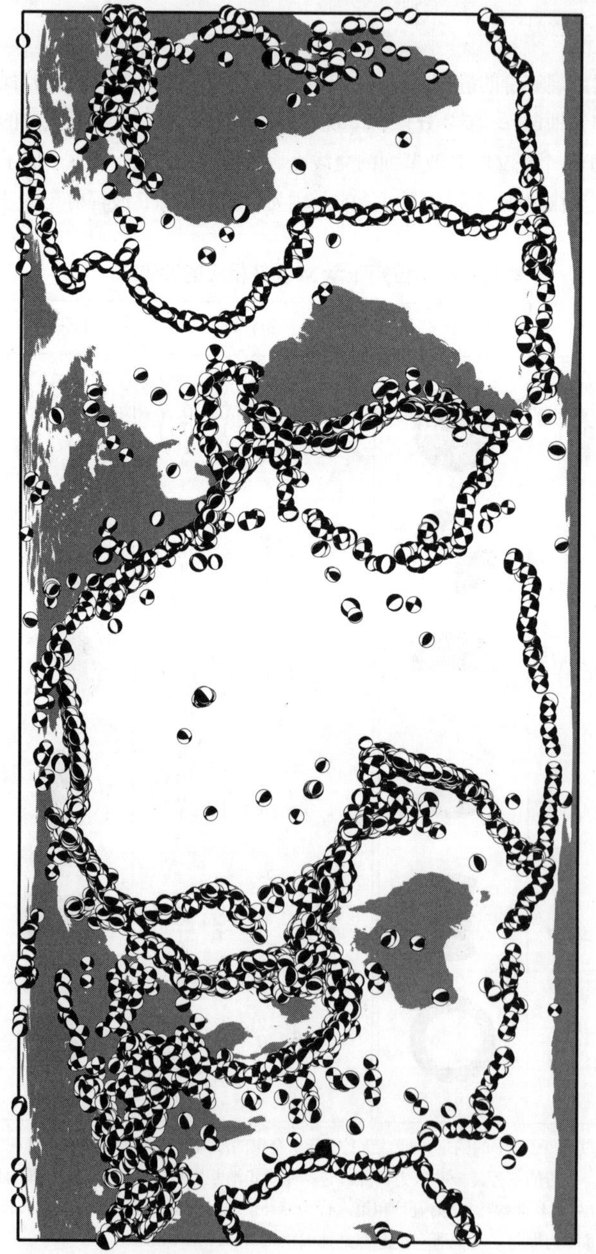

图 5.8 哈佛大学矩心矩张量目录中发生在1976–1997年间、震源深度小于50千米的共10219个地震的震中位置和震源机制。每个沙滩球的大小与地震矩 M_0 的对数成正比。世界地图是以等面积圆柱投影所绘制，阴影部分为陆地 (由 E. Larson 提供)

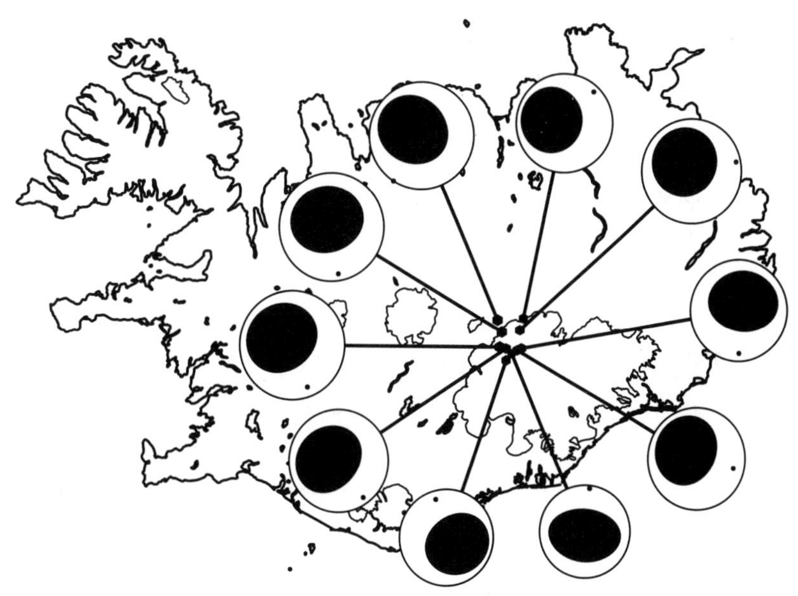

图 5.9 哈佛大学矩心矩张量目录中震中(每一条与震源球连线的端点)位于冰岛冰川下Bárdarbunga火山附近10个地震(1976–1996 年)的震源机制。所有这些貌似“眼球”或“煎蛋”的事件均为近乎纯补偿线形矢量偶极子，其T轴近乎垂直，表明同时受到垂直向伸张和水平向压缩的作用。每个“眼球”里的“小黑点”是P轴 (由M. Nettles和G. Ekström提供)

5.4.5 震源时间函数

在频率较高时,特别是在远震体波的分析中,有必要考虑震源的有限特性。在最简单的近似下,我们忽略震源的矩心偏移 $\mathbf{\Delta x}$ 及其在空间上的有限范围；而其时间上的有限过程则通过将(5.84)中的脉冲型应力过剩率拓展为

$$\partial_t \mathbf{S} = \dot{\mathbf{M}}(t)\,\delta(\mathbf{x}-\mathbf{x}_{\mathrm{s}}) \tag{5.125}$$

来模拟。$\dot{\mathbf{M}}(t)$ 为矩率张量，即瞬时应力过剩率的体积分：

$$\dot{\mathbf{M}}(t) = \int_{S^t} \partial_t \mathbf{S}\, dV \tag{5.126}$$

这一具有时间依赖性的点源的简正模式响应(5.21) 为

$$\mathbf{a}(\mathbf{x},t) = \mathrm{Re}\sum_k \mathbf{M}(\omega_k):\boldsymbol{\varepsilon}_k^*(\mathbf{x}_{\mathrm{s}})\,\mathbf{s}_k(\mathbf{x})\exp\, i\omega_k(t-t_{\mathrm{s}}) \tag{5.127}$$

其中

$$\mathbf{M}(\omega) = \exp(i\omega t_{\mathrm{s}})\int_{t_0}^{t_{\mathrm{f}}} \dot{\mathbf{M}}(t)\exp(-i\omega t)\,dt \tag{5.128}$$

(5.127)式与对狄拉克函数形式的应力过剩的响应(5.87)完全一样, 只是把 $\mathbf{M}$ 换成(5.128)中的依赖频率的矩张量。值得注意的是，$\mathbf{M}(\omega)$ 并不是依赖时间的矩张量 $\mathbf{M}(t)$ 的傅里叶变换；而是时移因子 $\exp(i\omega t_{\mathrm{s}})$ 与矩率张量 $\dot{\mathbf{M}}(t)$ 的傅里叶变换的乘积。

在使用 (5.127) 时通常假定震源是同步的，意思是 $\dot{\mathbf{M}}(t)$ 的所有分量对时间的依赖是相同的。为方便起见，这种同步源可以写成如下形式

$$\dot{\mathbf{M}}(t) = \sqrt{2}M_0\hat{\mathbf{M}}\,\dot{m}(t) \tag{5.129}$$

其中 M_0 和 $\hat{\mathbf{M}}$ 分别为依赖时间的标量矩和 (5.91)–(5.92) 中定义的单位矩张量。$\dot{m}(t)$ 是归一化的震源时间函数，它满足

$$\int_{t_0}^{t_f} \dot{m}(t)\,dt = 1 \tag{5.130}$$

在这一近似下，(5.103) 中的归一化应力过剩率密度为 $\dot{m}(\mathbf{x}, t) = \dot{m}(t)\,\delta(\mathbf{x} - \mathbf{x}_s)$。在无初始偏应力的流体静力学地球中，具有单向滑动的平面断层肯定是同步的；其震源时间函数是滑动速率的加权平均：

$$\dot{m}(t) = \frac{1}{M_0}\int_{\Sigma^t} \mu\partial_t\Delta s\,d\Sigma \tag{5.131}$$

在远震体波波形观测分析中，大地震的震源时间函数 $\dot{m}(t)$ 一般表示为一系列的矩形时窗、有重叠的梯形或等腰三角形时窗 (Langston 1981; Kikuchi & Kanamori 1982; Nábělek 1985; Ekström 1989)。

一个同步点源依赖频率的矩张量为 $\mathbf{M}(\omega) = \sqrt{2}M_0\hat{\mathbf{M}}\,m(\omega)$, 其中

$$m(\omega) = \exp(i\omega t_s)\int_{t_0}^{t_f} \dot{m}(t)\exp(-i\omega t)\,dt \tag{5.132}$$

在 $\omega \to 0$ 的低频极限，(5.132) 中的变换可以近似为截断的泰勒展开：

$$m(\omega) = 1 - i\omega(\Delta t) - \frac{1}{2}\omega^2(\Delta t)^2 - \tfrac{1}{6}\omega^2\tau_h^2 \tag{5.133}$$

其中

$$\Delta t = t_c - t_s = \int_{t_0}^{t_f} (t - t_s)\dot{m}(t)\,dt \tag{5.134}$$

$$\tau_h^2 = 3\int_{t_0}^{t_f} (t - t_c)^2\dot{m}(t)\,dt \tag{5.135}$$

这里的 Δt 是 $\dot{m}(t)$ 的矩心时间 t_c 相对于基准发震时间 t_s 的偏移，如图 5.10 所示，而 τ_h 是对震源在时间上的半宽度的一个估计。定义式 (5.135) 中的系数 3 使得当震源时间函数为矩形时窗，即

$$\dot{m}(t) = (t_f - t_0)^{-1}[H(t - t_0) - H(t - t_f)] \tag{5.136}$$

时，τ_h 恰好等于 $\frac{1}{2}(t_f - t_0)$。哈佛大学矩心矩张量解的常规处理中使用的就是这样的以 $t_c = \frac{1}{2}(t_0 + t_f)$ 为中心，名义上半宽度为 $\tau_h = 2.4 \times 10^{-6} M_0^{1/3}$ 的矩形时窗，其中 τ_h 和 M_0 的单位分别为秒和牛·米 (G. Ekström, 1996)。Silver 和 Jordan (1982; 1983)、Ihmlé 和 Jordan (1994; 1995) 使用了类似于 (5.133) 的展开式来分析所谓的“慢”地震，他们将 τ_h 用一个“特征”震源持续时间 $\tau_c = (4/3)^{1/2}\tau_h$ 来替代。

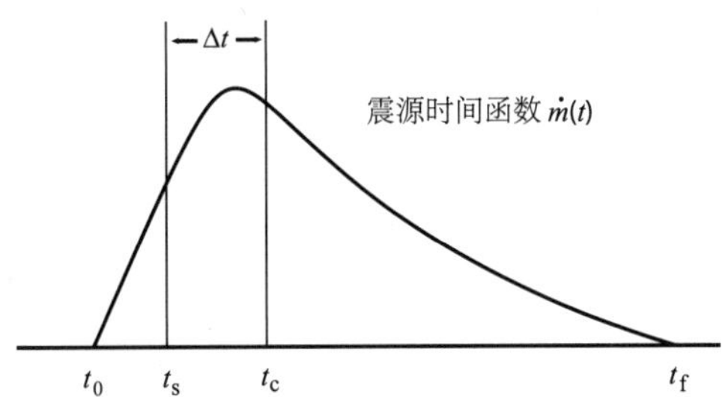

图 5.10 一个起始于 t_0 终止于 t_f 的地震震源时间函数 $\dot{m}(t)$ 示意图。矩心时间 $t_\mathrm{c}=\int_{t_0}^{t_\mathrm{f}} t\,\dot{m}(t)\,dt$ 相对于基准发震时间 t_s 的偏移量为 Δt

一个自洽的震源表述对于震源在空间和时间上的有限特性应该具有同样的处理精度。由于这个原因，在对用上述理论所估计的震源持续时间“半宽度”进行解释时需要格外谨慎；实际上，τ_h 只是表观半宽度，它同时反映了地震破裂的空间和时间范围。Backus (1977a; 1977b) 将应力过剩率张量 $\partial_t\mathbf{S}$ 做多项式矩展开到二阶，并且展示了如何将得到的时–空矩与震源的持续时间、空间尺度和方向性联系起来。但是，在这种一般的二阶矩分析中需要确定的参数个数十分惊人。为了把参数数目减少到较为可控，Bukchin (1995) 考虑了一种空间延展同步源，其形式为 $\partial_t\mathbf{S}=\sqrt{2}M_0\hat{\mathbf{M}}\,\dot{m}(\mathbf{x},t)$。描述这种震源除了矩张量 $\mathbf{M}=\sqrt{2}M_0\hat{\mathbf{M}}$ 以外，只需要其归一化的标量应力过剩率密度 $\dot{m}(\mathbf{x},t)$ 中的四个一阶矩和十个二阶矩。

为简单起见，在本书后续章节中我们将忽略地震震源的空间和时间矩心偏移 $\boldsymbol{\Delta}\mathbf{x}$ 和 Δt 及其空间延展。此外，我们还将设定基准发震时间为零时刻：

$$t_\mathrm{s}=0 \tag{5.137}$$

一般来说，我们将使用应力过剩率为 $\partial_t\mathbf{S}=\mathbf{M}\,\delta(\mathbf{x}-\mathbf{x}_\mathrm{s})\,\delta(t)$ 的脉冲矩张量源，其相关的等效力密度为 $\mathbf{f}=-\mathbf{M}\cdot\boldsymbol{\nabla}\delta(\mathbf{x}-\mathbf{x}_\mathrm{s})\,H(t)$。我们将把对这种震源的响应写成 (5.86)–(5.87) 的形式，并按 (5.137) 的约定设 t_s 为零。在任何质点加速度 $\mathbf{a}(\mathbf{x},t)$ 或 $\mathbf{a}(\mathbf{x},\omega)$ 的模式叠加表达式中，可以很容易地通过 $\mathbf{M}\to\mathbf{M}(\omega_k)=\int_{t_0}^{t_f}\dot{\mathbf{M}}(t)\exp(-i\omega_k t)\,dt$ 这一变换来考虑有限持续时间的震源，这里 $\dot{\mathbf{M}}(t)$ 是依赖于时间的矩率张量，ω_k 是所考虑的本征频率。在第 12 章和第 15 章中讨论弹性和非弹性地球中的体波传播时，我们将考虑依赖时间的矩率张量为 $\dot{\mathbf{M}}(t)=\sqrt{2}M_0\hat{\mathbf{M}}\,\dot{m}(t)$ 的同步震源。

★5.4.6 疑难震源

在两种情形下点源矩张量表述会导致地震震源机制确定的困难：一个是震源位于固态自由表面或海底附近，另一个是震源跨越一个固–固不连续面 Σ_SS。在本节中我们简短地讨论这两种疑难情况，并将把注意力集中在各向同性且具有流体静力学初始应力的地球模型。

我们已经看到，在自转地球模型中对矩张量源的响应与标量积 $\mathbf{M}{:}\boldsymbol{\varepsilon}^*$ 成正比，而这里为简单起见，我们已略去应变本征函数符号 $\boldsymbol{\varepsilon}_k$ 上指定模式的角标 k。固态自由表面的动力学边界条件 $\hat{\mathbf{n}}\cdot\mathbf{T}^{\mathrm{L1}}=\mathbf{0}$ 意味着

$$\varepsilon_{xz}=\varepsilon_{yz}=0 \tag{5.138}$$

$$(\kappa+\frac{4}{3}\mu)\varepsilon_{zz}+(\kappa-\frac{2}{3}\mu)(\varepsilon_{xx}+\varepsilon_{yy})=0 \tag{5.139}$$

其中我们采用了$\hat{\mathbf{z}}$轴垂直于边界的局地笛卡儿坐标系。由于剪切应变条件(5.138)当震源位置$\mathbf{x}_s$接近固态自由表面或海底时，M_{xz}和M_{yz}对$\mathbf{M}:\boldsymbol{\varepsilon}^*$的贡献为零。因此，对于浅源地震，矩张量$\mathbf{M}$中的这些垂向倾滑分量无法很好地约束。同样地，条件(5.139)意味着任何满足如下关系的近地表震源

$$M_{zz}=\left(\frac{\kappa+\frac{4}{3}\mu}{\kappa-\frac{2}{3}\mu}\right)M_{xx}=\left(\frac{\kappa+\frac{4}{3}\mu}{\kappa-\frac{2}{3}\mu}\right)M_{yy} \tag{5.140}$$

其对激发振幅$\mathbf{M}:\boldsymbol{\varepsilon}^*$的贡献都可以忽略不计。后面这个涉及对角元素$M_{zz}$和$M_{xx}+M_{yy}$之间互相依赖的问题可以通过采用 (5.113)的矩张量迹为零的约束，即$M_{xx}+M_{yy}+M_{zz}=0$来解决。但是，对非对角元素M_{xz}和M_{yz}则没有简易的解决办法。一个常用却显然是随意性的做法是干脆在确定浅源地震震源机制时将M_{xz}和M_{yz}均设为零；Ekström 和 Dziewonski (1985)证明这一做法对剩下的约束较佳的分量M_{xy}、$M_{xx}-M_{yy}$和$M_{zz}=-M_{xx}-M_{yy}$几乎没有影响。这种疑难地震的一种尤其明显的例子是浅部近水平向的滑坡事件，如伴随1980年圣海伦斯火山爆发而产生的滑坡。观测与理论研究都已经表明，这种震源也可以用地表的水平点力来描述(Kanamori & Given 1982; Okal 1990; Dahlen 1993)。

我们现在假定最终的震源区被界面$\Sigma_{\rm SS}$的一部分分为两个子区域，$S^{\rm f}=S^+\cup S^-$，且跨过该界面弹性模量κ和μ是不连续的，如图5.11所示。

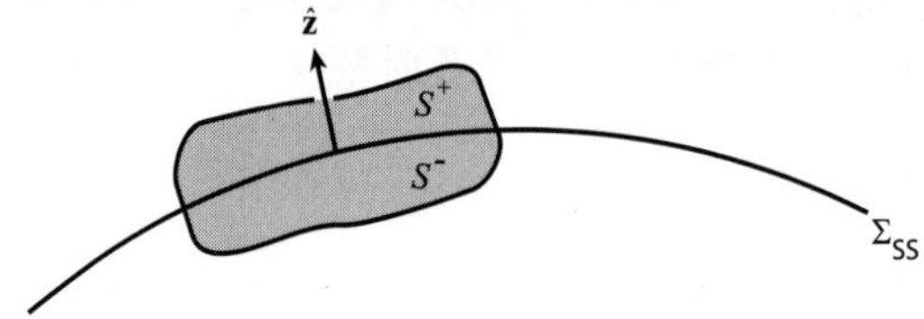

图 5.11 震源体积$S^{\rm f}=S^+\cup S^-$跨越一个固–固不连续面 $\Sigma_{\rm SS}$的示意图。如惯常的定义一样，局地单位法向矢量$\hat{\mathbf{z}}$指向不连续面的+侧

Woodhouse (1981a)已经考虑了这种跨越固-固不连续面的震源，我们在此只简述他的结论。在这种情形下，把标量积$\mathbf{M}:\boldsymbol{\varepsilon}^*$用$\mathbf{M}^+:\boldsymbol{\varepsilon}^{+*}+\mathbf{M}^-:\boldsymbol{\varepsilon}^{-*}$替代，其中$\boldsymbol{\varepsilon}^{\pm}$是在边界$\Sigma_{\rm SS}$两侧的应变，$\mathbf{M}^{\pm}$为其相应的部分矩张量

$$\mathbf{M}^{\pm}=\int_{S^{\pm}}\mathbf{S}_{\rm f}\,dV \tag{5.141}$$

位移本征函数的连续性$[\mathbf{s}]_-^+=\mathbf{0}$确保了切向应变是连续的

$$[\varepsilon_{xx}]_-^+=[\varepsilon_{yy}]_-^+=[\varepsilon_{xy}]_-^+ \tag{5.142}$$

同时，牵引力的连续性 $[\hat{\mathbf{n}}\cdot\mathbf{T}^{\rm L1}]_-^+=\mathbf{0}$则确保

$$[\mu\varepsilon_{xz}]_-^+=[\mu\varepsilon_{yz}]_-^+=0 \tag{5.143}$$

$$[(\kappa+\frac{4}{3}\mu)\varepsilon_{zz}+(\kappa-\frac{2}{3}\mu)(\varepsilon_{xx}+\varepsilon_{yy})]_{-}^{+}=0 \tag{5.144}$$

这里我们又一次采用了$\hat{\mathbf{z}}$轴垂直于边界的局地笛卡儿坐标系。利用(5.142)–(5.144)的条件，我们可以将激发振幅仅用不连续面两侧其中一侧上的应变$\boldsymbol{\varepsilon}^+$或$\boldsymbol{\varepsilon}^-$来表示：

$$\mathbf{M}^+:\boldsymbol{\varepsilon}^{+*}+\mathbf{M}^-:\boldsymbol{\varepsilon}^{-*}=\boldsymbol{\mathcal{M}}^+:\boldsymbol{\varepsilon}^{+*}=\boldsymbol{\mathcal{M}}^-:\boldsymbol{\varepsilon}^{-*} \tag{5.145}$$

在(5.145)的两个表达式中的$\boldsymbol{\mathcal{M}}^+$和$\boldsymbol{\mathcal{M}}^-$可以由显式公式给定

$$\mathcal{M}_{xx}^{\pm}=M_{xx}^{+}+M_{xx}^{-}+a_{\pm}M_{zz}^{\mp} \tag{5.146}$$

$$\mathcal{M}_{yy}^{\pm}=M_{yy}^{+}+M_{yy}^{-}+a_{\pm}M_{zz}^{\mp} \tag{5.147}$$

$$\mathcal{M}_{zz}^{\pm}=M_{zz}^{\pm}+b_{\pm}M_{zz}^{\mp} \tag{5.148}$$

$$\mathcal{M}_{xz}^{\pm}=M_{xz}^{\pm}+c_{\pm}M_{xz}^{\mp} \tag{5.149}$$

$$\mathcal{M}_{yz}^{\pm}=M_{yz}^{\pm}+c_{\pm}M_{yz}^{\mp} \tag{5.150}$$

$$\mathcal{M}_{xy}^{\pm}=M_{xy}^{+}+M_{xy}^{-} \tag{5.151}$$

其中

$$a_{\pm}=\frac{(\kappa_{\pm}-\frac{2}{3}\mu_{\pm})-(\kappa_{\mp}-\frac{2}{3}\mu_{\mp})}{\kappa_{\mp}+\frac{4}{3}\mu_{\mp}} \tag{5.152}$$

$$b_{\pm}=\frac{\kappa_{\pm}+\frac{4}{3}\mu_{\pm}}{\kappa_{\mp}+\frac{4}{3}\mu_{\mp}},\qquad c_{\pm}=\frac{\mu_{\pm}}{\mu_{\mp}} \tag{5.153}$$

显然，实际震源等价于一个Σ_{SS}的+侧上的矩张量源$\boldsymbol{\mathcal{M}}^+$，或者是一个$\Sigma_{\mathrm{SS}}$的–侧上的矩张量源$\boldsymbol{\mathcal{M}}^-$。两个视矩张量$\boldsymbol{\mathcal{M}}^+$和$\boldsymbol{\mathcal{M}}^-$分别为假定地震发生在$\Sigma_{\mathrm{SS}}$的+侧或–侧上，然后反演地震数据所得到的震源机制解。两者均不代表真正的矩张量，真正的矩张量是

$$\mathbf{M}=\mathbf{M}^++\mathbf{M}^- \tag{5.154}$$

事实上，如果对震源不在物理上做进一步假定的话，真实的矩张量是无法确定的。一种可能的假定是$\mathbf{M}^+$和$\mathbf{M}^-$有相同的方向，即

$$\mathbf{M}^+=\gamma\mathbf{M},\qquad \mathbf{M}^-=(1-\gamma)\mathbf{M} \tag{5.155}$$

其中$0\leqslant\gamma\leqslant 1$是一个表示震源位于不连续面+侧比例的参数。满足(5.155)的一个震源例子是跨越不连续面的单向滑动平面断层。采用这一假设，真实的矩张量$\mathbf{M}$可以很容易用$\boldsymbol{\mathcal{M}}^+$或$\boldsymbol{\mathcal{M}}^-$二者之一确定；但是，结果会依赖于比例参数$\gamma$。一般而言，由于没有足够的信息来独立设定这一参数，因此通常简单地假定$\gamma=0$或$\gamma=1$，即假定震源全部在不连续面的某一侧。

上面讨论的两种疑难情形从本质上讲都与震源的等效力表述无关，它们都是点源近似的结果。

对于一个与固态自由表面或海底相交，或者跨越不连续面Σ_{SS}的有限震源，其等效体力密度$\mathbf{f}$和表面牵引力$\mathbf{t}$都是有严格定义的。唯一在根本上有问题的震源是与Σ_{SS}的一部分有重叠的理想断层，对此$\mathbf{f}$和$\mathbf{t}$是无法定义的。

*5.5 地震的能量平衡

在本章的结尾，我们讨论一下地震破裂中的能量平衡。为简单起见，我们仅考虑无自转地球的情况，而对由于自转造成的复杂性仅在5.5.4节有简短涉及。

*5.5.1 净能量释放

由于地震是自发现象，因此地震必须通过做功使得在破裂发生之前地球中所储存的能量能够被释放出来。释放的总能量与破裂在时间历程上的细节无关，而只依赖于破裂终止且所有自由振荡的简正模式都衰减完毕之后地球最终的静态平衡状态。我们取地震发生之前的初始平衡状态为弹性和引力势能的零点或参照点；则本质上为正的能量释放$\mathcal{E}_{\mathrm{r}}$是最终状态的静态弹性–引力能的负数：

$$\mathcal{E}_{\mathrm{r}} = -\mathcal{E}_{\mathrm{e}} - \mathcal{E}_{\mathrm{g}} \tag{5.156}$$

其中

$$\mathcal{E}_{\mathrm{e}} = \int_{\oplus} [\mathbf{T}^0 : \boldsymbol{\varepsilon}_{\mathrm{f}} + \frac{1}{2}\boldsymbol{\nabla}\mathbf{s}_{\mathrm{f}} : \boldsymbol{\Lambda} : \boldsymbol{\nabla}\mathbf{s}_{\mathrm{f}}]\, dV \tag{5.157}$$

$$\mathcal{E}_{\mathrm{g}} = \int_{\oplus} \rho^0 [\mathbf{s}_{\mathrm{f}} \cdot \boldsymbol{\nabla}\phi^0 + \frac{1}{2}\mathbf{s}_{\mathrm{f}} \cdot \boldsymbol{\nabla}\phi_{\mathrm{f}}^{\mathrm{E1}} + \frac{1}{2}\mathbf{s}_{\mathrm{f}} \cdot \boldsymbol{\nabla}\boldsymbol{\nabla}\phi^0 \cdot \mathbf{s}_{\mathrm{f}}]\, dV \tag{5.158}$$

(5.158) 式中的$\phi_{\mathrm{f}}^{\mathrm{E1}}$是最终的静态欧拉引力势函数微扰。

在 (5.156)–(5.158) 中使用高斯定理，并考虑不连续性$\boldsymbol{\Delta}\mathbf{s}_{\mathrm{f}} = [\mathbf{s}_{\mathrm{f}}]_-^+$，我们可以将$\mathcal{E}_{\mathrm{r}}$写为在最终的断层面$\Sigma^{\mathrm{f}}$上的积分。如同3.9.4节的做法，利用固–液不连续面Σ_{FS}上的二阶切向滑动条件$[\hat{\mathbf{n}} \cdot \mathbf{s}_{\mathrm{f}} - \mathbf{s}_{\mathrm{f}} \cdot \boldsymbol{\nabla}^{\Sigma}(\hat{\mathbf{n}} \cdot \mathbf{s}_{\mathrm{f}}) + \frac{1}{2}\mathbf{s}_{\mathrm{f}} \cdot (\boldsymbol{\nabla}^{\Sigma}\hat{\mathbf{n}}) \cdot \mathbf{s}_{\mathrm{f}}]_-^+ = 0$，我们得到

$$\begin{aligned}
\mathcal{E}_{\mathrm{r}} = &\int_{\oplus} \mathbf{s}_{\mathrm{f}} \cdot [\boldsymbol{\nabla} \cdot \mathbf{T}^0 - \rho^0 \boldsymbol{\nabla}\phi^0]\, dV \\
&+ \frac{1}{2}\int_{\oplus} \mathbf{s}_{\mathrm{f}} \cdot [\boldsymbol{\nabla} \cdot \mathbf{T}_{\mathrm{f}}^{\mathrm{PK1}} - \rho^0 \boldsymbol{\nabla}\phi_{\mathrm{f}}^{\mathrm{E1}} - \rho^0 \mathbf{s}_{\mathrm{f}} \cdot \boldsymbol{\nabla}\boldsymbol{\nabla}\phi^0]\, dV \\
&- \frac{1}{2}\int_{\partial\oplus} [\hat{\mathbf{n}} \cdot (2\mathbf{T}^0 + \mathbf{T}_{\mathrm{f}}^{\mathrm{PK1}}) \cdot \mathbf{s}_{\mathrm{f}}]\, d\Sigma \\
&+ \frac{1}{2}\int_{\Sigma_{\mathrm{SS}}} [\hat{\mathbf{n}} \cdot (2\mathbf{T}^0 + \mathbf{T}_{\mathrm{f}}^{\mathrm{PK1}}) \cdot \mathbf{s}_{\mathrm{f}}]_-^+\, d\Sigma \\
&+ \frac{1}{2}\int_{\Sigma_{\mathrm{FS}}} [(2\hat{\mathbf{n}} \cdot \mathbf{T}^0 + \mathbf{t}_{\mathrm{f}}^{\mathrm{PK1}}) \cdot \mathbf{s}_{\mathrm{f}}]_-^+\, d\Sigma \\
&+ \frac{1}{2}\int_{\Sigma^{\mathrm{f}}} [\hat{\boldsymbol{\nu}} \cdot (2\mathbf{T}^0 + \mathbf{T}_{\mathrm{f}}^{\mathrm{PK1}}) \cdot \mathbf{s}_{\mathrm{f}}]_-^+\, d\Sigma
\end{aligned} \tag{5.159}$$

其中$\mathbf{T}_{\mathrm{f}}^{\mathrm{PK1}} = \boldsymbol{\Lambda} : \boldsymbol{\nabla}\mathbf{s}_{\mathrm{f}}$, $\mathbf{t}_{\mathrm{f}}^{\mathrm{PK1}} = \hat{\mathbf{n}} \cdot \mathbf{T}_{\mathrm{f}}^{\mathrm{PK1}} + \hat{\mathbf{n}}\, \boldsymbol{\nabla}^{\Sigma} \cdot (\varpi^0 \mathbf{s}_{\mathrm{f}}) - \varpi^0 (\boldsymbol{\nabla}^{\Sigma}\mathbf{s}_{\mathrm{f}}) \cdot \hat{\mathbf{n}}$。由于初始和终止地球模型中分别具有的静态弹性–引力平衡条件为$\boldsymbol{\nabla} \cdot \mathbf{T}^0 - \rho^0 \boldsymbol{\nabla}\phi^0 = \mathbf{0}$和$\boldsymbol{\nabla} \cdot \mathbf{T}_{\mathrm{f}}^{\mathrm{PK1}} - \rho^0 \boldsymbol{\nabla}\phi_{\mathrm{f}}^{\mathrm{E1}} - \rho^0 \mathbf{s}_{\mathrm{f}} \cdot \boldsymbol{\nabla}\boldsymbol{\nabla}\phi^0 =$

$\mathbf{0}$，因此 (5.159) 中的两个体积分为零。此外，因为初始牵引力的连续性条件 $[\hat{\mathbf{n}}\cdot\mathbf{T}^0]_-^+=\mathbf{0}$，再加上相应的静态位移所满足的边界条件，即在 $\partial\oplus$ 上 $\hat{\mathbf{n}}\cdot\mathbf{T}_{\mathrm{f}}^{\mathrm{PK1}}=\mathbf{0}$，在 Σ_{SS} 上 $[\hat{\mathbf{n}}\cdot\mathbf{T}_{\mathrm{f}}^{\mathrm{PK1}}]_-^+=\mathbf{0}$，以及在 Σ_{FS} 上 $[\mathbf{t}_{\mathrm{f}}^{\mathrm{PK1}}]_-^+=\hat{\mathbf{n}}[\hat{\mathbf{n}}\cdot\mathbf{t}_{\mathrm{f}}^{\mathrm{PK1}}]_-^+=\mathbf{0}$，故在自由表面和内部不连续面上的面积分也为零。因而一个理想断层所释放的总弹性–引力能简化为

$$\mathcal{E}_{\mathrm{r}}=\frac{1}{2}\int_{\Sigma^{\mathrm{f}}}[\hat{\boldsymbol{\nu}}\cdot(2\mathbf{T}^0+\mathbf{T}_{\mathrm{f}}^{\mathrm{PK1}})\cdot\mathbf{s}_{\mathrm{f}}]_-^+\,d\Sigma \tag{5.160}$$

矢量 $\frac{1}{2}\hat{\boldsymbol{\nu}}\cdot(2\mathbf{T}^0+\mathbf{T}_{\mathrm{f}}^{\mathrm{PK1}})$ 是作用在断层面 Σ^{f} 任意一侧上的初始和最终牵引力的平均。

(5.160) 式与Reid (1910) 在对1906年旧金山大地震著名的调查报告中首次使用的理想断层能量释放的经典表达式非常相似。但通常在该结果的推导中会忽略自引力，同时假定初始静态应力是由相对于某种自然的无应变、无应力状态的无穷小初始应变所造成的 (Steketee 1958; Savage 1969)，然而这一假定与现实并不相符。现今的处理则更为合理，除了对地球的引力有所考虑，也对地球初始应力 $\mathbf{T}^0$ 的大小或来源不做任何假设。人们已经熟知，$\mathcal{E}_{\mathrm{r}}$ 对 $\mathbf{T}^0$ 的显性依赖使得对地震能量释放的测量不可能仅通过地震学的方法来实现。

★5.5.2 释放能量的耗散

一个地震所释放的所有能量的最终命运都是在地球体积 $\oplus$ 内部的某个地方被耗散掉。能量的耗散可以分为三个区域。首先，在破裂过程 $t_0\leqslant t\leqslant t_{\mathrm{f}}$ 中，在瞬时断层面 Σ^t 两侧壁上，由于要克服阻碍滑动的摩擦牵引力做功，能量会以热的形式耗散掉。其次，在这一时段中，在断层的瞬时扩张边缘即破裂前缘 $\partial\Sigma_{\mathrm{c}}^t$，由于要克服物质间的内聚力以生成新的断层面，或者有额外的生热，也会导致能量耗散。最后，剩余的释放能量必须是地震所激发的地球简正模式振荡的能量；这些能量会在整个地球内部因无穷小的非弹性作用造成振荡衰减而被耗散掉。体耗散在破裂起始的 $t=t_0$ 时刻发生，一直持续到所有模式的振荡全部衰减完毕。我们现在来检视一下释放的能量 $\mathcal{E}_{\mathrm{r}}$ 在这三种耗散机制中是如何分配的。

地球的动能加上弹性–引力势能随时间的瞬时变化率为

$$\dot{\mathcal{E}}=\dot{\mathcal{E}}_{\mathrm{k}}+\dot{\mathcal{E}}_{\mathrm{e}}+\dot{\mathcal{E}}_{\mathrm{g}} \tag{5.161}$$

其中

$$\dot{\mathcal{E}}_{\mathrm{k}}=\frac{d}{dt}\int_{\oplus}[\frac{1}{2}\rho^0\partial_t\mathbf{s}\cdot\partial_t\mathbf{s}]\,dV \tag{5.162}$$

$$\dot{\mathcal{E}}_{\mathrm{e}}=\frac{d}{dt}\int_{\oplus}[\mathbf{T}^0:\boldsymbol{\varepsilon}+\frac{1}{2}\boldsymbol{\nabla}\mathbf{s}:\boldsymbol{\Lambda}:\boldsymbol{\nabla}\mathbf{s}]\,dV \tag{5.163}$$

$$\dot{\mathcal{E}}_{\mathrm{g}}=\frac{d}{dt}\int_{\oplus}\rho^0[\mathbf{s}\cdot\boldsymbol{\nabla}\phi^0+\frac{1}{2}\mathbf{s}\cdot\boldsymbol{\nabla}\phi^{\mathrm{E1}}+\frac{1}{2}\mathbf{s}\cdot\boldsymbol{\nabla}\boldsymbol{\nabla}\phi^0\cdot\mathbf{s}]\,dV \tag{5.164}$$

要计算破裂发生的时间段 $t_0\leqslant t\leqslant t_{\mathrm{f}}$ 中的时间导数，我们必须特别关注传播中的破裂前缘 $\partial\Sigma_{\mathrm{c}}^t$。用 ε 表示到这一破裂前缘的距离，物质内聚力或破裂前缘生热不为零的宏观表现为在 $\partial_t\mathbf{s}$ 和 $\boldsymbol{\nabla}\mathbf{s}$ 中具有 $\varepsilon^{-1/2}$ 奇异性，只要如我们所假定的，胡克定律只有在断层面 Σ^t 上完全失效。为处理这些奇异性，我们把 (5.162)–(5.164) 中的体积分都看作是在一个包围断层面 Σ^t 的有裂缝的体积内的积分极限，因而只剩下包围 $\partial\Sigma_{\mathrm{c}}^t$ 的凸球面内的体积。用 $\partial\oplus_\varepsilon^t$ 表示该凸球的表面，$\hat{\mathbf{n}}_\varepsilon^t$ 为其向

外的单位法向矢量，Σ_ε^t 为断层面刚好在 Σ^t 内部的部分，因而包覆断层的表面包含 $\partial\oplus_\varepsilon^t$ 以及 Σ_ε^t 的两侧，如图5.12所示。我们假定凸球面随 $\partial\Sigma_{\rm c}^t$ 一起移动，并且其半径 ε 不随时间变化；因而表面 $\partial\oplus_\varepsilon^t$ 相对于周围物质的向内的法向速度为 $-\hat{\mathbf{n}}_\varepsilon^t\cdot\mathbf{v}$，其中 $\mathbf{v}$ 是破裂前缘的速度，即*破裂速度*。利用对移动体积上的积分求导的标准法则，以及高斯定理，我们可以把总能量的变化率 $\dot{\mathcal{E}}$ 表示为

$$\begin{aligned}
\dot{\mathcal{E}} = &\int_\oplus \partial_t\mathbf{s}\cdot[\rho^0\boldsymbol{\nabla}\phi^0 - \boldsymbol{\nabla}\cdot\mathbf{T}^0]\,dV \\
&+\int_\oplus \partial_t\mathbf{s}\cdot[\rho^0\partial_t^2\mathbf{s} - \boldsymbol{\nabla}\cdot\mathbf{T}^{\rm PK1} + \rho^0\boldsymbol{\nabla}\phi^{\rm E1} + \rho^0\mathbf{s}\cdot\boldsymbol{\nabla}\boldsymbol{\nabla}\phi^0]\,dV \\
&+\int_{\partial\oplus}[\hat{\mathbf{n}}\cdot(\mathbf{T}^0+\mathbf{T}^{\rm PK1})\cdot\partial_t\mathbf{s}]\,d\Sigma \\
&-\int_{\Sigma_{\rm SS}}[\hat{\mathbf{n}}\cdot(\mathbf{T}^0+\mathbf{T}^{\rm PK1})\cdot\partial_t\mathbf{s}]_-^+\,d\Sigma \\
&-\int_{\Sigma_{\rm FS}}[(\hat{\mathbf{n}}\cdot\mathbf{T}^0+\mathbf{t}^{\rm PK1})\cdot\partial_t\mathbf{s}]_-^+\,d\Sigma \\
&-\lim_{\varepsilon\to0}\int_{\Sigma_\varepsilon^t}[\hat{\boldsymbol{\nu}}\cdot(\mathbf{T}^0+\mathbf{T}^{\rm PK1})\cdot\partial_t\mathbf{s}]_-^+\,d\Sigma \\
&-\lim_{\varepsilon\to0}\int_{\partial\oplus_\varepsilon^t}[e(\hat{\mathbf{n}}_\varepsilon^t\cdot\mathbf{v}) + \hat{\mathbf{n}}_\varepsilon^t\cdot\mathbf{T}^{\rm PK1}\cdot\partial_t\mathbf{s}]\,d\Sigma
\end{aligned} \tag{5.165}$$

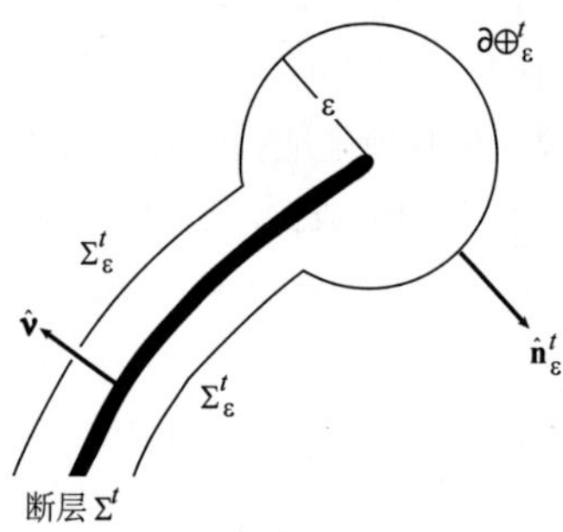

图 5.12 一个传播中的破裂前缘附近的积分面放大图。在半径不变的凸球面 $\partial\oplus_\varepsilon^t$ 跟随破裂前缘移动时，紧贴断层 Σ^t 两侧壁上的“薄饼” Σ_ε^t 会逐渐扩展

其中 $e=\dfrac{1}{2}(\rho^0\partial_t\mathbf{s}\cdot\partial_t\mathbf{s}+\boldsymbol{\nabla}\mathbf{s}:\boldsymbol{\Lambda}:\boldsymbol{\nabla}\mathbf{s})$。在(5.165)的推导中，我们使用了麦克斯韦关系 $\Lambda_{ijkl}=\Lambda_{klij}$，(4.16)中的对称关系和固–液边界 $\Sigma_{\rm FS}$ 上的二阶切向滑动条件(3.95)。根据静态平衡条件 $\rho^0\boldsymbol{\nabla}\phi^0-\boldsymbol{\nabla}\cdot\mathbf{T}^0=\mathbf{0}$ 以及动量方程 $\rho^0\partial_t^2\mathbf{s}-\boldsymbol{\nabla}\cdot\mathbf{T}^{\rm PK1}+\rho^0\boldsymbol{\nabla}\phi^{\rm E1}+\rho^0\mathbf{s}\cdot\boldsymbol{\nabla}\boldsymbol{\nabla}\phi^0=\mathbf{0}$，在 $\oplus$ 上的体积分为零，而初始牵引力连续性条件 $[\hat{\mathbf{n}}\cdot\mathbf{T}^0]_-^+=\mathbf{0}$ 以及(3.176)–(3.178)中的边界条件又使得在 $\partial\oplus$、$\Sigma_{\rm SS}$ 和 $\Sigma_{\rm FS}$ 上的面积分也为零。于是，(5.165)式简化为

$$\dot{\mathcal{E}} = -\dot{\mathcal{E}}_{\rm w} - \dot{\mathcal{E}}_{\rm c} \tag{5.166}$$

其中

$$\dot{\mathcal{E}}_{\mathrm{w}} = \lim_{\varepsilon\to 0}\int_{\Sigma_\varepsilon^t} [\hat{\boldsymbol{\nu}}\cdot(\mathbf{T}^0+\mathbf{T}^{\mathrm{PK1}})\cdot\partial_t\mathbf{s}]_-^+\,d\Sigma \tag{5.167}$$

$$\dot{\mathcal{E}}_{\mathrm{c}} = \lim_{\varepsilon\to 0}\int_{\partial\oplus_\varepsilon^t} [e(\hat{\mathbf{n}}_\varepsilon^t\cdot\mathbf{v})+\hat{\mathbf{n}}_\varepsilon^t\cdot\mathbf{T}^{\mathrm{PK1}}\cdot\partial_t\mathbf{s}]\,d\Sigma \tag{5.168}$$

(5.166)式右边第一项$\dot{\mathcal{E}}_{\mathrm{w}}$是在断层面$\Sigma^t$两侧壁上的瞬时摩擦能量耗散率，而第二项$\dot{\mathcal{E}}_{\mathrm{c}}$则代表了流入传播中的破裂前缘$\partial\Sigma_{\mathrm{c}}^t$的总能量通量。本质上两者都是正的，反映了破裂过程的不可逆性；通量$\dot{\mathcal{E}}_{\mathrm{c}}$给出了在破裂前缘生成新的断层面所需要提供的能量速率的宏观估计。它包含两项贡献，且各自都有简单的物理解释：第一项是因破裂前缘的运动而带来的平流贡献，第二项则是作用在$\partial\oplus_\varepsilon^t$上的牵引力所做的功。另外还会有与$\hat{\mathbf{n}}_\varepsilon^t\cdot\mathbf{v}$相乘的项存在，但是它们在$\varepsilon\to 0$的极限下贡献为零，只要如我们所假定的，$\partial_t\mathbf{s}$和$\boldsymbol{\nabla}\mathbf{s}$的奇异性不会超过$\varepsilon^{-1/2}$。

在断裂力学中，习惯上是估计破裂沿断层面Σ^t前进时在*单位距离*上而不是单位时间内能量流入破裂尖端的速率。由此得到的物理量，即所谓的*动力学能量释放率*，其定义为$G=v^{-1}\dot{\mathcal{E}}_{\mathrm{c}}$，其中$v=\|\mathbf{v}\|$为破裂速度。Freund (1990) 详尽地讨论了G在力学上的重要性及其在建立动力学断裂条件中的角色。

*5.5.3 地震能量

将(5.166)中的能量变化率在时间上从破裂起始时刻$t=t_0$积分到$t=\infty$，我们便可以得到前面提到的地震能量释放的三类划分的精确表述。到目前为止，我们尚未明确引入造成地震之后振荡衰减的地球的非弹性。现在我们假定它的唯一影响是在右边的求和$-\dot{\mathcal{E}}_{\mathrm{w}}-\dot{\mathcal{E}}_{\mathrm{c}}$中加上一个无穷小的负量，来代表整体耗散率。积分以后方程的左边是总能量变化，也就是静态能量释放的负数；能量平衡关系于是可以写成

$$\mathcal{E}_{\mathrm{r}} = \mathcal{E}_{\mathrm{s}} + \int_{t_0}^{t_{\mathrm{f}}}\dot{\mathcal{E}}_{\mathrm{w}}\,dt + \int_{t_0}^{t_{\mathrm{f}}}\dot{\mathcal{E}}_{\mathrm{c}}\,dt \tag{5.169}$$

其中$\mathcal{E}_{\mathrm{s}}$是在$t_0\leqslant t\leqslant\infty$时段上因整体非弹性而造成的总的能量耗散。$\mathcal{E}_{\mathrm{s}}$通常被称为*地震能量*。

在断层壁上的能量耗散率可以改写成如下形式

$$\dot{\mathcal{E}}_{\mathrm{w}} = \frac{d}{dt}\left(\lim_{\varepsilon\to 0}\int_{\Sigma_\varepsilon^t}[\hat{\boldsymbol{\nu}}\cdot(\mathbf{T}^0+\mathbf{T}^{\mathrm{PK1}})\cdot\mathbf{s}]_-^+\,d\Sigma\right) - \lim_{\varepsilon\to 0}\int_{\Sigma_\varepsilon^t}[\hat{\boldsymbol{\nu}}\cdot\partial_t\mathbf{T}^{\mathrm{PK1}}\cdot\mathbf{s}]_-^+\,d\Sigma \tag{5.170}$$

这里我们用到了在$\partial\Sigma_\varepsilon^t$上$\boldsymbol{\Delta}\mathbf{s}=\mathbf{0}$这一事实。将等式(5.170)代入能量平衡方程(5.169)，并且利用能量释放$\mathcal{E}_{\mathrm{r}}$的表达式(5.160)，我们得到

$$\mathcal{E}_{\mathrm{s}} = -\frac{1}{2}\int_{\Sigma_{\mathrm{f}}}[\hat{\boldsymbol{\nu}}\cdot\mathbf{T}_{\mathrm{f}}^{\mathrm{PK1}}\cdot\mathbf{s}_{\mathrm{f}}]_-^+\,d\Sigma + \int_{t_0}^{\infty}\lim_{\varepsilon\to 0}\int_{\Sigma_\varepsilon^t}[\hat{\boldsymbol{\nu}}\cdot\partial_t\mathbf{T}^{\mathrm{PK1}}\cdot\mathbf{s}]_-^+\,d\Sigma\,dt - \int_{t_0}^{t_{\mathrm{f}}}\dot{\mathcal{E}}_{\mathrm{c}}\,dt \tag{5.171}$$

(5.171) 式仅用断层面 Σ^t 和破裂前缘 $\partial\Sigma_{\rm c}^t$ 上的量来表示整个地球中因克服整体摩擦而引起的地震能量耗散。其中第一项仅依赖于静态位移 $\mathbf{s}_{\rm f}$ 和最终的断层 $\Sigma_{\rm f}$ 上的牵引力增量 $\hat{\boldsymbol{\nu}}\cdot\mathbf{T}_{\rm f}^{\rm PK1}$，而第二项则依赖于位移的整个过程以及断层扩张时断层面 Σ^t 上的牵引力增量。(5.171) 式第二项中的偏导数 $\partial_t\mathbf{T}^{\rm PK1}$ 在 $t\geqslant t_{\rm f}$ 时不必为零，尽管滑动 $\boldsymbol{\Delta}\mathbf{s}$ 已经达到其最终的静态值；要注意的是，我们在利用 (5.170) 从 (5.169) 中消去 $\mathcal{E}_{\rm r}$ 之前已经把积分上限改为无穷。根据定义，地震能量必须依赖于无穷小位移 $\mathbf{s}$ 的平方；关于这一点，显然表达式 (5.171) 中的每一项都是符合的。Kostrov (1974)、Kostrov 和 Das(1988) 通过考虑无穷弹性介质中穿过一个包围断层的球面的辐射能量通量也推导出了地震能量 $\mathcal{E}_{\rm s}$ 的表达式；他们忽略了自引力，并假定初始静应力 $\mathbf{T}^0$ 为无穷小。(5.171) 式将他们的结果推广到有限的、有自引力的地球模型这一真实情形。

$\mathcal{E}_{\rm s}$ 这个量包含了破裂发生时段 $t_0\leqslant t\leqslant t_{\rm f}$ 因整体摩擦而引起的能量耗散。在该时段加速度不能表示为如下形式的自由振荡叠加

$$\mathbf{a}(\mathbf{x},t)=\sum_k(a_k\cos\omega_k t+b_k\sin\omega_k t)\,\mathbf{s}_k(\mathbf{x}) \tag{5.172}$$

因此，我们无法得到用可观测的激发振幅 a_k 和 b_k 表示的 $\mathcal{E}_{\rm s}$ 的简单公式。相反地，我们可以只考虑在破裂结束后自由衰减过程中所耗散的那部分地震能量，我们称其为*变更地震能量*，以 $\mathcal{E}_{\rm s}'$ 表示。有可能 $\mathcal{E}_{\rm s}'\approx\mathcal{E}_{\rm s}$，因为破裂的持续时间远比振荡衰减的时间要短很多；但无论如何，总有 $\mathcal{E}_{\rm s}'\leqslant\mathcal{E}_{\rm s}$。在破裂终止后，整体摩擦成为唯一起作用的耗散机制；将 (5.166) 式从 $t=t_{\rm f}$ 到 $t=\infty$ 积分，而由于 $\dot{\mathcal{E}}_{\rm w}$ 和 $\dot{\mathcal{E}}_{\rm c}$ 均等于零，我们得到

$$\mathcal{E}_{\rm s}'=\mathcal{E}(t_{\rm f})-\mathcal{E}(\infty) \tag{5.173}$$

能量 $\mathcal{E}(t_{\rm f})$ 是破裂刚好终止后振荡动能加势能的总能量，而 $\mathcal{E}(\infty)$ 则是所有振荡模式衰减完毕之后所剩余的弹性–引力势能。该能量差被耗散转换为热能；因而等式 (5.173) 显然是能量守恒的结果。利用麦克斯韦关系 $\Lambda_{ijkl}=\Lambda_{klij}$ 以及 (4.16) 中的对称性，我们可以把变更地震能量写为

$$\begin{aligned}\mathcal{E}_{\rm s}'=\frac{1}{2}\int_\oplus[\rho^0\partial_t\mathbf{s}\cdot\partial_t\mathbf{s}+\boldsymbol{\nabla}(\mathbf{s}-\mathbf{s}_{\rm f})\!:\!\boldsymbol{\Lambda}\!:\!\boldsymbol{\nabla}(\mathbf{s}-\mathbf{s}_{\rm f})\\+\rho^0(\mathbf{s}-\mathbf{s}_{\rm f})\cdot\boldsymbol{\nabla}(\phi^{\rm E1}-\phi_{\rm f}^{\rm E1})\\+\rho^0(\mathbf{s}-\mathbf{s}_{\rm f})\cdot\boldsymbol{\nabla\nabla}\phi^0\cdot(\mathbf{s}-\mathbf{s}_{\rm f})]\,dV\end{aligned} \tag{5.174}$$

一如既往地，这里不带下角标的量 $\mathbf{s}$ 和 $\phi^{\rm E1}$ 是在破裂终止的 $t=t_{\rm f}$ 时刻取值，而带下角标 f 的量 $\mathbf{s}_{\rm f}$ 和 $\phi_{\rm f}^{\rm E1}$ 则是在 $t=\infty$ 处取值。将表达式 (5.172) 代入 (5.174)，并利用正交归一化关系 (4.56)，我们得到

$$\mathcal{E}_{\rm s}'=\frac{1}{2}\sum_k(a_k^2+b_k^2) \tag{5.175}$$

这一联系变更地震能量 $\mathcal{E}_{\rm s}'$ 与地球简正模式激发振幅 a_k 和 b_k 的简单公式是由 McCowan 和 Dziewonski (1977) 得到的。从推导过程可以清楚看到，(5.175) 适用于任何暂态内在震源，而不仅仅是理想断层。唯一的条件是运动是自由的，即运动在 $t_{\rm f}\leqslant t\leqslant\infty$ 时段上满足 (5.172) 的缓慢衰减形式。

*5.5.4 讨论

在有自转的地球上，对静态形变$\mathbf{s}_\mathrm{f}$的响应所引起的地球自转速率的变化$\delta\Omega$会使能量守恒变得复杂。除了由(5.157)和(5.158)给定的弹性和引力势能的变化外，自转地球还会有一个永久性的动能变化：

$$\mathcal{E}_\mathrm{k} = \frac{1}{2}(C+\delta C)(\Omega+\delta\Omega)^2 - \frac{1}{2}C\Omega^2 = \frac{1}{2}C\Omega^2(\delta\Omega/\Omega) \tag{5.176}$$

这里在最后一个等式中我们用到了精确的角动量守恒定律$(C+\delta C)(\Omega+\delta\Omega) = C\Omega$。自转动能的变化$\mathcal{E}_\mathrm{k}$也可以被解释成是克服与地球自转相关的表观离心力所做的功；两种能量变化的和$\mathcal{E}_\mathrm{g}+\mathcal{E}_\mathrm{k}$则是克服真实与表观体力所做的全部的功。用类似于5.5.1节中的推论，一个自转地球上的地震的总能量释放$\mathcal{E}_\mathrm{r} = -\mathcal{E}_\mathrm{e} - \mathcal{E}_\mathrm{g} - \mathcal{E}_\mathrm{k}$可以简化为在最终的断层面$\Sigma^\mathrm{f}$上的相同的积分：

$$\mathcal{E}_\mathrm{r} = \frac{1}{2}\int_{\Sigma^\mathrm{f}} [\hat{\boldsymbol{\nu}}\cdot(2\mathbf{T}^0 + \mathbf{T}_\mathrm{f}^\mathrm{PK1})\cdot\mathbf{s}_\mathrm{f}]_-^+ \, d\Sigma \tag{5.177}$$

三类能量的平衡关系(5.169)以及仅用瞬时断层面Σ^t和破裂前缘$\partial\Sigma_\mathrm{c}^t$上的量表示的地震能量$\mathcal{E}_\mathrm{s}$的公式(5.171)，在自转地球上均仍然成立。变更地震能量$\mathcal{E}_\mathrm{s}'$可以用(4.141)式中的激发振幅c_k表示为

$$\mathcal{E}_\mathrm{s}' = \frac{1}{2}\sum_k c_k^* c_k \tag{5.178}$$

令人惊讶的是，在(5.177)–(5.178)这两个公式中对引力常数G和自转角速率$\Omega = \|\boldsymbol{\Omega}\|$都没有显性的依赖。

为更好地理解破裂过程中所释放能量的平衡，我们考虑一个具体的例子：1960年5月22日智利大地震。该地震的地震矩为$M_0 \approx 2\times10^{23}$牛·米，是有史以来最大的，而它所导致的同震日长变短仅有几个微秒(Chao & Gross 1995)。这一变化大小相当于$\delta\Omega/\Omega\approx 10^{-10}$，与观测到的由多种非地震的地球物理现象所造成的量级为$\delta\Omega/\Omega\approx10^{-8}$的地球自转速率变化相比可以忽略不计。然而，由于地球自转蕴含着巨大的动能，达$\frac{1}{2}C\Omega^2 = 2\times10^{29}$焦耳，因而地震所产生的能量变化十分可观，有$\mathcal{E}_\mathrm{k}\approx 2\times10^{19}$焦耳。令人意外的是，这一自转动能的变化竟然大于我们用古登堡–里克特经验公式$\mathcal{E}_\mathrm{r} = 0.5\times10^{-4}\,M_0$ (Kanamori 1977)对智利地震总能量释放所做的最佳估计：$\mathcal{E}_\mathrm{r}\approx 1\times10^{19}$焦耳。显然，$\mathcal{E}_\mathrm{k}\approx 2\times\mathcal{E}_\mathrm{r}$ 这一结果与断裂的力学分析中可以完全忽略地球自转这一直觉上的认知之间是有冲突的。Dahlen (1977)首次指出了这一明显的悖论，并且给出了解决的办法。

由于$\mathcal{E}_\mathrm{g}+\mathcal{E}_\mathrm{k}$是克服引力和离心体力所做的全部的功，而且在地球中前者比后者约大300倍，我们期望引力能的变化量$\mathcal{E}_\mathrm{g}$也大约是$\mathcal{E}_\mathrm{k}$的300倍。数值计算的结果证实了这一期望：对于1960年智利大地震，Chao, Gross 和 Dong (1995)发现$\mathcal{E}_\mathrm{g}\approx -600\times\mathcal{E}_\mathrm{r}$。这种引力能的下降对应于地球的净压缩，是浅源削减带地震的典型特征。伴随智利大地震的弹性能变化量$\mathcal{E}_\mathrm{e}$显然也必须比$\mathcal{E}_\mathrm{r}$约大600倍，而且$\mathcal{E}_\mathrm{e}$和$\mathcal{E}_\mathrm{g}+\mathcal{E}_\mathrm{k}$这两个变化量必须差不多大小相等、符号相反。这种弹性和引力–离心力能量之间的巧妙平衡也是其他地震的普遍特性。单独的能量变化$\mathcal{E}_\mathrm{e}$和$\mathcal{E}_\mathrm{g}+\mathcal{E}_\mathrm{k}$可能有各自不同的符号，但是$|\mathcal{E}_\mathrm{e}|\approx|\mathcal{E}_\mathrm{g}+\mathcal{E}_\mathrm{k}|\gg\mathcal{E}_\mathrm{r}$这一关系一般是成立的。对弹性能变化$\mathcal{E}_\mathrm{e}$的首要贡献是克服初始流体静力学压强$p^0$所做的功，而且可以证明，(5.177)中的总能量释放明显地不依赖于p^0。这表明$\mathcal{E}_\mathrm{e}$和$\mathcal{E}_\mathrm{g}+\mathcal{E}_\mathrm{k}$之间的平衡本质上是克服体力所做的功与同时克服初始流体静力

学压强所做的功之间的平衡。这种平衡并不奇怪，因为地球中初始流体静力学压强 p^0 的源头也可以直接归因于这些体力。而源自构造作用的偏应力 $\boldsymbol{\tau}^0$，作为导致地震发生的根本原因，却比压强 p^0 小很多，除非在很接近地表的地方；因此，在地震破裂中释放的能量 $\mathcal{E}_{\mathrm{r}}$ 一般远小于它的两个构成部分 $-\mathcal{E}_{\mathrm{e}}$ 和 $-(\mathcal{E}_{\mathrm{g}}+\mathcal{E}_{\mathrm{k}})$。用无引力介质中能量释放 $\mathcal{E}_{\mathrm{r}}$ 的经典表达式作为弹性能的变化，再分开考虑震源附近发生永久性高度变化时的重力能变化，这种做法是不正确的。这种不严格的做法，在物理上或许有其诱人之处，却无异于把相比之下异常巨大的重力能变化计算了两次。

第 6 章　非弹性与衰减

在本书中，我们在若干情形下已经看到，非弹性会使得地球振荡的简正模式在被地震激发后衰减。然而，到目前为止，我们一直假设非弹性为无穷小，因而它唯一的影响是将弹性–重力本征频率ω变为$\omega + i0$，而并不改变相应的本征函数$\mathbf{s}$。事实上，地球的非弹性虽然小，但却不是无穷小；本章的目的是建立一个地震衰减的定量模型。我们会看到，即使在弱衰减近似下，也不可能将弹性和非弹性响应做彼此独立的处理；相反，必须将两者看作是地球流变性密切相关的两个方面。

我们首先回顾线性非弹性的数学理论，着重在与全球地震学最相关的方面。我们这里所涉及的内容并不像一些专门讨论这一题目的材料科学专著那样完整，特别是Zener (1948)、Gross (1953) 以及Nowick 和 Berry (1972)。我们采用一个全然的宏观现象学观点，而不是试图探究造成地震波衰减的微观固态机制。在Minster (1980)、Karato 和 Spetzler (1990) 以及Anderson (1991) 中可以找到一些关于地球内部可能的非弹性机制的推测。而Jackson (1993) 则对相关的高温高压实验室蠕变和衰减实验做了综述。

在本章及本书的其余部分，我们将一贯地使用符号$\nu = \omega + i\gamma$来表示振荡的复数角频率，其中ω为实部，γ为虚部。也就是说，我们总是用 ω表示实数频率。如果$\nu = \omega + i\gamma$是地球的某个简正模式的本征频率，则虚部$\gamma > 0$为该模式的*衰减率*。

6.1　线性各向同性非弹性

到目前为止，我们所采用的线性弹性本构关系表明，应力增量$\mathbf{T}^{\mathrm{L1}}$或$\mathbf{T}^{\mathrm{PK1}}$只依赖于局地瞬时应变$\boldsymbol{\varepsilon}$或形变$\boldsymbol{\nabla}\mathbf{s}$。对于具有*流体静力学初始应力的各向同性介质*，其弹性本构关系为

$$\mathbf{T}^{\mathrm{L1}} = \kappa\theta\mathbf{I} + 2\mu\mathbf{d} \tag{6.1}$$

其中κ和μ分别为等熵不可压缩性和刚性，而 $\theta = \operatorname{tr}\boldsymbol{\varepsilon}$和$\mathbf{d} = \boldsymbol{\varepsilon} - \frac{1}{3}(\operatorname{tr}\boldsymbol{\varepsilon})\mathbf{I}$分别为标量各向同性应变和偏应变。在*各向同性非弹性*介质中，任一质点所感受的应力被假定是线性地依赖于其应变的*全部既往历程*。因此，(6.1) 式可推广为

$$\mathbf{T}^{\mathrm{L1}}(t) = \int_{-\infty}^{t} \kappa(t-t')\partial_{t'}\theta(t')\,dt'\,\mathbf{I} + \int_{-\infty}^{t} 2\mu(t-t')\partial_{t'}\mathbf{d}(t')\,dt' \tag{6.2}$$

这里对质点$\mathbf{x}$的依赖性是不言而喻的。积分的下限$-\infty$反映了$\mathbf{T}^{\mathrm{L1}}$对全部既往形变历程的依赖性，而上限t则确保满足*因果关系原理*，即对未来的形变没有任何依赖性。(6.2) 式被称为*玻尔兹曼叠加原理*；该表达式中常规地使用应变率$\partial_t\boldsymbol{\varepsilon}$而非应变$\boldsymbol{\varepsilon}$。

6.1.1 蠕变和应力松弛函数

依照Nowick 和 Berry (1972)，我们将非弹性本构关系(6.2)写为一个简化的标量形式：

$$\sigma(t) = \int_{-\infty}^{t} M(t-t')\dot{\varepsilon}(t')\,dt' \tag{6.3}$$

这里的$\varepsilon(t)$代表应变的各向同性或偏张量部分θ或$\mathbf{d}$中的任何一个，而$\sigma(t)$则表示与之对应的各向同性应力$-p^{\mathrm{L1}} = \frac{1}{3}\mathrm{tr}\,\mathbf{T}^{\mathrm{L1}}$或偏应力$\boldsymbol{\tau}^{\mathrm{L1}} = \mathbf{T}^{\mathrm{L1}} - \frac{1}{3}(\mathrm{tr}\,\mathbf{T}^{\mathrm{L1}})\mathbf{I}$。对于前者，$M(t)$表示随时间变化的不可压缩性$\kappa$，而对于后者则表示随时间变化的刚性$\mu$。符号上面的点表示对时间求导。表6.1列出了标量和张量符号之间的对应关系。

表 6.1 线性各向同性非弹性理论中使用的标量符号

变量	各向同性部分	偏张量部分
应变ε	$\theta = \mathrm{tr}\,\boldsymbol{\varepsilon}$	$\mathbf{d} = \boldsymbol{\varepsilon} - \frac{1}{3}(\mathrm{tr}\,\boldsymbol{\varepsilon})\mathbf{I}$
应力σ	$-p^{\mathrm{L1}} = \frac{1}{3}\mathrm{tr}\,\mathbf{T}^{\mathrm{L1}}$	$\boldsymbol{\tau}^{\mathrm{L1}} = \mathbf{T}^{\mathrm{L1}} - \frac{1}{3}(\mathrm{tr}\,\mathbf{T}^{\mathrm{L1}})\mathbf{I}$
模量M	κ	μ

注：$\varepsilon(t)$ 和$\sigma(t)$ 是相互对应的应变和应力变量

反之，我们也可以将应变看作是应力的全部既往历程的泛函：

$$\varepsilon(t) = \int_{-\infty}^{t} J(t-t')\dot{\sigma}(t')\,dt' \tag{6.4}$$

从物理上讲，$M(t)$和$J(t)$这两个量分别是应力和应变对于与之对应变量的单位阶跃$H(t)$的响应。单位阶跃应力响应$M(t)$称为*应力松弛函数*，而相应的应变响应$J(t)$则称为*蠕变函数*。

$M(t)$和$J(t)$在$t=0$和$t=\infty$的值以特有的符号表示：

$$M(0) = M_{\mathrm{u}}, \qquad M(\infty) = M_{\mathrm{r}} \tag{6.5}$$

$$J(0) = J_{\mathrm{u}}, \qquad J(\infty) = J_{\mathrm{r}} \tag{6.6}$$

M_{u}和M_{r}分别叫作*未松弛和已松弛模量*，J_{u}和J_{r}则分别为相应的*未松弛和已松弛柔量*。未松弛模量和柔量M_{u}和J_{u}描述的是*瞬时弹性响应*，而已松弛模量和柔量M_{r}和J_{r}描述的则是*长时平衡响应*，它们必须互为倒数：

$$M_{\mathrm{u}} = 1/J_{\mathrm{u}}, \qquad M_{\mathrm{r}} = 1/J_{\mathrm{r}} \tag{6.7}$$

如图6.1所示，维持阶跃应变$\varepsilon(t)=H(t)$所需的应力$M(t)$从$t=0$的M_{u}开始随时间松弛到$t=\infty$的M_{r}。而图6.2则显示，单位阶跃应力$\sigma(t)=H(t)$的作用也会使$J(t)$从$t=0$的J_{u}蠕变到$t=\infty$的J_{r}。这便是这些术语的由来。松弛前后的差值

$$\delta M = M_{\mathrm{u}} - M_{\mathrm{r}}, \qquad \delta J = J_{\mathrm{r}} - J_{\mathrm{u}} \tag{6.8}$$

被分别称为模量缺陷和柔量松弛。

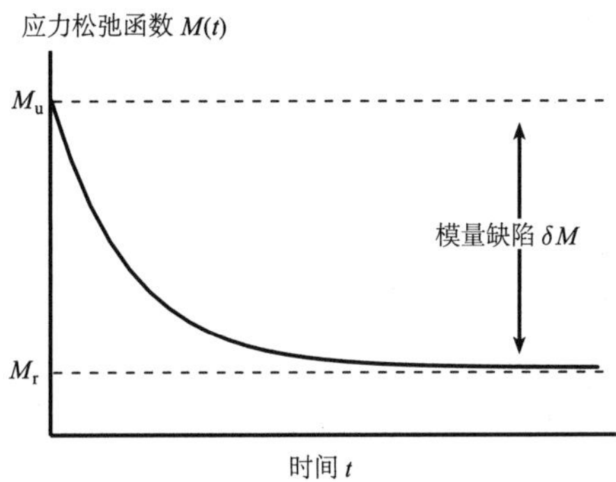

图 6.1 非弹性介质的应力松弛函数 $M(t)$ 从 $t=0$ 的未松弛值 M_{u} 单调递减到 $t=\infty$ 的已松弛值 M_{r}

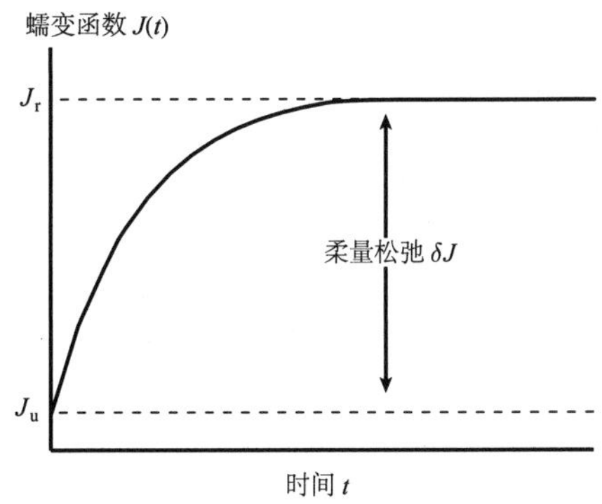

图 6.2 蠕变函数 $J(t)$ 从 $t=0$ 的未松弛值 J_{u} 单调递增到 $t=\infty$ 的已松弛值 J_{r}

在上述讨论中，我们已经理所当然地认为 $t=0$ 时刻有非零的瞬时平衡态响应，且在 $t=\infty$ 时有有限的平衡态响应，因而有

$$0<M_{\mathrm{r}}\leqslant M_{\mathrm{u}}<\infty,\qquad 0<J_{\mathrm{u}}\leqslant J_{\mathrm{r}}<\infty \tag{6.9}$$

在6.1.4节和6.1.11节我们将会看到，这两个假设并不是完全必要的，但它们简化了后续大部分的理论推演。满足(6.9)式的介质被称为是**非弹性**的。它们有别于更一般的**黏弹性**介质，因为黏弹性介质可能会有 $M_{\mathrm{r}}=1/J_{\mathrm{r}}=0$ 或 $M_{\mathrm{u}}=1/J_{\mathrm{u}}=\infty$。

已知所有时间为正 $0\leqslant t\leqslant\infty$ 的应力松弛函数 $M(t)$ 也意味着知道了蠕变函数 $J(t)$，反之亦然。这两个函数之间的隐式关系可以通过在(6.3)中令 $\sigma(t)=H(t)$ 而得到。要注意，$\varepsilon(t)=J(t)$ 在 $t=0$ 时刻跃变到 J_{u}，因而我们有

$$1=J_{\mathrm{u}}M(t)+\int_0^t M(t-t')\dot{J}(t')\,dt' \tag{6.10}$$

也可以在(6.4)中令 $\varepsilon(t)=H(t)$，或对(6.10)做分部积分，可以得到

$$1=M_{\mathrm{u}}J(t)+\int_0^t J(t-t')\dot{M}(t')\,dt' \tag{6.11}$$

还可以根据下面的关系式，利用 $M(t)$ 迭代来获得 $J(t)$，反之亦然。

$$t = \int_0^t J(t')M(t-t')\,dt' = \int_0^t M(t')J(t-t')\,dt' \tag{6.12}$$

将 (6.12) 对时间求导，可以证明它与公式 (6.10)–(6.11) 是等价的。将 $M(t-t') = M(t) - [M(t) - M(t-t')]$ 这一简单等式代入 (6.10)，并对含 $M(t)$ 的项进行积分，得到

$$M(t)J(t) = 1 + \int_0^t [M(t) - M(t-t')]\dot{J}(t')\,dt' \tag{6.13}$$

实验室测量发现 $M(t)$ 和 $J(t)$ 这两个函数是单调的；因此，(6.13) 中的被积函数总是负的，以至于

$$M(t)J(t) \leqslant 1 \tag{6.14}$$

我们已经看到，对于 $t=0$ 和 $t=\infty$，(6.14) 中的等式成立；在6.1.9节中我们则会看到更为普遍的关系是近似相等。

6.1.2 谐波变化

到目前为止我们考虑的都是对单位阶跃应力或应变的瞬时响应。我们现在来考虑以谐波形式变化的应力和应变

$$\sigma(t) = \mathrm{Re}\,[\sigma(\nu)\exp(i\nu t)], \qquad \varepsilon(t) = \mathrm{Re}\,[\varepsilon(\nu)\exp(i\nu t)] \tag{6.15}$$

响应的线性特性确保了若 $\varepsilon(t)$ 为 (6.15) 的形式，则 $\sigma(t)$ 也是，反之亦然。将表达式 (6.15) 代入玻尔兹曼叠加原理 (6.3)–(6.4)，我们发现复数振幅 $\sigma(\nu)$ 和 $\varepsilon(\nu)$ 之间有如下关系

$$\sigma(\nu) = M(\nu)\varepsilon(\nu), \qquad \varepsilon(\nu) = J(\nu)\sigma(\nu) \tag{6.16}$$

其中

$$M(\nu) = i\nu\int_0^\infty M(t)\exp(-i\nu t)\,dt \tag{6.17}$$

$$J(\nu) = i\nu\int_0^\infty J(t)\exp(-i\nu t)\,dt \tag{6.18}$$

复数模量 $M(\nu)$ 与复数柔量 $J(\nu)$ 显然是相互关联的：

$$M(\nu)J(\nu) = 1 \tag{6.19}$$

$M(\nu)$ 和 $J(\nu)$ 两者都是解析函数，且在复数频率的下半平面 ($\mathrm{Im}\,\nu \leqslant 0$) 满足

$$M(-\nu^*) = M^*(\nu), \qquad J(-\nu^*) = J^*(\nu) \tag{6.20}$$

在频率很低时，应力和应变之间由已松弛的模量和柔量相关联：

$$\lim_{\nu\to 0} M(\nu) = \lim_{\nu\to 0} 1/J(\nu) = M_\mathrm{r} = 1/J_\mathrm{r} \tag{6.21}$$

相反，在频率很高时，它们之间由未松弛的模量与柔量相关联：

$$\lim_{\nu\to \infty} M(\nu) = \lim_{\nu\to \infty} 1/J(\nu) = M_\mathrm{u} = 1/J_\mathrm{u} \tag{6.22}$$

我们习惯上将实轴上的复数模量和柔量分解为实部和虚部：

$$M(\omega) = M_1(\omega) + iM_2(\omega), \qquad J(\omega) = J_1(\omega) - iJ_2(\omega) \tag{6.23}$$

其中 $M_1(\omega)$、$M_2(\omega)$、$J_1(\omega)$ 和 $J_2(\omega)$ 可以用 $M(t)$ 和 $J(t)$ 以显式写为

$$M_1(\omega) = \omega \int_0^\infty M(t) \sin \omega t \, dt \tag{6.24}$$

$$M_2(\omega) = \omega \int_0^\infty M(t) \cos \omega t \, dt \tag{6.25}$$

$$J_1(\omega) = \omega \int_0^\infty J(t) \sin \omega t \, dt \tag{6.26}$$

$$J_2(\omega) = -\omega \int_0^\infty J(t) \cos \omega t \, dt \tag{6.27}$$

实部模量和柔量均为频率的偶函数，而虚部模量和柔量则均为频率的奇函数：

$$M_1(-\omega) = M_1(\omega), \qquad M_2(-\omega) = -M_2(\omega) \tag{6.28}$$

$$J_1(-\omega) = J_1(\omega), \qquad J_2(-\omega) = -J_2(\omega) \tag{6.29}$$

(6.23) 中符号的选择确保了当 $\omega > 0$ 时，$M_1(\omega)$、$M_2(\omega)$、$J_1(\omega)$ 和 $J_2(\omega)$ 这四个函数均为正值。

6.1.3 弹簧和阻尼器

许多简单的非弹性和黏弹性介质都可以用由线性的弹性弹簧和黏性阻尼器所构成的“拼装玩具”式的网络来模拟或形象化。组成网络的元件可以有串联或并联的组合形式；这种复合参数力学类比物可以根据几个简单的规则来分析：

1. 每个弹簧的本构关系为 $\sigma = M\varepsilon$ 或 $\varepsilon = J\sigma$，其中 M 为弹性模量，$J = 1/M$ 为柔量。

2. 每个阻尼器的本构关系为 $\sigma = \eta\dot{\varepsilon}$，其中 η 为黏度。

3. 两个串联的元件应力相等，应变相加，即 $\sigma = \sigma_1 = \sigma_2$ 和 $\varepsilon = \varepsilon_1 + \varepsilon_2$。

4. 两个并联的元件应力相加，应变相等，即 $\sigma = \sigma_1 + \sigma_2$ 和 $\varepsilon = \varepsilon_1 = \varepsilon_2$。

每一个由串联或并联的线性弹簧和阻尼器所组成的复合体都相当于一个具有如下形式的微分本构关系的黏弹性介质：

$$a_0\sigma + a_1\dot{\sigma} + a_2\ddot{\sigma} + \cdots = b_0\varepsilon + b_1\dot{\varepsilon} + b_2\ddot{\varepsilon} + \cdots \tag{6.30}$$

其中 $a_0, a_1, a_2, \cdots$ 和 $b_0, b_1, b_2, \cdots$ 为实常数。相应的复数模量和柔量是有理多项式：

$$M(\nu) = \frac{1}{J(\nu)} = \frac{b_0 + b_1(i\nu) + b_2(i\nu)^2 + \cdots}{a_0 + a_1(i\nu) + a_2(i\nu)^2 + \cdots} \tag{6.31}$$

将上述规则应用于网络结构图，便可确定 $a_0, a_1, a_2, \cdots$ 和 $b_0, b_1, b_2, \cdots$ 这些系数，这与用基尔霍夫定律确定复合参数电路的整体特性是一样的。基于该做法，Bland (1960) 对线性黏弹性理论做了系统性推导。

6.1.4 麦克斯韦固体与开尔文-沃伊特固体

这种拼装玩具介质中最简单的是由弹簧和阻尼器串联而成的*麦克斯韦固体*，以及由弹簧和阻尼器并联而成的开尔文–沃伊特 (Kelvin-Voigt) 固体。将组成的元件如图6.3一样标记，并对应力和应变根据前述规则建立相加或相等的关系，我们得到这两个单一弹簧加阻尼器固体的微分本构关系

$$\underbrace{\sigma + \tau_\sigma \dot{\sigma} = \tau_\sigma M_{\mathrm{u}} \dot{\varepsilon}}_{\text{麦克斯韦}}, \qquad \underbrace{\sigma = M_{\mathrm{r}}(\varepsilon + \tau_\varepsilon \dot{\varepsilon})}_{\text{开尔文-沃伊特}} \tag{6.32}$$

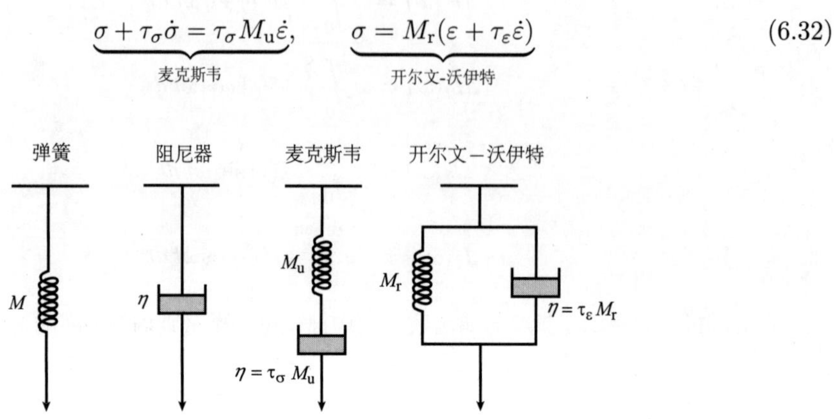

图 6.3 （从左到右）弹簧、阻尼器、麦克斯韦和开尔文–沃伊特固体示意图。每个网络都在顶部固定。应力松弛函数 $M(t)$ 和蠕变函数 $J(t)$ 分别为对作用在箭头处的单位阶跃应变和应力的响应

在 (6.32) 式中分别令 $\varepsilon = H(t)$ 和 $\sigma = H(t)$，可以得到麦克斯韦与开尔文–沃伊特固体的应力松弛函数 $M(t)$ 和蠕变函数 $J(t)$。表6.2列出了这些函数及其复数模量 $M(\nu)$ 和柔量 $J(\nu)$。$\tau_\sigma = \eta/M_{\mathrm{u}}$ 和 $\tau_\varepsilon = \eta/M_{\mathrm{r}}$ 这两个量分别称为应力和应变*松弛时间*；$M_{\mathrm{u}}\exp(-t/\tau_\sigma)$ 的指数衰减特性和 $J_{\mathrm{r}}[1-\exp(-t/\tau_\varepsilon)]$ 的指数增长特性是这一名称的来源。这两种双元件介质在 (6.9) 的意义上都不是非弹性的：麦克斯韦固体在阶跃应力作用下会永远蠕变下去，即 $J_{\mathrm{r}} = 1/M_{\mathrm{r}} = \infty$，而开尔文–沃伊特固体的瞬时弹性响应是奇异的，即 $M_{\mathrm{u}} = 1/J_{\mathrm{u}} = \infty$。

表 6.2 两个单一弹簧与单一阻尼器所组成的复合固体的时间域 (上) 和频率域 (下) 特性

特性	麦克斯韦固体	开尔文–沃伊特固体
$M(t)$	$M_{\mathrm{u}}\exp(-t/\tau_\sigma)$	$M_{\mathrm{r}}[\tau_\varepsilon\delta(t) + H(t)]$
$J(t)$	$J_{\mathrm{u}}[H(t) + t/\tau_\sigma]$	$J_{\mathrm{r}}[1 - \exp(-t/\tau_\varepsilon)]$
$M(\nu)$	$M_{\mathrm{u}}(i\nu\tau_\sigma)(1 + i\nu\tau_\sigma)^{-1}$	$M_{\mathrm{r}}(1 + i\nu\tau_\varepsilon)$
$J(\nu)$	$J_{\mathrm{u}}(i\nu\tau_\sigma)^{-1}(1 + i\nu\tau_\sigma)$	$J_{\mathrm{r}}(1 + i\nu\tau_\varepsilon)^{-1}$

6.1.5 标准线性固体

能满足所有非弹性约束条件的介质最简单的例子是所谓的标准线性固体。它可以想象成是麦克斯韦固体与弹簧的并联，也可以是开尔文–沃伊特固体与弹簧的串联，如图6.4所示。利用应力和应变的相加或相等规则，我们发现这两种等价的三元件网络的微分本构关系可以写为

$$\dot{\sigma}+\tau_\sigma^{-1}\sigma=M_{\mathrm{u}}(\dot{\varepsilon}+\tau_\varepsilon^{-1}\varepsilon) \tag{6.33}$$

其中

$$\delta M/M_{\mathrm{u}}=\delta J/J_{\mathrm{r}}=1-\tau_\sigma/\tau_\varepsilon \tag{6.34}$$

与 (6.33) 式相应的应力松弛和蠕变函数均为指数形式，但具有不同的衰减与增长时间：

$$M(t)=M_{\mathrm{u}}-\delta M[1-\exp(-t/\tau_\sigma)] \tag{6.35}$$

$$J(t)=J_{\mathrm{u}}+\delta J[1-\exp(-t/\tau_\varepsilon)] \tag{6.36}$$

在 (6.34) 中我们看到，应力和应变松弛时间之间必须满足$\tau_\sigma\leqslant\tau_\varepsilon$。

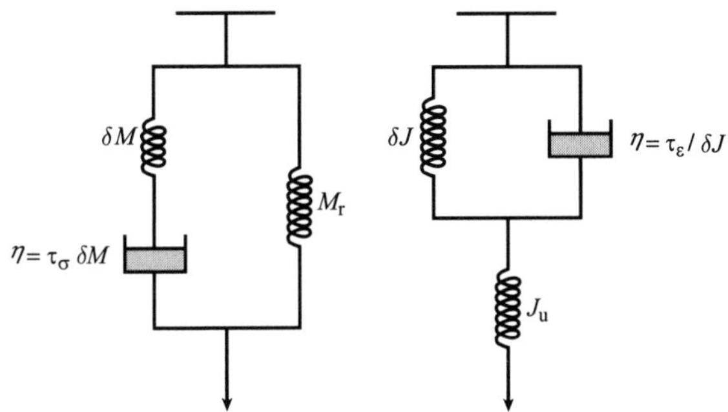

图 6.4 等价的标准线性固体的三元件图像表示。(左) 麦克斯韦固体和弹簧的并联。(右) 开尔文–沃伊特固体和弹簧的串联

从 (6.17)–(6.18) 或是图6.4的频率域分析，我们可以得到标准线性固体的复数模量和柔量

$$M(\nu)=M_{\mathrm{u}}-\delta M(1+i\nu\tau_\sigma)^{-1} \tag{6.37}$$

$$J(\nu)=J_{\mathrm{u}}+\delta J(1+i\nu\tau_\varepsilon)^{-1} \tag{6.38}$$

值得注意的是，公式 (6.37) 和 (6.38) 分别有虚数的简单极点$\nu=i/\tau_\sigma$和$\nu=i/\tau_\varepsilon$。这是一般非弹性现象的体现——$M(\nu)$ 和 $J(\nu)$ 的解析延拓会在复数频率的上半平面 ($\mathrm{Im}\,\nu>0$) 出现奇点。

在频率实轴上的实部和虚部的模量和柔量为

$$M_1(\omega)=M_{\mathrm{u}}-\frac{\delta M}{1+\omega^2\tau_\sigma^2},\qquad M_2(\omega)=\frac{\omega\tau_\sigma\,\delta M}{1+\omega^2\tau_\sigma^2} \tag{6.39}$$

$$J_1(\omega)=J_{\mathrm{u}}+\frac{\delta J}{1+\omega^2\tau_\varepsilon^2},\qquad J_2(\omega)=\frac{\omega\tau_\varepsilon\,\delta J}{1+\omega^2\tau_\varepsilon^2} \tag{6.40}$$

$M_2(\omega)$ 和 $J_2(\omega)$ 两者均有所谓德拜松弛尖峰的形状，峰顶位于 $\omega\tau=1$，其中τ为τ_σ或τ_ε。在

$1/10 \leqslant \omega\tau \leqslant 10$ 这一频段之外，虚部模量和柔量相对不重要，如图6.5所示。在 $1/10 \leqslant \omega\tau \leqslant 10$ 这一相同的频段内，实部模量 $M_1(\omega)$ 从 M_r 增加为 M_u，相应的柔量 $J_1(\omega)$ 从 J_r 减小为 J_u。在这一非弹性频带内的频散被称为*正常频散*。

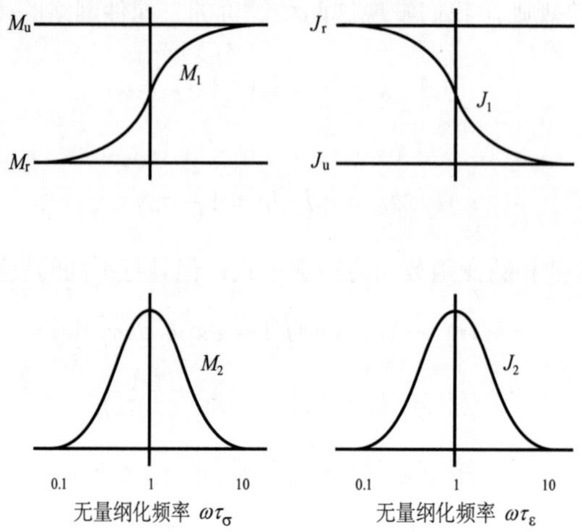

图 6.5 (*左*) 标准线性固体的实部模量 $M_1(\omega)$ 和虚部模量 $M_2(\omega)$ 随频率的变化。(*右*) 实部柔量 $J_1(\omega)$ 和虚部柔量 $J_2(\omega)$ 随频率的变化。注意频率轴为对数坐标

6.1.6 能量耗散与 Q

在以实数频率 ω 做受迫振荡的一个谐波周期内，应力 $\sigma(t) = \mathrm{Re}\,[\sigma(\omega)\exp(i\omega t)]$ 和应变 $\varepsilon(t) = \mathrm{Re}\,[\varepsilon(\omega)\exp(i\omega t)]$ 的变化遵循一条椭圆形滞后回线，如图6.6所示。在一个完整的振荡周期内，单位体积中为克服内摩擦所做的功是滞后回线的面积，可以很容易证明该面积为

$$\oint \dot{E}\,dt = \oint \sigma\dot{\varepsilon}\,dt = \pi M_2(\omega)\,|\varepsilon(\omega)|^2 = \pi J_2(\omega)\,|\sigma(\omega)|^2 \tag{6.41}$$

因此，虚部模量 $M_2(\omega)$ 和柔量 $J_2(\omega)$ 提供了因非弹性造成的能量体耗散率的一种度量；能量在物质内部以热的形式耗散。

依照 O'Connell 和 Budiansky (1978)，非弹性介质的固有品质因子 $Q(\omega)$ 的定义为

$$Q(\omega) = \frac{M_1(\omega)}{M_2(\omega)} = \frac{J_1(\omega)}{J_2(\omega)} \tag{6.42}$$

将复数模量和柔量写成极坐标形式

$$M(\omega) = |M(\omega)|\exp[i\phi(\omega)], \qquad J(\omega) = |J(\omega)|\exp[-i\phi(\omega)] \tag{6.43}$$

我们得到品质因子倒数：

$$Q^{-1}(\omega) = \tan\phi(\omega) \tag{6.44}$$

角度 $\phi(\omega)$ 是在谐波滞后回线中应力落后于应变的*相位滞后*。

与*耗散的能量*相反，在一般非弹性或黏弹性介质中，*储存的*弹性能量是一个模糊的概念；然

而，对于麦克斯韦、开尔文–沃伊特或标准线性固体，以及所有其他流变性可以用线性弹簧和阻尼器网络来模拟的介质而言，它可以清楚地定义。Bland (1960) 证明，在以实数频率 ω 做简谐振荡的一个周期中，这种网络中的一个弹簧所储存的弹性能密度为

$$\begin{aligned}E &= \frac{1}{4}M_1(\omega)\,|\varepsilon(\omega)|^2 \\ &\quad + \frac{1}{4}\mathrm{Re}\,\{[M(\omega) - \omega\partial_\omega M(\omega)]\varepsilon^2(\omega)\exp(2i\omega t)\} \\ &= \frac{1}{4}J_1(\omega)\,|\sigma(\omega)|^2 \\ &\quad + \frac{1}{4}\mathrm{Re}\,\{[J(\omega) + \omega\partial_\omega J(\omega)]\sigma^2(\omega)\exp(2i\omega t)\}\end{aligned} \tag{6.45}$$

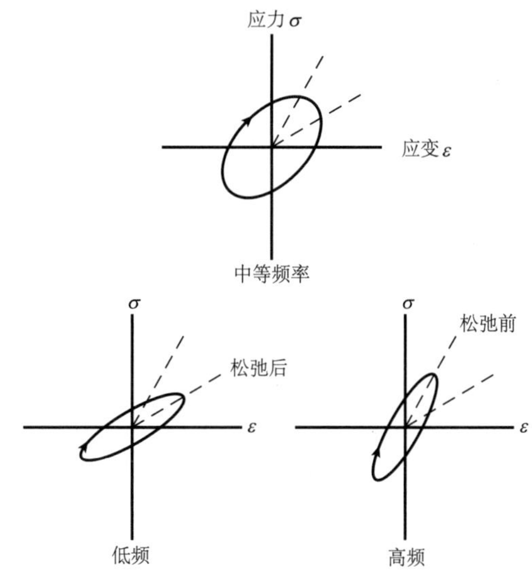

图 6.6 受迫振荡的一个谐波周期内应力随应变变化的轨迹。图中所有虚线均表示已松弛和未松弛的纯弹性行为。(上) 中等频率的应力–应变滞后回线是准圆形的。(下) 低频和高频的滞后回线则表现出高度的椭圆形；其响应分别为近乎已松弛的 $\sigma \approx M_{\mathrm{r}}\varepsilon$ 和近乎未松弛的 $\sigma \approx M_{\mathrm{u}}\varepsilon$

与纯弹性一样，瞬时能量密度 E 包含一个常数项和一个正比于 $\exp(2i\omega t)$ 的项，后者在一个完整的振荡周期内均值为零。因此，固有品质因子具有一个能量的解释——$4\pi Q^{-1}(\omega)$ 是一个周期内的平均能量耗散占比：

$$4\pi Q^{-1} = \frac{1}{\langle E\rangle}\oint \dot{E}\,dt \tag{6.46}$$

其中

$$\langle E\rangle = \frac{\omega}{2\pi}\oint E\,dt \tag{6.47}$$

如 O'Connell 和 Budiansky (1978) 所言，“令人费解…却又不容置疑的是”非弹性介质中储存的能量不仅依赖于复数模量或柔量在所关注频率处的值，还依赖于它们对频率的导数 $\partial_\omega M(\omega)$ 和 $\partial_\omega J(\omega)$。这便排除了任何以最大储存能量来简单解释品质因子的可能性。正如我们之前提到的，

(6.46) 这一解释仅适用于可被线弹性弹簧和阻尼器网络模拟的物质。此外，它也仅适用于实数频率为 ω 的纯正弦或余弦的振荡；这种谐波变化通常是用来在实验室中使用谐振仪器来测量 $Q(\omega)$，但在地球内部它们却永远不可能自然产生。由地震所激发的自由振荡以 $\exp(i\omega t)$ 的方式振荡，但也会在破裂终止后以 $\exp(-\gamma t)$ 的形式随时间衰减。在 6.1.13 节中我们将看到，与振荡的时间尺度相比，衰减的时间尺度更为缓慢，即 $\gamma \ll \omega$，因而测量地球的固有衰减是有意义的。

将 (6.39)–(6.40) 两式代入定义式 (6.42)，并重新组合各项，我们发现标准线性固体的品质因子倒数具有德拜尖峰的形式：

$$Q^{-1}(\omega) = \frac{\delta M}{\sqrt{M_{\mathrm{u}} M_{\mathrm{r}}}} \left(\frac{\omega \overline{\tau}}{1 + \omega^2 \overline{\tau}^2} \right) \tag{6.48}$$

其顶点位置 $\overline{\tau}$ 为应力和应变松弛时间的几何平均，即 $\overline{\tau} = \sqrt{\tau_\sigma \tau_\varepsilon}$。这种介质中的耗散在非弹性频带 $1/10 \leqslant \omega\overline{\tau} \leqslant 10$ 以外可忽略不计。

★6.1.7 克拉默斯-克勒尼希关系

时间域响应所具有的因果特性导致了在频率域中实部模量 $M_1(\omega)$ 和虚部模量 $M_2(\omega)$ 之间的一个重要关系。要推导这一关系，我们考虑一个有如下性质的复函数 $f(\nu)$：

1. $f(\nu)$ 在下半平面 $\mathrm{Im}\,\nu \leqslant 0$ 是解析函数；
2. 当 $\nu \to \infty$ 时，$f(\nu) \to 0$。

第一个性质与柯西定理共同确保这一函数满足

$$\oint_C \frac{f(\nu)}{\nu - \omega}\, d\nu = 0 \tag{6.49}$$

其中 ω 为任意实数，C 为积分路径，如图 6.7 所示。

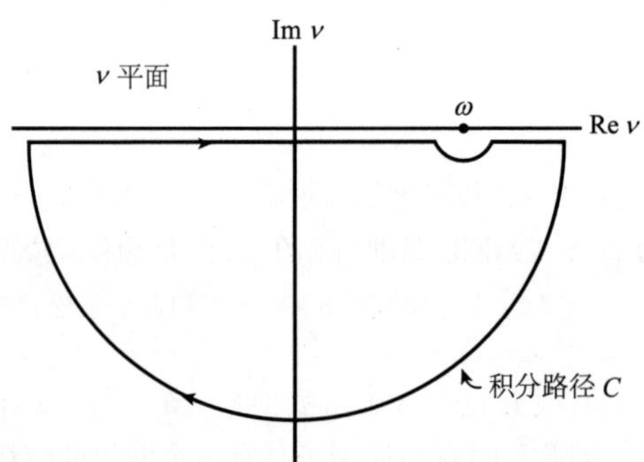

图 6.7 推导克拉默斯–克勒尼希 (Kramers-Kronig) 关系式 (6.54)–(6.57) 时所使用的积分路径 C

基于第二个性质，在 $\nu \to \infty$ 这一极限下，来自大的半圆弧的贡献为零，因而可以将 (6.49) 写为

$$\lim_{\varepsilon \to 0} \int_{C_\varepsilon} \frac{f(\nu)}{\nu - \omega}\, d\nu + \lim_{\varepsilon \to 0} \left(\int_{-\infty}^{-\varepsilon} + \int_{\varepsilon}^{\infty} \right) \frac{f(\omega')}{\omega' - \omega}\, d\omega' = 0 \tag{6.50}$$

其中 C_ε 为小的半圆弧，它将点 ω 排除在积分路径之外，ω' 是实的积分哑变量。将 $\nu = \omega + \varepsilon e^{i\theta}$ 代入，我们得到 (6.50) 左边的第一个积分项为

$$\lim_{\varepsilon\to 0}\int_{C_\varepsilon}\frac{f(\nu)}{\nu-\omega}\,d\nu=\lim_{\varepsilon\to 0} i\int_{\pi}^{2\pi} f(\omega+\varepsilon e^{i\theta})\,d\theta=i\pi f(\omega) \tag{6.51}$$

第二项则定义了一个广义积分的柯西主值，我们之后用一个特殊符号来表示

$$⨍_{-\infty}^{\infty}\frac{f(\omega')}{\omega'-\omega}\,d\omega'=\lim_{\varepsilon\to 0}\left(\int_{-\infty}^{-\varepsilon}+\int_{\varepsilon}^{\infty}\right)\frac{f(\omega')}{\omega'-\omega}\,d\omega' \tag{6.52}$$

合并 (6.51) 和 (6.52) 两式，我们发现在整个实轴上 $f(\omega)$ 必须满足

$$f(\omega)=\frac{-1}{i\pi}⨍_{-\infty}^{\infty}\frac{f(\omega')}{\omega'-\omega}\,d\omega' \tag{6.53}$$

对于任何满足 (6.9) 条件的非弹性固体，$M(\nu)-M_{\mathrm{u}}$ 和 $J(\nu)-J_{\mathrm{u}}$ 均具有 $f(\nu)$ 所必要的两个性质。将 $f(\omega)=M(\omega)-M_{\mathrm{u}}$ 和 $f(\omega)=J(\omega)-J_{\mathrm{u}}$ 代入 (6.53)，并令实部和虚部分别相等，我们会得到

$$M_1(\omega)-M_{\mathrm{u}}=\frac{-1}{\pi}⨍_{-\infty}^{\infty}\frac{M_2(\omega')}{\omega'-\omega}\,d\omega' \tag{6.54}$$

$$M_2(\omega)=\frac{1}{\pi}⨍_{-\infty}^{\infty}\frac{M_1(\omega')-M_{\mathrm{u}}}{\omega'-\omega}\,d\omega' \tag{6.55}$$

$$J_1(\omega)-J_{\mathrm{u}}=\frac{1}{\pi}⨍_{-\infty}^{\infty}\frac{J_2(\omega')}{\omega'-\omega}\,d\omega' \tag{6.56}$$

$$J_2(\omega)=-\frac{1}{\pi}⨍_{-\infty}^{\infty}\frac{J_1(\omega')-J_{\mathrm{u}}}{\omega'-\omega}\,d\omega' \tag{6.57}$$

$M_1(\omega)-M_{\mathrm{u}}$ 和 $M_2(\omega)$ 两者互为彼此的希尔伯特变换，$J_1(\omega)-J_u$ 和 $J_2(\omega)$ 两者也是如此。公式 (6.54)–(6.55) 和 (6.56)–(6.57) 被称为克拉默斯–克勒尼希关系，它们最初是在介电松弛的研究中引入的。值得注意的是，即便有限的平衡态响应不存在，即 $M_{\mathrm{r}}=0$，但只要 $M_{\mathrm{u}}<\infty$，模量关系 (6.54)–(6.55) 依然成立。同样地，即使瞬时弹性响应不存在，即 $J_{\mathrm{u}}=0$，但只要 $J_{\mathrm{r}}<\infty$，柔量关系 (6.56)–(6.57) 也依然成立。只有对于满足条件 (6.9) 的非弹性固体，上述两对关系才会同时成立。

利用 (6.28) 和 (6.29) 中的奇偶对称性，我们可以将克拉默斯–克勒尼希关系改写为另一种形式：

$$M_1(\omega)-M_{\mathrm{u}}=\frac{-2}{\pi}⨍_{0}^{\infty}\frac{\omega' M_2(\omega')}{(\omega'+\omega)(\omega'-\omega)}\,d\omega' \tag{6.58}$$

$$M_2(\omega)=\frac{2}{\pi}⨍_{0}^{\infty}\frac{\omega[M_1(\omega')-M_{\mathrm{u}}]}{(\omega'+\omega)(\omega'-\omega)}\,d\omega' \tag{6.59}$$

$$J_1(\omega)-J_{\mathrm{u}}=\frac{2}{\pi}⨍_{0}^{\infty}\frac{\omega' J_2(\omega')}{(\omega'+\omega)(\omega'-\omega)}\,d\omega' \tag{6.60}$$

$$J_2(\omega)=-\frac{2}{\pi}⨍_{0}^{\infty}\frac{\omega[J_1(\omega')-J_{\mathrm{u}}]}{(\omega'+\omega)(\omega'-\omega)}\,d\omega' \tag{6.61}$$

由 (6.58)–(6.61) 可知，已知所有频率为正 $0<\omega<\infty$ 的 $M_2(\omega)$ 和 $J_2(\omega)$ 也意味着知道了 $M_1(\omega)-M_{\mathrm{u}}$ 和 $J_1(\omega)-J_{\mathrm{u}}$，反之亦然。

6.1.8 松弛谱与迟滞谱

观测发现，地球的固有品质因子$Q(\omega)$在0.3毫赫兹到1赫兹这一频段内大致与频率无关。因此，全球地震学对Q为常数的物质特别感兴趣。通过考虑具有松弛时间连续谱的标准线性固体的叠加，可以建立一个这种物质的有效的现象学模型。

将(6.35)–(6.36)拓展，我们将应力松弛和蠕变函数写为

$$M(t) = M_{\mathrm{u}} - \int_0^\infty \tau^{-1} Y(\tau)[1 - \exp(-t/\tau)]\, d\tau \tag{6.62}$$

$$J(t) = J_{\mathrm{u}} + \int_0^\infty \tau^{-1} X(\tau)[1 - \exp(-t/\tau)]\, d\tau \tag{6.63}$$

复数模量和柔量(6.37)–(6.38)同样可以拓展为

$$M(\nu) = M_{\mathrm{u}} - \int_0^\infty \tau^{-1} Y(\tau)(1 + i\nu\tau)^{-1}\, d\tau \tag{6.64}$$

$$J(\nu) = J_{\mathrm{u}} + \int_0^\infty \tau^{-1} X(\tau)(1 + i\nu\tau)^{-1}\, d\tau \tag{6.65}$$

对于实频率ω，(6.64)–(6.65)式的实部和虚部为

$$M_1(\omega) = M_{\mathrm{u}} - \int_0^\infty \frac{Y(\tau)}{1+\omega^2\tau^2}\, \frac{d\tau}{\tau} \tag{6.66}$$

$$M_2(\omega) = \int_0^\infty Y(\tau)\, \frac{\omega\tau}{1+\omega^2\tau^2}\, \frac{d\tau}{\tau} \tag{6.67}$$

$$J_1(\omega) = J_{\mathrm{u}} + \int_0^\infty \frac{X(\tau)}{1+\omega^2\tau^2}\, \frac{d\tau}{\tau} \tag{6.68}$$

$$J_2(\omega) = \int_0^\infty X(\tau)\, \frac{\omega\tau}{1+\omega^2\tau^2}\, \frac{d\tau}{\tau} \tag{6.69}$$

$Y(\tau)$和$X(\tau)$分别被称为*松弛谱*和*迟滞谱*，并满足

$$\delta M = \int_0^\infty \tau^{-1} Y(\tau)\, d\tau, \qquad \delta J = \int_0^\infty \tau^{-1} X(\tau)\, d\tau \tag{6.70}$$

很显然，$\tau^{-1}Y(\tau)$是在松弛时间为τ和$\tau + d\tau$之间，物质内部因非弹性过程所造成的模量缺陷δM的一种度量，而$\tau^{-1}X(\tau)$则对应于柔量松弛δJ的一种度量。被积函数中的“额外的”因子τ^{-1}是出于习惯。一种物质的非弹性性质可以用(6.66)–(6.69)来表述，则该物质被称为*吸收带固体*。

6.1.9 近似关系

克拉默斯–克勒尼希关系(6.58)–(6.61)使得实部模量$M_1(\omega)$和虚部模量$M_2(\omega)$之间或实部柔量$J_1(\omega)$和虚部柔量$J_2(\omega)$之间不存在任何精确的局地关系。然而，当松弛和迟滞谱$Y(\tau)$和$X(\tau)$在一个很大的松弛时间范围内缓慢变化时，则存在一个简单的近似关系。

正如之前所见，德拜尖峰函数$\omega\tau/(1 + \omega^2\tau^2)$在$1/10 \leqslant \omega\tau \leqslant 10$这两个数量级范围以外可以忽略不计。如果松弛谱$Y(\tau)$在此范围内没有显著变化，在公式(6.67)中我们可以将其移到积

分外面，而得到如下近似

$$M_2(\omega) \approx \omega Y(1/\omega) \int_0^\infty \frac{d\tau}{1+\omega^2\tau^2} = \frac{1}{2}\pi Y(1/\omega) \tag{6.71}$$

实部模量(6.66)对频率的偏导数同样可近似为

$$\begin{aligned}\frac{\partial M_1(\omega)}{\partial\omega} &= 2\omega \int_0^\infty \frac{\tau Y(\tau)}{(1+\omega^2\tau^2)^2}\, d\tau \\ &\approx 2Y(1/\omega) \int_0^\infty \frac{\omega\tau\, d\tau}{(1+\omega^2\tau^2)^2} = \omega^{-1} Y(1/\omega)\end{aligned} \tag{6.72}$$

(6.66)式中的函数$1/(1+\omega^2\tau^2)$具有阶梯形特征，在相同的$1/10 \leqslant \omega\tau \leqslant 10$范围内从1光滑地降到0。将该阶梯形光滑函数用一个在$\omega\tau = 1$处的陡峭的阶梯函数来近似，可以得到

$$M_1(\omega) \approx M_{\mathrm{u}} - \int_0^{1/\omega} \tau^{-1} Y(\tau)\, d\tau \tag{6.73}$$

对(6.73)式微分又得到(6.72)式，因此这两个近似是自洽的。对比(6.71)和(6.72)这两个结果，可以得到所寻求的实部和虚部模量之间的关系：

$$\frac{\partial M_1(\omega)}{\partial\omega} \approx \frac{2M_2(\omega)}{\pi\omega} \tag{6.74}$$

或是等价的

$$\frac{\partial \ln M_1(\omega)}{\partial \ln\omega} \approx \frac{2}{\pi Q(\omega)} \tag{6.75}$$

这里我们使用了定义式(6.42)。近似式(6.75)将实部模量对数的频散$\partial \ln M_1(\omega)/\partial \ln\omega$与位于相同频率$\omega$处的品质因子$Q(\omega)$联系起来。当$Q(\omega)$不随频率存在剧烈变化时，上式是一个有用的近似。

将(6.75)积分我们得到

$$\frac{M_1(\omega)}{M_1(\omega_0)} \approx 1 + \frac{2}{\pi} \int_{\omega_0}^{\omega} \frac{d\omega'}{\omega' Q(\omega')} \tag{6.76}$$

其中ω和ω_0均假设为正，且$Q(\omega) \gg 1$。实部柔量显然也有类似的结果，但会差一个负号，即

$$\frac{J_1(\omega)}{J_1(\omega_0)} \approx 1 - \frac{2}{\pi} \int_{\omega_0}^{\omega} \frac{d\omega'}{\omega' Q(\omega')} \tag{6.77}$$

在ω和ω_0之间，具有$Q(\omega) \approx Q$的常数Q物质会表现出如下形式的对数式频散

$$\frac{M_1(\omega)}{M_1(\omega_0)} \approx 1 + \frac{2}{\pi Q} \ln\left(\frac{\omega}{\omega_0}\right) \tag{6.78}$$

$$\frac{J_1(\omega)}{J_1(\omega_0)} \approx 1 - \frac{2}{\pi Q} \ln\left(\frac{\omega}{\omega_0}\right) \tag{6.79}$$

比较(6.76)和(6.77)两式，我们发现当$Q(\omega) \gg 1$时，实部模量和柔量可近似互为倒数，即

$$M_1(\omega) J_1(\omega) \approx 1 \tag{6.80}$$

(6.80)式是对精确的模量–柔量关系$M_1(\omega)J_1(\omega) + M_2(\omega)J_2(\omega) = 1$的近似，后者可由(6.19)式

得到。

对于应力松弛函数$M(t)$和蠕变函数$J(t)$也可以推导出类似的近似关系。(6.62)式中的$1-\exp(-t/\tau)$也是一个阶梯形函数，在$1/10\leqslant t/\tau\leqslant 10$范围内从0光滑地增长到1。将该光滑函数替换为一个在$t/\tau=1$处的陡峭的阶梯函数，我们得到

$$M(t)\approx M_{\mathrm{u}}-\int_0^t \tau^{-1}Y(\tau)\,d\tau \tag{6.81}$$

将此式与(6.73)式对比，我们看到应力松弛函数$M(t)$与实部模量$M_1(\omega)$之间存在一个简单关系：

$$M(t)\approx \left.M_1(\omega)\right|_{\omega=1/t} \tag{6.82}$$

蠕变函数$J(t)$和实部柔量$J_1(\omega)$也同样满足

$$J(t)\approx \left.J_1(\omega)\right|_{\omega=1/t} \tag{6.83}$$

将(6.80)和(6.82)–(6.83)这三个近似相结合，可以得到最后一个有益的关系式，即

$$M(t)J(t)\approx 1 \tag{6.84}$$

将此结果与严格的关系式(6.14)对比也是很有意义的。

⋆6.1.10 常数Q吸收带模型

遵循Liu，Anderson和Kanamori (1976)、Kanamori和Anderson (1977)的方法，我们可以通过选取一个矩形松弛谱或迟滞谱来构建一个特定频段$1/\tau_{\mathrm{M}}\ll\omega\ll 1/\tau_{\mathrm{m}}$内的常数$Q$模型：

$$Y(\tau)=\begin{cases}\delta M/\ln(\tau_{\mathrm{M}}/\tau_{\mathrm{m}}), & \text{当}\,\tau_{\mathrm{m}}\leqslant\tau\leqslant\tau_{\mathrm{M}}\,\text{时}\\ 0, & \text{其他情形}\end{cases} \tag{6.85}$$

$$X(\tau)=\begin{cases}\delta J/\ln(\tau_{\mathrm{M}}/\tau_{\mathrm{m}}), & \text{当}\,\tau_{\mathrm{m}}\leqslant\tau\leqslant\tau_{\mathrm{M}}\,\text{时}\\ 0, & \text{其他情形}\end{cases} \tag{6.86}$$

将(6.85)–(6.86)代入(6.64)–(6.65)并进行积分，我们得到

$$M(\nu)=M_{\mathrm{r}}+\left[\frac{\delta M}{\ln(\tau_{\mathrm{M}}/\tau_{\mathrm{m}})}\right]\ln\left(\frac{i\nu\tau_{\mathrm{M}}+1}{i\nu\tau_{\mathrm{m}}+1}\right) \tag{6.87}$$

$$J(\nu)=J_{\mathrm{r}}-\left[\frac{\delta J}{\ln(\tau_{\mathrm{M}}/\tau_{\mathrm{m}})}\right]\ln\left(\frac{i\nu\tau_{\mathrm{M}}+1}{i\nu\tau_{\mathrm{m}}+1}\right) \tag{6.88}$$

其中$M_{\mathrm{r}}=M_{\mathrm{u}}-\delta M$和$J_{\mathrm{r}}=J_{\mathrm{u}}+\delta J$仍遵循之前的定义。复数模量(6.87)和柔量(6.88)除了在正虚轴上的$\nu=i/\tau_{\mathrm{M}}$和$\nu=i/\tau_{\mathrm{m}}$两点之间呈现*对数分支切割*，在其他任何地方都是解析的。对于实数频率ω，(6.87)和(6.88)的实部与虚部分别为

$$M_1(\omega)=M_{\mathrm{r}}+\frac{1}{2}\left[\frac{\delta M}{\ln(\tau_{\mathrm{M}}/\tau_{\mathrm{m}})}\right]\ln\left(\frac{1+\omega^2\tau_{\mathrm{M}}^2}{1+\omega^2\tau_{\mathrm{m}}^2}\right) \tag{6.89}$$

$$M_2(\omega)=\left[\frac{\delta M}{\ln(\tau_{\mathrm{M}}/\tau_{\mathrm{m}})}\right]\arctan\left[\frac{\omega(\tau_{\mathrm{M}}-\tau_{\mathrm{m}})}{1+\omega^2\tau_{\mathrm{m}}\tau_{\mathrm{M}}}\right] \tag{6.90}$$

和

$$J_1(\omega) = J_r - \frac{1}{2}\left[\frac{\delta J}{\ln(\tau_M/\tau_m)}\right]\ln\left(\frac{1+\omega^2\tau_M^2}{1+\omega^2\tau_m^2}\right) \tag{6.91}$$

$$J_2(\omega) = \left[\frac{\delta J}{\ln(\tau_M/\tau_m)}\right]\arctan\left[\frac{\omega(\tau_M-\tau_m)}{1+\omega^2\tau_m\tau_M}\right] \tag{6.92}$$

(6.89)–(6.90) 和 (6.91)–(6.92) 这两组四参数表达式只有在宽带、弱衰减介质满足以下条件时才是等价的

$$\tau_m \ll \tau_M, \qquad \delta M \ll M_u, M_r, \qquad \delta J \ll J_u, J_r \tag{6.93}$$

如图6.8所示，该介质的品质因子 $Q(\omega) = M_1(\omega)/M_2(\omega) = J_1(\omega)/J_2(\omega)$ 在 $1/\tau_M \ll \omega \ll 1/\tau_m$ 频段内基本上与频率无关。

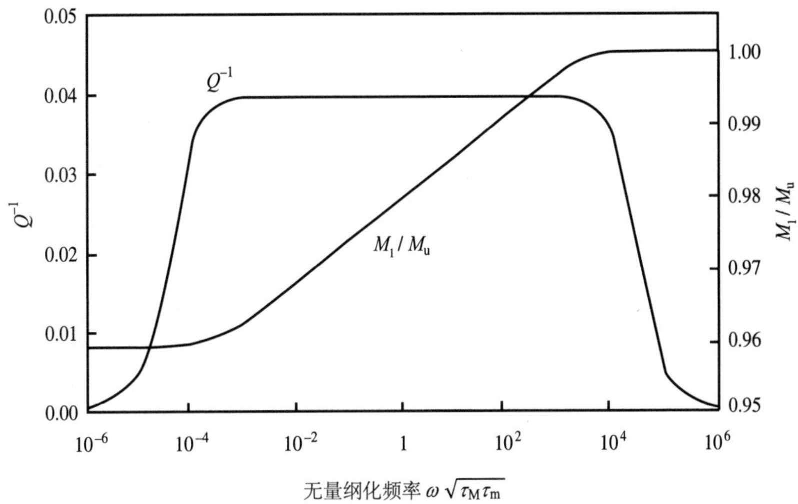

图 6.8 典型吸收带固体的无量纲实部模量 $M_1(\omega)/M_u$ 和品质因子倒数 $Q^{-1}(\omega)$ 随频率的变化。此处频带高低边界的频率比是 $\tau_M/\tau_m = 10^7$，在吸收带内品质因子是 $Q = 250$；而无量纲模量缺陷 $\delta M/M_u$ 为 4.1%

在常数 Q 吸收带内，其数值可以由以下任何一个等价关系给定

$$\frac{2}{\pi Q}\ln\left(\frac{\tau_M}{\tau_m}\right) \approx \frac{\delta M}{M_u} \approx \frac{\delta M}{M_r} \approx \frac{\delta J}{J_u} \approx \frac{\delta J}{J_r} \tag{6.94}$$

(6.93) 中的条件确保了 $Q \gg 1$。实部模量 (6.89) 和柔量 (6.91) 在常数 Q 频带内可以很好地近似为

$$M_1(\omega) \approx M_u\left[1+\frac{2}{\pi Q}\ln(\omega\tau_m)\right] \approx M_r\left[1+\frac{2}{\pi Q}\ln(\omega\tau_M)\right] \tag{6.95}$$

$$J_1(\omega) \approx J_u\left[1-\frac{2}{\pi Q}\ln(\omega\tau_m)\right] \approx J_r\left[1-\frac{2}{\pi Q}\ln(\omega\tau_M)\right] \tag{6.96}$$

值得注意的是，$M_1(\omega)J_1(\omega) \approx 1$，与 (6.80) 式相符。将 (6.85)–(6.86) 两个谱代入表达式 (6.62)–(6.63)，可以得到与模量 (6.87) 和柔量 (6.88) 相对应的应力松弛函数 $M(t)$ 和蠕变函数 $J(t)$。这样

便可得到一对指数积分，且在$\tau_{\rm m} \ll t \ll \tau_{\rm M}$范围内可以近似为

$$M(t) \approx M_{\rm u}\left[1-\frac{2}{\pi Q}\ln\left(\frac{t}{\tau_{\rm m}}\right)\right] \approx M_{\rm r}\left[1-\frac{2}{\pi Q}\ln\left(\frac{t}{\tau_{\rm M}}\right)\right] \tag{6.97}$$

$$J(t) \approx J_{\rm u}\left[1+\frac{2}{\pi Q}\ln\left(\frac{t}{\tau_{\rm m}}\right)\right] \approx J_{\rm r}\left[1+\frac{2}{\pi Q}\ln\left(\frac{t}{\tau_{\rm M}}\right)\right] \tag{6.98}$$

正如预期的，(6.97)–(6.98) 符合 (6.82)–(6.84) 这两个近似关系。龙尼茨 (Lomnitz) 在早期实验室岩石形变观测中已经注意到 (6.98) 形式的对数行为 (Lomnitz，1956; 1957)，因而在地球物理学领域，该对数式行为称为龙尼茨蠕变定律。

★6.1.11　严格的常数 Q 模型

在$0<\omega<\infty$的频率范围上，任何非弹性物质的$Q(\omega)$都不会是严格的常数；然而，如果我们放宽非弹性约束 (6.9)，这种介质就并不难找。遵循 Kjartansson (1979)，我们考虑下面的蠕变函数：

$$J(t)=\frac{(\omega_0 t)^q}{M_0\,\Gamma(1+q)}H(t) \tag{6.99}$$

其中ω_0、M_0和q均为正常数，$\Gamma(1+q)$表示伽马函数。与 (6.99) 相应的复数柔量可以很容易地从 (6.18) 得到

$$J(\nu)=\frac{1}{M_0}\left(\frac{i\nu}{\omega_0}\right)^{-q} \tag{6.100}$$

复数模量必须是 (6.100) 的倒数，即

$$M(\nu)=M_0\left(\frac{i\nu}{\omega_0}\right)^{q} \tag{6.101}$$

对 (6.101) 式做傅里叶逆变换，我们得到应力松弛函数：

$$M(t)=\frac{M_0(\omega_0 t)^{-q}}{\Gamma(1-q)}H(t) \tag{6.102}$$

由 (6.99)–(6.102) 这四个关系所表征的黏弹性物质满足$J_{\rm u}=1/M_{\rm u}=0$和$J_{\rm r}=1/M_{\rm r}=\infty$；因此，它既无瞬时弹性响应也没有长期的平衡态响应。常数M_0可以被视为绝对模量$|M(\omega)|$在基准实数频率$\omega=\omega_0$处的值。

复数模量 (6.101) 和柔量 (6.100) 的实部和虚部分别为

$$M_1(\omega)=M_0\left|\frac{\omega}{\omega_0}\right|^q\cos\left(\frac{1}{2}\pi q\,\mathrm{sgn}\,\omega\right) \tag{6.103}$$

$$M_2(\omega)=M_0\left|\frac{\omega}{\omega_0}\right|^q\sin\left(\frac{1}{2}\pi q\,\mathrm{sgn}\,\omega\right) \tag{6.104}$$

$$J_1(\omega)=\frac{1}{M_0}\left|\frac{\omega}{\omega_0}\right|^{-q}\cos\left(\frac{1}{2}\pi q\,\mathrm{sgn}\,\omega\right) \tag{6.105}$$

$$J_2(\omega)=\frac{1}{M_0}\left|\frac{\omega}{\omega_0}\right|^{-q}\sin\left(\frac{1}{2}\pi q\,\mathrm{sgn}\,\omega\right) \tag{6.106}$$

其中ω假定为实数，$\operatorname{sgn}\omega$为符号函数：

$$\operatorname{sgn}\omega=\begin{cases}+1, & \text{当 } \omega>0 \text{ 时}\\ -1, & \text{当 } \omega<0 \text{ 时}\end{cases} \tag{6.107}$$

正如前面许诺的，品质因子$Q(\omega)=M_1(\omega)/M_2(\omega)=J_1(\omega)/J_2(\omega)$完全与频率无关：

$$Q(\omega)=Q\operatorname{sgn}\omega, \quad \text{其中} \quad Q^{-1}=\tan(\frac{1}{2}\pi q) \tag{6.108}$$

在$\omega=0$处的不连续确保了$Q(\omega)$具有必要的奇对称性$Q(-\omega)=-Q(\omega)$。对正的实数频率$\omega>0$，频散关系成为

$$\frac{M_1(\omega)}{M_1(\omega_0)}=\left(\frac{\omega}{\omega_0}\right)^q\approx 1+\frac{2}{\pi Q}\ln\left(\frac{\omega}{\omega_0}\right) \tag{6.109}$$

$$\frac{J_1(\omega)}{J_1(\omega_0)}=\left(\frac{\omega}{\omega_0}\right)^{-q}\approx 1-\frac{2}{\pi Q}\ln\left(\frac{\omega}{\omega_0}\right) \tag{6.110}$$

两式中最后的近似等式均在$Q\gg 1$时成立。

(6.78)–(6.79)、(6.95)–(6.96) 和 (6.109)–(6.110) 这三个独立的表达式尽管是在迥异的假设下所推导出来的，但它们的一致性显示了该基本结果的可靠性。频散的对数特性对相比较的两个频率范围以外的非弹性行为的细节不敏感；唯一重要的条件是在这两个频率范围之内$Q(\omega)$与频率无关。

⋆6.1.12 幂律 Q 模型

遵循 Anderson 和 Minster (1979)，通过考虑如下形式的松弛谱或迟滞谱

$$Y(\tau)=\begin{cases}\alpha\,(\delta M)\tau^{\alpha}/(\tau_{\mathrm{M}}^{\alpha}-\tau_{\mathrm{m}}^{\alpha}), & \text{当 } \tau_{\mathrm{m}}\leqslant\tau\leqslant\tau_{\mathrm{M}} \text{ 时}\\ 0, & \text{其他情形}\end{cases} \tag{6.111}$$

$$X(\tau)=\begin{cases}\alpha\,(\delta J)\tau^{\alpha}/(\tau_{\mathrm{M}}^{\alpha}-\tau_{\mathrm{m}}^{\alpha}), & \text{当 } \tau_{\mathrm{m}}\leqslant\tau\leqslant\tau_{\mathrm{M}} \text{ 时}\\ 0, & \text{其他情形}\end{cases} \tag{6.112}$$

我们可以得到频率依赖性较弱的$Q(\omega)$，其中$0<\alpha\ll 1$。将 (6.111)–(6.112) 代入公式 (6.66)–(6.69)，并利用 (6.93) 中的近似，可以计算吸收带$1/\tau_{\mathrm{M}}\ll\omega\ll 1/\tau_{\mathrm{m}}$上的积分。所得到的品质因子$Q(\omega)=M_1(\omega)/M_2(\omega)=J_1(\omega)/J_2(\omega)$表现出随频率的幂律式变化：

$$Q(\omega)\approx Q_0(\omega/\omega_0)^{\alpha} \tag{6.113}$$

其中$Q_0=Q(\omega_0)$。与形如 (6.113) 的衰减定律相应的实部模量和柔量为

$$\frac{M_1(\omega)}{M_1(\omega_0)}\approx 1+\frac{2}{\alpha\pi Q_0}\left[1-\left(\frac{\omega}{\omega_0}\right)^{-\alpha}\right] \tag{6.114}$$

$$\frac{J_1(\omega)}{J_1(\omega_0)}\approx 1-\frac{2}{\alpha\pi Q_0}\left[1-\left(\frac{\omega}{\omega_0}\right)^{-\alpha}\right] \tag{6.115}$$

正如所预期的，在与频率无关的极限$\alpha\to 0$时，(6.114)–(6.115) 两式退化为对数型的常数Q结

果，并且在形如 (6.113) 的频率依赖性较弱时，它们与一般的频散律 (6.76)–(6.77) 一致。

★6.1.13 实频轴附近的行为

一个自由衰减的简正模式会“感受到”地球在其复频率 $\nu = \omega + i\gamma$ 处的非弹性模量和柔量。由于衰减时间比振荡的自然周期长很多，人们所关注的自然是探讨 $M(\nu)$ 和 $J(\nu)$ 在正实频轴附近的行为。遵循 O'Connell 和 Budiansky (1978)，我们将模量以其实部和虚部写为如下形式

$$\begin{aligned} M(\omega + i\gamma) &= F(\omega, \gamma) + iG(\omega, \gamma) \\ &\approx F(\omega, 0) + \gamma\partial_\gamma F(\omega, 0) + i[G(\omega, 0) + \gamma\partial_\gamma G(\omega, 0)] \end{aligned} \tag{6.116}$$

其中的近似在 $\gamma \ll \omega$ 时成立。假设 $M(\omega + i\gamma)$ 在实轴附近是解析的，我们可以利用柯西–黎曼方程将 (6.116) 写为

$$\begin{aligned} M(\omega + i\gamma) &\approx F(\omega, 0) - \gamma\partial_\omega G(\omega, 0) + i[G(\omega, 0) + \gamma\partial_\omega F(\omega, 0)] \\ &= M_1(\omega) - \gamma\partial_\omega M_2(\omega) + i[M_2(\omega) + \gamma\partial_\omega M_1(\omega)] \end{aligned} \tag{6.117}$$

将定义式 (6.42) 和近似式 (6.74) 代入 (6.117)，我们得到

$$\begin{aligned} M(\omega + i\gamma) \approx\ & M_1(\omega)\{1 + Q^{-2}(\omega)[\gamma\partial_\omega Q(\omega) - 2\gamma/\pi\omega]\} \\ & + iM_1(\omega)Q^{-1}(\omega)(1 + 2\gamma/\pi\omega) \end{aligned} \tag{6.118}$$

上式精确到 Q^{-1} 和 γ/ω 的二阶。与其有同阶精度的柔量为

$$\begin{aligned} J(\omega + i\gamma) \approx\ & J_1(\omega)\{1 + Q^{-2}(\omega)[\gamma\partial_\omega Q(\omega) - 2\gamma/\pi\omega]\} \\ & - iJ_1(\omega)Q^{-1}(\omega)(1 + 2\gamma/\pi\omega) \end{aligned} \tag{6.119}$$

再进一步简化，我们可以忽略 (6.118)–(6.119) 中的二阶项，将它们以 Q^{-1} 和 γ/ω 的一阶精度写为

$$M(\omega + i\gamma) \approx M_1(\omega)[1 + iQ^{-1}(\omega)] \tag{6.120}$$

$$J(\omega + i\gamma) \approx J_1(\omega)[1 - iQ^{-1}(\omega)] \tag{6.121}$$

对于地球而言，由于 $Q(\omega) \gg 1$，因而 $\gamma \ll \omega$，一般认为最后两个近似式足以满足地震学的要求。(6.120)–(6.121) 这两个结果只是表明了每一个简正模式会“感受到”地球在其振荡的实数频率 ω 处的非弹性。这是与基本的物理直觉相符的。

6.1.14 体变与剪切品质因子

总体而言，在一个各向同性的流体静力学地球模型中，地震能量的耗散可以通过将弹性不可压缩性 κ 和刚性 μ 用复数的、依赖频率的非弹性参数替换来处理。在这样的地球中，等价于 (6.2) 式的频率域本构关系为

$$\begin{aligned} \mathbf{T}^{\mathrm{L1}}(\omega) = \ & \kappa(\omega)[1 + iQ_\kappa^{-1}(\omega)]\theta(\omega)\mathbf{I} \\ & + 2\mu(\omega)[1 + iQ_\mu^{-1}(\omega)]\mathbf{d}(\omega) \end{aligned} \tag{6.122}$$

其中，为符号的简洁性起见，我们略去了实部模量$\kappa(\omega)$和$\mu(\omega)$的下角标1。$Q_\kappa(\omega)$和$Q_\kappa(\omega)$分别称为体变和剪切品质因子。

更普遍地，我们可以将任意流体静力学地球模型中的拉格朗日–柯西应力增量写为如下形式

$$\mathbf{T}^{\mathrm{L1}}(\omega) = \mathbf{\Gamma}(\omega) : \boldsymbol{\varepsilon}(\omega) \tag{6.123}$$

其中

$$\begin{aligned}\Gamma_{ijkl}(\omega) = {} & \{\kappa(\omega)[1 + iQ_\kappa^{-1}(\omega)] - \frac{2}{3}\mu(\omega)[1 + iQ_\mu^{-1}(\omega)]\}\,\delta_{ij}\,\delta_{kl} \\ & + \mu(\omega)[1 + iQ_\mu^{-1}(\omega)]\,(\delta_{ik}\,\delta_{jl} + \delta_{il}\,\delta_{jk}) + \gamma_{ijkl}\end{aligned} \tag{6.124}$$

并且将任意非流体静力地球模型中的皮奥拉–基尔霍夫应力增量写为

$$\mathbf{T}^{\mathrm{PK1}}(\omega) = \mathbf{\Lambda}(\omega) : \boldsymbol{\nabla}\mathbf{s}(\omega) \tag{6.125}$$

其中

$$\begin{aligned}\Lambda_{ijkl}(\omega) = {} & \{\kappa(\omega)[1 + iQ_\kappa^{-1}(\omega)] - \frac{2}{3}\mu(\omega)[1 + iQ_\mu^{-1}(\omega)]\}\,\delta_{ij}\,\delta_{kl} \\ & + \mu(\omega)[1 + iQ_\mu^{-1}(\omega)]\,(\delta_{ik}\,\delta_{jl} + \delta_{il}\,\delta_{jk}) + \gamma_{ijkl} \\ & + \frac{1}{2}(T_{ij}^0\,\delta_{kl} + T_{kl}^0\,\delta_{ij} + T_{ik}^0\,\delta_{jl} - T_{jk}^0\,\delta_{il} - T_{il}^0\delta_{jk} - T_{jl}^0\,\delta_{ik})\end{aligned} \tag{6.126}$$

(6.124)和(6.126)中的各向异性张量$\boldsymbol{\gamma}$被认为是完全弹性的，因而$\mathbf{\Gamma}(\omega)$和$\mathbf{\Lambda}(\omega)$中仅有不可压缩性$\kappa(\omega)[1+iQ_\kappa^{-1}(\omega)]$和刚性$\mu(\omega)[1+iQ_\mu^{-1}(\omega)]$的频散项是复数的。(6.123)和(6.125)两式符合物质参照系无关原理(2.148)–(2.149)，这是必然的。我们也可以很容易地建立一个非弹性的完全各向异性理论，其中的$\boldsymbol{\gamma}$换成一个复数的依赖频率的张量$\boldsymbol{\gamma}(\omega)$；然而，目前没有任何地震学证据显示有建立这种理论的必要性。在$Q_\kappa^{-1}(\omega)$和$Q_\mu^{-1}(\omega)$中所体现的地球的各向同性的非弹性，以及在实张量$\boldsymbol{\gamma}$中所体现的弹性的各向异性，两者都很弱；即便是高度受控的实验也仅能对该特性的分布提供相当有限的信息。毫无疑问，尽管各向异性的非弹性会出现在多晶固体中，但却是“加倍地微弱”。因此，地球的非弹性通常被视为是各向同性的。

在一阶近似下，频率为正$\omega > 0$时，(6.124)和(6.126)中的体变与剪切品质因子可以被看作是不随频率变化的：

$$Q_\kappa(\omega) \approx Q_\kappa, \qquad Q_\mu(\omega) \approx Q_\mu \tag{6.127}$$

此时相应的频散是对数形式的：

$$\frac{\kappa(\omega)}{\kappa(\omega_0)} \approx 1 + \frac{2}{\pi Q_\kappa}\ln\left(\frac{\omega}{\omega_0}\right) \tag{6.128}$$

$$\frac{\mu(\omega)}{\mu(\omega_0)} \approx 1 + \frac{2}{\pi Q_\mu}\ln\left(\frac{\omega}{\omega_0}\right) \tag{6.129}$$

为简单起见，我们在本书之后的绝大部分章节中采用常数Q的对数频散定律 (6.128)–(6.129)。然而，在全球地震学所关注的频带内，体变或剪切品质因子的任何微弱的频率依赖性都可以根据需求，以更普遍的近似式(6.76)或(6.114)加以考虑。

6.2 无自转非弹性地球

在本节和下一节，我们将展示第4章的结果可以推广至非弹性介质。在这些纯形式的讨论中，我们不必将注意力局限于各向同性的常数Q地球，或者采用任一模式“感受到”地球在其振荡的实数频率ω处的非弹性这一近似。事实上，如果考虑由如下复数的、依赖频率的本构关系所描述的一般非弹性地球模型，在符号表示上会更为简单

$$\mathbf{T}^{\mathrm{PK1}}(\nu) = \boldsymbol{\Lambda}(\nu) : \boldsymbol{\nabla}\mathbf{s}(\nu), \quad 其中\ \boldsymbol{\Lambda}(-\nu^*) = \boldsymbol{\Lambda}^*(\nu) \tag{6.130}$$

仅在少数场合，我们才会考虑人们实际感兴趣的特定模型。同样地，为便于讨论，我们会将无自转地球和自转地球两种情形分开；首先，我们来考虑较为简单的无自转($\boldsymbol{\Omega} = \mathbf{0}$)情形。

6.2.1 对偶性与双正交归一性

要获得无自转非弹性地球的复数本征频率ν及其对应的本征函数$\mathbf{s}$，需要求解抽象的算子方程

$$\mathcal{H}(\nu)\mathbf{s} = \nu^2\mathbf{s} \tag{6.131}$$

其中$\mathcal{H}(\nu)$表示地球模型$\oplus$中的积分–微分算子，满足

$$\rho^0\mathcal{H}(\nu)\mathbf{s} = -\boldsymbol{\nabla}\cdot[\boldsymbol{\Lambda}(\nu):\boldsymbol{\nabla}\mathbf{s}] + \rho^0\boldsymbol{\nabla}\phi^{\mathrm{E1}} + \rho^0\mathbf{s}\cdot\boldsymbol{\nabla}\boldsymbol{\nabla}\phi^0 \tag{6.132}$$

以及在$\partial\oplus$、Σ_{SS}和Σ_{FS}上相应的边界条件。非弹性–引力算子(6.132)具有动力学对称性

$$\mathcal{H}(-\nu^*) = \mathcal{H}^*(\nu) \tag{6.133}$$

其中$\rho^0\mathcal{H}^*(\nu)\mathbf{s} = -\boldsymbol{\nabla}\cdot[\boldsymbol{\Lambda}^*(\nu):\boldsymbol{\nabla}\mathbf{s}] + \rho^0\boldsymbol{\nabla}\phi^{\mathrm{E1}} + \rho^0\mathbf{s}\cdot\boldsymbol{\nabla}\boldsymbol{\nabla}\phi^0$。取(6.131)式的复共轭，并利用(6.133)式，我们可以看到，当且仅当$[\nu,\mathbf{s}]$是无自转非弹性地球的一组本征解时，$[-\nu^*,\mathbf{s}^*]$也是无自转非弹性地球的一组本征解。

在$\oplus$内，任意两个分段光滑的复函数$\mathbf{s}$和$\mathbf{s}'$的内积被定义为

$$\langle\mathbf{s},\mathbf{s}'\rangle = \int_\oplus \rho^0\mathbf{s}^*\cdot\mathbf{s}'\,dV \tag{6.134}$$

通过类似于4.1.1节中对弹性无自转地球的推论，我们可以利用热力学对称性$\Lambda_{ijkl}(\nu) = \Lambda_{klij}(\nu)$来证明

$$\langle\mathbf{s},\mathcal{H}(\nu)\mathbf{s}'\rangle = \langle\mathcal{H}^*(\nu)\mathbf{s},\mathbf{s}'\rangle = \langle\mathbf{s}',\mathcal{H}^*(\nu)\mathbf{s}\rangle^* \tag{6.135}$$

因此，$\mathcal{H}^*(\nu)$是算子$\mathcal{H}(\nu)$的埃尔米特伴随算子。我们可以将$\mathbf{s}^*$视为原来算子$\mathcal{H}(-\nu^*)$的本征频率为$-\nu^*$的本征函数，或者是伴随算子$\mathcal{H}^*(\nu)$的本征频率为ν的本征函数。该算子与其伴随算子通常具有互为复共轭的谱；在当前的情形下，其相应的本征函数之间的关系尤为简单：它们也是彼此的复共轭。

自由振荡简正模式的品质因子Q可以用其正的本征频率实部$\omega = \mathrm{Re}\,\nu$和衰减率$\gamma = \mathrm{Im}\,\nu$定义为

$$Q^{-1} = 2\gamma/\omega \tag{6.136}$$

取$\mathcal{H}(\nu)\mathbf{s} = \nu^2\mathbf{s}$与本征函数$\mathbf{s}$的内积的虚部，我们有

$$2(\mathrm{Re}\,\nu)(\mathrm{Im}\,\nu)\int_{\oplus}\rho^0\mathbf{s}^*\cdot\mathbf{s}\,dV=\int_{\oplus}\boldsymbol{\nabla}\mathbf{s}^*:\mathrm{Im}\,\boldsymbol{\Lambda}(\nu):\boldsymbol{\nabla}\mathbf{s}\,dV \tag{6.137}$$

对于固有品质因子Q_κ和Q_μ不随频率变化的非弹性各向同性地球，该关系成为

$$Q^{-1}=\frac{\displaystyle\int_{\oplus}[\kappa(\omega)Q_\kappa^{-1}(\boldsymbol{\nabla}\cdot\mathbf{s}^*)(\boldsymbol{\nabla}\cdot\mathbf{s})+2\mu(\omega)Q_\mu^{-1}(\mathbf{d}^*:\mathbf{d})]\,dV}{\displaystyle\omega^2\int_{\oplus}\rho^0\mathbf{s}^*\cdot\mathbf{s}\,dV} \tag{6.138}$$

为简便起见，这里我们使用了弱衰减近似(6.120)。体变和剪切品质因子Q_κ和Q_μ的正值性意味着$Q>0$，这确保了所有的本征频率$\nu=\omega+i\gamma$均位于复频率平面的上半平面，也证实了简正模式因非弹性耗散必须随时间衰减这一物理上显而易见的结果。

除了内积(6.134)之外，我们也可以方便地将星号去掉，来定义在$\oplus$内任意两个复函数的第二种双线性积：

$$[\mathbf{s},\mathbf{s}']=\int_{\oplus}\rho^0\mathbf{s}\cdot\mathbf{s}'\,dV \tag{6.139}$$

(6.135)式可以改写为

$$[\mathbf{s},\mathcal{H}(\nu)\mathbf{s}']=[\mathcal{H}(\nu)\mathbf{s},\mathbf{s}']=[\mathbf{s}',\mathcal{H}(\nu)\mathbf{s}] \tag{6.140}$$

因而$\mathcal{H}(\nu)$在这个新定义的积下是对称的。我们将(6.139)称为对偶积;这一称谓的来源将会在6.3.1节中加以说明。取$\mathcal{H}(\nu)\mathbf{s}=\nu^2\mathbf{s}$与$\mathbf{s}'$的对偶积可得

$$\nu^2[\mathbf{s}',\mathbf{s}]=[\mathbf{s}',\mathcal{H}(\nu)\mathbf{s}] \tag{6.141}$$

而取$\mathcal{H}(\nu')\mathbf{s}'=\nu'^2\mathbf{s}'$与$\mathbf{s}$的对偶积则有

$$\nu'^2[\mathbf{s},\mathbf{s}']=[\mathbf{s},\mathcal{H}(\nu')\mathbf{s}'] \tag{6.142}$$

用(6.141)式减去(6.142)式，并利用对称性(6.140)，我们得到

$$[\mathbf{s},\mathbf{s}']-(\nu^2-\nu'^2)^{-1}[\mathbf{s},\{\mathcal{H}(\nu)-\mathcal{H}(\nu')\}\mathbf{s}']=0,\quad 若\,\nu\neq\nu' \tag{6.143}$$

(6.143)式是简正模式正交条件(4.20)在非弹性情形下的推广。

在目前的情形下，不同的本征频率ν和ν'所对应的两个本征函数$\mathbf{s}$和$\mathbf{s}'$在(6.143)的意义上是正交的这种说法并不精确，因为$[\mathbf{s},\mathbf{s}']$并非复数空间内的一个合理内积。实际上，(6.143)所表达的是与$-\nu^*$和ν'相对应的本征函数$\mathbf{s}^*$和$\mathbf{s}'$之间的双正交性。当任何本征函数$\mathbf{s}$与其复共轭$\mathbf{s}^*$具有不同的本征频率$\nu\neq-\nu^*$时，双正交性(6.143)成为(6.137)。(6.143)式左边的量在$\nu'\to\nu$极限下的定义是十分明确的，因此我们可以方便地将本征函数归一化，使得在此极限下有

$$[\mathbf{s},\mathbf{s}]-\frac{1}{2}\nu^{-1}[\mathbf{s},\partial_\nu\mathcal{H}(\nu)\mathbf{s}]=1 \tag{6.144}$$

其优点是，在无频散$\partial_\nu\mathcal{H}(\nu)=0$时，该式退化为无自转弹性地球上所采用的归一化定义(4.21)。

6.2.2 瑞利原理

只要把内积(4.10)换为对偶积(6.139)，在4.1.3节中所阐述的各种形式的瑞利原理都仍然成立。将(4.24)式推广，我们定义非弹性地球内的作用量

$$\mathcal{I} = \frac{1}{2}\nu^2[\mathbf{s}, \mathbf{s}] - \frac{1}{2}[\mathbf{s}, \mathcal{H}(\nu)\mathbf{s}] \tag{6.145}$$

瑞利原理表明，对于任意可容许的变化$\boldsymbol{\delta}\mathbf{s}$，当且仅当$\mathbf{s}$是非弹性地球的本征频率为$\nu$的本征函数时，该复数泛函是稳定的。要验证这一点，我们注意到，当精确到$\|\boldsymbol{\delta}\mathbf{s}\|$的一阶时有

$$\delta\mathcal{I} = \mathrm{Re}\,[\boldsymbol{\delta}\mathbf{s}, \nu^2\mathbf{s} - \mathcal{H}(\nu)\mathbf{s}] \tag{6.146}$$

这里我们使用了算子$\mathcal{H}(\nu)$的对称性(6.140)。显然，对于任意$\boldsymbol{\delta}\mathbf{s}$，当且仅当$\mathcal{H}(\nu)\mathbf{s} = \nu^2\mathbf{s}$时，$\delta\mathcal{I}$为零。

作用量(6.145)可以用显式写为

$$\mathcal{I} = \int_{\oplus} L(\mathbf{s}, \boldsymbol{\nabla}\mathbf{s})\, dV + \int_{\Sigma_{\mathrm{FS}}} L^{\Sigma}(\mathbf{s}, \boldsymbol{\nabla}^{\Sigma}\mathbf{s})\, d\Sigma \tag{6.147}$$

其中

$$L = \frac{1}{2}[\nu^2\rho^0\mathbf{s}\cdot\mathbf{s} - \boldsymbol{\nabla}\mathbf{s}:\boldsymbol{\Lambda}(\nu):\boldsymbol{\nabla}\mathbf{s} \\ - \rho^0\mathbf{s}\cdot\boldsymbol{\nabla}\phi^{\mathrm{E1}} - \rho^0\mathbf{s}\cdot\boldsymbol{\nabla}\boldsymbol{\nabla}\phi^0\cdot\mathbf{s}] \tag{6.148}$$

$$L^{\Sigma} = \frac{1}{2}[(\hat{\mathbf{n}}\cdot\mathbf{s})\boldsymbol{\nabla}^{\Sigma}\cdot(\varpi^0\mathbf{s}) - \varpi^0(\mathbf{s}\cdot\boldsymbol{\nabla}^{\Sigma}\mathbf{s}\cdot\hat{\mathbf{n}})] \tag{6.149}$$

我们将(6.148)式中的欧拉势函数微扰ϕ^{E1}视为由(3.99)式给定的$\mathbf{s}$的已知泛函，因此$\delta\mathcal{I} = 0$是一个位移变分原理。

如同在无自转弹性地球上一样，无自转非弹性地球上也有一个位移–势函数变分原理，其中$\mathbf{s}$和ϕ^{E1}是独立变量；该变分原理中变更作用量为

$$\mathcal{I}' = \int_{\bigcirc} L'(\mathbf{s}, \boldsymbol{\nabla}\mathbf{s}, \boldsymbol{\nabla}\phi^{\mathrm{E1}})\, dV + \int_{\Sigma_{\mathrm{FS}}} L^{\Sigma}(\mathbf{s}, \boldsymbol{\nabla}^{\Sigma}\mathbf{s})\, d\Sigma \tag{6.150}$$

其中

$$L' = \frac{1}{2}[\nu^2\rho^0\mathbf{s}\cdot\mathbf{s} - \boldsymbol{\nabla}\mathbf{s}:\boldsymbol{\Lambda}(\nu):\boldsymbol{\nabla}\mathbf{s} - 2\rho^0\mathbf{s}\cdot\boldsymbol{\nabla}\phi^{\mathrm{E1}} \\ - \rho^0\mathbf{s}\cdot\boldsymbol{\nabla}\boldsymbol{\nabla}\phi^0\cdot\mathbf{s} - (4\pi G)^{-1}\boldsymbol{\nabla}\phi^{\mathrm{E1}}\cdot\boldsymbol{\nabla}\phi^{\mathrm{E1}}] \tag{6.151}$$

对于每组非弹性本征解$[\nu, \mathbf{s}, \phi^{\mathrm{E1}}]$，两个非弹性作用量的稳定值均为$\mathcal{I} = \mathcal{I}' = 0$。

6.2.3 格林张量

在4.1.7节中，我们直接在时间域中确定了无自转弹性地球的格林张量$\mathbf{G}(\mathbf{x}, \mathbf{x}'; t)$。对于非弹性地球，考虑复频域中格林张量的傅里叶变换会更加方便

$$\mathbf{G}(\mathbf{x}, \mathbf{x}'; \nu) = \int_0^{\infty} \mathbf{G}(\mathbf{x}, \mathbf{x}'; t)\exp(-i\nu t)\, dt \tag{6.152}$$

对应的逆变换为

$$\mathbf{G}(\mathbf{x}, \mathbf{x}'; t) = \frac{1}{2\pi}\int_{-\infty}^{\infty} \mathbf{G}(\mathbf{x}, \mathbf{x}'; \nu)\exp(i\nu t)\, d\nu \tag{6.153}$$

其中积分路径是沿着实频轴，如图 6.9所示。

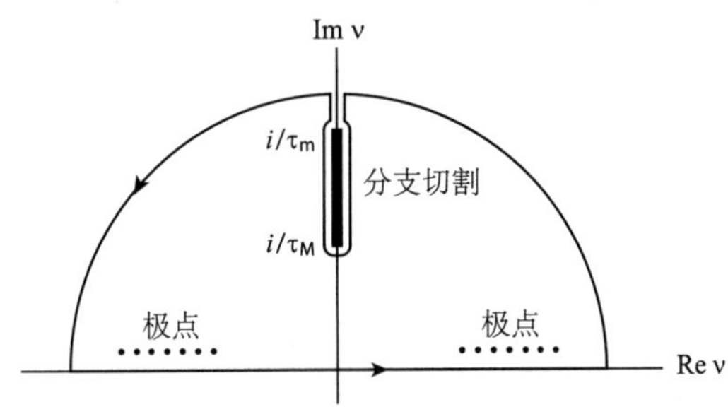

图 6.9 计算傅里叶逆变换 (6.153) 时所使用的积分路径。当 $t<0$ 时，积分路径在下半平面闭合。由于下半平面没有极点或其他奇点，故 $\mathbf{G}(\mathbf{x},\mathbf{x}';t)=\mathbf{0}$。当 $t>0$ 时，积分路径在上半平面闭合，如图所示。在此仅考虑复本征频率 ν_k 和 $-\nu_k^*$ 处简单极点的留数，并忽略所有被积函数在跨越对数分支切割 $i/\tau_{\mathrm{M}}\leqslant\nu\leqslant i/\tau_{\mathrm{m}}$ 时的不连续性，由此推导出 (6.164) 这一简单的结果

要得到频率域格林张量 $\mathbf{G}(\mathbf{x},\mathbf{x}';\nu)$，我们需要求解

$$\rho^0[-\nu^2\mathbf{G}+\mathcal{H}(\nu)\mathbf{G}]=\mathbf{I}\,\delta(\mathbf{x}-\mathbf{x}') \tag{6.154}$$

取 (6.154) 的复共轭，并利用对称性 (6.133) 式，我们得到

$$\mathbf{G}(\mathbf{x},\mathbf{x}';-\nu^*)=\mathbf{G}^*(\mathbf{x},\mathbf{x}';\nu) \tag{6.155}$$

因此，只要得到右半平面 $\mathrm{Re}\,\nu>0$ 的 $\mathbf{G}(\mathbf{x},\mathbf{x}';\nu)$ 就足够了；在左半平面 $\mathrm{Re}\,\nu<0$ 的值可以通过 (6.155) 式得到。

我们用 k 来标记右半平面上的本征频率 ν_k 及其相应的本征函数 $\mathbf{s}_k$；左半平面上所对应的本征频率和本征函数则分别为 $-\nu_k^*$ 和 $\mathbf{s}_k^*$。右半平面上本征频率为 $\nu_k\neq\nu_{k'}$ 的本征函数的双正交关系 (6.143) 可用显式写为

$$\int_{\oplus}\rho^0\mathbf{s}_k\cdot\mathbf{s}_{k'}\,dV - (\nu_k^2-\nu_{k'}^2)^{-1}\int_{\oplus}\boldsymbol{\varepsilon}_k:[\boldsymbol{\Gamma}(\nu_k)-\boldsymbol{\Gamma}(\nu_{k'})]:\boldsymbol{\varepsilon}_{k'}\,dV=0 \tag{6.156}$$

同样地，非弹性归一化条件 (6.144) 式可表示为

$$\int_{\oplus}\rho^0\mathbf{s}_k\cdot\mathbf{s}_k\,dV-\frac{1}{2}\nu_k^{-1}\int_{\oplus}\boldsymbol{\varepsilon}_k:\partial_\nu\boldsymbol{\Gamma}(\nu_k):\boldsymbol{\varepsilon}_k\,dV=1 \tag{6.157}$$

出现在 (6.156)–(6.157) 中的弹性张量是 $\boldsymbol{\Gamma}(\nu)$ 而不是 $\boldsymbol{\Lambda}(\nu)$，因为两者之差 $\boldsymbol{\Lambda}(\nu)-\boldsymbol{\Gamma}(\nu)$ 仅依赖于初始偏应力 $\boldsymbol{\tau}^0$，故与频率 ν 无关。我们寻求非齐次方程 (6.154) 如下形式的解

$$\mathbf{G}(\mathbf{x},\mathbf{x}';\nu)=\sum_k\mathbf{s}_k(\mathbf{x})\mathbf{c}_k(\mathbf{x}';\nu),\quad \mathrm{Re}\,\nu>0 \tag{6.158}$$

为了得到时间域格林张量 $\mathbf{G}(\mathbf{x},\mathbf{x}';t)$ 的简正模式叠加的标准形式，我们做下面两个近似：

1. 我们忽略本征频率简并的可能性，并假设右半平面上所有的本征频率都是不等的。
2. 我们也忽略对数分支切割的影响，以及 $\boldsymbol{\Lambda}(\nu)$ 在复数频率的上半平面 $\mathrm{Im}\,\nu\geqslant 0$ 中其他任

何奇点的影响。因此，所考虑的奇点只有$\mathbf{G}(\mathbf{x},\mathbf{x}';\nu)$在复本征频率$\nu_k$和$-\nu_k^*$处的简单极点。

我们利用留数方法来计算(6.153)中的积分，在上半平面$t>0$将积分路径闭合，以确保无穷远处圆弧的贡献为零。通过引入上述两个近似，我们得到

$$\mathbf{G}(\mathbf{x},\mathbf{x}';t)=2\,\mathrm{Re}\sum_k \mathbf{s}_k(\mathbf{x})\left[\lim_{\nu\to\nu_k} i(\nu-\nu_k)\mathbf{c}_k(\mathbf{x}';\nu)\right]\exp(i\nu_k t) \tag{6.159}$$

(6.159)中方括号内的量是i乘以$\nu=\nu_k$处简单极点的留数；在对应的$\nu=-\nu_k^*$处的极点也已利用对称关系(6.155)加以考虑。要计算留数，我们将叠加式(6.158)代入(6.154)，并取其与$\mathbf{s}_k$的对偶积，重组各项后得到

$$\begin{aligned}\mathbf{c}_k(\mathbf{x}';\nu)=&\frac{\mathbf{s}_k(\mathbf{x}')}{[\mathbf{s}_k,\mathcal{H}(\nu)\mathbf{s}_k-\nu^2\mathbf{s}_k]}\\&-\sum_{k'\neq k}\frac{[\mathbf{s}_k,\mathcal{H}(\nu)\mathbf{s}_{k'}-\nu^2\mathbf{s}_{k'}]}{[\mathbf{s}_k,\mathcal{H}(\nu)\mathbf{s}_k-\nu^2\mathbf{s}_k]}\,\mathbf{c}_{k'}(\mathbf{x}';\nu)\end{aligned} \tag{6.160}$$

为了便于取极限，我们在分母中加上$\mathcal{H}(\nu_k)\mathbf{s}_k-\nu_k^2\mathbf{s}_k=\mathbf{0}$，经过一些推导得到

$$\begin{aligned}\lim_{\nu\to\nu_k} i(\nu-\nu_k)\mathbf{c}_k(\mathbf{x}';\nu)=&\frac{i\mathbf{s}_k(\mathbf{x}')}{[\mathbf{s}_k,\partial_\nu\mathcal{H}(\nu_k)\mathbf{s}_k]-2\nu_k[\mathbf{s}_k,\mathbf{s}_k]}\\&-\sum_{k'\neq k}\frac{i[\mathbf{s}_k,\mathcal{H}(\nu_k)\mathbf{s}_{k'}-\nu_k^2\mathbf{s}_{k'}]}{[\mathbf{s}_k,\partial_\nu\mathcal{H}(\nu_k)\mathbf{s}_k]-2\nu_k[\mathbf{s}_k,\mathbf{s}_k]}\,\mathbf{c}_{k'}(\mathbf{x}';\nu_k)\end{aligned} \tag{6.161}$$

因为算子$\mathcal{H}(\nu)$的对称性(6.140)，(6.161)中对$k'\neq k$的求和为零：

$$[\mathbf{s}_k,\mathcal{H}(\nu_k)\mathbf{s}_{k'}-\nu_k^2\mathbf{s}_{k'}]=[\mathbf{s}_{k'},\mathcal{H}(\nu_k)\mathbf{s}_k-\nu_k^2\mathbf{s}_k]=0 \tag{6.162}$$

因此，(6.159)中的展开系数可以简化为

$$\lim_{\nu\to\nu_k} i(\nu-\nu_k)\mathbf{c}_k(\mathbf{x}';\nu)=\frac{1}{2}(i\nu_k)^{-1}\mathbf{s}_k(\mathbf{x}') \tag{6.163}$$

这里我们使用了归一化条件(6.157)。最终格林张量可以用复数的本征频率和本征函数表示为

$$\mathbf{G}(\mathbf{x},\mathbf{x}';t)=\mathrm{Re}\sum_k(i\nu_k)^{-1}\mathbf{s}_k(\mathbf{x})\mathbf{s}_k(\mathbf{x}')\exp(i\nu_k t) \tag{6.164}$$

无自转非弹性地球的平凡模式与相应的无自转弹性地球的相同，因为其中的刚体模式不具有形变，而地转模式也均局限于耗散可以被忽略的液态区域$\oplus_{\mathrm{F}}$。但由于平凡模式不能被固态地壳或地幔中的地震所激发，我们从(6.164)的简正模式叠加中将其剔除，并将剩下的仅包含地震模式的叠加称为*地震格林张量*。值得注意的是(6.164)满足关系

$$\mathbf{G}(\mathbf{x},\mathbf{x}';t)=\mathbf{G}^{\mathrm{T}}(\mathbf{x}',\mathbf{x};t) \tag{6.165}$$

因此，*源点–接收点互易性*原理在无自转非弹性地球上仍然成立。

*6.3 自转非弹性地球

Lognonné (1991) 首次正确地处理了自转非弹性地球这种一般的情形。在本节中我们仅简述一下他们的结果。

*6.3.1 对偶性和双正交归一性

要得到自转非弹性地球的复数本征频率 ν 及其相应的本征函数 $\mathbf{s}$，我们需求解抽象的算子方程

$$\mathcal{H}(\nu)\mathbf{s} + 2i\nu\,\boldsymbol{\Omega}\times\mathbf{s} = \nu^2\mathbf{s} \tag{6.166}$$

并满足在 $\partial\oplus$、Σ_{SS} 和 Σ_{FS} 上相应的边界条件。此处 $\mathcal{H}(\nu)$ 表示考虑离心势函数的变更积分–微分算子

$$\rho^0\mathcal{H}(\nu)\mathbf{s} = -\boldsymbol{\nabla}\cdot[\boldsymbol{\Lambda}(\nu):\boldsymbol{\nabla}\mathbf{s}] + \rho^0\boldsymbol{\nabla}\phi^{\mathrm{E}1} + \rho^0\mathbf{s}\cdot\boldsymbol{\nabla}\boldsymbol{\nabla}(\phi^0+\psi) \tag{6.167}$$

弹性张量的对称性 $\boldsymbol{\Lambda}(-\nu^*) = \boldsymbol{\Lambda}^*(\nu)$ 确保了

$$\mathcal{H}(-\nu^*) = \mathcal{H}^*(\nu) \tag{6.168}$$

其中 $\rho^0\mathcal{H}^*(\nu)\mathbf{s} = -\boldsymbol{\nabla}\cdot[\boldsymbol{\Lambda}^*(\nu):\boldsymbol{\nabla}\mathbf{s}] + \rho^0\boldsymbol{\nabla}\phi^{\mathrm{E}1} + \rho^0\mathbf{s}\cdot\boldsymbol{\nabla}\boldsymbol{\nabla}(\phi^0+\psi)$。取 (6.166) 的复共轭，并利用 (6.168)，我们发现当且仅当 $[\nu,\mathbf{s}]$ 为一组本征解时，$[-\nu^*,\mathbf{s}^*]$ 也是一组本征解。同无自转非弹性地球的情形一样，在 (6.134) 所定义的内积下，$\mathcal{H}^*(\nu)$ 是 $\mathcal{H}(\nu)$ 的伴随算子。

自转方向相反 $(\boldsymbol{\Omega}\to-\boldsymbol{\Omega})$ 的逆转地球的本征频率和本征函数也值得关注。真实地球和逆转地球具有相同的*复数本征频率* ν，但相应的本征函数却不同，我们分别表示为 $\mathbf{s}$ 和 $\bar{\mathbf{s}}$。我们称逆转地球的本征函数 $\bar{\mathbf{s}}$ 为*对偶本征函数*；要得到对偶本征函数，除了求解方程 (6.166) 之外，我们还需要求解

$$\mathcal{H}(\nu)\bar{\mathbf{s}} - 2i\nu\,\boldsymbol{\Omega}\times\bar{\mathbf{s}} = \nu^2\bar{\mathbf{s}} \tag{6.169}$$

对称性 (6.168) 确保了如果 $[\nu,\bar{\mathbf{s}}]$ 为 (6.169) 的一组本征解，则 $[-\nu^*,\bar{\mathbf{s}}^*]$ 亦然。

取 (6.167) 式与 $\mathbf{s}$ 的内积的虚部，并利用近似关系 (6.120) 和 (6.126)，我们得到

$$Q^{-1} = \frac{\displaystyle\int_\oplus [\kappa(\omega)Q_\kappa^{-1}(\boldsymbol{\nabla}\cdot\mathbf{s}^*)(\boldsymbol{\nabla}\cdot\mathbf{s}) + 2\mu(\omega)Q_\mu^{-1}(\mathbf{d}^*:\mathbf{d})]\,dV}{\displaystyle\omega^2\left[\int_\oplus \rho^0\mathbf{s}^*\cdot\mathbf{s}\,dV - \omega^{-1}\int_\oplus \rho^0\mathbf{s}^*\cdot(i\boldsymbol{\Omega}\times\mathbf{s})\,dV\right]} \tag{6.170}$$

该式为对无自转、非弹性各向同性及常数 Q 地球模型结果 (6.138) 式的推广。分母中括号内的量是归一化积分 (4.125)，在自转弹性地球上，我们设其为 1，因此对于所有的 $\omega \gg \Omega$ 的地震模式，它都必须为正。这一点连同固有品质因子 Q_κ 和 Q_μ 的正值性确保了 $Q>0$，因此所有地震模式的本征频率都必须位于复数 ν 平面的上半平面。

不带撇号的对偶本征函数 $\bar{\mathbf{s}}$ 与带撇号的本征函数 $\mathbf{s}'$ 的对偶积的定义为

$$[\bar{\mathbf{s}},\mathbf{s}'] = \int_\oplus \rho^0\bar{\mathbf{s}}\cdot\mathbf{s}'\,dV \tag{6.171}$$

同无自转地球中一样，弹性–重力算子 $\mathcal{H}(\nu)$ 在该对偶积定义下是对称的：

$$[\bar{\mathbf{s}}, \mathcal{H}(\nu)\mathbf{s}'] = [\mathcal{H}(\nu)\bar{\mathbf{s}}, \mathbf{s}'] = [\mathbf{s}', \mathcal{H}(\nu)\bar{\mathbf{s}}] \tag{6.172}$$

另一方面，科里奥利算子则是*反对称的*：

$$[\bar{\mathbf{s}}, i\boldsymbol{\Omega}\times\mathbf{s}'] = -[i\boldsymbol{\Omega}\times\bar{\mathbf{s}}, \mathbf{s}'] = -[\mathbf{s}', i\boldsymbol{\Omega}\times\bar{\mathbf{s}}] \tag{6.173}$$

由于对称算子必须具有相同的谱，再加上(6.172)和(6.173)这两个关系，因此本征频率ν不依赖于自转方向；反对称性(6.173)在$\boldsymbol{\Omega}\to-\boldsymbol{\Omega}$这一变换下不再成立。

取$\mathcal{H}(\nu)\bar{\mathbf{s}} - 2i\nu\boldsymbol{\Omega}\times\bar{\mathbf{s}} = \nu^2\bar{\mathbf{s}}$与$\mathbf{s}'$的对偶积得到

$$\nu^2[\mathbf{s}', \bar{\mathbf{s}}] + 2\nu[\mathbf{s}', i\boldsymbol{\Omega}\times\bar{\mathbf{s}}] - [\mathbf{s}', \mathcal{H}(\nu)\bar{\mathbf{s}}] = 0 \tag{6.174}$$

而取$\mathcal{H}(\nu')\mathbf{s}' + 2i\nu'\boldsymbol{\Omega}\times\mathbf{s}' = \nu'^2\mathbf{s}'$与$\bar{\mathbf{s}}$的对偶积则有

$$\nu'^2[\bar{\mathbf{s}}, \mathbf{s}'] - 2\nu'[\bar{\mathbf{s}}, i\boldsymbol{\Omega}\times\mathbf{s}'] - [\bar{\mathbf{s}}, \mathcal{H}(\nu')\mathbf{s}'] = 0 \tag{6.175}$$

将(6.174)与(6.175)相减，并利用(6.172)和(6.173)两个关系式，最终我们得到

$$\begin{aligned}&[\bar{\mathbf{s}}, \mathbf{s}'] - 2(\nu+\nu')^{-1}[\bar{\mathbf{s}}, i\boldsymbol{\Omega}\times\mathbf{s}'] \\ &\quad - (\nu^2-\nu'^2)^{-1}[\bar{\mathbf{s}}, \{\mathcal{H}(\nu)-\mathcal{H}(\nu')\}\mathbf{s}'] = 0, \quad 若\,\nu\neq\nu'\end{aligned} \tag{6.176}$$

(6.176)是对自转弹性地球的(4.81)式和无自转非弹性地球的(6.143)式的推广；在这个意义上，具有不同本征频率$\nu\neq\nu'$的对偶本征函数$\bar{\mathbf{s}}$和本征函数$\mathbf{s}'$是相互*双正交的*。与(4.82)和(6.144)类比，我们将右半平面的本征函数$\mathbf{s}$及其对偶$\bar{\mathbf{s}}$归一化，使得

$$[\bar{\mathbf{s}}, \mathbf{s}] - \nu^{-1}[\bar{\mathbf{s}}, i\boldsymbol{\Omega}\times\mathbf{s}] - \frac{1}{2}\nu^{-1}[\bar{\mathbf{s}}, \partial_\nu\mathcal{H}(\nu)\mathbf{s}] = 1 \tag{6.177}$$

这样一来，我们在6.2.1节中称(6.139)为*对偶积*的原因就一目了然了：对于自转地球的情形，对偶积中前一个位置上采用逆转地球的对偶本征函数$\bar{\mathbf{s}}$，后一个位置上采用真实地球的本征函数$\mathbf{s}$。一般来说，在物理上这两个空间是不同的；只有在无自转的极限$\boldsymbol{\Omega}\to\mathbf{0}$下它们之间才会混同。因此，在非埃尔米特本征值问题的处理上，通常还需求解一个包含伴随算子的对偶本征值问题。在目前的情形下，弹性–重力算子$\mathcal{H}^*(\nu)$的伴随算子满足动力学对称关系(6.168)，同时科里奥利算子$i\boldsymbol{\Omega}\times$是自伴随算子；因此，对偶本征解$[\nu, \bar{\mathbf{s}}]$有一个诱人的物理解释：它代表了逆转地球的简正模式，正如原始的本征解$[\nu, \mathbf{s}]$代表了真实地球的简正模式。

*6.3.2 瑞利原理

自转非弹性地球和逆转地球的本征解和对偶本征解所满足的方程(6.166)和(6.169)也可以通过直接推广瑞利原理得到。将(4.101)加以推广，我们将*作用量*定义为

$$\mathcal{I} = \frac{1}{2}\nu^2[\bar{\mathbf{s}}, \mathbf{s}] - \nu[\bar{\mathbf{s}}, i\boldsymbol{\Omega}\times\mathbf{s}] - \frac{1}{2}[\bar{\mathbf{s}}, \mathcal{H}(\nu)\mathbf{s}] \tag{6.178}$$

我们将$\mathcal{I}$看作是在参数ν取固定值时所对应的两个复数场$\mathbf{s}$和$\bar{\mathbf{s}}$的*双线性泛函*。精确到$\|\boldsymbol{\delta}\mathbf{s}\|$和$\|\boldsymbol{\delta}\bar{\mathbf{s}}\|$的一阶，该泛函的变分为

$$\delta\mathcal{I} = \frac{1}{2}[\boldsymbol{\delta}\bar{\mathbf{s}}, \nu^2\mathbf{s} - 2i\nu\boldsymbol{\Omega}\times\mathbf{s} - \mathcal{H}(\nu)\mathbf{s}]$$

$$+\frac{1}{2}[\boldsymbol{\delta}\mathbf{s}, \nu^2\overline{\mathbf{s}} + 2i\nu\,\boldsymbol{\Omega}\times\overline{\mathbf{s}} - \mathcal{H}(\nu)\overline{\mathbf{s}}] \tag{6.179}$$

这里我们使用了 (6.172) 和 (6.173) 两式。很明显，当且仅当 $\mathbf{s}$ 和 $\overline{\mathbf{s}}$ 分别为本征频率为 ν 的真实地球的本征函数和其逆转地球的对偶本征函数时，对任意且独立的变化 $\boldsymbol{\delta}\mathbf{s}$ 和 $\boldsymbol{\delta}\overline{\mathbf{s}}$，$\delta\mathcal{I}$ 为零。变分过程中很自然地导致两组控制方程 $\mathcal{H}(\nu)\mathbf{s}+2i\nu\,\boldsymbol{\Omega}\times\mathbf{s}=\nu^2\mathbf{s}$ 和 $\mathcal{H}(\nu)\overline{\mathbf{s}}-2i\nu\,\boldsymbol{\Omega}\times\overline{\mathbf{s}}=\nu^2\overline{\mathbf{s}}$。

自转非弹性地球上位移形式的瑞利原理的作用量 (6.178) 可以用显式表示为

$$\mathcal{I}=\int_{\oplus} L(\mathbf{s},\boldsymbol{\nabla}\mathbf{s}\,;\,\overline{\mathbf{s}},\boldsymbol{\nabla}\overline{\mathbf{s}})\,dV+\int_{\Sigma_{\mathrm{FS}}} L^{\Sigma}(\mathbf{s},\boldsymbol{\nabla}^{\Sigma}\mathbf{s}\,;\,\overline{\mathbf{s}},\boldsymbol{\nabla}^{\Sigma}\overline{\mathbf{s}})\,d\Sigma \tag{6.180}$$

其中

$$\begin{aligned}L=\frac{1}{2}[&\nu^2\rho^0\overline{\mathbf{s}}\cdot\mathbf{s}-2\nu\overline{\mathbf{s}}\cdot(i\boldsymbol{\Omega}\times\mathbf{s})-\boldsymbol{\nabla}\overline{\mathbf{s}}:\boldsymbol{\Lambda}(\nu):\boldsymbol{\nabla}\mathbf{s}\\&-\frac{1}{2}\rho^0(\overline{\mathbf{s}}\cdot\boldsymbol{\nabla}\phi^{\mathrm{E1}}+\mathbf{s}\cdot\boldsymbol{\nabla}\overline{\phi}^{\mathrm{E1}})-\rho^0\overline{\mathbf{s}}\cdot\boldsymbol{\nabla}\boldsymbol{\nabla}(\phi^0+\psi)\cdot\mathbf{s}]\end{aligned} \tag{6.181}$$

$$\begin{aligned}L^{\Sigma}=\frac{1}{4}[&(\hat{\mathbf{n}}\cdot\overline{\mathbf{s}})\boldsymbol{\nabla}^{\Sigma}\cdot(\varpi^0\mathbf{s})+(\hat{\mathbf{n}}\cdot\mathbf{s})\boldsymbol{\nabla}^{\Sigma}\cdot(\varpi^0\overline{\mathbf{s}})\\&-\varpi^0(\overline{\mathbf{s}}\cdot\boldsymbol{\nabla}^{\Sigma}\mathbf{s}\cdot\hat{\mathbf{n}})-\varpi^0(\mathbf{s}\cdot\boldsymbol{\nabla}^{\Sigma}\overline{\mathbf{s}}\cdot\hat{\mathbf{n}})]\end{aligned} \tag{6.182}$$

其所对应的位移–势函数变分原理的变更作用量为

$$\begin{aligned}\mathcal{I}'=&\int_{\bigcirc} L'(\mathbf{s},\boldsymbol{\nabla}\mathbf{s},\boldsymbol{\nabla}\phi^{\mathrm{E1}};\,\overline{\mathbf{s}},\boldsymbol{\nabla}\overline{\mathbf{s}},\boldsymbol{\nabla}\overline{\phi}^{\mathrm{E1}})\,dV\\&+\int_{\Sigma_{\mathrm{FS}}} L^{\Sigma}(\mathbf{s},\boldsymbol{\nabla}^{\Sigma}\mathbf{s}\,;\,\overline{\mathbf{s}},\boldsymbol{\nabla}^{\Sigma}\overline{\mathbf{s}})\,d\Sigma\end{aligned} \tag{6.183}$$

其中

$$\begin{aligned}L'=\frac{1}{2}[&\nu^2\rho^0\overline{\mathbf{s}}\cdot\mathbf{s}-2\nu\overline{\mathbf{s}}\cdot(i\boldsymbol{\Omega}\times\mathbf{s})-\boldsymbol{\nabla}\overline{\mathbf{s}}:\boldsymbol{\Lambda}(\nu):\boldsymbol{\nabla}\mathbf{s}\\&-\rho^0(\overline{\mathbf{s}}\cdot\boldsymbol{\nabla}\phi^{\mathrm{E1}}+\mathbf{s}\cdot\boldsymbol{\nabla}\overline{\phi}^{\mathrm{E1}})-\rho^0\overline{\mathbf{s}}\cdot\boldsymbol{\nabla}\boldsymbol{\nabla}(\phi^0+\psi)\cdot\mathbf{s}]\\&-(4\pi G)^{-1}\boldsymbol{\nabla}\overline{\phi}^{\mathrm{E1}}\cdot\boldsymbol{\nabla}\phi^{\mathrm{E1}}\end{aligned} \tag{6.184}$$

标志这一最普遍情形瑞利原理的最显著特征是 $\mathcal{I}$ 和 $\mathcal{I}'$ 这两个作用量同时依赖于对偶本征函数 $\overline{\mathbf{s}}$ 和 $\overline{\phi}^{\mathrm{E1}}$ 以及本征函数 $\mathbf{s}$ 和 ϕ^{E1}。从相对于 $\overline{\mathbf{s}}$ 和 $\overline{\phi}^{\mathrm{E1}}$ 的变分可以得到真实地球所满足的频率域方程以及相应的边界条件；相反地，从相对于 $\mathbf{s}$ 和 ϕ^{E1} 的变分则会得到与逆转地球相应的方程和边界条件。在任一稳定点 $[\mathbf{s},\phi^{\mathrm{E1}}]$ 和 $[\overline{\mathbf{s}}，\overline{\phi}^{\mathrm{E1}}]$ 处，两个作用量有共同的数值 $\mathcal{I}=\mathcal{I}'=0$。

★6.3.3 格林张量

要得到频率域的格林张量 $\mathbf{G}(\mathbf{x},\mathbf{x}';\nu)$，我们需求解方程 (6.154) 加上自转的形式：

$$\rho^0[-\nu^2\mathbf{G}+2i\nu\,\boldsymbol{\Omega}\times\mathbf{G}+\mathcal{H}(\nu)\mathbf{G}]=\mathbf{I}\,\delta(\mathbf{x}-\mathbf{x}') \tag{6.185}$$

我们以 k 来标记右半平面的本征频率 ν_k 以及相应的本征函数 $\mathbf{s}_k$ 及其对偶本征函数 $\overline{\mathbf{s}}_k$。在左半平面对应的本征频率、相应的本征函数及其对偶分别为 $-\nu_k^*$、$\mathbf{s}_k^*$ 和 $\overline{\mathbf{s}}_k^*$。具有离散本征频率 $\nu_k\neq\nu_{k'}$ 的右半平面本征函数及其对偶本征函数的双正交归一性关系 (6.176) 可以用显式写为

$$\int_{\oplus} \rho^0 \overline{\mathbf{s}}_k \cdot \mathbf{s}_{k'}\, dV - 2(\nu_k + \nu_{k'})^{-1} \int_{\oplus} \rho^0 \overline{\mathbf{s}}_k \cdot (i\boldsymbol{\Omega} \times \mathbf{s}_{k'})\, dV$$
$$- (\nu_k^2 - \nu_{k'}^2)^{-1} \int_{\oplus} \overline{\boldsymbol{\varepsilon}}_k : [\boldsymbol{\Gamma}(\nu_k) - \boldsymbol{\Gamma}(\nu_{k'})] : \boldsymbol{\varepsilon}_{k'}\, dV = 0 \tag{6.186}$$

同样地，自转非弹性地球上的归一化条件 (6.177) 则是

$$\int_{\oplus} \rho^0 \overline{\mathbf{s}}_k \cdot \mathbf{s}_k\, dV - \nu_k^{-1} \int_{\oplus} \rho^0 \overline{\mathbf{s}}_k \cdot (i\boldsymbol{\Omega} \times \mathbf{s}_k)\, dV$$
$$- \frac{1}{2}\nu_k^{-1} \int_{\oplus} \overline{\boldsymbol{\varepsilon}}_k : \partial_\nu \boldsymbol{\Gamma}(\nu_k) : \boldsymbol{\varepsilon}_k\, dV = 1 \tag{6.187}$$

依照6.2.3节中的步骤，我们寻求方程 (6.185) 形如 (6.158) 的解。在此我们一样直接应用柯西定理，而得到时间域格林张量的类似结果：

$$\mathbf{G}(\mathbf{x}, \mathbf{x}'; t) = 2\,\mathrm{Re} \sum_k \mathbf{s}_k(\mathbf{x}) \left[\lim_{\nu \to \nu_k} i(\nu - \nu_k) \mathbf{c}_k(\mathbf{x}'; \nu) \right] \exp(i\nu_k t) \tag{6.188}$$

其中

$$\mathbf{c}_k(\mathbf{x}'; \nu) = \frac{\overline{\mathbf{s}}_k(\mathbf{x}')}{[\overline{\mathbf{s}}_k, \mathcal{H}(\nu)\mathbf{s}_k + 2i\nu\, \boldsymbol{\Omega} \times \mathbf{s}_k - \nu^2 \mathbf{s}_k]}$$
$$- \sum_{k' \neq k} \frac{[\overline{\mathbf{s}}_k, \mathcal{H}(\nu)\mathbf{s}_{k'} + 2i\nu\, \boldsymbol{\Omega} \times \mathbf{s}_{k'} - \nu^2 \mathbf{s}_{k'}]}{[\overline{\mathbf{s}}_k, \mathcal{H}(\nu)\mathbf{s}_k + 2i\nu\, \boldsymbol{\Omega} \times \mathbf{s}_k - \nu^2 \mathbf{s}_k]} \mathbf{c}_{k'}(\mathbf{x}'; \nu) \tag{6.189}$$

由于对称性 (6.172) 和反对称性 (6.173)，上式在 $\nu \to \nu_k$ 极限下对 $k' \neq k$ 的求和仍然为零。利用归一化条件 (6.187) 简化 (6.189) 中的第一项，我们得到

$$\lim_{\nu \to \nu_k} i(\nu - \nu_k) \mathbf{c}_k(\mathbf{x}'; \nu) = \frac{1}{2}(i\nu_k)^{-1} \overline{\mathbf{s}}_k(\mathbf{x}') \tag{6.190}$$

因此，自转非弹性地球上的格林张量为

$$\mathbf{G}(\mathbf{x}, \mathbf{x}'; t) = \mathrm{Re} \sum_k (i\nu_k)^{-1} \mathbf{s}_k(\mathbf{x}) \overline{\mathbf{s}}_k(\mathbf{x}') \exp(i\nu_k t) \tag{6.191}$$

与自转弹性地球一样，我们在展开式 (6.191) 中剔除了倾斜模式和平凡模式，并将仅包含地震模式的叠加称为*地震格林张量*。

要得到逆转地球的频率域地震格林张量 $\overline{\mathbf{G}}(\mathbf{x}, \mathbf{x}'; \nu)$，我们需求解的不是方程 (6.185)，而是

$$\rho^0[-\nu^2 \overline{\mathbf{G}} - 2i\nu\, \boldsymbol{\Omega} \times \overline{\mathbf{G}} + \mathcal{H}(\nu)\overline{\mathbf{G}}] = \mathbf{I}\, \delta(\mathbf{x} - \mathbf{x}') \tag{6.192}$$

我们采用一个以对偶本征函数 $\overline{\mathbf{s}}_k$ 而非本征函数 $\mathbf{s}_k$ 展开的表达式，与前面一样应用柯西定理，可以得到

$$\overline{\mathbf{G}}(\mathbf{x}, \mathbf{x}'; t) = \mathrm{Re} \sum_k (i\nu_k)^{-1} \overline{\mathbf{s}}_k(\mathbf{x}) \mathbf{s}_k(\mathbf{x}') \exp(i\nu_k t) \tag{6.193}$$

比较 (6.191) 和 (6.193) 两式，我们看到非弹性真实地球和逆转地球的格林张量与在弹性地球上一样满足相同的*广义互易性*原理：

$$\mathbf{G}(\mathbf{x}, \mathbf{x}'; t) = \overline{\mathbf{G}}^{\mathrm{T}}(\mathbf{x}', \mathbf{x}; t) \tag{6.194}$$

我们同样可以用多普勒效应来解释 (6.194) 式的物理意义。普遍的结论是，无自转地球上的互易性和自转地球上的广义互易性均不受非弹性衰减的影响。

在表 6.3 中，我们对有无自转和非弹性的地震格林张量 $\mathbf{G}(\mathbf{x},\mathbf{x}';t)$ 的四种表达式做了总结与比较。为方便起见，表 6.4 中汇集了相应的归一化条件。对于自转且非弹性地球这一最一般的情形，响应的表达式中同时需要对偶本征函数 $\bar{\mathbf{s}}_k$ 和本征函数 $\mathbf{s}_k$。在不考虑自转时，本征函数和对偶本征函数相同：$\bar{\mathbf{s}}_k = \mathbf{s}_k$。如所预期的，此时一般结果 (6.186)–(6.187) 和 (6.191) 简化为 (6.156)–(6.157) 和 (6.164)。在不考虑非弹性时，本征频率是实数，$\nu_k = \omega_k$，且本征函数与其对偶互为复共轭：$\bar{\mathbf{s}}_k = \mathbf{s}_k^*$。此时 (6.186)–(6.187) 和 (6.191) 简化为 (4.125) 和 (4.127)。最后，在自转和非弹性均不考虑时，本征函数 $\mathbf{s}_k$ 和本征频率 ω_k 均为实数，而对偶本征函数直接就是本征函数本身：$\bar{\mathbf{s}}_k = \mathbf{s}_k$。对这一最简单的情形，(6.186)–(6.187) 和 (6.191) 也必然简化为无自转弹性地球上的相应结果，即 (4.56) 和 (4.60)。与弹性地球上相应的结果 (4.60) 和 (4.127) 不同，非弹性地球上的地震格林张量 (6.164) 和 (6.191) 并不是严格的。如前文所指出的，我们隐含假定了本征频率 ν_k 都不相等，即公式 (6.159) 和 (6.188) 中方括号内的量均为一简单极点的留数，同时我们也忽略了图 6.9 中沿对数分支切割两侧积分的贡献。因几何对称性所产生的简并，例如无自转球对称地球的 $2l+1$ 重简并或者缓慢自转椭球地球的双重简并，则并不影响这些结果。如我们在 9.9 节中将讨论的，对于这两种情形，一组正交归一的本征函数基 $\mathbf{s}_k$ 或者双正交归一的本征函数和对偶本征函数基 $\mathbf{s}_k$ 和 $\bar{\mathbf{s}}_k$ 仍然存在。只有偶然简并能够改变格林张量的形式；它们会导致 $t^n\exp(i\nu_k t)$ 形式的长期时变解，其中 n 是与简并本征频率 ν_k 相对应的本征函数的缺失数目。Tromp 和 Dahlen (1990b) 用一个简单的例子展示了在一个具有两个力学自由度的常数 Q 系统中，这种所谓的缺陷情形。然而，基于在具有无穷多自由度的系统中偶然简并极为罕见这一观点，我们在这里忽略地球的弹性–重力算子 $\mathcal{H}(\nu)$ 有任何这种缺陷的可能性。

表 6.3 地震格林张量在是否同时考虑自转和非弹性的地球模型下的四种表达式

地球模型	时间域格林张量
无自转 弹性	$\mathbf{G}(\mathbf{x},\mathbf{x}';t) = \sum_k \omega_k^{-1}\mathbf{s}_k(\mathbf{x})\mathbf{s}_k(\mathbf{x}')\sin\omega_k t$
自转 弹性	$\mathbf{G}(\mathbf{x},\mathbf{x}';t) = \mathrm{Re}\sum_k (i\omega_k)^{-1}\mathbf{s}_k(\mathbf{x})\mathbf{s}_k^*(\mathbf{x}')\exp(i\omega_k t)$
无自转 非弹性	$\mathbf{G}(\mathbf{x},\mathbf{x}';t) = \mathrm{Re}\sum_k (i\nu_k)^{-1}\mathbf{s}_k(\mathbf{x})\mathbf{s}_k(\mathbf{x}')\exp(i\nu_k t)$
自转 非弹性	$\mathbf{G}(\mathbf{x},\mathbf{x}';t) = \mathrm{Re}\sum_k (i\nu_k)^{-1}\mathbf{s}_k(\mathbf{x})\bar{\mathbf{s}}_k(\mathbf{x}')\exp(i\nu_k t)$

注：每一个叠加公式都是对右半平面上具有本征频率为实数 ω_k 或复数 $\nu_k = \omega_k + i\gamma_k$ 的所有地震简正模式的求和

表 6.4 格林张量 $\mathbf{G}(\mathbf{x},\mathbf{x}';t)$ 的四种表达式中所隐含的本征函数归一化条件

地球模型	本征函数归一化条件
无自转弹性	$\int_\oplus \rho^0 \mathbf{s}_k \cdot \mathbf{s}_k \, dV = 1$
自转弹性	$\int_\oplus \rho^0 \mathbf{s}_k^* \cdot \mathbf{s}_k \, dV - \omega_k^{-1} \int_\oplus \rho^0 \mathbf{s}_k^* \cdot (i\boldsymbol{\Omega} \times \mathbf{s}_k) \, dV = 1$
无自转非弹性	$\int_\oplus \rho^0 \mathbf{s}_k \cdot \mathbf{s}_k \, dV - \frac{1}{2}\nu_k^{-1} \int_\oplus \boldsymbol{\varepsilon}_k : \partial_\nu \boldsymbol{\Gamma}(\nu_k) : \boldsymbol{\varepsilon}_k \, dV = 1$
自转非弹性	$\int_\oplus \rho^0 \overline{\mathbf{s}}_k \cdot \mathbf{s}_k \, dV - \nu_k^{-1} \int_\oplus \rho^0 \overline{\mathbf{s}}_k \cdot (i\boldsymbol{\Omega} \times \mathbf{s}_k) \, dV$ $- \frac{1}{2}\nu_k^{-1} \int_\oplus \overline{\boldsymbol{\varepsilon}}_k : \partial_\nu \boldsymbol{\Gamma}(\nu_k) : \boldsymbol{\varepsilon}_k \, dV = 1$

6.4 流体静力学非弹性地球

6.2 节和 6.3 节中的所有结果只需做一点小修改便可推广到流体静力学地球模型的情形。无自转流体静力学地球的非弹性–引力算子 $\rho^0\mathcal{H}(\nu)$ 为

$$\rho^0\mathcal{H}(\nu)\mathbf{s} = -\boldsymbol{\nabla}\cdot[\boldsymbol{\Gamma}(\nu):\boldsymbol{\varepsilon}] + \boldsymbol{\nabla}(\rho^0\mathbf{s}\cdot\boldsymbol{\nabla}\phi^0) + \rho^0\boldsymbol{\nabla}\phi^{\mathrm{E1}} + \rho^{\mathrm{E1}}\boldsymbol{\nabla}\phi^0 \tag{6.195}$$

很容易证明 (6.195) 在 (6.139) 的对偶积定义下是对称的：

$$[\mathbf{s},\mathcal{H}(\nu)\mathbf{s}'] = [\mathcal{H}(\nu)\mathbf{s},\mathbf{s}'] = [\mathbf{s}',\mathcal{H}(\nu)\mathbf{s}] \tag{6.196}$$

(6.196) 这一结果确保了双正交性和归一化条件 (6.156)–(6.157) 在无自转流体静力学地球模型中是成立的。由于这些条件是推导地震格林张量 (6.164) 仅需的基本要素，因此，该表达式仍然有效。

瑞利原理的各种形式也适用于流体静力学地球，其中 $\mathcal{H}(\nu)$ 由 (6.195) 式给定。作用量 (6.147) 和变更作用量 (6.150) 在无自转流体静力学地球上可写为

$$\mathcal{I} = \int_\oplus L(\mathbf{s},\boldsymbol{\nabla}\mathbf{s})\,dV, \qquad \mathcal{I}' = \int_\bigcirc L'(\mathbf{s},\boldsymbol{\nabla}\mathbf{s},\boldsymbol{\nabla}\phi^{\mathrm{E1}})\,dV \tag{6.197}$$

其中

$$L = \frac{1}{2}[\nu^2\rho^0\mathbf{s}\cdot\mathbf{s} - \boldsymbol{\varepsilon}:\boldsymbol{\Gamma}(\nu):\boldsymbol{\varepsilon} - \rho^0\mathbf{s}\cdot\boldsymbol{\nabla}\phi^{\mathrm{E1}} - \rho^0\mathbf{s}\cdot\boldsymbol{\nabla}\boldsymbol{\nabla}\phi^0\mathbf{s} - \rho^0\boldsymbol{\nabla}\phi^0\cdot(\mathbf{s}\cdot\boldsymbol{\nabla}\mathbf{s} - \mathbf{s}\boldsymbol{\nabla}\cdot\mathbf{s})] \tag{6.198}$$

$$L' = \frac{1}{2}[\nu^2\rho^0\mathbf{s}\cdot\mathbf{s} - \boldsymbol{\varepsilon}:\boldsymbol{\Gamma}(\nu):\boldsymbol{\varepsilon} - 2\rho^0\mathbf{s}\cdot\boldsymbol{\nabla}\phi^{\mathrm{E1}}$$

$$- \rho^0 \mathbf{s} \cdot \boldsymbol{\nabla}\boldsymbol{\nabla}\phi^0 \mathbf{s} - \rho^0 \boldsymbol{\nabla}\phi^0 \cdot (\mathbf{s} \cdot \boldsymbol{\nabla}\mathbf{s} - \mathbf{s}\boldsymbol{\nabla} \cdot \mathbf{s})$$
$$- (4\pi G)^{-1} \boldsymbol{\nabla}\phi^{\mathrm{E1}} \cdot \boldsymbol{\nabla}\phi^{\mathrm{E1}}] \tag{6.199}$$

对任意一组本征解 $[\nu, \mathbf{s}, \phi^{\mathrm{E1}}]$，两种流体静力学作用量的稳定值为 $\mathcal{I} = \mathcal{I}' = 0$。类似的结论也适用于自转流体静力学地球模型。

6.5 矩张量响应

无须做任何更动，有关第5章中所得到的理想断层源等效体力密度 $\mathbf{f}$ 和面力密度 $\mathbf{t}$ 的讨论也适用于非弹性地球。只需简单地将胡克弹性本构关系 (5.4) 用 (6.130) 替换，或者使用其在时间域上相应的卷积：

$$\mathbf{T}^{\mathrm{PK1}}(\mathbf{x}, t) = \int_{-\infty}^{t} \boldsymbol{\Lambda}(\mathbf{x}, t - t') : \partial_{t'} \boldsymbol{\nabla}\mathbf{s}(\mathbf{x}, t')\, dt' \tag{6.200}$$

如此，一个内在源就相当于是这种联系模型应力与既往形变率历程的线性非弹性“定律”的失效；而应力过剩 $\mathbf{S} = \mathbf{T}^{\mathrm{PK1}}_{\mathrm{model}} - \mathbf{T}^{\mathrm{PK1}}_{\mathrm{true}} = \mathbf{T}^{\mathrm{L1}}_{\mathrm{model}} - \mathbf{T}^{\mathrm{L1}}_{\mathrm{true}}$ 是对这一失效程度的一个度量。在瞬时点源近似中，与在弹性地球上一样，矩张量 $\mathbf{M}$ 是最终静态应力过剩 $\mathbf{S}_{\mathrm{f}}$ 在震源体积 S^{f} 上的积分。

在自转非弹性地球上，一个脉冲矩张量源的位移响应为

$$\mathbf{s}(\mathbf{x}, t) = \mathrm{Re} \sum_k \nu_k^{-2} \mathbf{M} : \bar{\boldsymbol{\varepsilon}}_k(\mathbf{x}_{\mathrm{s}}) \mathbf{s}_k(\mathbf{x}) [1 - \exp(i\nu_k t)] \tag{6.201}$$

这里我们依照 (5.137) 的惯例将发震基准时间 t_{s} 设为零。(6.201) 式中的常数项表示最终的静态位移：

$$\mathbf{s}_{\mathrm{f}}(\mathbf{x}) = \mathrm{Re} \sum_k \nu_k^{-2} \mathbf{M} : \bar{\boldsymbol{\varepsilon}}_k(\mathbf{x}_{\mathrm{s}}) \mathbf{s}_k(\mathbf{x}) \tag{6.202}$$

破裂终止之后的加速度为

$$\mathbf{a}(\mathbf{x}, t) = \mathrm{Re} \sum_k \mathbf{M} : \bar{\boldsymbol{\varepsilon}}_k(\mathbf{x}_{\mathrm{s}}) \mathbf{s}_k(\mathbf{x}) \exp(i\nu_k t) \tag{6.203}$$

该式可以用正的实数本征频率 $\omega_k > 0$ 和模式品质因子 Q_k 改写为

$$\mathbf{a}(\mathbf{x}, t) = \sum_k \mathrm{Re}\, [\mathbf{M} : \bar{\boldsymbol{\varepsilon}}_k(\mathbf{x}_{\mathrm{s}}) \mathbf{s}_k(\mathbf{x})] \cos \omega_k t \exp(-\omega_k t / 2Q_k)$$
$$- \mathrm{Im}\, [\mathbf{M} : \bar{\boldsymbol{\varepsilon}}_k(\mathbf{x}_{\mathrm{s}}) \mathbf{s}_k(\mathbf{x})] \sin \omega_k t \exp(-\omega_k t / 2Q_k) \tag{6.204}$$

每个模式都以 $\cos \omega_k t$ 和 $\sin \omega_k t$ 的线性组合形式随时间振荡，并以 $\exp(-\omega_k t/2Q_k)$ 的形式随时间衰减。地球的非弹性是微弱的，因而在 (6.204) 的叠加中每一个模式都有 $Q_k \gg 1$。

加速度响应的傅里叶变换是以正负实数本征频率 $\pm\omega_k$ 为中心的洛伦兹 (Lorentz) 共振谱峰的加权求和：

$$\mathbf{a}(\mathbf{x}, \omega) = \frac{1}{2} \sum_k \left[\frac{\mathbf{M} : \bar{\boldsymbol{\varepsilon}}_k(\mathbf{x}_{\mathrm{s}}) \mathbf{s}_k(\mathbf{x})}{\gamma_k + i(\omega - \omega_k)} + \frac{\mathbf{M} : \bar{\boldsymbol{\varepsilon}}_k^*(\mathbf{x}_{\mathrm{s}}) \mathbf{s}_k^*(\mathbf{x})}{\gamma_k + i(\omega + \omega_k)} \right] \tag{6.205}$$

当$Q_k \gg 1$时，正负峰几乎没有重叠，因此对于正实数频率$\omega > 0$，(6.205)式可以很好地近似为

$$\mathbf{a}(\mathbf{x},\omega) = \sum_k \mathbf{M}:\overline{\boldsymbol{\varepsilon}}_k(\mathbf{x}_\mathrm{s})\mathbf{s}_k(\mathbf{x})\eta_k(\omega) \tag{6.206}$$

其中

$$\eta_k(\omega) = \frac{1}{2}[\gamma_k + i(\omega - \omega_k)]^{-1} \tag{6.207}$$

图6.10展示了单位洛伦兹谱峰$\eta_k(\omega)$的特征形状。相应的单位功率谱$|\eta_k(\omega)|^2$的最大值位于$\omega = \omega_k$，半功率点为$\omega = \omega_k \pm \gamma_k$。因此，每个共振峰在其半功率点处的宽度$\Delta\omega_k$与其相应的模式品质因子$Q_k$之间的关系为

$$\Delta\omega_k/\omega_k = Q_k^{-1} \tag{6.208}$$

在严格的定量研究中，最好使用其原型(6.205)，而避免使用(6.206)这一近似，因为该近似会造成每个峰的最大值位置都与$\omega = \omega_k$有一个量级为Q_k^{-2}的微小偏离，且半功率宽度$\Delta\omega_k$也与我们熟悉的结果(6.208)有相同量级的差别。

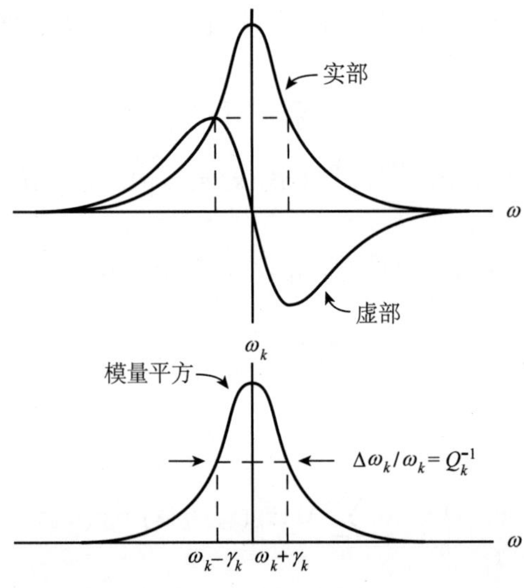

图 6.10 (上)单位洛伦兹共振谱峰$\eta_k(\omega) = \frac{1}{2}[\gamma_k + i(\omega - \omega_k)]^{-1}$的实部和虚部。(下)单位功率谱$|\eta_k(\omega)|^2$

(6.201)–(6.204)和(6.205)–(6.207)这些公式构成了简正模式地震学正演问题的完备解，即给定地球模型和位于$\mathbf{x}_\mathrm{s}$的矩张量源$\mathbf{M}$，我们就可以用它们来计算在一个地震台站$\mathbf{x}$处的时间域或频率域的长周期响应。时间域加速度$\mathbf{a}(\mathbf{x},t)$是衰减的正弦和余弦波的加权叠加，而其相应的频率域响应$\mathbf{a}(\mathbf{x},\omega)$则是因耗散而变宽的共振谱峰的加权求和。每个模式的权重或复数激发振幅依赖于震源的大小和方向性$\mathbf{M}$及其位置$\mathbf{x}_\mathrm{s}$。只要简单地拿掉对偶应变的上横线：$\overline{\boldsymbol{\varepsilon}}_k = \boldsymbol{\varepsilon}_k$，本节的所有结果均适用于无自转非弹性地球。

第 7 章　瑞利–里茨方法

到目前为止，我们一直把地球简正模式的本征频率和本征函数看作是积分–微分边值问题的解。我们在本章要讨论的瑞利–里茨 (Ritz) 方法提供了一种只用线性代数而不用微积分来计算 $[\omega, \mathbf{s}]$ 或 $[\nu, \mathbf{s}]$ 的方法。这个方法极其简单——我们将每个本征函数 $\mathbf{s}$ 表示为实数测试函数或基函数的线性组合，即

$$\mathbf{s} = \sum_k q_k \mathbf{s}_k \tag{7.1}$$

并求解展开系数 q_k。我们暂且将基函数 $\mathbf{s}_k$ 视为是完全任意的；唯一要求的条件是，除了是实数之外，它们必须在 $\oplus$ 内处处连续，而在固–液边界 Σ_{FS} 上它们必须满足 $[\hat{\mathbf{n}} \cdot \mathbf{s}_k]_-^+ = 0$。在第13章我们将用无自转球对称地球模型的本征函数对基函数集合加以扩充，来探讨地球的缓慢自转和微弱的横向不均匀性的影响。

我们用无衬线的大写和小写字母分别表示在变分分析中使用的列矢量和矩阵。在任何实际应用中，这些矢量和矩阵的维度是有限的，而且当展开式 (7.1) 中的基函数 $\mathbf{s}_k$ 的数目为有限时，所得到的本征解仅仅是近似的。更一般地讲，我们可以把基函数集合看作是无限维且完备的，这样得到的结果可以认为是精确的。在下文中，我们将称列矢量为 $\infty \times 1$ 的，矩阵为 $\infty \times \infty$ 的，同时认识到在实际应用中必须对其进行截断。截断的结果可以被看作是对一个自由度数目有限系统的经典小振动理论的拓展 (Rayleigh 1877; Goldstein 1980)，将其以完全自洽的方式推广来处理自转和线性非弹性效应。本章中的大部分内容只是用矢量和矩阵语言将前人得到的结果做一个复述，因此会比较简略。

7.1　无自转弹性地球

将展开式 (7.1) 代入公式 (4.26) 或 (4.30)，我们得到无自转弹性地球所具有的纯代数形式的作用量：

$$\mathcal{I} = \frac{1}{2}\mathsf{q}^{\mathrm{T}}(\omega^2 \mathsf{T} - \mathsf{V})\mathsf{q} \tag{7.2}$$

其中

$$\mathsf{q} = \begin{pmatrix} \vdots \\ q_k \\ \vdots \end{pmatrix} \tag{7.3}$$

是 $\infty \times 1$ 的实数未知系数列矢量，上角标 T 表示转置。$\infty \times \infty$ 的动能和势能矩阵

$$\mathsf{T} = \begin{pmatrix} & \vdots & \\ \cdots & T_{kk'} & \cdots \\ & \vdots & \end{pmatrix}, \qquad \mathsf{V} = \begin{pmatrix} & \vdots & \\ \cdots & V_{kk'} & \cdots \\ & \vdots & \end{pmatrix} \tag{7.4}$$

的分量的表达式为

$$T_{kk'} = \int_{\oplus} \rho^0 \mathbf{s}_k \cdot \mathbf{s}_{k'}\, dV \tag{7.5}$$

$$\begin{aligned} V_{kk'} = &\int_{\oplus} [\boldsymbol{\nabla}\mathbf{s}_k : \boldsymbol{\Lambda} : \boldsymbol{\nabla}\mathbf{s}_{k'} + \frac{1}{2}\rho^0(\mathbf{s}_k \cdot \boldsymbol{\nabla}\phi_{k'}^{\mathrm{E1}} + \mathbf{s}_{k'} \cdot \boldsymbol{\nabla}\phi_k^{\mathrm{E1}}) \\ &+ \rho^0 \mathbf{s}_k \cdot \boldsymbol{\nabla}\boldsymbol{\nabla}\phi^0 \cdot \mathbf{s}_{k'}]\, dV \\ &+ \frac{1}{2}\int_{\Sigma_{\mathrm{FS}}} [\varpi^0 \mathbf{s}_k \cdot (\boldsymbol{\nabla}^{\Sigma}\mathbf{s}_{k'}) \cdot \hat{\mathbf{n}} + \varpi^0 \mathbf{s}_{k'} \cdot (\boldsymbol{\nabla}^{\Sigma}\mathbf{s}_k) \cdot \hat{\mathbf{n}} \\ &- (\hat{\mathbf{n}} \cdot \mathbf{s}_k)\boldsymbol{\nabla}^{\Sigma} \cdot (\varpi^0 \mathbf{s}_{k'}) - (\hat{\mathbf{n}} \cdot \mathbf{s}_{k'})\boldsymbol{\nabla}^{\Sigma} \cdot (\varpi^0 \mathbf{s}_k)]_-^+\, d\Sigma \end{aligned} \tag{7.6}$$

势函数基函数 ϕ_k^{E1} 可以用位移基函数 $\mathbf{s}_k$ 以积分关系定义为

$$\phi_k^{\mathrm{E1}} = -G \int_{\oplus} \frac{\rho^{0\prime} \mathbf{s}_k' \cdot (\mathbf{x} - \mathbf{x}')}{\|\mathbf{x} - \mathbf{x}'\|^3}\, dV' \tag{7.7}$$

或者等价地用以下边值问题来定义

$$\nabla^2 \phi_k^{\mathrm{E1}} = -4\pi G\, \boldsymbol{\nabla} \cdot (\rho^0 \mathbf{s}_k), \quad 在 \oplus 内 \tag{7.8}$$

$$\nabla^2 \phi_k^{\mathrm{E1}} = 0, \quad 在 \bigcirc - \oplus 内 \tag{7.9}$$

$$[\phi_k^{\mathrm{E1}}]_-^+ = 0, \quad 在 \Sigma 上 \tag{7.10}$$

$$[\hat{\mathbf{n}} \cdot \boldsymbol{\nabla}\phi_k^{\mathrm{E1}} + 4\pi G \rho^0 \hat{\mathbf{n}} \cdot \mathbf{s}_k]_-^+ = 0, \quad 在 \Sigma 上 \tag{7.11}$$

基于等式 (3.195)，从位移和位移–势函数形式的瑞利原理可以得到同样的关于展开系数矢量 q 的代数变分原理。T 和 V 两者均为实数且对称的:

$$\mathsf{T}^{\mathrm{T}} = \mathsf{T}, \quad \mathsf{V}^{\mathrm{T}} = \mathsf{V} \tag{7.12}$$

此外，对于任何动力学稳定的地球模型，动能矩阵为正定，势能矩阵为半正定，即对于所有 $\mathsf{q} \neq 0$，有 $\mathsf{q}^{\mathrm{T}}\mathsf{T}\mathsf{q} > 0$ 和 $\mathsf{q}^{\mathrm{T}}\mathsf{V}\mathsf{q} \geqslant 0$。

对于一个固定的本征频率值，利用对称性 (7.12)，其作用量 $\mathcal{I}$ 的变分为 $\delta\mathcal{I} = \delta\mathsf{q}^{\mathrm{T}}(\omega^2\mathsf{T} - \mathsf{V})\mathsf{q}$。对于任意变化 $\delta\mathsf{q}$，当且仅当

$$\mathsf{V}\mathsf{q} = \omega^2 \mathsf{T}\mathsf{q} \tag{7.13}$$

时，该作用量的变分为零。方程 (7.13) 是一个广义代数本征值问题，对其求解可以得到地球模型的本征频率 ω 和相应的本征矢量 q。本征频率是以下长期方程的根

$$\det(\mathsf{V} - \omega^2 \mathsf{T}) = 0 \tag{7.14}$$

我们也可以不用作用量 $\mathcal{I}$，而是将瑞利商

$$\omega^2 = \frac{\mathsf{q}^{\mathrm{T}}\mathsf{V}\mathsf{q}}{\mathsf{q}^{\mathrm{T}}\mathsf{T}\mathsf{q}} \tag{7.15}$$

视为稳定泛函。两种变分之间的关系是 $\delta\omega^2 = -2(\mathsf{q}^{\mathrm{T}}\mathsf{T}\mathsf{q})^{-1}\delta\mathcal{I}$，因而 $\delta\omega^2 = 0$ 和 $\delta\mathcal{I} = 0$ 均导致相同的方程 (7.13)。由于公式 (7.15)，作用量的稳定值在每组本征解 $[\omega^2, \mathsf{q}]$ 上为零：$\mathcal{I} = 0$。

由于动能矩阵T是对称且正定的，其逆矩阵T^{-1}存在。这使我们能够将(7.13)改写为下面的普通代数本征值问题

$$(\mathsf{T}^{-1}\mathsf{V})\mathsf{q} = \omega^2\mathsf{q} \tag{7.16}$$

由于$(\mathsf{T}^{-1}\mathsf{V})^{\mathrm{T}} = \mathsf{V}\mathsf{T}^{-1} \neq \mathsf{T}^{-1}\mathsf{V}$，方程(7.16)中的矩阵$\mathsf{T}^{-1}\mathsf{V}$一般不是对称的。然而，相对于如下定义的动能内积

$$\langle \mathsf{q}, \mathsf{q}' \rangle = \mathsf{q}^{\mathrm{T}}\mathsf{T}\mathsf{q}' \tag{7.17}$$

该矩阵是自伴随矩阵。其埃尔米特关系

$$\langle \mathsf{q}, \mathsf{T}^{-1}\mathsf{V}\mathsf{q}' \rangle = \langle \mathsf{T}^{-1}\mathsf{V}\mathsf{q}, \mathsf{q}' \rangle = \langle \mathsf{q}', \mathsf{T}^{-1}\mathsf{V}\mathsf{q} \rangle \tag{7.18}$$

是势能矩阵V对称性的一个直接结果。因此，对应于不同本征频率$\omega \neq \omega'$的本征矢量q和q'在如下意义上是正交的

$$\langle \mathsf{q}, \mathsf{q}' \rangle = \mathsf{q}^{\mathrm{T}}\mathsf{T}\mathsf{q}' = 0, \quad \text{当}\,\omega \neq \omega'\,\text{时} \tag{7.19}$$

如果我们将本征矢量q归一化，使得

$$\langle \mathsf{q}, \mathsf{q} \rangle = \mathsf{q}^{\mathrm{T}}\mathsf{T}\mathsf{q} = 1 \tag{7.20}$$

则(7.19)–(7.20)这两个条件可以合在一起写成

$$\mathsf{Q}^{\mathrm{T}}\mathsf{T}\mathsf{Q} = \mathsf{I} \tag{7.21}$$

其中Q为$\infty \times \infty$的矩阵，其各列为本征矢量q，I为$\infty \times \infty$的单位矩阵。(7.21)式为无自转弹性地球上本征函数正交归一性关系(4.20)–(4.21)的矩阵形式。

我们可以将广义本征值问题(7.13)改写为以下形式

$$\mathsf{V}\mathsf{Q} = \mathsf{T}\mathsf{Q}\Omega^2 \tag{7.22}$$

其中$\Omega = \mathrm{diag}\,[\cdots\,\omega\,\cdots]$表示本征频率对角矩阵。在(7.22)式两边左乘$\mathsf{Q}^{\mathrm{T}}$，并使用(7.21)，我们得到

$$\mathsf{Q}^{\mathrm{T}}\mathsf{V}\mathsf{Q} = \Omega^2 \tag{7.23}$$

(7.21)和(7.23)两式表明T和V这两个矩阵可以被合同变换Q同时对角化。此外，这两个结果合起来意味着

$$\mathsf{Q}^{-1}(\mathsf{T}^{-1}\mathsf{V})\mathsf{Q} = \Omega^2 \tag{7.24}$$

因此Q也是将$\mathsf{T}^{-1}\mathsf{V}$对角化的相似变换。值得注意的是，$\mathsf{Q}$不是一个正交矩阵，$\mathsf{Q}^{-1} \neq \mathsf{Q}^{\mathrm{T}}$，因此所有上述变换都不是在$\infty \times 1$的列矢量$\mathsf{q}$空间中的刚性旋转(Horn & Johnson 1985)。

$\infty \times \infty$的格林函数矩阵$\mathsf{G}(t)$是以下初值问题的解

$$\mathsf{T}\ddot{\mathsf{G}} + \mathsf{V}\mathsf{G} = 0 \tag{7.25}$$

$$\mathsf{G}(0) = 0, \qquad \dot{\mathsf{G}}(0) = \mathsf{T}^{-1} \tag{7.26}$$

其中符号上面的点表示对时间微分。我们寻求方程(7.25)–(7.26)的简正模式叠加形式的解：

$$\mathsf{G}(t) = \mathsf{Q}\cos(\Omega t)\,\mathsf{A} + \mathsf{Q}\sin(\Omega t)\,\mathsf{B} \tag{7.27}$$

其中，A和B为$\infty\times\infty$的未知实数系数矩阵。于是初始条件成为

$$\mathsf{QA} = 0, \qquad \mathsf{Q\Omega B} = \mathsf{T}^{-1} \tag{7.28}$$

在其两边左乘$\mathsf{Q}^{\mathrm{T}}\mathsf{T}$，并引用正交归一性关系(7.21)，我们得到这两个系数矩阵

$$\mathsf{A} = 0, \qquad \mathsf{B} = \Omega^{-1}\mathsf{Q}^{\mathrm{T}} \tag{7.29}$$

因此，格林函数矩阵$\mathsf{G}(t)$可由本征频率矩阵Ω和本征矢量矩阵Q给定，即

$$\mathsf{G}(t) = \mathsf{Q}\Omega^{-1}\sin(\Omega t)\,\mathsf{Q}^{\mathrm{T}} \tag{7.30}$$

(7.30)式在$t\geqslant 0$时成立；显然，当$t<0$时，$\mathsf{G}(t)=0$。

格林函数矩阵也可以直接用动能和势能矩阵T和V来表示，而不需要求解本征频率和本征矢量。依照Woodhouse (1983)的做法，我们以下式定义矩阵X：

$$\mathsf{X}^2 = \mathsf{T}^{-1}\mathsf{V} \tag{7.31}$$

并将(7.30)的右边写为幂级数展开的形式：

$$\begin{aligned}\mathsf{Q}\Omega^{-1}\sin(\Omega t)\,\mathsf{Q}^{\mathrm{T}} &= (\mathsf{QQ}^{\mathrm{T}})t - \frac{1}{3!}(\mathsf{Q}\Omega^2\mathsf{Q}^{\mathrm{T}})t^3 + \frac{1}{5!}(\mathsf{Q}\Omega^4\mathsf{Q}^{\mathrm{T}})t^5 - \cdots\\ &= \left[t - \frac{1}{3!}\mathsf{X}^2t^3 + \frac{1}{5!}\mathsf{X}^4t^5 - \cdots\right]\mathsf{QQ}^{\mathrm{T}}\\ &= \mathsf{X}^{-1}\sin(\mathsf{X}t)\mathsf{QQ}^{\mathrm{T}} = \mathsf{X}^{-1}\sin(\mathsf{X}t)\mathsf{T}^{-1}\end{aligned} \tag{7.32}$$

这里我们分别利用了(7.24)和(7.21)来得到上式中的第二和第四个等式。因此无自转弹性地球的格林函数矩阵可以写为

$$\mathsf{G}(t) = \mathsf{X}^{-1}\sin(\mathsf{X}t)\mathsf{T}^{-1} \tag{7.33}$$

而与两个时间域表达式(7.30)和(7.33)相对应的频率域格林函数矩阵$\mathsf{G}(\omega)$则为

$$\mathsf{G}(\omega) = \mathsf{Q}(\Omega^2 - \omega^2\mathsf{I})^{-1}\mathsf{Q}^{\mathrm{T}} = (\mathsf{V} - \omega^2\mathsf{T})^{-1} \tag{7.34}$$

这里我们利用了(7.21)和(7.23)来得到第二个等式。*源点–接收点互易性*由对称性$\mathsf{G}^{\mathrm{T}} = \mathsf{G}$保证，其中$\mathsf{G}$表示时间域或频率域的脉冲响应。

★7.2 自转弹性地球

对于自转弹性地球，将展开式(7.1)代入(4.103)或(4.109)，得到作用量为

$$\mathcal{I} = \frac{1}{2}\mathsf{q}^{\mathrm{H}}(\omega^2\mathsf{T} - 2\omega\mathsf{W} - \mathsf{V})\mathsf{q} \tag{7.35}$$

其中未知系数的列矢量q变为复数，上角标H表示埃尔米特或复数共轭转置。动能和势能矩阵T和V的分量与无自转地球的相同，而引力势函数ϕ^0则用重力势函数$\phi^0+\psi$替代：

$$
\begin{aligned}
V_{kk'} = &\int_{\oplus} [\boldsymbol{\nabla}\mathbf{s}_k : \boldsymbol{\Lambda} : \boldsymbol{\nabla}\mathbf{s}_{k'} + \frac{1}{2}\rho^0(\mathbf{s}_k \cdot \boldsymbol{\nabla}\phi_{k'}^{\mathrm{E1}} + \mathbf{s}_{k'} \cdot \boldsymbol{\nabla}\phi_k^{\mathrm{E1}}) \\
&\quad + \rho^0\mathbf{s}_k \cdot \boldsymbol{\nabla\nabla}(\phi^0 + \psi) \cdot \mathbf{s}_{k'}]\, dV \\
&+ \frac{1}{2}\int_{\Sigma_{\mathrm{FS}}} [\varpi^0\mathbf{s}_k \cdot (\boldsymbol{\nabla}^{\Sigma}\mathbf{s}_{k'}) \cdot \hat{\mathbf{n}} + \varpi^0\mathbf{s}_{k'} \cdot (\boldsymbol{\nabla}^{\Sigma}\mathbf{s}_k) \cdot \hat{\mathbf{n}} \\
&\quad - (\hat{\mathbf{n}} \cdot \mathbf{s}_k)\boldsymbol{\nabla}^{\Sigma} \cdot (\varpi^0\mathbf{s}_{k'}) - (\hat{\mathbf{n}} \cdot \mathbf{s}_{k'})\boldsymbol{\nabla}^{\Sigma} \cdot (\varpi^0\mathbf{s}_k)]_-^+\, d\Sigma
\end{aligned} \tag{7.36}
$$

$\infty \times \infty$的科里奥利矩阵的分量

$$
\mathsf{W} = \begin{pmatrix} & \vdots & \\ \cdots & W_{kk'} & \cdots \\ & \vdots & \end{pmatrix} \tag{7.37}
$$

由下式给出

$$
W_{kk'} = \int_{\oplus} \rho^0\mathbf{s}_k \cdot (i\boldsymbol{\Omega} \times \mathbf{s}_{k'})\, dV \tag{7.38}
$$

与前面一样，T和V均为实数且对称的；但W则为虚数且反对称的。因此，这三个矩阵均为埃尔米特的，即

$$
\mathsf{T}^{\mathrm{H}} = \mathsf{T}, \quad \mathsf{V}^{\mathrm{H}} = \mathsf{V}, \quad \mathsf{W}^{\mathrm{H}} = \mathsf{W} \tag{7.39}
$$

此外，对于任何长期稳定地球模型，动能矩阵T为正定，势能矩阵V为半正定。

作用量(7.35)的变分为$\delta\mathcal{I} = \mathrm{Re}\,[\delta\mathsf{q}^{\mathrm{H}}(\omega^2\mathsf{T} - 2\omega\mathsf{W} - \mathsf{V})\mathsf{q}]$，这里我们使用了对称性(7.39)。显而易见，对于任意变化$\delta\mathsf{q}$，当且仅当q为自转地球的本征频率为ω的本征矢量时，$\delta\mathcal{I}$为零：

$$
(\mathsf{V} + 2\omega\mathsf{W} - \omega^2\mathsf{T})\mathsf{q} = 0 \tag{7.40}
$$

取(7.40)的复共轭，我们看到，当且仅当$[\omega, \mathsf{q}]$为一组本征解时，$[\omega, \mathsf{q}^*]$也是一组本征解。此外，当且仅当$[\omega, \mathsf{q}]$为实际地球的一组本征解时，$[\omega, \mathsf{q}^*]$这一组合也是自转方向相反($\mathsf{W} \to -\mathsf{W}$)的逆转地球的一组本征解。而作为长期方程

$$
\det\,(\mathsf{V} \pm 2\omega\mathsf{W} - \omega^2\mathsf{T}) = 0 \tag{7.41}
$$

的根，本征频率与地球的自转方向无关。在每一组本征解$[\omega, \mathsf{q}]$处，作用量的稳定值为$\mathcal{I} = 0$。

将$\mathsf{q}^{\mathrm{H}}(\mathsf{V} + 2\omega'\mathsf{W} - \omega'^2\mathsf{T})\mathsf{q}'$与$\mathsf{q}'^{\mathrm{H}}(\mathsf{V} + 2\omega\mathsf{W} - \omega^2\mathsf{T})\mathsf{q}$相减，我们得到简正模式的正交关系

$$
\mathsf{q}^{\mathrm{H}}\mathsf{T}\mathsf{q}' - 2(\omega + \omega')^{-1}\mathsf{q}^{\mathrm{H}}\mathsf{W}\mathsf{q}' = 0, \quad \text{当}\,\omega \neq \omega'\,\text{时} \tag{7.42}
$$

我们利用下式将本征矢量q归一化

$$
\mathsf{q}^{\mathrm{H}}\mathsf{T}\mathsf{q} - \omega^{-1}\mathsf{q}^{\mathrm{H}}\mathsf{W}\mathsf{q} = 1 \tag{7.43}
$$

(7.42)–(7.43)是三维本征矢量正交归一关系(4.81)–(4.82)的矩阵形式。

非标准的广义代数本征值问题(7.40)可以被转化为普通本征值问题，代价是将其维度翻倍。我们可以定义$2\infty \times 1$的列矢量

$$\mathsf{z} = \begin{pmatrix} \mathsf{q} \\ \omega\mathsf{q} \end{pmatrix} \tag{7.44}$$

和 $2\infty \times 2\infty$ 的矩阵

$$\mathsf{K} = \begin{pmatrix} 0 & \mathsf{I} \\ \mathsf{V} & 2\mathsf{W} \end{pmatrix}, \qquad \mathsf{M} = \begin{pmatrix} \mathsf{I} & 0 \\ 0 & \mathsf{T} \end{pmatrix} \tag{7.45}$$

不难证明，(7.40) 式等价于

$$\mathsf{Kz} = \omega\mathsf{Mz} \tag{7.46}$$

这个扩充的动能矩阵 M 是埃尔米特的而且是正定的，因而其逆矩阵 M^{-1} 存在; 于是，方程 (7.46) 可以被改写为

$$\mathsf{M}^{-1}\mathsf{Kz} = \omega\mathsf{z} \tag{7.47}$$

相对于如下定义的扩充的能量内积

$$\langle\langle \mathsf{z}, \mathsf{z}' \rangle\rangle = \mathsf{z}^{\mathrm{H}}\mathsf{P}\mathsf{z}' \tag{7.48}$$

其中

$$\mathsf{P} = \begin{pmatrix} \mathsf{V} & 0 \\ 0 & \mathsf{T} \end{pmatrix} \tag{7.49}$$

矩阵 $\mathsf{M}^{-1}\mathsf{K}$ 是自伴随的。其埃尔米特性质

$$\langle\langle \mathsf{z}, \mathsf{M}^{-1}\mathsf{K}\mathsf{z}' \rangle\rangle = \langle\langle \mathsf{M}^{-1}\mathsf{K}\mathsf{z}, \mathsf{z}' \rangle\rangle = \langle\langle \mathsf{z}', \mathsf{M}^{-1}\mathsf{K}\mathsf{z} \rangle\rangle^* \tag{7.50}$$

是 $2\infty \times 2\infty$ 的埃尔米特对称性 $\mathsf{PM}^{-1}\mathsf{K} = (\mathsf{PM}^{-1}\mathsf{K})^{\mathrm{H}}$ 的直接结果。根据关系式 (7.50)，具有不同本征频率 $\omega \neq \omega'$ 的两个 $2\infty \times 1$ 的本征矢量 z 与 z' 之间在如下关系

$$\langle\langle \mathsf{z}, \mathsf{z}' \rangle\rangle = \mathsf{z}^{\mathrm{H}}\mathsf{P}\mathsf{z}' = 0, \quad \text{当}\,\omega \neq \omega'\,\text{时} \tag{7.51}$$

的意义上是正交的。我们将本征矢量 z 归一化，使得

$$\langle\langle \mathsf{z}, \mathsf{z} \rangle\rangle = \mathsf{z}^{\mathrm{H}}\mathsf{P}\mathsf{z} = 2\omega^2 \tag{7.52}$$

因此，(7.51)–(7.52) 两式与六维正交归一关系 (4.95)–(4.96) 以及 $\infty \times 1$ 的本征矢量关系 (7.42)–(7.43) 都是等价的。

我们可以用类似于 (7.21)–(7.24) 的方式来表达上述结果，只要明确地纳入本征频率为负 $(-\omega)$ 的本征矢量

$$\mathsf{z}^* = \begin{pmatrix} \mathsf{q}^* \\ -\omega\mathsf{q}^* \end{pmatrix} \tag{7.53}$$

令 Z 为 $2\infty \times 2\infty$ 的矩阵，其列矢量为所有本征矢量 z 与所有本征矢量 z^* 左右并排组成，并令 $\Sigma = \mathrm{diag}\,[\cdots\ \omega_k\ \cdots\ -\omega_k\ \cdots]$ 为与其对应的本征频率对角矩阵。利用这种符号表述，正交归一关系 (7.51)–(7.52) 可以简洁地写为

$$\mathsf{Z}^{\mathrm{H}}\mathsf{P}\mathsf{Z} = 2\Sigma^2 \tag{7.54}$$

在广义本征值问题

$$\mathsf{KZ} = \mathsf{MZ\Sigma} \tag{7.55}$$

的两边左乘 $\mathsf{Z}^{\mathrm{H}}\mathsf{PM}^{-1}$，并借助 (7.54) 式，我们也可以得到

$$\mathsf{Z}^{\mathrm{H}}(\mathsf{PM}^{-1}\mathsf{K})\mathsf{Z} = 2\Sigma^3 \tag{7.56}$$

方程 (7.54) 和 (7.56) 清楚地揭示了自转弹性本征值问题的代数结构：两个埃尔米特矩阵

$$\mathsf{P} = \begin{pmatrix} \mathsf{V} & 0 \\ 0 & \mathsf{T} \end{pmatrix} \qquad \text{和} \qquad \mathsf{PM}^{-1}\mathsf{K} = \begin{pmatrix} 0 & \mathsf{V} \\ \mathsf{V} & 2\mathsf{W} \end{pmatrix} \tag{7.57}$$

被合同变换 Z 同时对角化。此外，Z 也是将

$$\mathsf{M}^{-1}\mathsf{K} = \begin{pmatrix} 0 & \mathsf{I} \\ \mathsf{T}^{-1}\mathsf{V} & 2\mathsf{T}^{-1}\mathsf{W} \end{pmatrix} \tag{7.58}$$

对角化的相似变换，这是因为

$$\mathsf{Z}^{-1}(\mathsf{M}^{-1}\mathsf{K})\mathsf{Z} = \Sigma \tag{7.59}$$

从根本上讲，自转弹性地球上的 $2\infty \times 2\infty$ 的本征值问题的埃尔米特结构是 (7.39) 中 $\infty \times \infty$ 的矩阵对称性的结果。

自转弹性地球的格林函数矩阵满足

$$\mathsf{T}\ddot{\mathsf{G}} - 2i\mathsf{W}\dot{\mathsf{G}} + \mathsf{VG} = 0 \tag{7.60}$$

或是等价的

$$\frac{d}{dt}\begin{pmatrix} \mathsf{G} \\ \dot{\mathsf{G}} \end{pmatrix} = \begin{pmatrix} 0 & \mathsf{I} \\ -\mathsf{T}^{-1}\mathsf{V} & 2i\mathsf{T}^{-1}\mathsf{W} \end{pmatrix}\begin{pmatrix} \mathsf{G} \\ \dot{\mathsf{G}} \end{pmatrix} \tag{7.61}$$

以及初始条件

$$\begin{pmatrix} \mathsf{G}(0) \\ \dot{\mathsf{G}}(0) \end{pmatrix} = \begin{pmatrix} 0 \\ \mathsf{T}^{-1} \end{pmatrix} \tag{7.62}$$

矩阵 $i\mathsf{W}$ 为实数，因而 (7.61)–(7.62) 是一个实数初值问题。我们考虑用一个含有 $\pm\Omega$ 本征解叠加形式的解

$$\mathsf{G}(t) = \mathrm{Re}\left[\mathsf{Q}\exp(i\Omega t)\,\mathsf{C}\right] \tag{7.63}$$

并利用初始条件

$$\begin{pmatrix} \mathsf{QC} + \mathsf{Q}^*\mathsf{C}^* \\ \mathsf{Q\Omega C} - \mathsf{Q}^*\Omega\mathsf{C}^* \end{pmatrix} = \begin{pmatrix} 0 \\ -2i\mathsf{T}^{-1} \end{pmatrix} \tag{7.64}$$

或其等价式

$$\mathsf{Z}\begin{pmatrix} \mathsf{C} \\ \mathsf{C}^* \end{pmatrix} = \begin{pmatrix} 0 \\ -2i\mathsf{T}^{-1} \end{pmatrix} \tag{7.65}$$

来求解复数系数矩阵 C。在 (7.65) 两边左乘 $\mathsf{Z}^{\mathrm{H}}\mathsf{P}$，并利用正交归一关系 (7.54)，我们得到

$$\mathsf{C} = (i\Omega)^{-1}\mathsf{Q}^{\mathrm{H}} \tag{7.66}$$

因而格林函数矩阵可以用 Ω 和 Q 给定，即

$$\mathsf{G}(t) = \mathrm{Re}\,[\mathsf{Q}(i\Omega)^{-1}\exp(i\Omega t)\,\mathsf{Q}^{\mathrm{H}}] \tag{7.67}$$

在反向自转的地球上，对应的*逆转格林函数矩阵*为

$$\overline{\mathsf{G}}(t) = \mathrm{Re}\,[\mathsf{Q}^*(i\Omega)^{-1}\exp(i\Omega t)\,\mathsf{Q}^{\mathrm{T}}] \tag{7.68}$$

其中矩阵 Q^* 的列矢量是逆转本征矢量 q^*。

格林函数矩阵的傅里叶变换可以写为以下两种形式之一

$$\begin{aligned}\mathsf{G}(\omega) &= \frac{1}{2}\mathsf{Q}\Omega^{-1}(\Omega-\omega\mathsf{I})^{-1}\mathsf{Q}^{\mathrm{H}} + \frac{1}{2}\mathsf{Q}^*\Omega^{-1}(\Omega+\omega\mathsf{I})^{-1}\mathsf{Q}^{\mathrm{T}} \\ &= (\mathsf{V}+2\omega\mathsf{W}-\omega^2\mathsf{T})^{-1}\end{aligned} \tag{7.69}$$

而逆转格林函数矩阵的傅里叶变换则为

$$\begin{aligned}\overline{\mathsf{G}}(\omega) &= \frac{1}{2}\mathsf{Q}^*\Omega^{-1}(\Omega-\omega\mathsf{I})^{-1}\mathsf{Q}^{\mathrm{T}} + \frac{1}{2}\mathsf{Q}\Omega^{-1}(\Omega+\omega\mathsf{I})^{-1}\mathsf{Q}^{\mathrm{H}} \\ &= (\mathsf{V}-2\omega\mathsf{W}-\omega^2\mathsf{T})^{-1}\end{aligned} \tag{7.70}$$

矩阵对称关系 $\mathsf{G} = \overline{\mathsf{G}}^{\mathrm{T}}$ 确保了广义源点–接收点互易性原理的成立。

7.3 无自转非弹性地球

在无自转非弹性地球中，将展开式 (7.1) 代入 (6.147) 或 (6.150) 得到的作用量可写为以下形式：

$$\mathcal{I} = \frac{1}{2}\mathsf{q}^{\mathrm{T}}[\nu^2\mathsf{T}-\mathsf{V}(\nu)]\mathsf{q} \tag{7.71}$$

$\infty\times\infty$ 的动能矩阵 T 和势能矩阵 $\mathsf{V}(\nu)$ 的分量仍然由 (7.5) 和 (7.6) 两式给出，只是 $\mathbf{\Lambda}$ 在此处被一个复数的且依赖于频率的张量 $\mathbf{\Lambda}(\nu)$ 所取代：

$$\begin{aligned}V_{kk'}(\nu) = &\int_{\oplus}[\boldsymbol{\nabla}\mathbf{s}_k:\mathbf{\Lambda}(\nu):\boldsymbol{\nabla}\mathbf{s}_{k'} + \frac{1}{2}\rho^0(\mathbf{s}_k\cdot\boldsymbol{\nabla}\phi_{k'}^{\mathrm{E1}} + \mathbf{s}_{k'}\cdot\boldsymbol{\nabla}\phi_k^{\mathrm{E1}}) \\ &+ \rho^0\mathbf{s}_k\cdot\boldsymbol{\nabla}\boldsymbol{\nabla}\phi^0\cdot\mathbf{s}_{k'}]\,dV \\ &+ \frac{1}{2}\int_{\Sigma_{\mathrm{FS}}}[\varpi^0\mathbf{s}_k\cdot(\boldsymbol{\nabla}^{\Sigma}\mathbf{s}_{k'})\cdot\hat{\mathbf{n}} + \varpi^0\mathbf{s}_{k'}\cdot(\boldsymbol{\nabla}^{\Sigma}\mathbf{s}_k)\cdot\hat{\mathbf{n}} \\ &- (\hat{\mathbf{n}}\cdot\mathbf{s}_k)\boldsymbol{\nabla}^{\Sigma}\cdot(\varpi^0\mathbf{s}_{k'}) - (\hat{\mathbf{n}}\cdot\mathbf{s}_{k'})\boldsymbol{\nabla}^{\Sigma}\cdot(\varpi^0\mathbf{s}_k)]_-^+\,d\Sigma\end{aligned} \tag{7.72}$$

此处矩阵 $\mathsf{V}(\nu)$ 为复数而且是对称的，即

$$\mathsf{V}^{\mathrm{T}}(\nu) = \mathsf{V}(\nu) \tag{7.73}$$

对于任意的 $\delta\mathsf{q}$，当且仅当

$$\mathsf{V}(\nu)\mathsf{q} = \nu^2\mathsf{T}\mathsf{q} \tag{7.74}$$

成立时，作用量的变分 $\delta\mathcal{I} = \mathrm{Re}\,\{\delta\mathsf{q}^{\mathrm{T}}[\nu^2\mathsf{T} - \mathsf{V}(\nu)]\mathsf{q}\}$ 为零。求解 (7.74) 而得到的本征频率 ν 和相应的本征矢量 q 是复数的；本征频率是以下长期方程的根

$$\det\,[\mathsf{V}(\nu) - \nu^2\mathsf{T}] = 0 \tag{7.75}$$

非弹性张量的对称性 $\mathbf{\Lambda}(-\nu^*) = \mathbf{\Lambda}^*(\nu)$ 确保了 $\mathsf{V}(-\nu^*) = \mathsf{V}^*(\nu)$，因此，如果 $[\nu, \mathsf{q}]$ 是一组本征解的话，则 $[-\nu^*, \mathsf{q}^*]$ 也是一组本征解。在每一个稳定点处作用量的值为 $\mathcal{I} = 0$。

将 $\mathsf{q}^{\mathrm{T}}[\mathsf{V}(\nu') - \nu'^2\mathsf{T}]\mathsf{q}'$ 与 $\mathsf{q}'^{\mathrm{T}}[\mathsf{V}(\nu) - \nu^2\mathsf{T}]\mathsf{q}$ 相减，我们得到简正模式的正交关系

$$\mathsf{q}^{\mathrm{T}}\mathsf{T}\mathsf{q}' - (\nu^2 - \nu'^2)^{-1}\mathsf{q}^{\mathrm{T}}[\mathsf{V}(\nu) - \mathsf{V}(\nu')]\mathsf{q}' = 0, \quad \text{当}\,\nu \neq \nu'\,\text{时} \tag{7.76}$$

复数本征矢量 q 的归一化条件为

$$\mathsf{q}^{\mathrm{T}}\mathsf{T}\mathsf{q} - \frac{1}{2}\nu^{-1}\mathsf{q}^{\mathrm{T}}\partial_\nu\mathsf{V}(\nu)\mathsf{q} = 1 \tag{7.77}$$

(7.76)–(7.77) 是无自转非弹性正交归一关系 (6.143)–(6.144) 的矩阵形式。

在无自转非弹性地球中，$\infty \times \infty$ 的格林函数矩阵为

$$\mathsf{G}(t) = \mathrm{Re}\,[\mathsf{Q}(i\mathsf{N})^{-1}\exp(i\mathsf{N}t)\,\mathsf{Q}^{\mathrm{T}}] \tag{7.78}$$

其中 $\mathsf{N} = \mathrm{diag}\,[\cdots\ \nu\ \cdots]$ 为复数本征频率对角矩阵。相应的频率域脉冲响应为

$$\begin{aligned}\mathsf{G}(\nu) &= \frac{1}{2}\mathsf{Q}\mathsf{N}^{-1}(\mathsf{N} - \nu\mathsf{I})^{-1}\mathsf{Q}^{\mathrm{T}} + \frac{1}{2}\mathsf{Q}^*\mathsf{N}^{*-1}(\mathsf{N}^* + \nu\mathsf{I})^{-1}\mathsf{Q}^{\mathrm{H}} \\ &= [\mathsf{V}(\nu) - \nu^2\mathsf{T}]^{-1}\end{aligned} \tag{7.79}$$

时间域的格林函数矩阵 $\mathsf{G}(t)$ 可以通过与6.2.3节中推导 $\mathbf{G}(\mathbf{x}, \mathbf{x}'; t)$ 类似的方式用留数定理得到。其中，本征频率的简并和沿正虚轴的对数分支切割的影响仍然必须要忽略，因此 (7.78) 中的结果与 (6.164) 式是等价的。从根本上讲，势能矩阵 $\mathsf{V}(\nu)$ 的对称性 (7.73) 导致了响应 $\mathsf{G}(t)$ 十分简单。格林函数矩阵的对称性 $\mathsf{G}^{\mathrm{T}} = \mathsf{G}$ 则确保了源点–接收点互易性。

*7.4 自转非弹性地球

在自转非弹性地球上，我们必须对逆转地球的对偶本征矢量 $\bar{\mathbf{s}}$ 以及实际地球的本征矢量 $\mathbf{s}$ 做展开：

$$\mathbf{s} = \sum_k q_k\mathbf{s}_k, \qquad \bar{\mathbf{s}} = \sum_k \bar{q}_k\mathbf{s}_k \tag{7.80}$$

要注意的是，上述两个展开式中的实数基函数是相同的；只有复数系数 q_k 和 $\bar{q}_k$ 不同。将 (7.80) 代入 (6.180) 或 (6.183)，可以得到代数形式的作用量：

$$\mathcal{I} = \frac{1}{2}\bar{\mathsf{q}}^{\mathrm{T}}[\nu^2\mathsf{T} - 2\nu\mathsf{W} - \mathsf{V}(\nu)]\mathsf{q} \tag{7.81}$$

其中

$$\mathsf{q} = \begin{pmatrix}\vdots \\ q_k \\ \vdots\end{pmatrix}, \qquad \bar{\mathsf{q}} = \begin{pmatrix}\vdots \\ \bar{q}_k \\ \vdots\end{pmatrix} \tag{7.82}$$

此处势能矩阵$\mathsf{V}(\nu)$的分量包含非弹性$\boldsymbol{\Lambda}(\nu)$和离心势函数$\psi$两者的效应:

$$\begin{aligned} V_{kk'}(\nu) = & \int_{\oplus} [\boldsymbol{\nabla}\mathbf{s}_k : \boldsymbol{\Lambda}(\nu) : \boldsymbol{\nabla}\mathbf{s}_{k'} + \frac{1}{2}\rho^0(\mathbf{s}_k \cdot \boldsymbol{\nabla}\phi_{k'}^{\mathrm{E1}} + \mathbf{s}_{k'} \cdot \boldsymbol{\nabla}\phi_k^{\mathrm{E1}}) \\ & + \rho^0 \mathbf{s}_k \cdot \boldsymbol{\nabla}\boldsymbol{\nabla}(\phi^0 + \psi) \cdot \mathbf{s}_{k'}]\, dV \\ & + \frac{1}{2}\int_{\Sigma_{\mathrm{FS}}} [\varpi^0 \mathbf{s}_k \cdot (\boldsymbol{\nabla}^{\Sigma}\mathbf{s}_{k'}) \cdot \hat{\mathbf{n}} + \varpi^0 \mathbf{s}_{k'} \cdot (\boldsymbol{\nabla}^{\Sigma}\mathbf{s}_k) \cdot \hat{\mathbf{n}} \\ & - (\hat{\mathbf{n}} \cdot \mathbf{s}_k)\boldsymbol{\nabla}^{\Sigma} \cdot (\varpi^0 \mathbf{s}_{k'}) - (\hat{\mathbf{n}} \cdot \mathbf{s}_{k'})\boldsymbol{\nabla}^{\Sigma} \cdot (\varpi^0 \mathbf{s}_k)]_-^+ \, d\Sigma \end{aligned} \tag{7.83}$$

作用量(7.81)的变分为

$$\begin{aligned} \delta\mathcal{I} = & \frac{1}{2}\delta\overline{\mathsf{q}}^{\mathrm{T}}[\nu^2\mathsf{T} - 2\nu\mathsf{W} - \mathsf{V}(\nu)]\mathsf{q} \\ & + \frac{1}{2}\delta\mathsf{q}^{\mathrm{T}}[\nu^2\mathsf{T} + 2\nu\mathsf{W} - \mathsf{V}(\nu)]\overline{\mathsf{q}} \end{aligned} \tag{7.84}$$

这里我们利用了动能和势能矩阵的对称性$\mathsf{T}^{\mathrm{T}} = \mathsf{T}$和$\mathsf{V}^{\mathrm{T}}(\nu) = \mathsf{V}(\nu)$，以及科里奥利矩阵的反对称性:

$$\mathsf{W}^{\mathrm{T}} = -\mathsf{W} \tag{7.85}$$

显然，对于任意且独立的变化$\delta\mathsf{q}$和$\delta\overline{\mathsf{q}}$，当且仅当$\mathsf{q}$和$\overline{\mathsf{q}}$是本征频率为$\nu$的本征矢量和对偶本征矢量时，即当

$$[\mathsf{V}(\nu) + 2\nu\mathsf{W} - \nu^2\mathsf{T}]\mathsf{q} = 0 \tag{7.86}$$

$$[\mathsf{V}(\nu) - 2\nu\mathsf{W} - \nu^2\mathsf{T}]\overline{\mathsf{q}} = 0 \tag{7.87}$$

成立时，作用量的变分$\delta\mathcal{I}$为零。本征频率ν是以下长期方程的根

$$\det[\mathsf{V}(\nu) \pm 2\nu\mathsf{W} - \nu^2\mathsf{T}] = 0 \tag{7.88}$$

转置后的矩阵$\mathsf{V}(\nu) \pm 2\nu\mathsf{W} - \nu^2\mathsf{T}$行列式不变；因此本征频率与地球自转的方向无关。复数频率的对称性$\mathsf{V}(-\nu^*) = \mathsf{V}^*(\nu)$确保了当$[\nu, \mathsf{q}, \overline{\mathsf{q}}]$是一组本征解和对偶本征解时，$[-\nu^*, \mathsf{q}^*, \overline{\mathsf{q}}^*]$也是一组本征解和对偶本征解。在每一个稳定点$[\nu, \mathsf{q}, \overline{\mathsf{q}}]$处，作用量的值为$\mathcal{I} = 0$。原本征矢量和对偶本征矢量之间类似于(6.186)–(6.187)的*双正交归一性*关系为

$$\begin{aligned} & \overline{\mathsf{q}}^{\mathrm{T}}\mathsf{T}\mathsf{q}' - 2(\nu + \nu')^{-1}\overline{\mathsf{q}}^{\mathrm{T}}\mathsf{W}\mathsf{q}' \\ & \quad - (\nu^2 - \nu'^2)^{-1}\overline{\mathsf{q}}^{\mathrm{T}}[\mathsf{V}(\nu) - \mathsf{V}(\nu')]\mathsf{q}' = 0, \quad \text{当}\,\nu \neq \nu'\,\text{时} \end{aligned} \tag{7.89}$$

和

$$\overline{\mathsf{q}}^{\mathrm{T}}\mathsf{T}\mathsf{q} - \nu^{-1}\overline{\mathsf{q}}^{\mathrm{T}}\mathsf{W}\mathsf{q} - \frac{1}{2}\nu^{-1}\overline{\mathsf{q}}^{\mathrm{T}}\partial_\nu\mathsf{V}(\nu)\mathsf{q} = 1 \tag{7.90}$$

真实地球与逆转地球的格林函数矩阵为

$$\mathsf{G}(t) = \mathrm{Re}\,[\mathsf{Q}(i\mathsf{N})^{-1}\exp(i\mathsf{N}t)\,\overline{\mathsf{Q}}^{\mathrm{T}}] \tag{7.91}$$

$$\overline{\mathsf{G}}(t) = \mathrm{Re}\,[\overline{\mathsf{Q}}(i\mathsf{N})^{-1}\exp(i\mathsf{N}t)\,\mathsf{Q}^{\mathrm{T}}] \tag{7.92}$$

其中$\overline{\mathsf{Q}}$为$\infty \times \infty$的矩阵，其列矢量为对偶本征矢量$\overline{\mathsf{q}}$。相应的频率域结果为

$$\begin{aligned}\mathsf{G}(\nu) &= \frac{1}{2}\mathsf{Q}\mathsf{N}^{-1}(\mathsf{N}-\nu\mathsf{I})^{-1}\overline{\mathsf{Q}}^{\mathrm{T}} + \frac{1}{2}\mathsf{Q}^{*}\mathsf{N}^{*-1}(\mathsf{N}^{*}+\nu\mathsf{I})^{-1}\overline{\mathsf{Q}}^{\mathrm{H}} \\ &= [\mathsf{V}(\nu)+2\nu\mathsf{W}-\nu^{2}\mathsf{T}]^{-1}\end{aligned} \tag{7.93}$$

$$\begin{aligned}\overline{\mathsf{G}}(\nu) &= \frac{1}{2}\overline{\mathsf{Q}}\mathsf{N}^{-1}(\mathsf{N}-\nu\mathsf{I})^{-1}\mathsf{Q}^{\mathrm{T}} + \frac{1}{2}\overline{\mathsf{Q}}^{*}\mathsf{N}^{*-1}(\mathsf{N}^{*}+\nu\mathsf{I})^{-1}\mathsf{Q}^{\mathrm{H}} \\ &= [\mathsf{V}(\nu)-2\nu\mathsf{W}-\nu^{2}\mathsf{T}]^{-1}\end{aligned} \tag{7.94}$$

$\mathsf{G}=\overline{\mathsf{G}}^{\mathrm{T}}$这一关系再次确保了广义的源点–接收点互易性。

7.5 流体静力学地球

在7.1至7.4节中得到的所有结果显然也适用于流体静力学地球模型。在无自转弹性地球中，$\infty\times\infty$的势能矩阵V的分量成为

$$\begin{aligned}V_{kk'} = \int_{\oplus} &[\boldsymbol{\varepsilon}_k : \boldsymbol{\Gamma} : \boldsymbol{\varepsilon}_{k'} + \frac{1}{2}\rho^0(\mathbf{s}_k\cdot\boldsymbol{\nabla}\phi_{k'}^{\mathrm{E1}} + \mathbf{s}_{k'}\cdot\boldsymbol{\nabla}\phi_{k}^{\mathrm{E1}}) \\ &+ \frac{1}{2}\rho^0\boldsymbol{\nabla}\phi^0\cdot(\mathbf{s}_k\cdot\boldsymbol{\nabla}\mathbf{s}_{k'} + \mathbf{s}_{k'}\cdot\boldsymbol{\nabla}\mathbf{s}_k - \mathbf{s}_k\boldsymbol{\nabla}\cdot\mathbf{s}_{k'} - \mathbf{s}_{k'}\boldsymbol{\nabla}\cdot\mathbf{s}_k) \\ &+ \rho^0\mathbf{s}_k\cdot\boldsymbol{\nabla}\boldsymbol{\nabla}\phi^0\cdot\mathbf{s}_{k'}]\,dV\end{aligned} \tag{7.95}$$

将瑞利–里茨本征函数展开式(7.1)代入(4.161)或(4.162)这两个积分表达式中任意一个，可以得到流体静力学作用量$\mathcal{I}=\frac{1}{2}\mathsf{q}^{\mathrm{T}}(\omega^2\mathsf{T}-\mathsf{V})\mathsf{q}$；从瑞利变分原理$\delta\mathcal{I}=0$可以得到广义代数本征值方程$\mathsf{V}\mathsf{q}=\omega^2\mathsf{T}\mathsf{q}$。同前面的处理一样，自转和非弹性可以通过$\phi^0\to\phi^0+\psi$和$\boldsymbol{\Gamma}\to\boldsymbol{\Gamma}(\nu)$这两项替换加以考虑。

★7.6 微扰的影响

假设现在我们有一个由动能矩阵T、科里奥利矩阵W和非弹性势能矩阵$\mathsf{V}(\nu)$所描述的地球初始模型。当地球的特性稍有改变时，这些矩阵就会受到扰动，即

$$\mathsf{T}\to\mathsf{T}+\delta\mathsf{T},\qquad \mathsf{W}\to\mathsf{W}+\delta\mathsf{W},\qquad \mathsf{V}(\nu)\to\mathsf{V}(\nu)+\delta\mathsf{V}(\nu) \tag{7.96}$$

我们试图确定扰动后的格林函数矩阵

$$\mathsf{G}(\nu)\to\mathsf{G}(\nu)+\delta\mathsf{G}(\nu) \tag{7.97}$$

将扰动前的关系式

$$[\mathsf{V}(\nu)+2\nu\mathsf{W}-\nu^2\mathsf{T}]\mathsf{G}(\nu)=\mathsf{I} \tag{7.98}$$

从扰动后相应的关系式

$$\begin{aligned}&[\mathsf{V}(\nu)+\delta\mathsf{V}(\nu)+2\nu(\mathsf{W}+\delta\mathsf{W}) \\ &\qquad -\nu^2(\mathsf{T}+\delta\mathsf{T})][\mathsf{G}(\nu)+\delta\mathsf{G}(\nu)]=\mathsf{I}\end{aligned} \tag{7.99}$$

中消去，我们得到

$$\begin{aligned}&[\mathsf{V}(\nu)+2\nu\mathsf{W}-\nu^2\mathsf{T}]\delta\mathsf{G}(\nu)\\&\qquad=[\nu^2\delta\mathsf{T}-2\nu\,\delta\mathsf{W}-\delta\mathsf{V}(\nu)][\mathsf{G}(\nu)+\delta\mathsf{G}(\nu)]\end{aligned}\tag{7.100}$$

要注意的是，方程 (7.100) 的右边依赖于完全的响应 $\mathsf{G}(\nu)+\delta\mathsf{G}(\nu)$; 用量子力学的术语，该结果称为李普曼–施温格尔 (Lippmann-Schwinger) 方程 (Schiff 1968)。

在最低阶的*玻恩近似*中，李普曼–施温格尔方程右边的扰动 $\delta\mathsf{G}(\nu)$ 被忽略不计。这导致以下结果

$$\begin{aligned}\delta\mathsf{G}(\nu)&=[\mathsf{V}(\nu)+2\nu\mathsf{W}-\nu^2\mathsf{T}]^{-1}[\nu^2\delta\mathsf{T}-2\nu\,\delta\mathsf{W}-\delta\mathsf{V}(\nu)]\\&\qquad[\mathsf{V}(\nu)+2\nu\mathsf{W}-\nu^2\mathsf{T}]^{-1}\end{aligned}\tag{7.101}$$

对于更一般的结果，我们可以将扰动 $\delta\mathsf{G}(\nu)$ 表示为一个如下形式的无穷项*玻恩级数*

$$\delta\mathsf{G}(\nu)=\delta\mathsf{G}^{(1)}(\nu)+\delta\mathsf{G}^{(2)}(\nu)+\cdots\tag{7.102}$$

其中上角标 (1)、(2)、. . . 表示依赖于 $\delta\mathsf{T}$、$\delta\mathsf{W}$ 和 $\delta\mathsf{V}(\nu)$ 的阶数。公式 (7.102) 中完全的扰动序列可以通过迭代求解李普曼–施温格尔方程得到。第一步迭代正是 (7.101) 中的玻恩近似，我们将其改写为

$$\delta\mathsf{G}^{(1)}(\nu)=\mathsf{F}(\nu)\mathsf{G}(\nu)\tag{7.103}$$

其中 $\mathsf{F}(\nu)$ 是一个为方便起见而定义的辅助矩阵：

$$\mathsf{F}(\nu)=[\mathsf{V}(\nu)+2\nu\mathsf{W}-\nu^2\mathsf{T}]^{-1}[\nu^2\delta\mathsf{T}-2\nu\,\delta\mathsf{W}-\delta\mathsf{V}(\nu)]\tag{7.104}$$

第二阶的玻恩近似是通过将一阶的结果 (7.103) 代入李普曼–施温格尔方程右边而得到的

$$\delta\mathsf{G}^{(2)}(\nu)=\mathsf{F}^2(\nu)\mathsf{G}(\nu)\tag{7.105}$$

级数 (7.102) 中的后续每一项会多含有一个 $\mathsf{F}(\nu)$ 因子，因此总的响应为

$$\begin{aligned}&\mathsf{G}(\nu)+\delta\mathsf{G}^{(1)}(\nu)+\delta\mathsf{G}^{(2)}(\nu)+\cdots\\&\qquad=[\mathsf{I}+\mathsf{F}(\nu)+\mathsf{F}^2(\nu)+\cdots]\mathsf{G}(\nu)\end{aligned}\tag{7.106}$$

从形式上，方程 (7.106) 中的等比级数是可以计算的，

$$\mathsf{I}+\mathsf{F}(\nu)+\mathsf{F}^2(\nu)+\cdots=[\mathsf{I}-\mathsf{F}(\nu)]^{-1}\tag{7.107}$$

最终得到扰动后的格林函数矩阵

$$\begin{aligned}&\mathsf{G}(\nu)+\delta\mathsf{G}(\nu)\\&\qquad=[\mathsf{V}(\nu)+\delta\mathsf{V}(\nu)+2\nu(\mathsf{W}+\delta\mathsf{W})-\nu^2(\mathsf{T}+\delta\mathsf{T})]^{-1}\end{aligned}\tag{7.108}$$

Tromp 和 Dahlen (1990a) 首次以上述求和方式得到了地球简正模式响应的无穷玻恩矩阵表达式。当然，(7.108) 这一结果可以通过简单地对方程 (7.99) 求逆而更直接地得到。

如果初始模型是弹性的，我们可以把扰动前的势能矩阵做替换 $\mathsf{V}(\nu)\to\mathsf{V}$，而且如果没有自

转，我们可以做 $\mathsf{W} \to 0$ 和 $\delta\mathsf{W} \to \mathsf{W}$ 两个替换。此时最低阶的玻恩近似 (7.101) 简化为

$$\delta\mathsf{G}(\nu) = [\mathsf{V} - \nu^2\mathsf{T}]^{-1}[\nu^2\delta\mathsf{T} - 2\nu\mathsf{W} - \delta\mathsf{V}(\nu)][\mathsf{V} - \nu^2\mathsf{T}]^{-1} \tag{7.109}$$

而完全的响应 (7.108) 则成为

$$\mathsf{G}(\nu) + \delta\mathsf{G}(\nu) = [\mathsf{V} + \delta\mathsf{V}(\nu) + 2\nu\mathsf{W} - \nu^2(\mathsf{T} + \delta\mathsf{T})]^{-1} \tag{7.110}$$

在 (7.109) 和 (7.110) 两式中，地球的自转和非弹性均被视为微扰。对所有 $\omega \gg \Omega$ 的地震模式这都是一个很好的近似。

7.7　对矩张量源的响应

要表示阶跃函数矩张量源的加速度响应，为方便起见，我们分别定义 $\infty \times 1$ 的接收点与源点矢量：

$$\mathsf{r} = \begin{pmatrix} \vdots \\ \hat{\boldsymbol{\nu}} \cdot \mathbf{s}_k(\mathbf{x}) \\ \vdots \end{pmatrix}, \qquad \mathsf{s} = \begin{pmatrix} \vdots \\ \mathbf{M} : \boldsymbol{\varepsilon}_k(\mathbf{x}_{\mathrm{s}}) \\ \vdots \end{pmatrix} \tag{7.111}$$

其中 $\hat{\boldsymbol{\nu}}$ 为加速度仪的偏振方向，$\boldsymbol{\varepsilon}_k = \frac{1}{2}[\boldsymbol{\nabla}\mathbf{s}_k + (\boldsymbol{\nabla}\mathbf{s}_k)^{\mathrm{T}}]$ 为与位移本征函数 $\mathbf{s}_k$ 相应的应变。我们将加速度的 $\hat{\boldsymbol{\nu}}$ 分量表示为

$$a(t) = \hat{\boldsymbol{\nu}} \cdot \mathbf{a}(\mathbf{x}, t) \tag{7.112}$$

该标量加速度可以用格林函数矩阵 $\mathsf{G}(t)$ 的时间导数 $\dot{\mathsf{G}}(t)$ 表示为

$$a(t) = \mathsf{r}^{\mathrm{T}}\dot{\mathsf{G}}(t)\,\mathsf{s} \tag{7.113}$$

这里我们按照 (5.137) 的习惯将震源基准时间设为 $t_{\mathrm{s}} = 0$。对于最一般的自转非弹性地球模型，我们可以将公式 (7.113) 改写为

$$a(t) = \mathrm{Re}\,[\mathsf{r}'^{\mathrm{T}}\exp(i\mathsf{N}t)\,\mathsf{s}'] \tag{7.114}$$

其中 r' 和 s' 分别为变换后的接收点和源点矢量

$$\mathsf{r}' = \mathsf{Q}^{\mathrm{T}}\mathsf{r}, \qquad \mathsf{s}' = \overline{\mathsf{Q}}^{\mathrm{T}}\mathsf{s} \tag{7.115}$$

只要基函数 $\mathbf{s}_k$ 是完备的，(7.114)–(7.115) 中的结果就与 (6.203) 是等价的。在无自转非弹性地球中，(7.115) 中的对偶本征矢量矩阵 $\overline{\mathsf{Q}}$ 为 Q 所取代。

$\hat{\boldsymbol{\nu}}$ 分量加速度的傅里叶变换可以用频率域格林函数矩阵 $\mathsf{G}(\omega)$ 表示为

$$a(\omega) = i\omega\mathsf{r}^{\mathrm{T}}\mathsf{G}(\omega)\mathsf{s} \tag{7.116}$$

对于 $\omega > 0$，可以将该式写为类似于 (6.206) 的形式：

$$a(\omega) = \frac{1}{2}i\mathsf{r}'^{\mathrm{T}}(\mathsf{N} - \omega\mathsf{I})^{-1}\mathsf{s}' \tag{7.117}$$

与前面一样，我们在这里忽略了负频率谱峰的贡献。$\frac{1}{2}i(\mathsf{N} - \omega\mathsf{I})^{-1}$ 是一个由单位洛伦兹共振谱峰

组成的对角矩阵，谱峰的形状为$\eta_k(\omega) = \frac{1}{2}i(\omega_k + i\gamma_k - \omega)^{-1}$，其中心为正的实数本征频率。

我们也可以借助矩阵$\mathsf{V}(\omega)$、W和T以及微扰前的接收点和源点矢量r和s将频率域加速度响应以显式表示为

$$a(\omega) = i\omega\mathsf{r}^{\mathrm{T}}[\mathsf{V}(\omega) + 2\omega\mathsf{W} - \omega^2\mathsf{T}]^{-1}\mathsf{s} \tag{7.118}$$

(7.118) 中的结果对所有$-\infty \leqslant \omega \leqslant \infty$频率都是精确的，它可以作为计算合成加速度图的一种*直接求解法*的基础，该方法不需要求解本征频率N及其相应的本征矢量Q和逆转本征矢量$\overline{\mathsf{Q}}$。如果要计算从一个位于$\mathbf{x}_{\mathrm{s}}$的给定震源$\mathbf{M}$在一系列接收点$\mathbf{x}$所产生的$\hat{\boldsymbol{\nu}}$分量加速度图，我们首先通过求解

$$[\mathsf{V}(\omega) + 2\omega\mathsf{W} - \omega^2\mathsf{T}]\mathsf{d}(\omega) = \mathsf{s} \tag{7.119}$$

而得到*源点响应矢量*$\mathsf{d}(\omega)$。然后每个接收点的加速度由以下标量积给定：

$$a(\omega) = i\omega\mathsf{r}^{\mathrm{T}}\mathsf{d}(\omega) \tag{7.120}$$

另一方面，如果我们想得到单个接收点对一组震源的响应，更为便捷的做法则是通过求解

$$[\mathsf{V}(\omega) - 2\omega\mathsf{W} - \omega^2\mathsf{T}]\mathsf{e}(\omega) = \mathsf{r} \tag{7.121}$$

而得到*接收点响应矢量*$\mathsf{e}(\omega)$。然后用下式计算每一个地震所激发的加速度

$$a(\omega) = i\omega\mathsf{e}^{\mathrm{T}}(\omega)\mathsf{s} \tag{7.122}$$

值得注意的是，在 (7.119) 和 (7.121) 两式中，反对称性$\mathsf{W}^{\mathrm{T}} = -\mathsf{W}$造成了$\pm 2\omega\mathsf{W}$的符号差别；在无自转地球中，这一差别当然并不重要，因为$\mathsf{W} = 0$。我们将在第 13 章中讨论直接求解法的实际操作步骤。

第二部分

球对称地球

第 8 章　球型和环型振荡

我们将自本章开始分析球对称、无自转地球模型的自由振荡。首先考虑具有各向同性应力–应变关系的地球模型，然后推广到横向各向同性地球模型。利用简正模式本征值问题的可分离性，可以将矢量和张量的控制方程转换为等价的径向标量方程组，然后通过数值积分求解；这样基本上能够得到各向同性或横向各向同性地球模型的精确的本征频率 ω 和对应的本征函数 $\mathbf{s}$。任何球对称、无自转地球模型都能够支持两种独立类型的自由振荡：对地球外部形状有改变的球型振荡和没有改变的环型振荡。我们将在第 11 章和第 12 章看到，这两种简正模式类型的区别正是彼此独立传播的瑞利和勒夫面波以及 P-SV 和 SH 偏振体波的驻波表现。

8.1　符 号 变 更

本书至此，我们一直用上角标 E 和 L 来小心地区分欧拉和拉格朗日动力学变量。此外，我们还一致地用上角标 0 来标注平衡态地球模型中的参数，用上角标 1 来标注相对于平衡态结构的微扰增量参数。然而，既然适用于一般地球模型的基本结果已经建立，摒弃这种虽然清楚但却有些凌乱的符号，而使用一套较不复杂的符号会更便于后续的推导。表 8.1 概括列举了我们将在本书其余部分所使用的这种新的“光秃秃的”变量，及其与第 I 部分为清楚表示起见而使用的带上角标的变量之间的对照关系。表中所列的几个量，尤其是 $\boldsymbol{\tau}$、ϖ、$\widetilde{\mathbf{T}}$ 和 $\tilde{\mathbf{t}}$，在第 II 部分关于球对称地球的讨论中并不会出现；但它们会在第 III 部分对微弱非球对称地球的讨论中用到，因而被列举在此。需要说明的是，改进后的新符号仍有不尽如人意之处：我们用一个简单的 ϕ 同时表示欧拉引力势函数微扰 ϕ^{E1} 和球极坐标系坐标 (r,θ,ϕ) 中的经度。但我们相信这不会引起任何混淆，因为总能从上下文明白它的含义。

8.2　SNREI 地球模型

SNREI (spherical, non-rotating, elastic and isotropic) 地球模型是一个球对称、无自转、完全弹性和各向同性的模型。最后一个形容词“各向同性”具有双重含义：初始应力是各向同性的，即初始偏应力为零，$\boldsymbol{\tau}=\mathbf{0}$，同时四阶弹性张量 $\boldsymbol{\Gamma}$ 是各向同性的，其形式为

$$\Gamma_{ijkl}=(\kappa-\frac{2}{3}\mu)\delta_{ij}\delta_{kl}+\mu(\delta_{ik}\delta_{jl}+\delta_{il}\delta_{jk}) \tag{8.1}$$

一个一般的 SNREI 地球模型可通过给定其密度 ρ、等熵不可压缩性 κ 和刚性 μ 作为距地心径向距离 r 的函数来完全描述。或者，我们也可以给定压缩波波速 $\alpha=[(\kappa+\frac{4}{3}\mu)/\rho]^{1/2}$ 和剪切波波速 $\beta=(\mu/\rho)^{1/2}$ 的径向变化，来取代不可压缩性和刚性。图 8.1 展示了各向同性的初步参考地球模型，以下简称 PREM 模型 (Dziewonski & Anderson 1981)，其中，α 和 β 是频率为 1 赫兹的 P

表 8.1 第I部分中所使用的符号与第II、III部分中使用的符号之间的对照关系

变量名称或描述	旧符号	新符号
初始密度	ρ^0	ρ
初始引力势函数	ϕ^0	Φ
离心势函数 †	ψ	ψ
初始流体静力学压强	p^0	p
初始偏应力	$\boldsymbol{\tau}^0$	$\boldsymbol{\tau}$
负法向牵引力	ϖ^0	ϖ
等熵不可压缩性 †	κ	κ
刚性 †	μ	μ
压缩波速度 †	α	α
剪切波速度 †	β	β
四阶弹性张量 †	$\boldsymbol{\Gamma}$	$\boldsymbol{\Gamma}$
辅助弹性张量 †	$\boldsymbol{\Lambda}$	$\boldsymbol{\Lambda}$
各向异性弹性张量 †	$\boldsymbol{\gamma}$	$\boldsymbol{\gamma}$
位移 †	$\mathbf{s}$	$\mathbf{s}$
应变 †	$\boldsymbol{\varepsilon}$	$\boldsymbol{\varepsilon}$
偏应变 †	$\mathbf{d}$	$\mathbf{d}$
欧拉势函数微扰	ϕ^{E1}	ϕ
辅助引力矢量	$\boldsymbol{\xi}^{\mathrm{E1}}$	$\boldsymbol{\xi}$
拉格朗日–柯西应力增量	$\mathbf{T}^{\mathrm{L1}}$	$\mathbf{T}$
第一类皮奥拉–基尔霍夫应力增量	$\mathbf{T}^{\mathrm{PK1}}$	$\tilde{\mathbf{T}}$
辅助牵引力矢量	$\mathbf{t}^{\mathrm{PK1}}$	$\tilde{\mathbf{t}}$

注：带有剑号的变量指示该符号维持不变。为避免引入过多的新符号，我们之后将以 $-p\mathbf{I}+\boldsymbol{\tau}$ 表示总初始应力，以 $-\boldsymbol{\nabla}\cdot(\rho\mathbf{s})$ 表示欧拉密度微扰

波或S波所“感受到的”速度。标准版的 PREM模型是横向各向同性且非弹性的；我们将在8.9节和9.7节中分别考虑这两种复杂性的作用。

如同第I部分，我们用 $\oplus_{\mathrm{S}}$ 表示地球所有固态区域的集合，用 $\oplus_{\mathrm{F}}$ 表示所有液态区域的集合，并用 $\oplus=\oplus_{\mathrm{S}}\cup\oplus_{\mathrm{F}}$ 表示整个地球的体积。整个空间仍将用 $\bigcirc$ 表示，因此 $\bigcirc-\oplus$ 表示地球外部的空间。对于如PREM一样的典型的SNREI地球模型，$\oplus_{\mathrm{S}}$ 的区域包含固态内核和地幔，而 $\oplus_{\mathrm{F}}$ 则包含液态的外核和海洋（我们在之后的讨论中将宽泛地用“地幔”一词表示地幔及其上覆地壳）。我们仍将继续用 Σ_{SS} 表示所有内部的固–固不连续面的集合，用 Σ_{FS} 表示所有固–液不连续面的集合，并用 $\Sigma=\partial\oplus\cup\Sigma_{\mathrm{SS}}\cup\Sigma_{\mathrm{FS}}$ 表示所有边界面包括外部自由表面的集合。球对称地球模型中界面 Σ 的向外的法向量 $\hat{\mathbf{n}}$ 是单位径向矢量 $\hat{\mathbf{r}}$；我们将继续分别称 Σ 的外侧和内侧为界面的 $+$ 侧和 $-$ 侧。

所有固–固不连续面的半径将统一用 d_{SS} 表示，而所有固–液不连续面的半径将用 d_{FS} 表示。自由表面、核幔边界、内核边界和海床的半径分别用 a、b、c 和 s 表示。所有不连续面，包括外界面的半径的集合，将用 $d=a\cup d_{\mathrm{SS}}\cup d_{\mathrm{FS}}$ 表示。在下文中为方便起见，我们定义SNREI地球模型的参数 ρ、κ、μ、α 和 β 在地球以外的 $r>a$ 区域为零。我们将用任一仅依赖于半径的函数 q 上的一点 $\dot{q}$ 来表示其导数 dq/dr。

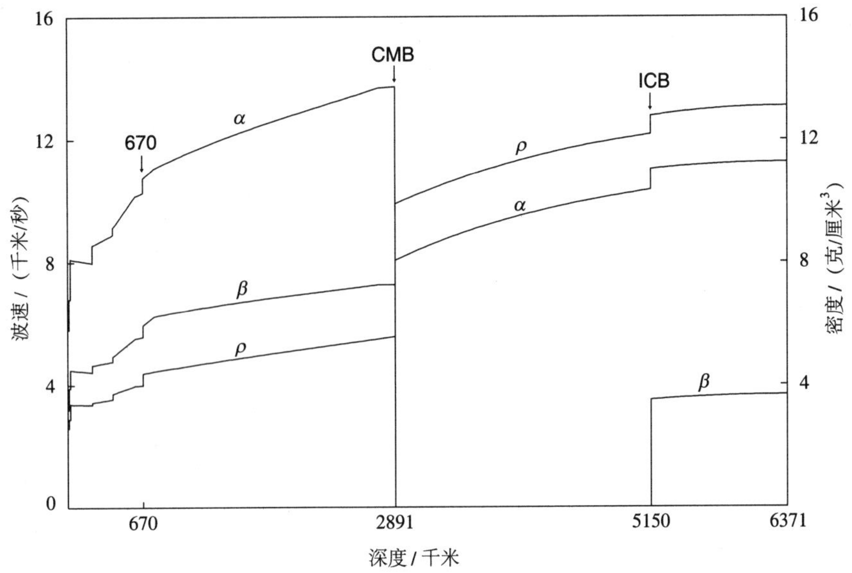

图 8.1 “等效”各向同性初步参考地球模型(PREM)中的压缩波波速α、剪切波波速β和密度ρ。图中标注了内核边界(ICB)和核幔边界(CMB)的位置。该模型顶部为3千米厚的均匀海水层所覆盖。此外，还有几个固–固界面，包括24.4千米深处的莫霍不连续面以及220千米、400千米和670千米深处的上地幔不连续面。最近的研究对全球性的220千米不连续面的存在提出了质疑，并改进了400千米和670千米不连续面的位置

8.2.1 引力和流体静力学压强

SNREI地球内部的引力场$\mathbf{g} = -\boldsymbol{\nabla}\Phi$是径向向下的:

$$\mathbf{g} = -g\hat{\mathbf{r}}, \quad \text{其中} \quad g = \dot{\Phi} \tag{8.2}$$

标量的引力加速度$g = \|\mathbf{g}\|$满足一阶微分关系

$$\dot{g} + 2r^{-1}g = 4\pi G\rho \tag{8.3}$$

其中G为牛顿万有引力常数。我们可以很容易地将(8.3)式积分得到用密度分布ρ表示的g和对应的引力势函数Φ的显式公式:

$$g(r) = \frac{4\pi G}{r^2}\int_0^r \rho'\, r'^2 dr', \qquad \Phi(r) = -\frac{4\pi G}{r}\int_0^r \rho'\, r'^2 dr' \tag{8.4}$$

其中撇号表示在径向积分变量r'处取值。众所周知，一个球壳质量分布对其内部观察点的贡献为零，而一个球体对其外部观察点的引力可等价于一个点质量的作用。地球外部的引力加速度和势函数分别为$g(r) = GM/r^2$和$\Phi(r) = -GM/r$，其中$M = 4\pi\int_0^a \rho\, r^2 dr$为地球的总质量。

流体静力学平衡方程保证了SNREI地球模型的力学平衡:

$$\dot{p} + \rho g = 0 \tag{8.5}$$

其中p为初始流体静力学压强。进一步对该方程积分可以得到

$$p(r) = \int_r^a \rho' g'\, dr' \tag{8.6}$$

这里我们使用了自由表面边界条件$p(a) = 0$。PREM模型中引力g和流体静力学压强p的径向变化如图8.2所示。

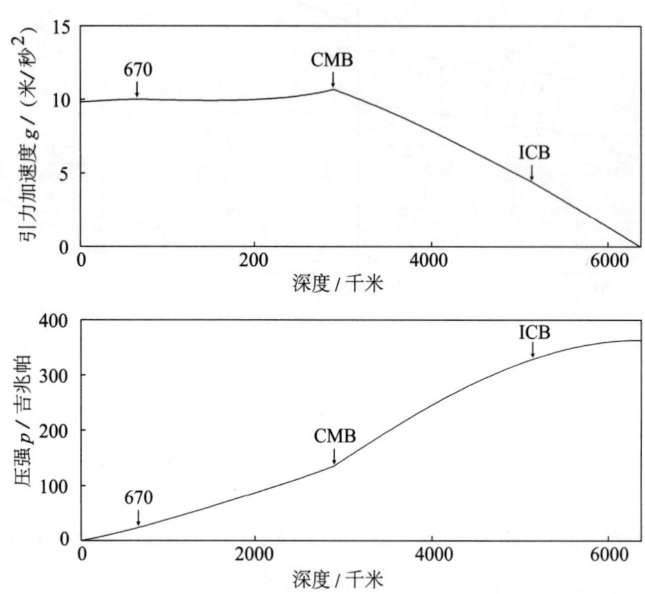

图 8.2 初步参考地球模型中引力加速度g和流体静力学压强p随深度的变化。（上）整个地幔中引力大致为常数(9.8–10.1米/秒^2)。（下）压强单调增加并在地心达到最大值364吉兆帕

★8.2.2 布伦特-维赛拉频率

布伦特–维赛拉(Brunt-Väisälä)频率$N(r)$是一个值得关注的辅助参数，特别是在地球的液态区域$\oplus_{\rm FS}$内，其定义为

$$N^2 = -\frac{\dot{\rho} g}{\rho} - \frac{\rho g^2}{\kappa} \tag{8.7}$$

这个量在物理上的重要性可以通过考虑一小团流体的虚拟位移来理解(Eckart 1960; Tolstoy 1973)。确切地讲，可以简单地将这团流体视为被松弛的薄膜所包覆，因而内部和外围环境压强始终相等，但又完全隔绝，因此在移动的流体内部其密度变化是绝热的。如果该团流体有一个向上的无穷小移动ξ，它将感受到一个压强变化$\delta p = -\rho g \xi$，以及一个绝热密度变化$\delta\rho_{\rm ad} = \rho\kappa^{-1}\delta p = -\rho^2 g \kappa^{-1}\xi$。然而，外围流体环境的密度变化$\delta\rho_{\rm am} = \dot{\rho}\xi$却与此不同；因此，作用在这团移动流体单位体积上的浮力为$(\delta\rho_{\rm am} - \delta\rho_{\rm ad})g = -\rho N^2 \xi$。令其与单位体积的惯性力相等，我们得到这一团绝热流体的运动方程：

$$\frac{d^2\xi}{dt^2} + N^2\xi = 0 \tag{8.8}$$

若N^2为正，这团流体将以角频率N在其初始平衡位置附近做正弦振荡；另一方面，若N^2为负，它将以指数形式远离其初始位置。在第一种情形中，流体中的密度分层是引力稳定的，而在第二种情形中则是引力非稳定的；因此，N有时被称为稳定性频率。

密度梯度$\dot{\rho}$偏离亚当斯–威廉森(Adams-Williamson)关系式$\dot{\rho} = -\rho^2 g/\kappa$的程度可以用Bullen (1963)中的无量纲分层参数$\eta_{\mathrm{B}}(r)$来衡量，该参数以$N^2 = \rho g^2(\eta_{\mathrm{B}} - 1)/\kappa$定义。布伦(Bullen)参数还可以用不可压缩性参数对压强的导数表示为

$$\eta_{\mathrm{B}} = \frac{d\kappa}{dp} + \frac{1}{g}\frac{d}{dr}\left(\frac{\kappa}{\rho}\right) \tag{8.9}$$

一个中性稳定的液态区域具有$N^2 = 0$和$\eta_{\mathrm{B}} = 1$这两个等价的特性。

PREM的ρ、α和β是通过拟合自由振荡和体波走时数据所得到的，这种典型的SNREI地球模型的液态外核中有一些$N^2 > 0$和$N^2 < 0$交替变化的区域。但是，这些稳定与不稳定区域在物理上并不重要，因为对N^2和η_{B}都不能做很好地约束；现有的地震学证据支持液态外核处处呈中性分层的假设(Masters 1979)。严格来讲，PREM中可压缩的、密度为常数的海水层也是不稳定的；这种情况会导致一个现实的问题：要分辨海水中实际的稳定分层结构将需要比任何全球地震学应用所要求的离散化更为精细。在8.8.2节和8.8.11节中我们会看到，如果一个SNREI地球模型的$\oplus_{\mathrm{F}}$区域中处处都有$N^2 = 0$, 那么计算所有可能存在的自由振荡目录的工作会极大地简化。

8.3 运动方程

SNREI地球模型的自由振荡所满足的线性化运动方程及边界条件可以从3.11节和4.3节所讨论的无自转流体静力学地球模型的方程得到。用我们新的简化的符号，频率域动量方程(4.149)可写为

$$\begin{aligned} -\omega^2\rho\mathbf{s} - \boldsymbol{\nabla}\cdot\mathbf{T} + (4\pi G\rho^2 s_r)\hat{\mathbf{r}} + \rho\boldsymbol{\nabla}\phi \\ + \rho g[\boldsymbol{\nabla}s_r - (\boldsymbol{\nabla}\cdot\mathbf{s} + 2r^{-1}s_r)\hat{\mathbf{r}}] = \mathbf{0} \end{aligned} \tag{8.10}$$

其中$s_r = \hat{\mathbf{r}}\cdot\mathbf{s}$。我们利用了(8.3)式来消去$\dot{g}$并将所有引力项整合起来。柯西应力增量$\mathbf{T}$由各向同性本构关系给定：

$$\mathbf{T} = \kappa(\boldsymbol{\nabla}\cdot\mathbf{s})\mathbf{I} + 2\mu\mathbf{d} \tag{8.11}$$

其中$\mathbf{d} = \frac{1}{2}[\boldsymbol{\nabla}\mathbf{s} + (\boldsymbol{\nabla}\mathbf{s})^{\mathrm{T}}] - \frac{1}{3}(\boldsymbol{\nabla}\cdot\mathbf{s})\mathbf{I}$为偏应变。利用运动学等式

$$\hat{\mathbf{r}}\cdot\boldsymbol{\varepsilon} = \partial_r\mathbf{s} + \frac{1}{2}\hat{\mathbf{r}}\times(\boldsymbol{\nabla}\times\mathbf{s}) \tag{8.12}$$

我们可以仅用位移$\mathbf{s}$和引力势函数增量ϕ来将(8.10)式写为

$$\begin{aligned} -\omega^2\rho\mathbf{s} - (\kappa + \tfrac{1}{3}\mu)\boldsymbol{\nabla}(\boldsymbol{\nabla}\cdot\mathbf{s}) - \mu\nabla^2\mathbf{s} - (\dot{\kappa} - \tfrac{2}{3}\dot{\mu})(\boldsymbol{\nabla}\cdot\mathbf{s})\hat{\mathbf{r}} \\ - 2\dot{\mu}[\partial_r\mathbf{s} + \tfrac{1}{2}\hat{\mathbf{r}}\times(\boldsymbol{\nabla}\times\mathbf{s})] + (4\pi G\rho^2 s_r)\hat{\mathbf{r}} + \rho\boldsymbol{\nabla}\phi \\ + \rho g[\boldsymbol{\nabla}s_r - (\boldsymbol{\nabla}\cdot\mathbf{s} + 2r^{-1}s_r)\hat{\mathbf{r}}] = \mathbf{0} \end{aligned} \tag{8.13}$$

矢量拉普拉斯算子的定义仍然是$\nabla^2\mathbf{s} = \boldsymbol{\nabla}(\boldsymbol{\nabla}\cdot\mathbf{s}) - \boldsymbol{\nabla}\times(\boldsymbol{\nabla}\times\mathbf{s})$。

运动学边界条件要求，除了固–液边界上允许切向滑动以外，位移要处处连续，即在$\Sigma_{\rm SS}$上有$[\mathbf{s}]_-^+ = \mathbf{0}$和在$\Sigma_{\rm FS}$上有$[s_r]_-^+ = 0$。与(4.150)–(4.152)对应的动力学边界条件为

$$\hat{\mathbf{r}}\cdot\mathbf{T} = \mathbf{0}, \quad 在\,\partial\oplus\,上 \tag{8.14}$$

$$[\hat{\mathbf{r}}\cdot\mathbf{T}]_-^+ = \mathbf{0}, \quad 在\,\Sigma_{\rm SS}\,上 \tag{8.15}$$

$$[\hat{\mathbf{r}}\cdot\mathbf{T}]_-^+ = \hat{\mathbf{r}}[\hat{\mathbf{r}}\cdot\mathbf{T}\cdot\hat{\mathbf{r}}]_-^+ = \mathbf{0}, \quad 在\,\Sigma_{\rm FS}\,上 \tag{8.16}$$

(8.12)式也可以用来得到任一球面上牵引力增量的简单表达式，即

$$\hat{\mathbf{r}}\cdot\mathbf{T} = (\kappa - \frac{2}{3}\mu)(\boldsymbol{\nabla}\cdot\mathbf{s})\hat{\mathbf{r}} + 2\mu(\partial_r\mathbf{s}) + \mu\hat{\mathbf{r}}\times(\boldsymbol{\nabla}\times\mathbf{s}) \tag{8.17}$$

在地球的液态区域，刚性μ恒为零；因此，应力增量是流体静力学的，且相应的牵引力是纯径向的：$\mathbf{T} = \kappa(\boldsymbol{\nabla}\cdot\mathbf{s})\mathbf{I}$和$\hat{\mathbf{r}}\cdot\mathbf{T} = \kappa(\boldsymbol{\nabla}\cdot\mathbf{s})\hat{\mathbf{r}}$。

引力势函数的欧拉微扰ϕ由泊松方程的增量形式给定，在球对称地球中其形式为：

$$\nabla^2\phi = -4\pi G(\rho\boldsymbol{\nabla}\cdot\mathbf{s} + \dot{\rho}s_r) \tag{8.18}$$

势函数微扰必须处处连续，包括在所有边界Σ上满足$[\phi]_-^+ = 0$。此外，还必须有：

$$[\dot{\phi} + 4\pi G\rho s_r]_-^+ = 0, \quad 在\,\Sigma\,上 \tag{8.19}$$

(8.19)式的第二项源于与任一密度不连续面$[\rho]_-^+$的径向位移s_r相关的表面质量。若要得到SNREI地球模型的简正模式本征解ω、$\mathbf{s}$和ϕ，我们必须在$\oplus$中求得方程(8.13)满足边界条件(8.14)–(8.16)的解，并在$\bigcirc$中求得方程(8.18)在Σ上满足边界条件(8.19)的解。势函数增量ϕ可由位移$\mathbf{s}$以显式表示为

$$\begin{aligned}\phi &= G\int_\oplus \frac{(\rho'\boldsymbol{\nabla}'\cdot\mathbf{s}' + \dot{\rho}'s_r')}{\|\mathbf{x}-\mathbf{x}'\|}\,dV' + G\int_\Sigma \frac{[\rho']_-^+ s_r'}{\|\mathbf{x}-\mathbf{x}'\|}\,d\Sigma' \\ &= -G\int_\oplus \frac{\rho'\mathbf{s}'\cdot(\mathbf{x}-\mathbf{x}')}{\|\mathbf{x}-\mathbf{x}'\|^3}\,dV'\end{aligned} \tag{8.20}$$

其中撇号表示在哑积分变量$\mathbf{x}'$处取值，第二个等式来自高斯定理。

8.4 瑞 利 原 理

SNREI地球所满足的线性化弹性–引力运动方程和边界条件可由位移或位移–势函数形式的瑞利变分原理推导得到。前者的作用量是(4.161)式的形式：

$$\mathcal{I} = \int_\oplus L(\mathbf{s}, \boldsymbol{\nabla}\mathbf{s})\,dV \tag{8.21}$$

借助泊松方程(8.3)，流体静力学拉格朗日量密度(4.163)式可表示为

$$L = \frac{1}{2}[\omega^2\rho\mathbf{s}\cdot\mathbf{s} - \kappa(\boldsymbol{\nabla}\cdot\mathbf{s})^2 - 2\mu(\mathbf{d}:\mathbf{d}) - 4\pi G\rho^2 s_r^2$$

$$- \rho\mathbf{s}\cdot\boldsymbol{\nabla}\phi - \rho g(\mathbf{s}\cdot\boldsymbol{\nabla}s_r - s_r\boldsymbol{\nabla}\cdot\mathbf{s} - 2r^{-1}s_r^2)] \tag{8.22}$$

(8.22) 式中的势函数微扰 ϕ 被视为位移 $\mathbf{s}$ 的已知泛函，由 (8.20) 式给定。对于任意可容许变化 $\boldsymbol{\delta}\mathbf{s}$，当且仅当 ω 和 $\mathbf{s}$ 满足频率域动量方程 (8.13) 和动力学边界条件 (8.14)–(8.16) 时，变分 $\delta\mathcal{I}$ 为零。相应的变更作用量 (4.162) 为

$$\mathcal{I}' = \int_{\bigcirc} L'(\mathbf{s}, \boldsymbol{\nabla}\mathbf{s}, \boldsymbol{\nabla}\phi)\, dV \tag{8.23}$$

其中

$$\begin{aligned} L' = \frac{1}{2}[&\omega^2\rho\mathbf{s}\cdot\mathbf{s} - \kappa(\boldsymbol{\nabla}\cdot\mathbf{s})^2 - 2\mu(\mathbf{d}:\mathbf{d}) - 4\pi G\rho^2 s_r^2 \\ &- 2\rho\mathbf{s}\cdot\boldsymbol{\nabla}\phi - \rho g(\mathbf{s}\cdot\boldsymbol{\nabla}s_r - s_r\boldsymbol{\nabla}\cdot\mathbf{s} - 2r^{-1}s_r^2) \\ &- (4\pi G)^{-1}\boldsymbol{\nabla}\phi\cdot\boldsymbol{\nabla}\phi] \end{aligned} \tag{8.24}$$

对于任意且独立的可容许变化 $\boldsymbol{\delta}\mathbf{s}$ 和 $\delta\phi$，当且仅当 ϕ 和 $\mathbf{s}$ 由 (8.18) 和 (8.19) 相关联时，变分 $\delta\mathcal{I}'$ 为零。可容许位移变化 $\boldsymbol{\delta}\mathbf{s}$ 在 $\Sigma_{\rm SS}$ 上满足 $[\boldsymbol{\delta}\mathbf{s}]_-^+ = \mathbf{0}$，且在 $\Sigma_{\rm FS}$ 上满足 $[\delta s_r]_-^+ = 0$，而可容许势函数变化 $\delta\phi$ 在所有边界 Σ 上均满足 $[\delta\phi]_-^+ = 0$。对于所有本征解 $[\omega,\ \mathbf{s},\ \phi]$，这两种作用量的稳定值为：

$$\mathcal{I} = \mathcal{I}' = 0 \tag{8.25}$$

(8.25) 这一结果可以通过用 $\mathbf{s}$ 与 (8.10) 式做点乘，以及用 $(4\pi G)^{-1}\phi$ 与 (8.18) 式相乘，然后分别在整个地球 $\oplus$ 和整个空间 $\bigcirc$ 上积分来验证。

8.5 能量收支与稳定性

在 SNREI 地球模型中，频率域能量密度 $E = \omega\partial_\omega L - L$ 由下式给定：

$$\begin{aligned} E = \frac{1}{2}[&\omega^2\rho\mathbf{s}\cdot\mathbf{s} + \kappa(\boldsymbol{\nabla}\cdot\mathbf{s})^2 + 2\mu(\mathbf{d}:\mathbf{d}) + 4\pi G\rho^2 s_r^2 \\ &+ \rho\mathbf{s}\cdot\boldsymbol{\nabla}\phi + \rho g(\mathbf{s}\cdot\boldsymbol{\nabla}s_r - s_r\boldsymbol{\nabla}\cdot\mathbf{s} - 2r^{-1}s_r^2)] \end{aligned} \tag{8.26}$$

一个简正模式振荡的总积分能量是其动能与弹性–引力势能之和：

$$\mathcal{E} = \frac{1}{2}(\omega^2\mathcal{T} + \mathcal{V}) \tag{8.27}$$

其中

$$\mathcal{T} = \int_{\oplus} \rho\mathbf{s}\cdot\mathbf{s}\, dV \tag{8.28}$$

(8.25) 式可以被解释为一个能量均分关系，$\omega^2\mathcal{T} = \mathcal{V}$，因而一个振荡的总能量就是其动能的两倍：$\mathcal{E} = \omega^2\mathcal{T}$。势能可以进一步分解为不同的压缩弹性势能、剪切弹性势能和引力势能：

$$\mathcal{V} = \mathcal{V}_\kappa + \mathcal{V}_\mu + \mathcal{V}_{\rm g} \tag{8.29}$$

其中

$$\mathcal{V}_\kappa = \int_{\oplus} \kappa(\boldsymbol{\nabla}\cdot\mathbf{s})^2\, dV \tag{8.30}$$

$$\mathcal{V}_\mu = \int_\oplus 2\mu(\mathbf{d}:\mathbf{d})\,dV \tag{8.31}$$

$$\mathcal{V}_\mathrm{g} = \int_\oplus \rho[4\pi G\rho s_r^2 + \mathbf{s}\cdot\boldsymbol{\nabla}\phi + g(\mathbf{s}\cdot\boldsymbol{\nabla}s_r - s_r\boldsymbol{\nabla}\cdot\mathbf{s} - 2r^{-1}s_r^2)]\,dV \tag{8.32}$$

在第8.8.10节中我们将看到，一个球型简正模式的势能在$\mathcal{V}_\kappa$、$\mathcal{V}_\mu$和$\mathcal{V}_\mathrm{g}$中的分配是主要的模式识别标志之一。

在4.1.5节中我们讨论过，对于在$r=d_\mathrm{FS}$处满足$[s_r]_-^+=0$的分段光滑位移$\mathbf{s}$，只有当势能泛函(8.29)为非负，即$\mathcal{V}_\kappa+\mathcal{V}_\mu+\mathcal{V}_\mathrm{g}\geqslant 0$时，SNREI地球模型才是动态稳定的。压缩能$\mathcal{V}_\kappa$和剪切能$\mathcal{V}_\mu$在本质上都是非负的；相反，引力能$\mathcal{V}_\mathrm{g}$可正可负，因而引力可能起到稳定或失稳的作用，取决于振荡的形状。应用高斯定理并重整各项，我们可以将势能用(8.7)式中定义的布伦特–维赛拉频率N改写为

$$\mathcal{V} = \int_\oplus [\kappa(\boldsymbol{\nabla}\cdot\mathbf{s} - \kappa^{-1}\rho g s_r)^2 + 2\mu(\mathbf{d}:\mathbf{d}) + \rho N^2 s_r^2]\,dV - \frac{1}{4\pi G}\int_\bigcirc \boldsymbol{\nabla}\phi\cdot\boldsymbol{\nabla}\phi\,dV - \int_\Sigma [\rho]_-^+ g s_r^2\,d\Sigma \tag{8.33}$$

(8.33)式显示，对于所有短波长形变(即其相应的引力势函数微扰ϕ可以忽略不计)，只要在$0\leqslant r\leqslant a$范围内$N^2\geqslant 0$，且在$r=d$时$[\rho]_-^+\leqslant 0$，SNREI地球模型就是*局部*稳定的。事实上，可以证明这两个条件能够使一个模型对*一切非径向的*微扰都是*全局*稳定的。这一全局稳定性结果的证明过于冗长，这里不再赘述；简而言之，它是通过对含有$\boldsymbol{\nabla}\phi\cdot\boldsymbol{\nabla}\phi$的项做“巧妙的”变换，再结合一些“标准的”不等式，来证明对所有满足约束$\int_\Omega \phi\,d\Omega=0$的变形均有$\mathcal{V}\geqslant 0$(Aly & Pérez 1992)。对于一个液态球($\mu=0$)，其物理上合理的条件$N^2\geqslant 0$和$[\rho]_-^+\leqslant 0$是非径向稳定性的充要条件；该结果在天体物理学中被称为安东诺夫–莱博维茨(Antonov-Lebovitz)定理(Binney & Tremaine 1987)。

通过将引力常数G、引力加速度g和势函数微扰ϕ均设为零，本节和前两节中的所有关系式(8.10)–(8.33)都可以简化为*无引力极限*的情形。所得到的结果就是经典的各向同性弹性体所满足的动量方程、边界条件和相应的拉格朗日量与能量密度。这样的弹性体本质上是稳定的，因为其势能皆为弹性势能：$\mathcal{V}=\mathcal{V}_\kappa+\mathcal{V}_\mu\geqslant 0$。

8.6 径向标量方程

为了计算SNREI地球模型的本征频率和本征函数，我们需要将线性化的运动方程和相应的边界条件转化为一组等价的耦合标量方程。我们将用三种不同的方法来完成这项重要的工作。第一种直接使用暴力的做法，仅采用附录B中所回顾的对于标量场和矢量场的经典球谐函数表述。第二种方法在推导上较不繁琐，但需要更多的理论基础；它是基于附录C中所讨论的任意张量场的广义球谐函数表述。最后的第三种方法则是利用瑞利原理，它的第一步是要得到作用量$\mathcal{I}$和$\mathcal{I}'$的等价的标量表达式。在进行下面的讨论之前，对普通或广义球谐函数的几何和代数性质不熟悉的读者，可能要先阅读一下附录B和附录C。

8.6.1 方法1：矢量球谐函数

我们采用原点在SNREI地球球心的球极坐标 (r, θ, ϕ) 来寻求方程组(8.13)–(8.16)和(8.18)–(8.19)具有如下分离变量形式的本征解：

$$\mathbf{s} = U\mathbf{P}_{lm} + V\mathbf{B}_{lm} + W\mathbf{C}_{lm}, \qquad \phi = P\mathcal{Y}_{lm} \tag{8.34}$$

其中的径向本征函数 $U(r)$、$V(r)$、$W(r)$ 和 $P(r)$ 仅为半径的函数。次数为 $0 \leqslant l \leqslant \infty$、级数为 $-l \leqslant m \leqslant l$ 的实数标量和矢量球谐函数 $\mathcal{Y}_{lm}$ 和 $\mathbf{P}_{lm}$、$\mathbf{B}_{lm}$、$\mathbf{C}_{lm}$ 的定义为

$$\begin{aligned}\mathcal{Y}_{lm}(\theta,\phi) = &\left(\frac{2l+1}{4\pi}\right)^{1/2}\frac{1}{2^l l!}\left[\frac{(l-|m|)!}{(l+|m|)!}\right]^{1/2} \\ &\times(\sin\theta)^{|m|}\left(\frac{1}{\sin\theta}\frac{d}{d\theta}\right)^{l+|m|}(\sin\theta)^{2l} \\ &\times\begin{cases}\sqrt{2}\cos m\phi, & \text{当} -l \leqslant m < 0 \text{时} \\ 1, & \text{当} m = 0 \text{时} \\ \sqrt{2}\sin m\phi, & \text{当} 0 < m \leqslant l \text{时}\end{cases}\end{aligned} \tag{8.35}$$

和

$$\mathbf{P}_{lm}(\theta,\phi) = \hat{\mathbf{r}}\,\mathcal{Y}_{lm}(\theta,\phi), \qquad \mathbf{B}_{lm}(\theta,\phi) = k^{-1}\boldsymbol{\nabla}_1\mathcal{Y}_{lm}(\theta,\phi)$$

$$\mathbf{C}_{lm}(\theta,\phi) = -k^{-1}(\hat{\mathbf{r}}\times\boldsymbol{\nabla}_1)\mathcal{Y}_{lm}(\theta,\phi) \tag{8.36}$$

(8.36)式中的无量纲切向矢量算子 $\boldsymbol{\nabla}_1 = \hat{\boldsymbol{\theta}}\partial_\theta + \hat{\boldsymbol{\phi}}(\sin\theta)^{-1}\partial_\phi$ 和 $\hat{\mathbf{r}}\times\boldsymbol{\nabla}_1 = -\hat{\boldsymbol{\theta}}(\sin\theta)^{-1}\partial_\phi + \hat{\boldsymbol{\phi}}\partial_\theta$ 分别为单位球面 Ω 上的表面梯度和旋度，并且

$$k = \sqrt{l(l+1)} \tag{8.37}$$

我们将在第11和12章中看到，k 这个量是在 $l\to\infty$ 的极限下与振荡的简正模式相对应的体波或面波行波的渐近角波数。但是，对于目前更普遍的情形，(8.37)式只是一个适用于所有球谐函数角次数 $0 \leqslant l \leqslant \infty$ 的定义。

在附录B.12中证明了 $\boldsymbol{\nabla}\cdot\mathbf{s}$、$\boldsymbol{\nabla}\times\mathbf{s}$、$\boldsymbol{\nabla}(\boldsymbol{\nabla}\cdot\mathbf{s})$、$\boldsymbol{\nabla}\times\boldsymbol{\nabla}\times\mathbf{s}$ 和 $\nabla^2\mathbf{s} = \boldsymbol{\nabla}(\boldsymbol{\nabla}\cdot\mathbf{s}) - \boldsymbol{\nabla}\times(\boldsymbol{\nabla}\times\mathbf{s})$ 这些量可以用径向本征函数 U、V 和 W 表示为

$$\boldsymbol{\nabla}\cdot\mathbf{s} = [\dot{U} + r^{-1}(2U - kV)]\mathcal{Y}_{lm} \tag{8.38}$$

$$\begin{aligned}\boldsymbol{\nabla}\times\mathbf{s} = &(kr^{-1}W)\mathbf{P}_{lm} + (\dot{W} + r^{-1}W)\mathbf{B}_{lm} \\ &- [\dot{V} + r^{-1}(V - kU)]\mathbf{C}_{lm}\end{aligned} \tag{8.39}$$

$$\begin{aligned}\boldsymbol{\nabla}(\boldsymbol{\nabla}\cdot\mathbf{s}) = &[\ddot{U} + r^{-1}(2\dot{U} - k\dot{V}) - r^{-2}(2U - kV)]\mathbf{P}_{lm} \\ &+ kr^{-1}[\dot{U} + r^{-1}(2U - kV)]\mathbf{B}_{lm}\end{aligned} \tag{8.40}$$

$$\boldsymbol{\nabla}\times\boldsymbol{\nabla}\times\mathbf{s} = -kr^{-1}[\dot{V} + r^{-1}(V - kU)]\mathbf{P}_{lm}$$

$$
\begin{aligned}
&- (\ddot{V} + 2r^{-1}\dot{V} - kr^{-1}\dot{U})\mathbf{B}_{lm} \\
&- (\ddot{W} + 2r^{-1}\dot{W} - k^2r^{-2}W)\mathbf{C}_{lm}
\end{aligned} \tag{8.41}
$$

$$
\begin{aligned}
\nabla^2\mathbf{s} = {} & [\ddot{U} + 2r^{-1}\dot{U} - 2r^{-2}U + kr^{-2}(2V - kU)]\mathbf{P}_{lm} \\
& + [\ddot{V} + 2r^{-1}\dot{V} + kr^{-2}(2U - kV)]\mathbf{B}_{lm} \\
& + (\ddot{W} + 2r^{-1}\dot{W} - k^2r^{-2}W)\mathbf{C}_{lm}
\end{aligned} \tag{8.42}
$$

将展开式 (8.34) 和 (8.38)–(8.42) 代入线性化运动方程 (8.13) 中，并将依赖于球谐函数 $\mathbf{P}_{lm}$、$\mathbf{B}_{lm}$、$\mathbf{C}_{lm}$ 的项整理在一起，我们得到三个二阶常微分方程：

$$
\begin{aligned}
& r^{-2}\frac{d}{dr}[r^2(\kappa + \frac{4}{3}\mu)\dot{U} + (\kappa - \frac{2}{3}\mu)r(2U - kV)] \\
&\quad + r^{-1}[(\kappa + \frac{4}{3}\mu)\dot{U} + (\kappa - \frac{2}{3}\mu)r^{-1}(2U - kV)] \\
&\quad - 3\kappa r^{-1}(\dot{U} + 2r^{-1}U - kr^{-1}V) \\
&\quad - k\mu r^{-1}(\dot{V} - r^{-1}V + kr^{-1}U) + \omega^2\rho U \\
&\quad - \rho[\dot{P} + (4\pi G\rho - 4gr^{-1})U + kgr^{-1}V] = 0
\end{aligned} \tag{8.43}
$$

$$
\begin{aligned}
& r^{-2}\frac{d}{dr}[\mu r^2(\dot{V} - r^{-1}V + kr^{-1}U)] + \mu r^{-1}(\dot{V} - r^{-1}V + kr^{-1}U) \\
&\quad + k(\kappa - \frac{2}{3}\mu)r^{-1}\dot{U} + k(\kappa + \frac{1}{3}\mu)r^{-2}(2U - kV) \\
&\quad + [\omega^2\rho - (k^2 - 2)\mu r^{-2}]V - k\rho r^{-1}(P + gU) = 0
\end{aligned} \tag{8.44}
$$

$$
\begin{aligned}
& r^{-2}\frac{d}{dr}[\mu r^2(\dot{W} - r^{-1}W)] + \mu r^{-1}(\dot{W} - r^{-1}W) \\
&\quad + [\omega^2\rho - (k^2 - 2)\mu r^{-2}]W = 0
\end{aligned} \tag{8.45}
$$

用径向本征函数，固–固边界 Σ_{SS} 和固–液边界 Σ_{FS} 上的运动学连续性条件可以分别表示为：在 $r = d_{\mathrm{SS}}$ 时，$[U]_-^+ = [V]_-^+ = [W]_-^+ = 0$；在 $r = d_{\mathrm{FS}}$ 时，$[U]_-^+ = 0$。

作用在任一球面上的牵引力 (8.17) 可以用位移标量函数 U、V 和 W 表示为

$$
\hat{\mathbf{r}} \cdot \mathbf{T} = R\mathbf{P}_{lm} + S\mathbf{B}_{lm} + T\mathbf{C}_{lm} \tag{8.46}
$$

其中

$$
R = (\kappa + \frac{4}{3}\mu)\dot{U} + (\kappa - \frac{2}{3}\mu)r^{-1}(2U - kV) \tag{8.47}
$$

$$
S = \mu(\dot{V} - r^{-1}V + kr^{-1}U) \tag{8.48}
$$

$$
T = \mu(\dot{W} - r^{-1}W) \tag{8.49}
$$

在各种边界上牵引力连续性的动力学边界条件 (8.14)–(8.16) 意味着

$$
R = S = T = 0, \quad \text{当}\, r = a\,\text{时} \tag{8.50}
$$

$$[R]_-^+ = [S]_-^+ = [T]_-^+ = 0, \quad \text{当} \, r = d_{\mathrm{SS}} \, \text{时} \tag{8.51}$$

$$[R]_-^+ = S = T = 0, \quad \text{当} \, r = d_{\mathrm{FS}} \, \text{时} \tag{8.52}$$

在液态区域$\oplus_{\mathrm{F}}$内，由于刚性为零$\mu = 0$，故剪切牵引力S和T处处为零。因此，$\dot{V} - r^{-1}V + kr^{-1}U$和$\dot{W} - r^{-1}W$这两个量在$\Sigma_{\mathrm{FS}}$的固态一侧也必须为零。

泊松方程(8.18)等价于一个二阶常微分方程

$$\begin{aligned} &\ddot{P} + 2r^{-1}\dot{P} - k^2r^{-2}P \\ &\quad = -4\pi G\dot{\rho}U - 4\pi G\rho[\dot{U} + r^{-1}(2U - kV)] \end{aligned} \tag{8.53}$$

相应的引力边界条件为$[P]_-^+ = 0$，以及

$$[\dot{P} + 4\pi G\rho U]_-^+ = 0, \quad \text{当} \, r = d \, \text{时} \tag{8.54}$$

通过直接代入，很容易证明边值问题(8.53)–(8.54)的解为

$$\begin{aligned} P(r) = -\frac{4\pi G}{2l+1} \bigg\{ & r^{-l-1} \int_0^r \rho'[lU' + kV']r'^{\,l+1} \, dr' \\ & + r^l \int_r^a \rho'[-(l+1)U' + kV']r'^{\,-l} \, dr' \bigg\} \\ & \text{当} \, 0 \leqslant r \leqslant a \, \text{时} \end{aligned} \tag{8.55}$$

$$\begin{aligned} P(r) = -\frac{4\pi G}{2l+1} \bigg\{ & r^{-l-1} \int_0^a \rho'[lU' + kV']r'^{\,l+1} \, dr' \bigg\} \\ & \text{当} \, a \leqslant r \leqslant \infty \, \text{时} \end{aligned} \tag{8.56}$$

(8.55)和(8.56)两式以显式将欧拉势函数微扰P用U和V表示，这是与(8.20)式相应的标量形式。(8.43)–(8.56)这些结果是 Pekeris 和 Jarosch (1958)用上述暴力方式首次得到的。在那一经典工作中，由于作者对(8.36)中的$\mathbf{B}_{lm}$和$\mathbf{C}_{lm}$所做的定义不同，因此他们的切向标量函数V和W要比我们所定义的少了一个因子k。另外一些开拓性的自由振荡研究，包括Backus 和 Gilbert (1967)和Woodhouse (1980)，也使用了这种不同的矢量球谐函数定义。

8.6.2 解耦与简并

对公式(8.43)–(8.56)加以检视，使我们得到两个重要的发现。第一，确定径向本征函数U、V和P与确定W的标量方程和边界条件是完全解耦的。因此，SNREI地球模型具有两种截然不同的简正模式类型：位移形式为$U\mathbf{P}_{lm} + V\mathbf{B}_{lm}$的球型模式和位移形式为$W\mathbf{C}_{lm}$的环型模式。球型振荡会改变地球的外部形状和内部密度；因此，它们也伴随有引力势函数微扰$P\mathcal{Y}_{lm}$。相反，环型振荡具有纯切向位移和零散度；因此，它们不会影响地球的形状和径向密度分布ρ。无论是否考虑地球的引力，其环型模式的径向方程和边界条件都是一样的。第二，我们注意到所有的径向本征函数U、V、P和W所遵循的标量方程都不依赖于方位角级数m。因此，每一个球型或环型本征频率ω都是简并的，它对应于一个由实数表面球谐函数$\mathcal{Y}_{l\,-l}, \cdots, \mathcal{Y}_{l0}, \cdots, \mathcal{Y}_{ll}$所展布的$(2l+1)$维本征空间。这个$(2l+1)$重简并是模型的球对称性质所预期的数学结果。

每当需要区分SNREI地球的本征频率与本征函数时，我们会使用诸如${}_n\omega_l^{\mathrm{S}}$、${}_n\omega_l^{\mathrm{T}}$和${}_nU_l$、${}_nV_l$、

${}_nW_l$这样的角标符号。引入阶数这一前角标$n=0,1,2,\cdots$的原因是我们预期到对于一给定的球谐函数次数l，会有无穷多个球型和环型模式，它们的本征频率${}_n\omega_l^{\mathrm{S}}$和${}_n\omega_l^{\mathrm{T}}$在$n\to\infty$时也趋于无穷。与给定本征频率${}_n\omega_l^{\mathrm{S}}$或${}_n\omega_l^{\mathrm{T}}$相对应的$2l+1$个振荡被称为*多态模式*，分别用${}_n\mathrm{S}_l$和${}_n\mathrm{T}_l$来表示球型多态模式和地幔的环型多态模式。多态模式${}_n\mathrm{S}_l$中的每个球型本征函数${}_nU_l\mathbf{P}_{lm}+{}_nV_l\mathbf{B}_{lm}$和多态模式${}_n\mathrm{T}_l$中的每个环型本征函数${}_nW_l\mathbf{C}_{lm}$则被称为*单态模式*。每一种不同的极轴$(\theta=0)$和零度子午线$(\phi=0)$的选择会导致不同的球谐函数$\mathcal{Y}_{l\,-l},\cdots,\mathcal{Y}_{l0},\cdots,\mathcal{Y}_{ll}$，每个多态模式也会相应地得到一组$2l+1$个单态模式基函数。地球模型的任何相对于球对称的偏离都会破坏本征频率的简并，并导致多态模式${}_n\mathrm{S}_l$和${}_n\mathrm{T}_l$的分裂与耦合，相关内容将在第13–14章中讨论。作为一般的规则，只要能够确保意义明晰，我们将在本征频率ω和本征函数U、V、W的符号上采用最少的辨识性上角标S、T和下角标n、l、m。一般情况下，我们会如同在(8.34)式中那样，省略多态模式的标识，以避免符号上过于杂乱。

★8.6.3 方法2：广义球谐函数

在广义球谐函数表述中，矢量和张量不是用习惯上的实数基$\hat{\mathbf{r}}$、$\hat{\boldsymbol{\theta}}$、$\hat{\boldsymbol{\phi}}$，而是由以下所谓的*正则基*来表示的：

$$\hat{\mathbf{e}}_-=\frac{1}{\sqrt{2}}(\hat{\boldsymbol{\theta}}-i\hat{\boldsymbol{\phi}}),\qquad \hat{\mathbf{e}}_0=\hat{\mathbf{r}},\qquad \hat{\mathbf{e}}_+=-\frac{1}{\sqrt{2}}(\hat{\boldsymbol{\theta}}+i\hat{\boldsymbol{\phi}}) \tag{8.57}$$

在下文中，希腊字母角标α、β、$\gamma\cdots$用来表示相对于(8.57)中矢量的分量，取值范围为$\{-,0,+\}$。此时，位移和引力势函数微扰(8.34)可改写为如下形式

$$\mathbf{s}=s^-Y_{lm}^{-1}\hat{\mathbf{e}}_-+s^0Y_{lm}^0\hat{\mathbf{e}}_0+s^+Y_{lm}^1\hat{\mathbf{e}}_+,\qquad \phi=PY_{lm}^0 \tag{8.58}$$

其中的正则分量s^α仅依赖于半径。应变张量$\boldsymbol{\varepsilon}$可用类似的方式表示，即

$$\begin{aligned}\boldsymbol{\varepsilon}&=\varepsilon^{--}Y_{lm}^{-2}\hat{\mathbf{e}}_-\hat{\mathbf{e}}_-+\varepsilon^{0-}Y_{lm}^{-1}(\hat{\mathbf{e}}_0\hat{\mathbf{e}}_-+\hat{\mathbf{e}}_-\hat{\mathbf{e}}_0)\\&\quad+\varepsilon^{00}Y_{lm}^0\hat{\mathbf{e}}_0\hat{\mathbf{e}}_0+\varepsilon^{-+}Y_{lm}^0(\hat{\mathbf{e}}_-\hat{\mathbf{e}}_++\hat{\mathbf{e}}_+\hat{\mathbf{e}}_-)+\varepsilon^{0+}Y_{lm}^1(\hat{\mathbf{e}}_0\hat{\mathbf{e}}_++\hat{\mathbf{e}}_+\hat{\mathbf{e}}_0)\\&\qquad+\varepsilon^{++}Y_{lm}^2\hat{\mathbf{e}}_+\hat{\mathbf{e}}_+\end{aligned} \tag{8.59}$$

对称性$\boldsymbol{\varepsilon}=\boldsymbol{\varepsilon}^{\mathrm{T}}$确保了$\varepsilon^{\alpha\beta}=\varepsilon^{\beta\alpha}$。$\mathbf{s}$、$\phi$和$\boldsymbol{\varepsilon}$的角度依赖性包含在次数为$0\leqslant l\leqslant\infty$，级数为$-l\leqslant m\leqslant l$，和上角标为$-l\leqslant N\leqslant l$的复数*广义球谐函数*$Y_{lm}^N$之中，其定义为

$$\begin{aligned}Y_{lm}^N(\theta,\phi)&=\left(\frac{2l+1}{4\pi}\right)^{1/2}\left[\frac{1}{(l+N)!(l-N)!}\right]^{1/2}\left[\frac{(l-m)!}{(l+m)!}\right]^{1/2}\\&\quad\times 2^{l+m}(\sin\frac{1}{2}\theta)^{m-N}(\cos\frac{1}{2}\theta)^{m+N}\\&\quad\times\left(\frac{1}{\sin\theta}\frac{d}{d\theta}\right)^{l+m}\left[(\sin\frac{1}{2}\theta)^{2l+2N}(\cos\frac{1}{2}\theta)^{2l-2N}\right]\\&\quad\times\exp(im\phi)\end{aligned} \tag{8.60}$$

要注意，标量、向量和二阶张量场(8.58)–(8.59)仅需要用Y_{lm}^0、$Y_{lm}^{\pm1}$和$Y_{lm}^{\pm2}$来表示。

应变$\varepsilon^{\alpha\beta}$的六个独立正则分量与位移的三个分量$s^\alpha$之间的关系为

$$\varepsilon^{00}=\dot{s}^0,\qquad \varepsilon^{\pm\pm}=\Omega_l^2r^{-1}s^\pm \tag{8.61}$$

$$\varepsilon^{0\pm} = \varepsilon^{\pm 0} = \frac{1}{2}[\dot{s}^{\pm} - r^{-1}(s^{\pm} - \Omega_l^0 s^0)] \tag{8.62}$$

$$\varepsilon^{\pm\mp} = \frac{1}{2}\Omega_l^0 r^{-1}(s^- + s^+) - r^{-1}s^0 \tag{8.63}$$

其中

$$\Omega_l^0 = \sqrt{\frac{1}{2}l(l+1)}, \qquad \Omega_l^2 = \sqrt{\frac{1}{2}(l-1)(l+2)} \tag{8.64}$$

应变张量的迹，或者说是位移的散度，可表示为

$$\boldsymbol{\nabla}\cdot\mathbf{s} = [\dot{s}^0 + 2r^{-1}s^0 - \Omega_l^0 r^{-1}(s^- + s^+)]Y_{lm}^0 \tag{8.65}$$

势函数微扰的梯度为

$$\boldsymbol{\nabla}\phi = \Omega_l^0 r^{-1} P Y_{lm}^{-1}\hat{\mathbf{e}}_- + \dot{P} Y_{lm}^0 \hat{\mathbf{e}}_0 + \Omega_l^0 r^{-1} P Y_{lm}^1 \hat{\mathbf{e}}_+ \tag{8.66}$$

将(8.59)、(8.61)–(8.63)和(8.65)代入各向同性弹性本构关系(8.11)中，我们得到用广义球谐函数表示的应力增量：

$$\begin{aligned}\mathbf{T} &= T^{--}Y_{lm}^{-2}\hat{\mathbf{e}}_-\hat{\mathbf{e}}_- + T^{0-}Y_{lm}^{-1}(\hat{\mathbf{e}}_0\hat{\mathbf{e}}_- + \hat{\mathbf{e}}_-\hat{\mathbf{e}}_0)\\ &\quad + T^{00}Y_{lm}^0\hat{\mathbf{e}}_0\hat{\mathbf{e}}_0 + T^{-+})Y_{lm}^0(\hat{\mathbf{e}}_-\hat{\mathbf{e}}_+ + \hat{\mathbf{e}}_+\hat{\mathbf{e}}_-) + T^{0+}Y_{lm}^1(\hat{\mathbf{e}}_0\hat{\mathbf{e}}_+ + \hat{\mathbf{e}}_+\hat{\mathbf{e}}_0)\\ &\quad + T^{++}Y_{lm}^2\hat{\mathbf{e}}_+\hat{\mathbf{e}}_+\end{aligned} \tag{8.67}$$

其中

$$T^{00} = (\kappa + \frac{4}{3}\mu)\dot{s}^0 + (\kappa - \frac{2}{3}\mu)r^{-1}[2s^0 - \Omega_l^0(s^- + s^+)] \tag{8.68}$$

$$T^{\pm\pm} = 2\Omega_l^2\mu r^{-1}s^{\pm} \tag{8.69}$$

$$T^{0\pm} = T^{\pm 0} = \mu[\dot{s}^{\pm} - r^{-1}(s^{\pm} - \Omega_l^0 s^0)] \tag{8.70}$$

$$T^{\pm\mp} = -(\kappa - \frac{2}{3}\mu)\dot{s}^0 - (\kappa + \frac{1}{3}\mu)r^{-1}[2s^0 - \Omega_l^0(s^- + s^+)] \tag{8.71}$$

牵引力矢量和应力张量的散度可以用正则分量$T^{\alpha\beta} = T^{\beta\alpha}$表示为

$$\hat{\mathbf{r}}\cdot\mathbf{T} = T^{0-}Y_{lm}^{-1}\hat{\mathbf{e}}_- + T^{00}Y_{lm}^0\hat{\mathbf{e}}_0 + T^{0+}Y_{lm}^1\hat{\mathbf{e}}_+ \tag{8.72}$$

$$\begin{aligned}\boldsymbol{\nabla}\cdot\mathbf{T} &= [\dot{T}^{0-} + r^{-1}(3T^{0-} - \Omega_l^0 T^{-+} - \Omega_l^2 T^{--})]Y_{lm}^{-1}\hat{\mathbf{e}}_-\\ &\quad + [\dot{T}^{00} + 2r^{-1}(T^{00} + T^{-+}) - \Omega_l^0 r^{-1}(T^{0-} + T^{0+})]Y_{lm}^0\hat{\mathbf{e}}_0\\ &\quad + [\dot{T}^{0+} + r^{-1}(3T^{0+} - \Omega_l^0 T^{-+} - \Omega_l^2 T^{++})]Y_{lm}^1\hat{\mathbf{e}}_+\end{aligned} \tag{8.73}$$

综合以上结果，我们发现运动方程(8.10)等价于三个标量方程：

$$\begin{aligned}&-\omega^2\rho s^0 - \dot{T}^{00} - 2r^{-1}T^{00} - 2r^{-1}T^{-+} + \Omega_l^0 r^{-1}(T^{0-} + T^{0+})\\ &\quad + \rho[\dot{P} + (4\pi G\rho - 4r^{-1}g)s^0 + \Omega_l^0 g r^{-1}(s^- + s^+)] = 0\end{aligned} \tag{8.74}$$

$$-\omega^2\rho s^{\pm} - \dot{T}^{0\pm} - 3r^{-1}T^{0\pm} + r^{-1}(\Omega_l^0 T^{-+} + \Omega_l^2 T^{\pm\pm})$$

$$+\Omega_l^0\rho r^{-1}(P+gs^0)=0 \tag{8.75}$$

运动学连续性条件可以用正则分量s^0和$s^\pm$表示为当$r=d_{\rm SS}$时$[s^0]_-^+=[s^\pm]_-^+=0$以及当$r=d_{\rm FS}$时$[s^0]_-^+=0$。动力学边界条件(8.14)–(8.16)则为当$r=a$时$T^{00}=T^{0\pm}=0$，当$r=d_{\rm SS}$时$[T^{00}]_-^+=[T^{0\pm}]_-^+=0$以及当$r=d_{\rm FS}$时$[T^{00}]_-^+=T^{0\pm}=0$。泊松方程(8.18)等价于如下正则关系

$$\begin{aligned}&\ddot{P}+2r^{-1}\dot{P}-l(l+1)r^{-2}P\\&\quad=-4\pi G\dot{\rho}s^0-4\pi G\rho[\dot{s}^0+2r^{-1}s^0-\Omega_l^0r^{-1}(s^-+s^+)]\end{aligned} \tag{8.76}$$

上式必须在当$r=d$时$[P]_-^+=0$及$[\dot{P}+4\pi G\rho s^0]_-^+=0$这一边界条件下求解。

将方程(8.75)的两种形式相加和相减，我们发现相加s^-+s^+和相减s^--s^+的结果分别为

$$\begin{aligned}&-\omega^2\rho(s^-+s^+)-(\dot{T}^{0-}+\dot{T}^{0+})-3r^{-1}(T^{0-}+T^{0+})\\&\quad+r^{-1}[2\Omega_l^0T^{-+}+\Omega_l^2(T^{--}+T^{++})]\\&\quad\quad+2\Omega_l^0\rho r^{-1}(P+gs^0)=0\end{aligned} \tag{8.77}$$

$$\begin{aligned}&-\omega^2\rho(s^--s^+)-(\dot{T}^{0-}-\dot{T}^{0+})-3r^{-1}(T^{0-}-T^{0+})\\&\quad+\Omega_l^2r^{-1}(T^{--}-T^{++})=0\end{aligned} \tag{8.78}$$

其中

$$T^{0-}+T^{0+}=\mu[(\dot{s}^-+\dot{s}^+)-r^{-1}(s^-+s^+)-2\Omega_l^0r^{-1}s^0] \tag{8.79}$$

$$T^{--}+T^{++}=2\Omega_l^2\mu r^{-1}(s^-+s^+) \tag{8.80}$$

$$T^{0-}-T^{0+}=\mu[(\dot{s}^--\dot{s}^+)-r^{-1}(s^--s^+)] \tag{8.81}$$

$$T^{--}-T^{++}=2\Omega_l^2\mu r^{-1}(s^--s^+) \tag{8.82}$$

在本方法中，球型和环型自由振荡的独立存在是由确定s^0、s^-+s^+和P与确定s^--s^+的关系之间的解耦而体现的。事实上，由于变换关系

$$U=s^0,\qquad V=\frac{1}{\sqrt{2}}(s^-+s^+),\qquad W=\frac{i}{\sqrt{2}}(s^--s^+) \tag{8.83}$$

$$R=T^{00},\quad S=\frac{1}{\sqrt{2}}(T^{0-}+T^{0+}),\quad T=\frac{i}{\sqrt{2}}(T^{0-}-T^{0+}) \tag{8.84}$$

方程(8.74)和(8.76)–(8.78)与方程(8.43)–(8.45)和(8.53)完全相同。一般来说，实数展开系数U、V、W、R、S、T和正则展开系数s^0、$s^\pm$、T^{00}、$T^{0\pm}$之间的关系要比(8.83)–(8.84)更为复杂；这里的简单性是由于对级数m完全没有依赖性。

广义球谐函数表述的优点是它使在球坐标系公式推导中对矢量、特别是高阶张量的处理变得更容易。在本书的剩余部分，出于教学目的，我们将采用更为熟悉的位移$\mathbf{s}$和牵引力$\hat{\mathbf{r}}\cdot\mathbf{T}$的矢量球谐函数表述(8.34)和(8.46)，只有在繁杂的运算中有必要时才会诉诸广义球谐函数。

8.6.4 方法3：瑞利原理

最后一种推导SNREI地球模型自由振荡所满足的径向标量方程和边界条件的方法是基于瑞利变分原理。我们将位移$\mathbf{s}$的经典表达式(8.34)代入三维作用量积分(8.21)中，并在单位球面Ω上做积分；该积分仅包含实数表面球谐函数$\mathcal{Y}_{lm}$及其切向导数。利用标量和矢量的正交归一化关系

$$\int_\Omega \mathbf{P}_{lm}\cdot\mathbf{P}_{l'm'}\,d\Omega = \int_\Omega \mathbf{B}_{lm}\cdot\mathbf{B}_{l'm'}\,d\Omega$$
$$= \int_\Omega \mathbf{C}_{lm}\cdot\mathbf{C}_{l'm'}\,d\Omega = \int_\Omega \mathcal{Y}_{lm}\mathcal{Y}_{l'm'}\,d\Omega = \delta_{ll'}\delta_{mm'} \tag{8.85}$$

并结合表B.3中编列的张量积分关系，我们发现$\mathcal{I}$自然分解为独立的球型和环型径向作用量积分：

$$\mathcal{I} = \mathcal{I}_{\mathrm{S}} + \mathcal{I}_{\mathrm{T}} \tag{8.86}$$

其中

$$\mathcal{I}_{\mathrm{S}} = \int_0^a L_{\mathrm{S}}(U,\dot{U},V,\dot{V})\,r^2dr \tag{8.87}$$

$$\mathcal{I}_{\mathrm{T}} = \int_0^a L_{\mathrm{T}}(W,\dot{W})\,r^2dr \tag{8.88}$$

球型径向拉格朗日量密度L_{S}和环型径向拉格朗日量密度L_{T}为

$$\begin{aligned} L_{\mathrm{S}} = \frac{1}{2}[&\omega^2\rho(U^2+V^2) - \kappa(\dot{U}+2r^{-1}U-kr^{-1}V)^2 \\ &- \frac{1}{3}\mu(2\dot{U}-2r^{-1}U+kr^{-1}V)^2 - \mu(\dot{V}-r^{-1}V+kr^{-1}U)^2 \\ &- (k^2-2)\mu r^{-2}V^2 - \rho(U\dot{P}+kr^{-1}VP) \\ &- 4\pi G\rho^2U^2 + 2\rho g r^{-1}U(2U-kV)] \end{aligned} \tag{8.89}$$

$$L_{\mathrm{T}} = \frac{1}{2}[\omega^2\rho W^2 - \mu(\dot{W}-r^{-1}W)^2 - (k^2-2)\mu r^{-2}W^2] \tag{8.90}$$

(8.89)式中的势函数本征函数P被视为球型位移本征函数U和V的已知泛函，由径向积分(8.55)给定。

精确到δU、δV、δW的一阶，球型和环型作用量的变分可以表示为

$$\begin{aligned} \delta\mathcal{I}_{\mathrm{S}} = &\int_0^a \delta U\left[\partial_U L_{\mathrm{S}} - r^{-2}\frac{d}{dr}(r^2\partial_{\dot{U}}L_{\mathrm{S}})\right]r^2dr \\ &+ \int_0^a \delta V\left[\partial_V L_{\mathrm{S}} - r^{-2}\frac{d}{dr}(r^2\partial_{\dot{V}}L_{\mathrm{S}})\right]r^2dr \\ &- \sum_d d^2\,[\delta U(\partial_{\dot{U}}L_{\mathrm{S}}) + \delta V(\partial_{\dot{V}}L_{\mathrm{S}})]_-^+ \end{aligned} \tag{8.91}$$

$$\begin{aligned} \delta\mathcal{I}_{\mathrm{T}} = &\int_0^a \delta W\left[\partial_W L_{\mathrm{T}} - r^{-2}\frac{d}{dr}(r^2\partial_{\dot{W}}L_{\mathrm{T}})\right]r^2dr \\ &- \sum_d d^2\,[\delta W(\partial_{\dot{W}}L_{\mathrm{T}})]_-^+ \end{aligned} \tag{8.92}$$

其中的求和是对所有不连续面，包括外部自由表面。瑞利原理规定，对于任意独立的变化δU、δV和δW，当它们满足可容许性约束条件时，即在$r = d_{SS}$处$[\delta U]_-^+ = [\delta V]_-^+ = [\delta W]_-^+ = 0$及在$r = d_{FS}$处$[\delta U]_-^+ = 0$，则有$\delta\mathcal{I}_S = 0$和$\delta\mathcal{I}_T = 0$。在地球模型中，该情形成立的条件是位移标量$U$、$V$和$W$必须满足径向欧拉–拉格朗日方程

$$\partial_U L_S - r^{-2}\frac{d}{dr}(r^2\partial_{\dot{U}} L_S) = 0 \tag{8.93}$$

$$\partial_V L_S - r^{-2}\frac{d}{dr}(r^2\partial_{\dot{V}} L_S) = 0 \tag{8.94}$$

$$\partial_W L_T - r^{-2}\frac{d}{dr}(r^2\partial_{\dot{W}} L_T) = 0 \tag{8.95}$$

以及相应的边界条件

$$\partial_{\dot{U}} L_S = \partial_{\dot{V}} L_S = \partial_{\dot{W}} L_T = 0, \quad 当 r = a 时 \tag{8.96}$$

$$[\partial_{\dot{U}} L_S]_-^+ = [\partial_{\dot{V}} L_S]_-^+ = [\partial_{\dot{W}} L_T]_-^+ = 0, \quad 当 r = d_{SS} 时 \tag{8.97}$$

$$[\partial_{\dot{U}} L_S]_-^+ = \partial_{\dot{V}} L_S = \partial_{\dot{W}} L_T = 0, \quad 当 r = d_{FS} 时 \tag{8.98}$$

拉格朗日量相对于$\dot{U}$、$\dot{V}$和$\dot{W}$这三个量的偏导数恰好是(8.47)–(8.49)这三个牵引力标量乘以负号：

$$\partial_{\dot{U}} L_S = -R, \qquad \partial_{\dot{V}} L_S = -S, \qquad \partial_{\dot{W}} L_T = -T \tag{8.99}$$

利用上述结果以及球型振荡拉格朗日量密度(8.89)中含有P和$\dot{P}$项的平方特性，可以很容易证明(8.93)–(8.98)与(8.43)–(8.45)和(8.50)–(8.52)是等价的。

我们也可以换一种做法，将(8.34)所表示的$\mathbf{s}$和ϕ代入(8.23)中，从而得到球型振荡变更作用量积分：

$$\mathcal{I}'_S = \int_0^\infty L'_S(U, \dot{U}, V, \dot{V}, P, \dot{P})\, r^2 dr \tag{8.100}$$

其中

$$\begin{aligned} L'_S = \frac{1}{2}[&\omega^2\rho(U^2+V^2) - \kappa(\dot{U} + 2r^{-1}U - kr^{-1}V)^2 \\ &- \frac{1}{3}\mu(2\dot{U} - 2r^{-1}U + kr^{-1}V)^2 - \mu(\dot{V} - r^{-1}V + kr^{-1}U)^2 \\ &- (k^2-2)\mu r^{-2}V^2 - 2\rho(U\dot{P} + kr^{-1}VP) \\ &- 4\pi G\rho^2U^2 + 2\rho g r^{-1}U(2U - kV) \\ &- (4\pi G)^{-1}(\dot{P}^2 + k^2r^{-2}P^2)] \end{aligned} \tag{8.101}$$

对于环型模式，没有必要区分作用量和变更作用量，因为它们并不伴随有引力势函数微扰P。(8.100)式中的积分上限为无穷；然而，当$a \leqslant r \leqslant \infty$时，只有包含$\dot{P}^2 + k^2r^{-2}P^2$的最后一项是非零的。如果将$P$视为自变量，变更作用量$\mathcal{I}'_S$相对于$U$和$V$的变分会导出与前面相同的球型振荡动量方程(8.43)–(8.44)以及R和S所满足的动力学边界条件，而相对于P的变分则导出泊

松方程 (8.53) 及其相应的边界条件 (8.54)，其形式为

$$\partial_P L'_{\mathrm{S}} - r^{-2}\frac{d}{dr}(r^2\partial_{\dot{P}} L'_{\mathrm{S}}) = 0 \tag{8.102}$$

$$[\partial_{\dot{P}} L'_{\mathrm{S}}]_{-}^{+} = 0, \quad 当\, r = d\, 时 \tag{8.103}$$

可以很容易证明当 $0 \leqslant r \leqslant \infty$ 时，$\partial_{\dot{P}} L'_{\mathrm{S}} = -(4\pi G)^{-1}\dot{P} - \rho U$。对于所有本征函数 U、V、P 或 W，球型和环型振荡的作用量的稳定值均为

$$\mathcal{I}_{\mathrm{S}} = \mathcal{I}'_{\mathrm{S}} = 0, \qquad \mathcal{I}_{\mathrm{T}} = 0 \tag{8.104}$$

(8.104) 这一结果来自 (8.25)，它也可以通过将 U、V、W 与 (8.43)–(8.45) 相乘，将 P 与 (8.53) 相乘，并分别在 $0 \leqslant r \leqslant a$ 和 $0 \leqslant r \leqslant \infty$ 上积分而得到。对于任意两组满足 (8.53)–(8.54) 的球型振荡位移场和引力势函数增量 U、V、P 和 U'、V'、P'，它们与三维等式 (3.195) 相对应的标量形式为

$$\frac{1}{2}\int_0^a \rho(U\dot{P}' + k'r^{-1}VP' + U'\dot{P} + kr^{-1}V'P)\, r^2 dr + \frac{1}{4\pi G}\int_0^\infty (\dot{P}\dot{P}' + kk'r^{-2}PP')\, r^2 dr = 0 \tag{8.105}$$

8.6.5 正交归一性

SNREI 地球模型的位移本征函数必须满足普遍的正交归一性关系

$$\int_\oplus \rho\, \mathbf{s}_k \cdot \mathbf{s}_{k'}\, dV = \delta_{kk'} \tag{8.106}$$

其中 k 是四元标识符 $\{n, l, m; \mathrm{S}\,或\,\mathrm{T}\}$ 的代号。我们所使用的归一化由 $k = k'$ 的结果给定。利用球谐函数关系 (8.85) 可以很容易证明，两个次数或级数不同的球型或环型本征函数，以及一对球型和环型本征函数之间都是正交的。具有相同次数 l 的球型或环型径向本征函数一定是正交归一的，其含义是

$$\int_0^a \rho({}_nU_l\, {}_{n'}U_l + {}_nV_l\, {}_{n'}V_l)\, r^2 dr = \delta_{nn'} \tag{8.107}$$

$$\int_0^a \rho({}_nW_l\, {}_{n'}W_l)\, r^2 dr = \delta_{nn'} \tag{8.108}$$

标量正交归一关系式 (8.107)–(8.108) 作为 (8.106) 的直接结果，也可以从本征函数所满足的径向方程和边界条件 (8.43)–(8.54) 得到。我们接下来会在 8.7 节和 8.8 节中分别讨论两类独立的自由振荡，将注意力首先集中在较为简单的环型模式。

8.7 环 型 振 荡

SNREI 地球模型的环型振荡的切向位移和牵引力矢量为

$$\mathbf{s} = W\mathbf{C}_{lm}, \qquad \hat{\mathbf{r}} \cdot \mathbf{T} = T\mathbf{C}_{lm} \tag{8.109}$$

其中$T=\mu(\dot{W}-r^{-1}W)$，$\mathbf{C}_{lm}=k^{-1}[\hat{\boldsymbol{\theta}}(\sin\theta)^{-1}\partial_\phi-\hat{\boldsymbol{\phi}}\,\partial_\theta]\mathcal{Y}_{lm}$。本征频率$\omega$及其相应的径向本征函数$W$和$T$依赖于阶数$n$和球谐函数次数$l$，而与方位角级数$m$无关。由于$\mathbf{C}_{00}=\mathbf{0}$，所以并不存在角次数$l=0$的环型模式。

8.7.1 环型能量

一个环型振荡的动能加势能可以写为径向积分的求和：

$$\mathcal{E}=\frac{1}{2}(\omega^2\mathcal{T}+\mathcal{V}_\mu) \tag{8.110}$$

其中

$$\mathcal{T}=\int_0^a \rho W^2\,r^2dr \tag{8.111}$$

$$\mathcal{V}_\mu=\int_0^a \mu[(\dot{W}-r^{-1}W)^2+(k^2-2)r^{-2}W^2]\,r^2dr \tag{8.112}$$

(8.111)–(8.112) 两式是将环型位移 (8.109) 代入 (8.28) 和 (8.30)–(8.32) 三个体积分表达式的结果；或者，我们也可以用径向环型拉格朗日量密度L_{T}来定义$\mathcal{E}$

$$\mathcal{E}=\int_0^a (\omega\partial_\omega L-L)\,r^2dr \tag{8.113}$$

环型模式的势能完全以弹性剪切的形式储存；不存在压缩能或引力势能，即$\mathcal{V}_\kappa=\mathcal{V}_{\mathrm{g}}=0$。对$0\leqslant r\leqslant a$上任意分段连续的位移$W$，由于剪切能$\mathcal{V}_\mu$总是非负的，因此$\omega^2=\mathcal{T}^{-1}\mathcal{V}_\mu\geqslant 0$，故环型振荡绝不会是不稳定的。

⋆8.7.2 平凡模式

我们首先来考虑平凡环型“模式”，这种模式有$\omega=0$，且相应的位移$\mathbf{s}$不会改变地球的弹性剪切势能$\mathcal{V}_\mu$。第一类平凡模式由地转模式组成，在固态的内核和地幔$\oplus_{\mathrm{S}}$中其$W=0$，而在液态的内核和海洋$\oplus_{\mathrm{F}}$中其W为半径的任意函数。此外，由于在$\oplus_{\mathrm{F}}$中$\mu=0$，在整个地球模型$0\leqslant r\leqslant a$中，这种模式的牵引力均为零，即$T=0$。在不影响弹性–引力能的情况下，这种零频模式所构成的无限维本征空间能够容许液态外核和海洋在球壳面上所有可能的重新分布，而不会影响弹性–引力能。

地球的固态区域也支持零频的次数为$l=1$的平凡模式，对应于刚体旋转。这种模式的非归一化径向本征函数在内核或地幔中的形式为$W=r$，而在其他区域为$W=0$；相应的牵引力T在$0\leqslant r\leqslant a$内仍然处处为零。零级一次的环型矢量球谐函数为$\mathbf{C}_{10}=(3/8\pi)^{1/2}\sin\theta\,\hat{\boldsymbol{\phi}}$，因而$m=0$单态模式的非归一化位移为$\mathbf{s}_{10}=W\mathbf{C}_{10}=(3/8\pi)^{1/2}r\sin\theta\,\hat{\boldsymbol{\phi}}$。经检视可知，它所表示的是固态内核或地幔绕$\hat{\mathbf{z}}$轴的刚性旋转。同样地，很容易证明$\mathbf{s}_{1\,-1}=W\mathbf{C}_{1\,-1}$和$\mathbf{s}_{11}=W\mathbf{C}_{11}$这两个矢量分别对应于绕$\hat{\mathbf{x}}$轴和$\hat{\mathbf{y}}$轴的刚性旋转。

8.7.3 一阶径向方程组

环型振荡所满足的二阶微分方程 (8.45) 可以被改写为如下形式的关于W和T的耦合的一阶方程组：

$$\dot{W}=r^{-1}W+\mu^{-1}T \tag{8.114}$$

$$\dot{T} = [-\omega^2\rho + (k^2-2)\mu r^{-2}]W - 3r^{-1}T \tag{8.115}$$

在任一固–固不连续面两侧，位移和牵引力均必须保持连续：即当$r = d_{\mathrm{SS}}$时，$[W]_-^+ = 0, [T]_-^+ = 0$。在固–液边界上，容许切向滑动，但牵引力必须在固–液边界以及外部自由表面上为零：

$$T = 0, \quad 当\,r = d_{\mathrm{FS}}\,或\,r = a\,时 \tag{8.116}$$

值得注意的是，(8.114)–(8.116)只包含模型参数μ和ρ，而不包含它们的径向导数$\dot{\mu}$和$\dot{\rho}$；这使得该方程组非常适合于数值积分，尤其是对于在$0 \leqslant r \leqslant a$范围内有限数目的节点上给定的网格模型。此外，由于环型形变的纯剪切性质，因此这里并不依赖于不可压缩性κ。

★8.7.4 均匀球体

能够表现环型自由振荡的SNREI地球模型最简单的例子是半径为a，剪切波波速为$\beta = (\mu/\rho)^{1/2}$的均匀固态球。这种玻璃球或金属滚珠的振荡所满足的二阶微分方程(8.45)可简化为

$$\ddot{W} + 2r^{-1}\dot{W} + [\omega^2\beta^{-2} - l(l+1)r^{-2}]W = 0 \tag{8.117}$$

方程(8.117)在原点$r = 0$处的确定解是l次的球贝塞尔函数：

$$W = j_l(\omega r/\beta) = \frac{(\omega r/\beta)^l}{2^{l+1}\,l!}\int_0^\pi (\sin\zeta)^{2l+1}\cos[(\omega r/\beta)\cos\zeta]\,d\zeta \tag{8.118}$$

与位移(8.118)相应的牵引力$T = \mu(\dot{W} - r^{-1}W)$为

$$T = \mu r^{-1}[(l-1)j_l(\omega r/\beta) - (\omega r/\beta)j_{l+1}(\omega r/\beta)] \tag{8.119}$$

因而自由表面边界条件$T(a) = 0$成为

$$(l-1)j_l(\omega a/\beta) - (\omega a/\beta)j_{l+1}(\omega a/\beta) = 0 \tag{8.120}$$

第n个高阶模式的本征频率${}_n\omega_l$对应于方程(8.120)的第n个根。

为展示上述结果，让我们来估算一下地球固态内核的角次数$l = 1$的三个最低阶环型模式的本征频率。从(8.120)我们推出本征频率${}_n\omega_1$是由如下三角关系给定的

$$\tan(\omega a/\beta) = \frac{3(\omega a/\beta)}{3-(\omega a/\beta)^2} \tag{8.121}$$

(8.121)式的第一个根为${}_0\omega_1 = 0$，对应于8.7.2节中讨论过的刚体旋转三态模式。接下来的三个非平凡根为${}_1\omega_1 = 5.76(\beta/a)$, ${}_2\omega_1 = 9.10(\beta/a)$和${}_3\omega_1 = 12.32(\beta/a)$，分别对应于基阶和前两个高阶模式。地球的内核半径为$a = 1221$千米，剪切波波速为相对均匀的$\beta \approx 3.5$千米/秒；具有这些性质的均匀球的频率为${}_1\omega_1 = 16.5\times10^{-3}$弧度/秒，${}_2\omega_1 = 26.1\times10^{-3}$弧度/秒和${}_3\omega_1 = 35.3\times10^{-3}$弧度/秒，对应的周期分别为380、241和178秒。对于各向同性PREM模型，用数值积分所计算的精确的周期分别为379.4、239.1和176.1秒，与用均匀近似得到的结果非常接近。

8.7.5 数值积分

要确定接近真实的随半径变化的密度ρ和刚性μ的地球模型中非平凡模式的本征频率ω及其相应的本征函数W、T，则需要进行数值积分。固态的内核与地幔具有相互独立的环型振荡，两

者因液态外核的存在而解耦。为计算地幔模式的本征解，我们从核幔边界$r = b$处的非齐次初值解$W(b) = 1$, $T(b) = 0$出发，将一阶方程组(8.114)–(8.115)积分至海床面$r = s$。值得注意的是，两个自变量W和T在$b \leqslant r \leqslant s$上处处连续，包括跨越任何固–固不连续面$r = d_{\mathrm{SS}}$。一般来说，对于给定的尝试本征频率$\omega$，在海床面的牵引力$T(s)$的值是非零的；对于每个固定的角次数$l$，需要一个寻根过程来确定本征频率$\omega$及其相关的本征函数$W$、$T$。如果模型中没有海水层，则$s = a$，且积分将延续到自由表面。$W(b)$的初值选择中所隐含的任意性可以通过归一化条件(8.108)来确定。

习惯上用${}_n\mathrm{T}_l$表示地幔的环型模式；阶数$n = 0, 1, \cdots, \infty$指定本征频率的次序：

$$
{}_0\omega_l < {}_1\omega_l < \cdots < {}_\infty\omega_l = \infty \tag{8.122}
$$

由相同阶数n构成的一组模式${}_n\mathrm{T}_0$, ${}_n\mathrm{T}_1, \cdots, {}_n\mathrm{T}_\infty$称作一个*频散分支*。根据定义，所有次数为$l$中频率最低的多态模式${}_0\mathrm{T}_l$为*基阶模式*，下一个多态模式${}_1\mathrm{T}_l$是第一个*高阶模式*，依此类推。一阶方程组(8.114)–(8.115)和边界条件(8.116)实际上是一个经典的施图姆–刘维尔 (Sturm-Liouville) 本征值问题。这种方程组的一个基本性质就是本征函数${}_nW_l$的径向节点数目与阶数n相等；这在专业术语上称为施图姆振荡定理。由于这一原因，基阶分支上的所有环型模式在地幔$b \leqslant r \leqslant s$中均无节点，而第$n$个高阶分支的所有模式均有$n$个节点。对于$l = 1$，刚体地幔的三态模式在习惯上标记为${}_0\mathrm{T}_1$，因而频率最低的非平凡模式是第一个高阶模式${}_1\mathrm{T}_1$，它有一个径向节点。

对于固态内核的环型模式，下方的边界条件被径向本征函数W、T在原点$r = 0$处必须是规范的所取代。在实践中，可以视地球在$0 \leqslant r \leqslant \varepsilon$范围内的一个小部分为均匀球，并利用均匀球的解析解(8.118)–(8.119)作为球心附近的初始值$W(\varepsilon)$、$T(\varepsilon)$。随后积分到内核边界$r = c$，并在那里检视牵引力$T(c)$来确定本征频率ω。SNREI地球的内核环型振荡本质上没有意义，因为它们既不能被地壳或上地幔中的地震所激发，也不会被地表的地震仪观测到。事实上，这些模式一般被认为毫不起眼，以至于地震学家们尚未有一个类似于${}_n\mathrm{T}_l$的达成共识的符号来表示它们。我们在此将其表示为${}_n\mathrm{C}_l$，其中$n = 0, 1, 2, \cdots$是阶数。一阶方程组(8.114)–(8.115)沿半径增加方向的积分是一个数值上稳定的过程，可以用标准算法来完成。由Freeman Gilbert、Guy Masters和John Woodhouse合作开发的广为应用的`MINEOS`和`OBANI`程序中，利用了可变阶数、可变步长的龙格–库塔方法来控制积分的精度。对于许多模式，径向本征函数W和T在等价的SH体波折返点以下呈准指数衰减；在此情形下，可以使用12.3.4节中所讨论的瞬逝型JWKB表达式在半径更大的地方开始积分，从而节省时间。施图姆定理使得ω的两个测试值之间本征频率个数的计算能够通过清点测试本征函数W的径向节点数目来达成。因此，$T(s)$或$T(c)$的所有的根都能够用上下界限括起来；一旦确立了上下界限，就能够利用二分法万无一失地收敛到本征频率。能量均分关系$\omega^2\mathcal{T} = \mathcal{V}_\mu$可以用来检验最终的计算精度。

8.7.6 环型模式展示

在本节的最后，我们将简要地对地球环型振荡的主要特征做一个定性的检视。图8.3展示了各向同性初步参考地球模型中可观测的地幔环型模式的本征频率${}_n\omega_l$随角次数l的变化。图中每个频散分支$n = 0, 1, 2, \cdots$上的模式以直线相连；这种形式的图称为*频散图*。

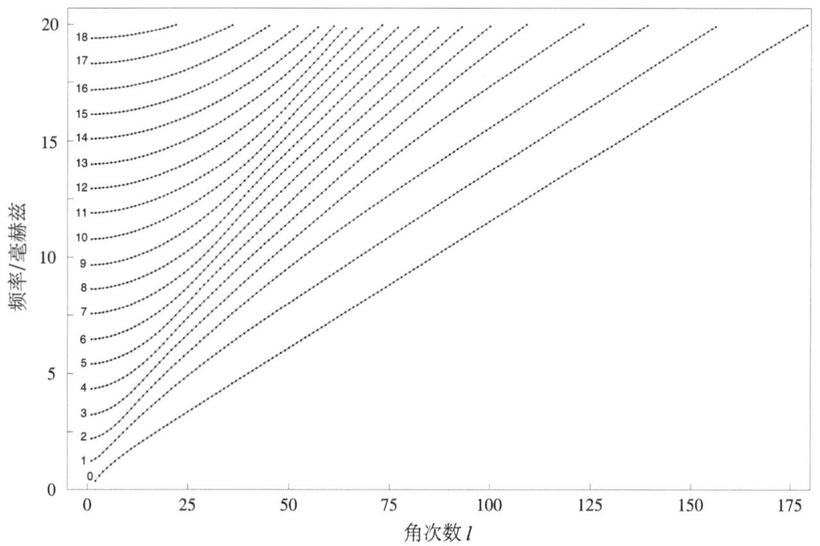

图 8.3 各向同性PREM模型的地幔环型振荡${}_n\mathrm{T}_l$频散图。图中绘出了低于20 毫赫兹的所有可观测的本征频率${}_n\omega_l^{\mathrm{T}}/2\pi$随球谐函数次数$l$的变化。阶数$n$相同的模式以直线相连

以图中所示的分辨度，任何通过拟合1975年以后的自由振荡和走时数据所得到的SNREI地球模型，其频散图都会与PREM的难以区分。另外，模型之间是以微赫兹而非毫赫兹为单位的观测频率残差来鉴别的。

基阶模式位移本征函数${}_0W_2,\ldots,{}_0W_{11}$及其相应的牵引力${}_0T_2,\ldots,{}_0T_{11}$的径向变化如图8.4所示。最低频的环型模式为${}_0T_2$五态模式，其简并周期为44.0分钟。该振荡直到1989年的麦夸里洋脊走滑大地震($M_0 = 2\times10^{21}$ 牛·米)才首次被明确地探测到(Widmer, Zürn & Masters 1992)。如图8.5所示，$m=0$的单态模式有一个相应的矢量位移，其形式为$\mathbf{s}=-(15/8\pi)^{1/2}W(r)$

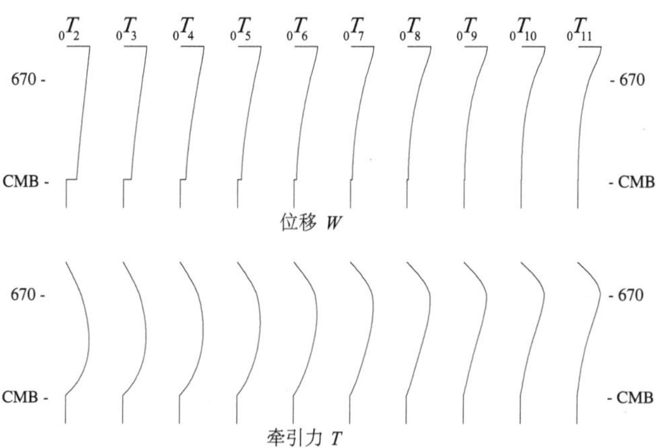

图 8.4 前10个基阶环型模式的位移${}_0W_l$（上）及其相应的牵引力${}_0T_l$（下）。纵轴表示地表以下的深度；图中标明了670千米不连续面和核幔边界(CMB)的位置

$\sin\theta\cos\theta\,\hat{\boldsymbol{\phi}}$，对应于地球的剪切或扭转，即当南半球逆时针移动时，北半球顺时针移动，反之亦然。图8.6显示了次数$l=2$的基阶及其后的九个高阶模式的位移${}_0W_2,\cdots,{}_9W_2$和牵引力${}_0T_2,\cdots,{}_9T_2$。很明显${}_nW_2$在地幔中有n个径向节点，与施图姆定理一致，且${}_nT_2$在核幔边界$r=b$和海床面$r=s$处均为零；这是地幔环型本征解的决定属性。

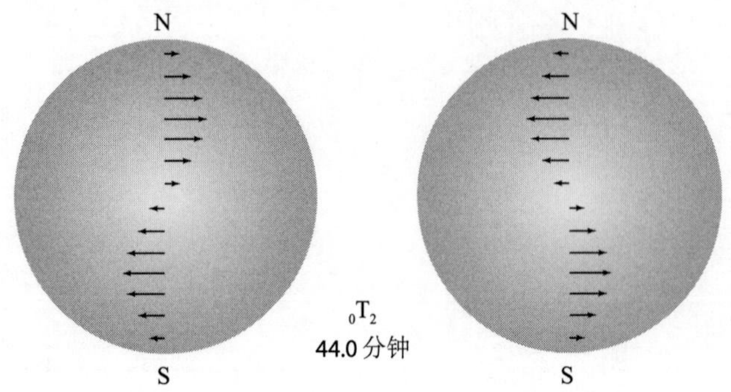

图 8.5　环型模式${}_0\mathrm{T}_2$的地表位移图像。图中显示了$m=0$的单态模式振荡周期的两个极端情形。北极$(\theta=0)$和南极$(\theta=\pi)$分别用N和S表示

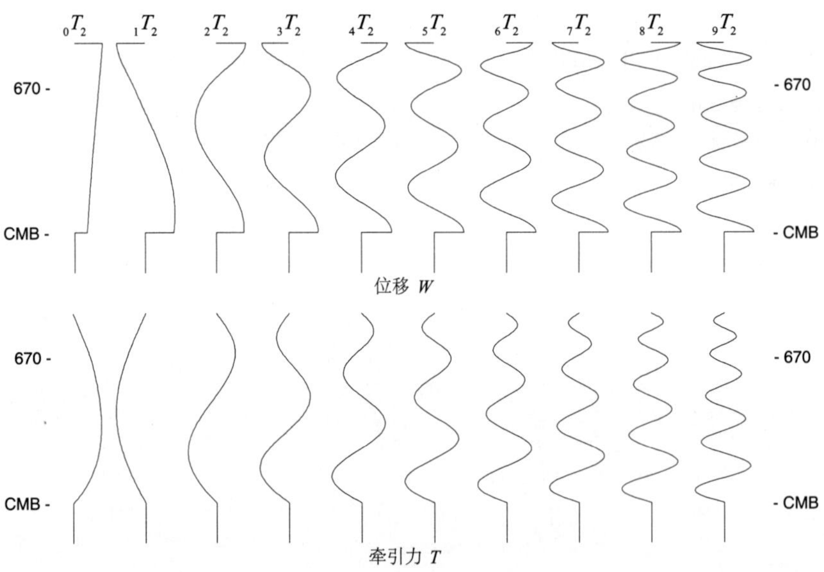

图 8.6　前10个二次环型模式的位移${}_nW_2$（上）及其相应的牵引力${}_nT_2$（下）。纵轴是地表以下的深度；图中标明了670千米不连续面和核幔边界(CMB)的位置

图8.7显示了基阶和前两个高阶分支的几个频率较高的环型模式的本征函数${}_0W_l$、${}_1W_l$和${}_2W_l$。沿每一个阶数n不变的分支，随着角次数l和频率${}_n\omega_l$的增加，位移${}_nW_l$穿透地幔的深度越来越小。由于下地幔几乎不参与振荡，其性质显然不会对本征频率有很强的影响；我们会在第9章中对这种深度“敏感性”做更定量的检视。${}_0T_l$、${}_1T_l$、${}_2T_l$这些模式在$l\gg 1$的极限下对应于基阶和高阶**勒夫面波**，或者相当于在上地幔中折返并在海床面反射的SH体波的相长干涉。

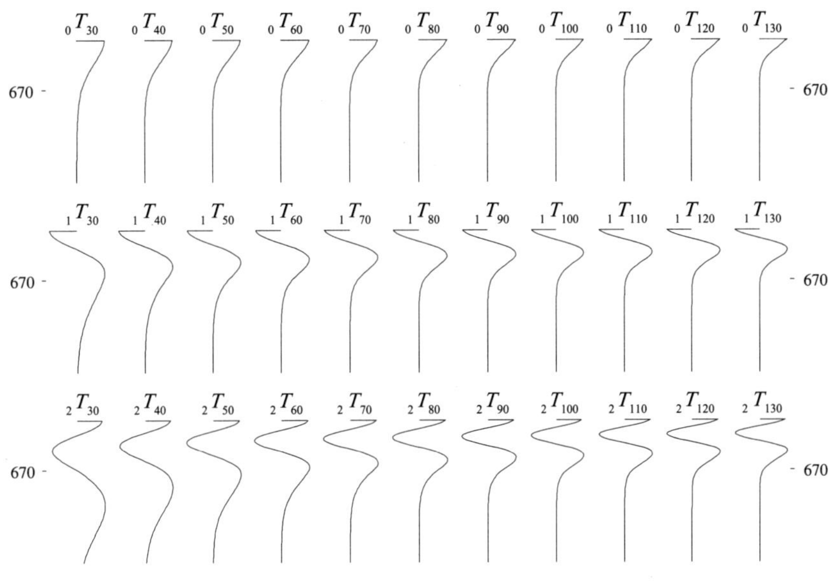

图 8.7 与勒夫波等价的基阶（上）、一阶（中）和二阶（下）分支的本征函数 $_0W_l$、$_1W_l$ 和 $_2W_l$。纵轴从地表延伸到1500千米深度；图中标明了670千米不连续面的位置

图8.8展示了有近似相同本征频率 $_n\omega_l/2\pi \approx 14$ 毫赫兹的一些模式的 $_nW_l$ 和 $_nT_l$ 的径向变化。其中阶数最高的模式，它们的本征频率在频散图中接近纵轴，其振荡位移振幅在整个地幔中大致

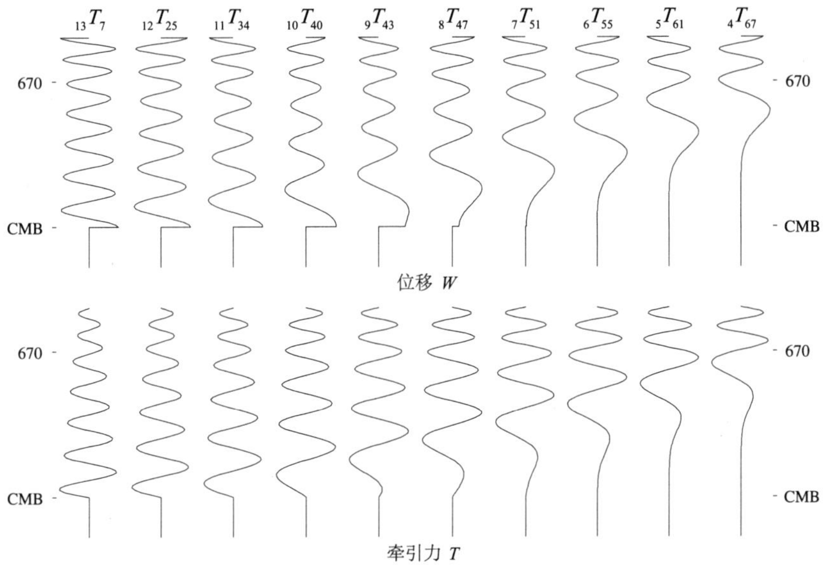

图 8.8 沿频率为常数 $_n\omega_l/2\pi \approx 14$ 毫赫兹的一条直线上模式的位移 $_nW_l$（上）和相应牵引力 $_nT_l$（下），显示了在 $n \approx l/4$ 时 $\mathrm{ScS_{SH}}$ 波与SH波的等价模式之间的过渡。纵轴是地表以下的深度；图中标明了670千米不连续面和核幔边界(CMB)的位置

相同，且对应于在核幔边界和海床面均反射多次的$\mathrm{ScS_{SH}}$体波。$l \approx 1$的相邻环型模式的本征频率间隔${}_{n+1}\omega_l - {}_n\omega_l$约等于$2\pi/T_{\mathrm{ScS}}$，其中$T_{\mathrm{ScS}}$为垂直传播的$\mathrm{ScS_{SH}}$波的往返走时。$\mathrm{ScS_{SH}}$等价模式频散曲线的斜率或渐近群速度$d\omega/dk \approx {}_n\omega_{l+1} - {}_n\omega_l$在纵坐标附近趋于零。反射波$\mathrm{ScS_{SH}}$等价模式与折返波SH等价模式之间的过渡沿$\omega/k \approx 2\times 10^{-3}$弧度/秒或相当于$n \approx l/4$的斜线发生，每条频散曲线在此均有单一拐点。$n \gg l/4$的环型模式${}_n\mathrm{T}_l$有$d^2\omega/dk^2 > 0$，是$\mathrm{ScS_{SH}}$等价模式，而$n \ll l/4$的环型模式则有$d^2\omega/dk^2 < 0$，是SH等价模式。在第12章中，我们将对高频的地幔环型振荡与传播的$\mathrm{ScS_{SH}}$和SH体波之间的渐近对应关系做更系统的JWKB分析。

8.8 球 型 振 荡

SNREI地球模型的球型振荡有如下形式的本征函数

$$\mathbf{s} = U\mathbf{P}_{lm} + V\mathbf{B}_{lm}, \qquad \hat{\mathbf{r}}\cdot\mathbf{T} = R\mathbf{P}_{lm} + S\mathbf{B}_{lm} \tag{8.123}$$

其中$\mathbf{P}_{lm} = \hat{\mathbf{r}}\mathcal{Y}_{lm}$,$\mathbf{B}_{lm} = k^{-1}[\hat{\boldsymbol{\theta}}\partial_\theta + \hat{\boldsymbol{\phi}}(\sin\theta)^{-1}\partial_\phi]\mathcal{Y}_{lm}$。径向和切向牵引力标量$R$和$S$与相应的位移标量$U$和$V$之间的关系为$R = (\kappa+\frac{4}{3}\mu)\dot{U} + (\kappa-\frac{2}{3}\mu)r^{-1}(2U-kV)$, $S = \mu(\dot{V} - r^{-1}V + kr^{-1}U)$。相应的引力势函数微扰为$\phi = P\mathcal{Y}_{lm}$，其中$P$通过(8.55)式用$U$和$V$以显式给定。为方便起见，我们定义一个辅助函数

$$B = \dot{P} + 4\pi G\rho U + (l+1)r^{-1}P \tag{8.124}$$

根据边界条件(8.54)，该函数在地球表面$r = a$处为零。本征频率ω和六个径向标量函数U、V、R、S、P和B依赖于阶数n和角次数l，但与方位角级数m无关。角次数$l = 0$的球型振荡具有纯径向的位移和牵引力矢量，因为切向的矢量球谐函数$\mathbf{B}_{00}$为零；这些模式被称为径向模式。

8.8.1 球型能量

将表达式(8.123)代入(8.28)和(8.30)–(8.32)中，可以得到球型振荡的动能与弹性–引力势能之和

$$\mathcal{E} = \frac{1}{2}(\omega^2\mathcal{T} + \mathcal{V}_\kappa + \mathcal{V}_\mu + \mathcal{V}_{\mathrm{g}}) \tag{8.125}$$

其中

$$\mathcal{T} = \int_0^a \rho(U^2 + V^2)\, r^2 dr \tag{8.126}$$

$$\mathcal{V}_\kappa = \int_0^a \kappa(\dot{U} + 2r^{-1}U - kr^{-1}V)^2\, r^2 dr \tag{8.127}$$

$$\begin{aligned}\mathcal{V}_\mu = \int_0^a \mu[&\frac{1}{3}(2\dot{U} - 2r^{-1}U + kr^{-1}V)^2 \\ &+ (\dot{V} - r^{-1}V + kr^{-1}U)^2 + (k^2-2)r^{-2}V^2]\, r^2 dr\end{aligned} \tag{8.128}$$

$$\begin{aligned}\mathcal{V}_{\mathrm{g}} = \int_0^a \rho[&U\dot{P} + kr^{-1}VP + 4\pi G\rho U^2 \\ &- 2gr^{-1}U(2U-kV)]\, r^2 dr\end{aligned} \tag{8.129}$$

能量$\mathcal{E}$也可以用球型拉格朗日量密度L_S表示成(8.113)的形式。球型模式的瑞利商为

$$\omega^2 = \frac{\mathcal{V}_\kappa + \mathcal{V}_\mu + \mathcal{V}_g}{\mathcal{T}} \tag{8.130}$$

根据我们所采用的归一化，$\mathcal{T}=1$，能量均分关系(8.130)成为

$$f_\kappa + f_\mu + f_g = 1 \tag{8.131}$$

这里我们定义了三个无量纲量

$$f_\kappa = \omega^{-2}\mathcal{V}_\kappa, \qquad f_\mu = \omega^{-2}\mathcal{V}_\mu, \qquad f_g = \omega^{-2}\mathcal{V}_g \tag{8.132}$$

显然，可以将f_κ、f_μ和f_g解释为一个本征频率为$\omega \neq 0$的非平凡模式中压缩、剪切和引力的能量占比。由于引力势能$\mathcal{V}_g$的符号正负均有可能，所以“占比”一词在这里必须以更广泛的含义来理解。环型模式没有压缩和引力势能；其所有的能量都在剪切势能中，故$f_\mu=1$。

*8.8.2 平凡模式

在8.7.2节中，我们已经看到平凡环型多态模式${}_0T_1$对应于内核和地幔的刚体旋转。同样地，有一个平凡球型多态模式${}_0\mathrm{S}_1$，它提供了刚体平动的三个自由度。这个$l=1$的零频“模式”的未归一化位移本征函数为$U=1$和$V=\sqrt{2}$；相应的牵引力为零，即$R=0$和$S=0$，且引力势函数微扰是纯平流的：$P=-g$，因而$B=0$。其$m=0$的单态模式的未归一化矢量位移${}_0\mathbf{s}_{10}=\mathbf{P}_{10}+\sqrt{2}\,\mathbf{B}_{10}$为

$${}_0\mathbf{s}_{10} = (3/4\pi)^{1/2}(\hat{\mathbf{r}}\cos\theta - \hat{\boldsymbol{\theta}}\sin\theta) = (3/4\pi)^{1/2}\hat{\mathbf{z}} \tag{8.133}$$

该式表示的是地球沿$\hat{\mathbf{z}}$轴的刚性平动。类似地，${}_0\mathbf{s}_{1\,-1}=\mathbf{P}_{1\,-1}+\sqrt{2}\,\mathbf{B}_{1\,-1}$和${}_0\mathbf{s}_{11}=\mathbf{P}_{11}+\sqrt{2}\,\mathbf{B}_{11}$这两个矢量分别对应于沿$\hat{\mathbf{x}}$轴和$\hat{\mathbf{y}}$轴的平动。需要注意的是，地球的某一部分，比如固态内核，是不可能完全独立于其余部分而平动的。

地转球型模式是不存在的，除非布伦特–维赛拉频率的平方在液态外核和海洋$\oplus_F$的整体或一部分中为零，即$N^2=0$。在此情况下，会有绝热位移局限于中性分层液态区域内部的零频模式存在。在任何$N^2=0$处，所有满足$\boldsymbol{\nabla}\cdot(\rho\mathbf{s})=0$或等价条件

$$V = (k\rho r)^{-1}\frac{d}{dr}(\rho r^2 U) \tag{8.134}$$

的位移都是地转球型模式的本征函数，对应的本征频率为$\omega=0$。(8.134)式中的径向位移U在中性分层区域内可以任意选择，而在中性分层区域以外$U=0$；如果在$\oplus_F$中处处都有$N^2=0$，那么U必须在固-液边界$r=d_{FS}$上为零。相应的牵引力为纯引力的，即$R=\rho gU$和$S=0$，且势函数微扰为零：即$P=0$，因而$B=4\pi G\rho U$。对所有角次数$l>0$，都有一个包含无穷多个该地转球型模式的家族；这些模式的存在归因于一个事实：即可以将$\oplus_F$中任何中性分层区域翻转而并不改变地球的弹性–引力势能。

8.8.3 一阶径向方程

球型模式所满足的三个二阶微分方程(8.43)–(8.44)和(8.53)可以写成关于U、V、P、R、S和B的六个耦合一阶方程组的形式：

$$\begin{aligned}\dot{U}=&-2(\kappa+\frac{4}{3}\mu)^{-1}(\kappa-\frac{2}{3}\mu)r^{-1}U\\&+k(\kappa+\frac{4}{3}\mu)^{-1}(\kappa-\frac{2}{3}\mu)r^{-1}V+(\kappa+\frac{4}{3}\mu)^{-1}R\end{aligned}\tag{8.135}$$

$$\dot{V}=-kr^{-1}U+r^{-1}V+\mu^{-1}S\tag{8.136}$$

$$\dot{P}=-4\pi G\rho U-(l+1)r^{-1}P+B\tag{8.137}$$

$$\begin{aligned}\dot{R}=&[-\omega^2\rho-4\rho gr^{-1}+12\kappa\mu(\kappa+\frac{4}{3}\mu)^{-1}r^{-2}]U\\&+[k\rho gr^{-1}-6k\kappa\mu(\kappa+\frac{4}{3}\mu)^{-1}r^{-2}]V\\&-4\mu(\kappa+\frac{4}{3}\mu)^{-1}r^{-1}R+kr^{-1}S\\&-(l+1)\rho r^{-1}P+\rho B\end{aligned}\tag{8.138}$$

$$\begin{aligned}\dot{S}=&[k\rho gr^{-1}-6k\kappa\mu(\kappa+\frac{4}{3}\mu)^{-1}r^{-2}]U\\&-[\omega^2\rho+2\mu r^{-2}-4k^2\mu(\kappa+\frac{1}{3}\mu)(\kappa+\frac{4}{3}\mu)^{-1}r^{-2}]V\\&-k(\kappa-\frac{2}{3}\mu)(\kappa+\frac{4}{3}\mu)^{-1}r^{-1}R-3r^{-1}S+k\rho r^{-1}P\end{aligned}\tag{8.139}$$

$$\dot{B}=-4\pi G(l+1)\rho r^{-1}U+4\pi Gk\rho r^{-1}V+(l-1)r^{-1}B\tag{8.140}$$

(8.135)–(8.140) 中所有的因变量在 $0\leqslant r\leqslant a$ 上处处连续，只有切向位移 V 在固–液边界可以有不连续跃变：即当 $r=d_{\mathrm{SS}}$ 时有 $[V]_-^+=0$；在 $r=d_{\mathrm{SS}}$ 和 $r=d_{\mathrm{FS}}$ 时有 $[U]_-^+=0$, $[P]_-^+=0$, $[R]_-^+=0$, $[S]_-^+=0$ 和 $[B]_-^+=0$。(8.124) 式中特意引入 B 的目的是要使在地球表面有齐次边界条件：

$$R=S=0\quad 和\quad B=0,\quad 当\, r=a\, 时\tag{8.141}$$

此外，剪切牵引力在滑动界面上必须为零：

$$S=0,\quad 当\, r=d_{\mathrm{FS}}\, 时\tag{8.142}$$

方程组 (8.135)–(8.140) 不依赖于模型参数的径向导数 $\dot{\kappa}$、$\dot{\mu}$ 和 $\dot{\rho}$；这使其适宜做数值积分。

8.8.4 液态区域

在地球的液态区域内刚性 μ 为零，因此剪切牵引力及其径向导数为零：即在 $\oplus_{\mathrm{F}}$ 中 $S=0$ 和 $\dot{S}=0$。此时，(8.139) 可以写成一个用 U、P 和 R 来表示切向位移 V 的代数方程：

$$V=\frac{kr^{-1}(\rho gU+\rho P-R)}{\omega^2\rho}\tag{8.143}$$

利用该结果，我们可以在剩下的四个径向本征函数 U、P、R 和 B 所满足的方程中消去 V：

$$\dot{U}=(\omega^{-2}k^2gr^{-2}-2r^{-1})U+(\kappa^{-1}-\omega^{-2}k^2\rho^{-1}r^{-2})R$$

$$+\omega^{-2}k^2r^{-2}P \tag{8.144}$$

$$\dot{P} = -4\pi G\rho U - (l+1)r^{-1}P + B \tag{8.145}$$

$$\begin{aligned}\dot{R} =&(-\omega^2\rho - 4\rho g r^{-1} + \omega^{-2}k^2\rho g^2 r^{-2})U - \omega^{-2}k^2 g r^{-2}R\\&+ [\omega^{-2}k^2\rho g r^{-2} - (l+1)\rho r^{-1}]P + \rho B\end{aligned} \tag{8.146}$$

$$\begin{aligned}\dot{B} =&4\pi G\rho[\omega^{-2}k^2 g r^{-2} - (l+1)r^{-1}]U - 4\pi G\omega^{-2}k^2r^{-2}R\\&+ 4\pi G\omega^{-2}k^2\rho r^{-2}P + (l-1)r^{-1}B\end{aligned} \tag{8.147}$$

方程组 (8.143)–(8.147) 对 $\dot{\kappa}$ 和 $\dot{\rho}$ 没有任何依赖性，这使其成为地球的简正模式地震学中首选的线性化流体动力学方程组。研究太阳和其他恒星的绝热振荡的天体物理学家和太阳震学家们通常要求解一个等价的四元方程组，而欧拉压强微扰 $p^{\mathrm{E1}} = -R + \rho g U$ 是其中使用的因变量之一，且模型是用密度 ρ、声速 $\alpha = (\kappa/\rho)^{1/2}$ 和布伦特–维赛拉或浮力频率 N 所给定 (Cox 1980; Unno, Osaki, Ando, Saio & Shibahashi 1989)。

8.8.5 径向振荡

径向模式有 $V = 0$ 和 $S = 0$，因此需要单独考虑。其相关的引力势函数微扰 P 可以用径向位移 U 表示为

$$P(r) = \begin{cases} 4\pi G \displaystyle\int_r^a \rho' U'\, dr', & \text{当}\, 0 \leqslant r \leqslant a\, \text{时} \\ 0, & \text{当}\, r \geqslant a\, \text{时} \end{cases} \tag{8.148}$$

这是方程 (8.55)–(8.56) 的一个特例。因为地球模型仍为球对称，且总质量保持不变，所以上式中的外部势函数微扰为零。利用显式表达式 (8.148)，我们可以将 U、R、P 和 B 所满足的四个一阶方程简化为径向位移 U 和牵引力 R 的两个一阶方程：

$$\dot{U} = -2(\kappa + \frac{4}{3}\mu)^{-1}(\kappa - \frac{2}{3}\mu)r^{-1}U + (\kappa + \frac{4}{3}\mu)^{-1}R \tag{8.149}$$

$$\begin{aligned}\dot{R} =&[-\omega^2\rho - 4\rho g r^{-1} + 12\kappa\mu(\kappa + \frac{4}{3}\mu)^{-1}r^{-2}]U\\&- 4\mu(\kappa + \frac{4}{3}\mu)^{-1}r^{-1}R\end{aligned} \tag{8.150}$$

此时相应的运动学边界条件为当 $r = d$ 时有 $[U]_-^+ = 0$；动力学边界条件为当 $r = d$ 时有 $[R]_-^+ = 0$ 和当 $r = a$ 时有

$$R = 0 \tag{8.151}$$

方程 (8.149)–(8.150) 与上述运动学和动力学边界条件共同构成一个施图姆–刘维尔本征值问题。因此，位移本征函数 ${}_nU_0$ 的径向节点数与阶数 n 相等。

对于径向模式，其作用量 (8.87) 式可以简化为

$$\mathcal{I}_{\mathrm{R}} = \int_0^a L_{\mathrm{R}}(U, \dot{U})\, r^2 dr \tag{8.152}$$

其中

$$L_{\mathrm{R}} = \frac{1}{2}[\omega^2\rho U^2 - \kappa(\dot{U} + 2r^{-1}U)^2 - \frac{4}{3}\mu(\dot{U} - r^{-1}U)^2 + 4\rho g r^{-1}U^2] \tag{8.153}$$

瑞利原理表明，对于任一可容许变化δU，当且仅当U是本征频率为ω的径向模式的本征函数时，$\delta\mathcal{I}_{\mathrm{R}} = 0$。欧拉–拉格朗日方程

$$\partial_U L_{\mathrm{R}} - r^{-2}\frac{d}{dr}(r^2\partial_{\dot{U}}L_{\mathrm{R}}) = 0 \tag{8.154}$$

以及相应的变分边界条件，即当$r = d$时有$[\partial_{\dot{U}}L_{\mathrm{R}}]_-^+ = 0$和当$r = a$时有$\partial_{\dot{U}}L_{\mathrm{R}} = 0$，等价于施图姆–刘维尔本征值问题(8.149)–(8.151)。

径向模式的压缩、剪切和引力势能(8.127)–(8.129)亦可简化为

$$\mathcal{V}_\kappa = \int_0^a \kappa(\dot{U} + 2r^{-1}U)^2\, r^2 dr \tag{8.155}$$

$$\mathcal{V}_\mu = \frac{4}{3}\int_0^a \mu(\dot{U} - r^{-1}U)^2\, r^2 dr \tag{8.156}$$

$$\mathcal{V}_{\mathrm{g}} = -4\int_0^a \rho(g r^{-1}U^2)\, r^2 dr \tag{8.157}$$

引力势能$\mathcal{V}_{\mathrm{g}}$的负值表明径向模式的自引力失稳效应。其物理原因是显而易见的：任何向球心移动的球壳都会感受到加大的引力作用。如果不可压缩性和刚性无法提供足够的恢复力，使得$\mathcal{V}_\kappa + \mathcal{V}_\mu + \mathcal{V}_{\mathrm{g}} \leqslant 0$，那么整个位形会产生引力坍缩。

⋆8.8.6 自引力的忽略

对于周期小于约30秒的振荡，地球的自引力在恢复力上所起的作用与其弹性不可压缩性和刚性所造成的相比可以忽略不计。因而可以令万有引力常数G、引力加速度g以及方程(8.135)–(8.140)中的引力势函数微扰P和B为零，使地球的固态区域$\oplus_{\mathrm{S}}$所满足的六个一阶微分方程被四个方程取代：

$$\dot{U} = -2(\kappa + \frac{4}{3}\mu)^{-1}(\kappa - \frac{2}{3}\mu)r^{-1}U + k(\kappa + \frac{4}{3}\mu)^{-1}(\kappa - \frac{2}{3}\mu)r^{-1}V + (\kappa + \frac{4}{3}\mu)^{-1}R \tag{8.158}$$

$$\dot{V} = -kr^{-1}U + r^{-1}V + \mu^{-1}S \tag{8.159}$$

$$\dot{R} = [-\omega^2\rho + 12\kappa\mu(\kappa + \frac{4}{3}\mu)^{-1}r^{-2}]U - 6k\kappa\mu(\kappa + \frac{4}{3}\mu)^{-1}r^{-2}V - 4\mu(\kappa + \frac{4}{3}\mu)^{-1}r^{-1}R + kr^{-1}S \tag{8.160}$$

$$\dot{S} = -6k\kappa\mu(\kappa + \frac{4}{3}\mu)^{-1}r^{-2}U - [\omega^2\rho + 2\mu r^{-2} - 4k^2\mu(\kappa + \frac{1}{3}\mu)(\kappa + \frac{4}{3}\mu)^{-1}r^{-2}]V - k(\kappa - \frac{2}{3}\mu)(\kappa + \frac{4}{3}\mu)^{-1}r^{-1}R - 3r^{-1}S \tag{8.161}$$

在地球的液态区域$\oplus_{\mathrm{F}}$，切向位移(8.143)由$V = -(kr^{-1}R)/(\omega^2\rho)$给定，同时我们得到径向位移$U$和牵引力$R$的一阶微分方程组：

$$\dot{U} = -2r^{-1}U + (\kappa^{-1} - \omega^{-2}k^2\rho^{-1}r^{-2})R \tag{8.162}$$

$$\dot{R} = -\omega^2\rho U \tag{8.163}$$

方程组(8.158)–(8.161)和(8.162)–(8.163)必须在当$r = a$时$R = S = 0$的边界条件下来求解。这种无引力近似在目前的数值应用中已经鲜少使用，因为其在$\oplus_{\mathrm{S}}$中仅需对一组四个而非六个方程积分，以及在$\oplus_{\mathrm{F}}$中只需要对一组两个而非四个方程积分的优势，已经被现代计算机的能力所抵消。在12.3节中，我们将利用这些结果来得到$\omega \to \infty$极限下的半解析的JWKB本征频率和本征函数。

因引力而得以存在的振荡，例如我们将要在8.8.11节讨论的，已经从方程组(8.158)–(8.161)和(8.162)–(8.163)中被排除。由引力主导的短波长模式则可以用一种限制性较弱的近似来研究，其中忽略P、B和G，但保留初始引力加速度g。由此所得到稍许复杂一些的方程组，包含在$\oplus_{\mathrm{S}}$中U、V、R和S所满足的四个方程和在$\oplus_{\mathrm{F}}$中U和R所满足的两个方程。在这一考林近似中，方程组(8.162)–(8.163)可以拓展为

$$\dot{U} = (\omega^{-2}k^2gr^{-2} - 2r^{-1})U + (\kappa^{-1} - \omega^{-2}k^2\rho^{-1}r^{-2})R \tag{8.164}$$

$$\dot{R} = (-\omega^2\rho - 4\rho gr^{-1} + \omega^{-2}k^2\rho g^2r^{-2})U - \omega^{-2}k^2gr^{-2}R \tag{8.165}$$

正如我们在4.3.5节中指出的，基于考林近似的方程组(8.164)–(8.165)在计算时代到来之前被用来研究太阳和其他恒星的由引力主导($f_{\mathrm{g}} \gg f_\kappa$)和声波主导($f_\kappa \gg f_{\mathrm{g}}$)的振荡。

⋆8.8.7 均匀球体：径向振荡

一个半径为a，并具有均匀的密度ρ、压缩波波速$\alpha = [(\kappa + \frac{4}{3}\mu)/\rho]^{1/2}$和剪切波波速$\beta = (\mu/\rho)^{1/2}$的自引力固体球的径向振荡是很容易计算的。这种均匀球内的引力加速度随半径呈线性变化：即在$0 \leqslant r \leqslant a$时，$g = \frac{4}{3}\pi G\rho r$。联立方程(8.149)和(8.150)可以得到一个二阶常微分方程：

$$\ddot{U} + 2r^{-1}\dot{U} + (\gamma^2 - 2r^{-2})U = 0 \tag{8.166}$$

其中$\gamma^2 = (\omega^2 + \frac{16}{3}\pi G\rho)\alpha^{-2}$。我们发现(8.166)为$l = 1$次的球贝塞尔方程，其解为：

$$U = j_1(\gamma r) \tag{8.167}$$

与位移(8.167)相应的径向牵引力$R = (\kappa + \frac{4}{3}\mu)(\dot{U} + 2r^{-1}U) - 4\mu r^{-1}U$为

$$R = (\kappa + \frac{4}{3}\mu)\gamma j_0(\gamma r) - 4\mu r^{-1}j_1(\gamma r) \tag{8.168}$$

自由表面边界条件$R(a)=0$意味着

$$\cot(\gamma a)=(\gamma a)^{-1}-\frac{1}{4}\mu^{-1}(\kappa+\frac{4}{3}\mu)\gamma a \tag{8.169}$$

均匀球的径向模式本征频率${}_n\omega_0$由方程(8.169)的根${}_n\gamma_0$确定为

$$\omega^2=\gamma^2\alpha^2-\frac{16}{3}\pi G\rho \tag{8.170}$$

对于液态($\mu=0$)球，这些根即为${}_n\gamma_0=(n+1)\pi/a$。对于泊松固体($\kappa=\frac{5}{3}\mu$)，这些根则略小一些：${}_0\gamma_0=0.82\,\pi/a$和${}_1\gamma_0=1.98\,\pi/a$。一个无自引力($G=0$)的泊松固体球的本征频率满足

$$\cot(\omega a/\alpha)=(\omega a/\alpha)^{-1}-\frac{3}{4}(\omega a/\alpha) \tag{8.171}$$

(8.171)这一结果十分著名，正如我们在第1章中所指出的，Poisson (1829)对它的推导标志着地球自由振荡理论分析的开端。

自引力的失稳效应表现在(8.170)式中具负值的最后一项$-\frac{16}{3}\pi G\rho$。最不稳定的振荡是基阶模式${}_0\mathrm{S}_0$，当不可压缩性和刚性足够小或者密度和半径足够大，以至于

$$\alpha<\alpha_{\mathrm{crit}}={}_0\gamma_0^{-1}(\frac{16}{3}\pi G\rho)^{1/2} \tag{8.172}$$

时，其本征频率的平方${}_0\omega_0^2$是负的。对于一个与太阳具有相同半径($a=696,000$千米)和平均密度($\rho=1408$千克/米^3)的均匀液态球体，避免发生引力坍缩所需的临界声波速度为$\alpha_{\mathrm{crit}}=278$千米/秒。对于一个与地球具有相同半径($a=6371$千米)和平均密度($\rho=5514$千克/米^3)的均匀泊松固态球体，其临界波速为$\alpha_{\mathrm{crit}}=\sqrt{3}\,\beta_{\mathrm{crit}}=6.18$千米/秒。太阳内部实际的声波速度从表面的近乎为零增加到日心的大约500千米/秒，而地球的地幔中实际的压缩波速度从莫霍不连续面下的8.1千米/秒增加到核幔边界上的13.7千米/秒。在这两个球体内部α、β和ρ的分层结构使它们与上述简化的例子相比更能够在径向形变下保持稳定。

★8.8.8 均匀球体：非径向振荡

Love (1911)、Pekeris 和 Jarosch (1958)以及Takeuchi 和 Saito (1972)详细讨论了一个有自引力的均匀固体球的非径向自由振荡；我们在此仅直接引用他们的结果。径向本征函数方程组(8.135)–(8.140)三个线性独立规范解中的两个可以用l和$l+1$次球贝塞尔函数表示：

$$U=l\xi r^{-1}j_l(\gamma r)-\zeta\gamma\, j_{l+1}(\gamma r) \tag{8.173}$$

$$V=k\xi r^{-1}j_l(\gamma r)+k\gamma\, j_{l+1}(\gamma r) \tag{8.174}$$

$$P=-4\pi G\rho\zeta\, j_l(\gamma r) \tag{8.175}$$

$$\begin{aligned}R=&-[(\kappa+\frac{4}{3}\mu)\zeta\gamma^2-2l(l-1)\mu\xi r^{-2}]j_l(\gamma r)\\&+2\mu(2\zeta+k^2)\gamma r^{-1}j_{l+1}(\gamma r)\end{aligned} \tag{8.176}$$

$$S=k\mu[\gamma^2+2(l-1)\xi r^{-2}]j_l(\gamma r)$$

$$-2k\mu(\zeta+1)\gamma r^{-1}j_{l+1}(\gamma r) \tag{8.177}$$

$$B=-4\pi G\rho r^{-1}[k^2+(l+1)\zeta]j_l(\gamma r) \tag{8.178}$$

其中

$$\gamma^2=\frac{\omega^2}{2\beta^2}+\frac{\omega^2+\frac{16}{3}\pi G\rho}{2\alpha^2} \pm\frac{1}{2}\left[\left(\frac{\omega^2}{\beta^2}-\frac{\omega^2+\frac{16}{3}\pi G\rho}{\alpha^2}\right)^2+\left(\frac{8\pi Gk\rho}{3\alpha\beta}\right)^2\right]^{1/2} \tag{8.179}$$

$$\zeta=\frac{3}{4}(\pi G\rho)^{-1}\beta^2(\gamma^2-\omega^2/\beta^2),\qquad \xi=\zeta-(l+1) \tag{8.180}$$

要注意的是，由于定义式(8.179)中的$\pm$号，(8.173)–(8.178)中包含了两个解。第三个线性独立的规范解由下面的代数表达式给定

$$U=lr^{l-1},\qquad V=kr^{l-1},\qquad P=(\omega^2-\frac{4}{3}\pi G\rho l)r^l \tag{8.181}$$

$$R=2l(l-1)\mu r^{l-2},\qquad S=2k(l-1)\mu r^{l-2} \tag{8.182}$$

$$B=[(2l+1)\omega^2-\frac{8}{3}\pi Gl(l-1)\rho]r^{l-1} \tag{8.183}$$

(8.181)–(8.183)式是8.8.2节中讨论的刚体本征解的推广；在$l=1$, $\omega=0$时只有这个解才满足边界条件$R=0$, $S=0$, $B=0$。均匀固体球的非平凡模式本征频率$\omega\neq 0$由如下行列式方程的根所决定

$$\det\begin{vmatrix} R_1(a) & R_2(a) & R_3(a)\\ S_1(a) & S_2(a) & S_3(a)\\ B_1(a) & B_2(a) & B_3(a)\end{vmatrix}=0 \tag{8.184}$$

其中下角标1、2和3表示三个线性独立解。以上分析均假定(8.179)的两个根γ^2为正；任何引力稳定的泊松固体($\kappa=\frac{5}{3}\mu$)球都满足此条件。可以进一步证明，该球体在径向形变下的引力稳定性也可确保其在非径向形变下的完全稳定性。

一个稳定的均匀球最低频的自由振荡是橄榄球模式${}_0\mathrm{S}_2$，这样称呼是因为其形状变化介于一个美式橄榄球（也许有人觉得更像柠檬）和一个南瓜之间。对于一个质量和大小与地球相同、且“刚性与钢相同”[Love (1911)给的数值是$\mu=8.19\times10^{10}$帕] 的泊松固体球，其基阶模式的周期“几乎恰好是60分钟”。数值积分得到的各向同性PREM模型的${}_0\mathrm{S}_2$模式所对应的周期则为53.9分钟。

对于均匀液态球体，并不像(8.179)中定义的有两个值，而是只有单一的径向波数γ:

$$\gamma^2=\frac{\omega^2+\frac{16}{3}\pi G\rho}{\alpha^2}-\left(\frac{4\pi Gk\rho}{3\omega\alpha}\right)^2 \tag{8.185}$$

$$\zeta=-\frac{3}{4}(\pi G\rho)^{-1}\omega^2,\qquad \xi=\zeta-(l+1) \tag{8.186}$$

因此，它有两个而不是三个线性独立解；其2×2的行列式方程

$$\det\begin{vmatrix} R_1(a) & R_2(a)\\ B_1(a) & B_2(a)\end{vmatrix}=0 \tag{8.187}$$

可简化为$j_l(\gamma a)=0$。通过二次关系式(8.185)，该球贝塞尔函数的每一个根${}_n\gamma_l a$既可以确定一个纯实数的本征频率(${}_n\omega_l^2>0$)，也可以确定一个纯虚数的本征频率(${}_n\omega_l^2<0$)。实数的本征频率对应于稳定的、声波所主导的地震学关注的模式；而虚数的本征频率则反映了均匀可压缩液态球体固有的引力不稳定性，其内部处处均有$N^2=-\rho g^2/\kappa<0$。不存在$l=0$次不稳定的引力模式；均匀液态球体仅有的径向振荡是受引力调节的声波模式，其本征频率由(8.169)式给定。

唯一的稳定均匀液态球体是不可压缩的，其$\kappa=\infty$。这样的球体没有径向模式，也没有高阶模式；对所有次数$l\geqslant 1$，只有一个基阶振荡，其本征频率由开尔文爵士的经典公式给定(Thomson 1863b)：

$$\omega^2=\frac{\frac{8}{3}\pi l(l-1)G\rho}{2l+1} \tag{8.188}$$

$l=1$的特例对应于刚体平动三态模式，其$\omega=0$。最低频的非平凡振荡是橄榄球模式${}_0\mathrm{S}_2$，当球体的平均密度与太阳或地球相同时，其周期分别为47.7分钟或94.3分钟。

8.8.9 数值积分

接近实际地球的包含了固态内核、液态外核、固态地幔和地壳以及液态海洋的SNREI模型的球型模式需要通过数值积分来计算。确定非径向振荡的本征频率ω及其相应的本征函数U、V、P、R、S和B可以从恰位于球心以外半径$r=\varepsilon$处开始积分，并以均匀球体的精确解(8.173)–(8.178)和(8.181)–(8.183)作为该半径处初始值。由于有三个线性独立的规范初始解，我们必须从起始半径$r=\varepsilon$到内核边界$r=c$将六个一阶方程(8.135)–(8.140)积分三次。在边界处，这些解会有两个线性独立的组合满足边界条件$S(c)=0$。与这两个线性组合相对应的连续的量$U(c)$、$R(c)$、$P(c)$和$B(c)$成为将液态外核中四个一阶方程(8.144)–(8.147)积分到核幔边界$r=b$的初始值。$U(b)$、$R(b)$、$P(b)$和$B(b)$的值与初始值$V(b)=0$和$S(b)=0$组成地幔底部的两个线性独立解；第三个容许核幔边界有切向滑动可能性的解是$U(b)=0,\ V(b)=1,\ P(b)=0,\ R(b)=0,\ S(b)=0,\ B(b)=0$。利用方程组(8.135)–(8.140)将这三个解在地幔和地壳中积分；在积分中的任何固–固界面$r=d_{\mathrm{SS}}$处，施加连续性条件$[U]_-^+=0,\ [V]_-^+=0,\ [P]_-^+=0,\ [R]_-^+=0,\ [S]_-^+=0$以及$[B]_-^+=0$。如果地球模型没有海水层，在自由表面$r=a$处将会有三个线性独立解，分别用下角标1、2和3标记。本征频率${}_n\omega_l$则为久期行列式方程(8.184)的根；一旦确定了某个特定的${}_n\omega_l$值，很容易就能得到与其径向本征函数${}_nU_l$、${}_nV_l$、${}_nP_l$、${}_nR_l$、${}_nS_l$和${}_nB_l$相对应的唯一线性组合。如果存在海水层，那么会有两个线性独立的解满足海床的边界条件$S(s)=0$。利用方程组(8.144)–(8.147)将这些解进行积分至自由表面$r=a$，然后用(8.187)确定本征频率${}_n\omega_l$。对角次数l的每一个取值都要分别进行积分以及行列式的寻根搜索。本征频率按数值大小排序，从最低频开始，依序赋予阶数$n=0,1,2,\cdots$。与环型模式一样，我们可以选择从距地心更远处开始积分，以节省计算时间，只要注意积分起始点位于等价的P-SV体波射线折返点下方足够远处。

径向模式的计算要单独进行，从$r=\varepsilon$处的均匀球解析解(8.167)–(8.168)开始，将两个一阶方程(8.149)–(8.150)积分，然后寻找$R(a)$的根$_n\omega_0$。

实用的数值积分算法，如`MINEOS`和`OBANI`，在两个方面与前面的描述有重要差别。首先，线性微分方程组(8.135)–(8.140)和(8.144)–(8.147)是刚性方程，因而即使是中高频率也会导致其直接积分结果非常不稳定。在$r=\varepsilon$处线性独立的初始解随着半径的递增而变得越来越不独立，因而在精度有限的计算机上，它们在数值上变得与一组线性相关的解毫无差别。此时行列式(8.184)和(8.187)作为尝试本征频率ω的函数的表现极差。这一困难可以通过分别求解液态区域中2×4的解矩阵的2×2的余子式和固态区域中3×6的解矩阵的3×3的余子式来克服；由此在液态和固态区域中所分别得到的6维和20维余子式矢量，除了一个常数系数外，能够唯一地表征该线性独立解的空间，且不依赖于初始基。Gilbert 和 Backus (1966; 1969)、Woodhouse (1988)推导并讨论了这些矢量在$\oplus_{\mathrm{S}}$和$\oplus_{\mathrm{F}}$区域中所满足的一阶常微分方程组，及其相应的固–液边界$r=d_{\mathrm{FS}}$的连续性条件和自由表面$r=a$的边界条件。后面这篇文献还描述了如何用余子式矢量重构原来的本征函数U、V、P、R、S和B。对于环型和径向模式，仅需将W和T或U和R对应的单个1×2的解矢量积分，其余子式形式退化为原来的径向本征函数。

第二个问题是要确保能够找到所有的本征频率和本征函数。这一问题对于非径向球型模式尤其严重，因为其频谱有许多位置邻近且间隔不规则的本征频率，如我们将在8.8.10节中看到的。直接的穷举搜索需要用极小的频率步长才能保证找到长期行列式所有的根；此外，也无法预先指定合适的频率步长。为了克服这一困难，Woodhouse (1988)推广了施图姆定理，只需两次积分便可以通过清点余子式矢量的标量积的过零次数来确定$\omega_{\min}$和$\omega_{\max}$两个值之间的本征频率数目。这一非凡的结果使得所有球型模式的本征频率能够被有效地分段限定，然后再用二分法来加以完善，而不必担心有任何遗漏。

8.8.10 球型模式展示

图8.9显示了各向同性PREM地球模型中以弹性为主导的球型振荡的频散图。如前所述，本征频率之间的间隔非常不规则；因此连接每个分支上模式$_n\omega_0-{}_n\omega_1-{}_n\omega_2\cdots$的实线展现出“阶梯”的特征。图 8.10以放大的形式展示了球型模式频散图靠近原点的区域；水平比例尺被放大(并在$l=60$截断)，因而分支之间密切靠近的图像能够看得更清楚。频散图中左上角部分的高频、高阶模式的阶梯特征最为明显。

在图8.9中右侧具有规则间隔的模式$_0\mathrm{S}_l$、$_1\mathrm{S}_l$、$_2\mathrm{S}_l$等在$l\gg 1$极限下对应于基阶和高阶*瑞利面波*，或等价于在上地幔中相长干涉的多次反射的P和SV体波。图8.11展示了几个这种瑞利波等价模式的$_0U_l$、$_1U_l$、$_2U_l$和$_0V_l$、$_1V_l$、$_2V_l$的径向变化。沿基阶和任一高阶分支，某一模式$_0\mathrm{S}_l$、$_1\mathrm{S}_l$、$_2\mathrm{S}_l$能够穿透或“感觉到”的地幔的深度随着角次数 l的增加而减小，同8.7.6节中所讨论的与勒夫波等价的环型模式$_0T_l$、$_1T_l$、$_2T_l$类似。基阶瑞利波等价模式的径向位移$_0U_l$没有径向节点，而切向位移$_0V_l$有一个径向节点。在 11.4节中我们会看到，在地球表面$r=a$处，$_0U_l$和$_0V_l$的符号差别暗示了基阶瑞利波*逆进质点运动*的特点。

阶数与频率较高且间隔不规则的模式对应于传播路径较陡、与固态内核和液态外核边界相互作用的P和SV体波。这些模式有三个截然不同的家族，每一个都表现出较为规则的本征频率$_n\omega_l$的分布图像；固定n的频散曲线的阶梯形状是这三类模式为了“规避交叉”而产生的。将观察者的眼睛贴近图8.9的纸面，以近乎平行的视角更能清晰地分辨这三类曲线；为清楚起见，我们在

图8.12中将这三类本征频率分别显示。

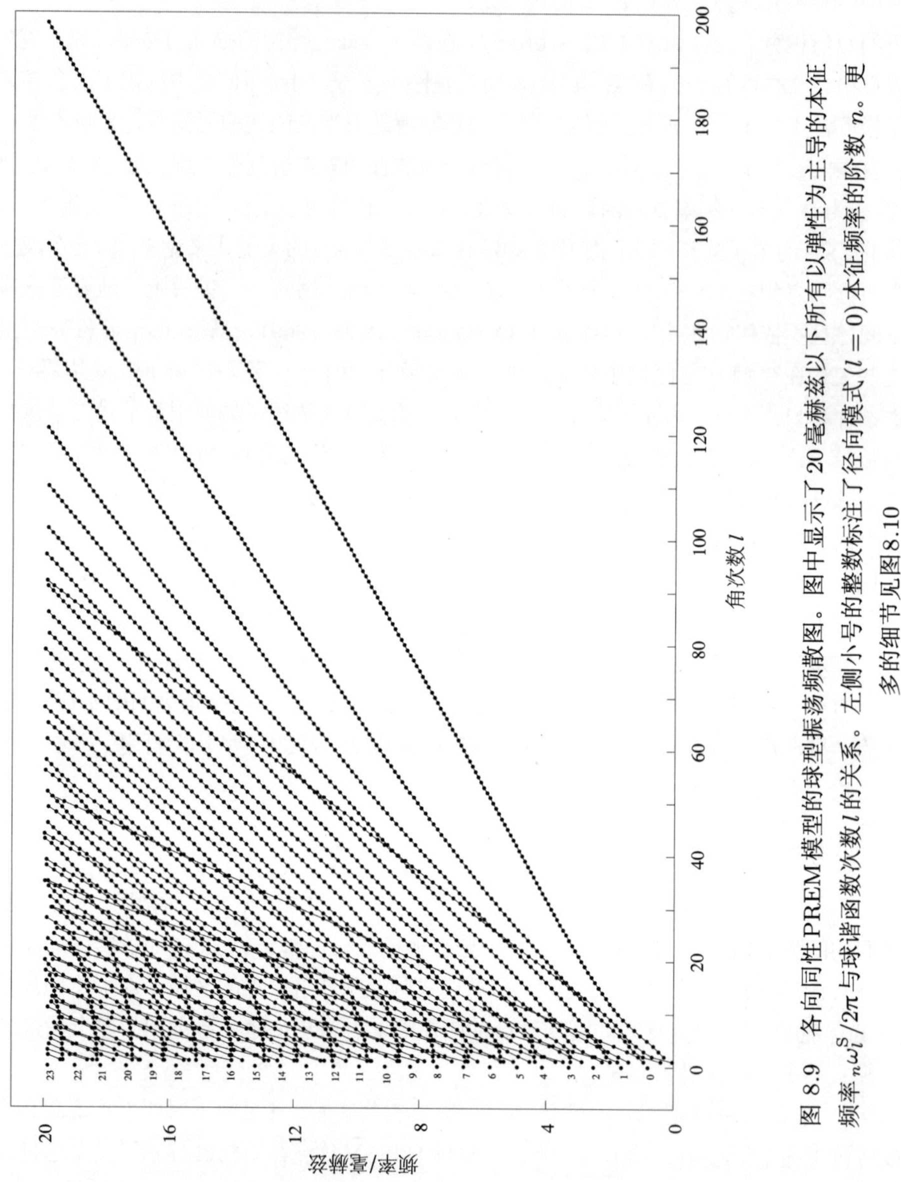

图 8.9　各向同性PREM模型的球型振荡频散图。图中显示了20毫赫兹以下所有以弹性为主导的本征频率 ${}_n\omega_l^{\mathrm{S}}/2\pi$ 与球谐函数次数 l 的关系。左侧小号的整数标注了径向模式($l=0$)本征频率的阶数 n。更多的细节见图8.10

第一类模式在接近纵轴时渐近群速度为 $d\omega/dk \approx 0$，对应于地幔中相长干涉的$\mathrm{ScS_{SV}}$体波；第二类具有中等群速度$d\omega/dk$，对应于整个地球内部相长干涉的PKIKP波；最后的第三类则具有最大的群速度$d\omega/dk$，对应于局限在固态内核中相长干涉的$\mathrm{J_{SV}}$波；与$\mathrm{ScS_{SV}}$等价和与$\mathrm{J_{SV}}$等价的模式分别是与$\mathrm{ScS_{SH}}$等价的地幔环型模式 ${}_n\mathrm{T}_l$ 和与$\mathrm{J_{SH}}$等价的内核环型模式${}_n\mathrm{C}_l$相对应的球型振荡。对比图8.3和图8.12可知，$\mathrm{ScS_{SV}}$和$\mathrm{ScS_{SH}}$的频散曲线近乎重叠；两者中$l \approx 1$的相邻本征频率之间的间隔约等于$2\pi/T_{\mathrm{ScS}}$，其中$\mathrm{T_{ScS}}$是垂直传播的剪切波往返走时。$\mathrm{J_{SV}}$和$\mathrm{J_{SH}}$模式有相同的渐近群速度$d\omega/dk$并在$l \approx 1$时有相同的间隔，即$2\pi/T_{\mathrm{J}}$，其中T_{J}是剪切波$\mathrm{J_{SV}}$或$\mathrm{J_{SH}}$在内核传播所需的时间；然而，与$\mathrm{ScS_{SV}}$和$\mathrm{ScS_{SH}}$模式不同，它们是相互交错的，如图8.13

所示。每条PKIKP等价模式的频散曲线在角次数为零时以径向模式${}_n\mathrm{S}_0$终止。相邻径向模式本征频率之间的间隔${}_{n+1}\omega_0 - {}_n\omega_0$约等于$2\pi/T_{\mathrm{PKIKP}}$，其中$T_{\mathrm{PKIKP}}$是穿过地心的PKIKP波的走时。对阶数较高的高频球型模式划分为近似独立的$\mathrm{ScS}_{\mathrm{SV}}$、$\mathrm{J}_{\mathrm{SV}}$和PKIKP三大家族可以借助第12章中的模式–射线二象性的JWKB分析来理解。

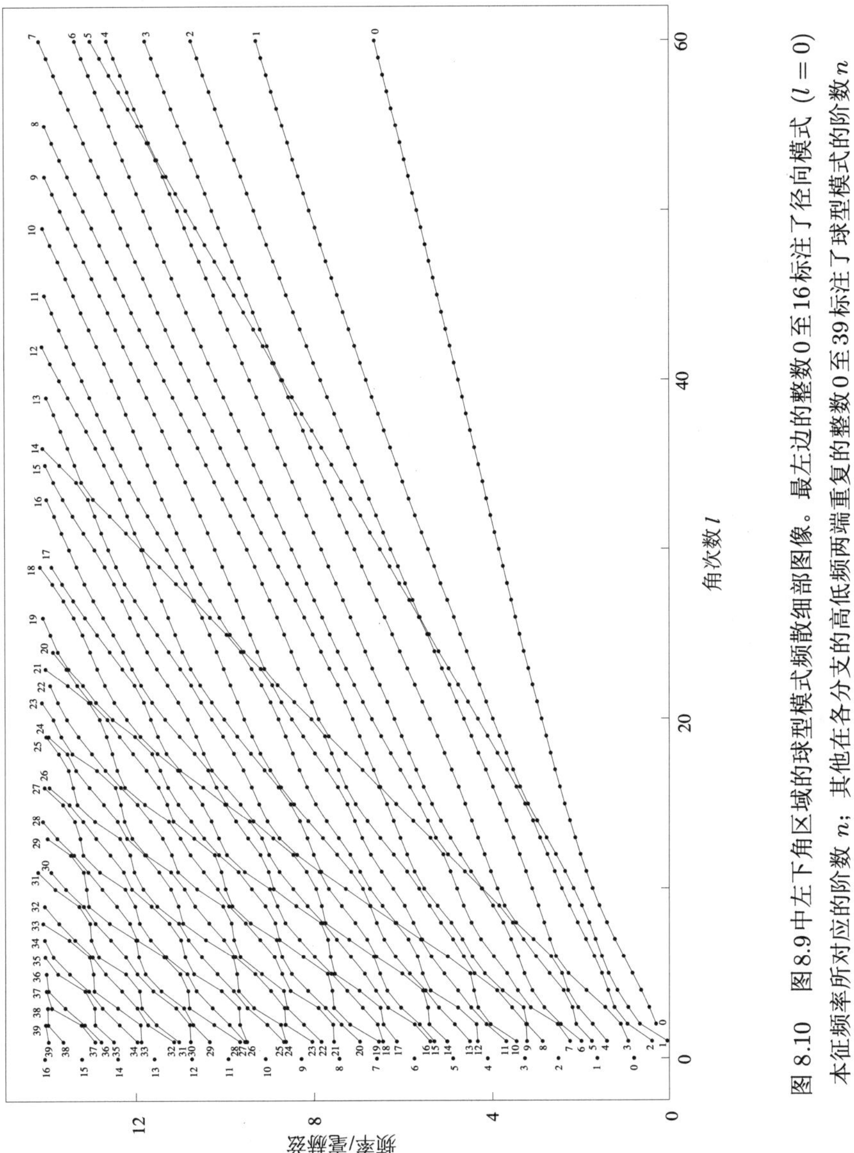

图 8.10　图8.9中左下角区域的球型模式频散细部图像。最左边的整数0至16标注了径向模式 ($l = 0$) 本征频率所对应的阶数 n；其他在各分支的高低频两端重复的整数0至39标注了球型模式的阶数 n

从某种意义上说，图8.3中看似规则的环型模式频散图是一种假象：如果把地幔模式${}_n\mathrm{T}_l$和内核模式${}_n\mathrm{C}_l$放在一起显示，并相应地重新赋予阶数n，则“整个地球”的环型模式频散曲线将像球型模式频散曲线一样呈现出阶梯和紧密接触的特征。地幔和内核环型振荡由于中间存在的液态外核而完全解耦；因此，它们可以分别考虑。相反，阶数较高的高频球型模式的三种类型之间只是近似独立的；行列式 (8.184) 和 (8.187) 不加区别地展现出所有三种类型的根；为此，它们必须在同一个球型频散图中显示。

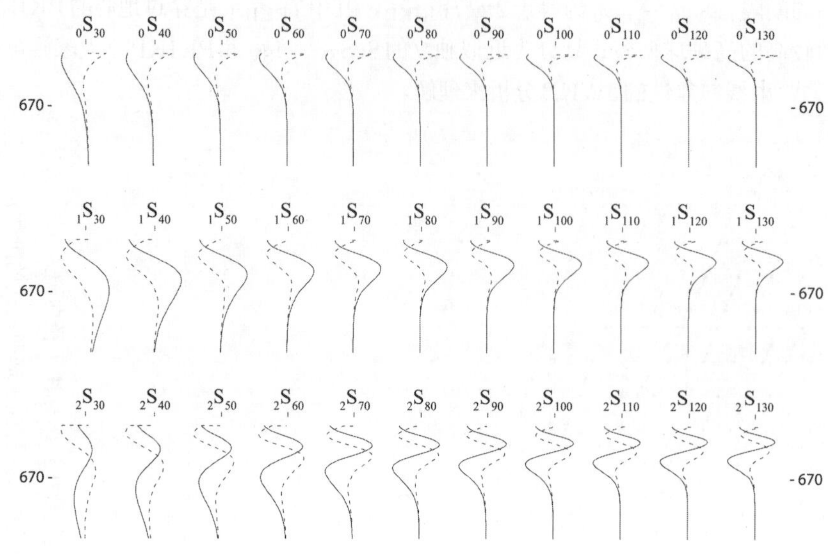

图 8.11　与瑞利波等价的基阶（上），一阶（中）和二阶（下）分支的本征函数 $_0U_l$、$_1U_l$、$_2U_l$ (实线) 和 $_0V_l$、$_1V_l$、$_2V_l$ (虚线)。纵轴从地表延伸到1200千米深度；图中标明了670千米不连续面的位置

图8.14显示了几个二次球型模式 $_n\mathrm{S}_2$ 的径向和切向位移本征函数 U 和 V。$\mathrm{ScS_{SV}}$ 等价模式在地幔中有较大的、主要为切向的位移；PKIKP等价模式在整个地球中有显著的、主要为径向的位移；$\mathrm{J_{SV}}$ 等价模式在固态内核外部的位移可以忽略不计；$\mathrm{J_{SV}}$ 模式仅在地心 $r=0$ 附近才有显著径向位移。所有这些特征在图中右侧较高阶数的高频模式 $_{42}\mathrm{S}_2$、$_{34}\mathrm{S}_2$ 和 $_{45}\mathrm{S}_2$ 中表现得最为明显。一些较低频的模式是不单纯的混合模式；例如 $_{21}\mathrm{S}_2$、$_{30}\mathrm{S}_2$ 和 $_{33}\mathrm{S}_2$ 这三个 $\mathrm{ScS_{SV}}$ 模式以及 $_{15}\mathrm{S}_2$ 和 $_{16}\mathrm{S}_2$ 这两个 $\mathrm{J_{SV}}$ 模式均表现出次要的 PKIKP 特征（在整个地球中不可忽略的径向位移）。解耦的 $\mathrm{ScS_{SH}}$ 和 $\mathrm{J_{SH}}$ 模式的环型位移本征函数 W 分别在地幔以外和内核以外完全为零；而高频 $\mathrm{ScS_{SV}}$ 和 $\mathrm{J_{SV}}$ 的本征函数虽然分别主要局限于地幔和内核，但处处都不为零。

图 8.9 中，沿斜率约为0.2 (毫赫兹/单位 l) 和0.4 (毫赫兹/单位 l) 两条显眼的直线上的本征频率 $_n\omega_l$，分别对应于局限在核幔边界和内核边界上的所谓的斯通利 (Stoneley) 模式。在固–液界面上的经典的斯通利波是无频散的 (Stoneley 1924; Scholte 1947)；因而其本征频率排列得如此整齐。

图8.15显示了几个核幔边界和内核边界斯通利模式的径向本函数 $_nU_l$ 和 $_nV_l$。径向位移呈现从边界处的最大值随着离开边界的距离以近似指数的形式减小，而切向位移在固态区域内有一个节点；随着频率的增加，位移越来越局限在边界附近。第一、第二和第三条 $\mathrm{J_{SV}}$ 等价模式的频散分支的本征函数与内核边界斯通利模式的本征函数有相似的特征，只是径向位移 $_nU_l$ 在内核中分别有一、二和三个节点。实际上，内核斯通利模式构成了 $\mathrm{J_{SV}}$ 的“基阶”分支，而第一、第二和第三 $\mathrm{J_{SV}}$ 分支则是ICB斯通利模式的“高阶模式”。内核振荡 $\mathrm{J_{SV}}$ 和高频斯通利振荡都没有什么实际意义，因为他们不能被地壳或上地幔中的地震有效激发，也不能被位于地表的地震仪观测到。

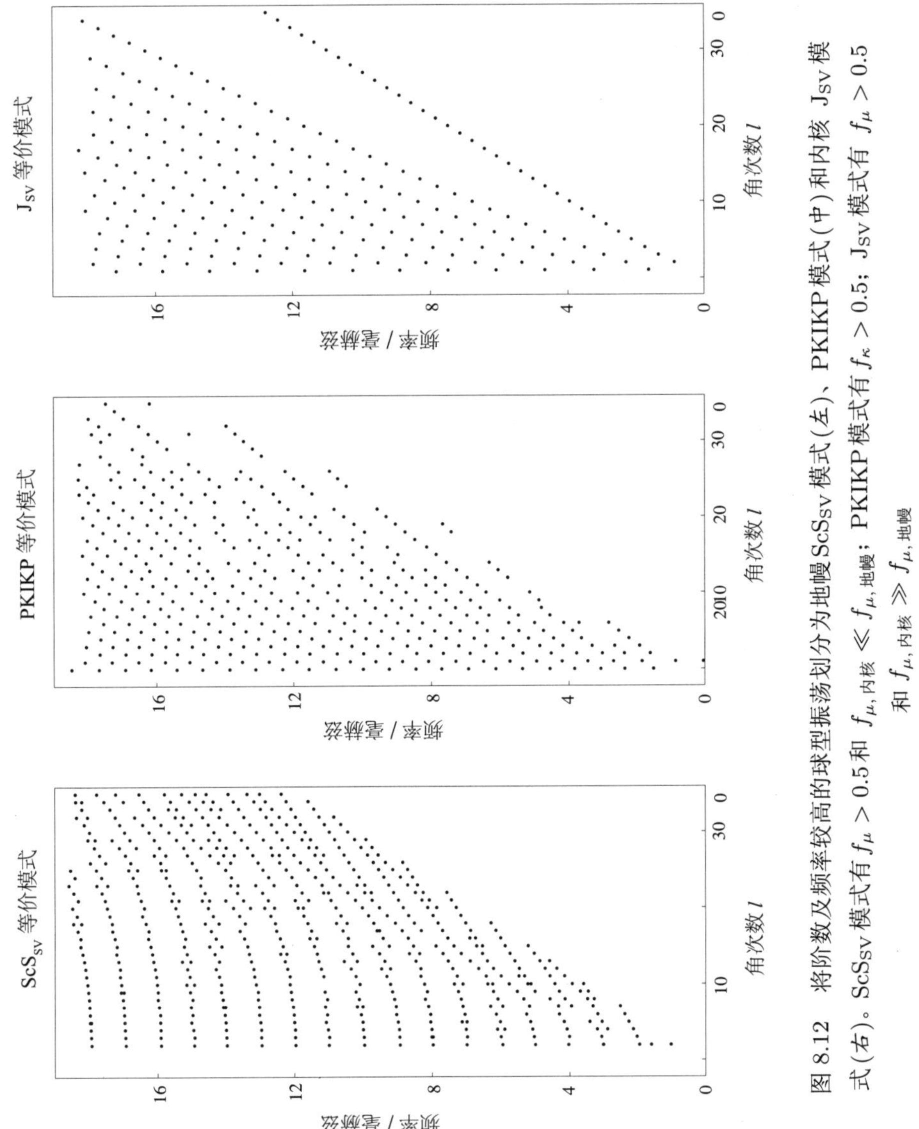

图 8.12 将阶数及频率较高的球型振荡划分为地幔 ScS$_{\rm SV}$ 模式(左)、PKIKP 模式(中)和内核 J$_{\rm SV}$ 模式(右)。ScS$_{\rm SV}$ 模式有 $f_\mu > 0.5$ 和 $f_{\mu,内核} \ll f_{\mu,地幔}$；PKIKP 模式有 $f_\kappa > 0.5$；J$_{\rm SV}$ 模式有 $f_\mu > 0.5$ 和 $f_{\mu,内核} \gg f_{\mu,地幔}$

图8.16显示了前十个径向振荡的位移本征函数${}_0U_0,\cdots,{}_9U_0$及其相应的牵引力${}_0R_0,\cdots,{}_9R_0$；根据施图姆定理，径向位移节点数等于阶数n。振荡的径向“波长”是等价的径向传播的PKIKP波的波长。地心附近的较大位移是因为渐近的r^{-1}型发散（见12.3.5节）。如图8.17所示，在各向同性PREM模型中周期为20.5分钟的基阶径向模式${}_0\mathrm{S}_0$并无节点，且大致相当于一个均匀的压缩和膨胀，或地球整体在向内和向外“呼吸”。

观测到的最低频的地球自由振荡是著名的橄榄球模式${}_0\mathrm{S}_2$，它在各向同性PREM模型中的周期为53.9分钟。其$m=0$的单态模式有一个形为$\mathbf{s}=\frac{1}{4}(5/\pi)^{1/2}\,{}_0U_2(r)(3\cos^2\theta-1)\hat{\mathbf{r}}-\frac{3}{2}(5/6\pi)^{1/2}\,{}_0V_2(r)\sin\theta\cos\theta\hat{\boldsymbol{\theta}}$的轴对称矢量位移场；地球表面交替地呈现瘦长和扁平的椭球形状，如图8.17所示；而图8.18则展示其径向和切向本征函数${}_0U_2$、${}_0V_2$及其相应的牵引力${}_0R_2$、${}_0S_2$。显然，其运动涉及了整个地球。

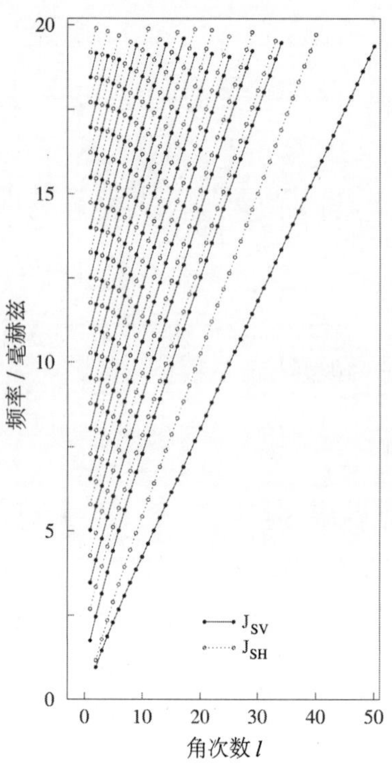

图 8.13 内核模式 J_{SV} 和 J_{SH} 的本征频率。这两组频散曲线之间的相互交错可以归因于在接近地心折返时，J_{SV} 波的水平分量符号发生反转，而 J_{SH} 波则不变

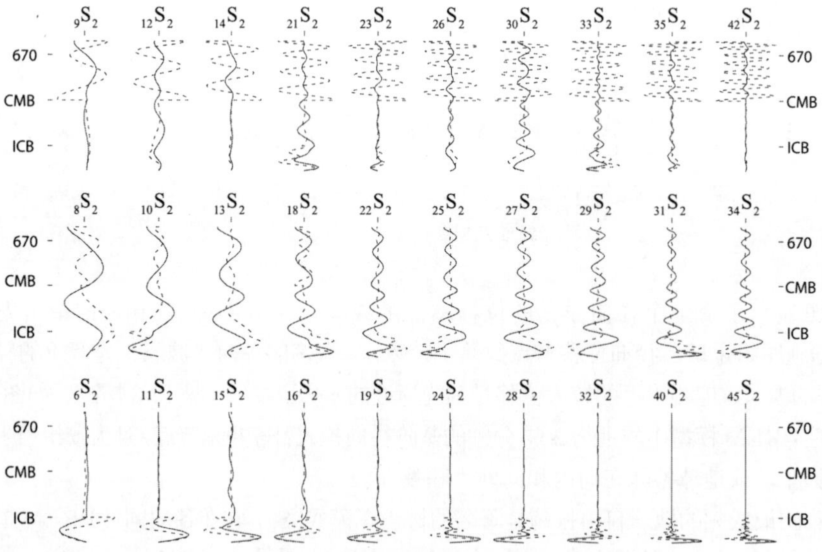

图 8.14 依照类型排列的几个 $l=2$ 的球型模式的本征函数 ${}_nU_2$ (实线) 和 ${}_nV_2$ (虚线)：ScS_{SV} 模式 (上)、PKIKP 模式 (中) 和 J_{SV} 模式 (下)。阶数 n 和频率 ${}_n\omega_l$ 向右逐渐增加。纵轴从自由表面延伸到地心；图中标明了 670 千米不连续面、核幔边界 (CMB) 和内核边界 (ICB) 的位置

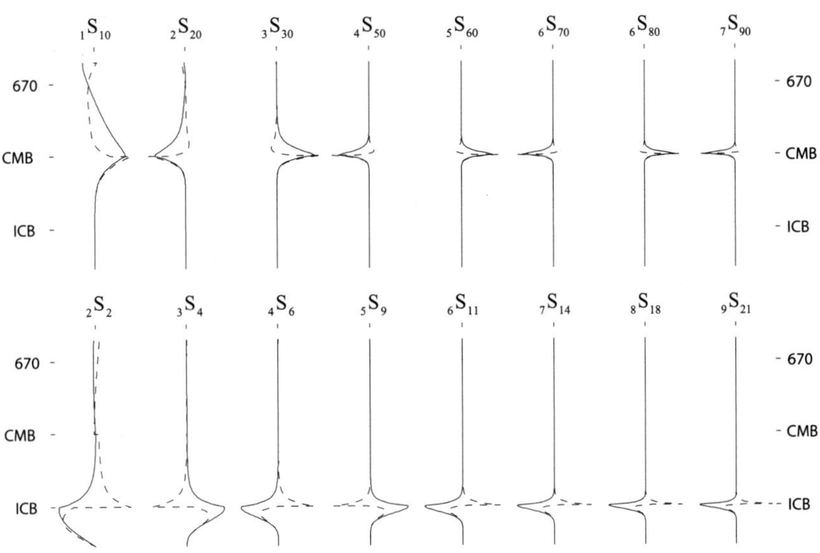

图 8.15 几个核幔边界 (CMB) 斯通利模式 (上) 与内核边界 (ICB) 斯通利模式 (下) 的本征函数 ${}_nU_l$ (实线) 和 ${}_nV_l$ (虚线)。纵轴从自由表面延伸到地心

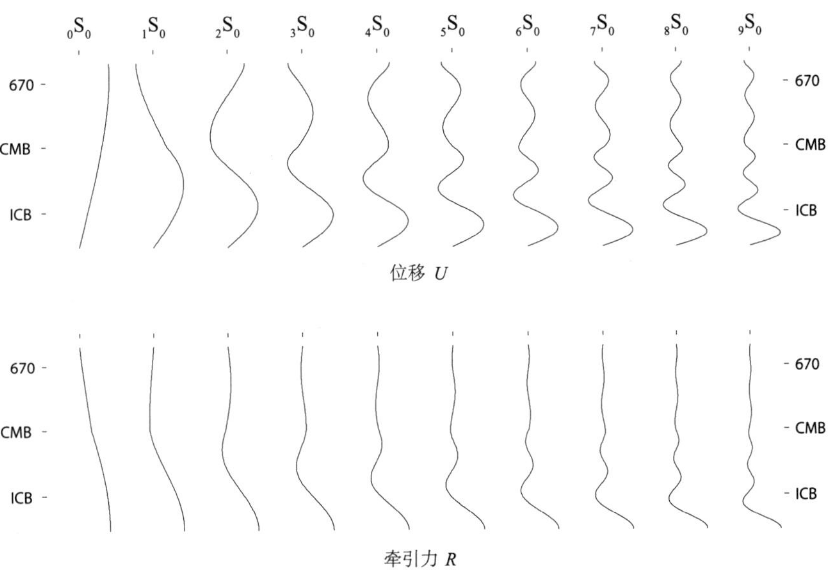

图 8.16 前十个径向模式的位移 ${}_nU_0$ (上) 及其相应的牵引力 ${}_nR_0$ (下)。纵轴从自由表面延伸到地心；图中标明了 670 千米不连续面、核幔边界 (CMB) 和内核边界 (ICB) 的位置

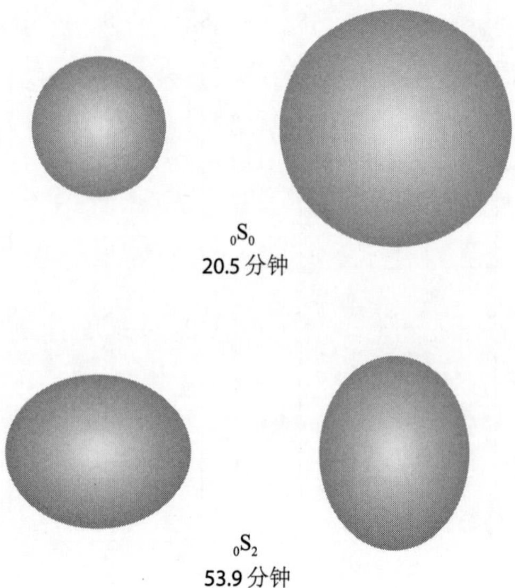

图 8.17 基阶径向模式 $_0S_0$ (上) 和橄榄球模式 $_0S_2$ 的 $m=0$ 单态模式 (下) 示意图。图中所示为振荡周期的两个极端相位

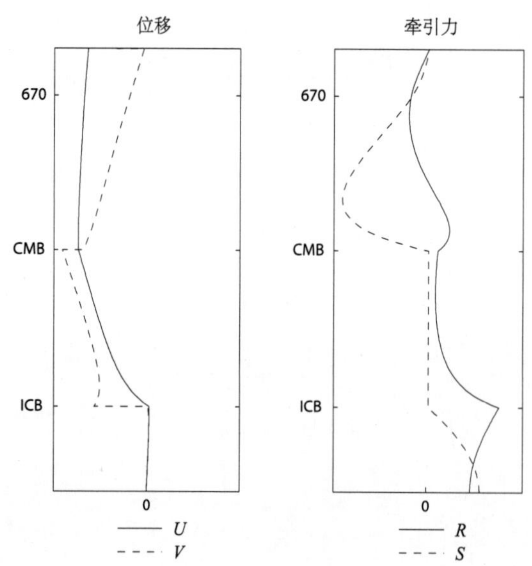

图 8.18 橄榄球模式 $_0S_2$ 的位移本征函数 $_0U_2$、$_0V_2$ (左) 及其相应的牵引力 $_0R_2$、$_0S_2$ (右) 的径向变化。纵轴从自由表面延伸到地心。图中标明了 670 千米不连续面、核幔边界 (CMB) 和内核边界 (ICB) 的位置

图 8.9 中唯一更低频的振荡是斯利克特 (Slichter) 模式或内核平动模式 $_1S_1$，其理论周期为 325 分钟或约五个半小时。这个模式的存在是由 Slichter (1961) 首先提出的，它本质上是固态内核相

对于液态外核和固态地幔的刚性平动；其位移 ${}_1U_1$、${}_1V_1$ 及相应的牵引力 ${}_1R_1$、${}_1S_1$ 如图8.19所示。在内核 $0 \leqslant r \leqslant c$ 中，径向和切向位移均为近似恒定 (${}_1V_1 \approx \sqrt{2}\,{}_1U_1$)；在外核 $c \leqslant r \leqslant b$ 中，其运动表现为流体的“回流”，即流体必须让出位置以便内核能够移动。$m = -1, m = 1$ 以及 $m = 0$ 的单态模式分别对应于沿 x、y 和 z 轴的平动。斯利克特模式的本征频率 ${}_1\omega_1$ 是一个强烈依赖于内核边界密度跃变的函数，因为其主要恢复力是固态内核的负浮力 (Smith 1976)。原则上，固态内核的平动可以被地球表面的重力仪观测到；然而，到目前为止，斯利克特模式并未被明确地检测到。计算内核和核幔边界的斯通利模式以及斯利克特模式对于 `MINEOS` 和 `OBANI` 等数值计算程序都是一个难题，因为需要施加边界条件 (8.141) 的自由表面 $r = a$ 本质上是一个节点。

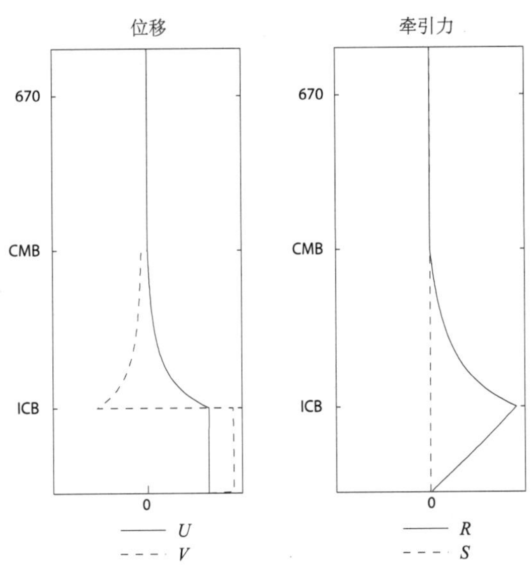

图 8.19　斯利克特或内核平动模式 ${}_1\mathrm{S}_1$ 的位移本征函数 ${}_1U_1$ 、${}_1V_1$ (左) 及其相应的牵引力 ${}_1R_1$、${}_1S_1$ (右) 的径向变化。纵轴从自由表面延伸到地心。图中标明了670千米不连续面、核幔边界 (CMB) 和内核边界 (ICB) 的位置

表8.2列出了一些具有代表性的球型模式的压缩、剪切和引力势能的占比。需要注意的是，在所有例子中，$f_\kappa + f_\mu + f_\mathrm{g} = 1$。引力势能占比最大的两种模式是斯利克特模式 ${}_1\mathrm{S}_1$ 和橄榄球模式 ${}_0\mathrm{S}_2$；这两个例子中，$\mathcal{V}_\mathrm{g}$ 都是正的，表明引力的作用是使变形的地球恢复到其平衡态的球对称位形，从物理而言这是显而易见的。径向振荡 ${}_n\mathrm{S}_0$ 的负的引力势能反映了自引力对这些模式的失稳作用。还值得注意的是基阶径向模式 ${}_0\mathrm{S}_0$ 的剪切能成分极低，它所包含的几乎是地球纯粹的收缩和膨胀。地幔的 $\mathrm{ScS_{SV}}$ 模式和内核的 $\mathrm{J_{SV}}$ 模式几乎将所有的能量以剪切形式储存，而PKIKP模式则将绝大部分的能量以压缩形式储存。PKIKP模式的能量中有一部分 (20% 至 30%) 是剪切能，反映了地幔中的P波和固态内核中的I波兼具压缩–剪切的混合特性。所有局限在边界上的模式，包括短周期瑞利波等价模式以及内核和核幔边界斯通利模式，都以剪切为主，只有很小一部分 (10% 至 20%) 的能量是压缩的。这是弹性界面波的一个特征。

在赋予辨识符号 ${}_n\mathrm{S}_l$ 时，便捷的做法是包含所有的以弹性为主的模式，包括内核 $\mathrm{J_{SV}}$ 模式和

表 8.2 一些球型模式的频率$\omega/2\pi$（毫赫兹）与压缩、剪切和引力势能占比

模式	$\omega/2\pi$/（毫赫兹）	f_κ	f_μ	f_g	名称或描述
${}_0S_0$	0.8143	1.30	0.03	−0.33	基阶径向
${}_1S_0$	1.6313	0.95	0.16	−0.11	高阶径向
${}_2S_0$	2.5105	0.88	0.17	−0.05	高阶径向
${}_0S_2$	0.3093	0.12	0.55	0.33	橄榄球模式
${}_0S_3$	0.4686	0.16	0.65	0.19	梨形模式
${}_0S_{10}$	1.7265	0.23	0.81	−0.04	基阶瑞利
${}_0S_{20}$	2.8784	0.20	0.81	−0.01	基阶瑞利
${}_0S_{30}$	3.8155	0.16	0.85	−0.01	基阶瑞利
${}_0S_{40}$	4.7101	0.14	0.86	−0.00	基阶瑞利
${}_{10}S_6$	4.9142	0.03	1.01	−0.04	内核 J_{SV}
${}_{16}S_3$	6.2225	0.02	1.02	−0.04	内核 J_{SV}
${}_{24}S_8$	10.8312	0.04	0.99	−0.03	内核 J_{SV}
${}_{14}S_3$	5.4075	0.03	0.98	−0.02	地幔 ScS_{SV}
${}_{17}S_6$	7.5806	0.10	0.92	−0.02	地幔 ScS_{SV}
${}_{24}S_5$	9.6478	0.02	0.99	−0.02	地幔 ScS_{SV}
${}_{11}S_5$	5.0744	0.72	0.30	−0.02	PKIKP
${}_{16}S_6$	7.1537	0.75	0.26	−0.01	PKIKP
${}_{27}S_2$	9.8653	0.80	0.21	−0.01	PKIKP
${}_1S_{10}$	2.1484	0.14	0.80	0.06	核幔边界斯通利
${}_2S_{18}$	3.8745	0.20	0.77	0.03	核幔边界斯通利
${}_3S_4$	1.8333	0.08	0.93	−0.01	内核边界斯通利
${}_6S_{11}$	4.5350	0.06	0.94	−0.00	内核边界斯通利
${}_1S_1$	0.0513	0.64	0.00	0.36	斯利克特模式

注：表中所列数值是基于各项同性PREM地球模型

斯通利模式。然而，这种命名规则的一个令人烦恼之处是它依赖于地球模型。为说明这一点，我们考虑一个PKIKP等价模式${}_nS_l$和一个J_{SV}等价模式${}_{n+1}S_l$，在某一给定的地球模型中它们的本征频率非常接近一个交叉规避点，因而几乎相等。假设现在将固态内核中的剪切波速β略微减小，但保持压缩波速α处处不变；J_{SV}模式的频率${}_{n+1}\omega_l$将略微下降，而PKIKP模式的频率${}_n\omega_l$则基本不变。如果β的变化足够大，这一改变将导致两个模式互换身份，从而使${}_nS_l$变成内核模式J_{SV}，而${}_{n+1}S_l$变成PKIKP模式。例如，观测到的SNREI频率为4.04毫赫兹的PKIKP模式，在平均内核剪切波速为$\beta \approx 3.6$千米/秒的地球模型1066A中为${}_{10}S_2$，而在平均内核剪切波速为$\beta \approx 3.5$千米/秒的地球模型1066B中为${}_{11}S_2$ (Gilbert & Dziewonski 1975)。这种准简并的PKIKP和J_{SV}模式的其它例子还有${}_6S_2-{}_7S_2$、${}_5S_{10}-{}_6S_{10}$和${}_{11}S_8-{}_{12}S_8$。

★8.8.11 海啸与地核引力模式

除了前面讨论的以弹性为主的模式，如PREM一样接近真实的SNREI地球模型还有两种以引力为主的球型振荡，它们并没有被显示在图8.9中，也没有在赋予辨识符号${}_nS_l$时加以考虑。这些“奇特的”球型振荡中的第一种是海水的表面重力或*海啸模式*。图8.20比较了海啸模式与${}_0S_l$

分支模式的本征频率；显然，将 ${}_0S_l$ 命名为地球的“基阶”球型模式分支并不恰当！如图8.21所示，海啸模式的位移本征函数主要局限于均匀的海水中。当周期为1505秒（角次数 $l=135$）时，

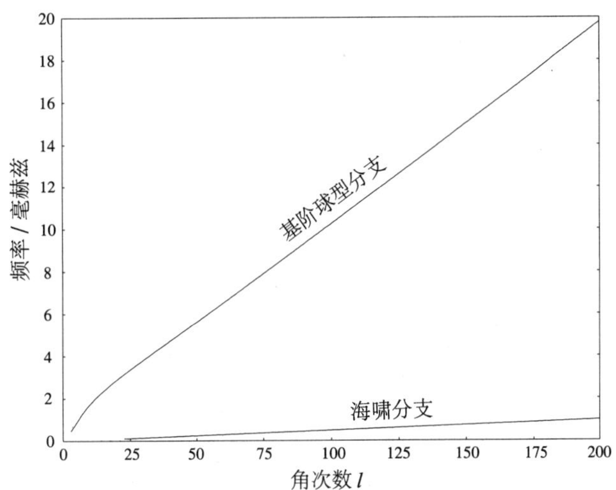

图 8.20 具有4千米厚海水层的修改后的PREM模型中海啸模式和基阶球型模式频散图比较。在 $l \leqslant 200$ 时，海啸模式可以很好地近似为无频散的

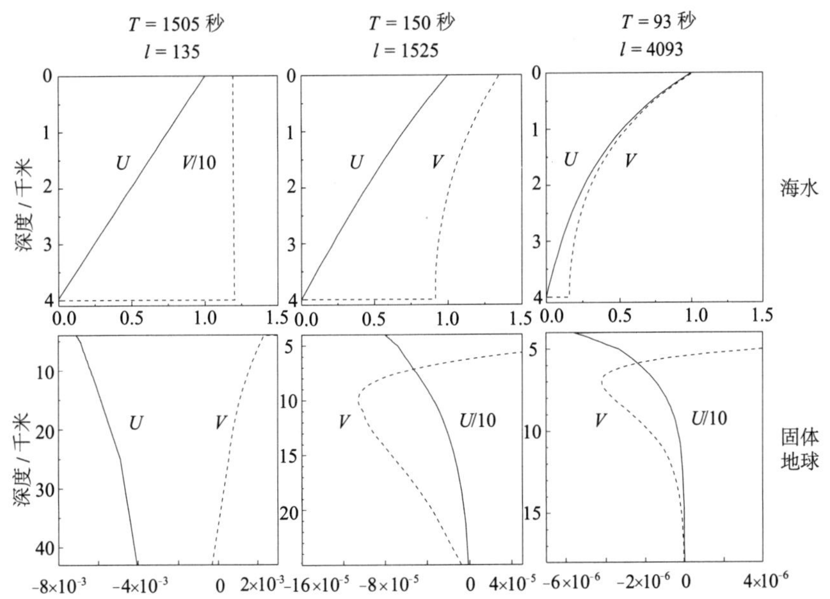

图 8.21 海啸模式的位移本征函数 U (实线) 和 V (虚线)。从左至右，周期分别为1505、150和93秒，对应的角次数分别为 $l=135$, $l=1525$ 和 $l=4093$。(上) 4千米海水层内的本征函数。(下) 固体地球中本征函数的放大图。在所有例子中，纵轴表示海面以下深度 $z=a-r$；请注意在固体中的深度比例尺不同。为便于显示，所有不同周期的本征函数都归一化成在 $z=0$ 处 $U=1$

海水中的径向本征函数U大约是切向本征函数V的十分之一，也就是说海水来回晃动但几乎没有自由表面的变形。此外，V在海水中几乎是恒定的，而U从表面的最大值以大致线性减小到几乎为零的海床。这些都是无频散浅水表面重力波的特征 (Lamb 1932; Lighthill 1978)。对于海水下面的固体地球，相应的位移U和V比海水中的位移小两个数量级以上；一个1505秒的海啸只能“感觉”到固体地球中50千米左右的深度。当周期为150秒 ($l \approx 1500$) 时，海水中的径向和切向位移大小相当；相应的固体地球位移则要小几乎四个数量级，且仅能“感觉”到海床以下约20千米的深度。最后，当周期为93秒（$l \approx 4000$）时，U和V在海水中几乎相等；两者均呈现随深度z的近似指数衰减$\exp(-kz/a)$，这是深水表面重力波的特征。伴随这种 90 秒的海啸的固体地球位移在海床以下10千米深度完全可以忽略不计。浅水和深水特征之间的转换发生在50 到 100秒周期之间；周期更短的海啸模式无法被地震激发，因为它们根本无法觉察到下方固体地球的存在。因此，海啸的主要观测周期是几百到几千秒。即使在长周期，整个固体地球实际上显然都是形变的一个节点；这当然也是为什么只有大型的海底浅源地震才能引发海啸。所有海啸模式的势能$\mathcal{V}_\kappa + \mathcal{V}_\mu + \mathcal{V}_{\rm g}$有95%以上为引力势能。Ward (1980) 率先将SNREI地球简正模式理论用于研究海啸的生成和传播；Okal (1982) 则对海啸模式分支的频散做了渐近分析。

液态地核引力模式，也叫作地核*基下模式*，是第二种“奇特的”引力振荡。这类尚未观测到的模式的理论本征频率对于液态外核中布伦特–维赛拉频率N的径向分布十分敏感。如果在整个外核$c \leqslant r \leqslant b$中处处有$N^2 > 0$，那么会存在无穷多个基下模式，它们具有实数的本征频率，范围为$0 \leqslant \omega \leqslant N_{\max}$；另一方面，如果在$c \leqslant r \leqslant b$中处处有$N^2 < 0$，则存在无穷多个本征频率为纯虚数 ($\omega^2 < 0$) 的不稳定基下模式。用地震本征频率观测值所约束的模型一般在地核中具有$N^2 > 0$与$N^2 < 0$交替变化的区域；因而会有$\omega^2 > 0$和$\omega^2 < 0$两种地核模式，其相应的本征函数分别主要局限于稳定和不稳定的层内。然而，这些基下振荡的细节都没有什么意义，因为任何特定的最佳拟合模型 (如PREM) 对地核中的N约束仍然很差。如果液态地核是中性分层的（同时没有地表的海水层)，因而$\oplus_{\rm F}$中处处有$N = 0$，则不存在非平凡的引力模式。这种中性分层模型反而具有无限维的地转本征空间，其相应的简并本征频率为$\omega = 0$，如8.8.2节所述。

将方程 (8.143)–(8.147) 适当地合并，可以得到如下关系

$$\omega^2 \frac{d}{dr}(rV) = \omega^2 kU - kN^2(\rho g)^{-1}R \tag{8.189}$$

而$\oplus_{\rm F}$中的所有模式都必须满足上式。对于$\omega = 0$的平凡模式，在液态外核的任何中性分层区域，方程 (8.189) 均成立。对于$\omega \neq 0$ 的非平凡模式，方程 (8.189) 在$N = 0$时可以简化为$\dot{V} + r^{-1}V - kr^{-1}U = 0$。在一个具有中性分层液态外核的地球模型中，所有非平凡球型振荡都必须满足这一简单关系，包括以弹性为主的振荡${}_n\mathrm{S}_l$。

*8.8.12 大气模式

原则上，地球大气层的存在可以通过将 (8.143)–(8.147) 这四个流体动力学方程从海水层表面继续向上积分来处理，并在海水–大气界面$r = a$施加连续性条件$[U]_-^+ = 0,\ [P]_-^+ = 0,\ [R]_-^+ = 0$和$[B]_-^+ = 0$。在$r \to \infty$极限（实际上是高程$r - a \approx 200$千米）下，有必要施加一个依赖频率的边界条件，来规范向外辐射到密度ρ和不可压缩性κ均为无穷小的外大气层中的声波–引力能 (Watada 1995; Lognonné, Clévédé & Kanamori 1998)。具有上覆大气层的地球模型除了已经讨论过的模式之外，还有丰富的受大气中布伦特–维赛拉频率N控制的以引力为主的模式以及受

大气中声速$\alpha = (\kappa/\rho)^{1/2}$控制的以声波为主的模式。后者可以很好地近似为无频散的，其本征频率ω在$0 \leqslant l \leqslant 100$范围内基本上与角次数无关，如图8.22所示。

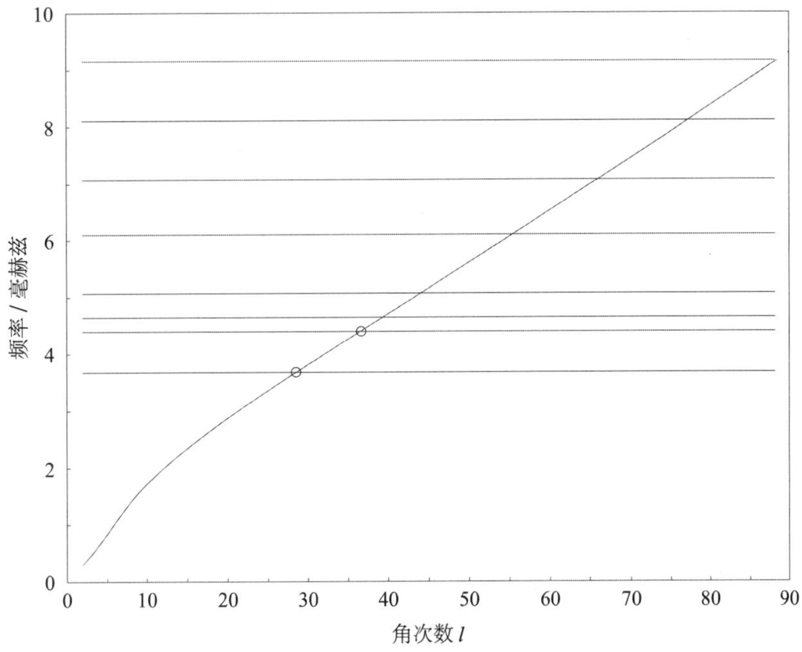

图 8.22　基阶和前七个高阶声波模式的实数本征频率$\omega/2\pi$的频散图。小到可以忽略的群速度$d\omega/dk \approx 0$表明与之相关的大气声波的传播几乎是无频散的。与之相交的曲线是基阶地幔球型模式${}_0\mathrm{S}_l$的频散曲线。小圆圈标记在角次数$l = 28-29$ ($\omega/2\pi = 3.68$毫赫兹) 和$l = 36-37$ ($\omega/2\pi = 4.40$毫赫兹) 处的两个交点

表8.3总结了基阶和前七个高阶声波模式的频率和品质因子。其衰减几乎完全是由于能量的向外辐射；这些模式有一个很小的指数尾巴延伸到下方的固–液地球；然而，地幔内部的固有衰减效应并不显著。只有基阶和第一高阶模式有$Q > 10$；高阶模式所具有的较低的品质因子表明它们并不完全被局限在大气中。

表 8.3　在无频散范围$0 \leqslant l \leqslant 100$内以声波为主的大气模式的理论频率$\omega/2\pi$和品质因子Q (Lognonné, Clévédé & Kanamori 1998)

频率/毫赫兹	3.68	4.40	4.65	5.07	6.10	7.07	8.11	9.16
品质因子	117	21	3	9	6	7	7	8

注：在$a = 6371$千米以外的密度ρ和声速α来自美国标准大气 (U.S. Standard Atmosphere) 模型；内部的固–液地球模型为PREM

基阶地震模式分支${}_0\mathrm{S}_l$分别在$l = 28-29$和$l = 36-37$处与前两个大气模式分支相交。相近

的本征频率使得固-液地球与大气之间的耦合增强；受此影响的模式${}_0S_{28}-{}_0S_{29}$和${}_0S_{36}-{}_0S_{37}$其大气能量含量可以高达0.04%。正因如此，频率为$\omega/2\pi\approx3.68$毫赫兹（周期$T\approx272$秒）和$\omega/2\pi\approx4.40$毫赫兹（周期$T\approx227$秒）的基阶球型振荡可以被强烈的大气源所激发。1982年墨西哥奇琼(El Chichón)和1991年菲律宾皮纳图博(Pinatubo)火山喷发之后首次探测到这种近似单频的振荡(Kanamori & Mori 1992; Widmer & Zirn 1992; Zirn & Widmer 1996)。角次数为$l\approx28-29$和$l\approx36-37$的大气模式同样可以被固体地球内部的源所激发。这也为在大地震之后偶有报道的微气压和电离层扰动现象提供了解释(Mikumo 1968; Yuen, Weaver, Suzuki & Furumoto 1969)。

为简单起见，在本书的剩余部分我们将继续假设固–液地球$\oplus$自由表面$\partial\oplus$之外的区域$\bigcirc-\oplus$为真空。

*8.9　横向各向同性地球模型

根据定义，一个球对称地球模型是指在所有围绕其中心做刚性旋转时不变的模型。具有这一特性的最普遍的四阶弹性张量$\mathbf{\Gamma}$并非各向同性，而是具有径向对称轴的**横向各向同性张量**(Love 1927; Stoneley 1949)：

$$
\begin{aligned}
\mathbf{\Gamma} = {} & C\,\hat{\mathbf{r}}\hat{\mathbf{r}}\hat{\mathbf{r}}\hat{\mathbf{r}} + A(\hat{\boldsymbol{\theta}}\hat{\boldsymbol{\theta}}\hat{\boldsymbol{\theta}}\hat{\boldsymbol{\theta}} + \hat{\boldsymbol{\phi}}\hat{\boldsymbol{\phi}}\hat{\boldsymbol{\phi}}\hat{\boldsymbol{\phi}}) \\
& + F(\hat{\mathbf{r}}\hat{\mathbf{r}}\hat{\boldsymbol{\theta}}\hat{\boldsymbol{\theta}} + \hat{\boldsymbol{\theta}}\hat{\boldsymbol{\theta}}\hat{\mathbf{r}}\hat{\mathbf{r}} + \hat{\mathbf{r}}\hat{\mathbf{r}}\hat{\boldsymbol{\phi}}\hat{\boldsymbol{\phi}} + \hat{\boldsymbol{\phi}}\hat{\boldsymbol{\phi}}\hat{\mathbf{r}}\hat{\mathbf{r}}) \\
& + (A-2N)(\hat{\boldsymbol{\theta}}\hat{\boldsymbol{\theta}}\hat{\boldsymbol{\phi}}\hat{\boldsymbol{\phi}} + \hat{\boldsymbol{\phi}}\hat{\boldsymbol{\phi}}\hat{\boldsymbol{\theta}}\hat{\boldsymbol{\theta}}) \\
& + N(\hat{\boldsymbol{\theta}}\hat{\boldsymbol{\phi}}\hat{\boldsymbol{\theta}}\hat{\boldsymbol{\phi}} + \hat{\boldsymbol{\phi}}\hat{\boldsymbol{\theta}}\hat{\boldsymbol{\phi}}\hat{\boldsymbol{\theta}} + \hat{\boldsymbol{\theta}}\hat{\boldsymbol{\phi}}\hat{\boldsymbol{\phi}}\hat{\boldsymbol{\theta}} + \hat{\boldsymbol{\phi}}\hat{\boldsymbol{\theta}}\hat{\boldsymbol{\theta}}\hat{\boldsymbol{\phi}}) \\
& + L(\hat{\mathbf{r}}\hat{\boldsymbol{\theta}}\hat{\mathbf{r}}\hat{\boldsymbol{\theta}} + \hat{\boldsymbol{\theta}}\hat{\mathbf{r}}\hat{\boldsymbol{\theta}}\hat{\mathbf{r}} + \hat{\mathbf{r}}\hat{\boldsymbol{\theta}}\hat{\boldsymbol{\theta}}\hat{\mathbf{r}} + \hat{\boldsymbol{\theta}}\hat{\mathbf{r}}\hat{\mathbf{r}}\hat{\boldsymbol{\theta}} \\
& + \hat{\mathbf{r}}\hat{\boldsymbol{\phi}}\hat{\mathbf{r}}\hat{\boldsymbol{\phi}} + \hat{\boldsymbol{\phi}}\hat{\mathbf{r}}\hat{\boldsymbol{\phi}}\hat{\mathbf{r}} + \hat{\mathbf{r}}\hat{\boldsymbol{\phi}}\hat{\boldsymbol{\phi}}\hat{\mathbf{r}} + \hat{\boldsymbol{\phi}}\hat{\mathbf{r}}\hat{\mathbf{r}}\hat{\boldsymbol{\phi}})
\end{aligned} \tag{8.190}
$$

一个一般的球对称、横向各向同性地球模型可以通过给定其密度ρ以及五个弹性参数C、A、L、N和F的径向变化来表述。在这样的地球模型中，地幔和固态内核中局部的弹性体波波速不随方位变化，但它们依赖于偏振方向以及波矢量和局部径向轴之间的夹角。我们也可以不用C、A、L、N和F这些参数，而是给定垂直和水平传播的压缩波波速$\alpha_{\mathrm{v}}=(C/\rho)^{1/2}$和$\alpha_{\mathrm{h}}=(A/\rho)^{1/2}$、垂直和水平传播的SH偏振的剪切波波速$\beta_{\mathrm{v}}=(L/\rho)^{1/2}$和$\beta_{\mathrm{h}}=(N/\rho)^{1/2}$，以及无量纲参数$\eta=F/(A-2L)$。在横向各向同性地球模型中垂直传播的剪切波不会有任何分裂；所有偏振均以速度β_{v}传播。垂直和水平传播的SV偏振波均有相同的速度，因而β_{v}可被解释为垂直传播的SH波波速或水平传播的SV波波速。横向各向同性地球模型的不可压缩性和刚性的定义为

$$\kappa=\frac{1}{9}(C+4A-4N+4F) \tag{8.191}$$

$$\mu=\frac{1}{15}(C+A+6L+5N-2F) \tag{8.192}$$

这些“等效的”各向同性模型参数，其弹性张量$\mathbf{\Gamma}'$在(3.150)所表示的最小二乘意义上是$\mathbf{\Gamma}$的最佳近似；(8.191)–(8.192)两式是(3.148)的特例。在各向异性为零的极限情况下，有$C=A=\kappa+\frac{4}{3}\mu$,

$L = N = \mu$和$F = \kappa - \dfrac{2}{3}\mu$；因而有$\alpha_{\rm v} = \alpha_{\rm h} = \alpha$，$\beta_{\rm v} = \beta_{\rm h} = \beta$和$\eta = 1$。地球的液态区域必须是各向同性的，具有$C = A = F = \kappa$和$L = N = 0$。最后我们指出，一个最普遍的球对称地球模型也可能具有横向各向同性的初始应力张量，其形式为$-p_{\rm v}\hat{\mathbf{r}}\hat{\mathbf{r}} - p_{\rm h}(\hat{\boldsymbol{\theta}}\hat{\boldsymbol{\theta}} + \hat{\boldsymbol{\phi}}\hat{\boldsymbol{\phi}})$；我们在此将忽略这种可能性，而假设$p_{\rm v} = p_{\rm h} = p$。图8.23显示了横向各向同性版本的PREM模型中$\alpha_{\rm v}$、$\alpha_{\rm h}$、$\beta_{\rm v}$、$\beta_{\rm h}$和η的径向变化(Dziewonski & Anderson 1981)。该模型只有在24.4千米到220千米深度之间的最上部地幔是各向异性的；在该区域中，垂直传播的P波和S波比水平传播的要慢2%到4%。

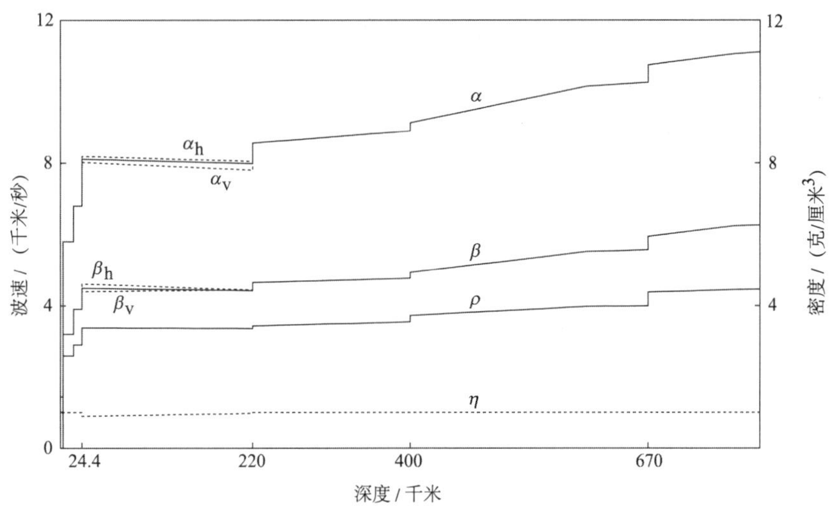

图 8.23 虚线显示初步参考地球模型(PREM)中在上地幔垂直和水平传播的压缩波和剪切波波速$\alpha_{\rm v}$、$\alpha_{\rm h}$、$\beta_{\rm v}$、$\beta_{\rm h}$和各向异性参数η。实线显示密度ρ以及“等效的”各向同性模型的压缩波和剪切波波速α和β，以便比较。图中所示的波速都是频率为$\omega/2\pi = 1$赫兹的波所“感受”到的

频率域的动量方程(8.10)和动力学边界条件(8.14)–(8.16)适用于任何球对称地球模型；唯一的差别是本构关系(8.11)必须用$\mathbf{T} = \boldsymbol{\Gamma}:\boldsymbol{\varepsilon}$替换，其中$\boldsymbol{\Gamma}$由(8.190)式给定。只要将(8.22)和(8.24)中的弹性能量密度$\kappa(\boldsymbol{\nabla}\cdot\mathbf{s})^2 + 2\mu(\mathbf{d}:\mathbf{d})$以$\boldsymbol{\varepsilon}:\boldsymbol{\Gamma}:\boldsymbol{\varepsilon}$来取代，位移和位移-势函数形式的瑞利原理也均适用于横向各向同性地球模型。我们仍然可以使用8.6节中所介绍的三种方法之中的任何一种，将满足的矢量和张量方程转换为等价的径向标量方程组。无论怎样进行转换，我们会看到结果自然地分解为解耦的球型和环型本征值问题，如同在SNREI地球中一样。我们将在8.9.1节和8.9.2节中分别考虑这两种振荡，还是同前文一样，首先从较简单的环型模式开始。

*8.9.1 环型振荡

横向各向同性地球模型的环型振荡有形如$\mathbf{s} = W\mathbf{C}_{lm}$的位移矢量及其相应的形如$\hat{\mathbf{r}}\cdot\mathbf{T} = T\mathbf{C}_{lm}$的牵引力矢量，其中

$$T = L(\dot{W} - r^{-1}W) \tag{8.193}$$

这些模式所满足的径向作用量积分$\mathcal{I}_{\rm T}$为(8.88)式，其中

$$L_{\rm T} = \frac{1}{2}[\omega^2\rho W^2 - L(\dot{W} - r^{-1}W)^2 - (k^2-2)Nr^{-2}W^2] \tag{8.194}$$

要注意，这里的环型拉格朗日量密度$L_{\rm T}$，以及我们将在下面引入的球型拉格朗日量密度$L_{\rm S}$、$L'_{\rm S}$和$L_{\rm R}$都不应与用同一符号表示的弹性参数L混淆。根据上下文，其含义应该始终是清楚的，即使在拉格朗日量密度中忽略了下角标T、S和R时，如我们将在9.4节中所要做的。欧拉-拉格朗日方程(8.95)等价于一阶常微分方程组：

$$\dot{W} = r^{-1}W + L^{-1}T \tag{8.195}$$

$$\dot{T} = [-\omega^2\rho + (k^2-2)Nr^{-2}]W - 3r^{-1}T \tag{8.196}$$

这些方程必须在当$r = d_{\rm FS}$和$r = a$时$T = 0$这一边界条件下求解。环型模式的弹性势能完全以剪切形式储存；总的动能加势能为$\mathcal{E} = \frac{1}{2}(\omega^2\mathcal{T} + \mathcal{V}_{\rm e})$，其中

$$\mathcal{V}_{\rm e} = \int_0^a [L(\dot{W} - r^{-1}W)^2 + (k^2-2)Nr^{-2}W^2]\, r^2 dr \tag{8.197}$$

值得注意的是，环型简正模式仅依赖于密度ρ和两个弹性参数L和N，或者等价地只依赖于密度ρ和两个SH波波速$\beta_{\rm v}$和$\beta_{\rm h}$。由于有弹性约束$L \geqslant 0$以及$N \geqslant 0$，横向各向同性地球的环型模式总是稳定的，即$\omega^2 = \mathcal{V}_{\rm e}/\mathcal{T} \geqslant 0$。

*8.9.2 球型振荡

球型振荡的位移矢量和牵引力矢量的形式分别为$\mathbf{s} = U\mathbf{P}_{lm} + V\mathbf{B}_{lm}$和$\hat{\mathbf{r}}\cdot\mathbf{T} = R\mathbf{P}_{lm} + S\mathbf{B}_{lm}$，其中

$$R = C\dot{U} + Fr^{-1}(2U - kV) \tag{8.198}$$

$$S = L(\dot{V} - r^{-1}V + kr^{-1}U) \tag{8.199}$$

位移和位移-势函数形式的径向作用量积分$\mathcal{I}_{\rm S}$和$\mathcal{I}'_{\rm S}$分别为(8.87)式和(8.100)式，其中

$$\begin{aligned} L_{\rm S} = \frac{1}{2}[&\omega^2\rho(U^2+V^2) - C\dot{U}^2 - 2Fr^{-1}\dot{U}(2U-kV) \\ &- (A-N)r^{-2}(2U-kV)^2 - L(\dot{V} - r^{-1}V + kr^{-1}U)^2 \\ &- (k^2-2)Nr^{-2}V^2 - \rho(U\dot{P} + kr^{-1}VP) \\ &- 4\pi G\rho^2U^2 + 2\rho g r^{-1}U(2U-kV)] \end{aligned} \tag{8.200}$$

$$\begin{aligned} L'_{\rm S} = \frac{1}{2}[&\omega^2\rho(U^2+V^2) - C\dot{U}^2 - 2Fr^{-1}\dot{U}(2U-kV) \\ &- (A-N)r^{-2}(2U-kV)^2 - L(\dot{V} - r^{-1}V + kr^{-1}U)^2 \\ &- (k^2-2)Nr^{-2}V^2 - 2\rho(U\dot{P} + kr^{-1}VP) \\ &- 4\pi G\rho^2U^2 + 2\rho g r^{-1}U(2U-kV) \\ &- (4\pi G)^{-1}(\dot{P}^2 + k^2r^2P^2)] \end{aligned} \tag{8.201}$$

欧拉–拉格朗日方程(8.93)–(8.94)和(8.102)等价于以下六元一阶方程组：

$$\dot{U} = -2C^{-1}Fr^{-1}U + kC^{-1}Fr^{-1}V + C^{-1}R \tag{8.202}$$

$$\dot{V} = -kr^{-1}U + r^{-1}V + L^{-1}S \tag{8.203}$$

$$\dot{P} = -4\pi G\rho U - (l+1)r^{-1}P + B \tag{8.204}$$

$$\begin{aligned}\dot{R} = &[-\omega^2\rho - 4\rho gr^{-1} + 4(A - N - C^{-1}F^2)r^{-2}]U \\ &+ [k\rho gr^{-1} - 2k(A - N - C^{-1}F^2)r^{-2}]V \\ &- 2(1 - C^{-1}F)r^{-1}R + kr^{-1}S \\ &- (l+1)\rho r^{-1}P + \rho B\end{aligned} \tag{8.205}$$

$$\begin{aligned}\dot{S} = &[k\rho gr^{-1} - 2k(A - N - C^{-1}F^2)r^{-2}]U \\ &- [\omega^2\rho + 2Nr^{-2} - k^2(A - C^{-1}F^2)r^{-2}]V \\ &- kC^{-1}Fr^{-1}R - 3r^{-1}S + k\rho r^{-1}P\end{aligned} \tag{8.206}$$

$$\dot{B} = -4\pi G(l+1)\rho r^{-1}U + 4\pi Gk\rho r^{-1}V + (l-1)r^{-1}B \tag{8.207}$$

这些方程必须在当$r = a$时$R = 0$和$B = 0$以及当$r = a$和$r = d_{\mathrm{FS}}$时$S = 0$的边界条件下求解。球型振荡总的动能加势能为$\mathcal{E} = \frac{1}{2}(\omega^2\mathcal{T} + \mathcal{V}_{\mathrm{e}} + \mathcal{V}_{\mathrm{g}})$，其中

$$\begin{aligned}\mathcal{V}_{\mathrm{e}} = \int_0^a &[C\dot{U}^2 + 2Fr^{-1}\dot{U}(2U - kV) + (A - N)r^{-2}(2U - kV)^2 \\ &+ L(\dot{V} - r^{-1}V + kr^{-1}U)^2 + (k^2 - 2)Nr^{-2}V^2]\, r^2 dr\end{aligned} \tag{8.208}$$

$\mathcal{V}_{\mathrm{g}}$与前面一样仍由(8.129)给定。球型模式依赖于密度ρ和全部五个弹性参数C、A、L、N和F。此处的六元控制方程组(8.202)–(8.207) 是由Backus (1967)最早推导出来的。

★8.9.3 径向振荡

横向各向同性地球模型的径向模式满足的径向作用量$\mathcal{I}_{\mathrm{R}}$的形式为(8.152)，其中

$$L_{\mathrm{R}} = \frac{1}{2}[\omega^2\rho U^2 - C\dot{U}^2 - 4Fr^{-1}\dot{U}U - 4(A - N)r^{-2}U^2 + 4\rho gr^{-1}U^2] \tag{8.209}$$

欧拉-拉格朗日方程(8.154)等价于以下二元一阶方程组

$$\dot{U} = -2C^{-1}Fr^{-1}U + C^{-1}R \tag{8.210}$$

$$\begin{aligned}\dot{R} = &[-\omega^2\rho + 4(A - N - C^{-1}F^2)r^{-2} - 4\rho gr^{-1}]U \\ &- 2(1 - C^{-1}F)r^{-1}R\end{aligned} \tag{8.211}$$

这些方程必须在当$r = a$时$R = 0$的边界条件下求解。径向模式的能量为$\mathcal{E} = \frac{1}{2}(\omega^2\mathcal{T} + \mathcal{V}_{\mathrm{e}} + \mathcal{V}_{\mathrm{g}})$，其中

$$\mathcal{V}_{\mathrm{e}} = \int_0^a [C\dot{U}^2 + 4Fr^{-1}\dot{U}U + 4(A - N)r^{-2}U^2]\, r^2 dr \tag{8.212}$$

$\mathcal{V}_{\rm g}$ 由 (8.157) 式给定。径向振荡依赖于密度 ρ 和 C、A、N 和 F 这四个参数，与第五个弹性参数 L 无关。

*8.9.4 对本征频率的影响

综上所述，通过对 SNREI 地球模型所得到的公式做非常有限的修改，就可以计算横向各向同性地球模型的弹性–引力本征频率和本征函数。这些修改均已纳入 `MINEOS` 和 `OBANI` 这两个程序，使它们能够处理各向同性或横向各向同性地球模型。图 8.24 展示了 PREM 模型的横向各向同性对基阶和第一高阶频散分支上的 ${}_0{\rm S}_l$、${}_0T_l$ 和 ${}_1{\rm S}_l$, ${}_1T_l$ 的本征频率的影响。显示的量是横向各向同性模型与“等效的”各向同性模型的本征频率之间的差别 $\omega_{\rm TI}-\omega_{\rm EI}$。对 $\beta_{\rm h}$ 的依赖性比 $\beta_{\rm v}$ 更强的基阶环型本征频率 ${}_0\omega_l^{\rm T}$ 提高了 0.5%–1.5%，而基本上与 $\beta_{\rm h}$ 无关的基阶球型本征频率 ${}_0\omega_l^{\rm S}$ 却因各向异性而降低了 0.3%–1%。第一高阶分支上的本征频率 ${}_1\omega_l^{\rm T}$ 和 ${}_1\omega_l^{\rm S}$ 也有类似的表现，但程度弱了许多。PREM 模型中横向各向同性的引入最初是为了协调观测到的角次数 l 大于 40–50 的基阶瑞利波等价模式 ${}_0{\rm S}_l$ 和勒夫波等价模式 ${}_0{\rm T}_l$ 的本征频率。近期的研究已经使这种差异的幅度有所减小 (Widmer 1991; Ekström, Tromp & Larson 1997)，目前尚不清楚究竟是否或是需要多强的上地幔各向异性才能拟合全球平均的基阶模式数据。

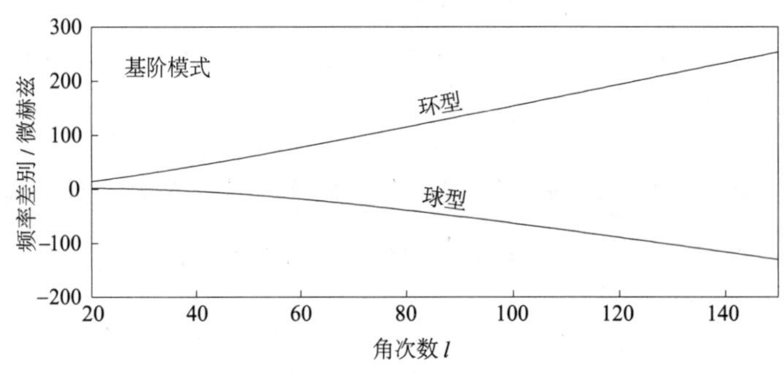

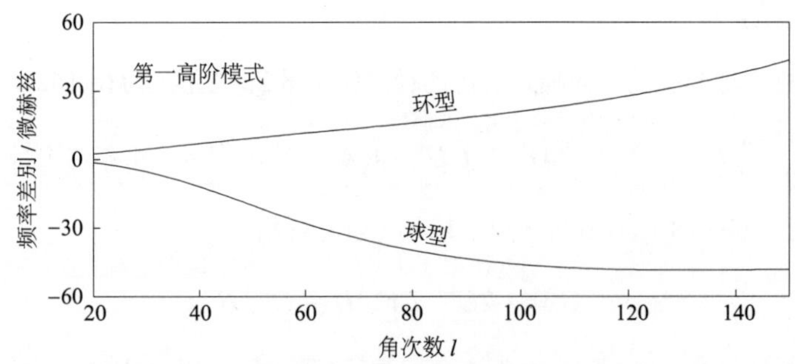

图 8.24 横向各向同性 (TI) 和“等效”各向同性 (EI) 的 PREM 模型中基阶模式（上）和第一高阶模式（下）本征频率的差别 $\omega_{\rm TI}-\omega_{\rm EI}$

第 9 章　弹性和非弹性微扰

在本章我们来确定微小的球对称扰动对 SNREI 或横向各向同性地球模型的简正模式本征频率的影响。利用瑞利原理，我们推导出球型或环型振荡本征频率的一阶微扰 $\delta\omega$ 用非微扰的径向本征函数表示的显式公式。通过考虑各向同性弹性参数的复数微扰，我们推导出由于整体非弹性的存在而导致的自由振荡品质因子倒数 Q^{-1} 的类似一阶公式。这些结果为利用观测的地球自由振荡的本征频率和衰减率反演地球内部球对称的平均弹性和非弹性结构提供了基础。

9.1　球对称微扰

假设我们已知一个微扰前初始球对称、无自转地球模型的本征频率 ω 和相应的径向本征函数 U、V、P 或 W，该地球模型的给定是由其密度 ρ 和相应引力加速度 g，以及各向同性模型的弹性参数 κ 和 μ，或横向各向同性模型的 C、A、L、N 和 F。这些模型参数在几个内部的固–固或固–液界面以及外表面的半径 $d = a \cup d_{\mathrm{SS}} \cup d_{\mathrm{FS}}$ 处会有不连续跃变。我们要来计算一个无穷小的球对称微扰的影响，该微扰由以下形式给定：

(1) 密度处处受到微扰，$\rho \to \rho + \delta\rho$；

(2) 引力加速度也处处受到微扰，$g \to g + \delta g$；

(3) 弹性参数也受到微扰，$\kappa \to \kappa + \delta\kappa$，$\mu \to \mu + \delta\mu$ 或 $C \to C + \delta C$，$A \to A + \delta A$，$L \to L + \delta L$，$N \to N + \delta N$，$F \to F + \delta F$；

(4) 最后，不连续面的半径有变动，$d \to d + \delta d$，同时微扰后的密度、引力加速度和弹性参数都通过在微扰前的界面两侧做光滑外插而重新定义。

引力加速度中的微扰与微扰 $\delta\rho$ 和 δd 之间的关系为

$$\delta g(r) = 4\pi G r^{-2} \left\{ \int_0^r \delta\rho' \, r'^2 dr' - \sum_{d<r} \delta d \, d^2 [\rho]_-^+ \right\} \tag{9.1}$$

其中第一项来自半径 r 以下的密度微扰，第二项来自所有半径 d 小于 r 的不连续面的移动。在下文中不必指定初始流体静力学压强 p 或其微扰 δp。

9.2　瑞利原理的应用

由于地球模型中的上述变化，每个模式的本征频率都受到微扰：$\omega \to \omega + \delta\omega$，相应的本征函数也受到微扰：$U \to U + \delta U$，$V \to V + \delta V$，$P \to P + \delta P$ 或 $W \to W + \delta W$。瑞利原理使我们能够用微扰前的本征函数 U、V、P 或 W 来计算微扰 $\delta\omega$，而无须同时求解微扰 δU、δV、δP

或δW。为了统一处理球型、环型和径向振动，我们用通用的符号来表示相应的位移和位移–势函数作用量$\mathcal{I}_{\mathrm{S}}$、$\mathcal{I}_{\mathrm{T}}$、$\mathcal{I}_{\mathrm{R}}$和$\mathcal{I}'_{\mathrm{S}}$：

$$\mathcal{I}=\int_0^\infty L(X,\dot{X};\omega,\oplus)\,r^2dr \tag{9.2}$$

其中X在球型拉格朗日量密度(8.89)或(8.200)中代表U和V，在环型拉格朗日量密度(8.90)或(8.194)中代表W，在径向拉格朗日量密度(8.153)或(8.209)中代表U，而在变更球型拉格朗日量密度(8.101)或(8.201)中代表U、V和P。考虑到最后一种情况，我们将(9.2)中的积分上限写为∞，并在地球模型以外$r>a$的区域中定义U、V和W为零。拉格朗日量密度L中另外的参数表示其对本征频率ω和地球模型参数的依赖性；符号$\oplus$在各向同性地球模型中包含κ、μ、ρ和g，在横向各向同性地球模型中包含C、A、L、N、F、ρ和g。瑞利原理的通用形式要求，对于任何可容许的变化δX，作用量$\mathcal{I}$为稳定的条件是X满足欧拉–拉格朗日方程

$$\partial_X L-r^{-2}\frac{d}{dr}(r^2\partial_{\dot{X}}L)=0 \tag{9.3}$$

以及边界条件：若X连续，$[\partial_{\dot{X}}L]_-^+=0$；若$X$不连续，$\partial_{\dot{X}}L=0$。后一种情况是为了考虑在固–液边界$r=d_{\mathrm{FS}}$上切向滑移的可能性，并允许在自由表面$r=a$上的非零位移。

作用量的稳定值是$\mathcal{I}=0$，无论其取值是用不连续面在$r=d$的微扰前的地球模型$\oplus$中的ω和X，还是用不连续面在$r=d+\delta d$的微扰后的地球模型$\oplus+\delta\oplus$中的$\omega+\delta\omega$和$X+\delta X$。精确到各种微扰的一阶，$\mathcal{I}$相对于包括ω、$\oplus$和不连续面半径d在内的所有自变量的全变分为

$$\begin{aligned}\delta\mathcal{I}_{\mathrm{total}}=&\int_0^\infty[\delta X(\partial_X L)+\delta\dot{X}(\partial_{\dot{X}}L)]\,r^2dr\\&+\int_0^\infty[\delta\omega(\partial_\omega L)+\delta\oplus(\partial_\oplus L)]\,r^2dr-\sum_d\delta d\,d^2[L]_-^+=0\end{aligned} \tag{9.4}$$

其中对不连续面的求和是源自因边界的移动而带来的组合积分区域的变化。同推导瑞利原理的做法一样，对包含有$\delta\dot{X}$的项做分部积分，我们可以将方程(9.4)改写为

$$\begin{aligned}\delta\mathcal{I}_{\mathrm{total}}=&\int_0^\infty\delta X\left[\partial_X L-r^{-2}\frac{d}{dr}(r^2\partial_{\dot{X}}L)\right]r^2dr\\&+\int_0^\infty[\delta\omega(\partial_\omega L)+\delta\oplus(\partial_\oplus L)]\,r^2dr\\&-\sum_d d^2[\delta X(\partial_{\dot{X}}L)+\delta d\,L]_-^+=0\end{aligned} \tag{9.5}$$

根据欧拉–拉格朗日方程(9.3)，(9.5)中的第一个积分为零。然而，此处的包含δX的求和并不为零，因为不连续面半径的微扰δd使得变化δX是不可容许的。确保在微扰后边界两侧的微扰后本征函数$X+\delta X$连续的一阶方程为$[\delta X]_-^+=-\delta d\,[\dot{X}]_-^+$。该条件对于$r=d_{\mathrm{FS}}$上的切向位移$V$和$W$不一定成立，对于$r=a$上的$U$、$V$、$W$也不一定成立；但是，$\partial_{\dot{X}}L$在这些情形下均为零，因此在所有边界$r=d$上，我们都必须有

$$[\delta X(\partial_{\dot{X}}L)]_-^+=-\delta d\,[\dot{X}(\partial_{\dot{X}}L)]_-^+ \tag{9.6}$$

将(9.6)代入(9.5)并重组各项，我们得到

$$\delta\omega\int_0^\infty(\partial_\omega L)\,r^2dr=-\int_0^\infty\delta\oplus(\partial_\oplus L)\,r^2dr\\+\sum_d\delta d\,d^2[L-\dot{X}(\partial_{\dot{X}}L)]_-^+ \tag{9.7}$$

这正是我们期望的结果，它使我们能够计算球对称、无自转地球模型由于其特性和不连续面半径的无穷小变化 $\delta\oplus$ 和 δd 而引起的本征频率的一阶扰动 $\delta\omega$。

在上面的推导中我们利用了径向作用量(9.2)的两个性质：首先是瑞利原理，它要求在地球模型没有任何扰动的情况下，$\mathcal{I}$ 对任意可容许的变化 δX 是稳定的；其次是能量均分关系，它确保总变分 $\delta\mathcal{I}_{\mathrm{total}}$（即 $\mathcal{I}$ 在 $\omega+\delta\omega$、$X+\delta X$、$\oplus+\delta\oplus$、$d+\delta d$ 和在 ω、X、$\oplus$、d 两者取值的差）为零。在没有任何边界扰动的情况下，用 $\delta\oplus$ 和微扰前本征函数 X 计算 $\delta\omega$ 的方法是经典的，已由 Rayleigh (1877) 给出来处理有限个自由度的系统。随后，Backus 和 Gilbert (1967) 给出一个如(9.7)形式的公式，本来是能够处理 δd 对地球自由振荡的影响的，但他们忽略了 $-\dot{X}(\partial_{\dot{X}}L)$ 这一项。Woodhouse (1976) 首次得到了(9.7)式这一正确的结果，该结果考虑到本征函数微扰 δX 的不可容许性。在9.3节和9.4节，我们会分别将方程(9.7)用于SNREI地球模型和横向各向同性地球模型。

9.3 SNREI到SNREI微扰

将控制SNREI地球的球型、环型和径向拉格朗日量密度(8.89)–(8.90)、(8.153)以及变更球型拉格朗日量密度(8.101)代入通用公式(9.7)式，我们得到

$$\delta\omega\int_0^a(\partial_\omega L_{\mathrm{S}})\,r^2dr\\=-\int_0^a[\delta\kappa(\partial_\kappa L_{\mathrm{S}})+\delta\mu(\partial_\mu L_{\mathrm{S}})+\delta\rho(\partial_\rho L_{\mathrm{S}})+\delta g(\partial_g L_{\mathrm{S}})]\,r^2dr\\+\sum_d\delta d\,d^2[L_{\mathrm{S}}-\dot{U}(\partial_{\dot{U}}L_{\mathrm{S}})-\dot{V}(\partial_{\dot{V}}L_{\mathrm{S}})]_-^+ \tag{9.8}$$

$$\delta\omega\int_0^a(\partial_\omega L_{\mathrm{T}})\,r^2dr=-\int_0^a[\delta\mu(\partial_\mu L_{\mathrm{T}})+\delta\rho(\partial_\rho L_{\mathrm{T}})]\,r^2dr\\+\sum_d\delta d\,d^2[L_{\mathrm{T}}-\dot{W}(\partial_{\dot{W}}L_{\mathrm{T}})]_-^+ \tag{9.9}$$

$$\delta\omega\int_0^a(\partial_\omega L_{\mathrm{R}})\,r^2dr\\=-\int_0^a[\delta\kappa(\partial_\kappa L_{\mathrm{R}})+\delta\mu(\partial_\mu L_{\mathrm{R}})+\delta\rho(\partial_\rho L_{\mathrm{R}})+\delta g(\partial_g L_{\mathrm{R}})]\,r^2dr\\+\sum_d\delta d\,d^2[L_{\mathrm{R}}-\dot{U}(\partial_{\dot{U}}L_{\mathrm{R}})]_-^+ \tag{9.10}$$

$$\delta\omega\int_0^\infty(\partial_\omega L'_{\mathrm{S}})\,r^2dr$$

$$
= -\int_0^{\infty} [\delta\kappa(\partial_\kappa L'_{\mathrm{S}}) + \delta\mu(\partial_\mu L'_{\mathrm{S}}) + \delta\rho(\partial_\rho L'_{\mathrm{S}}) + \delta g(\partial_g L'_{\mathrm{S}})]\, r^2 dr
+ \sum_d \delta d\, d^2 [L'_{\mathrm{S}} - \dot{U}(\partial_{\dot{U}} L'_{\mathrm{S}}) - \dot{V}(\partial_{\dot{V}} L'_{\mathrm{S}}) - \dot{P}(\partial_{\dot{P}} L'_{\mathrm{S}})]_-^+ \tag{9.11}
$$

其中我们在必要时将积分上限换成了地球半径a。对于地幔环型模式，(9.9) 式中的积分上下限可以分别换成s和b，而内核环型模式的上限可以用c替换；求和同样仅包含地幔和内核中的不连续面d。用本书所采用的归一化 (8.107)–(8.108)，(9.8)–(9.11) 的左边都简化为$\omega\,\delta\omega$。在对其右边做所示的微分后，我们发现SNREI地球模型的球型、环型或径向自由振荡的本征频率的微扰可以用$\delta\kappa$、$\delta\mu$、$\delta\rho$和δd这四项微扰表示为

$$
\delta\omega = \int_0^a (\delta\kappa\, K_\kappa + \delta\mu\, K_\mu + \delta\rho\, K_\rho)\, dr + \sum_d \delta d\, [K_d]_-^+ \tag{9.12}
$$

其中

$$
2\omega K_\kappa = (r\dot{U} + 2U - kV)^2 \tag{9.13}
$$

$$
2\omega K_\mu = \frac{1}{3}(2r\dot{U} - 2U + kV)^2 + (r\dot{V} - V + kU)^2 + (r\dot{W} - W)^2 + (k^2 - 2)(V^2 + W^2) \tag{9.14}
$$

$$
2\omega K_\rho = -\omega^2 r^2 (U^2 + V^2 + W^2) + 8\pi G\rho r^2 U^2 + 2r^2(U\dot{P} + kr^{-1}VP) - 2grU(2U - kV) - 8\pi G r^2 \int_r^a \rho' U'(2U' - kV')\, r'^{-1} dr' \tag{9.15}
$$

$$
2\omega K_d = -\kappa(2\omega K_\kappa) - \mu(2\omega K_\mu) - \rho(2\omega K_\rho) + 2\kappa r\dot{U}(r\dot{U} + 2U - kV) + \frac{4}{3}\mu r\dot{U}(2r\dot{U} - 2U + kV) + 2\mu r\dot{V}(r\dot{V} - V + kU) + 2\mu r\dot{W}(r\dot{W} - W) \tag{9.16}
$$

为简洁起见，我们将所有三种模式的结果整合在 (9.13)–(9.16) 中；对于球型模式，我们将W设置为零，对于环型模式，将U、V、P设置为零，对于径向模式，将V和W设置为零。利用了基于 (9.1) 的分部积分来消除对引力微扰δg的依赖性：

$$
\int_0^a \delta g\, [2\rho r^{-1} U(2U - kV)]\, r^2 dr
= 8\pi G \int_0^a \delta\rho \int_r^a \rho' U'(2U' - kV')\, r'^{-1} dr'\, r^2 dr
- 8\pi G \sum_d \delta d\, d^2\, [\rho]_-^+ \int_r^a \rho' U'(2U' - kV')\, r'^{-1} dr' \tag{9.17}
$$

如预期的，(9.8) 和 (9.11) 两式导致相同的结果；如同 (8.55) 所表示的，在计算变更前的球型作用量的导数$\partial_\rho L_{\mathrm{S}}$时，有必要考虑$P$对密度的依赖性。所谓的弗雷歇积分核$K_\kappa$、$K_\mu$、$K_\rho$和$K_d$为

估计简正模式对不可压缩性$\delta\kappa$、刚性$\delta\mu$、密度$\delta\rho$和不连续面半径δd这些球对称微扰的敏感性提供了直接的计算方法。

许多模式的本征频率主要取决于纵波速度α或横波速度β，而对密度ρ只有微弱的依赖性。为了明确地表示这种敏感性，可以利用以下一阶关系方便地将微扰$\delta\omega$用$\delta\alpha$、$\delta\beta$、$\delta\rho$而不是$\delta\kappa$、$\delta\mu$、$\delta\rho$来表示

$$\delta\kappa = \delta\rho(\alpha^2 - \frac{4}{3}\beta^2) + 2\rho(\alpha\,\delta\alpha - \frac{4}{3}\beta\,\delta\beta) \tag{9.18}$$

$$\delta\mu = \delta\rho\,\beta^2 + 2\rho\beta\,\delta\beta \tag{9.19}$$

将(9.18)–(9.19)代入(9.12)，我们得到

$$\delta\omega = \int_0^a (\delta\alpha\,K_\alpha + \delta\beta\,K_\beta + \delta\rho K'_\rho)\,dr + \sum_d \delta d\,[K_d]_-^+ \tag{9.20}$$

其中

$$K_\alpha = 2\rho\alpha K_\kappa \tag{9.21}$$

$$K_\beta = 2\rho\beta(K_\mu - \frac{4}{3}K_\kappa) \tag{9.22}$$

$$K'_\rho = (\alpha^2 - \frac{4}{3}\beta^2)K_\kappa + \beta^2 K_\mu + K_\rho \tag{9.23}$$

在对SNREI地球参考模型加以改进时，只要应用了体波走时数据和简正模式本征频率数据，使用弗雷歇积分核K_α、K_β、K'_ρ和K_d的表达式(9.20)显然比(9.12)式更合适。

笼统来讲，(9.12)和(9.20)两式使我们能够计算ω相对于地球模型中随深度变化的参数的一阶偏导数。例如，我们可以写出：

$$\left(\frac{\partial\omega}{\partial\alpha}\right)_{\beta,\rho,d} = K_\alpha, \qquad \left(\frac{\partial\omega}{\partial\beta}\right)_{\alpha,\rho,d} = K_\beta \tag{9.24}$$

$$\left(\frac{\partial\omega}{\partial\rho}\right)_{\alpha,\beta,d} = K'_\rho, \qquad \left(\frac{\partial\omega}{\partial d}\right)_{\alpha,\beta,\rho} = K_d \tag{9.25}$$

其中下角标指明了在微分过程中保持固定的变量。相对于不可压缩性、刚性和密度的偏导数的定义与原来的弗雷歇积分核K_κ、K_μ和K_ρ类似。

利用动能–势能均分关系$\omega^2\mathcal{T} = \mathcal{V}_\kappa + \mathcal{V}_\mu + \mathcal{V}_{\rm g}$，我们发现当保持地震波速$\alpha$和$\beta$固定时，对密度$\rho$的偏导数满足

$$\begin{aligned} 2\omega\int_0^a \rho\left(\frac{\partial\omega}{\partial\rho}\right)_{\alpha,\beta,d} dr &= \int_0^a [4\pi G\rho^2U^2 + \rho(U\dot{P} + kr^{-1}VP)]\,r^2dr \\ &\quad - 8\pi G\int_0^a\int_r^a \rho\rho' U'(2U' - kV')\,r'^{-1}dr'\,r^2dr \end{aligned} \tag{9.26}$$

对于环型模式，(9.26)式的右边恒为零。此外，因为每一项都与G或P成正比，对于任何不大受自身引力影响的高频球型模式，该式右边也是可以忽略不计的。因此，这种纯弹性或是以弹性为主的模式的本征频率ω对一个常数的相对微扰$\delta\rho/\rho$是不敏感的。高频简正模式数据有助于确定球对称地球密度的径向分层；但是，ρ的总体量值只能由对引力敏感的低频球型模式来约束。我们用

一阶微扰理论得出了这个结论;但是,很容易看出,这一结果本身有更普遍的适用性。环型模式或对引力不敏感的球型模式所满足的 (8.114)–(8.115) 和 (8.158)–(8.161) 式在下面的变换下是不变的

$$\rho \to c\rho, \qquad \kappa \to c\kappa, \qquad \mu \to c\mu \tag{9.27}$$

其中c为常数。因此，在相同的变换下，任何这些模式的本征频率也都是不变的；归一化的本征函数变为$U \to c^{-1/2}U$, $V \to c^{-1/2}V$, $W \to c^{-1/2}W$和$R \to c^{1/2}R$, $S \to c^{1/2}S$, $T \to c^{1/2}T$。众所周知，单摆的周期与摆的质量无关，因为质量的任何变化对惯性力和恢复力的影响是相同的。同样地，变换 (9.27) 对本征频率没有影响，因为它保持了无引力地球模型中每个体积元的惯性和弹性恢复力之间的比例关系；这一基本的观察是由 Nolet (1976) 首次阐明的。

最后我们指出，如果将在 (9.7) 式中的引力常数G视为可变参数（即$\oplus$的一部分），则

$$G\left(\frac{\partial\omega}{\partial G}\right)_{\alpha,\beta,\rho,d} = \int_0^a \rho\left(\frac{\partial\omega}{\partial\rho}\right)_{\alpha,\beta,G,d} dr \tag{9.28}$$

(9.28) 式意味着不可能区分G的些微升高或降低与ρ的些微恒定减小或增大。这个一阶结果有其严格的推广，即自引力地球模型的本征频率是如下变换的不变量

$$\rho \to c\rho, \qquad \kappa \to c\kappa, \qquad \mu \to c\mu, \qquad G \to c^{-1}G \tag{9.29}$$

上述无引力位移和牵引力的变换关系由$P \to c^{-1/2}P$补足。在参数以 (9.29) 的形式改变时本征频率的不变性排除了使用低频简正模式数据来约束行星尺度上引力常数值的可能性。此外，这种数据对密度分布ρ的任何约束都依赖于独立测量（实验室尺度）的G的值。这种情况使我们联想到用天体测量或空间大地测量数据也无法确定地球的质量M；只能确定乘积GM。Cavendish (1798) 对G的著名的实验室测量常常被称作是“给地球称重”。

★9.4 横向各向同性微扰

更一般地,我们可以用 (9.7) 式来确定横向各向同性地球模型的球对称微扰δC、δA、δL、δN、δF、$\delta\rho$和δd所造成的本征频率的微扰$\delta\omega$。利用横向各向同性拉格朗日量密度 (8.194)、(8.200)–(8.201) 和 (8.209),我们得到类似于 (9.8)–(9.11) 式的结果,只是$\delta\kappa(\partial_\kappa L)$和$\delta\mu(\partial_\mu L)$为$\delta C(\partial_C L)$、$\delta A(\partial_A L)$、$\delta L(\partial_L L)$、$\delta N(\partial_N L)$和$\delta F(\partial_F L)$所取代。球型、环型或径向自由振荡的本征频率微扰$\delta\omega$最终可以写为如下形式

$$\begin{aligned}\delta\omega = \int_0^a (&\delta C\, K_C + \delta A\, K_A + \delta L\, K_L + \delta N\, K_N \\ &+ \delta F\, K_F + \delta\rho\, K_\rho)\, dr + \sum_d \delta d\, [K_d]_-^+\end{aligned} \tag{9.30}$$

其中

$$2\omega K_C = r^2\dot{U}^2, \qquad 2\omega K_A = (2U - kV)^2 \tag{9.31}$$

$$2\omega K_L = (r\dot{V} - V + kU)^2 + (r\dot{W} - W)^2 \tag{9.32}$$

$$2\omega K_N = -(2U - kV)^2 + (k^2 - 2)(V^2 + W^2) \tag{9.33}$$

$$2\omega K_F = 2r\dot{U}(2U - kV) \tag{9.34}$$

$$\begin{aligned}2\omega K_d = {} & C(2\omega K_C) - A(2\omega K_A) - L(2\omega K_L) - N(2\omega K_N) \\ & - \rho(2\omega K_\rho) + 2Lr\dot{V}(r\dot{V} - V + kU) + 2Lr\dot{W}(r\dot{W} - W)\end{aligned} \tag{9.35}$$

K_A、K_L、K_N 和 K_F 这些量是弗雷歇积分核，它们描述了本征频率 ω 对横向各向同性弹性参数 C、A、L、N 和 F 的敏感度；值得注意的是，不连续面积分核 K_d 与第五个参数 F 无关。

或者，我们也可以利用一阶关系

$$\delta C = \delta\rho\,\alpha_{\mathrm{v}}^2 + 2\rho\alpha_{\mathrm{v}}\,\delta\alpha_{\mathrm{v}}, \qquad \delta A = \delta\rho\,\alpha_{\mathrm{h}}^2 + 2\rho\alpha_{\mathrm{h}}\,\delta\alpha_{\mathrm{h}} \tag{9.36}$$

$$\delta L = \delta\rho\,\beta_{\mathrm{v}}^2 + 2\rho\beta_{\mathrm{v}}\,\delta\beta_{\mathrm{v}}, \qquad \delta N = \delta\rho\,\beta_{\mathrm{h}}^2 + 2\rho\beta_{\mathrm{h}}\,\delta\beta_{\mathrm{h}} \tag{9.37}$$

$$\delta F = \delta\eta(A - 2L) + \eta(\delta A - 2\delta L) \tag{9.38}$$

而将本征频率的微扰 $\delta\omega$ 用垂直和水平波速的微扰 $\delta\alpha_{\mathrm{v}}$、$\delta\alpha_{\mathrm{h}}$、$\delta\beta_{\mathrm{v}}$、$\delta\beta_{\mathrm{h}}$，以及无量纲参数和密度的微扰 $\delta\eta$ 和 $\delta\rho$ 来表示

$$\begin{aligned}\delta\omega = \int_0^a & (\delta\alpha_{\mathrm{v}}K_{\alpha_{\mathrm{v}}} + \delta\alpha_{\mathrm{h}}K_{\alpha_{\mathrm{h}}} + \delta\beta_{\mathrm{v}}K_{\beta_{\mathrm{v}}} + \delta\beta_{\mathrm{h}}K_{\beta_{\mathrm{h}}} \\ & + \delta\eta K_\eta + \delta\rho K'_\rho)\,dr + \sum_d \delta d\,[K_d]_-^+\end{aligned} \tag{9.39}$$

其中

$$K_{\alpha_{\mathrm{v}}} = 2\rho\alpha_{\mathrm{v}}K_C, \qquad K_{\alpha_{\mathrm{h}}} = 2\rho\alpha_{\mathrm{h}}(K_A + \eta K_F) \tag{9.40}$$

$$K_{\beta_{\mathrm{v}}} = 2\rho\beta_{\mathrm{v}}(K_L - 2\eta K_F), \qquad K_{\beta_{\mathrm{h}}} = 2\rho\beta_{\mathrm{h}}K_N \tag{9.41}$$

$$K_\eta = \rho(\alpha_{\mathrm{h}}^2 - 2\beta_{\mathrm{v}}^2)K_F \tag{9.42}$$

$$\begin{aligned}K'_\rho = {} & \alpha_{\mathrm{v}}^2 K_C + \alpha_{\mathrm{h}}^2(K_A + \eta K_F) \\ & + \beta_{\mathrm{v}}^2(K_L - 2\eta K_F) + \beta_{\mathrm{h}}^2 K_N + K_\rho\end{aligned} \tag{9.43}$$

(9.39) 式是 (9.20) 的各向同性结果的推广，正如 (9.30) 式是 (9.12) 式的推广。

★9.5 另一种推导方法

我们也可以避免使用瑞利原理，而直接采用蛮力的方法来得到球对称地球模型的本征频率的微扰 $\delta\omega$。我们在本节中以横向各向同性地球的地幔环型模式这一简单的例子来展示这一推导。这种振荡所满足的二阶常微分方程可以写成如下形式

$$r^{-2}\frac{d}{dr}(r^2T) + r^{-1}T + [\omega^2\rho - (k^2 - 2)Nr^{-2}]W = 0 \tag{9.44}$$

其中 $T = L(\dot{W} - r^{-1}W)$。该方程的一阶微扰为

$$r^{-2}\frac{d}{dr}(r^2\delta T)+r^{-1}\delta T+[\omega^2\rho-(k^2-2)Nr^{-2}]\delta W$$
$$+[2\omega\,\delta\omega\,\rho+\omega^2\delta\rho-(k^2-2)\delta N\,r^{-2}]W=0 \tag{9.45}$$

其中$\delta T=\delta L(\dot{W}-r^{-1}W)+L(\delta\dot{W}-r^{-1}\delta W)$。我们的目的是得到本征频率微扰$\delta\omega$，而不必同时求解本征函数的微扰$\delta W$和$\delta T$。为此，我们用$r^2W$与(9.45)式的乘积减去$r^2\delta W$与(9.44)式的乘积，并从核幔边界$r=b$到海底$r=s$做分部积分；包含$\delta W$和$\delta T$的积分相互抵消，导致结果

$$2\omega\,\delta\omega\int_b^s\rho W^2r^2dr=\int_b^s[\delta L(r\dot{W}-W)^2+\delta N(k^2-2)W^2$$
$$+\delta\rho(-\omega^2r^2W^2)]\,dr+\sum_{b\leqslant d\leqslant s}\delta d\,[W\,\delta T-\delta W\,T]_-^+ \tag{9.46}$$

为了在对不连续面的求和中消除δW和δT，我们利用确保乘积$(W+\delta W)(T+\delta T)$在微扰后的边界$r=d+\delta d$上连续的一阶条件：

$$[W\,\delta T-\delta W\,T]_-^+=-\delta d\,[W\dot{T}-\dot{W}T]_-^+ \tag{9.47}$$

将(9.47)式代入(9.46)，并利用归一化条件(8.108)，我们得到

$$2\omega\,\delta\omega=\int_b^s[\delta L(r\dot{W}-W)^2+\delta N(k^2-2)W^2+\delta\rho(-\omega^2r^2W^2)]\,dr$$
$$+\sum_{b\leqslant d\leqslant s}\delta d\,[Lr\dot{W}(r\dot{W}-W)-(k^2-2)NW^2+\omega^2\rho r^2W^2]_-^+$$

该式与之前的结果(9.30)等价。球型与径向模式的类似结果可以通过整理微扰前后这些振荡所满足的径向方程来得到。

9.6 弗雷歇积分核图例集

一个模式对地球模型的各向同性微扰$\delta\alpha$、$\delta\beta$、$\delta\rho$、δd或横向各向同性微扰$\delta\alpha_{\rm v}$、$\delta\alpha_{\rm h}$、$\delta\beta_{\rm v}$、$\delta\beta_{\rm h}$、$\delta\eta$、$\delta\rho$、δd的敏感度，随振荡类型的不同而以一种独特且很好理解的方式变化，我们在本节中将用图形对此加以展示。这里我们仅限于定性地讨论在弗雷歇积分核图中用肉眼最显而易见的特征。大多数图形及其讨论都是SNREI到SNREI微扰的例子；在结尾处，我们会检视横向各向同性微扰对面波等价模式的影响。在所有例子中，微扰前的模型都是各向同性或横向各向同性的PREM。可能有必要回顾一下我们的约定：由于(9.12)中的微分元是dr而不是r^2dr，弗雷歇积分核K_κ、K_μ和K_ρ表示的是半径而不是体积加权的微扰$\delta\kappa$、$\delta\mu$和$\delta\rho$的影响。相似的提示也适用于(9.20)、(9.30)和(9.39)式。在12.4.3节中给出了SNREI地球模型的弗雷歇积分核的更为定量的渐近分析。

图9.1显示了前10个$l=2$次环型模式的积分核K_β和K'_ρ。这些模式对整个地幔的剪切波速β和密度ρ的变化都有敏感性；这些振荡的径向“波长”大约是等价的单频ScS$_{\rm SH}$波的两倍。增加β总会使本征频率增加，因为所有环型模式都有$K_\beta\geqslant 0$。这也符合基本的物理直觉：如果波在地球内部传播得更快，那么由这些波的相长干涉而形成的振荡的音调一定会升高。另一方面，增加密度产生的影响可正可负，与深度有关。这与(9.26)式中要求的所有环形模式的$\int_b^s\rho K'_\rho\,dr=0$

一致。正如我们已看到的，均匀的相对微扰$\delta\rho/\rho$没有任何的一阶效应；长波长微扰（比K'_ρ振荡更长）的影响也很小。要记住，这些结果适用于横波速度保持不变时的密度变化；反之，如果刚性μ保持不变，则ρ的增加总是使环型模式的本征频率下降，因为此时，相关的积分核处处为非正的：$K_\rho \leqslant 0$。这种微扰增加了地球内部每个体积元的惯性力，但保持恢复力不变。图9.1底部的“树枝”图显示了积分核$[K_s]^+_-$、$[K_{670}]^+_-$和$[K_b]^+_-$，它们分别表示海底、670千米不连续面和核幔边界的位置微扰的影响。海底高度的增加$\delta s>0$会降低所有的环型模式的本征频率，而核幔边界半径的增加$\delta b>0$则会升高除基阶模式${}_0\mathrm{T}_2$以外所有模式的本征频率。这些结果也有一个简单的物理解释：这两个微扰分别扩大和缩小了等价$\mathrm{ScS_{SH}}$波所传播的地幔的体积。${}_0\mathrm{T}_2$模式的本征频率的减小$[K_b]^+_-<0$不能通过这种仅在$\omega\to\infty$极限下才严格成立的模式-射线二象性的推论来预测。

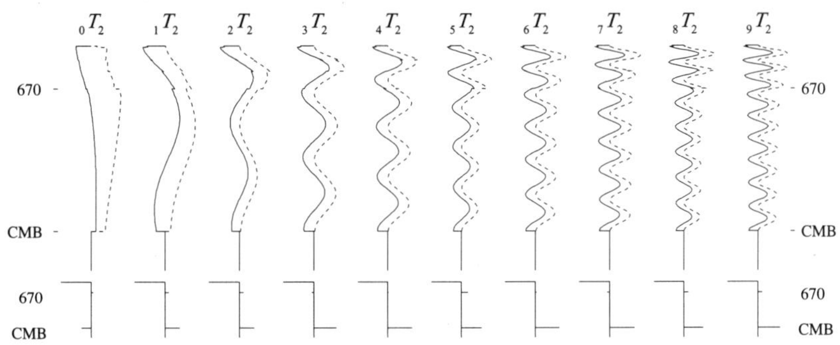

图 9.1 二次环型模式${}_0T_2,\cdots,{}_9T_2$的弗雷歇积分核K_β(虚线)和K'_ρ(实线)。位移W和牵引力T见图8.6。纵轴为地球表面向下的深度；图中标明了670千米不连续面和核幔边界(CMB)的位置。图的下部显示了对上述三个主要边界位置微扰的敏感度。向左和向右的“树枝”分别对应于负的和正的积分核$[K_s]^+_-$、$[K_{670}]^+_-$和$[K_b]^+_-$。每幅图都各自做了缩放，以使所有积分核的最大值相同

图9.2显示了几个本征频率近似均为$\omega/2\pi\approx 14$毫赫兹的环型模式的弗雷歇积分核K_β、K'_ρ和$[K_s]^+_-$、$[K_{670}]^+_-$、$[K_b]^+_-$。许多特征仍然很明显；特别要注意的是，对剪切波速度微扰的敏感度占主导地位且固有为正值($K_\beta>0$)，而对密度的依赖性则表现出均值为零的振荡$\int_b^s \rho K'_\rho\, dr=0$。最显著的新特征是在$n\approx l/4$时，能够“感受到”核幔边界的$\mathrm{ScS_{SH}}$反射波等价模式与感觉不到核幔边界的SH折返波等价模式之间的转换。SH折返波等价模式的剪切波积分核K_β在折返半径附近有极大值，相长干涉的波在那里度过的时间最长。在折返半径以下，微扰$\delta\beta$和$\delta\rho$以及核幔边界位置的微扰δb对SH等价模式本征频率的影响可以忽略不计。

图9.3显示了两组折返半径近似相同的环型模式的弗雷歇积分核K_β和K'_ρ。相应的本征频率落在图9.4中所示环型模式频散图中的两条直线上。所有$n\approx l/20$的模式的K_β在$h\approx 900$千米处有极大值，而$n\approx l/10$的模式的K_β则在$h\approx 1800$千米处有极大值。这展示了我们将在第12章中更全面探讨的模式-射线二象性的一般原理：具有相同相速度$\omega/k\approx\omega/(l+\frac{1}{2})$的高频环型或球型模式是由射线参数$p=(l+\frac{1}{2})/\omega$相同的、相长干涉的SH或P-SV体波组成的。

图9.5和图9.6分别显示了基阶球型模式${}_0\mathrm{S}_2$至${}_0\mathrm{S}_9$和前九个径向模式${}_n\mathrm{S}_0$的弗雷歇积分核K_α、K_β、K'_ρ以及$[K_s]^+_-$、$[K_{670}]^+_-$、$[K_b]^+_-$、$[K_c]^+_-$。“橄榄球”模式${}_0\mathrm{S}_2$的本征频率是所观测

到的地球的最低频振荡，它依赖于整个地球的α、β和ρ；然而，它最明显的敏感度是对下地幔底部的剪切波速度。当我们沿基阶模式分支上升到$_0S_9$模式时，K_β敏感度积分核的峰值也上移到大约1500千米深处，等价于一个很长周期 (634秒) 的瑞利波。基阶径向模式$_0S_0$对整个地球的两种波速和密度都很敏感，就像“橄榄球”模式一样；然而，如$_9S_0$这样的高阶径向模式则等价于径向传播的PKIKP波，主要对纵波速度α敏感，正如预期的。积分核振荡的“波长”大约是单频PKIKP波的两倍。核幔边界半径的增加会缩短（较快的）地幔中射线路径的长度，同时延长（较慢的）地核中射线路径长度；从而导致PKIKP走时增加，并因此降低这些与其他PKIKP等价模式的本征频率。

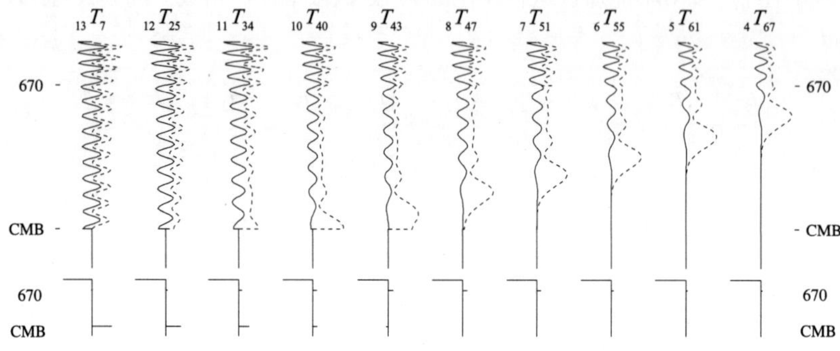

图 9.2 与图9.1类似，但显示的是一组本征频率大致均为$\omega/2\pi \approx 14$毫赫兹的ScS_{SH}到SH的过渡模式（位移W和牵引力T 见图8.8)。虚线和实线分别表示K_β和K'_ρ。最右边的模式$_4T_{67}$基本上是第四个高阶勒夫波，它可以“感受”到约1000千米的深度

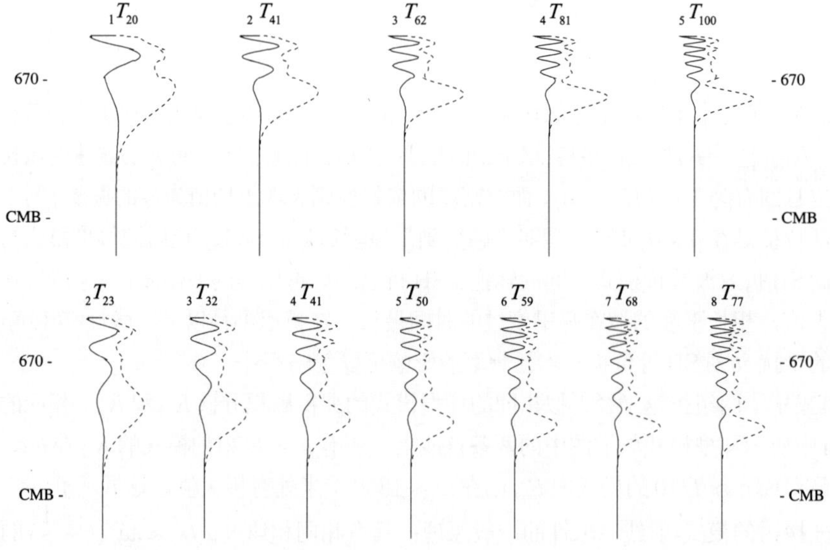

图 9.3 几个$n \approx l/20$(上)和$n \approx l/10$(下)环型模式$_nT_l$的弗雷歇积分核K_β(虚线)和K'_ρ(实线)。相应的本征频率$_n\omega_l^T$为沿图9.4中的两条粗直线

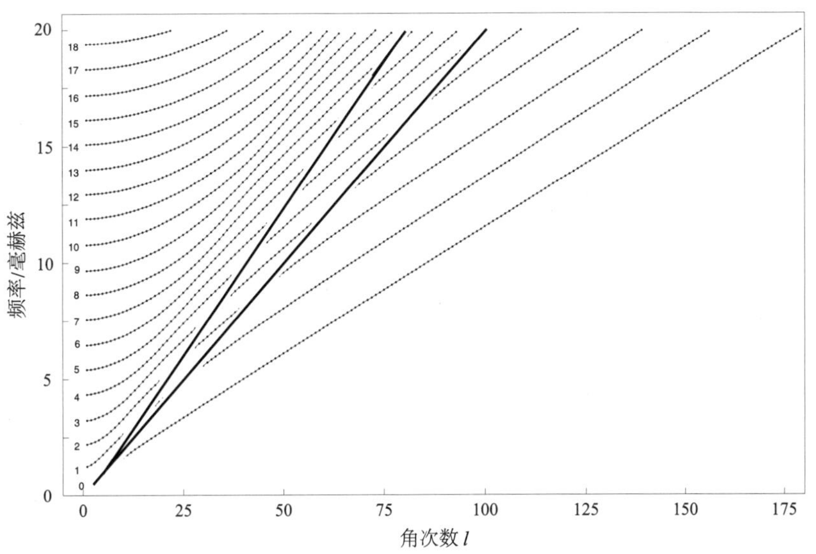

图 9.4 显示图9.3中模式本征频率的环型模式频散图。较平和较陡的粗实线分别标示图9.3中上图 $(n \approx l/20)$ 和下图 $(n \approx l/10)$ 的两组模式

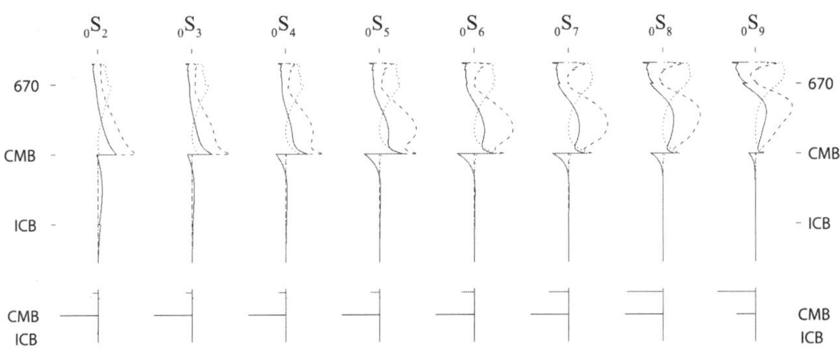

图 9.5 基阶球型模式 ${}_0S_2, \cdots, {}_0S_9$ 的弗雷歇积分核 K_α (点线)、K_β (虚线) 和 K'_ρ (实线)。橄榄球模式的位移 U、V 和牵引力 R、S 见图8.18。纵轴是地球表面向下的深度，图中标明了670 千米不连续面、核幔边界 (CMB) 和内核边界 (ICB) 的位置。图的下部显示了对海底和三个内部界面位置微扰的敏感度。向左和向右的“树枝”分别对应负的和正的积分核 $[K_s]_-^+$、$[K_{670}]_-^+$、$[K_b]_-^+$、$[K_c]_-^+$（从上到下）。每幅图都各自做了缩放，以使所有积分核的最大值相同

图9.7中按模式类型比较了一些二次球型模式的体积弗雷歇积分核 K_α、K_β、K'_ρ。其中 $\mathrm{ScS_{SV}}$ 等价模式是与图9.1中的 $\mathrm{ScS_{SH}}$ 环型模式类似的球型模式；它们的敏感度主要是对地幔中的剪切波速 β。PKIKP 等价模式与图9.6中的径向模式有相似特性；压缩波敏感核 K_α 的“波长”从下地幔 ($\alpha = 13.7$ 千米/秒) 到液态外核 ($\alpha = 8.1$ 千米/秒) 有明显的特征变化，尤其是高频模式，如 ${}_{31}S_2$ 和 ${}_{34}S_2$。最后，如预期的，$\mathrm{J_{SV}}$ 等价模式主要是对固态内核中的剪切波速 β 敏感。所有这三种模式的密度积分核都较大，但都是振荡的，正负值大致相等，符合 $\int_0^a \rho K'_\rho\, dr = 0$ 的约束条件，因而长波长的密度微扰 $\delta\rho$ 的影响很小。

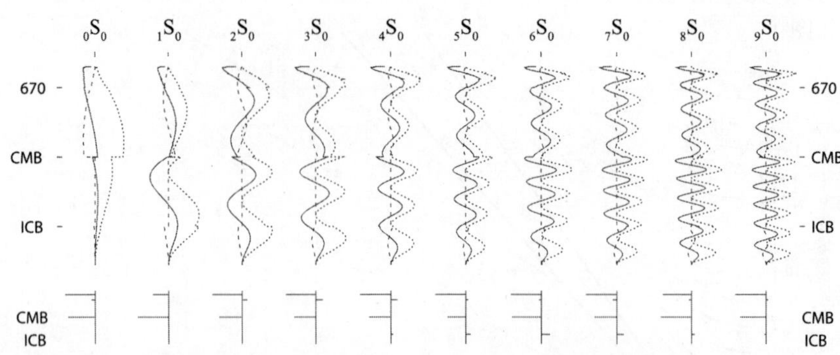

图 9.6　与图9.5相同的基阶和高阶径向模式$_0\mathrm{S}_0,\cdots,{}_9\mathrm{S}_0$的弗雷歇积分核（位移$U$和牵引力$R$见图8.16）。点线、虚线和实线分别表示$K_\alpha$、$K_\beta$和$K'_\rho$

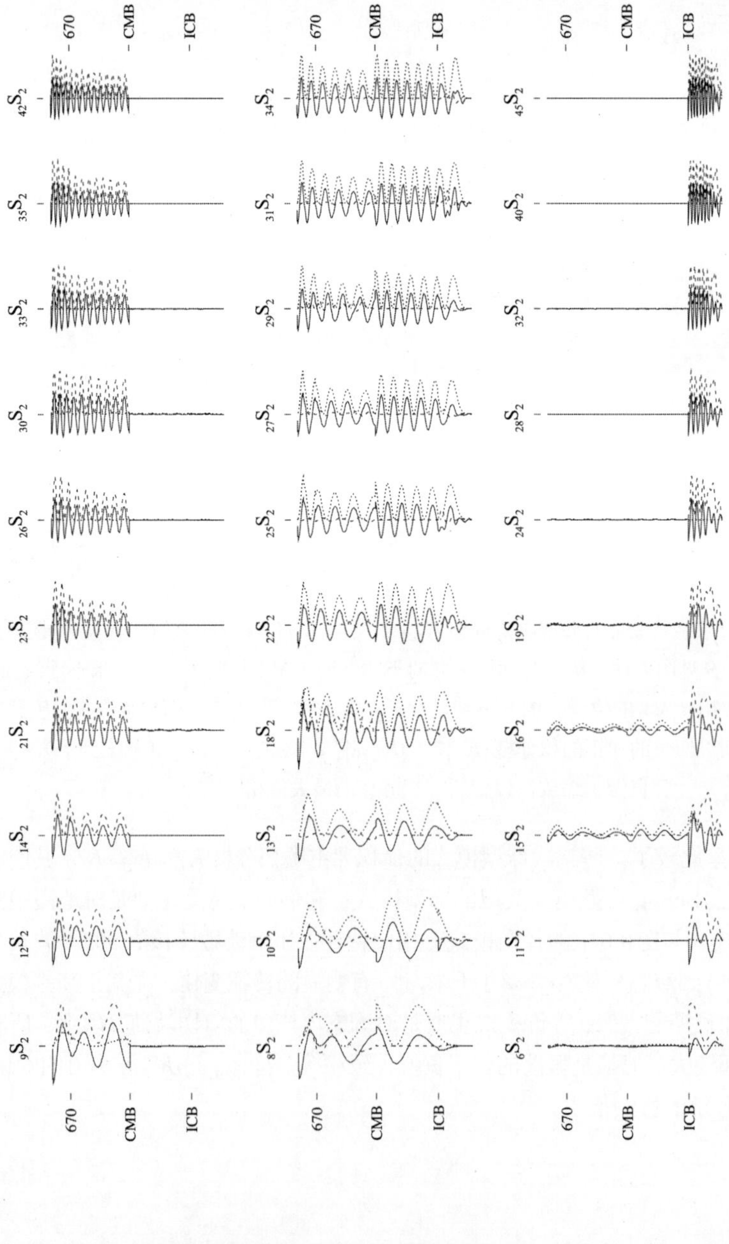

图 9.7　一些次数$l=2$的$\mathrm{ScS_{SV}}$模式(上)、PKIKP模式(中)和$\mathrm{J_{SV}}$模式(下)的弗雷歇积分核K_α(点线)、K_β(虚线)和K'_ρ(实线)。位移U和V在图8.14中显示。每幅图都独立做了缩放，以使所有积分核的最大值相同

图9.8和图9.9显示了沿基阶和前两个高阶面波频散分支的各向同性弗雷歇积分核 K_α、K_β

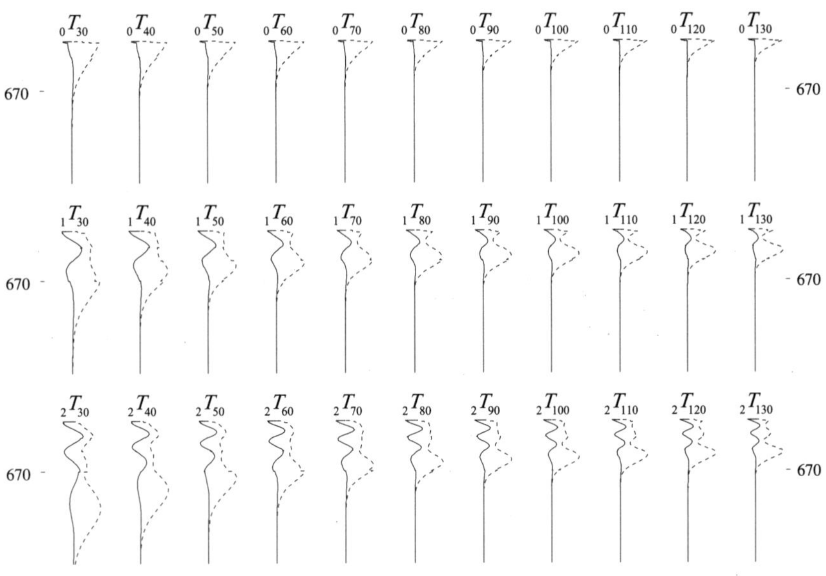

图 9.8 沿基阶(上)、第一高阶(中)和第二高阶(下)勒夫波等价模式分支的弗雷歇积分核 K_β(虚线)和 K'_ρ(实线)的变化。纵轴从自由表面延伸到1500千米深度；图中标明了670千米不连续面的位置。位移 W 如图8.7所示。每幅图均做了独立缩放，以使 K_β 具有相同的最大值；实际上，基阶模式积分核大约是高阶模式积分核的三倍

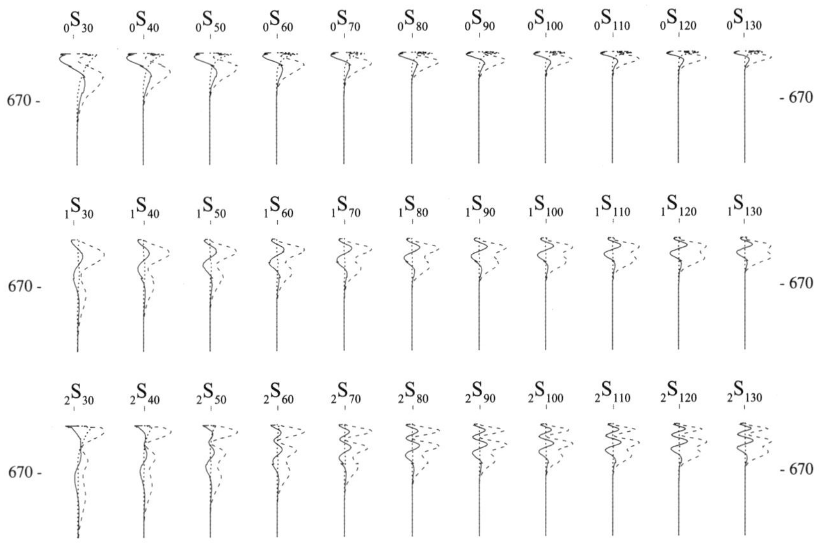

图 9.9 沿基阶(上)、第一高阶(中)和第二高阶(下)瑞利波等价模式分支的弗雷歇积分核 K_α(点线)、K_β(虚线)和 K'_ρ(实线)的变化。纵轴从自由表面延伸到1500千米深度；图中标明了670千米不连续面的位置。位移 U 和 V 如图8.11所示。每幅图均做了独立缩放，以使 K_β 具有相同的最大值；实际上，基阶模式积分核大约是高阶模式积分核的三倍

和K'_ρ的变化。很明显，勒夫和瑞利模式主要的敏感度是对上地幔剪切波速β的变化。基阶瑞利模式${}_0\mathrm{S}_l$对压缩波速α有微弱的依赖性；但α对高阶模式${}_1\mathrm{S}_l$和${}_2\mathrm{S}_l$的影响几乎可以忽略。基阶勒夫模式${}_0\mathrm{T}_l$的剪切波敏感核K_β在约$0.1\,\lambda$–$0.2\,\lambda$深处达到最大值，其中$\lambda=2\pi a/k$为等价行波的波长。相应的基阶瑞利模式敏感度的最大值要深得多，约为$0.3\,\lambda$–$0.4\,\lambda$。与基阶模式相比，${}_1T_l$、${}_2T_l$和${}_1\mathrm{S}_l$, ${}_2\mathrm{S}_l$这些高阶模式对深部的变化$\delta\beta$更为敏感。因此，周期为 97 秒的${}_0\mathrm{S}_{100}$模式对250千米以下的敏感度非常有限，而周期大致相同的第一和第二高阶模式${}_1\mathrm{S}_{68}$和${}_2\mathrm{S}_{56}$所能“感受”到的深度远在670千米间断面以下。在11.8节中，我们建立单频面波相速度微扰δc与等价自由振荡的本征频率微扰$\delta\omega$之间的关系。

图9.10和图9.11显示了沿横向各向同性PREM的${}_0\mathrm{T}_l$和${}_0\mathrm{S}_l$分支的弗雷歇积分核K_{β_v}、K_{β_h}和K_{α_v}、K_{α_h}的径向变化。基阶环型的本征频率对垂直传播的剪切波速β_v的微扰几乎完全没有敏感度；另一方面，基阶球型的本征频率主要对β_v敏感，而几乎与水平传播的剪切波速β_h无关。正是β_h和β_v的这种近乎完全的“解耦”，使得横向各向同性的上地幔模型能够拟合无法协调的勒夫和瑞利基阶模式本征频率的观测值。${}_0\mathrm{S}_l$模式对上地幔的两个压缩波速α_v和α_h的微扰也有微弱的敏感度。

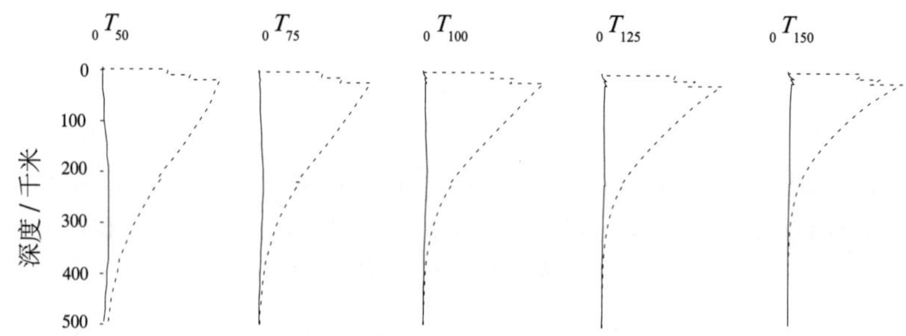

图 9.10　沿基阶环型模式分支的横向各向同性弗雷歇积分核K_{β_v}(实线)和K_{β_h}(虚线) 的变化。每幅图均做了独立缩放，以使K_{β_h}具有相同的最大值

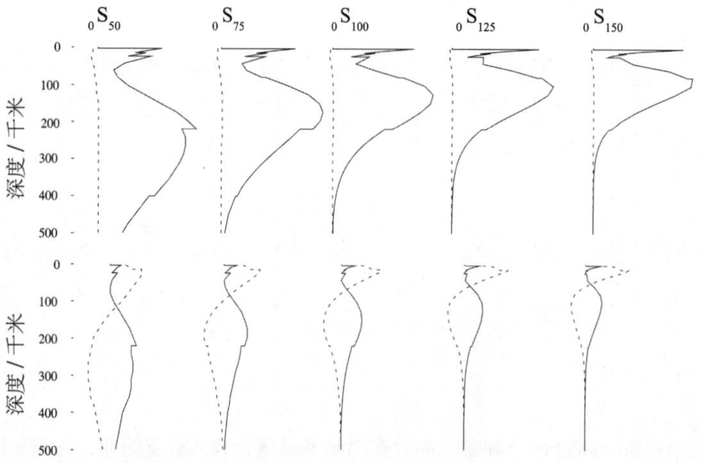

图 9.11　沿基阶球型模式分支的横向各向同性弗雷歇积分核的变化。上行显示了剪切波速积分核K_{β_v}(实线) 和K_{β_h}(虚线)。下行显示了压缩波速积分核K_{α_v}(实线)和K_{α_h}(虚线)。每幅图均做了独立缩放，以使K_{β_v}具有相同的最大值

9.7 非弹性和衰减

我们在第 6 章已经看到,各向同性非弹性可以通过将$\delta\kappa$和$\delta\mu$用与频率相关的复数微扰来处理。我们略微变更一下符号,自此分别用κ_0和μ_0表示微扰前的SNREI地球模型的不可压缩性和刚性。下角标0表示它们被视为是对参考或基准频率ω_0下的地球弹性特性的适当描述;PREM模型的参考频率是1赫兹,即 $\omega_0 = 2\pi$ 弧度/秒。我们考虑如下形式的无穷小非弹性微扰:

$$\kappa_0 \to \kappa_0 + \delta\kappa(\omega) + i\kappa_0 Q_\kappa^{-1} \tag{9.48}$$

$$\mu_0 \to \mu_0 + \delta\mu(\omega) + i\mu_0 Q_\mu^{-1} \tag{9.49}$$

式中Q_κ和Q_μ分别为体变和剪切品质因子,假设它们与频率无关。微扰前本征频率为正的ω的简正模式所“感受到”的实数的不可压缩性和刚性微扰为

$$\delta\kappa(\omega) = \delta\kappa_0 + \frac{2}{\pi}\kappa_0 Q_\kappa^{-1}\ln(\omega/\omega_0) \tag{9.50}$$

$$\delta\mu(\omega) = \delta\mu_0 + \frac{2}{\pi}\mu_0 Q_\mu^{-1}\ln(\omega/\omega_0) \tag{9.51}$$

其中第一项为在参考频率ω_0下的微扰,第二项来自非弹性频散。

我们将任一振荡的正本征频率的复数微扰写为如下形式

$$\omega \to \omega + \delta\omega_0 + \delta\omega_{\mathrm{d}} + i\gamma \tag{9.52}$$

其中$\delta\omega_0$表示在参考频率下的微扰的影响,$\delta\omega_{\mathrm{d}}$表示额外的对数频散效应。$\gamma$为衰减率,它与模式的品质因子$Q$的关系为

$$\gamma = \frac{1}{2}\omega Q^{-1} \tag{9.53}$$

要得到$\delta\omega_0$、$\delta\omega_{\mathrm{d}}$和$\gamma$这三个微扰,我们将(9.48)–(9.53)代入(9.12),并对相关项做适当整理。令虚部相等可以得到品质因子的倒数

$$Q^{-1} = 2\omega^{-1}\int_0^a [(\kappa_0 K_\kappa)Q_\kappa^{-1} + (\mu_0 K_\mu)Q_\mu^{-1}]\,dr \tag{9.54}$$

如果我们的目的只是要计算无穷小非弹性对SNREI本征频率ω的影响,我们可以令$\delta\kappa_0$和$\delta\mu_0$为零,此时有$\delta\omega_0 = 0$,以及

$$\delta\omega_{\mathrm{d}} = \frac{1}{\pi}\omega Q^{-1}\ln(\omega/\omega_0) \tag{9.55}$$

更一般地,我们可以将$\delta\kappa_0$和$\delta\mu_0$连同$\delta\rho$和δd一并视为参考SNREI地球模型的特定微扰。这导致实数本征频率的一个附加的微扰,由(9.12)给定,只要把$\delta\omega$、$\delta\kappa$和$\delta\mu$用$\delta\omega_0$、$\delta\kappa_0$和$\delta\mu_0$替换。(9.55)式表示的频散校正对于所有微扰前本征频率小于基准频率$\omega < \omega_0$的自由振荡为负值,而对于所有$\omega > \omega_0$的振荡则为正值。在物理上这是合理的,因为一个频率更低或更高的这种模式所“感受到”的地球比参考SNREI地球模型具有更高或更低的柔量。

一个弹性参数为C_0、A_0、L_0、N_0和F_0的横向各向同性弹性地球模型,如果其“等效”不可压缩性$\kappa_0 = \frac{1}{9}(C_0 + 4A_0 - 4N_0 + 4F_0)$和刚性$\mu_0 = \frac{1}{15}(C_0 + A_0 + 6L_0 + 5N_0 - 2F_0)$ 为(9.48)–

(9.51) 所示的与频率相关的复数参数替换，则变成各向同性非弹性的。$C_0' = C_0 - \kappa_0 - \frac{4}{3}\mu_0$, $A_0' = A_0 - \kappa_0 - \frac{4}{3}\mu_0$, $L_0' = L_0 - \mu_0$, $N_0' = N_0 - \mu_0$ 和 $F_0' = F_0 - \kappa_0 + \frac{2}{3}\mu_0$ 这五个“纯”各向异性参数被视为实数且与频率无关。一个简正模式的品质因子倒数 Q^{-1} 仍由 (9.54) 式给定；唯一的差别是位移本征函数 U、V 和 W 均属于横向各向同性参考模型。在参考频率 ω_0 下地球结构的任何微扰都会造成一个由 (9.30) 式给定的附加实数本征频率微扰，其中 $\delta\omega$、δC、δA、δL、δN 和 δF 由 $\delta\omega_0$、δC_0、δA_0、δL_0、δN_0 和 δF_0 所取代。

总之，一个球对称、无自转、非弹性、各向同性 (SNRAI) 的地球模型完全由 κ_0、μ_0、ρ、Q_κ 和 Q_μ 这五个恒正的半径的函数所表述，而横向各向同性模型则由 C_0、A_0、L_0、N_0、F_0、ρ、Q_κ 和 Q_μ 这八个半径的函数给定，其中下角标零表示它们是对应于参考或基准频率 ω_0 的。(9.54) 式为利用观测的衰减率 γ 或地球自由振荡的品质因子 Q 来反演地球内部固有衰减的径向变化提供了理论基础。体变和剪切品质因子倒数 Q_κ^{-1} 和 Q_μ^{-1} 的这一反演问题以其线性而值得关注。非弹性弗雷歇积分核有一个直观的物理解释：$2\omega^{-1}r^{-2}(\kappa_0 K_\kappa)$ 和 $2\omega^{-1}r^{-2}(\mu_0 K_\mu)$ 是每个模式的压缩和剪切能量密度占比 (因子 r^{-2} 源于我们所约定的在弗雷歇积分核关系中的微分元素是 dr，而不是 r^2dr)。当固有品质因子仅微弱地依赖于半径时，(9.54) 式转化为

$$Q^{-1} \approx f_\kappa Q_\kappa^{-1} + f_\mu Q_\mu^{-1} \tag{9.56}$$

其中 $f_\kappa = 2\omega^{-1}\int_0^a(\kappa_0 K_\kappa)\,dr$ 和 $f_\mu = 2\omega^{-1}\int_0^a(\mu_0 K_\mu)\,dr$ 是净能量占比。很明显，体变衰减只会对具有较大压缩能量占比的模式（即径向和其他PKIKP等价球型模式）产生明显的影响。环型模式没有压缩，因而它们的阻尼仅依赖于 Q_μ；如果剪切衰减与半径几乎无关，那么所有环型模式将有几乎相同的品质因子 $Q \approx Q_\mu$。

有两种策略可以通过反演观测到的地球的本征频率 ω 来得到拟合最佳的球对称弹性结构 κ_0、μ_0 和 ρ，或者一般的 C_0、A_0、L_0、N_0、F_0 和 ρ。每种方法都可以如前所述地计算微扰前的完全弹性、无频散的参考地球模型的本征频率，并通过在反演之前减去 $\delta\omega_\mathrm{d}$ 来对残差 $\omega_\mathrm{meas} - \omega_\mathrm{calc}$ 做频散“校正”，或者在用径向标量方程求解 ω 和 U、V、W 时直接考虑频散的影响。后者是大多数应用中首选的做法；`MINEOS` 和 `OBANI` 都考虑了物理频散，因而所有简正模式所“感受到”的都是在微扰前的振荡频率 ω 下的实数各向同性弹性参数 $\kappa_0[1 + \frac{2}{\pi}Q_\kappa^{-1}\ln(\omega/\omega_0)]$ 和 $\mu_0[1 + \frac{2}{\pi}Q_\mu^{-1}\ln(\omega/\omega_0)]$。要注意的是，无论以何种方法计算，对频散的校正依赖于衰减模型 Q_κ 和 Q_μ。最好是将参考频率 ω_0 选在简正模式频带的中心附近，以便将这些参数不确定性的影响降到最低。从这一点考虑 PREM 的 1 赫兹参考频率并不理想，因为它导致许多基阶模式 ${}_0\mathrm{S}_l$ 和 ${}_0\mathrm{T}_l$ 的频散校正 $\delta\omega_\mathrm{d}$ 高达其观测误差的十倍以上 (Widmer 1991)。

对于某些应用，用压缩和剪切波速来参数化非弹性比用不可压缩性和刚性会更方便。此时参考地球模型是由各向同性速度 $\alpha_0 = [(\kappa_0 + \frac{4}{3}\mu_0)/\rho]^{1/2}$ 和 $\beta_0 = (\mu_0/\rho)^{1/2}$ 表述的，我们考虑如下形式的复数微扰

$$\alpha_0 \to \alpha_0 + \delta\alpha(\omega) + \frac{1}{2}i\alpha_0 Q_\alpha^{-1} \tag{9.57}$$

$$\beta_0 \to \beta_0 + \delta\beta(\omega) + \frac{1}{2}i\beta_0 Q_\beta^{-1} \tag{9.58}$$

P波和S波的品质因子Q_α和Q_β与体变和剪切品质因子Q_κ和Q_μ之间的关系为

$$Q_\alpha^{-1} = (1 - \frac{4}{3}\beta_0^2/\alpha_0^2)Q_\kappa^{-1} + \frac{4}{3}(\beta_0^2/\alpha_0^2)Q_\mu^{-1} \tag{9.59}$$

$$Q_\beta^{-1} = Q_\mu^{-1} \tag{9.60}$$

在参考频率ω_0下波速的实数微扰由类似于(9.50)–(9.51)的关系给定：

$$\delta\alpha(\omega) = \delta\alpha_0 + \frac{1}{\pi}\alpha_0 Q_\alpha^{-1}\ln(\omega/\omega_0) \tag{9.61}$$

$$\delta\beta(\omega) = \delta\beta_0 + \frac{1}{\pi}\beta_0 Q_\beta^{-1}\ln(\omega/\omega_0) \tag{9.62}$$

微扰$\delta\omega_0$是用参考频率ω_0下的波速微扰由(9.20)式给定，其中$\delta\omega$、$\delta\alpha$和$\delta\beta$为$\delta\omega_0$、$\delta\alpha_0$和$\delta\beta_0$取代，而自由振荡的品质因子倒数Q^{-1}可以用Q_α^{-1}和Q_β^{-1}写为如下形式

$$Q^{-1} = \omega^{-1}\int_0^a [(\alpha_0 K_\alpha)Q_\alpha^{-1} + (\beta_0 K_\beta)Q_\beta^{-1}]\, dr \tag{9.63}$$

其中$K_\alpha = 2\rho\alpha_0 K_\kappa$和$K_\beta = 2\rho\beta_0(K_\mu - \frac{4}{3}K_\kappa)$。(9.63)式可以用于反演P波和S波的品质因子$Q_\alpha$和$Q_\beta$的径向变化，与用(9.54)反演体变和剪切品质因子Q_κ和Q_μ的做法一样。

9.8 Q的敏感核、测量和模型

图9.12显示了一组有代表性的环型模式的非弹性弗雷歇敏感核$\mu_0 K_\mu$。其中上行展示前十个二次模式${}_n\mathrm{T}_2$，下行展示几个本征频率几乎相等的从$\mathrm{ScS_{SH}}$到SH过渡的模式。对Q_μ^{-1}变化的敏

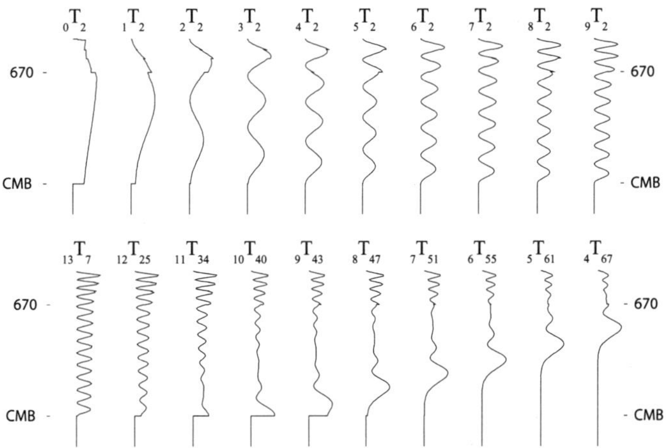

图 9.12 二次环型模式${}_0\mathrm{T}_2, \cdots, {}_9\mathrm{T}_2$(上)和一组本征频率大致均为$\omega/2\pi \approx 14$毫赫兹的$\mathrm{ScS_{SH}}$到SH过渡模式(下)的非弹性弗雷歇敏感核$\mu_0 K_\mu$。纵轴是地球表面向下的深度，图中标明了670千米不连续面和核幔边界(CMB)的位置。(9.54)式中的常数因子$2\omega^{-1}$无关紧要，因为每个模式都做了独立缩放；$\mu_0 K_\mu$的最大值相同。弹性弗雷歇敏感核K_β和K'_ρ见图9.1和图 9.2

感核在等价SH波的折返点附近达到最大值；下行中的SH等价模式的折返点在核幔边界与670千米深度之间的下地幔。图9.13显示了几个$l=2$次的球型振荡的敏感核$\kappa_0 K_\kappa$和$\mu_0 K_\mu$。如预期的，$\mathrm{ScS_{SV}}$等价模式主要对地幔中的Q_μ^{-1}敏感，PKIKP模式对整个地球的Q_κ^{-1}和Q_μ^{-1}都敏感，而$\mathrm{J_{SV}}$模式对固态内核中的Q_μ^{-1}敏感。最后，在图9.14和图9.15中，我们显示了沿基阶和两个最低频的高阶分支${}_0\mathrm{T}_l$、${}_1\mathrm{T}_l$、${}_2\mathrm{T}_l$和${}_0\mathrm{S}_l$、${}_1\mathrm{S}_l$、${}_2\mathrm{S}_l$上$\kappa_0 K_\kappa$和$\mu_0 K_\mu$的变化。这些面波等价模式的衰减受到上地幔剪切衰减Q_μ^{-1}的强烈影响。低频勒夫和瑞利模式能比高频模式“感受到”到地球更深部的非弹性，同时，高阶模式能够“感受到”的比基阶模式更深。如前所述，所有这些模式的Q_κ^{-1}和Q_μ^{-1}敏感核也可以被视为压缩和剪切能量密度图，但要记住它们是用半径而不是体积加权的。

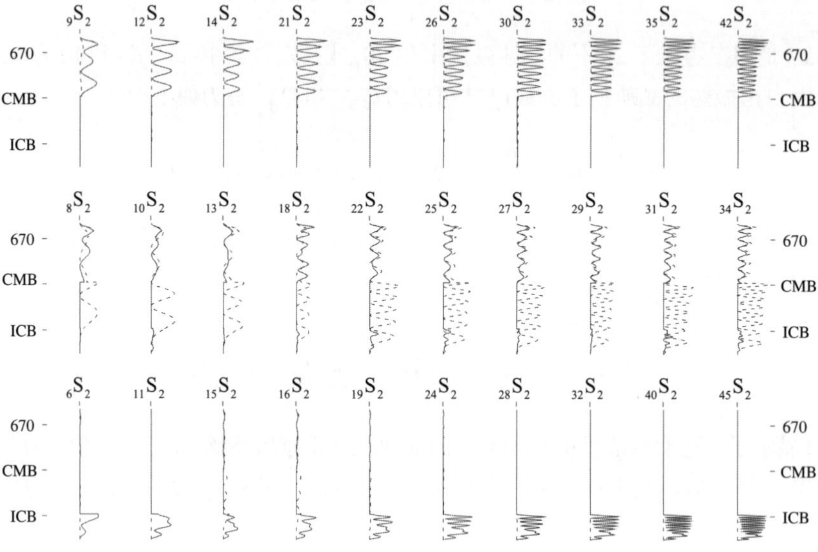

图 9.13 一些$l=2$次$\mathrm{ScS_{SV}}$模式(上)、PKIKP模式(中)和$\mathrm{J_{SV}}$模式(下)的非弹性弗雷歇敏感核$\kappa_0 K_\kappa$(虚线)和$\mu_0 K_\mu$(实线)。纵轴是地球表面向下的深度，图中标明了670千米不连续面、核幔边界(CMB)和内核边界(ICB)的位置。弹性弗雷歇敏感核K_α、K_β和K'_ρ见图9.7

自由振荡简正模式的衰减率γ可以直接用延时法对地震后观测到的对数振幅变化用直线拟合来测量。另外，也可以在频率域用洛伦兹谱峰函数拟合观测到的共振谱峰来同时测量一个孤立模式的频率ω、品质因子Q和复数的激发振幅。无论使用哪种方法，有两个原因使得汇集一组高质量、无偏差的Q数据比较困难。首先是单纯的统计效应：Q的最小二乘估计在本质上比ω的估计更不确定，因为后者的确定等同于寻找过零点，而前者的确定相当于估计衰减到e^{-1}的时间。衰减率$\gamma=\frac{1}{2}\omega Q^{-1}$的相对标准差比频率的相对标准差大$2Q$倍；由于$Q$的典型值介于$10^2$和$10^3$，衰减的测量总是会比本征频率的测量精度低200–2000倍(Dahlen 1982)。其次，更重要的是，衰减数据受到由于地球自转、椭率和横向不均匀性所引起的分裂的污染；每个多态模式${}_n\mathrm{S}_l$或${}_n\mathrm{T}_l$中$2l+1$个间隔密集的单态模式的叠加导致了时间域中的差频干涉和频率域中的峰值偏移和扭曲。由于这种分裂，未经处理的单台衰减测量没有任何规律性的地理分布(Smith & Masters 1989a)，而频谱叠加测量得到的Q值会偏低20%–40%(Widmer 1991)。${}_0\mathrm{S}_l$和${}_0T_l$这些模式的衰减也可以通过测量等价的基阶瑞利和勒夫波随距离的衰减率来研究（见11.4节）。这种行波的测量也受到

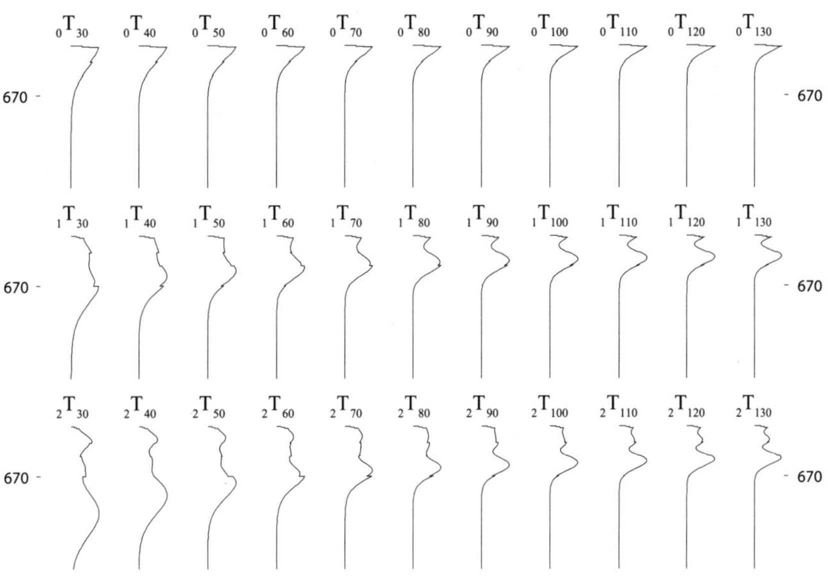

图 9.14 沿基阶(上)、第一高阶(中)和第二高阶(下)勒夫波等价模式分支的非弹性弗雷歇敏感核μ_0K_μ的变化。纵轴从自由表面延伸至1500千米深度；图中标明了670千米不连续面的位置。弹性弗雷歇敏感核K_β和K'_ρ见图9.8

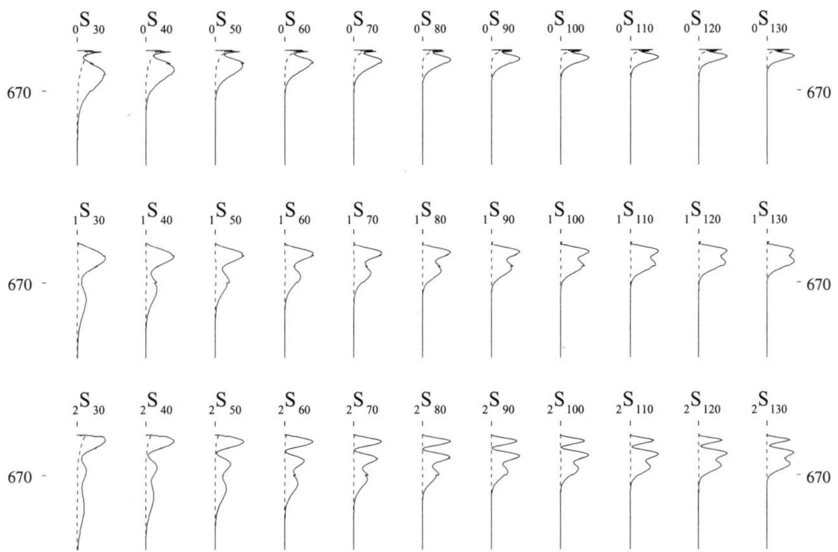

图 9.15 沿基阶 (上)、第一高阶 (中) 和第二高阶 (下) 瑞利波等价模式分支的非弹性弗雷歇敏感核κ_0K_κ(虚线) 和μ_0K_μ(实线) 的变化。纵轴从自由表面延伸至1500千米深度；图中标明了670千米不连续面的位置。弹性弗雷歇敏感核K_α、K_β和K'_ρ见图9.9

横向不均匀性的干扰，在第16章我们会讨论到，地球表面射线束的聚焦和散焦会引起振幅的几何变化。

径向模式$_nS_0$被视为一个明显的例外；它们的本征频率是非简并的，所以没有任何分裂。此外，这些振荡在地球表面的所有地点都有相同的相位和振幅；因此，即使对震源位置或震源机制一无所知，也可将来自许多台站的数据进行叠加。图9.16显示了1994年6月9日玻利维亚深源地震后一些$_4S_0$模式的记录；Durek 和 Ekström (1995) 使用该数据测量了这一模式以及另外五个高阶模式的品质因子。基阶径向模式$_0S_0$没有被玻利维亚地震很好地激发；但是，Riedesel, Agnew, Berger 和 Gilbert (1980) 在1977年8月17日印度尼西亚 松巴哇岛 (Sumbawa) 地震之后对该模式和第一高阶模式$_1S_0$的衰减进行了测量。基阶径向模式的缓慢衰减 ($Q \approx 5700$) 使得必须要分析三个月的连续地震数据。这种异常高Q值的原因是$_0S_0$的低剪切能含量 ($f_\mu = 0.03$)。高阶的剪切能占比要大5到6倍 (表8.2)，因而品质因子相应较低；例如，$_1S_0$有$Q \approx 2000$，而$_4S_0$有$Q \approx 1200$。径向振荡很长的持续时间使我们可以非常精确地测量它们的本征频率；确实，$_0S_0$和$_1S_0$模式的频率0.814664 ± 0.000004毫赫兹和1.63151 ± 0.00003毫赫兹是所有地球物理常数中确定的最好的。

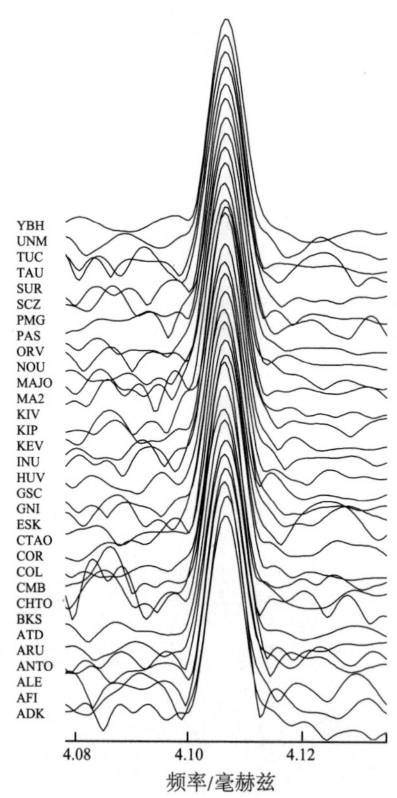

图 9.16 1994年6月9日玻利维亚深源地震后$_4S_0$共振谱峰附近的单台频谱 (Durek & Ekström 1995)。在所有台站所显示的量都是50–80小时记录加哈恩 (Hann) 时窗以后的傅里叶变换绝对值；台站代号显示在左侧。主峰两侧的波动源于噪声（由 G. Ekström 提供）

图9.17显示了近期两个球对称衰减研究的结果。Widmer, Masters 和 Gilbert (1991) 利用146个主要通过拟合0.3–6毫赫兹频带内的单台共振谱峰得到的径向、球型和环型品质因子Q反

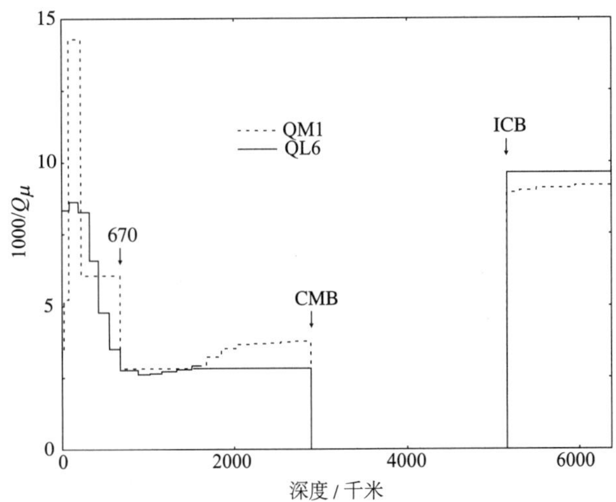

图 9.17 $1000\,Q_\mu^{-1}$ 随深度的变化：(虚线) QM1 模型 (Widmer, Masters & Gilbert 1991)；(实线) QL6 模型 (Durek & Ekström 1996)。图中标明了内核边界 (ICB)、核幔边界 (CMB) 和 670 千米不连续面的位置

演得到了 QM1 模型。Durek 和 Ekström (1996) 使用基本相同的高阶非径向模式（主要是具有明显分裂谱峰的高 Q 值 PKIKP 等价振荡）数据，但用行波测量代替基阶模式谱峰拟合，并“校正”聚焦–散焦效应，得到了模型 QL6。这两个模型之间的差异表明，由于观测的不确定性，目前我们对地球内部 Q_κ 和 Q_μ 的认识还不够精确，数据的分辨率有限，同时，也许最重要的是关于驻波和行波测量的相对可靠性的分歧 (Durek & Ekström 1997)。地幔内部剪切品质因子的平均值已经被很好地确立：QM1 模型的 $\overline{Q}_\mu = 250 \pm 5$，QL6 模型的 $\overline{Q}_\mu = 253 \pm 5$。由于这种剪切衰减所带来的物理频散的结果，在远震剪切波频率（即 50–100 毫赫兹）下，地幔的刚性要比在简正模式频率的中段（即约 4 毫赫兹）高 0.6%–0.8%。Akopyan, Zharkov 和 Lyubimov (1975；1976)；Randall (1976)、Liu, Anderson 和 Kanamori (1976) 指出，这为剪切波观测走时与通过拟合简正模式本征频率测量得到的地球模型预测走时之间 4–5 秒的基准差提供了一个自然的解释。

在所有晶体材料中，由位错运动和晶粒边界滑移等微观机制而引起的剪切衰减比体变衰减要大得多，因此在地球内部处处均有 $Q_\kappa \gg Q_\mu$ (Minster 1980; Karato & Spetzler 1990)。然而，需要有少量的体变衰减，来解释观测到的径向及其他 PKIKP 等价模式的衰减率。QM1 模型的上地幔中 $Q_\kappa = 2920$，液态外核中 $Q_\kappa = 12,000$；QL6 模型的体变衰减稍大 ($Q_\kappa = 943$)，局限在上地幔。Durek 和 Ekström (1995) 用他们在玻利维亚地震后改进的径向模式 Q 值数据对地幔内体变衰减的分布加以改善；他们的最优模型在软流圈（深度 80–220 千米）中 $Q_\kappa = 213$，在其他区域 $Q_\kappa = 27700$。少量的体变耗散是地幔多晶性质预料中的结果——由于相邻晶粒弹性模量的局部差异，在宏观各向同性应力作用下，这种聚合体晶体内部会产生微观剪切应力。Jeanloz 和 O'Connell (1982) 阐明，对于典型的地幔矿物组合，这一机制会导致 $Q_\kappa/Q_\mu \approx 50-100$。任何更大的软流圈体耗散，如果能够证实的话，则可能意味着有部分熔融。目前几乎没有对固态内核敏感模式的可靠的衰减数据，因而内核中的 Q_κ 和 Q_μ 均尚未很好地确定。

对简正模式和体波衰减测量数据的仔细比较，可以看到一些在地震波频段内 Q_μ 随频率的增加而略微下降的微妙但却可靠的证据，径向传播的 $\mathrm{ScS_{SH}}$ 或 $\mathrm{ScS_{SV}}$ 波的理论品质因子为

$$Q_{\mathrm{ScS}} = \frac{\displaystyle\int_b^a \beta^{-1}\,dr}{\displaystyle\int_b^a \beta^{-1}Q_\beta^{-1}\,dr} \tag{9.64}$$

在QM1模型中其数值为 $Q_{\mathrm{ScS}} = 236 \pm 5$，在QL6模型中为 $Q_{\mathrm{ScS}} = 233 \pm 5$；这些约束良好的数值适用于一个假想的超低频(4毫赫兹)波。直接用中等频率(40毫赫兹)多次反射ScS波衰减测量得到的数值在 $Q_{\mathrm{ScS}} = 170 \pm 34$ (Sipkin & Jordan 1980) 到 $Q_{\mathrm{ScS}} = 207 \pm 25$ (Revenaugh & Jordan 1991)之间。这两个结果之间的差异及其较大的不确定性反映了当区域性差异较大且地区性覆盖不均匀时，很难确定一个可靠的全球平均值；然而，从表面上看，这些结果意味着地幔的剪切衰减在频率升高 10 倍时有10%–20%的增大。对周期更短的ScS震相能够日常性地检测到这一现象则表明 Q_μ 在1赫兹附近必须又有所升高。Sipkin 和 Jordan (1979) 指出，这种高频增加与在 $\tau_{\mathrm{m}} \approx 0.5$ 秒存在一个吸收带边界是相符的。

已经有一些工作尝试利用钱德勒摆动来研究在地震波频段以下 Q_μ 的行为，因为钱德勒摆动是以435天为周期对地球的非弹性进行采样。这些研究通常假设如(6.113)–(6.114)中一样的幂律关系 $Q_\mu \sim \omega^\alpha$，因而只对指数 α 这一个参数做估计。第一个进行这种研究的是Jeffreys (1958a; 1958b)；他用测量的钱德勒摆动的衰减率结合远震S波形没有强烈频散的定性观察得出"接近 $\alpha = 0.17$"的结论。其他研究人员试图利用钱德勒摆动的周期和衰减率结合更新的地震资料来完善这一估计。Anderson 和 Minster (1979) 得出的结论是"数据可以解释 α 大约为0.2到0.4"，而Smith 和 Dahlen (1981) 经过冗长的分析后确定 $0.04 \leqslant \alpha \leqslant 0.19$。另一方面，Dickman (1988; 1993) 则发现证据与不依赖频率的非弹性相符合，即 $\alpha \approx 0$。最后两个结论之间的差异是由于难以计算明显不处于流体静力学平衡状态的弹性地球模型的钱德勒摆动的理论周期。重力或大地测量观测的固体地球的潮汐与相应的章动，以及日长的每月与双周变化，可以用来约束在地震波频带与钱德勒摆动之间四个数量级的频率差距上 Q_μ 的行为。在过去，由于无法处理缺乏认识的大气和海洋效应，潮汐非弹性的研究受到阻碍(Zschau 1978; 1986；Wahr & Bergen 1986；Lambeck 1988)。然而，利用卫星雷达测高对开阔海洋潮汐的直接测量，已使这种情况在最近有所改善(Ray, Eanes & Chao 1996；Baker, Curtis & Dodson 1996)。

★9.9 精确非弹性

在上一节，我们应用瑞利原理推导了当SNREI地球模型参数 κ_0、μ_0、ρ 或横向各向同性地球模型的参数 C_0、A_0、L_0、N_0、F_0、ρ 有各向同性非弹性微扰时，其本征频率 ω 所产生的复数微扰 $\delta\omega_d + i\gamma$

$$\kappa_0 \to \kappa_0[1 + iQ_\kappa^{-1} + \frac{2}{\pi}Q_\kappa^{-1}\ln(\omega/\omega_0)] \tag{9.65}$$

$$\mu_0 \to \mu_0[1 + iQ_\mu^{-1} + \frac{2}{\pi}Q_\mu^{-1}\ln(\omega/\omega_0)] \tag{9.66}$$

(9.53)–(9.55)这些常用的结果仅对非弹性的一阶成立；同时，径向本征函数 U、V 和 W 的相

应微扰是被忽略的。事实上，只要稍微加努力，球对称非弹性地球模型的复数本征频率及其相应的本征函数基本上都可以精确地计算。一个直接的方法是在求解满足的一阶常微分方程和相应的边界条件时直接用 (9.65)–(9.66) 来分别替换 κ 和 μ。Yuen 和 Peltier (1982) 将这一方法用于均匀非弹性固体地球复数本征频率的解析计算，随后，Buland, Yuen, Konstanty 和 Widmer (1985) 又用它在一个更真实的径向分层地球模型中以数值方法分析了非弹性对环型模式的影响。用数值方法找到如 (8.184) 或 (8.187) 那样的行列式方程的所有复数根是非常困难的；由于这个原因，这种直接方法从未被应用于球型模式。另一种方法是用第 7 章讨论的瑞利-里茨算法，经过一个简单的改变，来考虑弹性地球模型的振荡之间的非弹性耦合。我们在这里依照 Tromp 和 Dahlen (1990b) 的描述，对这一数值上可行的方法做一个简要介绍。

有非弹性微扰的地球模型的球型和环型本征函数可以写为

$$\mathbf{s}^{\mathrm{S}} = \mathcal{U}\mathbf{P}_{lm} + \mathcal{V}\mathbf{B}_{lm}, \qquad \mathbf{s}^{\mathrm{T}} = \mathcal{W}\mathbf{C}_{lm} \tag{9.67}$$

其中 $\mathbf{P}_{lm}$、$\mathbf{B}_{lm}$ 和 $\mathbf{C}_{lm}$ 是 (8.36) 中定义的实数矢量球谐函数。基本思路是将复数径向本征函数 $\mathcal{U}$、$\mathcal{V}$ 和 $\mathcal{W}$ 用微扰前模型的实数本征函数 U、V 和 W 展开成 (7.1) 式的形式

$$\mathcal{U} = \sum_n q_n^{\mathrm{S}} U_n, \qquad \mathcal{V} = \sum_n q_n^{\mathrm{S}} V_n, \qquad \mathcal{W} = \sum_n q_n^{\mathrm{T}} W_n \tag{9.68}$$

这里我们要确定的是复数系数 q_n^{S} 和 q_n^{T}。由于 (9.65)–(9.66) 所给定的微扰的球对称性，不存在球型–环型耦合，也不存在类型相同但角次数 l 或级数 m 不同的模式之间的耦合。仅有的耦合是类型与次数 l 均相同的环型模式 ${}_n\mathrm{T}_l - {}_{n'}\mathrm{T}_l$ 之间或球型模式 ${}_n\mathrm{S}_l - {}_{n'}\mathrm{S}_l$ 之间的耦合。因此，(9.68) 中的求和角标仅为阶数 n。为简单起见，我们采用简化符号，分别用 U_n、V_n 和 W_n 表示 ${}_nU_l$、${}_nV_l$ 和 ${}_nW_l$，类似地，将微扰前本征频率 ${}_n\omega_l$ 用 ω_n 表示。

将表达式 (9.67)–(9.68) 代入线性化运动方程 (8.13)，用任一弹性本征函数 $U_n\mathbf{P}_{lm} + V_n\mathbf{B}_{lm}$ 或 $W_n\mathbf{C}_{lm}$ 点乘所得结果，在地球模型 $\oplus$ 内部做分部积分。并利用边界条件 (8.14)–(8.16)。由此得到一对如下形式的非线性 $\infty \times \infty$ 代数本征值方程

$$[\Omega^2 + i\mathsf{A} + \frac{2}{\pi}\ln(\omega/\omega_0)\mathsf{A}]\mathsf{q} = (\omega + i\gamma)^2\mathsf{q} \tag{9.69}$$

其中 q 为未知的展开系数 q_n^{S} 或 q_n^{T} 组成的列向量，Ω 为微扰前本征频率 ω_n^{S} 或 ω_n^{T} 组成的对角矩阵，A 为非弹性势能微扰矩阵，其分量表达式为

$$\begin{aligned} A_{nn'}^{\mathrm{S}} = \int_0^a \Big\{ &\kappa_0 Q_\kappa^{-1}(r\dot{U}_n + 2U_n - kV_n)(r\dot{U}_{n'} + 2U_{n'} - kV_{n'}) \\ &+ \mu_0 Q_\mu^{-1}\big[\tfrac{1}{3}(2r\dot{U}_n - 2U_n + kV_n)(2r\dot{U}_{n'} - 2U_{n'} + kV_{n'}) \\ &+ (r\dot{V}_n - V_n + kU_n)(r\dot{V}_{n'} - V_{n'} + kU_{n'}) \\ &+ (k^2 - 2)V_nV_{n'}\big]\Big\}\, dr \end{aligned} \tag{9.70}$$

$$\begin{aligned} A_{nn'}^{\mathrm{T}} = \int_0^a \mu_0 Q_\mu^{-1}\big[&(r\dot{W}_n - W_n)(r\dot{W}_{n'} - W_{n'}) \\ &+ (k^2 - 2)W_nW_{n'}\big]\, dr \end{aligned} \tag{9.71}$$

通过迭代求解方程 (9.69) 的截断形式，可以得到球对称非弹性地球的复数本征频率 $\omega + i\gamma$ 及其相应的径向本征函数 $\mathcal{U}$、$\mathcal{V}$ 和 $\mathcal{W}$。矩阵 A 的维度恰好是分析中所考虑的高阶分支的数目，因而该方法在计算上较为简单。

对称性 $A^{\mathrm{S}}_{n'n} = A^{\mathrm{S}}_{nn'}$ 和 $A^{\mathrm{T}}_{n'n} = A^{\mathrm{T}}_{nn'}$ 确保复数球型和环型本征函数在下述意义上是双正交的

$$\begin{aligned}
&\int_b^a \rho(\mathcal{U}_n\mathcal{U}_{n'} + \mathcal{V}_n\mathcal{V}_{n'})\, r^2 dr - \frac{2}{\pi}\frac{\ln(\omega_n/\omega_{n'})}{\omega_n^2 - \omega_{n'}^2} \\
&\quad \times \int_0^a \Big\{\kappa_0 Q_\kappa^{-1}(r\dot{\mathcal{U}}_n + 2\mathcal{U}_n - k\mathcal{V}_n)(r\dot{\mathcal{U}}_{n'} + 2\mathcal{U}_{n'} - k\mathcal{V}_{n'}) \\
&\quad + \mu_0 Q_\mu^{-1}\big[\frac{1}{3}(2r\dot{\mathcal{U}}_n - 2\mathcal{U}_n + k\mathcal{V}_n)(2r\dot{\mathcal{U}}_{n'} - 2\mathcal{U}_{n'} + k\mathcal{V}_{n'}) \\
&\quad + (r\dot{\mathcal{V}}_n - \mathcal{V}_n + k\mathcal{U}_n)(r\dot{\mathcal{V}}_{n'} - \mathcal{V}_{n'} + k\mathcal{U}_{n'}) \\
&\quad + (k^2-2)\mathcal{V}_n\mathcal{V}_{n'}\big]\Big\}\, dr = 0, \quad \text{若}\, \omega_n \neq \omega_{n'}
\end{aligned} \tag{9.72}$$

$$\begin{aligned}
&\int_0^a \rho\mathcal{W}_n\mathcal{W}_{n'}\, r^2 dr - \frac{2}{\pi}\frac{\ln(\omega_n/\omega_{n'})}{\omega_n^2 - \omega_{n'}^2} \\
&\quad \times \int_0^a \mu_0 Q_\mu^{-1}\big[(r\dot{\mathcal{W}}_n - \mathcal{W}_n)(r\dot{\mathcal{W}}_{n'} - \mathcal{W}_{n'}) \\
&\quad + (k^2-2)\mathcal{W}_n\mathcal{W}_{n'}\big]\, dr = 0, \quad \text{若}\, \omega_n \neq \omega_{n'}
\end{aligned} \tag{9.73}$$

而在 $\omega_{n'} \to \omega_n$ 极限情形下，相应的归一化条件为

$$\begin{aligned}
&\int_0^a \rho(\mathcal{U}_n^2 + \mathcal{V}_n^2)\, r^2 dr - \frac{1}{\pi}\omega_n^{-2}\int_0^a \Big\{\kappa_0 Q_\kappa^{-1}(r\dot{\mathcal{U}}_n + 2\mathcal{U}_n - k\mathcal{V}_n)^2 \\
&\quad + \mu_0 Q_\mu^{-1}\big[\frac{1}{3}(2r\dot{\mathcal{U}}_n - 2\mathcal{U}_n + k\mathcal{V}_n)^2 + (r\dot{\mathcal{V}}_n - \mathcal{V}_n + k\mathcal{U}_n)^2 \\
&\quad + (k^2-2)\mathcal{V}_n^2\big]\Big\}\, dr = 1
\end{aligned} \tag{9.74}$$

$$\begin{aligned}
&\int_0^a \rho\mathcal{W}_n^2\, r^2 dr - \frac{1}{\pi}\omega_n^{-2}\int_0^a \mu_0 Q_\mu^{-1}\big[(r\dot{\mathcal{W}}_n - \mathcal{W}_n)^2 \\
&\quad + (k^2-2)\mathcal{W}_n^2\big]\, dr = 1
\end{aligned} \tag{9.75}$$

与微扰前的本征函数一样，我们将 ${}_n\mathcal{U}_l$、${}_n\mathcal{V}_l$ 和 ${}_n\mathcal{W}_l$ 简写为 $\mathcal{U}_n$、$\mathcal{V}_n$ 和 $\mathcal{W}_n$。(9.72)–(9.75) 是无自转非弹性地球一般双正交关系 (6.143)–(6.144) 的一个特例。

Tromp 和 Dahlen (1990b) 证明，通过求解本征值问题 (9.69) 得到的衰减率 $\gamma = \frac{1}{2}\omega Q^{-1}$ 普遍可以用由瑞利原理得到的 Q^{-1} 的一阶公式很好地近似。这证明在简正模式衰减的反演研究中继续使用近似式 (9.54) 是合理的。由于微扰前本征频率之间的规则间隔，球对称非弹性耦合对环型模式 ${}_nT_l$ 的影响可以忽略不计。受它们影响最强的是微扰前具有几乎简并本征频率的球型模式 ${}_n\mathrm{S}_l$，这些模式位于沿 PKIKP 等价、$\mathrm{ScS_{SV}}$ 等价和 $\mathrm{J_{SV}}$ 等价频散分支上的规避交叉点附近。对于少数强耦合模式，通过求解方程 (9.69) 得到的频散本征频率偏移 $\omega - \omega_n$ 与由 (9.55) 给定的相应一阶偏移可能相差一到两个微赫兹，这与许多本征频率测量的精度量级相同。此外，一些强耦合模式的复数本征函数 $\mathcal{U}_n$ 和 $\mathcal{V}_n$ 与相应的微扰前实数本征函数 U_n 和 V_n 可能有巨大差异。这会对地震

后相应振荡的理论相位和幅度有重大影响。所幸的是，异常最大的模式主要是 J_{SV} 等价的内核模式，这些模式既难以激发又难以观测。

在本章的结尾，我们提醒大家留意在表达式 (9.67) 中使用实数矢量球谐函数 $\mathbf{P}_{lm} = \hat{\mathbf{r}}\mathcal{Y}_{lm}$，$\mathbf{B}_{lm} = k^{-1}\boldsymbol{\nabla}_1\mathcal{Y}_{lm}$ 和 $\mathbf{C}_{lm} = -k^{-1}(\hat{\mathbf{r}} \times \boldsymbol{\nabla}_1\mathcal{Y}_{lm})$ 的必要性。如果我们试图用复数矢量球谐函数 $\hat{\mathbf{r}}Y_{lm}$、$k^{-1}\boldsymbol{\nabla}_1 Y_{lm}$ 和 $-k^{-1}(\hat{\mathbf{r}} \times \boldsymbol{\nabla}_1 Y_{lm})$ 来表示 $\mathbf{s}^{\mathrm{S}}$ 和 $\mathbf{s}^{\mathrm{T}}$，那么矢量双正交关系 (6.143)–(6.144) 式就不会简化为标量关系 (9.72)–(9.75)。非弹性本征函数 $\mathbf{s}^{\mathrm{S}}$ 和 $\mathbf{s}^{\mathrm{T}}$ 所仅有的复杂性必须是在径向标量函数 $\mathcal{U}$、$\mathcal{V}$ 和 $\mathcal{W}$ 中所固有的；在 10.2 节中我们会看到，这是在无自转、球对称非弹性地球上简正模式激发的计算中必不可少的。地球的自转在水平方向和径向上都带来复杂性；事实上，精确到 $\Omega = \|\boldsymbol{\Omega}\|$ 的零阶，自转弹性或非弹性地球的本征函数与对应的无自转地球的本征函数完全一样，只要把 $\mathcal{Y}_{lm}$ 用 Y_{lm} 替换 (见 14.2.1 节)。在表 9.1 中，我们归纳了在是否考虑自转和非弹性时精确的或零阶本征函数的特质。

表 9.1 有无自转和非弹性的球对称地球模型的位移本征函数

球对称地球模型	精确的或零阶位移本征函数
无自转弹性	$\mathbf{s} = U\hat{\mathbf{r}}\mathcal{Y}_{lm} + k^{-1}V\,\boldsymbol{\nabla}_1\mathcal{Y}_{lm} - k^{-1}W(\hat{\mathbf{r}} \times \boldsymbol{\nabla}_1\mathcal{Y}_{lm})$
自转弹性	$\mathbf{s} = U\hat{\mathbf{r}}Y_{lm} + k^{-1}V\,\boldsymbol{\nabla}_1 Y_{lm} - k^{-1}W(\hat{\mathbf{r}} \times \boldsymbol{\nabla}_1 Y_{lm})$
无自转非弹性	$\mathbf{s} = \mathcal{U}\hat{\mathbf{r}}\mathcal{Y}_{lm} + k^{-1}\mathcal{V}\,\boldsymbol{\nabla}_1\mathcal{Y}_{lm} - k^{-1}\mathcal{W}(\hat{\mathbf{r}} \times \boldsymbol{\nabla}_1\mathcal{Y}_{lm})$
自转非弹性	$\mathbf{s} = \mathcal{U}\hat{\mathbf{r}}Y_{lm} + k^{-1}\mathcal{V}\,\boldsymbol{\nabla}_1 Y_{lm} - k^{-1}\mathcal{W}(\hat{\mathbf{r}} \times \boldsymbol{\nabla}_1 Y_{lm})$

注：标量函数 U、V、W 和球谐函数 $\mathcal{Y}_{lm}$ 均为实数，而 $\mathcal{U}$、$\mathcal{V}$、$\mathcal{W}$ 和 Y_{lm} 则均为复数。环型本征函数有 $U = V = 0$ 和 $\mathcal{U} = \mathcal{V} = 0$，而球型本征函数有 $W = 0$ 和 $\mathcal{W} = 0$。无自转球对称地球模型的本征函数是精确的，而自转球对称地球模型的本征函数则仅精确到自转角速率 $\Omega = \|\boldsymbol{\Omega}\|$ 的零阶

第 10 章　理论地震图

本书至此我们已经了解了如何计算球对称无自转地球模型的本征频率及其相应的本征函数，用简正模式叠加的方法来合成长周期地震图和频谱便成为一件直截了当的事情。弹性或非弹性球对称地球的响应是所有非平凡的球型和环型单态模式本征函数 ${}_n\mathbf{s}_{lm}^{\mathrm{S}}$ 和 ${}_n\mathbf{s}_{lm}^{\mathrm{T}}$ 的叠加。在本章中，我们发展一个算子体系以便在普通的地理坐标系（而非震中坐标系）中能够对球谐函数的级数 m 直接求和。我们将交替使用撇号 (如 $\mathbf{x}'$) 和下标 s(如 $\mathbf{x}_{\mathrm{s}}$) 两种符号来表示震源位置，并在一开始的几何分析中使用前者。在最终格林函数张量 $\mathbf{G}(\mathbf{x},\mathbf{x}';t)$ 和对位于 $\mathbf{x}_{\mathrm{s}}$ 的矩张量源 $\mathbf{M}$ 的位移响应 $\mathbf{s}(\mathbf{x},t)$ 的公式中，对地球的非弹性做了完善的处理，因为这样做并不会使得推导过于复杂。

10.1　源点-接收点几何关系

令 $\hat{\mathbf{r}}$、$\hat{\boldsymbol{\theta}}$ 和 $\hat{\boldsymbol{\phi}}$ 为位于接收点 $\mathbf{x}$ 处的一组相互垂直的三个单位矢量，其方向分别为半径 r、余纬度 θ 和经度 ϕ 增加的方向，而 $\hat{\mathbf{r}}'$、$\hat{\boldsymbol{\theta}}'$ 和 $\hat{\boldsymbol{\phi}}'$ 则是在地震点源 $\mathbf{x}'$ 处相对应的三个矢量，其方向分别为 r'、θ' 和 ϕ' 增加的方向。球对称地球响应的最简便的表达式是使用接收点和源点的半径 r 和 r'，以及一对震中坐标系中的角度坐标，我们用 Θ 和 Φ 来表示。其中 Θ 为源点和接收点之间的*角震中距*，由下式给定

$$\cos\Theta = \hat{\mathbf{r}}\cdot\hat{\mathbf{r}}' = \cos\theta\cos\theta' + \sin\theta\sin\theta'\cos(\phi-\phi') \tag{10.1}$$

而 Φ 则是接收点的*方位角*，定义为在源点从*正南方向开始沿逆时针方向*转过的角度。对于一个固定的源点位置 $\mathbf{x}'$，我们可以把 r、Θ、Φ 视为表述接收点位置的震中球极坐标系。在大多数定量地震学讨论中，震中距用 Δ 而非 Θ 表示；在本书中，我们用 Δ 来表示多周面波或体波所走过的角距离（见 11.3–11.5 节和 12.5 节）。

为方便起见，我们定义两个单位矢量，它们与通过接收点和源点在单位球面上投影的大圆相切：

$$\hat{\boldsymbol{\Theta}} = \boldsymbol{\nabla}_1\Theta, \qquad \hat{\boldsymbol{\Theta}}' = -\boldsymbol{\nabla}_1'\Theta \tag{10.2}$$

其中 $\boldsymbol{\nabla}_1 = \hat{\boldsymbol{\theta}}\partial_\theta + \hat{\boldsymbol{\phi}}(\sin\theta)^{-1}\partial_\phi$ 和 $\boldsymbol{\nabla}_1' = \hat{\boldsymbol{\theta}}'\partial_{\theta'} + \hat{\boldsymbol{\phi}}'(\sin\theta')^{-1}\partial_{\phi'}$ 分别为相对于接收点和源点坐标的表面梯度。在 (10.2) 中使用 (10.1) 式，我们得到显式表达式

$$\begin{aligned}\hat{\boldsymbol{\Theta}} = (\sin\Theta)^{-1}\{&\hat{\boldsymbol{\theta}}\,[\sin\theta\cos\theta' - \cos\theta\sin\theta'\cos(\phi-\phi')]\\ &+\hat{\boldsymbol{\phi}}\,\sin\theta'\sin(\phi-\phi')\}\end{aligned} \tag{10.3}$$

$$\begin{aligned}\hat{\boldsymbol{\Theta}}' = (\sin\Theta)^{-1}\{&\hat{\boldsymbol{\theta}}'\,[-\cos\theta\sin\theta' + \sin\theta\cos\theta'\cos(\phi-\phi')]\\ &+\hat{\boldsymbol{\phi}}'\sin\theta\sin(\phi-\phi')\}\end{aligned} \tag{10.4}$$

接收点处的单位矢量 $\hat{\mathbf{r}}$ 和 $\hat{\mathbf{\Theta}}$ 与源点处的相应矢量 $\hat{\mathbf{r}}'$ 和 $\hat{\mathbf{\Theta}}'$ 可以通过一个绕源点–接收点大圆极点的旋转直接联系起来：

$$\hat{\mathbf{r}} = \hat{\mathbf{r}}'\cos\Theta + \hat{\mathbf{\Theta}}'\sin\Theta, \qquad \hat{\mathbf{\Theta}} = -\hat{\mathbf{r}}'\sin\Theta + \hat{\mathbf{\Theta}}'\cos\Theta \tag{10.5}$$

要在接收点和源点分别得到震中坐标系中完备的相互垂直的三个单位矢量，我们做如下定义

$$\hat{\mathbf{\Phi}} = \hat{\mathbf{r}} \times \hat{\mathbf{\Theta}}, \qquad \hat{\mathbf{\Phi}}' = \hat{\mathbf{r}}' \times \hat{\mathbf{\Theta}}' \tag{10.6}$$

(10.5) 式确保 $\hat{\mathbf{\Phi}} = \hat{\mathbf{\Phi}}'$; 从物理上讲，这第三组矢量是源点–接收点大圆面的单位法向。源点矢量 $\hat{\mathbf{\Theta}}'$ 和 $\hat{\mathbf{\Phi}}'$ 与方位角 Φ 有简单的关系

$$\hat{\mathbf{\Theta}}' = \hat{\boldsymbol{\theta}}'\cos\Phi + \hat{\boldsymbol{\phi}}'\sin\Phi, \qquad \hat{\mathbf{\Phi}}' = -\hat{\boldsymbol{\theta}}'\sin\Phi + \hat{\boldsymbol{\phi}}'\cos\Phi \tag{10.7}$$

同样地，我们可以用在接收点处测量的源点的反方位角来定义 $\hat{\mathbf{\Theta}}$ 和 $\hat{\mathbf{\Phi}}$，但在后续的推导中并不需要它们。图 10.1给出了我们所使用的坐标系约定的一个简单示意图。

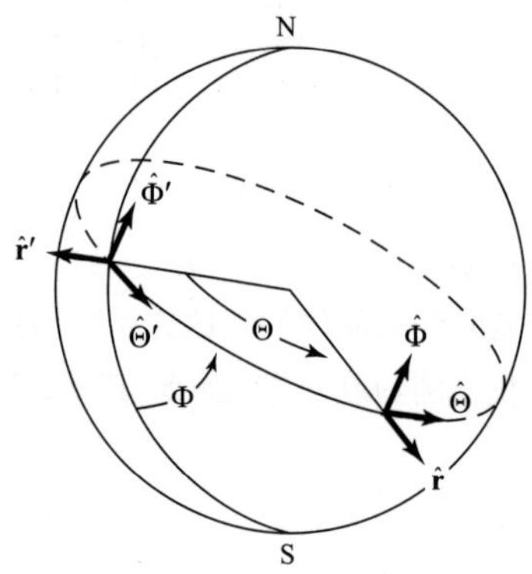

图 10.1 本章中使用的坐标系约定示意图。接收点位于 $\mathbf{x} = (r, \theta, \phi)$，源点位于 $\mathbf{x}' = (r', \theta', \phi')$。为简单起见，图中显示的两个半径 r 和 r' 是相等的。要注意的是，$\hat{\mathbf{\Theta}}$ 和 $\hat{\mathbf{\Theta}}'$ 均指向从源点到接收点劣弧波的传播方向

$\hat{\mathbf{r}}$、$\hat{\mathbf{\Theta}}$ 和 $\hat{\mathbf{\Phi}}$ 这三个方向分别对应于在 x 点的地震仪的径向、纵向和横向分量。这些对于地震仪偏振的称呼在地球自由振荡研究中是很自然的，因为它们保留了球极坐标中“径向”一词常用的几何意义。而在地震学日常用语中，习惯上称 $\hat{\mathbf{\Theta}}$ 为“径向”方向，$\hat{\mathbf{r}}$ 为“垂直”方向。我们将避免使用这种非正式的名称，以免造成任何可能的混淆。

利用 (10.3)–(10.6) 中的定义以及 (A.119)–(A.121) 中的几何等式，很容易证明：

$$\boldsymbol{\nabla}_1\hat{\mathbf{r}} = \hat{\mathbf{\Theta}}\hat{\mathbf{\Theta}} + \hat{\mathbf{\Phi}}\hat{\mathbf{\Phi}} \tag{10.8}$$

$$\boldsymbol{\nabla}_1\hat{\mathbf{\Theta}} = -\hat{\mathbf{\Theta}}\hat{\mathbf{r}} + \hat{\mathbf{\Phi}}\hat{\mathbf{\Phi}}\cot\Theta \tag{10.9}$$

$$\boldsymbol{\nabla}_1\hat{\mathbf{\Phi}} = -\hat{\mathbf{\Phi}}\hat{\mathbf{r}} - \hat{\mathbf{\Phi}}\hat{\mathbf{\Theta}}\cot\Theta \tag{10.10}$$

$$\boldsymbol{\nabla}_1'\hat{\mathbf{r}}' = \hat{\mathbf{\Theta}}'\hat{\mathbf{\Theta}}' + \hat{\mathbf{\Phi}}'\hat{\mathbf{\Phi}}' \tag{10.11}$$

$$\boldsymbol{\nabla}_1'\hat{\mathbf{\Theta}}' = -\hat{\mathbf{\Theta}}'\hat{\mathbf{r}}' - \hat{\mathbf{\Phi}}'\hat{\mathbf{\Phi}}'\cot\Theta \tag{10.12}$$

$$\boldsymbol{\nabla}_1'\hat{\boldsymbol{\Phi}}' = -\hat{\boldsymbol{\Phi}}'\hat{\mathbf{r}}' + \hat{\boldsymbol{\Phi}}'\hat{\boldsymbol{\Theta}}'\cot\Theta \tag{10.13}$$

$$\boldsymbol{\nabla}_1\hat{\mathbf{r}}' = \mathbf{0} \tag{10.14}$$

$$\boldsymbol{\nabla}_1\hat{\boldsymbol{\Theta}}' = \hat{\boldsymbol{\Phi}}\hat{\boldsymbol{\Phi}}'(\sin\Theta)^{-1} \tag{10.15}$$

$$\boldsymbol{\nabla}_1\hat{\boldsymbol{\Phi}}' = -\hat{\boldsymbol{\Phi}}\hat{\boldsymbol{\Theta}}'(\sin\Theta)^{-1} \tag{10.16}$$

$$\boldsymbol{\nabla}_1'\hat{\mathbf{r}} = \mathbf{0} \tag{10.17}$$

$$\boldsymbol{\nabla}_1'\hat{\boldsymbol{\Theta}} = -\hat{\boldsymbol{\Phi}}'\hat{\boldsymbol{\Phi}}(\sin\Theta)^{-1} \tag{10.18}$$

$$\boldsymbol{\nabla}_1'\hat{\boldsymbol{\Phi}} = \hat{\boldsymbol{\Phi}}'\hat{\boldsymbol{\Theta}}(\sin\Theta)^{-1} \tag{10.19}$$

(10.15)–(10.16) 两式表示的是因接收点坐标 θ、ϕ 的变化所引起的源点处切向矢量 $\hat{\boldsymbol{\Theta}}'$、$\hat{\boldsymbol{\Phi}}'$ 的微扰，而 (10.18)–(10.19) 两式则表示因源点坐标 θ'、ϕ' 的变化所造成的接收点处矢量 $\hat{\boldsymbol{\Theta}}$、$\hat{\boldsymbol{\Phi}}$ 的类似效应。

我们可以用震中距 Θ 和方位角 Φ 将接收点处的表面梯度算子 $\boldsymbol{\nabla}_1$ 表示成

$$\boldsymbol{\nabla}_1 = (\boldsymbol{\nabla}_1\Theta)\partial_\Theta + (\boldsymbol{\nabla}_1\Phi)\partial_\Phi \tag{10.20}$$

利用 (10.7) 和 (10.15) 两式，我们得到

$$\boldsymbol{\nabla}_1\Phi = (\sin\Theta)^{-1}\hat{\boldsymbol{\Phi}} \tag{10.21}$$

将 (10.2) 和 (10.21) 代入 (10.20)，我们有

$$\boldsymbol{\nabla}_1 = \hat{\boldsymbol{\Theta}}\partial_\Theta + (\sin\Theta)^{-1}\hat{\boldsymbol{\Phi}}\partial_\Phi \tag{10.22}$$

由于 r、Θ、Φ 构成一个震中球极坐标系，公式 (10.22) 也可以根据第一性原理写出来。

10.2 格林函数张量

在 6.2.3 节中，我们已经将无自转非弹性地球模型的时间域格林函数张量用复数本征频率 $\nu_k = \omega_k + i\gamma_k$ 及其本征函数 $\mathbf{s}_k$ 来表示

$$\mathbf{G}(\mathbf{x},\mathbf{x}';t) = \mathrm{Re}\sum_k (i\nu_k)^{-1}\mathbf{s}_k(\mathbf{x})\mathbf{s}_k(\mathbf{x}')\exp(i\nu_k t) \tag{10.23}$$

对于球对称地球，角标 k 表示四元组合 $\{n, l, m, \mathrm{S}$ 或 $\mathrm{T}\}$，其中 n 为阶数，l 为球谐函数次数，m 是球谐函数级数。球型和环型本征频率 ${}_n\nu_l^{\mathrm{S}} = {}_n\omega_{lm}^{\mathrm{S}} + i{}_n\gamma_{lm}^{\mathrm{S}}$ 和 ${}_n\nu_l^{\mathrm{T}} = {}_n\omega_{lm}^{\mathrm{T}} + i{}_n\gamma_{lm}^{\mathrm{T}}$ 与级数 m 无关，因此是 $2l+1$ 重简并的。对应的单态模式本征函数 ${}_n\mathbf{s}_{lm}^{\mathrm{S}}$ 和 ${}_n\mathbf{s}_{lm}^{\mathrm{T}}$ 可以用 (8.35) 中的实数表面球谐函数表示为

$$\mathbf{s}_k(\mathbf{x}) = {}_n\boldsymbol{\mathcal{D}}_l(r,\theta,\phi)\mathcal{Y}_{lm}(\theta,\phi) \tag{10.24}$$

其中，对于固定的阶数 n 和球谐函数次数 l 有

$$\boldsymbol{\mathcal{D}} = \mathcal{U}\hat{\mathbf{r}} + k^{-1}\mathcal{V}\boldsymbol{\nabla}_1 - k^{-1}\mathcal{W}(\hat{\mathbf{r}}\times\boldsymbol{\nabla}_1) \tag{10.25}$$

精确的位移算子$\boldsymbol{\mathcal{D}}$也不依赖于m，而且是复数的，因为正如9.9节所讨论的，球对称非弹性地球的径向本征函数$\mathcal{U}$、$\mathcal{V}$和$\mathcal{W}$都是复数的。为简洁起见，我们在下文中使用同一符号$\boldsymbol{\mathcal{D}}$，而不再分别定义球型和环型算子$\boldsymbol{\mathcal{D}}^{\mathrm{S}}$和$\boldsymbol{\mathcal{D}}^{\mathrm{T}}$。根据定义，在(10.25)中环型模式的$\mathcal{U}$和$\mathcal{V}$为零，球型模式的$\mathcal{W}$为零。在源点处，与(10.24)–(10.25)类似的公式为

$$\mathbf{s}_k(\mathbf{x}') = {}_n\boldsymbol{\mathcal{D}}_l{}'(r',\theta',\phi')\mathcal{Y}_{lm}(\theta',\phi') \tag{10.26}$$

其中

$$\boldsymbol{\mathcal{D}}' = \mathcal{U}'\hat{\mathbf{r}}' + k^{-1}\mathcal{V}'\boldsymbol{\nabla}_1' - k^{-1}\mathcal{W}'(\hat{\mathbf{r}}' \times \boldsymbol{\nabla}_1') \tag{10.27}$$

径向本征函数$\mathcal{U}'$、$\mathcal{V}'$和$\mathcal{W}'$上的撇号标示它们是在半径r'处取值。

将(10.24)和(10.26)两个表达式代入(10.23)，我们可以将球对称非弹性地球的格林函数张量写为

$$\mathbf{G}(\mathbf{x},\mathbf{x}';t) = \mathrm{Re}\sum_{n=0}^{\infty}\sum_{l=0}^{\infty}(i_n\nu_l)^{-1}{}_n\boldsymbol{\mathcal{G}}_l(\mathbf{x},\mathbf{x}')\exp(i_n\nu_l t) \tag{10.28}$$

(10.28)式中与时间无关的张量${}_n\boldsymbol{\mathcal{G}}_l(\mathbf{x},\mathbf{x}')$为

$$\boldsymbol{\mathcal{G}} = \boldsymbol{\mathcal{D}}\boldsymbol{\mathcal{D}}'\sum_{m=-l}^{l}\mathcal{Y}_{lm}(\theta,\phi)\mathcal{Y}_{lm}(\theta',\phi') \tag{10.29}$$

(10.29)式中对m的求和可以用表面球谐函数加法定理(B.74)来计算，其结果为

$$\boldsymbol{\mathcal{G}} = \left(\frac{2l+1}{4\pi}\right)\boldsymbol{\mathcal{D}}\boldsymbol{\mathcal{D}}'\,P_l(\cos\Theta) \tag{10.30}$$

从(10.30)显然有

$$\boldsymbol{\mathcal{G}}(\mathbf{x},\mathbf{x}') = \boldsymbol{\mathcal{G}}^{\mathrm{T}}(\mathbf{x}',\mathbf{x}) \tag{10.31}$$

因而(10.28)式满足源点-接收点互易关系$\mathbf{G}(\mathbf{x},\mathbf{x}';t) = \mathbf{G}^{\mathrm{T}}(\mathbf{x}',\mathbf{x};t)$，也必须如此。(10.28)中的求和包含所有非平凡的球型和环型多态模式${}_n\mathrm{S}_l$和${}_n\mathrm{T}_l$。

要得到张量$\boldsymbol{\mathcal{G}}$的一个适合数值计算的形式，我们必须确定算子$\boldsymbol{\mathcal{D}}$和$\boldsymbol{\mathcal{D}}'$对勒让德多项式$P_l$ $(\cos\Theta)$作用的结果。利用(10.8)–(10.19)中的结果和下面的等式

$$\boldsymbol{\nabla}_1 P_{l0} = -P_{l1}\hat{\boldsymbol{\Theta}}, \qquad \boldsymbol{\nabla}_1 P_{l1} = \frac{1}{2}(k^2 P_{l0} - P_{l2})\hat{\boldsymbol{\Theta}} \tag{10.32}$$

$$\boldsymbol{\nabla}_1' P_{l0} = P_{l1}\hat{\boldsymbol{\Theta}}', \qquad \boldsymbol{\nabla}_1' P_{l1} = -\frac{1}{2}(k^2 P_{l0} - P_{l2})\hat{\boldsymbol{\Theta}}' \tag{10.33}$$

其中$P_{lm}(\cos\Theta)$是级数为m的连带勒让德函数，很容易证明

$$\begin{aligned}\boldsymbol{\mathcal{G}} = \left(\frac{2l+1}{4\pi}\right)\Big[&\mathcal{U}\mathcal{U}'\hat{\mathbf{r}}\hat{\mathbf{r}}'P_{l0} + k^{-1}(\mathcal{U}\mathcal{V}'\hat{\mathbf{r}}\hat{\boldsymbol{\Theta}}' - \mathcal{V}\mathcal{U}'\hat{\boldsymbol{\Theta}}\hat{\mathbf{r}}')P_{l1} \\ &+ \frac{1}{2}k^{-2}(\mathcal{V}\mathcal{V}'\hat{\boldsymbol{\Theta}}\hat{\boldsymbol{\Theta}}' + \mathcal{W}\mathcal{W}'\hat{\boldsymbol{\Phi}}\hat{\boldsymbol{\Phi}}')(k^2P_{l0} - P_{l2}) \\ &+ k^{-2}(\mathcal{V}\mathcal{V}'\hat{\boldsymbol{\Phi}}\hat{\boldsymbol{\Phi}}' + \mathcal{W}\mathcal{W}'\hat{\boldsymbol{\Theta}}\hat{\boldsymbol{\Theta}}')(\sin\Theta)^{-1}P_{l1}\Big]\end{aligned} \tag{10.34}$$

所有包含一个球型与一个环型本征函数乘积的项都消失了，因为只要$\mathcal{W}'$不为零，$\mathcal{U}$和$\mathcal{V}$就都为

零，反之亦然。在验证 (10.34) 式满足对称性 (10.31) 时，必须记住，当 $\mathbf{x}$ 和 $\mathbf{x}'$ 互换时，切向矢量 $\hat{\mathbf{\Theta}}$、$\hat{\mathbf{\Phi}}$ 和 $\hat{\mathbf{\Theta}}'$、$\hat{\mathbf{\Phi}}'$ 会改变符号。

在结束本节时，我们提醒读者注意在 (10.24) 和 (10.26) 这两个表达式中使用实数表面球谐函数 $\mathcal{Y}_{lm}$ 的必要性。如果轻率地采用复数球谐函数 Y_{lm}，我们将会在 (10.29) 中得到一个并非旋转不变的求和 $\Sigma_m Y_{lm}(\theta,\phi)Y_{lm}(\theta',\phi')$。非弹性本征函数 $\mathbf{s}_k$ 中唯一的复数性一定来自于 $\mathcal{U}$、$\mathcal{V}$ 和 $\mathcal{W}$ 这些径向标量；这是由 (6.143)–(6.144) 这两个双正交归一关系所决定的，如 9.9 节中所述。关于有无非弹性时模式叠加格林函数张量 $\mathbf{G}$ 基本性质的进一步说明，请参见 6.3.3 节。

10.3 矩张量响应

无自转非弹性地球对位于 $\mathbf{x}_{\mathrm{s}}$ 处的阶跃函数矩张量源 $\mathbf{M}$ 的位移响应为

$$\mathbf{s}(\mathbf{x},t) = \mathrm{Re}\sum_k \nu_k^{-2}\mathbf{M}:\boldsymbol{\varepsilon}_k(\mathbf{x}_{\mathrm{s}})\,\mathbf{s}_k(\mathbf{x})\,[1-\exp(i\nu_k t)] \tag{10.35}$$

其中 $\boldsymbol{\varepsilon}_k = \frac{1}{2}[\boldsymbol{\nabla}\mathbf{s}_k + (\boldsymbol{\nabla}\mathbf{s}_k)^{\mathrm{T}}]$ 为应变。将 (10.24) 和 (10.26) 中球对称地球本征函数 $\mathbf{s}_k(\mathbf{x})$ 和 $\mathbf{s}_k(\mathbf{x}_{\mathrm{s}})$ 的表达式代入，并像 10.2 节中一样应用球谐函数加法定理，我们可以将 (10.35) 写为

$$\mathbf{s}(\mathbf{x},t) = \mathrm{Re}\sum_{n=0}^{\infty}\sum_{l=0}^{\infty} {}_n\nu_l{}^{-2}\,{}_n\boldsymbol{\mathcal{A}}_l(\mathbf{x})\,[1-\exp(i_n\nu_l t)] \tag{10.36}$$

复数的激发振幅 ${}_n\boldsymbol{\mathcal{A}}_l(\mathbf{x})$ 可以用与 (10.30) 类似的表达式给定：

$$\boldsymbol{\mathcal{A}} = \left(\frac{2l+1}{4\pi}\right)\boldsymbol{\mathcal{D}}[(\mathbf{M}:\boldsymbol{\mathcal{E}}_{\mathrm{s}})\,P_l(\cos\Theta)] \tag{10.37}$$

张量应变算子 $\boldsymbol{\mathcal{E}}_{\mathrm{s}}$ 与矢量算子 $\boldsymbol{\mathcal{D}}_{\mathrm{s}}$ 之间的关系为

$$\boldsymbol{\mathcal{E}}_{\mathrm{s}} = \frac{1}{2}[\boldsymbol{\nabla}_{\mathrm{s}}\boldsymbol{\mathcal{D}}_{\mathrm{s}} + (\boldsymbol{\nabla}_{\mathrm{s}}\boldsymbol{\mathcal{D}}_{\mathrm{s}})^{\mathrm{T}}] \tag{10.38}$$

依照惯例，(10.37)–(10.38) 两式中的下角标 s 表示在源点 $\mathbf{x}_{\mathrm{s}}$ 处取值。利用 (10.8)–(10.19) 和 (10.32)–(10.33) 的结果，我们发现

$$\begin{aligned}
\boldsymbol{\mathcal{E}}_{\mathrm{s}}P_l &= \dot{\mathcal{U}}_{\mathrm{s}}\hat{\mathbf{r}}_{\mathrm{s}}\hat{\mathbf{r}}_{\mathrm{s}}P_{l0} + r_{\mathrm{s}}^{-1}(\mathcal{U}_{\mathrm{s}} - \tfrac{1}{2}k\mathcal{V}_{\mathrm{s}})(\hat{\mathbf{\Theta}}_{\mathrm{s}}\hat{\mathbf{\Theta}}_{\mathrm{s}} + \hat{\mathbf{\Phi}}_{\mathrm{s}}\hat{\mathbf{\Phi}}_{\mathrm{s}})P_{l0} \\
&\quad + \frac{1}{2}k^{-1}(\dot{\mathcal{V}}_{\mathrm{s}} - r_{\mathrm{s}}^{-1}\mathcal{V}_{\mathrm{s}} + kr_{\mathrm{s}}^{-1}\mathcal{U}_{\mathrm{s}})(\hat{\mathbf{r}}_{\mathrm{s}}\hat{\mathbf{\Theta}}_{\mathrm{s}} + \hat{\mathbf{\Theta}}_{\mathrm{s}}\hat{\mathbf{r}}_{\mathrm{s}})P_{l1} \\
&\quad - \frac{1}{2}k^{-1}(\dot{\mathcal{W}}_{\mathrm{s}} - r_{\mathrm{s}}^{-1}\mathcal{W}_{\mathrm{s}})(\hat{\mathbf{r}}_{\mathrm{s}}\hat{\mathbf{\Phi}}_{\mathrm{s}} + \hat{\mathbf{\Phi}}_{\mathrm{s}}\hat{\mathbf{r}}_{\mathrm{s}})P_{l1} \\
&\quad + \frac{1}{2}k^{-1}r_{\mathrm{s}}^{-1}\mathcal{V}_{\mathrm{s}}(\hat{\mathbf{\Theta}}_{\mathrm{s}}\hat{\mathbf{\Theta}}_{\mathrm{s}} - \hat{\mathbf{\Phi}}_{\mathrm{s}}\hat{\mathbf{\Phi}}_{\mathrm{s}})P_{l2} \\
&\quad - \frac{1}{2}k^{-1}r_{\mathrm{s}}^{-1}\mathcal{W}_{\mathrm{s}}(\hat{\mathbf{\Theta}}_{\mathrm{s}}\hat{\mathbf{\Phi}}_{\mathrm{s}} + \hat{\mathbf{\Phi}}_{\mathrm{s}}\hat{\mathbf{\Theta}}_{\mathrm{s}})P_{l2}
\end{aligned} \tag{10.39}$$

为方便起见，我们将矩张量 $\mathbf{M}$ 与 (10.39) 中的张量的缩并表示为

$$\mathcal{A}(\Theta,\Phi) = (\mathbf{M}:\boldsymbol{\mathcal{E}}_{\mathrm{s}})P_l(\cos\Theta) \tag{10.40}$$

将矩张量展开为

$$\begin{aligned}\mathbf{M} =& M_{rr}\hat{\mathbf{r}}_{\mathrm{s}}\hat{\mathbf{r}}_{\mathrm{s}} + M_{\theta\theta}\hat{\boldsymbol{\theta}}_{\mathrm{s}}\hat{\boldsymbol{\theta}}_{\mathrm{s}} + M_{\phi\phi}\hat{\boldsymbol{\phi}}_{\mathrm{s}}\hat{\boldsymbol{\phi}}_{\mathrm{s}} + M_{r\theta}(\hat{\mathbf{r}}_{\mathrm{s}}\hat{\boldsymbol{\theta}}_{\mathrm{s}} + \hat{\boldsymbol{\theta}}_{\mathrm{s}}\hat{\mathbf{r}}_{\mathrm{s}}) \\ &+ M_{r\phi}(\hat{\mathbf{r}}_{\mathrm{s}}\hat{\boldsymbol{\phi}}_{\mathrm{s}} + \hat{\boldsymbol{\phi}}_{\mathrm{s}}\hat{\mathbf{r}}_{\mathrm{s}}) + M_{\theta\phi}(\hat{\boldsymbol{\theta}}_{\mathrm{s}}\hat{\boldsymbol{\phi}}_{\mathrm{s}} + \hat{\boldsymbol{\phi}}_{\mathrm{s}}\hat{\boldsymbol{\theta}}_{\mathrm{s}})\end{aligned} \tag{10.41}$$

并利用公式 (10.7)，我们有

$$\mathcal{A}(\Theta,\Phi) = \sum_{m=0}^{2} P_{lm}(\cos\Theta)(\mathcal{A}_m\cos m\Phi + \mathcal{B}_m\sin m\Phi) \tag{10.42}$$

其中

$$\mathcal{A}_0 = M_{rr}\dot{\mathcal{U}}_{\mathrm{s}} + (M_{\theta\theta} + M_{\phi\phi})r_{\mathrm{s}}^{-1}(\mathcal{U}_{\mathrm{s}} - \frac{1}{2}k\mathcal{V}_{\mathrm{s}}) \tag{10.43}$$

$$\mathcal{B}_0 = 0 \tag{10.44}$$

$$\begin{aligned}\mathcal{A}_1 =& k^{-1}[M_{r\theta}(\dot{\mathcal{V}}_{\mathrm{s}} - r_{\mathrm{s}}^{-1}\mathcal{V}_{\mathrm{s}} + kr_{\mathrm{s}}^{-1}\mathcal{U}_{\mathrm{s}}) \\ &- M_{r\phi}(\dot{\mathcal{W}}_{\mathrm{s}} - r_{\mathrm{s}}^{-1}\mathcal{W}_{\mathrm{s}})]\end{aligned} \tag{10.45}$$

$$\begin{aligned}\mathcal{B}_1 =& k^{-1}[M_{r\phi}(\dot{\mathcal{V}}_{\mathrm{s}} - r_{\mathrm{s}}^{-1}\mathcal{V}_{\mathrm{s}} + kr_{\mathrm{s}}^{-1}\mathcal{U}_{\mathrm{s}}) \\ &+ M_{r\theta}(\dot{\mathcal{W}}_{\mathrm{s}} - r_{\mathrm{s}}^{-1}\mathcal{W}_{\mathrm{s}})]\end{aligned} \tag{10.46}$$

$$\mathcal{A}_2 = k^{-1}r_{\mathrm{s}}^{-1}[\frac{1}{2}(M_{\theta\theta} - M_{\phi\phi})\mathcal{V}_{\mathrm{s}} - M_{\theta\phi}\mathcal{W}_{\mathrm{s}}] \tag{10.47}$$

$$\mathcal{B}_2 = k^{-1}r_{\mathrm{s}}^{-1}[M_{\theta\phi}\mathcal{V}_{\mathrm{s}} + \frac{1}{2}(M_{\theta\theta} - M_{\phi\phi})\mathcal{W}_{\mathrm{s}}] \tag{10.48}$$

请注意，$M_{rr}, M_{\theta\theta}, \ldots, M_{\theta\phi}$ 是 $\mathbf{M}$ 在源点的球极坐标分量。更严格的符号也许是 $M_{r_{\mathrm{s}}r_{\mathrm{s}}}, M_{\theta_{\mathrm{s}}\theta_{\mathrm{s}}}, \cdots, M_{\theta_{\mathrm{s}}\phi_{\mathrm{s}}}$；这里我们依循5.4.4节中所阐述的惯例，把累赘的角标删去以简化符号。矢量振幅 (10.37) 可以用 $\mathcal{A}$ 表示为

$$\boldsymbol{\mathcal{A}}(\mathbf{x}) = \left(\frac{2l+1}{4\pi}\right)\boldsymbol{\mathcal{D}}(r,\Theta,\Phi)\mathcal{A}(\Theta,\Phi) \tag{10.49}$$

位移算子 (10.25) 在震中坐标系中的显式表达式为

$$\begin{aligned}\boldsymbol{\mathcal{D}} =& \hat{\mathbf{r}}\,\mathcal{U} + \hat{\boldsymbol{\Theta}}\,k^{-1}[\mathcal{V}\partial_\Theta + \mathcal{W}(\sin\Theta)^{-1}\partial_\Phi] \\ &+ \hat{\boldsymbol{\Phi}}\,k^{-1}[\mathcal{V}(\sin\Theta)^{-1}\partial_\Phi - \mathcal{W}\partial_\Theta]\end{aligned} \tag{10.50}$$

标量场 $\mathcal{A}$ 是以震中坐标 Θ 和 Φ 为自变量的次数为 l、级数为 $-2 \leqslant m \leqslant 2$ 的表面球谐函数。因此，(10.50) 式中的求导 ∂_Θ 和 ∂_Φ 很容易计算。

在球对称地球合成地震图的实际计算中，一般会忽略非弹性对径向本征函数的作用，而仅保留其对本征频率 ${}_n\nu_l = {}_n\omega_l + i\,{}_n\gamma_l$ 的作用。在这种近似下，位移响应 (10.36) 为

$$\begin{aligned}\mathbf{s}(\mathbf{x},t) =& \sum_{n=0}^{\infty}\sum_{l=0}^{\infty}\left(\frac{1}{{}_n\omega_l^2 + {}_n\gamma_l{}^2}\right){}_n\mathbf{A}_l(\mathbf{x}) \\ &\times\left\{\left(\frac{{}_n\omega_l^2 - {}_n\gamma_l{}^2}{{}_n\omega_l^2 + {}_n\gamma_l{}^2}\right)[1 - \cos({}_n\omega_l t)\exp(-{}_n\gamma_l t)]\right.\end{aligned}$$

$$-\left(\frac{2{}_n\omega_l\,{}_n\gamma_l}{{}_n\omega_l^2+{}_n\gamma_l{}^2}\right)\sin({}_n\omega_l t)\exp(-{}_n\gamma_l t)\Bigg\} \tag{10.51}$$

其中，对每个固定的阶数n和球谐函数次数l有

$$\mathbf{A}(\mathbf{x})=\left(\frac{2l+1}{4\pi}\right)\mathbf{D}(r,\Theta,\Phi)A(\Theta,\Phi) \tag{10.52}$$

上式中的实数标量函数A可以通过在公式(10.43)–(10.48)中做实数径向本征函数替换$\mathcal{U}_\mathrm{s}\to U_\mathrm{s}$，$\mathcal{V}_\mathrm{s}\to V_\mathrm{s}$和$\mathcal{W}_\mathrm{s}\to W_\mathrm{s}$而得到

$$A(\Theta,\Phi)=\sum_{m=0}^{2}P_{lm}(\cos\Theta)(A_m\cos m\Phi+B_m\sin m\Phi) \tag{10.53}$$

其中

$$A_0=M_{rr}\dot{U}_\mathrm{s}+(M_{\theta\theta}+M_{\phi\phi})r_\mathrm{s}^{-1}(U_\mathrm{s}-\frac{1}{2}kV_\mathrm{s}) \tag{10.54}$$

$$B_0=0 \tag{10.55}$$

$$\begin{aligned}A_1=&k^{-1}[M_{r\theta}(\dot{V}_\mathrm{s}-r_\mathrm{s}^{-1}V_\mathrm{s}+kr_\mathrm{s}^{-1}U_\mathrm{s})\\&-M_{r\phi}(\dot{W}_\mathrm{s}-r_\mathrm{s}^{-1}W_\mathrm{s})]\end{aligned} \tag{10.56}$$

$$\begin{aligned}B_1=&k^{-1}[M_{r\phi}(\dot{V}_\mathrm{s}-r_\mathrm{s}^{-1}V_\mathrm{s}+kr_\mathrm{s}^{-1}U_\mathrm{s})\\&+M_{r\theta}(\dot{W}_\mathrm{s}-r_\mathrm{s}^{-1}W_\mathrm{s})]\end{aligned} \tag{10.57}$$

$$A_2=k^{-1}r_\mathrm{s}^{-1}[\frac{1}{2}(M_{\theta\theta}-M_{\phi\phi})V_\mathrm{s}-M_{\theta\phi}W_\mathrm{s}] \tag{10.58}$$

$$B_2=k^{-1}r_\mathrm{s}^{-1}[M_{\theta\phi}V_\mathrm{s}+\frac{1}{2}(M_{\theta\theta}-M_{\phi\phi})W_\mathrm{s}] \tag{10.59}$$

同样地，位移算子$\mathbf{D}$是(10.50)的实数形式

$$\begin{aligned}\mathbf{D}=\hat{\mathbf{r}}\,U+\hat{\boldsymbol{\Theta}}\,k^{-1}[V\partial_\Theta+W(\sin\Theta)^{-1}\partial_\Phi]\\+\hat{\boldsymbol{\Phi}}\,k^{-1}[V(\sin\Theta)^{-1}\partial_\Phi-W\partial_\Theta]\end{aligned} \tag{10.60}$$

在实际应用中，接收点都在地球表面，因此，在(10.60)式中，本征函数U、V和W均在$r=a$处取值。

如9.7节所述，公式(10.51)中每个多态模式的衰减率${}_n\gamma_l$是用瑞利原理计算的。非弹性频散对本征频率${}_n\omega_l$的影响是通过让每个模式“感受”与该频率相应的不可压缩性和刚性来处理的，可以利用公式(9.55)或直接用球对称地球简正模式程序如MINEOS或OBANI来计算得到。由于${}_n\gamma_l\ll{}_n\omega_l$，我们一般可以将繁琐的表达式(10.51)近似为

$$\mathbf{s}(\mathbf{x},t)\approx\sum_{n=0}^{\infty}\sum_{l=0}^{\infty}{}_n\omega_l^{-2}\,{}_n\mathbf{A}_l(\mathbf{x})\,[1-\cos({}_n\omega_l t)\,\exp(-{}_n\gamma_l t)] \tag{10.61}$$

公式(10.51)和(10.61)中的常数项是所有振荡已经衰减之后，球对称地球的最终静态位移

$$\mathbf{s}_{\mathrm{f}}(\mathbf{x}) = \sum_{n=0}^{\infty}\sum_{l=0}^{\infty}({}_n\omega_l^2 + {}_n\gamma_l{}^2)^{-2}({}_n\omega_l^2 - {}_n\gamma_l{}^2)\,{}_n\mathbf{A}_l(\mathbf{x})$$
$$\approx \sum_{n=0}^{\infty}\sum_{l=0}^{\infty}{}_n\omega_l^{-2}\,{}_n\mathbf{A}_l(\mathbf{x}) \tag{10.62}$$

即使不做高Q值近似，通过将(10.51)对时间微分两次也可以得到相对简单的加速度表达式

$$\mathbf{a}(\mathbf{x},t) = \sum_{n=0}^{\infty}\sum_{l=0}^{\infty}{}_n\mathbf{A}_l(\mathbf{x})\,\cos({}_n\omega_l t)\,\exp(-{}_n\gamma_l t) \tag{10.63}$$

激发振幅${}_n\mathbf{A}_l(\mathbf{x})$的实数性确保了在整个地球的每一点$\mathbf{x}$，每一个振荡${}_n\mathrm{S}_l$或${}_n\mathrm{T}_l$都有同样的$\pm\pi$相位。在不考虑非弹性时，这种用模式叠加所表示的球对称地球对阶跃函数矩张量源的响应是精确的。

对于正频率$(\omega>0)$，(10.63)中加速度的傅里叶变换已在6.5节中证明可以很好地近似为

$$\mathbf{a}(\mathbf{x},\omega) = \sum_{n=0}^{\infty}\sum_{l=0}^{\infty}{}_n\mathbf{A}_l(\mathbf{x})\,{}_n\eta_l(\omega) \tag{10.64}$$

其中

$${}_n\eta_l(\omega) = \frac{1}{2}[{}_n\gamma_l + i(\omega - {}_n\omega_l)]^{-1} \tag{10.65}$$

(10.64)–(10.65)所表示的频谱响应是(10.63)的频率域形式，它是对以实数本征频率${}_n\omega_l$为中心的洛伦兹共振谱峰的加权求和。每个谱峰的实数振幅依赖于接收点的位置$\mathbf{x}$和偏振$\hat{\mathbf{r}}$、$\hat{\mathbf{\Theta}}$、$\hat{\mathbf{\Phi}}$以及源点的位置$\mathbf{x}_{\mathrm{s}}$和矩张量$\mathbf{M}$。在用公式(10.51)或(10.61)–(10.64)做任何实际数值计算时，显然必须对阶数n和球谐函数次数l的无穷求和做截断。将所有低于截止频率$\omega_{\max}$的球型和环型振荡都包含在叠加中，便可以得到时间域或频率域中完备的有限频带响应。这种有保证的完备性正是模式叠加方法的标志性特征。

图10.2显示了径向激发振幅$A(\Theta,\Phi)$的特征。一个M_{rr}或$M_{\theta\theta}+M_{\phi\phi}$源沿方位角方向在$0\leqslant\Phi\leqslant2\pi$范围内没有节点，而沿纵向在$0<\Theta<\pi$范围内则有$l$个节点；一个$M_{r\theta}$或$M_{r\phi}$（垂直倾滑）源沿方位角方向在$0\leqslant\Phi\leqslant2\pi$范围内有两个节点，而沿纵向在$0<\Theta<\pi$范围内则有$l-1$个节点；最后，一个$M_{\theta\theta}-M_{\phi\phi}$或$M_{\theta\phi}$（垂直走滑）源沿方位角方向在 $0\leqslant\Phi\leqslant2\pi$范围内有四个节点，而沿纵向在$0<\Theta<\pi$范围内则有$l-2$个节点。一个一般的源$M_{rr}$、$M_{\theta\theta}$、$M_{\phi\phi}$、$M_{r\theta}$、$M_{r\phi}$、$M_{\theta\phi}$会表现出一个包含这三种“标准”花样的混合图像。环型振荡显然没有径向的$\hat{\mathbf{r}}$分量；但要注意的是，它们却有纵向$\hat{\mathbf{\Theta}}$和横向$\hat{\mathbf{\Phi}}$两个分量。球对称地球的球型振荡在地震仪的三个分量上都可以观测到。对于球谐次数$l\gg2$的模式，(10.60)式中的纵向导数∂_Θ会明显大于$(\sin\Theta)^{-1}\partial_\Phi$，除非在震源$\Theta=0$或其对跖点$\Theta=\pi$附近。因此，高次的环型振荡一般会在横向分量上最为明显，而高次的球型振荡则会在径向和纵向分量上最为明显。

正如我们在5.4.6节中所指出的，浅源地震震源机制的确定是个疑难问题。随着震源深度$h=a-r_{\mathrm{s}}$趋近于零，自由表面边界条件(8.50)要求

$$\dot{V}_{\mathrm{s}} - r_{\mathrm{s}}^{-1}V_{\mathrm{s}} + kr_{\mathrm{s}}^{-1}U_{\mathrm{s}} \to 0 \qquad \dot{W}_{\mathrm{s}} - r_{\mathrm{s}}^{-1}W_{\mathrm{s}} \to 0 \tag{10.66}$$

$$(\kappa_{\mathrm{s}} + \frac{4}{3}\mu_{\mathrm{s}})\dot{U}_{\mathrm{s}} + (\kappa_{\mathrm{s}} - \frac{2}{3}\mu_{\mathrm{s}})r_{\mathrm{s}}^{-1}(2U_{\mathrm{s}} - kV_{\mathrm{s}}) \to 0 \tag{10.67}$$

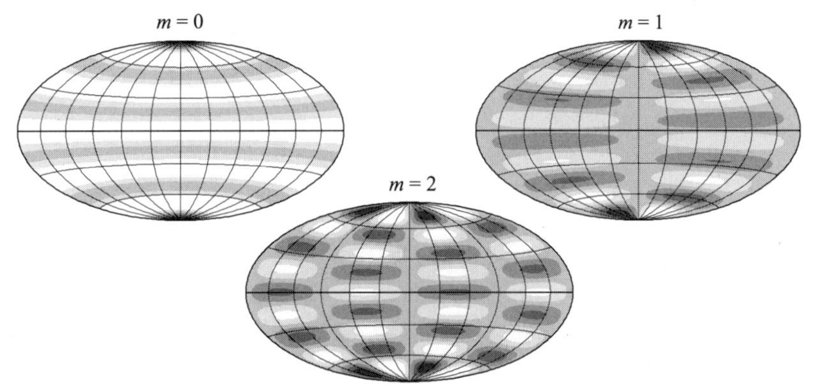

图 10.2 对位于北极的三个“标准”矩张量源的标量响应 $A(\Theta,\Phi)$ 示意图。(左上) M_{rr} 或 $M_{\theta\theta}+M_{\phi\phi}$ 源。(右上) $M_{r\theta}$ 或 $M_{r\phi}$（垂直倾滑）源。(中下) $M_{\theta\theta}-M_{\phi\phi}$ 或 $M_{\theta\phi}$（垂直走滑）源。分别展示了随方位角变化的各向同性、二极和四极振幅花样。对于任何如在此显示的高次 ($l=10$) 模式，沿纵向的节点数目比沿方位角方向要多许多。地图用埃托夫 (Aitoff) 等面积投影绘制，并叠加了一系列经纬度网格线。对球型振荡，可以想象成当浅色部分向上运动时，深色部分则向下运动，反之亦然

因此，一个浅源的 $M_{r\theta}$ 或 $M_{r\phi}$（垂直倾滑）震源，或是一个有以下特征

$$M_{rr}=\left(\frac{\kappa_{\rm s}+\dfrac{4}{3}\mu_{\rm s}}{\kappa_{\rm s}-\dfrac{2}{3}\mu_{\rm s}}\right)M_{\theta\theta}=\left(\frac{\kappa_{\rm s}+\dfrac{4}{3}\mu_{\rm s}}{\kappa_{\rm s}-\dfrac{2}{3}\mu_{\rm s}}\right)M_{\phi\phi} \tag{10.68}$$

的浅源，都不会激发任何球型或环型振荡。如果对震源施加各向同性成分为零的约束：

$$M_{rr}+M_{\theta\theta}+M_{\phi\phi}=0 \tag{10.69}$$

则一般可以消除 M_{rr} 和 $M_{\theta\theta}+M_{\phi\phi}$ 的不可确定性。此时公式 (10.54) 成为 $A_0=M_{rr}[\dot{U}_{\rm s}-r_{\rm s}^{-1}(U_{\rm s}-\frac{1}{2}kV_{\rm s})]$。

★10.4 地震仪响应

正如我们在 4.4 节中所看到的，加速度仪除了会对仪器外壳本身的加速度 $\partial_t^2\mathbf{s}$ 响应之外，也会对地球引力场的变化有所响应。这些效应可以通过将 (4.183) 式具体化为球对称地球的情形来加以考虑。我们将注意力局限于地震仪位于地表 $r=a$ 的惯常情况，并且利用外部引力梯度公式 $\dot{g}=-2a^{-1}g$。这样，(10.60) 式中的球型本征函数需要做 $U\to U+\omega^{-2}[2a^{-1}gU+(l+1)a^{-1}P]$ 和 $V\to V-\omega^{-2}(ka^{-1}gU+ka^{-1}P)$ 这两个替换。环型振荡当然不会受到影响。我们用星号来标记作了引力修正后的球型本征函数，将 (10.52) 式中的 $\mathbf{D}$ 以修正后的位移算子取代：

$$\begin{aligned}\mathbf{D}_\star=\hat{\mathbf{r}}\,U_\star+\hat{\mathbf{\Theta}}\,k^{-1}[V_\star\partial_\Theta+W(\sin\Theta)^{-1}\partial_\Phi]\\+\hat{\mathbf{\Phi}}\,k^{-1}[V_\star(\sin\Theta)^{-1}\partial_\Phi-W\partial_\Theta]\end{aligned} \tag{10.70}$$

其中

$$U_\star = U + U_{\rm free} + U_{\rm pot} \qquad U_{\rm free} = 2\omega^{-2}ga^{-1}U$$
$$U_{\rm pot} = (l+1)\omega^{-2}a^{-1}P \tag{10.71}$$

$$V_\star = V + V_{\rm tilt} + V_{\rm pot} \qquad V_{\rm tilt} = -k\omega^{-2}ga^{-1}U$$
$$V_{\rm pot} = -k\omega^{-2}a^{-1}P \tag{10.72}$$

表 10.1 惯性、自由空气、倾斜和势函数微扰对一些有代表性球型振荡加速度响应算子 $\mathbf{D}_\star$ 的贡献的相对大小

模式	频率/毫赫兹	$\frac{U}{U_\star}$	$\frac{U_{\rm free}}{U_\star}$	$\frac{U_{\rm pot}}{U_\star}$	$\frac{V}{V_\star}$	$\frac{V_{\rm tilt}}{V_\star}$	$\frac{V_{\rm pot}}{V_\star}$
${}_0\mathrm{S}_2$	0.3093	0.812	0.664	−0.476	−0.121	2.148	−1.027
${}_0\mathrm{S}_3$	0.4686	0.870	0.310	−0.180	0.502	0.701	−0.203
${}_0\mathrm{S}_4$	0.6471	0.914	0.171	−0.084	0.672	0.408	−0.080
${}_0\mathrm{S}_5$	0.8404	0.941	0.104	−0.045	0.760	0.280	−0.040
${}_0\mathrm{S}_6$	1.0382	0.957	0.069	−0.027	0.810	0.214	−0.024
${}_0\mathrm{S}_7$	1.2318	0.968	0.050	−0.018	0.839	0.177	−0.016
${}_0\mathrm{S}_8$	1.4135	0.975	0.038	−0.013	0.855	0.156	−0.012
${}_0\mathrm{S}_9$	1.5783	0.979	0.031	−0.010	0.865	0.145	−0.009
${}_0\mathrm{S}_{10}$	1.7265	0.983	0.026	−0.008	0.870	0.138	−0.008
${}_1\mathrm{S}_1$	0.0513	0.032	0.960	0.008	−0.028	1.019	0.009
${}_1\mathrm{S}_2$	0.6799	1.032	0.175	−0.207	1.009	−0.041	0.032
${}_1\mathrm{S}_3$	0.9398	0.991	0.088	−0.078	1.034	−0.061	0.027
${}_1\mathrm{S}_4$	1.1729	0.985	0.056	−0.041	1.061	−0.086	0.025
${}_1\mathrm{S}_5$	1.3703	0.983	0.041	−0.024	1.141	−0.176	0.034
${}_1\mathrm{S}_6$	1.5220	0.982	0.033	−0.016	—	—	—
${}_1\mathrm{S}_7$	1.6555	0.984	0.028	−0.012	0.694	0.342	−0.036
${}_1\mathrm{S}_8$	1.7993	0.986	0.024	−0.009	0.770	0.252	−0.022
${}_2\mathrm{S}_3$	1.2422	0.949	0.048	0.003	0.963	0.036	0.001
${}_3\mathrm{S}_1$	0.9439	0.919	0.081	0.000	0.953	0.047	0.000
${}_3\mathrm{S}_2$	1.1062	0.938	0.060	0.003	0.959	0.040	0.001
${}_3\mathrm{S}_8$	2.8196	0.988	0.010	0.002	0.990	0.010	0.001

注：表中所列数值是横向各向同性PREM模型的结果。第二列是相应的本征频率$\omega/2\pi$，单位为毫赫兹。模式${}_1\mathrm{S}_6$不太可能在水平偏振的仪器上观察到，因为它有$V \ll U$

$U_{\rm free}$和$V_{\rm tilt}$两项分别来自地震仪的径向位移所引起的自由空气重力的变化和无法分辨的地面倾斜与水平加速度，而$U_{\rm pot}$和$V_{\rm pot}$两项则源于地球质量重新分布而造成的引力势函数微扰P。表10.1就一些球型振荡列举了(10.71)–(10.72)中各项的相对大小。对所有的高频模式，$\omega^2 \gg ga^{-1}$

和$P \ll gU$，因而有$U_\star \approx U$和$V_\star \approx V$。自由空气效应$U_{\rm free}$和倾斜$V_{\rm tilt}$主导了斯利克特模式${}_1\mathrm{S}_1$的响应，对如${}_0\mathrm{S}_2$这些基阶低次模式的响应也有明显的贡献。引力势函数微扰$U_{\rm pot}$、$V_{\rm pot}$对基阶低次模式也很重要。而令人惊讶的是，倾斜效应$V_{\rm tilt}$即使对中等频率的${}_0\mathrm{S}_l$和${}_1\mathrm{S}_l$模式也是不可忽略的。一般来讲，这些自引力修正很容易做，因此在计算合成地震图和频谱时，最好能够常规的使用$\mathbf{D}_\star$而不是$\mathbf{D}$。

10.5 终于看到波浪线了!

通过前文的叙述，我们终于汇集了在球对称、无自转、微弱非弹性地球上用模式叠加计算合成地震图所需要的工具。在本节中我们会展示一些具代表性的加速度频谱、时间域加速度和位移地震图的范例，并描述其主要特征。我们不会详述每条记录中的每一个波形起伏，而是以" 一图胜千言" 这句格言为宗旨。我们的目的仅仅是用几个可见的范例来展示模式叠加合成地震图的丰富性和完备性。作为本章中印象式描述的补充，我们将在第11章和第12章分别对勒夫与瑞利面波和P-SV体波做更延伸性的讨论。

10.5.1 计算细节

下面我们将一步一步的描述计算合成加速度图和频谱的惯用步骤。我们用单位矢量$\hat{\boldsymbol{\nu}}$表示加速度仪的偏振，一般是径向($\hat{\boldsymbol{\nu}} = \hat{\mathbf{r}}$)、纵向($\hat{\boldsymbol{\nu}} = \hat{\boldsymbol{\Theta}}$)或横向($\hat{\boldsymbol{\nu}} = \hat{\boldsymbol{\Phi}}$)。

1. 用(10.63)式，在等间隔时间点$t = n\Delta t,\ n = 0, 1, 2, \cdots$计算对脉冲矩率张量$\dot{\mathbf{M}}(t) = \sqrt{2}M_0\,\hat{\mathbf{M}}\,\delta(t)$的时间域响应$\hat{\boldsymbol{\nu}}\cdot\mathbf{a}(\mathbf{x}, t)$，$\Delta t$是选定的数字化间隔。

2. 对有限时长震源$\dot{\mathbf{M}}(t) = \sqrt{2}M_0\hat{\mathbf{M}}\,\dot{m}(t)$的响应可以通过(10.63)式与震源时间函数$\dot{m}(t)$的卷积而得到。在实际中，更简单的做法是将公式(10.54)–(10.59)中的矩张量$\mathbf{M}$换成$\sqrt{2}M_0\hat{\mathbf{M}}\,m(\omega)$，其中$\omega$是${}_n\omega_l^{\rm T}$或${}_n\omega_l^{\rm S}$，$m(\omega)$是$\dot{m}(t)$的傅里叶变换。为了减少模式叠加的硬性截断所引起的“振荡”及其他非因果的假讯号，我们一般采用半持续时间为$\tau_{\rm h} = 10.5$秒的对称矩形震源时间函数 $\dot{m}(t) = (2\tau_{\rm h})^{-1}[H(t+\tau_{\rm h}) - H(t-\tau_{\rm h})]$。傅里叶变换成为一个“辛克(sinc)” 函数 $m(\omega) = (\omega\tau_{\rm h})^{-1}\sin(\omega\tau_{\rm h})$。要注意归一化条件：$\int_{-\tau_{\rm h}}^{\tau_{\rm h}} \dot{m}(t)\,dt = 1$。

3. 在所有范例中，用(10.70)式中修正后的位移算子$\mathbf{D}_\star$将自由空气、倾斜和势函数微扰对加速度仪的影响一并考虑。

4. 采用时间到频率的离散傅里叶变换来计算频谱$\hat{\boldsymbol{\nu}}\cdot\mathbf{a}(\mathbf{x}, \omega)$，而不是借由公式(10.64)直接在频率域计算。将时间域记录$\hat{\boldsymbol{\nu}}\cdot\mathbf{a}(\mathbf{x}, t)$中想要的部分分离出来，并乘以哈恩或余弦钟形时窗函数（两端光滑衰减）以减少因模式之间的干涉而导致的频谱渗漏和谱峰变形效应(Harris 1978; Dahlen 1982)。如果选取的时窗段包含时间为$t = n\Delta t,\ n = 0, 1, \ldots, N-1$的$N$个采样点，则哈恩钟形函数对应的权重为$w_n = w(n\Delta t) = \dfrac{1}{2}\{1 - \cos[2\pi n/(N-1)]\}$。在进行快速傅里叶变换之前，对钟形函数时间序列在$t = (N-1)\Delta t$点之后补零。这样做的效果是在相邻傅里叶频率$\omega_n = (2\pi n)/(N\Delta t),\ n = -N/2, \ldots, N/2$之间对频谱进行内插。

除非另行说明，我们在计算合成地震图和频谱中对周期为8秒或更长的所有地幔环型模式${}_n\mathrm{T}_l$和球型模式${}_n\mathrm{S}_l$进行了叠加。总计有60000多个环型和100000多个球型振荡模式。我们用来构建

本征频率-本征函数目录的球对称地球模型是横向各向同性的PREM。为便于展示，我们一般画出的是被称为*振幅谱*的绝对值 $|\hat{\boldsymbol{\nu}}\cdot\mathbf{a}(\mathbf{x},\omega)|$。也可能会画出*功率谱*，即绝对值的平方 $|\hat{\boldsymbol{\nu}}\cdot\mathbf{a}(\mathbf{x},\omega)|^2$。

10.5.2 频谱

我们首先考虑一个假想的浅源逆冲地震的频谱或频率域响应；断层面的走向为北45度西，倾角为东北45 度；矩张量点源的深度为33千米。图10.3显示了该地震正东方、震中距 $\Theta=60$ 度处的横向分量振幅谱 $|\hat{\boldsymbol{\Phi}}\cdot\mathbf{a}(\mathbf{x},\omega)|$。图10.3最上面一幅图中的频谱是将模式叠加得到的加速度 $\hat{\boldsymbol{\Phi}}\cdot\mathbf{a}(\mathbf{x},t)$

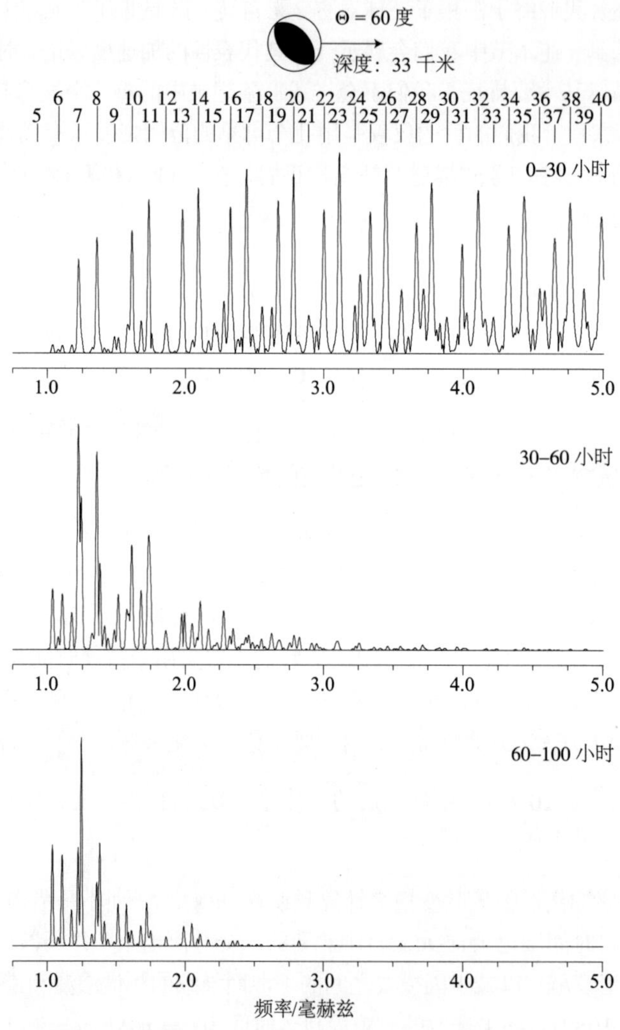

图 10.3 PREM地球模型中假想的浅源逆冲地震的横向分量合成加速度谱。(上) $t=0$–30小时; (中) $t=30$–60小时; (下) $t=60$–100小时。中、下图中两个经过衰减滤波的频谱的最大振幅分别减小为上图中未经衰减滤波频谱的最大振幅的0.056和0.013。最顶部为震源机制和接收点方位示意图；沙滩球上的黑色和白色区域分别对应于下半震源球上P波压缩和扩张的象限。环型基阶模式 ${}_0\mathrm{T}_5$ 至 ${}_0\mathrm{T}_{40}$ 的位置以垂直线表示。相应的径向分量见图10.5

中从发震时刻$t = 0$至$t = 30$小时的部分截取出来，然后乘以哈恩钟形函数而得到的。在1–5毫赫兹频段中最显著的谱峰所对应的是${}_0\mathrm{T}_5$至${}_0\mathrm{T}_{40}$的基阶环型振荡。顶部标示了这些被强烈激发模式的理论本征频率；最大频谱振幅出现在3.11毫赫兹，对应于模式${}_0\mathrm{T}_{23}$。中间一幅图的频谱是将加速度图的$t = 30$小时至$t = 60$小时的部分截取出来，再乘以哈恩钟形函数而得到的。这一直接舍弃数据而重新计算频谱的过程被称为*衰减滤波*。Q值相对较低的模式，即这里的频率较高的基阶模式，往往在滤波后的频谱中被消除；剩下的最高谱峰对应于模式${}_0\mathrm{T}_7$。在最下面一幅图中的频谱是将加速度图的$t = 60$小时至$t = 100$小时的部分截取出来，再乘以哈恩钟形函数而得到的，剩下的Q值较低的模式数目更少；要注意，这是从地震发生后两天半到四天的时段。

在图10.4中，我们将图10.3中0.9至1.7毫赫兹之间的低频部分放大，以便进一步探究衰减

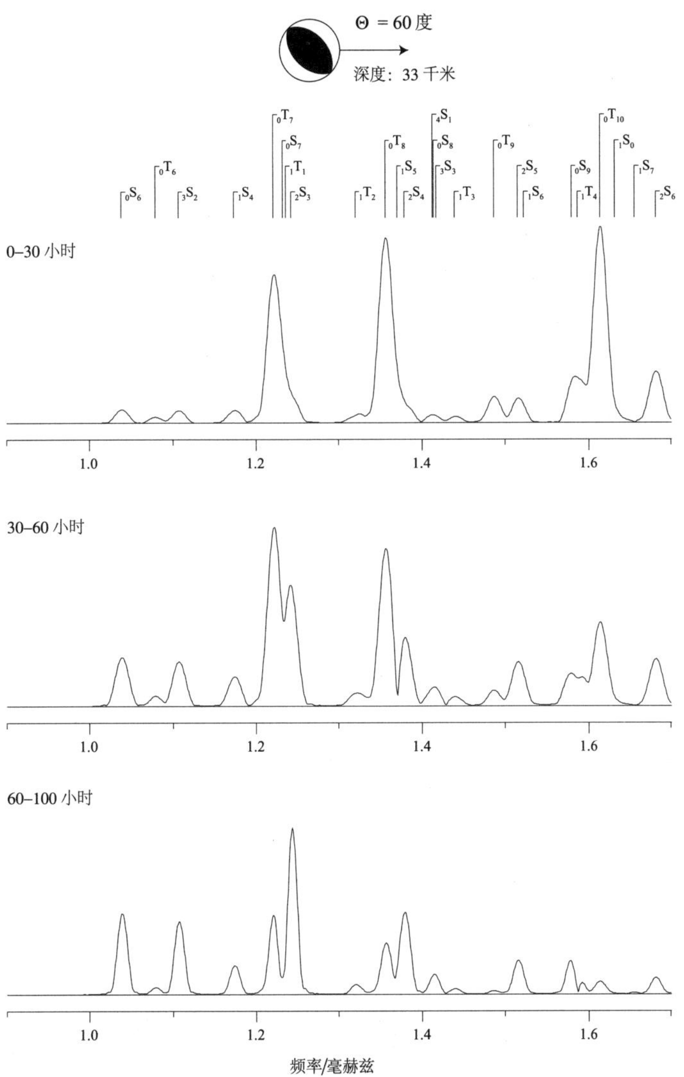

图 10.4 图10.3的低频部分放大图。中、下图中两个经过衰减过滤的滤波的最大振幅分别减小为上图中未经衰减滤波频谱的最大振幅的0.092和0.021。图的顶部标示了频谱中一些可见的环型和球型模式。相应的径向分量见图10.6

滤波的影响。在顶部标示了该频率范围内值得关注的环型和球型振荡。以单纯的射线理论观点(仅当$\omega \to \infty$时才严格成立)，我们不应当期望在加速度仪的横向分量上看到球型模式。而事实上，我们看到一些长周期、高Q值的球型模式实际上主导了60–100小时的频谱！其中最高的谱峰是$_2S_3$这个二阶模式，在地震发生30个小时之后在基阶环型模式$_0T_7$高频一侧的斜坡上显露出来。模式$_0S_6$、$_3S_2$、$_1S_4$和$_2S_4$也都在发震60小时之后变得明显。

图10.5显示了来自同一源点–接收点组合的径向分量频谱$|\hat{\mathbf{r}}\cdot\mathbf{a}(\mathbf{x},\omega)|$。0–30小时频谱中占主导的谱峰是$_0S_6$至$_0S_{43}$的基阶球型振荡，标示在顶部。比较未经衰减滤波的径向和横向分量频谱，

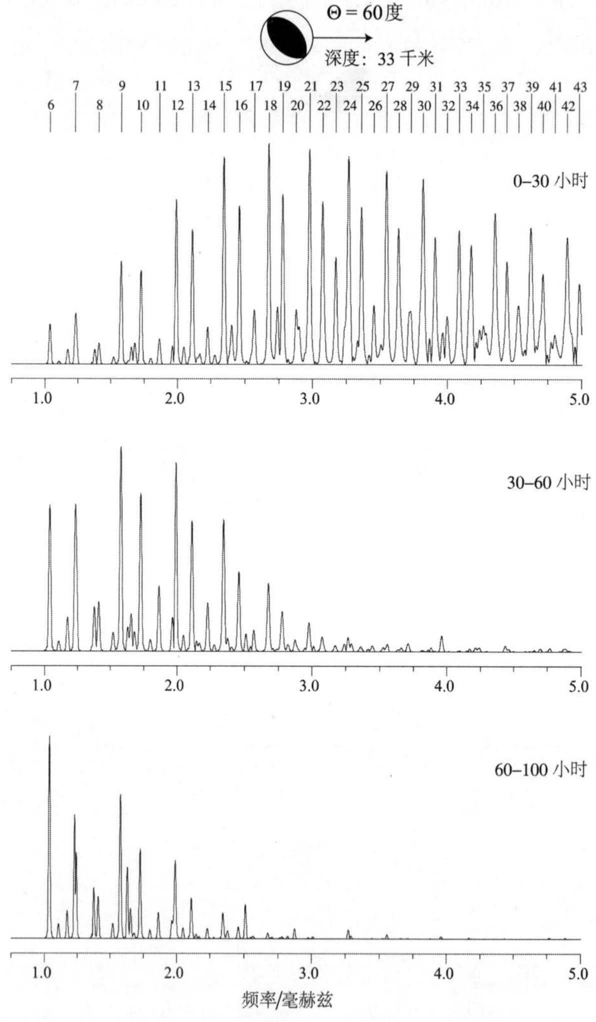

图 10.5 PREM 地球模型中假想的浅源逆冲地震的径向分量合成加速度谱。(上) $t = 0$–30小时; (中) $t = 30$–60小时; (下) $t = 60$–100小时。中、下图中两个经过衰减滤波的频谱的最大振幅分别减小为上图中未经衰减滤波频谱的最大振幅的0.093和0.027。最顶部为震源机制和接收点方位示意图；沙滩球上的黑色和白色区域分别对应于下半震源球上P波压缩和扩张的象限。球型基阶模式$_0S_6$至$_0S_{43}$的位置以垂直线表示。相应的横向分量见图10.3

振幅最大的${}_0S_{18}$比${}_0T_{23}$大一倍半。在舍弃前30小时或前60小时的数据后，高频、低Q值的基阶模式同样几乎被消除了。图10.6展示了0.9和1.7毫赫兹之间的衰减滤波前后的频谱放大图。值得注意的是，出现在衰减滤波后横向频谱中的许多低频球型模式在滤波后的径向频谱中也占主导地位。还有一个明显的新的谱峰，即一阶径向模式${}_1S_0$，根据定义在水平向的加速度仪上是观测不到它的。

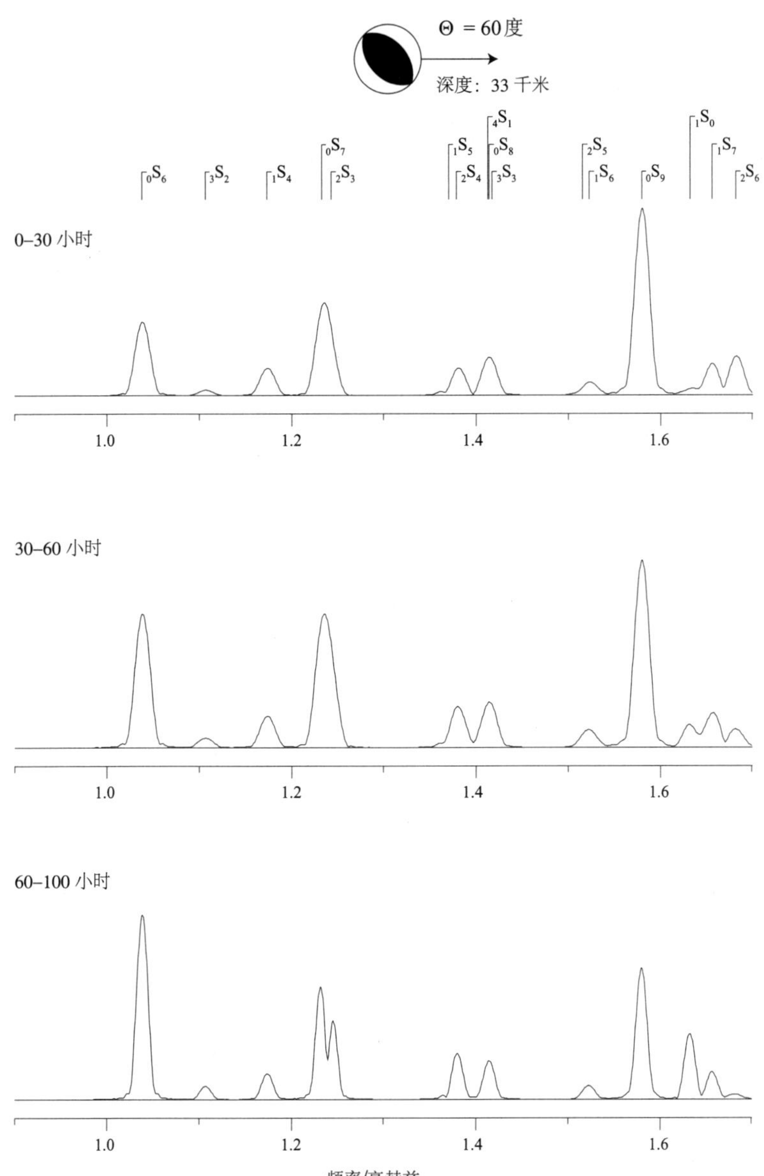

图 10.6　图10.5的低频部分放大图。中、下图中两个经过衰减滤波的频谱的最大振幅分别减小为上图中未经衰减滤波频谱的最大振幅的0.200和0.059。图的顶部标示了频谱中一些可见的球型模式。相应的横向分量见图10.4

作为第二个例子，我们来考虑1994年6月9日发生在玻利维亚的深度为647千米的地震。该地震发生在纳斯卡俯冲板块内，地震矩为$M_0 = 2.4 \times 10^{21}$牛·米，它是迄今为止由现代地震仪所记录到的最大的深源地震。我们展示在一个位于震源机制的 P 波压缩象限、震中距为$\Theta = 60$度的假想台站的一组合成加速度频谱。图10.7显示了0–30小时、30–60小时和60–100小时三个时段的乘以哈恩钟形时窗函数后得到的横向分量频谱$|\hat{\boldsymbol{\Phi}} \cdot \mathbf{a}(\mathbf{x}, \omega)|$。和之前一样，一些低频、高$Q$值的球型模式在经衰减滤波后的频谱中十分明显；在0.9–1.7毫赫兹频段的放大图10.8中，对这些模式以及掺杂其中的环型模式都做了辨识。

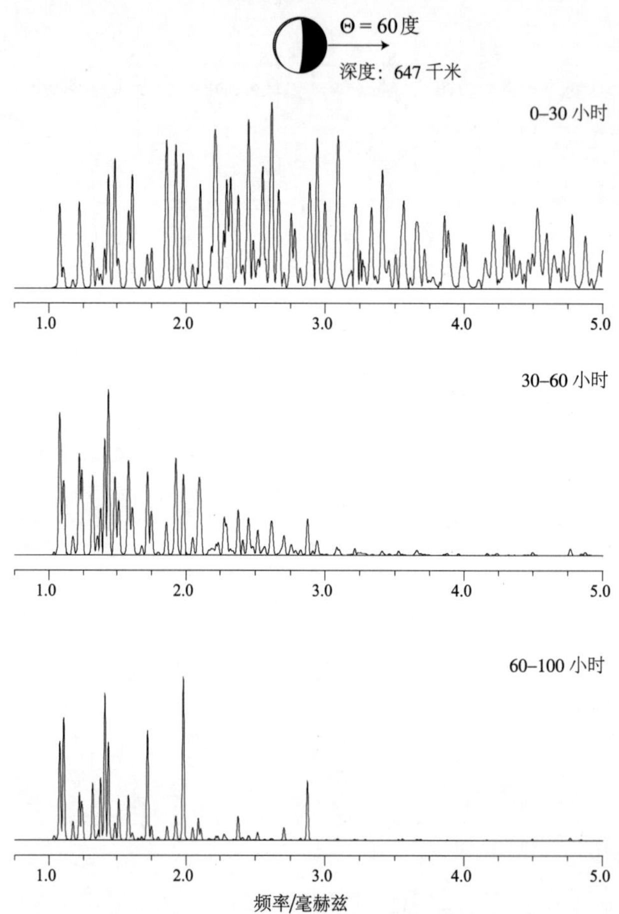

图 10.7 1994年6月9日玻利维亚深源地震的横向分量合成加速度谱。(上) $t = 0$–30小时; (中) $t = 30$–60小时; (下) $t = 60$–100小时。中、下图中两个经过衰减滤波的频谱的最大振幅分别减小为上图中未经衰减滤波频谱的最大振幅的0.089和0.022。最顶部带箭头的沙滩球显示了接收点方位与地震震源机制之间的关系；为显示方便，将该沙滩球逆时针旋转了约90 度。玻利维亚地震震源机制解的正确方向显示在图10.19中；接收点位于南方。相应的径向分量见图10.9

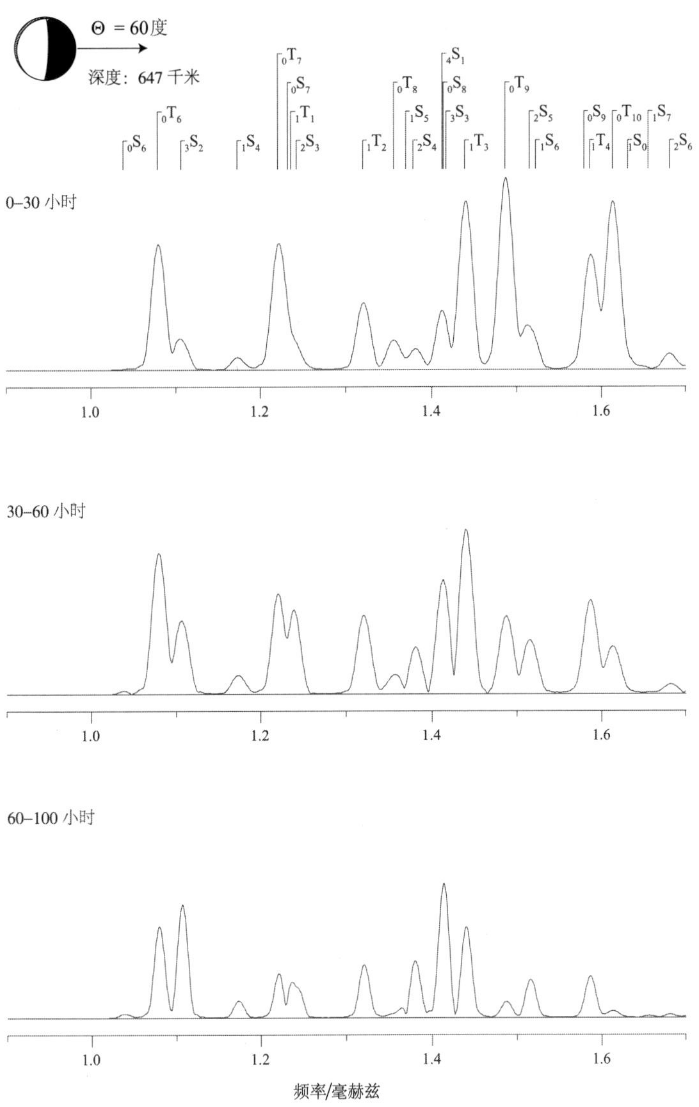

图 10.8 图10.7低频部分的放大图。中、下图中两个经过衰减滤波的频谱的最大振幅分别减小为上图中未经衰减滤波频谱的最大振幅的0.128和0.028。图的顶部标示了频谱中一些可见的环型和球型模式

图10.9显示了玻利维亚地震的径向分量合成频谱 $|\hat{\mathbf{r}}\cdot\mathbf{a}(\mathbf{x},\omega)|$。它与10.5中的浅源地震形成了鲜明的对比：在舍弃前30至60小时的数据后，更多的中等频率和高频的谱峰依然可见。在最下面一幅图的上方标示了经过衰减滤波后60–100小时的频谱中仍然可以识别的谱峰。它们都是高Q值的PKIKP等价球型模式，包括前五个高阶径向模式 ${}_1\mathrm{S}_0-{}_5\mathrm{S}_0$，以及其他振荡模式，如 ${}_2\mathrm{S}_3$、${}_8S_1$、${}_9\mathrm{S}_3$、${}_{11}\mathrm{S}_1$、${}_8\mathrm{S}_5$、${}_{13}\mathrm{S}_1$、${}_{11}\mathrm{S}_4$ 和 ${}_{13}\mathrm{S}_2$。后面这几个是极为有趣的振荡，它们对地球内部最深处的性质有敏感度。在14.2.8节中，我们将看到这些多态模式因地球自转、流体静力学椭率以及地幔中大尺度横向不均匀性这些有较好认识的模型微扰而产生的分裂远超出预期的程度。这种所谓的异常分裂为内核的各向异性提供了最早的证据 (Woodhouse, Giardini & Li 1986; Tromp 1993)。

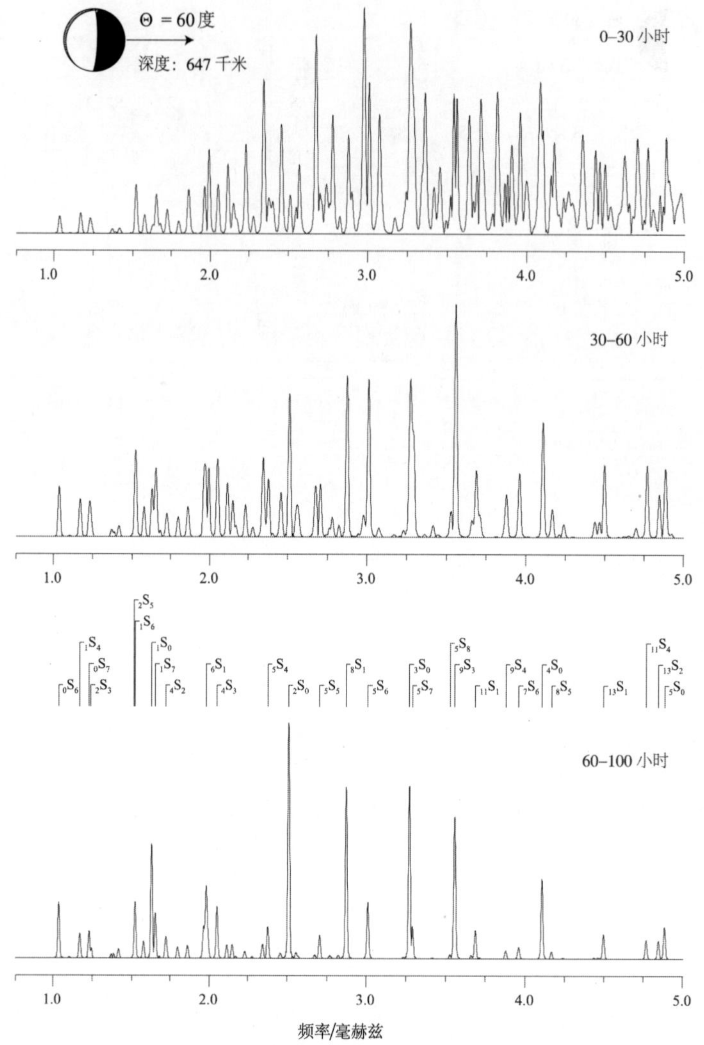

图 10.9 1994年6月9日玻利维亚深源地震的径向分量合成加速度频谱。(上) $t = 0$–30 小时; (中) $t = 30$–60 小时; (下) $t = 60$–100 小时。中、下图中两个经过衰减滤波的频谱的最大振幅分别减小为上图中未经衰减滤波频谱的最大振幅的0.127和0.049。在最顶部显示了（经旋转的）地震震源机制与接收点方位；图中标示了在60–100小时的频谱中可以看见的一些高Q值的球型振荡。相应的横向分量见图 10.7

10.5.3 地震图

在图10.10中，我们展示了一些横向分量的合成加速度图 $\hat{\mathbf{\Phi}} \cdot \mathbf{a}(\mathbf{x}, t)$。这里的假想震源是一个位于33千米深处的垂直走滑断层。如图顶部所示，台站位于该右旋断层的延伸线上，震中距为 $\Theta = 30$ 度, $\Theta = 60$度和$\Theta = 90$度的地方。这一几何关系使得只有环型模式${}_n\mathrm{T}_l$会被激发。对上面的三道记录做了周期20至80秒的带通滤波，以凸显出直达和反射体波讯号。可以很容易地识别一些明显的震相，如SH、$\mathrm{SS_{SH}}$、$\mathrm{SSS_{SH}}$和 $\mathrm{SKKS_{SH}}$。对下面的三道记录做了周期50至250秒的带通滤波，以显示长周期的基阶勒夫波或G波。

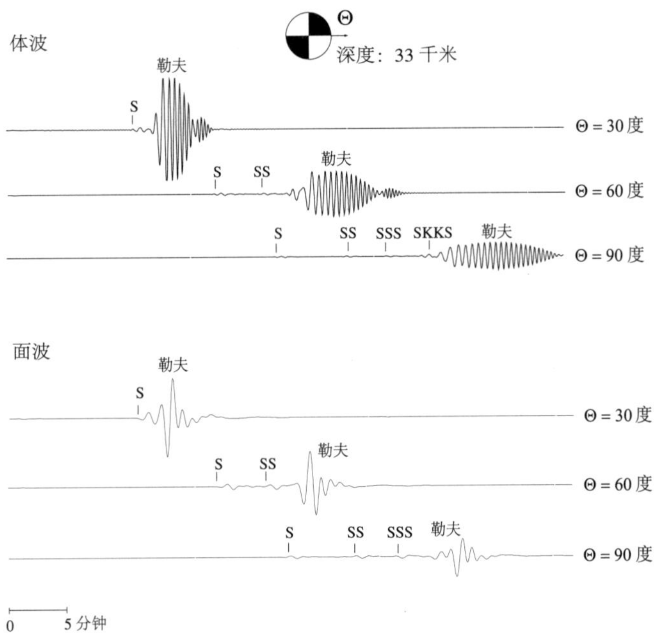

图 10.10 在一个假想浅源右旋走滑断层正东方震中距为 $\Theta = 30$ 度, $\Theta = 60$度和 $\Theta = 90$度处的横向分量合成加速度地震图。在图的最上方示意性地显示了震源机制和接收点的方位。(上) 周期20–80秒带通滤波后的地震图，以凸显SH体波讯号。(下) 周期50–250秒带通滤波后的地震图，以凸显勒夫面波

图10.11显示了位于三个震中距$\Theta = 30$ 度, $\Theta = 60$度和$\Theta = 90$度处的径向和纵向加速度图$\hat{\mathbf{r}} \cdot \mathbf{a}(\mathbf{x}, t)$和$\hat{\boldsymbol{\Theta}} \cdot \mathbf{a}(\mathbf{x}, t)$。震源仍然是深度为33千米的垂直走滑断层；但与前面的例子相比，断层走向旋转了45 度，因此只有球型模式${}_n\mathrm{S}_l$会被激发。最上面的六道记录是做了周期20至80秒滤波的结果，以凸显P-SV体波；值得注意的是，长周期的剪切波震相 (如SV和$\mathrm{ScS_{SV}}$)比压缩波震相 (如P和PcP) 更加明显。最下面的六道记录显示同样的加速度图，但做了不同滤波来强调基阶模式瑞利波。径向和纵向波列的频散特征十分明显：周期50–100秒的波明显比200–250秒的“地幔”瑞利波早到。在11.6节中我们将更详细地讨论瑞利波和勒夫波的频散。

在图10.12中，我们展示震源深度对最早的两个横向分量体波讯号的影响。这里所选择的垂直走滑震源机制和接收点方位使得只有环型模式${}_n\mathrm{T}_l$会被激发; 震中距为$\Theta = 50$ 度。如预期的，随着事件的深度从50千米增加到400千米，直达SH波到得越来越早，而地表反射震相$\mathrm{sS_{SH}}$则到得越来越晚。图中所展示的是质点位移$\hat{\boldsymbol{\Phi}} \cdot \mathbf{s}(\mathbf{x}, t)$，而不是加速度$\hat{\boldsymbol{\Phi}} \cdot \mathbf{a}(\mathbf{x}, t)$; 同时为了使这一“震相随深度增加而远离”的图像更清楚，采用了半持续时间为$\tau_{\mathrm{h}} = 10.5$秒的等腰三角形而不是矩形函数来作为震源时间函数$\dot{m}(t)$。图10.13显示了震源深度对径向和纵向P-SV体波的类似效应。该台站位于与一个走滑地震的震中距为$\Theta = 90$度的位置上，其方位使得只有球型模式${}_n\mathrm{S}_l$会被激发。随着地震事件深度从100千米增加到650千米，pP–P和pPP–PP的时间间隔都在增大。在实际工作中，这些不同的直达与地表反射震相之间的到时差观测，对地震深度提供了一个重要的约束。

图10.14和图10.15展示了震源深度对基阶模式面波激发的影响。图中源点–接收点之间的几何关系与图10.12和图10.13相同，因而前一张图中只有勒夫波被激发，而后一张图只有瑞利波

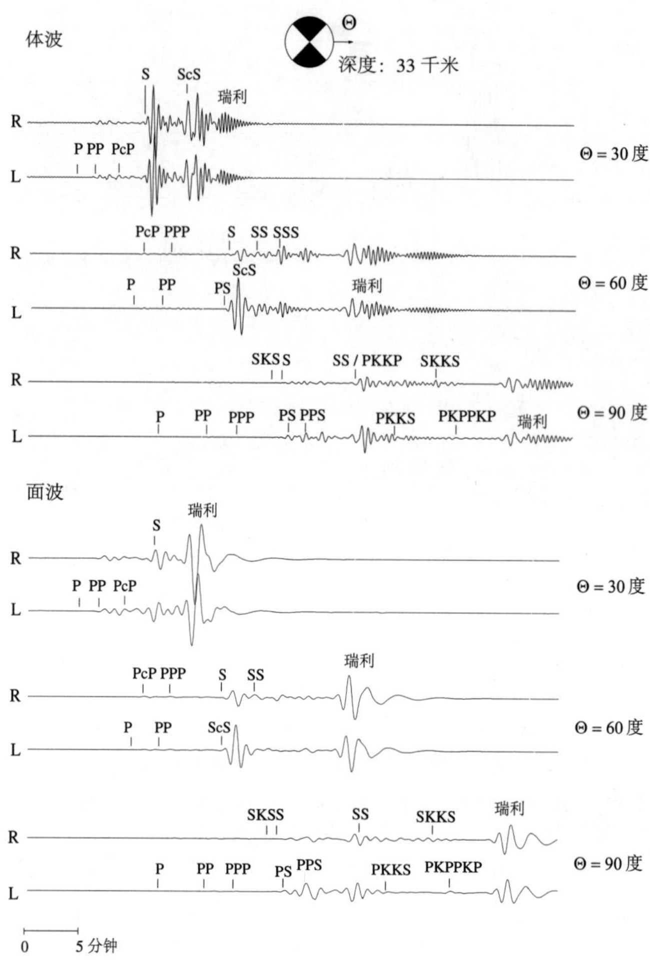

图 10.11　在一个假想浅源右旋走滑断层正东方震中距为 $\Theta = 30$ 度, $\Theta = 60$ 度和 $\Theta = 90$ 度处的径向 (R) 和纵向 (L) 分量合成加速度图。在图的最上方示意性地显示了震源机制和接收点的方位。(上) 周期 20–80 秒带通滤波后的地震图，以凸显出 P 和 SV 体波讯号。(下) 周期 50–250 秒带通滤波后的地震图，以凸显瑞利面波

被激发。从径向和纵向分量的比较可以明显看出瑞利波的逆进质点运动特征。随着走滑地震的深度从 10 千米增加到 400 千米，两种类型的面波振幅都在减小。深源地震辐射相对较弱的基阶模式地震波，因为其震源是在相应的 ${}_0\mathrm{T}_l$ 和 ${}_0\mathrm{S}_l$ 本征函数的准指数衰减的末端，实质上是处于节点的位置。

图 10.16 探讨了垂直走滑震源机制对 SH 和 P-SV 体波辐射花样的影响。每一组三分量加速度图相对于中心沙滩球的位置反映了相应台站相对于地震事件的方位。这八个三分量台站的震中距均为 $\Theta = 60$ 度；合成记录都做了周期 20–80 秒的带通滤波，以便强化体波。在图 10.16 中，位于北、东、南、西四个台站的径向和纵向分量上都没有可见讯号，这是由于在断层面与辅助面方向都是 P 波和 SV 波的节点。然而，SH 波辐射花样的反节点特征，使得这四个台站的横向分量上

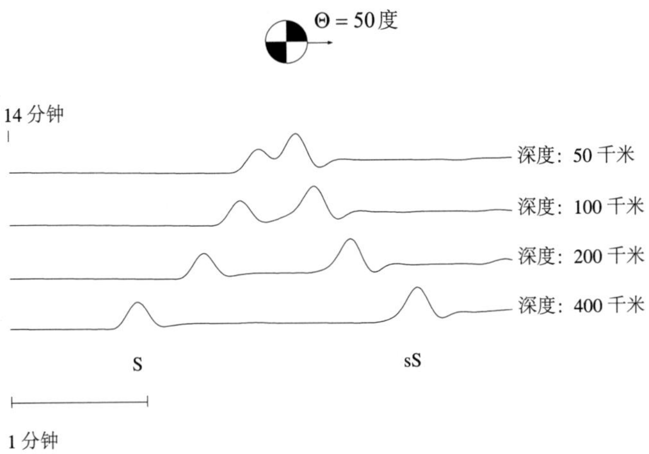

图 10.12 在一个假想右旋走滑断层正东方震中距为 $\Theta = 50$ 度处的横向分量位移地震图。在图的最上方示意性地显示了震源机制和接收点的方位。随着震源深度从50千米 (最上) 增加到400千米 (最下)，地表反射震相 sS_{SH} 逐渐“远离”直达震相SH

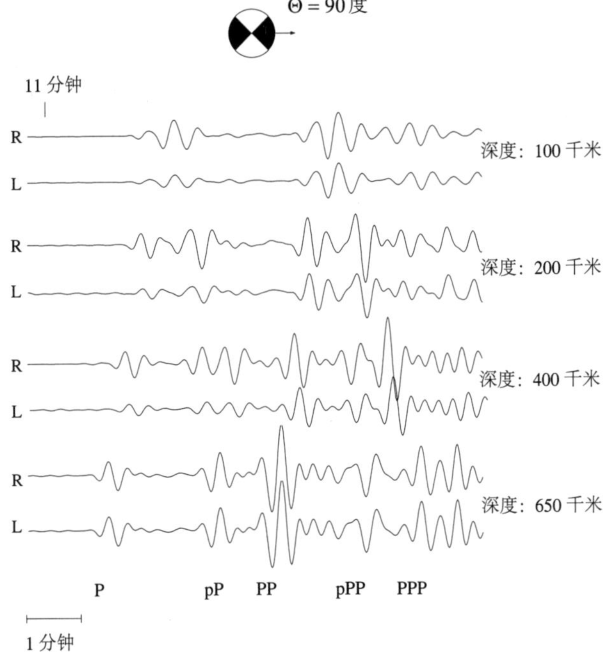

图 10.13 在一个假想右旋走滑断层正东方震中距为 $\Theta = 90$ 度处的径向 (R) 和纵向 (L) 合成加速度图，在图的最上方示意性地显示了震源机制和接收点的方位。随着震源深度从100千米 (最上) 增加到650千米 (最下)，地表反射的“深度震相” pP和pPP逐渐“远离”直达震相P和PP

有明显的SH和 SS_{SH} 讯号。而东北、东南、西南和西北四个台站的径向和纵向分量上展现出反节点的较强的P、SV和 SS_{SV} 讯号，并且在横向分量上看不到SH讯号。图10.17显示了一个南北走

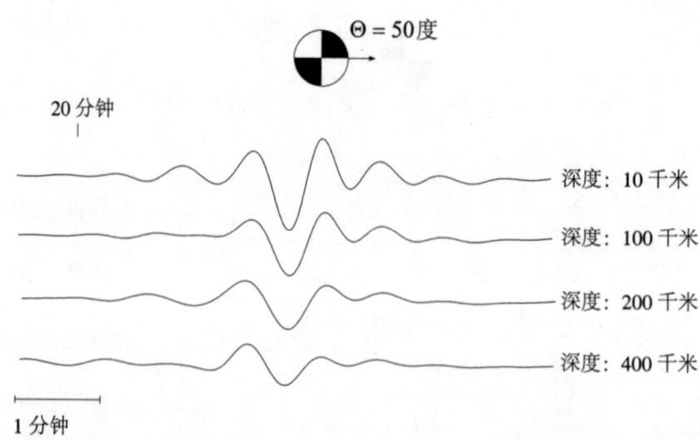

图 10.14 在一个假想右旋走滑断层正东方震中距为 $\Theta = 50$ 度处的横向分量合成加速度图，显示勒夫波的振幅随着震源深度从10千米（最上）至400千米（最下）的增加而减小

向、倾角45度的逆冲断层在相同八个台站的径向、纵向和横向加速度图。这里最明显的特征是在断层走向的正反两个方向上以纵向偏振为主的剪切波。

在1992年9月2日尼加拉瓜地震发生之后，Kanamori (1993) 在一些宽频地震台上观测到P波和S波之间的一个奇怪的长周期波形。他把这一之前从未注意到的远震讯号归因于远场体波的相长干涉所造成的回音廊 (whispering-gallery) 效应，于是称之为W震相。这个引起了强烈海啸的尼加拉瓜地震被认为是在科科斯(Cocos)板块与北美板块之间的俯冲界面上异常缓慢的破裂 (Kanamori & Kikuchi 1993)。在图10.18中，我们展示了在帕萨迪纳所观测到的径向位移，它与利用半持续时间为 $\tau_{\mathrm{h}} = 40$ 秒的震源所计算的简正模式合成地震图相当吻合。Vidale, Goes 和 Richards (1995) 指出W震相可以被视为均匀无限介质中以介于 α 和 β 之间的速度传播、依（距

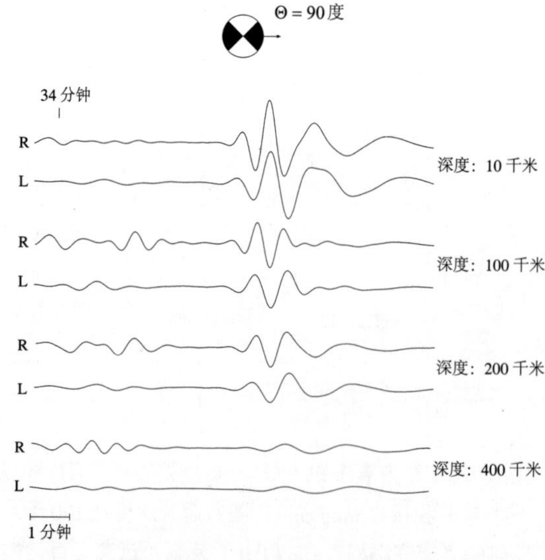

图 10.15 在一个假想右旋走滑断层正东方震中距为 $\Theta = 90$ 度处的径向(R)和纵向(L)合成加速度图，显示瑞利波的振幅随着震源深度从10千米（最上）至400千米（最下）的增加而减小

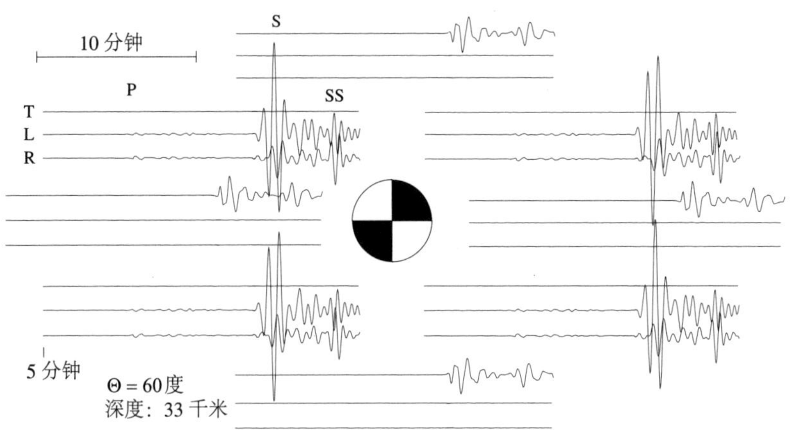

图 10.16　体波辐射花样对合成加速度图的影响。震源是位于 $h = 33$ 千米深度的右旋走滑断层；中央沙滩球中的黑色和白色区域分别对应于下半震源球上P波的压缩和扩张象限。八个三分量地震台站位于 (从顶部沿顺时针方向) 北方、东北方、东方、东南方、南方、西南方、西方和西北方，震中距均为 $\Theta = 60$ 度。在西北方台站记录上标示了横向 (T)、纵向 (L) 和径向 (R) 分量以及P波、S波和SS波震相

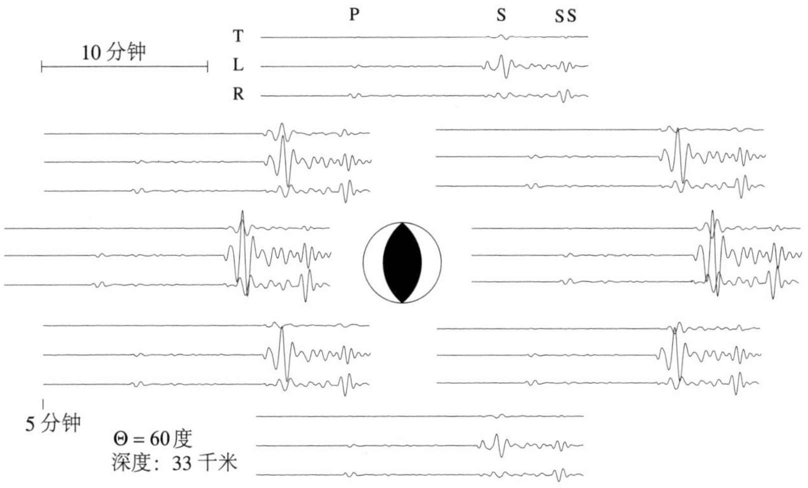

图 10.17　与图10.16相同，但震源为浅源 ($h = 33$ 千米) 逆冲断层。在位于北方台站的合成加速度图上标示了横向 (T)、纵向 (L) 和径向 (R) 分量以及P波、S波和SS波。所有记录都做了周期20到80秒的带通滤波，以凸显P-SV为主的体波

离)$^{-2}$ 和 (距离)$^{-3}$ 而非 (距离)$^{-1}$ 衰减的中场和近场 (Aki & Richards 1980) 能量在球对称地球上的表现。这种非辐射能量无法用我们在第15章中所介绍的射线理论的方法进行分析；然而，它却完全包含在 (10.51) 式的球对称地球的模式叠加中。

在最后一个、也是我们最钟爱的例子中，我们展示1994年6月9日玻利维亚深源地震后一个近场位置的合成质点位移 $\mathbf{s}(\mathbf{x}, t)$ 图 (Ekström 1995)。来自一个位于BANJO台阵中台站ST4的三

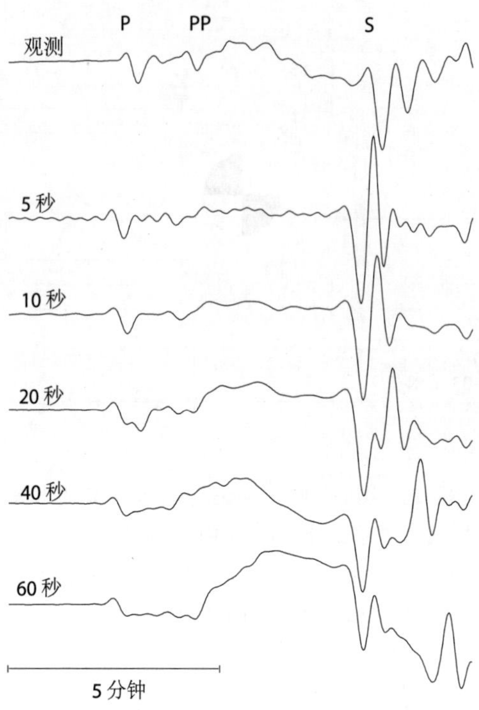

图 10.18 最上面一道为1992年9月2日尼加拉瓜海啸地震后，在加州帕萨迪纳的宽频台站PAS(震中距 $\Theta = 36.4$ 度) 所记录到的径向分量位移地震图 $\hat{\mathbf{r}} \cdot \mathbf{s}(\mathbf{x}, t)$。除了标示的P、PP和S波讯号外，在P和S波之间约5−6分钟长的时段内到达的还有一个独特的长周期W震相。下面的五道为用简正模式叠加得到的径向分量合成地震图；图中标出了为 $\tau_{\rm h} = 5-60$ 秒的半持续时间，使用的震源时间函数为 $\dot{m}(t) = (2\tau_{\rm h})^{-1}[H(t+\tau_{\rm h}) - H(t-\tau_{\rm h})]$。对所有地震图都做了频率1–30毫赫兹的巴特沃斯(Butterworth) 滤波

分量地震仪，在震源上方647千米，并且在偏南方与深度大致相同的距离处(Jiao, Wallace, Beck, Silver & Zandt 1995)。径向、南北和东西方向的地震图是用半持续时间为 $\tau_{\rm h} = 20$ 秒的等腰三角形函数与(10.61)式中近似的模式叠加脉冲响应做卷积计算得到的。对该地震事件已有很好的认识，上述震源时间函数 $\dot{m}(t)$ 与其震源破裂过程的一些远震研究结果有很好的一致性(Kikuchi & Kanamori 1994; Ihmlé & Jordan 1995)。图10.19所展示的合成位移记录非常引人注目：在远场P波和S波之间呈现一个斜坡，对应于预期的点震源矩张量响应中中场和近场的贡献(Aki & Richards 1980; Vidale, Goes & Richards 1995)。此外，台站处有一个明显的向下和向北约一厘米的永久位移；它代表了(10.62)中因断层上的静态滑移而造成的最终静态位移(10.62)。之后到达的远场震相，如南北分量上的 $\mathrm{ScS_{SV}}$ 和 $\mathrm{sScS_{SV}}$，并不影响静态位移 $\mathbf{s}_{\rm f}(\mathbf{x})$。

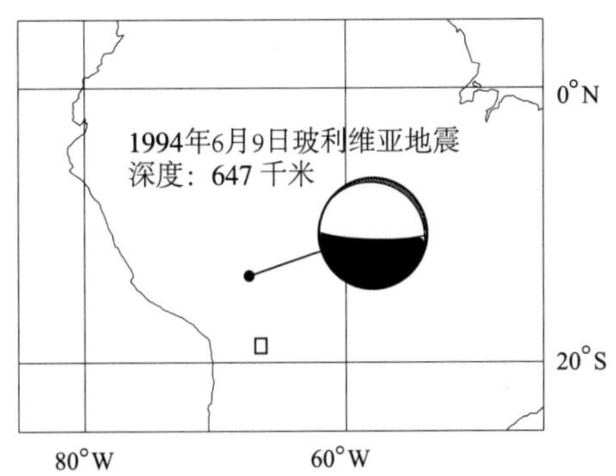

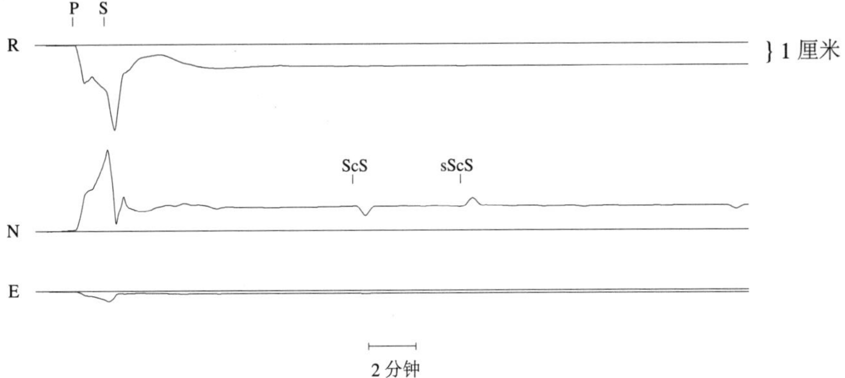

图 10.19 (上) 1994年6月9日玻利维亚深源地震的位置 (黑点) 和震源机制 (沙滩球)。(下) Banjo 宽频台阵 (上图中方框所示) 中台站ST4的近场合成位移地震图。其中标示了径向 (R)、南北 (N) 和东西 (E) 分量以及P、S、ScS和sScS体波讯号。P波初动是向下与向北的，而S波初动是向下与向南的; 断层错动的结果是使该台站向下与向北永久地移动了约一厘米。P波和S波之间的斜坡是形成远震W震相的中场和近场能量的表现，尤其是在如尼加拉瓜那样的浅源慢地震之后 (见图10.18)

10.6 叠加和剥离

我们现在希望从遍布全球各地的一批地震台站记录到的长周期地震图中分离出一个特定的环型或球型多态模式。这可以利用一种加强目标模式特征、同时降低噪声的方式合并或叠加一个大地震的频谱来实现。在描述这一过程时，我们将忽略非弹性对简正模式本征函数的影响，同时为简单起见采用(10.64)–(10.65)中的频谱近似。利用矢量球谐函数正交关系(8.85)，很容易证明实数的矢量振幅(10.52)满足

$$\int_{\Omega} {}_n\mathbf{A}_l(\mathbf{x}) \cdot {}_{n'}\mathbf{A}_{l'}(\mathbf{x})\, d\Omega = D_{nn'}\delta_{ll'} \tag{10.73}$$

其中积分变量为震中坐标系角度Θ、Φ，另外

$$\begin{aligned} D_{nn'} &= (UU' + VV' + WW') \\ &\quad \times [A_0A_0' + \frac{1}{2}k^2(A_1A_1' + B_1B_1') \end{aligned}$$

$$+\frac{1}{2}k^2(k^2-2)(A_2A_2'+B_2B_2')] \tag{10.74}$$

为简洁起见，我们在 (10.74) 式右侧省略了辨识模式的下角标 n、n' 和 l；不带撇号的量依赖于阶数 n，带撇号的量则依赖于阶数 n'。带与不带撇号的本征函数都在接收点半径 $r=a$ 处取值。

多态模式 ${}_n\mathrm{S}_l$ 或 ${}_n\mathrm{T}_l$ 的理想叠加是在地球表面上的加权积分：

$${}_n\Sigma_l(\omega)=\int_\Omega {}_n\mathbf{A}_l(\mathbf{x})\cdot\mathbf{a}(\mathbf{x},\omega)\,d\Omega \tag{10.75}$$

利用 (10.73) 中的结果，我们发现

$$\mathsf{\Sigma}(\omega)=\mathsf{D}\mathsf{\eta}(\omega) \tag{10.76}$$

其中

$$\mathsf{\Sigma}=\begin{pmatrix}\vdots\\ {}_n\Sigma_l\\ \vdots\end{pmatrix},\qquad \mathsf{\eta}=\begin{pmatrix}\vdots\\ {}_n\eta_l\\ \vdots\end{pmatrix} \tag{10.77}$$

$$\mathsf{D}=\begin{pmatrix} & \vdots & \\ \cdots & D_{nn'} & \cdots\\ & \vdots & \end{pmatrix} \tag{10.78}$$

我们可以将 (10.75) 视为一个相位均衡化过程：首先将复数频谱 $\mathbf{a}(\mathbf{x},\omega)$ 对齐，然后叠加在一起来增强目标多态模式 ${}_n\mathrm{S}_l$ 或 ${}_n\mathrm{T}_l$ 的讯号。在这一过程中，所有模式类型 (球型或环型) 以及球谐函数次数 l 与目标模式不同的多态模式都被抵消了；只有类型和球谐函数次数相同但阶数 n 不同的模式被保留下来。

在现实中，没有任何机构会提供资助使我们拥有的三分量地震仪能够对整个地球表面有地毯式的覆盖，因此 (10.75) 中的积分永远无法精确计算。我们必须满足于从位于接收点 $\mathbf{x}_j$，$j=1,2,\cdots,J$ 处的全球台网所得到的数目有限的频谱集。(10.75) 中的叠加因而近似为以下求和

$$\Sigma(\omega)=4\pi J^{-1}\sum_{j=1}^{J}\mathbf{A}(\mathbf{x}_j)\cdot\mathbf{a}(\mathbf{x}_j,\omega) \tag{10.79}$$

为简单起见我们在此省略了下角标 n 和 l。将方程 (10.79) 用下式取代

$$\Sigma(\omega)=16\pi^2I^{-1}J^{-1}\sum_{i=1}^{I}\sum_{j=1}^{J}\mathbf{A}_i(\mathbf{x}_j)\cdot\mathbf{a}_i(\mathbf{x}_j,\omega) \tag{10.80}$$

便可以轻而易举地将来自多个不同地震事件 $i=1,2,\ldots,I$ 的数据纳入到叠加中。$\mathbf{A}_i(\mathbf{x}_j)$ 是理论的振幅空间变化图像，而 $\mathbf{a}_i(\mathbf{x}_j,\omega)$ 是第 i 个震源的观测加速度。为简单起见，(10.79)–(10.80) 中我们对任一地震 $\mathbf{x}_i$ 或地震仪 $\mathbf{x}_j$ 分别赋予相同的微分面积元 $d\Omega=4\pi I^{-1}$ 或 $d\Omega=4\pi J^{-1}$；更一般地，可能还希望引入一个权重来考虑震源和接收点的不均匀分布。地理覆盖的不完备性以及其他如分量缺失或噪声过大等实际问题会破坏 (10.76) 中矩阵 D 理论上的分块对角特性；因此，在非理想的叠加结果 ${}_n\Sigma_l(\omega)$ 中，可能存在不同类型或不同球谐函数次数的多态模式，或两者兼有。在 (10.73)–(10.74) 中忽略的地球的自转、流体静力学椭率和横向不均匀性也会对这些干扰有所贡

献。尽管有这些困难，叠加仍是一个有用的方法，因为相较于带来干扰的模式，目标多态模式及其类型和球谐函数次数相同而仅阶数不同的模式通常还是得到了增强。

一般而言，对给定的类型和球谐函数次数 l，激发较强的不同高阶模式之间在频率上有很好的分离，只有在球型模式中极少数PKIKP与 $\mathrm{ScS_{SV}}$ 回避相交的频率附近是例外。因此，在叠加 ${}_n\Sigma_l(\omega)$ 中，要识别 ${}_n\mathrm{S}_l$ 和 ${}_n\mathrm{T}_l$ 的谱峰几乎没有困难。一个称作剥离的附加步骤常常能够进一步改善结果。由于 D 是一已知、对称且正定的矩阵，因此可以将方程 (10.76) 求逆来恢复单个的共振谱峰：

$$\boldsymbol{\eta}(\omega)=\mathsf{D}^{-1}\boldsymbol{\Sigma}(\omega) \tag{10.81}$$

在 (10.81) 式的实际应用中，为抑制数值上的不稳定，通常用对 D 做奇异值分解所得到的广义逆 $\mathsf{D}^{-\mathrm{g}}$ 来取代 D^{-1}。由此得到的列矢量 $\boldsymbol{\eta}(\omega)$ 的每一个分量 ${}_n\eta_l(\omega)$ 被称为一个多态模式剥离条带。通过将每个剥离条带用 (10.65) 中的洛伦兹谱峰做最小二乘拟合，可以测量简并的本征频率 ${}_n\omega_l^{\mathrm{S}}$ 和 ${}_n\omega_l^{\mathrm{T}}$。有诸多微妙细节都必须仔细地加以关注，才能够成功地实施叠加和剥离，并使偏差最小化 (Widmer 1991)。这两种方法都需要知道每个震源的位置 $\mathbf{x}_\mathrm{s}$ 和矩张量 $\mathbf{M}$。

Mendiguren(1973) 是第一个将此叠加原理应用于全球地震台网的地震学家。他使用了 $\mathrm{sgn}\mathbf{A}(\mathbf{x}_j)$ 而不是 $\mathbf{A}(\mathbf{x}_j)$ 作为 (10.79) 中的权重，也就是说，他在求和之前直接将激发振幅为负的记录做极性反转。在这一开创性研究中所使用的地震图是世界标准地震台网 (WWSSN) 对1970年7月31日哥伦比亚深源地震观测的人工数字化记录。之后由 Gilbert 和 Dziewonski (1975) 发展了前述的叠加和剥离程序; 他们测量了地球的800多个自由振荡的简并本征频率，并联合利用已有数据构建了两个与观测相符的SNREI地球模型：1066A和1066B。其后，又通过拟合基本上相同的约1000个简正模式的本征频率，加上另外500个综合的走时测量值以及100个多态模式的品质因子数据，得到了横向各向同性且非弹性的PREM模型 (Dziewonski & Anderson 1981)。

近期的工作聚焦在对偶尔发生的模式识别错误进行校正，尤其重要的是通过分析更多的数字地震记录来减小本征频率的测量误差。图10.20很好地展示了高质量的现代数字剥离条带。在3.50–3.75毫赫兹这一狭窄频带中，高阶模式 ${}_3\mathrm{S}_{13}$、${}_5\mathrm{S}_8$、${}_3\mathrm{S}_{14}$ 和 ${}_4\mathrm{S}_9$ 与激发更强的基阶模式 ${}_0\mathrm{S}_{27}$、${}_0\mathrm{S}_{28}$ 和 ${}_0\mathrm{S}_{29}$ 被异常完美地分离开来。图10.21和图10.22显示在1.5–4.0毫赫兹频带内的所有基阶球型和环型模式都可以被成功地剥离；图中每个谱峰都是用各自相对于PREM中的频率差 $\omega-\omega_{\mathrm{PREM}}$ 来显示的。这些观测到的谱峰值随频率差变化曲线的明显偏移是地球自转的表现；由于球型与环型多态模式之间的科里奥利耦合，造成了频率相近且球谐函数次数相邻的两个模式 (如 ${}_0\mathrm{S}_{11}$–${}_0\mathrm{T}_{12}$ 和 ${}_0\mathrm{S}_{19}$–${}_0\mathrm{T}_{20}$) 的剥离条带之间“相斥”。在14.3.2节中，我们会看到对这种效应在理论上已经有很清楚的认识，因此而造成的偏差是可以消除的。Masters 和 Widmer (1995) 汇集了一组包括600多个经过科里奥利校正后的本征频率的现代高质量数据集。图10.23显示了这些测量到的模式。其中大多数测量结果都使用了从数千道记录所得到的多态模式剥离条带。

★10.7 模式叠加的替代方法

在本节中，我们将简要介绍用简正模式叠加计算球对称地球合成地震图的另外两种方法。这两种方法都是在频率域中直接求解对矩张量源的响应，并通过数值计算傅里叶反变换，来得到时间域的位移 $\mathbf{s}(\mathbf{x},t)$ 或加速度 $\mathbf{a}(\mathbf{x},t)$。这种直接方法的优点是频率采样间隔可以根据实际的应用进

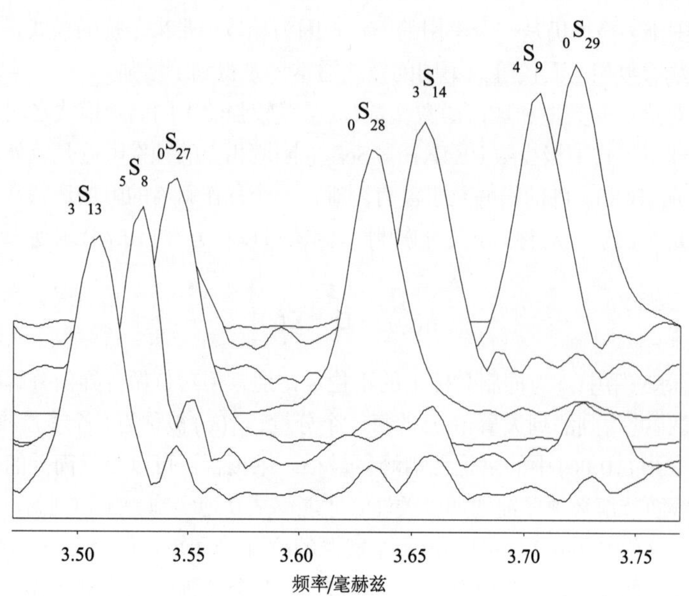

图 10.20　在3.50–3.75毫赫兹窄频段的多态模式剥离结果。目标多态模式从前向后依次为$_3S_{13}$、$_5S_8$、$_0S_{27}$、$_0S_{28}$、$_3S_{14}$、$_4S_9$和$_0S_{29}$。每一道曲线中所画的是剥离之后所得到的振幅谱$|_n\eta_l(\omega)|$ (由R. Widmer提供)

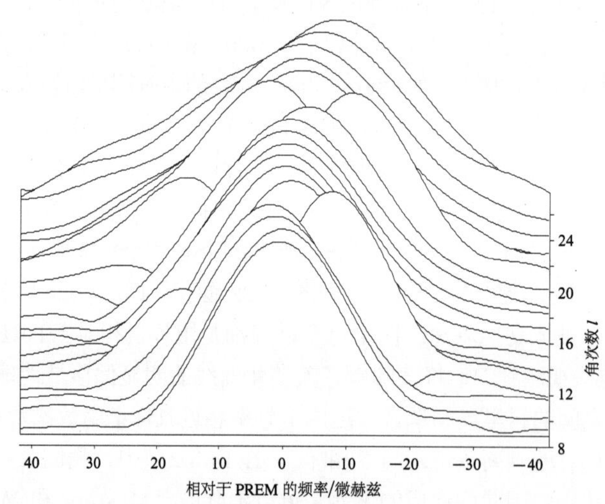

图 10.21　基阶球型模式$_0S_8$(前)至$_0S_{30}$(后)的剥离条带$|_n\eta_l(\omega-\omega_{\mathrm{PREM}})|$。请注意，横坐标的频率是反转的，因而左边$\omega>\omega_{\mathrm{PREM}}$，右边$\omega<\omega_{\mathrm{PREM}}$(由R. Widmer提供)

行调整; 计算量与频率采样数目成正比，从而与需要合成的地震图的长度成正比。在某些高频应用中，当需要的地震图在时间上较短，如单一体波讯号时，这种方法尤为适用。而在简正模式方法中，相邻本征频率的间隔显然是不可改变的；最费气力的一步是先要构建一个完备的多态模式本征频率、品质因子和本征函数的目录。有了这样的目录，用模式叠加计算一组短时段地震图比计算一组长时段地震图少用不了多少时间。

第一个直接方法的出发点是非齐次动量方程

$$
\begin{aligned}
&-\omega^2\rho\mathbf{s} - \boldsymbol{\nabla}\cdot\mathbf{T} + (4\pi G\rho^2 s_r)\hat{\mathbf{r}} + \rho\boldsymbol{\nabla}\phi \\
&\quad + \rho g[\boldsymbol{\nabla}s_r - (\boldsymbol{\nabla}\cdot\mathbf{s} + 2r^{-1}s_r)\hat{\mathbf{r}}] \\
&\quad = -[\pi\delta(\omega) + (i\omega)^{-1}]\,\mathbf{M}:\boldsymbol{\nabla}\delta(\mathbf{x} - \mathbf{x}_{\mathrm{s}})
\end{aligned} \tag{10.82}
$$

方程 (10.82) 的左边包含了相应的齐次方程 (8.10) 左边的所有项。右边则是与地震相对应的等效力 $\mathbf{f}(\mathbf{x},\omega)$。$\pi\delta(\omega)+(i\omega)^{-1}$ 是亥维赛函数 $H(t)$ 的傅里叶变换；如有必要，可以用依赖于频率的矩张量 $\mathbf{M}(\omega)$ 来引入更普遍的震源时间函数。将位移 $\mathbf{s}(\mathbf{x},\omega)$ 和力 $\mathbf{f}(\mathbf{x},\omega)$ 用矢量球谐函数 $\mathbf{P}_{lm}$、$\mathbf{B}_{lm}$ 和 $\mathbf{C}_{lm}$ 展开，我们可以得到与环型、球型和径向模式所满足的方程 (8.43)–(8.45) 类似的三个二阶常微分方程，把相应的一阶齐次方程组 (8.114)–(8.115)、(8.135)–(8.140)、(8.144)–(8.147) 和 (8.149)–(8.150) 简写为 $\dot{\mathsf{y}} = \mathsf{A}\mathsf{y}$，我们需要求解如下形式的非齐次方程组

$$
\dot{\mathsf{y}} = \mathsf{A}\mathsf{y} + \mathsf{z}_1\delta(r - r_{\mathrm{s}}) + \mathsf{z}_2\dot{\delta}(r - r_{\mathrm{s}}) \tag{10.83}
$$

其中矢量 $\mathsf{z}_1(\omega)$ 和 $\mathsf{z}_2(\omega)$ 依赖于震源机制 $\mathbf{M}$ 和地理位置 θ_{s}、ϕ_{s}。非齐次项的存在破坏了 $\mathsf{y}(r,\omega)$ 的 $2l+1$ 重简并；将震源置于极点 $(\theta_{\mathrm{s}}\to 0)$ 会大大减小计算上的负担，因为 $\mathsf{z}_1(\omega)$ 和 $\mathsf{z}_2(\omega)$ 只有在级数 $m=0$, $m=\pm1$ 和 $m=\pm2$ 时不为零。方程 (10.83) 的解的形式为 $\mathsf{y}(r,\omega) = \mathsf{v}(r,\omega) + \mathsf{z}_2(\omega)\delta(r - r_{\mathrm{s}})$，其中 $\dot{\mathsf{v}} = \mathsf{A}\mathsf{v} + (\mathsf{z}_1 + \mathsf{A}\mathsf{z}_2)\delta(r - r_{\mathrm{s}})$。矢量 $\mathsf{v}(r,\omega)$ 可以借由数值积分获得；非齐次项导致在震源深度 $r = r_{\mathrm{s}}$ 处有一个不连续跃变 $\mathsf{z}_1(\omega) + \mathsf{A}(r_{\mathrm{s}},\omega)\mathsf{z}_2(\omega)$。在自由表面 $r = a$ 和任何固–液不连续面 $r = d_{\mathrm{FS}}$ 上的边界条件仍然是与环型、球型和径向简正模式所满足的完全相同的 (8.116), (8.141)–(8.142) 和 (8.151)。由方程组 (10.83) 的刚性而带来的数值不稳定性可以像在齐次情形中一样，通过求解结果矩阵的余子式而不是矩阵本身来克服。非弹性可以通过在系数矩阵 $\mathsf{A}(r,\omega)$ 中使用复数且依赖频率的弹性参数 $\kappa_0[1+iQ_\kappa^{-1}+\frac{2}{\pi}Q_\kappa^{-1}\ln(\omega/\omega_0)]$ 和 $\mu_0[1+iQ_\mu^{-1}+\frac{2}{\pi}Q_\mu^{-1}\ln(\omega/\omega_0)]$

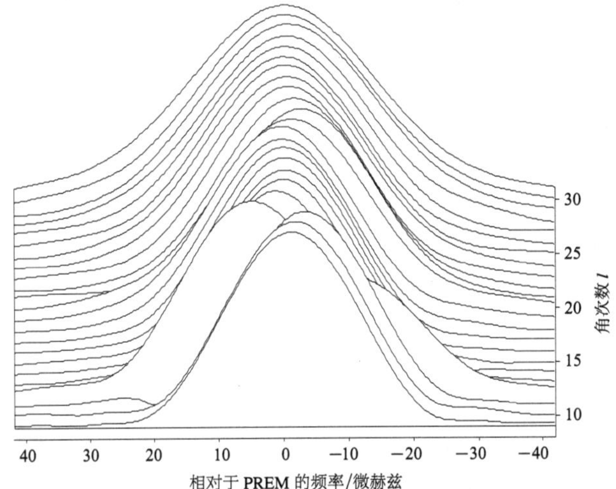

图 10.22 基阶环型模式 ${}_0\mathrm{T}_8$ (前) 至 ${}_0\mathrm{T}_{26}$ (后) 的剥离条带 $|{}_n\eta_l(\omega-\omega_{\mathrm{PREM}})|$(由 R. Widmer 提供)

来考虑。Friederich 和 Dalkolmo (1995) 对这一直接径向积分方法的数值实现做了介绍。他们讨论了使频率混叠假象最小化的策略，并展示了与模式叠加地震图的比较，以确立他们结果的正确性。

第二种替代方法是基于7.7节中所简要讨论的直接代数方法。通过选择与矢量球谐函数$\mathbf{P}_{lm}$、$\mathbf{B}_{lm}$和$\mathbf{C}_{lm}$成比例的基函数，将动能和势能矩阵T和$\mathsf{V}(\omega)$分解为给定球谐次数l的环型、球型或径向独立矩阵。例如，环型矩阵的分量为

$$T_{kk'} = \int_b^s \rho X_k X_{k'} \, r^2 dr \tag{10.84}$$

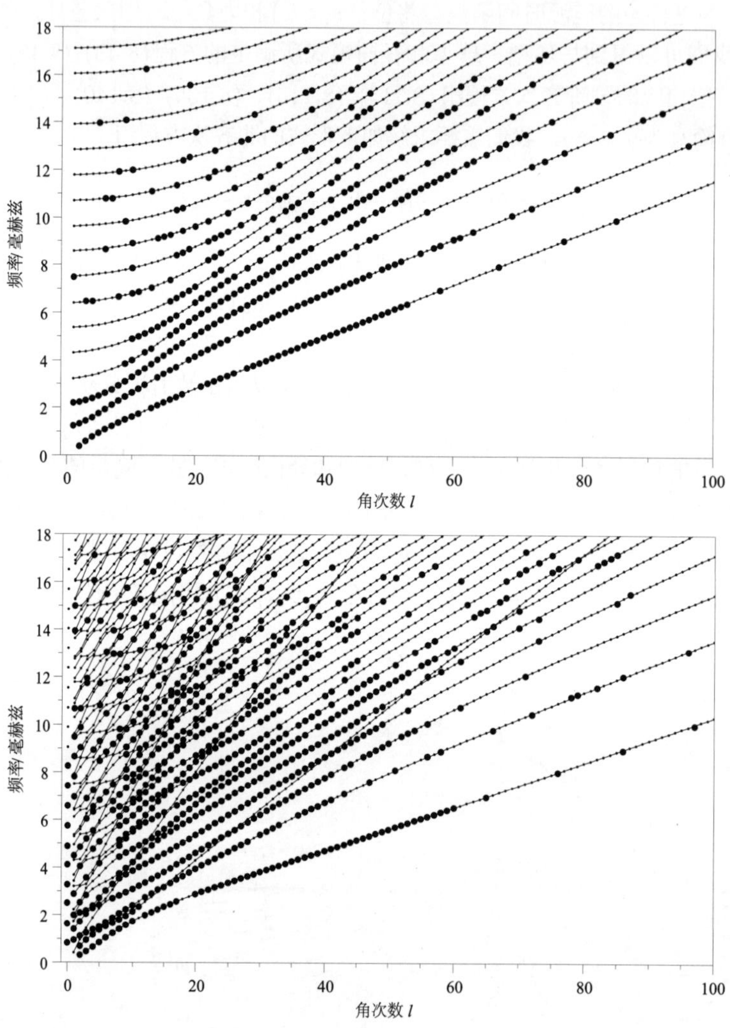

图 10.23 观测的环型模式 (上) 和球型模式 (下) 频散图。其中大圆点标示其简并本征频率目前认为是“已被可靠地确定”。对图中的许多高精度数据，PREM 并未给予足够好的拟合 (由R. Widmer提供)

$$V_{kk'}(\omega) = \int_b^s \mu_0[1 + iQ_\mu^{-1} + \frac{2}{\pi}Q_\mu^{-1}\ln(\omega/\omega_0)]$$
$$\times [(r\dot{X}_k - X_k)(r\dot{X}_{k'} - X_{k'}) + (l-1)(l+2)X_k X_{k'}]\,dr \tag{10.85}$$

其中 $X_k(r)$ 为我们尚未指定的径向基函数。局部三角形或线性样条是普遍的选择，因为它们形式简单且导致稀疏矩阵

$$X_k(r) = \begin{cases} (r - r_{k-1})/(r_k - r_{k-1}), & \text{当}\, r_{k-1} \leqslant r \leqslant r_k \text{ 时}, \\ (r_{k+1} - r)/(r_{k+1} - r_k), & \text{当}\, r_k \leqslant r \leqslant r_{k+1} \text{ 时}, \\ 0, & \text{其他情况}, \end{cases} \tag{10.86}$$

其中 $b = r_1 < r_2 < \cdots < r_K = s$。(10.86) 式中的第一行和第二行分别在端点 $k = 1$ 和 $k = K$ 处不必考虑。将震源置于极点 ($\theta_{\rm s} \to 0$) 处仍然是有利的，因为它将源点矢量 s 局限为级数 $|m| \leqslant 2$ 的分量。用 (B.98) 对极限关系式 (D.22)–(D.27) 做变换，我们得到环型矩阵的非零分量

$$s_{k\,\pm1} = \begin{cases} -\left(\dfrac{2l+1}{8\pi}\right)^{1/2} M_{r\theta}(\dot{X}_k - r^{-1}X_k)_{r=r_{\rm s}} \\ \left(\dfrac{2l+1}{8\pi}\right)^{1/2} M_{r\phi}(\dot{X}_k - r^{-1}X_k)_{r=r_{\rm s}} \end{cases}$$

$$s_{k\,\pm2} = \begin{cases} \dfrac{1}{2}\left(\dfrac{2l+1}{8\pi}\right)^{1/2} \sqrt{(l-1)(l+2)}\,(M_{\theta\theta} - M_{\phi\phi})(r^{-1}X_k)_{r=r_{\rm s}} \\ -\left(\dfrac{2l+1}{8\pi}\right)^{1/2} \sqrt{(l-1)(l+2)}\,M_{\theta\phi}(r^{-1}X_k)_{r=r_{\rm s}} \end{cases} \tag{10.87}$$

相应的环型接收点矢量 r 的分量为

$$r_{k\,\pm1} = X_k(r)\,\hat{\boldsymbol{\nu}} \cdot \mathbf{C}_{l\,\pm1}(\theta, \phi) \tag{10.88}$$

$$r_{k\,\pm2} = X_k(r)\,\hat{\boldsymbol{\nu}} \cdot \mathbf{C}_{l\,\pm2}(\theta, \phi) \tag{10.89}$$

要得到次数为 l、级数为 $m = \pm1, \pm2$ 的响应，我们求解依赖频率的线性方程

$$[\mathsf{V}(\omega) - \omega^2\mathsf{T}]\mathsf{d}(\omega) = \mathsf{s} \tag{10.90}$$

因而加速度 $a(\omega) = \hat{\boldsymbol{\nu}} \cdot \mathbf{a}(\mathbf{x}, \omega)$ 可以用环型响应矢量 $\mathsf{d}(\omega)$ 表示为

$$a(\omega) = i\omega\mathsf{r}^{\rm T}\mathsf{d}(\omega) \tag{10.91}$$

Cummins, Geller, Hatori 和 Takeuchi (1994) 展示了用方程 (10.84)–(10.91) 的完全弹性、复数球谐函数形式得到的数值结果。他们介绍了一些小的改进，能够在给定的节点间隔下提高计算精度。对于相应的球型公式，由于要考虑固态的内核和地幔 $\oplus_{\rm S}$ 与液态的外核和海洋 $\oplus_{\rm F}$ 中自由度数目的不同，以及固-液边界 $d_{\rm FS}$ 上可能的滑动，因而推导会更加复杂 (Cummins, Geller & Takeuchi 1994; Takeuchi, Geller & Cummins 1996)。Cummins (1997) 证明了球对称地球直接求解法程

序的正确性；他展示了一张图 10.19 中径向近场地震图的复制图，其中波形的上下起伏完美重叠，令人印象深刻。

第 11 章　勒夫波与瑞利波

到目前为止，在本书中我们已经将地球对地震震源的响应表示为正交归一的自由振荡或驻波的叠加。我们也可以将该响应分解为行波的叠加。在球面上将驻波表达式转换为行波表达式是一个经典的分析方法，它适用于声波或电磁波，也适用于弹性波。该方法的数学基础是所谓的沃森 (Watson) 变换，我们将在11.1节中介绍。我们后续在11.2节和11.4节中将介绍该变换在地震学中的应用，这是对Gilbert (1976a)、Dahlen (1979a)以及Snieder 和 Nolet (1987) 几项工作的延伸，同时也为分析体波和面波提供了一个统一的处理方法。

当实现了在微弱非弹性球对称地球上从模式叠加响应到行波表达式一致有效的变换之后，我们将在本章的剩余部分专门讨论勒夫和瑞利面波，它们分别等价于$n \ll l/4$的自由震荡多态模式${}_n\mathrm{T}_l$和${}_n\mathrm{S}_l$。这些围陷波的几何扩散局限于二维而非三维空间；正因如此，同时也由于它们受到浅源地震的强烈激发，因而在大多数地震图上基阶面波是振幅最大的讯号。在一个给定的模式分支$n = 0, 1, 2, \cdots$上，长周期的波比短周期的波“感受”到地球更深部的弹性和密度结构；因此，勒夫和瑞利波的传播是*有频散的*。在实际应用中，由于地壳和上地幔结构的地理差异，面波频散是有区域性变化的；我们在第16章中将会看到，本章中的大部分分析在JWKB近似的背景下完全适用于横向不均匀的地球。

11.1　沃 森 变 换

转换过程的第一步是将对球谐函数次数l的求和表示成对波数k的积分。这是通过所谓的沃森变换来实现的：

$$\sum_{l=0}^{\infty} f(l+\frac{1}{2}) = \frac{1}{2}\int_C f(k)e^{-ik\pi}(\cos k\pi)^{-1}dk \tag{11.1}$$

(11.1)这一等式对任何在实数k轴附近解析的函数$f(k)$都成立；积分是沿着复数k平面上的闭合路径C，如图11.1所示。被积函数在正的半整数值$k = 1/2,\ 3/2,\ 5/2, \cdots$处有简单极点，因此上面的等式可以很容易地用留数定理计算环路积分来验证。

对于我们的目的而言，沃森变换的一个更有用的形式是*泊松求和公式*，我们下面来证明它可以从(11.1)式很容易得到。在积分环路位于下半k平面的部分C^-，我们有

$$(\cos k\pi)^{-1} = \frac{2e^{-ik\pi}}{1+e^{-2ik\pi}} = -2\sum_{s=1}^{\infty}(-1)^s e^{-i(2s-1)k\pi} \tag{11.2}$$

由于在C^-上$\mathrm{Im}\,k < 0$，因此对s的求和是收敛的。用类似的推论，在积分环路位于上半平面的部分C^+有

$$(\cos k\pi)^{-1} = \frac{2e^{ik\pi}}{1+e^{2ik\pi}} = 2\sum_{s=-\infty}^{0}(-1)^s e^{-i(2s-1)k\pi} \tag{11.3}$$

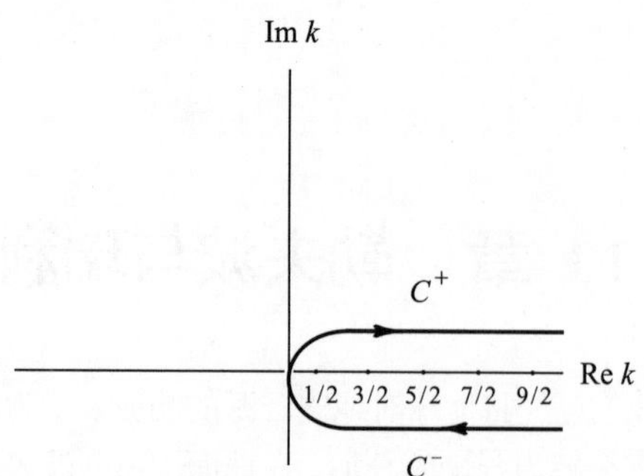

图 11.1 复数波数平面的示意图，图中显示沃森环路 $C = C^- + C^+$。在简单极点 $k = l + 1/2$ 处的留数为 $i\pi^{-1} f(l + 1/2)$

将 (11.2) 和 (11.3) 式合并，我们可以将变换 (11.1) 改写为

$$\sum_{l=0}^{\infty} f(l + \frac{1}{2}) = \sum_{s=-\infty}^{\infty} (-1)^s \int_0^{\infty} f(k) e^{-2isk\pi}\, dk \tag{11.4}$$

这里要记住，在 $s \to \infty$ 的极限下，积分路径在实数 k 轴下面从原点到 $\infty - i0$，而在 $s \to -\infty$ 的极限下，则在实数 k 轴上面从原点到 $\infty + i0$。当指数 s 的数值为有限时，路径的精确位置并不重要。在下面的三节当中，我们将利用 (11.4) 这一等式来推出球对称地球的格林函数张量和地震加速度响应的行波表达式。

11.2 行 波 分 解

稍微改变一下 10.2 节中所使用的符号，我们将球对称地球格林函数张量的傅里叶变换

$$\mathbf{G}(\mathbf{x}, \mathbf{x}'; \omega) = \int_0^{\infty} \mathbf{G}(\mathbf{x}, \mathbf{x}'; t) e^{-i\omega t}\, dt \tag{11.5}$$

写为如下形式

$$\mathbf{G} = \frac{1}{2\pi} \sum_{n=0}^{\infty} \sum_{l=0}^{\infty} (l + \frac{1}{2})\, {}_n\mathbf{G}_l\, P_l(\cos\Theta) \tag{11.6}$$

其中

$${}_n\mathbf{G}_l = {}_n\mathbf{D}_l \left[\frac{\frac{1}{2}(i\, {}_n\omega_l)^{-1}}{{}_n\gamma_l + i(\omega - {}_n\omega_l)} + \frac{\frac{1}{2}(-i\, {}_n\omega_l)^{-1}}{{}_n\gamma_l + i(\omega + {}_n\omega_l)} \right] {}_n\mathbf{D}_l' \tag{11.7}$$

(11.7) 式精确到固有品质因子倒数 Q_κ^{-1} 和 Q_μ^{-1} 的一阶。上式中除了洛伦兹谱峰 $\frac{1}{2}[{}_n\gamma_l + i(\omega \pm {}_n\omega_l)]^{-1}$ 之外，复数本征频率 ${}_n\nu_l = {}_n\omega_l + i\,{}_n\gamma_l$ 均近似为 ${}_n\omega_l$。此外，我们忽略了非弹性对径向本征函数的影响，同时将 (10.28)–(10.30) 中复数的接收点和源点算子 $\mathcal{D}$ 和 $\mathcal{D}'$ 替换为实数的 $\mathbf{D} = U\hat{\mathbf{r}} + k^{-1}V\boldsymbol{\nabla}_1 - k^{-1}W(\hat{\mathbf{r}} \times \boldsymbol{\nabla}_1)$ 和 $\mathbf{D}' = U'\hat{\mathbf{r}}' + k^{-1}V'\boldsymbol{\nabla}_1' - k^{-1}W'(\hat{\mathbf{r}}' \times \boldsymbol{\nabla}_1')$。

利用泊松求和公式 (11.4) 将 (11.6) 中对球谐函数次数 l 的求和转换为对波数 k 的积分，我们得到表达式

$$\mathbf{G} = \frac{1}{2\pi} \sum_{n=0}^{\infty} \sum_{s=-\infty}^{\infty} (-1)^s \int_0^{\infty} \mathbf{G}_n(k)\, P_{k-\frac{1}{2}}(\cos\Theta)\, e^{-2isk\pi}\, kdk \tag{11.8}$$

(11.8) 中的双重微分算子 $\mathbf{G}_n(k)$ 是通过球谐函数次数 l 的整数值之间的解析延拓在 $\mathrm{Re}\,k > 0$ 上定义的：

$$\mathbf{G}_n(k) = {}_n\mathbf{G}_l, \quad 在\ k = \sqrt{l(l+1)}\ 点处 \tag{11.9}$$

在 $k \to -k$ 和 $V_n(k) \to -V_n(-k)$, $W_n(k) \to -W_n(-k)$ 的转换下，各向同性地球的径向本征函数方程 (8.43)–(8.45) 和 (8.53) 及其相应的边界条件 (8.50)–(8.52) 和 (8.54)，以及横向各向同性地球中对应的本征函数方程及边界条件都是不变的；利用由此而导致的微分算子 $\mathbf{D}_n(k)$ 和 $\mathbf{D}'_n(k)$ 以及相应的本征频率 $\omega_n(k)$ 和衰减率 $\gamma_n(k)$ 的反射对称性，我们可以将 $\mathbf{G}_n(k)$ 的定义 (11.9) 延展到复数 k 的左半平面：

$$\mathbf{G}_n(-k) = \mathbf{G}_n(k) \tag{11.10}$$

关系式 (11.10) 确立了算子 $\mathbf{G}_n(k)$ 是复数波数 k 的偶函数。

公式 (11.8) 中勒让德函数 $P_{k-1/2}(\cos\Theta)$ 的出现，使其依旧是格林函数张量 $\mathbf{G}$ 的驻波表达式。为便于转换为行波表述，我们利用 (B.133) 中将其分解为第一类和第二类勒让德函数的标准公式

$$P_{k-\frac{1}{2}}(\cos\Theta) = Q^{(1)}_{k-\frac{1}{2}}(\cos\Theta) + Q^{(2)}_{k-\frac{1}{2}}(\cos\Theta) \tag{11.11}$$

其中 $Q^{(1,2)}_{k-1/2}$ 分别对应于在 Θ 增加和减小方向传播的波动。将 (11.11) 代入 (11.8)，并将 $s = -\infty$ 到 $s = \infty$ 的求和整理成对正的奇偶整数求和，我们有

$$\begin{aligned}\mathbf{G} = \frac{1}{2\pi}\sum_{n=0}^{\infty}\Bigg\{ &\sum_{s=1,3,5,\cdots}^{\infty} (-1)^{(s-1)/2}\int_0^{\infty} \mathbf{G}_n(k)\, Q^{(1)}_{k-\frac{1}{2}}(\cos\Theta) \\ &\qquad\times\left[e^{-i(s-1)k\pi} - e^{i(s+1)k\pi}\right] kdk \\ &+ \sum_{s=2,4,6,\cdots}^{\infty} (-1)^{s/2}\int_0^{\infty} \mathbf{G}_n(k)\, Q^{(2)}_{k-\frac{1}{2}}(\cos\Theta) \\ &\qquad\times\left[e^{-isk\pi} - e^{i(s-2)k\pi}\right] kdk\Bigg\}\end{aligned} \tag{11.12}$$

(11.12) 式中包含 $\exp[-i(s-1)k\pi]$ 和 $\exp[-isk\pi]$ 的积分是在实数 k 轴的下面一点点取值的，而包含 $\exp[i(s+1)k\pi]$ 和 $\exp[i(s-2)k\pi]$ 的积分则是在实轴上面一点点取值。获得行波格林函数张量的最后一步是在每个上半平面的项中做 $k \to -k$ 代换，以便得到一个从 $k = -\infty$ 一直到 $k = \infty$ 的积分的求和。为方便起见，我们将联系正负 k 值的行波勒让德函数的公式 (B.138) 复制在此：

$$\begin{aligned}Q^{(1,2)}_{-k-\frac{1}{2}}(\cos\Theta) = {}& e^{\pm 2ik\pi}Q^{(1,2)}_{k-\frac{1}{2}}(\cos\Theta) \\ &+ e^{\pm ik\pi}\tan k\pi P_{k-\frac{1}{2}}(-\cos\Theta)\end{aligned} \tag{11.13}$$

利用这些关系式，以及对称性 (11.10)，表达式 (11.12) 可以写为

$$\begin{aligned}\mathbf{G} = \frac{1}{2\pi}\sum_{n=0}^{\infty}\Bigg[&\sum_{s=1,3,5,\cdots}^{\infty} (-1)^{(s-1)/2}\int_{-\infty}^{\infty} \mathbf{G}_n(k)\, Q^{(1)}_{k-\frac{1}{2}}(\cos\Theta) \\ &\times e^{-i(s-1)k\pi}\, kdk \quad + \sum_{s=2,4,6,\cdots}^{\infty} (-1)^{s/2}\end{aligned}$$

$$\times \int_{-\infty}^{\infty} \mathbf{G}_n(k)\, Q^{(2)}_{k-\frac{1}{2}}(\cos\Theta) e^{-isk\pi}\, kdk \Bigg] \tag{11.14}$$

其中包含$P_{k-1/2}(-\cos\Theta)$的积分项相互抵消。$k \to -k$这一代换将积分路径的 $s \to \infty$部分从第一象限移到第三象限，因而此时的积分路径是在实数波数轴的下面一点点，如图11.2所示。

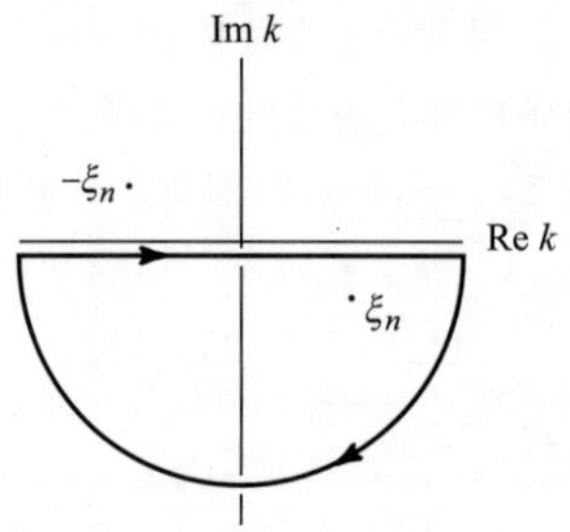

图 11.2 经过$k \to -k$这一代换，(11.14)式中的积分路径变为从$-\infty - i0$到$\infty - i0$。被积函数有两个面波极点，分别位于第四和第二象限。在$\mathrm{Im}\, k < 0$处闭合的积分环路包含$\xi_n(\omega)$，但不包含$-\xi_n(\omega)$

(11.14)式是球对称地球行波格林函数张量$\mathbf{G}(\mathbf{x}, \mathbf{x}'; \omega)$最简便的表达式。它适用于所有类型的波，包括SH和P-SV体波，以及勒夫和瑞利面波。其中前两项$s = 1, 2$分别对应于从源点$\mathbf{x}'$沿劣弧和优弧传播到接收点$\mathbf{x}$的波，而其余的项$s = 3, 5, \cdots$和$s = 4, 6, \cdots$则对应于在到达接收点之前绕地球一圈或多圈的多周波。两个行波勒让德函数$Q^{(1,2)}_{k-1/2}(\cos\Theta)$在震中$\Theta = 0$及其对跖点$\Theta = \pi$附近分别以$\ln(\Theta)$和$\ln(\pi - \Theta)$的形式发散。尽管如此，对所有奇偶数项行波震相的无穷求和在地球内部任何地方$\mathbf{x}$都是规范的；这当然是因为上式等价于驻波叠加(11.6)–(11.7)。我们将在下一节使用(11.14)这个一致有效的结果来推导面波格林函数张量。而在12.5节中才会进一步考虑体波的响应。

11.3 面波格林函数张量

在球对称地球上，任一基阶和高阶勒夫和瑞利面波都是相互独立传播的。要得到每个频散分支所对应的格林函数张量，对于固定的阶数n和震相序号s，我们直接应用留数定理来计算(11.14)式中对波数的积分。对于一给定的角频率ω，$\mathbf{G}_n(k)$在复数波数平面上有两个简单极点$k = \pm\xi_n(\omega)$。从实用出发，我们在下文中假设$\omega > 0$。这样，极点均来自(11.7)式中正频率的洛伦兹谱峰，并且由如下隐式方程确定

$$\gamma_n(\xi_n) + i[\omega - \omega_n(\xi_n)] = 0 \tag{11.15}$$

在弱衰减极限下，将本征频率和衰减率在点$k = k_n(\omega)$附近展开，我们可以得到$\xi_n(\omega)$的显式公式：

$$\begin{aligned} \omega_n(\xi_n) &= \omega_n(k_n) + C_n(\xi_n - k_n) + \cdots \\ &= \omega + C_n(\xi_n - k_n) + \cdots \end{aligned} \tag{11.16}$$

$$\gamma_n(\xi_n) = \gamma_n(k_n) + \cdots \tag{11.17}$$

其中$k = k_n(\omega)$是微扰前弹性地球上频率为ω的波的实数波数，省略号表示被忽略的高阶项。为简单起见，也为了聚焦地震学所最感兴趣的问题，我们将假设本征角频率ω_n沿每个频散分支是波数$k > 0$的单调上升的函数。第n支频散曲线的正斜率

$$C_n(\omega) = \left(\frac{d\omega_n}{dk}\right)_{k=k_n(\omega)} \tag{11.18}$$

则是对应的面波在单位球面上以弧度/秒为单位的角群速度。将近似式(11.16)–(11.17)代入(11.15)，我们得到极点的精确到一阶非弹性的表达式

$$\xi_n = k_n - i\gamma_n/C_n = k_n - i\omega/2C_nQ_n \tag{11.19}$$

其中$Q_n(\omega)$是时间上的品质因子。$C_n > 0$和$Q_n > 0$的条件确保了面波极点$\xi_n(\omega)$和$-\xi_n(\omega)$分别位于实轴的下方和上方一点点，也就是在波数平面的第四和第二象限。

行波勒让德函数在$k \to \infty$极限时的渐进行为以及指数项$\exp[-i(s-1)k\pi]$和$\exp(-isk\pi)$的存在，要求我们在下半k平面闭合积分环路，以避免在使用留数定理计算(11.14)中的积分时来自无穷远处的圆弧部分的贡献。因此，积分环路唯一包围的极点是在第四象限的(11.19)，如图11.2所示。通过计算留数，我们得到面波格林函数张量$\mathbf{G} = \mathbf{G}_{\mathrm{Love}} + \mathbf{G}_{\mathrm{Rayleigh}}$：

$$\begin{aligned}\mathbf{G} =& \frac{1}{2}\sum_{n=0}^{\infty}(c_nC_n)^{-1}\Bigg\{\sum_{s=1,3,5,\cdots}^{\infty} \exp i[(s-2)\pi/2 - (s-1)\xi_n\pi] \\ &\qquad \times \mathbf{D}_n\mathbf{D}_n' Q^{(1)}_{\xi_n-\frac{1}{2}}(\cos\Theta) \\ &+ \sum_{s=2,4,6,\cdots}^{\infty} \exp i[(s-1)\pi/2 - s\xi_n\pi] \\ &\qquad \times \mathbf{D}_n\mathbf{D}_n' Q^{(2)}_{\xi_n-\frac{1}{2}}(\cos\Theta)\Bigg\}\end{aligned} \tag{11.20}$$

其中c_n是面波的角相速度，

$$c_n(\omega) = \omega/k_n(\omega) \tag{11.21}$$

而此时微分算子$\mathbf{D}_n = U_n\hat{\mathbf{r}} + k_n^{-1}V_n\boldsymbol{\nabla}_1 - k_n^{-1}W_n(\hat{\mathbf{r}}\times\boldsymbol{\nabla}_1)$和$\mathbf{D}_n' = U_n'\hat{\mathbf{r}}' + k_n^{-1}V_n'\boldsymbol{\nabla}_1' - k_n^{-1}W_n'(\hat{\mathbf{r}}'\times\boldsymbol{\nabla}_1')$被视为是频率的函数。(11.20)这一表达式在完全弹性地球上是精确的，而在非弹性地球上，则是精确到面波品质因子倒数Q_n^{-1}的一阶。每一项表示一个从源点$\Theta = 0$出发呈指数衰减的波；与第二象限极点$-\xi_n(\omega)$对应的呈指数增长的波被排除了。奇数序号$s = 1, 3, 5, \cdots$的震相对应于多周的勒夫波群G1, G3, G5, $\cdots$和瑞利波群R1, R3, R5, $\cdots$，偶数序号$s = 2, 4, 6, \cdots$的震相则对应于G2, G4, G6, $\cdots$和R2, R4, R6, $\cdots$，如图11.3所示。

在震中$\Theta = 0$及其对跖点$\Theta = \pi$以外的地方，当实数波数很大$k_n \gg 1$，且非弹性较弱$Q_n \gg 1$时，我们可以利用行波勒让德函数的渐进近似

$$\begin{aligned}Q^{(1,2)}_{\xi_n-\frac{1}{2}}(\cos\Theta) \approx& (2\pi k_n\sin\Theta)^{-1/2} \\ &\times \exp[\mp i(k_n\Theta - \pi/4) \mp \omega\Theta/2C_nQ_n]\end{aligned} \tag{11.22}$$

来简化$\mathbf{G}(\mathbf{x}, \mathbf{x}'; \omega)$。由此得到的远场格林函数张量可以写成对模式或频散分支$n = 0, 1, 2, \cdots$和

面波周数或震相序号 $s=1,2,3,\cdots$ 的双重求和

$$\begin{aligned}\mathbf{G}(\mathbf{x},\mathbf{x}';\omega)=&\sum_{\text{模式}}\sum_{\text{射线}}(cC)^{-1}(8\pi k|\sin\Delta|)^{-1/2}\\&\times[\hat{\mathbf{r}}U-i\hat{\mathbf{k}}V+i(\hat{\mathbf{r}}\times\hat{\mathbf{k}})W][\hat{\mathbf{r}}'U'+i\hat{\mathbf{k}}'V'-i(\hat{\mathbf{r}}'\times\hat{\mathbf{k}}')W']\\&\times\exp i\,[-k\Delta+(s-1)\pi/2-\pi/4]\exp(-\omega\Delta/2CQ)\end{aligned}\tag{11.23}$$

这里为简单起见我们略去了数字序号和辨识角标。给定震相所走过的总角距离 Δ 可由如下显式给定

$$\Delta=\begin{cases}\Theta+(s-1)\pi & s\text{ 为奇数}\\ s\pi-\Theta & s\text{ 为偶数}\end{cases}\tag{11.24}$$

对于G1和R1波，$\Delta=\Theta$；对于G2和R2波, $\Delta=2\pi-\Theta$；对于G3和R3波, $\Delta=\Theta+2\pi$；以此类推。$\hat{\mathbf{k}}$ 和 $\hat{\mathbf{k}}'$ 是单位波矢量，分别表示在 $\mathbf{x}$ 处的传播方向和在 $\mathbf{x}'$ 处的射线出射方向，即

$$\hat{\mathbf{k}}=\begin{cases}\hat{\mathbf{\Theta}}, & s\text{ 为奇数}\\ -\hat{\mathbf{\Theta}}, & s\text{ 为偶数}\end{cases}\qquad \hat{\mathbf{k}}'=\begin{cases}\hat{\mathbf{\Theta}}', & s\text{ 为奇数}\\ -\hat{\mathbf{\Theta}}', & s\text{ 为偶数}\end{cases}\tag{11.25}$$

$$\hat{\mathbf{r}}\times\hat{\mathbf{k}}=\begin{cases}\hat{\mathbf{\Phi}}, & s\text{ 为奇数}\\ -\hat{\mathbf{\Phi}}, & s\text{ 为偶数}\end{cases}\qquad \hat{\mathbf{r}}'\times\hat{\mathbf{k}}'=\begin{cases}\hat{\mathbf{\Phi}}', & s\text{ 为奇数}\\ -\hat{\mathbf{\Phi}}', & s\text{ 为偶数}\end{cases}\tag{11.26}$$

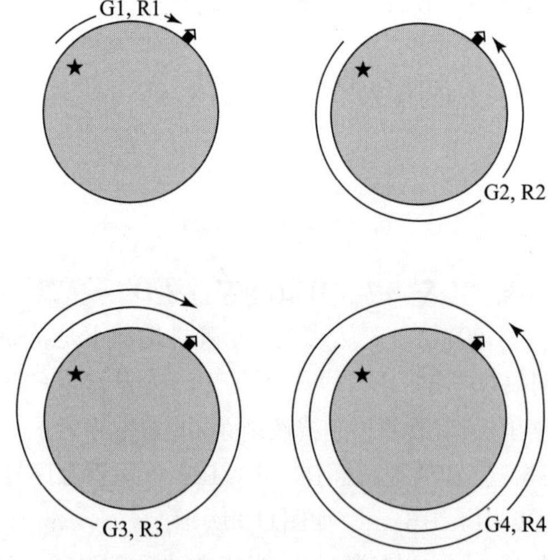

图 11.3 多周面波的命名规则。源点和地震台站分别以星号和狗舍标记表示。字母G和R分别代表勒夫和瑞利面波；数字则表示到达接收点的序号

从物理上讲，我们可以把 $\hat{\mathbf{r}}$、$\hat{\mathbf{k}}$ 和 $\hat{\mathbf{r}}\times\hat{\mathbf{k}}$ 当作以顺时针或逆时针方向绕地球传播的面波的径向、纵向和横向偏振方向，如图11.4所示。值得注意的是，当 $\mathbf{x}$ 和 $\mathbf{x}'$ 互换时，传播方向也反转了，即

$\hat{\mathbf{k}} \to -\hat{\mathbf{k}}$和$\hat{\mathbf{k}}' \to -\hat{\mathbf{k}}'$，因此远场格林函数张量(11.23)满足源点–接收点互易性原理$\mathbf{G}(\mathbf{x}, \mathbf{x}'; \omega) = \mathbf{G}^{\mathrm{T}}(\mathbf{x}', \mathbf{x}; \omega)$。

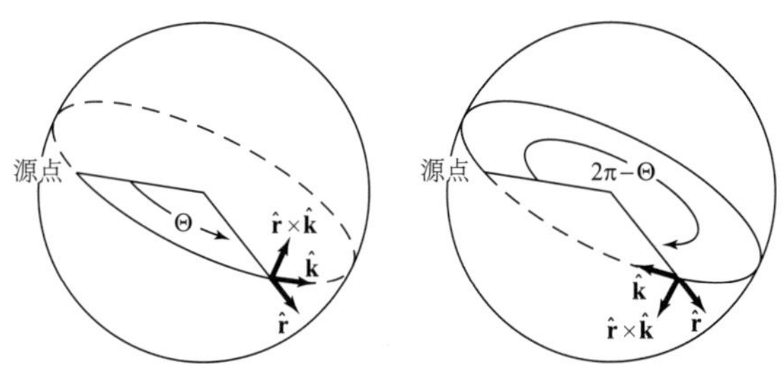

图 11.4 面波射线路径示意图，G1或R1面波走过长度为Θ的劣弧(左图)，而G2或R2面波则走过长度为$2\pi - \Theta$的优弧(右图)。粗箭头表示接收点处的径向、纵向和横向单位偏振矢量$\hat{\mathbf{r}}$、$\hat{\mathbf{k}}$和$\hat{\mathbf{r}} \times \hat{\mathbf{k}}$

如前所述，本节的结果仅适用于正的角频率，即$\omega > 0$。而$\omega < 0$的结果可以简单地将留数定理应用到与负频率的洛伦兹谱峰$\gamma_n(\xi_n) + i[\omega + \omega_n(\xi_n)] = 0$对应的第三象限面波极点而得到。或者，我们也可以利用时间域响应$\mathbf{G}(\mathbf{x}, \mathbf{x}'; t)$必须为实数所导致的$\mathbf{G}(\mathbf{x}, \mathbf{x}'; -\omega) = \mathbf{G}^*(\mathbf{x}, \mathbf{x}'; \omega)$这个一般的关系式而更直接地得到这一结果。$\mathbf{G}(\mathbf{x}, \mathbf{x}'; \omega)$依赖于$\exp(-ik\Delta)$而非$\exp(ik\Delta)$，这需要追溯到在(4.2)和(11.5)的傅里叶变换中我们所选用的符号习惯。从震源向外传播的波的表达式是$\exp i(\omega t - k\Delta)$而非$\exp i(k\Delta - \omega t)$。

在某些极为少见的场合，自引力地球上基阶和高阶模式的瑞利波的本征频率ω_n可能是随波数$k > 0$递减而非递增的函数(Gilbert 1967)。在这种情况下，角群速度的定义是$C_n = -(d\omega/dk)_{k=k_n}$，而不是(11.18)，而且面波极点$\xi_n$和$-\xi_n$分别位于第三和第一象限，而非第四和第二象限。当积分环路在下半k平面闭合时，只有第三象限的极点有贡献；由此得到的远场格林函数张量与(11.23)完全相同，只是相位因子$\exp(-ik\Delta)$被$\exp(ik\Delta)$取代。从而每个单频波的形式都是$\exp i(\omega t + k\Delta)$；也就是说，单独的波峰和波谷都是向着源点传播的，而不是离开源点。但不论频散的特性如何，群速度固有的正值性$C_n > 0$保证了相关的波动能量总是从宽频的地震震源向外传播的。在本书的剩余部分中，我们将继续着眼于具有$d\omega/dk > 0$的“正常”频散的波动。

11.4 矩张量响应

对一阶跃函数矩张量源的加速度响应的驻波表达式为

$$\mathbf{a} = \frac{1}{2\pi} \sum_{n=0}^{\infty} \sum_{l=0}^{\infty} (l + \frac{1}{2}) \left[\frac{\frac{1}{2}}{{}_n\gamma_l + i(\omega - {}_n\omega_l)} + \frac{\frac{1}{2}}{{}_n\gamma_l + i(\omega + {}_n\omega_l)} \right]$$
$$\times {}_n\mathbf{D}_l \sum_{m=0}^{2} P_{lm}(\cos\Theta)(A_m \cos m\Phi + B_m \sin m\Phi) \tag{11.27}$$

为更一般性起见，我们在这里保留了(10.64)–(10.65)中被丢掉的负频率洛伦兹谱峰。相应的行波表达式可以通过直接推广前面的推导得到，即使用泊松求和公式(11.4)，将相关的勒让德函数分

解为以下形式

$$P_{k-\frac{1}{2}m}(\cos\Theta)=Q^{(1)}_{k-\frac{1}{2}m}(\cos\Theta)+Q^{(2)}_{k-\frac{1}{2}m}(\cos\Theta) \tag{11.28}$$

并改变积分环路的形状，使其成为在实数波数轴下面一点点从$-\infty-i0$到$\infty-i0$。由此得到表达式

$$\begin{aligned}\mathbf{a}=\frac{1}{2\pi}\sum_{n=0}^{\infty}\Bigg\{&\sum_{s=1,3,5,\cdots}^{\infty}(-1)^{(s-1)/2}\int_{-\infty}^{\infty}a_n(k)\,\mathbf{D}_n\sum_{m=0}^{2}Q^{(1)}_{k-\frac{1}{2}m}(\cos\Theta)\\&\times(A_m\cos m\Phi+B_m\sin m\Phi)\,e^{-i(s-1)k\pi}\,kdk\\&+\sum_{s=2,4,6,\cdots}^{\infty}(-1)^{s/2}\int_{-\infty}^{\infty}a_n(k)\,\mathbf{D}_n\sum_{m=0}^{2}Q^{(2)}_{k-\frac{1}{2}m}(\cos\Theta)\\&\times(A_m\cos m\Phi+B_m\sin m\Phi)\,e^{-isk\pi}\,kdk\Bigg\}\end{aligned} \tag{11.29}$$

其中我们引入了变量

$$a_n(k)=\frac{\frac{1}{2}}{\gamma_n(k)+i[\omega-\omega_n(k)]}+\frac{\frac{1}{2}}{\gamma_n(k)+i[\omega+\omega_n(k)]} \tag{11.30}$$

如同(11.14)式，上述结果同时适用于体波和面波；如果把实数算子$\mathbf{D}_n$用复数的$\boldsymbol{\mathcal{D}}_n$替换，并把实数系数$A_m$和$B_m$也用复数的$\mathcal{A}_m$和$\mathcal{B}_m$替换，该式甚至在非弹性地球上也是精确的。

要得到面波响应$\mathbf{a}=\mathbf{a}_{\text{Love}}+\mathbf{a}_{\text{Rayleigh}}$，对于每一个固定的频散分支$n$和每一个奇偶序号$s$的波群震相，我们应用留数方法来计算(11.29)中对波数的积分。由此得到类似于(11.20)的表达式

$$\begin{aligned}\mathbf{a}=\frac{1}{2}i\omega\sum_{n=0}^{\infty}(c_nC_n)^{-1}\Bigg\{&\sum_{s=1,3,5,\cdots}^{\infty}\exp i[(s-2)\pi/2-(s-1)\xi_n\pi]\\&\times\mathbf{D}_n\sum_{m=0}^{2}Q^{(1)}_{\xi_n-\frac{1}{2}m}(\cos\Theta)(A_m\cos m\Phi+B_m\sin m\Phi)\\&+\sum_{s=2,4,6,\cdots}^{\infty}\exp i[(s-1)\pi/2-s\xi_n\pi]\\&\times\mathbf{D}_n\sum_{m=0}^{2}Q^{(2)}_{\xi_n-\frac{1}{2}m}(\cos\Theta)(A_m\cos m\Phi+B_m\sin m\Phi)\Bigg\}\end{aligned} \tag{11.31}$$

(11.31)式在地球内部的任何地方都一致有效；在震中及其对跖点以外的地方，我们可以利用渐近表达式(11.22)在$0\leqslant m\leqslant 2$时的广义形式

$$\begin{aligned}Q^{(1,2)}_{\xi_n-\frac{1}{2}m}(\cos\Theta)\approx&(-k_n)^m(2\pi k_n\sin\Theta)^{-1/2}\\&\times\exp[\mp i(k_n\Theta+m\pi/2-\pi/4)\mp\omega\Theta/2C_nQ_n]\end{aligned} \tag{11.32}$$

来将(11.31)式化简。类似于远场格林函数张量(11.23)，用这种方式得到的地震的远场响应也可以写为对面波模式和射线的双重求和：

$$\mathbf{a}(\mathbf{x},\omega)=\sum_{\text{模式}}\sum_{\text{射线}}(cC)^{-1}(8\pi k|\sin\Delta|)^{-1/2}[\hat{\mathbf{r}}U-i\hat{\mathbf{k}}V+i(\hat{\mathbf{r}}\times\hat{\mathbf{k}})W]$$

$$\times R(\Phi)\exp i\,[-k\Delta+(s-1)\pi/2]\exp(-\omega\Delta/2CQ) \tag{11.33}$$

其中

$$\begin{aligned}R(\Phi)=\omega\big\{&[M_{rr}\dot{U}_{\rm s}+(M_{\theta\theta}+M_{\phi\phi})r_{\rm s}^{-1}(U_{\rm s}-\frac{1}{2}kV_{\rm s})]e^{i\pi/4}\\&+(-1)^s(\dot{V}_{\rm s}-r_{\rm s}^{-1}V_{\rm s}+kr_{\rm s}^{-1}U_{\rm s})(M_{r\phi}\sin\Phi+M_{r\theta}\cos\Phi)e^{-i\pi/4}\\&-kr_{\rm s}^{-1}V_{\rm s}[M_{\theta\phi}\sin 2\Phi+\frac{1}{2}(M_{\theta\theta}-M_{\phi\phi})\cos 2\Phi]e^{i\pi/4}\\&+(-1)^s(\dot{W}_{\rm s}-r_{\rm s}^{-1}W_{\rm s})(M_{r\theta}\sin\Phi-M_{r\phi}\cos\Phi)e^{-i\pi/4}\\&-kr_{\rm s}^{-1}W_{\rm s}[\frac{1}{2}(M_{\theta\theta}-M_{\phi\phi})\sin 2\Phi-M_{\theta\phi}\cos 2\Phi]e^{i\pi/4}\big\}\end{aligned} \tag{11.34}$$

(11.34) 式中 $U_{\rm s}$、$V_{\rm s}$ 和 $W_{\rm s}$ 的罗马正体字母下角标 s 表示在震源的半径 $r_{\rm s}$ 处取值；不应将它们与斜体的波群震相指数 s 混淆。一般结果 (11.31) 和远场结果 (11.33) 都仅适用于正频率 $\omega>0$；负频率 $\omega<0$ 的表达式可以借由对称性 $\mathbf{a}(\mathbf{x},-\omega)=\mathbf{a}^*(\mathbf{x},\omega)$ 而得到。

表达式 (11.33) 中的每一项都有直接的物理意义。振荡因子 $\exp(-ik\Delta)=\exp(-i\omega\Delta/c)$ 表示沿着大圆面波射线路径以角速度 c 传播过角距离 Δ 的相位延迟。矢量 $\hat{\mathbf{r}}U-i\hat{\mathbf{k}}V+i(\hat{\mathbf{r}}\times\hat{\mathbf{k}})W$ 描述面波到达接收点时的偏振；在长波长 $k\gg 1$ 极限下，勒夫波表现为纯粹的横向质点运动 $i(\hat{\mathbf{r}}\times\hat{\mathbf{k}})W$，而瑞利波则表现出径向和纵向运动。瑞利波偏振 $\hat{\mathbf{r}}U-i\hat{\mathbf{k}}V$ 中的因子 i 暗示了质点运动是椭圆形的，即在 $\operatorname{sgn}U\neq\operatorname{sgn}V$ 的深度为逆进椭圆，而在 $\operatorname{sgn}U=\operatorname{sgn}V$ 的深度则为顺进椭圆。振幅因子 $|\sin\Delta|^{-1/2}$ 来自球面上单频面波的几何扩散。在球面上，一个无穷窄的面波射线束的微分角宽度与震中距正弦的绝对值成正比：$dw\propto|\sin\Delta|$。如果不考虑非弹性耗散，射线束中的波动能量是守恒的；因而与波动能量的平方根成正比的波动振幅 A 的变化形式为

$$\frac{A_2}{A_1}=\left(\frac{dw_2}{dw_1}\right)^{-1/2}=\left|\frac{\sin\Delta_2}{\sin\Delta_1}\right|^{-1/2} \tag{11.35}$$

其中下角标 1 和 2 分别表示射线束上的前后两点。指数衰减因子 $\exp(-\omega\Delta/2CQ)$ 来源于地球内部因摩擦力的存在而造成的面波进一步的非弹性衰减；分母中的因子是 C 而不是 c，这反映了被耗散的波动能量是以群速度传播的。因子 $\exp[i(s-1)\pi/2]$ 是所谓的“球极”相移，其重要性是由 Brune, Nafe 和 Alsop (1961) 首次在这一背景下提出的。事实上，每当通过对跖点和源点时所发生的这种与频率无关的 $\pi/2$ 相位提前，是焦散相移这一更为普遍现象的一个特例。如果将射线束的微分宽度视为一个随着总的传播距离而光滑变化的正负值函数，即 $dw\propto\sin\Delta$，那么我们便可以将这一相移与伴随着每次通过焦散时的符号变化 $\operatorname{sgn}dw_2\neq\operatorname{sgn}dw_1$ 关联起来：

$$\left(\frac{dw_2}{dw_1}\right)^{-1/2}=\left(\frac{\sin\Delta_2}{\sin\Delta_1}\right)^{-1/2}=\left|\frac{\sin\Delta_2}{\sin\Delta_1}\right|^{-1/2}\exp(i\pi/2) \tag{11.36}$$

最后，(11.34) 式所给定的依赖频率的 $R(\Phi)$ 代表的是复数的勒夫或瑞利波辐射花样。对于一已知的震源位置 $\mathbf{x}_{\rm s}$ 和矩张量 $\mathbf{M}$，(11.33) 和 (11.34) 两式为测量和解释面波相速度 c 和品质因子 Q 提供了依据。反之，如果将相速度 c 和品质因子 Q 视为已知，我们可以利用上述结果用面波 G1, G2, G3, $\cdots$ 或 R1, R2, R3, $\cdots$ 的频谱来确定地震的深度和震源机制 $\mathbf{M}$。除了对很长周期的面波外，自由空气、倾斜和势函数微扰对所有面波的影响都很小；然而，这些影响是很容易考虑的，只需简单地将 (11.33) 中的偏振矢量以其做重力修正后的形式替换，即 $\hat{\mathbf{r}}U-i\hat{\mathbf{k}}V+i(\hat{\mathbf{r}}\times\hat{\mathbf{k}})W\rightarrow$

$\hat{\mathbf{r}}U_\star - i\hat{\mathbf{k}}V_\star + i(\hat{\mathbf{r}}\times\hat{\mathbf{k}})W$。

(11.33)–(11.34) 两式的推导还可以用另外一种方法，从远场格林函数张量 (11.23) 出发，并使用如下一般表达式

$$\mathbf{a}(\mathbf{x},\omega) = i\omega\mathbf{M}:\boldsymbol{\nabla}_{\mathrm{s}}\mathbf{G}^{\mathrm{T}}(\mathbf{x},\mathbf{x}_{\mathrm{s}};\omega) \tag{11.37}$$

在最低阶近似下，相对于震源坐标 $\mathbf{x}_{\mathrm{s}}$ 的梯度 $\boldsymbol{\nabla}_{\mathrm{s}} = \hat{\mathbf{r}}_{\mathrm{s}}\partial_{r_s} + r_{\mathrm{s}}^{-1}\boldsymbol{\nabla}_{1\mathrm{s}}$ 仅作用于振荡项 $\exp(-ik\Delta)$ 和震源偏振矢量 $\hat{\mathbf{r}}_{\mathrm{s}}U_{\mathrm{s}} + i\hat{\mathbf{k}}_{\mathrm{s}}V_{\mathrm{s}} - i(\hat{\mathbf{r}}_{\mathrm{s}}\times\hat{\mathbf{k}}_{\mathrm{s}})W_{\mathrm{s}}$ 上。辐射花样 (11.34) 可以用不变量符号改写成以下形式

$$R(\Phi) = i\omega(\mathbf{M}:\mathbf{E}_{\mathrm{s}}^*)\exp(-i\pi/4) \tag{11.38}$$

其中复数对称张量

$$\begin{aligned}\mathbf{E}_{\mathrm{s}} = {} & \dot{U}_{\mathrm{s}}\hat{\mathbf{r}}_{\mathrm{s}}\hat{\mathbf{r}}_{\mathrm{s}} + r_{\mathrm{s}}^{-1}(U_{\mathrm{s}} - kV_{\mathrm{s}})\hat{\mathbf{k}}_{\mathrm{s}}\hat{\mathbf{k}}_{\mathrm{s}} + r_{\mathrm{s}}^{-1}U_{\mathrm{s}}(\hat{\mathbf{r}}_{\mathrm{s}}\times\hat{\mathbf{k}}_{\mathrm{s}})(\hat{\mathbf{r}}_{\mathrm{s}}\times\hat{\mathbf{k}}_{\mathrm{s}}) \\ & -\frac{1}{2}i(\dot{V}_{\mathrm{s}} - r_{\mathrm{s}}^{-1}V_{\mathrm{s}} + kr_{\mathrm{s}}^{-1}U_{\mathrm{s}})(\hat{\mathbf{r}}_{\mathrm{s}}\hat{\mathbf{k}}_{\mathrm{s}} + \hat{\mathbf{k}}_{\mathrm{s}}\hat{\mathbf{r}}_{\mathrm{s}}) \\ & +\frac{1}{2}i(\dot{W}_{\mathrm{s}} - r_{\mathrm{s}}^{-1}W_{\mathrm{s}})[\hat{\mathbf{r}}_{\mathrm{s}}(\hat{\mathbf{r}}_{\mathrm{s}}\times\hat{\mathbf{k}}_{\mathrm{s}}) + (\hat{\mathbf{r}}_{\mathrm{s}}\times\hat{\mathbf{k}}_{\mathrm{s}})\hat{\mathbf{r}}_{\mathrm{s}}] \\ & +\frac{1}{2}kr_{\mathrm{s}}^{-1}W_{\mathrm{s}}[\hat{\mathbf{k}}_{\mathrm{s}}(\hat{\mathbf{r}}_{\mathrm{s}}\times\hat{\mathbf{k}}_{\mathrm{s}}) + (\hat{\mathbf{r}}_{\mathrm{s}}\times\hat{\mathbf{k}}_{\mathrm{s}})\hat{\mathbf{k}}_{\mathrm{s}}]\end{aligned} \tag{11.39}$$

是震源处的*面波应变*。在 16.5 节中，我们会用 JWKB 近似将远场脉冲和矩张量响应 (11.23) 和 (11.33)–(11.34) 推广到光滑的横向不均匀地球模型。

11.5 稳 相 近 似

勒夫和瑞利波传播的一个显著特征是相速度 $c = \omega/k$ 依赖于波数 k 和频率 ω。由于不同波数和频率的波以不同的速度传播，从位置固定的震源所发出的讯号在不同的时间到达，因此这样的传播被称为是*频散的*。在本节中，我们将回顾众所周知的群速度 $C = d\omega/dk$ 在运动学和能量上的重要意涵。如果我们视相速度 c 为波数 k 的函数，则群速度和相速度的关系为

$$C = d(ck)/dk = c + k(dc/dk) \tag{11.40}$$

另一方面，如果我们将 c 视为频率 ω 的函数，则有

$$C = \frac{c}{1 - (\omega/c)(dc/d\omega)} \tag{11.41}$$

这里所呈现的结果都不是地震面波所特有的；事实上，它们适用于任何线性介质中的频散波动。Whitham (1974)、Lighthill (1978) 中有对线性频散波动传播更系统和权威的论述。Bender 和 Orszag (1978) 对作为相关分析的重要数学基础的*稳相方法*有更严格的阐述。

在 (11.33) 的响应中，对每一模式分支 $n = 0, 1, 2, \cdots$ 与每一多周震相 $s = 1, 2, 3, \cdots$ 可以进行独立的运动学分析；因此在后续分析中对模式和面波射线的双重求和将被视为是不言而喻的。叠加中的每项都可以用简化的形式表示为

$$\mathbf{a}(\mathbf{x},\omega) = \mathbf{A}(\mathbf{x},\omega)\exp[-ik(\omega)\Delta] \tag{11.42}$$

其中

$$\mathbf{A} = (cC)^{-1}(8\pi k|\sin\Delta|)^{-1/2}[\hat{\mathbf{r}}U - i\hat{\mathbf{k}}V + i(\hat{\mathbf{r}}\times\hat{\mathbf{k}})W]$$
$$\times R(\Phi)\exp[i(s-1)\pi/2]\exp(-\omega\Delta/2CQ) \tag{11.43}$$

要注意的是，非弹性阻尼 $\exp(-\omega\Delta/2CQ)$ 和几何扩散 $|\sin\Delta|^{-1/2}$ 均已被包含在振幅因子 $\mathbf{A}(\mathbf{x},\omega)$ 中。当非弹性较弱时，这样做总是容许的；在实际中，这两种效应所造成的振幅变化数量级相同。单一模式、单一射线的时间域响应可以通过计算 (11.42) 的傅里叶反变换得到：

$$\mathbf{a}(\mathbf{x},t) = \frac{1}{\pi}\operatorname{Re}\int_0^\infty \mathbf{A}(\mathbf{x},\omega)\exp[i\omega t - ik(\omega)\Delta]\,d\omega \tag{11.44}$$

这里我们使用了等式 $\mathbf{a}(\mathbf{x},-\omega) = \mathbf{a}^*(\mathbf{x},\omega)$ 来计算上述单边积分。通过定义

$$\Psi(\omega) = \omega - k(\omega)\Delta/t \tag{11.45}$$

我们可以将 (11.44) 改写为适于应用稳相方法的形式：

$$\mathbf{a} = \frac{1}{\pi}\operatorname{Re}\int_0^\infty \mathbf{A}(\omega)\exp[it\Psi(\omega)]\,d\omega \tag{11.46}$$

其中不重要的自变量略去不写。我们试图对固定的参数值 Δ/t，在 $t\to\infty$ 的极限下，渐近地计算加速度 (11.46)；由此得到的响应将是一个以固定速度移动中的观察者所看到的。基本的思路是，被积函数在时间很长时是高度振荡的，因而导致高度的相互抵消，只有在具稳定性的相位 $\Psi(\omega)$ 处频率相近的波得以彼此相互加强。

我们用 ω_0 表示 (11.46) 中被积函数相位稳定的角频率 (或许不止一个频率)，即

$$\Psi'(\omega_0) = 0 \tag{11.47}$$

在本节剩余的部分，我们用撇号表示相对于频率的微分，即 $d/d\omega$，用下标 0 表示在稳定角频率处的值，如 $C_0 = C(\omega_0)$。(11.47) 式等价于以下结果

$$\Delta/t = C_0 \tag{11.48}$$

因此上面提到的观察者是以稳定的群速度 C_0 在移动。在 $t\to\infty$ 的极限下，加速度 $\mathbf{a}$ 完全由紧邻稳相点 ω_0 附近的频率所决定。在该邻近区域，我们可将 (11.46) 中的振幅和相位分别用零阶和二阶泰勒展开来近似

$$\mathbf{A}(\omega) \approx \mathbf{A}_0 \qquad \Psi(\omega) \approx \Psi_0 + \frac{1}{2}(\omega-\omega_0)^2\Psi_0'' \tag{11.49}$$

值得注意的是，由于 $\Psi_0' = 0$，因而没有与 $\omega-\omega_0$ 成正比的相位项。利用 (11.49) 中的近似，我们得到

$$\mathbf{a} \approx \frac{1}{\pi}\operatorname{Re}\left\{\mathbf{A}_0\exp[i(\omega_0 t - k_0\Delta)]\right.$$
$$\left.\times\int_{-\infty}^\infty \exp\left[\frac{1}{2}i\Psi_0''(\omega-\omega_0)^2 t\right]d\omega\right\} \tag{11.50}$$

这里我们反过来利用了同样的相互抵消逻辑，将积分限从 (11.49) 成立的 ω_0 附近的狭窄区间扩展

到整个频率轴 $-\infty \leqslant \omega \leqslant \infty$。将积分路径旋转 $\pm\pi/4$，(11.50) 中保留的积分可以解析地计算：

$$\int_{-\infty}^{\infty} \exp\left[\frac{1}{2} i\Psi_0''(\omega-\omega_0)^2 t\right] d\omega = \left(\frac{2\pi C_0}{|C_0'|t}\right)^{1/2} \exp(\frac{1}{4} i\pi \operatorname{sgn} C_0') \tag{11.51}$$

这里我们用到了 $\Psi_0'' = C_0'/C_0$ 这一事实。因此，响应 $\mathbf{a}(\mathbf{x}, t)$ 简化为

$$\mathbf{a} \approx \operatorname{Re}\left[\boldsymbol{\mathcal{A}} \exp i\left(\omega_0 t - k_0 \Delta\right)\right] \tag{11.52}$$

其中

$$\boldsymbol{\mathcal{A}} = \mathbf{A}_0 \left(\frac{2C_0}{\pi|C_0'|t}\right)^{1/2} \exp(\frac{1}{4} i\pi \operatorname{sgn} C_0') \tag{11.53}$$

$t \to \infty$ 这一条件确保波是在很久之前离开源点的，因而有充分的频散。这样在角震中距 Δ 处 t 时刻的渐近讯号看起来是由频率 ω_0、波数 k_0 和 $\boldsymbol{\mathcal{A}}$ 均可变的单个波所组成。如果存在一个以上的稳相频率 ω_0，则上述响应是形如 (11.52)–(11.53) 的项的叠加。

稳定性条件 (11.48) 表明 $\Delta = C_0 t$ 是所有频率为 ω_0、波数为 k_0 的波在 t 时刻的轨迹；以速度 C_0 离开源点的观察者始终被该频率与波数的*一群*波所包围，这也正是群速度这一名称的由来。组成波群的所有单个的波始终在变化，因为它们是以相速度 c_0 传播的。究竟新的波峰和波谷是从后面进入波群再从前面离开，还是相反，这都取决于 $c_0 > C_0$ 还是 $c_0 < C_0$。从 (11.41) 式可以看出，如果 $c_0' < 0$，则相速度大于群速度，而如果 $c_0' > 0$，则群速度大于相速度。单个的波峰或波谷必定会随时间加速或减速，因为其频率 ω、波数 k 和相速度 c 都不断在变化。在固定的震中距 Δ，(11.48) 这一条件确定了面波地震图在 t 时刻的瞬时频率 ω_0；另一方面，在固定的时刻 t，它确定了波列“快照”在距离 Δ 处的局地波数 k_0。

绝对振幅 $\mathcal{A} = |\boldsymbol{\mathcal{A}}|$ 依赖于沿射线上的时间和距离，这可以通过考虑一个无穷小波群的能量来理解，波群在射线束侧壁及前后两个端面被与频率 ω_0 和 $\omega_0 + d\omega_0$ 相对应的两条波群线所包围。沿射线上任意一点，该无穷小波群的微分表面积为 $d\Sigma = |\sin\Delta| d\Delta\, d\Phi = C_0' t |\sin\Delta| d\omega_0 d\Phi$，其中我们将 $C(\omega_0) = \Delta/t$ 与 $C(\omega_0 + d\omega_0) = (\Delta + d\Delta)/t$ 联立得到第二个等式。在不考虑非弹性衰减时，该小波群内所含有的能量为一常数；因此在完全弹性地球上，前后两点处的振幅之间有如下关系

$$\frac{\mathcal{A}_2}{\mathcal{A}_1} = \left(\frac{d\Sigma_2}{d\Sigma_1}\right)^{-1/2} = \left|\frac{t_2 \sin\Delta_2}{t_1 \sin\Delta_1}\right|^{-1/2} \tag{11.54}$$

由于频散，小波群的前、后波群线以与 t 成正比的速率分离；因此，波群的振幅 $\mathcal{A}$ 以 $t^{-1/2}$ 的形式减小。呈 $t^{-1/2}$ 的频散衰减是叠加在单频波的几何扩散 $|\sin\Delta|^{-1/2}$ 和非弹性 $\exp(-\omega\Delta/2CQ)$ 的振幅变化之上的。弹性振幅比值 (11.54) 与 (11.52)–(11.53) 的一致性证实了*能量以群速度传播*。以上论述仅仅是建立在能量与振幅的平方成正比的前提下；在第 16 章中我们对面波行波的能量做一个更精确的定义，并将我们在此发展的理论拓展到横向不均匀地球模型。

在群速度的极大值或极小值 ($C_0' = 0$) 附近，与极值两侧稳定点相应的波发生干涉，(11.52)–(11.53) 中的渐近结果不再成立；而这一干涉会产生一种振幅特别高的面波讯号，被称为*艾里震相*，以纪念艾里在研究与光波在焦散处衍射相关的数学问题中的杰出工作。将相位 $\Psi(\omega)$ 展开到

$(\omega-\omega_0)^3$阶，然后再计算响应，便可以得到一个展现了这一干涉的主要特性的解析表达式(Ben-Menahem & Singh 1981)；然而，这种高阶的结果没有什么实际用途。在定量应用中，最好是彻底放弃稳相近似，而直接在频率域中采用表达式(11.42)–(11.43)，或者数值计算傅立叶反变换(11.44)。此外，也可以通过叠加等价的简正模式${}_n\mathrm{T}_l$和${}_n\mathrm{S}_l$来计算面波响应$\mathbf{a}(\mathbf{x},t)$。(11.52)–(11.53)中的近似结果的价值在于它为频散波的传播特性所提供的物理解释。

11.6 频散关系和群速度

任何以行波的波数k来表示其角频率ω的方程，都叫作*频散关系*。每一个基阶$(n=0)$或高阶勒夫或瑞利面波分支的独立传播都各自有描述其传播的频散关系。依照Jeffreys (1961)，我们引入一个新的方便的符号来描述球对称地球上面波的频散，将它与瑞利原理一起用来推导一个有用的群速度$C=d\omega/dk$表达式。本节中的大部分内容只是简单地将第8章中所得到的结果用连续的波数$0\leqslant k\leqslant\infty$而非离散的球谐函数次数$l=0,1,2,\cdots$进行重新表述。

11.6.1 勒夫波

描述勒夫波传播的作用量的径向积分(8.88)可以改写为

$$\mathcal{I}=\frac{1}{2}(\omega^2 I_1-k^2 I_2-I_3) \tag{11.55}$$

其中

$$I_1=\int_0^a \rho W^2\, r^2 dr \tag{11.56}$$

$$I_2=\int_0^a \mu W^2\, dr \tag{11.57}$$

$$I_3=\int_0^a \mu[(\dot{W}-r^{-1}W)^2-2r^{-2}W^2]\, r^2 dr \tag{11.58}$$

在实际中，可以将(11.56)–(11.58)中的积分局限在地幔$b\leqslant r\leqslant s$以内，因为我们对于在固态内核中传播的面波并不感兴趣。我们可以将能量均分关系$\mathcal{I}=0$视为勒夫波的频散关系：

$$\omega^2 I_1-k^2 I_2-I_3=0 \tag{11.59}$$

方程(11.59)是频率ω与波数k的隐式关系式，因为径向本征函数W是依赖于这些变量的。勒夫波的动能加势能(8.110)也可以用(11.56)–(11.58)中的积分来表示：

$$\mathcal{E}=\frac{1}{2}(\omega^2 I_1+k^2 I_2+I_3) \tag{11.60}$$

瑞利原理要求，当且仅当W是角频率为ω、波数为k的勒夫波的本征函数时，作用量(11.55)相对于微扰$W\to W+\delta W$是稳定的：

$$\omega^2\delta I_1-k^2\delta I_2-\delta I_3=0 \tag{11.61}$$

其中

$$\delta I_1 = 2\int_0^a \rho W\,\delta W\,r^2 dr \tag{11.62}$$

$$\delta I_2 = 2\int_0^a \mu W\,\delta W\,dr \tag{11.63}$$

$$\begin{aligned}\delta I_3 = 2\int_0^a \mu[(\dot{W} - r^{-1}W)(\delta\dot{W} - r^{-1}\delta W)\\ - 2r^{-2}W\,\delta W]\,r^2 dr\end{aligned} \tag{11.64}$$

另一方面，将频率为ω和$\omega+\delta\omega$、波数为k和$k+\delta k$以及径向本征函数为W和$W+\delta W$的两个波的频散关系相减，我们得到

$$2\omega\,\delta\omega\,I_1 + \omega^2\delta I_1 - 2k\,\delta k\,I_2 - k^2\delta I_2 - \delta I_3 = 0 \tag{11.65}$$

方程(11.65)也可以通过求(11.59)相对于三个变量ω、k和W的全变分而获得。利用(11.61)，含有本征函数微扰δW的项被消去，而留下$\delta\omega$与δk的关系式：

$$2\omega\,\delta\omega\,I_1 = 2k\,\delta k\,I_2 \tag{11.66}$$

将该结果重新整理，可以得到用(11.56)–(11.58)中的径向积分表示的群速度$C=\delta\omega/\delta k$的精确公式：

$$C = \frac{I_2}{cI_1} \tag{11.67}$$

其中$c=\omega/k$是勒夫波的相速度。关系式(11.67)的优势在于它提供了一个无须诉诸数值微分便可计算C的方法。

图11.5显示了在地球表面$r=a$上，基阶$(n=0)$和前四个高阶模式$(n=1\text{–}4)$勒夫波的群速度aC和相速度ac作为周期$2\pi/\omega$的函数的变化。周期大于40 秒的基阶勒夫波以相对恒定的群速度$aC\approx 4.4$千米/秒传播。这就解释了 G 波的频散相对较弱或具有脉冲讯号的特征，如我们将在11.7节中看到的那样。长周期的 G 波群绕行地球一周大约需要两个半小时。长周期高阶模式群速度的减小是地球液态外核存在的表现；相应的$n=2,3,4$波群震相与$\mathrm{ScS_{SH}}$是等价的，因此它们不是真正的面波。

11.6.2 瑞利波

描述瑞利波传播作用量的径向积分(8.87)和(8.100)可以写为

$$\mathcal{I} = \frac{1}{2}(\omega^2 I_1 - k^2 I_2 - kI_3 - I_4) \tag{11.68}$$

$$\mathcal{I}' = \frac{1}{2}(\omega^2 I_1 - k^2 I_2' - kI_3' - I_4') \tag{11.69}$$

其中

$$I_1 = \int_0^a \rho(U^2 + V^2)\,r^2 dr \tag{11.70}$$

$$I_2 = \int_0^a [\mu U^2 + (\kappa + \frac{4}{3}\mu)V^2]\, dr \tag{11.71}$$

$$\begin{aligned} I_3 = \int_0^a [\frac{4}{3}\mu V(\dot{U} - r^{-1}U) - 2\kappa V(\dot{U} + 2r^{-1}U) \\ + 2\mu U(\dot{V} - r^{-1}V) + \rho(VP + 2gUV)]\, rdr \end{aligned} \tag{11.72}$$

$$\begin{aligned} I_4 = \int_0^a [(\kappa(\dot{U} + 2r^{-1}U)^2 + \frac{4}{3}\mu(\dot{U} - r^{-1}U)^2 \\ + \mu(\dot{V} - r^{-1}V)^2 - 2\mu r^{-2}V^2 \\ +\rho(4\pi G\rho U^2 + U\dot{P} - 4r^{-1}gU^2)]\, r^2 dr \end{aligned} \tag{11.73}$$

$$I_2' = I_2 + \frac{1}{4\pi G}\int_0^\infty P^2\, dr \tag{11.74}$$

$$I_3' = I_3 + \int_0^a \rho VP\, rdr \tag{11.75}$$

$$I_4' = I_4 + \int_0^a \rho U\dot{P}\, r^2 dr + \frac{1}{4\pi G}\int_0^\infty \dot{P}^2\, r^2 dr \tag{11.76}$$

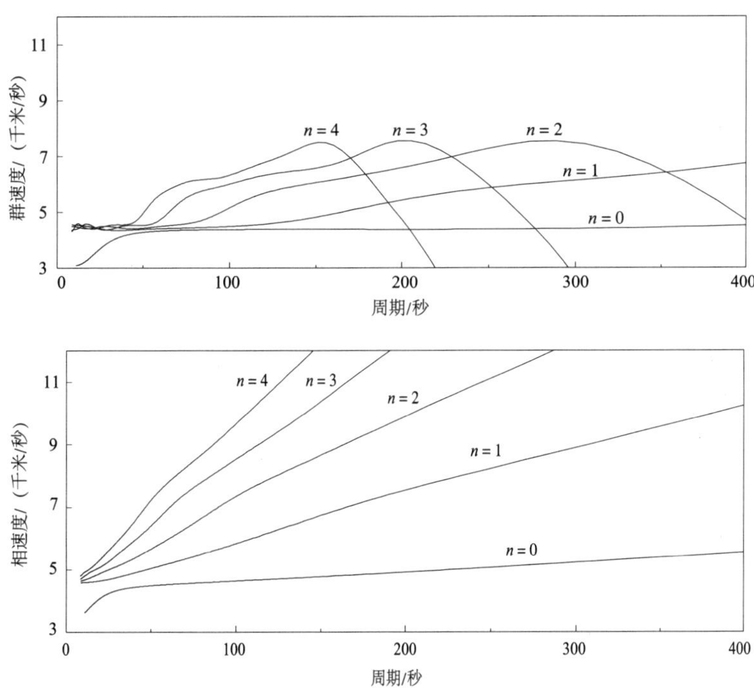

图 11.5 勒夫波的群速度 aC(上) 和相速度 ac(下)。整数 $n = 0$ 和 $n = 1$–4 分别表示基阶和前四个高阶分支。当周期小于 $2\pi/\omega \approx 40$ 秒时，由于球面平均的 PREM 模型中地壳结构是 70% 的海洋和 30% 的大陆的不寻常的混合体，这里所展示的频散与地球上任何地方实际的频散都不一样

类似于方程(11.59)，瑞利波的能量均分或频散关系$\mathcal{I} = \mathcal{I}' = 0$为

$$\omega^2 I_1 - k^2 I_2 - kI_3 - I_4 = \omega^2 I_1 - k^2 I_2' - kI_3' - I_4' = 0 \tag{11.77}$$

瑞利波的能量(8.125)可以表示为

$$\mathcal{E} = \frac{1}{2}(\omega^2 I_1 + k^2 I_2 + kI_3 + I_4) = \frac{1}{2}(\omega^2 I_1 + k^2 I_2' + kI_3' + I_4') \tag{11.78}$$

利用频散关系式(11.59)和(11.77)，勒夫或瑞利波的总能量等于其动能的两倍，即$\mathcal{E} = \omega^2 I_1$。

通过考虑角频率为ω和$\omega + \delta\omega$、波数为k和$k + \delta k$以及径向本征函数为U、V、P和$U + \delta U$、$V + \delta V$、$P + \delta P$的两个波，并且同11.6.1节中一样利用瑞利原理，我们得到类似于(11.67)的瑞利波群速度的解析表达式：

$$C = \frac{I_2' + \frac{1}{2}k^{-1}I_3'}{cI_1} \tag{11.79}$$

在得到(11.79)这一结果时，最简单的做法是将势函数微扰P视为一个自变量；而在对不带撇号的作用量$\mathcal{I}$做变分时，必须考虑P对波数k的依赖性。习惯的做法是使用(11.67)和(11.79)这两个关系式来定义自由振荡或驻波的群速度，包括那些并不与面波等价的$n \ll l/4$的模式${}_n\mathrm{T}_l$和${}_n\mathrm{S}_l$。从数学上讲，以这种方式定义的${}_nC_l$是光滑的频散曲线在离散本征频率$\cdots, {}_{n-1}\omega_l, {}_n\omega_l, {}_{n+1}\omega_l, \cdots$处的斜率。我们将在第12章得到体波等价模式群速度的一个物理解释。

图11.6显示了基阶$(n = 0)$和前四个高阶模式$(n = 1\text{–}4)$瑞利波频散分支的群速度aC和相

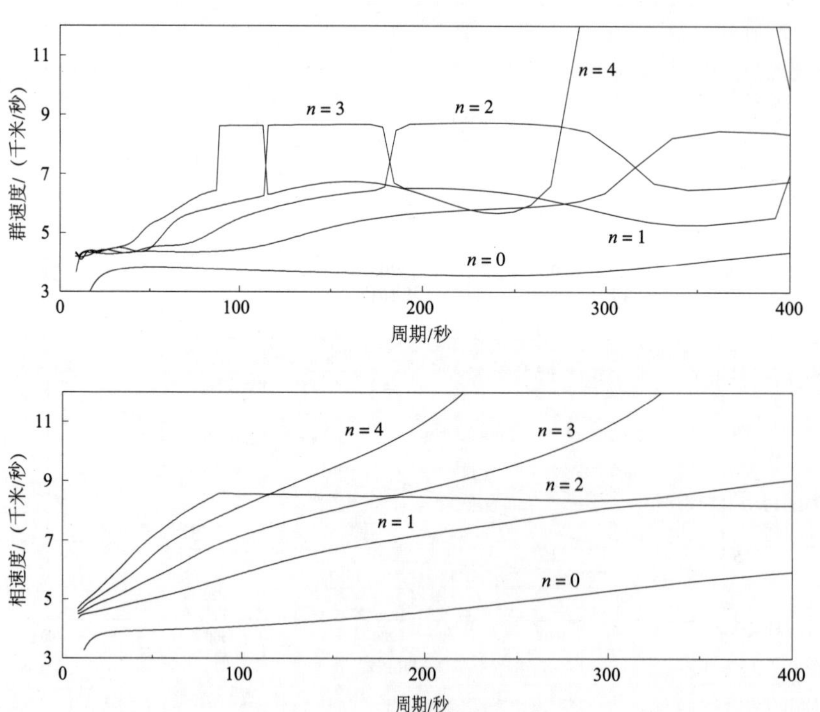

图 11.6 基阶$(n = 0)$和前四个高阶$(n = 1\text{–}4)$瑞利波的群速度aC(上)与相速度ac(下)。在周期大于$2\pi/\omega \approx 200$秒时群速度曲线的分段线性特征是由于采样不足而造成的假象。当周期小于$2\pi/\omega \approx 40$秒时，由于球面平均的 PREM 模型中地壳结构是70%的海洋和30%的大陆的不寻常的混合体，这里所展示的频散与地球上任何地方实际的频散都不一样

速度 ac 作为周期的函数变化。在PREM模型中，基阶瑞利波的群速度在周期 $2\pi/\omega \approx 240$ 秒有一个范围较大的局部极小值 $aC_{\min} \approx 3.6$ 千米/秒，而在周期 $2\pi/\omega \approx 50$ 秒则有一个范围较大的局部极大值 $aC_{\max} \approx 3.8$ 千米/秒。速度最快的波是穿透到上地幔较深部高速区域的很长周期的波；当周期约为300秒时，群速度 aC 会超过3.8千米/秒。周期为50–300秒的基阶瑞利波群的传播速度会比同周期段的基阶勒夫波群稍慢一些；这些长周期的基阶瑞利波几乎需要三个小时才能绕行地球一周，比准单频的G波多用半小时。$n = 1, 2, \cdots$ 与 $n = 0$ 群速度之间的明显的不同使我们能够容易地通过在时间域中加窗来将较单纯的基阶瑞利波群与较早到达的高阶模式分离开来。而 $n = 1, 2, \cdots$ 和 $n = 0$ 的勒夫波群则更接近同时到达，特别是在周期小于100–150秒时 (见图11.5)。因此，基阶勒夫波频散的测量比基阶瑞利波更容易受到高阶模式干扰的污染。

横贯 $ac \approx 8.6$ 千米/秒的几乎为常数的相速度曲线是核幔边界斯通利模式分支，它与瑞利波的高阶模式紧密地交织在一起。群速度的异常陡增和 $aC \approx 8.6$ 千米/秒的群速度高地也是同一现象的表现；斯通利模式相速度与群速度的一致性是其无频散特性的必然结果。在大多数情形下，例如 $n = 3$–4 两个分支在约120秒处尖锐的回避相交，可以直接将斯通利模式除去，然后重新指定瑞利波的阶数。然而，对于 $n = 2$–3 两者之间的紧密靠近，特别是 $n = 1$–2 之间亲吻式接近的特征，这样的做法则有些草率。在使用 (10.63) 式或 (11.33) 式来合成球对称地球上的面波加速度图时，最好是简单地在对各阶模式的叠加中保留斯通利分支；当然，由于源点和接收点都远在相应本征函数的指数衰减的末端，因此斯通利模式对响应的贡献是很小的。

*11.6.3 海啸

在8.8.11节中，我们指出像PREM这样的有海洋覆盖的地球模型是支持海啸模式的，其球型位移本征函数 U、V 主要局限于地表的液态层。图11.7显示了在水深为 $h = 2$ 千米，$h = 4$ 千米和 $h = 6$ 千米时，这些模式的相速度和群速度作为周期的函数。对每一深度，相应振荡的球谐函数次数 $l = 10$, $l = 100$ 和 $l = 1000$ 都在图的最顶部给出。覆盖在刚体海床之上的海洋中其表面重力波相速度和群速度的经典结果为 (Lamb 1932; 1978)

$$ac = \sqrt{gk^{-1}\tanh kh} \qquad aC = \frac{1}{2}ac\left(1 + \frac{2kh}{\sinh 2kh}\right) \tag{11.80}$$

在浅水极限 $kh \ll 1$ 下，表面重力波的传播是无频散的：

$$ac = aC = \sqrt{gh} \tag{11.81}$$

而在深水极限 $kh \gg 1$ 下，相速度是群速度的两倍：

$$ac = 2aC = \sqrt{gk^{-1}} \tag{11.82}$$

在周期大于1000秒时，海啸波基本上是属于无频散的浅水波，其速度取决于水深，约为150米/秒至250米/秒之间。传过太平洋海盆的时间约为10小时，因此在地震发生后有足够的时间来对高风险的沿岸地区进行疏散。周期小于1000秒时，频散符合经典的关系式 (11.80)；在周期很长时会偏离 $ac = aC = \sqrt{gh}$ 这一底部为刚体的极限，因为海床发生了弹性弯折。

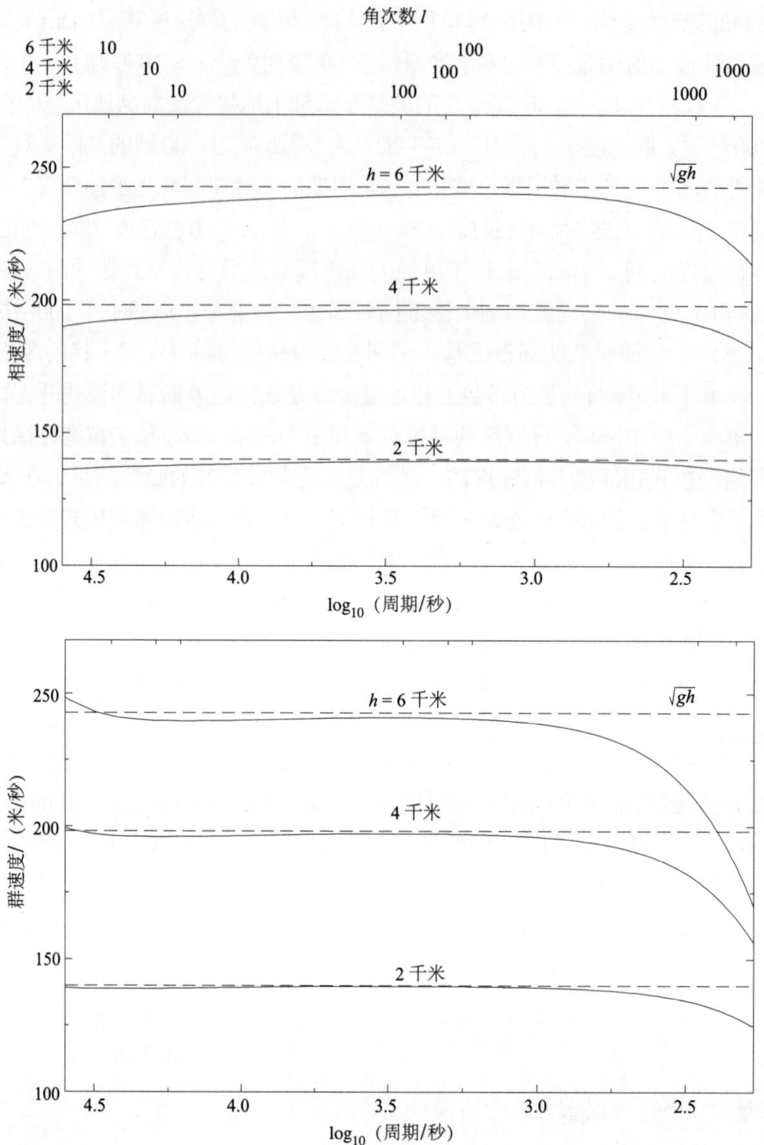

图 11.7 地表海水深度为 $h = 2$ 千米，$h = 4$ 千米或 $h = 6$ 千米的修改后 PREM 模型中海啸模式的相速度 ac(上)与群速度 aC(下)。作为比较，虚线表示无频散的浅水表面重力波的恒定速度 $ac = aC = \sqrt{gh}$

★11.6.4 横向各向同性

上述结果也适用于横向各向同性地球模型，条件是将 (11.57)–(11.58) 中的勒夫波径向积分改为

$$I_2 = \int_0^a NW^2\, dr \tag{11.83}$$

$$I_3 = \int_0^a [L(\dot{W} - r^{-1}W)^2 - 2Nr^{-2}W^2]\, r^2 dr \tag{11.84}$$

而将(11.71)–(11.73)中的瑞利波的积分改为

$$I_2 = \int_0^a [AU^2 + LV^2]\, dr \tag{11.85}$$

$$\begin{aligned} I_3 = \int_0^a [2LU(\dot{V} - r^{-1}V) - 2F\dot{U}V \\ - 4(A-N)r^{-1}UV + \rho(VP + 2gUV)]\, rdr \end{aligned} \tag{11.86}$$

$$\begin{aligned} I_4 = \int_0^a [C\dot{U}^2 + 4Fr^{-1}\dot{U}U + 4(A-N)r^{-2}U^2 \\ + L(\dot{V} - r^{-1}V)^2 - 2Nr^{-2}V^2 \\ + \rho(4\pi G\rho U^2 + U\dot{P} - 4r^{-1}gU^2)]\, r^2dr \end{aligned} \tag{11.87}$$

(11.83)–(11.87)中的C、A、L、N和F是8.9节中所引入的五个弹性参数。

11.7 面波地震图

面波的合成加速度图可以通过计算(11.33)中双重求和的快速傅里叶反变换得到。然而，这种方法严格要求震中距的范围为$0 \ll \Theta \ll \pi$。由于该限制，更好的做法还是直接地将对应的简正模式${}_n\mathrm{T}_l$和${}_n\mathrm{S}_l$沿每个勒夫和瑞利波频散分支$n = 0, 1, 2, \cdots$进行叠加；我们利用这种一致有效的方法来计算在此所展示的面波加速度图$\mathbf{a}(\mathbf{x}, t)$和位移地震图$\mathbf{s}(\mathbf{x}, t)$。

11.7.1 地幔波和X波

图11.8显示了1994年10月4日千岛群岛地震事件之后，在澳大利亚塔斯马尼亚岛TAU台站的径向、纵向和横向分量的加速度。这个浅源大地震（地震矩$M_0 = 4 \times 10^{21}$牛・米）激发了惊人的多周波列。肉眼可见清晰的直到R6的基阶模式瑞利波讯号，而勒夫波讯号甚至到G8都可以辨认出来。这些被称为地幔波的长周期面波绕行地球多达4周! 在地震的对跖点$\Theta = \pi$处，优弧波和劣弧波Gl、G2或R1、R2同时到达并相互干涉。我们在图11.9中画出对跖点附近的瑞利波按震中距的排列来展示这一现象。在这一焦点处能量的强烈聚焦值得注意。

长周期勒夫波的传播特性从图11.10所展示的横向分量按震中距的排列中可以更清楚地辨识。震源是一个假想的深度为300千米的走滑地震；在横向位移地震图$\hat{\mathbf{\Phi}} \cdot \mathbf{s}(\mathbf{x}, t)$的合成中仅叠加了基阶环型模式${}_0\mathrm{T}_l$。源点–接收点之间几何关系的设置使得球型模式${}_n\mathrm{S}_l$不会被激发。前五个到达的勒夫波讯号G1–G5很容易识别。有两个特点值得注意：一是波形的脉冲特性，这是由于周期大于$2\pi/\omega \approx 40$秒时近乎常数$aC \approx 4.4$千米/秒的群速度；另外，同相位（即各个波峰或波谷）的连线与波群整体的到达对不齐。最适合观察后一种现象的做法是把眼睛贴近页面，以近乎平行的角度来观察这张图；由于地幔勒夫波的相速度高于其群速度$c > C$，因此波前以小角度切过波群。图11.11显示了相同的$\hat{\mathbf{\Phi}} \cdot \mathbf{s}(\mathbf{x}, t)$记录剖面，但在叠加中除了环型的基阶模式${}_0\mathrm{T}_l$外，也包含了高阶的${}_1\mathrm{T}_l$, ${}_2\mathrm{T}_l, \cdots$。由于高阶模式群速度较高，因此它们比基阶模式的G波先到。可以识别对应于直达和多次反射的SH, $\mathrm{SS_{SH}}$, $\mathrm{SSS_{SH}}, \cdots$等清楚的体波震相。还要注意的是在地核影区边界$\Theta \approx 100$度之外衍射SH波的振幅呈指数衰减。

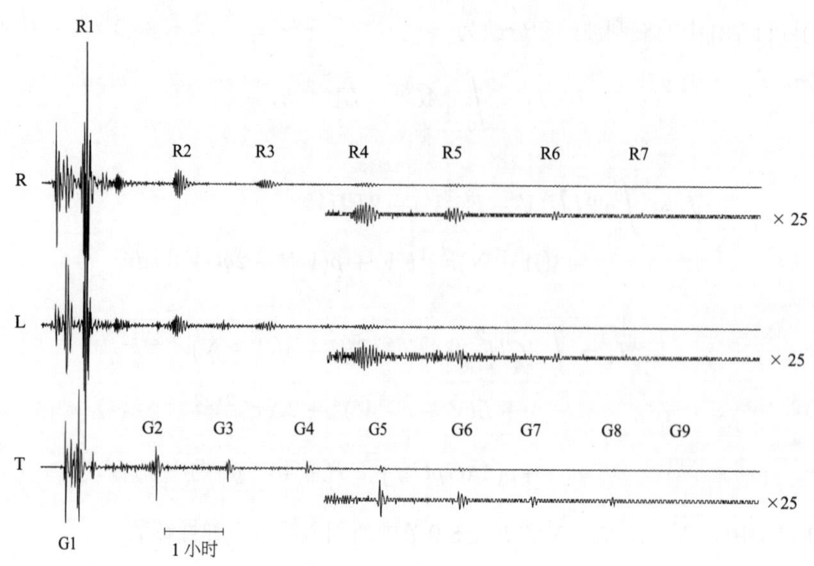

图 11.8 合成的多周面波加速度图。震源是1994年10月4日的千岛群岛浅源大地震；接收点位于澳大利亚塔斯马尼亚岛。每道记录都是完备的模式叠加，且带通滤波到周期50至250秒，以突显激发较强的基阶勒夫和瑞利波；图中标示了径向(R)、纵向(L)和横向(T)分量以及R1–R7和G1–G9的波群讯号。勒夫波的群速度明显较快：$aC_{\mathrm{R}}=3.6$–3.8千米/秒，而$aC_{\mathrm{L}}=4.4$千米/秒。由于非弹性衰减，周数较多的波R4–R6和G5–G8要比R1和G1弱许多；但是放大了25倍之后，它们便清晰可见

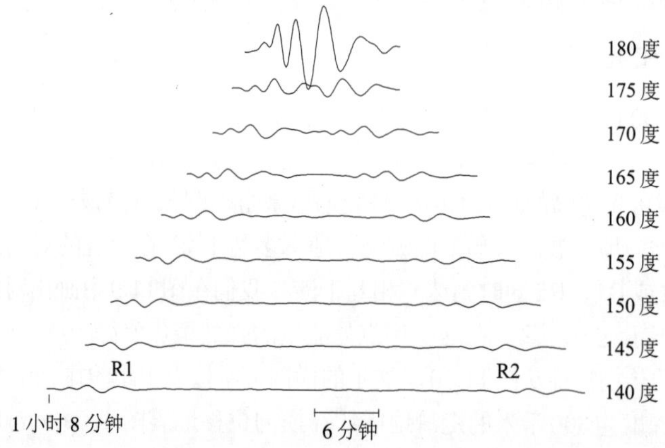

图 11.9 对跖点附近的径向分量瑞利波加速度图。位于赤道上的假想震源的矩张量$\mathbf{M}$与1994年10月4日的千岛群岛地震相同；接收点也均位于赤道上，在震源正东方，震中距范围为$\Theta=140$度至$\Theta=180$度。所有记录均以相同比例绘制，以展示优弧和劣弧震相R1和R2在对跖点的放大

图11.12和图11.13显示了同一个300千米深的走滑地震事件的合成径向分量位移$\hat{\mathbf{r}}\cdot\mathbf{s}(\mathbf{x},t)$地震图，分别是叠加球型基阶模式${}_0\mathrm{S}_l$和基阶加高阶模式${}_1\mathrm{S}_l$，${}_2\mathrm{S}_l,\cdots$而得到的。基阶模式瑞利波传播的频散特征很明显：在每个R1–R4讯号中，最早和最晚到的波的周期分别为$2\pi/\omega\approx50$秒和$2\pi/\omega\approx240$秒；它们是与瑞利波群速度的两个极值$aC_{\max}\approx3.8$千米/秒和$aC_{\min}\approx3.6$千米/秒相应的艾里震相。同勒夫波的情形一样，因为地幔瑞利波的相速度大于群速度，所有的波峰和波

谷都走得比波群本身快。同样地，最容易辨识这一相位和波群到达对不齐的现象还是采用“比目鱼眼”的视角。

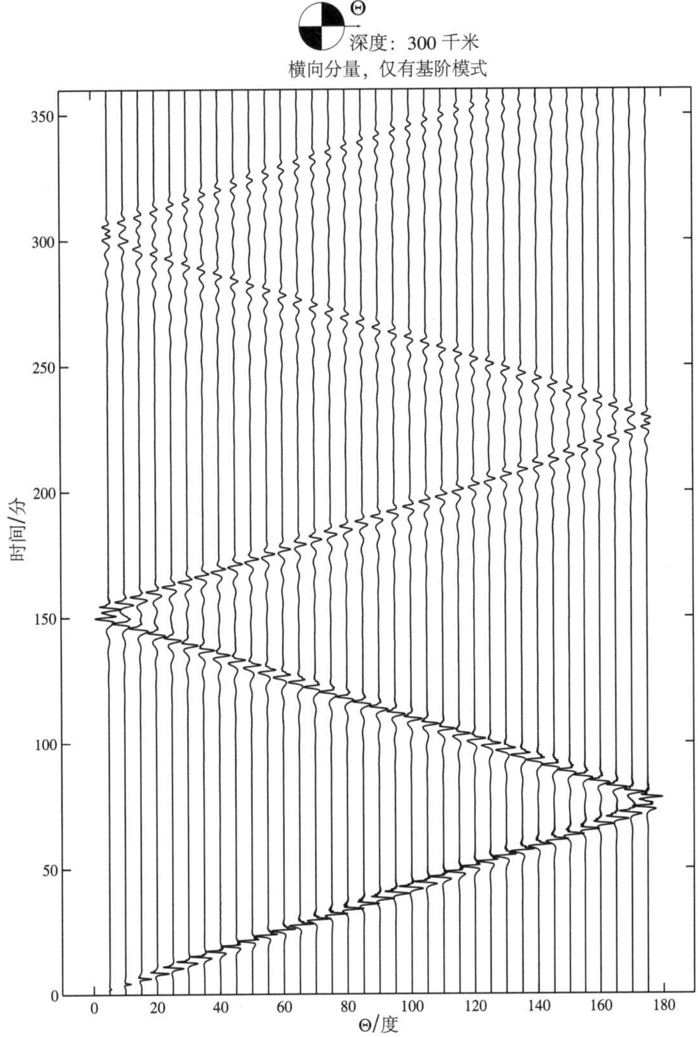

图 11.10 PREM地球模型中一个深度为300千米且具有脉冲震源时间函数 $\dot{m}(t)$ 的走滑断层所产生的基阶模式横向分量位移 $\hat{\mathbf{\Phi}}\cdot\mathbf{s}(\mathbf{x},t)$ 地震图按震中距的排列。最上方为地震震源机制示意图；沙滩球的黑白区域分别对应于下半震源球面上P波压缩和膨胀的象限。台站均在震源的正东方 (如沙滩球上的箭头所示)、震中距Θ间隔为5度的位置上

在R1–R4之前到达的高阶模式震相要比勒夫波的情形更加明显；这些长周期的高阶瑞利波的群速度范围为 $aC = 5$–7 千米/秒。它们普遍存在于大地震后的径向和纵向宽频记录中，这一现象是Jobert, Gaulon, Dieulin 和 Roult (1977) 最先指出的。这些学者准确地认识到这些高速震相是“球型谐波的叠加 (une superposition d'harmoniques sphéroïdaux)”；尽管如此肯定，他们还是不可思议地将其命名为X波。在合成图按震中距的排列中，可以追踪到绕行地球数周的复杂

的多模式X波群；与其等价的体波震相包括SV在地表的多次反射以及每次反射所产生的SV到P的转换波。

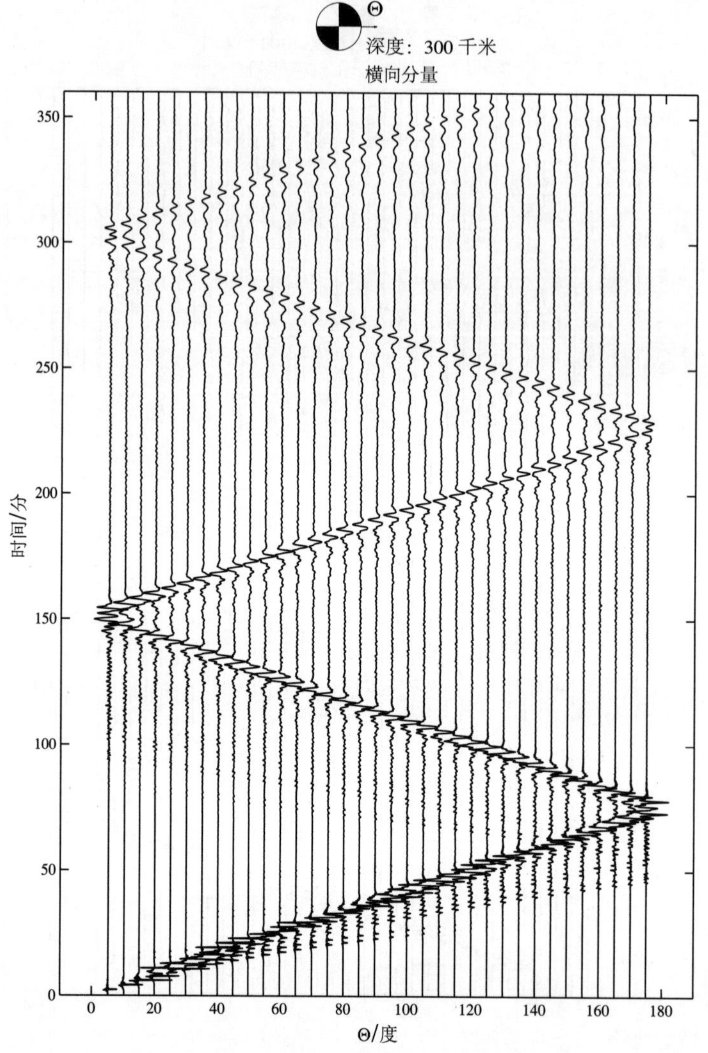

图 11.11　与图11.10相同，但此处包含了高阶模式的勒夫波。计算合成地震图时叠加了所有频率低于50毫赫兹的环型多态模式 ${}_n\mathrm{T}_l$。图中可见速度较快的高阶模式讯号

在上述四个按震中距排列的合成图中所画的是 $\sqrt{t}\times\mathbf{s}(\mathbf{x},t)$ 这一乘积，而并非原始的质点位移 $\mathbf{s}(\mathbf{x},t)$。这一时间平方根的增益调整会增强晚到的震相，使它们更容易看清楚。图11.14显示了在叠加的径向加速度图中，X震相以及基阶模式瑞利波相位和波群到达对不齐的现象都很明显；这种黑白的绘图方式加上 $\sqrt{t}$ 的增益调整给我们带来一个地球的长周期面波响应在整个展示的0度 $\leqslant\Theta\leqslant$ 180度距离和 $0\leqslant t\leqslant 6$ 小时时段内都相当均匀的视觉图像 (Shearer 1994a)。

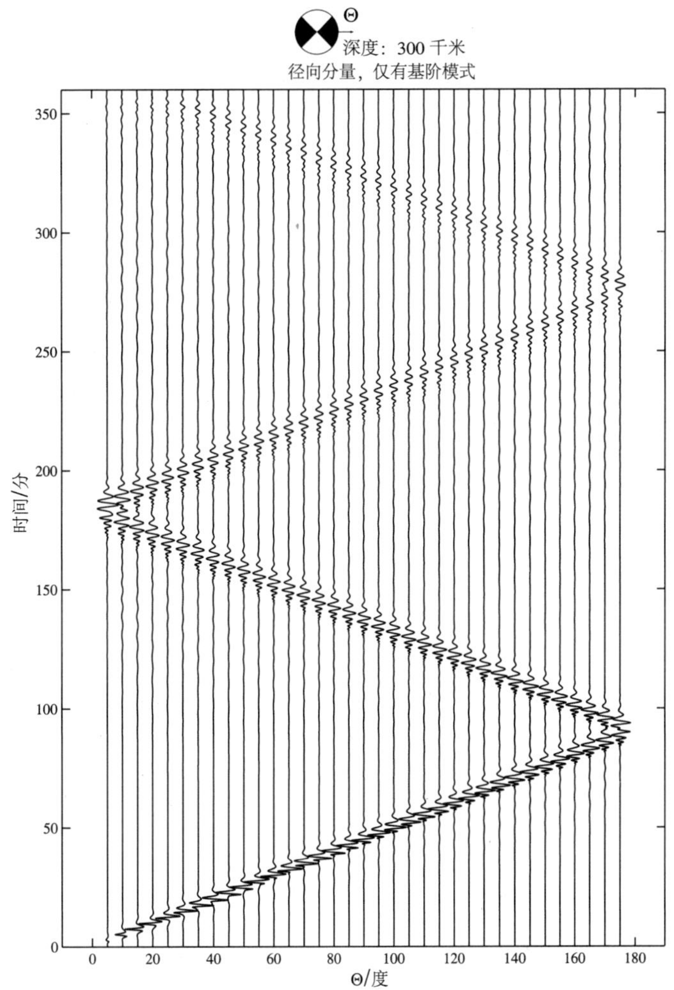

图 11.12 PREM地球模型中一个深度为300千米且具有脉冲震源时间函数$\dot{m}(t)$的走滑断层所产生的基阶模式径向分量位移$\hat{\mathbf{r}}\cdot\mathbf{s}(\mathbf{x},t)$地震图按震中距的排列。最上方为地震震源机制示意图；沙滩球的黑白区域分别对应于下半震源球面上P波压缩和膨胀的象限。台站均在震源的正东方（如沙滩球上的箭头所示）、震中距Θ间隔为5度的位置上。源点–接收点之间的几何关系以及所示的走向为N45°E的断层确保了环型模式${}_n\mathrm{T}_l$不会被激发

在图11.15和图11.16中，我们将震中距$\Theta = 60$度处的优弧勒夫和瑞利波响应$\hat{\mathbf{\Phi}}\cdot\mathbf{s}(\mathbf{x},t)$和$\hat{\mathbf{r}}\cdot\mathbf{s}(\mathbf{x},t)$进行分离，来展示单独的环型和球型模式分支${}_0\mathrm{T}_l$–${}_{25}\mathrm{T}_l$和${}_0\mathrm{S}_l$–${}_{25}\mathrm{S}_l$的相对贡献。与前面一样，假想的震源还是深度为300千米的走滑断层。每个图的左侧一列显示的是单一分支的地震图，而右侧一列则为累积的分支叠加；该绘图方式可以详细揭示SH, $\mathrm{SS_{SH}}$, $\mathrm{SSS_{SH}}$, $\cdots$ 这些体波和组成X震相的SV和P-SV多次反射波是如何在$n = 1, 2, \cdots$ 这些高阶分支叠加的过程中，被慢慢构筑起来的。图11.17和图11.18显示了浅源($h = 20$千米)走滑震源响应中将一个个分支剥离后的效果。在这个例子中，基阶模式${}_0\mathrm{T}_l$和${}_0\mathrm{S}_l$对地震图的贡献是占主导地位的。勒夫波列起始时有如脉冲的讯号是群速度为$aC \approx 4.4$千米/秒的G波；其高度频散的尾巴，则是由被围陷在

24.4 千米厚的PREM地壳中速度较慢、周期较短 ($2\pi/\omega < 40$ 秒) 的波所组成。径向分量地震图的尾巴同样也是由短周期的地壳瑞利波组成。这些短周期的波都不会被中等深度 ($h = 300$ 千米) 的震源所强烈激发。

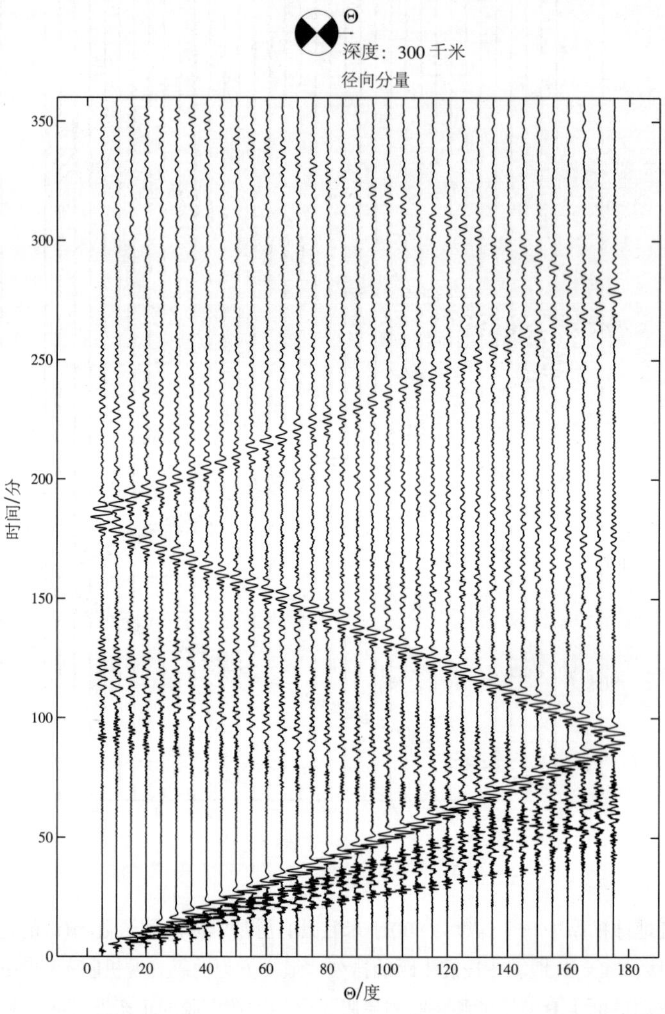

图 11.13 与图11.12相同，但此处包含了高阶模式的瑞利波。这些 $aC = 5-7$ 千米/秒的波的叠加被称为X震相。计算合成地震图时叠加了所有频率低于50毫赫兹的球型多态模式 ${}_n\mathrm{S}_l$

11.7.2 震源机制的影响

在图11.19中，我们展示了多种理想化的震源机制和震源深度 $h = a - r_{\mathrm{s}}$ 的面波辐射随方位的变化。其中显示了100秒的基阶勒夫和瑞利波辐射花样的绝对值 $|R(\Phi)|$；这一辐射振幅对于任意矩张量震源都是方位角的偶函数：

$$|R(\Phi)| = |R(\Phi + \pi)| \tag{11.88}$$

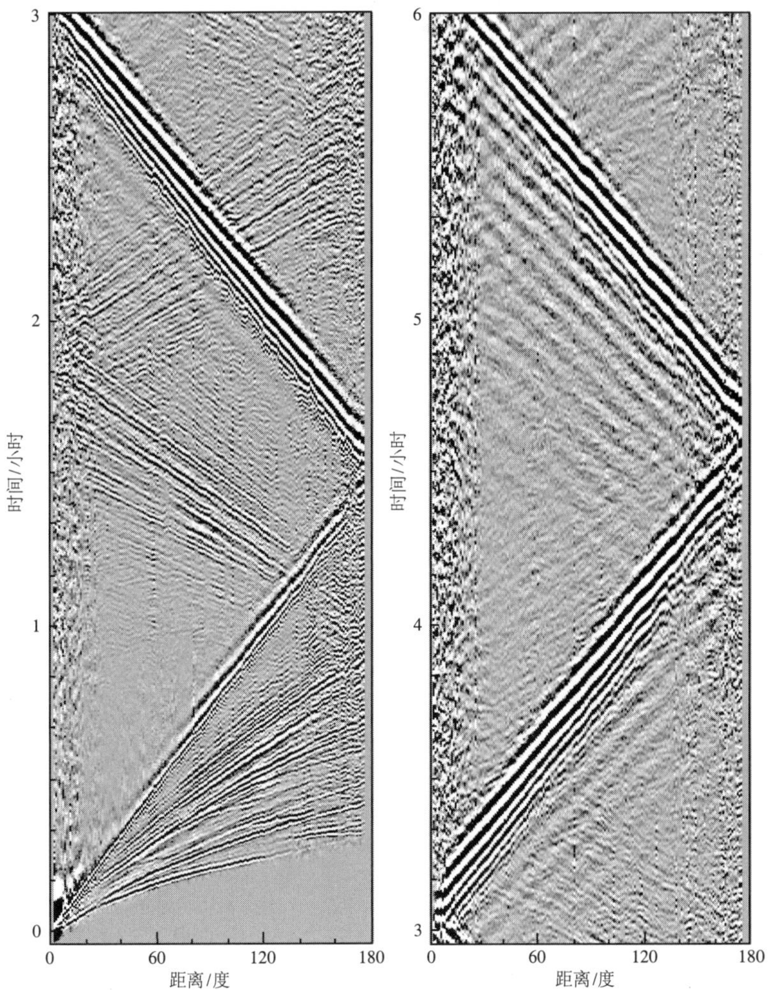

图 11.14 IDA 地震台网在 1981–1991 这 11 年间所记录到的径向分量加速度图 $\hat{\mathbf{r}}\cdot\mathbf{a}(\mathbf{x},t)$ 的叠加记录剖面。(左) 地震后 $t=0-3$ 小时时段。(右) 地震后 $t=3-6$ 小时时段。绘图方式是地震反射勘探领域中普遍使用的：正负振幅分别为黑白颜色。每个叠加的加速度图都缩放为在前 100 分钟内有相同的均方根振幅。这里对多周震相通过乘以一个增益调整因子 $\sqrt{t}$ 进行了强化，与图 11.10–11.13 中显示的一样 (由 P. Shearer 提供)

另外要注意的是，由于在 $\mathbf{M}\to-\mathbf{M}$ 这一替换下绝对值 $|R(\Phi)|$ 是不变的，因此，由图示的震源机制或者将沙滩球中黑白象限互相交换的机制所产生的辐射花样是一样的；例如，中间一列可表征 45 度倾角的逆冲断层或者 45 度倾角的正断层。

对于一个纯粹的垂直走滑地震，矩张量分量中仅有 $M_{\theta\theta}$、$M_{\phi\phi}$ 和 $M_{\theta\phi}$ 是非零的。因此勒夫和瑞利波的辐射花样 $|R(\Phi)|$ 均表现出纯粹的四极 $\sin 2\Phi$ 或 $\cos 2\Phi$ 依赖性；在平行和垂直断层走向的方向上勒夫波的最大值与瑞利波辐射花样方位上的节点重合，反之亦然。勒夫波的辐射强度随震源深度的增加而单调下降；这直接反映了本征函数 $W_{\rm s}$ 的近指数衰减 (图 8.7)。而水平向瑞利波本征函数 $V_{\rm s}$ 在 $h\approx 100$ 千米处有一个节点 (图 8.11)；正因为如此，在这一深度上没有任何 100 秒

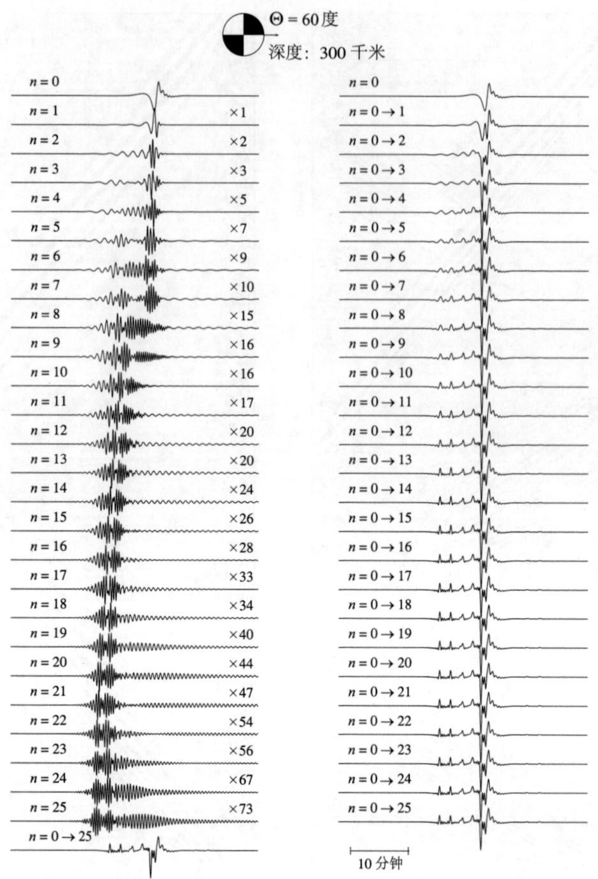

图 11.15 一个中等深度 ($h = 300$ 千米) 走滑断层的横向分量位移响应 $\hat{\mathbf{\Phi}} \cdot \mathbf{s}(\mathbf{x}, t)$。(顶图) 震源机制和源点–接收点几何关系示意图。(左) 基阶和前 25 个高阶环型模式分支对地震图的贡献，从最上面一道 $n = 0$ 开始，到倒数第二道 $n = 25$。图中标示了每个高阶分支的放大因子；例如，这里所画的 $n = 10$ 分支的地震图相对于基阶模式地震图放大了 16 倍。最下面一道显示的是 $n = 0 \to 25$ 的完整的合成地震图。(右) 每增加一个分支的累加效果。最上面一道地震图只包含基阶 ($n = 0$) 模式，第二道显示的是增加了第一高阶模式的效果，而第三道则包含 $n = 0 \to 2$ 的分支，以此类推。最后一道仍然是 $n = 0 \to 25$ 的完整的合成地震图

的瑞利波能够被走滑断层激发。更短和更长周期的瑞利波对走滑断层分别在更浅和更深的地方有类似的节点。由理想化的逆冲和正断层所激发的勒夫波也表现出占主导地位的四极辐射花样；而瑞利波则表现出一种各向同性结合双极的辐射花样。要注意的是，一个双力偶震源是可以没有方位上的节点的：一个深度为 100 千米、倾角为 45 度的断层的 100 秒瑞利波辐射是非常接近各向同性的。在浅部，勒夫和瑞利波辐射的最小值都与逆冲或正断层的 B 轴重合。

图 11.20 和图 11.21 分别显示了由走滑断层和 45 度倾角的逆冲断层所激发的勒夫波和瑞利波加速度图。绘图方式与图 10.16 和图 10.17 相同，只是为了凸显基阶面波，将模式叠加结果带通滤波到 20 至 250 秒周期，而不是 20 至 80 秒。在走滑断层的例子中，勒夫波在东北、东南、西南和

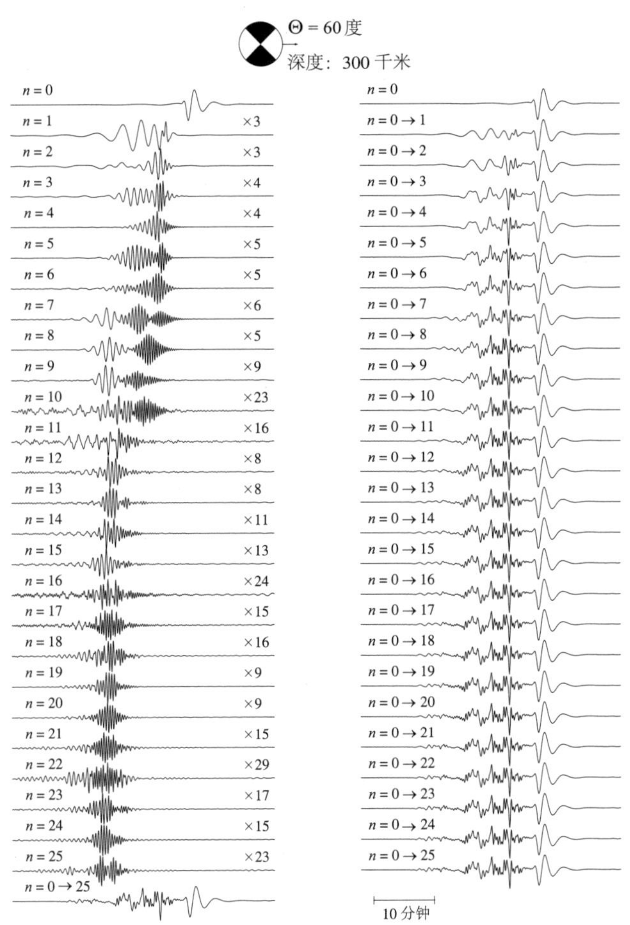

图 11.16 一个深度为300千米的走滑断层的径向分量位移响应$\hat{\mathbf{r}}\cdot\mathbf{s}(\mathbf{x},t)$。(顶图) 震源机制和源点–接收点几何关系示意图。(左) 基阶和前25个高阶球型模式分支对地震图的贡献，从最上面一道$n=0$开始，到倒数第二道$n=25$。图中标示了每个高阶分支的放大因子；例如，这里所画的$n=10$分支的地震图相对于基阶模式地震图放大了23倍。最下面一道显示的是$n=0\to25$的完整的合成地震图。(右) 每增加一个分支的累加效果。最上面一道地震图只包含基阶 ($n=0$) 模式，第二道显示的是增加了第一高阶模式的效果，而第三道则包含$n=0\to2$的分支，以此类推。最后一道仍然是$n=0\to25$的完整的合成地震图

西北方向的节点，以及瑞利波在北、东、南和西方向的节点显而易见。还要注意的是逆冲断层的勒夫波在北、东、南和西方向的节点以及瑞利波没有节点，但东西方向上的辐射占主导地位。

11.8 面波微扰理论

(9.12) 和 (9.20) 两式给出了球对称各向同性微扰$\delta\kappa$、$\delta\mu$、$\delta\rho$、δd或$\delta\alpha$、$\delta\beta$、$\delta\rho$、δd对自由振荡或驻波的本征频率${}_n\omega_l$产生的一阶效应。同样地，(9.30) 和 (9.39) 两式给出了横向各向同性微扰δC、δA、δL、δN、δF或$\delta\alpha_{\mathrm{v}}$、$\delta\alpha_{\mathrm{h}}$、$\delta\beta_{\mathrm{v}}$、$\delta\beta_{\mathrm{h}}$、$\delta\eta$的效应。如果我们将微扰后地球模型上

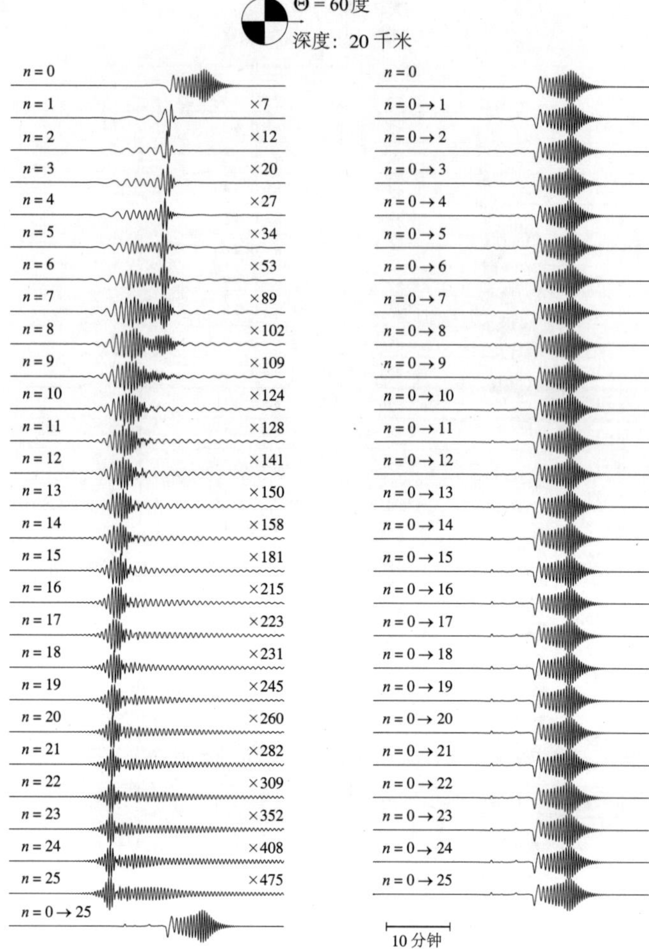

图 11.17　与图11.15相同，但震源为浅源 ($h = 20$ 千米) 走滑地震。注意这里高阶的放大因子大很多，表明基阶 ($n = 0$) 模式占主导地位

的行波频散关系表示为

$$\omega = \omega_n(k) + \delta\omega_n(k) \tag{11.89}$$

由此就可以用这些表达式来得到对于固定的波数 k，在第 n 个高阶分支上波的角频率变化 $\delta\omega_n(k)$。由于定量的面波分析是在频率域中进行的，因此最好将 (11.89) 改写为

$$k = k_n(\omega) + \delta k_n(\omega) \tag{11.90}$$

同时转为考虑在固定角频率 ω 时的波数变化 $\delta k_n(\omega)$。将微扰后的频散关系式 (11.89) 在微扰前的波数 $k_n(\omega)$ 附近展开，可以很容易地得到 $\delta k_n(\omega)$ 和 $\delta\omega_n(k)$ 这两个微扰之间的一阶关系：

$$\omega = \omega_n(k_n) + C_n(k - k_n) + \delta\omega_n(k_n) + \cdots \tag{11.91}$$

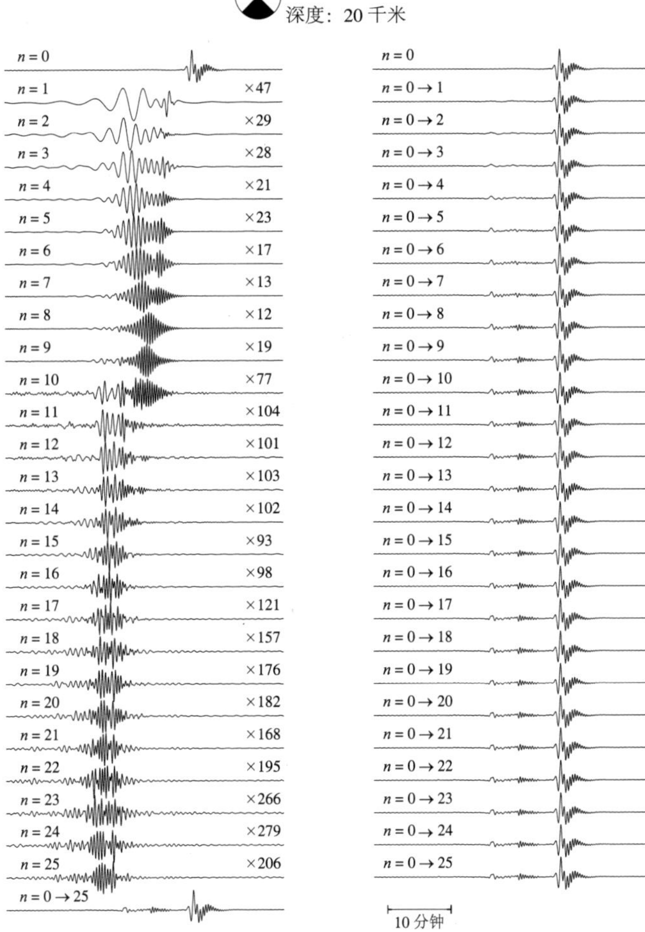

图 11.18 与图 11.16 相同，但震源为浅源 ($h = 20$ 千米) 走滑地震。注意这里高阶的放大因子大很多，表明基阶 ($n = 0$) 模式占主导地位

其中 $C_n = d\omega_n/dk$ 为群速度。因为微扰前地球的频散关系为 $\omega = \omega_n(k_n)$，(11.91) 的左边与其右边的第一项相互抵消。因此，波数的一阶变化 $\delta k_n = k - k_n$ 为

$$\delta k = -C^{-1}\delta\omega \tag{11.92}$$

为简化起见，我们在这里省略了阶数角标 n。在固定角频率 ω 时，一个波的相速度微扰可以简单地写为 $\delta c = -\omega k^{-2}\delta k$，因而 $\delta k/k$、$\delta c/c$ 和 $\delta\omega/\omega$ 这三个相对微扰之间有如下关系

$$\left(\frac{\delta k}{k}\right)_\omega = -\left(\frac{\delta c}{c}\right)_\omega = -\frac{c}{C}\left(\frac{\delta\omega}{\omega}\right)_k \tag{11.93}$$

图 11.22 展示了这里讨论的频率和波数的微扰 $\delta\omega$ 和 δk；比例关系 (11.92) 也可以根据图中的简单几何分析而得到。

11.8.1 相速度的弗雷歇导数

(11.93) 式使我们能够计算波数 k 或相速度 c 相对于用来给定球对称地球模型的参数的弗雷歇导数。例如，在各向同性模型中，相速度相对于压缩波速度 α、剪切波速度 β、密度 ρ 和不连续面半径 d 的弗雷歇导数可以用 (9.13)–(9.16) 和 (9.21)–(9.23) 中的积分核表示为

$$\left(\frac{\partial c}{\partial \alpha}\right)_{\beta,\rho,d} = \left(\frac{c^2}{C\omega}\right) K_\alpha \qquad \left(\frac{\partial c}{\partial \beta}\right)_{\alpha,\rho,d} = \left(\frac{c^2}{C\omega}\right) K_\beta \tag{11.94}$$

$$\left(\frac{\partial c}{\partial \rho}\right)_{\alpha,\beta,d} = \left(\frac{c^2}{C\omega}\right) K'_\rho \qquad \left(\frac{\partial c}{\partial d}\right)_{\alpha,\beta,\rho} = \left(\frac{c^2}{C\omega}\right) K_d \tag{11.95}$$

其中下角标指出在微分过程中除了角频率 ω 外，所有其他保持恒定的变量。这些 c、k 和 ω 的导数的"形状"是相同的，表明行波或驻波对于在不同深度上地球性质的变化的敏感程度是相同的；比较 (11.94)–(11.95) 与 (9.24)–(9.25) 可以看出这三个敏感度积分核只在绝对量级上有所不同。

在图 11.23 和图 11.24 中，我们展示了几个等价于基阶和第一高阶勒夫和瑞利波模式的弗雷歇导数 $(\partial c/\partial\alpha)_{\beta,\rho,d}$ 和 $(\partial c/\partial\beta)_{\alpha,\rho,d}$；在所有例子中，自变量均为深度除以渐近面波波长:

$$\frac{z}{\lambda} = \frac{a-r}{2\pi k^{-1}} \tag{11.96}$$

我们可以看到，用这种无量纲方式缩放后的深度，对于一给定的面波频散分支，所有的敏感度积

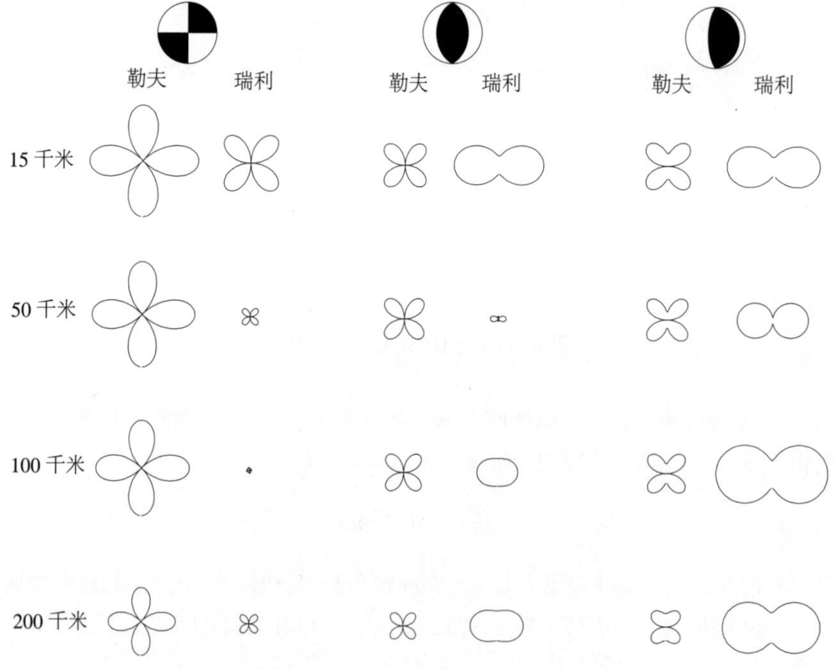

图 11.19 走滑断层 (左)、45 度倾角逆冲断层 (中) 以及低倾角或高倾角逆冲断层 (右) 所辐射的勒夫波和瑞利波在不同方向的振幅。相关的震源机制显示于图的上方；其下的几行呈现了极坐标中深度为 h = 15–200 千米震源的辐射花样 $|R(\Phi)|$。所有图中波的周期均为 $2\pi/\omega = 100$ 秒；且所有花样均用相同的比例绘制

分核看上去都完全一样! 一个值得牢记的“经验法则”是，基阶的勒夫和瑞利波分别可以“感受”

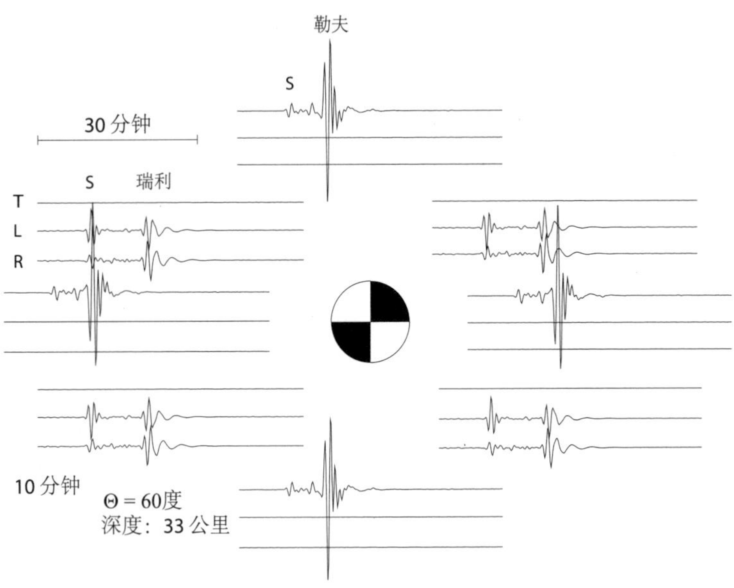

图 11.20　辐射花样 $R(\Phi)$ 对面波加速度图的影响。震源是位于 $h = 33$ 千米深度的垂直走滑断层；图中央的沙滩球中黑白区域分别对应下半震源球上P波的压缩和膨胀的象限。接收点位于地震的 (从最上方按顺时针方向) 北方、东北方、东方、东南方、南方、西南方、西方和西北方，震中距均为 $\Theta = 60$ 度。图中标示了横向 (T)、纵向 (L) 和径向 (R) 分量以及S波、勒夫波和瑞利波讯号。与图 10.16 相同，只是这里将模式叠加结果带通滤波到 20 至 250 秒周期，以便更加凸显面波

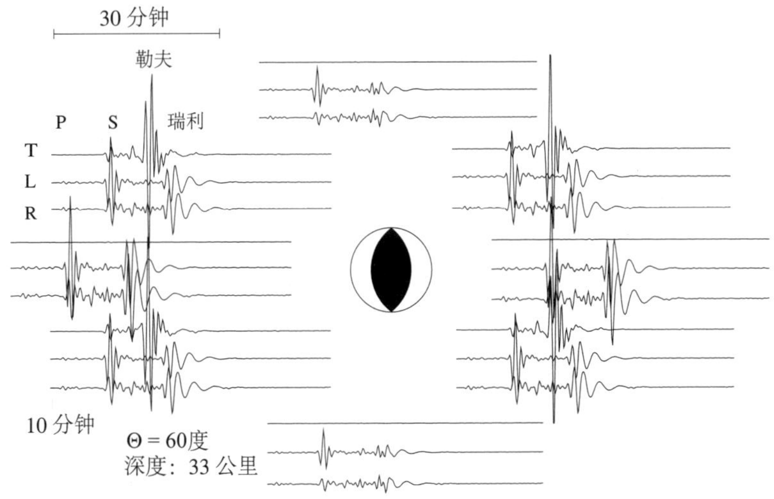

图 11.21　与图 11.20 相同，但震源为浅源 ($h = 33$ 千米) 逆冲断层。图中标示了横向 (T)、纵向 (L) 和径向 (R) 分量以及S波、勒夫波和瑞利波讯号。这是图 10.17 的面波图像

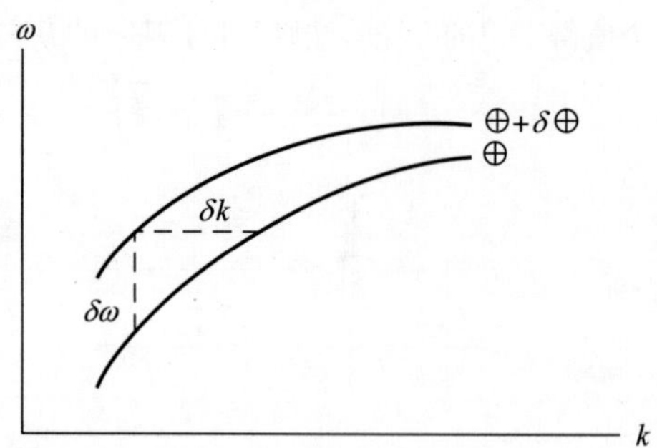

图 11.22　两个地球模型 ⊕ 和 ⊕ + δ⊕ 的频散曲线示意图。如果在固定波数 k 下频率的微扰 $\delta\omega$ 为正，那么在固定频率下波数的微扰 δk 则为负。这两个一阶微扰之间的关系是 $\delta k = -C^{-1}\delta\omega$，其中 $C = d\omega/dk$ 是微扰前曲线的斜率

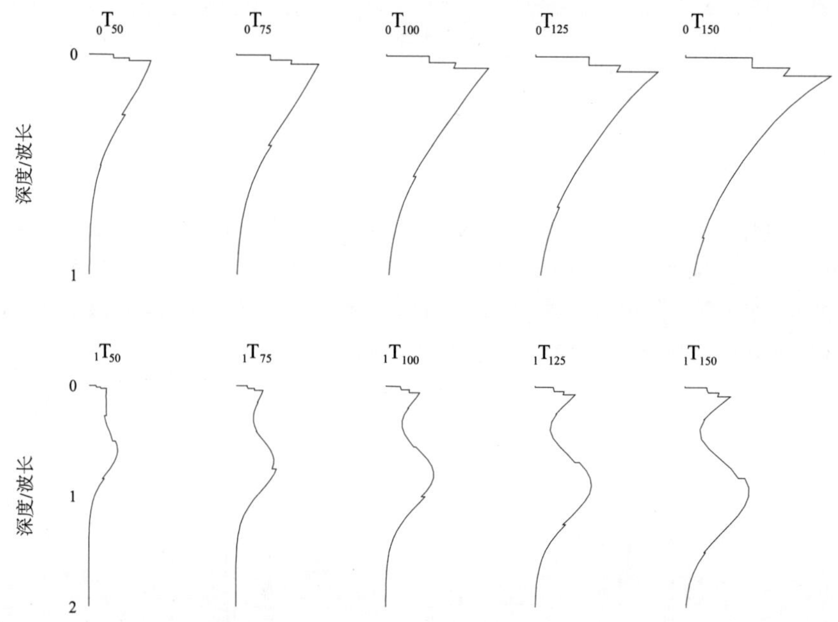

图 11.23　几个基阶 (上) 和第一高阶 (下) 勒夫波等价模式的弗雷歇导数 $(\partial c/\partial\beta)_{\alpha,\rho,d}$ 随无量纲化深度 z/λ 的变化

到从地表到约 1/4 和 1/2 个波长深度范围内的剪切波速度 β 的微扰：

$$z_{\mathrm{L}} \approx \lambda/4 \qquad z_{\mathrm{R}} \approx \lambda/2 \tag{11.97}$$

因此，勒夫波比瑞利波能够更强烈地受到岩石圈中剪切波速显著的横向变化的影响。第一高阶勒夫和瑞利波能够极大地改善在深部的分辨率；它们对于 β 微扰的敏感度可以分别延伸到约 1 个和 1.5 个波长的深度。这使得在上地幔层析成像反演中加入高阶模式的频散测量或是由拟合等价的 $\mathrm{SS}+\mathrm{SSS}+\cdots$ 体波而得到的约束变得十分有益。基阶的瑞利波对于浅部的压缩波速度 α 的变化

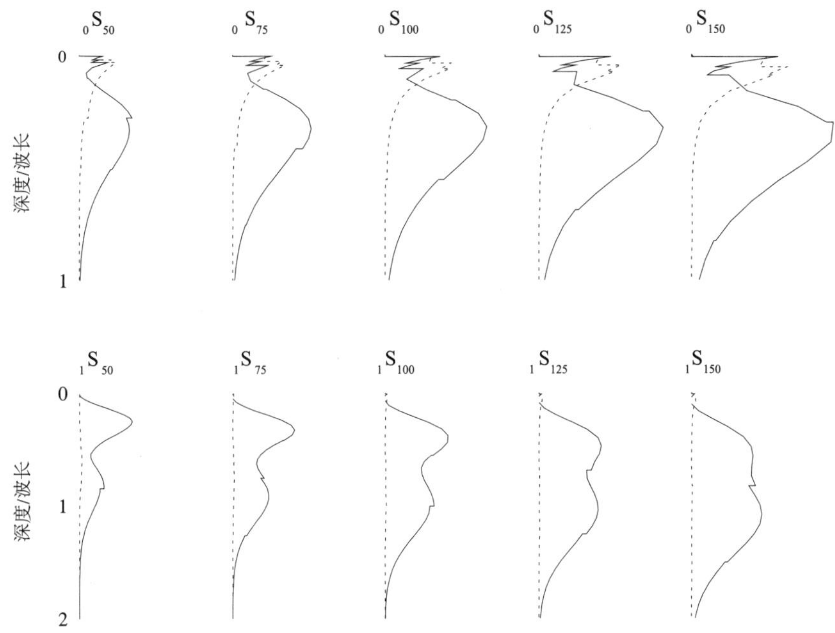

图 11.24 几个基阶 (上) 和第一高阶 (下) 瑞利波等价模式的弗雷歇导数 $(\partial c/\partial\alpha)_{\beta,\rho,d}$ (虚线) 和 $(\partial c/\partial\beta)_{\alpha,\rho,d}$ (实线) 随无量纲化深度 z/λ 的变化

也有有限的敏感度，约到1/8个波长的深度。高阶的瑞利波基本上不依赖于α。

11.8.2 群速度的弗雷歇导数

模型参数的微扰群速度的影响可以通过对(11.41)这一关系做弗雷歇微分而得到。C相对于任一模型参数$m=\alpha,\beta,\rho,d,\cdots$的弗雷歇导数为

$$\frac{\partial C}{\partial m}=\frac{C}{c}\left(2-\frac{C}{c}\right)\frac{\partial c}{\partial m}+\omega\left(\frac{C}{c}\right)^2\frac{\partial}{\partial\omega}\left(\frac{\partial c}{\partial m}\right) \tag{11.98}$$

(11.98)式的最后一项可以通过对相速度敏感度积分核$\partial c/\partial m$的一阶差分数值微分来计算(Rodi, Glover, Li & Alexander 1975)。或者也可以将$\partial_\omega(\partial c/\partial m)$用$\partial_\omega U$、$\partial_\omega V$、$\partial_\omega W$和$\partial_\omega\phi$这些量来表示，而这些本征函数的频率导数可以通过对它们所满足的径向方程和边界条件做微分来计算(Gilbert 1976b)。$(\partial c/\partial\beta)_{\alpha,\rho,d}$和$(\partial C/\partial\beta)_{\alpha,\rho,d}$这两个剪切波敏感度积分核在细节上有很大差异；然而，(11.97)式所表示的基阶勒夫和瑞利波趋肤深度的“经验法则”同时适用于群速度和相速度的导数。

第 12 章　模式–射线二象性

在高频极限，地震的远场响应可以方便地用传播的SH和P-SV体波来表示。地震图上的体波部分可以用一系列沿源点和接收点之间各种射线传播的脉冲或震相来模拟。自由表面与诸如核幔边界之类的不连续面会产生反射波，如pP、PP、PcP以及sS、SS、ScS。几何光学或射线理论提供了各种体波震相的到时和振幅的计算方法。在本章中，我们来探讨地震响应的经典射线理论表述与正交归一化模式叠加表述之间的对应关系。对于这一*模式–射线二象性*有两方面互补的含义，我们都会加以讨论。我们首先考虑“从射线到模式”这一问题，展示每一个环型或球型自由振荡模式均可以被视为传播体波的叠加。利用基于相长干涉这一思想的简单物理推论，我们得到SNREI地球模型的本征频率公式，具体地重现第8章所讨论的频散图中的主要定性特征。为进一步确认那些公式，我们接着对自由振荡所满足的径向微分方程组和边界条件做正规的JWKB分析，通过这一分析还能得到相关的环型与球型振荡本征函数的渐近公式。最后，我们通过考虑“从模式到射线”这一问题来闭合这一逻辑环路。利用得到的JWKB本征频率与本征函数，我们证明第10章得到的地震响应模式叠加表达式与SH和P-SV体波叠加在渐近意义上是等价的，两者都包含了所有可能的反射、透射、转换与回声波。

12.1　射线理论入门

我们首先简单回顾一下SNREI地球模型中的地震射线理论。这里的讨论并不是要取代Bullen (1963) 对该议题的经典入门书籍或是Aki 和 Richards (1980)、Ben-Menahem 和 Singh (1981) 的优雅而权威的论述。我们不会重复那些更全面的参考文献中已经给出的推导过程；只是建立一套在后面的渐近分析中要用到的前后一致的射线理论符号和公式系统。在12.4.5节会简短地讨论一下如何推广到横向各向同性地球模型。

12.1.1　专有名词

同第8章一样，我们遵循地震学的标准习惯来标记直达、反射和转换地震波射线。分别用P、K或I代表地幔、液态外核或固态内核的压缩波，而用S或J表示地幔或内核的剪切波。在地球内部一个以上的固态或液态区域传播的复合震相则有连成一串符号的名称，如SKS和PKIKP。分别用小写c和i来表示在核幔边界和内核边界上侧的反射波，如ScS和PKiKP。重复的大写字母则表示在这两个边界下侧的反射，如SKKS和PKIIKP。从源点出发向上传播并立即在自由表面下侧发生反射的被称为pP、sP、pS或sS，而从源点出发向下传播并在源点到接收点的半途处自由表面反射的则为PP、SP、PS和SS。为简单起见，我们不考虑任何由海水层、地壳或上地幔不连续面而造成的复杂性；因而忽略了海底的多重反射波以及固–固界面的反射或转换波如PmP、$\mathrm{S_{660}S}$或$\mathrm{S_{410}P}$。在我们的模式–射线二象性分析中做明确考虑的内部不连续面只有核幔边界和内核边界这两个固–液边界，它们也绝对是地球内部最强烈的地震不连续面。我们将会看到，它们是影响环型和球型振荡的渐近本征频谱定性特征的根本因素。我们假定弹性性质和密度在固态内核$0 \leqslant r \leqslant c$、液态外核$c \leqslant r \leqslant b$和地幔$b \leqslant r \leqslant a$内部都是光滑的。我们分别用带有$+$和$-$符号的角标$a$、$b$和$c$来表示某个变量在相应边界的上侧和下侧取值。

12.1.2 射线参数

在球对称地球模型中，所有地震射线都在源点–接收点的大圆面内。用v表示压缩波速α或剪切波速β，i为射线与局地垂直向上之间所夹的入射角，如图12.1所示。沿射线下行或上行段，波传播方向的单位慢度矢量为

$$\hat{\mathbf{p}} = \hat{\mathbf{r}}\cos i + \hat{\mathbf{\Theta}}\sin i \tag{12.1}$$

其中$\hat{\mathbf{r}}$ 和 $\hat{\mathbf{\Theta}}$为震中球极坐标系的坐标。在地球中任意两点之间，r、i和v这三个量都在变化；而射线参数

$$p = \frac{r\sin i}{v} \tag{12.2}$$

则为沿射线的一个常数。因此，从源点出发的不同射线可以用它们的射线参数来做识别或区分。一条射线参数为p的射线路径可以通过求解如下三个一阶方程得到

$$\frac{dr}{ds} = \cos i \qquad \frac{d\Theta}{ds} = r^{-1}\sin i \qquad \frac{di}{ds} = pr^{-1}(\dot{v} - v/r) \tag{12.3}$$

从(12.3)中消去作为独立变量的沿射线的路径长度s，可以得到一对耦合的方程组

$$\frac{dr}{d\Theta} = r\cot i \qquad \frac{di}{d\Theta} = r(\dot{v}/v) - 1 \tag{12.4}$$

利用初始条件$r(0) = r'$和$i(0) = i'$，可以将该方程组做数值积分得到$r(\Theta)$和$i(\Theta)$，这里撇号表示在源点位置$\mathbf{x}'$取值。由于在射线的折返点即最小半径R处，入射角为$i = \pi/2$，固$dr/d\Theta = 0$，因而射线参数化简为$p = R/v(R)$。无论何时，如果有必要区分P、S、K、I和J波的折返点，我们将分别用R_{P}、R_{S}、R_{K}、R_{I}和R_{J} 来表示。

本多夫(Benndorf)关系将射线参数p与射线的走时T及其走过的角距离Θ联系起来：

$$p = \frac{dT}{d\Theta} \tag{12.5}$$

(12.5)表明p为角慢度，即走时曲线的斜率。在传播方向上的总慢度为 v^{-1}，因此一个地震波无

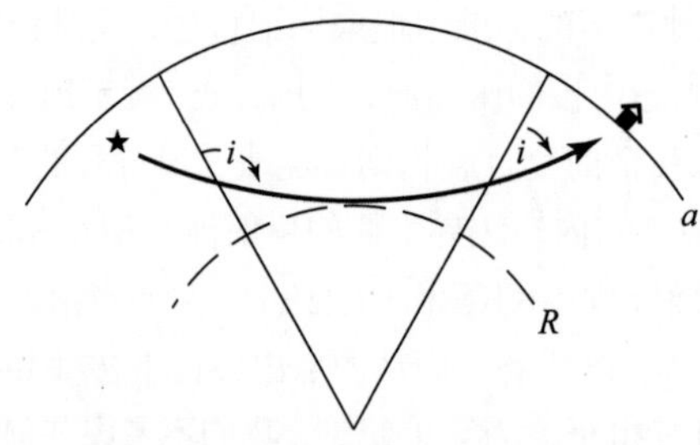

图 12.1 从源点 (星号) 到接收点 (狗舍) 的一条折返射线，其下行段入射角范围为 $\pi \geqslant i \geqslant \pi/2$，上行段为$\pi/2 \geqslant i \geqslant 0$

论在射线的上行或下行段其径向慢度的大小均为

$$q = \sqrt{v^{-2} - p^2 r^{-2}} \tag{12.6}$$

对于角频率$\omega > 0$的波，在折返半径以下的瞬逝波区域，我们选择(12.6)中平方根的分枝切割，使得 $\mathrm{Im}\, q \geqslant 0$。在有必要明确的地方，我们将用带有角标的符号$q_\alpha$和$q_\beta$来区分压缩波和剪切波的径向慢度。

12.1.3 走时和距离

T和Θ这两个量可以通过将微分走时$dT = v^{-1}ds$和角距离$d\Theta = r^{-1}\sin i\, ds$沿相应的射线路径积分得到。对于射线两端均位于地球表面这一最简单的情形，我们有

$$T = 2\int_R^a \frac{v^{-2}}{q}\, dr \qquad \Theta = 2\int_R^a \frac{pr^{-2}}{q}\, dr \tag{12.7}$$

其中因子2是为了包括射线的下行和上行两段。对于反射波如ScS或PKiKP，积分的下限R需要用 b或c取代。对于包含多次反射以及掩埋在地表以下的源点或接收点的更复杂情形，也可以很容易地通过对相应的射线段改变积分上限a，再合并所有积分来处理。

(12.7)及其推广形式以射线参数p的函数形式给定了走时$T(p)$和角距离$\Theta(p)$；这两个关系又以参数形式定义了相关的走时曲线$T(\Theta)$。通过考虑dT/dp和$d\Theta/dp$这两个导数之间的比值可以证明本多夫关系(12.5)。为简单起见，我们假定在软流圈中压缩波与剪切波速度随深度均没有剧

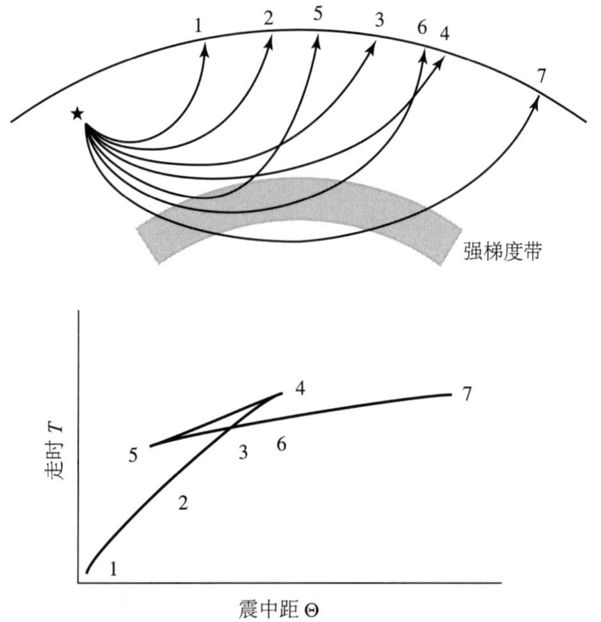

图 12.2 由较强的波速梯度$\dot{v} < 0$导致的走时曲线三重化示意图。(上)射线1至7具有单调下降的射线参数，即$p_1 > \cdots > p_7$；震中距$\Theta(p)$为一光滑但多值函数。(下)相应的走时曲线$T(\Theta)$；位于Θ_4和Θ_5之间的接收点均有三条理论射线到时

烈的下降，即在地球模型中任何地方均有$\dot{v} < v/r$。这样，(12.4)式保证了$di/d\Theta < 0$，因而在地幔$b \leqslant r \leqslant a$中所有半径上都有一条射线折返，*不存在影区*；任何像上地幔过渡带中可能会有的那种速度随深度的急剧增加，都会导致走时曲线的折叠即*三重化*，如图12.2中示意性展示的。走时曲线的尖端会带来焦散现象；沿晚到分支的第三个到达的波经过了焦散，而前两个到达的波则没有经过（见12.1.8节）。

12.1.4 截距时间

如图12.3所示，走时曲线的切线在垂直轴上的截距是

$$\tau = T - p\Theta \tag{12.8}$$

利用关系式(12.7)，我们发现该截距时间是径向慢度的积分：

$$\tau = 2\int_R^a q\,dr \tag{12.9}$$

值得注意的是，在τ的这个积分公式中，走时T和震中距Θ所特有的折返点处的q^{-1}奇异性被消除了。对于反射波或者起点与终点不在地球表面的波，需要改变(12.9)式中的积分限；例如，内核的 J 波的截距时间是剪切波径向慢度q_β从R_J到内核边界半径c的积分的两倍。

另一个从$T-\Theta$变换到$\tau-p$的优点是它将上地幔三重化“展开了”；截距时间τ始终是随射线参数p*单调下降*的函数，其斜率为

$$\frac{d\tau}{dp} = -\Theta \tag{12.10}$$

图12.4显示了模型1066A (Gilbert & Dziewonski 1975)中所有主要地震波的$\tau-p$曲线。模型中剥去了地壳，并且将地幔的α、β、ρ结构参数光滑地外推至地表$r = a$，从而使模型中只有两个内部不连续面。在下面的讨论中，我们将用带角标的符号如τ_P或τ_{ScS}来区分不同的几何震相。图中并没有显示复合震相如PP或SKKS的曲线；不过，它们的曲线可以很容易地通过将主要震相的曲线相加或相减得到。

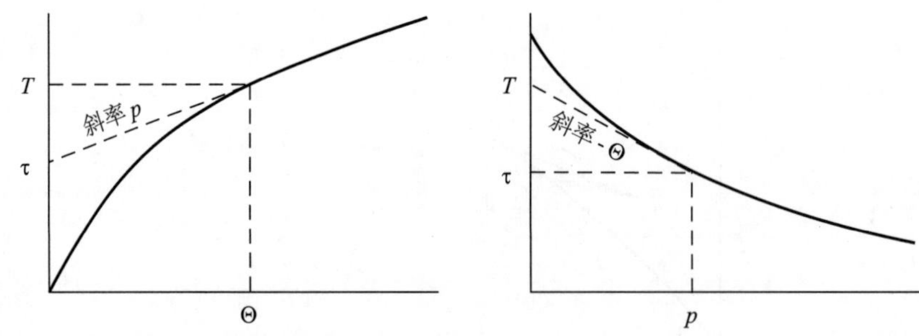

图 12.3 (*左*) T随Θ的变化曲线与截距时间τ的示意图。(*右*) 相应的τ随射线参数p的变化。两条曲线的导数分别为$dT/d\Theta = p$和$d\tau/dp = -\Theta$

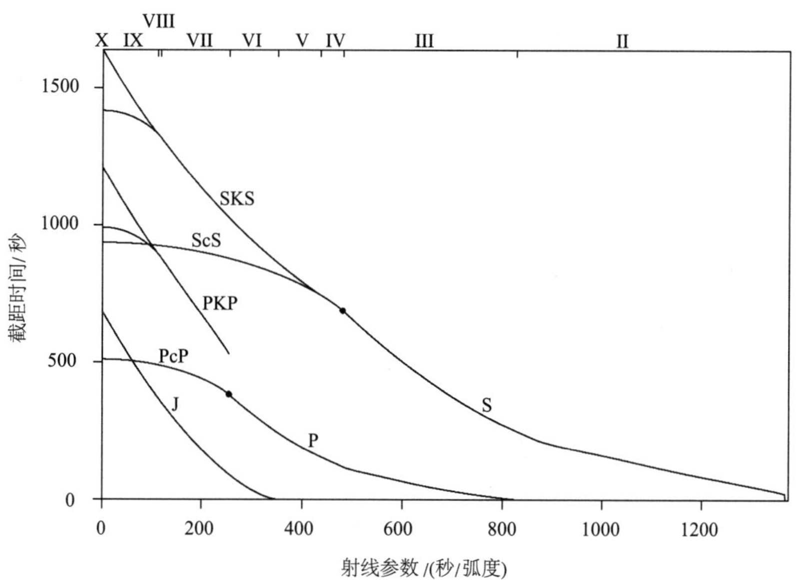

图 12.4　剥去地壳的模型1066A中主要震相的截距时间τ随射线参数p的变化曲线。图的顶部标注了P-SV区段II–X。区段I的边界$p = a/\beta_a$位于最右端。曲线上的黑点显示P到PcP和S到ScS变化的拐点。在射线参数较小处，PKP曲线分为 (低) PKiKP和 (高) PKIKP两个分支；同样地，SKS曲线分为 (低) SKiKS 和 (高) SKIKS两个分支

12.1.5　偏振

图12.5显示了本书中用来表示P、SV或SH波质点运动正方向的符号规定。一条沿Θ增加方向传播的射线，无论是上行段还是下行段，三种波的偏振矢量均可以显式表示为

$$\hat{\boldsymbol{\eta}}_{\mathrm{P}} = \hat{\mathbf{r}}\cos i + \hat{\boldsymbol{\Theta}}\sin i \qquad \hat{\boldsymbol{\eta}}_{\mathrm{SV}} = \hat{\mathbf{r}}\sin i - \hat{\boldsymbol{\Theta}}\cos i$$

$$\hat{\boldsymbol{\eta}}_{\mathrm{SH}} = -\hat{\boldsymbol{\Phi}} \tag{12.11}$$

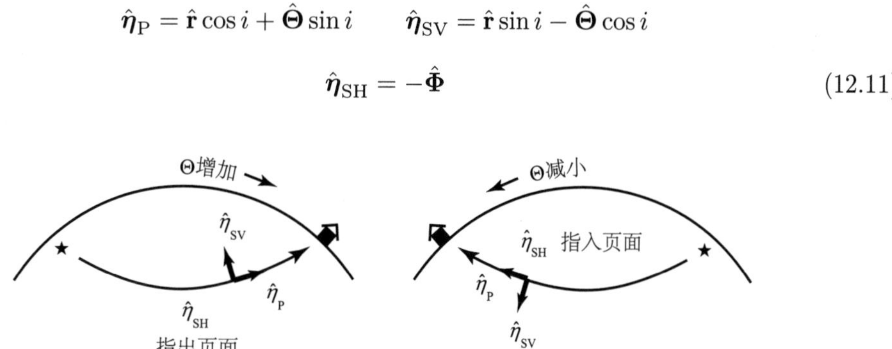

图 12.5　正确的射线记录方式要求P、SV或SH波偏振为正的方向$\hat{\boldsymbol{\eta}}$要有一贯的定义。图中显示的是我们对传播方向为Θ增加(左)或Θ减小(右)的射线的定义

对于沿反方向传播的波，所有的偏振矢量均反向，即若$\Theta \to -\Theta$，则$\hat{\boldsymbol{\eta}} \to -\hat{\boldsymbol{\eta}}$，此处$\hat{\boldsymbol{\eta}}$代表$\hat{\boldsymbol{\eta}}_{\mathrm{P}}$、$\hat{\boldsymbol{\eta}}_{\mathrm{SV}}$或$\hat{\boldsymbol{\eta}}_{\mathrm{SH}}$中任意一个。普遍的规则是，在传播面内面向传播方向，压缩波的偏振正方向$\hat{\boldsymbol{\eta}}_{\mathrm{P}}$指

向前方，而SV波的偏振正方向 $\hat{\boldsymbol{\eta}}_{\mathrm{SV}}$ 在沿 Θ 增加（减小）方向传播的射线上指向上（下）方，SH波的偏振正方向 $\hat{\boldsymbol{\eta}}_{\mathrm{SH}}$ 指向右边。

12.1.6 反射和透射系数

为了表示平面SH和P-SV波在地球的自由表面以及核幔和内核边界处经典的反射和透射系数，我们对Aki 和 Richards (1980) 中所采用的便于记忆的符号做一些变更。在我们的讨论中会用到控制波的振幅与相应能量通量的两种系数；分别用斜体字母 P、S、K、I 和 J 与草书体字母 $\mathcal{P}$、$\mathcal{S}$、$\mathcal{K}$、$\mathcal{I}$ 和 $\mathcal{J}$ 来表示，同时用抑音与尖音符号来分别表示下行与上行波的传播方向。SH波入射到自由表面或固–液边界时均发生全反射。此时两种反射系数相等，均为：$\acute{S}\grave{S} = \grave{S}\acute{S} = \acute{J}\grave{J} = \acute{\mathcal{S}}\grave{\mathcal{S}} = \grave{\mathcal{S}}\acute{\mathcal{S}} = \acute{\mathcal{J}}\grave{\mathcal{J}} = 1$。

在P-SV波的相长干涉分析中，比较方便的做法是用斜体字母系数来表示出射与入射波位移的径向向上分量的比值 $(\hat{\mathbf{r}}\cdot\mathbf{s})_{\mathrm{out}}/(\hat{\mathbf{r}}\cdot\mathbf{s})_{\mathrm{inc}}$ 作为反射与透射系数，而不是用Aki 和 Richards (1980) 中的整个位移矢量的振幅比。在地球的自由表面，P-SV波径向分量反射系数的表达式为

$$\acute{P}\grave{P} = \frac{-4p^2a^{-2}q_\alpha(a)q_\beta(a) + (\beta_a^{-2} - 2p^2a^{-2})^2}{4p^2a^{-2}q_\alpha(a)q_\beta(a) + (\beta_a^{-2} - 2p^2a^{-2})^2} \tag{12.12}$$

$$\acute{S}\grave{P} = \frac{4(\beta_a^{-2} - 2p^2a^{-2})q_\alpha(a)q_\beta(a)}{4p^2a^{-2}q_\alpha(a)q_\beta(a) + (\beta_a^{-2} - 2p^2a^{-2})^2} \tag{12.13}$$

$$\acute{P}\grave{S} = \frac{4(\beta_a^{-2} - 2p^2a^{-2})p^2a^{-2}}{4p^2a^{-2}q_\alpha(a)q_\beta(a) + (\beta_a^{-2} - 2p^2a^{-2})^2} \tag{12.14}$$

$$\acute{S}\grave{S} = \frac{4p^2a^{-2}q_\alpha(a)q_\beta(a) - (\beta_a^{-2} - 2p^2a^{-2})^2}{4p^2a^{-2}q_\alpha(a)q_\beta(a) + (\beta_a^{-2} - 2p^2a^{-2})^2} \tag{12.15}$$

其中 $p = a\sin i_{\mathrm{P}}/\alpha_a = a\sin i_{\mathrm{S}}/\beta_a$ 为射线参数。(12.12)–(12.15) 中的四个系数满足对称关系

$$\acute{P}\grave{P} = -\acute{S}\grave{S} \qquad \acute{P}\grave{P}\,\acute{S}\grave{S} - \acute{P}\grave{S}\,\acute{S}\grave{P} = -1 \tag{12.16}$$

P-SV波在核幔边界和内核边界的反射和透射系数与此类似，但更为复杂，Zhao 和 Dahlen (1993) 给出了它们的表达式。

P-SV体波的格林张量用草书体字母形式的反射与透射系数可以更方便地表示，这些系数是带正负号的动能加势能的平方根的比值，即 $[|\rho v\cos i|^{1/2}(\boldsymbol{\eta}\cdot\mathbf{s})]_{\mathrm{out}}/[|\rho v\cos i|^{1/2}(\boldsymbol{\eta}\cdot\mathbf{s})]_{\mathrm{inc}}$。P波的偏振正方向矢量 $\hat{\boldsymbol{\eta}}$ 总是指向传播方向，而在 Θ 增加与减小的方向传播的SV波其偏振正方向分别指向射线的上方或下方，如图12.6所示。这种正负号的选择与图12.5中折返射线所采用的一致，但与Aki 和 Richards (1980) 所使用的相应规则有所不同。在自由表面 $r = a$ 处，(能量 $)^{1/2}$ 的系数为

$$\acute{\mathcal{P}}\grave{\mathcal{P}} = \acute{\mathcal{S}}\grave{\mathcal{S}} = \frac{4p^2a^{-2}q_\alpha(a)q_\beta(a) - (\beta_a^{-2} - 2p^2a^{-2})^2}{4p^2a^{-2}q_\alpha(a)q_\beta(a) + (\beta_a^{-2} - 2p^2a^{-2})^2} \tag{12.17}$$

$$\acute{\mathcal{P}}\grave{\mathcal{S}} = -\acute{\mathcal{S}}\grave{\mathcal{P}} = \frac{4(\beta_a^{-2} - 2p^2a^{-2})pa^{-1}\sqrt{q_\alpha(a)q_\beta(a)}}{4p^2a^{-2}q_\alpha(a)q_\beta(a) + (\beta_a^{-2} - 2p^2a^{-2})^2} \tag{12.18}$$

(12.17)–(12.18) 适用于沿 Θ 增加方向传播的波；对于沿反方向传播的波 $\acute{\mathcal{P}}\grave{\mathcal{P}}$ 和 $\acute{\mathcal{S}}\grave{\mathcal{S}}$ 不变，但 $\acute{\mathcal{P}}\grave{\mathcal{S}}$

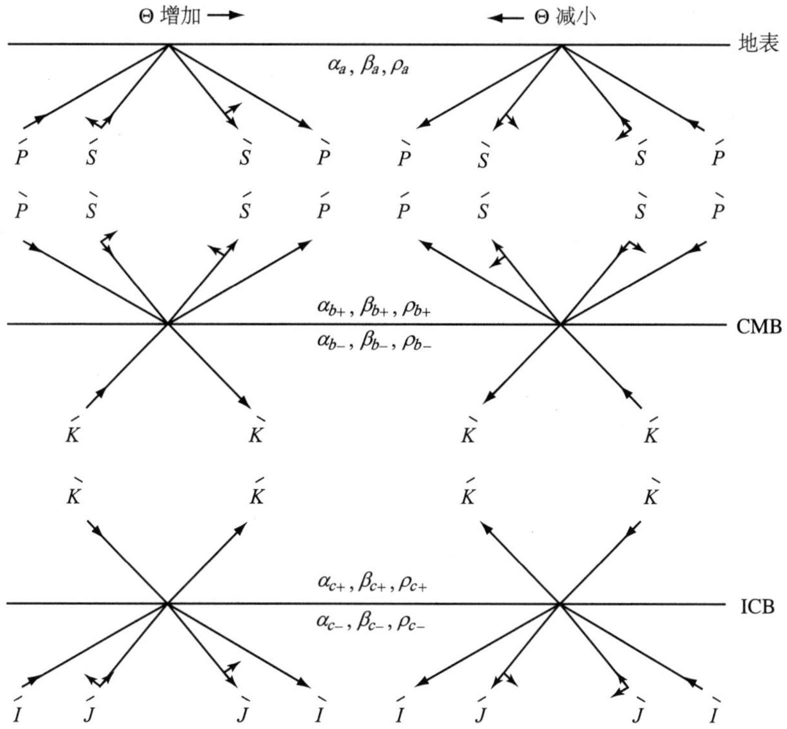

图 12.6 表示P-SV波在自由表面、核幔边界(CMB)和内核边界(ICB)反射和透射系数所使用符号的示意图。正体与斜体字母表示的系数均遵循这些规则。所有入射与出射的P、S_V、K、I和J波的偏振正方向$\hat{\boldsymbol{\eta}}$均由图中箭头指明

和$\acute{\mathcal{S}}\grave{\mathcal{P}}$会变号。如果我们把这些系数排列成正向与反向的散射矩阵

$$\mathsf{S}_{\pm} = \begin{pmatrix} \acute{\mathcal{P}}\grave{\mathcal{P}} & \pm\acute{\mathcal{P}}\grave{\mathcal{S}} \\ \pm\acute{\mathcal{S}}\grave{\mathcal{P}} & \acute{\mathcal{S}}\grave{\mathcal{S}} \end{pmatrix} \tag{12.19}$$

那么这种方向与正负号的变换可以写成简洁的形式

$$\mathsf{S}_{-} = \mathsf{S}_{+}^{\mathrm{T}} \qquad \mathsf{S}_{+} = \mathsf{S}_{-}^{\mathrm{T}} \tag{12.20}$$

其中加号和减号角标表示水平传播方向。很容易验证正向与反向散射矩阵在下式的意义上互为逆矩阵

$$\mathsf{S}_{+}\mathsf{S}_{-} = \mathsf{S}_{-}\mathsf{S}_{+} = \mathsf{I} \tag{12.21}$$

(12.21)式表达的是在地表的入射与出射能量的守恒：

$$\acute{\mathcal{P}}\grave{\mathcal{P}}^2 + \acute{\mathcal{P}}\grave{\mathcal{S}}^2 = \acute{\mathcal{S}}\grave{\mathcal{S}}^2 + \acute{\mathcal{S}}\grave{\mathcal{P}}^2 = 1 \tag{12.22}$$

在核幔边界，P-SV 的能量分配满足与 (12.19) 类似的一对 3×3 散射矩阵：

$$\mathsf{S}_{\pm}=\begin{pmatrix} \grave{\mathcal{P}}\acute{\mathcal{P}} & \pm\grave{\mathcal{P}}\acute{\mathcal{S}} & \grave{\mathcal{P}}\acute{\mathcal{K}} \\ \pm\grave{\mathcal{S}}\acute{\mathcal{P}} & \grave{\mathcal{S}}\acute{\mathcal{S}} & \pm\grave{\mathcal{S}}\acute{\mathcal{K}} \\ \acute{\mathcal{K}}\acute{\mathcal{P}} & \pm\acute{\mathcal{K}}\acute{\mathcal{S}} & \acute{\mathcal{K}}\grave{\mathcal{K}} \end{pmatrix} \tag{12.23}$$

在内核边界相应的矩阵为

$$\mathsf{S}_{\pm}=\begin{pmatrix} \grave{\mathcal{K}}\acute{\mathcal{K}} & \grave{\mathcal{K}}\grave{\mathcal{I}} & \pm\grave{\mathcal{K}}\grave{\mathcal{J}} \\ \acute{\mathcal{I}}\acute{\mathcal{K}} & \acute{\mathcal{I}}\grave{\mathcal{I}} & \pm\acute{\mathcal{I}}\grave{\mathcal{J}} \\ \pm\acute{\mathcal{J}}\acute{\mathcal{K}} & \pm\acute{\mathcal{J}}\grave{\mathcal{I}} & \acute{\mathcal{J}}\grave{\mathcal{J}} \end{pmatrix} \tag{12.24}$$

在一个固–固界面，一个入射 SH 波会产生一个反射波和一个透射波，而一个 P 波或 SV 波则会产生四个出射波。将 P-SV 和 SH 的结果合并在一起，我们可以把全部的能量分配表示成一个 6×6 的散射矩阵

$$\mathsf{S}_{\pm}=\begin{pmatrix} \mathsf{S}_{\pm}^{\text{P-SV}} & 0 \\ 0 & \mathsf{S}_{\pm}^{\text{SH}} \end{pmatrix} \tag{12.25}$$

其中 $\mathsf{S}_{\pm}^{\text{P-SV}}$ 和 $\mathsf{S}_{\pm}^{\text{SH}}$ 分别为 4×4 和 2×2 矩阵。自由表面与固–液界面的散射矩阵 (12.19) 和 (12.23)–(12.24) 也可以扩充为相应的 P-SV 加 SH 系统的矩阵，只要将其子矩阵 $\mathsf{S}_{\pm}^{\text{P-SV}}$ 和 $\mathsf{S}_{\pm}^{\text{SH}}=\mathsf{I}$ 适当地用 0 和 1 做填充。每一对正向与反向 6×6 散射矩阵 $\mathsf{S}_{\pm}$ 均满足 (12.20)–(12.21) 这两个动力学对称关系。Kennett (1983) 对形如 (12.25) 的界面的以及更普遍的弹性散射矩阵的特性做了全面的分析。他所选择的归一化条件是为了便于用反射率方法计算体波合成地震图，与我们这里使用的不同。在我们的几何约定中，所有的波在折返或反射时均“携带”其偏振信息，这一做法更适用于射线理论的计算。

12.1.7 几何扩散

在地球的主要不连续面之间的光滑区域，高频地震波的振幅变化受到环绕其相关射线的所谓射线束的聚焦与散焦的控制。一个时变的 P、SV 或 SH 波的能量通量是 $\mathbf{K}=\omega^2\rho v A^2\hat{\mathbf{p}}$，其中 A 是频率域位移的振幅。考虑一条从位于 $\mathbf{x}'$ 的源点出发的射线，后续相继经过 $\mathbf{x}_1$ 和 $\mathbf{x}_2$ 两点，如图 12.7 所示。在没有非弹性耗散的情形下，能量守恒要求 $\|\mathbf{K}\|_1\,d\Sigma_1=\|\mathbf{K}\|_2\,d\Sigma_2$，其中 $d\Sigma$ 为围绕射线束的微分截面面积；在 $\mathbf{x}_1$ 和 $\mathbf{x}_2$ 两点波的振幅之间的关系为

$$\frac{A_2}{A_1}=\left(\frac{\rho_2 v_2}{\rho_1 v_1}\right)^{-1/2}\left|\frac{d\Sigma_2}{d\Sigma_1}\right|^{-1/2} \tag{12.26}$$

绝对值的引入是为了将振幅变化规律 (12.26) 推广到射线通过一个或多个焦散的情形 (见 12.1.8 节)。

为方便起见，我们可以定义一个类似于均匀介质中的源点–接收点距离 $\|\mathbf{x}-\mathbf{x}'\|$ 的量，称为点源的几何扩散因子 $\mathcal{R}(\mathbf{x},\mathbf{x}')$

$$\mathcal{R}=\sqrt{|d\Sigma|/d\Omega} \tag{12.27}$$

其中 $d\Omega$ 是射线束在源点 $\mathbf{x}'$ 处张开的微分立体角，$\mathbf{x}$ 表示 $\mathbf{x}_1$ 或 $\mathbf{x}_2$ 中的任意一个。将 (12.26) 中的比值用该因子表示，我们得到完全弹性地球中高频P、SV 和 SH 波的振幅所满足的几何变化

规律：

$$A \sim (\rho v)^{-1/2}\mathcal{R}^{-1} \tag{12.28}$$

(12.28) 式中的符号 ~ 的意思是“沿射线的变化形式”。

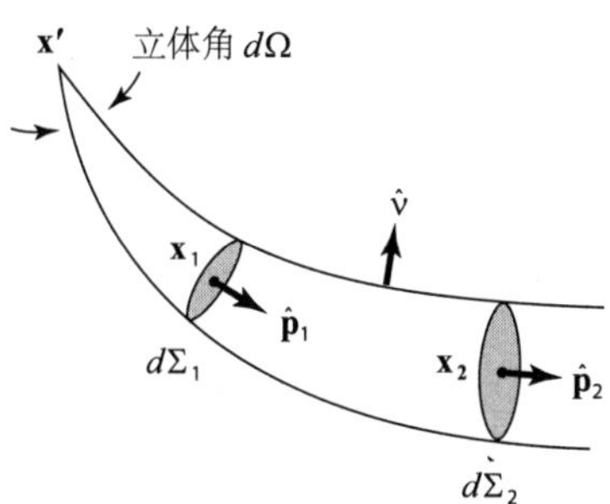

图 12.7 一个在源点 $\mathbf{x}'$ 处张开微分立体角 $d\Omega$ 的射线束的示意图。在 $\mathbf{x}_1$ 和 $\mathbf{x}_2$ 两点的单位慢度矢量分别为 $\hat{\mathbf{p}}_1$ 和 $\hat{\mathbf{p}}_2$，微分截面面积分别为 $d\Sigma_1$ 和 $d\Sigma_2$

要计算 $\mathcal{R}$，我们将在源点 $\mathbf{x}'$ 处所张开的微分立体角写为 $d\Omega = \sin i' \, |di'| \, d\Phi = r'^{-2}v'q'^{-1}p|dp| \, d\Phi$，将接收点 $\mathbf{x}$ 处射线束的微分截面面积写为 $d\Sigma = r^2|\cos i|\sin\Theta|d\Theta|d\Phi = r^2vq\sin\Theta|d\Theta|d\Phi$，其中 $d\Phi$ 为在与射线平面垂直方向上的微分方位角。利用这些表达式以及 (12.10) 式，我们得到

$$v'\mathcal{R} = rr'\sqrt{\frac{vv'qq'\sin\Theta}{p}\left|\frac{d^2\tau}{dp^2}\right|} \tag{12.29}$$

从 (12.29) 的形式可以明显看出每一条简单或复合射线的扩散系数都满足动力学的*互易关系*

$$v(\mathbf{x}')\mathcal{R}(\mathbf{x}, \mathbf{x}') = v(\mathbf{x})\mathcal{R}(\mathbf{x}', \mathbf{x}) \tag{12.30}$$

(12.29)–(12.30) 这两个结果不仅适用于直达的 P 波和 S 波，也适用于所有串接起来的复合波，如 PcP 和 SKKS, 无论经过多少次反射、透射和转换；方向余弦的绝对值 $v'q' = |\cos i'|$ 和 $vq = |\cos i|$ 分别属于离开 $\mathbf{x}'$ 和到达 $\mathbf{x}$ 的波，即使在中途波的类型发生了改变，如 PS 或 ScP。图 12.4 显示 (12.29) 中的曲率 $d^2\tau/dp^2$ 对于如 P、S、PKP 和 SKS 所有这些折返波都是正的，而对于如 PcP、ScS、PKiKP 和 SKiKS 所有这些反射波则都是负的。

对于一个固定的源点 $\mathbf{x}'$，几何扩散因子 $\mathcal{R}(\mathbf{x}, \mathbf{x}')$ 是沿射线上接收点位置 $\mathbf{x}$ 的连续函数，仅在内部界面处有一个不连续的跃变。乘积 $\mathcal{R}\,|\cos i|^{-1/2}$ 也是连续的；在反射和透射时 $|\cos i|^{-1/2} = (vq)^{-1/2}$ 这个量的跃变引起射线束截面面积的变化。对于复合射线，振幅变化规律 (12.28) 可以推广为

$$A \sim (\rho v)^{-1/2}\Pi\mathcal{R}^{-1} \tag{12.31}$$

其中 Π 为沿射线路径上所有 (能量 $)^{1/2}$ 的反射和透射系数 $\grave{\mathcal{P}}\acute{\mathcal{S}}$、$\grave{\mathcal{P}}\acute{\mathcal{K}}$ 等等的乘积。(12.31) 这一关系确保了从任一无穷小立体角 $d\Omega$ 内离开源点的动能加势能都是守恒的；反射–透射系数的乘积 Π 的作用是在每一个界面处将入射波能量分配给各个出射波。

12.1.8 焦散相移

在(12.26)和(12.27)两式中必须用绝对值来处理可能的焦散现象，即射线束的微分截面面积$d\Sigma$变为零的情形，如图12.8所示。每当一个波通过一个线状焦散，它会有一个$\pi/2$的非几何的相位提前。为方便记忆，我们可以把这一现象看作是由于(11.36)式中射线束的面积改变了符号：

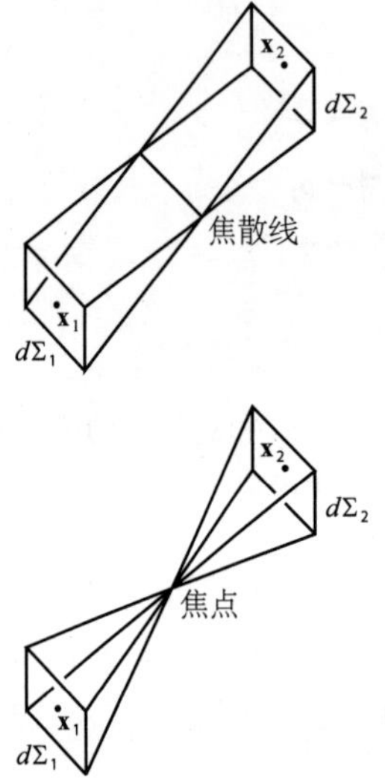

图 12.8 (上)对于一个线状焦散，射线束的截面面积仅在一个横向的方向变为零。如果$d\Sigma_1$在$\mathbf{x}_1$为正，则$d\Sigma_2$在$\mathbf{x}_2$可看作为负。(下)对于点状焦散，射线束在两个横向的方向同时“跌落为零”(此处波的相位提前为π而不是$\pi/2$)，这种情形在 SNREI 地球模型中极为罕见

$$\left(\frac{d\Sigma_2}{d\Sigma_1}\right)^{1/2} = \left|\frac{d\Sigma_2}{d\Sigma_1}\right|^{1/2} \exp(i\pi/2) \tag{12.32}$$

Landau 和 Lifshitz (1971) 对通过线状焦散的$\pi/2$相位提前做了严格的波动理论推导。在(12.31)中引入焦散相移，我们得到射线理论体波振幅变化规律的最终形式：

$$A \sim (\rho v)^{-1/2}\Pi\mathcal{R}^{-1}\exp(iM\pi/2) \tag{12.33}$$

其中整数M是所谓的马斯洛夫(Maslov)指数，它追踪通过线状焦散的次数。通常射线每通过一个线状焦散M就加1；在通过更为罕见的点状焦散时，M要加2。每一条射线所通过的线状或点状焦散的次数与其反向射线是相等的：

$$M(\mathbf{x},\mathbf{x}') = M(\mathbf{x}',\mathbf{x}) \tag{12.34}$$

例如，SS 与其反向传播的射线均在它们的第二个折返点附近通过唯一的线状焦散。

12.2 相长干涉原理

SNREI 地球中的自由振荡是以相同射线参数p传播的SH和P-SV体波的相长干涉而产生的驻波。在本节中，我们基于这一思想，用基本的物理观念来推导SNREI地球模型中简正模式本

征频率的渐近公式。这里所提到的内容可以在原始文献 Brune (1964; 1966)、Odaka (1978)、Levshin (1981) 以及 Zhao 和 Dahlen (1993) 中找到逐步完善的描述。由于傅里叶变换定义上的差别，这里所用到的所有波的相位均与 Zhao 和 Dahlen (1993) 中的符号相反。

12.2.1 金斯关系

图 12.9 的左图中显示了一个具有相同射线参数 p 的折返射线家族。每一条射线都在相同的半径折返；因而半径为 R 的圆成为这些射线的包络线，即*焦散*。如果我们假定所有射线与 $\hat{\mathbf{z}}$ 轴形成的倾角也相同，那么也会有与北半球和南半球的两个折返余纬度相应的圆锥口焦散，如图 12.9 中的右图所示。从本质上讲，寻求地球的渐近简正模式的问题是一个*量子化*问题—相长干涉所要求的是在球面上以及在 $r=R$ 和 $r=a$ 这两个半径之间必须能够正好“装下”整数个振荡。确保这一结果的条件类似于准经典量子力学中的*玻尔–索末菲*量子化条件 (Born 1927; Landau & Lifshitz 1965)。由于目前涉及的是三维几何，所以有三个独立的量子化条件，以及三个独立的量子数；在本节的剩余部分，我们考虑其中最简单的——角向量子化。

与图 12.9 所示射线家族相应的波或相位波前的传播角速度为 $d\Theta/dT=p^{-1}$；与此相应，一个角频率为 ω 的波所感受到的相位的空间变化率为 $\omega(dT/d\Theta)=\omega p$。在走过地球一整圈之后，即 $\Theta\to\Theta+2\pi$，这个波总的相位累积为

$$\Delta\Psi=-2\pi\omega p+\pi \tag{12.35}$$

其中等号右边第一项的负号取决于我们使用的傅里叶变换定义，第二项则是由于通过北半球和南半球的焦散而产生的两个 $\pi/2$ 相移。这一行波的玻尔–索末菲相长干涉条件为

$$|\Delta\Psi|=2\pi l \tag{12.36}$$

其中 l 为一非负整数。将 (12.35) 与 (12.36) 比较，可以得到著名的角向量子化关系

$$\omega p=l+\frac{1}{2} \tag{12.37}$$

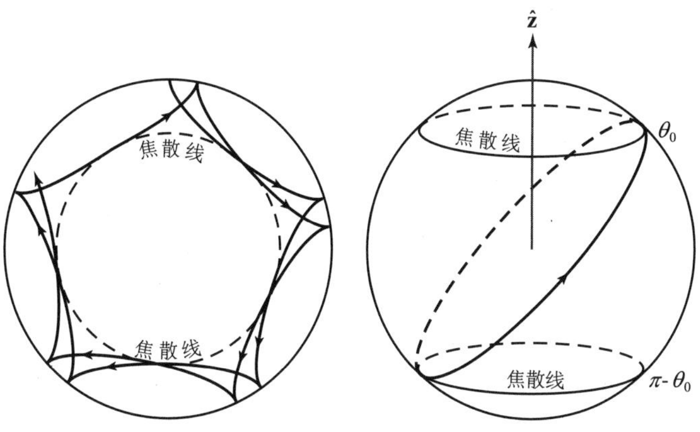

图 12.9 (*左*) 地球大圆截面示意图，显示一个具有相同射线参数 p 的折返射线家族形成的圆形焦散。(*右*) 一个在南北半球余纬度 θ_0 和 $\pi-\theta_0$ 折返的射线家族形成的圆锥口焦散

我们将会看到，量子数l是模式$_n\mathrm{T}_l$或$_n\mathrm{S}_l$的角次数。(12.37) 式对任何的l值都成立，包括$l=0$，这一结果是Jeans (1927)关于地震波在一个球内传播的经典研究中首次得到的。

在短波极限，$l \gg 1$，金斯关系与附录B.7中得到的级数$m \geqslant 0$的表面球谐函数的渐近表达式一致：

$$
\begin{aligned}
X_{lm}(\theta) \approx & \frac{1}{\pi}(\sin^2\theta - \sin^2\theta_0)^{-1/4} \\
& \times \cos\left[(l+\frac{1}{2})\arccos(\cos\theta/\cos\theta_0)\right. \\
& \left. - m\arccos(\cot\theta/\cot\theta_0) + m\pi - \frac{1}{4}\pi\right]
\end{aligned} \tag{12.38}
$$

其中

$$
\theta_0 = \arcsin\left(\frac{m}{l+\frac{1}{2}}\right) \tag{12.39}
$$

每一个本征函数形式为 $\sqrt{2}\,X_{lm}(\theta)\cos m\phi$、$X_{l0}(\theta)$ 或 $\sqrt{2}\,X_{lm}(\theta)\sin m\phi$ 的驻波都是由与 $\hat{\mathbf{z}}$ 轴形成相同倾角的顺时针和逆时针传播的两个波合成得来的，如图12.9所示。这两个相长干涉的波的局地波数均为半整数：

$$
k = \sqrt{l(l+1)} \approx l + \frac{1}{2} \tag{12.40}
$$

然而，由于两个$\pi/2$焦散相移的存在，在每个与折返余纬度θ_0和$\pi-\theta_0$相切的大圆上有整数个振荡—恰好l个。在早期的量子力学中，人们已经注意到当量子数为半整数而不是整数时，理论与观测常常会更吻合，但是并没有任何理论依据来确定究竟是半整数还是整数更合理。这一缺陷直到旧的理论被现代量子力学取代了很久以后才得到纠正，是Keller (1958)和Kellen 和 Rubinow (1960)证明了这个问题可以通过计算经典轨道通过焦散的次数来解决。

(12.39)式可以被看作是在θ_0和$\pi-\theta_0$这两个折返余纬度之间容纳$l-m$个振荡的玻尔–索末菲条件。第二个角量子数m当然是沿着任一纬度线$0 \leqslant \phi \leqslant 2\pi$在经度上的振荡个数。这个数被称为振荡的级数，由于地球模型的球对称性，它在本征频率的渐近分析中不起作用。金斯关系(12.37)为环型和球型振荡的本征频率$_n\omega_l^{\mathrm{T}}$和$_n\omega_l^{\mathrm{S}}$提供了一个约束；另一个约束的提供者—径向量子化条件—正是问题的关键所在。

12.2.2 环型模式

我们首先考虑因地幔中折返 SH 波的相长干涉而产生的环型模式这一例子；这些波的射线参数范围是 $b/\beta_{b+} < p < a/\beta_a$。图12.10的左图显示了这种 SSS$\cdots$ 波的射线路径在地球表面 $r=a$ 上 A 和 B 两点之间的一段。走过该段路径的 SH 波所累积的相位为

$$
\Delta\Psi = -\omega T + \pi/2 \tag{12.41}
$$

其中$T(p)$为走时，右边第二项表示波在通过折返点产生的焦散相移。要使这一SH波在到达B点时与所有射线参数为p的波发生相长干涉，必须有

$$
|\Delta\Psi| = \omega p\Theta + 2n'\pi \tag{12.42}
$$

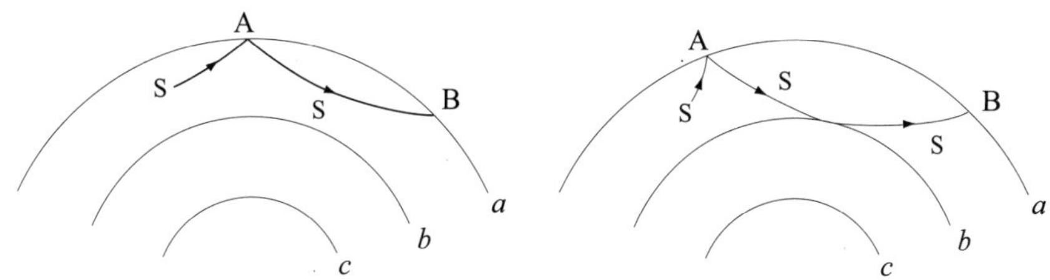

图 12.10 区段II中折返SH波(左)和区段III中反射ScS_{SH}波(右)的射线路径示意图。相长干涉分析是对波在B点和A点之间的相位差的量子化

其中$\Theta(p)$为角距离，n'为正整数。将(12.41)与(12.42)比较，我们看到

$$\omega(T - p\Theta) = \omega\tau = 2\pi(n' + \frac{1}{4}) \tag{12.43}$$

其中$\tau(p)$为截距时间。习惯上的排序规则是把最低阶的模式称为零阶而不是一阶，为保持一致，我们令$n' = n + 1$。因而玻尔–索末菲径向量子化条件(12.43)的最终形式为

$$\omega\tau_{\rm S} = 2\pi(n + \frac{5}{4}) \tag{12.44}$$

其中n为通常的阶数，这里我们加上了角标S来提示我们这是与SH等价的模式。

图12.10中右图所示的ScS_{SH}等价模式的相长干涉分析可以采用类似的方式。唯一的区别是(12.41)中的$\pi/2$一项不存在，因为横向偏振的波在固–液边界反射时不产生任何相移。折返波的焦散相移是导致公式(12.43)中的四分之一整数量子数$n' + \frac{1}{4}$的原因；取代(12.44)的ScS_{SH}模式的径向量子化条件为

$$\omega\tau_{\rm ScS} = 2\pi(n + 1) \tag{12.45}$$

为消除任何可能的模糊，我们再次强调，在SH等价模式中$\pi/2$相移的出现是因为所有相关的波均具有相同的射线参数。地震或其他点源所激发的折返SH波都具有不同的射线参数；它们没有焦散相移。我们将在12.5.1节讨论SS_{SH}这类有多个射线段的震相的焦散相移。

总体来说，在$0 < p < \infty$范围内，SH波有四个不同的射线参数区段；表12.1中总结了每一个区段上所存在的振荡型的波动及其相应的渐近本征频率方程。内核的J_{SH}模式的干涉分析与地幔的SH模式完全一样，因为在内核边界的反射是无相移的全反射。此外，还有一个极限射线参数$p = a/\beta_a$，在射线参数大于此值时没有任何振荡型波动可以传播；也不存在任何大于此射线参数的渐近环型模式。

图12.11比较了模型1066A中地幔环型模式的渐近与精确的频散曲线图。图中标有S和ScS的粗斜线是射线参数为常数的直线，它们分别是表12.1中前三个射线参数区段之间的分界线。区段I和II之间的边界对应于SH波存在的临界值，而区段II和III之间的边界则与掠射地核的射线相同；区段IV中的J_{SH}内核模式没有显示。很明显的，渐近与精确的本征频率之间有极好的一致性，甚至包括基阶和最低几个高阶分支。从当前的观点来看，这些与勒夫波等价的模式是上地幔折返的 SH 波相长干涉的结果。每一条$\omega - l$曲线在$p = b/\beta_{b+}$处的转折来自于连续的$\tau - p$曲线中分隔 ScS 波与 S 波的拐点 (见图12.4)。这两幅图的主要差别都出现在这个转折附近；每一条

渐近 $\omega-l$ 曲线在跨过 $p=b/\beta_{b+}$ 这条线时，都会因 $n+1\rightarrow n+5/4$ 这一量子数跃变而表现出不连续。这是由几何射线近似而人为造成的，因为几何射线近似只有在无限高频 $\omega\rightarrow\infty$ 时才严格成立。在这条线附近，地核掠射波的隧道效应及其他有限频效应会使频率有限的 SH 和 $\mathrm{ScS_{SH}}$ 两种不同模式变得难以区分。

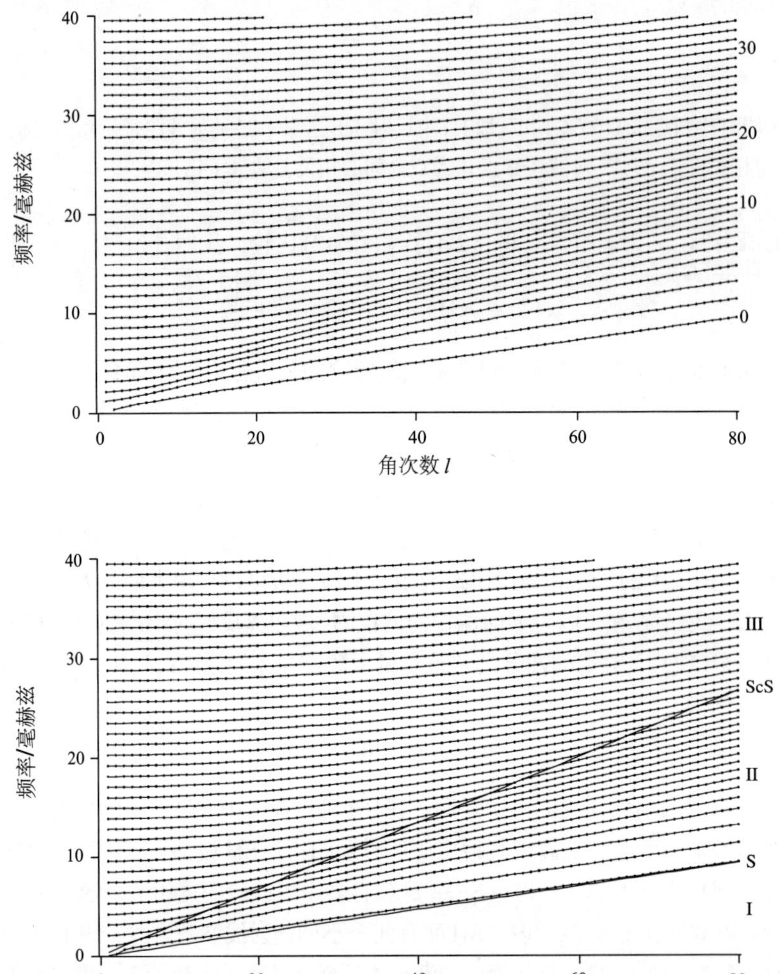

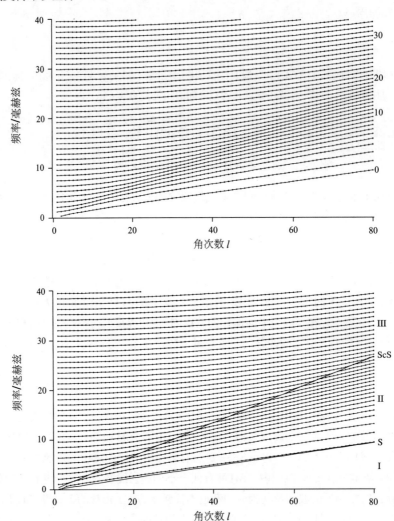

图 12.11 无地壳的1066A模型的环型模式频散曲线图。(上) 用数值积分计算的精确的简并本征频率 ${}_{n}\omega_{l}^{\mathrm{T}}$。(下) 用方程 (12.44)–(12.45) 计算的渐近本征频率。标有 S 和 ScS 的斜线的射线参数分别为 $p=a/\beta_a$ 和 $p=b/\beta_{b+}$ (由 L. Zhao 提供)

一些研究者已经探讨过莫霍面和上地幔不连续面的影响；它们的主要作用是造成环型模式 ω–l 曲线的些微起伏，类似于球型模式曲线中的那种密切靠近和阶梯状的情形，但是要弱很多。这种所谓的独调 (solotone) 效应在图 8.3 所展示的 PREM 频散曲线图的分辨尺度上不容易看出来；它只有在仔细检视本征频率的精确数值结果与用渐近关系 (12.44)–(12.45) 计算的结果之间的差别时才能察觉到。从本质上讲，独调效应是一种与像 $\mathrm{S_{410}S_{SH}}$ 和 $\mathrm{S_{660}S_{SH}}$ 这些反射波的存在相关的共振现象；Lapwood 和 Usami (1981) 概述了相关理论及其原始参考文献。任何企图在像PREM那样接近真实的地球模型中对渐近本征频率做精确计算的定量算法都不仅要考虑各个不连续面的反射波，还要考虑每一个光滑层内接近掠射不连续面的折返射线的隧道效应。如前所述，我们在本章中的目标十分有限：我们仅寻求揭示各种不同类型的SH和P-SV模式的明显的物理特征。除了两个主要的固–液边界之外，更多的不连续面会对定量分析的细节有影响，但不会改变总的物理图像。

在结束本节之前我们来介绍另外一种推导环型模式本征频率关系的方法，用一种更易于推广到我们下一步要考虑的球型模式的思路。在这一更普遍适用的思路中，我们并不是专注在图12.10所显示的波的相位上，而是它们的复数振幅。首先还是仅考虑 SH 等价模式，将A点横向分量的振幅用a_{S}表示，而 B 点的振幅可以有两种不同的计算方法：

1. 因为在球形自由表面上的相位变化速率为 $p^{-1} = d\Theta/dT$，B 点的振幅必定是 $a_{\mathrm{S}}\exp(-i\omega p\Theta)$。

2. 然而，如果考虑沿折返射线的相位变化，我们得到振幅也必须是$a_{\mathrm{S}}\exp(-i\omega T_{\mathrm{S}} + i\pi/2)$，其中$T_{\mathrm{S}}$为SH波走时，$\pi/2$表示焦散相移。因为构成相应射线束的射线均有相同的射线参数p。

表 12.1 仅有两个内部不连续面的地球模型中SH波的射线参数区段

区段	射线参数	振荡型体波	本征频率
I	$a/\beta_a < p < \infty$	无	—
II	$b/\beta_{b+} < p < a/\beta_a$	折返SH	$\omega\tau_{\mathrm{S}} = 2\pi(n+\frac{5}{4})$
III	$0 < p < b/\beta_{b+}$	$\mathrm{ScS_{SH}}$	$\omega\tau_{\mathrm{ScS}} = 2\pi(n+1)$
IV	$0 < p < c/\beta_{c-}$	折返$\mathrm{J_{SH}}$	$\omega\tau_{\mathrm{J}} = 2\pi(n+\frac{5}{4})$

注：每一区段有各自的环型模式渐近本征频率方程

令上述两个结果相等，我们得到B点的相长干涉条件为

$$a_{\mathrm{S}}\exp(-i\omega T_{\mathrm{S}} + i\pi/2) = a_{\mathrm{S}}\exp(-i\omega p\Theta) \tag{12.46}$$

类似的关系也适用于$\mathrm{ScS_{SH}}$等价模式，只要把走时T_{S}换成T_{ScS}，并把相移$\pi/2$改为零：

$$a_{\mathrm{S}}\exp(-i\omega T_{\mathrm{ScS}}) = a_{\mathrm{S}}\exp(-i\omega p\Theta) \tag{12.47}$$

归结以上思路的基本要点，我们在(12.46)–(12.47)的两边均除以$\exp(-i\omega p\Theta)$，便可得到会在后面推广到P-SV情形的SH和$\mathrm{ScS_{SH}}$的相长干涉条件：

$$a_{\mathrm{S}}\exp(-i\Psi_{\mathrm{S}}) = a_{\mathrm{S}} \qquad a_{\mathrm{S}}\exp(-i\Psi_{\mathrm{ScS}}) = a_{\mathrm{S}} \tag{12.48}$$

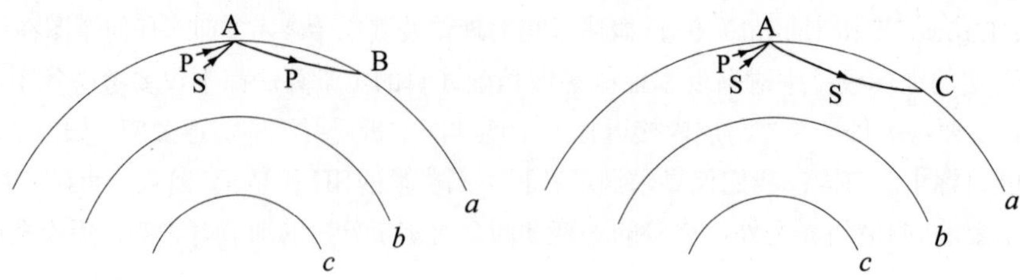

图 12.12 区段III中折返P波和SV波的射线路径示意图。B点的P波和C点的SV波来自两个入射到A点的波结合并与自由表面作用的结果。左右两图中射线的“历程”或“费曼”图分别导致(12.51)和(12.52)两式

其中我们已经做了如下定义

$$\Psi_{\mathrm{S}} = \omega\tau_{\mathrm{S}} - \pi/2 \qquad \Psi_{\mathrm{ScS}} = \omega\tau_{\mathrm{ScS}} \tag{12.49}$$

(12.48)的左右两边均表示相应的SH和$\mathrm{ScS_{SH}}$波的复数振幅，它们都是相对于一个以均匀角速度$p^{-1} = d\Theta/dT$传播的“载波”$\exp(-i\omega p\Theta)$而言的。这一相对振幅与*在球面上的位置无关*，即在A点和B点相等。消去(12.48)中的a_{S}，再利用标准的三角函数等式，我们得到SH和$\mathrm{ScS_{SH}}$本征频率的一对实数关系式

$$\sin\frac{1}{2}\Psi_{\mathrm{S}} = 0 \qquad \sin\frac{1}{2}\Psi_{\mathrm{ScS}} = 0 \tag{12.50}$$

以上关系式与(12.44)–(12.45)是等价的。

12.2.3 球型模式

对于P-SV波，一个仅有内核边界和核幔边界两个内部不连续面的分段光滑地球模型中有十个独立的射线参数区段。与SH波一样，必须将相长干涉原理分别应用于每一个区段。表12.2列出了对应于边界上临界和掠射射线的区段分界值p以及区段内存在的振荡型的波。我们通过讨论区段 III 中的地幔球型模式和区段IX中的PKIKP、$\mathrm{ScS_{SV}}$和$\mathrm{J_{SV}}$模式来展示使用的分析方法。分析中即可以用径向分量也可以用纵向分量，我们这里采用前者。

我们分别用a_{P}和a_{S}表示区段III中入射P波和SV波的径向向上振幅。参照图12.12，我们可以写出B和C两点的相长干涉条件

$$(a_{\mathrm{P}}\acute{P}\grave{P} + a_{\mathrm{S}}\acute{S}\grave{P})\exp(-i\Psi_{\mathrm{P}}) = a_{\mathrm{P}} \tag{12.51}$$

$$(a_{\mathrm{P}}\acute{P}\grave{S} + a_{\mathrm{S}}\acute{S}\grave{S})\exp(-i\Psi_{\mathrm{S}}) = a_{\mathrm{S}} \tag{12.52}$$

其中

$$\Psi_{\mathrm{P}} = \omega\tau_{\mathrm{P}} + \pi/2 \qquad \Psi_{\mathrm{S}} = \omega\tau_{\mathrm{S}} - \pi/2 \tag{12.53}$$

(12.51)–(12.52)两式左边的部分均可以被视为对两种波所走过的“历程”依时间顺序的描述：在A点入射、结合并与边界发生作用，最终分别到达B和C两点。如(12.48)中的SH–$\mathrm{ScS_{SH}}$一样，所有振幅都是相对于角向的“载波”$\exp(-i\omega p\Theta)$而言的，这一相对振幅在A、B和C三点相等。

表 12.2 仅有两个内部不连续面的地球模型中 P-SV 波的射线参数区段

区段	射线参数	振荡型体波
I	$a/\beta_a < p < \infty$	无
II	$a/\alpha_a < p < a/\beta_a$	折返 SV
III	$b/\beta_{b+} < p < a/\alpha_a$	折返 P 和折返 SV
IV	$b/\alpha_{b-} < p < b/\beta_{b+}$	折返 P 和 $\mathrm{ScS_{SV}}$
V	$c/\beta_{c-} < p < b/\alpha_{b-}$	折返 P、$\mathrm{ScS_{SV}}$和 SKS
VI	$b/\alpha_{b+} < p < c/\beta_{c-}$	折返 P、$\mathrm{ScS_{SV}}$、SKS和折返 $\mathrm{J_{SV}}$
VII	$c/\alpha_{c+} < p < b/\alpha_{b+}$	PKP, PcP, PKS, PcS, SKS, $\mathrm{ScS_{SV}}$, SKP, ScP 和折返 $\mathrm{J_{SV}}$
VIII	$c/\alpha_{c-} < p < c/\alpha_{c+}$	PKiKP, PKJKP, PcP, PKiKS, PKJKS, PcS, SKiKS, SKJKS, $\mathrm{ScS_{SV}}$, SKiKP, SKJKP 和 ScP
IX	$0 < p < c/\alpha_{c-}$	PKIKP, PKJKP, PKiKP, PcP, PKIKS, PKJKS, PKiKS, PcS, SKIKS, SKJKS, SKiKS, $\mathrm{ScS_{SV}}$, SKIKP, SKJKP, SKiKP 和 ScP
X	$p = 0$ (径向模式)	PKIKP, PKiKP 和 PcP

注：区段分界在图 12.4 中的 $\tau-p$ 曲线图顶端有所标示。每个区段各有相应的球型模式渐近本征频率方程。核幔边界和内核边界上的斯通利模式分别出现在区段 III 和 V

与 12.1.6 节讨论的一样，自由表面的四个反射系数 $\acute{P}\grave{P}$、$\acute{P}\grave{S}$、$\acute{S}\grave{P}$ 和 $\acute{S}\grave{S}$ 是出射与入射波位移的径向向上分量的比值。(12.53) 式所定义的 Ψ_{P} 的第二项包含了 P 波的 $\pi/2$ 焦散相移及其径向向上分量在通过折返点半径 $r = R_{\mathrm{P}}$ 时符号反向的综合效应，如图 12.13 所示。在 SV 波通过 $r = R_{\mathrm{S}}$ 时，其径向向上分量的符号不变，因此 Ψ_{S} 与 (12.49) 式给定的折返 SH 的一样。(12.51)–(12.52) 这两个相长干涉条件构成一组关于未知相对振幅 a_{P} 和 a_{S} 的形如 $\mathsf{Ba} = 0$ 的齐次线性方程组，其中 $\mathsf{a} = (a_{\mathrm{P}}\ \ a_{\mathrm{S}})^{\mathrm{T}}$，且

$$\mathsf{B} = \begin{pmatrix} \acute{P}\grave{P}\exp(-i\Psi_{\mathrm{P}}) - 1 & \acute{S}\grave{P}\exp(-i\Psi_{\mathrm{P}}) \\ \acute{P}\grave{S}\exp(-i\Psi_{\mathrm{S}}) & \acute{S}\grave{S}\exp(-i\Psi_{\mathrm{S}}) - 1 \end{pmatrix} \tag{12.54}$$

该齐次线性方程组有解的条件是 $\det\mathsf{B} = 0$。运用自由表面的对称性关系 (12.16)，我们可以将此行列式方程化简为

$$\sin\frac{1}{2}(\Psi_{\mathrm{S}} + \Psi_{\mathrm{P}}) + \acute{S}\grave{S}\sin\frac{1}{2}(\Psi_{\mathrm{S}} - \Psi_{\mathrm{P}}) = 0 \tag{12.55}$$

这便是给定区段 III 中本征频率的实数渐近长期方程。在此区段内自由表面剪切波反射系数 $\acute{S}\grave{S}$ 为负实数。

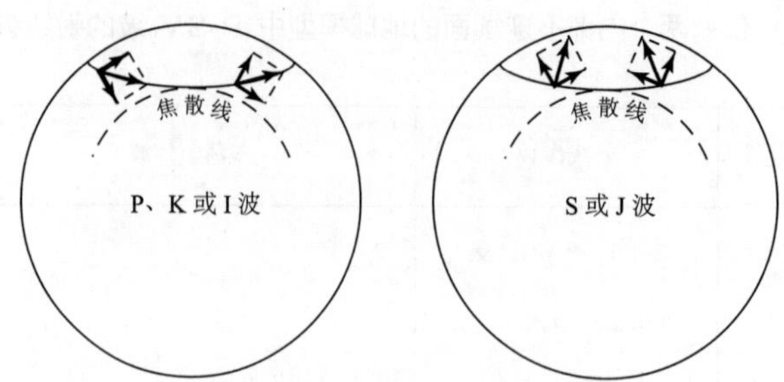

图 12.13　P、K或I波的径向分量(左)与SV或J_{SV}波的切向分量(右)在折返点处为零。而P、K和I波的切向分量与SV和J_{SV}波的径向分量则有极大值。每一个位移矩形内的对角矢量为偏振矢量$\hat{\boldsymbol{\eta}}_{P}$(左) 和 $\hat{\boldsymbol{\eta}}_{SV}$(右)

用同样方法可以得到另外几个P-SV区段上的相应结果。对每一种情形，比较好的做法是针对从下方入射到不同边界的P、S、K、I或J波，建立对每一种波有贡献的所有可能的射线路径图。这些“历程”图与量子力学或凝聚态物理学中的费曼(Feynman)图类似，它们可以直接被转化为动力学控制方程。

区段IX中波的类型最全，除了地幔中的P波和S波之外，还有固态内核中的振荡型I波和J波以及液态外核中的振荡型K波。通过检视图12.14，相长干涉条件可以写成$\mathsf{Ba}=0$，其中$\mathsf{a}=(a_{\mathrm{P}}\ \ a_{\mathrm{S}}\ \ a_{\mathrm{K}}\ \ a_{\mathrm{I}}\ \ a_{\mathrm{J}})^{\mathrm{T}}$是由未知振幅组成的列矢量，$\mathsf{B}$为一$5\times 5$矩阵，因过于复杂不便在此重复。借助反射-透射系数的对称性，再加上足够多削尖的铅笔，长期方程$\det\mathsf{B}=0$可以化简为最终的实数方程

$$
\begin{aligned}
&\cos\frac{1}{2}(\Psi_{\mathrm{PcP}}+\Psi_{\mathrm{ScS}}+\Psi_{\mathrm{KiK}}+\Psi_{\mathrm{I}}+\Psi_{\mathrm{J}})\\
&\quad-\acute{P}\grave{P}\,\grave{P}\acute{P}\cos\frac{1}{2}(\Psi_{\mathrm{PcP}}-\Psi_{\mathrm{ScS}}-\Psi_{\mathrm{KiK}}-\Psi_{\mathrm{I}}-\Psi_{\mathrm{J}})\\
&\quad-\acute{P}\grave{P}\,\grave{P}\acute{P}\,\grave{K}\acute{K}\cos\frac{1}{2}(\Psi_{\mathrm{PcP}}-\Psi_{\mathrm{ScS}}-\Psi_{\mathrm{KiK}}+\Psi_{\mathrm{I}}+\Psi_{\mathrm{J}})\\
&\quad+\acute{P}\grave{P}\,\grave{P}\acute{P}\,\acute{I}\grave{I}\cos\frac{1}{2}(\Psi_{\mathrm{PcP}}-\Psi_{\mathrm{ScS}}-\Psi_{\mathrm{KiK}}+\Psi_{\mathrm{I}}-\Psi_{\mathrm{J}})\\
&\quad+\acute{P}\grave{P}\,\grave{P}\acute{P}\,\acute{J}\grave{J}\cos\frac{1}{2}(\Psi_{\mathrm{PcP}}-\Psi_{\mathrm{ScS}}-\Psi_{\mathrm{KiK}}-\Psi_{\mathrm{I}}+\Psi_{\mathrm{J}})\\
&\quad-\acute{S}\grave{S}\,\grave{S}\acute{S}\cos\frac{1}{2}(\Psi_{\mathrm{PcP}}-\Psi_{\mathrm{ScS}}+\Psi_{\mathrm{KiK}}+\Psi_{\mathrm{I}}+\Psi_{\mathrm{J}})\\
&\quad-\acute{S}\grave{S}\,\grave{S}\acute{S}\,\grave{K}\acute{K}\cos\frac{1}{2}(\Psi_{\mathrm{PcP}}-\Psi_{\mathrm{ScS}}+\Psi_{\mathrm{KiK}}-\Psi_{\mathrm{I}}-\Psi_{\mathrm{J}})\\
&\quad+\acute{S}\grave{S}\,\grave{S}\acute{S}\,\acute{I}\grave{I}\cos\frac{1}{2}(\Psi_{\mathrm{PcP}}-\Psi_{\mathrm{ScS}}+\Psi_{\mathrm{KiK}}-\Psi_{\mathrm{I}}+\Psi_{\mathrm{J}})\\
&\quad+\acute{S}\grave{S}\,\grave{S}\acute{S}\,\acute{J}\grave{J}\cos\frac{1}{2}(\Psi_{\mathrm{PcP}}-\Psi_{\mathrm{ScS}}+\Psi_{\mathrm{KiK}}+\Psi_{\mathrm{I}}-\Psi_{\mathrm{J}})\\
&\quad-(\gamma^{-1}\acute{P}\grave{S}\,\grave{S}\acute{P}+\gamma\acute{S}\grave{P}\,\grave{P}\acute{S})\cos\frac{1}{2}(\Psi_{\mathrm{KiK}}+\Psi_{\mathrm{I}}+\Psi_{\mathrm{J}})\\
&\quad-(\gamma^{-1}\acute{P}\grave{S}\,\grave{S}\acute{P}+\gamma\acute{S}\grave{P}\,\grave{P}\acute{S})\grave{K}\acute{K}\cos\frac{1}{2}(\Psi_{\mathrm{KiK}}-\Psi_{\mathrm{I}}-\Psi_{\mathrm{J}})\\
&\quad+(\gamma^{-1}\acute{P}\grave{S}\,\grave{S}\acute{P}+\gamma\acute{S}\grave{P}\,\grave{P}\acute{S})\acute{I}\grave{I}\cos\frac{1}{2}(\Psi_{\mathrm{KiK}}-\Psi_{\mathrm{I}}+\Psi_{\mathrm{J}})
\end{aligned}
$$

$$
\begin{aligned}
&+(\gamma^{-1}\acute{P}\grave{S}\,\grave{S}\acute{P}+\gamma\acute{S}\grave{P}\,\grave{P}\acute{S})\acute{J}\grave{J}\cos\frac{1}{2}(\Psi_{\mathrm{KiK}}+\Psi_{\mathrm{I}}-\Psi_{\mathrm{J}})\\
&+\grave{K}\acute{K}\cos\frac{1}{2}(\Psi_{\mathrm{PcP}}+\Psi_{\mathrm{ScS}}+\Psi_{\mathrm{KiK}}-\Psi_{\mathrm{I}}-\Psi_{\mathrm{J}})\\
&-\acute{K}\grave{K}\cos\frac{1}{2}(\Psi_{\mathrm{PcP}}+\Psi_{\mathrm{ScS}}-\Psi_{\mathrm{KiK}}-\Psi_{\mathrm{I}}-\Psi_{\mathrm{J}})\\
&-\grave{K}\acute{K}\,\acute{K}\grave{K}\cos\frac{1}{2}(\Psi_{\mathrm{PcP}}+\Psi_{\mathrm{ScS}}-\Psi_{\mathrm{KiK}}+\Psi_{\mathrm{I}}+\Psi_{\mathrm{J}})\\
&+\acute{K}\grave{K}\,\acute{I}\grave{I}\cos\frac{1}{2}(\Psi_{\mathrm{PcP}}+\Psi_{\mathrm{ScS}}-\Psi_{\mathrm{KiK}}+\Psi_{\mathrm{I}}-\Psi_{\mathrm{J}})\\
&+\acute{K}\grave{K}\,\acute{J}\grave{J}\cos\frac{1}{2}(\Psi_{\mathrm{PcP}}+\Psi_{\mathrm{ScS}}-\Psi_{\mathrm{KiK}}-\Psi_{\mathrm{I}}+\Psi_{\mathrm{J}})\\
&-\acute{I}\grave{I}\cos\frac{1}{2}(\Psi_{\mathrm{PcP}}+\Psi_{\mathrm{ScS}}+\Psi_{\mathrm{KiK}}-\Psi_{\mathrm{I}}+\Psi_{\mathrm{J}})\\
&-\acute{J}\grave{J}\cos\frac{1}{2}(\Psi_{\mathrm{PcP}}+\Psi_{\mathrm{ScS}}+\Psi_{\mathrm{KiK}}+\Psi_{\mathrm{I}}-\Psi_{\mathrm{J}})=0
\end{aligned}
\tag{12.56}
$$

其中

$$
\begin{gathered}
\Psi_{\mathrm{PcP}}=\omega\tau_{\mathrm{PcP}}\qquad \Psi_{\mathrm{ScS}}=\omega\tau_{\mathrm{ScS}}\qquad \Psi_{\mathrm{KiK}}=\omega\tau_{\mathrm{KiK}}\\
\Psi_{\mathrm{I}}=\omega\tau_{\mathrm{I}}+\pi/2\qquad \Psi_{\mathrm{J}}=\omega\tau_{\mathrm{J}}-\pi/2
\end{gathered}
\tag{12.57}
$$

无量纲比值$\gamma = (b/a)[q_\alpha(b+)q_\beta(b+)/q_\alpha(a)q_\beta(a)]^{1/2}$与其倒数$\gamma^{-1}$分别来自从B到C的ScP与从 A 到 D 的 PcS 的几何扩散之间的差别。与SH–$\mathrm{ScS_{SH}}$一样，相关的扩散是由于具有相同射线参数p的射线束的汇聚与发散；对于所有折返P、S、K、I和J波以及同类反射波PcP、ScS和KiK，相应的扩散因子比值为1。

在近乎垂直入射时，$p\to 0$，P波和SV波之间的耦合变得可以忽略不计。(12.56)中的径向分量反射系数的极限值成为

$$
\begin{aligned}
&\acute{P}\grave{P}\to 1\\
&\acute{S}\grave{S}\to\grave{S}\acute{S}\to\acute{J}\grave{J}\to -1\\
&\acute{P}\grave{S}\to\acute{S}\grave{P}\to\grave{P}\acute{S}\to\grave{S}\acute{P}\to 0
\end{aligned}
\tag{12.58}
$$

以及

$$
\begin{aligned}
&\grave{P}\acute{P}\to -\acute{K}\grave{K}\to\frac{\rho_{b+}\alpha_{b+}-\rho_{b-}\alpha_{b-}}{\rho_{b+}\alpha_{b+}+\rho_{b-}\alpha_{b-}}\approx 0\\
&\grave{K}\acute{K}\to -\acute{I}\grave{I}\to\frac{\rho_{c+}\alpha_{c+}-\rho_{c-}\alpha_{c-}}{\rho_{c+}\alpha_{c+}+\rho_{c-}\alpha_{c-}}\approx 0
\end{aligned}
\tag{12.59}
$$

(12.58)–(12.59)这两个条件意味着垂直入射的PKIKP波可以几乎畅通无阻地穿过整个地球，而ScS波和J波则分别在核幔边界和内核边界发生全反射。利用这些$p\approx 0$的结果，再用三角函数等式合并同类项，我们发现(12.56)中令人畏惧的二十个余弦函数项求和可以化简成极为简单的三个函数的乘积：

$$
(\sin\frac{1}{2}\Psi_{\mathrm{ScS}})(\cos\frac{1}{2}\Psi_{\mathrm{J}})(\sin\frac{1}{2}\Psi_{\mathrm{PKIKP}})\approx 0 \tag{12.60}
$$

其中$\Psi_{\mathrm{PKIKP}}=\Psi_{\mathrm{PcP}}+\Psi_{\mathrm{KiK}}+\Psi_{\mathrm{I}}=\omega\tau_{\mathrm{PKIKP}}+\pi/2$。我们在8.8.10节中曾经提到区段 IX 的

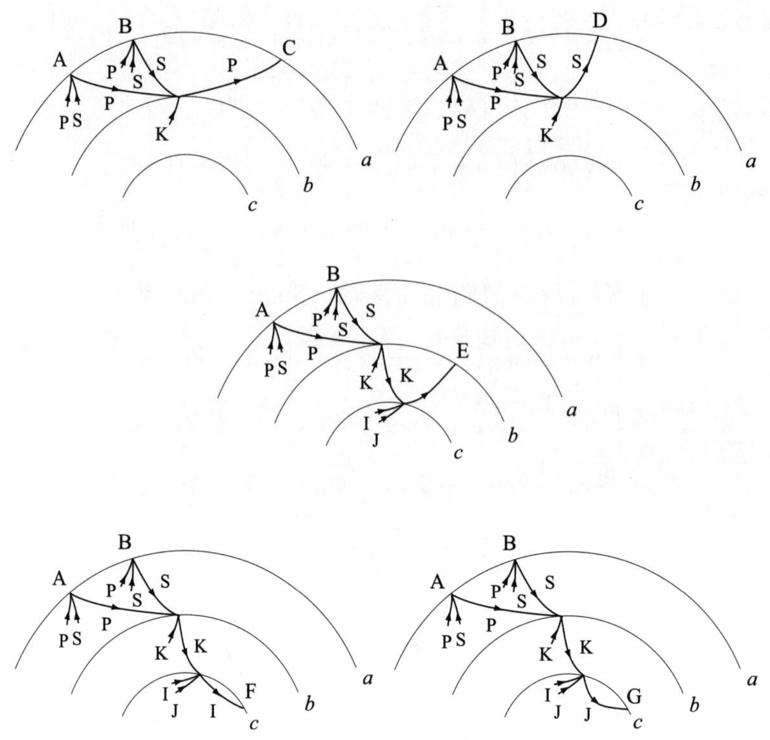

图 12.14 用于区段IX中P-SV波相长干涉分析的“历程”或“费曼”图。从每一幅图可以分别得到一个在C、D、E、F和G点的相对振幅a_{P}、a_{S}、a_{K}、a_{I}和a_{J}所满足的线性方程

球型振荡可以经验性地再细分为明显不同的$\mathrm{ScS_{SV}}$、$\mathrm{J_{SV}}$和PKIKP家族；(12.60)为这一观察给出了极为清楚的证实与物理解释。这三种类型模式的渐近本征频率分别为

$$\omega\tau_{\mathrm{ScS}} \approx 2\pi n' \tag{12.61}$$

$$\omega\tau_{\mathrm{J}} \approx 2\pi(n'' - \frac{1}{4}) \tag{12.62}$$

$$\omega\tau_{\mathrm{PKIKP}} \approx 2\pi(n''' - \frac{1}{4}) \tag{12.63}$$

其中n'、n''和n'''为正整数。阶数n可以在对从区段II到区段VIII中的模式计数之后，再把这三个带撇号的量子数按频率排序以后确定。

(12.61)–(12.62)与表12.1中结果的比较证实$\mathrm{ScS_{SV}}$和$\mathrm{ScS_{SH}}$模式具有相同的渐近本征频率，而$\mathrm{J_{SV}}$ 和 $\mathrm{J_{SH}}$模式的渐近本征频率却是相互交错的，如图8.13所示。在此处的分析中，这种不同类型的内核模式之间的交错是由于$\mathrm{J_{SV}}$和$\mathrm{J_{SH}}$的反射系数之间的差别。如果我们换成用位移的纵向分量来进行相长干涉分析，在$p \to 0$的极限下，这两个内核边界反射系数将会是相等的，这时两种模式之间的交错则是由于$\mathrm{J_{SV}}$在折返时的符号反向。在当前的区段，以$\mathrm{J_{SV}}$为主的模式是在区段 VI 和 VII 中出现的那组纯$\mathrm{J_{SV}}$模式的光滑的延伸。后者的渐近本征频率公式为$\omega\tau_{\mathrm{J}} = 2\pi(n'' + \frac{1}{4}) - \psi_{\mathrm{J}}$，其中$\psi_{\mathrm{J}}$来自过临界的 $\mathrm{J_{SV}}$波的全反射系数 $\acute{J}\grave{J} = \exp(-i\psi_{\mathrm{J}})$。

由射线参数$p=0$的P、K和I波的相长干涉而形成的径向模式具有纯压缩型的特征，没有纯粹径向的$\mathrm{ScS_{SV}}$或$\mathrm{J_{SV}}$模式。因为地球的球心$r=0$是一个焦点，此处射线束的宽度从两个方向而不是一个方向减小为零，因此焦散相移为π而不是$\pi/2$。这一非几何相移被球心处位移径向向上分量的符号反向抵消了，因而沿径向汇聚的波在球心“折返”时净相移为零。于是，径向模式的渐近本征频率公式成为

$$\omega T_{\mathrm{PKIKP}} \approx 2\pi(n+1) \tag{12.64}$$

其中T_{PKIKP}为沿直线路径穿过地球球心的压缩波的单程走时，$n=n'''-1$为传统的阶数。径向模式本征频率(12.64)是PKIKP本征频率(12.63)在$p=0$的延伸；$\omega\tau_{\mathrm{PKIKP}}$在$p\to 0$的极限时光滑地趋近于$\omega T_{\mathrm{PKIKP}}-\pi/2$，因为根据金斯关系式(12.37)，在对跖点$\Theta=\pi$处，$\omega p\Theta\to\pi/2$。(12.64)中的约等号是由于(12.59)中对反射系数做的近似$\grave{P}\acute{P}\approx\grave{K}\acute{K}\approx 0$。通过更为全面的分析，可以得到改进的包含了轻微的地核独调效应的径向模式本征频率方程

$$\begin{aligned}\sin\frac{1}{2}&(\Psi_{\mathrm{PcP}}+\Psi_{\mathrm{KiK}}+\Psi_{\mathrm{I}})\\&+\grave{P}\acute{P}\sin\frac{1}{2}(\Psi_{\mathrm{PcP}}-\Psi_{\mathrm{KiK}}-\Psi_{\mathrm{I}})\\&+\grave{P}\acute{P}\,\grave{K}\acute{K}\sin\frac{1}{2}(\Psi_{\mathrm{PcP}}-\Psi_{\mathrm{KiK}}+\Psi_{\mathrm{I}})\\&+\grave{K}\acute{K}\sin\frac{1}{2}(\Psi_{\mathrm{PcP}}+\Psi_{\mathrm{KiK}}-\Psi_{\mathrm{I}})=0\end{aligned} \tag{12.65}$$

从本质上讲，因为核幔边界以及内核边界压缩波微弱的阻抗对比，即$\rho_{b+}\alpha_{b+}\approx\rho_{b-}\alpha_{b-}$和$\rho_{c+}\alpha_{c+}\approx\rho_{c-}\alpha_{c-}$，地球表现出“整体地球”的PKIKP模式，而不是近乎相互独立的PcP、KiK和I模式。

在每一个球型模式射线参数区段里,最终的相长干涉关系都可以写成类似于(12.55)和(12.56)的形式：

$$\sum_{\nu}A_{\nu}\sin\frac{1}{2}\Psi_{\nu}=0 \qquad \text{或} \qquad \sum_{\nu}A_{\nu}\cos\frac{1}{2}\Psi_{\nu}=0 \tag{12.66}$$

实数因子A_{ν}是在各个边界上反射–透射系数绝对值与固定p的扩散系数比值的乘积组合，而三角函数自变量中的Ψ_{ν}则是相关的振荡型体波相位的线性组合。为计算渐近本征频率，我们将金斯关系式$\omega=(l+\frac{1}{2})p^{-1}$代入径向量子化关系式(12.66)，然后在每一个区段求解满足所得到的方程的射线参数p。由此对每一个整数次数$l>0$，我们得到一组递减的根${}_0p_l>{}_1p_l>\cdots>{}_np_l>\cdots$，然后再换算成一组递增的本征频率${}_0\omega_l<{}_1\omega_l<\cdots<{}_n\omega_l<\cdots$。核幔边界和内核边界斯通利模式的渐近射线参数分别满足

$$\begin{aligned}\rho_{b+}(\beta_{b+}^{-2}-2p^2b^{-2})^2q_{\alpha}(b-)+\rho_{b-}\beta_{b+}^{-4}q_{\alpha}(b+)&\\+4\rho_{b+}p^2b^{-2}q_{\alpha}(b+)q_{\beta}(b+)q_{\alpha}(b-)&=0\end{aligned} \tag{12.67}$$

和

$$\begin{aligned}\rho_{c-}(\beta_{c-}^{-2}-2p^2c^{-2})^2q_{\alpha}(c+)+\rho_{c+}\beta_{c-}^{-4}q_{\alpha}(c-)&\\+4\rho_{c-}p^2c^{-2}q_{\alpha}(c-)q_{\beta}(c-)q_{\alpha}(c+)&=0\end{aligned} \tag{12.68}$$

它们必须插入到本征频率序列的适当位置以保证与习惯一致的阶数序数。(12.67)–(12.68)左边的

表达式是在两个边界的反射与透射系数的共同分母。由于 $p=0$ 时 (12.65) 是 ω 的单变量方程，因此径向模式的本征频率 ${}_0\omega_0 < {}_1\omega_0 < \cdots < {}_n\omega_0 < \cdots$ 可以直接解方程得到。

图12.15展示了在去掉地壳的 1066A 模型中渐近与精确的频散曲线之间非常好的一致性。标有S、P、ScS、SKS、J、PKI、PKiKP和PKIKP的粗斜线是分隔表12.2中的各个渐近区段的常数射线参数。与环型模式的情形一样，主要的误差出现在这些边界值附近，由于在边界值两边焦散及其他相移的差别使渐近本征频率表现出不连续性。在精确的频散曲线中，由于近掠射和近临界波的隧道效应以及其他相关的有限频现象会将这些不连续性平滑掉。如图12.16所示，区段IX中阶梯状的PKIKP、$\mathrm{ScS_{SV}}$ 和 $\mathrm{J_{SV}}$ 模式被 (12.56) 式一览无遗地刻画出来。结果中固定 n 的分支…，${}_n\omega_{l-1}$，${}_n\omega_l$，${}_n\omega_{l+1}$，… 的“回避交叉”是一系列经典与量子力学系统中弱耦合频谱的典型特征 (Arnold 1978)。

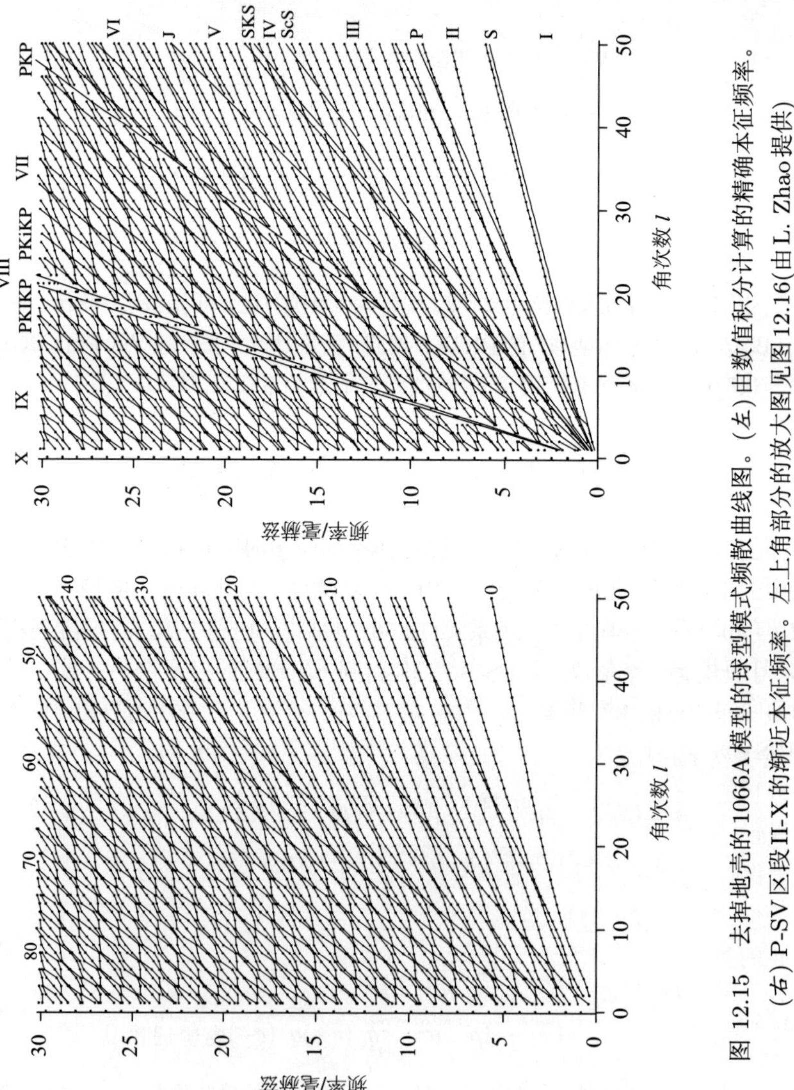

图 12.15 去掉地壳的1066A模型的球型模式频散曲线图。(左) 由数值积分计算的精确本征频率。(右) P-SV区段II-X的渐近本征频率。左上角部分的放大图见图12.16(由L. Zhao提供)

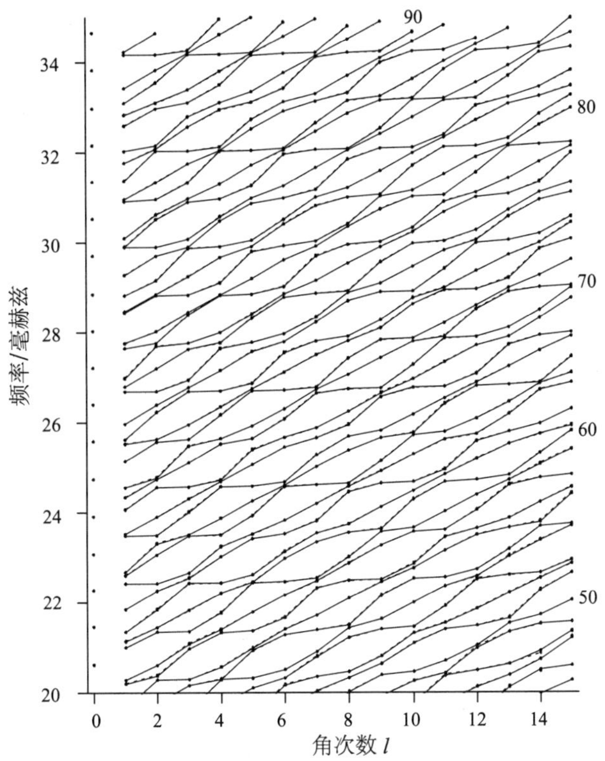

图 12.16 图12.15的球型模式频散曲线图中左上角部分的放大图。由数值积分计算的精确本征频率与用方程(12.56)和(12.65)计算的区段IX和X的渐近本征频率分别显示为实线连接的实心圆与点线连接的空心圆。整数$n = 50$–90为阶数。是的，确实有空心圆和点线；但是，近乎完美的一致性使我们看不出差别！(由L. Zhao提供)

12.3 正规渐近分析

上一节所讨论的相长干涉分析为具有两个内部不连续面的地球模型中高频的环型与球型模式和传播的SH与P-SV体波之间的二象性提供了清晰的物理图像。下面我们通过更严格的数学处理来证明前面的结果，并且同时得到相应的径向本征函数的渐近表达式。这一过程的目标是在固定SH或P-SV波射线参数p的情形下，寻求所满足的常微分方程和边界条件在高频$\omega \to \infty$时的解。这一分析的基本假设是地球的物性参数α、β、ρ都是光滑变化的，只有在内核边界$r = c$处、核幔边界$r = b$处及自由表面$r = a$处有跃变。我们遵循Woodhouse (1978)所阐述的一般处理方法，但是我们不是直接进行渐近本征函数的推导，而是寻求将方程组变换到一个更简单的在渐近意义上等价的系统。为便于向高频极限推广，我们首先系统性地把方程改写成ω^{-1}的幂次项形式。对于正的角次数$l > 0$，我们究竟是用金斯关系式$\omega p = l + \dfrac{1}{2}$，还是用

$$\omega p = k = \sqrt{l(l+1)} \tag{12.69}$$

来定义射线参数都是无关紧要的，因为这两个定义在$\omega\to\infty$的极限时是等价的。我们在下面的讨论中采用(12.69)这一稍微方便一些的平方根定义。函数符号上面的一点仍然用来表示对半径求导。

12.3.1 环型模式

环型模式所满足的一阶线性方程组(8.114)–(8.115)可以写为矩阵形式

$$\dot{\mathsf{f}}=\omega(\mathsf{A}_0+\omega^{-1}\mathsf{A}_1+\omega^{-2}\mathsf{A}_2)\mathsf{f} \tag{12.70}$$

(12.70)中未知的位移–牵引力组成的二分量矢量f的定义为

$$\mathsf{f}=\begin{pmatrix} W \\ \omega^{-1}T \end{pmatrix} \tag{12.71}$$

而2×2矩阵A_0、A_1和A_2为

$$\mathsf{A}_0=\begin{pmatrix} 0 & \mu^{-1} \\ -\rho+p^2r^{-2}\mu & 0 \end{pmatrix}$$

$$\mathsf{A}_1=\begin{pmatrix} r^{-1} & 0 \\ 0 & -3r^{-1} \end{pmatrix}$$

$$\mathsf{A}_2=\begin{pmatrix} 0 & 0 \\ -2r^{-2}\mu & 0 \end{pmatrix} \tag{12.72}$$

定义(12.71)中所隐含的量级关系确保在$\omega\to\infty$时f的两个分量数量级相同。

按照Richards (1974)中的渐近势函数表示，我们期望高频本征函数应该与SH波函数H满足相同的径向薛定谔方程

$$\ddot{H}+\omega^2q_\beta^2H=0 \tag{12.73}$$

其中$q_\beta^2=\beta^{-2}-p^2r^{-2}$。通过定义

$$\mathsf{g}=\begin{pmatrix} H \\ \omega^{-1}\dot{H} \end{pmatrix} \qquad \mathsf{Q}=\begin{pmatrix} 0 & 1 \\ -q_\beta^2 & 0 \end{pmatrix} \tag{12.74}$$

我们可以将(12.73)写为类似于(12.70)的矩阵形式：

$$\dot{\mathsf{g}}=\omega\mathsf{Q}\mathsf{g} \tag{12.75}$$

对于方程(12.70)，我们寻找如下形式的解f：

$$\mathsf{f}=[\mathsf{Y}^{(0)}+\omega^{-1}\mathsf{Y}^{(1)}+\cdots]\mathsf{g} \tag{12.76}$$

其中矩阵$\mathsf{Y}^{(0)},\mathsf{Y}^{(1)},\ldots$为待定。将展开式(12.76)代入，并令$\omega^{-1}$同幂次项相等，我们可以得到一系列方程，其中前两个为

$$\mathsf{A}_0\mathsf{Y}^{(0)}-\mathsf{Y}^{(0)}\mathsf{Q}=0 \tag{12.77}$$

$$\mathsf{A}_0\mathsf{Y}^{(1)} - \mathsf{Y}^{(1)}\mathsf{Q} = \dot{\mathsf{Y}}^{(0)} - \mathsf{A}_1\mathsf{Y}^{(0)} \tag{12.78}$$

假如像前面那样用 $p = (l + \frac{1}{2})/\omega$ 而不是 $p = k/\omega$ 来定义射线参数，只有矩阵 A_2 会改变，而它在零阶和一阶关系 (12.77)–(12.78) 中并不出现。

值得注意的是矩阵 Q 和 A_0 可以用一个相似变换联系起来：

$$\mathsf{Q} = \mathsf{R}^{-1}\mathsf{A}_0\mathsf{R} \tag{12.79}$$

其中

$$\mathsf{R} = \begin{pmatrix} \mu^{-1/2} & 0 \\ 0 & \mu^{1/2} \end{pmatrix} \qquad \mathsf{R}^{-1} = \begin{pmatrix} \mu^{1/2} & 0 \\ 0 & \mu^{-1/2} \end{pmatrix} \tag{12.80}$$

这使我们可以方便地将矩阵 $\mathsf{Y}^{(0)}, \mathsf{Y}^{(1)}, \ldots$ 用如下变换来表示：

$$\mathsf{Y}^{(0)} = \mathsf{R}\Gamma^{(0)} \qquad \mathsf{Y}^{(1)} = \mathsf{R}\Gamma^{(1)}, \qquad \cdots \tag{12.81}$$

同时将矩阵 $\Gamma^{(0)}, \Gamma^{(1)}, \ldots$ 当作新的未知量。将表达式 (12.81) 代入 (12.77)–(12.78)，我们看到 $\Gamma^{(0)}$, $\Gamma^{(1)}, \ldots$ 必须满足

$$[\mathsf{Q}, \Gamma^{(0)}] = 0 \tag{12.82}$$

$$[\mathsf{Q}, \Gamma^{(1)}] = \dot{\Gamma}^{(0)} + (\mathsf{R}^{-1}\dot{\mathsf{R}} - \mathsf{R}^{-1}\mathsf{A}_1\mathsf{R})\Gamma^{(0)} \tag{12.83}$$

其中符号 $[\cdot,\cdot]$ 表示括号中矩阵的对易式。(12.82) 式表明最低阶未知矩阵乘子 $\Gamma^{(0)}$ 必须与薛定谔矩阵 Q 是可对易的。很容易证明 Q 与 2×2 单位矩阵 I 构成一个完备的对易矩阵集。因此我们可以将 $\Gamma^{(0)}$ 写为如下形式

$$\Gamma^{(0)} = \gamma_1\mathsf{I} + \gamma_2\mathsf{Q} \tag{12.84}$$

其中半径的标量函数 γ_1 和 γ_2 仍为待定。

要求得这些函数我们需要考虑一阶关系式 (12.83)。该非齐次方程有特解 $\Gamma^{(1)}$ 存在的必要且充分的条件是它的右边必须与左边对易算子的零空间正交：

$$\mathrm{tr}\,[\dot{\Gamma}^{(0)} + (\mathsf{R}^{-1}\dot{\mathsf{R}} - \mathsf{R}^{-1}\mathsf{A}_1\mathsf{R})\Gamma^{(0)}] = 0 \tag{12.85}$$

$$\mathrm{tr}\,[\mathsf{Q}\dot{\Gamma}^{(0)} + \mathsf{Q}(\mathsf{R}^{-1}\dot{\mathsf{R}} - \mathsf{R}^{-1}\mathsf{A}_1\mathsf{R})\Gamma^{(0)}] = 0 \tag{12.86}$$

这些存在条件可以化简为未知标量函数的一对一阶微分方程：

$$\dot{\gamma}_1 + r^{-1}\gamma_1 = 0 \qquad \dot{\gamma}_2 + (q_\beta^{-1}\dot{q}_\beta + r^{-1})\gamma_2 = 0 \tag{12.87}$$

方程 (12.87) 的解具有如下形式

$$\gamma_1 = ar^{-1} \qquad \gamma_2 = br^{-1}q_\beta^{-1} \tag{12.88}$$

其中 a 和 b 为任意常数。

综合这些结果，我们看出方程 (12.70) 的零阶渐近解可以写为

$$\mathsf{f} = r^{-1}\mathsf{R}(a\mathsf{I} + bq_\beta^{-1}\mathsf{Q})\mathsf{g} \tag{12.89}$$

如果我们将薛定谔二分量矢量g看作是完全给定的，那么表达式(12.89)中的常数a和b就为满足环型模式的边界条件提供了两个自由度。另外一种做法是，我们给定a和b，将自由度归入薛定谔方程(12.75)的两个线性独立解中。我们采纳后一种方法，为简单起见设定$a=1$和$b=0$，方程(12.89)于是简化为

$$\mathsf{f}=r^{-1}\mathsf{R}\mathsf{g} \tag{12.90}$$

或是等价的

$$W=\mu^{-1/2}r^{-1}H \qquad T=\mu^{1/2}r^{-1}\dot{H} \tag{12.91}$$

如Woodhouse (1978)所展示的，对表达式(12.91)更高阶的修正可以用类似方式获得。如前述做法，在ω^{-1}的每一幂次，要想完全确定渐近解，都必须考虑下一幂次的可解性。一阶修正会依赖于剪切波速度和密度的一阶导数$\dot{\beta}$和$\dot{\rho}$，二阶修正依赖于二阶导数$\ddot{\beta}$和$\ddot{\rho}$，以此类推。零阶表达式(12.91)适用于任何物性参数足够光滑的地球模型，其光滑程度由这些导数的大小确定。

总之，我们已经把高频环型模式的位移W和相应的牵引力T用满足薛定谔方程(12.73)的SH波函数H表示。我们将把这些结果用于没有莫霍面以及上地幔不连续面的地球模型，函数H在地球球心$r=0$处必须是规则的，而且在内核边界$r=c$、核幔边界$r=b$和自由表面$r=a$处必须满足边界条件$\dot{H}=0$。如果要将这一分析推广到更普遍的模型，只需要牵引力$\mu^{1/2}r^{-1}\dot{H}$在跨越固–固边界$r=d_{\mathrm{SS}}$时连续即可。如果模型有一层海水，那么上表面的边界条件则必须施加在海底$r=s$而不是在$r=a$处。原则上，我们可以通过以这些边界条件与连续性条件为约束对薛定谔方程做数值积分来求得环型模式的零阶本征值与本征函数。但是，这种做法有悖常理，因为求解薛定谔方程所需要的计算工作一点也不比求解精确方程(8.114)–(8.116)来的要少。本节中所介绍的渐近理论的优势是，它使我们能够用薛定谔方程在$\omega\to\infty$的极限时的JWKB解来得到W和T的解析表达式。我们在12.3.3节先对经典的一维JWKB方法做一个简单的概述，然后在12.3.4节将其用于环型模式。

12.3.2 球型模式

在$\omega\to\infty$的极限，自引力对球型简正模式的影响可以放心地忽略。一个无引力的地球中固态区域所满足的4×4的耦合一阶常微分方程组(8.158)–(8.161)可以写成与(12.70)类似的矩阵形式：

$$\dot{\mathsf{f}}=\omega(\mathsf{A}_0+\omega^{-1}\mathsf{A}_1+\omega^{-2}\mathsf{A}_2)\mathsf{f} \tag{12.92}$$

此时量级一致的位移和牵引力四分量矢量为

$$\mathsf{f}=\begin{pmatrix} U \\ V \\ \omega^{-1}R \\ \omega^{-1}S \end{pmatrix} \tag{12.93}$$

矩阵A_0、A_1和A_2为

$$\mathsf{A}_0=\begin{pmatrix} 0 & pr^{-1}\lambda\sigma^{-1} & \sigma^{-1} & 0 \\ -pr^{-1} & 0 & 0 & \mu^{-1} \\ -\rho & 0 & 0 & pr^{-1} \\ 0 & -\rho+4p^2r^{-2}\mu\eta\sigma^{-1} & -pr^{-1}\lambda\sigma^{-1} & 0 \end{pmatrix}$$

$$\mathsf{A}_1 = \begin{pmatrix} -2r^{-1}\lambda\sigma^{-1} & 0 & 0 & 0 \\ 0 & r^{-1} & 0 & 0 \\ 0 & -6pr^{-2}\kappa\mu\sigma^{-1} & -4r^{-1}\mu\sigma^{-1} & 0 \\ -6pr^{-2}\kappa\mu\sigma^{-1} & 0 & 0 & -3r^{-1} \end{pmatrix}$$

$$\mathsf{A}_2 = \begin{pmatrix} 0 & 0 & 0 & 0 \\ 0 & 0 & 0 & 0 \\ 12r^{-2}\kappa\mu\sigma^{-1} & 0 & 0 & 0 \\ 0 & -2r^{-2}\mu & 0 & 0 \end{pmatrix} \tag{12.94}$$

其中 $\lambda = \kappa - \frac{2}{3}\mu$, $\sigma = \kappa + \frac{4}{3}\mu$ 和 $\eta = \kappa + \frac{1}{3}\mu$.

我们希望能够把本征函数U、V、R和S用一对薛定谔方程的解来表示。将 P 波和 SV 波的波函数分别用P和B表示，我们要求

$$\ddot{P} + \omega^2 q_\alpha^2 P = 0 \qquad \ddot{B} + \omega^2 q_\beta^2 B = 0 \tag{12.95}$$

其中$q_\alpha^2 = \alpha^{-2} - p^2 r^{-2}$和$q_\beta^2 = \beta^{-2} - p^2 r^{-2}$。(12.95) 中两个方程的独立性意味着P波和SV波的传播在地球结构光滑的区域是相互独立的；在$\omega \to \infty$时P-SV耦合只发生在内部与外部边界处。要注意，不要把这里的波函数P和B与球型模式完整的6×6方程组 (8.135)–(8.140) 中用来表示引力增量的相同的符号混淆。通过如下定义

$$\mathsf{g} = \begin{pmatrix} P \\ \omega^{-1}\dot{P} \\ B \\ \omega^{-1}\dot{B} \end{pmatrix} \qquad \mathsf{Q} = \begin{pmatrix} 0 & 1 & 0 & 0 \\ -q_\alpha^2 & 0 & 0 & 0 \\ 0 & 0 & 0 & 1 \\ 0 & 0 & -q_\beta^2 & 0 \end{pmatrix} \tag{12.96}$$

我们可以把两个独立的薛定谔方程写成与 (12.75) 相同的形式：

$$\dot{\mathsf{g}} = \omega \mathsf{Q} \mathsf{g} \tag{12.97}$$

下面我们遵循与 SH 情形同样的方法，寻求方程 (12.92) 的与 (12.76) 同一形式的渐近解f。联系Q和A_0的变换矩阵R和R^{-1}为

$$\mathsf{R} = \rho^{-1/2} \begin{pmatrix} 0 & 1 & pr^{-1} & 0 \\ pr^{-1} & 0 & 0 & 1 \\ -\rho + 2p^2r^{-2}\mu & 0 & 0 & 2pr^{-1}\mu \\ 0 & 2pr^{-1}\mu & -\rho + 2p^2r^{-2}\mu & 0 \end{pmatrix}$$

$$\mathsf{R}^{-1} = \rho^{-1/2} \begin{pmatrix} 0 & 2pr^{-1}\mu & -1 & 0 \\ \rho - 2p^2r^{-2}\mu & 0 & 0 & pr^{-1} \\ 2pr^{-1}\mu & 0 & 0 & -1 \\ 0 & \rho - 2p^2r^{-2}\mu & pr^{-1} & 0 \end{pmatrix} \tag{12.98}$$

f和g之间最普遍的零阶渐近关系依赖于四个任意常数a_α、b_α、a_β、b_β，分别对应于下列一组与Q可对易的线性独立矩阵之中的一个：

$$\mathsf{I}_\alpha = \begin{pmatrix} 1 & 0 & 0 & 0 \\ 0 & 1 & 0 & 0 \\ 0 & 0 & 0 & 0 \\ 0 & 0 & 0 & 0 \end{pmatrix} \qquad \mathsf{Q}_\alpha = \begin{pmatrix} 0 & 1 & 0 & 0 \\ -q_\alpha^2 & 0 & 0 & 0 \\ 0 & 0 & 0 & 0 \\ 0 & 0 & 0 & 0 \end{pmatrix}$$

$$\mathsf{I}_\beta = \begin{pmatrix} 0 & 0 & 0 & 0 \\ 0 & 0 & 0 & 0 \\ 0 & 0 & 1 & 0 \\ 0 & 0 & 0 & 1 \end{pmatrix} \qquad \mathsf{Q}_\beta = \begin{pmatrix} 0 & 0 & 0 & 0 \\ 0 & 0 & 0 & 0 \\ 0 & 0 & 0 & 1 \\ 0 & 0 & -q_\beta^2 & 0 \end{pmatrix} \tag{12.99}$$

取定$a_\alpha = a_\beta = 1$和$b_\alpha = b_\beta = 0$，我们得到与(12.90)类似的表达式：

$$\mathsf{f} = r^{-1}\mathsf{R}\mathsf{g} \tag{12.100}$$

或者等价的

$$U = \rho^{-1/2}r^{-1}(\omega^{-1}\dot{P} + pr^{-1}B) \tag{12.101}$$

$$V = \rho^{-1/2}r^{-1}(\omega^{-1}\dot{B} + pr^{-1}P) \tag{12.102}$$

$$R = -\rho^{1/2}r^{-1}\omega[P - 2pr^{-1}\beta^2(\omega^{-1}\dot{B} + pr^{-1}P)] \tag{12.103}$$

$$S = -\rho^{1/2}r^{-1}\omega[B - 2pr^{-1}\beta^2(\omega^{-1}\dot{P} + pr^{-1}B)] \tag{12.104}$$

P和SV波的薛定谔方程(12.95)的四个线性独立解提供了满足相应边界条件所需要的自由度。

在液态外核内部牵引力标量S消失，切向位移由代数方程$V = -(kr^{-1}R)/(\omega^2\rho)$给定。$2\times 2$的常微分方程组(8.162)–(8.163)可以写成矩阵形式

$$\dot{\mathsf{f}} = \omega(\mathsf{A}_0 + \omega^{-1}\mathsf{A}_1)\mathsf{f} \tag{12.105}$$

其中

$$\mathsf{f} = \begin{pmatrix} U \\ \omega^{-1}R \end{pmatrix} \tag{12.106}$$

和

$$\mathsf{A}_0 = \begin{pmatrix} 0 & \kappa^{-1} - \rho^{-1}p^2r^{-2} \\ -\rho & 0 \end{pmatrix} \tag{12.107}$$

$$\mathsf{A}_1 = \begin{pmatrix} -2r^{-1} & 0 \\ 0 & 0 \end{pmatrix} \tag{12.108}$$

我们希望将U和R与满足(12.95)中P波薛定谔方程的波函数P联系起来。通过如下定义

$$\mathsf{g} = \begin{pmatrix} P \\ \omega^{-1}\dot{P} \end{pmatrix} \qquad \mathsf{Q} = \begin{pmatrix} 0 & 1 \\ -q_\alpha^2 & 0 \end{pmatrix} \tag{12.109}$$

我们可以将该方程写为

$$\dot{\mathsf{g}} = \omega \mathsf{Q} \mathsf{g} \tag{12.110}$$

联系 Q 和 A_0 的矩阵 R 和 R^{-1} 此时成为

$$\mathsf{R} = \begin{pmatrix} 0 & \rho^{-1/2} \\ -\rho^{1/2} & 0 \end{pmatrix} \qquad \mathsf{R}^{-1} = \begin{pmatrix} 0 & -\rho^{1/2} \\ \rho^{-1/2} & 0 \end{pmatrix} \tag{12.111}$$

为满足薛定谔方程在固–液边界的连续性条件，需要有两个自由度，具有这一性质的 f 和 g 之间恰当的渐近关系为

$$\mathsf{f} = r^{-1} \mathsf{R} \mathsf{g} \tag{12.112}$$

相应的液态区域 U、V、R、S 和 P 之间的完整的零阶渐近关系为

$$U = \rho^{-1/2} r^{-1} \omega^{-1} \dot{P} \tag{12.113}$$

$$V = \rho^{-1/2} p r^{-2} P \tag{12.114}$$

$$R = -\rho^{1/2} r^{-1} \omega P \tag{12.115}$$

$$S = 0 \tag{12.116}$$

显然，我们也可以通过把 (12.101)–(12.104) 中的剪切波速度 β 和 SV 波函数 B 设为零直接得到 (12.113)–(12.116) 中的结果。

径向模式是纯压缩型的；位移和牵引力标量函数与 P 波的波函数 P 之间的关系为：$U = \rho^{-1/2} r^{-1} \omega^{-1} \dot{P}$, $V = 0$, $R = -\rho^{1/2} r^{-1} \omega P$ 和 $S = 0$。这些结果可以从控制方程组 (8.149)–(8.150) 的渐近分析得到；另外也可以通过在方程组 (12.101)–(12.104) 和 (12.113)–(12.116) 中把射线参数 p 和 SV 波的波函数 B 设为零得到。

总之，我们已经把地球的固态与液态区域的位移和牵引力都用满足薛定谔方程 (12.95) 的高频波函数 P 和 B 表示出来。运动学和动力学边界条件要求在自由表面 $r = a$ 处有

$$P - 2pr^{-1}\beta^2(\omega^{-1}\dot{B} + pr^{-1}P) = 0 \tag{12.117}$$

$$B - 2pr^{-1}\beta^2(\omega^{-1}\dot{P} + pr^{-1}B) = 0 \tag{12.118}$$

而在核幔边界 $r = b$ 和内核边界 $r = c$ 处有

$$B - 2pr^{-1}\beta^2(\omega^{-1}\dot{P} + pr^{-1}B) = 0 \tag{12.119}$$

$$[\rho^{-1/2}(\omega^{-1}\dot{P} + pr^{-1}B)]_-^+ = 0 \tag{12.120}$$

$$[\rho^{1/2}\{P - 2pr^{-1}\beta^2(\omega^{-1}\dot{B} + pr^{-1}P)\}]_-^+ = 0 \tag{12.121}$$

如果地球有一个海水层，那么 (12.119)–(12.121) 必须也要在海底 $r = s$ 处满足。此外，如果有任何固–固不连续面，则必须在 $r = d_{\mathrm{SS}}$ 处有 (12.120)–(12.121) 以及 $[\rho^{-1/2}(\omega^{-1}\dot{B} + pr^{-1}P)]_-^+ = 0$。这些条件中 P 和 B 两个波函数的同时出现反映了 P 波与 SV 波在自由表面及各个内部界面处反射与透射时它们之间的相互转换。

更一般地，我们也可以从方程(12.92)和(12.105)的修改过的4×4和2×2形式出发进行以上分析，这样虽然忽略了地球引力势函数微扰，但是保留了初始引力加速度g(见8.8.6节)。这样做最低阶矩阵A_0没有改变，只有A_1和A_2有变化。这些较高阶矩阵对零阶表达式(12.101)–(12.104)、(12.113)–(12.116)和(12.117)–(12.121)没有影响。因此，上述结果在考林近似下仍然成立。在12.3.5节中我们将用这些结果来计算地幔球型模式的渐近本征频率和本征函数。

12.3.3 JWKB近似

对SH和P-SV波分析的下一个步骤是用经典JWKB理论寻求径向薛定谔方程的渐近解

$$\ddot{X}+\omega^2q^2X=0 \tag{12.122}$$

方程(12.122)中半径的未知函数X代表(12.73)或(12.95)中三个标量波函数H、P或B中的任意一个。$q^2=v^{-2}-p^2r^{-2}$是相应的SH、P或SV波的径向慢度的平方，因此乘积ωq是局地径向波数。方程(12.122)是一个*奇异微扰问题*，因为与非导数项相比，导数项在$\omega\to\infty$时可以忽略不计。我们仅关注单一折返点$r=R$的情形，在该处$q^2(R)=0$。比较方便的做法是分成三个互相有重叠的区间，如图12.17所示：

1. $r\ll R$且$q^2<0$;
2. $r\approx R$且$q^2\approx\gamma(r-R)$, 其中$\gamma=2v_R^{-3}(R^{-1}v_R-\dot{v}_R)>0$;
3. $r\gg R$且$q^2>0$.

遵循Bender 和 Orszag (1978)，我们在每一个区间进行独立的渐近分析，然后用*匹配渐近展开方法*把得到的结果连起来。重要的是三个区间必须按上述列出的顺序考虑，从折返点左侧开始，终止于其右侧。

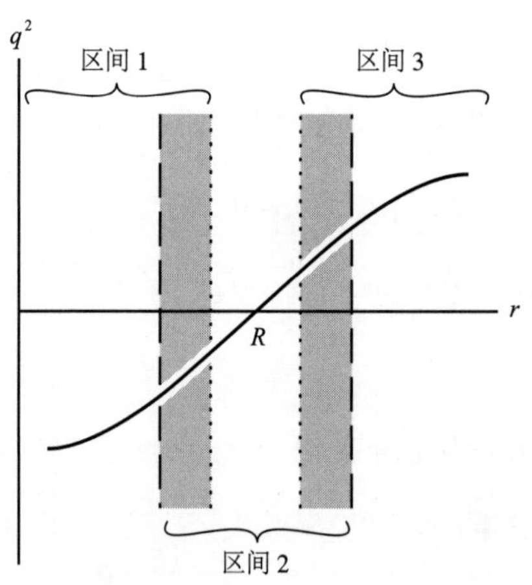

图12.17 方程(12.122)中的径向慢度平方$q^2(r)$示意图。在其单一零点$r=R$处相应的波折返。在三个区间的每一个区间内分别做JWKB分析，再将得到的解X_1、X_2和X_3在重叠的区间（阴影部分）互相做连接

在区间1我们寻找JWKB展开形式的解：

$$X=[\mathcal{A}^{(0)}+\omega^{-1}\mathcal{A}^{(1)}+\cdots]\exp(\omega\Psi) \tag{12.123}$$

这里我们希望确定的是振幅$\mathcal{A}^{(0)}$, $\mathcal{A}^{(1)},\ldots$以及指数上的变量Ψ。把我们的猜想解(12.123)代入

薛定谔方程(12.122)，并且令ω^{-1}的同幂次项相等，我们得到经典的**程函与输运方程**

$$\dot{\Psi}^2 + q^2 = 0 \qquad \ddot{\Psi}\mathcal{A} + 2\dot{\Psi}\dot{\mathcal{A}} = 0 \tag{12.124}$$

我们省略了振幅的上角标$\mathcal{A}^{(0)} = \mathcal{A}$，因为我们仅关心最低阶的近似。方程(12.124)的解为

$$\Psi = \pm \int_r^R |q|\, dr \qquad \mathcal{A} = A|q|^{-1/2} \tag{12.125}$$

其中$|q|$是$-q^2$的正平方根，A是待定常数。(12.125)的前一个等式中的正号对应于远离折返点指数增加，是物理上不允许的。舍弃这一可能性，我们得到区间 1 的最低阶JWKB解为

$$X_1 = A|q|^{-1/2} \exp\left(-\omega \int_r^R |q|\, dr\right) \tag{12.126}$$

公式(12.126)代表的是在折返点$r = R$左侧指数衰减的**瞬逝波**。

在折返点附近，薛定谔方程(12.122)简化为**艾里方程**

$$\ddot{X} + \omega^2 \gamma (r - R) X = 0 \tag{12.127}$$

方程(12.127)的通解可以用两个线性独立的艾里函数Ai和Bi表示成如下形式

$$X_2 = D\,\mathrm{Ai}\,[-\omega^{2/3}\gamma^{1/3}(r - R)] + E\,\mathrm{Bi}\,[-\omega^{2/3}\gamma^{1/3}(r - R)] \tag{12.128}$$

通过匹配(12.126)和(12.128)这两个解，常数D和E可以与瞬逝波振幅A联系起来。振幅中因子$|q|^{-1/2}$的发散性使公式(12.126)在邻近$r = R$时不适用，同样，公式(12.128)在折返点$r = R$左侧过远处也不成立。但是，存在一个重叠区间，在该区间内两个表达式均成立。在此区间，$|q| \approx [\gamma(R - r)]^{1/2}$，我们可以将瞬逝解近似为

$$X_1 \approx A[\gamma(R - r)]^{-1/4} \exp[-\frac{2}{3}\omega\gamma^{1/2}(R - r)^{3/2}] \tag{12.129}$$

同时可以利用$x \to \infty$时的渐进式

$$\mathrm{Ai}(x) \approx \frac{1}{2}\pi^{-1/2}x^{-1/4}\exp(-\frac{2}{3}x^{3/2}) \tag{12.130}$$

$$\mathrm{Bi}(x) \approx \pi^{-1/2}x^{-1/4}\exp(\frac{2}{3}x^{3/2}) \tag{12.131}$$

将折返点的解(12.128)表示成

$$\begin{aligned} X_2 \approx\ & \pi^{-1/2}\gamma^{-1/12}\omega^{-1/6}(R - r)^{-1/4} \\ & \times \left\{ \frac{1}{2}D\exp[-\frac{2}{3}\omega\gamma^{1/2}(R - r)^{3/2}] \right. \\ & \left. \qquad + E\exp[\frac{2}{3}\omega\gamma^{1/2}(R - r)^{3/2}] \right\} \end{aligned} \tag{12.132}$$

通过比较两个重叠区间的解(12.129)和(12.132)，我们看到$D = 2\pi^{1/2}\gamma^{-1/6}\omega^{1/6}A$和$E = 0$。于是，在折返点附近$r \approx R$的解成为

$$X_2 = 2\pi^{1/2}A\gamma^{-1/6}\omega^{1/6}\mathrm{Ai}\,[-\omega^{2/3}\gamma^{1/3}(r - R)] \tag{12.133}$$

这里的匹配过程确保(12.133)是区间 1 中的瞬逝解(12.126)在区间2中的光滑延拓。

在$r \gg R$区间，我们同样将猜想解(12.123)代入薛定谔方程(12.122)。因为平方的径向慢度在此区间为正，解不再是瞬逝的，而是振荡型的：

$$X_3 = Fq^{-1/2}\exp\left(i\omega\int_R^r q\,dr\right) + Gq^{-1/2}\exp\left(-i\omega\int_R^r q\,dr\right) \tag{12.134}$$

其中q表示q^2的正平方根。通过在(12.133)和(12.134)这两个解的重叠区间做匹配，可以确定常数F和G。在$x \to -\infty$的极限下，艾里函数(12.133)的渐近表达式为

$$\mathrm{Ai}(x) \approx \pi^{-1/2}(-x)^{-1/4}\sin[\frac{2}{3}(-x)^{3/2} + \pi/4] \tag{12.135}$$

因而

$$X_2 \approx 2A[\gamma(r-R)]^{-1/4}\sin[\frac{2}{3}\omega\gamma^{1/2}(r-R)^{3/2} + \pi/4] \tag{12.136}$$

另一方面，在重叠区间(12.134)式可以写成

$$X_3 \approx F[\gamma(r-R)]^{-1/4}\exp[\frac{2}{3}i\omega\gamma^{1/2}(r-R)^{3/2}] + G[\gamma(r-R)]^{-1/4}\exp[-\frac{2}{3}i\omega\gamma^{1/2}(r-R)^{3/2}] \tag{12.137}$$

比较(12.136)和(12.137)，我们得到$F = -iA\exp(i\pi/4)$和$G = iA\exp(-i\pi/4)$。因此，折返点右侧的渐近解为

$$X_3 = 2Aq^{-1/2}\cos\left(\omega\int_R^r q\,dr - \frac{\pi}{4}\right) \tag{12.138}$$

$A|q|^{-1/2}\exp(-\omega\int_r^R |q|\,dr) \Longrightarrow 2Aq^{-1/2}\cos(\omega\int_R^r q\,dr - \pi/4)$是(12.126)和(12.138)之间的关系式，它通常被称为JWKB连接公式，因为它用折返点左侧的瞬逝解来确定折返点右侧的振荡解的振幅和相位。表12.3总结了所有三个区间的渐近分析的最终结果。

值得注意的是，三个解X_1、X_2和X_3可以合并成为一个单一且一致有效的近似表达式，称为兰格(Langer)近似：

$$X = 2\pi^{1/2}A\,\chi^{1/6}(-q^2)^{-1/4}\mathrm{Ai}(\chi^{2/3}) \tag{12.139}$$

表 12.3 图12.17所示的薛定谔方程(12.122)在三个区间的渐近解

区间	位置	渐近解
1	$r \ll R$	$X_1 = A\|q\|^{-1/2}\exp\left(-\omega\int_r^R \|q\|\,dr\right)$
2	$r \approx R$	$X_2 = 2\pi^{1/2}A\gamma^{-1/6}\omega^{1/6}\mathrm{Ai}\,[-\omega^{2/3}\gamma^{1/3}(r-R)]$
3	$r \gg R$	$X_3 = 2Aq^{-1/2}\cos\left(\omega\int_R^r q\,dr - \frac{\pi}{4}\right)$

注：JWKB波函数X在折返点$r = R$左侧为瞬逝型，在折返点右侧为振荡型。A为任意归一化常数

其中 $\chi = -\frac{3}{2}\omega\int_R^r(-q^2)^{1/2}\,dr$。这一近似的正确性虽然不是一目了然的，但是，通过在所有三个区间上展示该近似与表12.3中给出的结果在渐近的意义上是等价的，可以很容易地验证。公式(12.139)仅仅适用于折返半径 $r=R$ 远离核幔边界 $r=b$ 这种不连续面的情况。对于更普遍的情况，有必要同时保留 $\mathrm{Bi}(\chi^{2/3})$ 和 $\mathrm{Ai}(\chi^{2/3})$ 以便考虑近掠射波的隧道效应(Woodhouse 1978)。

12.3.4 环型模式回顾

在本节我们用12.3.1节和12.3.3节中的JWKB分析来确定仅有内核边界和核幔边界两个内部不连续面的地球模型中环型模式的本征频率和本征函数。我们首先考虑与地幔中SH波等价的区段II中的模式。在此区段内径向慢度平方 $q_\beta^2=\beta^{-2}-p^2r^{-2}$ 在折返半径 $r=R_{\mathrm{S}}$ 处有单个零点。在折返点上方的振荡型区域 $R_{\mathrm{S}}\ll r\leqslant a$，SH波的波函数及其导数可以表示成

$$H = 2Aq_\beta^{-1/2}\cos\left(\omega\int_{R_{\mathrm{S}}}^r q_\beta\,dr-\frac{\pi}{4}\right) \tag{12.140}$$

$$\dot{H} = -2\omega Aq_\beta^{1/2}\sin\left(\omega\int_{R_{\mathrm{S}}}^r q_\beta\,dr-\frac{\pi}{4}\right) \tag{12.141}$$

这里在求导时我们忽略了 ω^{-1} 的高阶项。渐近本征频率可以由自由表面边界条件 $\dot{H}=0$ 确定。取(12.141)在 $r=a$ 处的值，我们得到渐近量子化条件

$$\omega\tau_{\mathrm{S}} = 2\pi(n+5/4) \tag{12.142}$$

其中 τ_{S} 为截距时间，n 为阶数。这一结果与我们在12.2.2节中用更基本而物理上更直观的相长干涉观念得到的结果完全一样。

与(12.142)中的本征频率相应的在 $R_{\mathrm{S}}\ll r\leqslant a$ 区域内的振荡型JWKB本征函数为

$$W = 2A\mu^{-1/2}r^{-1}q_\beta^{-1/2}\cos\left(\omega\int_{R_{\mathrm{S}}}^r q_\beta\,dr-\frac{\pi}{4}\right) \tag{12.143}$$

在折返半径下方，$r\ll R_{\mathrm{S}}$，有瞬逝解：

$$W = A\mu^{-1/2}r^{-1}|q_\beta|^{-1/2}\exp\left(-\omega\int_r^{R_{\mathrm{S}}}|q_\beta|\,dr\right) \tag{12.144}$$

常数 A 可以从环型模式的归一化关系得到：

$$\int_b^a \rho W^2\, r^2 dr = 1 \tag{12.145}$$

Bender 和 Orszag (1978)讨论了在有折返点时应如何计算JWKB解的归一化积分。根据黎曼–勒贝格(Lebesgue)公理，它们证明了三个区间的总体贡献在渐近的意义上等价于将振荡项 $\cos^2(\omega\int_{R_{\mathrm{S}}}^a q_\beta\,dr-\pi/4)$ 用其平均值1/2替换之后从 $r=R_{\mathrm{S}}$ 积分：

$$\int_b^a \rho W^2\, r^2 dr = 2A^2\int_{R_{\mathrm{S}}}^a \beta^{-2}q_\beta^{-1}\,dr \tag{12.146}$$

因此 $A=T_{\mathrm{S}}^{-1/2}$，其中 T_{S} 是S波走时。

在区段III, SH波的波函数在整个地幔$b \leqslant r \leqslant a$都是振荡型的：

$$H = Aq_\beta^{-1/2} \exp\left(i\omega \int_b^r q_\beta\, dr\right) + Bq_\beta^{-1/2} \exp\left(-i\omega \int_b^r q_\beta\, dr\right) \tag{12.147}$$

$$\dot{H} = i\omega Aq_\beta^{1/2} \exp\left(i\omega \int_b^r q_\beta\, dr\right) - i\omega Bq_\beta^{1/2} \exp\left(-i\omega \int_b^r q_\beta\, dr\right) \tag{12.148}$$

其中A和B为任意常数。在核幔边界$r = b$处的边界条件$\dot{H} = 0$意味着$B = A$。相应的自由表面$r = a$处的条件则提供量子化条件

$$\omega\tau_{\mathrm{ScS}} = 2\pi(n+1) \tag{12.149}$$

诚如预期的，上式与(12.45)一样。$\mathrm{ScS_{SH}}$模式的本征函数的JWKB表达式为

$$W = 2A\mu^{-1/2}r^{-1}q_\beta^{-1/2} \cos\left(\omega \int_b^r q_\beta\, dr\right) \tag{12.150}$$

黎曼–勒贝格公理仍然可以用来计算归一化积分(12.145)，结果为$A = T_{\mathrm{ScS}}^{-1/2}$.

表12.4中总结了环型模式的所有四个区段里的振荡型JWKB本征函数。区段IV中内核模式的结果与区段II中的完全一样，只需把τ_{S}和T_{S}分别换成τ_{J}和T_{J}。这两个区段上本征函数的驻波表达式中的$\pi/4$与折返SH波产生的$\pi/2$焦散相移相一致。图12.18中比较了几个地幔环型模式的精确与渐近的本征函数W。两者普遍有很好的一致性，甚至包括${}_n\mathrm{T}_l$中$n \ll l/4$的勒夫波等价模式。主要的差别出现在折返半径$r = R_{\mathrm{S}}$附近，那里渐近表达式振幅中的因子$q_\beta^{-1/2}$发散。这一发散是JWKB近似内在的非一致有效特性。

表 12.4 仅有两个内部不连续面的地球模型中SH波在全部四个射线参数区段的渐近归一化本征函数 W

区段	类型	归一化位移本征函数
I	—	仅有瞬逝SH波
II	SH	$W = 2T_{\mathrm{S}}^{-1/2}\mu^{-1/2}r^{-1}q_\beta^{-1/2}\cos\left(\omega\int_{R_{\mathrm{S}}}^r q_\beta\, dr - \frac{\pi}{4}\right)$
III	$\mathrm{ScS_{SH}}$	$W = 2T_{\mathrm{ScS}}^{-1/2}\mu^{-1/2}r^{-1}q_\beta^{-1/2}\cos\left(\omega\int_b^r q_\beta\, dr\right)$
IV	$\mathrm{J_{SH}}$	$W = 2T_{\mathrm{J}}^{-1/2}\mu^{-1/2}r^{-1}q_\beta^{-1/2}\cos\left(\omega\int_{R_{\mathrm{J}}}^r q_\beta\, dr - \frac{\pi}{4}\right)$

注：区段III中的表达式适用于整个地幔$b \leqslant r \leqslant a$，而区段II和IV中的表达式仅适用于地幔和内核中折返点上方的振荡型区域$R_{\mathrm{S}} \ll r \leqslant a$或$R_{\mathrm{J}} \ll r \leqslant c$。在折返点下方的区域$r \ll R_{\mathrm{S}}$和$r \ll R_{\mathrm{J}}$，相应的SH和 $\mathrm{J_{SH}}$本征函数为瞬逝型

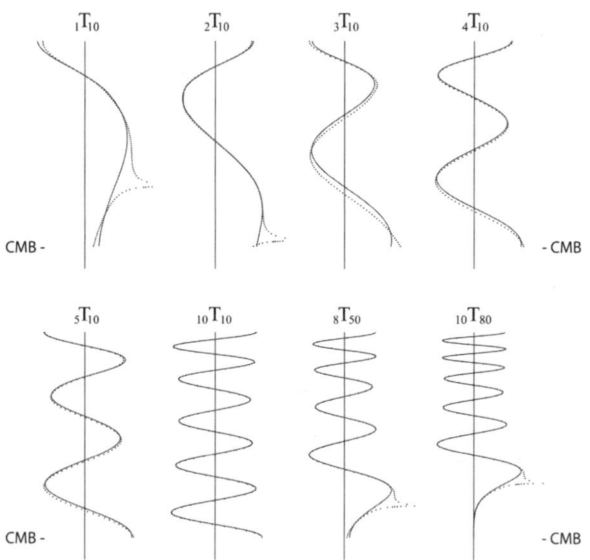

图 12.18　几个环型模式的精确 (实线) 与渐近 (点线) 本征函数 W。垂直轴为去掉地壳的1066A模型中地表以下的深度，图中标明了核幔边界 (CMB) 的位置。模式 $_1T_{10}$、$_2T_{10}$、$_8T_{50}$ 和 $_{10}T_{80}$ 为有折返点的SH等价模式，在下地幔的折返点 $r = R_S$ 处 W_{JWKB} 发散。模式 $_3T_{10}$、$_4T_{10}$、$_5T_{10}$ 和 $_{10}T_{10}$ 为 ScS_{SH} 等价模式，没有折返点 (由L. Zhao提供)

Kennett 和 Nolet (1979) 使用12.3.3中介绍的兰格近似改进了区段II和III的交界处 $p = b/\beta_{b+}$ 附近过渡模式的结果。不连续的本征频率公式 $\omega\tau_S = 2\pi(n + 5/4)$ 和 $\omega\tau_{ScS} = 2\pi(n + 1)$ 被单一的渐近公式 $\omega\tau_{S+ScS} = 2\pi(n + \delta)$ 取代，其中的 δ 在 $5/4$ 与 1 之间光滑变化。$2\pi(\delta - 1)$ 就是一个频率为 ω 的 SH+ScS$_{SH}$ 波与核幔边界相互作用所产生的相移。在他们的分析中也考虑了过渡带中模型参数的导数 $\dot{\beta}$ 和 $\dot{\rho}$ 的一阶效应。

12.3.5　球型模式回顾

球型模式的渐近分析也必须以同样方式进行：按射线参数区间一个一个来做。因为本征函数的表达式非常冗长，我们这里仅仅呈现区间III中折返P波和SV波等价模式的结果。跟前面一样，我们局限于一个没有海水层与内部固–固不连续面的地球模型。薛定谔方程 (12.95) 的振荡型JWKB解可以写成

$$P = 2Dq_\alpha^{-1/2}\sin\left(\omega\int_{R_P}^{r} q_\alpha\,dr + \frac{\pi}{4}\right) \tag{12.151}$$

$$\dot{P} = 2\omega Dq_\alpha^{1/2}\cos\left(\omega\int_{R_P}^{r} q_\alpha\,dr + \frac{\pi}{4}\right) \tag{12.152}$$

以及

$$B = 2Eq_\beta^{-1/2}\cos\left(\omega\int_{R_S}^{r} q_\beta\,dr - \frac{\pi}{4}\right) \tag{12.153}$$

$$\dot{B} = -2\omega Eq_\beta^{1/2}\sin\left(\omega\int_{R_S}^{r} q_\beta\,dr - \frac{\pi}{4}\right) \tag{12.154}$$

其中D和E为常数，$q_\alpha^2=\alpha^{-2}-p^2r^{-2}$, $q_\beta^2=\beta^{-2}-p^2r^{-2}$。将表达式(12.151)–(12.154)代入自由表面动力学边界条件(12.117)–(12.118)，我们得到联系D和E这两个常数的方程组：

$$\begin{pmatrix} \zeta_\alpha\sin\frac{1}{2}\Psi_{\rm P} & \xi_\beta\sin\frac{1}{2}\Psi_{\rm S} \\ \\ -\xi_\alpha\cos\frac{1}{2}\Psi_{\rm P} & \zeta_\beta\cos\frac{1}{2}\Psi_{\rm S}\end{pmatrix}\begin{pmatrix} D \\ \\ E\end{pmatrix}=\begin{pmatrix}0\\ \\ 0\end{pmatrix} \tag{12.155}$$

其中$\Psi_{\rm P}=\omega\tau_{\rm P}+\pi/2$和$\Psi_{\rm S}=\omega\tau_{\rm S}-\pi/2$。对于P波和SV波，$\zeta$和$\xi$的定义均为

$$\zeta=(\beta_a^{-2}-2p^2a^{-2})q^{-1/2}(a)\qquad \xi=2pa^{-1}q^{1/2}(a) \tag{12.156}$$

方程(12.155)有解的条件是与D和E相乘的矩阵的行列式为零，该有解条件可以化为

$$\sin\frac{1}{2}(\Psi_{\rm S}+\Psi_{\rm P})+\left[\frac{\xi_\alpha\xi_\beta-\zeta_\alpha\zeta_\beta}{\xi_\alpha\xi_\beta+\zeta_\alpha\zeta_\beta}\right]\sin\frac{1}{2}(\Psi_{\rm S}-\Psi_{\rm P})=0 \tag{12.157}$$

方程(12.157)与区段III中的渐近本征频率关系(12.55)是等价的。很容易证明方括号中的表达式就是自由表面的SV波反射系数$\acute{S}\grave{S}$。值得注意的是(12.15)中的系数是一个平面波在平面表面的反射系数，却自然地出现在当前的分析中。从本质上说，这当然是高频波与边界作用的局地平面特性的结果。

一旦从方程(12.157)中计算出本征频率，对常数D和E的约束可以通过求解(12.155)中的任何一个方程得到。我们得到$D=A\zeta_\beta\cos\dfrac{1}{2}\Psi_{\rm S}$和$E=A\xi_\alpha\cos\dfrac{1}{2}\Psi_{\rm P}$，其中$A$为待定的归一化常数。利用表达式(12.101)和(12.102)，我们得到球型模式的本征函数：

$$\begin{aligned} U=&2A\rho^{-1/2}r^{-1}\Bigg[(\zeta_\beta\cos\frac{1}{2}\Psi_{\rm S})q_\alpha^{1/2}\cos\left(\omega\int_{R_{\rm P}}^r q_\alpha\,dr+\frac{\pi}{4}\right)\\ &+(\xi_\alpha\cos\frac{1}{2}\Psi_{\rm P})pr^{-1}q_\beta^{-1/2}\cos\left(\omega\int_{R_{\rm S}}^r q_\beta\,dr-\frac{\pi}{4}\right)\Bigg]\end{aligned} \tag{12.158}$$

$$\begin{aligned} V=&2A\rho^{-1/2}r^{-1}\Bigg[(\zeta_\beta\cos\frac{1}{2}\Psi_{\rm S})pr^{-1}q_\alpha^{-1/2}\sin\left(\omega\int_{R_{\rm P}}^r q_\alpha\,dr+\frac{\pi}{4}\right)\\ &-(\xi_\alpha\cos\frac{1}{2}\Psi_{\rm P})q_\beta^{1/2}\sin\left(\omega\int_{R_{\rm S}}^r q_\beta\,dr-\frac{\pi}{4}\right)\Bigg]\end{aligned} \tag{12.159}$$

常数A可以用球型模式的归一化关系确定：

$$\int_0^a\rho(U^2+V^2)\,r^2dr=1 \tag{12.160}$$

从两个折返半径$r=R_{\rm P}$和$r=R_{\rm S}$开始积分，使用黎曼–勒贝格公理，我们得到

$$A=[(\zeta_\beta\cos\frac{1}{2}\Psi_{\rm S})^2T_{\rm P}+(\xi_\alpha\cos\frac{1}{2}\Psi_{\rm P})^2T_{\rm S}]^{-1/2} \tag{12.161}$$

其中$T_{\rm P}$和$T_{\rm S}$分别为P波和SV波的走时。

我们可以把归一化关系(12.160)改写成

$$f_{\rm P}+f_{\rm S}=1 \tag{12.162}$$

其中

$$f_{\rm P}=\frac{(\zeta_\beta\cos\frac{1}{2}\Psi_{\rm S})^2T_{\rm P}}{(\zeta_\beta\cos\frac{1}{2}\Psi_{\rm S})^2T_{\rm P}+(\xi_\alpha\cos\frac{1}{2}\Psi_{\rm P})^2T_{\rm S}} \tag{12.163}$$

$$f_{\rm S}=\frac{(\xi_\alpha\cos\frac{1}{2}\Psi_{\rm P})^2T_{\rm S}}{(\zeta_\beta\cos\frac{1}{2}\Psi_{\rm S})^2T_{\rm P}+(\xi_\alpha\cos\frac{1}{2}\Psi_{\rm P})^2T_{\rm S}} \tag{12.164}$$

$f_{\rm P}$ 和 $f_{\rm S}$ 这两个量是模式中分别以P波和SV波形式振荡的动能占比。在模式–射线二象性的讨论中，这些能量都只能在渐近的意义上定义。归一化的振荡型本征函数可以用 $f_{\rm P}$ 和 $f_{\rm S}$ 表示成如下形式

$$\begin{aligned}U=2\rho^{-1/2}r^{-1}\Bigg[&f_{\rm P}^{1/2}T_{\rm P}^{-1/2}q_\alpha^{1/2}\cos\left(\omega\int_{R_{\rm P}}^{r}q_\alpha\,dr+\frac{\pi}{4}\right)\\&+f_{\rm S}^{1/2}T_{\rm S}^{-1/2}pr^{-1}q_\beta^{-1/2}\cos\left(\omega\int_{R_{\rm S}}^{r}q_\beta\,dr-\frac{\pi}{4}\right)\Bigg]\end{aligned} \tag{12.165}$$

$$\begin{aligned}V=2\rho^{-1/2}r^{-1}\Bigg[&f_{\rm P}^{1/2}T_{\rm P}^{-1/2}pr^{-1}q_\alpha^{-1/2}\sin\left(\omega\int_{R_{\rm P}}^{r}q_\alpha\,dr+\frac{\pi}{4}\right)\\&-f_{\rm S}^{1/2}T_{\rm S}^{-1/2}q_\beta^{1/2}\sin\left(\omega\int_{R_{\rm S}}^{r}q_\beta\,dr-\frac{\pi}{4}\right)\Bigg]\end{aligned} \tag{12.166}$$

值得注意的是位移的径向分量 U 在 $r=R_{\rm S}$ 处发散，但却在 $r=R_{\rm P}$ 处为零。相反，切向或水平向位移 V 则在 $r=R_{\rm P}$ 处发散，而在 $r=R_{\rm S}$ 处为零。这一行为很容易通过考虑相应的射线来理解：伴随P波的质点运动在 $r=R_{\rm P}$ 完全在纵向上，而伴随 SV 波的却是纯径向的。JWKB渐近表达式(12.165)–(12.166) 中的P波和SV波两项分别在各自的振荡型区间 $R_{\rm P}\ll r\leqslant a$ 和 $R_{\rm S}\ll r\leqslant a$ 中成立。

其他几个球型模式射线参数区段的渐近本征函数 U、V 可以用类似的做法得到。普遍来说，除了自由表面的边界条件(12.117)–(12.118)之外，还必须使用核幔边界 $r=b$ 和内核边界 $r=c$ 处的边界条件(12.119)–(12.121)。Zhao 和 Dahlen (1995a) 给出了有两个内部固–液不连续面的地球模型的一套完整的结果，包括在定量上有意义的瞬逝波部分。在区段IX和X，我们必须考虑地幔中的上行与下行的P波和SV波，在液态外核中的上行与下行的K波，和固态内核中的折返以及瞬逝的I波和 $\rm J_{SV}$ 波。得到的 U 和 V 的 JWKB 表达式非常复杂，但是在近垂直入射角近似下 $\grave{P}\acute{P}\approx\grave{K}\acute{K}\approx 0$，它们可以化简为一组分解的 $\rm ScS_{SV}$、$\rm J_{SV}$ 和PKIKP模式简洁的结果。我们在表12.5中列出了区段IX和X中简化的本征函数表达式。如同预期的，径向模式就是PKIKP模式在 $p\to 0$ 时的极限结果。值得注意的是，$\rm J_{SV}$ 和 $\rm J_{SH}$ 内核模式的切向位移分别形如 $V\sim\sin(\omega\int_{R_{\rm J}}^{r}q_\beta\,dr-\pi/4)$ 和 $W\sim\cos(\omega\int_{R_{\rm J}}^{r}q_\beta\,dr-\pi/4)$。这种球型和环型内核本征函数之间的90度相位差关系反映了相应的波之间在折返时的不同表现：$\rm J_{SV}$ 波的切向分量表现出符号反转(图12.13)，而 $\rm J_{SH}$ 波则没有。

图12.19比较了区段III-IX中几个球型模式的渐近与精确本征函数。区段III中的模式 ${}_5\rm S_{25}$ 明确显示径向位移 U 在 $r=R_{\rm S}$ 处以及切向位移 V 在 $r=R_{\rm P}$ 处均发散，同时可以看到该模式瞬逝

部分的尾端一直延伸到核幔边界以下。阶数较高的模式本征函数穿透的更深，而且由更多种类的波构成。例如区段 V 中的模式 ${}_{15}\mathrm{S}_{25}$，它由折返的 P 波、$\mathrm{ScS_{SV}}$ 波和折返的 SKS 波构成，它的切向位移 V 在地幔中 $r = R_\mathrm{P}$ 和液态外核中 $r = R_\mathrm{K}$ 两个半径处发散。${}_{39}\mathrm{S}_{25}$ 和 ${}_{94}\mathrm{S}_{25}$ 这两个 $\mathrm{ScS_{SV}}$ 等价模式的切向位移分别在外核的 $r = R_\mathrm{K}$ 和内核的 $r = R_\mathrm{I}$ 两个半径处发散。模式 ${}_{38}\mathrm{S}_{25}$ 和 ${}_{95}\mathrm{S}_{25}$ 都是 $\mathrm{J_{SV}}$ 等价的，而模式 ${}_{93}\mathrm{S}_{25}$ 和 ${}_{180}\mathrm{S}_{25}$ 则都是 PKIKP 等价的。对于这些各式各样的高频模式，渐近表达式对它们的振荡以及瞬逝区间的细节的捕捉程度是惊人的。图 12.20 比较了区段 X 中几个径向模式的渐近与精确本征函数。除了在地心处一致性都很好，在地心处 U 以 r^{-1} 发散，因为相应的 $p = 0$ 的射线在那里“折返”。

表 12.5 区段 IX 和 X 中模式的渐近归一化本征函数

模式类型	归一化位移本征函数
$\mathrm{ScS_{SV}}$	$U \approx 2T_\mathrm{ScS}^{-1/2}\rho^{-1/2}pr^{-2}q_\beta^{-1/2}\sin\left(\omega\int_b^r q_\beta\,dr\right)$ $V \approx 2T_\mathrm{ScS}^{-1/2}\rho^{-1/2}r^{-1}q_\beta^{1/2}\cos\left(\omega\int_b^r q_\beta\,dr\right)$
$\mathrm{J_{SV}}$	$U \approx -2T_\mathrm{J}^{-1/2}\rho^{-1/2}pr^{-2}q_\beta^{-1/2}\cos\left(\omega\int_{R_\mathrm{J}}^r q_\beta\,dr - \frac{\pi}{4}\right)$ $V \approx 2T_\mathrm{J}^{-1/2}\rho^{-1/2}r^{-1}q_\beta^{1/2}\sin\left(\omega\int_{R_\mathrm{J}}^r q_\beta\,dr - \frac{\pi}{4}\right)$
PKIKP	$U \approx 2T_\mathrm{PKIKP}^{-1/2}\rho^{-1/2}r^{-1}q_\alpha^{1/2}\cos\left(\omega\int_{R_\mathrm{I}}^r q_\alpha\,dr + \frac{\pi}{4}\right)$ $V \approx 2T_\mathrm{PKIKP}^{-1/2}\rho^{-1/2}pr^{-2}q_\alpha^{-1/2}\sin\left(\omega\int_{R_\mathrm{I}}^r q_\alpha\,dr + \frac{\pi}{4}\right)$
径向模式	$U \approx 2T_\mathrm{PKIKP}^{-1/2}\rho^{-1/2}r^{-1}\alpha^{-1/2}\cos\left(\omega\int_0^r \alpha^{-1}\,dr\right)$ $V = 0$

注：$\mathrm{ScS_{SV}}$ 表达式适用于整个地幔 $b \leqslant r \leqslant a$，而在其下的液态外核 $c \leqslant r \leqslant b$ 则有相应的瞬逝波形式。$\mathrm{J_{SV}}$ 表达式在内核的振荡型区间 $R_\mathrm{J} \ll r \leqslant c$ 成立，而在内核折返点下方 $0 \leqslant r \ll R_\mathrm{J}$ 的区间以及液态外核 $c \leqslant r \leqslant b$ 则有瞬逝波形式。PKIKP 表达式在其振荡型区间 $R_\mathrm{I} \ll r \leqslant a$ 成立。径向模式的表达式适用于整个 $0 \ll r \leqslant a$ 区间

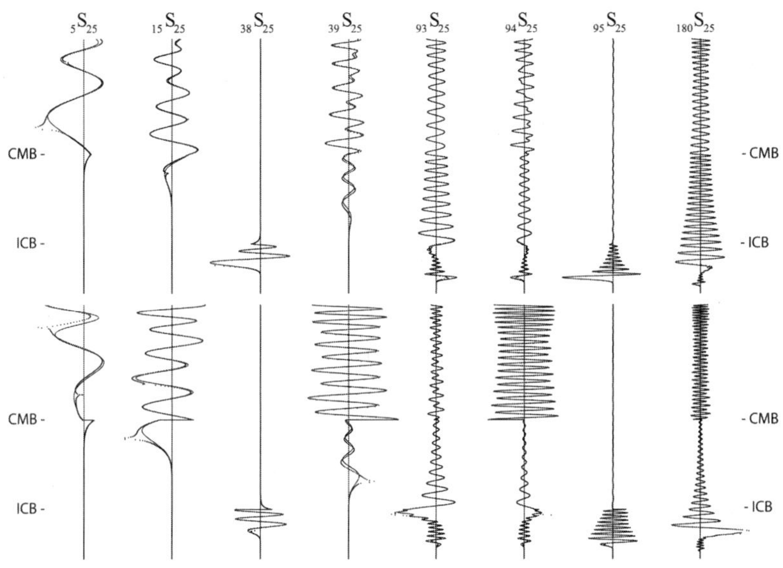

图 12.19 几个 $_nS_{25}$ 球型模式的精确(实线)与渐近(点线)本征函数。(上)径向位移 U。(下)切向位移 V。垂直轴从 $r=0$ 延伸至 $r=a$，图中标明了核幔边界(CMB)和内核边界(ICB)的位置。渐近近似结果在远离各个折返点 R_{P}、R_{S}、R_{K}、R_{I} 和 R_{J} 处都很精确 (由 L. Zhao 提供)

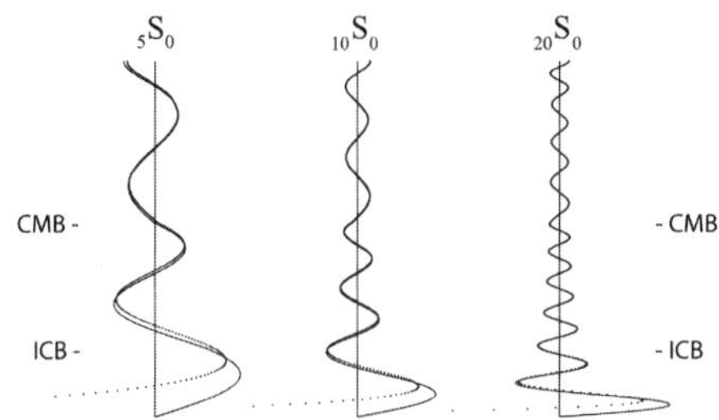

图 12.20 径向模式 $_5S_0$、$_{10}S_0$ 和 $_{20}S_0$ 的精确(实线)与渐近(点线)本征函数 U。垂直轴从 $r=0$ 延伸至 $r=a$，图中标明了核幔边界(CMB)和内核边界(ICB)的位置 (由 L. Zhao 提供)

★12.4 渐近结果点滴

我们可以用前面得到的结果来增进对模式的能量平衡以及群速度的认识，还可以推导代表本征频率对球对称地球模型参数的一阶依赖性的佛雷歇积分核的渐近表达式。为方便起见，我们在以下讨论中把公式 (12.66) 中零点为本征频率的函数表示为

$$f=\sum_{\nu}A_{\nu}\sin\frac{1}{2}\Psi_{\nu} \qquad \text{或} \qquad f=\sum_{\nu}A_{\nu}\cos\frac{1}{2}\Psi_{\nu} \tag{12.167}$$

本节中大部分结果来自 Zhao 和 Dahlen (1995b)。

⋆12.4.1 P波与S波能量

公式 (12.162) 中将区段III中球型模式的动能表示成P波和S波的部分能量之和，这一结果可以很容易地推广到其他区段。在每一个区段，我们将本征函数U和V的JWKB渐近表达式代入归一化关系 (12.160)，然后将对应于不同振荡波类型的项分离。经过这一过程，结果总能写成如下形式

$$\sum_{\nu} f_{\nu} = 1 \tag{12.168}$$

其中

$$f_{\nu} = \frac{(\partial f/\partial \Psi_{\nu})T_{\nu}}{\sum_{\nu'}(\partial f/\partial \Psi_{\nu'})T_{\nu'}} \tag{12.169}$$

这里 f_{ν} 是类型为 ν 的波的*动能占比*。很容易验证公式 (12.169) 与前面由折返P波和SV波相长干涉形成的区段III中模式的结果 (12.163)–(12.164) 是一致的。对于由最多类型的反射与折返波形成的区段IX中的模式则有

$$f_{\mathrm{PcP}} + f_{\mathrm{ScS}} + f_{\mathrm{KiK}} + f_{\mathrm{I}} + f_{\mathrm{J}} = 1 \tag{12.170}$$

(12.56) 中给出了函数f的表达式，通过对f求导可以得到五种波的能量占比f_{PcP}、f_{ScS}、f_{KiK}，f_{I}和f_{J}。(12.170) 中的结果在微弱介质差别近似$\grave{P}\acute{P} \approx \grave{K}\acute{K} \approx 0$下可以简化很多，此时$\mathrm{ScS_{SV}}$模式有$f_{\mathrm{ScS}} \approx 1$而$\mathrm{J_{SV}}$模式有$f_{\mathrm{J}} \approx 1$。PKIKP模式则有

$$f_{\mathrm{PcP}} \approx \frac{T_{\mathrm{PcP}}}{T_{\mathrm{PKIKP}}} \qquad f_{\mathrm{KiK}} \approx \frac{T_{\mathrm{KiK}}}{T_{\mathrm{PKIKP}}} \qquad f_{\mathrm{I}} \approx \frac{T_{\mathrm{I}}}{T_{\mathrm{PKIKP}}} \tag{12.171}$$

即三种压缩波的能量占比就是它们在各自区域的走时占比。这一直觉上很诱人的近似也适用于区段 X 中的径向模式。(12.168) 中的渐近能量平衡对于环型模式变得没有必要，因为SH模式有$f_{\mathrm{S}} = 1$, ScS模式有$f_{\mathrm{ScS}} = 1$, J模式有$f_{\mathrm{J}} = 1$。

⋆12.4.2 群速度

要计算一个模式的渐近群速度，我们将相长干涉关系 (12.66) 看作是如下形式的方程

$$f(\omega, p) = f(\omega, k/\omega) = 0 \tag{12.172}$$

其中$k = l + \dfrac{1}{2}$是渐近波数。用链式法则将以上方程对ω和k求导，我们得到

$$C = \frac{d\omega}{dk} = -\frac{1}{\omega}\left(\frac{\partial f}{\partial p}\right)\left(\frac{\partial f}{\partial \omega} - \frac{p}{\omega}\frac{\partial f}{\partial p}\right)^{-1} \tag{12.173}$$

对于环型模式，$f = \sin\dfrac{1}{2}\Psi$，其中Ψ代表Ψ_{S}、Ψ_{ScS}或Ψ_{J}中的一个，因而

$$\frac{\partial f}{\partial \omega} = \frac{1}{2}\tau\cos\frac{1}{2}\Psi \qquad \frac{1}{\omega}\frac{\partial f}{\partial p} = -\frac{1}{2}\Theta\cos\frac{1}{2}\Psi \tag{12.174}$$

这里我们使用了射线理论关系式$d\tau/dp = -\Theta$。将 (12.174) 代入 (12.173)，利用$T = \tau + p\Theta$，我们看到一个环型模式的群速度就是震中距与走时的比值：

$$C = \Theta/T \tag{12.175}$$

将这一物理上很诱人的结果与同一模式所对应的相速度$c = p^{-1}$的公式做比较是很有意义的：

$$c = d\Theta/dT \tag{12.176}$$

相速度c所代表的是形成一个模式的相长干涉的SH、$\mathrm{ScS_{SH}}$或$\mathrm{J_{SH}}$波前进中的视角速率，而群速度C则是它们的绝对角速率。值得注意的是C仅仅依赖于射线参数p，这意味着环型模式频散曲线图中在$\omega = ck$对角线上的所有模式的群速度C是相同的。对图8.3做一个简单的视觉检视可以看出的确如此。方程(12.175)的推导也可以通过把表12.3中的JWKB本征函数代入精确表达式(11.67)，再利用黎曼-勒贝格公理来计算其中的积分。或者更简单地，直接对环型模式本征频率的显式方程$\omega\tau(k/\omega) =$ 常数求导。

对于球型模式的表达式$f = \sum_\nu A_\nu \sin\frac{1}{2}\Psi_\nu$或$f = \sum_\nu A_\nu \cos\frac{1}{2}\Psi_\nu$，我们发现

$$\frac{\partial f}{\partial\omega} = \sum_\nu \left(\frac{\partial f}{\partial\Psi_\nu}\right)\tau_\nu \qquad \frac{1}{\omega}\frac{\partial f}{\partial p} = -\sum_\nu \left(\frac{\partial f}{\partial\Psi_\nu}\right)\Theta_\nu \tag{12.177}$$

上式精确到ω^{-1}。将这些关系代入方程(12.173)，再利用定义(12.169)，我们发现

$$C = \sum_\nu f_\nu(\Theta_\nu/T_\nu) \tag{12.178}$$

这是(12.175)中基本结果的推广。方程(12.178)显示，一般来讲，一个模式的渐近群速度是构成该模式的波的各自群速度Θ_ν/T_ν的加权平均。动能占比f_ν作为权重因子是很合理的，因为一个波的能量是以群速度传播的。(12.178)的结果也可以通过将每一个球型模式区段的JWKB渐近本征函数U和V代入群速度的精确积分表达式(11.79)中得到。区段III中的地幔球型模式的群速度为$C = f_{\mathrm{P}}(\Theta_{\mathrm{P}}/T_{\mathrm{P}}) + f_{\mathrm{S}}(\Theta_{\mathrm{S}}/T_{\mathrm{S}})$，而区段IX的全球模式群速度则为

$$\begin{aligned} C &= f_{\mathrm{PcP}}(\Theta_{\mathrm{PcP}}/T_{\mathrm{PcP}}) + f_{\mathrm{ScS}}(\Theta_{\mathrm{ScS}}/T_{\mathrm{ScS}}) \\ &\quad + f_{\mathrm{KiK}}(\Theta_{\mathrm{KIK}}/T_{\mathrm{KIK}}) + f_{\mathrm{I}}(\Theta_{\mathrm{I}}/T_{\mathrm{I}}) + f_{\mathrm{J}}(\Theta_{\mathrm{J}}/T_{\mathrm{J}}) \end{aligned} \tag{12.179}$$

(12.179)这一结果还可以在$\grave{P}\acute{P} \approx \grave{K}\acute{K} \approx 0$这一地震学所关注的情形做简化，此时$\mathrm{ScS_{SV}}$模式有$C \approx \Theta_{\mathrm{ScS}}/T_{\mathrm{ScS}}$, $\mathrm{J_{SV}}$模式有$C \approx \Theta_{\mathrm{J}}/T_{\mathrm{J}}$, PKIKP模式有$C \approx \Theta_{\mathrm{PKIKP}}/T_{\mathrm{PKIKP}}$。对于径向模式，由于对应的波正好穿过地心，$\Theta_{\mathrm{PKIKP}} = \pi$。射线参数$p$相同的球型模式并不都具有相同的群速度，因为分数动能f_ν强烈依赖于模式的种类。

*12.4.3 佛雷歇积分核

环型与球型模式的渐近佛雷歇积分核的推导可以用类似的方式，将相长干涉关系(12.172)改写为如下形式

$$f(\omega, k/\omega; \alpha, \beta, d) = 0 \tag{12.180}$$

其中的自变α、β和d显示了对压缩与剪切波速度以及不连续面的半径c、b和a的依赖性。对上式求一阶变分，保持波数k不变，我们得到

$$\delta\omega = -\left[\left(\frac{\partial f}{\partial\alpha}\right)\delta\alpha + \left(\frac{\partial f}{\partial\beta}\right)\delta\beta + \left(\frac{\partial f}{\partial d}\right)\delta d\right]$$

$$\times\left(\frac{\partial f}{\partial \omega}-\frac{p}{\omega}\frac{\partial f}{\partial p}\right)^{-1} \tag{12.181}$$

方程(12.181)给出了由于地球模型参数的微扰$\delta\alpha$、$\delta\beta$和δd而导致的模式${}_n\mathrm{T}_l$或${}_n\mathrm{S}_l$本征频率的一阶扰动$\delta\omega$。由于压缩与剪切波速度是出现在公式(12.180)中相位积分Ψ_ν的被积函数里，变分表达式$(\partial f/\partial\alpha)\,\delta\alpha$和$(\partial f/\partial\beta)\,\delta\beta$仅仅是形式的。

为展示如何使用(12.181)，我们首先考虑一个SH等价环型模式，该模式有$f=\sin(\omega\int_{R_\mathrm{S}}^a q_\beta dr-\pi/4)$。对其求相对于剪切波速$\beta$和半径$a$的偏微分，我们得到

$$\delta\omega=2\omega T_\mathrm{S}^{-1}\int_{R_\mathrm{S}}^a\beta^{-3}q_\beta^{-1}\delta\beta\,dr-2\omega T_\mathrm{S}^{-1}q_\beta(a)\,\delta a \tag{12.182}$$

我们可以用第9章引入的符号将上式改写为

$$\delta\omega=\int_0^a(\delta\alpha\,K_\alpha+\delta\beta\,K_\beta)\,dr+\sum_d\delta d\,[K_d]_-^+ \tag{12.183}$$

其中$K_\alpha=0$，且

$$K_\beta=\begin{cases}2\omega T_\mathrm{S}^{-1}\beta^{-3}q_\beta^{-1} & R_\mathrm{S}\ll r\leqslant a\\ 0 & 0\leqslant r\ll R_\mathrm{S}\end{cases} \tag{12.184}$$

$$[K_a]_-^+=-2\omega T_\mathrm{S}^{-1}q_\beta(a)\qquad [K_b]_-^+=[K_c]_-^+=0 \tag{12.185}$$

对于一个$\mathrm{ScS_{SH}}$等价模式，其非零佛雷歇积分核为

$$K_\beta=\begin{cases}2\omega T_\mathrm{ScS}^{-1}\beta^{-3}q_\beta^{-1} & b+\leqslant r\leqslant a\\ 0 & 0\leqslant r\leqslant b-\end{cases} \tag{12.186}$$

$$[K_a]_-^+=-2\omega T_\mathrm{ScS}^{-1}q_\beta(a)\qquad [K_b]_-^+=2\omega T_\mathrm{ScS}^{-1}q_\beta(b+) \tag{12.187}$$

对于一个SH等价振荡模式，其渐近剪切波速积分核K_β在折返点$r=R_\mathrm{S}$上方以q_β^{-1}的形式发散，而在折返半径以下恒为零。一个$\mathrm{ScS_{SH}}$等价模式对核幔边界的半径$r=b$以及自由表面的半径$r=a$均有敏感性。

区段III中地幔球型模式所有的非零佛雷歇积分核为

$$K_\alpha=\begin{cases}2\omega f_\mathrm{P}T_\mathrm{P}^{-1}\alpha^{-3}q_\alpha^{-1} & R_\mathrm{P}\ll r\leqslant a\\ 0 & 0\leqslant r\ll R_\mathrm{P}\end{cases} \tag{12.188}$$

$$K_\beta=\begin{cases}2\omega f_\mathrm{S}T_\mathrm{S}^{-1}\beta^{-3}q_\beta^{-1} & R_\mathrm{S}\ll r\leqslant a\\ 0 & 0\leqslant r\ll R_\mathrm{S}\end{cases} \tag{12.189}$$

$$[K_a]_-^+=-2\omega[f_\mathrm{P}T_\mathrm{P}^{-1}q_\alpha(a)+f_\mathrm{S}T_\mathrm{S}^{-1}q_\beta(a)] \tag{12.190}$$

而区段IX中全球模式的积分核为

$$K_\alpha = \begin{cases} 2\omega f_{\mathrm{PcP}} T_{\mathrm{PcP}}^{-1} \alpha^{-3} q_\alpha^{-1} & b+ \leqslant r \leqslant a \\ 2\omega f_{\mathrm{KiK}} T_{\mathrm{KiK}}^{-1} \alpha^{-3} q_\alpha^{-1} & c+ \leqslant r \leqslant b- \\ 2\omega f_{\mathrm{I}} T_{\mathrm{I}}^{-1} \alpha^{-3} q_\alpha^{-1} & R_{\mathrm{I}} \ll r \leqslant c- \\ 0 & 0 \leqslant r \ll R_{\mathrm{I}} \end{cases} \tag{12.191}$$

$$K_\beta = \begin{cases} 2\omega f_{\mathrm{ScS}} T_{\mathrm{ScS}}^{-1} \beta^{-3} q_\beta^{-1} & b+ \leqslant r \leqslant a \\ 0 & c+ \leqslant r \leqslant b- \\ 2\omega f_{\mathrm{J}} T_{\mathrm{J}}^{-1} \beta^{-3} q_\beta^{-1} & R_{\mathrm{J}} \ll r \leqslant c- \\ 0 & 0 \leqslant r \ll R_{\mathrm{J}} \end{cases} \tag{12.192}$$

$$[K_a]_-^+ = -2\omega[f_{\mathrm{PcP}} T_{\mathrm{PcP}}^{-1} q_\alpha(a) + f_{\mathrm{ScS}} T_{\mathrm{ScS}}^{-1} q_\beta(a)] \tag{12.193}$$

$$\begin{aligned}[K_b]_-^+ = 2\omega[&f_{\mathrm{PcP}} T_{\mathrm{PcP}}^{-1} q_\alpha(b+) \\ &+ f_{\mathrm{ScS}} T_{\mathrm{ScS}}^{-1} q_\beta(b+) - f_{\mathrm{KiK}} T_{\mathrm{KiK}}^{-1} q_\alpha(b-)]\end{aligned} \tag{12.194}$$

$$\begin{aligned}[K_c]_-^+ = 2\omega[&f_{\mathrm{KiK}} T_{\mathrm{KiK}}^{-1} q_\alpha(c+) \\ &- f_{\mathrm{I}} T_{\mathrm{I}}^{-1} q_\beta(c-) - f_{\mathrm{J}} T_{\mathrm{J}}^{-1} q_\alpha(c-)]\end{aligned} \tag{12.195}$$

同样地，(12.191)–(12.195) 中的结果在 $\grave{P}\acute{P} \approx \grave{K}\acute{K} \approx 0$ 时可以进一步简化。例如，PKIKP 模式的渐近佛雷歇积分核简化为 $K_\beta \approx 0$ 以及

$$K_\alpha \approx \begin{cases} 2\omega T_{\mathrm{PKIKP}}^{-1} \alpha^{-3} q_\alpha^{-1} & R_{\mathrm{I}} \ll r \leqslant a \\ 0 & 0 \leqslant r \ll R_{\mathrm{I}} \end{cases} \tag{12.196}$$

$$K_d \approx 2\omega T_{\mathrm{PKIKP}}^{-1} q_\alpha(d) \tag{12.197}$$

在这一低阻抗近似下，径向模式有 $K_\alpha \approx 2\omega T_{\mathrm{PKIKP}}^{-1} \alpha^{-2}$ 和 $K_d \approx 2\omega T_{\mathrm{PKIKP}}^{-1} \alpha_{\mathrm{d}}^{-1}$。

值得注意的是渐近本征频率并不依赖于地球模型中的密度 ρ 分布，所有模式的密度积分核 K'_ρ 均恒为零。对密度的渐近依赖性只有在以频率倒数 ω^{-1} 展开的下一项才会出现。有意思的是，那时出现的是密度的梯度 $\dot{\rho}$ 而不是密度本身，这与我们在 9.3 节中对密度依赖性的讨论一致。总的来讲，渐近佛雷歇积分核 K_α、K_β 和 K'_ρ 与对应的精确积分核的“移动平均”之间有很好的一致性，如图 12.21 中的几个环型模式和图 12.22 中的几个球型模式所示。作为另外一种推导方法，我们可以把 JWKB 渐近本征函数代入佛雷歇积分核的精确表达式中，这样会使这一结果更明确，因为在用黎曼–勒贝格公理计算积分时所有振荡函数的平方项都被 1/2 取代。渐近结果所建立的前提是地球的结构在不连续面之间的径向变化足够光滑而允许做这种平均，这也解决了两组积分核在分辨度上的明显的不一致。在 ω^{-1} 的最低阶，高频简正模式与体波走时对地球内部结构所做的

约束本质上是完全一样的。

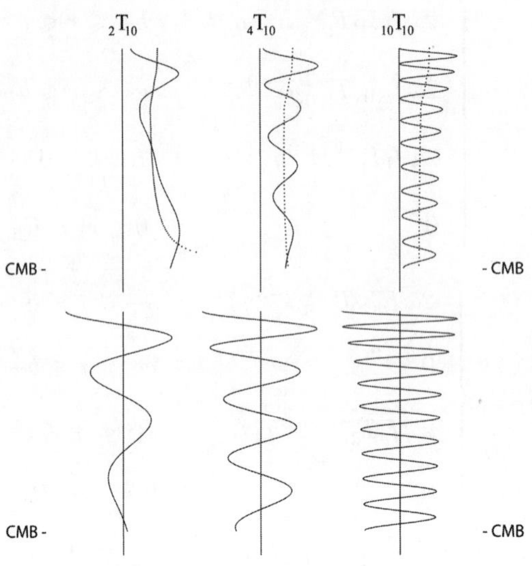

图 12.21 几个$l = 10$的环型振荡的精确(实线)与渐近(点线)佛雷歇积分核。(上) 剪切波速积分核K_β。(下)密度积分核K'_ρ。垂直轴是去掉地壳的1066A模型中从地表向下的深度。图中标明了核幔边界(CMB)的位置。模式${}_2T_{10}$是一个SH等价模式，在下地幔$r = R_S$处有一个折返点。而模式${}_4T_{10}$和${}_{10}T_{10}$是ScS_{SH}等价模式，它们没有折返点。渐近的剪切波速积分核在$r = R_S$之上均为正，而渐近密度积分核则处处为零 (由L. Zhao提供)

*12.4.4 压缩与剪切能量

球型模式的压缩与剪切能量占比定义为

$$f_\kappa = 2\omega^{-1}\int_0^a \kappa K_\kappa\, dr \qquad f_\mu = 2\omega^{-1}\int_0^a \mu K_\mu\, dr \tag{12.198}$$

其中

$$K_\kappa = (2\rho\alpha)^{-1}K_\alpha \qquad K_\mu = (2\rho\beta)^{-1}K_\beta + \frac{4}{3}(2\rho\alpha)^{-1}K_\alpha \tag{12.199}$$

代入K_α和K_β的渐近表达式，我们发现区段III的地幔模式有

$$f_\kappa \approx \frac{5}{9}f_{\mathrm{P}} \qquad f_\mu \approx \frac{4}{9}f_{\mathrm{P}} + f_{\mathrm{S}} \tag{12.200}$$

而区段IX的全球模式有

$$f_\kappa \approx \frac{5}{9}f_{\mathrm{PcP}} + f_{\mathrm{KiK}} + \frac{5}{9}f_{\mathrm{I}} \tag{12.201}$$

$$f_\mu \approx \frac{4}{9}f_{\mathrm{PcP}} + f_{\mathrm{ScS}} + \frac{4}{9}f_{\mathrm{I}} + f_{\mathrm{J}} \tag{12.202}$$

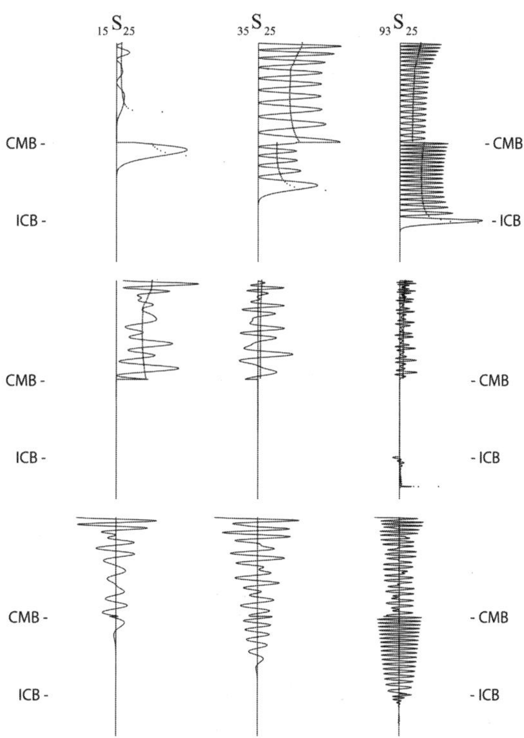

图 12.22 几个$l = 25$的球型振荡的精确(实线)与渐近(点线) 佛雷歇积分核。(上)压缩波速积分核K_α。(中)剪切波速积分核K_β。(下)密度积分核K'_ρ。垂直轴在去掉地壳的1066A模型中从地表向下延伸到地心。图中标明了核幔边界(CMB)和内核边界(ICB)的位置。模式$_{15}S_{25}$是一个ScS_{SV}-SKS等价模式，模式$_{35}S_{25}$是一个PKP等价模式，模式$_{93}S_{25}$是一个PKIKP等价模式。渐近波速积分核在相应折返点$r = R$之上均为正，而渐近密度积分核则处处为零 (由L. Zhao提供)

为简化(12.200)–(12.202)中的结果，我们在地球模型的固态区域使用了泊松近似$\alpha^2 \approx 3\beta^2$。值得注意的是压缩与剪切波能量占比的和为1：

$$f_\kappa + f_\mu \approx 1 \tag{12.203}$$

这是无引力地球模型中可以预期的。在$\grave{P}\acute{P} \approx \grave{K}\acute{K} \approx 0$的情形下，$ScS_{SV}$和$J_{SV}$模式均有$f_\kappa \approx 0$和$f_\mu \approx 1$，而PKIKP或径向模式则有

$$f_\kappa \approx T^{-1}_{\mathrm{PKIKP}}(\frac{5}{9}T_{\mathrm{PcP}} + T_{\mathrm{KiK}} + \frac{5}{9}T_{\mathrm{I}}) \tag{12.204}$$

$$f_\mu \approx T^{-1}_{\mathrm{PKIKP}}(\frac{4}{9}T_{\mathrm{PcP}} + \frac{4}{9}T_{\mathrm{I}}) \tag{12.205}$$

比例$f_\kappa : f_\mu = 5/9 : 4/9$是经典的均匀泊松介质中平面P波能量分配。

★12.4.5 横向各向同性地球模型

我们所用来推导SNREI地球中的渐近本征频率与本征函数的所有做法都可以直接推广到横向各向同性地球模型中。第一步是计算传播的P、SV或SH体波的走时T、角震中距Θ和截距时间τ。Woodhouse (1981b)展示了运动学公式(12.7)和(12.9)必须换成更普遍的公式

$$T = 2\int_R^a q_T\,dr \qquad \Theta = 2\int_R^a q_\Theta\,dr \qquad \tau = 2\int_R^a q_\tau\,dr \tag{12.206}$$

其中积分限需要改变来考虑反射波而不是折返波、多个射线段以及射线端点不在表面的情况。对于一个SH波，被积函数q_T、q_Θ和q_τ分别为

$$q_T = \frac{(\beta_{\mathrm{h}}\beta_{\mathrm{v}})^{-1}}{\sqrt{\beta_{\mathrm{h}}^{-2} - p^2 r^{-2}}} \qquad q_\Theta = \frac{(\beta_{\mathrm{h}}/\beta_{\mathrm{v}})pr^{-2}}{\sqrt{\beta_{\mathrm{h}}^{-2} - p^2 r^{-2}}}$$

$$q_\tau = q_T - pq_\Theta = (\beta_{\mathrm{h}}/\beta_{\mathrm{v}})\sqrt{\beta_{\mathrm{h}}^{-2} - p^2 r^{-2}} \tag{12.207}$$

其中β_{h}和β_{v}分别为水平和垂直方向的波速。射线参数为p的SH波的折返半径为$R_{\mathrm{S}} = p\beta_{\mathrm{h}}$。在(12.207)中出现在平方根中的是$\beta_{\mathrm{h}}$而不是$\beta_{\mathrm{v}}$是很自然的，因为波在折返时的传播方向是水平的。很明显，(12.206)–(12.207)中的结果在各向同性地球中退化为(12.7)和(12.9)，其中$\beta_{\mathrm{h}} = \beta_{\mathrm{v}} = \beta$。对于P波和SV波，$q_T$、$q_\Theta$和$q_\tau$的公式更复杂，但是在横向各向同性地球中，$p = dT/d\Theta$和$d\tau/dp = -\Theta$这两个重要关系仍保持成立。

Mochizuki (1992)对横向各向同性地球中环型模式的方程和边界条件进行了渐近分析。他展示了表12.1中的渐近本征频率仍然成立，但是τ_{S}、τ_{ScS}和τ_{J}必须用(12.206)–(12.207)而不是(12.9)来计算，而且区分SH波四个区段的射线参数是由水平传播速度β_{h}确定的。要建立表12.4中的渐近本征函数，除了要重新计算走时T_{S}、T_{ScS}和T_{J}以外，还必须把q_β换成q_τ，把刚性μ换成横向各向同性参数L。Mochizuki (1994)也考虑了更复杂的P-SV情形，他忽略了内核与外核，仅得到了区段III中地幔球型模式的结果。这些模式的渐近本征频率关系具有(12.55)的形式，只是Ψ_{P}和Ψ_{S}要用(12.206)–(12.207)来计算，而且$\acute{S}\grave{S}$要被一个依赖于横向各向同性弹性参数C、A、L、N和F的广义反射系数取代。愿意的话，其他区段内模式的类似结果也可以用上述方法得到。

12.5 体 波 响 应

到此为止，我们仅仅考虑了模式与射线之间二象性的第一个方面，也就是将地球的自由振荡表示成相长干涉的体波的叠加。在最后这一节，我们来讨论第二个方面，即“从模式到射线”这一反问题。我们将证明，SNREI地球响应的环型与球型简正模式叠加的表达式在$\omega \to \infty$的极限下等价于多次反射与透射的SH和P-SV波的叠加。我们用简单的步骤来达到这一从模式叠加到射线叠加的变换，完整详细地讨论简单的SH波，对P-SV波则仅给出最终结果。在第15章中，通过系统性地将JWKB近似用于无引力的运动方程$-\omega^2\rho\mathbf{s} - \boldsymbol{\nabla}\cdot\mathbf{T} = \mathbf{0}$，其中$\mathbf{T} = \kappa(\boldsymbol{\nabla}\cdot\mathbf{s})\mathbf{I} + 2\mu\mathbf{d}$，我们把本节得到的射线理论响应推广到横向不均匀地球。

12.5.1 SH格林张量

我们分析的出发点是频率域格林张量的行波表达式(11.14)。我们忽略衰减，令沿所有频散曲线分支的衰减率$\gamma_n(k)$为零。同时，为简洁起见，我们仅关注$s=1$的传播距离小于半个地球周长的波。基于这些前提，我们可以将精确的SH波格林张量$\mathbf{G}_{\mathrm{SH}}(\mathbf{x},\mathbf{x}';\omega)$写成如下形式

$$\mathbf{G} =\frac{1}{2\pi}(\hat{\mathbf{r}}\times\boldsymbol{\nabla}_1)(\hat{\mathbf{r}}'\times\boldsymbol{\nabla}_1')\sum_{n=0}^{\infty}\int_{-\infty}^{\infty}\left(\frac{W_nW_n'}{\omega_n^2-\omega^2}\right) \times Q_{k-\frac{1}{2}}^{(1)}(\cos\Theta)\,k^{-1}dk \tag{12.208}$$

其中$\Theta=\arccos(\hat{\mathbf{r}}\cdot\hat{\mathbf{r}}')$是角震中距，撇号表示在震源点$\mathbf{x}'$处取值。为便于向体波表达式的变换，我们将积分变量从波数k改为射线参数p。在固定阶数n时，这两者之间的关系为$k^{-1}dk=(1-C/c)^{-1}p^{-1}dp$，其中$C=d\omega/dk$与$c=\omega/k$分别为群速度与相速度。在做此坐标变换之后，我们交换求和与积分顺序得到

$$\mathbf{G} = \frac{1}{2\pi}(\hat{\mathbf{r}}\times\boldsymbol{\nabla}_1)(\hat{\mathbf{r}}'\times\boldsymbol{\nabla}_1')\int_{-\infty}^{\infty}\sum_{n=0}^{\infty}\left(\frac{W_nW_n'}{\omega_n^2-\omega^2}\right) \times Q_{\omega p-\frac{1}{2}}^{(1)}(\cos\Theta)\,(1-C/c)^{-1}\,p^{-1}dp \tag{12.209}$$

(12.209)中的积分路径是紧贴着实p轴下方。为具体化，我们假定角频率为正，即$\omega>0$。实部为正的射线参数$\mathrm{Re}\,p>0$与实部为负的射线参数$\mathrm{Re}\,p<0$分别对应于沿Θ增加与减小的方向传播的波。

下一步是将本征频率ω_n及相应的接收点和震源处本征函数W_n和W_n'的JWKB渐近表达式代入公式(12.209)，然后对阶数n求和。这样的求和是对固定的射线参数p，因此所有需要考虑的模式都在同一个区段。$\mathrm{J_{SH}}$内核模式不会被地幔中的点源所激发，因此我们仅仅需要考虑两个求和，对区段II中的折返SH模式，以及对区段III中的$\mathrm{ScS_{SH}}$模式。对于$\mathrm{ScS_{SH}}$模式，简便的做法是定义三个径向慢度的积分X、X'和$\overline{X}$

$$\omega X=\omega\int_b^r q\,dr+\pi/2 \qquad \omega X'=\omega\int_b^{r'} q\,dr+\pi/2$$
$$\omega\overline{X}=\omega\int_b^a q\,dr=\frac{1}{2}\omega\tau_{\mathrm{ScS}} \tag{12.210}$$

利用表12.1和表12.4中的结果，我们可以将区段III中的阶数求和写成

$$\sum_{n=0}^{\infty}\left(\frac{W_nW_n'}{\omega_n^2-\omega^2}\right)=4T_{\mathrm{ScS}}^{-1}(rr'\beta\beta')^{-1}(\rho\rho' q_\beta q_\beta')^{-1/2} \times\sum_{n'=1}^{\infty}\frac{\sin n'\pi(X/\overline{X})\sin n'\pi(X'/\overline{X})}{(n'\pi/\overline{X})^2-\omega^2} \tag{12.211}$$

其中$n'=n+1$。公式(12.211)中对n'求和的解析结果为

$$\sum_{n'=1}^{\infty}\frac{\sin n'\pi(X/\overline{X})\sin n'\pi(X'/\overline{X})}{(n'\pi/\overline{X})^2-\omega^2}$$

$$= \frac{\overline{X}}{4\omega}\left[\frac{\cos\omega(\overline{X}-(X+X'))-\cos\omega(\overline{X}-|X-X'|)}{\sin\omega\overline{X}}\right] \tag{12.212}$$

通过用正交性来确定等式右边傅里叶余弦级数系数的习惯做法可以很容易地验证这一等式。将(12.212)中的正弦和余弦函数分解为复数指数形式，再用二项式展开，我们可以将(12.211)中对区段III中$\mathrm{ScS_{SH}}$模式的求和写为

$$\sum_{n=0}^{\infty}\left(\frac{W_nW_n'}{\omega_n^2-\omega^2}\right)=\frac{1}{2}(i\omega)^{-1}(\tau_{\mathrm{ScS}}/T_{\mathrm{ScS}})(rr'\beta\beta')^{-1} \times(\rho\rho' q_\beta q_\beta')^{-1/2}\sum_{j=1}^{\infty}\exp(-i\omega\tau_j) \tag{12.213}$$

其中

$$\tau_1=\left|\int_{r'}^{r}q\,dr\right| \qquad \tau_2=\int_b^{r'}q\,dr+\int_b^{r}q\,dr$$
$$\tau_3=\int_{r'}^{a}q\,dr+\int_r^{a}q\,dr \qquad \tau_4=2\int_b^{a}q\,dr-\left|\int_{r'}^{r}q\,dr\right|$$
$$\tau_j=\tau_{j-4}+2\int_b^{a}q\,dr,\quad \text{当}\, j\geqslant 5\,\text{时} \tag{12.214}$$

对区段II中折返SH模式的求和可以用相似的方式处理，通过重新定义(12.210)中的径向慢度积分：

$$\omega X=\omega\int_b^{r}q\,dr+\pi/4 \qquad \omega X'=\omega\int_b^{r'}q\,dr+\pi/4$$
$$\omega\overline{X}=\omega\int_{R_{\mathrm{S}}}^{a}q\,dr-\pi/4=\frac{1}{2}(\omega\tau_{\mathrm{S}}-\pi/2) \tag{12.215}$$

我们得到的不是(12.213)式，而是

$$\sum_{n=0}^{\infty}\frac{W_nW_n'}{\omega_n^2-\omega^2}=\frac{1}{2}(i\omega)^{-1}(\tau_{\mathrm{S}}/T_{\mathrm{S}})(rr'\beta\beta')^{-1} \times(\rho\rho' q_\beta q_\beta')^{-1/2}\sum_{j=1}^{\infty}\exp(-i\omega\tau_j+iN_j\pi/2) \tag{12.216}$$

其中

$$\tau_1=\left|\int_{r'}^{r}q\,dr\right| \qquad \tau_2=\int_{R_{\mathrm{S}}}^{r'}q\,dr+\int_{R_{\mathrm{S}}}^{r}q\,dr$$
$$\tau_3=\int_{r'}^{a}q\,dr+\int_r^{a}q\,dr \qquad \tau_4=2\int_{R_{\mathrm{S}}}^{a}q\,dr-\left|\int_{r'}^{r}q\,dr\right|$$
$$\tau_j=\tau_{j-4}+2\int_{R_{\mathrm{S}}}^{a}q\,dr\quad \text{当}\, j\geqslant 5\,\text{时} \tag{12.217}$$

以及

$$N_1=0 \qquad N_2=1 \qquad N_3=0 \qquad N_4=1$$

$$N_j = N_{j-4} + 1 \quad 当 j \geqslant 5 时 \tag{12.218}$$

在公式(12.216)中我们在令$\overline{X}/T_{\mathrm{S}} = \frac{1}{2}(\tau_{\mathrm{S}}/T_{\mathrm{S}})$时忽略了一个量级为$\omega^{-1}$的项。这样做是允许的，因为JWKB本征频率和本征函数本来就都是高频近似。

除了$\exp(iN_j\pi/2)$以外，公式(12.213)和(12.216)完全一样。因此我们如果去掉τ和T的角标ScS和S，并指定N_j对于$\mathrm{ScS_{SH}}$模式为零，便可将两个结果合并成一个同时适用于区段II和III的表达式。我们可以确认公式(12.214)和(12.217)中定义的τ_j就是能够在震源和接收点半径r'和r之间传播的各种波的截距时间，而N_j则是每一种波所折返的次数。图12.23显示了区段II中前六个射线s、S、ss、Ss、sS和SS的路径。这里假定震源在接收点下方，即$r' < r$，因为这是观测地震学中通常的情形。图12.24中显示了对应的区段III中在核幔边界$r = b$处反射而不是折返的用“大写字母”表示的路径ScS、ScSs、sScS和$\mathrm{ScS_2}$。在区段边界$p = b/\beta_{b+}$处折返指数N_j中的$\pi/2$不连续性是固定射线参数p的折返波的$\pi/2$焦散相移造成的。公式(12.213)和(12.216)中其他的量，尤其是比值τ/T和震源至接收点截距时间τ_j在跨越SH–$\mathrm{ScS_{SH}}$边界时都是连续的。指数无穷求和项$\sum_{j=0}^{\infty}\exp(-i\omega\tau_j + iN_j\pi/2)$对于$\omega > 0$和下半平面的积分路径$\mathrm{Im}\,p < 0$是收敛的，因为在射线参数实轴附近$\mathrm{Im}\,\tau_j \approx (\mathrm{Im}\,p)\Theta_j$，其中$\Theta_j$是与截距时间$\tau_j$相应的震源至接收点震中距。任何一个形如(12.213)或(12.216)的阶数求和到射线求和变换都被称为*德拜展开*或*彩虹展开*，因为它们与彩虹理论得到的结果非常相似。

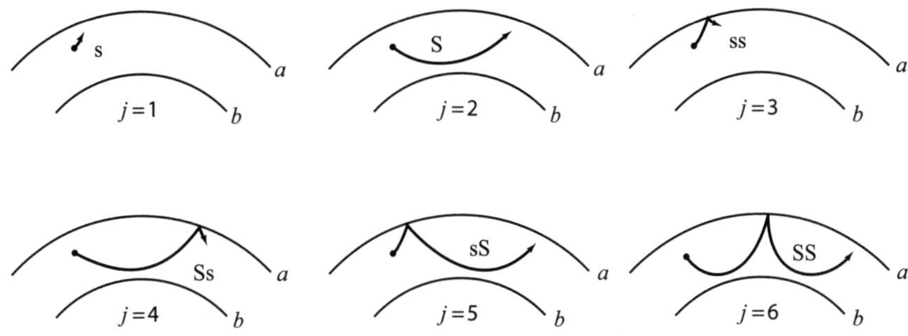

图 12.23 区段II彩虹展开式(12.216)中与$j = 1-6$相应的直达、折返以及表面反射波的射线路径s、S、ss、Ss、sS和SS。这里假定震源（圆点）位于接收点下方($r' < r$)。我们用s和ss表示没有折返的直达和表面反射波，Ss和sS表示表面反射并分别在第一和第二段路径上折返的波。这一命名方式对12.1.1节中介绍的经典的射线命名规则做了少许（但合逻辑的）拓展。请与图12.24比较

将$\mathrm{ScS_{SH}}$和SH波的彩虹展开代入格林张量(12.209)，我们发现因子$(1 - C/c)^{-1}$被τ/T抵消了。在$\omega \to \infty$的极限下，行波勒让德函数有渐近展开式

$$Q^{(1)}_{\omega p-\frac{1}{2}}(\cos\Theta) \approx (2\pi\omega p\sin\Theta)^{-1/2}\exp(-i\omega p\Theta + i\pi/4) \tag{12.219}$$

近似到ω^{-1}的最低阶，$\hat{\mathbf{r}} \times \boldsymbol{\nabla}_1$和$\hat{\mathbf{r}}' \times \boldsymbol{\nabla}'_1$这两个算子仅仅需要作用在指数$\exp(-i\omega p\Theta)$上，得到$(\hat{\mathbf{r}} \times \boldsymbol{\nabla}_1)(\hat{\mathbf{r}}' \times \boldsymbol{\nabla}'_1) \to \omega^2 p^2 \hat{\boldsymbol{\Phi}}\hat{\boldsymbol{\Phi}}'$，其中$\hat{\boldsymbol{\Phi}} = \hat{\boldsymbol{\Phi}}'$是与射线平面垂直的单位矢量。最终，高频SH波的格林张量可以写成

$$\mathbf{G} = \frac{1}{4\pi}\hat{\boldsymbol{\Phi}}\hat{\boldsymbol{\Phi}}'(rr'\beta\beta')^{-1}(2\pi\rho\rho'\sin\Theta)^{-1/2}$$

$$\times \int_{-\infty}^{\infty} (q_\beta q'_\beta)^{-1/2} \sum_{j=1}^{\infty} \exp[-i\omega(\tau_j + p\Theta)]$$
$$\times (\omega p)^{1/2} \exp[i(N_j\pi/2 - \pi/4)]\, dp \tag{12.220}$$

公式(12.220)中的积分下限$-\infty$在这里只具有象征意义，因为近似式(12.219)仅在$\mathrm{Re}\,p > 0$时成立。在使用该近似时我们已经预期到在$\omega \to \infty$的极限下，$\mathbf{G}$的主要贡献来自射线参数正实轴上的一个或多个鞍点。

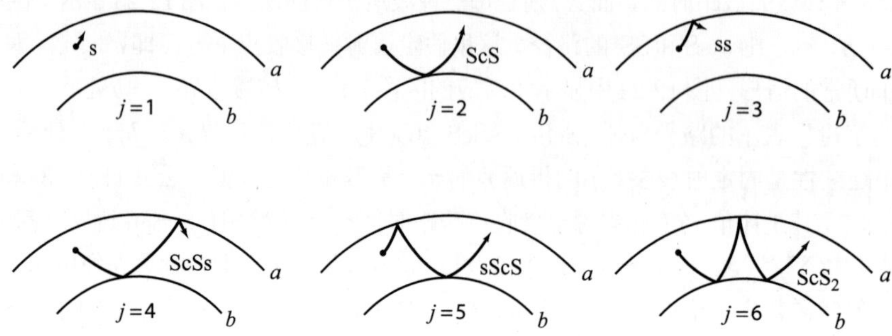

图 12.24 区段III彩虹展开式(12.213)中与$j = 1-6$相应的直达、表面反射以及核幔边界反射波的射线路径s、ScS、ss、ScSs、sScS和ScS_2。我们用s和ss表示没有折返的直达和表面反射波，ScSs表示先在核幔边界反射再在表面反射的波，sScS则与之相反。这一命名方式也对12.1.1节中介绍的经典的射线命名规则做了少许拓展。请与图12.23比较

鞍点的位置p_k是由稳相条件确定的

$$\frac{d}{dp}(\tau_j + p\Theta)_{p=p_k} = 0 \tag{12.221}$$

由于$d\tau_j/dp = -\Theta_j$, 条件(12.221)简化为$\Theta_j(p_k) = \Theta$, 因此鞍点正好落在与震源和接收点之间的 s、ScS、S、ss、ScSs、Ss、sScS、sS、ScS_2、SS 等相应 SH 波射线参数值上。图12.25示意性地显示了前几个鞍点的形态。如图所示，每一个鞍点由$(d^2\tau_j/dp^2)_{p=p_k}$的符号所确定的取向都有利于我们改变原来积分路径的形状以跨过鞍点。上地幔三重化震相带来额外的鞍点，如图12.26所示。利用经典的鞍点近似(Lighthill 1978)对表达式(12.220)中的每一项做计算，我们得到

$$\mathbf{G} = \frac{1}{4\pi}\hat{\mathbf{\Phi}}\hat{\mathbf{\Phi}}'(rr'\beta\beta')^{-1}(\rho\rho'\sin\Theta)^{-1/2}$$
$$\times \sum_j \sum_k \left[p^{1/2}(q_\beta q'_\beta)^{-1/2}|d^2\tau_j/dp^2|^{-1/2}\right]_{p=p_k}$$
$$\times \exp(-i\omega T_{jk} + iM_{jk}\pi/2) \tag{12.222}$$

其中$T_{jk} = \tau_j(p_k) + p_k\Theta$且$M_{jk} = N_j - \frac{1}{2} - \frac{1}{2}\mathrm{sgn}(d^2\tau_j/dp^2)_{p=p_k}$。从物理上讲，公式(12.222)中的双重求和包含所有震源$\mathbf{x}'$和接收点$\mathbf{x}$之间的几何SH射线路径。为简单起见，我们可以省略角标j和k，并利用几何扩散系数的表达式(12.29)，将(12.222)最终写成一个简洁的形式

$$\mathbf{G} = \frac{1}{4\pi}\hat{\mathbf{\Phi}}\hat{\mathbf{\Phi}}'(\rho\rho'\beta\beta'^3)^{-1/2}\sum_{\text{射线}}\mathcal{R}^{-1}\exp(-i\omega T + iM\pi/2) \tag{12.223}$$

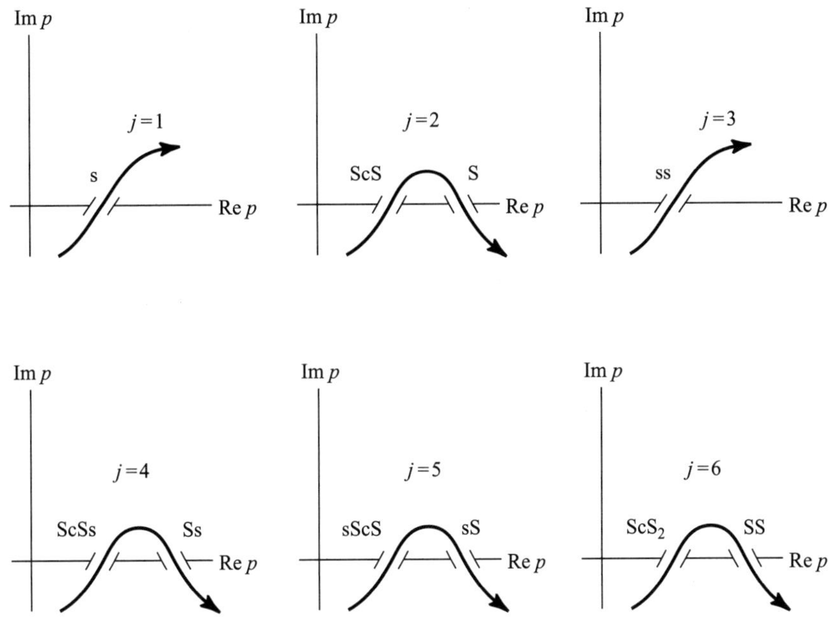

图 12.25 复数射线参数平面示意图，显示叠加式 (12.220) 中前六项的鞍点 p_k 的位置与取向。六幅图 $j=1$–6 的顺序 (从左上到右下) 与图 12.23 和图 12.24 中一样。每一幅图中，原来从 $-\infty - i0$ 到 $\infty - i0$ 的积分路径可以在鞍点处依照图中所示改变形状

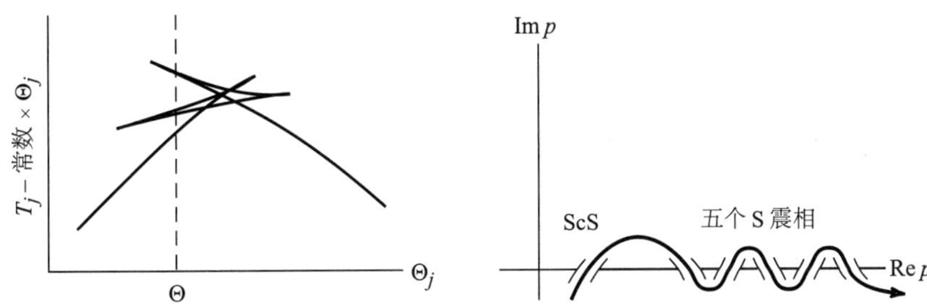

图 12.26 (左) 上地幔中存在两个三重化的折返 SH 波折合走时曲线。在震中距为 Θ 的接收点处有五个 SH 波到达。(右) 相应的公式 (12.220) 中 $j=2$ 的被积函数有五个鞍点（除 ScS 鞍点以外），其取向如图所示

公式 (12.223) 正好就是 SH 体波格林张量经典的 JWKB 表达式 (Červený, Molotkov & Pšenčík 1977; Červený 1985)。T 是沿给定射线的走时，马斯洛夫指数 M 是沿该射线传播的波所经过的焦散个数。因此，对于 $\mathrm{ScS_{SH}}$ 波和下地幔折返的 SH 波，$M=0$；而对于 $\mathrm{SS_{SH}}$ 波或者上地幔三重震相的晚到分支上的 SH 波，$M=1$。值得一提的是这种 SH 波因为经过焦散而产生的非几何 $\pi/2$ 相位提前是在将 $\mathbf{G}_{\mathrm{SH}}(\mathbf{x},\mathbf{x}';\omega)$ 的表达式从模式叠加转换为射线叠加的过程中自然地出现的。

到此为止我们虽然仅仅关注了传播角距离 Δ 小于 180 度的 $s=1$ 的情形，但是可以很容易地验证 (12.223) 的结果同样适用于公式 (11.14) 中 $s=2,3,4,\ldots$ 的波。必要的话，几何扩散因子 (12.29) 中的 $\sin\Theta$ 可以用 $|\sin\Delta|$ 取代。对于这些绕地球多次的波，马斯洛夫指数 M 同时记录传播

中经过震源及其对跖点所产生的“极点”相移。$\mathrm{SS_{SH}}$ 波的相移与其射线束面积在径向上的“反转”有关，因为有 $d^2\tau_j/dp^2 \to -d^2\tau_j/dp^2$ 的符号反转，而极点相移则与地理“反转”有关，因为 $\sin\Delta \to -\sin\Delta$ 时的符号反转，跟面波完全一样。

12.5.2 P-SV 格林张量

类似于 (12.209) 的 P-SV 格林张量包含四项 $\mathbf{G}_1(\mathbf{x},\mathbf{x}';\omega)+\mathbf{G}_2(\mathbf{x},\mathbf{x}';\omega)+\mathbf{G}_3(\mathbf{x},\mathbf{x}';\omega)+\mathbf{G}_4(\mathbf{x},\mathbf{x}';\omega)$ 的叠加，分别为

$$
\begin{aligned}
\mathbf{G}_1 &= \frac{\omega^2}{2\pi}\,\hat{\mathbf{r}}\hat{\mathbf{r}}'\int_{-\infty}^{\infty}\sum_{n=0}^{\infty}\left(\frac{U_nU_n'}{\omega_n^2-\omega^2}\right)Q^{(1)}_{\omega p-\frac{1}{2}}(\cos\Theta)\,(1-C/c)^{-1}\,p\,dp \\
\mathbf{G}_2 &= \frac{\omega}{2\pi}\,\hat{\mathbf{r}}\boldsymbol{\nabla}_1'\int_{-\infty}^{\infty}\sum_{n=0}^{\infty}\left(\frac{U_nV_n'}{\omega_n^2-\omega^2}\right)Q^{(1)}_{\omega p-\frac{1}{2}}(\cos\Theta)\,(1-C/c)^{-1}\,dp \\
\mathbf{G}_3 &= \frac{\omega}{2\pi}\,\boldsymbol{\nabla}_1\hat{\mathbf{r}}'\int_{-\infty}^{\infty}\sum_{n=0}^{\infty}\left(\frac{V_nU_n'}{\omega_n^2-\omega^2}\right)Q^{(1)}_{\omega p-\frac{1}{2}}(\cos\Theta)\,(1-C/c)^{-1}\,dp \\
\mathbf{G}_4 &= \frac{1}{2\pi}\,\boldsymbol{\nabla}_1\boldsymbol{\nabla}_1'\int_{-\infty}^{\infty}\sum_{n=0}^{\infty}\left(\frac{V_nV_n'}{\omega_n^2-\omega^2}\right)Q^{(1)}_{\omega p-\frac{1}{2}}(\cos\Theta)\,(1-C/c)^{-1}p^{-1}dp
\end{aligned}
\tag{12.224}
$$

要得到完整的体波表达式 $\mathbf{G}_{\text{P-SV}}(\mathbf{x},\mathbf{x}';\omega)$，我们需要在射线参数的每一个渐近区段中找到含有源点–接收点位移乘积 U_nU_n'、U_nV_n'、V_nU_n' 和 V_nV_n' 的阶数求和表达式的彩虹展开。没有一个与 SH 波中所使用的类似的简单傅里叶等式能够直接地把阶数求和转换为射线求和，尤其是在几个较高的区段，P-SV 波的渐近本征频率与本征函数的解析表达式非常复杂。Zhao 和 Dahlen (1996) 展示了在区段 III 中如何得到所要的对地幔中复合折返波的求和，在其他区段的相应结果可以用类比的方法写出来。基本的构成要素是二项式展开，重复的应用可以得到所有可能的构成成分 P、SV、K、I 和 $\mathrm{J_{SV}}$ 波的组合。一旦找到了所有的彩虹展开式，$\mathbf{G}_1$ 到 $\mathbf{G}_4$ 在 $\omega\to\infty$ 极限下对射线参数 p 的积分就可以像前面的做法一样，通过在正实轴上的鞍点处改变积分路径的形状计算而得到。用这种方法最终得到的 P-SV 波格林张量的表达式可以写成

$$
\mathbf{G} = \frac{1}{4\pi}\sum_{\text{射线}}\hat{\boldsymbol{\eta}}\hat{\boldsymbol{\eta}}'(\rho\rho' v v'^3)^{-1/2}\Pi\mathcal{R}^{-1}\exp(-i\omega T + iM\pi/2) \tag{12.225}
$$

其中的求和包含震源 $\mathbf{x}'$ 和接收点 $\mathbf{x}$ 之间的所有可能的射线。与前面一样，T 是射线路径上所有波的总走时，$\mathcal{R}$ 是相应的几何扩散系数，M 是马斯洛夫指数，记录径向与水平向所经过的焦散的次数。速度 v' 和 v 分别是射线上离开震源一段和到达接收点一段的波速，而 $\hat{\boldsymbol{\eta}}'$ 和 $\hat{\boldsymbol{\eta}}$ 则是 (12.11) 中相应的偏振矢量。SH 波表达式 (12.223) 中所没有的新的因子 Π 是在传播路径上所遇到的各个不连续面处所有 (能量)$^{1/2}$ 反射和透射系数的乘积，例如，对于 ScP 转换波，$\Pi=\grave{\mathcal{S}}\acute{\mathcal{P}}$，而对于穿过地心的 PKIKP 波，$\Pi=\grave{\mathcal{P}}\grave{\mathcal{K}}\,\grave{\mathcal{K}}\grave{\mathcal{I}}\,\acute{\mathcal{I}}\acute{\mathcal{K}}\,\acute{\mathcal{K}}\acute{\mathcal{P}}$。

我们也可以把 (12.225) 看作是 JWKB 体波格林张量 $\mathbf{G}_{\text{SH}}+\mathbf{G}_{\text{P-SV}}$ 的普遍公式，只需要让求和指数把 SH 波和 P-SV 波都包括进来。无论水平传播方向如何，SH 波的质点运动方向总是在横向，即 $\hat{\boldsymbol{\eta}}\hat{\boldsymbol{\eta}}'=\hat{\boldsymbol{\Phi}}\hat{\boldsymbol{\Phi}}'$，而且串接的 (能量)$^{1/2}$ 的系数都是 $\Pi=1$。正如预期的，对于固定的震源位置 $\mathbf{x}'$，沿任一射线上 $\mathbf{G}(\mathbf{x},\mathbf{x}';\omega)$ 对接收点位置 $\mathbf{x}$ 的依赖性与几何振幅变化规则 (12.33) 一致。值得

注意的是，JWKB格林张量满足动力学的震源–接收点互易原理

$$\mathbf{G}(\mathbf{x},\mathbf{x}';\omega)=\mathbf{G}^{\mathrm{T}}(\mathbf{x}',\mathbf{x};\omega) \tag{12.226}$$

因为反射–透射系数(12.20)、几何扩散(12.30)、和马斯洛夫指数(12.34)都是对称的。如果将震源与接收点的位置交换，即$\mathbf{x}\to\mathbf{x}'$和$\mathbf{x}'\to\mathbf{x}$，震源与接收点的偏振矢量交换并反向，即$\hat{\boldsymbol{\eta}}\to-\hat{\boldsymbol{\eta}}'$和$\hat{\boldsymbol{\eta}}'\to-\hat{\boldsymbol{\eta}}$，那么沿给定射线传播的能量将按原路返回。在反转的射线上，所有在界面反射与透射时的转换均以相反的方式发生。例如，PcS波在互易之后变为ScP波，反之亦然。

*12.5.3 希尔伯特变换公式汇编

要计算(12.225)中的JWKB格林张量的傅里叶反变换，并将得到的时间域结果推广到在焦散附近也成立，需要用到另外一些数学符号，我们在本节来介绍。所有在本节介绍的关系要么是众所周知，要么证明很容易，因此我们在此不做任何证明。如果对这些内容的系统性讨论有兴趣的话，可以参考Bracewell (1965)。

一个实的时间域信号$f(t)$的希尔伯特变换的定义为

$$f_{\mathrm{H}}(t)=\mathcal{H}f(t)=\frac{1}{\pi}\,⨍_{-\infty}^{\infty}\frac{f(t')}{t'-t}dt' \tag{12.227}$$

通过希尔伯特反变换，我们可以把$f(t)$用$f_{\mathrm{H}}(t)$来表示

$$f(t)=\mathcal{H}^{-1}f_{\mathrm{H}}(t)=-\frac{1}{\pi}\,⨍_{-\infty}^{\infty}\frac{f_{\mathrm{H}}(t')}{t'-t}dt' \tag{12.228}$$

(12.227)–(12.228)中带一横线的积分表示柯西主值，如公式(6.52)，是通过切除了$(t'-t)^{-1}$的奇异性定义的。M次多重希尔伯特变换可以表示为

$$f_{\mathrm{H}}^{(M)}(t)=\underbrace{\mathcal{H}\cdots\mathcal{H}}_{M\,次}f(t) \tag{12.229}$$

值得指出的是$f_{\mathrm{H}}^{(0)}(t)=f(t)$, $f_{\mathrm{H}}^{(1)}(t)=f_{\mathrm{H}}(t)$以及$f_{\mathrm{H}}^{(2)}(t)=-f(t)$。

对应于$f(t)$的复数解析讯号的定义为

$$F(t)=f(t)-if_{\mathrm{H}}(t) \tag{12.230}$$

(12.230)的希尔伯特变换是$F_{\mathrm{H}}(t)=f_{\mathrm{H}}(t)+if(t)$。希尔伯特变换将一个讯号的每一个傅里叶分量的相位提前$\pi/2$。因此，如果$f(\omega)$是$f(t)$的傅里叶变换，那$f(\omega)\exp(iM\pi/2)$就是$f_{\mathrm{H}}^{(M)}(t)$的傅里叶变换，即

$$f_{\mathrm{H}}^{(M)}(t)=\frac{1}{\pi}\,\mathrm{Re}\int_{0}^{\infty}f(\omega)\exp i(\omega t+M\pi/2)\,d\omega \tag{12.231}$$

特别地，狄拉克函数的多重希尔伯特变换是

$$\delta_{\mathrm{H}}^{(M)}(t)=\frac{1}{\pi}\,\mathrm{Re}\int_{0}^{\infty}\exp i(\omega t+M\pi/2)\,d\omega \tag{12.232}$$

上式的前三个例子是

$$\delta_{\mathrm{H}}^{(0)}(t)=\delta(t)\qquad\delta_{\mathrm{H}}^{(1)}(t)=-(\pi t)^{-1}\qquad\delta_{\mathrm{H}}^{(2)}(t)=-\delta(t) \tag{12.233}$$

解析狄拉克函数为 $\Delta(t) = \delta(t) - i\delta_{\rm H}(t) = \delta(t) + i(\pi t)^{-1}$。

两个时间域讯号 $f(t)$ 和 $g(t)$ 之间的卷积当然是

$$f(t) * g(t) = \int_{-\infty}^{\infty} f(t')g(t-t')dt' \tag{12.234}$$

时间域中的卷积相当于频率域中的相乘，也就是说，$f(t)*g(t)$ 的傅里叶变换是 $f(\omega)g(\omega)$。希尔伯特变换 (12.227) 及其反变换 (12.228) 可以写成正规的卷积形式：$f_{\rm H}(t) = -f(t)*(\pi t)^{-1}$ 和 $f(t) = f_{\rm H}(t) * (\pi t)^{-1}$。卷积是互易的：$f(t) * g(t) = g(t) * f(t)$。时间微分（用函数符号上面一点表示）和希尔伯特变换在卷积中可以从一个讯号转移到另一个：$f(t) * \dot{g}(t) = \dot{f}(t) * g(t)$ 和 $f(t) * g_{\rm H}(t) = f_{\rm H}(t) * g(t)$。两个希尔伯特变换的卷积是 $f_{\rm H}(t) * g_{\rm H}(t) = -f(t) * g(t)$。一个时间延迟的讯号 $f(t-T)$ 的傅里叶变换是 $f(\omega)\exp(-i\omega T)$。在卷积中，哪个讯号被时间延迟了是无关紧要的：$f(t) * g(t-T) = f(t-T) * g(t)$。如果 $f(t)$ 和 $g(t)$ 的解析讯号分别为 $F(t)$ 和 $G(t)$，则 $f(t) * \mathrm{Re}\,[G(t)] = \mathrm{Re}\,[F(t)] * g(t)$。一个与频率无关的复常数 $\mathcal{C} = \mathcal{A} + i\mathcal{B}$ 的傅里叶反变换为 $\mathrm{Re}\,[\mathcal{C}\Delta(t)] = \mathcal{A}\delta(t) + \mathcal{B}\delta_{\rm H}(t)$。更普遍地，该常数与 $f(\omega)$ 相乘的傅里叶反变换为 $\mathrm{Re}\,[\mathcal{C}F(t)] = \mathcal{A}f(t) + \mathcal{B}f_{\rm H}(t)$。

在我们的讨论中比较有用的两个希尔伯特变换对是

$$v(t) = \frac{1}{\pi}\,\mathrm{Re}\int_0^{\infty} \omega^{-1/2} \exp i(\omega t - \pi/4)\, d\omega = \frac{H(t)}{\sqrt{\pi t}} \tag{12.235}$$

$$v_{\rm H}(t) = \frac{1}{\pi}\,\mathrm{Re}\int_0^{\infty} \omega^{-1/2} \exp i(\omega t + \pi/4)\, d\omega = \frac{H(-t)}{\sqrt{-\pi t}} \tag{12.236}$$

和

$$\lambda(t) = \frac{1}{\pi}\,\mathrm{Re}\int_0^{\infty} \omega^{1/2} \exp i(\omega t - \pi/4)\, d\omega = -\frac{d}{dt}\frac{H(-t)}{\sqrt{-\pi t}} \tag{12.237}$$

$$\lambda_{\rm H}(t) = \frac{1}{\pi}\,\mathrm{Re}\int_0^{\infty} \omega^{1/2} \exp i(\omega t + \pi/4)\, d\omega = \frac{d}{dt}\frac{H(t)}{\sqrt{\pi t}} \tag{12.238}$$

其中 $H(t)$ 为阶梯函数。很明显，我们有 $\lambda(t) = -\dot{v}_{\rm H}(t)$ 和 $\lambda_{\rm H}(t) = \dot{v}(t)$。相关的卷积关系为

$$v(t) * v(t-T) = -v_{\rm H}(t) * v_{\rm H}(t-T) = H(t-T) \tag{12.239}$$

$$\lambda(t) * v_{\rm H}(t-T) = -\lambda_{\rm H}(t) * v(t-T) = \delta(t-T) \tag{12.240}$$

$$\lambda(t) * v(t-T) = -\lambda_{\rm H}(t) * v_{\rm H}(t-T) = -\delta_{\rm H}(t-T) \tag{12.241}$$

$$\lambda(t) * \lambda(t-T) = -\lambda_{\rm H}(t) * \lambda_{\rm H}(t-T) = -\dot{\delta}(t-T) \tag{12.242}$$

值得注意的是 (12.235)–(12.238) 中的讯号的单边特性。相反，解析的复讯号 $\Lambda(t) = \lambda(t) - i\lambda_{\rm H}(t)$ 和 $\Upsilon(t) = v(t) - iv_{\rm H}(t)$ 都是双边的。

⋆12.5.4 时间域格林张量

从公式 (12.225) 的傅里叶反变换得到的射线理论格林张量 $\mathbf{G}(\mathbf{x}, \mathbf{x}'; t)$ 为

$$\mathbf{G} = \frac{1}{4\pi}\sum_{\text{射线}} \hat{\boldsymbol{\eta}}\hat{\boldsymbol{\eta}}'(\rho\rho' v v'^3)^{-1/2}\pi\mathcal{R}^{-1}\delta_{\rm H}^{(M)}(t-T) \tag{12.243}$$

其中$\delta_{\mathrm{H}}^{(M)}(t)$在(12.232)中给定，同时我们也假定所有在乘积Π中串在一起的反射和透射系数都是实数。所有$M=0$的体波都沿最短走时路径传播，且表现因果的$\delta(t-T)$时间依赖性，而$M=1$的波则沿极小极大 (minmax) 走时路径传播，且有非因果的$\delta_{\mathrm{H}}(t-T)=-[\pi(t-T)]^{-1}$时间依赖性。这一希尔伯特变换导致了为人熟知的PP、SS以及其他经过焦散的多次反射和透射波震相的非脉冲式上升的特征(Choy & Richards 1975)。

在非常邻近焦散的地方，由于几何扩散因子倒数$\mathcal{R}^{-1}$的发散性，射线理论本身不再成立。但是，很容易将(12.243)的结果进行推广使其处处规范，包括在焦散附近。为简单起见，我们还是将关注点集中在传播距离小于地球半圈的$s=1$的波。回到SH波格林张量$\mathbf{G}_{\mathrm{SH}}(\mathbf{x},\mathbf{x}';\omega)$的积分表达式(12.220)，我们注意到唯一的频率依赖性是显式的$\omega^{1/2}\exp[-i\omega(\tau_j+p\Theta)]$。因此，$\mathbf{G}_{\mathrm{SH}}(\mathbf{x},\mathbf{x}';t)$的傅里叶反变换可以精确地计算。将指数上依赖于$p$的量表示成

$$\Gamma_j(p)=\tau_j(p)+p\Theta=T_j(p)+p[\Theta-\Theta_j(p)] \tag{12.244}$$

我们得到一个无穷项的卷积求和：

$$\mathbf{G}=\frac{1}{4\pi}\hat{\mathbf{\Phi}}\hat{\mathbf{\Phi}}'(rr'\beta\beta')^{-1}(2\rho\rho'\sin\Theta)^{-1/2}\times\sum_{j=1}^{\infty}\lambda_{\mathrm{H}}^{(N_j)}(t)*\sigma_j(t) \tag{12.245}$$

其中

$$\lambda_{\mathrm{H}}^{(N_j)}(t)=\frac{1}{\pi}\operatorname{Re}\int_0^{\infty}\omega^{1/2}\exp i(\omega t+N_j\pi/2-\pi/4)\,d\omega \tag{12.246}$$

$$\sigma_j(t)=\int_{-\infty}^{\infty}p^{1/2}(\pi q_\beta q_\beta')^{-1/2}\,\delta(t-\Gamma_j)\,dp \tag{12.247}$$

每一项卷积的前一个函数是单边讯号(12.237)的N_j次希尔伯特变换。公式(12.247)中的积分可以用狄拉克函数的复制特性来计算：

$$\begin{aligned}\sigma_j(t)&=\sum_{t=\Gamma_j}p^{1/2}(\pi q_\beta q_\beta')^{-1/2}|d\Gamma_j/dp|^{-1}\\&=\sum_{t=\Gamma_j}p^{1/2}(\pi q_\beta q_\beta')^{-1/2}|\Theta-\Theta_j|^{-1}\end{aligned} \tag{12.248}$$

这里第二个等式是由于$d\Gamma_j/dp=\Theta-\Theta_j$。(12.248)中的求和包含所有满足方程$t=\Gamma_j(p)$的射线参数$p$，如图12.27所示。$|\Theta-\Theta_j|^{-1}$在射线理论到时$T_{jk}=\tau_j(p_k)+p_k\Theta$时的奇异性可以通过将$\sigma_j(t)$在数值化间隔上做平均来加以抑制(Dey-Sarkar & Chapman 1978; Chapman, Chu & Lyness 1988)。

将$\Gamma_j(p)$在其极值p_k附近用抛物线近似：

$$\Gamma_j(p)=T_{jk}+\frac{1}{2}(d^2\tau_j/dp^2)_{p=p_k}(p-p_k)^2 \tag{12.249}$$

我们可以从形式上重建射线理论的结果。在此近似下，交点$t=\Gamma_j(p)$出现在对称分布的点上

$$p=p_k\pm\left|\frac{2(t-T_{jk})}{(d^2\tau_j/dp^2)_{p=p_k}}\right|^{1/2} \tag{12.250}$$

将(12.250)代入公式(12.248)，我们得到

$$\sigma_j(t) = \sum_k \left[p^{1/2}(q_\beta q'_\beta)^{-1/2}|d^2\tau_j/dp^2|^{-1/2}\right]_{p=p_k} \times \begin{cases} \sqrt{2}\,\upsilon(t-T_{jk}) & \text{若}\,\mathrm{sgn}(d^2\tau_j/dp^2)_{p=p_k}>0 \\ \sqrt{2}\,\upsilon_{\mathrm{H}}(t-T_{jk}) & \text{若}\,\mathrm{sgn}(d^2\tau_j/dp^2)_{p=p_k}<0 \end{cases} \tag{12.251}$$

应用等式

$$\lambda_{\mathrm{H}}^{(N_j)}(t) * \upsilon(t-T_{jk}) = -\delta_{\mathrm{H}}^{(N_j+1)}(t-T_{jk}) \tag{12.252}$$

$$\lambda_{\mathrm{H}}^{(N_j)}(t) * \upsilon_{\mathrm{H}}(t-T_{jk}) = \delta_{\mathrm{H}}^{(N_j)}(t-T_{jk}) \tag{12.253}$$

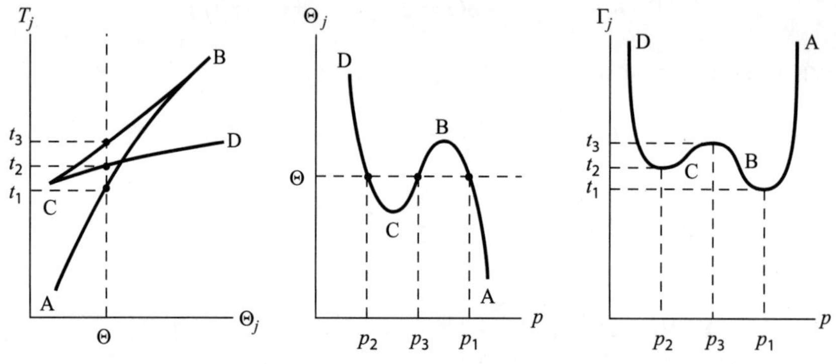

图 12.27　计算函数$\sigma_j(t)$的示意图。(左) $T_j(p)$与$\Theta_j(p)$之间的三重化走时曲线，在B和C点呈现焦散。震中距固定为Θ的接收点有三个几何震相在 t_1、t_2、t_3 时刻到达。(中) 相应的射线参数 p_1、p_2、p_3 满足 $\Theta_j(p_k)=\Theta$。(右) 当$t<t_1$时，没有$t=\Gamma_j(p)$的交点；当$t_1<t<t_2$时，有两个交点；当$t_2<t<t_3$时，有四个交点。焦散B和C在$\Theta_j(p)$上表现为极值点，而在$\Gamma_j(p)$上表现为拐点。相位函数的斜率$d\Gamma_j/dp=\Theta-\Theta_j$在$p_1$、$p_2$、$p_3$处为零，因而$\sigma_j(t)$在射线理论到时$t_1$、$t_2$、$t_3$时出现奇异。请注意，如果$t_1<t_2<t_3$，则$p_2<p_3<p_1$

我们发现(12.245)可以转化为(12.222)的双重求和的时间域形式：

$$\begin{aligned}\mathbf{G} = {} & \frac{1}{4\pi}\hat{\boldsymbol{\Phi}}\hat{\boldsymbol{\Phi}}'(rr'\beta\beta')^{-1}(\rho\rho'\sin\Theta)^{-1/2} \\ & \times \sum_j\sum_k \left[p^{1/2}(q_\beta q'_\beta)^{-1/2}|d^2\tau_j/dp^2|^{-1/2}\right]_{p=p_k} \\ & \times \delta_{\mathrm{H}}^{(M_{jk})}(t-T_{jk})\end{aligned} \tag{12.254}$$

$\mathrm{SS_{SH}}$与其他$M=1$的极小极大走时震相的希尔伯特变换$\delta_{\mathrm{H}}(t-T_{jk})=-[\pi(t-T_{jk})]^{-1}$又一次自然出现。当图12.27中$\Gamma_j(p)$的相邻极值点如$p_2$、$p_3$或$p_3$、$p_1$靠得过近而彼此之间或与中间的焦散B或C发生“干涉”时，(12.250)中的二次近似会变得不够精确。然而，表达式(12.245)是一致有效的，无论接收点是否靠近焦散。甚至重叠的三重化震相和邻近的多个焦散都能自动处理。此外，用一致有效的表达式(12.245)所需的数值计算也只比用(12.254)中的JWKB公式多那

么一点点。

对公式 (12.248) 中交点 $t=\Gamma_j(p)$ 的搜索是在整个 SH 波的射线参数范围 $0<p<a/\beta_a$，因此，$\sigma_2(t)$ 包含了相当于 $\mathrm{ScS_{SH}}$ 和折返 SH 波的震相，甚至可能还有三重震相。在实际中，这种做法很少采用。相反，地震学中“明显的”震相如 $\mathrm{ScS_{SH}}$ 和远离液态外核影区的三重震相是单独合成的。采用这一替代观点，我们将方程 (12.245) 用通用的符号写为

$$\mathbf{G}=\frac{1}{4\pi}\hat{\mathbf{\Phi}}\hat{\mathbf{\Phi}}'(rr'\beta\beta')^{-1}(2\rho\rho'\sin\Theta)^{-1/2}\times\sum_{\text{射线}}\lambda_{\mathrm{H}}^{(N)}(t)*\sigma(t)\tag{12.255}$$

其中 N 是射线路径上所有的折返射线段个数，而且 SH 波算是单个“射线”，即使是三重震相。表达式 (12.255) 可以很容易地推广到 P-SV 波，只要考虑到偏振方向以及震源和接收点处波速的变化，还有因与界面相互作用需要的一连串反射与透射系数 Π。包括所有 $s=1$ 的波的完整的时间域格林张量 $\mathbf{G}_{\mathrm{SH}}+\mathbf{G}_{\text{P-SV}}$ 可以写成

$$\mathbf{G}=\frac{1}{4\pi}\sum_{\text{射线}}\hat{\boldsymbol{\eta}}\hat{\boldsymbol{\eta}}'(rr'vv')^{-1}(2\rho\rho'\sin\Theta)^{-1/2}\times\mathrm{Re}\,[\Lambda_{\mathrm{H}}^{(N)}(t)*\sigma(t)]\tag{12.256}$$

其中

$$\Lambda_{\mathrm{H}}^{(N)}(t)=\underbrace{\mathcal{H}\cdots\mathcal{H}}_{N\text{ 次}}\Lambda(t)=\lambda_{\mathrm{H}}^{(N)}(t)-i\lambda_{\mathrm{H}}^{(N+1)}(t)\tag{12.257}$$

$$\sigma(t)=\sum_{t=\Gamma}p^{1/2}(\pi qq')^{-1/2}\Pi\,|d\Gamma/dp|^{-1}\tag{12.258}$$

只要 $\mathrm{Im}\,\Pi=0$, $\mathrm{Re}\,[\Lambda(t)_{\mathrm{H}}^{(N)}*\sigma(t)]$ 就会如在 (12.255) 中一样退化为 $\lambda(t)_{\mathrm{H}}^{(N)}*\sigma(t)$。(12.256) 是一个更一般的形式，它包含解析讯号 $\Lambda(t)=\lambda(t)-i\lambda_{\mathrm{H}}(t)$ 的 N 次希尔伯特变换，同时适用于过临界 (Π 为复数) 与亚临界 (Π 为实数) 震相。

第一个形如 (12.256) 的一致有效的射线叠加结果是 Chapman (1976; 1978) 得到的。他建议将这一表达式称为“WKBJ 地震图”以确认其直接来源于径向 JWKB 近似这一事实。事实上，作为一个能够将任何 JWKB 结果拓展到适用于焦散附近的通用算法，(12.256) 的实现方法是不寻常的 (Maslov 1972; Maslov & Fedoriuk 1981; Chapman & Drummond 1982; Liu & Tromp 1996)。我们更倾向于用简称 JWKB 来代表严格的射线理论结果 (12.243)，而把一致有效的表达式 (12.256) 称为查普曼 (Chapman)–马斯洛夫格林张量。

★12.5.5 JWKB 和查普曼-马斯洛夫地震图

最后，我们考虑一个震源位于 $\mathbf{x}_s$ 的地震点源的高频体波响应。我们允许有限时长的破裂，假定震源是同步的，具有如下形式的依赖频率的矩张量

$$\mathbf{M}(\omega)=\sqrt{2}M_0\hat{\mathbf{M}}\,m(\omega)\tag{12.259}$$

如 5.4.5 节所述，M_0 和 $\hat{\mathbf{M}}$ 分别为标量地震矩和单位震源机制张量，$m(\omega)$ 为归一化震源时间函数 $\dot{m}(t)$ 的傅立叶变换。精确的频率域位移响应可以用格林张量表示为

$$\mathbf{s}(\mathbf{x},\omega)=(i\omega)^{-1}\mathbf{M}(\omega):\boldsymbol{\nabla}_{\mathrm{s}}\mathbf{G}^{\mathrm{T}}(\mathbf{x},\mathbf{x}_{\mathrm{s}};\omega) \tag{12.260}$$

精确到ω^{-1}的一阶项，对震源坐标的梯度$\boldsymbol{\nabla}_{\mathrm{s}}$仅需要作用于JWKB表达式(12.225)中快速振荡的$\exp(-i\omega T)$因子上，得到一个乘子$\boldsymbol{\nabla}_{\mathrm{s}}\rightarrow i\omega v_{\mathrm{s}}^{-1}\hat{\mathbf{p}}_{\mathrm{s}}$，其中$\hat{\mathbf{p}}_{\mathrm{s}}$是出发时的单位慢度矢量。将接收点和震源相关的因子分别统一表示成

$$\Xi=(\rho v)^{-1/2}(\hat{\boldsymbol{\nu}}\cdot\hat{\boldsymbol{\eta}}) \tag{12.261}$$

$$\Sigma=\sqrt{2}M_0(\rho_{\mathrm{s}}v_{\mathrm{s}}^5)^{-1/2}[\hat{\mathbf{M}}:\frac{1}{2}(\hat{\mathbf{p}}_{\mathrm{s}}\hat{\boldsymbol{\eta}}_{\mathrm{s}}+\hat{\boldsymbol{\eta}}_{\mathrm{s}}\hat{\mathbf{p}}_{\mathrm{s}})] \tag{12.262}$$

我们可以将标量位移$s(\omega)=\hat{\boldsymbol{\nu}}\cdot\mathbf{s}(\mathbf{x},\omega)$表示为

$$s(\omega)=\frac{1}{4\pi}\sum_{\text{射线}}\Xi\Sigma\Pi\mathcal{R}^{-1}m(\omega)\exp(-i\omega T+iM\pi/2) \tag{12.263}$$

方程(12.263)的傅里叶反变换得到的时间域响应是

$$s(t)=\frac{1}{4\pi}\sum_{\text{射线}}\Xi\Sigma\Pi\mathcal{R}^{-1}\dot{m}_{\mathrm{H}}^{(M)}(t-T) \tag{12.264}$$

所有最短走时震相如P 波和S波的*脉冲形状*都是$\dot{m}(t)$，而每一次经过焦散都会对这一远场震源时间函数做一次希尔伯特变换。$\hat{\mathbf{M}}:\frac{1}{2}(\hat{\mathbf{p}}_{\mathrm{s}}\hat{\boldsymbol{\eta}}_{\mathrm{s}}+\hat{\boldsymbol{\eta}}_{\mathrm{s}}\hat{\mathbf{p}}_{\mathrm{s}})$这个量是出射波在包围震源的震源球上的*辐射花样*。要注意的是，P波的振幅与$\hat{\mathbf{p}}_{\mathrm{s}}\cdot\hat{\mathbf{M}}\cdot\hat{\mathbf{p}}_{\mathrm{s}}$成正比，与我们在5.4.4节中关于沙滩球的讨论一致。

非弹性衰减及相应的频散可以通过引入复数波速来处理：

$$v=v_0[1+\frac{1}{2}iQ^{-1}+\frac{1}{\pi}Q^{-1}\ln(\omega/\omega_0)] \tag{12.265}$$

其中v_0是在频率为ω_0时的参考波速，可能是α_0或β_0, Q可能是Q_α或Q_β。我们忽略非弹性对射线几何的影响，但在计算走时中对频率域的射线求和(12.263)做如下替换来考虑其影响：

$$T\rightarrow T-\frac{1}{2}iT^*-\frac{1}{\pi}T^*\ln(\omega/\omega_0) \tag{12.266}$$

(12.266)中与频率无关的*衰减时间*T^*为

$$T^*=\int_{\mathbf{x}'}^{\mathbf{x}}\frac{ds}{v_0Q}=\int_{\mathbf{x}'}^{\mathbf{x}}\frac{v_0^{-2}}{q_0Q}\,dr \tag{12.267}$$

其中$q_0=(v_0^{-2}-p^2r^{-2})^{1/2}$，且积分是沿组成射线的所有射线段。典型的数值是对远震P波$T^*\approx$ 1–2秒，对远震S波$T^*\approx$ 4–8秒。在时间域，衰减和频散可以用一个额外的卷积来考虑，JWKB响应(12.264)成为

$$s(t)=\frac{1}{4\pi}\sum_{\text{射线}}\Xi\Sigma\Pi\mathcal{R}^{-1}\dot{m}_{\mathrm{H}}^{(M)}(t-T)*a(t) \tag{12.268}$$

其中

$$a(t)=\frac{1}{\pi}\,\mathrm{Re}\int_0^\infty\exp i\omega\left[t+\frac{1}{2}iT^*+\frac{1}{\pi}T^*\ln(\omega/\omega_0)\right]d\omega \tag{12.269}$$

由于公式(12.269)中的因子$\exp(-\frac{1}{2}\omega T^*)$, 高频波的衰减远比低频波要快。这会导致$M=0$的弹

性脉冲 $\dot{m}(t-T)$ 的展宽与阻尼效应。非弹性频散会使脉冲有所延迟，其大小不仅依赖于 T^*，也依赖于吸收带短周期一侧 τ_{m} 的位置 (Minster 1978; 1980)。

(12.268) 可以很容易地推广到也适用于焦散附近的形式：

$$s(t)=\frac{1}{4\pi}\sum_{\text{射线}}[r^{-1}(2v\sin\Theta)^{-1/2}\Xi\,\Pi\,][r_{\mathrm{s}}^{-1}v_{\mathrm{s}}^{1/2}\Sigma\,]$$
$$\times\,\mathrm{Re}\,[\Lambda_{\mathrm{H}}^{(N)}(t)*\sigma(t)]*\dot{m}(t)*a(t) \tag{12.270}$$

很容易验证，只要射线理论适用，查普曼–马斯洛夫地震图 (12.270) 就退化为 (12.268)。对于观测地震学中常见的接收点位于地球自由表面 $r=a$ 的情形，这两个表达式都需要做些许修改。每一个上行 SH 波都伴随有一个到时与相位相同的反射下行波 $\mathrm{Ss}_{\mathrm{SH}}$，最终结果是直达 SH 波的求和需要乘以 2 来考虑自由表面的影响。直达 P 波或 SV 波也分别伴随有反射波 $\mathrm{Pp}+\mathrm{Ps}_{\mathrm{SV}}$ 或 $\mathrm{Sp}+\mathrm{Ss}_{\mathrm{SV}}$，这时的自由表面校正因子会依赖于直达波的类型和射线参数以及接收仪器的方向。图 12.28 比较了 PREM 模型中一对震源–接收点的部分 SH 射线叠加与精确的模式叠加地震图。震中距 $\Theta=56$ 度，已经超出上地幔的三重化震相区域，因而 JWKB 表达式 (12.268) 与查普曼-马斯洛夫表达式 (12.270) 得出的结果是无法区分的。无法模拟的有限频效应（见 12.5.6 节）对所显示的六个震相是不重要的，它们要么在核幔边界上面很远的地方折返，要么在核幔边界以小角度反射。两个地震图之间的差别是因为忽略了地壳和其他内部分层结构中的多次反射。

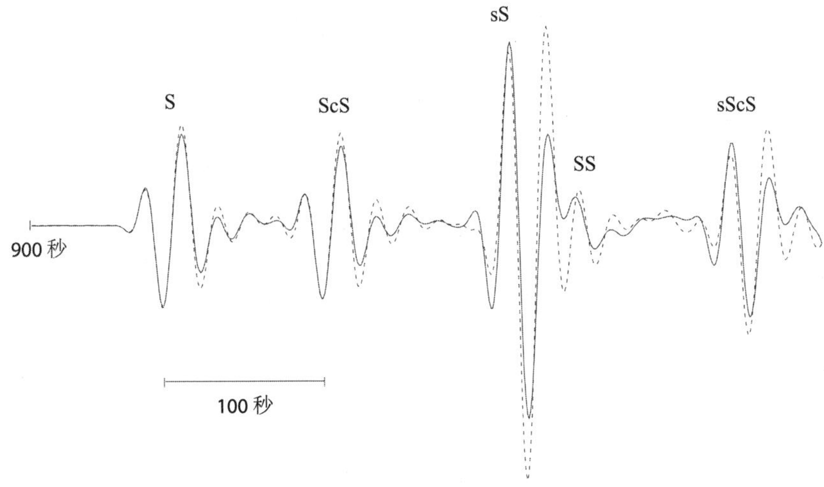

图 12.28　射线理论结果 (12.268) 与精确的 PREM 模式叠加结果 (10.51) 的比较。震源是 1994 年 6 月 9 日的玻利维亚深震，震源时间函数为狄拉克函数即瞬时脉冲：$\dot{m}(t)=\delta(t)$。射线理论 (实线) 和精确 (点线) 结果显示的都是在密苏里州 Cathedral Cave 的台站 CCM 的地面加速度 $a(t)=\ddot{s}(t)$ 横向分量。为突出体波震相，两个加速度图都做了相同的 20−80 秒带通滤波。在射线叠加中仅包括了标识的 SH、$\mathrm{ScS}_{\mathrm{SH}}$、$\mathrm{sS}_{\mathrm{SH}}$、$\mathrm{SS}_{\mathrm{SH}}$ 和 $\mathrm{sScS}_{\mathrm{SH}}$ 震相

把对地震的高频体波响应与公式 (11.33) 中相应的面波结果对比是十分有意义的。两种 JWKB 表达式都是对震源 $\mathbf{x}_{\mathrm{s}}$ 与接收点 $\mathbf{x}$ 之间所有可能射线的叠加。体波的传播是三维的，而面波则是二维的。两种射线理论的响应有许多共同的成分，包括因射线束的聚焦与散焦而造成的几何的振幅

变化、焦散相移、依赖于震源几何的出射辐射花样以及在接收点依赖于入射波类型的偏振方向。主要的区别在于对地球的径向结构参数α、β和ρ的处理方式。对于面波，对地球模型的依赖性包含在频散关系$k_n(\omega)$以及相关的各个分支上的本征函数U_n、V_n和W_n中，每一个分支$n = 0, 1, 2, \ldots$必须分别做处理，再按(11.33)做数值叠加才能得到完整的多态模式的面波响应。相反地，如我们已经看到的那样，体波响应是对所有分支做解析叠加得到的。不存在类似于U_n、V_n和W_n一样满足自由表面$r = a$处边界条件的“体波本征函数”。但是，(12.263)中的JWKB解在渐近的意义上是满足那些条件的。面波表达式的适用范围是$\omega - l$图中右上角部分$n \ll l/4$的模式${}_n\mathrm{T}_l$和${}_n\mathrm{S}_l$，而体波表达式的适用范围则是中间和左上部分$n \approx l$或$n \gg l/4$的模式${}_n\mathrm{T}_l$和${}_n\mathrm{S}_l$。

*12.5.6 超越JWKB近似

JWKB射线叠加(12.268)及其推广(12.270)都是高频近似，它们严格成立的条件是在$\omega \to \infty$的极限。在全球地震学中有许多场合这两个结果对于定量性的工作不够精确，特别是它们没有考虑各种有限频率的衍射效应，比如近掠射波的隧道效应，干涉首波以及回廊波等。已经发展了一系列的计算方法来处理这些“全波动”，而不仅是射线理论的现象。基本的要求是要有一种更精确的方法来计算如公式(12.209)中$\sum_n(\omega_n^2 - \omega^2)^{-1}W_nW_n'$那样的分支求和，可以是直接的做数值积分，也可以用迭代的技术来考虑更高阶的“反射”与“转换”，或者采用兰格近似。时间域合成地震图的计算都会涉及到对一个射线参数的环路积分结果做傅里叶反变换：

$$s(t) = \frac{1}{\pi}\,\mathrm{Re}\int_0^\infty\int_\infty^{-\infty} s(p,\omega)\exp(i\omega t)\,dp\,d\omega \tag{12.271}$$

在推导射线理论响应(12.268)时，我们将被积函数$s(p,\omega)$用它的JWKB近似$s_{\mathrm{JWKB}}(p,\omega)$取代，然后先是用鞍点法计算了对$p$的积分。而为了得到(12.270)中的查普曼–马斯洛夫响应，我们交换了积分顺序，并精确地计算了对ω的积分。还有其他的策略可以在$s(p,\omega) \neq s_{\mathrm{JWKB}}(p,\omega)$的更普遍的情形下计算$s(t)$。两个积分哪个先计算，以及在对射线参数积分中是否对积分路径做变形使其离开实轴，又会成为主要的考量。我们在此不对广泛的“全波动”方法做任何评论，这些方法占据了定量体波地震学文献的大部。对计算$s(p,\omega)$以及双重积分(12.271)的各种方法的权威性综述有Aki 和 Richards (1980)、Kennett (1983)和Chapman 和 Orcutt (1985)，尤其是在最后这篇文章中两位作者对一些最常用的数值算法做了具体的比较。

第三部分

非球对称地球

第 13 章 微 扰 理 论

我们在本章将注意力转向地球的自转、流体静力学椭率和横向不均匀性的影响。在大多数全球地震学应用中，特别对于长周期，这些相对于球对称的偏离可以被视为微扰。在此情形下，可以用简正模式微扰理论来计算微扰后地球中单态模式的本征频率和相应的本征函数，以及对给定矩张量震源的简正模式微扰响应。在本章中，我们将以一种普遍且非常理想化的观点来考虑球对称地球模型的任意微扰的效应。简正模式微扰理论在长周期地震数据中的实际应用将在第14章有更详尽的讨论。

13.1 孤 立 模 式

我们首先要解决的基本问题是得到在地震频谱中较为孤立模式下非简并本征频率的微扰。这一经典的非简并微扰问题的解是本章剩余部分要讨论的简并和准简并耦合模式理论的基础。我们首先忽略非弹性衰减的影响，来处理弹性非流体静力学地球模型的完全弹性微扰。随后我们关注球对称流体静力学初始模型的特例，并进一步引入地球的微弱非弹性微扰。如同第9章那样，最困难的是确定界面位置的微小变化的影响，我们将遵循Woodhouse & Dahlen (1978)所开创的处理方法。

13.1.1 要点回顾

我们依然避免使用在第I部分中用来推导一般结果所使用的清楚但繁杂的符号。一般无自转地球的本征频率和本征函数所满足的频率域动量方程及其相关边界条件(4.3)–(4.6)用新的符号可以表示为

$$-\omega^2\rho\mathbf{s}-\boldsymbol{\nabla}\cdot\widetilde{\mathbf{T}}+\rho\boldsymbol{\nabla}\phi+\rho\mathbf{s}\cdot\boldsymbol{\nabla}\boldsymbol{\nabla}\Phi=\mathbf{0}\quad 在\oplus内 \tag{13.1}$$

$$\hat{\mathbf{n}}\cdot\widetilde{\mathbf{T}}=\mathbf{0}\quad 在\partial\oplus上 \tag{13.2}$$

$$[\hat{\mathbf{n}}\cdot\widetilde{\mathbf{T}}]_-^+=\mathbf{0}\quad 在\Sigma_{\mathrm{SS}}上 \tag{13.3}$$

$$[\widetilde{\mathbf{t}}]_-^+=\hat{\mathbf{n}}[\hat{\mathbf{n}}\cdot\widetilde{\mathbf{t}}]_-^+=\mathbf{0}\quad 在\Sigma_{\mathrm{FS}}上 \tag{13.4}$$

第一类皮奥拉-基尔霍夫应力增量$\widetilde{\mathbf{T}}$和辅助矢量$\widetilde{\mathbf{t}}$可以用位移本征函数$\mathbf{s}$定义为$\widetilde{\mathbf{T}}=\boldsymbol{\Lambda}:\boldsymbol{\nabla}\mathbf{s}$和$\widetilde{\mathbf{t}}=\hat{\mathbf{n}}\cdot\widetilde{\mathbf{T}}+\boldsymbol{\nabla}^\Sigma\cdot(\varpi\mathbf{s})-\varpi(\boldsymbol{\nabla}^\Sigma\mathbf{s})\cdot\hat{\mathbf{n}}$, 其中$\varpi=p-\hat{\mathbf{n}}\cdot\boldsymbol{\tau}\cdot\hat{\mathbf{n}}$。在无自转流体静力学地球中相应的方程和边界条件(4.149)–(4.152)成为

$$\begin{aligned}&-\omega^2\rho\mathbf{s}-\boldsymbol{\nabla}\cdot\mathbf{T}+\boldsymbol{\nabla}(\rho\mathbf{s}\cdot\boldsymbol{\nabla}\Phi)\\&\qquad+\rho\boldsymbol{\nabla}\phi-[\boldsymbol{\nabla}\cdot(\rho\mathbf{s})]\boldsymbol{\nabla}\Phi=\mathbf{0}\quad 在\oplus内\end{aligned} \tag{13.5}$$

$$\hat{\mathbf{n}}\cdot\mathbf{T}=\mathbf{0}\quad 在\partial\oplus上 \tag{13.6}$$

$$[\hat{\mathbf{n}}\cdot\mathbf{T}]_-^+=\mathbf{0}\quad 在\Sigma_{\mathrm{SS}}上 \tag{13.7}$$

$$[\hat{\mathbf{n}}\cdot\mathbf{T}]_-^+=\hat{\mathbf{n}}[\hat{\mathbf{n}}\cdot\mathbf{T}\cdot\hat{\mathbf{n}}]_-^+=\mathbf{0}\quad 在\Sigma_{\mathrm{FS}}上 \tag{13.8}$$

其中$\mathbf{T}=\mathbf{\Gamma}:\boldsymbol{\varepsilon}$。不论在非流体静力学或流体静力学地球中，欧拉引力势函数增量ϕ都是线性化泊松边值问题的解

$$\boldsymbol{\nabla}\cdot\boldsymbol{\xi}=0\quad 在\bigcirc内 \tag{13.9}$$

$$[\phi]_-^+=0\quad 和\quad [\hat{\mathbf{n}}\cdot\boldsymbol{\xi}]_-^+=0\quad 在\Sigma上 \tag{13.10}$$

其中$\boldsymbol{\xi}=(4\pi G)^{-1}\boldsymbol{\nabla}\phi+\rho\mathbf{s}$。该势函数问题的解为

$$\phi=-G\int_{\oplus}\frac{\rho'\mathbf{s}'\cdot(\mathbf{x}-\mathbf{x}')}{\|\mathbf{x}-\mathbf{x}'\|^3}\,dV' \tag{13.11}$$

其中撇号表示在积分变量$\mathbf{x}'$处取值。地球自转的引入可以通过在(13.1)和(13.5)中加入科里奥利力项$2i\omega\mathbf{\Omega}\times\mathbf{s}$并以重力势函数$\Phi+\psi$替代$\Phi$。

13.1.2 一般弹性微扰

微扰前的初始地球模型完全由其质量密度ρ和相应的引力势函数Φ、初始流体静力学压强p和偏应力张量$\boldsymbol{\tau}$、各向同性或各向异性的弹性张量$\mathbf{\Gamma}$及其内外界面的几何位形$\Sigma=\partial\oplus\cup\Sigma_{\mathrm{SS}}\cup\Sigma_{\mathrm{FS}}$所表述。这些性质的微扰以如下形式给定：

(1) 密度受到微扰，$\rho\to\rho+\delta\rho$;

(2) 引力势函数也因此受到微扰，$\Phi\to\Phi+\delta\Phi$;

(3) 初始流体静力学压强受到微扰，$p\to p+\delta p$;

(4) 偏应力也随即受到微扰，$\boldsymbol{\tau}\to\boldsymbol{\tau}+\boldsymbol{\delta\tau}$;

(5) 弹性张量受到微扰，$\mathbf{\Gamma}\to\mathbf{\Gamma}+\boldsymbol{\delta}\mathbf{\Gamma}$;

(6) 最后，界面Σ在其本身法线方向上移动了δd，微扰后的物理性质$\rho+\delta\rho$、$\Phi+\delta\Phi$、$p+\delta p$, $\boldsymbol{\tau}+\boldsymbol{\delta\tau}$和$\mathbf{\Gamma}+\boldsymbol{\delta}\mathbf{\Gamma}$通过在$\Sigma$附近的重新定义使其在微扰前的界面两侧是光滑的。

由于地球模型的这些改变，非简并简正模式的本征频率ω受到微扰$\delta\omega$，其对应的位移和势函数本征函数$\mathbf{s}$和ϕ分别受到了微扰$\boldsymbol{\delta}\mathbf{s}$和$\delta\phi$。与物理性质一样，微扰后的场$\mathbf{s}+\boldsymbol{\delta}\mathbf{s}$和$\phi+\delta\phi$也通过在$\Sigma$附近的重新定义使其在微扰前的界面两侧是光滑的。我们将用Δq表示任何在微扰后边界上微扰后的量$q+\delta q$与相应的在微扰前边界上微扰前的量q之间的差异。精确到微扰δd 的一阶，我们有

$$\Delta q=\delta q+\delta d(\partial_n q) \tag{13.12}$$

其中$\partial_n=\hat{\mathbf{n}}\cdot\boldsymbol{\nabla}$表示法向导数，$q$可以是标量、矢量或任意阶张量。由于位移而引起的边界法向$\hat{\mathbf{n}}$的微扰为

$$\Delta\hat{\mathbf{n}}=-\boldsymbol{\nabla}^{\Sigma}(\delta d) \tag{13.13}$$

结合 (13.12) 和 (13.13)，我们发现对于任何矢量或张量 $\mathbf{q}$ 有

$$\Delta q_n = \hat{\mathbf{n}} \cdot \boldsymbol{\delta}\mathbf{q} + \delta d(\partial_n q_n) - \boldsymbol{\nabla}^{\Sigma}(\delta d) \cdot \mathbf{q} \tag{13.14}$$

其中 $q_n = \hat{\mathbf{n}} \cdot \mathbf{q}$。对于 Σ 上的任何标量、矢量或张量 q，表面梯度 $\boldsymbol{\nabla}^{\Sigma} q = \boldsymbol{\nabla} q - \hat{\mathbf{n}}(\partial_n q)$ 相应的微扰为

$$\Delta(\boldsymbol{\nabla}^{\Sigma} q) = \boldsymbol{\nabla}^{\Sigma}(\Delta q) + [\hat{\mathbf{n}}\boldsymbol{\nabla}^{\Sigma}(\delta d) - \delta d(\boldsymbol{\nabla}^{\Sigma}\hat{\mathbf{n}})] \cdot \boldsymbol{\nabla}^{\Sigma} q \tag{13.15}$$

地球模型的微扰 $\delta\rho$、$\delta\Phi$、δp、$\boldsymbol{\delta\tau}$ 和 δd 不能被独立地定义。首先，引力势函数微扰 $\delta\Phi$ 必须是源于密度微扰 $\delta\rho$ 和界面位移 δd。$\delta\Phi$ 是如下边值问题的解：

$$\nabla^2(\delta\Phi) = \begin{cases} 4\pi G\,\delta\rho, & \text{在} \oplus \text{内} \\ 0, & \text{在} \bigcirc - \oplus \text{内} \end{cases} \tag{13.16}$$

$$[\delta\Phi]_-^+ = 0 \quad \text{和} \quad [\hat{\mathbf{n}} \cdot \boldsymbol{\nabla}(\delta\Phi) + 4\pi G\rho\,\delta d]_-^+ = 0, \quad \text{在 } \Sigma \text{ 上} \tag{13.17}$$

(13.16)–(13.17) 的解可写成以下形式

$$\delta\Phi = -G\int_{\oplus} \frac{\delta\rho'}{\|\mathbf{x} - \mathbf{x}'\|}\, dV' + G\int_{\Sigma} \frac{\delta d'\,[\rho']_-^+}{\|\mathbf{x} - \mathbf{x}'\|}\, d\Sigma' \tag{13.18}$$

其中第一项来自密度微扰，而第二项来自界面位移。

此外，新的初始应力必须与新的引力体力达到力学平衡；这就需要 δp 和 $\boldsymbol{\delta\tau}$ 满足微扰后的平衡条件

$$-\boldsymbol{\nabla}(\delta p) + \boldsymbol{\nabla} \cdot \boldsymbol{\delta\tau} = \delta\rho\boldsymbol{\nabla}\Phi + \rho\boldsymbol{\nabla}(\delta\Phi), \quad \text{在} \oplus \text{内} \tag{13.19}$$

以及微扰后的连续性条件 $[\Delta(-\hat{\mathbf{n}}p + \hat{\mathbf{n}} \cdot \boldsymbol{\tau})]_-^+ = \mathbf{0}$，或等价的

$$\begin{aligned}[-\hat{\mathbf{n}}\,\delta p + \hat{\mathbf{n}} \cdot \boldsymbol{\delta\tau}]_-^+ = {} & +\delta d\,[\hat{\mathbf{n}}\,\partial_n p - \hat{\mathbf{n}} \cdot \partial_n \boldsymbol{\tau}]_-^+ \\ & + \boldsymbol{\nabla}^{\Sigma}(\delta d) \cdot [-p\mathbf{I} + \boldsymbol{\tau}]_-^+, \quad \text{在} \Sigma \text{上}\end{aligned} \tag{13.20}$$

在地球的液态区域 $\oplus_{\mathrm{F}}$，$\rho + \delta\rho$、$\Phi + \delta\Phi$ 和 $p + \delta p$ 的微扰后等值面一定要重合，这强烈地限制了液体的密度和压强微扰 $\delta\rho$ 和 δp 的容许范围，我们将会在13.1.7节中对这一点加以讨论。

在地球的固态区域 $\oplus_{\mathrm{S}}$ 内，我们可以任意给定弹性张量微扰 $\boldsymbol{\delta\Gamma}$，只要满足弹性对称关系 $\delta\Gamma_{ijkl} = \delta\Gamma_{jikl} = \delta\Gamma_{ijlk} = \delta\Gamma_{klij}$。与其对应的联系第一类皮奥拉-基尔霍夫应力增量 $\widetilde{\mathbf{T}}$ 与 $\boldsymbol{\nabla}\mathbf{s}$ 的四阶张量微扰 $\boldsymbol{\delta\Lambda}$ 可以用 $\boldsymbol{\delta\Gamma}$、$\delta p$ 和 $\boldsymbol{\delta\tau}$ 表示为

$$\begin{aligned}\delta\Lambda_{ijkl} = {} & \delta\Gamma_{ijkl} - \delta p(\delta_{ij}\,\delta_{kl} - \delta_{il}\,\delta_{jk}) + \frac{1}{2}(\delta\tau_{ij}\,\delta_{kl} + \delta\tau_{kl}\,\delta_{ij} \\ & + \delta\tau_{ik}\,\delta_{jl} - \delta\tau_{jk}\,\delta_{il} - \delta\tau_{il}\,\delta_{jk} - \delta\tau_{jl}\,\delta_{ik})\end{aligned} \tag{13.21}$$

在液态区域 $\oplus_{\mathrm{F}}$，微扰 $\boldsymbol{\delta\Gamma}$ 和 $\boldsymbol{\delta\Lambda}$ 的形式必须是 $\delta\Gamma_{ijkl} = \delta\kappa\,\delta_{ij}\,\delta_{kl}$ 和 $\delta\Lambda_{ijkl} = \delta\kappa\,\delta_{ij}\,\delta_{kl} - \delta p(\delta_{ij}\,\delta_{kl} - \delta_{il}\,\delta_{jk})$，其中 $\delta\kappa$ 为等熵不可压缩性的微扰。

我们还需要 $\Delta\varpi$ 和 $\Delta(\boldsymbol{\nabla}^{\Sigma}\varpi)$ 这两个微扰, 其中 $\varpi = p - \hat{\mathbf{n}} \cdot \boldsymbol{\tau} \cdot \hat{\mathbf{n}}$；前者为

$$\begin{aligned}\Delta\varpi = {} & \delta p - \hat{\mathbf{n}} \cdot \boldsymbol{\delta\tau} \cdot \hat{\mathbf{n}} - \delta d\,(-\partial_n p + \hat{\mathbf{n}} \cdot \partial_n \boldsymbol{\tau} \cdot \hat{\mathbf{n}}) \\ & + 2\boldsymbol{\nabla}^{\Sigma}(\delta d) \cdot (\hat{\mathbf{n}} \cdot \boldsymbol{\tau})\end{aligned} \tag{13.22}$$

后者可以用(13.15)得到：

$$\Delta(\boldsymbol{\nabla}^{\Sigma}\varpi)=\boldsymbol{\nabla}^{\Sigma}(\Delta\varpi)+[\hat{\mathbf{n}}\boldsymbol{\nabla}^{\Sigma}(\delta d)-\delta d(\boldsymbol{\nabla}^{\Sigma}\hat{\mathbf{n}})]\cdot\boldsymbol{\nabla}^{\Sigma}\varpi \tag{13.23}$$

由于初始牵引力 $-p\hat{\mathbf{n}}+\hat{\mathbf{n}}\cdot\boldsymbol{\tau}$ 的连续性和边界条件(13.20)，$\Delta\varpi$ 在界面 Σ 上是连续的：$[\Delta\varpi]_-^+=0$。

13.1.3 瑞利原理的应用

利用瑞利变分原理可以确定非简并本征频率的一阶微扰 $\delta\omega$，而无须同时求解相应的本征函数微扰。如果将 $\boldsymbol{\delta}\mathbf{s}$ 和 $\delta\phi$ 视为相互独立的微扰，计算会不那么复杂；我们采用此种观点，并在下面的推导中使用位移–势函数形式的瑞利原理。与球对称微扰的情形一样，基本的策略是将变更作用量 $\mathcal{I}'$ 视为不仅仅是本征函数 $\mathbf{s}$ 和 ϕ 的泛函，同时也是相应的本征频率 ω 和描述地球模型所需要的所有参数的泛函。我们用 $\oplus$ 来代表体积分布的地球模型参数 ρ、$\boldsymbol{\Lambda}$ 和 $\boldsymbol{\nabla\nabla}\Phi$ 的集合，同时用 $\oplus^{\Sigma}$ 代表表面分布的地球模型参数 ϖ、$\boldsymbol{\nabla}^{\Sigma}\varpi$ 和 $\hat{\mathbf{n}}$ 的集合。这样一来，$\mathcal{I}'$ 的全部依赖性可以通过将(4.36)写为如下形式来明确表达

$$\mathcal{I}'=\int_{\bigcirc}L'(\mathbf{s},\boldsymbol{\nabla}\mathbf{s},\boldsymbol{\nabla}\phi;\omega,\oplus)\,dV+\int_{\Sigma}[L^{\Sigma}(\mathbf{s},\boldsymbol{\nabla}^{\Sigma}\mathbf{s};\oplus^{\Sigma})]_-^+\,d\Sigma \tag{13.24}$$

其中

$$\begin{aligned}L'=\frac{1}{2}[&\omega^2\rho\mathbf{s}\cdot\mathbf{s}-\boldsymbol{\nabla}\mathbf{s}:\boldsymbol{\Lambda}:\boldsymbol{\nabla}\mathbf{s}-2\rho\mathbf{s}\cdot\boldsymbol{\nabla}\phi\\&-\rho\mathbf{s}\cdot\boldsymbol{\nabla\nabla}\Phi\cdot\mathbf{s}-(4\pi G)^{-1}\boldsymbol{\nabla}\phi\cdot\boldsymbol{\nabla}\phi]\end{aligned} \tag{13.25}$$

$$L^{\Sigma}=\frac{1}{2}[(\hat{\mathbf{n}}\cdot\mathbf{s})\boldsymbol{\nabla}^{\Sigma}\cdot(\varpi\mathbf{s})-\varpi\mathbf{s}\cdot(\boldsymbol{\nabla}^{\Sigma}\mathbf{s})\cdot\hat{\mathbf{n}}] \tag{13.26}$$

为简洁起见，我们将把下面推导中出现的面积分写成是在所有 $\Sigma=\partial\oplus\cup\Sigma_{\mathrm{SS}}\cup\Sigma_{\mathrm{FS}}$ 上的；然而，要注意(13.24)中的积分实际上仅在固–液不连续面 Σ_{FS} 上，因为表面拉格朗日量密度在 $\partial\oplus$ 和 Σ_{SS} 上均为连续的，即 $[L^{\Sigma}]_-^+=0$。

对于微扰前地球模型的每一组本征解 $[\omega,\,\mathbf{s},\,\phi]$，其变更作用量为

$$\mathcal{I}'=0 \tag{13.27}$$

与第9章一样，我们考虑(13.27)式相对于包括 ω、$\oplus$ 和 $\oplus^{\Sigma}$ 所有变量的全变分：

$$\begin{aligned}\delta\mathcal{I}'_{\mathrm{total}}=&\int_{\oplus}[\boldsymbol{\delta}\mathbf{s}\cdot(\partial_{\mathbf{s}}L')+\boldsymbol{\nabla}(\boldsymbol{\delta}\mathbf{s})\cdot(\partial_{\boldsymbol{\nabla}\mathbf{s}}L')]dV\\&+\int_{\bigcirc}\boldsymbol{\nabla}(\delta\phi)\cdot(\partial_{\boldsymbol{\nabla}\phi}L')\,dV\\&+\int_{\oplus}[\delta\omega(\partial_{\omega}L')+\delta\oplus(\partial_{\oplus}L')]\,dV\\&+\int_{\Sigma}[\Delta\mathbf{s}\cdot(\partial_{\mathbf{s}}L^{\Sigma})+\Delta(\boldsymbol{\nabla}^{\Sigma}\mathbf{s}):(\partial_{\boldsymbol{\nabla}^{\Sigma}\mathbf{s}}L^{\Sigma})]_-^+\,d\Sigma\\&+\int_{\Sigma}[\Delta\oplus^{\Sigma}(\partial_{\oplus^{\Sigma}}L^{\Sigma})+\delta d(\boldsymbol{\nabla}\cdot\hat{\mathbf{n}})L^{\Sigma}-\delta d\,L']_-^+\,d\Sigma=0\end{aligned} \tag{13.28}$$

这里我们引入了表示相对于地球模型参数的变分的缩写符号 $\delta\oplus(\partial_{\oplus}L')$ 和 $\Delta\oplus^{\Sigma}(\partial_{\oplus^{\Sigma}}L^{\Sigma})$：

$$
\begin{aligned}
\delta\oplus(\partial_{\oplus}L') =& \delta\rho(\partial_{\rho}L') + \boldsymbol{\delta\Lambda} \,\vdots\, (\partial_{\boldsymbol{\Lambda}}L') \\
&+ \boldsymbol{\nabla\nabla}(\delta\Phi) : (\partial_{\boldsymbol{\nabla\nabla}\Phi}L')
\end{aligned}
\tag{13.29}
$$

$$
\begin{aligned}
\Delta\oplus^{\Sigma}(\partial_{\oplus^{\Sigma}}L^{\Sigma}) =& \Delta\varpi(\partial_{\varpi}L^{\Sigma}) + \Delta(\boldsymbol{\nabla}^{\Sigma}\varpi)\cdot(\partial_{\boldsymbol{\nabla}^{\Sigma}\varpi}L^{\Sigma}) \\
&+ \Delta\hat{\mathbf{n}}\cdot(\partial_{\hat{\mathbf{n}}}L^{\Sigma})
\end{aligned}
\tag{13.30}
$$

(13.28) 中第一和第三个体积分的积分区域是地球的体积$\oplus$，而非全空间$\bigcirc$，这是因为只有包含$\boldsymbol{\nabla}\phi\cdot\boldsymbol{\nabla}\phi$的项在地球外部$\bigcirc-\oplus$是非零的。最后一个面积分的最后一项$-\delta d\,L'$源于因界面移动而引起的体积分积分区域的微扰，而倒数第二项则源于相应的微分面积元微扰：$\Delta(d\Sigma)=\delta d(\boldsymbol{\nabla}\cdot\hat{\mathbf{n}})\,d\Sigma$。将二维和三维形式的高斯定理应用于 (13.28)，我们得到

$$
\begin{aligned}
\delta\mathcal{I}'_{\text{total}} =& \int_{\oplus}\boldsymbol{\delta}\mathbf{s}\cdot[\partial_{\mathbf{s}}L' - \boldsymbol{\nabla}\cdot(\partial_{\boldsymbol{\nabla}\mathbf{s}}L')]\,dV \\
&+ \int_{\Sigma}[\boldsymbol{\delta}\mathbf{s}\cdot\{\partial_{\mathbf{s}}L^{\Sigma} - \boldsymbol{\nabla}^{\Sigma}\cdot(\partial_{\boldsymbol{\nabla}^{\Sigma}\mathbf{s}}L^{\Sigma}) - \hat{\mathbf{n}}\cdot(\partial_{\boldsymbol{\nabla}\mathbf{s}}L')\}]_{-}^{+}\,d\Sigma \\
&- \int_{\bigcirc}\delta\phi\,[\boldsymbol{\nabla}\cdot(\partial_{\boldsymbol{\nabla}\phi}L')]\,dV - \int_{\Sigma}[\delta\phi\,\{\hat{\mathbf{n}}\cdot(\partial_{\boldsymbol{\nabla}\phi}L')\}]_{-}^{+}\,d\Sigma \\
&+ \int_{\Sigma}\delta d\,[\partial_{n}\mathbf{s}\cdot\{\partial_{\mathbf{s}}L^{\Sigma} - \boldsymbol{\nabla}^{\Sigma}\cdot(\partial_{\boldsymbol{\nabla}^{\Sigma}\mathbf{s}}L^{\Sigma})\}]_{-}^{+}\,d\Sigma \\
&+ \int_{\Sigma}[\{\hat{\mathbf{n}}\boldsymbol{\nabla}^{\Sigma}(\delta d) - \delta d(\boldsymbol{\nabla}^{\Sigma}\hat{\mathbf{n}})\}\cdot(\boldsymbol{\nabla}^{\Sigma}\mathbf{s}):(\partial_{\boldsymbol{\nabla}^{\Sigma}\mathbf{s}}L^{\Sigma})]_{-}^{+}\,d\Sigma \\
&+ \int_{\oplus}[\delta\omega(\partial_{\omega}L') + \delta\oplus(\partial_{\oplus}L')]\,dV \\
&+ \int_{\Sigma}[\Delta\oplus^{\Sigma}(\partial_{\oplus^{\Sigma}}L^{\Sigma}) + \delta d\,(\boldsymbol{\nabla}\cdot\hat{\mathbf{n}})L^{\Sigma} - \delta d\,L']_{-}^{+}\,d\Sigma = 0
\end{aligned}
\tag{13.31}
$$

包含本征频率微扰$\delta\omega$的项可以直接写为

$$
\delta\omega\int_{\oplus}\partial_{\omega}L'\,dV = \omega\,\delta\omega\int_{\oplus}\rho\,\mathbf{s}\cdot\mathbf{s}\,dV = \omega\,\delta\omega, \tag{13.32}
$$

这里我们引入了归一化条件 (4.21) 来得到最后一个等式。我们将所寻求的量留在 (13.32) 的左边，将所有其他项移至右边，并加以合并。(13.31) 式中所有包含微扰$\boldsymbol{\delta}\mathbf{s}$和$\delta\phi$的体积分均为零，与在 4.1.3 节中位移–势函数形式瑞利原理的推导完全一样，因为$\partial_{\mathbf{s}}L' - \boldsymbol{\nabla}\cdot(\partial_{\boldsymbol{\nabla}\mathbf{s}}L') = \mathbf{0}$和$\boldsymbol{\nabla}\cdot(\partial_{\boldsymbol{\nabla}\phi}L') = 0$这两个量分别是频率域的动量方程 (13.1) 和泊松方程 (13.9)。然而，前两个面积分在这里并不为零，因为界面的位移δd使得$\boldsymbol{\delta}\mathbf{s}$和$\delta\phi$成为不可容许的变化。

在第一个面积分中与$\boldsymbol{\delta}\mathbf{s}$相乘的量$\partial_{\mathbf{s}}L^{\Sigma} - \boldsymbol{\nabla}^{\Sigma}\cdot(\partial_{\boldsymbol{\nabla}^{\Sigma}\mathbf{s}}L^{\Sigma}) - \hat{\mathbf{n}}\cdot(\partial_{\boldsymbol{\nabla}\mathbf{s}}L')$仍然等于$\widetilde{\mathbf{t}}$，但由于界面微扰$\delta d$，$[\boldsymbol{\delta}\mathbf{s}\cdot\widetilde{\mathbf{t}}]_{-}^{+} = 0$不再成立。在固–固界面$\Sigma_{\mathrm{SS}}$上，我们必须有$[\Delta\mathbf{s}]_{-}^{+} = \mathbf{0}$，或等价的

$$
[\boldsymbol{\delta}\mathbf{s}]_{-}^{+} = -\delta d\,[\partial_{n}\mathbf{s}]_{-}^{+} \tag{13.33}
$$

而在固–液界面Σ_{FS}上，我们必须有$[\Delta(\hat{\mathbf{n}}\cdot\mathbf{s})]_{-}^{+} = 0$，或等价的

$$
[\hat{\mathbf{n}}\cdot\boldsymbol{\delta}\mathbf{s}]_{-}^{+} = -\delta d\,[\partial_{n}s_{n}]_{-}^{+} + \boldsymbol{\nabla}^{\Sigma}(\delta d)\cdot[\mathbf{s}]_{-}^{+} \tag{13.34}
$$

因为$\widetilde{\mathbf{t}}$在所有Σ上连续，且为Σ_{FS}的法向矢量，故在所有界面上我们得到

$$[\boldsymbol{\delta}\mathbf{s}\cdot\widetilde{\mathbf{t}}]_-^+ = -\delta d\,[\widetilde{\mathbf{t}}\cdot\partial_n\mathbf{s}]_-^+ + \boldsymbol{\nabla}^\Sigma(\delta d)\cdot[(\hat{\mathbf{n}}\cdot\widetilde{\mathbf{t}})\mathbf{s}]_-^+ \tag{13.35}$$

同时我们仍然有$\partial_{\boldsymbol{\nabla}\phi}L = -\boldsymbol{\xi}$，但$[\delta\phi(\hat{\mathbf{n}}\cdot\boldsymbol{\xi})]_-^+ = 0$不再成立。微扰后的势函数边界条件为$[\Delta\phi]_-^+ = 0$, 或等价的

$$[\delta\phi]_-^+ = -\delta d\,[\partial_n\phi]_-^+ \tag{13.36}$$

再在此式中引入$\hat{\mathbf{n}}\cdot\boldsymbol{\xi}$的连续性，我们有

$$[\delta\phi(\hat{\mathbf{n}}\cdot\boldsymbol{\xi})]_-^+ = -\delta d\,[(\hat{\mathbf{n}}\cdot\boldsymbol{\xi})\partial_n\phi]_-^+ \tag{13.37}$$

(13.35) 和 (13.37) 这两个条件正是计算 (13.31) 中前两个面积分所需要的关系式。其余六个积分仅依赖于体积分布和表面分布的地球模型参数微扰$\delta\oplus$和$\Delta\oplus^\Sigma$，而不依赖于本征函数微扰$\boldsymbol{\delta}\mathbf{s}$和$\delta\phi$，因此可以直接使用 (13.25) 和 (13.26)中的L'和L^Σ来计算。

经过一番推导，本征频率微扰$\delta\omega$最终的一阶结果可以表示成如下形式

$$\begin{aligned}
\delta\omega = {} & \frac{1}{2\omega}\int_\oplus [\delta\rho\,(-\omega^2\mathbf{s}\cdot\mathbf{s} + 2\mathbf{s}\cdot\boldsymbol{\nabla}\phi + \mathbf{s}\cdot\boldsymbol{\nabla}\boldsymbol{\nabla}\Phi\cdot\mathbf{s}) \\
& \qquad + \boldsymbol{\nabla}\mathbf{s}\!:\!\boldsymbol{\delta\Lambda}\!:\!\boldsymbol{\nabla}\mathbf{s} + \rho\mathbf{s}\cdot\boldsymbol{\nabla}\boldsymbol{\nabla}(\delta\Phi)\cdot\mathbf{s}]\,dV \\
& + \frac{1}{2\omega}\int_\Sigma \delta d\,[2L' + 2(\hat{\mathbf{n}}\cdot\widetilde{\mathbf{T}})\cdot\partial_n\mathbf{s} + 2(\hat{\mathbf{n}}\cdot\boldsymbol{\xi})\partial_n\phi \\
& \qquad + \varpi\{(\boldsymbol{\nabla}^\Sigma\mathbf{s})\!:\!(\boldsymbol{\nabla}^\Sigma\mathbf{s})^{\mathrm{T}} - (\boldsymbol{\nabla}^\Sigma\cdot\mathbf{s})^2\} \\
& \qquad + (\boldsymbol{\nabla}^\Sigma\varpi)\cdot\{s_n(\mathbf{s}\cdot\boldsymbol{\nabla}^\Sigma\hat{\mathbf{n}}) - \mathbf{s}(\boldsymbol{\nabla}^\Sigma\cdot\mathbf{s})\} \\
& \qquad - (\boldsymbol{\nabla}^\Sigma\boldsymbol{\nabla}^\Sigma\varpi)\!:\!\mathbf{ss}]_-^+\,d\Sigma \\
& - \frac{1}{2\omega}\int_{\Sigma_{\mathrm{FS}}} \boldsymbol{\nabla}^\Sigma(\delta d)\cdot[2(\hat{\mathbf{n}}\cdot\widetilde{\mathbf{t}})\mathbf{s}]_-^+\,d\Sigma \\
& + \frac{1}{2\omega}\int_{\Sigma_{\mathrm{FS}}} \Delta\varpi\,[2(\mathbf{s}\cdot\boldsymbol{\nabla}^\Sigma s_n) - \mathbf{s}\cdot(\boldsymbol{\nabla}^\Sigma\hat{\mathbf{n}})\cdot\mathbf{s}]_-^+\,d\Sigma
\end{aligned} \tag{13.38}$$

(13.38) 式使得我们可以利用微扰前的本征函数$\mathbf{s}$和ϕ以及地球模型的各种微扰来明确计算$\delta\omega$。第一个积分源于体积分布的密度微扰$\delta\rho$、联系第一类皮奥拉-基尔霍夫应力增量$\widetilde{\mathbf{T}}$与$\boldsymbol{\nabla}\mathbf{s}$的四阶张量微扰$\boldsymbol{\delta\Lambda}$以及引力势函数微扰$\delta\Phi$的影响；而接下来的两个积分则来自界面位置微扰$\delta d$的影响。如 (13.22) 所示，最后一个积分中的微扰$\Delta\varpi$还依赖于δd、δp和$\boldsymbol{\delta\tau}$。在Σ上的积分中所有包含法向牵引力ϖ的项在$\partial\oplus$和Σ_{SS}上都是连续的；因此，与包含$\boldsymbol{\nabla}^\Sigma(\delta d)$和$\Delta\varpi$的积分一样，它们的计算只需要在固–液边界$\Sigma_{\mathrm{FS}}$上进行。在对面积分的化简中，我们利用了 (13.13) 和 (13.23)、曲率张量的对称性$\boldsymbol{\nabla}^\Sigma\hat{\mathbf{n}} = (\boldsymbol{\nabla}^\Sigma\hat{\mathbf{n}})^{\mathrm{T}}$、以及很容易证明的表面梯度等式$\boldsymbol{\nabla}^\Sigma\boldsymbol{\nabla}^\Sigma - \hat{\mathbf{n}}(\boldsymbol{\nabla}^\Sigma\hat{\mathbf{n}})\cdot\boldsymbol{\nabla}^\Sigma = [\boldsymbol{\nabla}^\Sigma\boldsymbol{\nabla}^\Sigma - \hat{\mathbf{n}}(\boldsymbol{\nabla}^\Sigma\hat{\mathbf{n}})\cdot\boldsymbol{\nabla}^\Sigma]^{\mathrm{T}}$。

13.1.4 流体静力学初始模型

如果初始模型是微扰前初始应力为$-p\mathbf{I}$的流体静力学模型，则上述结果可以大大地简化。此时初始应力微扰为$-\delta p\,\mathbf{I} + \boldsymbol{\tau}$，其中$\boldsymbol{\tau}$是总的偏应力。由于地球中任何地方的偏应力都非常

小，因此视其为微扰是一个很好的近似。边界条件 (13.20) 退化为 $[-\hat{\mathbf{n}}\,\delta p+\hat{\mathbf{n}}\cdot\boldsymbol{\tau}]_-^+=\delta d\,\hat{\mathbf{n}}[\partial_n p]_-^+$。$\varpi$ 只是初始压强 p，而其微扰 (13.22) 则成为 $\Delta\varpi=\delta p-\hat{\mathbf{n}}\cdot\boldsymbol{\tau}\cdot\hat{\mathbf{n}}+\delta d(\partial_n p)$。因为 ϖ 在 Σ_{FS} 上为常数，(13.38) 中包含表面梯度的项 $\boldsymbol{\nabla}^\Sigma\varpi$ 和 $\boldsymbol{\nabla}^\Sigma\boldsymbol{\nabla}^\Sigma\varpi$ 均为零。此外，固–液边界不能承受任何剪切牵引力，因此在 Σ_{FS} 上必须有 $\hat{\mathbf{n}}\cdot\boldsymbol{\tau}=\hat{\mathbf{n}}(\hat{\mathbf{n}}\cdot\boldsymbol{\tau}\cdot\hat{\mathbf{n}})$。经过冗长的推导可以化简 (13.38) 中的其他项，并得到本征频率微扰最简洁的表达式；这一努力的结果最终可以用类似于 (9.12)–(9.16) 的佛雷歇积分核符号来表示：

$$
\begin{aligned}
\delta\omega=&\int_{\oplus}\delta\!\oplus K_{\oplus}\,dV+\int_{\Sigma}\delta d\,[K_{\mathrm{d}}]_-^+\,d\Sigma\\
&+\int_{\Sigma_{\mathrm{FS}}}\boldsymbol{\nabla}^\Sigma(\delta d)\cdot[\mathbf{K}_{\mathrm{d}}]_-^+\,d\Sigma+\int_{\oplus_{\mathrm{S}}}\boldsymbol{\tau}:\mathbf{K}_{\boldsymbol{\tau}}\,dV\\
&+\int_{\Sigma_{\mathrm{FS}}}(\hat{\mathbf{n}}\cdot\boldsymbol{\tau})\cdot[\mathbf{K}^\Sigma_{\boldsymbol{\tau}}]_-^+\,d\Sigma+\int_{\Sigma_{\mathrm{FS}}}\boldsymbol{\nabla}^\Sigma(\Delta\varpi)\cdot[\mathbf{K}_{\varpi}]_-^+\,d\Sigma
\end{aligned}\tag{13.39}
$$

其中

$$
\begin{aligned}
2\omega\,\delta\!\oplus K_{\oplus}=&\,\delta\rho[-\omega^2\mathbf{s}\cdot\mathbf{s}+2\mathbf{s}\cdot\boldsymbol{\nabla}\phi+\mathbf{s}\cdot\boldsymbol{\nabla\nabla}\Phi\cdot\mathbf{s}\\
&+\boldsymbol{\nabla}\Phi\cdot(\mathbf{s}\cdot\boldsymbol{\nabla}\mathbf{s}-\mathbf{s}\boldsymbol{\nabla}\cdot\mathbf{s})]+\boldsymbol{\varepsilon}:\boldsymbol{\delta\Gamma}:\boldsymbol{\varepsilon}\\
&+\rho\boldsymbol{\nabla}(\delta\Phi)\cdot(\mathbf{s}\cdot\boldsymbol{\nabla}\mathbf{s}-\mathbf{s}\boldsymbol{\nabla}\cdot\mathbf{s})+\rho\mathbf{s}\cdot\boldsymbol{\nabla\nabla}(\delta\Phi)\cdot\mathbf{s}
\end{aligned}\tag{13.40}
$$

$$
\begin{aligned}
2\omega K_{\mathrm{d}}=&\,\rho[\omega^2\mathbf{s}\cdot\mathbf{s}-2\mathbf{s}\cdot\boldsymbol{\nabla}\phi-\mathbf{s}\cdot\boldsymbol{\nabla\nabla}\Phi\cdot\mathbf{s}\\
&-\boldsymbol{\nabla}\Phi\cdot(\mathbf{s}\cdot\boldsymbol{\nabla}\mathbf{s}-\mathbf{s}\boldsymbol{\nabla}\cdot\mathbf{s})]-\boldsymbol{\varepsilon}:\boldsymbol{\Gamma}:\boldsymbol{\varepsilon}-(4\pi G)^{-1}\boldsymbol{\nabla}\phi\cdot\boldsymbol{\nabla}\phi\\
&+2(\hat{\mathbf{n}}\cdot\mathbf{T})\cdot\partial_n\mathbf{s}+2(\hat{\mathbf{n}}\cdot\boldsymbol{\xi})\partial_n\phi
\end{aligned}\tag{13.41}
$$

$$
2\omega\mathbf{K}_{\mathrm{d}}=-2(\hat{\mathbf{n}}\cdot\mathbf{T}\cdot\hat{\mathbf{n}})\mathbf{s}\tag{13.42}
$$

$$
\begin{aligned}
2\omega\mathbf{K}_{\boldsymbol{\tau}}=&\,\mathbf{s}\cdot\boldsymbol{\nabla\nabla}\mathbf{s}-\mathbf{s}\boldsymbol{\nabla}(\boldsymbol{\nabla}\cdot\mathbf{s})\\
&+\frac{1}{2}\boldsymbol{\nabla}\mathbf{s}\cdot(\boldsymbol{\nabla}\mathbf{s})^{\mathrm{T}}-\frac{1}{2}(\boldsymbol{\nabla}\mathbf{s})^{\mathrm{T}}\cdot\boldsymbol{\nabla}\mathbf{s}
\end{aligned}\tag{13.43}
$$

$$
2\omega\mathbf{K}^\Sigma_{\boldsymbol{\tau}}=s_n(\partial_n\mathbf{s})-\mathbf{s}(\partial_n s_n)\tag{13.44}
$$

$$
2\omega\mathbf{K}_{\varpi}=-s_n\mathbf{s}\tag{13.45}
$$

(13.39) 中第一项表示密度微扰 $\delta\rho$、弹性张量微扰 $\boldsymbol{\delta\Gamma}$ 和引力势函数微扰 $\delta\Phi$ 的一阶效应，第二和第三项源于界面 Σ 的位移 δd，而第四和第五项则来自在 $\oplus_{\mathrm{S}}$ 内和 Σ_{FS} 上的初始偏应力 $\boldsymbol{\tau}$。最后的第六项也与偏应力有关；然而，它完全可以用在 $\oplus_{\mathrm{F}}$ 内的压强微扰 δp 来计算，因为 $\Delta\varpi$ 在 Σ_{FS} 上是连续的。

★13.1.5 流体静力学微扰

如果最终和初始模型均为流体静力学模型，因而 $\boldsymbol{\tau}=\mathbf{0}$，则本征频率微扰 $\delta\omega$ 简化为

$$
\begin{aligned}
\delta\omega=&\int_{\oplus}\delta\!\oplus K_{\oplus}\,dV+\int_{\Sigma}\delta d\,[K_{\mathrm{d}}]_-^+\,d\Sigma\\
&+\int_{\Sigma_{\mathrm{FS}}}\boldsymbol{\nabla}^\Sigma(\delta d)\cdot[\mathbf{K}_{\mathrm{d}}]_-^+\,d\Sigma
\end{aligned}\tag{13.46}
$$

在(13.39)中，除了包含$\boldsymbol{\tau}$的项为零以外，由于在Σ_{FS}上$\boldsymbol{\nabla}^{\Sigma}(\Delta\varpi)=\mathbf{0}$，因此最后一个面积分也为零。值得注意的是，没有必要给定初始模型中的初始静压强p或压强微扰δp；需要考虑的微扰仅有$\delta\rho$、$\boldsymbol{\delta\Gamma}$、$\delta\Phi$和$\delta d$。严格来说，(13.46)仅适用于初始和最终模型都是无自转的流体静力学球体；但更一般而言，它也可以用来确定准流体静力学近似下一般非流体静力学微扰的影响。

将瑞利原理应用于流体静力学地球模型的变更作用量$\mathcal{I}'$，我们也可以得到(13.46)。我们将(4.162)改写成如下形式

$$\mathcal{I}'=\int_{\bigcirc}L'(\mathbf{s},\boldsymbol{\nabla}\mathbf{s},\boldsymbol{\nabla}\phi;\omega,\oplus)\,dV=0 \tag{13.47}$$

其中符号$\oplus$在此表示流体静力学地球模型参数ρ、$\boldsymbol{\Gamma}$、$\boldsymbol{\nabla}\Phi$和$\boldsymbol{\nabla\nabla}\Phi$的集合，而变更拉格朗日量密度$L'$为

$$\begin{aligned}L'=\frac{1}{2}[&\omega^2\rho\mathbf{s}\cdot\mathbf{s}-\boldsymbol{\varepsilon}:\boldsymbol{\Gamma}:\boldsymbol{\varepsilon}-2\rho\mathbf{s}\cdot\boldsymbol{\nabla}\phi-\rho\mathbf{s}\cdot\boldsymbol{\nabla\nabla}\Phi\cdot\mathbf{s}\\&-\rho\boldsymbol{\nabla}\Phi\cdot(\mathbf{s}\cdot\boldsymbol{\nabla}\mathbf{s}-\mathbf{s}\boldsymbol{\nabla}\cdot\mathbf{s})-(4\pi G)^{-1}\boldsymbol{\nabla}\phi\cdot\boldsymbol{\nabla}\phi]\end{aligned} \tag{13.48}$$

相对于其所有变量的全变分(13.47)为

$$\begin{aligned}\delta\mathcal{I}'_{\mathrm{total}}=&\int_{\oplus}[\boldsymbol{\delta}\mathbf{s}\cdot(\partial_{\mathbf{s}}L')+\boldsymbol{\nabla}(\boldsymbol{\delta}\mathbf{s})\cdot(\partial_{\boldsymbol{\nabla}\mathbf{s}}L')]\,dV\\&+\int_{\bigcirc}\boldsymbol{\nabla}(\delta\phi)\cdot(\partial_{\boldsymbol{\nabla}\phi}L')\,dV\\&+\int_{\oplus}[\delta\omega(\partial_{\omega}L')+\delta\oplus(\partial_{\oplus}L')]\,dV\\&-\int_{\Sigma}\delta d\,[L']_-^+\,d\Sigma\end{aligned} \tag{13.49}$$

其中

$$\begin{aligned}\delta\oplus(\partial_{\oplus}L')=&\,\delta\rho(\partial_{\rho}L')+\boldsymbol{\delta\Gamma}\,\vdots\,(\partial_{\boldsymbol{\Gamma}}L')\\&+\boldsymbol{\nabla}(\delta\Phi)\cdot(\partial_{\boldsymbol{\nabla}\Phi}L')+\boldsymbol{\nabla\nabla}(\delta\Phi):(\partial_{\boldsymbol{\nabla\nabla}\Phi}L')\end{aligned} \tag{13.50}$$

表示相对于流体静力学地球模型参数的微扰，而面积分则源于积分区域的改变。将高斯定理应用于(13.49)后，我们得到

$$\begin{aligned}\delta\mathcal{I}'_{\mathrm{total}}=&\int_{\oplus}\boldsymbol{\delta}\mathbf{s}\cdot[\partial_{\mathbf{s}}L'-\boldsymbol{\nabla}\cdot(\partial_{\boldsymbol{\nabla}\mathbf{s}}L')]\,dV\\&-\int_{\Sigma}[\boldsymbol{\delta}\mathbf{s}\cdot\{\hat{\mathbf{n}}\cdot(\partial_{\boldsymbol{\nabla}\mathbf{s}}L')\}]_-^+\,d\Sigma\\&-\int_{\bigcirc}\delta\phi\,[\boldsymbol{\nabla}\cdot(\partial_{\boldsymbol{\nabla}\phi}L')]\,dV-\int_{\Sigma}[\delta\phi\,\{\hat{\mathbf{n}}\cdot(\partial_{\boldsymbol{\nabla}\phi}L')\}]_-^+\,d\Sigma\\&+\int_{\oplus}[\delta\omega(\partial_{\omega}L')+\delta\oplus(\partial_{\oplus}L')]\,dV\\&-\int_{\Sigma}\delta d\,[L']_-^+\,d\Sigma=0\end{aligned} \tag{13.51}$$

由于$\partial_{\mathbf{s}}L' - \boldsymbol{\nabla}\cdot(\partial_{\boldsymbol{\nabla}\mathbf{s}}L') = \mathbf{0}$和$\boldsymbol{\nabla}\cdot(\partial_{\boldsymbol{\nabla}\phi}L') = 0$分别为动量方程(13.5)和泊松方程(13.9)，因此包含本征函数微扰$\boldsymbol{\delta}\mathbf{s}$和$\delta\phi$的体积分均为零。与在非流体静力学地球中一样，包含势函数微扰$\delta\phi$的面积分可以利用(13.37)来计算，而包含$\boldsymbol{\delta}\mathbf{s}$的积分的计算则可以借助流体静力学边界条件

$$\begin{aligned}[\boldsymbol{\delta}\mathbf{s}\cdot(\hat{\mathbf{n}}\cdot\mathbf{T})]_-^+ = -\delta d\,[(\hat{\mathbf{n}}\cdot\mathbf{T})\cdot\partial_n\mathbf{s}]_-^+ \\ + \boldsymbol{\nabla}^{\Sigma}(\delta d)\cdot[(\hat{\mathbf{n}}\cdot\mathbf{T}\cdot\hat{\mathbf{n}})\mathbf{s}]_-^+\end{aligned} \tag{13.52}$$

(13.52)可以从微扰后的运动学条件(13.33)–(13.34)，以及牵引力增量$\hat{\mathbf{n}}\cdot\mathbf{T}$所满足的连续性和正交性条件(13.6)–(13.8)得到，它在所有的界面Σ上都成立。

我们可以仅用流体静力学拉格朗日量密度L'及其导数，将一阶本征频率微扰$\delta\omega$以不依赖于微扰前本征函数$\mathbf{s}$归一化条件的方式来表示

$$\begin{aligned}\delta\omega\int_{\oplus}\partial_\omega L'\,dV = &-\int_{\oplus}\delta\oplus(\partial_{\oplus}L')\,dV \\ &+\int_{\Sigma}\delta d\,[L' - \hat{\mathbf{n}}\cdot(\partial_{\boldsymbol{\nabla}\mathbf{s}}L')\cdot\partial_n\mathbf{s} - \hat{\mathbf{n}}\cdot(\partial_{\boldsymbol{\nabla}\phi}L')\partial_n\phi]_-^+\,d\Sigma \\ &+\int_{\Sigma_{\mathrm{FS}}}\boldsymbol{\nabla}^{\Sigma}(\delta d)\cdot[\{\hat{\mathbf{n}}\cdot(\partial_{\boldsymbol{\nabla}\mathbf{s}}L')\cdot\hat{\mathbf{n}}\}\mathbf{s}]_-^+\,d\Sigma\end{aligned} \tag{13.53}$$

很容易验证

$$\omega\delta\oplus K_{\oplus} = -\delta\oplus(\partial_{\oplus}L') \tag{13.54}$$

$$\omega K_{\mathrm{d}} = L' - \hat{\mathbf{n}}\cdot(\partial_{\boldsymbol{\nabla}\mathbf{s}}L')\cdot\partial_n\mathbf{s} - \hat{\mathbf{n}}\cdot(\partial_{\boldsymbol{\nabla}\phi}L')\,\partial_n\phi \tag{13.55}$$

$$\omega\mathbf{K}_{\mathrm{d}} = [\hat{\mathbf{n}}\cdot(\partial_{\boldsymbol{\nabla}\mathbf{s}}L')\cdot\hat{\mathbf{n}}]\mathbf{s} \tag{13.56}$$

因而当我们采用(13.32)的归一化条件时，(13.53)与之前的结果(13.46)是一样的。值得注意的是，三维表达式(13.53)和类似的纯径向微扰公式(9.7)之间有一定的相似性。

*13.1.6 另一种推导方法

我们也可以不用瑞利原理，而直接用蛮力的方式来得到流体静力学和一般非流体静力学地球模型的本征频率微扰ω。首先，我们对线性化的运动方程和边界条件进行微扰，以找到微扰量$\delta\omega$、$\boldsymbol{\delta}\mathbf{s}$和$\delta\phi$所满足的关系式。目标是要得到$\delta\omega$而无须求解$\boldsymbol{\delta}\mathbf{s}$和$\delta\phi$，我们可以直接对微扰方程做整理来达到这一目的。

对于流体静力学情形，微扰后的动量方程为

$$\begin{aligned}&-2\omega\,\delta\omega\,\rho\mathbf{s} - \omega^2\delta\rho\,\mathbf{s} - \omega^2\rho\,\boldsymbol{\delta}\mathbf{s} - \boldsymbol{\nabla}\cdot\boldsymbol{\delta}\mathbf{T} \\ &+ \boldsymbol{\nabla}[\delta\rho\,\mathbf{s}\cdot\boldsymbol{\nabla}\Phi + \rho\,\boldsymbol{\delta}\mathbf{s}\cdot\boldsymbol{\nabla}\Phi + \rho\mathbf{s}\cdot\boldsymbol{\nabla}(\delta\Phi)] \\ &+ \delta\rho\boldsymbol{\nabla}\phi + \rho\boldsymbol{\nabla}(\delta\phi) - [\boldsymbol{\nabla}\cdot(\delta\rho\,\mathbf{s} + \rho\,\boldsymbol{\delta}\mathbf{s})]\boldsymbol{\nabla}\Phi \\ &- [\boldsymbol{\nabla}\cdot(\rho\mathbf{s})]\boldsymbol{\nabla}(\delta\Phi) = \mathbf{0}\end{aligned} \tag{13.57}$$

而微扰后的泊松方程为

$$\boldsymbol{\nabla}\cdot(\boldsymbol{\delta\xi}) = 0 \tag{13.58}$$

微扰后的拉格朗日–柯西应力增量$\boldsymbol{\delta}\mathbf{T}$和辅助引力矢量$\boldsymbol{\delta\xi}$分别为

$$\boldsymbol{\delta}\mathbf{T} = \boldsymbol{\delta\Gamma}:\boldsymbol{\varepsilon} + \boldsymbol{\Gamma}:\boldsymbol{\delta\varepsilon} \tag{13.59}$$

$$\boldsymbol{\delta\xi} = (4\pi G)^{-1}\boldsymbol{\nabla}(\delta\phi) + \delta\rho\,\mathbf{s} + \rho\,\boldsymbol{\delta}\mathbf{s} \tag{13.60}$$

这些方程的求解需要在所有Σ上的微扰后的动力学和引力边界条件

$$[\hat{\mathbf{n}}\cdot\boldsymbol{\delta}\mathbf{T}]_-^+ = -\delta d\,[\hat{\mathbf{n}}\cdot\partial_n\mathbf{T}]_-^+ + \boldsymbol{\nabla}^\Sigma(\delta d)\cdot[\mathbf{T}]_-^+ \tag{13.61}$$

$$[\hat{\mathbf{n}}\cdot\boldsymbol{\delta\xi}]_-^+ = -\delta d\,[\hat{\mathbf{n}}\cdot\partial_n\boldsymbol{\xi}]_-^+ + \boldsymbol{\nabla}^\Sigma(\delta d)\cdot[\boldsymbol{\xi}]_-^+ \tag{13.62}$$

我们接着取$\boldsymbol{\delta}\mathbf{s}$与(13.5)的点积，减去$\mathbf{s}$与(13.57)的点积，再减去$\delta\phi$与(13.9)的乘积，再加上$\phi$与(13.58)的乘积，并将结果在全空间中积分。利用高斯定理，并将(13.59)和(13.60)代入，我们发现所有包含本征函数微扰$\boldsymbol{\delta}\mathbf{s}$和$\delta\phi$的项都为零，只剩下

$$\begin{aligned}\delta\omega = \frac{1}{2\omega}\int_\oplus &[\delta\rho\{-\omega^2\mathbf{s}\cdot\mathbf{s} + 2\mathbf{s}\cdot\boldsymbol{\nabla}\phi + \mathbf{s}\cdot\boldsymbol{\nabla\nabla}\Phi\cdot\mathbf{s} \\ &+ \boldsymbol{\nabla}\Phi\cdot(\mathbf{s}\cdot\boldsymbol{\nabla}\mathbf{s} - \mathbf{s}\boldsymbol{\nabla}\cdot\mathbf{s})\} + \boldsymbol{\varepsilon}:\boldsymbol{\delta\Gamma}:\boldsymbol{\varepsilon} \\ &+ \rho\boldsymbol{\nabla}(\delta\Phi)\cdot(\mathbf{s}\cdot\boldsymbol{\nabla}\mathbf{s} - \mathbf{s}\boldsymbol{\nabla}\cdot\mathbf{s}) \\ &+ \rho\mathbf{s}\cdot\boldsymbol{\nabla\nabla}(\delta\Phi)\cdot\mathbf{s}]\,dV \\ + \frac{1}{2\omega}\int_\Sigma &[\hat{\mathbf{n}}\cdot\boldsymbol{\delta}\mathbf{T}\cdot\mathbf{s} - \hat{\mathbf{n}}\cdot\mathbf{T}\cdot\boldsymbol{\delta}\mathbf{s} + (\hat{\mathbf{n}}\cdot\boldsymbol{\delta\xi})\phi - (\hat{\mathbf{n}}\cdot\boldsymbol{\xi})\delta\phi]_-^+\,d\Sigma\end{aligned} \tag{13.63}$$

由于牵引力$\hat{\mathbf{n}}\cdot\mathbf{T}$在$\Sigma$上连续，且为$\Sigma_{\rm FS}$的法向矢量，我们在所有界面上必须有$[\Delta(\hat{\mathbf{n}}\cdot\mathbf{T}\cdot\mathbf{s})]_-^+ = 0$，或等价的

$$\begin{aligned}&[\hat{\mathbf{n}}\cdot\boldsymbol{\delta}\mathbf{T}\cdot\mathbf{s} + \hat{\mathbf{n}}\cdot\mathbf{T}\cdot\boldsymbol{\delta}\mathbf{s}]_-^+ \\ &\quad = -\delta d\,[\hat{\mathbf{n}}\cdot\partial_n\mathbf{T}\cdot\mathbf{s} + \hat{\mathbf{n}}\cdot\mathbf{T}\cdot\partial_n\mathbf{s}]_-^+ + \boldsymbol{\nabla}^\Sigma(\delta d)\cdot[\mathbf{T}\cdot\mathbf{s}]_-^+\end{aligned} \tag{13.64}$$

ϕ和$\hat{\mathbf{n}}\cdot\boldsymbol{\xi}$这两个量的连续性同样确保了$[\Delta\{(\hat{\mathbf{n}}\cdot\boldsymbol{\xi})\phi\}]_-^+ = 0$，或等价的

$$\begin{aligned}&[(\hat{\mathbf{n}}\cdot\boldsymbol{\delta\xi})\phi + (\hat{\mathbf{n}}\cdot\boldsymbol{\xi})\delta\phi]_-^+ \\ &\quad = -\delta d\,[(\hat{\mathbf{n}}\cdot\boldsymbol{\xi})\partial_n\phi + (\hat{\mathbf{n}}\cdot\partial_n\boldsymbol{\xi})\phi]_-^+ + \boldsymbol{\nabla}^\Sigma(\delta d)\cdot[\boldsymbol{\xi}\phi]_-^+\end{aligned} \tag{13.65}$$

利用(13.64)–(13.65)，我们可以在(13.63)的面积分中消去包含更高阶微分的微扰项$\hat{\mathbf{n}}\cdot\boldsymbol{\delta}\mathbf{T}$和$\hat{\mathbf{n}}\cdot\boldsymbol{\delta\xi}$；而剩余的项或者与我们先前得到结果是同一类型，或者可以利用二维形式的高斯定理来计算。详细的化简过程请见Dahlen (1976)；最后的结果为

$$\begin{aligned}&\int_\Sigma[\hat{\mathbf{n}}\cdot\boldsymbol{\delta}\mathbf{T}\cdot\mathbf{s} - \hat{\mathbf{n}}\cdot\mathbf{T}\cdot\boldsymbol{\delta}\mathbf{s} + (\hat{\mathbf{n}}\cdot\boldsymbol{\delta\xi})\phi - (\hat{\mathbf{n}}\cdot\boldsymbol{\xi})\delta\phi]_-^+\,d\Sigma \\ &= \int_\Sigma \delta d\,[\rho\{\omega^2\mathbf{s}\cdot\mathbf{s} - 2\mathbf{s}\cdot\boldsymbol{\nabla}\phi - \mathbf{s}\cdot\boldsymbol{\nabla\nabla}\Phi\cdot\mathbf{s} \\ &\qquad - \boldsymbol{\nabla}\Phi\cdot(\mathbf{s}\cdot\boldsymbol{\nabla}\mathbf{s} - \mathbf{s}\boldsymbol{\nabla}\cdot\mathbf{s})\} \\ &\qquad - \boldsymbol{\varepsilon}:\boldsymbol{\Gamma}:\boldsymbol{\varepsilon} - (4\pi G)^{-1}\boldsymbol{\nabla}\phi\cdot\boldsymbol{\nabla}\phi \\ &\qquad + 2(\hat{\mathbf{n}}\cdot\mathbf{T})\cdot\partial_n\mathbf{s} + 2(\hat{\mathbf{n}}\cdot\boldsymbol{\xi})\partial_n\phi]_-^+\,d\Sigma\end{aligned}$$

$$-\int_{\Sigma_{\rm FS}} \boldsymbol{\nabla}^{\Sigma}(\delta d)\cdot[2(\hat{\mathbf{n}}\cdot\mathbf{T}\cdot\hat{\mathbf{n}})\mathbf{s}]_{-}^{+}\,d\Sigma \tag{13.66}$$

此式表明 (13.63) 与 (13.46) 和 (13.40)–(13.42) 是一致的。

对于一般非流体静力学地球，微扰后的动量方程为

$$\begin{aligned}-2\omega\,\delta\omega\,\rho\mathbf{s}-\omega^2\delta\rho\,\mathbf{s}-\omega^2\rho\,\boldsymbol{\delta}\mathbf{s}-\boldsymbol{\nabla}\cdot\boldsymbol{\delta}\widetilde{\mathbf{T}}\\+\delta\rho\boldsymbol{\nabla}\phi+\rho\boldsymbol{\nabla}(\delta\phi)+(\delta\rho\,\mathbf{s}+\rho\,\boldsymbol{\delta}\mathbf{s})\cdot\boldsymbol{\nabla}\boldsymbol{\nabla}\Phi\\+\rho\mathbf{s}\cdot\boldsymbol{\nabla}\boldsymbol{\nabla}(\delta\Phi)=\mathbf{0}\end{aligned} \tag{13.67}$$

微扰后的弹性本构关系式为

$$\boldsymbol{\delta}\widetilde{\mathbf{T}}=\boldsymbol{\delta}\boldsymbol{\Lambda}:\boldsymbol{\nabla}\mathbf{s}+\boldsymbol{\Lambda}:\boldsymbol{\nabla}(\boldsymbol{\delta}\mathbf{s}) \tag{13.68}$$

而微扰后的动力学边界条件则为

$$\hat{\mathbf{n}}\cdot\boldsymbol{\delta}\widetilde{\mathbf{T}}=-\delta d\,(\hat{\mathbf{n}}\cdot\partial_n\widetilde{\mathbf{T}})+\boldsymbol{\nabla}^{\Sigma}(\delta d)\cdot\widetilde{\mathbf{T}}\quad 在\,\partial\oplus\,上 \tag{13.69}$$

$$[\hat{\mathbf{n}}\cdot\boldsymbol{\delta}\widetilde{\mathbf{T}}]_{-}^{+}=-\delta d\,[\hat{\mathbf{n}}\cdot\partial_n\widetilde{\mathbf{T}}]_{-}^{+}+\boldsymbol{\nabla}^{\Sigma}(\delta d)\cdot[\widetilde{\mathbf{T}}]_{-}^{+}\quad 在\,\Sigma_{\rm SS}\,上 \tag{13.70}$$

$$[\boldsymbol{\delta}\widetilde{\mathbf{t}}]_{-}^{+}=\hat{\mathbf{n}}[\hat{\mathbf{n}}\cdot\boldsymbol{\delta}\widetilde{\mathbf{t}}]_{-}^{+}=-\delta d\,[\partial_n\widetilde{\mathbf{t}}]_{-}^{+}\quad 在\,\Sigma_{\rm FS}\,上 \tag{13.71}$$

应用与流体静力学情形同样的相乘–积分–消去步骤，我们得到

$$\begin{aligned}\delta\omega=\frac{1}{2\omega}\int_{\oplus}[\delta\rho\,(-\omega^2\mathbf{s}\cdot\mathbf{s}+2\mathbf{s}\cdot\boldsymbol{\nabla}\phi+\mathbf{s}\cdot\boldsymbol{\nabla}\boldsymbol{\nabla}\Phi\cdot\mathbf{s})\\+\boldsymbol{\nabla}\mathbf{s}:\boldsymbol{\delta}\boldsymbol{\Lambda}:\boldsymbol{\nabla}\mathbf{s}+\rho\mathbf{s}\cdot\boldsymbol{\nabla}\boldsymbol{\nabla}(\delta\Phi)\cdot\mathbf{s}]\,dV\\+\frac{1}{2\omega}\int_{\Sigma}[\hat{\mathbf{n}}\cdot\boldsymbol{\delta}\widetilde{\mathbf{T}}\cdot\mathbf{s}-\hat{\mathbf{n}}\cdot\widetilde{\mathbf{T}}\cdot\boldsymbol{\delta}\mathbf{s}+(\hat{\mathbf{n}}\cdot\boldsymbol{\delta}\boldsymbol{\xi})\phi-(\hat{\mathbf{n}}\cdot\boldsymbol{\xi})\delta\phi]_{-}^{+}\,d\Sigma\end{aligned} \tag{13.72}$$

面积分中的引力项与 (13.63) 中的完全一样，它们可以用同样的方法来计算。要从剩下的项中消去位移微扰 $\boldsymbol{\delta}\mathbf{s}$ 和牵引力微扰 $\hat{\mathbf{n}}\cdot\boldsymbol{\delta}\widetilde{\mathbf{T}}$ 会比较困难；然而，这可以借助微扰后的边界条件 (13.70)–(13.71) 来实现。经过繁复的推导，我们得到

$$\begin{aligned}&\int_{\Sigma}[\hat{\mathbf{n}}\cdot\boldsymbol{\delta}\widetilde{\mathbf{T}}\cdot\mathbf{s}-\hat{\mathbf{n}}\cdot\widetilde{\mathbf{T}}\cdot\boldsymbol{\delta}\mathbf{s}+(\hat{\mathbf{n}}\cdot\boldsymbol{\delta}\boldsymbol{\xi})\phi-(\hat{\mathbf{n}}\cdot\boldsymbol{\xi})\delta\phi]_{-}^{+}\,d\Sigma\\&=\int_{\Sigma}\delta d\,[2L'+2(\hat{\mathbf{n}}\cdot\widetilde{\mathbf{T}})\cdot\partial_n\mathbf{s}+2(\hat{\mathbf{n}}\cdot\boldsymbol{\xi})\partial_n\phi\\&\qquad+\varpi\{(\boldsymbol{\nabla}^{\Sigma}\mathbf{s}):(\boldsymbol{\nabla}^{\Sigma}\mathbf{s})^{\rm T}-(\boldsymbol{\nabla}^{\Sigma}\cdot\mathbf{s})^2\}\\&\qquad+(\boldsymbol{\nabla}^{\Sigma}\varpi)\cdot\{s_n(\mathbf{s}\cdot\boldsymbol{\nabla}^{\Sigma}\hat{\mathbf{n}})-\mathbf{s}(\boldsymbol{\nabla}^{\Sigma}\cdot\mathbf{s})\}\\&\qquad-(\boldsymbol{\nabla}^{\Sigma}\boldsymbol{\nabla}^{\Sigma}\varpi):\mathbf{ss}]_{-}^{+}\,d\Sigma\\&\quad-\int_{\Sigma_{\rm FS}}\boldsymbol{\nabla}^{\Sigma}(\delta d)\cdot[2(\hat{\mathbf{n}}\cdot\widetilde{\mathbf{t}})\mathbf{s}]_{-}^{+}\,d\Sigma\\&\quad+\int_{\Sigma_{\rm FS}}\Delta\varpi\,[2(\mathbf{s}\cdot\boldsymbol{\nabla}^{\Sigma}s_n)-\mathbf{s}\cdot(\boldsymbol{\nabla}^{\Sigma}\hat{\mathbf{n}})\cdot\mathbf{s}]_{-}^{+}\,d\Sigma\end{aligned} \tag{13.73}$$

因而如预期的，(13.72) 与 (13.38) 是一致的。

除了减轻在推导微扰$\delta\omega$中所需的代数上的难度之外，使用瑞利原理还能够厘清与δd和$\nabla^{\Sigma}(\delta d)$成正比的“额外”项的来源。正如我们所见的，每当地球模型的微扰中包含界面Σ的些许位移时，这些项就会出现，其原因恰恰是所导致的微扰$\delta\mathbf{s}$和$\delta\phi$是不可容许的。

13.1.7 球对称初始模型

由于地球偏离球对称的程度很小，因此我们很自然地将微扰前的模型视为球对称的且为流体静力学的。在此情形下，微扰后的地球模型的静态平衡条件 (13.19)–(13.20) 简化为

$$-\boldsymbol{\nabla}(\delta p) + \boldsymbol{\nabla}\cdot\boldsymbol{\tau} = \delta\rho\, g\hat{\mathbf{r}} + \rho\boldsymbol{\nabla}(\delta\Phi) \quad \text{在}\oplus\text{内} \tag{13.74}$$

$$[-\hat{\mathbf{r}}\,\delta p + \hat{\mathbf{r}}\cdot\boldsymbol{\tau}]_-^+ = -\delta d\,\hat{\mathbf{r}}\,g[\rho]_-^+ \quad \text{在}\Sigma\text{上} \tag{13.75}$$

其中g为引力加速度，而且这里我们使用了在$\oplus$内部$\dot{p} + \rho g = 0$和在Σ上$[p]_-^+ = 0$这两个初始条件。Backus (1967)、Woodhouse 和 Dahlen (1978)、Wahr 和 de Vries (1989) 考虑了由 (13.74)–(13.75) 施加在微扰$\delta\rho$、$\delta\Phi$、δp、$\boldsymbol{\tau}$和δd上的限制条件。

在分析这些限制条件时，简便的做法是将某一般微扰δq分解为球对称和非球对称部分:

$$\delta q = \delta\bar{q} + \delta\hat{q} \tag{13.76}$$

其中$\delta\bar{q}(r)$为δq在半径为r的球壳上的平均值；非球对称微扰$\delta\hat{q}$在所有球壳上的平均值为零，即

$$\int_{\Omega} \delta\hat{q}\, d\Omega = 0 \tag{13.77}$$

地球固态区域$\oplus_{\mathrm{S}}$内部的密度微扰$\delta\rho = \delta\bar{\rho} + \delta\hat{\rho}$和界面$\Sigma$的径向位移$\delta d = \delta\bar{d} + \delta\hat{d}$均可以任意地给定 (除了下面提到的特殊情况)。在液态外核和海水$\oplus_{\mathrm{F}}$中，可以给定不可压缩性微扰$\delta\kappa = \delta\bar{\kappa} + \delta\hat{k}$和球对称密度微扰$\delta\bar{\rho}$，但不能给定压强微扰$\delta p = \delta\bar{p} + \delta\hat{p}$和非球对称密度微扰$\delta\hat{\rho}$。$\oplus_{\mathrm{F}}$中的球对称压强微扰$\delta\bar{p}$可以通过球对称平均形式的力学平衡条件 (13.74) 确定到一个相加常数:

$$\frac{d}{dr}(\delta\bar{p}) = -(\delta\bar{\rho})\,g - \rho\frac{d}{dr}(\delta\bar{\Phi}) \tag{13.78}$$

其中

$$\begin{aligned}\delta\bar{\Phi} = &-\frac{4\pi G}{r}\left\{\int_0^r \delta\bar{\rho}\, r^2\, dr - \sum_{d<r} \delta\bar{d}\, d^2[\rho]_-^+\right\} \\ &- 4\pi G\left\{\int_r^a \delta\bar{\rho}\, r\, dr - \sum_{d\geqslant r} \delta\bar{d}\, d\,[\rho]_-^+\right\}\end{aligned} \tag{13.79}$$

该条件的非球对称部分也对微扰$\delta\hat{p}$和$\delta\hat{\rho}$有所限制；在$\oplus_{\mathrm{F}}$中，它们必须与$\delta\hat{\Phi}$有如下关系

$$\delta\hat{p} = -\rho\,\delta\hat{\Phi} \qquad \delta\hat{\rho} = \dot{\rho}g^{-1}\delta\hat{\Phi} \tag{13.80}$$

其中符号上方的点表示对r求导。通过求解边值问题

$$\nabla^2(\delta\hat{\Phi}) = \begin{cases} 4\pi G\,\delta\hat{\rho} & 在\oplus_{\mathrm{S}}内 \\ 4\pi G\,\dot{\rho}g^{-1}\delta\hat{\Phi} & 在\oplus_{\mathrm{F}}内 \\ 0 & 在\bigcirc-\oplus内 \end{cases} \tag{13.81}$$

$$[\delta\hat{\Phi}]_-^+ = 0 \quad 和 \quad [\partial_r(\delta\hat{\Phi}) + 4\pi G\rho\,\delta\hat{d}]_-^+ = 0 \quad 在\Sigma上 \tag{13.82}$$

可以得到非球对称势函数微扰$\delta\hat{\Phi}$。液态区域处于流体静力学平衡这一要求被认为是一个较强的约束：(13.78)–(13.80)完全确定了非球对称密度微扰$\delta\hat{\rho}$，而压强微扰δp也可以确定到一个无关紧要的常数。在固态区域$\oplus_{\mathrm{S}}$内，平衡条件(13.74)–(13.75)仅为微扰δp和$\boldsymbol{\delta\tau}$所固有的六个自由度提供了三个限制。Backus (1967)展示了如何利用三个剩下的自由度来建构与给定的$\delta\rho$和δd相符合的平衡应力场的完整清单。我们最后指出，如果外部自由表面$\partial\oplus$下是液态海水，则在此边界上仅能给定球面平均位移$\delta\bar{d}$，而不能给定$\delta\hat{d}$。此时非球对称微扰$\delta\hat{d}$由(13.75)确定：

$$\delta\hat{d} = -g^{-1}\delta\hat{\Phi} \tag{13.83}$$

边界条件(13.82)也必须做相应的修改。

球对称流体静力学模型的初始引力势函数Φ满足等式$\boldsymbol{\nabla}\Phi = g\hat{\mathbf{r}}$和$\boldsymbol{\nabla\nabla}\Phi = r^{-1}g(\mathbf{I}-3\hat{\mathbf{r}}\hat{\mathbf{r}}) + 4\pi G\rho\,\hat{\mathbf{r}}\hat{\mathbf{r}}$，其中$\mathbf{I}$为单位张量。将这些简化结果代入(13.40)–(13.45)，我们发现本征频率微扰$\delta\omega$具有(13.39)中的一般形式，其中

$$\begin{aligned} 2\omega\,\delta\oplus K_\oplus = {} & \delta\rho(-\omega^2\mathbf{s}\cdot\mathbf{s} + 2\mathbf{s}\cdot\boldsymbol{\nabla}\phi + 4\pi G\rho s_r^2 + g\Upsilon) \\ & + \boldsymbol{\varepsilon}:\boldsymbol{\delta\Gamma}:\boldsymbol{\varepsilon} + \rho\boldsymbol{\nabla}(\delta\Phi)\cdot(\mathbf{s}\cdot\boldsymbol{\nabla}\mathbf{s} - \mathbf{s}\boldsymbol{\nabla}\cdot\mathbf{s}) \\ & + \rho\mathbf{s}\cdot\boldsymbol{\nabla\nabla}(\delta\Phi)\cdot\mathbf{s} \end{aligned} \tag{13.84}$$

$$\begin{aligned} 2\omega K_{\mathrm{d}} = {} & \rho(\omega^2\mathbf{s}\cdot\mathbf{s} - 2\mathbf{s}\cdot\boldsymbol{\nabla}\phi - 8\pi G\rho s_r^2 - g\Upsilon) \\ & - \boldsymbol{\varepsilon}:\boldsymbol{\Gamma}:\boldsymbol{\varepsilon} + 2\hat{\mathbf{r}}\cdot\mathbf{T}\cdot\partial_r\mathbf{s} \end{aligned} \tag{13.85}$$

$$2\omega\mathbf{K}_{\mathrm{d}} = -2(\hat{\mathbf{r}}\cdot\mathbf{T}\cdot\hat{\mathbf{r}})\mathbf{s} \tag{13.86}$$

$$2\omega\mathbf{K}_{\boldsymbol{\tau}}^{\Sigma} = s_r(\partial_r\mathbf{s}) - \mathbf{s}(\partial_r s_r) \tag{13.87}$$

$$2\omega\mathbf{K}_{\varpi} = -s_r\mathbf{s} \tag{13.88}$$

这里我们定义了辅助变量

$$\Upsilon = \mathbf{s}\cdot\boldsymbol{\nabla}s_r - s_r(\boldsymbol{\nabla}\cdot\mathbf{s}) - 2r^{-1}s_r^2 \tag{13.89}$$

在将积分核K_{d}简化为(13.85)的形式时，我们利用了径向矢量$\xi_r = (4\pi G)^{-1}\partial_r\phi + \rho s_r$的连续性。

微扰$\Delta\varpi$在Σ_{FS}上是连续的，且在液态一侧可表示为

$$\Delta\varpi = \delta\bar{p} - \rho_{\mathrm{F}}g\,\delta\bar{d} - \rho_{\mathrm{F}}(\delta\hat{\Phi} + g\,\delta\hat{d}) \tag{13.90}$$

其中ρ_{F}为液体的密度。由于$\boldsymbol{\nabla}^{\Sigma}(\delta\bar{p}) = \mathbf{0}$和$\boldsymbol{\nabla}^{\Sigma}(\delta\bar{d}) = \mathbf{0}$，(13.39)中最后一个包含积分核$\mathbf{K}_{\varpi}$

的积分可以用非球对称微扰$\delta\hat{\Phi}$和$\delta\hat{d}$写为以下形式

$$\begin{aligned}\int_{\Sigma_{\text{FS}}} & \boldsymbol{\nabla}^{\Sigma}(\Delta\varpi)\cdot[\mathbf{K}_{\varpi}]_{-}^{+}\,d\Sigma \\ &= \frac{1}{2\omega}\int_{\Sigma_{\text{FS}}} \rho_{\text{F}} s_r \boldsymbol{\nabla}^{\Sigma}(\delta\hat{\Phi}+g\,\delta\hat{d})\cdot[\mathbf{s}]_{-}^{+}\,d\Sigma \end{aligned} \tag{13.91}$$

从(13.91)中可清楚看到，这一项只在有非球对称界面微扰$\delta\hat{d}$时才出现，而该微扰需要在$\oplus_{\text{S}}$内的初始偏应力$\boldsymbol{\tau}$来支撑。所有内部界面均为势函数的等值面，即对于纯流体静力学微扰，公式(13.83)在所有Σ上都通用。在目前，对地球内部偏应力的认识尚不足以使其被独立给定，因此其影响通常是被忽略的。在准流体静力学近似的自洽应用中，除了包含$\mathbf{K}_{\boldsymbol{\tau}}$和$\mathbf{K}_{\boldsymbol{\tau}}^{\Sigma}$的项之外，包含$\mathbf{K}_{\varpi}$的项也要被忽略，尽管它可以用(13.91)式来计算，而不需要知道明确的$\boldsymbol{\tau}$。我们会在此后采取这一观点：仅考虑体积分布的密度微扰$\delta\rho$和弹性微扰$\boldsymbol{\delta\Gamma}$，以及界面微扰$\delta d$。

★13.1.8 球对称微扰

如果最终和初始模型都是球对称的，与微扰前相应变量的结果类比，我们可以写出$\boldsymbol{\nabla}(\delta\Phi)=\delta g\,\hat{\mathbf{r}}$和$\boldsymbol{\nabla}\boldsymbol{\nabla}(\delta\Phi)=r^{-1}\delta g\,(\mathbf{I}-3\hat{\mathbf{r}}\hat{\mathbf{r}})+4\pi G\,\delta\rho\,\hat{\mathbf{r}}\hat{\mathbf{r}}$。此时体积分布的微扰积分核(13.84)简化为

$$\begin{aligned} 2\omega\delta\oplus K_{\oplus} &= \delta\rho(-\omega^2\mathbf{s}\cdot\mathbf{s}+2\mathbf{s}\cdot\boldsymbol{\nabla}\phi+8\pi G\rho s_r^2+g\Upsilon) \\ &\quad +\boldsymbol{\varepsilon}:\boldsymbol{\delta\Gamma}:\boldsymbol{\varepsilon}+\rho\,\delta g\Upsilon \end{aligned} \tag{13.92}$$

我们可以将本征频率微扰$\delta\omega$写为如下形式

$$\begin{aligned} \delta\omega\int_{\oplus}\partial_{\omega}L'\,dV &= -\int_{\oplus}[\delta\rho(\partial_{\rho}L')+\boldsymbol{\delta\Gamma}\,\vdots\,(\partial_{\boldsymbol{\Gamma}}L')+\delta g(\partial_g L')]\,dV \\ &\quad +\int_{\Sigma}\delta d\,[L'-\partial_r\mathbf{s}\cdot(\partial_{\partial_r\mathbf{s}}L')-\partial_r\phi(\partial_{\partial_r\phi}L')]\,d\Sigma \end{aligned} \tag{13.93}$$

其中

$$\begin{aligned} L' = \frac{1}{2}[&\rho\omega^2\mathbf{s}\cdot\mathbf{s}-\boldsymbol{\varepsilon}:\boldsymbol{\Gamma}:\boldsymbol{\varepsilon}-2\rho\mathbf{s}\cdot\boldsymbol{\nabla}\phi \\ &-4\pi G\rho^2 s_r^2-\rho g\Upsilon-(4\pi G)^{-1}\boldsymbol{\nabla}\phi\cdot\boldsymbol{\nabla}\phi] \end{aligned} \tag{13.94}$$

是球对称流体静力学地球模型的变更拉格朗日量密度。在第9章中，我们用相应的径向拉格朗日量密度得到了球对称微扰的佛雷歇积分核。其中各向同性地球模型的结果(9.12)和横向各向同性地球模型的结果(9.30)也可以借由将零阶本征函数表达式$\mathbf{s}=U\mathbf{P}_{lm}+V\mathbf{B}_{lm}+W\mathbf{C}_{lm}$和$\phi=P\mathcal{Y}_{lm}$代入(13.93)–(13.94)，并利用标量球谐函数$\mathcal{Y}_{lm}$和矢量球谐函数$\mathbf{P}_{lm}$、$\mathbf{B}_{lm}$、$\mathbf{C}_{lm}$的正交归一性(8.85)计算关于角变量θ、ϕ的积分而获得。

13.1.9 非弹性

地球非弹性的一阶效应可以通过将(13.84)中的弹性张量微扰$\boldsymbol{\delta\Gamma}$换成一个复数且依赖频率的微扰来考虑。为简单起见，我们在一开始就假设微扰前的球对称完全弹性模型是各向同性的，具有不可压缩性κ_0和刚性μ_0，其中下角标0表示这些参数是针对某参考频率或基准频率$\omega_0>0$的；横向各向同性初始模型的情况会在13.1.10节中做简要介绍。

在微扰前本征频率$\omega > 0$处，不可压缩性和刚性的复数三维微扰的形式为

$$\kappa_0 \to \kappa_0 + \delta\kappa(\omega) + i\kappa_0 q_\kappa \qquad \mu_0 \to \mu_0 + \delta\mu(\omega) + i\mu_0 q_\mu \tag{13.95}$$

其中

$$q_\kappa = Q_\kappa^{-1} \qquad q_\mu = Q_\mu^{-1} \tag{13.96}$$

为体变和剪切品质因子倒数，这里假设它们均与频率无关。此处本征频率微扰会有一个虚部

$$\omega \to \omega + \delta\omega + i\gamma \tag{13.97}$$

其中

$$\gamma = \frac{1}{2}\omega Q^{-1} \tag{13.98}$$

为衰减率，而Q^{-1}为简正模式品质因子倒数，精确到q_κ和q_μ的一阶，它可以表示为

$$Q^{-1} = \omega^{-2}\int_\oplus [\kappa_0 q_\kappa(\boldsymbol{\nabla}\cdot\mathbf{s})^2 + 2\mu_0 q_\mu(\mathbf{d}:\mathbf{d})]\,dV \tag{13.99}$$

将复数表达式(13.95)–(13.96)和(13.97)–(13.98)应用于(13.39)可以立刻得到(13.99)；将微扰前本征函数$\mathbf{s}$代入精确公式(6.170)也可以得到同样结果。球对称和非球对称的非弹性微扰均可包括：

$$q_\kappa = \bar{q}_\kappa + \hat{q}_\kappa \qquad q_\mu = \bar{q}_\mu + \hat{q}_\mu \tag{13.100}$$

对于纯球对称微扰的简并情形，$\hat{q}_\kappa = \hat{q}_\mu = 0$，如所预期的，三维公式(13.99) 简化为(9.54)。非弹性地球本征频率微扰的实部为

$$\delta\omega = \int_\oplus \delta\!\oplus\! K_\oplus\,dV + \int_\Sigma \delta d\,[K_\mathrm{d}]_-^+\,d\Sigma + \int_{\Sigma_\mathrm{FS}} \boldsymbol{\nabla}^\Sigma(\delta d)\cdot[\mathbf{K}_\mathrm{d}]_-^+\,d\Sigma \tag{13.101}$$

其中

$$\begin{aligned}2\omega\,\delta\!\oplus\! K_\oplus =\,&\delta\rho(-\omega^2\mathbf{s}\cdot\mathbf{s} + 2\mathbf{s}\cdot\boldsymbol{\nabla}\phi + 4\pi G\rho s_r^2 + g\Upsilon)\\&+ \delta\kappa(\boldsymbol{\nabla}\cdot\mathbf{s})^2 + 2\delta\mu(\mathbf{d}:\mathbf{d}) + \boldsymbol{\varepsilon}:\boldsymbol{\gamma}:\boldsymbol{\varepsilon}\\&+ \rho\boldsymbol{\nabla}(\delta\Phi)\cdot(\mathbf{s}\cdot\boldsymbol{\nabla}\mathbf{s} - \mathbf{s}\boldsymbol{\nabla}\cdot\mathbf{s})\\&+ \rho\mathbf{s}\cdot\boldsymbol{\nabla}\boldsymbol{\nabla}(\delta\Phi)\cdot\mathbf{s}\end{aligned} \tag{13.102}$$

$$\begin{aligned}2\omega K_\mathrm{d} =\,&\rho(\omega^2\mathbf{s}\cdot\mathbf{s} - 2\mathbf{s}\cdot\boldsymbol{\nabla}\phi - 8\pi G\rho s_r^2 - g\Upsilon)\\&- \kappa_0(\boldsymbol{\nabla}\cdot\mathbf{s})(\boldsymbol{\nabla}\cdot\mathbf{s} - 2\partial_r s_r) - 2\mu_0\mathbf{d}:(\mathbf{d} - 2\hat{\mathbf{r}}\partial_r\mathbf{s})\end{aligned} \tag{13.103}$$

$$2\omega\mathbf{K}_\mathrm{d} = -2[\kappa_0(\boldsymbol{\nabla}\cdot\mathbf{s}) + 2\mu_0 d_{rr}]\mathbf{s} \tag{13.104}$$

$\boldsymbol{\gamma}$为弹性张量的各向异性微扰，这里假设其与频率无关。

一个微扰前有正本征频率ω的模式所“感受到”的不可压缩性和刚性微扰的实部为

$$\delta\kappa = \delta\bar{\kappa} + \delta\hat{\kappa} \qquad \delta\mu = \delta\bar{\mu} + \delta\hat{\mu} \tag{13.105}$$

其中

$$\delta\bar{\kappa} = \delta\bar{\kappa}_0 + (2/\pi)\kappa_0\bar{q}_\kappa \ln(\omega/\omega_0) \tag{13.106}$$

$$\delta\hat{\kappa} = \delta\hat{\kappa}_0 + (2/\pi)\kappa_0\hat{q}_\kappa \ln(\omega/\omega_0) \tag{13.107}$$

$$\delta\bar{\mu} = \delta\bar{\mu}_0 + (2/\pi)\mu_0\bar{q}_\mu \ln(\omega/\omega_0) \tag{13.108}$$

$$\delta\hat{\mu} = \delta\hat{\mu}_0 + (2/\pi)\mu_0\hat{q}_\mu \ln(\omega/\omega_0) \tag{13.109}$$

在(13.106)–(13.109)中每一式的第一项为参考频率处的微扰，而第二项则是与球对称非弹性$\bar{q}_\kappa$、$\bar{q}_\mu$和非球对称非弹性$\hat{q}_\kappa$、$\hat{q}_\mu$相应的频散的贡献。从物理上讲，非球对称的弹性和非弹性微扰很有可能呈负相关，即$\delta\hat{\mu}_0 > 0 \Longleftrightarrow \hat{q}_\mu < 0$和$\delta\hat{\mu}_0 < 0 \Longleftrightarrow \hat{q}_\mu > 0$，这将导致地球的横向不均匀性会在低频更为明显，如图13.1所示。利用如下一阶关系式，很容易将体积分布的参数微扰用P波和S波波速，而非不可压缩性和刚性来表示

$$\delta\kappa = \delta\rho(\alpha_0^2 - \frac{4}{3}\beta_0^2) + 2\rho(\alpha_0\,\delta\alpha - \frac{4}{3}\beta_0\,\delta\beta) \tag{13.110}$$

$$\delta\mu = \delta\rho\,\beta_0^2 + 2\rho\beta_0\,\delta\beta \tag{13.111}$$

其中$\alpha_0 = [(\kappa_0 + \frac{4}{3}\mu_0)/\rho]^{1/2}$和$\beta_0 = (\mu_0/\rho)^{1/2}$。假如我们定义P波和S波品质因子倒数为

$$q_\alpha = [1 - \frac{4}{3}(\beta_0/\alpha_0)^2]q_\kappa + \frac{4}{3}(\beta_0/\alpha_0)^2 q_\mu \qquad q_\beta = q_\mu \tag{13.112}$$

则很容易证明

$$\delta\alpha = \delta\bar{\alpha} + \delta\hat{\alpha} \qquad \delta\beta = \delta\bar{\beta} + \delta\hat{\beta} \tag{13.113}$$

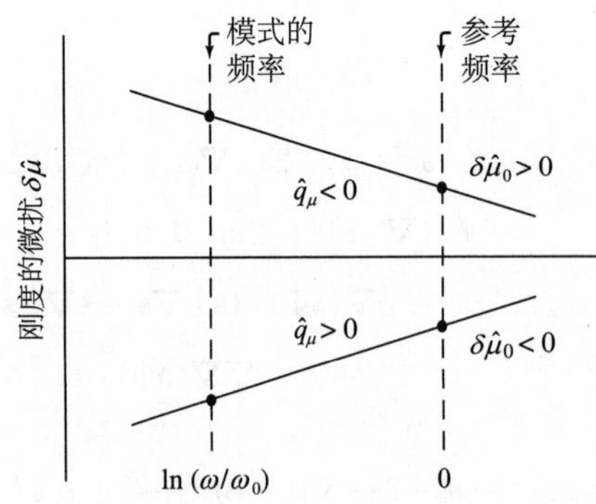

图 13.1 如果非球对称的弹性和非弹性微扰是源于温度的横向变化所致，则刚性较高的区域会表现出较弱的衰减，反之亦然(Karato 1993)。在此情况下，在某一模式的频率ω处(*左*)的横向变化$\delta\hat{\mu}$会比更高的参考频率ω_0处(*右*)的变化$\delta\hat{\mu}_0$更加显著。此示意图中横轴为频率的对数；刚性微扰与该变量呈线性关系：$\delta\hat{\mu} = \delta\hat{\mu}_0 + (2/\pi)\mu_0\hat{q}_\mu \ln(\omega/\omega_0)$

其中

$$\delta\bar{\alpha} = \delta\bar{\alpha}_0 + (1/\pi)\alpha_0\bar{q}_\alpha \ln(\omega/\omega_0) \tag{13.114}$$

$$\delta\hat{\alpha} = \delta\hat{\alpha}_0 + (1/\pi)\alpha_0\hat{q}_\alpha \ln(\omega/\omega_0) \tag{13.115}$$

$$\delta\bar{\beta} = \delta\bar{\beta}_0 + (1/\pi)\beta_0\bar{q}_\beta \ln(\omega/\omega_0) \tag{13.116}$$

$$\delta\hat{\beta} = \delta\hat{\beta}_0 + (1/\pi)\beta_0\hat{q}_\beta \ln(\omega/\omega_0) \tag{13.117}$$

在低频时，横向不均匀性的百分比$\delta\hat{\beta}/\beta_0$加剧的趋势比$\delta\hat{\alpha}/\alpha_0$更为显著，两者差了$\hat{q}_\beta/\hat{q}_\alpha \approx \frac{3}{4}(\alpha_0/\beta_0)^2 \approx \frac{9}{4}$倍，这里前一个近似中假设$\hat{q}_\kappa \ll \hat{q}_\mu$，而后一个则是基于泊松近似。

*13.1.10 横向各向同性

现在假设微扰前的球对称地球是横向各向同性的，其弹性参数为C_0、A_0、L_0、N_0和F_0，其中下角标0表示在参考频率ω_0的取值。最一般的非弹性微扰$\boldsymbol{\delta\Gamma}(\omega)$将由三部分组成：

1. 不可压缩性$\kappa_0 = \frac{1}{9}(C_0 + 4A_0 - 4N_0 + 4F_0)$和刚性$\mu_0 = \frac{1}{15}(C_0 + A_0 + 6L_0 + 5N_0 - 2F_0)$表现出(13.95)–(13.96)形式的三维微扰。

2. 另外，描述横向各向同性的$C_0' = C_0 - \kappa_0 - \frac{4}{3}\mu_0$, $A_0' = A_0 - \kappa_0 - \frac{4}{3}\mu_0$, $L_0' = L_0 - \mu_0$, $N_0' = N_0 - \mu_0$和$F_0' = F_0 - \kappa_0 + \frac{2}{3}\mu_0$可能有球对称的微扰$\delta C_0'$、$\delta A_0'$、$\delta L_0'$、$\delta N_0'$和$\delta F_0'$。

3. 最后，可能存在一般的三维各向异性微扰，我们将依然用$\boldsymbol{\gamma}$来表示。

“等效”各向同性参数微扰$\delta\kappa(\omega) + i\kappa_0 q_\kappa$和$\delta\mu(\omega) + i\mu_0 q_\mu$是复数的且依赖频率，而两种各向异性微扰则假设是实数的且与频率无关。一阶本征频率微扰依然是(13.101)的形式，其中不连续面积分核由如下两式取代

$$\begin{aligned}2\omega K_{\mathrm{d}} = {} & \rho(\omega^2\mathbf{s}\cdot\mathbf{s} - 2\mathbf{s}\cdot\boldsymbol{\nabla}\phi - 8\pi G\rho s_r^2 - g\Upsilon) \\ & + C_0(\partial_r s_r)^2 - (A_0 - 2N_0)(\boldsymbol{\nabla}\cdot\mathbf{s} - \partial_r s_r)^2 \\ & - 2N_0[\boldsymbol{\varepsilon}:\boldsymbol{\varepsilon} - 2|\hat{\mathbf{r}}\cdot\boldsymbol{\varepsilon}|^2 + (\partial_r s_r)^2] \\ & - 4L_0(\hat{\mathbf{r}}\cdot\boldsymbol{\varepsilon})\cdot(\hat{\mathbf{r}}\cdot\boldsymbol{\varepsilon} - \partial_r\mathbf{s})\end{aligned} \tag{13.118}$$

$$2\omega\mathbf{K}_{\mathrm{d}} = -2[C_0\partial_r s_r + F_0(\boldsymbol{\nabla}\cdot\mathbf{s} - \partial_r s_r)]\mathbf{s} \tag{13.119}$$

球对称各向异性微扰可以通过在$\delta\omega$的三维表达式中加入$\int_0^a(\delta C_0' K_C + \delta A_0' K_A + \delta L_0' K_L + \delta N_0' K_N + \delta F_0' K_F)\,dr$一项来处理。一维佛雷歇积分核$K_C$、$K_A$、$K_L$、$K_N$和$K_F$由(9.31)–(9.34)给定。我们将不再对横向各向同性做进一步讨论，并在剩余的讨论中将微扰前的球对称地球和微扰后的非球对称地球均视为是各向同性的。

*13.1.11 自转

由于三重积等式$\mathbf{s}\cdot(\boldsymbol{\Omega}\times\mathbf{s}) = 0$，科里奥利力不会对非简并简正模式的本征频率产生一阶的影响。离心力的效应为自转速率$\Omega = \|\boldsymbol{\Omega}\|$的二阶量，它可以通过在体积分布的积分核(13.102)中将引力势函数$\delta\Phi$用$\delta\Phi + \psi$替换来考虑。离心势函数ψ既有球对称部分$\bar{\psi}$，也有非球对称部

分$\hat{\psi}$，为此，13.1.7节中关于地球液态区域的流体静力学压强和密度微扰的推论必须加以修改，将(13.78)中的$\delta\bar{\Phi}$用$\delta\bar{\Phi}+\bar{\psi}$替换，并将(13.80)和(13.83)中以及(13.81)右边的$\delta\hat{\Phi}$用$\delta\hat{\Phi}+\hat{\psi}$替换。科里奥利力确实会造成球对称地球孤立多态模式简并本征频率的分裂，以及满足某些选择定理的准简并多态模式之间的耦合。由于这些影响是Ω的一阶量，它们比离心力的作用远为重要，我们将会在13.2节中考虑。在第14章中，我们会对地球自转和相应的流体静力学椭率的作用做更全面的讨论。

13.1.12 微扰后的动能和势能

通过求如下能量均分关系的全变分

$$\frac{1}{2}(\omega^2\mathcal{T}-\mathcal{V})=0 \tag{13.120}$$

非简并模式的本征频率微扰的最终表达式(13.101)可以用一种纯粹象征性的方式“推导”出来。根据瑞利原理，相对于本征函数$\mathbf{s}$的变分为零，剩下一阶结果

$$\delta\omega=(2\omega)^{-1}(\delta\mathcal{V}-\omega^2\delta\mathcal{T}) \tag{13.121}$$

这里我们使用了归一化关系$\mathcal{T}=1$。(13.121)中动能和势能的微扰$\delta\mathcal{T}$和$\delta\mathcal{V}$完全是源于地球模型的微扰 $\delta\kappa$、$\delta\mu$、$\delta\rho$、$\delta\Phi$、δd和$\boldsymbol{\gamma}$。动能泛函的微扰可以直接由下式给出

$$\delta\mathcal{T}=\int_{\oplus}\delta\rho(\mathbf{s}\cdot\mathbf{s})\,dV-\int_{\Sigma}\delta d\,[\rho\,\mathbf{s}\cdot\mathbf{s}]_-^+\,d\Sigma \tag{13.122}$$

其中的面积分源于积分区域的改变。通过比较(13.101)与(13.121)，并从(13.102)–(13.104)中提取出表达式(13.122)，我们推得相应的弹性–重力势能泛函的微扰为

$$\begin{aligned}\delta\mathcal{V}=&\int_{\oplus}[\delta\kappa(\boldsymbol{\nabla}\cdot\mathbf{s})^2+2\delta\mu(\mathbf{d}:\mathbf{d})+\delta\rho(2\mathbf{s}\cdot\boldsymbol{\nabla}\phi+4\pi G\rho s_r^2+g\Upsilon)\\&+\rho\boldsymbol{\nabla}(\delta\Phi)\cdot(\mathbf{s}\cdot\boldsymbol{\nabla}\mathbf{s}-\mathbf{s}\boldsymbol{\nabla}\cdot\mathbf{s})+\rho\mathbf{s}\cdot\boldsymbol{\nabla}\boldsymbol{\nabla}(\delta\Phi)\cdot\mathbf{s}+\boldsymbol{\varepsilon}:\boldsymbol{\gamma}:\boldsymbol{\varepsilon}]\,dV\\&-\int_{\Sigma}\delta d\,[\kappa_0(\boldsymbol{\nabla}\cdot\mathbf{s})(\boldsymbol{\nabla}\cdot\mathbf{s}-2\partial_r s_r)+2\mu_0\mathbf{d}:(\mathbf{d}-2\hat{\mathbf{r}}\partial_r\mathbf{s})\\&+\rho(2\mathbf{s}\cdot\boldsymbol{\nabla}\phi+8\pi G\rho s_r^2+g\Upsilon)]_-^+\,d\Sigma\\&-\int_{\Sigma_{\mathrm{FS}}}\boldsymbol{\nabla}^{\Sigma}(\delta d)\cdot[2\kappa_0(\boldsymbol{\nabla}\cdot\mathbf{s})\mathbf{s}+4\mu_0 d_{rr}\mathbf{s}]_-^+\,d\Sigma\end{aligned} \tag{13.123}$$

(13.123)中的微扰$\delta\kappa$和$\delta\mu$是频率为ω的模式所“感受到”的。我们接下来将会看到，上述将本征频率微扰$\delta\omega$分解为独立的动能微扰$\delta\mathcal{T}$和势能微扰$\delta\mathcal{V}$的做法，为将上述结果扩展至实际地震学所关注的情形提供了一个适宜的起点。

13.2 简并和准简并

迄今为止，我们把微扰前的本征频率视为似乎是非简并的，且在地球简正模式频谱上均为孤立的。事实上，无自转、球对称地球模型的实数本征频率是$(2l+1)$重简并的环形多态模式${}_n\mathrm{T}_l$或球形多态模式${}_n\mathrm{S}_l$所共有的。结构微扰$\delta\kappa$、$\delta\mu$、$\delta\rho$、$\delta\Phi$、δd和$\boldsymbol{\gamma}$的三维特性以及地球的自转打破了球对称性，消除了本征频率的简并。微扰前本征频率紧密相邻的多态模式也会

因自转和任何三维微扰而耦合。处理这种本征频率分裂和准简并模式耦合的最简单方法是采用第 7 章中所讨论的瑞利–里茨变分法的一个变形。用与将要探讨其耦合的多态模式所对应的微扰前单态模式的实数本征函数$\mathbf{s}_k$作为基函数，我们寻求如下形式的微扰后的单态模式本征函数

$$\mathbf{s}=\sum_k q_k\mathbf{s}_k \tag{13.124}$$

其中展开系数q_k为待定。原则上，我们应将所有微扰前的本征函数都纳入基函数集；在实际中，当然需要将考虑的范围控制在有限数目的准简并多态模式。

我们将分裂的单态模式本征频率视为偏离正的参考或基准频率ω_0的微扰；简并本征频率ω_k在参考频率ω_0附近的所有强烈耦合模式${}_n\mathrm{T}_l$和${}_n\mathrm{S}_l$都被认为是包含在球对称地球的基函数集内。本征基函数的正交归一性$\int_\oplus \rho\mathbf{s}_k\cdot\mathbf{s}_{k'}\,dV=\delta_{kk'}$确保了微扰前的动能矩阵就是单位矩阵$\mathsf{I}$，而微扰前的弹性–引力势能矩阵是由简并本征频率平方组成的对角矩阵$\Omega^2=\mathrm{diag}\,[\cdots\,\omega_k^2\,\cdots]$。要注意，每个本征频率平方在对角线上重复出现$2l+1$次；角标$k$具有标注本征基函数$\mathbf{s}_k$和相应的微扰前本征频率$\omega_k$的“双重作用”。Dahlen (1969)、Luh (1973)、Woodhouse (1980) 以及 Park 和 Gilbert(1986) 对准简并多态模式耦合理论做出了重要贡献；我们在此对这些原创的分析做一概述并将其拓展。在下面的讨论中，最显著的新的特色是一个重归一化步骤，它能够给出单态模式的本征函数 (13.124)，该函数用与第 4 章和第 6 章中所阐述的基本原理相符的方式得到正确的正交归一化或双正交归一化。我们先来考虑最简单的无自转完全弹性微扰情形，然后再处理自转和非弹性所带来的复杂性，且先将两个复杂性单独考虑，然后再合并在一起处理。

13.2.1 无自转弹性微扰

地球模型的微扰$\delta\kappa$、$\delta\mu$、$\delta\rho$、$\delta\Phi$、δd和γ会改变动能矩阵I和势能矩阵Ω^2。我们接下来采用第 7 章所使用的符号并稍加修改，用T和V来表示一阶微扰矩阵。这些矩阵的分量$T_{kk'}$和$V_{kk'}$是对非简并模式的微扰后标量动能和势能表达式 (13.122) 和 (13.123) 的对称化推广：

$$T_{kk'}=\int_\oplus \delta\rho(\mathbf{s}_k\cdot\mathbf{s}_{k'})\,dV-\int_\Sigma \delta d\,[\rho\,\mathbf{s}_k\cdot\mathbf{s}_{k'}]_-^+\,d\Sigma \tag{13.125}$$

$$\begin{aligned}
V_{kk'}=&\int_\oplus[\delta\kappa(\boldsymbol{\nabla}\cdot\mathbf{s}_k)(\boldsymbol{\nabla}\cdot\mathbf{s}_{k'})+2\delta\mu(\mathbf{d}_k:\mathbf{d}_{k'})\\
&+\delta\rho\{\mathbf{s}_k\cdot\boldsymbol{\nabla}\phi_{k'}+\mathbf{s}_{k'}\cdot\boldsymbol{\nabla}\phi_k\\
&+4\pi G\rho(\hat{\mathbf{r}}\cdot\mathbf{s}_k)(\hat{\mathbf{r}}\cdot\mathbf{s}_{k'})+g\Upsilon_{kk'}\}\\
&+\frac{1}{2}\rho\boldsymbol{\nabla}(\delta\Phi)\cdot(\mathbf{s}_k\cdot\boldsymbol{\nabla}\mathbf{s}_{k'}+\mathbf{s}_{k'}\cdot\boldsymbol{\nabla}\mathbf{s}_k\\
&-\mathbf{s}_k\boldsymbol{\nabla}\cdot\mathbf{s}_{k'}-\mathbf{s}_{k'}\boldsymbol{\nabla}\cdot\mathbf{s}_k)+\rho\mathbf{s}_k\cdot\boldsymbol{\nabla}\boldsymbol{\nabla}(\delta\Phi)\cdot\mathbf{s}_{k'}\\
&+\boldsymbol{\varepsilon}_k:\boldsymbol{\gamma}:\boldsymbol{\varepsilon}_{k'}]\,dV\\
-&\int_\Sigma \delta d\,[\frac{1}{2}\kappa(\boldsymbol{\nabla}\cdot\mathbf{s}_k)(\boldsymbol{\nabla}\cdot\mathbf{s}_{k'}-2\hat{\mathbf{r}}\cdot\partial_r\mathbf{s}_{k'})\\
&+\frac{1}{2}\kappa(\boldsymbol{\nabla}\cdot\mathbf{s}_{k'})(\boldsymbol{\nabla}\cdot\mathbf{s}_k-2\hat{\mathbf{r}}\cdot\partial_r\mathbf{s}_k)
\end{aligned}$$

$$
\begin{aligned}
&+ \mu\mathbf{d}_k : (\mathbf{d}_{k'} - 2\hat{\mathbf{r}}\partial_r \mathbf{s}_{k'}) + \mu\mathbf{d}_{k'} : (\mathbf{d}_k - 2\hat{\mathbf{r}}\partial_r \mathbf{s}_k) \\
&+ \rho\{\mathbf{s}_k \cdot \boldsymbol{\nabla}\phi_{k'} + \mathbf{s}_{k'} \cdot \boldsymbol{\nabla}\phi_k \\
&+ 8\pi G\rho(\hat{\mathbf{r}} \cdot \mathbf{s}_k)(\hat{\mathbf{r}} \cdot \mathbf{s}_{k'}) + g\Upsilon_{kk'}\}]_-^+ \, d\Sigma \\
- \int_{\Sigma_{\mathrm{FS}}} &\boldsymbol{\nabla}^\Sigma(\delta d) \cdot [\kappa(\boldsymbol{\nabla} \cdot \mathbf{s}_k)\mathbf{s}_{k'} + \kappa(\boldsymbol{\nabla} \cdot \mathbf{s}_{k'})\mathbf{s}_k \\
&+ 2\mu(\hat{\mathbf{r}} \cdot \mathbf{d}_k \cdot \hat{\mathbf{r}})\mathbf{s}_{k'} + 2\mu(\hat{\mathbf{r}} \cdot \mathbf{d}_{k'} \cdot \hat{\mathbf{r}})\mathbf{s}_k]_-^+ \, d\Sigma
\end{aligned} \tag{13.126}
$$

其中

$$
\begin{aligned}
\Upsilon_{kk'} = &\frac{1}{2}[\mathbf{s}_k \cdot \boldsymbol{\nabla}(\hat{\mathbf{r}} \cdot \mathbf{s}_{k'}) + \mathbf{s}_{k'} \cdot \boldsymbol{\nabla}(\hat{\mathbf{r}} \cdot \mathbf{s}_k)] \\
&- \frac{1}{2}[(\hat{\mathbf{r}} \cdot \mathbf{s}_k)(\boldsymbol{\nabla} \cdot \mathbf{s}_{k'}) + (\hat{\mathbf{r}} \cdot \mathbf{s}_{k'})(\boldsymbol{\nabla} \cdot \mathbf{s}_k)] \\
&- 2r^{-1}(\hat{\mathbf{r}} \cdot \mathbf{s}_k)(\hat{\mathbf{r}} \cdot \mathbf{s}_{k'})
\end{aligned} \tag{13.127}
$$

微扰前本征函数$\mathbf{s}_k$的实数性确保了上述两个微扰矩阵均为实数且对称的，即$\mathsf{T}^{\mathrm{T}} = \mathsf{T}$和$\mathsf{V}^{\mathrm{T}} = \mathsf{V}$，其中上角标 T 表示转置。

我们将参考频率ω_0附近的微扰后单态模式本征频率表示为

$$
\omega = \omega_0 + \delta\omega \tag{13.128}
$$

这里假设$|\delta\omega| \ll \omega_0$。要确定微扰$\delta\omega$及其相应的本征函数展开系数$q_k$的列矢量$\mathsf{q}$，我们需要求解广义本征值问题(7.13)。使用当前的符号，该方程可以改写为

$$
(\Omega^2 + \mathsf{V})\mathsf{q} = (\omega_0 + \delta\omega)^2(\mathsf{I} + \mathsf{T})\mathsf{q} \tag{13.129}
$$

通过定义重归一化本征矢量

$$
\mathsf{z} = (\mathsf{I} + \frac{1}{2}\mathsf{T})\mathsf{q} \tag{13.130}
$$

我们可以将(13.129)简化为关于单态模式本征频率微扰$\delta\omega$的普通本征值问题。将表达式(13.130)代入(13.129)，并忽略$\delta\omega$、$\omega_k - \omega_0$、T和V的二阶项，我们得到

$$
\mathsf{Hz} = \delta\omega\,\mathsf{z} \tag{13.131}
$$

其中

$$
\mathsf{H} = \Omega - \omega_0\mathsf{I} + (2\omega_0)^{-1}(\mathsf{V} - \omega_0^2\mathsf{T}) \tag{13.132}
$$

由于H为实数且对称的，$\mathsf{H}^{\mathrm{T}} = \mathsf{H}$，故其本征值$\delta\omega$为实数，其本征矢量在当$\delta\omega \neq \delta\omega'$时$\mathsf{z}^{\mathrm{T}}\mathsf{z}' = 0$这个意义上是相互正交的。如果我们以$\mathsf{z}^{\mathrm{T}}\mathsf{z} = 1$这一条件来归一化本征矢量，那么它们就构成了正交归一基:

$$
\mathsf{Z}^{\mathrm{T}}\mathsf{Z} = \mathsf{I} \tag{13.133}
$$

其中Z为方阵，其列矢量为重归一化的本征矢量z。我们可以将本征值问题(13.131)改写为

$$
\mathsf{Z}^{\mathrm{T}}\mathsf{HZ} = \Delta \tag{13.134}
$$

其中$\Delta = \mathrm{diag}\,[\cdots\,\delta\omega\,\cdots]$为由本征频率微扰组成的对角矩阵。综上所述，(13.133)–(13.134)

表明Z是一个将重归一化本征频率微扰矩阵H对角化的正交矩阵。精确至T的一阶，我们可以将正交归一化关系(13.133)改写为

$$\mathsf{Q}^{\mathrm{T}}(\mathsf{I}+\mathsf{T})\mathsf{Q}=\mathsf{I} \tag{13.135}$$

其中Q是由原来的列矢量q所组成的方阵。

总而言之，通过求解实数且对称的本征值问题$\mathsf{Hz}=\delta\omega\,\mathsf{z}$，同时满足$\mathsf{z}^{\mathrm{T}}\mathsf{z}=1$这一条件，我们可以得到无自转弹性地球的单态模式的一阶本征频率微扰$\delta\omega$及其相应的重归一化本征矢量z。通过求(13.130)的逆，原来的本征矢量q可以用重归一化的本征矢量z给定：

$$\mathsf{q}=(\mathsf{I}-\frac{1}{2}\mathsf{T})\mathsf{z} \tag{13.136}$$

这种确定单态模式本征函数(13.124)的两步法使它们在微扰后的地球上在如下两个一阶表达式的意义上得到合理的正交归一化：

$$\int_{\oplus}(\rho+\delta\rho)\,\mathbf{s}\cdot\mathbf{s}'\,dV-\int_{\Sigma}\delta d\,[\rho\,\mathbf{s}\cdot\mathbf{s}']_-^+\,d\Sigma=0 \quad 若\,\delta\omega\neq\delta\omega' \tag{13.137}$$

$$\int_{\oplus}(\rho+\delta\rho)\,\mathbf{s}\cdot\mathbf{s}\,dV-\int_{\Sigma}\delta d\,[\rho\,\mathbf{s}\cdot\mathbf{s}]_-^+\,d\Sigma=1 \tag{13.138}$$

三维公式(13.137)–(13.138)等价于矩阵正交归一关系式(13.135)。其中的面积分项源于因界面微扰δd所引起的积分区域的变化。

★13.2.2 自转弹性微扰

正如在13.1.11节中讨论的，离心势函数ψ的影响可以通过在(13.126)中做$\delta\Phi\to\delta\Phi+\psi$这一替换来考虑。微扰后动能矩阵$\mathsf{T}$不变，而微扰后势能矩阵$\mathsf{V}$的分量则由下式替换

$$\begin{aligned}
V_{kk'}=&\int_{\oplus}[\delta\kappa(\boldsymbol{\nabla}\cdot\mathbf{s}_k)(\boldsymbol{\nabla}\cdot\mathbf{s}_{k'})+2\delta\mu(\mathbf{d}_k:\mathbf{d}_{k'})\\
&+\delta\rho\{\mathbf{s}_k\cdot\boldsymbol{\nabla}\phi_{k'}+\mathbf{s}_{k'}\cdot\boldsymbol{\nabla}\phi_k\\
&+4\pi G\rho(\hat{\mathbf{r}}\cdot\mathbf{s}_k)(\hat{\mathbf{r}}\cdot\mathbf{s}_{k'})+g\Upsilon_{kk'}\}\\
&+\frac{1}{2}\rho\boldsymbol{\nabla}(\delta\Phi+\psi)\cdot(\mathbf{s}_k\cdot\boldsymbol{\nabla}\mathbf{s}_{k'}+\mathbf{s}_{k'}\cdot\boldsymbol{\nabla}\mathbf{s}_k\\
&-\mathbf{s}_k\boldsymbol{\nabla}\cdot\mathbf{s}_{k'}-\mathbf{s}_{k'}\boldsymbol{\nabla}\cdot\mathbf{s}_k)+\rho\mathbf{s}_k\cdot\boldsymbol{\nabla}\boldsymbol{\nabla}(\delta\Phi+\psi)\cdot\mathbf{s}_{k'}\\
&+\boldsymbol{\varepsilon}_k:\boldsymbol{\gamma}:\boldsymbol{\varepsilon}_{k'}]\,dV\\
&-\int_{\Sigma}\delta d\,[\frac{1}{2}\kappa(\boldsymbol{\nabla}\cdot\mathbf{s}_k)(\boldsymbol{\nabla}\cdot\mathbf{s}_{k'}-2\hat{\mathbf{r}}\cdot\partial_r\mathbf{s}_{k'})\\
&+\frac{1}{2}\kappa(\boldsymbol{\nabla}\cdot\mathbf{s}_{k'})(\boldsymbol{\nabla}\cdot\mathbf{s}_k-2\hat{\mathbf{r}}\cdot\partial_r\mathbf{s}_k)\\
&+\mu\mathbf{d}_k:(\mathbf{d}_{k'}-2\hat{\mathbf{r}}\partial_r\mathbf{s}_{k'})+\mu\mathbf{d}_{k'}:(\mathbf{d}_k-2\hat{\mathbf{r}}\partial_r\mathbf{s}_k)\\
&+\rho\{\mathbf{s}_k\cdot\boldsymbol{\nabla}\phi_{k'}+\mathbf{s}_{k'}\cdot\boldsymbol{\nabla}\phi_k\\
&+8\pi G\rho(\hat{\mathbf{r}}\cdot\mathbf{s}_k)(\hat{\mathbf{r}}\cdot\mathbf{s}_{k'})+g\Upsilon_{kk'}\}]_-^+\,d\Sigma\\
&-\int_{\Sigma_{\mathrm{FS}}}\boldsymbol{\nabla}^{\Sigma}(\delta d)\cdot[\kappa(\boldsymbol{\nabla}\cdot\mathbf{s}_k)\mathbf{s}_{k'}+\kappa(\boldsymbol{\nabla}\cdot\mathbf{s}_{k'})\mathbf{s}_k\\
&+2\mu(\hat{\mathbf{r}}\cdot\mathbf{d}_k\cdot\hat{\mathbf{r}})\mathbf{s}_{k'}+2\mu(\hat{\mathbf{r}}\cdot\mathbf{d}_{k'}\cdot\hat{\mathbf{r}})\mathbf{s}_k]_-^+\,d\Sigma
\end{aligned} \tag{13.139}$$

同第7章中将瑞利–里茨方法应用于具有任意不均匀性的地球一样，我们引入科里奥利矩阵W，其分量为

$$W_{kk'} = \int_{\oplus} \rho \mathbf{s}_k \cdot (i\boldsymbol{\Omega} \times \mathbf{s}_{k'})\, dV \tag{13.140}$$

T和V两者仍为实数且对称的，而科里奥利矩阵W则为虚数且反对称的。三个微扰矩阵如果当作是复数的，则它们均为埃尔米特矩阵：$\mathsf{T}^{\mathrm{H}} = \mathsf{T}$, $\mathsf{V}^{\mathrm{H}} = \mathsf{V}$和$\mathsf{W}^{\mathrm{H}} = \mathsf{W}$，其中上角标H表示复数共轭转置。自转弹性地球简正模式所满足的非标准广义本征值问题(7.40)为

$$[\Omega^2 + \mathsf{V} + 2(\omega_0 + \delta\omega)\mathsf{W} - (\omega_0 + \delta\omega)^2(\mathsf{I} + \mathsf{T})]\mathsf{q} = 0 \tag{13.141}$$

将(13.130)推广，我们通过定义重归一化本征矢量

$$\mathsf{z} = (\mathsf{I} + \frac{1}{2}\mathsf{T} - \frac{1}{2}\omega_0^{-1}\mathsf{W})\mathsf{q} \tag{13.142}$$

来考虑科里奥利力的影响。将(13.142)代入(13.141)，并且忽略$\delta\omega$、$\omega_k - \omega_0$、T、V和W的二阶项，我们得到一个类似于(13.131)的普通本征值问题：

$$\mathsf{H}\mathsf{z} = \delta\omega\, \mathsf{z} \tag{13.143}$$

其中

$$\mathsf{H} = \Omega - \omega_0\mathsf{I} + \mathsf{W} + (2\omega_0)^{-1}(\mathsf{V} - \omega_0^2\mathsf{T}) \tag{13.144}$$

复数重归一化本征频率微扰矩阵(13.144)的埃尔米特对称性$\mathsf{H}^{\mathrm{H}} = \mathsf{H}$确保了所有的本征频率微扰$\delta\omega$均为实数，且相应的本征矢量$\mathsf{z}$可以在如下意义上达到正交归一化

$$\mathsf{Z}^{\mathrm{H}}\mathsf{Z} = \mathsf{I} \tag{13.145}$$

我们可以用复数本征矢量Z和实数本征频率微扰对角矩阵$\Delta = \mathrm{diag}\,[\cdots\ \delta\omega\ \cdots]$来将本征值问题(13.143)改写为类似于(13.134)的形式：

$$\mathsf{Z}^{\mathrm{H}}\mathsf{H}\mathsf{Z} = \Delta \tag{13.146}$$

(13.145)和(13.146)合在一起表明Z是将H对角化的幺正变换。精确到微扰T和W的一阶精度，由原来的本征矢量q组成的相应矩阵Q满足

$$\mathsf{Q}^{\mathrm{H}}(\mathsf{I} + \mathsf{T} - \omega_0^{-1}\mathsf{W})\mathsf{Q} = \mathsf{I} \tag{13.147}$$

以上处理表明，科里奥利和离心力效应的考虑可以通过对本征频率微扰矩阵H做(13.144)中的简单修改来实现。由此得到的在参考频率ω_0附近的本征频率微扰$\delta\omega$及其重归一化的本征矢量z的普通本征值问题$\mathsf{H}\mathsf{z} = \delta\omega\,\mathsf{z}$是复数且埃尔米特的，而并不是像无自转弹性情形中是实数且对称的。作为自转的后果，本征矢量反变换关系式(13.136)也有所修改：

$$\mathsf{q} = (\mathsf{I} - \frac{1}{2}\mathsf{T} + \frac{1}{2}\omega_0^{-1}\mathsf{W})\mathsf{z} \tag{13.148}$$

如果H的本征矢量z受到$\mathsf{z}^{\mathrm{H}}\mathsf{z} = 1$的约束,则方程 (13.147) 确保了复数单态模式本征函数 (13.124)

在如下意义上是适当地正交归一化的

$$\int_{\oplus}(\rho+\delta\rho)\,\mathbf{s}^*\cdot\mathbf{s}'\,dV-\int_{\Sigma}\delta d\,[\rho\,\mathbf{s}^*\cdot\mathbf{s}']_-^+\,d\Sigma$$
$$-\,\omega_0^{-1}\int_{\oplus}\rho\mathbf{s}^*\cdot(i\boldsymbol{\Omega}\times\mathbf{s}')\,dV=0,\quad 若\,\delta\omega\neq\delta\omega' \tag{13.149}$$

$$\int_{\oplus}(\rho+\delta\rho)\,\mathbf{s}^*\cdot\mathbf{s}\,dV-\int_{\Sigma}\delta d\,[\rho\,\mathbf{s}^*\cdot\mathbf{s}]_-^+\,d\Sigma$$
$$-\,\omega_0^{-1}\int_{\oplus}\rho\mathbf{s}^*\cdot(i\boldsymbol{\Omega}\times\mathbf{s})\,dV=1 \tag{13.150}$$

以上述方式得到的本征频率微扰$\delta\omega$及其相应的本征函数$\mathbf{s}$在考虑地球的自转效应上精确到Ω的一阶。该微扰理论的处理对于所有的地震模式都应该是一个良好的近似，包括$\Omega/\omega_0\approx 0.04$的橄榄球模式${}_0\mathrm{S}_2$。值得指出的是，当且仅当$[\delta\omega,\ \mathsf{z},\ \mathsf{q},\ \mathsf{s}]$为实际地球的一组本征解时，$[\delta\omega,\ \mathsf{z}^*,\ \mathsf{q}^*,\ \mathsf{s}^*]$也是以相反方向$\mathsf{W}\to-\mathsf{W}$自转的逆转地球的一组本征解。在13.2.4节中我们会看到，非弹性使得真实地球与逆转地球的本征解变得彼此独立。

13.2.3 无自转非弹性微扰

对于非弹性微扰，方便的做法是将给定微扰前 SNREI 地球模型的不可压缩性κ_0和刚性μ_0，以及它们的球对称和非球对称微扰$\delta\kappa_0=\delta\bar{\kappa}_0+\delta\hat{\kappa}_0$ 和 $\delta\mu_0=\delta\bar{\mu}_0+\delta\hat{\mu}_0$的频率当作基准频率$\omega_0$。在此情况下，瑞利–里茨展开式(13.124)中所使用的简并本征频率ω_0和本征基函数$\mathbf{s}_k$是对应于具有固定的弹性参数κ_0和μ_0的模型的。我们假定ω_0与“原本”可能用来给定弹性参数的参考频率(PREM模型为1赫兹)之间的整体非弹性频散已经在建立球对称地球基函数空间的目录时考虑了。原则上，每当改变参考频率ω_0时，都要重新运行`MINEOS`或`OBANI`等自由振荡计算程序，来对模式目录做更新；在实际中，为了简化计算，通常是使用同一组本征频率ω_k和本征函数$\mathbf{s}_k$目录作为所有耦合计算的基函数空间。对这一多用途目录的球对称频散的考虑一般是通过假设每个多态模式所“感受到”的地球是在其简并本征频率ω_k处的。

我们把在ω_0附近的单态模式的复数本征角频率表示为

$$\nu=\omega_0+\delta\nu \tag{13.151}$$

其中

$$\delta\nu=\delta\omega+i\gamma=\delta\omega+\frac{1}{2}i\omega_0Q^{-1} \tag{13.152}$$

$\delta\omega$仍然为相对基准频率ω_0的实数微扰，γ为单态模式的衰减率，Q为相应的品质因子。这里假设$|\delta\omega|\ll\omega_0$且$|\gamma|\ll\omega_0$，或等价地$Q\gg 1$。复数本征频率微扰$\delta\nu$及其相应的本征矢量$\mathsf{q}$是广义本征值问题(7.74)的解:

$$[\Omega^2+\mathsf{V}(\omega_0+\delta\nu)]\mathsf{q}=(\omega_0+\delta\nu)^2(\mathsf{I}+\mathsf{T})\mathsf{q} \tag{13.153}$$

在耦合多态模式频率所覆盖的窄频带以内的频散很小，以至于可以用6.1.9节中得到的局部近似来考虑。用当前的符号，该近似可写为如下形式

$$\left(\frac{d\kappa}{d\nu}\right)_0=\frac{2\kappa_0 q_\kappa}{\pi\omega_0}\qquad\left(\frac{d\mu}{d\nu}\right)_0=\frac{2\mu_0 q_\mu}{\pi\omega_0}\tag{13.154}$$

这里的下角标0与通常一样表示在ω_0处取值。将(13.126)中的常数弹性参数κ和μ换成$\kappa(\nu)$和$\mu(\nu)$，并利用(13.154)，我们可以将在ω_0附近的依赖频率的复数弹性–引力势能微扰矩阵写为一个零阶和一阶项的求和：

$$\mathsf{V}(\omega_0+\delta\nu)=\mathsf{V}+i\mathsf{A}+\frac{2}{\pi}(\delta\nu/\omega_0)\mathsf{A}\tag{13.155}$$

其中

$$\begin{aligned}V_{kk'}=&\int_\oplus[\delta\kappa_0(\boldsymbol{\nabla}\cdot\mathbf{s}_k)(\boldsymbol{\nabla}\cdot\mathbf{s}_{k'})+2\delta\mu_0(\mathbf{d}_k:\mathbf{d}_{k'})\\&+\delta\rho\{\mathbf{s}_k\cdot\boldsymbol{\nabla}\phi_{k'}+\mathbf{s}_{k'}\cdot\boldsymbol{\nabla}\phi_k\\&+4\pi G\rho(\hat{\mathbf{r}}\cdot\mathbf{s}_k)(\hat{\mathbf{r}}\cdot\mathbf{s}_{k'})+g\Upsilon_{kk'}\}\\&+\frac{1}{2}\rho\boldsymbol{\nabla}(\delta\Phi)\cdot(\mathbf{s}_k\cdot\boldsymbol{\nabla}\mathbf{s}_{k'}+\mathbf{s}_{k'}\cdot\boldsymbol{\nabla}\mathbf{s}_k\\&-\mathbf{s}_k\boldsymbol{\nabla}\cdot\mathbf{s}_{k'}-\mathbf{s}_{k'}\boldsymbol{\nabla}\cdot\mathbf{s}_k)+\rho\mathbf{s}_k\cdot\boldsymbol{\nabla}\boldsymbol{\nabla}(\delta\Phi)\cdot\mathbf{s}_{k'}\\&+\boldsymbol{\varepsilon}_k:\boldsymbol{\gamma}:\boldsymbol{\varepsilon}_{k'}]\,dV\\-&\int_\Sigma\delta d\,[\frac{1}{2}\kappa_0(\boldsymbol{\nabla}\cdot\mathbf{s}_k)(\boldsymbol{\nabla}\cdot\mathbf{s}_{k'}-2\hat{\mathbf{r}}\cdot\partial_r\mathbf{s}_{k'})\\&+\frac{1}{2}\kappa_0(\boldsymbol{\nabla}\cdot\mathbf{s}_{k'})(\boldsymbol{\nabla}\cdot\mathbf{s}_k-2\hat{\mathbf{r}}\cdot\partial_r\mathbf{s}_k)\\&+\mu_0\mathbf{d}_k:(\mathbf{d}_{k'}-2\hat{\mathbf{r}}\partial_r\mathbf{s}_{k'})+\mu_0\mathbf{d}_{k'}:(\mathbf{d}_k-2\hat{\mathbf{r}}\partial_r\mathbf{s}_k)\\&+\rho\{\mathbf{s}_k\cdot\boldsymbol{\nabla}\phi_{k'}+\mathbf{s}_{k'}\cdot\boldsymbol{\nabla}\phi_k\\&+8\pi G\rho(\hat{\mathbf{r}}\cdot\mathbf{s}_k)(\hat{\mathbf{r}}\cdot\mathbf{s}_{k'})+g\Upsilon_{kk'}\}]_-^+\,d\Sigma\\-&\int_{\Sigma_{\rm FS}}\boldsymbol{\nabla}^\Sigma(\delta d)\cdot[\kappa_0(\boldsymbol{\nabla}\cdot\mathbf{s}_k)\mathbf{s}_{k'}+\kappa_0(\boldsymbol{\nabla}\cdot\mathbf{s}_{k'})\mathbf{s}_k\\&+2\mu_0(\hat{\mathbf{r}}\cdot\mathbf{d}_k\cdot\hat{\mathbf{r}})\mathbf{s}_{k'}+2\mu_0(\hat{\mathbf{r}}\cdot\mathbf{d}_{k'}\cdot\hat{\mathbf{r}})\mathbf{s}_k]_-^+\,d\Sigma\end{aligned}\tag{13.156}$$

和

$$A_{kk'}=\int_\oplus[\kappa_0 q_\kappa(\boldsymbol{\nabla}\cdot\mathbf{s}_k)(\boldsymbol{\nabla}\cdot\mathbf{s}_{k'})+2\mu_0 q_\mu(\mathbf{d}_k:\mathbf{d}_{k'})]\,dV\tag{13.157}$$

显然，V和A的获得是通过在(13.126)中分别做替换$\kappa\to\kappa_0$, $\mu\to\mu_0$和$\delta\kappa\to\kappa_0 q_\kappa$, $\delta\mu\to\mu_0 q_\mu$, $\delta\rho\to 0$, $\delta d\to 0$。为了避免与13.3.3节中引入的混合多态模式下角标符号冲突，我们在这两个实数矩阵符号中略去了惯用的下角标0。

无自转非弹性地球的重归一化本征矢量的合适选择是

$$\mathsf{z}=(\mathsf{I}+\frac{1}{2}\mathsf{T}-\frac{1}{2\pi}\omega_0^{-2}\mathsf{A})\mathsf{q}\tag{13.158}$$

将(13.155) 和(13.158) 代入(13.153)，并忽略$\delta\omega$、γ、$\omega_k-\omega_0$、T、V和A的二阶项，我们得到复数本征频率微扰所满足的普通本征值问题：

$$\mathsf{H}\mathsf{z}=\delta\nu\,\mathsf{z}\tag{13.159}$$

其中

$$\mathsf{H} = \Omega - \omega_0 \mathsf{I} + (2\omega_0)^{-1}(\mathsf{V} + i\mathsf{A} - \omega_0^2 \mathsf{T}) \tag{13.160}$$

无自转非弹性地球的重归一化本征频率微扰矩阵(13.160)既不是实数对称的，也不是埃尔米特的；相反地，它是复数对称的：$\mathsf{H}^{\mathrm{T}} = \mathsf{H}$。这种矩阵不一定能够对角化；如果有任一本征值，其几何重根数小于代数重根数，则H不可对角化，且被称作是缺陷的。依照在6.2.3节中所阐述的观点，我们将不考虑这种情形，而直接假设H为非缺陷矩阵。由于任一非缺陷复数对称矩阵都可以被一个复数正交变换对角化，我们可以写出(Horn & Johnson 1985)

$$\mathsf{Z}^{\mathrm{T}}\mathsf{Z} = \mathsf{I} \qquad \mathsf{Z}^{\mathrm{T}}\mathsf{H}\mathsf{Z} = \Delta \tag{13.161}$$

其中Z仍然是由重归一化列矢量z组成的矩阵，而$\Delta = \mathrm{diag}\,[\cdots\ \delta\nu\ \cdots]$是由单态模式本征频率微扰组成的对角矩阵。值得注意的是，(13.161)中的两个条件与相应的弹性关系式(13.133)–(13.134)完全一样；仅有的差别在于，对于非弹性微扰，方阵H、Z和Δ为复数，而当不存在非弹性时它们为实数。精确到T和A的一阶，我们可以用由原来的列矢量q组成的矩阵Q将非弹性正交归一关系改写为

$$\mathsf{Q}^{\mathrm{T}}(\mathsf{I} + \mathsf{T} - \frac{1}{\pi}\omega_0^{-2}\mathsf{A})\mathsf{Q} = \mathsf{I} \tag{13.162}$$

该结果不同于无自转弹性地球中类似的关系式(13.135)，因为它有频散项$\frac{1}{\pi}\omega_0^{-2}\mathsf{A}$。简而言之，无自转非弹性地球的本征频率微扰$\delta\nu = \delta\omega + i\gamma$及其相应的重归一化本征矢量z是通过求解复数的对称本征值问题$\mathsf{H}\mathsf{z} = \delta\nu\,\mathsf{z}$，并在满足$\mathsf{z}^{\mathrm{T}}\mathsf{z} = 1$的条件下得到的。(13.158)式的逆给出原来的本征矢量q与重归一化本征矢量z之间的关系：

$$\mathsf{q} = (\mathsf{I} - \frac{1}{2}\mathsf{T} + \frac{1}{2\pi}\omega_0^{-2}\mathsf{A})\mathsf{z} \tag{13.163}$$

(13.162)式表明，单态模式本征函数s在如下两式的意义上是正交归一化的：

$$\begin{aligned} &\int_{\oplus}(\rho + \delta\rho)\,\mathbf{s}\cdot\mathbf{s}'\,dV - \int_{\Sigma}\delta d\,[\rho\mathbf{s}\cdot\mathbf{s}']_-^+\,d\Sigma \\ &\quad - \frac{1}{\pi}\omega_0^{-2}\int_{\oplus}[\kappa_0 q_\kappa(\boldsymbol{\nabla}\cdot\mathbf{s})(\boldsymbol{\nabla}\cdot\mathbf{s}') + 2\mu_0 q_\mu(\mathbf{d}:\mathbf{d}')]\,dV = 0 \\ &\qquad \text{若}\ \delta\nu \neq \delta\nu' \end{aligned} \tag{13.164}$$

$$\begin{aligned} &\int_{\oplus}(\rho + \delta\rho)\,\mathbf{s}\cdot\mathbf{s}\,dV - \int_{\Sigma}\delta d\,[\rho\mathbf{s}\cdot\mathbf{s}]_-^+\,d\Sigma \\ &\quad - \frac{1}{\pi}\omega_0^{-2}\int_{\oplus}[\kappa_0 q_\kappa(\boldsymbol{\nabla}\cdot\mathbf{s})^2 + 2\mu_0 q_\mu(\mathbf{d}:\mathbf{d})]\,dV = 1 \end{aligned} \tag{13.165}$$

(13.164)–(13.165)两式只适用于单态模式本征函数(13.124)及其相应的位于基准频率ω_0附近的本征频率，它们可以被视为一般非弹性正交归一关系(6.143)–(6.144)的“窄带”形式。值得注意的是，尽管本征函数s为复数，(13.164)–(13.165)中并没有用到其复数共轭。

*13.2.4　自转非弹性微扰

我们可以通过审慎地结合13.2.2节和13.3.3节中的结果，来同时考虑自转和非弹性。此时在参考频率ω_0处的实数势能矩阵V除了含有$\delta\kappa_0$、$\delta\mu_0$、$\delta\rho$、$\delta\Phi$、δd和γ等结构微扰之外，还包含离心势函数ψ的影响：

$$\begin{aligned}V_{kk'} = &\int_{\oplus}[\delta\kappa_0(\nabla\cdot\mathbf{s}_k)(\nabla\cdot\mathbf{s}_{k'}) + 2\delta\mu_0(\mathbf{d}_k:\mathbf{d}_{k'})\\&+ \delta\rho\{\mathbf{s}_k\cdot\nabla\phi_{k'} + \mathbf{s}_{k'}\cdot\nabla\phi_k\\&+ 4\pi G\rho(\hat{\mathbf{r}}\cdot\mathbf{s}_k)(\hat{\mathbf{r}}\cdot\mathbf{s}_{k'}) + g\Upsilon_{kk'}\}\\&+ \frac{1}{2}\rho\nabla(\delta\Phi+\psi)\cdot(\mathbf{s}_k\cdot\nabla\mathbf{s}_{k'} + \mathbf{s}_{k'}\cdot\nabla\mathbf{s}_k\\&- \mathbf{s}_k\nabla\cdot\mathbf{s}_{k'} - \mathbf{s}_{k'}\nabla\cdot\mathbf{s}_k) + \rho\mathbf{s}_k\cdot\nabla\nabla(\delta\Phi+\psi)\cdot\mathbf{s}_{k'}\\&+ \boldsymbol{\varepsilon}_k:\boldsymbol{\gamma}:\boldsymbol{\varepsilon}_{k'}]\,dV\\- &\int_{\Sigma}\delta d\,[\frac{1}{2}\kappa_0(\nabla\cdot\mathbf{s}_k)(\nabla\cdot\mathbf{s}_{k'} - 2\hat{\mathbf{r}}\cdot\partial_r\mathbf{s}_{k'})\\&+ \frac{1}{2}\kappa_0(\nabla\cdot\mathbf{s}_{k'})(\nabla\cdot\mathbf{s}_k - 2\hat{\mathbf{r}}\cdot\partial_r\mathbf{s}_k)\\&+ \mu_0\mathbf{d}_k:(\mathbf{d}_{k'} - 2\hat{\mathbf{r}}\partial_r\mathbf{s}_{k'}) + \mu_0\mathbf{d}_{k'}:(\mathbf{d}_k - 2\hat{\mathbf{r}}\partial_r\mathbf{s}_k)\\&+ \rho\{\mathbf{s}_k\cdot\nabla\phi_{k'} + \mathbf{s}_{k'}\cdot\nabla\phi_k\\&+ 8\pi G\rho(\hat{\mathbf{r}}\cdot\mathbf{s}_k)(\hat{\mathbf{r}}\cdot\mathbf{s}_{k'}) + g\Upsilon_{kk'}\}]_-^+\,d\Sigma\\- &\int_{\Sigma_{\mathrm{FS}}}\nabla^{\Sigma}(\delta d)\cdot[\kappa_0(\nabla\cdot\mathbf{s}_k)\mathbf{s}_{k'} + \kappa_0(\nabla\cdot\mathbf{s}_{k'})\mathbf{s}_k\\&+ 2\mu_0(\hat{\mathbf{r}}\cdot\mathbf{d}_k\cdot\hat{\mathbf{r}})\mathbf{s}_{k'} + 2\mu_0(\hat{\mathbf{r}}\cdot\mathbf{d}_{k'}\cdot\hat{\mathbf{r}})\mathbf{s}_k]_-^+\,d\Sigma\end{aligned}\tag{13.166}$$

更重要的是，我们需要处理一个新的、重要的复杂因素：具有$\mathsf{W}\to-\mathsf{W}$的逆转地球的对偶本征函数$\bar{\mathbf{s}}$不再仅仅是真实地球本征函数$\mathbf{s}$的复数共轭；相反地，$\mathbf{s}$和$\bar{\mathbf{s}}$必须由不同的独立展开式来表示

$$\mathbf{s} = \sum_k q_k\mathbf{s}_k \qquad \bar{\mathbf{s}} = \sum_k \bar{q}_k\mathbf{s}_k \tag{13.167}$$

要得到在参考频率ω_0附近的复数本征频率微扰$\delta\nu$及其相应的列矢量

$$\mathsf{q} = \begin{pmatrix}\vdots\\ q_k\\ \vdots\end{pmatrix} \qquad \bar{\mathsf{q}} = \begin{pmatrix}\vdots\\ \bar{q}_k\\ \vdots\end{pmatrix} \tag{13.168}$$

我们必须求解(7.86)–(7.87)中的这一对广义本征值问题：

$$\begin{aligned}[\Omega^2 + \mathsf{V}(\omega_0+\delta\nu) + 2(\omega_0+\delta\nu)\mathsf{W}&\\- (\omega_0+\delta\nu)^2(\mathsf{I}+\mathsf{T})]\mathsf{q} = 0&\end{aligned}\tag{13.169}$$

$$[\Omega^2 + \mathsf{V}(\omega_0+\delta\nu) - 2(\omega_0+\delta\nu)\mathsf{W}$$

$$-(\omega_0+\delta\nu)^2(\mathsf{I}+\mathsf{T})]\overline{\mathsf{q}}=0 \tag{13.170}$$

要发展一个适当的重归一化步骤，现在就必须考虑科里奥利力和窄带非弹性频散。将(13.142)和(13.158)加以推广，我们定义z和$\overline{\mathsf{z}}$为

$$\mathsf{z}=(\mathsf{I}+\frac{1}{2}\mathsf{T}-\frac{1}{2}\omega_0^{-1}\mathsf{W}-\frac{1}{2\pi}\omega_0^{-2}\mathsf{A})\mathsf{q} \tag{13.171}$$

$$\overline{\mathsf{z}}=(\mathsf{I}+\frac{1}{2}\mathsf{T}+\frac{1}{2}\omega_0^{-1}\mathsf{W}-\frac{1}{2\pi}\omega_0^{-2}\mathsf{A})\overline{\mathsf{q}} \tag{13.172}$$

将(13.171)–(13.172)代入(13.169)–(13.170)，并忽略$\delta\omega$、γ、$\omega_k-\omega_0$、T、V、A和W的二阶项，我们得到两个普通本征值问题

$$\mathsf{H}\mathsf{z}=\delta\nu\,\mathsf{z} \qquad \overline{\mathsf{H}}\,\overline{\mathsf{z}}=\delta\nu\,\overline{\mathsf{z}} \tag{13.173}$$

其中

$$\mathsf{H}=\Omega-\omega_0\mathsf{I}+\mathsf{W}+(2\omega_0)^{-1}(\mathsf{V}+i\mathsf{A}-\omega_0^2\mathsf{T}) \tag{13.174}$$

$$\overline{\mathsf{H}}=\Omega-\omega_0\mathsf{I}-\mathsf{W}+(2\omega_0)^{-1}(\mathsf{V}+i\mathsf{A}-\omega_0^2\mathsf{T}) \tag{13.175}$$

动能和势能微扰矩阵均为复数对称的，$\mathsf{T}^{\mathrm{T}}=\mathsf{T}$和$\mathsf{V}^{\mathrm{T}}=\mathsf{V}$，而科里奥利矩阵却是复数反对称的，$\mathsf{W}^{\mathrm{T}}=-\mathsf{W}$。因此，(13.174)-(13.175)中两个重归一化本征频率微扰矩阵之间简单的关系为

$$\overline{\mathsf{H}}=\mathsf{H}^{\mathrm{T}} \tag{13.176}$$

也就是说，$\overline{\mathsf{H}}$只是H的转置。根据简单的关系$\det(\mathsf{H}^{\mathrm{T}}-\delta\nu\,\mathsf{I})=\det(\mathsf{H}-\delta\nu\,\mathsf{I})$，一般来说，一个复数矩阵与其转置具有相同的本征值$\delta\nu$。取关系式$\mathsf{H}^{\mathrm{T}}\overline{\mathsf{z}}=\delta\nu\,\overline{\mathsf{z}}$的转置可以看到，我们也可以不把对偶本征矢量$\overline{\mathsf{z}}$当作$\overline{\mathsf{H}}$的*右本征矢量*，而把它当作$\mathsf{H}$的*左本征矢量*：

$$\overline{\mathsf{z}}^{\mathrm{T}}\mathsf{H}=\delta\nu\,\overline{\mathsf{z}}^{\mathrm{T}} \tag{13.177}$$

用两种不同的方式将乘积$\overline{\mathsf{z}}^{\mathrm{T}}\mathsf{H}\mathsf{z}'$加以整理，我们很容易验证具有不同本征值$\delta\nu\neq\delta\nu'$的对偶 (左) 本征矢量$\overline{\mathsf{z}}$和原始的 (右) 本征矢量$\mathsf{z}$在$\overline{\mathsf{z}}^{\mathrm{T}}\mathsf{z}'=0$这个意义上是*双正交*的。如果通过$\overline{\mathsf{z}}^{\mathrm{T}}\mathsf{z}=1$这一条件来归一化所有$\mathsf{z}$及其相应的对偶$\overline{\mathsf{z}}$，那么类比于无自转非弹性地球的(13.161)式，我们可以写出下式

$$\overline{\mathsf{Z}}^{\mathrm{T}}\mathsf{Z}=\mathsf{I} \qquad \overline{\mathsf{Z}}^{\mathrm{T}}\mathsf{H}\mathsf{Z}=\Delta \tag{13.178}$$

其中Z和$\overline{\mathsf{Z}}$分别为由右、左列矢量z和$\overline{\mathsf{z}}$组成的矩阵，Δ仍为由ω_0附近的复数本征频率微扰$\delta\nu=\delta\omega+i\gamma$组成的对角矩阵。双正交归一关系$\overline{\mathsf{Z}}^{\mathrm{T}}\mathsf{Z}=\mathsf{I}$可以用由原来的列矢量$\mathsf{q}$及其对偶$\overline{\mathsf{q}}$组成的矩阵 Q和$\overline{\mathsf{Q}}$写为如下形式

$$\overline{\mathsf{Q}}^{\mathrm{T}}(\mathsf{I}+\mathsf{T}-\omega_0^{-1}\mathsf{W}-\frac{1}{\pi}\omega_0^{-2}\mathsf{A})\mathsf{Q}=\mathsf{I} \tag{13.179}$$

值得注意的是，重归一化的左、右两个本征矢量矩阵互为*彼此转置的逆*：

$$\overline{\mathsf{Z}}=\mathsf{Z}^{-\mathrm{T}} \tag{13.180}$$

这便使我们得以避免对逆转地球做显式处理，并且在必要时用求矩阵逆和转置的数值方法来计算$\overline{\mathsf{Z}}$和$\overline{\mathsf{Q}}$。

总而言之，对于自转非弹性地球，我们需要在$\bar{\mathsf{z}}^{\mathrm{T}}\mathsf{z} = 1$的约束条件下求解$\mathsf{H}\mathsf{z} = \delta\nu\,\mathsf{z}$和$\bar{\mathsf{z}}^{\mathrm{T}}\mathsf{H} = \delta\nu\,\bar{\mathsf{z}}$这两个右、左本征值问题，来得到复数的本征频率微扰$\delta\nu = \delta\omega + i\gamma$以及相应的重归一化本征矢量$\mathsf{z}$及其对偶$\bar{\mathsf{z}}$。或者，我们也可以只求解右本征值问题$\mathsf{H}\mathsf{z} = \delta\nu\,\mathsf{z}$，并通过(13.180)式来计算其对偶$\bar{\mathsf{z}}$。原来的右、左本征矢量$\mathsf{q}$和$\bar{\mathsf{q}}$与相应的重归一化矢量$\mathsf{z}$和$\bar{\mathsf{z}}$的关系为

$$\mathsf{q} = (\mathsf{I} - \frac{1}{2}\mathsf{T} + \frac{1}{2}\omega_0^{-1}\mathsf{W} + \frac{1}{2\pi}\omega_0^{-2}\mathsf{A})\mathsf{z} \tag{13.181}$$

$$\bar{\mathsf{q}} = (\mathsf{I} - \frac{1}{2}\mathsf{T} - \frac{1}{2}\omega_0^{-1}\mathsf{W} + \frac{1}{2\pi}\omega_0^{-2}\mathsf{A})\bar{\mathsf{z}} \tag{13.182}$$

与矩阵方程(13.179)等价的三维双正交归一性关系式为

$$\begin{aligned}\int_\oplus(\rho+\delta\rho)\,\bar{\mathbf{s}}\cdot\mathbf{s}'\,dV - \int_\Sigma \delta d\,[\rho\,\bar{\mathbf{s}}\cdot\mathbf{s}']_-^+\,d\Sigma - \omega_0^{-1}\int_\oplus \rho\,\bar{\mathbf{s}}\cdot(i\boldsymbol{\Omega}\times\mathbf{s}')\,dV\\ - \frac{1}{\pi}\omega_0^{-2}\int_\oplus[\kappa_0 q_\kappa(\boldsymbol{\nabla}\cdot\bar{\mathbf{s}})(\boldsymbol{\nabla}\cdot\mathbf{s}') + 2\mu_0 q_\mu(\bar{\mathbf{d}}\!:\!\mathbf{d}')]\,dV = 0\\ \text{若}\,\delta\nu \neq \delta\nu'\end{aligned} \tag{13.183}$$

$$\begin{aligned}\int_\oplus(\rho+\delta\rho)\,\bar{\mathbf{s}}\cdot\mathbf{s}\,dV - \int_\Sigma \delta d\,[\rho\,\bar{\mathbf{s}}\cdot\mathbf{s}]_-^+\,d\Sigma - \omega_0^{-1}\int_\oplus \rho\,\bar{\mathbf{s}}\cdot(i\boldsymbol{\Omega}\times\mathbf{s})\,dV\\ - \frac{1}{\pi}\omega_0^{-2}\int_\oplus[\kappa_0 q_\kappa(\boldsymbol{\nabla}\cdot\bar{\mathbf{s}})(\boldsymbol{\nabla}\cdot\mathbf{s}) + 2\mu_0 q_\mu(\bar{\mathbf{d}}\!:\!\mathbf{d})]\,dV = 1\end{aligned} \tag{13.184}$$

整个计算的结果精确到耦合多态模式的相对简并频率$\omega_k - \omega_0$以及各种结构和自转微扰$\delta\kappa_0$、$\delta\mu_0$、$\delta\rho$、$\delta\Phi$、δd、$\boldsymbol{\gamma}$、q_κ、q_μ 和 Ω 的一阶。对所有在参考频率ω_0附近的单态模式，实数本征频率微扰$\delta\omega$、衰减率γ以及相应的本征函数$\mathbf{s}$及其对偶$\bar{\mathbf{s}}$的计算误差应该都是上述小量的二阶量级。

当然，也可以不用$\delta\kappa_0$、$\delta\mu_0$和q_κ、q_μ，而是使用P波和S波速度微扰$\delta\alpha_0$和$\delta\beta_0$，以及相应的品质因子倒数q_α和q_β来进行运算。将以下一阶关系

$$\delta\kappa_0 = \delta\rho(\alpha_0^2 - \frac{4}{3}\beta_0^2) + 2\rho(\alpha_0\,\delta\alpha_0 - \frac{4}{3}\beta_0\,\delta\beta_0) \tag{13.185}$$

$$\delta\mu_0 = \delta\rho\,\beta_0^2 + 2\rho\beta_0\,\delta\beta_0 \tag{13.186}$$

和

$$\kappa_0 q_\kappa = \rho\alpha_0^2 q_\alpha - \frac{4}{3}\rho\beta_0^2 q_\beta \qquad \mu_0 q_\mu = \rho\beta_0^2 q_\beta \tag{13.187}$$

代入定义关系式(13.166)，可以很容易地确定实数势能矩阵V对这些波速微扰的依赖关系。必要的话，可以依照(13.43)和(13.87)–(13.88)对V加以修改来考虑地球内部初始偏应力场$\boldsymbol{\tau}$的影响，同样地，微扰前地球模型的横向各向同性也可以通过直接修改(13.118)–(13.119)来处理。

13.2.5 小结

表13.1和表13.2总结并比较了在考虑或不考虑自转和非弹性时必须求解的普通本征值问题。对每一种情形，重归一化本征频率微扰矩阵H均被一个相似变换对角化：

$$\mathsf{Z}^{-1}\mathsf{HZ} = \Delta \tag{13.188}$$

其中Z^{-1}表示逆矩阵。当不存在非弹性时，该对角化变换的存在是确定的。在无自转弹性地球上，矩阵H是实数对称的，故Z是正交的，$\mathsf{Z}^{-1} = \mathsf{Z}^{\mathrm{T}}$，而在自转弹性地球上，H为复数且埃尔米特的，因此Z为幺正的，$\mathsf{Z}^{-1} = \mathsf{Z}^{\mathrm{H}}$。在非弹性地球上，只有当本征频率微扰矩阵H为非缺陷矩阵时，我们才能够找到一个满足(13.188) 式的相似变换。然而，任何具有不同本征值的复数矩阵H都是非缺陷且可对角化的(Horn & Johnson 1985)；由于本征值$\delta\nu = \delta\omega + i\gamma$的重叠只能是罕见的偶然简并的结果，因此，可以合理地假设对角化变换Z“几乎总是”能够找到的。在无自转时，非弹性本征频率微扰矩阵H为复数对称的，$\mathsf{H}^{\mathrm{T}} = \mathsf{H}$，变换Z为复数正交的，$\mathsf{Z}^{-1} = \mathsf{Z}^{\mathrm{T}}$。当同时存在自转和非弹性时，H没有任何特殊的对称性或其他性质；对于这个最一般的情形，我们需要分别求解真实地球和逆转地球的本征矢量，因为$\mathsf{Z}^{-1} = \overline{\mathsf{Z}}$。

表13.3和表13.4中总结了四种情形的本征矢量反变换关系和相应的正交归一关系或双正交归一关系。重归一化确保了单态模式本征函数$\mathbf{s}$及其对偶$\overline{\mathbf{s}}$相对于微扰后的地球在$\delta\rho$、δd、q_κ、q_μ和Ω的一阶精度上是正交归一或双正交归一的，对于每一种情形，这个一阶的正交归一性或双正交归一性都是通过在简化为(13.131)、(13.143)、(13.159)或(13.173)的普通本征值问题过程中，审慎地忽略某些但并非所有的二阶项而得到的。当不存在任何微扰($\mathsf{T} = 0$, $\mathsf{V} = \mathsf{A} = 0$, $\mathsf{W} = 0$)时，本征频率微扰和本征矢量矩阵简化为$\Delta = \Omega - \omega_0\mathsf{I}$和$\mathsf{Z} = \overline{\mathsf{Z}} = \mathsf{Q} = \overline{\mathsf{Q}} = \mathsf{I}$。

表 13.1 考虑或不考虑自转和非弹性时需要对角化的微扰矩阵H和$\overline{\mathsf{H}} = \mathsf{H}^{\mathrm{T}}$

地球模型	微扰矩阵
无自转弹性	$\mathsf{H} = \Omega - \omega_0\mathsf{I} + (2\omega_0)^{-1}(\mathsf{V} - \omega_0^2\mathsf{T})$
自转弹性	$\mathsf{H} = \Omega - \omega_0\mathsf{I} + \mathsf{W} + (2\omega_0)^{-1}(\mathsf{V} - \omega_0^2\mathsf{T})$
无自转非弹性	$\mathsf{H} = \Omega - \omega_0\mathsf{I} + (2\omega_0)^{-1}(\mathsf{V} + i\mathsf{A} - \omega_0^2\mathsf{T})$
自转非弹性	$\mathsf{H} = \Omega - \omega_0\mathsf{I} + \mathsf{W} + (2\omega_0)^{-1}(\mathsf{V} + i\mathsf{A} - \omega_0^2\mathsf{T})$ $\overline{\mathsf{H}} = \Omega - \omega_0\mathsf{I} - \mathsf{W} + (2\omega_0)^{-1}(\mathsf{V} + i\mathsf{A} - \omega_0^2\mathsf{T})$

表 13.2 考虑或不考虑自转和非弹性时瑞利-里茨本征值问题的数学结构

地球模型	矩阵 H	对角化	正交归一化
无自转 弹性	实数 对称	$\mathsf{Z}^{\mathrm{T}}\mathsf{HZ}=\Delta$	$\mathsf{Z}^{\mathrm{T}}\mathsf{Z}=\mathsf{I}$
自转 弹性	复数 埃尔米特	$\mathsf{Z}^{\mathrm{H}}\mathsf{HZ}=\Delta$	$\mathsf{Z}^{\mathrm{H}}\mathsf{Z}=\mathsf{I}$
无自转 非弹性	复数 对称	$\mathsf{Z}^{\mathrm{T}}\mathsf{HZ}=\Delta$	$\mathsf{Z}^{\mathrm{T}}\mathsf{Z}=\mathsf{I}$
自转 非弹性	一般 复数	$\overline{\mathsf{Z}}^{\mathrm{T}}\mathsf{HZ}=\Delta$	$\overline{\mathsf{Z}}^{\mathrm{T}}\mathsf{Z}=\mathsf{I}$

注：必须求解这些本征值问题以获得由基准频率 ω_0 附近的本征频率微扰 $\delta\omega$ 或 $\delta\nu=\delta\omega+i\gamma$ 组成的对角矩阵 Δ，以及相关的由重归一化本征矢量 z 及其对偶矢量 $\overline{\mathsf{z}}$ 组成的矩阵 Z 和 $\overline{\mathsf{Z}}$。在无自转地球中，本征矢量及其对偶显然是相同的，$\overline{\mathsf{Z}}=\mathsf{Z}$，而在自转且完全弹性地球中，它们互为彼此的复数共轭，$\overline{\mathsf{Z}}=\mathsf{Z}^*$

对于用来求解如表 13.1 和表 13.2 中的普通本征值问题的高效且稳定的数值算法，有丰富的文献记载与广泛的应用 (Smith & others 1976; Garbow & others 1977; Dongarra & Walker 1995)。在任一应用中所使用的最佳方法取决于要被对角化的矩阵 H 的数学特性。复数对称矩阵和一般的复数矩阵比实数对称矩阵或复数埃尔米特矩阵要更难处理，因为从技术上讲它们可能是非缺陷的，但在精度有限的计算机上却在数值上是缺陷的或接近缺陷的。尽管如此，这里所推导的结果为确定横向不均匀非弹性地球模型的本征频率和本征函数提供了一个实用的方法。

表 13.3 考虑或不考虑自转和非弹性时重归一化至原来本征矢量的反变换关系式

地球模型	重归一化关系
无自转 弹性	$\mathsf{Q}=(\mathsf{I}-\tfrac{1}{2}\mathsf{T})\mathsf{Z}$
自转 弹性	$\mathsf{Q}=(\mathsf{I}-\dfrac{1}{2}\mathsf{T}+\dfrac{1}{2}\omega_0^{-1}\mathsf{W})\mathsf{Z}$
无自转 非弹性	$\mathsf{Q}=(\mathsf{I}-\dfrac{1}{2}\mathsf{T}+\dfrac{1}{2\pi}\omega_0^{-2}\mathsf{A})\mathsf{Z}$
自转 非弹性	$\mathsf{Q}=(\mathsf{I}-\dfrac{1}{2}\mathsf{T}+\dfrac{1}{2}\omega_0^{-1}\mathsf{W}+\dfrac{1}{2\pi}\omega_0^{-2}\mathsf{A})\mathsf{Z}$ $\overline{\mathsf{Q}}=(\mathsf{I}-\tfrac{1}{2}\mathsf{T}-\dfrac{1}{2}\omega_0^{-1}\mathsf{W}+\dfrac{1}{2\pi}\omega_0^{-2}\mathsf{A})\overline{\mathsf{Z}}$

表 13.4 考虑或不考虑自转和非弹性时本征矢量的正交归一性或双正交归一性关系

地球模型	正交归一性
无自转 弹性	$\mathsf{Q}^{\mathrm{T}}(\mathsf{I}+\mathsf{T})\mathsf{Q}=\mathsf{I}$
自转 弹性	$\mathsf{Q}^{\mathrm{H}}(\mathsf{I}+\mathsf{T}-\omega_0^{-1}\mathsf{W})\mathsf{Q}=\mathsf{I}$
无自转 非弹性	$\mathsf{Q}^{\mathrm{T}}(\mathsf{I}+\mathsf{T}-\frac{1}{\pi}\omega_0^{-2}\mathsf{A})\mathsf{Q}=\mathsf{I}$
自转 非弹性	$\overline{\mathsf{Q}}^{\mathrm{T}}(\mathsf{I}+\mathsf{T}-\omega_0^{-1}\mathsf{W}-\frac{1}{\pi}\omega_0^{-2}\mathsf{A})\mathsf{Q}=\mathsf{I}$

13.3 单态模式叠加合成地震图

微扰后地球上的合成地震图和频谱可以用单态模式叠加来计算；我们用本章的剩余部分来讨论这一题目。为保持最强的一般性，我们考虑自转非弹性地球；但是只需稍做修改便可得到另外三种情形的类似结果。例如，在无自转时，只需令$\mathsf{H}^{\mathrm{T}}=\mathsf{H}$，并在对偶本征矢量矩阵$\overline{\mathsf{Z}}$和$\overline{\mathsf{Q}}$的符号中去掉表示"逆转地球"的上横线即可。

13.3.1 窄带响应

对阶梯函数矩张量源的地震响应依赖于*接收点矢量*r和*源点矢量*s，它们的实数分量为

$$r_k=\hat{\boldsymbol{\nu}}\cdot\mathbf{s}_k(\mathbf{x})\qquad s_k=\mathbf{M}:\boldsymbol{\varepsilon}_k(\mathbf{x}_{\mathrm{s}})\tag{13.189}$$

依照往例，$\hat{\boldsymbol{\nu}}$和$\mathbf{x}$表示接收点的偏振方向和地理位置，而$\mathbf{M}$和$\mathbf{x}_{\mathrm{s}}$则表示震源矩张量和震源位置。自转非弹性地球上的时间域加速度由(7.114)式给定；以当前的符号，该结果可表示为如下形式

$$a(t)=\mathrm{Re}\left[A(t)\exp(i\omega_0t)\right]\tag{13.190}$$

其中

$$A(t)=\mathsf{r}'^{\mathrm{T}}\exp(i\Delta t)\,\mathsf{s}'\tag{13.191}$$

撇号表示用原来的和对偶本征矢量矩阵Q和$\overline{\mathsf{Q}}$所定义的*变换后*的接收点和源点矢量

$$\mathsf{r}'=\mathsf{Q}^{\mathrm{T}}\mathsf{r}\qquad\mathsf{s}'=\overline{\mathsf{Q}}^{\mathrm{T}}\mathsf{s}\tag{13.192}$$

将震源的基准发震时刻t_{s}设为零，因而(13.190)描述了所有时刻$t\geqslant0$的响应。我们也可以用变换矩阵Z和$\overline{\mathsf{Z}}$，而非Q和$\overline{\mathsf{Q}}$，来表示带撇号的接收点和源点矢量

$$\mathsf{r}'=\mathsf{Z}^{\mathrm{T}}\mathsf{u}\qquad\mathsf{s}'=\overline{\mathsf{Z}}^{\mathrm{T}}\mathsf{v}\tag{13.193}$$

其中

$$\mathsf{u} = (\mathsf{I} - \frac{1}{2}\mathsf{T} - \frac{1}{2}\omega_0^{-1}\mathsf{W} + \frac{1}{2\pi}\omega_0^{-2}\mathsf{A})\mathsf{r} \tag{13.194}$$

$$\mathsf{v} = (\mathsf{I} - \frac{1}{2}\mathsf{T} + \frac{1}{2}\omega_0^{-1}\mathsf{W} + \frac{1}{2\pi}\omega_0^{-2}\mathsf{A})\mathsf{s} \tag{13.195}$$

(13.194)–(13.195) 中定义的 u 和 v 这两个量可以分别被视为对应于逆转地球与真实地球的重归一化接收点矢量和源点矢量。因为我们已经忽略了 $\delta\omega$ 和 $\omega_k - \omega_0$ 的二阶项，(13.190) 仅是一个窄带加速度图的表达式，它只在参考频率 ω_0 附近有效。由单态模式叠加所定义的量 $A(t)$，是一个缓慢变化的复数包络，它对参考“载波” $\exp(i\omega_0 t)$ 加以调制。

13.3.2 直接求解法

在对角化之前，我们可以利用本征矢量变换关系 (13.178)，将窄带调制函数用原来的本征频率微扰矩阵 H 改写为

$$A(t) = \mathsf{u}^{\mathrm{T}}\exp(i\mathsf{H}t)\,\mathsf{v} \tag{13.196}$$

(13.196) 式是响应的显式或直接表达式，而不是简正模式表达式。我们可以把指数因子

$$\mathsf{X}(t) = \exp(i\mathsf{H}t) \tag{13.197}$$

视为一个缓慢变化的传播矩阵，它可以通过求解一阶线性常微分方程组

$$d\mathsf{X}/dt = i\mathsf{H}\mathsf{X}, \qquad \mathsf{X}(0) = \mathsf{I} \tag{13.198}$$

来获得。这表现了采用*直接求解法*来计算窄带调制方程 $A(t)$ 的一个可能性，它不需要进行大规模的矩阵对角化。$\mathsf{X}(t)$ 的缓慢变化使得可以对方程 (13.198) 用相对较大的时间步长来进行数值积分。

如果我们想要合成由给定震源 $\mathbf{M}$、$\mathbf{x}_\mathrm{s}$ 在若干个接收点 $\mathbf{x}$ 处所产生的一组 $\hat{\boldsymbol{\nu}}$ 方向的窄带加速度图，一个更高效的方法是求解一个关于*窄带震源响应矢量* $\mathsf{d}(t)$ 的一阶方程组

$$d\mathsf{d}/dt = i\mathsf{H}\mathsf{d}, \qquad \mathsf{d}(0) = \mathsf{v} \tag{13.199}$$

在每一个接收点的调制函数可以用 $\mathsf{d}(t)$ 表示为

$$A(t) = \mathsf{u}^{\mathrm{T}}\mathsf{d}(t) \tag{13.200}$$

或者，如果我们想要得到在单个接收点 $\mathbf{x}$ 对于一组地震 $\mathbf{M}$、$\mathbf{x}_\mathrm{s}$ 在 $\hat{\boldsymbol{\nu}}$ 方向的响应，则更好的做法是求解一个关于接收点响应对偶矢量 $\mathsf{e}(t)$ 的方程组

$$d\mathsf{e}/dt = i\mathsf{H}^{\mathrm{T}}\mathsf{e}, \qquad \mathsf{e}(0) = \mathsf{u} \tag{13.201}$$

这样的话，对每一个震源的响应可以表示成

$$A(t) = \mathsf{e}^{\mathrm{T}}(t)\mathsf{v} \tag{13.202}$$

要注意，没有必要同时在真实地球和逆转地球上求解两个初值问题 (13.199) 和 (13.201)；一个给定的窄带调制函数 $A(t)$ 可以用 (13.200) 式或 (13.202) 式来计算。相反，当我们使用对角化方

法时，则必须确定右和左两组本征矢量才能计算(13.191)中的简正模式叠加。如果我们想要的是若干个不同震源在若干个接收点给定偏振方向的响应，只需要求解$\mathsf{d}(t)$或$\mathsf{e}(t)$两者之一；假如计算效率是唯一的标准，则最佳的选择显然取决于接收点数目是否多于震源数目，反之亦然。

可以很容易地写出窄带加速度响应在频率域而非时间域中的表达式。通过改写(7.117)式或对(13.190)式做傅里叶变换，可以得到简正模式表达式

$$a(\omega)=\frac{1}{2}i\mathsf{r}'^{\mathrm{T}}[\Delta-(\omega-\omega_0)\mathsf{I}]^{-1}\mathsf{s}' \tag{13.203}$$

(13.203)式是以正参考频率ω_0附近的微扰后单态模式为中心的洛伦兹共振谱峰的加权求和；相应的负谱峰的贡献明显被忽略了。我们也可以直接将$a(\omega)$用原来的微扰矩阵H和重归一化的接收点和源点矢量u和v表示为

$$a(\omega)=\frac{1}{2}i\mathsf{u}^{\mathrm{T}}[\mathsf{H}-(\omega-\omega_0)\mathsf{I}]^{-1}\mathsf{v} \tag{13.204}$$

(13.204)这一结果为*频率域直接求解法*提供了理论基础，它是基于(7.118)式的方法的窄带形式。在参考频率ω_0附近，通过求解关于震源响应矢量$\mathsf{d}(\omega)$的线性代数方程组

$$(\mathsf{H}-\omega\mathsf{I})\mathsf{d}(\omega)=i\mathsf{v} \tag{13.205}$$

然后计算如下标量乘积

$$a(\omega)=\frac{1}{2}\mathsf{u}^{\mathrm{T}}\mathsf{d}(\omega-\omega_0) \tag{13.206}$$

或者求解关于对偶接收点响应矢量$\mathsf{e}(\omega)$的方程组

$$(\mathsf{H}^{\mathrm{T}}-\omega\mathsf{I})\mathsf{e}(\omega)=i\mathsf{u} \tag{13.207}$$

然后计算乘积

$$a(\omega)=\frac{1}{2}\mathsf{e}^{\mathrm{T}}(\omega-\omega_0)\mathsf{v} \tag{13.208}$$

都可以得到加速度谱。如符号所提示的，两个频率域响应矢量$\mathsf{d}(\omega)$和$\mathsf{e}(\omega)$是时间域量$\mathsf{d}(t)$和$\mathsf{e}(t)$的傅里叶变换。要注意，必须在想要得到频谱响应$a(\omega)$的每个频率ω处建立并求解一个独立的方程组(13.205)或(13.207)；最佳的频率采样间隔是由在频率ω_0附近所要分辨的详细程度决定的。一般而言，最好不要使用数值的逆矩阵$(\mathsf{H}-\omega\mathsf{I})^{-1}$或$(\mathsf{H}^{\mathrm{T}}-\omega\mathsf{I})^{-1}$，因为用基于$\mathsf{H}-\omega\mathsf{I}$或$\mathsf{H}^{\mathrm{T}}-\omega\mathsf{I}$的QR分解来计算$\mathsf{d}(\omega)$或$\mathsf{e}(\omega)$的算法在效率上要高得多。直接求解法的开发者们对该技术提供了更为全面的讨论(Hara, Tsuboi & Geller 1991; 1993)。

如同我们在第7章中所指出的，在展开式(13.124)中用球对称地球本征函数$\mathbf{s}_k$作为基矢量只是众多可能的选择之一。Geller 和 Ohminato (1994)、Cummins, Takeuchi 和 Geller (1997)开发了另外一个有前景的频率域直接求解法，其中地球的加速度响应$\mathbf{a}(\mathbf{x},\omega)$写为以下形式

$$\mathbf{a}=\sum_{klm}(p_{klm}X_k\mathbf{P}_{lm}+b_{klm}X_k\mathbf{B}_{lm}+c_{klm}X_k\mathbf{C}_{lm}) \tag{13.209}$$

其中$\mathbf{P}_{lm}(\theta,\phi)$、$\mathbf{B}_{lm}(\theta,\phi)$和$\mathbf{C}_{lm}(\theta,\phi)$为矢量球谐函数，$X_k(r)$为(10.86)中的线性径向样条函

数。(13.209) 中的基矢量 $X_k\mathbf{P}_{lm}$、$X_k\mathbf{B}_{lm}$ 和 $X_k\mathbf{C}_{lm}$ 对于地理坐标 θ 和 ϕ 是全局的，但对于径向坐标 r 却是局地的。未知的展开系数 $p_{klm}(\omega)$、$b_{klm}(\omega)$ 和 $c_{klm}(\omega)$ 可以通过求解类似于 (13.205) 或 (13.207) 的线性代数方程组而得到。对于 SNREI 地球这一特例，球谐函数 $\mathbf{P}_{lm}$、$\mathbf{B}_{lm}$ 和 $\mathbf{C}_{lm}$ 的正交归一性使此算法简化为10.7节所描述的基于一维样条函数的公式。

13.3.3 混合多态模式的响应

在大多数情况下，自转非弹性地球的单态简正模式会聚集在一起成为混合多态模式，它们可以被认为是作为瑞利–里茨基的球对称地球多态模式在微扰后形成的多态模式。一个完整的宽带加速度图或频谱中的每个混合多态模式 ${}_n\mathrm{T}_l$ 或 ${}_n\mathrm{S}_l$ 必须严格由 $2l+1$ 个衰减的振荡或洛伦兹共振谱峰组成。下面我们来介绍一个简单的移动和筛选方法，可以用来合成这种“严丝合缝”的单态模式叠加。

为了从窄带加速度图 (13.190) 或频谱 (13.203) 中将与某一给定混合多态模式相应的部分分离出来，较为方便的做法是使用一种稍加修改的符号，其中角标 k 用来作为与一个给定的 ${}_n\mathrm{T}_l$ 或 ${}_n\mathrm{S}_l$ 所对应的所有基函数和（或）单态模式的通用标注。现在我们设定参考频率 ω_0 为希望分离的 $k=0$ 的目标多态模式的微扰前的简并本征频率，并分别用负的和正的 k 表示邻近的简并本征频率为 $\omega_k<\omega_0$ 和 $\omega_k>\omega_0$ 的一组基多态模式。用这种修改后的符号，(13.174) 中的能量矩阵 T 和 V、非弹性矩阵 A、科里奥利矩阵 W 以及本征频率微扰矩阵可以表示为如下形式

$$\mathsf{H}=\begin{pmatrix} & \vdots & & \vdots & \\ \cdots & \mathsf{H}_{-1-1} & \mathsf{H}_{-10} & \mathsf{H}_{-11} & \cdots \\ & \mathsf{H}_{0-1} & \mathsf{H}_{00} & \mathsf{H}_{01} & \\ \cdots & \mathsf{H}_{1-1} & \mathsf{H}_{10} & \mathsf{H}_{11} & \cdots \\ & \vdots & & \vdots & \end{pmatrix} \tag{13.210}$$

如果 k 表示球谐函数次数为 l 的一个基多态模式，k' 表示球谐函数次数为 l' 的一个基多态模式，则 $\mathsf{H}_{kk'}$ 是描述它们之间耦合的 $(2l+1)\times(2l'+1)$ 的子矩阵。复数本征频率微扰所组成的对角矩阵 Δ 包含子矩阵 $\Delta_k=\mathrm{diag}\,[\cdots\,\delta\nu_k\,\cdots]$，每一个子矩阵对应于本组基内的一个混合多态模式：

$$\Delta=\begin{pmatrix} \ddots & & & & \\ & \Delta_{-1} & & & \\ & & \Delta_0 & & \\ & & & \Delta_1 & \\ & & & & \ddots \end{pmatrix} \tag{13.211}$$

同样地，相应的本征矢量矩阵 Z、Q 和对偶本征矢量矩阵 $\overline{\mathsf{Z}}$, $\overline{\mathsf{Q}}$ 也可以分解为子矩阵 $\mathsf{Z}_{kk'}$、$\mathsf{Q}_{kk'}$ 和 $\overline{\mathsf{Z}}_{kk'}$、$\overline{\mathsf{Q}}_{kk'}$。后一个情形的角标 k 和 k' 分别对应于基多态模式和混合多态模式。如 H^{T} 这样的转置矩阵将被写成如下形式

$$\mathsf{H}^{\mathrm{T}} = \begin{pmatrix} & \vdots & & \vdots & \\ \cdots & \mathsf{H}^{\mathrm{T}}_{-1-1} & \mathsf{H}^{\mathrm{T}}_{-10} & \mathsf{H}^{\mathrm{T}}_{-11} & \cdots \\ & \mathsf{H}^{\mathrm{T}}_{0-1} & \mathsf{H}^{\mathrm{T}}_{00} & \mathsf{H}^{\mathrm{T}}_{01} & \\ \cdots & \mathsf{H}^{\mathrm{T}}_{1-1} & \mathsf{H}^{\mathrm{T}}_{10} & \mathsf{H}^{\mathrm{T}}_{11} & \cdots \\ & \vdots & & \vdots & \end{pmatrix} \tag{13.212}$$

要注意，$\mathsf{H}^{\mathrm{T}}_{kk'}$ 表示转置矩阵 H^{T} 的 kk' 子矩阵，并不是子矩阵 $\mathsf{H}_{kk'}$ 的转置；事实上，$\mathsf{H}^{\mathrm{T}}_{kk'} = (\mathsf{H}_{k'k})^{\mathrm{T}}$。同样的约定也适用于所有转置的本征矢量子矩阵 $\mathsf{Z}^{\mathrm{T}}_{kk'}$、$\mathsf{Q}^{\mathrm{T}}_{kk'}$ 和 $\overline{\mathsf{Z}}^{\mathrm{T}}_{kk'}$、$\overline{\mathsf{Q}}^{\mathrm{T}}_{kk'}$。

在参考频率 ω_0 足够低时，大多数分裂的混合多态模式在地震频谱中是相对比较孤立的，因此要确定有序的对角矩阵 (13.211) 及其相应的变换矩阵 Z、Q 和 $\overline{\mathsf{Z}}$、$\overline{\mathsf{Q}}$ 是一件简单的事情。然后便可以很容易地对实数本征频率微扰 $\delta\omega$ 进行数值排序，并将合适数目的单态模式赋予每一个 $(2l+1)$ 维的对角矩阵 Δ_k。两个或多个本征频率微扰相互交错的强烈耦合多态模式 $k, k', \ldots$，可以被当作一个 $(2l+1)+(2l'+1)+\cdots$ 维的*超级多态模式*。在这种情况下，可以采用其中任一简并本征频率作为参考频率 ω_0。在下文中，我们将继续使用目标混合“多态模式”这个名称，同时也认识到该理论同样适用于这种高度混合的超级多态模式。

目标多态模式的时间域加速度响应可以用上述符号表示为

$$a_0(t) = \mathrm{Re}\,[A_0(t)\exp(i\omega_0 t)] \tag{13.213}$$

其中

$$A_0(t) = \mathsf{r}_0'^{\mathrm{T}} \exp(i\Delta_0 t)\,\mathsf{s}_0' \tag{13.214}$$

r_0' 和 s_0' 是变换后的 $(2l+1)$ 维接收点和源点矢量

$$\mathsf{r}_0' = \sum_k \mathsf{Q}^{\mathrm{T}}_{0k}\mathsf{r}_k = \sum_k \mathsf{Z}^{\mathrm{T}}_{0k}\mathsf{u}_k \tag{13.215}$$

$$\mathsf{s}_0' = \sum_k \overline{\mathsf{Q}}^{\mathrm{T}}_{0k}\mathsf{s}_k = \sum_k \overline{\mathsf{Z}}^{\mathrm{T}}_{0k}\mathsf{v}_k \tag{13.216}$$

我们对 $a_0(t)$、$A_0(t)$ 和 r_0'、s_0' 添加了下角标0，用以提示它们代表 $k=0$ 多态模式的响应。包络 $A_0(t)$ 是一个由 $(2l+1)$ 个复数指数组成的缓慢变化的*多态模式调制函数*。相应的频率域响应是 $2l+1$ 个以分裂的目标本征频率为中心的洛伦兹共振谱峰的叠加：

$$a_0(\omega) = \frac{1}{2} i \mathsf{r}_0'^{\mathrm{T}}[\Delta_0 - (\omega-\omega_0)\mathsf{I}_{00}]^{-1}\mathsf{s}_0' \tag{13.217}$$

其中 I_{00} 表示 $(2l+1)\times(2l+1)$ 的单位矩阵。(13.214) 和 (13.217) 两个叠加中的目标单态模式的振幅和相位依赖于震源参数 $\mathbf{M}$、$\mathbf{x}_{\mathrm{s}}$ 和接收点参数 $\hat{\boldsymbol{\nu}}$、$\mathbf{x}$。

要合成一个“严丝合缝”的宽频带加速度图或频谱，我们依次选择每一个混合多态模式 ${}_n\mathrm{T}_l$ 或 ${}_n\mathrm{S}_l$ 作为目标，计算并对角化一个新的矩阵 H，以得到其本征频率微扰 Δ_0 和变换后的接收点和源点矢量 r_0' 和 s_0'，并对所有目标响应 $a_0(t)$ 或 $a_0(\omega)$ 求和。为了确保最终结果的精确性，必须对使用的一组基不断更新以包含频率相近且可能与目标耦合强烈的所有多态模式。混合多态模式的分离不能用于时间域或频率域直接求解法，因为直接求解法并不计算简正模式。

分别以两个足够邻近的参考频率ω_0为中心的两个窄带频谱$a(\omega)$在它们之间的重叠区域上应该是一样的；原则上讲，通过不断地试错来检验这一重建特性，就可以合成一个“严丝合缝”的宽带频谱。在接下来的两节中，我们再讨论另外一组简正模式与直接求解方法，它们适用于在地震频谱中孤立良好或尚属良好的多态模式。

13.3.4 孤立多态模式近似

位于(13.210)式中央的方阵H_{00}控制了目标多态模式${}_n\mathrm{T}_l$ 或 ${}_n\mathrm{S}_l$内部的$2l+1$个球对称地球基函数之间的耦合。在*孤立多态模式近似*中，对这一所谓的*自耦合*是有所考虑的，但相邻的多态模式之间的耦合却被忽略了。由单态模式本征频率微扰组成的对角矩阵Δ_0以及相应的重归一化变换矩阵Z_{00}和$\overline{\mathsf{Z}}_{00}$ 便可通过求解下面的$(2l+1)\times(2l+1)$的本征值问题得到：

$$\overline{\mathsf{Z}}_{00}^{\mathrm{T}}\mathsf{Z}_{00}=\mathsf{I}_{00},\qquad \overline{\mathsf{Z}}_{00}^{\mathrm{T}}\mathsf{H}_{00}\mathsf{Z}_{00}=\Delta_0 \tag{13.218}$$

其中

$$\mathsf{H}_{00}=\mathsf{W}_{00}+(2\omega_0)^{-1}(\mathsf{V}_{00}+i\mathsf{A}_{00}-\omega_0^2\mathsf{T}_{00}) \tag{13.219}$$

在这一最低阶近似中，变换后的接收点和源点矢量为

$$\mathsf{r}_0'=\mathsf{Q}_{00}^{\mathrm{T}}\mathsf{r}_0=\mathsf{Z}_{00}^{\mathrm{T}}\mathsf{u}_0,\qquad \mathsf{s}_0'=\overline{\mathsf{Q}}_{00}^{\mathrm{T}}\mathsf{s}_0=\overline{\mathsf{Z}}_{00}^{\mathrm{T}}\mathsf{v}_0 \tag{13.220}$$

其中

$$\mathsf{u}_0=(\mathsf{I}_{00}-\frac{1}{2}\mathsf{T}_{00}-\frac{1}{2}\omega_0^{-1}\mathsf{W}_{00}+\frac{1}{2\pi}\omega_0^{-2}\mathsf{A}_{00})\mathsf{r}_0 \tag{13.221}$$

$$\mathsf{v}_0=(\mathsf{I}_{00}-\frac{1}{2}\mathsf{T}_{00}+\frac{1}{2}\omega_0^{-1}\mathsf{W}_{00}+\frac{1}{2\pi}\omega_0^{-2}\mathsf{A}_{00})\mathsf{s}_0 \tag{13.222}$$

和通常一样，目标多态模式响应可以通过(13.213)–(13.214)和(13.217)用Δ_0和r_0'、s_0'给定。

目标多态模式调制函数可以在对角化之前，用自耦合本征频率微扰矩阵(13.219)以显式表示为$A_0(t)=\mathsf{u}_0^{\mathrm{T}}\exp(i\mathsf{H}_{00}t)\,\mathsf{v}_0$。复数指数$\mathsf{X}_{00}=\exp(i\mathsf{H}_{00}t)$是一个满足$d\mathsf{X}_{00}/dt=i\mathsf{H}_{00}\mathsf{X}_{00}$和$\mathsf{X}_{00}(0)=\mathsf{I}_{00}$的$(2l+1)\times(2l+1)$的传播矩阵。我们也可以将$A_0(t)$用满足

$$d\mathsf{d}_0/dt=i\mathsf{H}_{00}\mathsf{d}_0,\qquad \mathsf{d}_0(0)=\mathsf{v}_0 \tag{13.223}$$

的目标源点响应矢量$\mathsf{d}_0(t)$来表示，或者用满足

$$d\mathsf{e}_0/dt=i\mathsf{H}_{00}^{\mathrm{T}}\mathsf{e}_0,\qquad \mathsf{e}_0(0)=\mathsf{u}_0 \tag{13.224}$$

的目标接收点响应矢量$\mathsf{e}_0(t)$表示为

$$A_0(t)=\mathsf{u}_0^{\mathrm{T}}\mathsf{d}_0(t)=\mathsf{e}_0^{\mathrm{T}}(t)\mathsf{v}_0 \tag{13.225}$$

同样地，频谱的显式结果$a_0(\omega)=\dfrac{1}{2}i\mathsf{u}_0^{\mathrm{T}}[\mathsf{H}_{00}-(\omega-\omega_0)\mathsf{I}_{00}]^{-1}\mathsf{v}_0$也可以用满足

$$(\mathsf{H}_{00}-\omega\mathsf{I}_{00})\mathsf{d}_0(\omega)=i\mathsf{v}_0 \tag{13.226}$$

的频率域目标源点响应矢量$\mathsf{d}_0(\omega)$来表示，或是用满足

$$(\mathsf{H}_{00}^{\mathrm{T}} - \omega\mathsf{I}_{00})\mathsf{e}_0(\omega) = i\mathsf{u}_0 \tag{13.227}$$

的目标接收点响应矢量$\mathsf{e}_0(\omega)$表示为

$$a_0(\omega) = \frac{1}{2}\mathsf{u}_0^{\mathrm{T}}\mathsf{d}_0(\omega - \omega_0) = \frac{1}{2}\mathsf{e}_0^{\mathrm{T}}(\omega - \omega_0)\mathsf{v}_0 \tag{13.228}$$

Woodhouse 和 Girnius(1982) 首次指出，(13.223)–(13.225) 和 (13.226)–(13.228) 这些结果为高效的直接求解法提供了基础。无论采用时间域或是频率域的方法，对每个多态模式${}_n\mathrm{T}_l$或${}_n\mathrm{S}_l$，我们必须求解一个仅含$2l+1$个方程的联立线性方程组。无论是怎样计算的，多态模式响应$a_0(t)$或$a_0(\omega)$都能够得到一个“严丝合缝”的宽带加速度图或频谱，因为每一个自耦合本征值问题(13.218)恰好导致$2l+1$个微扰后的单态模式。

所有对地球自由振荡分裂的早期处理都采用了最低阶的*简并瑞利–薛定谔微扰理论*(Backus & Gilbert 1961; Dahlen 1968; Zharkov & Lyubimov 1970a,b; Madariaga 1972)。这一经典理论在每一部优秀的量子力学教科书中都有描述(Landau & Lifshitz 1965; Schiff 1968)，它等价于孤立多态模式近似，只是将(13.221)–(13.222)两式分别用$\mathsf{u}_0 = \mathsf{r}_0$和$\mathsf{v}_0 = \mathsf{s}_0$替换。前面讨论的结果要优于传统的近似，因为对所得到的每个目标多态模式中的单态模式本征函数都相对于微扰后的地球做了适当的双正交归一化，而为此所付出的额外努力很小。在第14章中，我们将讨论孤立多态模式近似在确定地球三维结构上的一些应用。

★13.3.5 准孤立多态模式近似

前面所概述的方法的优势当然是其计算效率；只需要对$(2l+1)\times(2l+1)$维的中等规模的矩阵做对角化或其他分析。它的缺点是完全忽略了多态模式之间的耦合；这只有对地震频谱中孤立性良好的多态模式${}_n\mathrm{T}_l$和${}_n\mathrm{S}_l$才是合理的近似。接下来我们要讨论的*准孤立近似*，是一个不用增加需要处理的矩阵维度却能够考虑每个目标多态模式与其相邻模式之间有*弱耦合*的方法。该理论在原始文献中被称为*子空间投影法*，在Park (1986)、Dahlen (1987), Park (1990)以及 Um 和 Dahlen (1992) 中逐步发展和描述得日趋完整。Lognonné 和 Romanowicz (1990)、Lognonné (1991)介绍了另一个适用条件相同的相关方法。在下文中，我们给出一个独立的分析，它吸纳了本征函数的重归一化，且适用于自转非弹性地球。

原来的严格考虑一组基中所有多态模式之间耦合的本征值问题为$\overline{\mathsf{Z}}^{\mathrm{T}}\mathsf{Z} = \mathsf{I}$和$\overline{\mathsf{Z}}^{\mathrm{T}}\mathsf{H}\mathsf{Z} = \Delta$。为了实现准孤立多态模式近似，我们将本征矢量矩阵$\mathsf{Z}$和对偶本征矢量矩阵$\overline{\mathsf{Z}}$表示为

$$\mathsf{Z} = \mathsf{P}\mathsf{Z}^{\star}, \qquad \overline{\mathsf{Z}} = \overline{\mathsf{P}}\,\overline{\mathsf{Z}}^{\star} \tag{13.229}$$

其中

$$\overline{\mathsf{P}}^{\mathrm{T}}\mathsf{P} = \mathsf{I}, \qquad \overline{\mathsf{P}}^{\mathrm{T}}\mathsf{H}\mathsf{P} = \mathsf{H}^{\star} \tag{13.230}$$

然后，我们用解析方法找到变换矩阵P和$\overline{\mathsf{P}}$，使得各种带“星号”的量$\mathsf{Z}^{\star}$、$\overline{\mathsf{Z}}^{\star}$和$\mathsf{H}^{\star}$具有如下的分块对角形式

$$\mathsf{H}^\star = \begin{pmatrix} \ddots & & & & \\ & \mathsf{H}^\star_{-1-1} & & & \\ & & \mathsf{H}^\star_{00} & & \\ & & & \mathsf{H}^\star_{11} & \\ & & & & \ddots \end{pmatrix} \tag{13.231}$$

这种变换将完全耦合的本征值问题分解为若干个$(2l+1)\times(2l+1)$的本征值问题，其中每一个对应于一个微扰后地球的混合多态模式。要找到对应于$k=0$多态模式的本征解，我们只需要求解如下目标本征值问题：

$$\overline{\mathsf{Z}}^{\star\mathrm{T}}_{00}\mathsf{Z}^\star_{00} = \mathsf{I}_{00}, \qquad \overline{\mathsf{Z}}^{\star\mathrm{T}}_{00}\mathsf{H}^\star_{00}\mathsf{Z}^\star_{00} = \Delta_0 \tag{13.232}$$

双正交归一关系$\overline{\mathsf{P}}^{\mathrm{T}}\mathsf{P}=\mathsf{I}$和带“星号”的本征频率微扰矩阵(13.231)为分块对角的这一条件可以用子矩阵表示为

$$\sum_{k''}\overline{\mathsf{P}}^{\mathrm{T}}_{kk''}\mathsf{P}_{k''k'} = \mathsf{I}_{kk'} \tag{13.233}$$

$$\sum_{k''}\sum_{k'''}\overline{\mathsf{P}}^{\mathrm{T}}_{kk''}\mathsf{H}^\star_{k''k'''}\mathsf{P}_{k'''k'} = 0 \qquad 若\, k\neq k' \tag{13.234}$$

这里I_{kk}为与第k个混合多态模式对应的单位矩阵，而且为方便起见，我们还规定当$k\neq k'$时，$\mathsf{I}_{kk'}=0$。我们寻求用一个未知矩阵序列$\mathsf{P}^{(1)}_{kk'}, \mathsf{P}^{(2)}_{kk'},\ldots$表示的(13.233)–(13.234)的微扰理论解

$$\mathsf{P}_{kk'} = \mathsf{I}_{kk'} + \mathsf{P}^{(1)}_{kk'} + \mathsf{P}^{(2)}_{kk'} + \frac{1}{2}\sum_{k''}\mathsf{P}^{(1)}_{kk''}\mathsf{P}^{(1)}_{k''k'} + \cdots \tag{13.235}$$

$$\overline{\mathsf{P}}^{\mathrm{T}}_{kk'} = \mathsf{I}_{kk'} - \mathsf{P}^{(1)}_{kk'} - \mathsf{P}^{(2)}_{kk'} + \frac{1}{2}\sum_{k''}\mathsf{P}^{(1)}_{kk''}\mathsf{P}^{(1)}_{k''k'} + \cdots \tag{13.236}$$

其中上角标代表多态模式耦合强度的阶数，我们将在下文对此做更精确的定义。很容易验证，精确到带上角标变量的二阶，展开式(13.235)–(13.236)满足(13.233)的关系。将(13.235)–(13.236)代入(13.234)式，并令阶数相同的项相等，可以系统性地确定所有相继的非对角项$\mathsf{P}^{(1)}_{kk'}, \mathsf{P}^{(2)}_{kk'},\ldots$，其中$k\neq k'$。$\mathsf{P}^{(1)}_{kk}, \mathsf{P}^{(2)}_{kk},\ldots$这些方阵是不定的，但可以证明目标响应与这些矩阵无关。每一阶中的不可确定性反映了分块对角变换P和$\overline{\mathsf{P}}$的不唯一性；一个简便且能够唯一确定这两个变换的选择，是在微扰趋于零的极限

$$\mathsf{P}^{(1)}_{kk} = \mathsf{P}^{(2)}_{kk} = \cdots = 0 \tag{13.237}$$

时要求它们退化为恒等变换。最终的结果可以方便地用辅助矩阵

$$\mathsf{K}_{kk'} = W_{kk'} + (2\omega_0)^{-1}(\mathsf{V}_{kk'} + iA_{kk'} - \omega_0^2\mathsf{T}_{kk'}) \tag{13.238}$$

$$\mathsf{K}^{\mathrm{T}}_{kk'} = -W_{kk'} + (2\omega_0)^{-1}(\mathsf{V}_{kk'} + iA_{kk'} - \omega_0^2\mathsf{T}_{kk'}) \tag{13.239}$$

和

$$\mathsf{C}_{kk'} = -\frac{1}{2}\mathsf{T}_{kk'} + \frac{1}{2}\omega_0^{-1}\mathsf{W}_{kk'} + \frac{1}{2\pi}\omega_0^{-2}\mathsf{A}_{kk'} \tag{13.240}$$

$$\mathsf{C}^{\mathrm{T}}_{kk'} = -\frac{1}{2}\mathsf{T}_{kk'} - \frac{1}{2}\omega_0^{-1}\mathsf{W}_{kk'} + \frac{1}{2\pi}\omega_0^{-2}\mathsf{A}_{kk'} \tag{13.241}$$

来表示。精确到耦合强度的一阶，我们得到

$$\mathsf{P}^{(1)}_{kk'} = (\omega_{k'} - \omega_k)^{-1}\mathsf{K}_{kk'}, \qquad k \neq k' \tag{13.242}$$

将(13.235)–(13.236)和(13.242)代入(13.230)，我们看到，精确到耦合的二阶，带“星号”的本征频率微扰矩阵可由下式给定：

$$\mathsf{H}^{\star}_{00} = \mathsf{K}_{00} + \sum_{k\neq 0}(\omega_0 - \omega_k)^{-1}\mathsf{K}_{0k}\mathsf{K}_{k0} \tag{13.243}$$

通过求解目标本征值问题(13.232)，我们可以在同阶精度下确定本征频率微扰Δ_0。表征目标响应的变换后接收点和源点矢量可以用带“星号”的本征矢量和对偶本征矢量矩阵给定：

$$\mathsf{r}'_0 = \mathsf{Z}^{\star\mathrm{T}}_{00}\mathsf{u}^{\star}_0, \qquad \mathsf{s}'_0 = \overline{\mathsf{Z}}^{\star\mathrm{T}}_{00}\mathsf{v}^{\star}_0 \tag{13.244}$$

其中

$$\mathsf{u}^{\star}_0 = (\mathsf{I}_{00} + \mathsf{C}^{\mathrm{T}}_{00})\mathsf{r}_0 + \sum_{k\neq 0}\Big[\mathsf{C}^{\mathrm{T}}_{0k} + (\omega_0 - \omega_k)^{-1}\mathsf{K}^{\mathrm{T}}_{0k}\Big]\mathsf{r}_k \tag{13.245}$$

$$\mathsf{v}^{\star}_0 = (\mathsf{I}_{00} + \mathsf{C}_{00})\mathsf{s}_0 + \sum_{k\neq 0}\Big[\mathsf{C}_{0k} + (\omega_0 - \omega_k)^{-1}\mathsf{K}_{0k}\Big]\mathsf{s}_k \tag{13.246}$$

$\mathsf{u}^{\star}_0$和$\mathsf{v}^{\star}_0$这两个量是带“星号”的接收点和源点矢量，它们包含了在自转非弹性地球上精确到耦合强度一阶的本征函数重归一化的影响。如果忽略(13.243)和(13.245)–(13.246)中对$k \neq 0$的求和部分，我们将会如预期地重新得到孤立多态模式近似：$\mathsf{H}^{\star}_{00} \to \mathsf{H}_{00}$和$\mathsf{u}^{\star}_0 \to \mathsf{u}_0$, $\mathsf{v}^{\star}_0 \to \mathsf{v}_0$。

将上述展开式拓展到耦合强度的任意期望的阶数并不困难，但却十分费力。精确到耦合的三阶，带“星号”的本征频率微扰矩阵可以由下式给定

$$\begin{aligned}\mathsf{H}^{\star}_{00} = \mathsf{K}_{00} &+ \sum_{k\neq 0}(\omega_0 - \omega_k)^{-1}\mathsf{K}_{0k}\mathsf{K}_{k0} \\ &- \frac{1}{2}\sum_{k\neq 0}(\omega_0 - \omega_k)^{-2}(\mathsf{K}_{00}\mathsf{K}_{0k}\mathsf{K}_{k0} + \mathsf{K}_{0k}\mathsf{K}_{k0}\mathsf{K}_{00}) \\ &+ \sum_{k\neq 0}\sum_{k'\neq 0}(\omega_0 - \omega_k)^{-1}(\omega_0 - \omega_{k'})^{-1}\mathsf{K}_{0k}\mathsf{K}_{kk'}\mathsf{K}_{k'0}\end{aligned} \tag{13.247}$$

而精确到耦合的二阶，带“星号”的接收点和源点矢量为

$$\begin{aligned}\mathsf{u}^{\star}_0 = \Big[&\mathsf{I}_{00} + \mathsf{C}^{\mathrm{T}}_{00} + \sum_{k\neq 0}(\omega_0 - \omega_k)^{-1}\mathsf{K}^{\mathrm{T}}_{0k}\mathsf{C}^{\mathrm{T}}_{k0} \\ &- \frac{1}{2}\sum_{k\neq 0}(\omega_0 - \omega_k)^{-2}\,\mathsf{K}^{\mathrm{T}}_{0k}\mathsf{K}^{\mathrm{T}}_{k0}\Big]\mathsf{r}_0 + \sum_{k\neq 0}\Big[\mathsf{C}^{\mathrm{T}}_{0k} + (\omega_0 - \omega_k)^{-1}\mathsf{K}^{\mathrm{T}}_{0k} \\ &- (\omega_0 - \omega_k)^{-2}\mathsf{K}^{\mathrm{T}}_{00}\mathsf{K}^{\mathrm{T}}_{0k} + \sum_{k'\neq 0}(\omega_0 - \omega_{k'})^{-1}\mathsf{K}^{\mathrm{T}}_{0k'}\mathsf{C}^{\mathrm{T}}_{k'k} \\ &+ (\omega_0 - \omega_k)^{-1}\sum_{k'\neq 0}(\omega_0 - \omega_{k'})^{-1}\mathsf{K}^{\mathrm{T}}_{0k'}\mathsf{K}^{\mathrm{T}}_{k'k}\Big]\mathsf{r}_k\end{aligned} \tag{13.248}$$

$$
\begin{aligned}
\mathsf{v}_0^{\star} = \Big[& \mathsf{I}_{00} + \mathsf{C}_{00} + \sum_{k\neq 0}(\omega_0 - \omega_k)^{-1}\mathsf{K}_{0k}\mathsf{C}_{k0} \\
& - \frac{1}{2}\sum_{k\neq 0}(\omega_0 - \omega_k)^{-2}\ \mathsf{K}_{0k}\mathsf{K}_{k0}\Big]\mathsf{s}_0 + \sum_{k\neq 0}\Big[\mathsf{C}_{0k}\ + (\omega_0 - \omega_k)^{-1}\mathsf{K}_{0k} \\
& - (\omega_0 - \omega_k)^{-2}\mathsf{K}_{00}\mathsf{K}_{0k} + \sum_{k'\neq 0}(\omega_0 - \omega_{k'})^{-1}\mathsf{K}_{0k'}\mathsf{C}_{k'k} \\
& + (\omega_0 - \omega_k)^{-1}\sum_{k'\neq 0}(\omega_0 - \omega_{k'})^{-1}\mathsf{K}_{0k'}\mathsf{K}_{k'k}\Big]\mathsf{s}_k
\end{aligned}
\tag{13.249}
$$

如同矩阵K_{0k}和K_{k0}所指明的，在(13.243)和(13.245)–(13.246)的最低阶结果中，唯一考虑的耦合是目标多态模式与其相邻多态模式之间的耦合。相邻多态模式的自耦合K_{kk}和相邻多态模式之间的耦合$\mathsf{K}_{kk'}$都在下一阶中考虑。作为高阶简并瑞利–薛定谔微扰理论应用于目标多态模式的一个替代方法，准孤立多态模式在代数上是等价的，但在数值上则更为优越，因为它消除了在目标子空间中计算微扰后本征函数在其他零阶本征函数上的投影时所出现的小除数问题(Um, Dahlen & Park 1991)。这是两种方法的一个普遍特性，即本征频率微扰总是计算到比相应的本征函数高一阶。

一旦得到了任一期望阶数的微扰展开式$\mathsf{H}_{00}^{\star}$和$\mathsf{u}_0^{\star}$、$\mathsf{v}_0^{\star}$,我们便可以求解本征值问题(13.232)，并利用模式叠加表达式$A_0(t) = \mathsf{r}_0'^{\mathrm{T}}\exp(i\Delta_0 t)\,\mathsf{s}_0'$和$a_0(\omega) = \frac{1}{2}i\mathsf{r}_0'^{\mathrm{T}}[\Delta_0 - (\omega - \omega_0)\mathsf{I}_{00}]^{-1}\mathsf{s}_0'$来计算目标多态模式调制函数和相应的频谱，或者我们也可以采用直接求解法，其中(13.223)–(13.225)和(13.226)–(13.228)这些方程均用它们带“星号”的形式取代。用任一方法所计算的宽带加速度图和频谱自动地都是“严丝合缝”的，因为每个目标贡献$a_0(t) = \mathrm{Re}\,[A_0(t)\exp(i\omega_0 t)]$或$a_0(\omega)$代表一个混合多态模式的响应，与完全孤立近似中的一样。

准孤立多态模式近似的有效性取决于目标或$k = 0$多态模式与其每一个$k = \pm 1, \pm 2, \ldots$邻居之间的耦合强度。该耦合强度可以用以下无量纲参数来衡量

$$\varepsilon_k = |\omega_0 - \omega_k|^{-1}\|\mathsf{K}_{0k}\mathsf{K}_{k0}\|^{1/2} \tag{13.250}$$

其中$\|\cdot\|$表示一种适当的矩阵范数。作为粗略的近似，我们可以将耦合强度定义为目标多态模式的实数分裂宽度$\Delta\omega_0 = \max(\delta\omega_m) - \min(\delta\omega_m)$与简并本征频率间隔的比值

$$\varepsilon_k \approx |\omega_0 - \omega_k|^{-1}\Delta\omega_0 \tag{13.251}$$

一个较小的比值，$\varepsilon_k \ll 1$，表示该近似是适用的，因为目标多态模式与其第k个邻居在微扰后的频谱中是分离良好的。另一方面，一个大的比值，$\varepsilon_k \approx 1$，表示两个多态模式有明显的重叠；在这种情况下，带“星号”的微扰展开式(13.247)–(13.249)通常是不收敛的。我们可以利用一个修改的微扰理论来对此加以考虑，将目标多态模式以及任何与其强烈耦合的邻居合并为一个超级多态模式，同时也将子矩阵K_{00}、K_{0k}、K_{k0}等的维度相应地增大。

根据参数ε_k的大小来决定两个潜在多态模式之间的耦合是强还是弱的自适应方法很容易被开发。在超级多态模式包含所有基的完整组合这一保守极限，(13.232)转化为完全耦合的本征值问题$\overline{\mathsf{Z}}^{\mathrm{T}}\mathsf{Z} = \mathsf{I}$和$\overline{\mathsf{Z}}^{\mathrm{T}}\mathsf{H}\mathsf{Z} = \Delta$。而在相反的极限，当所有的耦合都直接被忽略时，则退化为孤立多态模式自耦合问题$\overline{\mathsf{Z}}_{00}^{\mathrm{T}}\mathsf{Z}_{00} = \mathsf{I}_{00}$和$\overline{\mathsf{Z}}_{00}^{\mathrm{T}}\mathsf{H}_{00}\mathsf{Z}_{00} = \Delta_0$。

13.3.6 玻恩近似

全球地震学的一个核心问题是确定地球的三维弹性和非弹性结构。在通过迭代拟合观测到的多态模式调制函数或频谱来改进$\delta\kappa_0$、$\delta\mu_0$、$\delta\rho$、$\delta\Phi$、δd、γ和q_κ, q_μ这些参数的过程中，了解由佛雷歇导数所表征的这些观测数据对地球模型的敏感度是有益的。接下来我们将展示，这些偏导数可以通过直接应用玻恩近似来得到。

我们首先考虑一个目标多态模式${}_n\mathrm{T}_l$或${}_n\mathrm{S}_l$的频谱差$\delta a_0(\omega)$，为简单起见，假定孤立多态模式近似是适用的。三维地球模型的一个无穷小变化会使本征频率微扰矩阵(13.219)和重归一化接收点和源点矢量(13.221)–(13.222)产生变化

$$\delta\mathsf{H}_{00} = (2\omega_0)^{-1}(\delta\mathsf{V}_{00} + i\delta\mathsf{A}_{00} - \omega_0^2\delta\mathsf{T}_{00}) = \delta\mathsf{H}_{00}^{\mathrm{T}} \tag{13.252}$$

$$\delta\mathsf{u}_0 = (-\frac{1}{2}\delta\mathsf{T}_{00} + \frac{1}{2\pi}\omega_0^{-2}\delta\mathsf{A}_{00})\mathsf{r}_0 \tag{13.253}$$

$$\delta\mathsf{v}_0 = (-\frac{1}{2}\delta\mathsf{T}_{00} + \frac{1}{2\pi}\omega_0^{-2}\delta\mathsf{A}_{00})\mathsf{s}_0 \tag{13.254}$$

要注意，由于地球的自转角速率被认为是确定的，因此我们不考虑任何科里奥利矩阵W_{00}的微扰。对(13.226)–(13.228)做微扰，我们发现频谱差既可以表示成

$$\delta a_0(\omega) = \frac{1}{2}[\delta\mathsf{u}_0^{\mathrm{T}}\,\mathsf{d}_0(\omega-\omega_0) + \mathsf{u}_0^{\mathrm{T}}\,\delta\mathsf{d}_0(\omega-\omega_0)] \tag{13.255}$$

其中

$$(\mathsf{H}_{00} - \omega\mathsf{I}_{00})\,\delta\mathsf{d}_0(\omega) = i[\delta\mathsf{v}_0 - \delta\mathsf{H}_{00}\,\mathsf{d}_0(\omega)] \tag{13.256}$$

也可以表示成

$$\delta a_0(\omega) = \frac{1}{2}[\delta\mathsf{e}_0^{\mathrm{T}}(\omega-\omega_0)\,\mathsf{v}_0 + \mathsf{e}_0^{\mathrm{T}}(\omega-\omega_0)\,\delta\mathsf{v}_0] \tag{13.257}$$

其中

$$(\mathsf{H}_{00}^{\mathrm{T}} - \omega\mathsf{I}_{00})\,\delta\mathsf{e}_0(\omega) = i[\delta\mathsf{u}_0 - \delta\mathsf{H}_{00}^{\mathrm{T}}\,\mathsf{e}_0(\omega)] \tag{13.258}$$

这两个结果中的任何一个都可以用来作为确定$\delta a_0(\omega)$的直接求解法的基础；Geller 和 Hara (1993)详尽地讨论了这种频率域直接求解法所带来的一些计算上的考量。与寻找$a_0(\omega)$时所使用的对$\mathsf{H}_{00} - \omega\mathsf{I}_{00}$或$\mathsf{H}_{00}^{\mathrm{T}} - \omega\mathsf{I}_{00}$同样的QR因式分解也可以用于求解方程(13.256)或(13.258)。为了得到所有的偏导数，回代步骤必须重复的次数要与三维地球模型的自由度数目相等。我们也可以将响应差用目标源点和接收点响应矢量$\mathsf{d}_0(\omega)$和$\mathsf{e}_0(\omega)$以显式表示为

$$\begin{aligned}\delta a_0(\omega) =& \frac{1}{2}[\delta\mathsf{u}_0^{\mathrm{T}}\,\mathsf{d}_0(\omega-\omega_0) + \mathsf{e}_0^{\mathrm{T}}(\omega-\omega_0)\,\delta\mathsf{v}_0 \\ &+ i\mathsf{e}_0^{\mathrm{T}}(\omega-\omega_0)\,\delta\mathsf{H}_{00}\,\mathsf{d}_0(\omega-\omega_0)]\end{aligned} \tag{13.259}$$

在这种情况下，我们仅需为每个源点和接收点分别求解方程(13.226)和(13.227)一次；然后通过重复计算(13.259)中的矢量和矩阵乘积，便可得到偏导数。最后，我们用逆矩阵$[\mathsf{H}_{00} - (\omega - \omega_0)\mathsf{I}_{00}]^{-1}$改写$\mathsf{d}_0(\omega)$和$\mathsf{e}_0(\omega)$，并利用(13.218)变换为简正模式表达式，得到结果

$$\delta a_0(\omega) = \frac{1}{2}i\{\delta\mathsf{r}_0'^{\mathrm{T}}[\Delta_0 - (\omega-\omega_0)\mathsf{I}_{00}]^{-1}\mathsf{s}_0'$$

$$+\,\mathsf{r}_0'^{\mathrm{T}}[\Delta_0-(\omega-\omega_0)\mathsf{I}_{00}]^{-1}\delta\mathsf{s}_0'$$
$$-\,\mathsf{r}_0'^{\mathrm{T}}[\Delta_0-(\omega-\omega_0)\mathsf{I}_{00}]^{-1}\delta\mathsf{H}_{00}'[\Delta_0-(\omega-\omega_0)\mathsf{I}_{00}]^{-1}\mathsf{s}_0'\} \tag{13.260}$$

其中

$$\delta\mathsf{r}_0'=\mathsf{Z}_{00}^{\mathrm{T}}\,\delta\mathsf{u}_0,\qquad \delta\mathsf{s}_0'=\overline{\mathsf{Z}}_{00}^{\mathrm{T}}\,\delta\mathsf{v}_0,\qquad \delta\mathsf{H}_{00}'=\overline{\mathsf{Z}}_{00}^{\mathrm{T}}\,\delta\mathsf{H}_{00}\,\mathsf{Z}_{00} \tag{13.261}$$

Tsuboi 和 Geller (1987)、Geller、Hara 和 Tsuboi (1990) 给出了与 (13.260) 类似的表达式，但其结果并没有适当地考虑本征函数的双正交归一性。(13.260) 中包含变换后矩阵 $\delta\mathsf{H}_{00}'$ 的最后一项是对目标多态模式中所有微扰后单态模式的双重求和。

同样地，多态模式调制函数差 $\delta A_0(t)$ 可以通过对 (13.223)–(13.225) 做微扰而得到；结果可以写成以下两种等价的形式

$$\delta A_0(t)=\delta\mathsf{u}_0^{\mathrm{T}}\,\mathsf{d}_0(t)+\mathsf{u}_0^{\mathrm{T}}\,\delta\mathsf{d}_0(t)=\delta\mathsf{e}_0^{\mathrm{T}}(t)\,\mathsf{v}_0+\mathsf{e}_0^{\mathrm{T}}(t)\,\delta\mathsf{v}_0 \tag{13.262}$$

其中

$$d(\delta\mathsf{d}_0)/dt=i(\mathsf{H}_{00}\,\delta\mathsf{d}_0+\delta\mathsf{H}_{00}\,\mathsf{d}_0),\qquad \delta\mathsf{d}_0(0)=\delta\mathsf{v}_0 \tag{13.263}$$

$$d(\delta\mathsf{e}_0)/dt=i(\mathsf{H}_{00}^{\mathrm{T}}\,\delta\mathsf{e}_0+\delta\mathsf{H}_{00}^{\mathrm{T}}\,\mathsf{e}_0),\qquad \delta\mathsf{e}_0(0)=\delta\mathsf{u}_0 \tag{13.264}$$

对方程 (13.263) 或 (13.264) 做基于时间步进的直接数值求解，需要的积分次数等于地球模型的自由度数目。我们也可以将方程 (13.223) 和 (13.224) 分别对每个源点和接收点积分一次，并通过重复计算如下显式公式

$$\delta A_0(t)=\delta\mathsf{u}_0^{\mathrm{T}}\,\mathsf{d}_0(t)+\mathsf{e}_0^{\mathrm{T}}(t)\,\delta\mathsf{v}_0 + i\int_0^t \mathsf{e}_0^{\mathrm{T}}(t-t')\,\delta\mathsf{H}_{00}\,\mathsf{d}_0(t')\,dt' \tag{13.265}$$

来计算偏导数。对传播矩阵 $\mathsf{X}_{00}=\exp(i\mathsf{H}_{00}t)$ 的微扰由一个相似的卷积积分给定：

$$\delta\mathsf{X}_{00}(t)=i\int_0^t \exp[i\mathsf{H}_{00}(t-t')]\,\delta\mathsf{H}_{00}\exp(i\mathsf{H}_{00}t')\,dt' \tag{13.266}$$

(13.265) 是 (13.259) 中频率域结果的时间域形式；类似于 (13.260) 的调制函数差的简正模式表达式可以写为如下形式

$$\delta A_0(t)=\delta\mathsf{r}_0'^{\mathrm{T}}\exp(i\Delta_0 t)\,\mathsf{s}_0'+\mathsf{r}_0'^{\mathrm{T}}\exp(i\Delta_0 t)\,\delta\mathsf{s}_0'+\mathsf{r}_0'^{\mathrm{T}}\,\delta\mathsf{X}_{00}'(t)\,\mathsf{s}_0' \tag{13.267}$$

其中

$$\delta\mathsf{X}_{00}'=\overline{\mathsf{Z}}_{00}^{\mathrm{T}}\,\delta\mathsf{X}_{00}\,\mathsf{Z}_{00} \tag{13.268}$$

(13.268) 中变换后 $(2l+1)\times(2l+1)$ 的传播矩阵差的分量以显式由复数频率微扰 $\delta\nu_m$，其中 $-l\leqslant m\leqslant l$，以及 $\delta\mathsf{H}_{00}'=\overline{\mathsf{Z}}_{00}^{\mathrm{T}}\,\delta\mathsf{H}_{00}\,\mathsf{Z}_{00}$ 的分量给定

$$(\delta X_{00}')_{mm'}=\left[\frac{\exp(i\,\delta\nu_{m'}t)-\exp(i\,\delta\nu_m t)}{\delta\nu_{m'}-\delta\nu_m}\right](\delta H_{00}')_{mm'} \tag{13.269}$$

对角分量引起一个随时间线性增长的长期微扰，因为在 $\delta\nu_{m'}\to\delta\nu_m$ 极限下有

$$\frac{\exp(i\,\delta\nu_{m'}t)-\exp(i\,\delta\nu_m t)}{\delta\nu_{m'}-\delta\nu_m}\to it\exp(i\,\delta\nu_m t) \tag{13.270}$$

(13.267)–(13.270) 这些结果出自 Giardini, Li 和 Woodhouse (1988)。他们把单态模式本征函数的双正交归一化当做是相对于微扰前的地球，而不是微扰后的地球，因而变换 Q_{00}、$\overline{\mathsf{Q}}_{00}$ 与 Z_{00}、$\overline{\mathsf{Z}}_{00}$ 之间，以及接收点与源点矢量 u_0、v_0 和 r_0、s_0 之间的差别被忽略了；在这样的近似中，多态模式调制函数差由 $\delta A_0(t)\approx \mathsf{r}_0'^{\mathrm{T}}\,\delta\mathsf{X}_{00}'(t)\,\mathsf{s}_0'$ 给定，其中 $\mathsf{r}_0'=\mathsf{Z}_{00}^{\mathrm{T}}\mathsf{r}_0$ 和 $\mathsf{s}_0'=\overline{\mathsf{Z}}_{00}^{\mathrm{T}}\mathsf{s}_0$。

采用准孤立多态模式近似，本节讨论的所有方法都可以用来考虑弱耦合问题。通过改变 (13.243) 和 (13.244)–(13.245) 或它们的高阶形式，可以很容易地得到带“星号”的微扰 $\delta\mathsf{H}_{00}^{\star}$ 和 $\delta\mathsf{u}_0^{\star}$、$\delta\mathsf{v}_0^{\star}$。Clévédé 和 lognonné (1996) 利用准孤立多态模式近似的一个变形计算了本征频率精确到三阶、本征函数确到二阶的多态模式调制函数差 $\delta A_0(t)$。

★13.3.7 复数基表述

我们在全书中一直强调使用与球谐函数 $\mathcal{Y}_{lm}$（其中 $-l\leqslant m\leqslant l$）成正比的实数瑞利–里茨基本征函数，因为它们凸显了考虑或不考虑自转和非弹性的四种本征值问题之间的根本差异。然而，由于历史的原因，在过去多数对简并和准简并微扰理论的处理中都使用了与 Y_{lm}（其中 $-l\leqslant m\leqslant l$）成正比的复数基本征函数。这里我们对此做简要讨论，以便建立与先前这些结果的联系。

我们用有无波浪号来区分复数和实数的基本征函数：

$$\mathbf{s}_k=U\hat{\mathbf{r}}\mathcal{Y}_{lm}+k^{-1}V\boldsymbol{\nabla}_1\mathcal{Y}_{lm}-k^{-1}W(\hat{\mathbf{r}}\times\boldsymbol{\nabla}_1\mathcal{Y}_{lm}) \tag{13.271}$$

$$\tilde{\mathbf{s}}_k=U\hat{\mathbf{r}}Y_{lm}+k^{-1}V\boldsymbol{\nabla}_1 Y_{lm}-k^{-1}W(\hat{\mathbf{r}}\times\boldsymbol{\nabla}_1 Y_{lm}) \tag{13.272}$$

其中 $k=\sqrt{l(l+1)}$，与往常一样。类似于 (13.189) 的复数接收点和源点矢量 $\tilde{\mathsf{r}}$ 和 $\tilde{\mathsf{s}}$ 为

$$\tilde{r}_k=\hat{\boldsymbol{\nu}}\cdot\tilde{\mathbf{s}}_k^{*}(\mathbf{x}),\qquad \tilde{s}_k=\mathbf{M}:\tilde{\boldsymbol{\varepsilon}}_k^{*}(\mathbf{x}_{\mathrm{s}}) \tag{13.273}$$

附录 D.2 中给出了微扰矩阵 $\tilde{\mathsf{T}}$、$\tilde{\mathsf{V}}$、$\tilde{\mathsf{A}}$ 和 $\tilde{\mathsf{W}}$ 的分量的显式公式。(D.178)–(D.179) 将矢量 $\tilde{\mathsf{r}}$、$\tilde{\mathsf{s}}$ 和矩阵 $\tilde{\mathsf{T}}$、$\tilde{\mathsf{V}}$、$\tilde{\mathsf{A}}$、$\tilde{\mathsf{W}}$ 与 r、s 和 T、V、A、W 联系起来：

$$\tilde{\mathsf{r}}=\mathsf{U}\mathsf{r},\qquad \tilde{\mathsf{s}}=\mathsf{U}\mathsf{s} \tag{13.274}$$

$$\tilde{\mathsf{T}}=\mathsf{U}\mathsf{T}\mathsf{U}^{\mathrm{H}}\qquad \tilde{\mathsf{V}}=\mathsf{U}\mathsf{V}\mathsf{U}^{\mathrm{H}} \tag{13.275}$$

$$\tilde{\mathsf{A}}=\mathsf{U}\mathsf{A}\mathsf{U}^{\mathrm{H}}\qquad \tilde{\mathsf{W}}=\mathsf{U}\mathsf{W}\mathsf{U}^{\mathrm{H}} \tag{13.276}$$

由于 (13.271)–(13.272) 中的两组基均为正交归一的，变换矩阵 U 为幺正矩阵：

$$\mathsf{U}^{\mathrm{H}}\mathsf{U}=\mathsf{U}\mathsf{U}^{\mathrm{H}}=\mathsf{I} \tag{13.277}$$

(D.175)–(D.176) 中给出了 U 的显式表达式。

将 (13.275)–(13.276) 代入 (13.196) 式，并利用 (13.277) 的结果，我们发现窄带调制函数 $A(t)=\mathsf{r}'^{\mathrm{T}}\exp(i\Delta t)\,\mathsf{s}'=\mathsf{u}^{\mathrm{T}}\exp(i\mathsf{H}t)\,\mathsf{v}$ 可以改写为以下形式

$$A(t)=\tilde{\mathsf{r}}'^{\mathrm{H}}\exp(i\Delta t)\,\tilde{\mathsf{s}}'=\tilde{\mathsf{u}}^{\mathrm{H}}\exp(i\tilde{\mathsf{H}}t)\,\tilde{\mathsf{v}} \tag{13.278}$$

其中

$$\tilde{\mathsf{r}}' = \tilde{\mathsf{Z}}^{\mathrm{H}}\tilde{\mathsf{u}}, \qquad \tilde{\mathsf{s}}' = \tilde{\mathsf{Z}}^{-1}\tilde{\mathsf{v}} \tag{13.279}$$

$$\tilde{\mathsf{u}} = (\mathsf{I} - \frac{1}{2}\tilde{\mathsf{T}} + \frac{1}{2}\omega_0^{-1}\tilde{\mathsf{W}} + \frac{1}{2\pi}\omega_0^{-2}\tilde{\mathsf{A}})\tilde{\mathsf{r}} \tag{13.280}$$

$$\tilde{\mathsf{v}} = (\mathsf{I} - \frac{1}{2}\tilde{\mathsf{T}} + \frac{1}{2}\omega_0^{-1}\tilde{\mathsf{W}} + \frac{1}{2\pi}\omega_0^{-2}\tilde{\mathsf{A}})\tilde{\mathsf{s}} \tag{13.281}$$

$\tilde{\mathsf{Z}}$为将本征频率微扰矩阵对角化的相似变换：

$$\tilde{\mathsf{Z}}^{-1}\tilde{\mathsf{Z}} = \mathsf{I}, \qquad \tilde{\mathsf{Z}}^{-1}\tilde{\mathsf{H}}\tilde{\mathsf{Z}} = \mathsf{I} \tag{13.282}$$

值得注意的是，重归一化接收点和源点矢量$\tilde{\mathsf{u}}$和$\tilde{\mathsf{v}}$与$\tilde{\mathsf{r}}$和$\tilde{\mathsf{s}}$的关系被同一个矩阵$\mathsf{I}-\frac{1}{2}\tilde{\mathsf{T}}+\frac{1}{2}\omega_0^{-1}\tilde{\mathsf{W}}+\frac{1}{2\pi}\omega_0^{-2}\tilde{\mathsf{A}}$联系起来；我们可以将(13.280)–(13.281)与实数基的类似关系(13.194)–(13.195)相比较。

利用(13.278)–(13.282)，可以很容易地用复数基本征函数$\tilde{\mathsf{s}}_k$来表达 13.3.2节–13.3.6节中的所有结果。例如，一个孤立多态模式随时间变化的振幅可以写为

$$A_0(t) = \tilde{\mathsf{r}}_0'^{\mathrm{H}}\exp(i\Delta_0 t)\,\tilde{\mathsf{s}}_0' = \tilde{\mathsf{u}}_0^{\mathrm{H}}\exp(i\tilde{\mathsf{H}}_{00}t)\,\tilde{\mathsf{v}}_0 \tag{13.283}$$

其中

$$\tilde{\mathsf{r}}_0' = \tilde{\mathsf{Z}}_{00}^{\mathrm{H}}\tilde{\mathsf{u}}_0, \qquad \tilde{\mathsf{s}}_0' = \tilde{\mathsf{Z}}_{00}^{-1}\tilde{\mathsf{v}}_0 \tag{13.284}$$

$$\tilde{\mathsf{u}}_0 = (\mathsf{I} - \frac{1}{2}\tilde{\mathsf{T}}_{00} + \frac{1}{2}\omega_0^{-1}\tilde{\mathsf{W}}_{00} + \frac{1}{2\pi}\omega_0^{-2}\tilde{\mathsf{A}}_{00})\tilde{\mathsf{r}}_0 \tag{13.285}$$

$$\tilde{\mathsf{v}}_0 = (\mathsf{I} - \frac{1}{2}\tilde{\mathsf{T}}_{00} + \frac{1}{2}\omega_0^{-1}\tilde{\mathsf{W}}_{00} + \frac{1}{2\pi}\omega_0^{-2}\tilde{\mathsf{A}}_{00})\tilde{\mathsf{s}}_0 \tag{13.286}$$

$\tilde{\mathsf{Z}}_{00}$是$(2l+1)\times(2l+1)$的对角化变换：

$$\tilde{\mathsf{Z}}_{00}^{-1}\tilde{\mathsf{Z}}_{00} = \mathsf{I}_{00}, \qquad \tilde{\mathsf{Z}}_{00}^{-1}\tilde{\mathsf{H}}_{00}\tilde{\mathsf{Z}}_{00} = \mathsf{I}_{00} \tag{13.287}$$

同样地，准孤立多态模式响应可以用带“星号”的矢量$\tilde{\mathsf{u}}_0^\star$、$\tilde{\mathsf{v}}_0^\star$和矩阵$\tilde{\mathsf{H}}_{00}^\star$、$\tilde{\mathsf{Z}}_{00}^\star$来表示。

第 14 章 模式的分裂与耦合

地球自由振荡的分裂是在1960年智利大地震之后被首次观测到的；正如在历史引言中所提到的，多态模式${}_0S_2$和${}_0S_3$明显的双峰特征立即被归因于地球的自转。自转及相关的在地球形状上的流体静力学椭率对最低频自由振荡的分裂与耦合有重要的贡献；然而，由其他微扰导致的分裂往往更为重要。对这种非流体静力学分裂的观测可以用来约束地球的弹性横向不均匀性和各向异性，以及其内部动力学。本章一开始首先对地球的流体静力学形状理论做一个简要介绍，然后对自转、流体静力学椭率、大尺度地幔不均匀性以及内核的横向各向同性等地震学可观测到的效应加以考虑。我们将以第13章中所呈现的简并和准简并微扰理论中的一般公式为基础来分析这些效应，且为方便起见，引入一些小的改动和近似。首先，我们把微扰前的球对称地球模型当作*非弹性地球单极子*；将球对称的衰减通过改变简并参考本征频率$\omega_k \to \omega_k + i\gamma_k$而纳入单极子中，这里$\gamma_k$为简并衰减率。因此，结构的弹性和非弹性微扰被认为是*纯粹非球对称的*。其次，在一般的分析中所引入的一阶重归一化项较小；在本章中，为简单起见，我们偶尔会将它们忽略掉。最后，非球对称的非弹性对重归一化的贡献非常小，这里将被完全忽略。

14.1 流体静力学椭率

处于流体静力学平衡的缓慢自转行星的形状可以由经典的克莱罗(Clairaut)理论(1743)描述。有关这一深奥题目的现代描述请见Jeffreys (1970)和Bullen (1975)。遵循Chandrasekhar和 Roberts (1963)的处理方式，我们在这里对此做一个简要的概述。我们所考虑的一切效应均适用于离心力与引力之比Ω^2a^3/GM的一阶量级，其中Ω为在恒星参照系中地球的自转速率，a和M分别为地球的平均半径和质量，G为牛顿万有引力常数。对于快速自转的行星，如木星和土星，已经发展了更高阶的流体静力学微扰理论(Zharkov 1978)；然而，这种复杂程度更高的理论在地球上的地震学应用中并不需要。

14.1.1 克莱罗方程

在3.11.1节中，我们证明了处于流体静力学平衡的自转物体中密度与重力势函数的等值面必须重合。经典流体静力学形状理论要解决的问题是：一个初始球对称无自转模型的水准面怎样被缓慢的自转$\mathbf{\Omega} = \Omega\hat{\mathbf{z}}$所扰动？初始内部引力势函数$\Phi(r)$与初始密度$\rho(r)$之间的关系为

$$\Phi(r) = -4\pi G \left(\frac{1}{r} \int_0^r \rho' \, r'^2 dr' + \int_r^a \rho' \, r' dr' \right) \tag{14.1}$$

其中撇号表示在哑积分变量 r' 处取值。我们暂且将扰动表示为

$$\rho(r) \to \rho(r) + \delta\rho(r) P_2(\cos\theta) \tag{14.2}$$

$$\Phi(r) \to \Phi(r) + \delta\Phi(r) P_2(\cos\theta) \tag{14.3}$$

其中 θ 为余纬度，$P_2(\cos\theta)$ 为二次勒让德多项式。自转地球模型的重力势函数 $\Phi(r) + \delta\Phi(r)P_2(\cos\theta) + \psi(r,\theta)$ 是引力势函数与离心势函数 $\psi = -\frac{1}{3}\Omega^2 r^2[1 - P_2(\cos\theta)]$ 之和。初始球对称水准面上的一点 (r,θ) 将沿径向向内或向外移动到一个新的位置：

$$r \to r[1 - \frac{2}{3}\varepsilon(r)P_2(\cos\theta)] \tag{14.4}$$

确保扰动后水准面 (14.4) 上的密度和重力势为定值的是一阶条件

$$\delta\rho = \frac{2}{3} r\varepsilon\dot{\rho}, \qquad \delta\Phi = \frac{2}{3}(r\varepsilon g - \frac{1}{2}\Omega^2 r^2) \tag{14.5}$$

其中符号上方的点表示对半径 r 的微分，且 $g(r) = \dot{\Phi}(r) = 4\pi G r^{-2}\int_0^r \rho'\, r'^2 dr'$ 为扰动前的球对称引力加速度。我们希望确定扰动后地球在 $0 \leqslant r \leqslant a$ 范围内的流体静力学椭率或扁率 $\varepsilon(r)$ 与半径的关系。从几何上讲，$\varepsilon(r)$ 是平均半径为 r 的水准面所对应的赤道与极半径之间的分数差 $(r_{\mathrm{equator}} - r_{\mathrm{pole}})/r$。

(14.5) 给出了势函数微扰 $\delta\Phi$ 与椭率之间的一个关系；通过求得扰动后的泊松方程

$$\delta\ddot{\Phi} + 2r^{-1}\delta\dot{\Phi} - 6r^{-2}\delta\Phi = \frac{8}{3}\pi G r\varepsilon\dot{\rho} \tag{14.6}$$

在半径为 $r = d$ 的所有内外不连续界面的边界条件

$$[\delta\Phi]_-^+ = 0 \quad 和 \quad [\delta\dot{\Phi} - \frac{8}{3}\pi G r\varepsilon\rho]_-^+ = 0 \tag{14.7}$$

约束下的解，我们可以得到另一个关系。(14.6) 和 (14.7) 可以整合成为如下的单一方程

$$\begin{aligned}&\left[\frac{d}{dr} - \frac{1}{r}\right]\left[\frac{1}{r^3}\frac{d}{dr}(r^3\delta\Phi)\right]\\&\quad = \frac{8}{3}\pi G\left\{r\varepsilon\dot{\rho} + \sum_d d\varepsilon[\rho]_-^+\,\delta(r-d)\right\}\end{aligned} \tag{14.8}$$

其中的求和是针对所有不连续界面，$\delta(r-d)$ 表示狄拉克分布。对 (14.8) 积分可以推得：

$$\frac{1}{r^3}\frac{d}{dr}(r^3\delta\Phi) = -\frac{8}{3}\pi G r\left\{\int_r^a \varepsilon'\dot{\rho}'\,dr' + \sum_{d>r}\varepsilon[\rho]_-^+\right\} \tag{14.9}$$

其中的求和只针对在半径 r 以上的不连续界面 d。再一次做分部积分可以得到如下显式结果

$$\delta\Phi(r) = \frac{8}{15}\pi G\left[\frac{1}{r^3}\int_0^r \rho'(r'\dot{\varepsilon}' + 5\varepsilon')\,r'^4 dr' + r^2\int_r^a \rho'\dot{\varepsilon}'\,dr'\right] \tag{14.10}$$

关系式 (14.1) 和 (14.10) 之间的相似性是值得注意的；Φ 和 $\delta\Phi$ 两者均包含来自半径 r 以下和以上的球壳内物质独立的积分贡献。

直接对第二个流体静力学关系式(14.5)进行微分可得

$$\frac{1}{r^3}\frac{d}{dr}(r^3\delta\Phi)=\frac{2}{3}\left[\frac{1}{r^3}\frac{d}{dr}(r^4\varepsilon g)-\frac{5}{2}\Omega^2 r\right] \tag{14.11}$$

令(14.11)与中间结果(14.9)相等，我们得到

$$4\pi G\left\{\int_r^a \varepsilon'\dot{\rho}'\,dr'+\sum_{d>r}\varepsilon[\rho]_-^+\right\}=-\frac{1}{r^4}\frac{d}{dr}(r^4\varepsilon g)+\frac{5}{2}\Omega^2 \tag{14.12}$$

对该关系式进行微分，经过一些代数运算，可以得到一个二阶常微分方程，称为*克莱罗方程*：

$$\ddot{\varepsilon}+8\pi G\rho g^{-1}(\dot{\varepsilon}+r^{-1}\varepsilon)-6r^{-2}\varepsilon=0 \tag{14.13}$$

求解克莱罗方程可以得到椭率ε，但在两个端点处需满足约束条件

$$\dot{\varepsilon}_0=0,\qquad \dot{\varepsilon}_a=a^{-1}(\frac{5}{2}\Omega^2a^3/GM-2\varepsilon_a) \tag{14.14}$$

其中下角标分别表示在$r=0$和$r=a$处取值。第一个条件(14.14)显然是在地心处的光滑条件，而第二个则是在地表处(14.12)式的极限值。

14.1.2 拉道近似

对于给定的密度分布$\rho(r)$，可以用标射法对克莱罗方程进行数值积分。然而，就地震学目的而言，Radau (1885)给出的一个异常精确的解析近似就已足够。定义辅助变量

$$\eta=(d\ln\varepsilon)/(d\ln r)=r\dot{\varepsilon}/\varepsilon \tag{14.15}$$

我们可以将(14.13)改写为另一种形式

$$\frac{d}{dr}\left(r^4g\sqrt{1+\eta}\right)=5gr^3f(\eta) \tag{14.16}$$

其中

$$f(\eta)=\frac{1+\frac{1}{2}\eta-\frac{1}{10}\eta^2}{\sqrt{1+\eta}} \tag{14.17}$$

我们重点关注函数 (14.17) 的变化，首先注意到它在端点有一个最小值，而最大值为$f(1/3)=1.00074$。无量纲自变量的范围为$\eta_0\leqslant\eta\leqslant\eta_a$，其中$\eta_0=0$，$\eta_a=\frac{5}{2}\varepsilon_a^{-1}(\Omega^2a^3/GM)-2$。利用尚待确定的地表椭率$\varepsilon_a\approx 1/300$这一事实，我们发现$\eta_a\approx 0.59$以及$f(\eta_a)\approx 0.99961$。从以上初步分析可知，在地球内部，$f(\eta)$与1之间的差异不会超过万分之几。因此，我们可以利用拉道 (Radau) 近似，把二阶微分方程(14.16)用如下方程替换

$$\frac{d}{dr}\left(r^4g\sqrt{1+\eta}\right)\approx 5gr^3 \tag{14.18}$$

很容易对该近似关系式进行一次积分而得到

$$\eta(r)\approx\frac{25}{4}\left(1-\frac{\displaystyle\int_0^r\rho'\,r'^4dr'}{r^2\displaystyle\int_0^r\rho'\,r'^2dr'}\right)^2-1 \tag{14.19}$$

椭率可由函数 (14.19) 给定为

$$\varepsilon(r) \approx \varepsilon_a \exp\left(-\int_r^a \eta' r'^{-1} dr'\right) \tag{14.20}$$

从 (14.14)，我们得到流体静力学表面椭率为 $\varepsilon_a = \frac{5}{2}\Omega^2 a g_a^{-1}(\eta_a + 2)^{-1}$，或等价的

$$\varepsilon_a \approx \frac{10\,\Omega^2 a^3/GM}{4 + 25(1 - \frac{3}{2}I/Ma^2)^2} \tag{14.21}$$

其中

$$I = \frac{8}{3}\pi \int_0^a \rho\, r^4 dr \tag{14.22}$$

很容易看出 (14.22) 中的量就是地球的平均转动惯量。

对球对称地球模型的约束包括观测的平均半径 $a = 6371$ 千米，质量 $M = 5.974 \times 10^{24}$ 千克，以及转动惯量 $I = 0.3308\, Ma^2$ (Romanowicz & Lambeck 1977)。所有这类模型均具有相同的流体静力学表面椭率：

$$\varepsilon_a^{\mathrm{hyd}} = 1/299.8 \tag{14.23}$$

该结果比观测到的最佳拟合椭球的扁率

$$\varepsilon_a^{\mathrm{obs}} = 1/298.3 \tag{14.24}$$

要小 0.5%。这一差异通常被称为地球的“过度赤道凸起”，它是人造卫星大地测量的第一个重大发现 (Henriksen 1960; Jeffreys 1963)。图 14.1 显示了拉道椭率 (14.20) 及其对数导数 (14.19) 的径向变化。对克莱罗方程进行数值积分得到的相应结果在图中所显示的尺度上是完全无法区分的。

14.1.3 质量和转动惯量

在流体静力学作用下而扁平化的地球模型的质量与变形前球体的质量相同，即

$$M = 4\pi \int_0^a \rho\, r^2 dr \tag{14.25}$$

球极和赤道转动惯量分别为

$$C = \frac{8}{3}\pi \left[\int_0^a \rho\, r^4 dr + \frac{2}{15}\int_0^a \rho\varepsilon(\eta + 5)\, r^4 dr\right] \tag{14.26}$$

$$A = \frac{8}{3}\pi \left[\int_0^a \rho\, r^4 dr - \frac{1}{15}\int_0^a \rho\varepsilon(\eta + 5)\, r^4 dr\right] \tag{14.27}$$

如预期的，极和赤道转动惯量的平均值 $I = \frac{1}{3}(C + 2A)$ 等于扰动前的转动惯量 (14.22)。进动常数或所谓的动力学椭率是如下比值

$$H = \frac{C - A}{C} = \frac{\dfrac{1}{5}\displaystyle\int_0^a \rho\varepsilon(\eta + 5)\, r^4 dr}{\displaystyle\int_0^a \rho\, r^4 dr + \frac{2}{15}\int_0^a \rho\varepsilon(\eta + 5)\, r^4 dr} \tag{14.28}$$

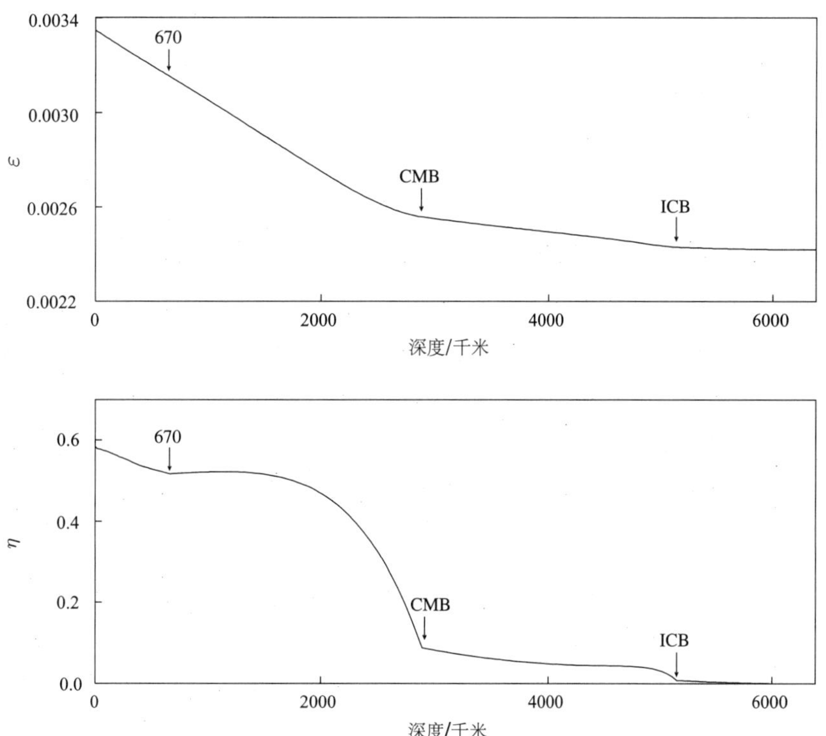

图 14.1 PREM模型中流体静力学椭率ε(上)及其对数导数$\eta = r\dot{\varepsilon}/\varepsilon$(下)随深度的变化。图中标明了670千米不连续面、核幔边界(CMB)和内核边界(ICB)的位置

任一具有地球的平均半径、质量和转动惯量观测值的模型，其流体静力学进动常数值为

$$H^{\mathrm{hyd}} = 1/308.8 \tag{14.29}$$

根据昼夜平分点进动速率的天文观测所确定的实际值比该结果高出1%(Kinoshita 1977; Seidelmann 1982; Williams 1994)：

$$H^{\mathrm{obs}} = 1/305.4 \tag{14.30}$$

(14.23)–(14.24)和(14.29)–(14.30)中的两个大地测量差异均可用来衡量地球的密度和形状相对于流体静力学平衡的二次偏差(Defraigne 1997)。

14.1.4 弹性变化

(14.20)–(14.21)中的结果描述了密度和重力势函数等值面的扁平化；严格来说，没有根本的理由它们为什么也必须是不可压缩性和刚性参数的等值面。传统上是简单地假定这些弹性参数等值面与密度和重力势函数的水准面重合。我们放弃临时引入的符号，将一阶椭球微扰的完整清单写为

$$\delta\kappa = \frac{2}{3}r\varepsilon\dot{\kappa}P_2(\cos\theta), \qquad \delta\mu = \frac{2}{3}r\varepsilon\dot{\mu}P_2(\cos\theta)$$

$$\delta\rho = \frac{2}{3} r\varepsilon\dot{\rho} P_2(\cos\theta), \qquad \delta\Phi = \frac{2}{3}(r\varepsilon g - \frac{1}{2}\Omega^2 r^2) P_2(\cos\theta)$$

$$\delta d = -\frac{2}{3} d\varepsilon_d P_2(\cos\theta) \tag{14.31}$$

我们自此将把 (14.20)–(14.21) 和 (14.31) 视为自转、流体静力学椭球地球模型的定义。任何进一步的非球对称微扰 $\delta\kappa$、$\delta\mu$、$\delta\rho$ 和 δd 都将被称为弹性横向不均匀性。

14.1.5 地理余纬度与地心余纬度

位于地表的地震台站位置可以方便地由其在大地水准面以上的高程 e、相对格林尼治子午线的经度 ϕ 以及地理余纬度 θ' (参考椭球的法向 $\hat{\mathbf{n}}$ 与赤道面法向 $\hat{\mathbf{z}}$ 之间的夹角) 来给定。在利用模式叠加计算合成加速度图或频谱之前，需要将地理余纬度 θ' 转化为地心余纬度 θ (径向矢量 $\hat{\mathbf{r}}$ 与 $\hat{\mathbf{z}}$ 之间的夹角)。精确到椭率的一阶，两种余纬度的关系为

$$\tan\theta \approx (1 + 2\varepsilon_{\mathrm{a}}) \tan\theta' \tag{14.32}$$

从几何上讲，$\theta' \to \theta$ 的变换将参考椭球上的一点沿通过原点的直线投影到扰动前的球上。在图 14.2 中，原来的点和投影后的点分别为单位法向量 $\hat{\mathbf{n}}$ 和 $\hat{\mathbf{r}}$ 的起点。同样地，震源的位置由其在大地水准面以下的深度 h、经度 ϕ_{s} 和地理余纬度 θ'_{s} 给定。在计算实数接收点矢量 $r_k = \hat{\boldsymbol{\nu}} \cdot \mathbf{s}_k(\mathbf{x})$ 和源点矢量 $s_k = \mathbf{M} : \boldsymbol{\varepsilon}_k(\mathbf{x}_{\mathrm{s}})$ 时，我们规定

$$\mathbf{x} = (a, \theta, \phi), \qquad \mathbf{x}_{\mathrm{s}} = (a - h, \theta_{\mathrm{s}}, \phi_{\mathrm{s}}) \tag{14.33}$$

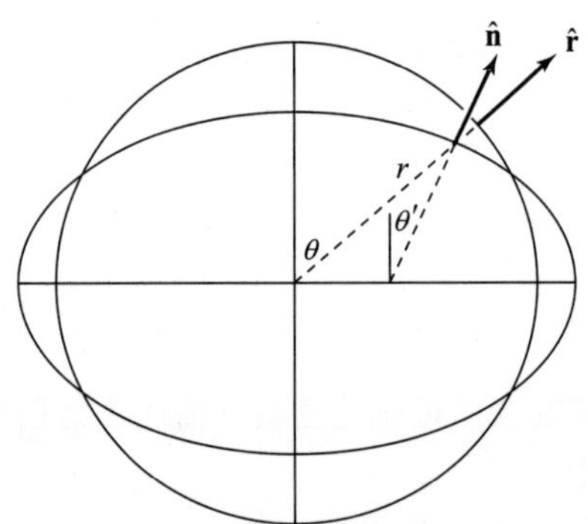

图 14.2 地理余纬度 θ 与地心余纬度 θ' 之间关系的示意图。$\hat{\mathbf{n}}$ 和 $\hat{\mathbf{r}}$ 分别为流体静力学椭球和变形前（相同质量）球体的单位法向矢量。要注意，$\theta \geqslant \theta'$，且等号只有在两极和赤道上才成立

在用 (10.51)–(10.65) 来计算球对称地球的地震图或频谱之前，同样需要进行类似的地理到地心坐标的变换。在简正模式和长周期面波地震学中，台站高程 e 通常是忽略的；然而，在短周期体波走时研究中通常是要考虑它们的。

14.2 单个孤立多态模式的分裂

如图 14.3 所示，在长周期简正模式频谱中，可以很容易地识别出几个孤立的多态模式。较短

周期的自由振荡在频率上并不能很好地分离；然而，一些高Q值模式可以成功地通过衰减滤波而分离出来（见10.5.2节）。在本节中，我们将讨论单个孤立多态模式的分裂，依次考虑地球自转、流体静力学椭率和横向不均匀性的影响。为简单起见，我们省略13.3.4节中用来表示目标多态模式矢量和矩阵的下角标0和00。附录D.4中总结了$(2l+1)\times(2l+1)$的自耦合矩阵分量。

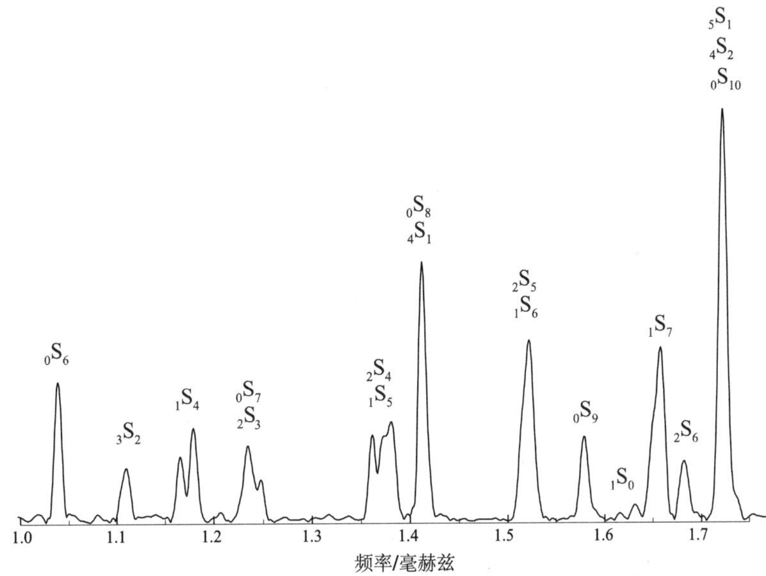

图 14.3 1994年6月9日玻利维亚深源地震后，亚利桑那州图森TUC台记录的地表加速度径向分量长周期振幅谱$|\hat{\mathbf{r}}\cdot\mathbf{a}(\mathbf{x},\omega)|$。所有用单个（而非两或三个）多态模式符号标记的谱峰都很好地分离开来；可以明显看到模式${}_1S_4$的分裂。在傅里叶变换之前，对80小时的时间序列加了汉宁窗

14.2.1 一阶科里奥利分裂

首先，我们考虑地球自转的一阶效应，且忽略离心势函数和相应的椭率扰动(14.31)。此时分裂可以由一个$(2l+1)\times(2l+1)$的科里奥利矩阵$\mathsf{H}^{\mathrm{rot}}=\mathsf{W}$描述。该矩阵为虚数且反对角的：

$$\mathsf{H}^{\mathrm{rot}}=i\chi\Omega\begin{pmatrix} & & & & \cdot^{\cdot^{\cdot}} \\ & & & -m & \\ & & \cdot^{\cdot^{\cdot}} & & \\ & & 0 & & \\ & \cdot^{\cdot^{\cdot}} & & & \\ m & & & & \\ \cdot^{\cdot^{\cdot}} & & & & \end{pmatrix} \tag{14.34}$$

其中χ为由Backus 和 Gilbert (1961) 首次提出的科里奥利分裂参数：

$$\chi=k^{-2}\int_0^a\rho(V^2+2kUV+W^2)\,r^2dr \tag{14.35}$$

其中$k = \sqrt{l(l+1)}$。将(14.34)对角化的幺正变换是复数基到实数基的变换，即矩阵(D.176)的厄米特转置：

$$\mathsf{Z}^{\mathrm{H}}\mathsf{Z} = \mathsf{I}, \qquad \mathsf{Z}^{\mathrm{H}}\mathsf{H}^{\mathrm{rot}}\mathsf{Z} = \Delta \tag{14.36}$$

其中$\Delta = \chi\Omega\,\mathrm{diag}\,[\cdots -m \cdots 0 \cdots m \cdots]$，以及

$$\mathsf{Z} = \begin{pmatrix} \ddots & & & & & & \iddots \\ & \frac{1}{\sqrt{2}} & & & & \frac{1}{\sqrt{2}} & \\ & & -\frac{1}{\sqrt{2}} & & \frac{1}{\sqrt{2}} & & \\ & & & 1 & & & \\ & & \frac{i}{\sqrt{2}} & & \frac{i}{\sqrt{2}} & & \\ & -\frac{i}{\sqrt{2}} & & & & \frac{i}{\sqrt{2}} & \\ \iddots & & & & & & \ddots \end{pmatrix} \tag{14.37}$$

一阶科里奥利分裂与磁场中氢原子量子能级的塞曼分裂类似；本征频率微扰为等间隔的：

$$\delta\omega_m = m\chi\Omega, \quad -l \leqslant m \leqslant l \tag{14.38}$$

对任一环型模式${}_n\mathrm{T}_l$，归一化条件$\int_0^a \rho W^2\, r^2 dr = 1$意味着$\chi = [l(l+1)]^{-1}$。由于径向模式${}_n\mathrm{S}_0$是非简并的，因而在$\Omega/\omega_0$的一阶精度内它们不受科里奥利力的影响。

在此近似下，变换后的接收点与源点矢量(13.220)–(13.222)为

$$\mathsf{r}' = \mathsf{Z}^{\mathrm{T}}(\mathsf{I} - \frac{1}{2}\omega_0^{-1}\mathsf{W})\mathsf{r}, \qquad \mathsf{s}' = \mathsf{Z}^{\mathrm{H}}(\mathsf{I} + \frac{1}{2}\omega_0^{-1}\mathsf{W})\mathsf{s} \tag{14.39}$$

这里我们利用了关系式$\overline{\mathsf{Z}} = \mathsf{Z}^*$。由于$\mathsf{Z}$是实数基到复数基的变换矩阵，因此我们可以看到$\mathsf{r}'$和$\mathsf{s}'$直接与附录D.1中定义的复数基接收点和源点矢量有关：

$$\mathsf{r}' = (\mathsf{I} + \frac{1}{2}\omega_0^{-1}\Delta)\tilde{\mathsf{r}}^*, \qquad \mathsf{s}' = (\mathsf{I} + \frac{1}{2}\omega_0^{-1}\Delta)\tilde{\mathsf{s}} \tag{14.40}$$

一个自转分裂的孤立多态模式加速度响应可以表示为

$$a(t) = \mathrm{Re}\,[A_0(t)\exp(i\omega_0 t - \gamma_0 t)] \tag{14.41}$$

这里我们通过做替换$\omega_0 \to \omega_0 + i\gamma_0$将球对称非弹性衰减的影响也包含在扰动前的本征频率中。缓慢变化的多态模式调制函数(13.214)简化为

$$A_0(t) = \sum_m [1 + m\chi(\Omega/\omega_0)]\tilde{r}_m^*\tilde{s}_m \exp(im\chi\Omega t) \tag{14.42}$$

(14.42)式中接收点–源点的矢量分量积可由下式明确给出

$$\begin{aligned} \tilde{r}_m^*\tilde{s}_m &= [\hat{\boldsymbol{\nu}}\cdot\tilde{\mathbf{s}}_m(\mathbf{x})][\mathbf{M}:\tilde{\boldsymbol{\varepsilon}}_m^*(\mathbf{x}_\mathrm{s})] \\ &= (\hat{\boldsymbol{\nu}}\cdot\mathbf{D})(\mathbf{M}:\mathbf{E}_\mathrm{s})\,Y_{lm}(\theta,\phi)Y_{lm}^*(\theta_\mathrm{s},\phi_\mathrm{s}) \end{aligned} \tag{14.43}$$

其中

$$\mathbf{D} = U\hat{\mathbf{r}} + k^{-1}V\boldsymbol{\nabla}_1 - k^{-1}W(\hat{\mathbf{r}} \times \boldsymbol{\nabla}_1) \tag{14.44}$$

$$\mathbf{E}_{\rm s} = \frac{1}{2}[\boldsymbol{\nabla}_{\rm s}\mathbf{D}_{\rm s} + (\boldsymbol{\nabla}_{\rm s}\mathbf{D}_{\rm s})^{\rm T}] \tag{14.45}$$

一阶因子$1 + m\chi(\Omega/\omega_0)$可确保本征函数相对于自转地球具有适当的正交归一化。

当然，如果我们从一开始就采用复数基本征函数$\tilde{\mathbf{s}}_m$而非$\mathbf{s}_m$，可以更便捷地得到上述结果，因为分裂矩阵已经是实数和对角的了：

$$\tilde{\mathsf{H}}^{\rm rot} = \tilde{\mathsf{W}} = \Delta \tag{14.46}$$

且幺正变换矩阵$\tilde{\mathsf{Z}}$也会是单位矩阵。用量子力学的说法，复数球谐函数Y_{lm}的级数$-l \leqslant m \leqslant l$被称为是缓慢自转地球的一个好量子数。

依照Backus 和 Gilbert (1961)，只要将重归一化因子$1 + m\chi(\Omega/\omega_0)$忽略，我们便可以得到一个关于(14.42)式的优雅的物理解释。将(14.43)式代入，并使用球谐函数加法定理(B.69)，我们得到

$$A_0(t) = (\hat{\boldsymbol{\nu}} \cdot \mathbf{D})(\mathbf{M} : \mathbf{E}_{\rm s})\, P_l[\cos\Theta(t)] \tag{14.47}$$

其中$\cos\Theta(t) = \cos\theta\cos\theta_{\rm s} + \sin\theta\sin\theta_{\rm s}\cos(\phi - \phi_{\rm s} + \chi\Omega t)$。这与无自转球对称地球中相应结果的不同之处仅仅在于替换$\Theta \to \Theta(t)$，或者

$$\phi - \phi_{\rm s} \to \phi - \phi_{\rm s} + \chi\Omega t \tag{14.48}$$

在此近似下，每个多态模式的初始激发振幅$\mathbf{A}(r, \Theta, \Phi)$都与无自转球对称地球上的相应结果相同；然而，该振幅花样在激发之后以速度$\chi\Omega$相对于地球向西转动。观测到的最快的转动速率是橄榄球模式${}_0\mathrm{S}_2$的；其振幅花样$\mathbf{A}(r, \Theta, \Phi)$约2.5天可环绕地球一周。

14.2.2 自转和椭率导致的分裂

接下来，我们考虑自转和流体静力学椭率的联合影响。对于这种情形，$(2l+1) \times (2l+1)$的自耦合矩阵具有如下形式

$$\mathsf{H}^{\rm rot+ell} = \mathsf{W} + (2\omega_0)^{-1}(\mathsf{V}^{\rm ell+cen} - \omega_0^2\mathsf{T}^{\rm ell}) \tag{14.49}$$

动能矩阵和椭率加离心势能矩阵均为实数且对角的：

$$\mathsf{T}^{\rm ell} = \tau \begin{pmatrix} \ddots & & & & & & \\ & 1 - 3m^2/k^2 & & & & & \\ & & \ddots & & & & \\ & & & 1 & & & \\ & & & & \ddots & & \\ & & & & & 1 - 3m^2/k^2 & \\ & & & & & & \ddots \end{pmatrix} \tag{14.50}$$

$$\mathsf{V}^{\text{ell+cen}} = \frac{2}{3}\Omega^2(1-k^2\chi)\mathsf{I} + \upsilon\begin{pmatrix} \ddots & & & & & \\ & 1-3m^2/k^2 & & & & \\ & & \ddots & & & \\ & & & 1 & & \\ & & & & \ddots & \\ & & & & & 1-3m^2/k^2 \\ & & & & & & \ddots \end{pmatrix} \tag{14.51}$$

其中

$$\tau = \frac{l(l+1)}{(2l+3)(2l-1)}\int_0^a \frac{2}{3}\varepsilon\rho\big[\bar{T}_\rho - (\eta+3)\check{T}_\rho\big]r^2 dr \tag{14.52}$$

$$\begin{aligned}\upsilon = \frac{l(l+1)}{(2l+3)(2l-1)}\int_0^a \frac{2}{3}\varepsilon\Big\{\kappa\big[\bar{V}_\kappa - (\eta+1)\check{V}_\kappa\big] \\ + \mu\big[\bar{V}_\mu - (\eta+1)\check{V}_\mu\big] + \rho\big[\bar{V}_\rho - (\eta+3)\check{V}_\rho\big]\Big\}r^2 dr\end{aligned} \tag{14.53}$$

在 (D.183)–(D.189) 中已经定义了密度、不可压缩性和刚性的积分核 $\bar{T}_\rho$、$\check{T}_\rho$ 与 $\bar{V}_\kappa$、$\check{V}_\kappa$、$\bar{V}_\mu$、$\check{V}_\mu$、$\bar{V}_\rho$、$\check{V}_\rho$。对角化变换 Z 同样为实数基到复数基的变换 (14.37)；相反，如果我们采用了复数基函数 $\tilde{\mathbf{s}}_m$，则分裂矩阵就是对角化的：$\tilde{\mathsf{H}}^{\text{rot+ell}} = \Delta = \text{diag}\,[\cdots\ \delta\omega_m\ \cdots]$。复数球谐函数 Y_{lm} 的级数 m 仍然是一个好量子数；然而，线性的本征频率微扰 (14.38) 此时还有一个常数项和一个二次项：

$$\delta\omega_m = \omega_0(a + bm + cm^2), \quad -l \leqslant m \leqslant l \tag{14.54}$$

其中

$$a = \frac{1}{3}(1-k^2\chi)(\Omega/\omega_0)^2 + \frac{1}{2}\omega_0^{-2}(\upsilon - \omega_0^2\tau) \tag{14.55}$$

$$b = \chi(\Omega/\omega_0), \qquad c = -\frac{3}{2}\omega_0^{-2}k^{-2}(\upsilon - \omega_0^2\tau) \tag{14.56}$$

(14.55) 式的第一项表示离心势函数 $\bar{\psi} = \frac{1}{3}\Omega^2 r^2$ 球对称部分的影响，而第二项则是来自二次微扰 $\psi - \bar{\psi}$ 和 ε 的联合影响。由于等式 $\sum_m(1-3m^2/k^2) = 0$，只有 $\bar{\psi}$ 才会对多态模式平均频率的偏移产生贡献：

$$\frac{1}{2l+1}\sum_m \delta\omega_m = \frac{1}{3}(1-k^2\chi)(\Omega^2/\omega_0) \tag{14.57}$$

因为 $\frac{1}{3}(1-k^2\chi) = 0$，环型多态模式不会表现出任何净频移。每个径向模式的本征频率会有一个大小为 $\omega_0 \to \omega_0[1 + \frac{1}{3}(\Omega/\omega_0)^2]$ 的增加。

在自转椭球地球上，一个孤立多态模式的加速度响应仍为 (14.41) 的形式；多态模式调制函数 (14.42) 被推广为

$$A_0(t) = \sum_m [1 + m\chi(\Omega/\omega_0) - \tau(1 - 3m^2/k^2)]$$
$$\times \tilde{r}_m^* \tilde{s}_m \exp[i\omega_0(a + bm + cm^2)t] \tag{14.58}$$

其中$1 + m\chi(\Omega/\omega_0) - \tau(1 - 3m^2/k^2)$这一项来自重归一化。(14.58)式对应的频谱形式是$2l + 1$个以分裂后的单态模式本征频率为中心的洛伦兹谱峰的叠加：

$$a(\omega) = \sum_m [1 + m\chi(\Omega/\omega_0) - \tau(1 - 3m^2/k^2)]\tilde{r}_m^* \tilde{s}_m \eta_m(\omega) \tag{14.59}$$

其中$\eta_m = \dfrac{1}{2}[\gamma_0 + i(\omega - \omega_0 - \delta\omega_m)]^{-1}$。位于南极的地震台站SPA的径向分量传感器会有$\tilde{r}_m = 0$ $(m \neq 0)$，这会导致一个无分裂的频谱：$a(\omega) = (1 - \tau)\tilde{r}_0^* \tilde{s}_0 \eta_0(\omega)$。

*14.2.3 二阶科里奥利分裂

科里奥利力对地球的自由振荡施加一个量级为Ω/ω_0的微扰，而离心力则是一个量级为$(\Omega/\omega_0)^2$的微扰。要对地球的自转完整地处理到$(\Omega/\omega_0)^2$的量级，必须要对科里奥利力的影响考虑到二阶。在本节中，我们对所需要的二阶分析做一个简要介绍。第13章中所发展的矩阵公式较难推广到更高阶，因此，依照Backus 和 Gilbert (1961) 对科里奥利分裂问题最初的处理方法，我们采用经典的瑞利–薛定谔微扰理论。

令$\mathcal{H}$为球对称、无自转地球模型的自由振荡所满足的弹性–引力算子(4.154)。用ω_k和$\tilde{\mathbf{s}}_k$表示该微扰前地球模型的实数本征频率和相应的复数本征函数，我们试图找到满足如下方程的微扰后实数本征频率ω和相应的复数本征函数$\mathbf{u}$

$$\mathcal{H}\mathbf{u} + 2i\omega\Omega\,\hat{\mathbf{z}} \times \mathbf{u} = \omega^2\mathbf{u} \tag{14.60}$$

我们寻求方程(14.60)具有如下形式的正常微扰解

$$\omega/\omega_0 = 1 + \xi_1(\Omega/\omega_0) + \xi_2(\Omega/\omega_0)^2 + \cdots \tag{14.61}$$

$$\mathbf{u} = \mathbf{u}_0 + \mathbf{u}_1(\Omega/\omega_0) + \mathbf{u}_2(\Omega/\omega_0)^2 + \cdots \tag{14.62}$$

其中展开参数Ω/ω_0被视为小量。将(14.61)–(14.62)代入(14.60)式，并令Ω/ω_0幂次相同的项相等，我们可以得到一系列方程，其中的前三个是

$$(\mathcal{H} - \omega_0^2)\mathbf{u}_0 = \mathbf{0} \tag{14.63}$$

$$(\mathcal{H} - \omega_0^2)\mathbf{u}_1 = 2\omega_0^2(\xi_1\mathbf{u}_0 - i\hat{\mathbf{z}} \times \mathbf{u}_0) \equiv \mathbf{e}_1 \tag{14.64}$$

$$(\mathcal{H} - \omega_0^2)\mathbf{u}_2 = 2\omega_0^2(\xi_1\mathbf{u}_1 - i\hat{\mathbf{z}} \times \mathbf{u}_1)$$
$$+ 2\omega_0^2\xi_1(\xi_1\mathbf{u}_0 - i\hat{\mathbf{z}} \times \mathbf{u}_0) + \omega_0^2(2\xi_2 - \xi_1^2)\mathbf{u}_0 \equiv \mathbf{e}_2 \tag{14.65}$$

零阶方程(14.63)只是表明了ω_0和$\mathbf{u}_0$必须是微扰前的无自转地球模型的本征频率和相应的本征函数。既然知道Y_{lm}的级数m是一个好量子数，我们将零阶本征函数作为一个单一的复数基本征函数：

$$\mathbf{u}_0 = \tilde{\mathbf{s}}_0 \tag{14.66}$$

(14.66)这一选择的优点是它容许我们继续使用非简并形式的微扰理论。我们使用在(4.76)式中引入的复数内积$\langle \mathbf{s}, \mathbf{s}' \rangle = \int_{\oplus} \rho \mathbf{s}^* \cdot \mathbf{s}' \, dV$。两个复函数的正交性$\langle \mathbf{s}, \mathbf{s}' \rangle = 0$用符号$\mathbf{s} \perp \mathbf{s}'$表示。由于$\mathbf{u}$的归一化是我们可以随意定义的，我们可以不失一般性地要求在$k \neq 0$时$\mathbf{u}_k \perp \tilde{\mathbf{s}}_0$。

算子$\mathcal{H}$的埃尔米特性质保证了当且仅当$\mathbf{e}_1 \perp \tilde{\mathbf{s}}_0$时，(14.64)有唯一解$\mathbf{u}_1 \perp \tilde{\mathbf{s}}_0$；以及当且仅当$\mathbf{e}_2 \perp \tilde{\mathbf{s}}_0$时，(14.65)式有唯一解$\mathbf{u}_2 \perp \tilde{\mathbf{s}}_0$。前一个可解性条件确定了一阶科里奥利分裂参数

$$\xi_1 = \int_{\oplus} \rho \tilde{\mathbf{s}}_0^* \cdot (i\hat{\mathbf{z}} \times \tilde{\mathbf{s}}_0) \, dV \tag{14.67}$$

如预期的，对(14.67)中积分的计算可以得到前述结果$\xi_1 = m\chi$。第二个可解性条件可以表示为

$$2\xi_2 - \xi_1^2 = 2 \int_{\oplus} \rho \mathbf{u}_1^* \cdot (i\hat{\mathbf{z}} \times \tilde{\mathbf{s}}_0) \, dV \tag{14.68}$$

与瑞利–薛定谔微扰理论中常见的情况一样，在得到本征频率的二阶修正ξ_2之前，我们必须先求出本征函数的一阶修正$\mathbf{u}_1$。由于$\mathbf{u}_1 \perp \tilde{\mathbf{s}}_0$，我们可以将其用所有其他微扰前基本征函数展开：

$$\mathbf{u}_1 = \sum_{k \neq 0} \langle \tilde{\mathbf{s}}_k, \mathbf{u}_1 \rangle \tilde{\mathbf{s}}_k \tag{14.69}$$

要得到展开系数$\langle \tilde{\mathbf{s}}_k, \mathbf{u}_1 \rangle$，我们将(14.69)代入(14.64)，并利用正交归一性$\langle \tilde{\mathbf{s}}_k, \tilde{\mathbf{s}}_{k'} \rangle = \delta_{kk'}$。由此得到如下关系

$$\langle \tilde{\mathbf{s}}_k, \mathbf{u}_1 \rangle = \frac{2\omega_0^2}{\omega_0^2 - \omega_k^2} \int_{\oplus} \rho \tilde{\mathbf{s}}_k^* \cdot (i\boldsymbol{\Omega} \times \tilde{\mathbf{s}}_0) \, dV \tag{14.70}$$

将(14.69)–(14.70)代入(14.68)，我们得到二阶科里奥利分裂参数的显式表达式：

$$2\xi_2 - \xi_1^2 = 4 \sum_{k \neq 0} \frac{\omega_0^2}{\omega_0^2 - \omega_k^2} \left| \int_{\oplus} \rho \tilde{\mathbf{s}}_k^* \cdot (i\boldsymbol{\Omega} \times \tilde{\mathbf{s}}_0) \, dV \right|^2 \tag{14.71}$$

由于基本征函数$\tilde{\mathbf{s}}_k$的正交性，(14.69)和(14.71)中的大部分求和项为零。事实上，精确到Ω/ω_0的一阶，一个环型多态模式${}_n\mathrm{T}_l$只与其邻近的球型多态模式${}_{n'}\mathrm{S}_{l\pm1}$耦合，而一个球型多态模式${}_n\mathrm{S}_l$会与其邻近的环型多态模式${}_{n'}\mathrm{T}_{l\pm1}$和球型多态模式${}_{n'}\mathrm{S}_l$耦合，这里$n' \neq n$。为确保完备性，需要完全包含所有可能的耦合对象，包括8.7.2节和8.8.2节中讨论的刚体和地转平凡模式。Dahlen 和 Sailor (1979) 给出了计算(14.71)中求和的详细攻略。最终的二阶分裂参数包含一个常数项加一个二次项

$$\xi_2 = \lambda + m^2\zeta \tag{14.72}$$

其结果是，本征频率微扰$\delta\omega_m$仍然是(14.54)的形式，但系数的值要改为

$$a \to a + \lambda(\Omega/\omega_0)^2, \qquad c \to c + \zeta(\Omega/\omega_0)^2 \tag{14.73}$$

经过(14.73)的修改，(14.58)中的结果精确到椭率的一阶、自转的二阶。表14.1列出了一些分离尚属良好且值得关注的环型和球型多态模式的分裂参数a、b和c。对于几个观测到的地球的最低频模式，二阶科里奥利修正是很重要的，包括基阶环型、球型和径向模式${}_0\mathrm{T}_2$、${}_0\mathrm{S}_2$和${}_0\mathrm{S}_0$。要注意的是，目前尚未检测到的斯利克特三态模式${}_1\mathrm{S}_1$预计在一阶科里奥利力作用下也会有很

强的分裂。

表 14.1 1066A 地球模型 (Gilbert & Dziewonski 1975) 中一些环型和球型模式的自转和椭率分裂参数

模式	a	b	c	模式	a	b	c
${}_0\mathrm{T}_2$	−1.335	5.090	−0.231	${}_1\mathrm{S}_1$	15.306	98.380	−0.554
${}_0\mathrm{T}_3$	0.558	1.647	−0.279	${}_1\mathrm{S}_2$	1.177	4.173	−0.428
${}_0\mathrm{T}_4$	0.849	0.757	−0.162	${}_1\mathrm{S}_3$	0.922	2.633	−0.215
${}_0\mathrm{T}_5$	0.917	0.416	−0.102	${}_1\mathrm{S}_4$	0.795	1.948	−0.122
${}_0\mathrm{T}_6$	0.923	0.256	−0.069	${}_1\mathrm{S}_5$	0.696	1.437	−0.075
${}_0\mathrm{T}_7$	0.926	0.170	−0.050	${}_1\mathrm{S}_6$	0.618	0.873	−0.049
${}_0\mathrm{T}_8$	0.961	0.119	−0.038	${}_1\mathrm{S}_7$	0.561	0.564	−0.033
				${}_1\mathrm{S}_8$	0.500	0.427	−0.023
${}_1\mathrm{T}_1$	−0.604	4.687	0.897	${}_1\mathrm{S}_9$	0.446	0.349	−0.017
${}_1\mathrm{T}_2$	0.250	1.463	−0.156				
${}_1\mathrm{T}_3$	0.517	0.671	−0.128	${}_2\mathrm{S}_3$	0.662	0.668	−0.153
${}_1\mathrm{T}_4$	0.576	0.366	−0.084	${}_2\mathrm{S}_4$	0.659	0.281	−0.093
${}_1\mathrm{T}_5$	0.599	0.221	−0.058	${}_2\mathrm{S}_5$	0.681	0.159	−0.064
${}_1\mathrm{T}_6$	0.616	0.143	−0.042	${}_2\mathrm{S}_6$	0.690	0.340	−0.047
${}_2\mathrm{T}_2$	0.413	0.866	−0.207	${}_3\mathrm{S}_1$	0.413	1.657	−0.353
${}_2\mathrm{T}_3$	0.565	0.421	−0.141	${}_3\mathrm{S}_2$	0.652	1.485	−0.292
${}_0\mathrm{S}_0$	0.336	0.000	0.000	${}_6\mathrm{S}_3$	0.548	−0.050	−0.136
${}_1\mathrm{S}_0$	0.094	0.000	0.000	${}_8\mathrm{S}_1$	0.893	0.081	−1.332
				${}_8\mathrm{S}_5$	0.591	0.019	−0.059
${}_0\mathrm{S}_2$	0.376	14.905	−0.267	${}_9\mathrm{S}_3$	0.626	0.055	−0.156
${}_0\mathrm{S}_3$	0.463	4.621	−0.118	${}_{11}\mathrm{S}_4$	0.587	0.013	−0.088
${}_0\mathrm{S}_4$	0.544	1.834	−0.075	${}_{11}\mathrm{S}_5$	0.585	0.005	−0.058
${}_0\mathrm{S}_5$	0.452	0.841	−0.047	${}_{13}\mathrm{S}_1$	0.884	0.102	−1.323
${}_0\mathrm{S}_6$	0.391	0.407	−0.033	${}_{13}\mathrm{S}_2$	0.659	0.031	−0.329
${}_0\mathrm{S}_7$	0.354	0.181	−0.025	${}_{18}\mathrm{S}_3$	0.604	0.020	−0.151
${}_0\mathrm{S}_8$	0.273	0.064	−0.020	${}_{18}\mathrm{S}_4$	0.590	0.017	−0.088

注：参数 a 和 c 包含了 Dahlen 和 Sailor (1979) 的二阶科里奥利修正。表中所列的所有数值均需乘以 10^{-3}

14.2.4 横向不均匀性的影响

地球的流体静力学赤道凸起是非球对称性的最显著表现。然而，许多低频多态模式因非流体静力学的横向不均匀性而产生的分裂更强烈。这些更进一步的微扰可以用实数球谐函数 $\mathcal{Y}_{lm}$ 展开为

$$\delta\kappa = \sum_{s=1}^{s_{\max}}\sum_{t=-s}^{s}\delta\kappa_{st}\mathcal{Y}_{st}, \qquad \delta\mu = \sum_{s=1}^{s_{\max}}\sum_{t=-s}^{s}\delta\mu_{st}\mathcal{Y}_{st}$$

$$\delta\rho = \sum_{s=1}^{s_{\max}}\sum_{t=-s}^{s}\delta\rho_{st}\mathcal{Y}_{st}, \qquad \delta\Phi = \sum_{s=1}^{s_{\max}}\sum_{t=-s}^{s}\delta\Phi_{st}\mathcal{Y}_{st}$$

$$\delta d = \sum_{s=1}^{s_{\max}} \sum_{t=-s}^{s} \delta d_{st} \mathcal{Y}_{st} \tag{14.74}$$

(14.74) 式中的求和从 $s = 1$ 开始，因为我们假定微扰前的地球模型是地球单极子。在正演应用中，最大次数 $s_{\max}$ 仅受计算机存储的限制；在反演研究中，它取决于所使用数据的分辨率。我们暂且忽略地球的自转和椭率，将仅由横向不均匀性导致的分裂矩阵表示为

$$\mathsf{H}^{\text{lat}} = (2\omega_0)^{-1}(\mathsf{V}^{\text{lat}} - \omega_0^2 \mathsf{T}^{\text{lat}}) \tag{14.75}$$

(14.75) 的实数分量可以写成如下形式

$$H_{mm'}^{\text{lat}} = \omega_0 \sum_{st} \sigma_{st} \int_{\Omega} \mathcal{Y}_{lm} \mathcal{Y}_{st} \mathcal{Y}_{lm'}\, d\Omega \tag{14.76}$$

其中

$$\begin{aligned} \sigma_{st} =& \frac{1}{2}\omega_0^{-2} \left\{ \int_0^a [\delta\kappa_{st} V_\kappa + \delta\mu_{st} V_\mu + \delta\rho_{st}(V_\rho - \omega_0^2 T_\rho)]\, r^2 dr \right. \\ & \left. + \sum_d d^2 \delta d_{st} [V_d - \omega_0^2 T_d]_-^+ \right\} \end{aligned} \tag{14.77}$$

V_κ、V_μ、$V_\rho - \omega_0^2 T_\rho$ 和 $V_d - \omega_0^2 T_d$ 的显式表达式可参见附录 D.4.2。这些积分核依赖于不均匀性的次数 s，而与其级数 t 无关。显然，矩阵 H^{lat} 为实数且对称，$H_{mm'}^{\text{lat}} = H_{m'm}^{\text{lat}}$。(14.76) 式中的实数冈特 (Gaunt) 积分满足以下几个选择定理

$$\int_{\Omega} \mathcal{Y}_{lm} \mathcal{Y}_{st} \mathcal{Y}_{lm'}\, d\Omega = 0, \quad \text{除非} \quad \begin{cases} s\ \text{为偶数} \\ 0 \leqslant s \leqslant 2l \\ t = m - m' \end{cases} \tag{14.78}$$

第一条定理规定，孤立多态模式的分裂仅依赖于地球的偶数次结构。这显然对横向不均匀性的反演问题具有重要意义。

非弹性的横向变化可以很容易地纳入进来，只要容许不可压缩性和刚性为复数：$\delta\kappa \to \delta\kappa + i\kappa_0 q_\kappa$ 和 $\delta\mu \to \delta\mu + i\kappa_0 q_\mu$，其中

$$q_\kappa = \sum_{s=1}^{s_{\max}} \sum_{t=-s}^{s} q_{\kappa st} \mathcal{Y}_{st}, \qquad q_\mu = \sum_{s=1}^{s_{\max}} \sum_{t=-s}^{s} q_{\mu st} \mathcal{Y}_{st} \tag{14.79}$$

分裂矩阵 (14.75) 则推广为

$$\mathsf{H}^{\text{lat}} = (2\omega_0)^{-1}(\mathsf{V}^{\text{lat}} + i\mathsf{A} - \omega_0^2 \mathsf{T}^{\text{lat}}) \tag{14.80}$$

非弹性微扰矩阵 A 的分量为

$$A_{mm'} = \omega_0 \sum_{st} \psi_{st} \int_{\Omega} \mathcal{Y}_{lm} \mathcal{Y}_{st} \mathcal{Y}_{lm'}\, d\Omega \tag{14.81}$$

其中

$$\psi_{st} = \frac{1}{2}\omega_0^{-2} \int_0^a (\kappa_0 q_{\kappa st} V_\kappa + \mu_0 q_{\mu st} V_\mu)\, r^2 dr \tag{14.82}$$

在这种情况下，$\mathsf{H}^{\mathrm{lat}}$ 是复数对称的；选择定理 (14.78) 仍然适用，因而分裂不依赖于奇数次的非弹性。

14.2.5 小结

将 (14.49) 和 (14.80) 合并在一起，我们得到描述地球的自转、椭率和横向不均匀性联合效应的矩阵：

$$\mathsf{H} = \mathsf{W} + (2\omega_0)^{-1}[\mathsf{V}^{\mathrm{ell+cen}} + \mathsf{V}^{\mathrm{lat}} + i\mathsf{A} - \omega_0^2(\mathsf{T}^{\mathrm{ell}} + \mathsf{T}^{\mathrm{lat}})] \tag{14.83}$$

这一完整的 $(2l+1)\times(2l+1)$ 自耦合矩阵的分量为

$$\begin{aligned} H_{mm'} &= \omega_0[ibm\delta_{m\,-m'} + (a+cm^2)\delta_{mm'}] \\ &\quad + \omega_0 \sum_{st}(\sigma_{st} + i\psi_{st}) \int_\Omega \mathcal{Y}_{lm}\mathcal{Y}_{st}\mathcal{Y}_{lm'}\, d\Omega \end{aligned} \tag{14.84}$$

只要 H 是非缺陷矩阵，便可用如下相似变换将其对角化：

$$\mathsf{Z}^{-1}\mathsf{Z} = \mathsf{I}, \qquad \mathsf{Z}^{-1}\mathsf{H}\mathsf{Z} = \Delta \tag{14.85}$$

其中 $\Delta = \mathrm{diag}\,[\cdots\delta\nu_j\cdots]$ 为由复数本征频率微扰 $\delta\nu_j = \delta\omega_j + i\,\delta\gamma_j$，$j = 1, 2, \cdots, 2l+1$，组成的矩阵。变换矩阵 Z 的列与其逆矩阵 Z^{-1} 的行分别由地球和逆转地球的单态模式本征矢量 z_j 和 $\bar{\mathsf{z}}_j$ 组成。当不存在横向不均匀非弹性，即 $\mathsf{A} = 0$ 时，对角化变换为幺正的：$\mathsf{Z}^{-1} = \mathsf{Z}^{\mathrm{H}}$。

在自转、椭球形和横向不均匀的地球模型中，孤立多态模式的加速度 $a(t)$ 是 (14.41) 中 $2l+1$ 个缓慢变化的复数指数和；与每一复数“载波” $\exp(i\omega_0 t - \gamma_0 t)$ 相乘的调制函数为

$$A_0(t) = \mathsf{r}'^{\mathrm{T}}\exp(i\Delta t)\,\mathsf{s}' = \sum_j A_j \exp(i\,\delta\omega_j t - \delta\gamma_j t) \tag{14.86}$$

其中 $A_j = r_j' s_j'$。重归一化接收点和源点矢量 r' 和 s' 与它们在SNREI模型中的对应矢量 r 和 s 的关系为

$$\mathsf{r}' = \mathsf{Z}^{\mathrm{T}}(\mathsf{I} - \frac{1}{2}\mathsf{T}^{\mathrm{ell}} - \frac{1}{2}\mathsf{T}^{\mathrm{lat}} - \frac{1}{2}\omega_0^{-1}\mathsf{W})\mathsf{r} \tag{14.87}$$

$$\mathsf{s}' = \mathsf{Z}^{-1}(\mathsf{I} - \frac{1}{2}\mathsf{T}^{\mathrm{ell}} - \frac{1}{2}\mathsf{T}^{\mathrm{lat}} + \frac{1}{2}\omega_0^{-1}\mathsf{W})\mathsf{s} \tag{14.88}$$

这里我们忽略了横向不均匀非弹性的影响。频率域响应可以表示为 $2l+1$ 个紧密相邻的洛伦兹共振谱峰之和：

$$a(\omega) = \frac{1}{2}i\mathsf{r}'^{\mathrm{T}}[\Delta - (\omega - \omega_0 - i\gamma_0)\mathsf{I}]^{-1}\mathsf{s}' = \sum_j A_j\eta_j(\omega) \tag{14.89}$$

其中 $\eta_j(\omega) = \frac{1}{2}[\gamma_0 + \delta\gamma_j + i(\omega - \omega_0 - \delta\omega_j)]^{-1}$。每一分裂的单态模式以其微扰后角频率 $\omega_0 + \delta\omega_j$ 为中心；非弹性 q_κ、q_μ 的横向变化导致各自不同的单态模式衰减率 $\gamma_0 + \delta\gamma_j$。单态模式指数 $j = 1, 2, \cdots, 2l+1$ 只是当作一个计数器；当轴对称性不存在时，复数球谐函数 Y_{lm} 的级数 m 不再是一个好量子数。

14.2.6 对角线之和定理

在相似变换 (14.85) 下，$(2l+1)\times(2l+1)$ 的分裂矩阵的迹是不变量。这导致复数本征频率微扰之和满足公式：

$$\sum_j \delta\omega_j + i\delta\gamma_j = \operatorname{tr}\mathsf{H} \tag{14.90}$$

在附录D.2.8和D.3.2中计算了各部分微扰矩阵的迹。地球的自转、椭率和横向不均匀性都是满足如下对角线之和定理的纯粹非球对称微扰

$$\operatorname{tr}\mathsf{W} = 0, \qquad \operatorname{tr}\mathsf{T}^{\rm ell} = \operatorname{tr}\mathsf{T}^{\rm lat} = 0$$

$$\operatorname{tr}\mathsf{V}^{\rm ell} = \operatorname{tr}\mathsf{V}^{\rm lat} = \operatorname{tr}\mathsf{A} = 0 \tag{14.91}$$

然而，球面平均离心势函数$\bar{\psi} = -\frac{1}{3}\Omega^2 r^2$是一个$s = 0$的微扰，它使得$\mathsf{V}^{\rm cen}$的迹为非零：

$$\operatorname{tr}\mathsf{V}^{\rm cen} = \frac{2}{3}(2l+1)\Omega^2(1-k^2\chi). \tag{14.92}$$

考虑同样违反对角线之和定里的科里奥利力二阶效应，我们得到(14.57)式的推广形式：

$$\frac{1}{2l+1}\sum_j \delta\omega_j = \left[\frac{1}{3}(1-k^2\chi) + \lambda + \frac{1}{3}k^2\zeta\right](\Omega^2/\omega_0) \tag{14.93}$$

$$\frac{1}{2l+1}\sum_j \delta\gamma_j = 0 \tag{14.94}$$

(14.93)–(14.94)式表明，可以用孤立分裂多态模式本征频率$\omega_0^{\rm obs}$和衰减率$\gamma_0^{\rm obs}$观测值的平均，来得到相应的地球单极子的本征频率$\omega_0^{\rm mon}$和衰减率$\gamma_0^{\rm mon}$：

$$\omega_0^{\rm mon} = \omega_0^{\rm obs}\{1 - \left[\frac{1}{3}(1-k^2\chi) + \lambda + \frac{1}{3}k^2\zeta\right](\Omega/\omega_0)^2\} \tag{14.95}$$

$$\gamma_0^{\rm mon} = \gamma_0^{\rm obs} \tag{14.96}$$

对于径向模式${}_n\mathrm{S}_0$，(14.95)中的修正式简化为$\omega_0^{\rm mon} = \omega_0^{\rm obs}(1-a)$。由表14.1可知，在进行球对称地球反演之前，${}_0\mathrm{S}_0$和${}_1\mathrm{S}_0$的本征频率观测值必须要分别降低百万分之336和百万分之94。我们在9.8节看到，这两个本征频率的观测精度分别为百万分之±5和百万分之±19，因此上述修正极为重要。

14.2.7 单态模式剥离

现在让我们来假设地球的弹性和非弹性横向不均匀性是纯带状的：

$$\sigma_{st} = \psi_{st} = 0, \quad 若\, t \neq 0 \tag{14.97}$$

在这种情况下，分裂矩阵$\mathsf{H}^{\rm zon}$的分量具有如下形式

$$\begin{aligned} H_{mm'}^{\rm zon} &= \omega_0[ibm\delta_{m\,-m'} + (a+cm^2)\delta_{mm'}] \\ &\quad + \omega_0\delta_{mm'}\sum_s(\sigma_{s0} + i\psi_{s0})\int_\Omega \mathcal{Y}_{lm}\mathcal{Y}_{s0}\mathcal{Y}_{lm}\,d\Omega \end{aligned} \tag{14.98}$$

轴对称性确保复数球谐函数Y_{lm}的级数m仍然是一个好量子数；因此(14.98)可以通过实数到复数的相似变换(14.37)来对角化，其结果为

$$\delta\omega_m = \omega_0(a + bm + cm^2) + \omega_0 \sum_s \sigma_{s0} \int_\Omega \mathcal{Y}_{lm}\mathcal{Y}_{s0}\mathcal{Y}_{lm}\, d\Omega \tag{14.99}$$

$$\delta\gamma_m = \omega_0 \sum_s \psi_{s0} \int_\Omega \mathcal{Y}_{lm}\mathcal{Y}_{s0}\mathcal{Y}_{lm}\, d\Omega \tag{14.100}$$

在此情形下，一个孤立多态模式的频率域响应可以写为

$$a(\omega) = \sum_m A_m \eta_m(\omega) \tag{14.101}$$

其中 $\eta_m(\omega) = \frac{1}{2}[\gamma_0 + \delta\gamma_m + i(\omega - \omega_0 - \delta\omega_m)]^{-1}$。在 (14.101) 的加权求和中，每个谱峰的复数振幅为

$$A_m = \left[1 + m\chi(\Omega/\omega_0) - \tau(1 - 3m^2/k^2) - \sum_s \tau_s \int_\Omega \mathcal{Y}_{lm}\mathcal{Y}_{s0}\mathcal{Y}_{lm}\, d\Omega\right] \tilde{r}_m^* \tilde{s}_m \tag{14.102}$$

这里我们定义了如下变量

$$\tau_s = \int_0^a \delta\rho_{s0} T_\rho\, r^2 dr + \sum_d d^2\, \delta d_{s0} [T_d]_-^+ \tag{14.103}$$

(14.102) 式中括号内的冗长因子源于重归一化。

给定大量形如 (14.101) 的频谱 $a_p(\omega)$，其中 $p = 1, 2, \ldots$，我们可以建立矩阵方程

$$\mathsf{a}(\omega) = \mathbf{\Pi}\boldsymbol{\eta}(\omega) \tag{14.104}$$

其中

$$\mathsf{a} = \begin{pmatrix} \vdots \\ a_p \\ \vdots \end{pmatrix}, \qquad \boldsymbol{\eta} = \begin{pmatrix} \vdots \\ \boldsymbol{\eta}_m \\ \vdots \end{pmatrix} \tag{14.105}$$

$$\mathbf{\Pi} = \begin{pmatrix} & \vdots & \\ \cdots & A_{pm} & \cdots \\ & \vdots & \end{pmatrix} \tag{14.106}$$

为避免与非弹性矩阵 A 混淆，我们用 $\mathbf{\Pi}$ 来表示激发振幅矩阵 (14.106)。要确定单态模式的洛伦兹谱峰 $\boldsymbol{\eta}_m(\omega)$，我们可以在观测到的多态模式谱峰所涵盖的角频率范围内反演 (14.104) 式，即

$$\boldsymbol{\eta}(\omega) = \mathbf{\Pi}^{-g}\mathsf{a}(\omega) \tag{14.107}$$

这里的 $\mathbf{\Pi}^{-g}$ 是 $\mathbf{\Pi}$ 的广义逆，可通过奇异值分解得到。用洛伦兹谱峰函数对每个 $\boldsymbol{\eta}_m(\omega)$ 做最小二乘拟合，可以测量分裂单态模式的本征频率 $\omega_0 + \delta\omega_m$ 和衰减率 $\gamma_0 + \delta\gamma_m$；微扰 $\delta\omega_m$ 和 $\delta\gamma_m$ 可以与 (14.99)–(14.100) 联合来约束带状分裂系数 σ_{s0} 和 ψ_{s0}。利用 (14.77) 和 (14.82) 两式，又可以建立这些系数与带状弹性参数变化 $\delta\kappa_{s0}$、$\delta\mu_{s0}$、$\delta\rho_{s0}$、δd_{s0} 以及非弹性参数变化 $q_{\kappa s0}$、$q_{\mu s0}$

之间的线性关系。

这一技术称为单态模式剥离，由Buland, Berger 和 Gilbert (1979) 建立，并由Ritzwoller, Masters 和 Gilbert (1986)、Widmer (1991) 加以完善并获得广泛应用。(14.102) 中的重归一化因子在应用中通常被忽略；也就是说，(14.101) 中每个单态模式的振幅用 $A_m \approx \tilde{r}_m^* \tilde{s}_m$ 来近似。该方法假设地球的横向不均匀性主要是带状的；而恰好对于一些孤立多态模式该近似是可以接受的。一个很好的例子是球型模式 ${}_1\mathrm{S}_4$，它的分裂很明显，如图14.3所示。图14.4显示了得到的以级数 $-4 \leqslant m \leqslant 4$ 从后向前依序排列的剥离条带 $|\eta_m(\omega)|$。近乎均匀的谱峰间隔表明，该多态模式分裂主要是一阶科里奥利力所致。事实上，如图14.5所示，单态本征频率的观测值 $\omega_0 + \delta\omega_m$ 与自转椭球地球的理论谱峰分布 $\delta\omega_m = \omega_0(a + bm + cm^2)$ 有极好的一致性。

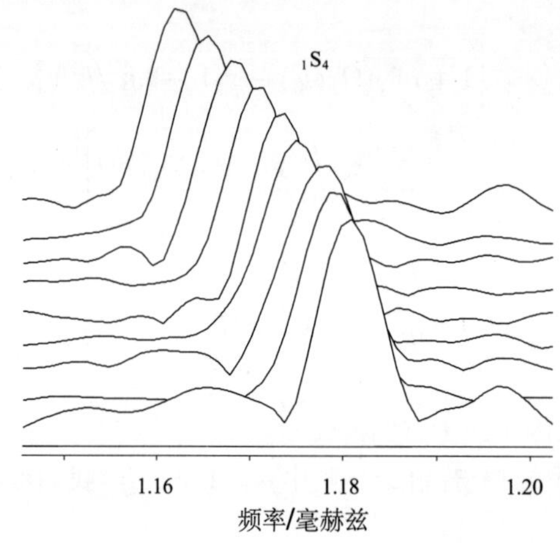

图 14.4 球型高阶多态模式 ${}_1\mathrm{S}_4$ 的单态模式条带 $|\eta_m(\omega)|$。9个剥离条带依序排列，$|\eta_{-4}(\omega)|$ 在后，$|\eta_4(\omega)|$ 在前 (由 G. Masters 提供)

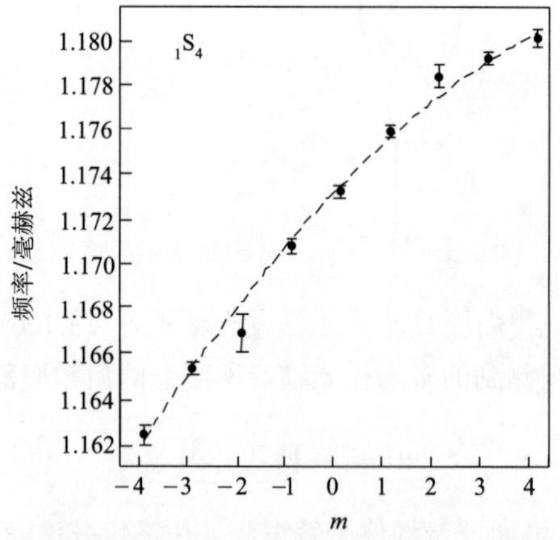

图 14.5 模式 ${}_1\mathrm{S}_4$ 的单态本征频率 $\omega_0 + \delta\omega_m$ 的观测值。观测值是通过用独立的洛伦兹谱峰函数拟合图14.4中的9个剥离条带而得到的。每一拟合都是对复数频谱进行的，即对 $\eta_m(\omega)$ 进行拟合，而不是 $|\eta_m(\omega)|$。误差线段为不确定度 $\pm\sigma$。虚线表示由地球自转和流体静力学椭率导致的本征频率分裂的预测值 $\delta\omega_m = \omega_0(a + bm + cm^2)$(由 G. Masters 提供)

14.2.8 异常分裂模式

图14.6显示了PKIKP等价多态模式${}_{18}S_4$的单态剥离条带。该模式的观测谱峰分布不能归因于地球的自转和流体静力学椭率；总分裂宽度$\Delta\omega \approx \delta\omega_0 - \delta\omega_{\pm 4}$几乎是预测值的两倍。剥离方法的成功表明了微扰是轴对称的；但是，如(14.99)所示，如果将$\Delta\omega$归因于非流体静力学带状不均匀性，σ_{20}、σ_{40}、σ_{60}和σ_{80}这些系数必须很大。另外还有大约20个对地核敏感的球型多态模式，包括${}_3S_2$、${}_9S_3$和${}_{13}S_2$，也同样具有较强的非流体静力学及明显的带状分裂的特征。地幔可以被排除为其来源，因为如我们在下一节所看到的那样，地幔所具有的确定的非带状结构是受到其他非异常分裂模式的良好约束的。

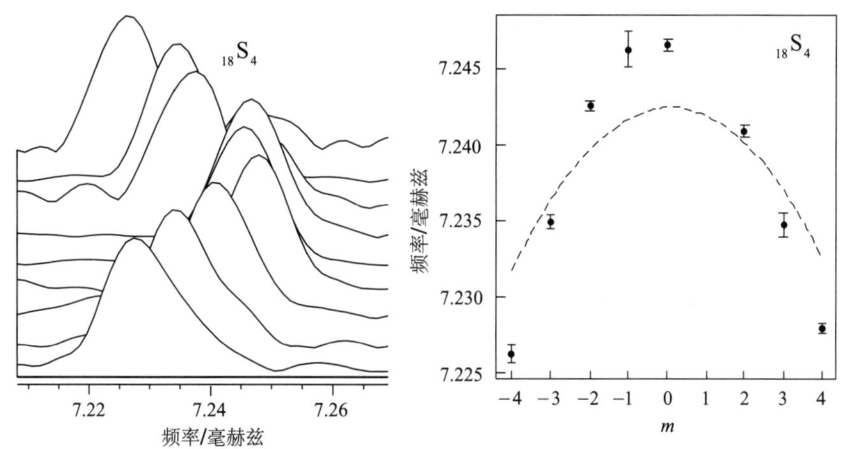

图 14.6 (左)异常分裂多态模式${}_{18}S_4$的单态剥离条带$|\eta_m(\omega)|$。9个条带依序排列，$|\eta_{-4}(\omega)|$在后，$|\eta_4(\omega)|$在前。(右)单态本征频率$\omega_0 + \delta\omega_m$的观测值呈现出与级数$m$的准抛物线型关系$\delta\omega_m \approx \omega_0(a' + c'm^2)$；然而，其分裂强度要比虚线所示的地球自转和流体静力学椭率所导致的强度大得多 (由R. Widmer提供)

自Masters 和 Gilbert (1981)发现这种所谓的*异常分裂*后，十多年来其本质一直是一个有争议的难题。在此期间所提出并经过检视的可能解释有：

1. 一些异常分裂模式在固态内核中的压缩波能量只有不到3%。这导致人们猜测该分裂可能是由*液态外核*内部压缩波速度的二次球谐不均匀性$\delta\alpha_{20}$造成的(Ritzwoller, Masters & Gilbert 1988; Widmer, Masters & Gilbert 1992)。可以对这种模型加以调整来拟合观测的异常分裂；然而，相应的液态外核密度变化$\delta\rho_{20}$被13.1.7节的流体静力学考虑所排除(Stevenson 1987)。

2. 内核或核幔边界半径的二次球谐变化δd_{st}也能够解释观测的异常分裂；然而，这种较大的非流体静力学界面微扰与体波走时数据并不一致(Ritzwoller, Masters & Gilbert 1988; Widmer, Masters & Gilbert 1992)。

3. Tanimoto (1989)确定性地证明，地球磁场不可能是导致所观测到的异常分裂的原因。

4. Gilbert (1994) 论证了液态外核中大尺度对流的影响同样是可以忽略的。

5. Poupinet, Pillet 和 Souriau (1983) 最先注意到，沿平行于地球自转轴的射线路径穿过内核的 PKIKP 波要比在赤道面内传播的PKIKP波早几秒钟到达。在这一观测的启发下，Morelli, Dziewonskihe 和 Woodhouse (1986)、Woodhouse, Giardini 和 Li (1986) 提出用内核各向异性来同时解释PKIKP波的异常走时与核敏感球型模式的异常分裂。

6. 更全面的体波研究随后证实了内核压缩波存在百分之几的各向异性(Creager 1992; Shearer 1994b; Song & Helmberger 1995)。然而，导致异常多态模式分裂的结构仍有争议。在透彻地分析了20多个PKIKP等价模式后，Widmer, Masters 和 Gilbert (1992) 排除了内核各向异性作为一种解释的可能，因为Li, Giardini 和 Woodhouse (1991a) 的模型与他们的数据并不一致。

Tromp (1993) 用一种新的解析方法，证明了所有异常多态模式的观测结果都与一个简单的对称轴与地球自转轴一致的横向各向同性内核模型相符。如附录D.4.4所展示的，这种类型的各向异性会产生一个对角的分裂矩阵 $\mathsf{H}^{\text{ani}} = (2\omega_0)^{-1}\mathsf{V}^{\text{ani}}$，其分量为

$$H^{\text{ani}}_{mm'} = \delta_{mm'} \sum_{s=0,2,4} (-1)^m \left(\frac{2l+1}{2\omega_0}\right)\left(\frac{2s+1}{4\pi}\right)^{1/2} \times \begin{pmatrix} l & s & l \\ -m & 0 & m \end{pmatrix} \sum_N \sum_I \int_0^c \Gamma_{NI}\, r^2 dr \tag{14.108}$$

非零积分核 Γ_{01}–Γ_{05}、Γ_{11}–Γ_{13}、Γ_{21}–Γ_{23}、Γ_{31} 和 Γ_{43} 在 (D.209)–(D.221) 中有所定义。地球自转、椭率和共轴内核各向异性的联合效应可由如下公式表示

$$\mathsf{H}^{\text{rot+ell+ani}} = \mathsf{W} + (2\omega_0)^{-1}(\mathsf{V}^{\text{ell+cen}} + \mathsf{V}^{\text{ani}} - \omega_0^2\mathsf{T}^{\text{ell}}) \tag{14.109}$$

复数球谐函数 Y_{lm} 的级数 m 仍然是一个好量子数；借助于 (C.229)–(C.231)，所得到的本征频率微扰可以简化为一个简洁形式：

$$\delta\omega_m = \omega_0(a + bm + cm^2) + \omega_0(a' + c'm^2 + dm^4) \tag{14.110}$$

其中第一项源于自转和椭率，第二项来自各向异性。各向异性中的常数项、二次项和四次项分裂系数 a'、c' 和 d 为

$$\begin{aligned} a' = {} & \frac{1}{2}\omega_0^{-2}(-1)^l(2l+1)\Bigg\{\left[\frac{(2l)!}{(2l+1)!}\right]^{1/2} K_0 \\ & - 2l(l+1)\left[\frac{(2l-2)!}{(2l+3)!}\right]^{1/2} K_2 \\ & + 6(l+2)(l+1)l(l-1)\left[\frac{(2l-4)!}{(2l+5)!}\right]^{1/2} K_4\Bigg\} \end{aligned} \tag{14.111}$$

$$\begin{aligned} c' = {} & \frac{1}{2}\omega_0^{-2}(-1)^l(2l+1)\Bigg\{6\left[\frac{(2l-2)!}{(2l+3)!}\right]^{1/2} K_2 \\ & + [50 - 60l(l+1)]\left[\frac{(2l-4)!}{(2l+5)!}\right]^{1/2} K_4\Bigg\} \end{aligned} \tag{14.112}$$

$$d = \frac{1}{2}\omega_0^{-2}(-1)^l(2l+1)\left\{70\left[\frac{(2l-4)!}{(2l+5)!}\right]^{1/2}K_4\right\} \tag{14.113}$$

其中

$$K_s = \sum_N \sum_I \left(\frac{2s+1}{4\pi}\right)^{1/2} \int_0^c \Gamma_{NI}\, r^2 dr, \qquad s = 0, 2, 4 \tag{14.114}$$

观测到的异常分裂多态模式的本征频率微扰 $\delta\omega_m$ (其中 $-l \leqslant m \leqslant l$) 可以用来约束内核中五个横向各向同性微扰 δC、δA、δL、δN 和 δF 的径向分布。图14.7展示了这一横向各向同性内核模型与18个特征明显的核敏感球型模式分裂的拟合 (Tromp 1993)。

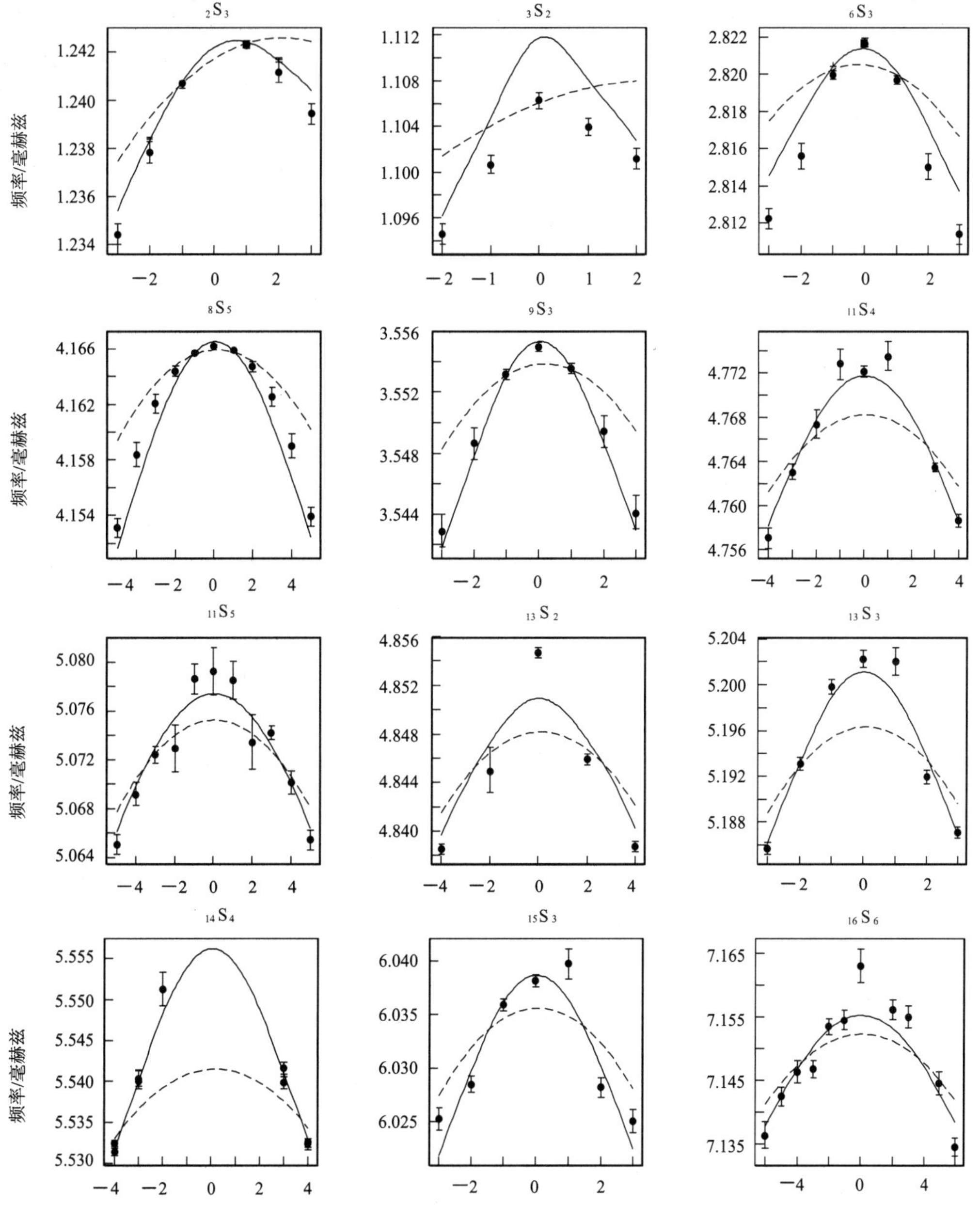

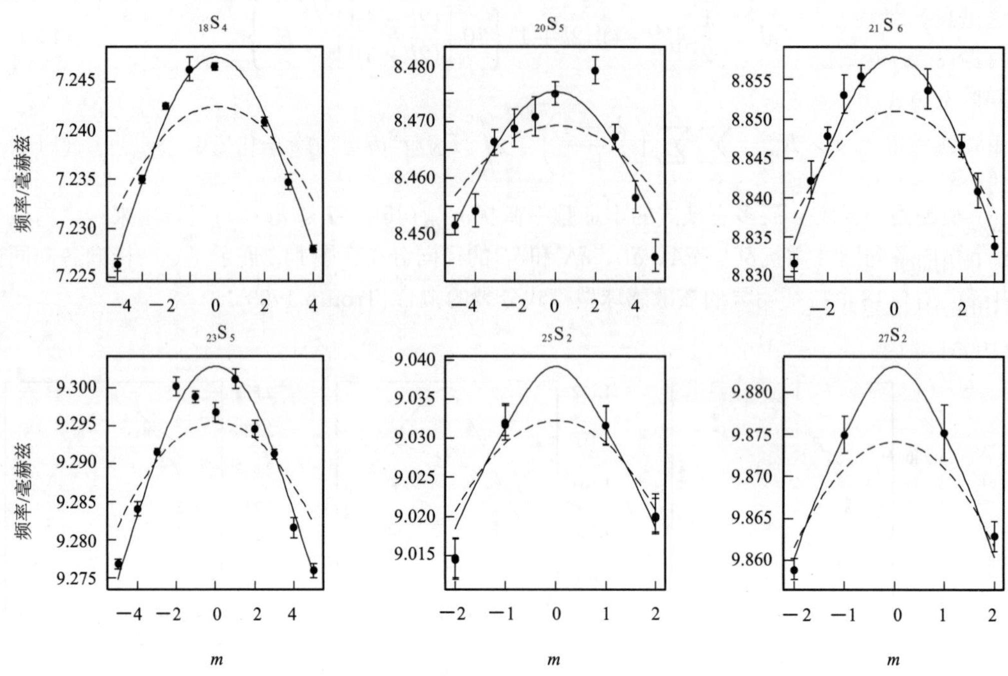

图 14.7　18 个异常分裂多态模式的单态本征频率 $\omega_0+\delta\omega_m$ 观测值 (由 R. Widmer 提供)。所有这些模式的分裂都大于地球自转和流体静力学椭率所导致的结果 (虚线)。实线显示的地球自转、椭率和共轴内核各向异性的联合效应 $\delta\omega_m=\omega_0(a+bm+cm^2)+\omega_0(a'+c'm^2+dm^4)$ 与观测数据拟合得更好

14.2.9　分裂函数

单态模式剥离是基于复数球谐函数 Y_{lm} 的级数 m 是一个好量子数这一条件；由于这一原因，当影响孤立多态模式的主要微扰是非带状时，这种操作是不可行的。相反，我们必须处理非稀疏的 $(2l+1)\times(2l+1)$ 的分裂矩阵 (14.83)–(14.84)。Giardini, Li 和 Woodhouse (1987; 1988)、Ritzwoller, Masters 和 Gilbert (1986; 1988) 发展了一种创新的两步频谱拟合方法，可应用于这种更一般的情况。该方法忽略了非弹性的横向变化和本征函数的重归一化；在这些条件下，一个孤立多态模式的频谱响应 (14.89) 可以用原来的接收点矢量 r 和源点矢量 s 来表示

$$a(\omega)=\frac{1}{2}i\mathsf{r}^{\mathrm{T}}[\mathsf{H}-(\omega-\omega_0-i\gamma_0)\mathsf{I}]^{-1}\mathsf{s}\tag{14.115}$$

其中 $\mathsf{H}=\mathsf{W}+(2\omega_0)^{-1}[\mathsf{V}^{\mathrm{ell+cen}}+\mathsf{V}^{\mathrm{lat}}-\omega_0^2(\mathsf{T}^{\mathrm{ell}}+\mathsf{T}^{\mathrm{lat}})]$。每个频谱 (14.115) 依赖于震源变量 $\mathbf{M}$ 和 $\mathbf{x}_{\mathrm{s}}$、接收点变量 $\hat{\boldsymbol{\nu}}$ 和 $\mathbf{x}$、自转和椭率分裂参数 a、b、c 以及弹性结构系数 σ_{st}, $s=2,4,\ldots,2l$, $t=-s,\ldots,0,\ldots,s$。假设震源和接收点参数以及地球的自转和椭率均为已知，通过迭代非线性最小二乘反演使一组观测与合成频谱 $a_p(\omega)$, $p=1,2,\ldots$，残差最小，就可以求解出 $5+9+\cdots+(4l+1)=l(2l+3)$ 个未知系数 σ_{st}。对 (14.115) 式做微扰可以得到收敛到最小值所需要的偏导数 $\partial a_p/\partial\sigma_{st}$：

$$\begin{aligned}\delta a(\omega)=&-\frac{1}{2}i\mathsf{r}^{\mathrm{T}}[\mathsf{H}-(\omega-\omega_0-i\gamma_0)\mathsf{I}]^{-1}\\&\times\delta\mathsf{H}[\mathsf{H}-(\omega-\omega_0-i\gamma_0)\mathsf{I}]^{-1}\mathsf{s}\end{aligned}\tag{14.116}$$

这里我们忽略了(13.259)中的重归一化项。要注意，可以联合许多不同地震$(\mathbf{M}, \mathbf{x}_s)$和不同接收点$(\hat{\boldsymbol{\nu}}, \mathbf{x})$的频谱$a_p(\omega)$。由于潜在的可以使用的频谱数目远大于$l(2l+3)$，因此可以对描述某一多态模式的系数$\sigma_{st}$有较强的约束。在频谱中能够识别多少个孤立模式，此方法中这个第一步骤就可以重复多少次。图14.8展示了所得到的频谱拟合的质量。第二步是将分析中所有模式的分裂系数做同时反演，得到不可压缩性、刚性、密度和界面半径的偶数次横向变化。(14.77)式描述了σ_{st}对微扰$\delta\kappa_{st}$、$\delta\mu_{st}$、$\delta\rho_{st}$和δd_{st}严格的线性依赖性。有许多学者在频谱拟合方法的改进和应用上做了工作，包括Li, Giardini和Woodhouse(1991a; 1991b)、Widmer, Masters和Gilbert (1992)、He和Tromp(1996)以及Resovsky和Ritzwoller (1998); Ritzwoller和Lavely (1995)对1994年6月9日玻利维亚地震发生前得到的结果进行了全面的总结和比较。

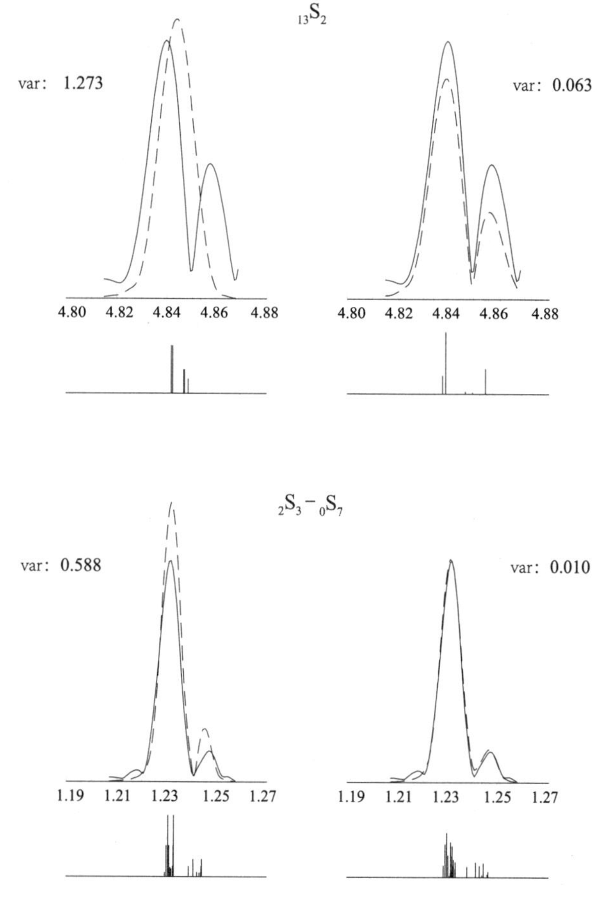

图 14.8 展示频谱拟合方法第一步骤的两个实例。(上)1994年6月9日玻利维亚深源地震后，位于吉布提ATD台站记录的多态模式${}_{13}S_2$的振幅谱$|a(\omega)|$。(下)1994年10月4日千岛群岛地震后，位于日本松代的MAJO台站记录的双重多态模式${}_{2}S_3-{}_{0}S_7$的振幅谱。在这两个例子中，实线均显示观测的径向分量振幅谱。左图中虚线显示了只考虑地球自转和流体静力学椭率影响的合成频谱的初始拟合结果。右图中虚线则显示对展开系数σ_{st}进行拟合后得到的最终合成频谱。图中给出了每个拟合的质量(var = 残差平方/数据平方)。底部的谱线显示分裂单态本征频率$\omega_0+\delta\omega_m$或$\omega_0+\delta\omega_j$以及激发振幅$|A_m|$或$|A_j|$

一个孤立多态模式的分裂可以方便地用其地理分裂函数来形象化表示

$$\sigma=\sum_{\substack{s=2\\ \text{偶数}s}}^{2l}\sum_{t=-s}^{s}\sigma_{st}\mathcal{Y}_{st} \tag{14.117}$$

在地表任一位置θ、ϕ，函数$\sigma(\theta,\phi)$表示局地下方结构的径向平均值。一个给定模式对参数κ、μ、ρ 和d做平均的方式是由(14.77)中的径向积分核V_κ、V_μ、$V_\rho-\omega_0^2T_\rho$和$V_d-\omega_0^2T_d$决定的。σ的图像可以被看作是由这些积分核所“看到”的地球三维弹性结构随地理位置变化的图像。选择定理(14.78)将敏感度限制在角次数为偶数$2\leqslant s\leqslant 2l$的结构。例如，模式${}_8\mathrm{S}_1$仅对2次结构敏感，而模式${}_0\mathrm{S}_6$则对直到12次的偶数次结构敏感。图14.9和图14.10显示了若干孤立基阶多态模式${}_0\mathrm{S}_l$和 ${}_0\mathrm{T}_l$的观测分裂函数σ^{obs}。一致性的、以$\mathcal{Y}_{2\pm2}$为主的分布图像是地球大尺度横向不均匀性的最典型特征之一：剪切波速在美洲和西太平洋下面比平均值更快$(\delta\beta>0)$，而

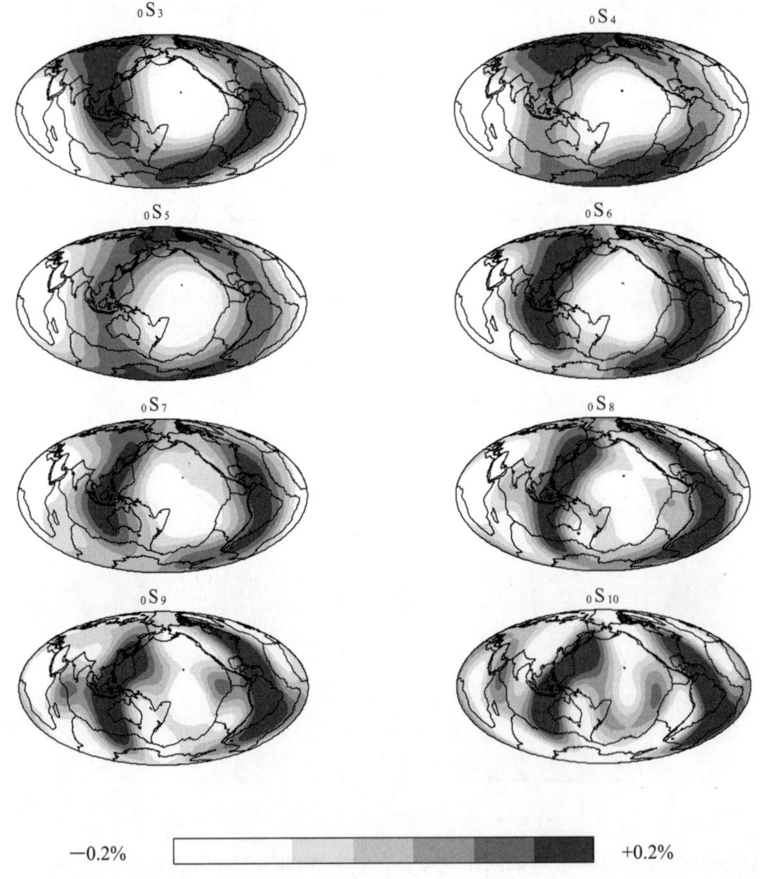

图 14.9 观测的基阶球型模式${}_0\mathrm{S}_3-{}_0\mathrm{S}_{10}$分裂函数$\sigma^{\mathrm{obs}}$。地图投影采用埃托夫等面积投影；同时绘出了海岸线和构造板块边界作为参考。环绕太平洋的阴影区域$\sigma>0$，是由该区域下方的地幔中高于平均值的剪切波速度$(\delta\beta>0)$造成的。在拟合中，对分裂函数有所截断，因而每个分裂函数仅由最低的三个偶数次$s=2,4,6$函数表示

在中太平洋和非洲下面比平均值更慢($\delta\beta < 0$)。V_κ、V_μ、$V_\rho - \omega_0^2 T_\rho$ 和 $V_d - \omega_0^2 T_d$ 这四个积分核沿给定的模式分支光滑变化，分裂函数 σ 也是如此。

原则上，在频谱拟合分析中，可以通过引入如下第二个分裂函数来容许非弹性的横向变化

$$\psi = \sum_{\substack{s=2 \\ \text{偶数}s}}^{2l} \sum_{t=-s}^{s} \psi_{st} \mathcal{Y}_{st} \tag{14.118}$$

利用(14.82)式，观测的系数 ψ_{st} 可以用来约束 $q_{\kappa st}$ 和 $q_{\mu st}$。如果以增加两个未知参数为代价，还可以容许零次微扰 $\delta\kappa_{00}$、$\delta\mu_{00}$、$\delta\rho_{00}$、δd_{00} 和 $q_{\kappa st}$、$q_{\mu st}$。观测的系数 σ_{00} 和 ψ_{00} 可以用于改进简并本征频率 ω_0^{mon} 和衰减率 γ_0^{mon}：

$$\omega^{\mathrm{mon}} = \omega_0\left(1 + \sqrt{4\pi}\,\sigma_{00}\right), \qquad \gamma^{\mathrm{mon}} = \gamma_0\left(1 + \sqrt{4\pi}\,\psi_{00}\right) \tag{14.119}$$

由此得到的估计值可以与其他全球地震学数据一起联合反演得到一个新的地球单极子。

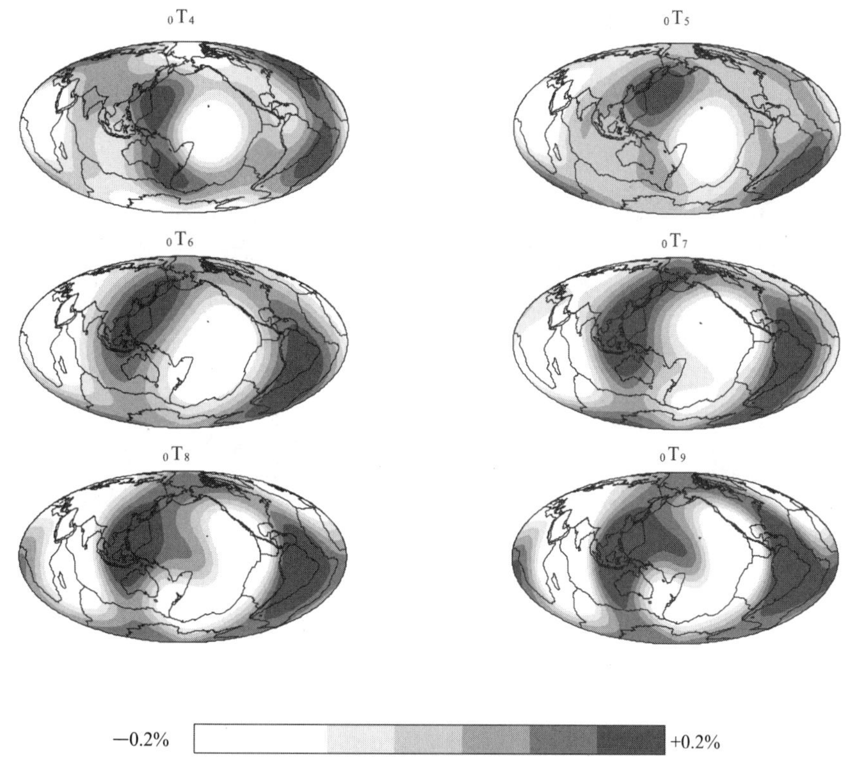

图 14.10 观测的基阶环型模式 $_0\mathrm{T}_4 - {}_0\mathrm{T}_9$ 分裂函数 σ^{obs}。地图投影采用埃托夫等面积投影；同时绘出了海岸线和构造板块边界作为参考。典型的环绕太平洋的 $\mathcal{Y}_{2\,\pm2}$ 图像与基阶球型模式所展示的非常相似（见图14.9)。在拟合中，对分裂函数有所截断，因而每个分裂函数仅由最低的三个偶数次 $s = 2, 4, 6$ 函数表示

目前的地幔横向不均匀性模型与所有地幔敏感的球型和环型模式的分裂函数均有惊人的一致性。在图14.11和图14.12中，我们通过比较第五高阶球型模式分支 $_5\mathrm{S}_l$ 的观测和预测的变

化σ^{obs}和σ^{pre}来展示这一结果。预测的分裂函数是基于三维地幔模型SKS12WM13 (Dziewonski, Liu & Su 1997)。该剪切波速度变化$\delta\beta$的模型是通过反演大量的绝对和相对体波走时和相位延迟得到的；模型的构建并未明确使用简正模式数据。这些模式和许多其他地幔敏感模式的σ^{obs}和σ^{pre}之间良好的一致性表明我们目前对大尺度地幔不均匀性的认识是可靠的。现有的地幔敏感模式分裂函数集合可以用来约束三维地球结构。

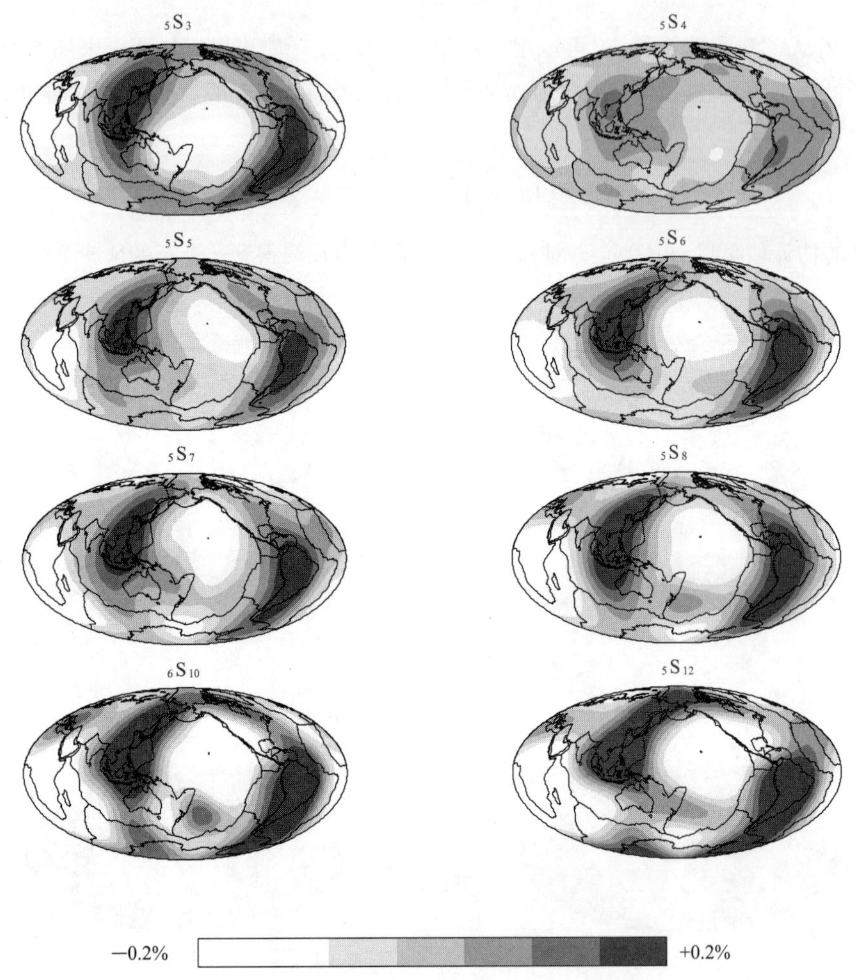

图 14.11 几个观测的第五高阶球型模式${}_5\mathrm{S}_3-{}_5\mathrm{S}_{12}$分裂函数$\sigma^{\text{obs}}$。其中${}_5\mathrm{S}_{10}$被用${}_6\mathrm{S}_{10}$来代替，因为前者是一个难以观测的内核模式。地图投影采用埃托夫等面积投影；同时绘出了海岸线和构造板块边界作为参考。每个地幔敏感的高阶模式都有一个以$\mathcal{Y}_{2\pm2}$为主的分裂函数，与基阶模式相似。请与图14.12中SKS12WM13模型的预测分裂函数σ^{pre}比较

图14.13中显示的地核敏感球型振荡具有以$\mathcal{Y}_{20}$为主的特征迥异的分裂函数σ^{obs}。这些观测与图14.14中显示的以$\mathcal{Y}_{2\pm2}$为主的SKS12WM13模型的预测结果σ^{pre}完全不同。事实上，如我们在14.2.8节看到的，这些模式分裂主要是由固态内核的横向各向同性所致。这种异常分裂多态模式的分裂函数σ^{obs}可通过将系数σ_{st}与一组(14.115)中的频谱拟合来测量；然而，这些

系数不能通过 (14.77) 式用各向同性不均匀性 $\delta\kappa_{st}$、$\delta\mu_{st}$、$\delta\rho_{st}$、δd_{st} 来严格解释。很容易将内核的各向异性和地幔的各向同性不均匀性同时纳入频谱拟合方法；必须对 (14.115) 式中的分裂矩阵做替换：$\mathsf{H} \to \mathsf{H} + (2\omega_0)^{-1}\mathsf{V}^{\mathrm{ani}}$。这样，每个多态模式都会多出三个未知参数可以在拟合时调整：即 (14.111)–(14.113) 中的各向异性系数 a'、c' 和 d。

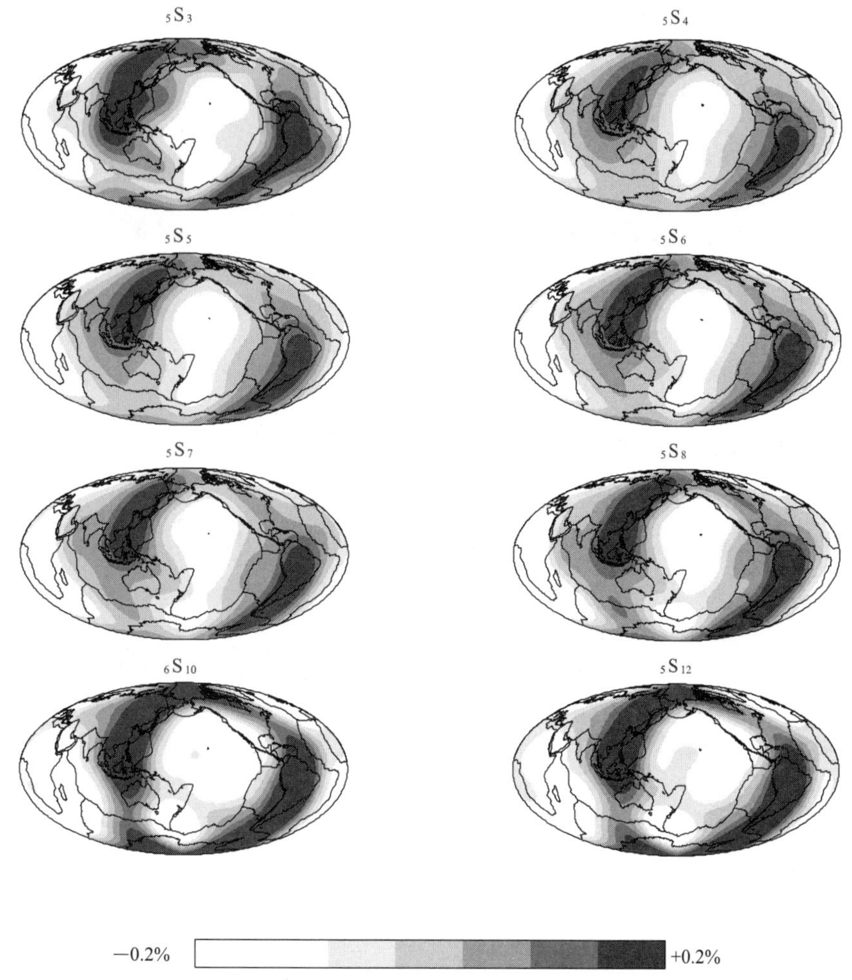

图 14.12 图14.11中8个第五高阶模式的预测分裂函数 σ^{pre}。在 (14.77) 和 (14.117) 式计算中使用了 Dziewonski, Liu 和 Su (1997) 的SKS12WM13模型。对观测和预测的分裂函数均有所截断，仅保留最低的三个偶数次 $s = 2, 4, 6$ 函数

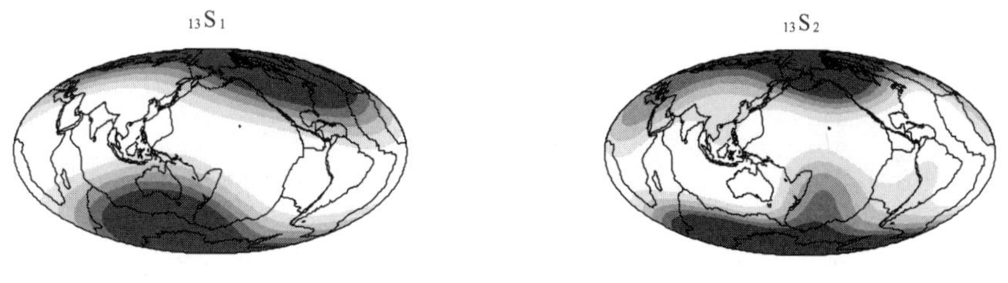

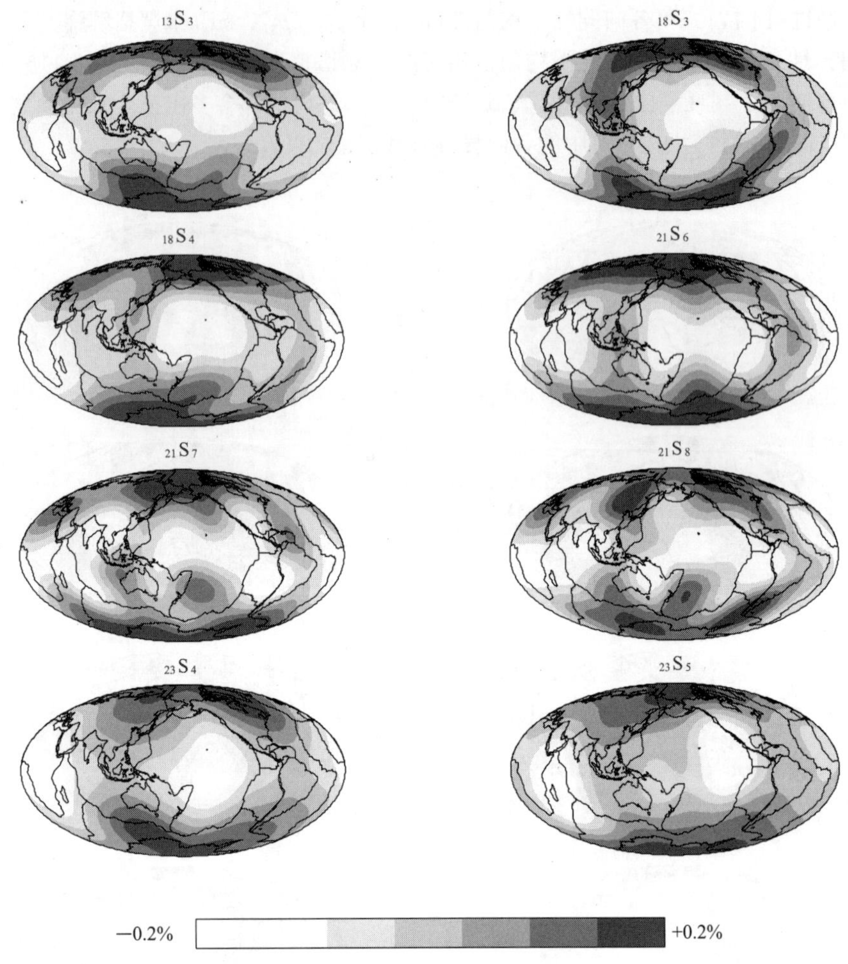

图 14.13　这里展示的地核敏感球型模式表现出轴对称的分裂函数，在两极附近“较快”($\sigma^{\mathrm{obs}} > 0$)，在赤道附近“较慢”($\sigma^{\mathrm{obs}} < 0$)。地图投影采用埃托夫等面积投影；同时绘出了海岸线和构造板块边界作为参考

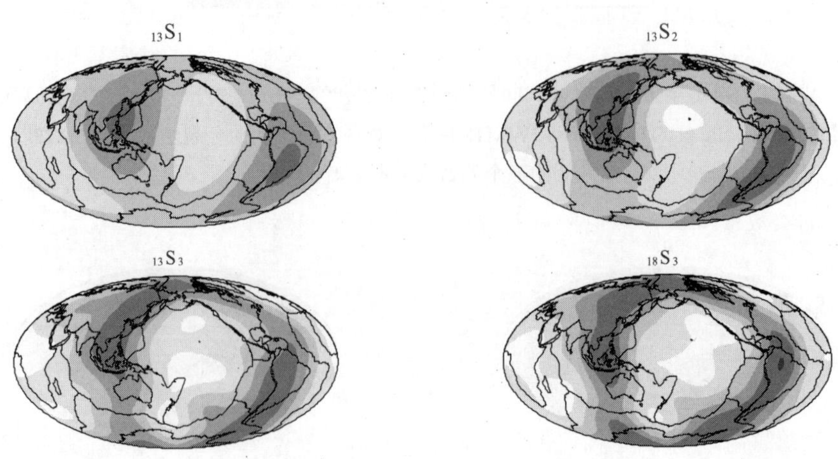

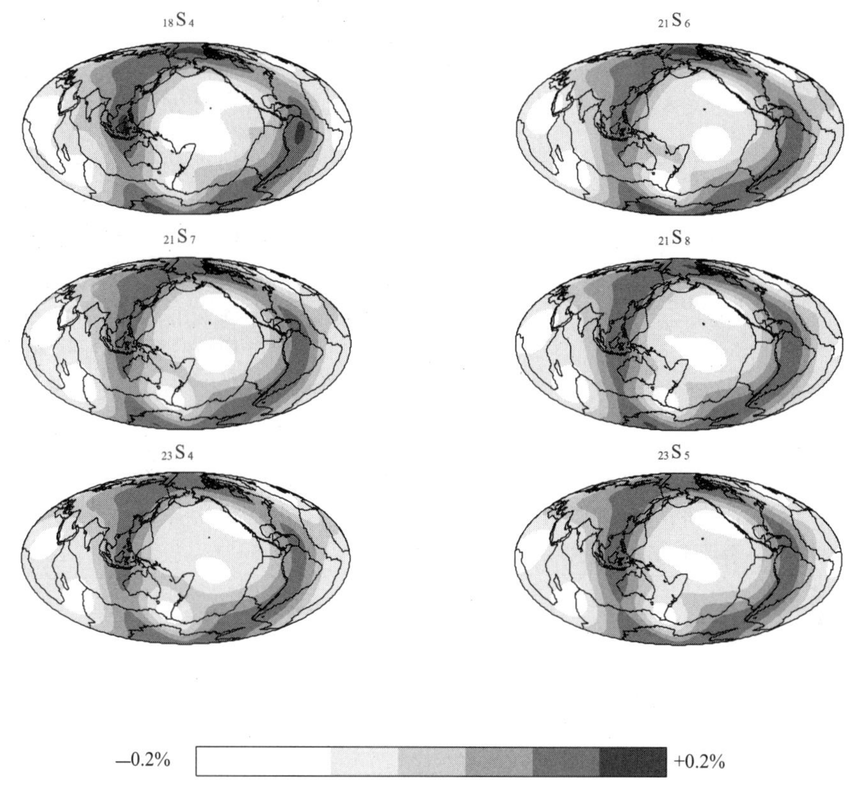

图 14.14 图14.13中8个球型多态模式的预测分裂函数σ^{pre}。计算中使用了 Dziewonski, Liu 和 Su (1997) 的SKS12WM13模型。σ^{obs}和σ^{pre}之间较差的一致性是将其称为“异常分裂模式”的原因。观测和预测分裂函数均有所截断，仅保留最低的三个偶数次$s = 2, 4, 6$函数

⋆14.2.10 峰值偏移

地球的许多中等频率的自由振荡表现出无法辨析的分裂谱,它们或许用单个洛伦兹谱峰函数拟合得很好；然而，峰值的位置相对于PREM模型常常有系统性偏移，如图14.15所示。1994年玻利维亚大地震后，位于加拿大西北地区 Alert 的 ALE 台站和位于夏威夷 Kipapa 的 KIP 台站的$_0S_6$模式观测谱峰明显是“似单态”的。ALE峰值与PREM简并频率的一致性表明，玻利维亚与Alert之间大圆路径下的地幔平均剪切波速度与PREM模型的相似。另一方面，KIP峰值的低频偏移表明，玻利维亚与Kipapa之间路径下的地幔平均剪切波速度比PREM模型的要慢。在本节中，我们来讨论这种依赖路径的峰值偏移现象。作为谱峰的位置测量，我们采用频谱$a(\omega)$的实数中心$\omega_\star$，其定义为

$$\mathrm{Re}\int_0^{\infty}(\omega-\omega_\star)a(\omega)\,d\omega=0 \tag{14.120}$$

峰值位置相对于参考简并频率ω_0的偏移是差值$\delta\omega_\star=\omega_\star-\omega_0$；我们寻求在横向不均匀性为光滑$(s_{\max}\ll l)$的极限时，$\delta\omega_\star$的渐近表达式。

为使问题简化，我们忽略地球的自转和非球对称的非弹性；此外，我们也忽略单态模式本

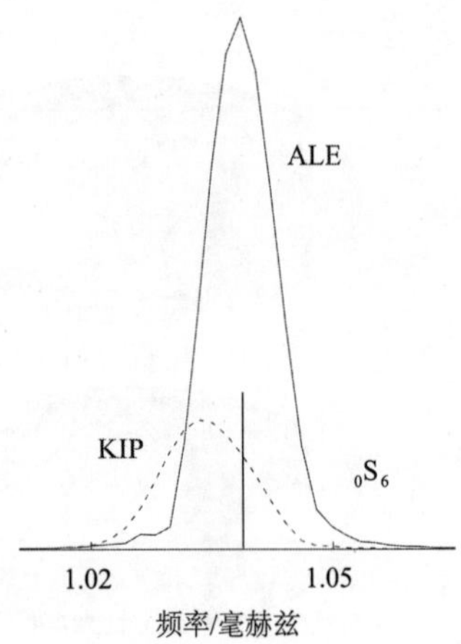

图 14.15 1994年6月9日玻利维亚深源地震后，位于加拿大Alert的ALE台站(实线)和位于夏威夷Kipapa的KIP台站(虚线)的${}_0S_6$多态模式径向分量振幅谱$|\hat{\mathbf{r}}\cdot\mathbf{a}(\mathbf{x},\omega)|$。垂直线表示PREM模型的简并本征频率

征函数的重归一化，将椭率直接作为二次微扰$\delta\kappa_{20}$、$\delta\mu_{20}$、$\delta\rho_{20}$和δd_{20}的流体静力学部分。用一种明确的符号，分裂矩阵(14.83)可以表示为

$$\mathsf{H} = \mathsf{V}^{\mathrm{ell+lat}} - \omega_0^2\mathsf{T}^{\mathrm{ell+lat}} \tag{14.121}$$

由于(14.121)为实数且对称，它可以被一个正交变换对角化：即有$\mathsf{Z}^{\mathrm{T}}\mathsf{Z}=\mathsf{I}$和$\mathsf{Z}^{\mathrm{T}}\mathsf{H}\mathsf{Z}=\Delta$，其中$\Delta=\mathrm{diag}\,[\cdots\delta\omega_j\cdots]$。一个孤立多态模式的频谱可以用变换后的接收点和源点矢量$\mathsf{r}'=\mathsf{Z}^{\mathrm{T}}\mathsf{r}$和$\mathsf{r}'=\mathsf{Z}^{\mathrm{T}}\mathsf{r}$ 写为

$$a(\omega)=\frac{1}{2}i\mathsf{r}'^{\mathrm{T}}[\Delta-(\omega-\omega_0-i\gamma_0)\mathsf{I}]^{-1}\mathsf{s}'=\sum_j A_j\eta_j(\omega) \tag{14.122}$$

其中

$$A_j=r_j's_j'=\left(\sum_m Z_{mj}r_m\right)\left(\sum_m Z_{mj}s_m\right) \tag{14.123}$$

将(14.122)–(14.123)代入(14.120)式，我们发现中心频率偏移$\delta\omega_\star$可以表示为

$$\delta\omega_\star=\frac{\sum_j\delta\omega_jA_j}{\sum_jA_j}=\frac{\mathsf{r}^{\mathrm{T}}\mathsf{H}\mathsf{s}}{\mathsf{r}^{\mathrm{T}}\mathsf{s}} \tag{14.124}$$

(14.124)式中的第一个等式在直观上是显而易见的：(14.122)式中的每个单位洛伦兹谱峰函数都有相同的面积$\int_0^\infty\eta_j(\omega)\,d\omega=\pi/2$；因此，$2l+1$个加权谱峰分布的中心位置就是所有单个谱峰中心的分布中心。分裂矩阵(14.121)的分量可以表示为

$$\begin{aligned}H_{mm'}=\frac{1}{2\omega_0}\sum_{st}\bigg\{&\int_0^a[\delta\kappa_{st}V_\kappa+\delta\mu_{st}V_\mu+\delta\rho_{st}(V_\rho-\omega_0^2T_\rho)]\,r^2dr\\&+\sum_d d^2\delta d_{st}[V_d-\omega_0^2T_d]_-^+\bigg\}\int_\Omega\mathcal{Y}_{lm}\mathcal{Y}_{st}\mathcal{Y}_{lm'}\,d\Omega\end{aligned} \tag{14.125}$$

精确到$(s/l)^2$的量级，我们可以用球对称$(s=0)$微扰的积分核来代替(14.125)中的径向积分核：

$$V_\kappa\approx V_\kappa^{s=0},\qquad V_\mu\approx V_\mu^{s=0},\qquad V_\rho\approx V_\rho^{s=0} \tag{14.126}$$

$$T_\rho \approx T_\rho^{s=0}, \qquad V_d \approx V_d^{s=0}, \qquad T_d \approx T_d^{s=0} \tag{14.127}$$

可以方便地引入局地本征频率微扰，它在地表任一点 (θ,ϕ) 处的定义为

$$\delta\omega(\theta,\phi) = \sum_{s,t} \delta\omega_{st}\mathcal{Y}_{st}(\theta,\phi) \tag{14.128}$$

其中

$$\begin{aligned}\delta\omega_{st} =& \frac{1}{2\omega_0}\left\{\int_0^a [\delta\kappa_{st}V_\kappa^{s=0} + \delta\mu_{st}V_\mu^{s=0} + \delta\rho_{st}(V_\rho^{s=0} - \omega_0^2 T_\rho^{s=0})]\, r^2 dr\right.\\ &\left. + \sum_d d^2\delta d_{st}[V_d^{s=0} - \omega_0^2 T_d^{s=0}]_-^+\right\}\end{aligned} \tag{14.129}$$

$\delta\omega(\theta,\phi)$ 有一个简单的物理解释：它是当整个地球受到与在 (θ,ϕ) 点下方相同的球对称微扰时而导致的对 ω_0 的微扰。(14.126)–(14.127) 中的近似使我们可以将 H 的分量 (14.125) 用该局地本征频率微扰写为如下形式

$$H_{mm'} \approx \int_\Omega \mathcal{Y}_{lm}\,\delta\omega\,\mathcal{Y}_{lm'}\, d\Omega \tag{14.130}$$

将 (14.130) 代入 (14.124)，并将球谐函数的加法定理 (B.74) 使用三次，我们得到如下结果

$$\begin{aligned}&\delta\omega_\star\,(\hat{\boldsymbol{\nu}}\cdot\mathbf{D})(\mathbf{M}:\mathbf{E}_\mathrm{s})\,X_{l0}(\Theta)\\ &\quad= \sqrt{\frac{2l+1}{4\pi}}\,(\hat{\boldsymbol{\nu}}\cdot\mathbf{D})(\mathbf{M}:\mathbf{E}_\mathrm{s})\int_\Omega X_{l0}(\Theta_\mathrm{r})\,\delta\omega\,X_{l0}(\Theta_\mathrm{s})\,d\Omega\end{aligned} \tag{14.131}$$

这里 Θ 表示源点与接收点之间的震中距，Θ_r 为积分点与接收点之间的角距离，Θ_s 为积分点与源点之间的角距离。符号 $\mathbf{D}$ 和 $\mathbf{E}_\mathrm{s}$ 分别表示接收点位移算子 (14.44) 和源点应变算子 (14.45)。对于高次数模式，带状球谐函数 X_{l0} 可以用渐近表达式 (B.87) 来近似。然后可以利用稳相法来计算 (14.131) 中的表面积分。保留到量级为 k^{-1} 的项，我们得到

$$\begin{aligned}&\int_\Omega X_{l0}(\Theta_\mathrm{r})\,\delta\omega\,X_{l0}(\Theta_\mathrm{s})\,d\Omega\\ &\quad\approx \frac{1}{\pi}(\sin\Theta)^{-1/2}\big[\delta\bar{\omega}\cos(k\Theta-\pi/4)\\ &\qquad + \frac{1}{2}k^{-1}(\cot\Theta\,\partial_{\bar{\phi}}^2\delta\bar{\omega} - \partial_{\bar{\theta}}\partial_{\bar{\phi}}\delta\bar{\omega})\sin(k\Theta-\pi/4)\\ &\qquad + \frac{1}{8}k^{-1}\delta\bar{\omega}\cot\Theta\sin(k\Theta-\pi/4)\big]\end{aligned} \tag{14.132}$$

其中 $\bar{\theta}$ 和 $\bar{\phi}$ 为源点–接收点大圆的正极点坐标，而

$$\delta\bar{\omega}(\bar{\theta},\bar{\phi}) = \frac{1}{2\pi}\oint_{\bar{\theta},\bar{\phi}} \delta\omega(\theta,\phi)\,d\Delta \tag{14.133}$$

为局地本征频率微扰的大圆平均。剩下的就只有让算子点积 $(\hat{\boldsymbol{\nu}}\cdot\mathbf{D})(\mathbf{M}:\mathbf{E}_\mathrm{s})$ 作用于表达式 (14.132)。精确到 k^{-1} 的量级，对于在径向分量上观测到的球型模式或在横向分量上观测到的环型模式，我们得到

$$\delta\omega_\star \approx \delta\bar{\omega} + k^{-1}(\sin\Theta)^{-1}\Big\{x(\cos\Theta\,\partial_{\bar{\phi}}\delta\bar{\omega} - \sin\Theta\,\partial_{\bar{\theta}}\delta\bar{\omega})$$

$$
\begin{aligned}
&+\Big[\frac{1}{2}(\cos\Theta\,\partial_{\bar{\phi}}^2\delta\bar{\omega}-\sin\Theta\,\partial_{\bar{\theta}}\partial_{\bar{\phi}}\delta\bar{\omega})\\
&+y(\cos\Theta\,\partial_{\bar{\phi}}\delta\bar{\omega}-\sin\Theta\,\partial_{\bar{\theta}}\delta\bar{\omega})\Big]\\
&\times\tan(k\Theta-\pi/4+z)\Big\}
\end{aligned}
\tag{14.134}
$$

其中

$$
x=\frac{(\Sigma_0-\Sigma_2)\partial_{\bar{\phi}}\Sigma_1+\Sigma_1\partial_{\bar{\phi}}\Sigma_2}{(\Sigma_0-\Sigma_2)^2+\Sigma_1^2}
\tag{14.135}
$$

$$
y=\frac{\Sigma_1\partial_{\bar{\phi}}\Sigma_1-(\Sigma_0-\Sigma_2)\partial_{\bar{\phi}}\Sigma_2}{(\Sigma_0-\Sigma_2)^2+\Sigma_1^2}
\tag{14.136}
$$

$$
z=\begin{cases}
\arctan\left(\dfrac{\Sigma_1}{\Sigma_0-\Sigma_2}\right), & \text{球型模式}\\[2ex]
\arctan\left(\dfrac{\partial_{\bar{\phi}}\Sigma_1}{\Sigma_1}\right), & \text{环型模式}
\end{cases}
\tag{14.137}
$$

这里的$\Sigma_m(\bar{\phi})$ (其中$m=0,1,2$)可以用(10.54)–(10.59)中的矩张量激发系数定义为

$$
\Sigma_m=(-1)^m\left[\frac{(l+m)!}{(l-m)!}\right]^{1/2}(A_m\cos m\bar{\phi}+B_m\sin m\bar{\phi})
\tag{14.138}
$$

这一精确到量级k^{-1}的分析源自Davis 和 Henson (1986)、Romanowicz 和 Roult (1986)；更早一些，Jordan (1978)、Dahlen (1979a) 曾推导出更有启发性的最低阶的结果：

$$
\delta\omega_\star\approx\frac{1}{2\pi}\oint_{\bar{\theta},\bar{\phi}}\delta\omega(\theta,\phi)\,d\Delta
\tag{14.139}
$$

Park (1986)、Romanowicz (1987) 考虑了沿同阶分支的多态模式耦合的渐近效应。

(14.139) 式表明，一个峰值的渐近位置$\omega_0+\delta\omega_\star$仅依赖于源点–接收点大圆路径正下方的平均结构。导致$2l+1$个间隔密集的共振谱峰在依照(14.122)叠加后呈现“似单态”形状的机制是模式间的干涉。所有单个洛伦兹谱峰成员的振幅(14.123)均为实数；然而，$\operatorname{sgn}A_j$的符号在±1两者间交替变化。本征频率微扰$\delta\omega_j$在$\delta\omega_\star$附近的单态模式往往激发较强，并且符号相同，因此它们会相长干涉，而所有其他单态模式要么是激发较弱，要么会相消干涉。Dahlen (1979b)、Davis 和 Henson (1986) 给出了一些合成的例子来展示这种单态模式干涉是如何在“起作用”的。

利用Roberts-Ursel-Backus等式(B.111)，我们可以将(14.139)式的球谐函数表达式写为如下形式

$$
\delta\omega_\star\approx\sum_{\substack{s=2\\ \text{偶数}s}}^{2l}\sum_{t=-s}^{s}\delta\omega_{st}P_s(0)\mathcal{Y}_{st}(\bar{\theta},\bar{\phi})
\tag{14.140}
$$

由于当s为奇数时，$P_s(0)=0$，因此该展开式局限于偶数次数$s=2,4,\ldots,2l$。(14.140)式构成一个线性反演问题：峰值偏移观测值$\delta\omega_\star$可用于确定展开系数$\delta\omega_{st}$，$s=2,4,\ldots,2l$。然后这些系数又通过(14.129) 式与偶数次微扰$\delta\rho_{st}$、$\delta\kappa_{st}$、$\delta\mu_{st}$和δd_{st}有线性的关系。选择定理(14.78)意味着有可能将渐近分裂矩阵写成一种能够反映其仅依赖于偶数次数s的形式；事实上，变换

矩阵$\tilde{\mathsf{H}}$的复数分量$\tilde{H}_{mm'} \approx \int_\Omega Y_{lm}^* \delta\omega Y_{lm'}\, d\Omega$为

$$\tilde{H}_{mm'} \approx \frac{1}{2\pi}\int_0^{2\pi} \delta\bar{\omega}(\bar{\theta},\bar{\phi}) e^{-i(m-m')\bar{\phi}}\, d\bar{\phi} \tag{14.141}$$

其中

$$\cos\bar{\theta} = \frac{m+m'}{2l+1} \tag{14.142}$$

(14.141)–(14.142) 中的结果可以在 (14.130) 式中利用冈特积分渐近关系 (C.237) 得到。

更为详细的分析可以容许峰值的位置和振幅随时间缓慢变化。我们从 (14.122) 的时间域形式出发：

$$A_0(t) = \mathsf{r}^{\mathrm{T}} \exp(i\mathsf{H}t)\,\mathsf{s} \tag{14.143}$$

无须更多近似，我们可以将该多态模式调制函数改写为单个复指数函数：

$$A_0(t) = \mathsf{r}^{\mathrm{T}}\mathsf{s}\,\exp\left[i\int_0^t \delta\omega_\star(t')\,dt'\right] \tag{14.144}$$

(14.144) 中的被积函数为如下复数瞬时频移

$$\delta\omega_\star(t) = \frac{\mathsf{r}^{\mathrm{T}}\mathsf{H}\exp(i\mathsf{H}t)\,\mathsf{s}}{\mathsf{r}^{\mathrm{T}}\exp(i\mathsf{H}t)\,\mathsf{s}} \tag{14.145}$$

在一开始$t=0$时，该瞬时偏移与 (14.124) 式相同；然而，更一般地，我们可以用 (14.145) 式将$\delta\omega_\star(t)$表示为慢变泰勒级数：

$$\delta\omega_\star(t) = \delta\omega_\star + \delta\omega'_\star t + \frac{1}{2}\delta\omega''_\star t^2 + \cdots \tag{14.146}$$

其中

$$\delta\omega_\star = \frac{\mathsf{r}^{\mathrm{T}}\mathsf{H}\mathsf{s}}{\mathsf{r}^{\mathrm{T}}\mathsf{s}}, \qquad \delta\omega'_\star = i\left[\frac{\mathsf{r}^{\mathrm{T}}\mathsf{H}^2\mathsf{s}}{\mathsf{r}^{\mathrm{T}}\mathsf{s}} - \left(\frac{\mathsf{r}^{\mathrm{T}}\mathsf{H}\mathsf{s}}{\mathsf{r}^{\mathrm{T}}\mathsf{s}}\right)^2\right] \tag{14.147}$$

$$\delta\omega''_\star = -\left[\frac{\mathsf{r}^{\mathrm{T}}\mathsf{H}^3\mathsf{s}}{\mathsf{r}^{\mathrm{T}}\mathsf{s}} - \frac{3(\mathsf{r}^{\mathrm{T}}\mathsf{H}\mathsf{s})(\mathsf{r}^{\mathrm{T}}\mathsf{H}^2\mathsf{s})}{(\mathsf{r}^{\mathrm{T}}\mathsf{s})^2} + 2\left(\frac{\mathsf{r}^{\mathrm{T}}\mathsf{H}\mathsf{s}}{\mathsf{r}^{\mathrm{T}}\mathsf{s}}\right)^3\right] \tag{14.148}$$

经验表明，大多数“似单态”谱峰都可以用单个洛伦兹谱峰函数充分拟合，而无须容许如 (14.146) 所示的随时间的显式变化。在这种情况下，观测偏移的最佳解释是在记录时段上瞬时偏移$\delta\omega_\star(t)$的加权平均$\langle\delta\omega_\star\rangle$。该加权函数依赖于衰减率$\gamma_0$以及分析中使用的时窗函数。

上述方法是由 Smith 和 Masters (1989a) 开发和应用的，其目的是更新 Masters, Jordan, Silver 和 Gilbert (1982) 在峰值偏移观测上的开创性工作；正如我们在 1.6 节所介绍的，后一项历史性研究为上地幔大尺度横向非均匀性提供了第一个明确的证据。Smith 和 Masters 最后的分析拟合了近 3000 个频谱，并对${}_0\mathrm{S}_{20} - {}_0\mathrm{S}_{45}$中的每一个基阶球型多态模式提取了 1000–1500 个峰值偏移$\langle\delta\omega_\star\rangle$。图 14.16 显示了他们对${}_0\mathrm{S}_{23}$模式的原始测量值画在源点–接收点大圆极点$(\bar{\theta},\bar{\phi})$处的图像；请注意数据中鲜明且相当一致的二次分布花样！在大批后续使用体波、面波以及简正模式的反演研究中，地球的这种横向不均匀性得到了证实，并且被分辨得更为清晰 (Masters 1989; Roult, Romanowicz & Montagner 1990; Woodward & Masters 1991; Masters, Johnson, Laske & Bolton 1996)。

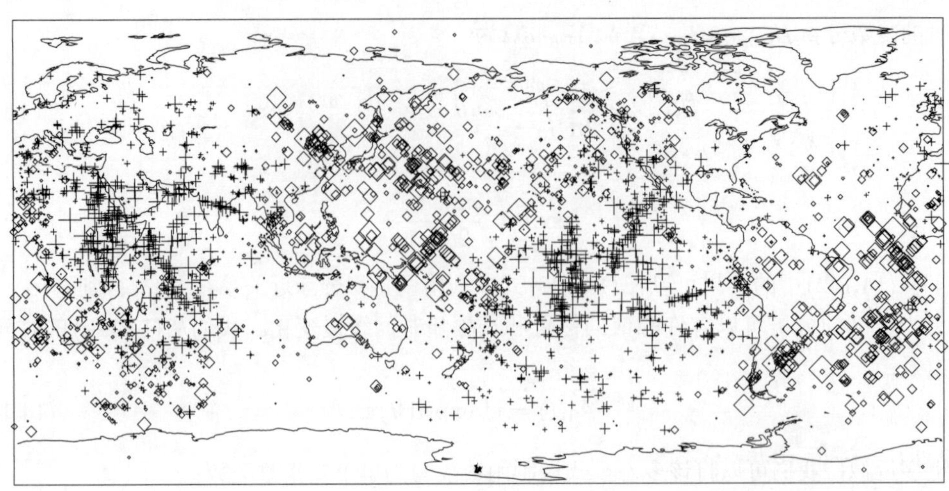

图 14.16 基阶球型多态模式${}_0S_{23}$的观测峰值偏移$\langle\delta\omega_\star\rangle$。1400个观测值被重复标注在两个大圆极点$(\bar{\theta},\bar{\phi})$和$(\pi-\bar{\theta},\pi+\bar{\phi})$处。加号$+$和菱形符号$\diamond$分别表示正偏移和负偏移。每个符号的大小与频移幅度成正比，变化的最大值为±10微赫兹。由于环太平洋下方剪切波速度的微扰为相对高速，对于两极位于中太平洋的路径，峰值向高频偏移 (由R. Widmer提供)

(14.134)中量级为k^{-1}的项只是一个小的修正，除非是在$\tan(k\Theta-\pi/4+z)\to\pm\infty$的震中距处，对应于球对称地球激发花样(10.52)的纵向节点。该发散导致有依赖于次数的以$\Delta l\approx\pi/\Theta$为周期的波动或抖动，叠加在沿固定频散分支${}_n\mathrm{S}_l$或${}_n\mathrm{T}_l$的预期中光滑变化的$\delta\omega_\star$之上。如图14.17所示，这种抖动是基阶模式峰值偏移数据的一个特征。瞬时频移$\delta\omega_\star(t)$也有同样的缺陷，因为本质上它也是由(14.124)中分母$\mathsf{r}^{\mathrm{T}}\mathsf{s}$在节点处发散造成的。同样的球对称地球激发振幅也出现在(14.147)–(14.148)的分母中；这使得展开式(14.146)在节点附近不适用。这些节点波动的普遍存在，以及更重要的对奇数次结构的不敏感性，导致了${}_0\mathrm{S}_l$和${}_0\mathrm{T}_l$峰值偏移观测逐渐被弃用。更好的做法是测量等价基阶模式面波的相速度，因为它们可以同时约束地球的奇数和偶数次横向不均匀性。

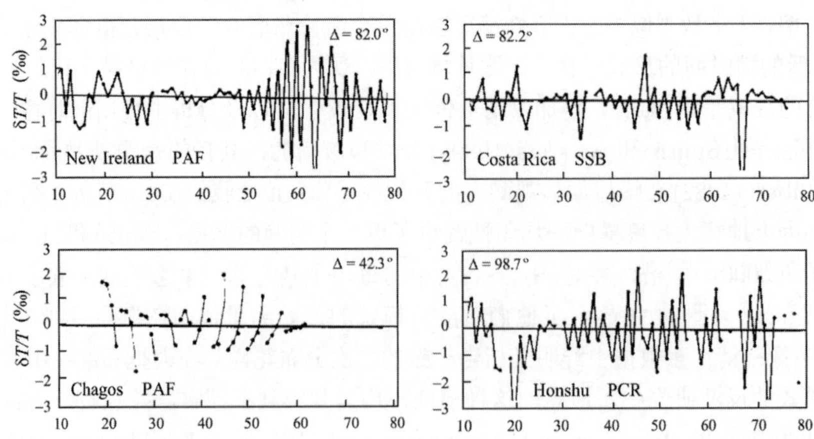

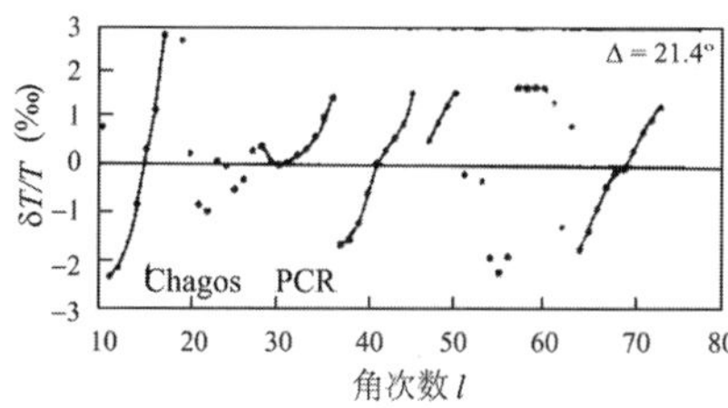

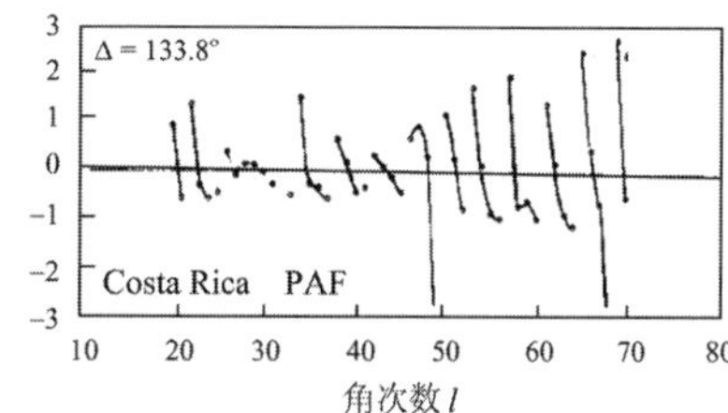

图 14.17 从一些震源–接收点组合得到的基阶球型模式的峰值偏移观测随角次数l的变化。光滑的$\delta\bar{\omega}$变化已被移除，以凸显$\tan(k\Theta - \pi/4 + z)$形式的波动。每幅图中均注明了地震和台站的位置以及震中距。要注意，周期的相对微扰$\delta T/T$以千分比为单位 (由B. Romanowicz 和 G. Roult提供)

★14.2.11 球面叠加

在10.6节中，我们讨论了一种频谱叠加方法，该方法可用于在球对称地球上分离目标多态模式，同时降低噪声。现在我们重提这一话题，并提出这样一个问题：地球的非对称性所导致的分裂对球面叠加有何影响？一个理想的密集台网叠加包含一个在地球表面上的积分(10.75)：

$$\Sigma(\omega) = \int_{\Omega} \mathbf{A}(\mathbf{x}) \cdot \mathbf{a}(\mathbf{x}, \omega)\, d\Omega \tag{14.149}$$

其中$\mathbf{A}(\mathbf{x})$为球对称地球激发花样。利用叠加频谱$\mathbf{a}(\mathbf{x}, \omega)$的分裂多态模式表达式(14.122)–(14.123)计算该面积分，我们得到

$$\Sigma(\omega) = \sum_j \mathcal{A}_j \eta_j(\omega) \tag{14.150}$$

其中

$$\mathcal{A}_j = (U_a^2 + V_a^2 + W_a^2){s'_j}^2 = (U_a^2 + V_a^2 + W_a^2)\left(\sum_m Z_{mj} s_m\right)^2 \tag{14.151}$$

这里下角标a表示径向本征函数U、V、W在接收点半径$r = a$处取值。叠加频谱(14.150)–(14.151)与单台频谱(14.122)–(14.123)之间有一个显著的重要区别：在$\Sigma(\omega)$中每个单态模式的振幅$\mathcal{A}_j$都是正的。因此，不存在由相消干涉而导致的像$a(\omega)$那样的"似单态"谱峰；相反，会有一致的相长干涉。这样得到的谱峰会比任何单个洛伦兹谱峰$\eta_j(\omega) = \dfrac{1}{2}[\gamma_0 + i(\omega - \omega_0 - \delta\omega_j)]^{-1}$的都要宽的多。鉴于上述原因，用球面叠加频谱$\Sigma(\omega)$得到的衰减测量会给出多态模式的简并衰减率$\gamma_0$的一个高估值$\gamma_\star$。与单台测量结果的比较显示，基阶球型模式品质因子倒数的偏差可能高达40%，如图14.18所示。非各向同性激发的一个后果是，用叠加的中心频率$\omega_\star$作为简并频率ω_0的估计是不正确的：地球上接近偶极或四极激发花样$A(\mathbf{x})$节点的扇形区域内的数据会不足(Dahlen 1979a)。在这种情况下，一个明显的减少偏差的策略是：要在叠加频谱$\Sigma(\omega)$中包含尽可能多的地震事件的$\mathbf{M}$和$\mathbf{x}_\mathrm{s}$。

14.3 多态模式耦合

孤立多态模式近似并不能用于描述重叠的多态模式，如图14.3中的球型模式对${}_0\mathrm{S}_7-{}_2\mathrm{S}_3$、${}_1\mathrm{S}_5-{}_2\mathrm{S}_4$和${}_2\mathrm{S}_5-{}_1\mathrm{S}_6$。为了处理这类模式对之间可能的耦合，有必要将它们视为单个准简并超

级多态模式。这种分析对计算的要求更高；然而，我们会看到，它也有优势：超级多态模式的分裂与耦合对偶数和奇数次的横向不均匀性都有敏感度。

14.3.1 一般公式

在自转、椭球形、横向不均匀的地球模型中，超级多态模式的分裂与耦合是由矩阵(14.83)的超级形式描述的：

$$\begin{aligned}\mathsf{H} &= \mathsf{N} - \nu_0\mathsf{I} + \mathsf{W}\\ &\quad + (2\omega_0)^{-1}[\mathsf{V}^{\text{ell+cen}} + \mathsf{V}^{\text{lat}} + i\mathsf{A} - \omega_0^2(\mathsf{T}^{\text{ell}} + \mathsf{T}^{\text{lat}})]\end{aligned} \tag{14.152}$$

该矩阵的维数为$\sum_k(2l_k+1)\times\sum_k(2l_k+1)$，其中$l_k$为多态模式$k$的次数。$\nu_0=\omega_0+i\gamma_0$为复数基准或参考频率，$\mathsf{N}=\operatorname{diag}[\cdots\nu_k\cdots]$为由复数简并本征频率组成的对角矩阵。参考频率可以是任意的，但通常会选择为其中的一个简并频率$\nu_k=\omega_k+i\gamma_k$。微扰被认为是叠加在非弹性地球单极子之上的；要注意，当忽略自转、椭率和横向不均匀性时，H退化为$\mathsf{N}-\nu_0\mathsf{I}$，因而再次得到简并的相对本征频率$\nu_k-\nu_0$。

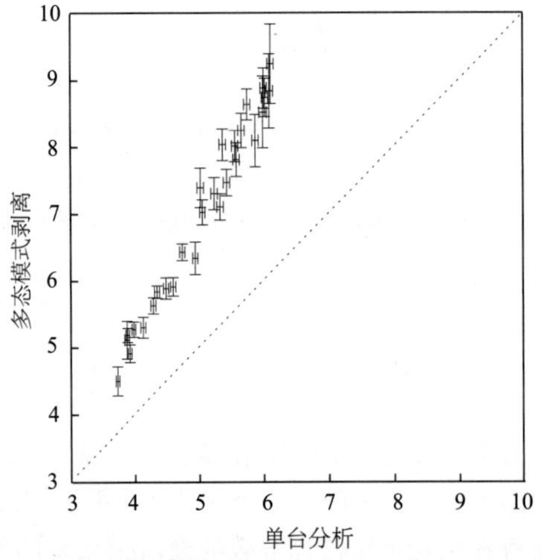

图 14.18 基阶球型模式${}_0\mathrm{S}_l$的$1000\,Q_0^{-1}$散点图。纵坐标表示从球面叠加剥离频谱$\Sigma(\omega)$得到的测量值；横坐标为单台频谱$a(\omega)$得到的测量值。后者预计不会有严重的偏差；由于叠加频谱$\Sigma(\omega)$会因分裂和衰减而展宽，因此叠加得到的测量值会系统性偏高。误差线段表示观测的不确定度$\pm\sigma$(由R. Widmer提供)

更一般地，由分裂单态本征频率$\delta\nu_j=\delta\omega_j+i\,\delta\gamma_j$组成的对角矩阵$\Delta=\operatorname{diag}[\cdots\delta\nu_j\cdots]$必须通过如下数值相似变换来确定：

$$\mathsf{Z}^{-1}\mathsf{Z}=\mathsf{I},\qquad \mathsf{Z}^{-1}\mathsf{H}\mathsf{Z}=\Delta \tag{14.153}$$

在自转、椭球形和横向不均匀的地球上，与超级多态模式“载波”$\exp(i\omega_0t-\gamma_0t)$相乘的复数调制函数为

$$A_0(t) = \mathsf{r}'^{\,\mathrm{T}} \exp(i\Delta t)\, \mathsf{s}' = \sum_j A_j \exp(i\,\delta\omega_j t - \delta\gamma_j t) \tag{14.154}$$

其中 $A_j = r'_j s'_j$。带撇号的变量为变换后的接收点和源点矢量：

$$\mathsf{r}' = \mathsf{Z}^{\mathrm{T}}(\mathsf{I} - \frac{1}{2}\mathsf{T}^{\mathrm{ell}} - \frac{1}{2}\mathsf{T}^{\mathrm{lat}} - \frac{1}{2}\omega_0^{-1}\mathsf{W})\mathsf{r} \tag{14.155}$$

$$\mathsf{s}' = \mathsf{Z}^{-1}(\mathsf{I} - \frac{1}{2}\mathsf{T}^{\mathrm{ell}} - \frac{1}{2}\mathsf{T}^{\mathrm{lat}} + \frac{1}{2}\omega_0^{-1}\mathsf{W})\mathsf{s} \tag{14.156}$$

与 (14.154) 式等价的频谱形式为

$$a(\omega) = \frac{1}{2} i \mathsf{r}'^{\,\mathrm{T}}[\Delta - (\omega - \omega_0 - i\gamma_0)\mathsf{I}]^{-1}\mathsf{s}' = \sum_j A_j \eta_j(\omega) \tag{14.157}$$

(14.153)–(14.157) 中的结果与 (14.85)–(14.89) 相同，唯一的区别是矩阵的维度。

14.3.2 自转和椭率选择定理

现在我们来考虑一个自转、椭球形但横向均匀的地球模型：

$$\mathsf{H}^{\mathrm{rot+ell}} = \mathsf{N} - \nu_0\mathsf{I} + \mathsf{W} + (2\omega_0)^{-1}(\mathsf{V}^{\mathrm{ell+cen}} - \omega_0^2\mathsf{T}^{\mathrm{ell}}) \tag{14.158}$$

附录D中给出了科里奥利矩阵 W、椭率加离心力矩阵 $\mathsf{V}^{\mathrm{ell+cen}}$ 以及 $\mathsf{T}^{\mathrm{ell}}$ 矩阵分量的显式表达式。仔细检视这些矩阵可以揭示两个重要事实。首先，当不存在弹性或非弹性横向不均匀性时，复数球谐函数 Y_{lm} 的级数 m 仍然是一个好量子数；也就是说，只有级数 m 相同的复数基单态模式 $\tilde{\mathsf{s}}_k$ 才会因地球自转和椭率而耦合。其次，耦合满足如下角次数的选择定理：

1. 科里奥利力导致角次数差距为一的多态模式之间的球型–环型耦合，即 ${}_n\mathrm{S}_l - {}_{n'}\mathrm{T}_{l\pm1}$ 和 ${}_n\mathrm{T}_l - {}_{n'}\mathrm{S}_{l\pm1}$ 这类模式对。

2. 地球椭率导致角次数差距为二的多态模式之间的球型–球型和环型–环型耦合，即 ${}_n\mathrm{S}_l - {}_{n'}\mathrm{S}_{l\pm2}$ 和 ${}_n\mathrm{T}_l - {}_{n'}\mathrm{T}_{l\pm2}$ 这类模式对。

3. 椭率导致角次数相同的环型多态模式之间的耦合，即 ${}_n\mathrm{T}_l - {}_{n'}\mathrm{T}_l$ 模式对。自转不会导致环型–环型耦合。

4. 自转和椭率均导致角次数相同的球型多态模式之间的耦合，即 ${}_n\mathrm{S}_l - {}_{n'}\mathrm{S}_l$ 模式对。

一般来说，只有当两个多态模式 k 和 k' 的简并本征频率 $\nu_k = \omega_k + i\gamma_k$ 和 $\nu_{k'} = \omega_{k'} + i\gamma_{k'}$ 相当接近时，它们之间才有强烈的耦合。

如图14.19所示，基阶多态模式对 ${}_0\mathrm{S}_l - {}_0\mathrm{T}_{l+1}$ 或 ${}_0\mathrm{T}_l - {}_0\mathrm{S}_{l+1}$ 的实数本征频率在2–4毫赫兹这一科里奥利耦合频带内大致重叠。我们将该频带内的球型和环型模式分为三模式一组的超级多态模式 ${}_0\mathrm{T}_{l-1} - {}_0\mathrm{S}_l - {}_0\mathrm{T}_{l+1}$ 和 ${}_0\mathrm{S}_{l-1} - {}_0\mathrm{T}_l - {}_0\mathrm{S}_{l+1}$，并将其 $3(2l+1)\times 3(2l+1)$ 的矩阵 (14.158) 对角化，得到分裂单态本征频率微扰 $\delta\nu_j = \delta\omega_j + i\,\delta\gamma_j$ 以及相应的本征矢量 z_j 和对偶本征矢量 $\bar{\mathsf{z}}_j$。每个三模式组的参考频率 ν_0 定义为中间的或目标多态模式的简并本征频率。近乎简并的“交叉”对 ${}_0\mathrm{S}_{11} - {}_0\mathrm{T}_{12}$、${}_0\mathrm{S}_{19} - {}_0\mathrm{T}_{20}$ 和 ${}_0\mathrm{T}_{31} - {}_0\mathrm{S}_{32}$ 之间的球型–环型耦合尤其强烈；它们的单态本征频率紧密交织在一起，相应的本征函数和对偶本征函数表现出大致相当的球型和环型特

征。该频带内的其他准简并对的耦合则不那么强烈；它们的单态本征频率被组合成可辨认的混合多态模式，并呈现出以球型或环型为主的特征。

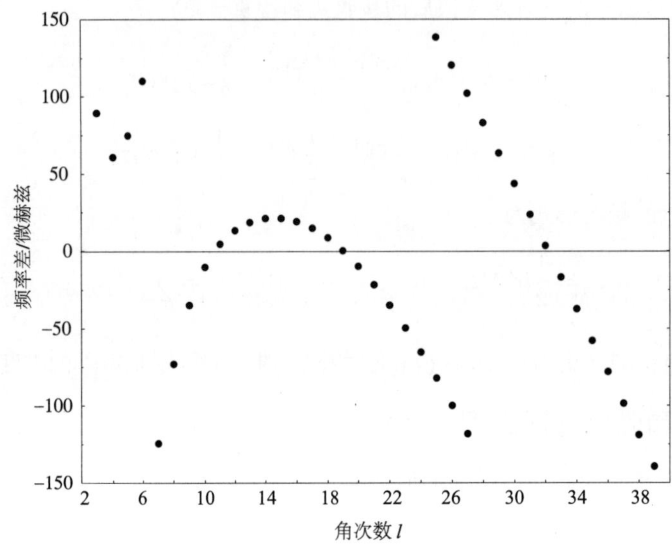

图 14.19 PREM模型中沿基阶球型和环型模式分支的简并本征频率差异。图中所显示的是$l=7-28$范围内的${}_0\omega_l^{\mathrm{S}}-{}_0\omega_{l+1}^{\mathrm{T}}$以及$l=3-6$和$l=25-39$范围内的${}_0\omega_l^{\mathrm{S}}-{}_0\omega_{l-1}^{\mathrm{T}}$。几个准简并多态模式对${}_0\mathrm{S}_{11}-{}_0\mathrm{T}_{12}$、${}_0\mathrm{S}_{19}-{}_0\mathrm{T}_{20}$和${}_0\mathrm{T}_{31}-{}_0\mathrm{S}_{32}$之间的科里奥利耦合最为显著

在图14.20中，我们绘出混合目标模式${}_0\mathrm{S}_l$和${}_0\mathrm{T}_l$的平均实数本征频率微扰

$$\langle\delta\omega_0\rangle=\frac{1}{2l+1}\sum_j\delta\omega_j \tag{14.159}$$

随次数l的变化。科里奥利耦合的净效应总是使准简并对${}_0\mathrm{S}_l-{}_0\mathrm{T}_{l+1}$或${}_0\mathrm{T}_l-{}_0\mathrm{S}_{l+1}$中两个模式的中心频率$\omega_0+\langle\delta\omega_0\rangle$向彼此远离的方向偏移。这种平均本征频率之间的互相排斥在图10.22和图10.21所示的球对称地球多态模式剥离条带中很明显。图14.20中的结果使得在进行地球单极子反演之前，能够将测量到的剥离条带频率做科里奥利排斥效应校正(Masters, Park & Gilbert 1983)。最强的排斥发生在$l=11-12$, $l=19-20$和$l=31-32$的“交叉点”附近，导致在$\langle\delta\omega_0\rangle$随次数变化的图像中出现较陡的偏移或“撕裂”现象。

除了准简并对${}_0\mathrm{S}_{11}-{}_0\mathrm{T}_{12}$、${}_0\mathrm{S}_{19}-{}_0\mathrm{T}_{20}$和${}_0\mathrm{T}_{31}-{}_0\mathrm{S}_{32}$之外，14.2.3节中得到的二阶科里奥利分裂结果$\langle\delta\omega_0\rangle=\omega_0(\lambda+\frac{1}{3}k^2\zeta)(\Omega/\omega_0)^2$对所有基阶耦合多态模式所做的单极子排斥校正预测都是可以接受的。二阶单态本征频率微扰$\delta\omega_m=\omega_0[m\chi(\Omega/\omega_0)+(\lambda+m^2\zeta)(\Omega/\omega_0)^2]$(其中$-l\leqslant m\leqslant l$)与复数球谐函数$Y_{lm}$的级数$m$的平方关系表明，科里奥利耦合也可以模仿二次带状横向不均匀性$\delta\kappa_{20}$、$\delta\mu_{20}$、$\delta\rho_{20}$、δd_{20}的影响。基阶球型模式${}_0\mathrm{S}_l$和环型模式${}_0\mathrm{T}_l$的观测分裂系数σ_{20}必须对这种影响做较正，然后才能将它们用于三维反演。Smith 和 Masters(1989b)展示了这种较正可以显著改善系数的观测值沿模式分支的连续性，尤其在${}_0\mathrm{S}_{11}-{}_0\mathrm{T}_{12}$、${}_0\mathrm{S}_{19}-{}_0\mathrm{T}_{20}$和${}_0\mathrm{T}_{31}-{}_0\mathrm{S}_{32}$这些“交叉”对附近。这些模式的微扰展开式(14.61)是发散的，表明了使用这里所讨论的更一般的准简并理论的必要性。

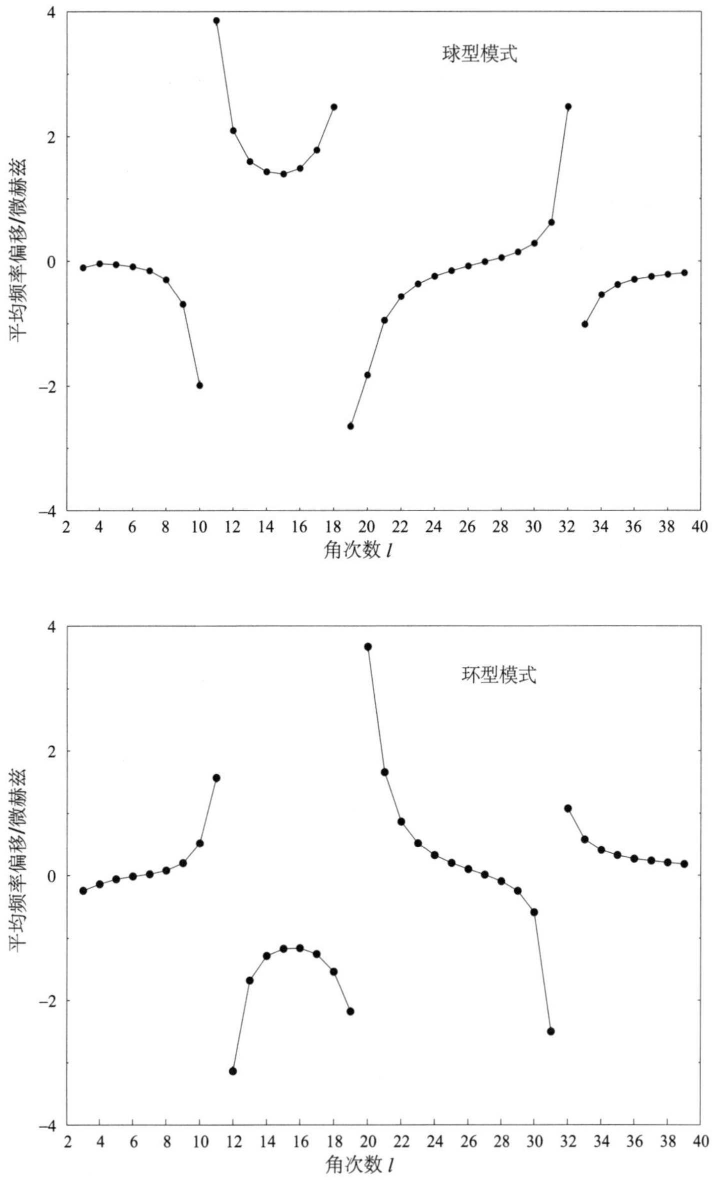

图 14.20　目标混合多态模式 ${}_0\mathrm{S}_l$ (上) 和 ${}_0\mathrm{T}_l$ (下) 的平均实数本征频率微扰 $\langle\omega_0\rangle$

在自转椭球形地球上，每个混合球型单态模式都会受到正衰减率微扰，即 $\delta\gamma_j > 0$，因为它有低 Q 值的环型分量；而每个混合环型单态模式则会受到负衰减率微扰，即 $\delta\gamma_j < 0$，因为它有高 Q 值的球型分量。因此，每个目标多态模式平均衰减率的偏移量为

$$\langle\delta\gamma_0\rangle = \frac{1}{2l+1}\sum_j \delta\gamma_j \tag{14.160}$$

图14.21展示了这一现象，在图中我们绘出了品质因子倒数 Q_0^{-1} 的无量纲偏移 $\langle\delta Q_0^{-1}\rangle =$

$2\omega_0^{-1}\langle\delta\gamma_0\rangle$。要注意，衰减率和品质因子的中心是相吸的，而本征频率的中心是相斥的。

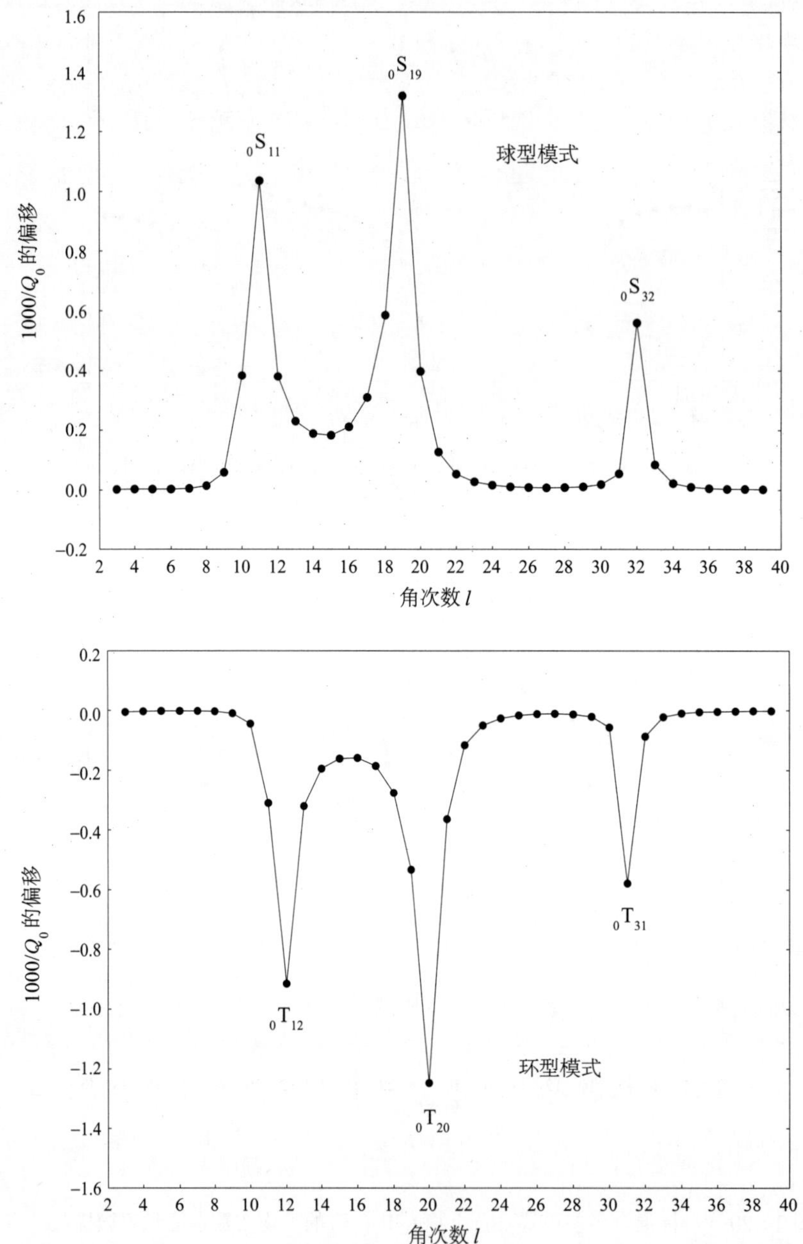

图 14.21 目标混合多态模式 $_0S_l$ (上) 和 $_0T_l$ (下) 的平均品质因子倒数的微扰 $1000\,\langle\delta Q_0^{-1}\rangle = 2000\,\omega_0^{-1}\langle\delta\gamma_0\rangle$

对于震源–接收点大圆路径经过或接近北极或南极点时，科里奥利耦合效应最为显著。一个简单的物理推论即可揭示这种现象的原因。沿着这种极点路径传播的基阶勒夫波其质点横向速度 $\partial_t\mathbf{s}$ 处处与地球的自转角速度 $\boldsymbol{\Omega}$ 垂直；因此，在科里奥利力的作用下它会获得显著的径

向分量$\boldsymbol{\Omega}\times\partial_t\mathbf{s}$。同理，沿南北向传播的瑞利波的径向分量也会获得显著的横向分量；最终的结果是这两种波因自转而强烈耦合。图14.22显示了1994年千岛群岛大地震后在接近正南方的澳大利亚堪培拉记录的径向分量振幅谱$|a(\omega)|$。在对应于混合球型模式${}_0\mathrm{S}_{10}$谱峰右侧的斜坡上，可以清楚看到一个对应于混合环型多态模式${}_0\mathrm{T}_{11}$的谱峰。这样的谱峰不可能出现在一个无自转球对称地球上，因为环型模式的位移是纯切向的。科里奥利耦合使分裂的${}_0\mathrm{T}_{11}$多态模式中的单态模式混合化，并赋予它们可观测的径向分量；将准简并微扰理论应用于超级多态模式${}_0\mathrm{S}_{10}-{}_0\mathrm{T}_{11}-{}_0\mathrm{S}_{12}$能够极好地重建观测频谱。

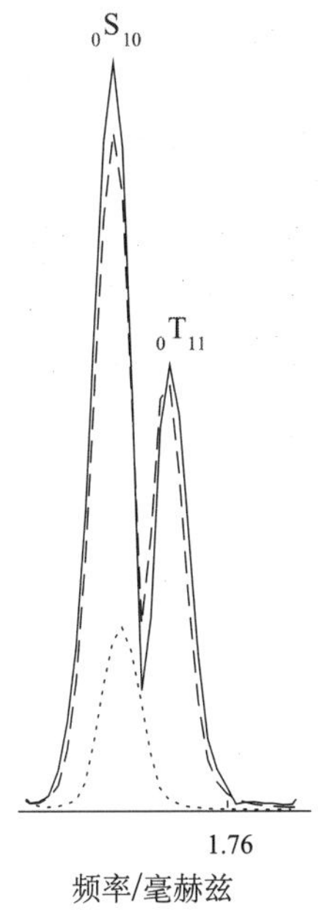

图14.22 1994年10月4日千岛群岛地震后，位于澳大利亚堪培拉CAN台站的径向分量振幅谱$|\hat{\mathbf{r}}\cdot\mathbf{a}(\mathbf{x},\omega)|$显示出间隔很近的混合多态模式${}_0\mathrm{S}_{10}$和${}_0\mathrm{T}_{11}$。实线显示观测频谱；点线为球对称地球模型PREM的合成频谱；虚线显示自转椭球状PREM地球模型的合成频谱，其中考虑了${}_0\mathrm{S}_{10}$和${}_0\mathrm{T}_{11}$模式的科里奥利耦合

14.3.3 横向不均匀性选择定理

现在假设地球是横向不均匀的，但既无自转也非椭球。那么需要对角化的$\sum_k(2l_k+1)\times\sum_k(2l_k+1)$矩阵为

$$\mathsf{H}^{\mathrm{lat}}=\mathsf{N}-\nu_0\mathsf{I}+(2\omega_0)^{-1}(\mathsf{V}^{\mathrm{lat}}-\omega_0^2\mathsf{T}^{\mathrm{lat}}) \tag{14.161}$$

当超级多态模式中所有成员的类型（球型或环型）相同时，(14.161)的实数分量可以写为类似(14.76)–(14.77)的形式：

$$H_{kk'}^{\mathrm{lat}\,mm'}=(\omega_k-\omega_0)\delta_{kk'}\delta_{mm'}+\omega_0\sum_{st}\sigma_{st}^{kk'}\int_\Omega\mathcal{Y}_{lm}\mathcal{Y}_{st}\mathcal{Y}_{l'm'}\,d\Omega \tag{14.162}$$

其中

$$\sigma_{st}^{kk'}=\frac{1}{2}\omega_0^{-2}\begin{pmatrix}l & s & l'\\ 0 & 0 & 0\end{pmatrix}^{-1}\left\{\int_0^a[\delta\kappa_{st}V_\kappa+\delta\mu_{st}V_\mu\right.$$
$$\left.+\,\delta\rho_{st}(V_\rho-\omega_0^2T_\rho)]\,r^2dr+\sum_d d^2\delta d_{st}[V_d-\omega_0^2T_d]_-^+\right\} \tag{14.163}$$

不同类型模式（球型-环型）的耦合稍微复杂一些；在这种情况下，复数基矩阵$\tilde{\mathsf{H}}^{\rm lat}$的分量由展开系数$\delta\tilde{\kappa}_{st}$、$\delta\tilde{\mu}_{st}$、$\delta\tilde{\rho}_{st}$和$\delta\tilde{d}_{st}$给定

$$\tilde{H}_{kk'}^{\mathrm{lat}\,mm'} = (\omega_k - \omega_0)\delta_{kk'}\delta_{mm'} + \omega_0 \sum_{st} \tilde{\sigma}_{st}^{kk'} \Gamma_{st}^{kk'} \tag{14.164}$$

其中

$$\begin{aligned}\tilde{\sigma}_{st}^{kk'} &= \frac{1}{2}\omega_0^{-2} \begin{pmatrix} l+1 & s+1 & l'+1 \\ 0 & 0 & 0 \end{pmatrix}^{-1} \left\{ \int_0^a [\delta\tilde{\kappa}_{st} V_\kappa + \delta\tilde{\mu}_{st} V_\mu \right. \\ &\quad \left. + \delta\tilde{\rho}_{st}(V_\rho - \omega_0^2 T_\rho)]\, r^2 dr + \sum_d d^2 \delta\tilde{d}_{st} [V_d - \omega_0^2 T_d]_-^+ \right\}\end{aligned} \tag{14.165}$$

$$\begin{aligned}\Gamma_{st}^{kk'} &= (-1)^m \left[\frac{(2l+1)(2s+1)(2l'+1)}{4\pi} \right]^{1/2} \\ &\quad \times \begin{pmatrix} l+1 & s+1 & l'+1 \\ 0 & 0 & 0 \end{pmatrix} \begin{pmatrix} l & s & l' \\ -m & t & m' \end{pmatrix}\end{aligned} \tag{14.166}$$

相应的实数分量$H_{kk'}^{\mathrm{lat}\,mm'}$可以利用复数到实数的变换关系式(D.155)–(D.161)来计算。(14.163)和(14.165)中与级数无关的Woodhouse积分核V_κ、V_μ、$V_\rho-\omega_0^2 T_\rho$和$V_d-\omega_0^2 T_d$的定义在(D.46)–(D.53)中给出。

通过容许微扰后的不可压缩性和刚性为复数，可以将横向不均匀的非弹性纳入考虑，与(14.80)式相似：

$$\mathsf{H}^{\rm lat} = \mathsf{N} - \nu_0 \mathsf{I} + (2\omega_0)^{-1}(\mathsf{V}^{\rm lat} + i\mathsf{A} - \omega_0^2 \mathsf{T}^{\rm lat}) \tag{14.167}$$

非弹性势能矩阵A的球型–球型和环型–环型分量为

$$A_{kk'}^{\mathrm{lat}\,mm'} = \omega_0 \sum_{st} \psi_{st}^{kk'} \int_\Omega \mathcal{Y}_{lm} \mathcal{Y}_{st} \mathcal{Y}_{l'm'}\, d\Omega \tag{14.168}$$

其中

$$\begin{aligned}\psi_{st}^{kk'} &= \frac{1}{2}\omega_0^{-2} \begin{pmatrix} l & s & l' \\ 0 & 0 & 0 \end{pmatrix}^{-1} \\ &\quad \times \int_0^a (\kappa_0 q_{\kappa st} V_\kappa + \mu_0 q_{\mu st} V_\mu)\, r^2 dr\end{aligned} \tag{14.169}$$

对于球型–环型情形，最简单的做法是给定相应的复数基矩阵分量：

$$\tilde{A}_{kk'}^{\mathrm{lat}\,mm'} = \omega_0 \sum_{st} \tilde{\psi}_{st}^{kk'} \Gamma_{st}^{kk'} \tag{14.170}$$

其中

$$\tilde{\psi}_{st}^{kk'} = \frac{1}{2}\omega_0^{-2} \begin{pmatrix} l+1 & s+1 & l'+1 \\ 0 & 0 & 0 \end{pmatrix}^{-1}$$

$$\times \int_0^a (\kappa_0 \tilde{q}_{\kappa st} V_\kappa + \mu_0 \tilde{q}_{\mu st} V_\mu)\, r^2 dr \tag{14.171}$$

如前所述，用(D.155)–(D.161)式可以得到实数分量$A_{kk'}^{\mathrm{lat}\,mm'}$。如果$\mathsf{A}=0$，分裂矩阵(14.167)为实数对称的；如果$\mathsf{A}\neq 0$，则分裂矩阵(14.167)为复数对称的。

因地球的弹性或非弹性横向不均匀性引起的多态模式–多态模式的耦合遵循如下选择定理：

1. 只有当$|l-l'|\leqslant s\leqslant l+l'$时，多态模式${}_n\mathrm{S}_l$或${}_n\mathrm{T}_l$才会与多态模式${}_{n'}\mathrm{S}_{l'}$或${}_{n'}\mathrm{T}_{l'}$因$s$次横向变化而产生耦合。

2. 只有当$l+l'+s$为偶数时，两个球型多态模式${}_n\mathrm{S}_l$和${}_{n'}\mathrm{S}_{l'}$才会因s次横向变化而产生耦合。

3. 只有当$l+l'+s$为偶数时，两个环型多态模式${}_n\mathrm{T}_l$和${}_{n'}\mathrm{T}_{l'}$才会因s次横向变化而产生耦合。

4. 只有当$l+l'+s$为奇数时，球型多态模式${}_n\mathrm{S}_l$才会与环型多态模式${}_{n'}\mathrm{T}_{l'}$因s次横向变化而产生耦合。

第一条定理同时约束了同类型和不同类型模式的耦合，它仅仅是重申了3-j符号的三角形条件(C.186)。另外三条定理是(C.219)式以及“B–因子”公式(D.58)–(D.61)的简单推论。

14.3.4 广义对角线之和定理

除离心势矩阵$\mathsf{V}^{\mathrm{cen}}$之外，所有矩阵的迹均满足对角线之和定理：

$$\mathrm{tr}\,\mathsf{W}=0, \qquad \mathrm{tr}\,\mathsf{T}^{\mathrm{ell}}=\mathrm{tr}\,\mathsf{T}^{\mathrm{lat}}=0$$

$$\mathrm{tr}\,\mathsf{V}^{\mathrm{ell}}=\mathrm{tr}\,\mathsf{V}^{\mathrm{lat}}=\mathrm{tr}\,\mathsf{A}=0 \tag{14.172}$$

由(D.147)式可知

$$\mathrm{tr}\,\mathsf{V}^{\mathrm{cen}}=\frac{2}{3}\Omega^2\sum_k(2l_k+1)[1-l_k(l_k+1)\chi_k] \tag{14.173}$$

其中χ_k为多态模式k的二阶科里奥利分裂参数(14.35)。由于$1-l_k(l_k+1)\chi_k=0$，环型多态模式${}_n\mathrm{T}_l$对(14.173)的迹没有贡献。注意到$\mathrm{tr}\,(\mathsf{N}-\nu_0\mathsf{I})=\sum_k(2l_k+1)(\nu_k-\nu_0)$，我们得到(14.93)–(14.94)在超级多态模式情形下的推广：

$$\sum_j\delta\omega_j=\sum_k(2l_k+1)\Big\{\omega_k-\omega_0+\frac{2}{3}\Omega^2[1-l_k(l_k+1)\chi_k]\Big\} \tag{14.174}$$

$$\sum_j\delta\gamma_j=\sum_k(2l_k+1)(\gamma_k-\gamma_0) \tag{14.175}$$

忽略球面平均离心势函数$\bar{\psi}=-\frac{1}{3}\Omega^2r^2$相对较小的影响，(14.174)–(14.175)这两个结果表明微扰后地球模型的平均单态本征频率和衰减率与地球单极子相应的平均值相等，即

$$\sum_j(\omega_0+\delta\omega_j)=\sum_k(2l_k+1)\omega_k \tag{14.176}$$

$$\sum_j(\gamma_0+\delta\gamma_j)=\sum_k(2l_k+1)\gamma_k \tag{14.177}$$

每个多态模式对 (14.176)–(14.177) 中平均值的贡献被用单态模式的数目 $2l_k+1$ 加权。这一广义对角线之和定理是在 Woodhouse (1980) 中提出的。

14.3.5 广义分裂函数

如果我们忽略非弹性的横向变化和本征函数重归一化，则频谱响应 (14.157) 可以由与 (14.115) 类似的形式给定：

$$a(\omega)=\frac{1}{2}i\mathsf{r}^{\mathrm{T}}[\mathsf{H}-(\omega-\omega_0-i\gamma_0)\mathsf{I}]^{-1}\mathsf{s} \tag{14.178}$$

其中 $\mathsf{H}=\mathsf{W}+(2\omega_0)^{-1}[\mathsf{V}^{\mathrm{ell+cen}}+\mathsf{V}^{\mathrm{lat}}-\omega_0^2(\mathsf{T}^{\mathrm{ell}}+\mathsf{T}^{\mathrm{lat}})]$。在这一近似下，一个超级多态模式的频谱仅依赖于地震的震源机制 $\mathbf{M}$ 和位置 $\mathbf{x}_\mathrm{s}$、接收点偏振 $\hat{\boldsymbol{\nu}}$ 和位置 $\mathbf{x}$、已知的地球自转速率 Ω 和流体静力学椭率 $\varepsilon(r)$ 以及由 (14.163) 和 (14.165) 式所定义的未知系数 $\sigma_{st}^{kk'}$ 和 $\tilde{\sigma}_{st}^{kk'}$。类比于 (14.117)，习惯上是定义两个耦合多态模式 k 和 k' 的广义分裂函数 $\sigma^{kk'}(\theta,\phi)$：

$$\sigma^{kk'}=\sum_{s=|l-l'|}^{l+l'}\sum_{t=-s}^{s}\sigma_{st}^{kk'}\mathcal{Y}_{st}=\sum_{s=|l-l'|}^{l+l'}\sum_{t=-s}^{s}\tilde{\sigma}_{st}^{kk'}Y_{st} \tag{14.179}$$

与分裂函数 σ 描述单个孤立简并多态模式自耦合同样的方式，这一地理位置的函数描述了两个准简并多态模式 k、k' 之间的耦合；当 $k=k'$ 时，广义分裂函数与普通分裂函数相同。Resovsky 和 Ritzwoller (1995; 1998) 开发并实现了一种广义频谱拟合方法，它首先通过将一组超级多态

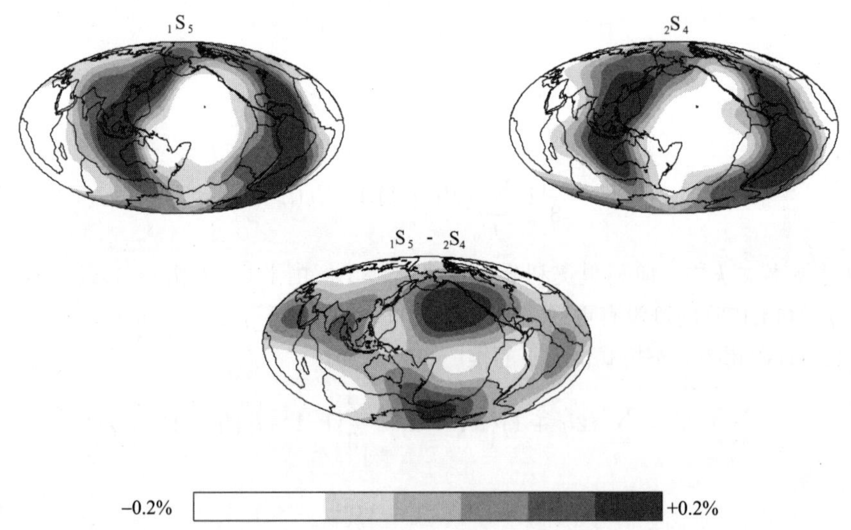

图 14.23 准简并多态模式对 $_1\mathrm{S}_5-{}_2\mathrm{S}_4$ 的观测广义分裂函数。(左上) 模式 $_1\mathrm{S}_5$ 的函数 σ^{kk}。(右上) 模式 $_2\mathrm{S}_4$ 的函数 $\sigma^{k'k'}$。(下) 描述模式 $_1\mathrm{S}_5$ 和 $_2\mathrm{S}_4$ 之间相互作用的函数 $\sigma^{kk'},k\neq k'$。在频谱拟合过程中，所有的分裂函数都有所截断，因而 σ^{kk} 和 $\sigma^{k'k'}$ 仅包含三个偶数次 $s=2,4,6$ 的函数，而 $\sigma^{kk'},k\neq k'$，仅包含三个奇数次 $s=1,3,5$ 的函数 (由 J. Resovsky 和 M. Ritzwoller 提供)

模式的观测与合成频谱 $a_p(\omega)$，$p = 1, 2, \ldots$，之间的偏差最小化来求解系数 $\sigma_{st}^{kk'}$。这样得到的超级多态模式的观测系数 $\sigma_{st}^{kk'}$ 可以作为线性约束，在后续用于反演三维弹性横向不均匀性参数 $\delta\kappa_{st}$、$\delta\mu_{st}$、$\delta\rho_{st}$ 和 δd_{st}。为了完整地描述一簇 K 个多态模式的分裂与耦合，总共需要求解 $\frac{1}{2}K(K+1)$ 个广义分裂函数。图14.23显示了 $K=2$ 的超级多态模式 ${}_1S_5-{}_2S_4$ 的三个函数 σ^{kk}、$\sigma^{k'k'}$ 和 $\sigma^{kk'}$ 的观测结果，其中 $k \neq k'$。对于这一同类型多态模式情况，选择定理规定，当 s 为偶数时，σ_{st}^{kk} 和 $\sigma_{st}^{k'k'}$ 均为零；而当 s 为奇数时，$\sigma_{st}^{kk'}(k \neq k')$ 为零。${}_1S_5-{}_2S_4$ 的频谱对 $1 \leqslant s \leqslant 10$ 范围内的偶数和奇数次不均匀性都有敏感性。为完整考虑这一敏感性，总共必须测量164个广义分裂系数。

14.3.6 全频谱拟合

在频率较高时，频谱变得更为致密，将模式分组为可辨识的超级多态模式变得更加困难。

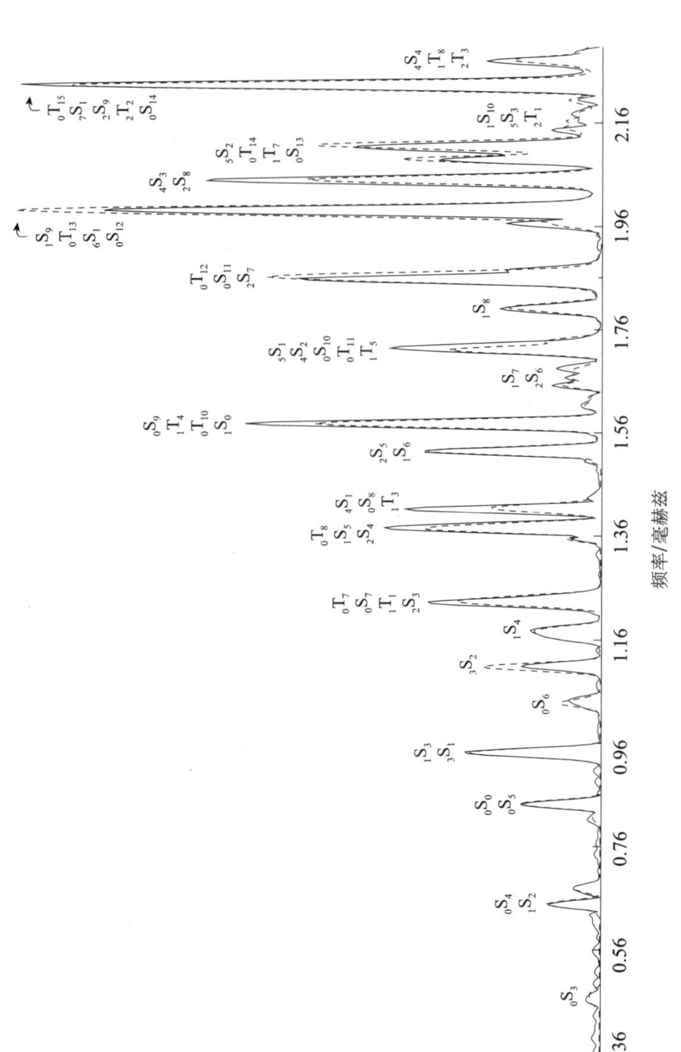

图14.24 1994年6月9日玻利维亚深源地震后，位于加利福尼亚州帕萨迪纳PAS台站记录的径向分量振幅谱。实线显示观测频谱，虚线为耦合模式合成频谱。计算中考虑了自转、椭率以及SKS12WM13模型中剪切波速度的横向变化 $\delta\beta$。垂直排列的模式符号标明了所考虑的22个超级多态模式。在傅里叶变换之前，对两个35小时长的时间序列均加了汉宁窗

此外，每个“孤立的”超级多态模式中的单态模式数目也会增加。由于这些原因，迅速确定广义分裂函数变得不切实际。与其采用上文所述的两步法，更好的做法是用单一步骤的反演来找到能够拟合一组整段频谱$a_p(\omega)$（其中 $p=1,2,\ldots$）的地幔弹性横向非均匀性参数$\delta\kappa_{st}$、$\delta\mu_{st}$、$\delta\rho st$和δd_{st}。以现代计算机的能力和高质量的现代数字地震数据，这种全频谱拟合是完全可行的。如图14.24所示，目前的剪切波速度模型，如SKS12WM13 (Dziewonski, Liu & Su 1997)，往往可以提供较好的初始拟合。图中实线显示了1994年6月9日玻利维亚深源地震后在加利福尼亚州帕萨迪纳记录的径向分量振幅谱；虚线为自转、椭球状的SKS12WM13模型中相应的合成谱，该合成谱是通过将所有辨识出的模式汇集成由垂直排列的模式符号所标明的超级多态模式来计算的。令人吃惊的是该地球模型尽管没有考虑任何简正模式分裂约束，却能够如此好地拟合观测的低频频谱。不言而喻，没有任何模型是地震学的灵丹妙药，即使是哈佛大

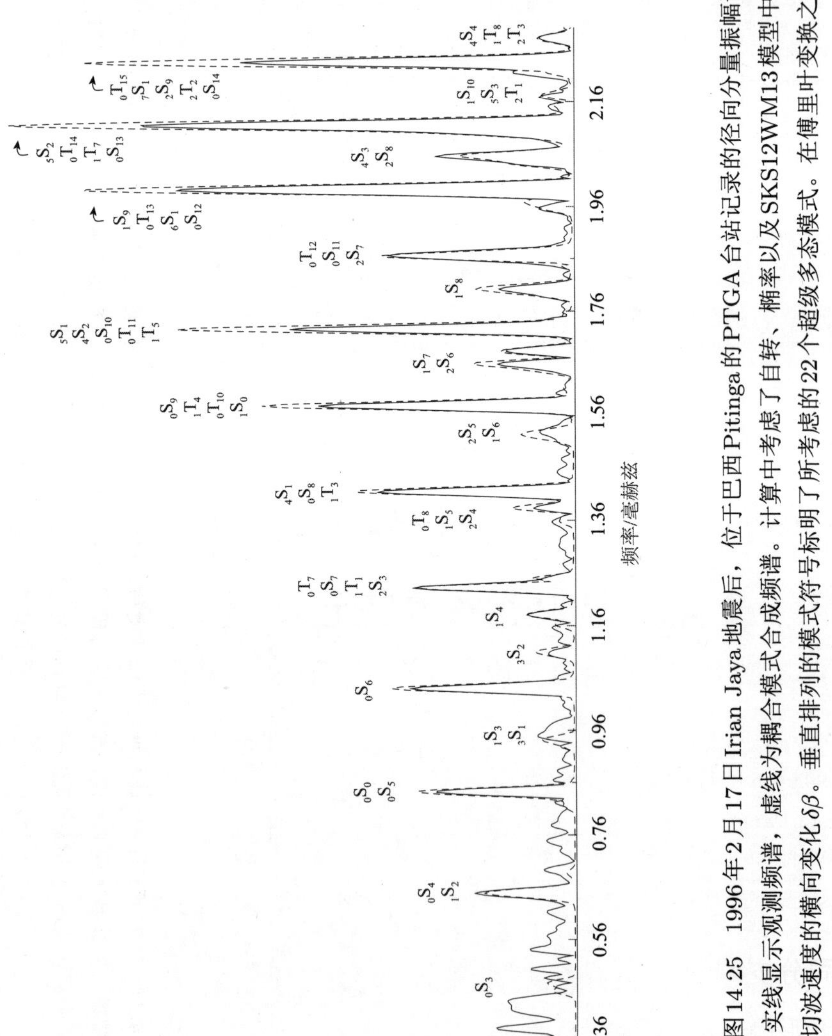

图14.25 1996年2月17日Irian Jaya地震后，位于巴西Pitinga的PTGA台站记录的径向分量振幅谱。实线显示观测频谱，虚线为耦合模式合成频谱。计算中考虑了自转、椭率以及SKS12WM13模型中剪切波速度的横向变化$\delta\beta$。垂直排列的模式符号标明了所考虑的22个超级多态模式。在傅里叶变换之前，对两个35小时长的时间序列均加了汉宁时窗

学最新最好的模型；图14.25显示了SKS12WM13模型对更典型的频谱的拟合，该频谱为1996年2月17日Irian Jaya地震后在巴西Pitinga的记录。这个例子中的信噪比要高得多，尤其是在1−1.5毫赫兹以下。图14.26显示了1994年玻利维亚地震后在新墨西哥州Albuquerque和西班牙San Pablo记录的一对横向分量频谱。这两个频谱的一个显著特征是其中的球型模式组成的三重多态模式，如${}_3S_3-{}_4S_1-{}_0S_8$。SKS12WM13的耦合模式合成频谱对这些多态模式拟合得很好，只有少数几个例外，如在San Pablo的二重多态模式${}_0S_7-{}_2S_3$。最后要注意的是，环型多态模式${}_1T_2$在Albuquerque有明显的分裂。

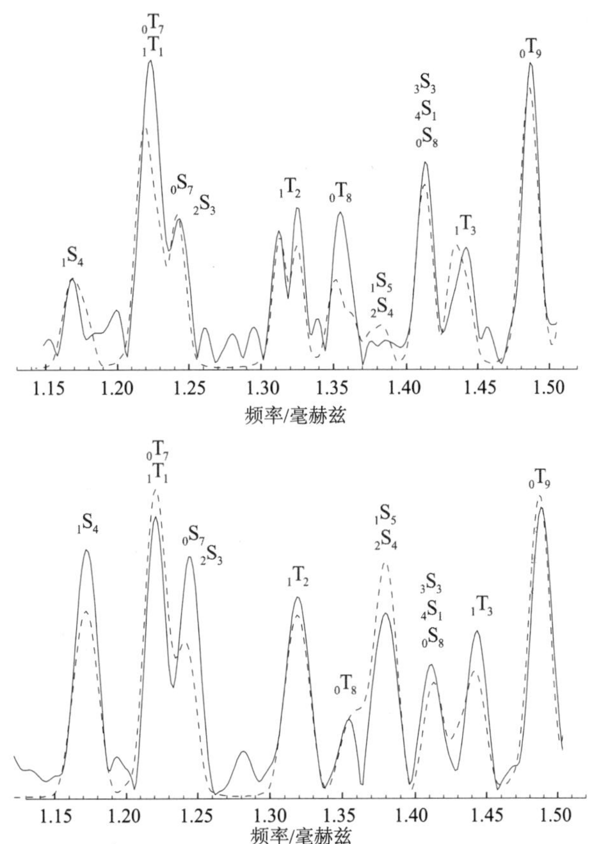

图 14.26 1994年6月9日玻利维亚深源地震后，位于新墨西哥州Albuquerque的ANMO台站(上)和位于西班牙San Pablo的PAB台站(下)记录的横向分量振幅谱$|\hat{\boldsymbol{\Phi}}\cdot\mathbf{a}(\mathbf{x},\omega)|$。计算中考虑了自转、椭率以及SKS12WM13模型中剪切波速度的横向变化$\delta\beta$。垂直排列的模式符号标明了所考虑的超级多态模式。在傅里叶变换之前，对两个45小时长的时间序列均加了汉宁时窗

*14.3.7 同分支耦合

根据三角形选择定理，在一个光滑且横向不均匀的地球模型中，具有不同阶数$n\neq n'$的面波等价模式之间的跨分支耦合很弱或完全不存在。事实上，当横向不均匀性的最大角次数$s_{\max}<|l-l'|$时，$n\ll l$和$n'\ll l'$的两个多态模式${}_nS_l$或${}_nT_l$与${}_{n'}S_{l'}$或${}_{n'}T_{l'}$之间是完全解耦

的。这是一个较强的约束，尤其是在高频时，面波的不同频散分支之间有良好的分离。在周期为$2\pi/\omega \approx 100$秒时，基阶和第一高阶环型模式${}_0\mathrm{T}_l$和${}_1\mathrm{T}_{l'}$之间的间隔为$|l-l'| \approx 20$，而基阶和第一高阶球型模式${}_0\mathrm{S}_l$和${}_1\mathrm{S}_{l'}$之间的间隔为$|l-l'| \approx 30$ (见图8.3和图8.9)。由于这一情况，在用简正模式叠加方法合成无自转地球的面波地震图时，常常忽略跨分支耦合。如我们在第16章所见，面波等价多态模式${}_n\mathrm{S}_l$和${}_{n'}\mathrm{T}_{l'}$ $(n \ll l,\ n' \ll l')$之间的球型–环型耦合也可以忽略不计。在光滑的各向同性地球模型中，唯一需要考虑的因结构导致的耦合是沿单个频散分支$\cdots {}_n\mathrm{S}_{l-1} - {}_n\mathrm{S}_l - {}_n\mathrm{S}_{l+1} \cdots$和$\cdots {}_n\mathrm{T}_{l-1} - {}_n\mathrm{T}_l - {}_n\mathrm{T}_{l+1} \cdots$的耦合。13.3.3节中所描述的偏移和筛选过程可以用来计算“严丝无缝”的单一分支加速度图；每个目标多态模式${}_n\mathrm{S}_l$或${}_n\mathrm{T}_l$会与其最近的$\pm L$个多态模式${}_n\mathrm{S}_{l\pm1}, {}_n\mathrm{S}_{l\pm2}, \ldots, {}_n\mathrm{S}_{l\pm L}$或${}_n\mathrm{T}_{l\pm1}, {}_n\mathrm{T}_{l\pm2}, \ldots, {}_n\mathrm{T}_{l\pm L}$耦合。这种不同次数的耦合被称为$\pm L$耦合。由于要计算每个目标的$(2L+1)(2l+1)$个本征值和本征矢量，而仅保留其中的$2l+1$个，因此该方法是不经济的。在具有球对称衰减的地球模型中，$\mathsf{A}=0$，我们可以忽略沿频散分支的球对称地球衰减率的微弱变化从而减轻计算负担。在(14.161)中做$\gamma_k = \gamma_0$近似，我们得到一个实数的对称分裂矩阵

$$\mathsf{H}^{\mathrm{lat}} = \Omega - \omega_0 \mathsf{I} + (2\omega_0)^{-1}(\mathsf{V}^{\mathrm{lat}} - \omega_0^2 \mathsf{T}^{\mathrm{lat}}) \tag{14.180}$$

其中$\Omega = \mathrm{diag}\,[\cdots \omega_k \cdots]$为由简并本征频率组成的对角矩阵。对于高频和不光滑的地球模型，同分支上相邻多态模式的分裂单态模式会产生重叠，使本征值$\delta\omega_j$的排序和筛选失效。

图14.27显示了$s_{\max} = 8$次地球模型M84A (Woodhouse & Dziewonski 1984)中一些具有代表性的合成加速度频谱。在对1978年11月29日墨西哥Oaxaca地震的基阶球型多态模式${}_0\mathrm{S}_{55}$响应的计算中使用了±0 (自耦合)以及±1耦合、±5耦合和±8耦合几种近似；对于每种情况，点线表示相应的球对称地球频谱。在位于塔吉克斯坦Garm的GAR台站，111个单态模式的干涉导致一个有些畸形的谱峰，其整体振幅值远小于PREM的值；在位于夏威夷Kipapa的KIP台站，振幅则略大于PREM的值，且“似单态”谱峰的中心有显著的向高频方向的偏移。随着同分支耦合截断次数$\pm L$的增加，两个台站的结果均显示趋于稳定。自耦合无法解释GAR台站受到压制的振幅；然而，±5耦合截断的计算结果与$\pm s_{\max} = \pm8$耦合几乎完全一样。图14.28和图14.29展示了${}_0\mathrm{S}_{35}$和${}_0\mathrm{S}_{55}$这两个多态模式的调制函数；图中所显示的是用球对称地球实数振幅A_0归一化的无量纲比$A_0(t)/A_0$的瞬时振幅和相位，如同预期的，与${}_0\mathrm{S}_{35}$相比，${}_0\mathrm{S}_{55}$随时间的变化更快，受同分支耦合截断的影响也更显著。与在频率域中一样，在M84A这样的光滑地球模型上，±5的同分支耦合可以认为是一个很好的近似。

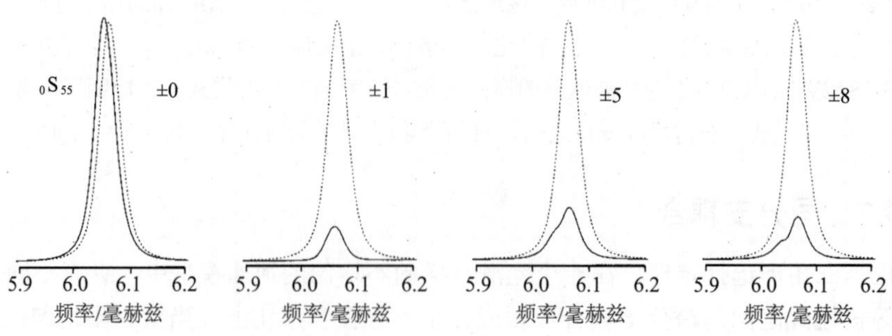

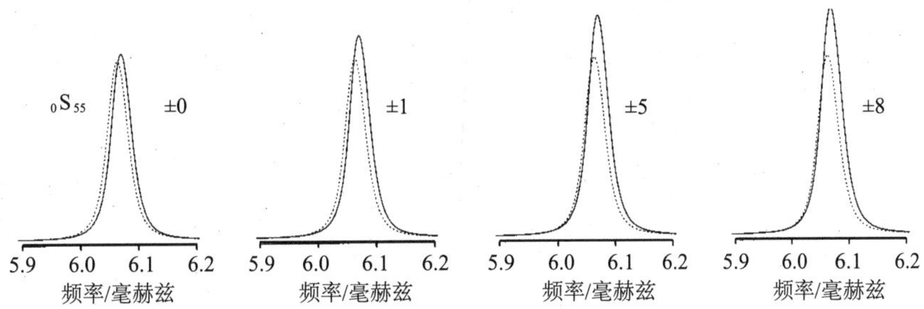

图 14.27 1978年墨西哥Oaxaca地震后，在GAR台站(上)和KIP台站(下)的$_0S_{55}$多态模式合成径向分量加速度谱$|\hat{\mathbf{r}}\cdot\mathbf{a}(\mathbf{x},\omega)|$。通过将实数对称分裂矩阵(14.180)进行数值对角化，计算了111个单态模式的本征频率和本征函数。计算中忽略了地球自转，但考虑了流体静力学椭率。对沿基阶球型分支的耦合做了不同次数的截断，包括±0耦合(左)至±8耦合(右)。计算频谱时使用了长度为20小时的加了汉宁时窗的时间序列。作为比较，点线显示了球对称地球的相应频谱

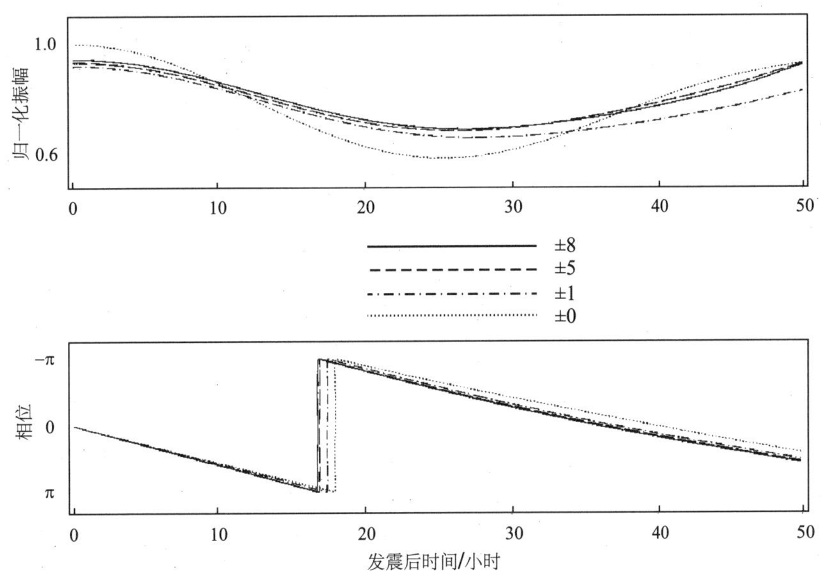

图 14.28 1978年Oaxaca地震之后，GAR台站的$_0S_{35}$模式归一化多态模式调制函数$A_0(t)/A_0$的瞬时振幅(上)和相位(下)。径向加速度用$A_0(t)$由$\hat{\mathbf{r}}\cdot\mathbf{a}(\mathbf{x},t)=\mathrm{Re}\,[A_0(t)\exp(i\omega_0 t-\gamma_0 t)]$给定。所有调制函数均采用同分支耦合近似方法计算，并对耦合做了不同次数的截断：包括±0耦合(点线)、±1耦合(点虚线)、±5耦合(虚线)和$\pm s_{\max}=\pm 8$耦合(实线)。如图所示，在±0 (自耦合)近似下，归一化调制函数的初始值为$A_0(0)/A_0=1$

在图14.30中，我们采用KIP和GAR台站的±8模式耦合近似结果作为“基准”，来评估另外两种效率高得多的合成长周期面波加速度方法的精度：13.3.5节所讨论的最低阶准孤立多

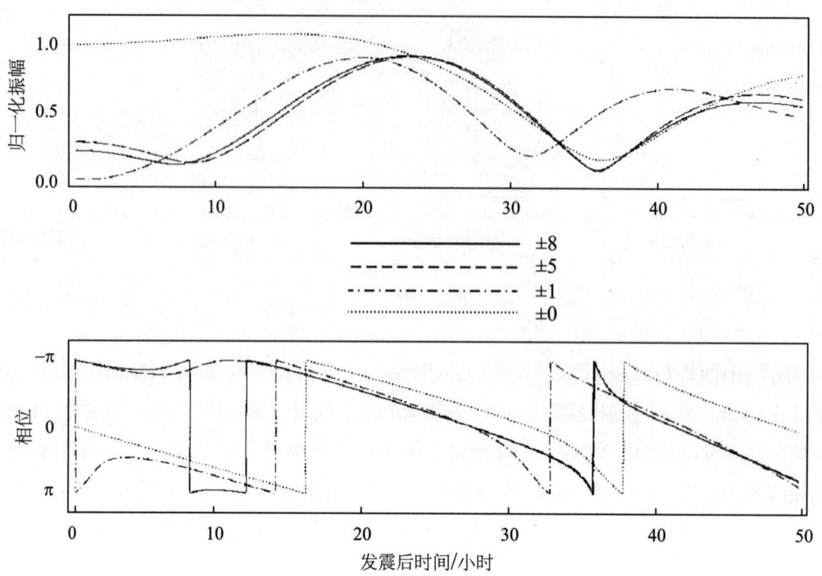

图 14.29　与图14.28相同，但模式为更高频的多态模式$_0S_{55}$

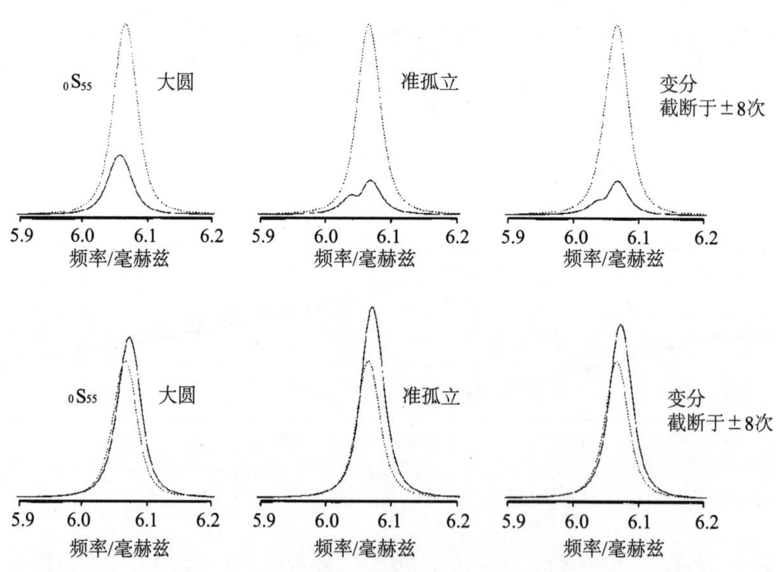

图 14.30　1978年墨西哥Oaxaca地震后，在GAR(上)和KIP(下)两个台站处多态模式$_0S_{55}$的合成径向加速度频谱$|\hat{\mathbf{r}}\cdot\mathbf{a}(\mathbf{x},\omega)|$。图中比较了采用Woodhouse-Dziewonski大圆近似(左)、准孤立多态模式近似(中)和±8耦合截断的全变分法(右)计算的频谱。三角形选择定理确保了在M84A这样的$s_{\max}=8$次地球模型中，最低阶准孤立多态模式近似是±8的自然耦合截断。所有频谱计算均使用了长度为20小时的加了加汉宁时窗的时间序列。点线显示球对称地球相应的频谱作为比较

态模式近似与Woodhouse 和 Dziewonski (1984)的路径平均或大圆近似。在16.8.2节中，我们将对Woodhouse-Dziewonski近似背后的理论根据做更详细的介绍；在这里，我们仅指出多态模式调制函数可以写为一个单一复数指数：

$$A_0(t) = (A_0 + \delta A_0)\exp(i\,\delta\bar{\omega}\,t) \tag{14.181}$$

其中$\delta\bar{\omega}$为局地本征频率微扰(14.128)–(14.129)的大圆平均(14.133)，δA_0源于震源位置的虚拟偏移。大圆近似虽然不尽完美，但对多态模式${}_0S_{55}$频谱的振幅和频移均模拟得足够好。准孤立多态模式近似的结果更为精确，特别是在GAR台站，在谱峰低频一侧的斜坡上由单态模式相消而导致的小“凹陷”也被如实地再现出来。图14.31和图14.32比较了模式${}_0S_{35}$和${}_0S_{55}$的归一化多态模式调制函数$A_0(t)/A_0$。在Woodhouse-Dziewonski的单个指数表达式(14.181)中，归一化振幅$1+\delta A_0/A_0$为常数，相位$\delta\bar{\omega}\,t$随时间线性变化。尽管${}_0S_{35}$和${}_0S_{55}$的初始振幅和相位均被这一短时近似模拟得较好，但随后的变化却并非如此。另一方面，准孤立多态模式近似在所检视的整个50小时的时段内都相当精确地再现了两个模式的$A_0(t)/A_0$。

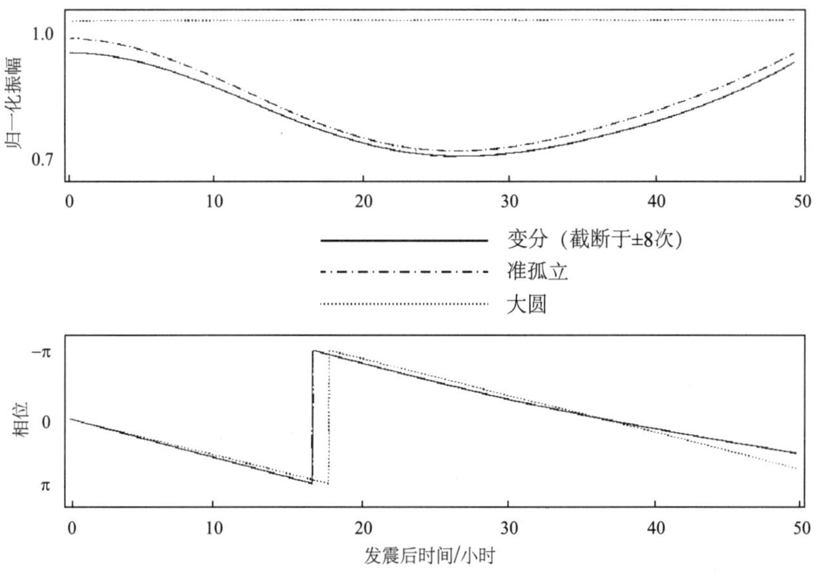

图 14.31　1978年Oaxaca地震后，GAR台站的${}_0S_{35}$模式归一化多态模式调制函数$A_0(t)/A_0$的瞬时振幅(上)和相位(下)。图中比较了采用Woodhouse–Dziewonski大圆近似(点线)、准孤立多态模式近似(点虚线)和±8耦合截断的变分法(实线)计算的结果随时间的变化

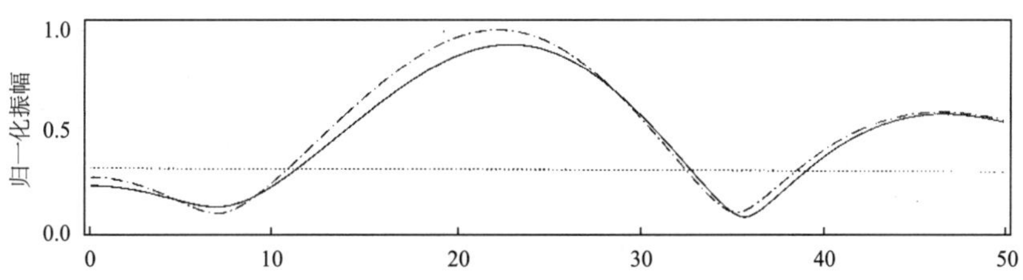

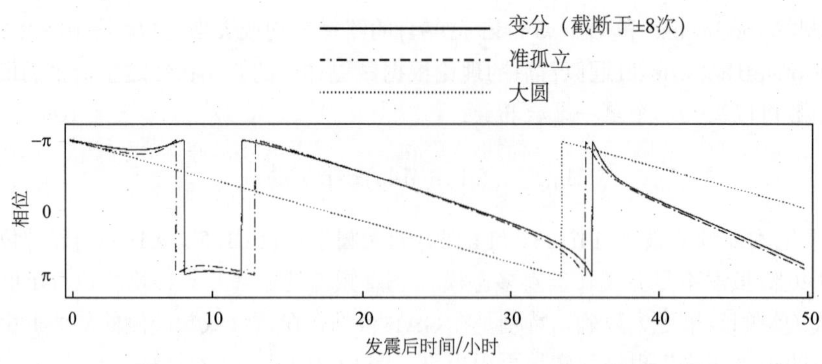

图 14.32 与图14.31相同，但模式为更高频的多态模式 ${}_0S_{55}$

★14.3.8 双震记

在1994年玻利维亚大地震发生之前，1970年7月31日的哥伦比亚地震是已知规模最大的深源地震。在一项著名的研究中，Dziewonski 和 Gilbert (1974)、Gilbert 和 Dziewonski (1975) 使用之前不久布设的世界标准地震台网的人工数字化记录，确定了这一 $M_0 = 1.8 \times 10^{21}$ 牛・米地震的矩张量 $\mathbf{M}(\omega)$。基于球对称地球的分析，他们得出哥伦比亚地震的矩张量有一个显著的低频各向同性分量，并且比高频偏矩张量起始时间提前约100秒这一结论。这些发现被解释为在震源区域有一个临震前从低密度到高密度相变的证据。一般来讲，深源地震矩张量的各向同性部分对地球自由振荡的激发与偏矩张量部分相比效率要低很多；由于这一原因，他们关于深震活动本质的争议性很强的结论直到20年后仍在引发论战(Kawakatsu 1996)。在最近对原始数据的重新分析中，Russakoff, Ekström 和 Tromp (1998) 显示1970年哥伦比亚地震的各向同性成分是因地球自转、椭率和横向不均匀性而导致的假象。将矩心矩张量方法使用在球对称地球上时，会产生统计学上有意义的各向同性分量；然而，当考虑2−3.5毫赫兹频带的模式分裂和耦合效应时，该分量就消失了。图14.33比较了PREM模型和自转椭球状的SKS12WM13模型的矩张量。在反演过程中引入分裂和耦合极大地改善了对数据的拟合，同时消除了对各向同性或较大的非双力偶分量的需求。在其他低频震源机制确定中，也可能有类似或其他假象的存在；对 $\mathbf{M}(\omega)$ 完整的定量解释需要采用耦合模式的处理方法。

1992年6月28日加利福尼亚Landers的 $M_0 = 8.0 \times 10^{19}$ 牛・米地震表现为在南圣安德烈斯断层系统的Johnson谷地、Landers、Homestead谷地、Emerson谷地和Camp Rock等分支上的右旋走滑运动(Wald & Heaton 1994)。描述这一几乎垂直的走滑型震源的矩张量形式为 $M_{rr} \approx M_{r\theta} \approx M_{r\phi} \approx M_{\theta\theta} + M_{\phi\phi} \approx 0$。无自转球对称地球的长周期响应在震中及其对跖点附近应接近于零，因为在(10.42) 和(10.53)式中只有与 $M_{\theta\theta} - M_{\phi\phi}$ 和 $M_{\theta\phi}$ 相乘的 $m = 2$ 的系数为非零，同时相应的二次勒让德函数在 $\Theta = 0$ 度和 $\Theta = 180$ 度处满足 $P_{l2}(\cos\Theta) = 0$。从行波的观点来看，这一现象是因为等价面波的相消干涉，这些等价面波以相同的相速度从各个方向沿所有大圆路径绕地球一周后同时到达。图14.34显示，位于日本松代的MAJO ($\Theta = 81$ 度) 和加州伯克利的BKS ($\Theta = 6$ 度) 两个台站的径向分量观测频谱 $|\hat{\mathbf{r}} \cdot \mathbf{s}(\mathbf{x}, \omega)|$ 与相应的球对称地球合成频谱较为吻合；然而，位于帕萨迪纳的PAS台站 ($\Theta < 2$ 度) 的频谱则不大相符。由加

州理工学院和美国地质调查局运行的TERRAscope宽频台网的其他台站呈现类似的图像：长周期的R2-R3, R4-R5,...瑞利波包，在绕行地球一周或两周之后，其振幅要比在PREM中的计算结果高出几乎一个数量级。Tsuboi 和 Um (1993)、Watada, Kanamori 和 Anderson (1993) 指出，这种异常的近场放大是地球横向不均匀性的一个奇特的结果：由于相应的相速度微扰 $c \to c + \delta c$，面波以随地理位置而变化的速度沿着有些微扰动的大圆路径传播，因而当它们回到震源附近时，就不再会产生相消干涉。对这一现象的完全定量讨论需要考虑因地球的横向不均匀性而导致的球型–环型科里奥利耦合以及同分支耦合。图14.35对帕萨迪纳的观测频谱与自转、椭球形地球和自转、椭球形且横向不均匀地球的耦合模式合成频谱分别做了比较。在计算4毫赫兹以下 $0 \leqslant l \leqslant 30$ 的所有科里奥利耦合目标模式对 ${}_0\mathrm{S}_l - {}_0\mathrm{T}_{l\pm1} (0 \leqslant l \leqslant 30)$ 的单态本征频率和本征函数时，使用了五个相邻的基阶球型多态模式和五个相邻的基阶环型多态模式作为一组基。可以看到，仅仅自转和椭率就对近场响应有显著的影响；然而，它们无法解释观测到的异常放大。另一方面，因模型SH8U4L8中 $s_{\max} = 8$ 次地球横向不均匀性所导致的瑞利波折射以及伴随的“不相消”，却能够解释几乎所有的观测效应。Watada, Kanamori 和 Anderson (1993) 和 Watada (1995) 的更全面的研究表明，这种理论预测的放大对地壳和上地幔大尺度三维结构的细节极为敏感；对剪切波速度 $\delta\beta$ 做相对微小的调整，就足以使合成结果与数据完全一致。考虑到放大机制的本质，这种对横向不均匀性较强的敏感性是可以预期的。最后我们指出，渐近的单一大圆近似 (14.134) 或 (14.139) 在震中或其对跖点附近并不成立。Dahlen (1980a) 发展了一种更普遍的、一致有效的渐近近似，可以用来处理从所有方向几乎同时到达的面波。

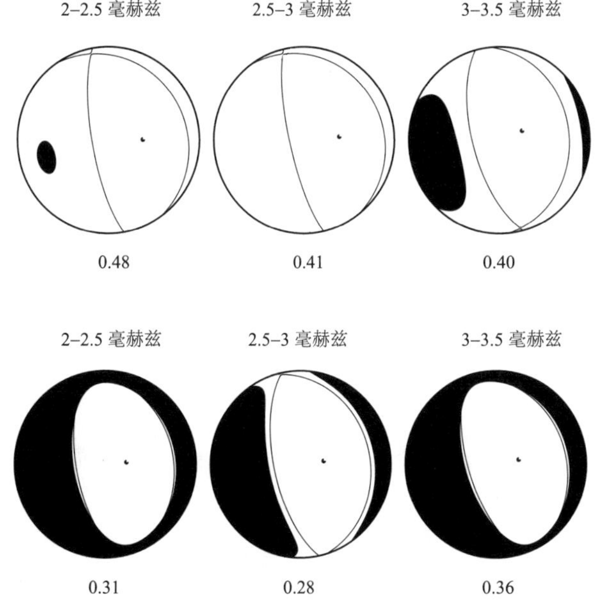

图 14.33　1970年哥伦比亚大地震后，在2–2.5毫赫兹、2.5–3毫赫兹和3–3.5毫赫兹三个频率范围内得到的震源机制。(上) 在球对称地球模型PREM中的结果。(下) 在自转、椭球形、横向不均匀地球模型SKS12WM13 (Dziewonski, Liu & Su 1997) 中的结果。在耦合模式分析中一共考虑了19个超级多态模式，其中每个包含2–6个多态模式。阴影部分表示震源球的压缩象限；图中同时显示了最佳拟合双力偶的P轴(点)和节面。在每个震源机制下标明了剩余方差

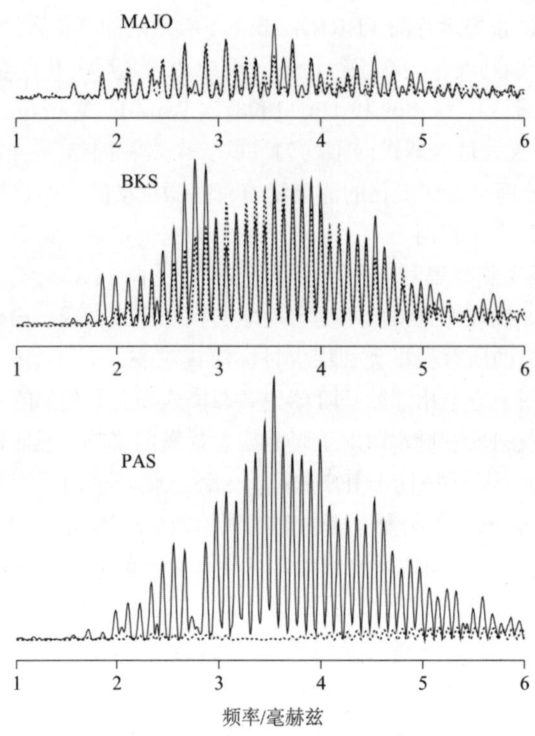

图 14.34 1992年加利福尼亚Landers地震后，在MAJO(上)、BKS(中)和PAS(下)的振幅谱 $|\hat{\mathbf{r}}\cdot\mathbf{s}(\mathbf{x},\omega)|$。同时显示了所有台站的观测(实线)和PERM中的合成(虚线)谱。所有观测记录都加了汉宁时窗，起始时间为发震后15000秒，结束时间为第65000秒。在BKS的垂直比例比在MAJO和PAS放大了4倍。在1.9和2.8毫赫兹附近，BKS的合成谱误差是由于模式${}_0S_{11}$和${}_0S_{19}$与临近的环型模式之间较强的科里奥利耦合 (由S. Watada提供)

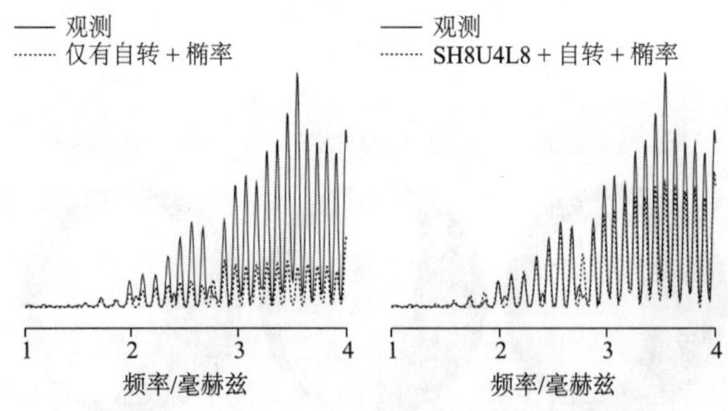

图 14.35 1992年兰德斯地震后，在近场台站PAS的观测(实线)和合成(虚线)频谱。(左)地球的自转和流体静力学椭率效应。(右)自转、椭率及模型SH8U4L8的横向不均匀性(Dziewonski & Woodward 1992)的联合效应。与图14.34的比较显示，科里奥利耦合使在2−4毫赫兹频带内的响应略有放大。SH8U4L8模型的大部分附加效应来自基阶球型模式的自分裂；在这一光滑地球模型中，沿${}_0S_l$频散分支的耦合效应较弱 (由S. Watada提供)

第 15 章　体波射线理论

到目前为止，我们一直假定地球的结构偏离球对称很小。在本书的其余部分，我们将考虑一种不同的近似，它适用于地球任何程度的横向变化，只要这些变化足够光滑。光滑变化的定义是$\lambda/\Lambda \ll 1$，其中$\lambda = 2\pi k^{-1}$是所关注的波的波长，Λ是地球的结构性质有显著变化的径向或横向距离。在这种情形下的近似方法有许多不同的名称，包括JWKB理论，以及俗称的射线理论。在本章中我们来分析无自转弹性各向同性地球模型中高频体波的传播。所有在此描述的结果都是为人熟知的，更详细的综述可以参见Červený, Molotkov 和 Pšenčík (1977)、Červený (1985) 以及Kravtsov 和 Orlov (1990)。作为对上述综合性介绍的补充，我们介绍一个基于 Whitham (1965; 1974)、Bretherton (1968) 以及Hayes (1973) 的慢变分原理的系统性处理方法。在第16章，我们对横向缓慢变化的不均匀地球上的面波传播进行类似的变分分析。

15.1　预 备 知 识

我们仍然考虑一个一般的地球模型$\oplus = \oplus_{\rm S} \cup \oplus_{\rm F}$，包括同心的固态和液态区域，不同区域之间的界面$\Sigma = \partial\oplus \cup \Sigma_{\rm SS} \cup \Sigma_{\rm FS}$互不相交，且向外单位法向矢量为$\hat{\mathbf{n}}$，如图3.1所示。如 4.3.5 节指出的，在$\lambda/\Lambda \ll 1$的极限下长程的引力可以忽略，因此，短波长体波的传播满足无引力弹性动力学方程(4.174)：

$$-\omega^2\rho\mathbf{s} = \boldsymbol{\nabla}\cdot\mathbf{T} \tag{15.1}$$

其中ρ为密度。应力增量由各向同性的胡克定律给定：

$$\mathbf{T} = \kappa(\boldsymbol{\nabla}\cdot\mathbf{s})\mathbf{I} + 2\mu\mathbf{d} \tag{15.2}$$

其中κ和μ分别为等熵不可压缩性与刚性，$\mathbf{d} = \frac{1}{2}[\boldsymbol{\nabla}\mathbf{s} + (\boldsymbol{\nabla}\mathbf{s})^{\rm T}] - \frac{1}{3}(\boldsymbol{\nabla}\cdot\mathbf{s})\mathbf{I}$为偏应变。求解方程(15.1)和(15.2)必须结合运动学连续性条件，即在$\Sigma_{\rm SS}$上$[\mathbf{s}]_-^+ = \mathbf{0}$，在$\Sigma_{\rm FS}$上$[\hat{\mathbf{n}}\cdot\mathbf{s}]_-^+ = 0$，以及动力学边界条件(4.150)–(4.152)：

$$\hat{\mathbf{n}}\cdot\mathbf{T} = \mathbf{0}, \quad 在\,\partial\oplus\,上 \tag{15.3}$$

$$[\hat{\mathbf{n}}\cdot\mathbf{T}]_-^+ = \mathbf{0}, \quad 在\,\Sigma_{\rm SS}\,上 \tag{15.4}$$

$$[\hat{\mathbf{n}}\cdot\mathbf{T}]_-^+ = \hat{\mathbf{n}}[\hat{\mathbf{n}}\cdot\mathbf{T}\cdot\hat{\mathbf{n}}]_-^+ = \mathbf{0}, \quad 在\,\Sigma_{\rm FS}\,上 \tag{15.5}$$

我们的约定仍然是指数上有负号的$\exp(-i\omega t)$出现在从时间域到频率域的傅里叶积分中。由于我们这里关注的是时变波形的传播，我们必须把位移的傅里叶变换$\mathbf{s}(\mathbf{x},\omega)$看作是复数的，即便是不考虑地球的自转。在本章与下面一章，我们仅考虑角频率为正实数情形，即$\omega > 0$，对于时间域的任意实数标量、矢量或张量$q(\mathbf{x},t)$，相应的负频率结果可以很容易地通过关系

$q(\mathbf{x},-\omega)=q^*(\mathbf{x},\omega)$ 得到。

运动方程 (15.1) 和边界条件 (15.3)–(15.5) 可以从变分原理 $\delta\mathcal{I}=0$ 得到，其中

$$\mathcal{I}=\int_{\oplus}L(\mathbf{s},\boldsymbol{\nabla}\mathbf{s}\,;\,\mathbf{s}^*,\boldsymbol{\nabla}\mathbf{s}^*)\,dV \tag{15.6}$$

方程 (15.6) 中的拉格朗日量密度为

$$L=\frac{1}{2}[\omega^2\rho\mathbf{s}^*\cdot\mathbf{s}-\kappa(\boldsymbol{\nabla}\cdot\mathbf{s}^*)(\boldsymbol{\nabla}\cdot\mathbf{s})-2\mu\mathbf{d}^*:\mathbf{d}] \tag{15.7}$$

这里为了与上面的要求一致，我们在各向同性形式的 (4.161) 和 (4.175) 中引入了复数共轭。频率域的作用量 (15.6) 的变分可以借助高斯定理写为

$$\begin{aligned}\delta\mathcal{I}=2\,\mathrm{Re}\int_{\oplus}\boldsymbol{\delta}\mathbf{s}^*\cdot[\partial_{\mathbf{s}^*}L-\boldsymbol{\nabla}\cdot(\partial_{\boldsymbol{\nabla}\mathbf{s}^*}L)]\,dV\\ -2\,\mathrm{Re}\int_{\Sigma}[\boldsymbol{\delta}\mathbf{s}^*\cdot(\hat{\mathbf{n}}\cdot\partial_{\boldsymbol{\nabla}\mathbf{s}^*}L)]_-^+\,d\Sigma\end{aligned} \tag{15.8}$$

对于任意容许的变化，即在 Σ_{SS} 上 $[\boldsymbol{\delta}\mathbf{s}]_-^+=\mathbf{0}$ 及在 Σ_{FS} 上 $[\hat{\mathbf{n}}\cdot\boldsymbol{\delta}\mathbf{s}]_-^+=0$，当且仅当 $\mathbf{s}$ 满足如下欧拉-拉格朗日方程及相应的边界条件时

$$\partial_{\mathbf{s}^*}L-\boldsymbol{\nabla}\cdot(\partial_{\boldsymbol{\nabla}\mathbf{s}^*}L)=\mathbf{0},\quad \text{在}\oplus\text{内} \tag{15.9}$$

$$\hat{\mathbf{n}}\cdot(\partial_{\boldsymbol{\nabla}\mathbf{s}^*}L)=\mathbf{0},\quad \text{在}\partial\oplus\text{上} \tag{15.10}$$

$$[\hat{\mathbf{n}}\cdot(\partial_{\boldsymbol{\nabla}\mathbf{s}^*}L)]_-^+=\mathbf{0},\quad \text{在}\Sigma_{\mathrm{SS}}\text{上} \tag{15.11}$$

$$[\hat{\mathbf{n}}\cdot(\partial_{\boldsymbol{\nabla}\mathbf{s}^*}L)]_-^+=\hat{\mathbf{n}}[\hat{\mathbf{n}}\cdot(\partial_{\boldsymbol{\nabla}\mathbf{s}^*}L)\cdot\hat{\mathbf{n}}]_-^+=\mathbf{0},\quad \text{在}\Sigma_{\mathrm{FS}}\text{上} \tag{15.12}$$

(15.8)中的变分为零。拉格朗日量密度相对于共轭位移梯度的偏导数为 $\partial_{\boldsymbol{\nabla}\mathbf{s}^*}L=-\mathbf{T}$，因此方程 (15.9) 和 (15.10)–(15.12) 与 (15.1) 和 (15.3)–(15.5) 是等价的。对于稳定时变解，作用量的值为零 $\mathcal{I}=0$。

与拉格朗日量密度 (15.7) 相应的动能加势能的密度 $E=\omega\partial_\omega L-L$ 为

$$E=\frac{1}{2}[\omega^2\rho\mathbf{s}^*\cdot\mathbf{s}+\kappa(\boldsymbol{\nabla}\cdot\mathbf{s}^*)(\boldsymbol{\nabla}\cdot\mathbf{s})+2\mu\mathbf{d}^*:\mathbf{d}] \tag{15.13}$$

总能量密度是动能密度的两倍：$E=\omega^2\rho\mathbf{s}^*\cdot\mathbf{s}$。

我们需要的最后一个要素是能量通量矢量 $\mathbf{K}$ 的频率域表达式。为此，我们指出一个光滑无限介质中时变震源所辐射的总能量为

$$\int_0^\infty\!\!\int_\Sigma\hat{\mathbf{n}}\cdot(-\partial_t\mathbf{s}\cdot\mathbf{T})\,d\Sigma\,dt=\frac{1}{\pi}\,\mathrm{Re}\int_0^\infty\!\!\int_\Sigma\hat{\mathbf{n}}\cdot(i\omega\mathbf{s}^*\cdot\mathbf{T})\,d\Sigma\,d\omega \tag{15.14}$$

其中 Σ 是完全包围震源的（时变）任意表面，这里在得到第二个表达式中我们使用了帕塞瓦尔等式。将这一结果加以推广，我们把表达式

$$\mathbf{K}=\mathrm{Re}\,(i\omega\mathbf{s}^*\cdot\mathbf{T})=\mathrm{Re}\,\{i\omega[\kappa\mathbf{s}^*(\boldsymbol{\nabla}\cdot\mathbf{s})+2\mu(\mathbf{s}^*\cdot\mathbf{d})]\} \tag{15.15}$$

当作有限分段连续地球模型中任意位置的频率域能量通量。

15.2 惠特曼变分原理

我们寻求方程(15.1)和(15.3)–(15.5)如下形式的JWKB渐近解

$$\mathbf{s} = \mathbf{A}\exp(-i\omega T) \tag{15.16}$$

其中$\mathbf{A}$和T可以分别解释为高频波动的实数振幅和走时。相应的慢度矢量可以用走时定义为

$$\mathbf{p} = \boldsymbol{\nabla} T \tag{15.17}$$

将表达式(15.16)代入方程(15.7)、(15.13)和(15.15)，我们得到JWKB形式的拉格朗日量密度、能量密度以及能量通量矢量：

$$\mathcal{L} = \frac{1}{2}\omega^2[(\rho - \mu\|\boldsymbol{\nabla} T\|^2)\|\mathbf{A}\|^2 - (\kappa + \frac{1}{3}\mu)(\boldsymbol{\nabla} T\cdot\mathbf{A})^2] \tag{15.18}$$

$$\mathcal{E} = \frac{1}{2}\omega^2[(\rho + \mu\|\boldsymbol{\nabla} T\|^2)\|\mathbf{A}\|^2 + (\kappa + \frac{1}{3}\mu)(\boldsymbol{\nabla} T\cdot\mathbf{A})^2] \tag{15.19}$$

$$\boldsymbol{\mathcal{K}} = \omega^2[\mu\|\mathbf{A}\|^2\boldsymbol{\nabla} T + (\kappa + \frac{1}{3}\mu)(\boldsymbol{\nabla} T\cdot\mathbf{A})\mathbf{A}] \tag{15.20}$$

这里我们仅仅保留ω^{-1}的最低阶项。(15.18)–(15.20)中的三个量都被认为是慢变的，因为与指数$\exp(-i\omega T)$相关的快速（波长尺度）的变化都被消去了。$\mathcal{L}$、$\mathcal{E}$和$\boldsymbol{\mathcal{K}}$在地球$\oplus$的光滑子区域内均以结构参数κ、μ、ρ的缓慢尺度Λ在变化。在区域之间的边界Σ上，参数κ、μ、ρ和密度量$\mathcal{L}$、$\mathcal{E}$以及通量$\boldsymbol{\mathcal{K}}$表现出跃变不连续性。

在JWKB近似下，波的传播由如下慢变作用量所控制

$$\mathcal{I} = \int_\oplus \mathcal{L}(\mathbf{A}, \boldsymbol{\nabla} T)\, dV \tag{15.21}$$

如前所述，这里的未知量是振幅$\mathbf{A}$和走时T。(15.21)相对于这些慢变场的变分为

$$\begin{aligned}\delta\mathcal{I} = &\int_\oplus [\boldsymbol{\delta}\mathbf{A}\cdot\partial_{\mathbf{A}}\mathcal{L} - \delta T\,\boldsymbol{\nabla}\cdot(\partial_{\boldsymbol{\nabla} T}\mathcal{L})]\, dV \\ &- \int_\Sigma [\delta T\,\hat{\mathbf{n}}\cdot(\partial_{\boldsymbol{\nabla} T}\mathcal{L})]_-^+\, d\Sigma\end{aligned} \tag{15.22}$$

我们要求对于所有运动学上可容许的，即满足在Σ_{SS}上$[\boldsymbol{\delta}\mathbf{A}]_-^+ = \mathbf{0}$，在$\Sigma_{\mathrm{FS}}$上$[\hat{\mathbf{n}}\cdot\boldsymbol{\delta}\mathbf{A}]_-^+ = 0$，以及在所有$\Sigma$上$[\delta T]_-^+ = 0$的变化$\boldsymbol{\delta}\mathbf{A}$和$\delta T$，变分$\delta\mathcal{I}$为零。这就要求$\mathbf{A}$和$T$必须满足

$$\partial_{\mathbf{A}}\mathcal{L} = \mathbf{0} \quad 和 \quad \boldsymbol{\nabla}\cdot(\partial_{\boldsymbol{\nabla} T}\mathcal{L}) = 0, \quad 在\oplus内 \tag{15.23}$$

$$[\hat{\mathbf{n}}\cdot(\partial_{\boldsymbol{\nabla} T}\mathcal{L})]_-^+ = 0, \quad 在\Sigma上 \tag{15.24}$$

写开以后，慢欧拉–拉格朗日方程(15.23)成为

$$\left[(\rho - \|\mathbf{p}\|^2\mu)\mathbf{I} - (\kappa + \frac{1}{3}\mu)\mathbf{p}\mathbf{p}\right]\cdot\mathbf{A} = \mathbf{0} \tag{15.25}$$

$$\boldsymbol{\nabla}\cdot\left[\mu\|\mathbf{A}\|^2\mathbf{p} + (\kappa + \frac{1}{3}\mu)(\mathbf{p}\cdot\mathbf{A})\mathbf{A}\right] = 0 \tag{15.26}$$

同样地，边界条件(15.24)成为

$$\left[\mu\|\mathbf{A}\|^2(\hat{\mathbf{n}}\cdot\mathbf{p})+(\kappa+\frac{1}{3}\mu)(\mathbf{p}\cdot\mathbf{A})(\hat{\mathbf{n}}\cdot\mathbf{A})\right]_-^+=0 \tag{15.27}$$

方程(15.25)有非零解$\mathbf{A}$的条件是当且仅当下式成立

$$\begin{aligned}\det&\left[(\rho-\|\mathbf{p}\|^2\mu)\mathbf{I}-(\kappa+\frac{1}{3}\mu)\mathbf{pp}\right]\\&=\left[\rho-\|\mathbf{p}\|^2(\kappa+\frac{4}{3}\mu)\right]\left[\rho-\|\mathbf{p}\|^2\mu\right]^2=0\end{aligned} \tag{15.28}$$

最后这一关系显示会有两个慢度的根，我们用角标做区分：

$$\|\mathbf{p}_{\mathrm{P}}\|^2=\alpha^{-2},\qquad \|\mathbf{p}_{\mathrm{S}}\|^2=\beta^{-2} \tag{15.29}$$

其中$\alpha=[(\kappa+\frac{4}{3}\mu)/\rho]^{1/2}$和$\beta=(\mu/\rho)^{1/2}$分别为压缩波和剪切波速度。从(15.28)到(15.29)中两个*程函方程*的分解表明，这两种波在地球$\oplus$的光滑区域内是独立传播的。将(15.29)代入(15.25)，我们得到压缩波和剪切波的*偏振方向*分别与传播方向平行和垂直：

$$\mathbf{A}_{\mathrm{P}}\parallel\mathbf{p}_{\mathrm{P}},\qquad \mathbf{A}_{\mathrm{S}}\perp\mathbf{p}_{\mathrm{S}} \tag{15.30}$$

(15.28)中剪切波根的双重性提示我们横向质点运动$\mathbf{A}_{\mathrm{S}}$可能的空间是二维的，我们在15.5节会更仔细地考虑剪切波的偏振。

借助(15.29)和(15.30)，可以分别将能量密度(15.19)和通量(15.20)转化为与压缩波和剪切波相关的求和。将波的标量振幅表示为$A_{\mathrm{P}}=\|\mathbf{A}_{\mathrm{P}}\|$和$A_{\mathrm{S}}=\|\mathbf{A}_{\mathrm{S}}\|$，我们发现

$$\mathcal{E}=\mathcal{E}_{\mathrm{P}}+\mathcal{E}_{\mathrm{S}},\qquad \boldsymbol{\mathcal{K}}=\boldsymbol{\mathcal{K}}_{\mathrm{P}}+\boldsymbol{\mathcal{K}}_{\mathrm{S}} \tag{15.31}$$

其中

$$\mathcal{E}_{\mathrm{P}}=\omega^2\rho A_{\mathrm{P}}^2,\qquad \mathcal{E}_{\mathrm{S}}=\omega^2\rho A_{\mathrm{S}}^2 \tag{15.32}$$

$$\boldsymbol{\mathcal{K}}_{\mathrm{P}}=\omega^2\rho\alpha^2A_{\mathrm{P}}^2\mathbf{p}_{\mathrm{P}},\qquad \boldsymbol{\mathcal{K}}_{\mathrm{S}}=\omega^2\rho\beta^2A_{\mathrm{S}}^2\mathbf{p}_{\mathrm{S}} \tag{15.33}$$

值得注意的是每个通量矢量的大小其实就是相应的能量密度乘以该能量的传播速度：

$$\boldsymbol{\mathcal{K}}_{\mathrm{P}}=\alpha\mathcal{E}_{\mathrm{P}}\hat{\mathbf{p}}_{\mathrm{P}},\qquad \boldsymbol{\mathcal{K}}_{\mathrm{S}}=\beta\mathcal{E}_{\mathrm{S}}\hat{\mathbf{p}}_{\mathrm{S}} \tag{15.34}$$

方程(15.26)和(15.27)可以借助(15.29) (15.30)写成更容易理解的形式：

$$\boldsymbol{\nabla}\cdot\boldsymbol{\mathcal{K}}_{\mathrm{P}}=0\quad 和\quad \boldsymbol{\nabla}\cdot\boldsymbol{\mathcal{K}}_{\mathrm{S}}=0,\quad 在\oplus内 \tag{15.35}$$

$$[\hat{\mathbf{n}}\cdot(\boldsymbol{\mathcal{K}}_{\mathrm{P}}+\boldsymbol{\mathcal{K}}_{\mathrm{S}})]_-^+=0,\quad 在\Sigma上 \tag{15.36}$$

我们已经将(15.35)分写为在地球的光滑区域内独立传播的压缩和剪切*输运方程*。相反，连续性条件(15.36)包含两者的和$\boldsymbol{\mathcal{K}}_{\mathrm{P}}+\boldsymbol{\mathcal{K}}_{\mathrm{S}}$，因为在边界上会发生不同类型的波之间的转换。慢变拉格朗日量密度(15.18)也可以分解为

$$\mathcal{L}=\mathcal{L}_{\mathrm{P}}+\mathcal{L}_{\mathrm{S}} \tag{15.37}$$

其中

$$\mathcal{L}_{\mathrm{P}} = \frac{1}{2}\omega^2\rho(1-\alpha^2\|\boldsymbol{\nabla}T_{\mathrm{P}}\|^2)A_{\mathrm{P}}^2 \tag{15.38}$$

$$\mathcal{L}_{\mathrm{S}} = \frac{1}{2}\omega^2\rho(1-\beta^2\|\boldsymbol{\nabla}T_{\mathrm{P}}\|^2)A_{\mathrm{S}}^2 \tag{15.39}$$

方程(15.37)–(15.39)表明JWKB拉格朗日量密度在每个稳定解(15.29)处的数值为$\mathcal{L}=0$。

要注意的是不可能相对于A_{P}、T_{P}和A_{S}、T_{S}独立地定义(15.21)中作用量的变分，因为压缩波和剪切波的振幅在边界上是耦合的。事实上，在每个边界上，一个入射波最多可以产生三个透射波和三个反射波，而且(15.36)中的能量通量和$\boldsymbol{\mathcal{K}}_{\mathrm{P}}+\boldsymbol{\mathcal{K}}_{\mathrm{S}}$应该严格地包含所有这些贡献。在下面两节中，我们展示如何通过求解解耦的程函方程(15.29)得出P波和S波的走时T_{P}和T_{S}，以及从解耦的输运方程(15.35)得到相应的振幅A_{P}和A_{S}。我们暂时把注意力集中在地球内部包围震源$\mathbf{x}'$的光滑区域内，由于边界的存在而产生的更强的复杂性将在15.6节考虑。

15.3 运动学射线追踪

为了对压缩波和剪切波的统一处理，我们舍掉角标P和S，并用一个通用的速度v代替α和β。这样程函方程的通式为

$$\|\mathbf{p}\|^2 = \|\boldsymbol{\nabla}T\|^2 = v^{-2} \tag{15.40}$$

方程(15.40)是一个一阶非线性偏微分方程，我们可以用特征方法(Courant & Hilbert 1966)从中解出走时T。所用的特征就是处处与波阵面即T为常数的面垂直的几何射线。沿这些射线上位置$\mathbf{x}$和慢度$\mathbf{p}$的变化由特征方程给出

$$\frac{d\mathbf{x}}{d\sigma} = \mathbf{p}, \qquad \frac{d\mathbf{p}}{d\sigma} = \frac{1}{2}\boldsymbol{\nabla}v^{-2} \tag{15.41}$$

自变量σ是所谓的生成参数，它与沿射线的弧长s和走时T的关系为

$$d\sigma = v\,ds = v^2 dT \tag{15.42}$$

对一阶常微分方程(15.41)在一组给定的柯西初始条件

$$\mathbf{x}(0) = \mathbf{x}', \qquad \mathbf{p}(0) = \mathbf{p}' \tag{15.43}$$

约束下进行求解的操作被称为运动学射线追踪。一条射线上两点$\mathbf{x}_1$和$\mathbf{x}_2$之间的走时差T_2-T_1可以通过对方程(15.42) 积分得到：

$$T_2 - T_1 = \int_{T_1}^{T_2} dT = \int_{s_1}^{s_2} v^{-1}ds = \int_{\sigma_1}^{\sigma_2} v^{-2}d\sigma \tag{15.44}$$

我们也可以将T_2-T_1用沿射线的慢度$\mathbf{p}$和微分位置$d\mathbf{x}$表示成

$$T_2 - T_1 = \int_{\mathbf{x}_1}^{\mathbf{x}_2} \mathbf{p}\cdot d\mathbf{x} \tag{15.45}$$

要确定震源$\mathbf{x}'$与预先给定的接收点$\mathbf{x}$之间的走时T，必须要有初始慢度$\mathbf{p}'$，以使对某个σ_{gotcha}有$\mathbf{x}(\sigma_{\mathrm{gotcha}})=\mathbf{x}$。在15.8.2节，我们介绍一个实际的算法来解决这个两点射线标射问题。

15.3.1 哈密顿形式

遵循Burridge (1976)，我们引入哈密顿量

$$H = \frac{1}{2}[\mathbf{p} \cdot \mathbf{p} - v^{-2}(\mathbf{x})] \tag{15.46}$$

并将程函方程(15.40)改写成

$$H(\mathbf{x}, \mathbf{p}) = 0 \tag{15.47}$$

很容易可以认出特征方程(15.41)就是哈密顿方程组：

$$\frac{d\mathbf{x}}{d\sigma} = \frac{\partial H}{\partial \mathbf{p}}, \qquad \frac{d\mathbf{p}}{d\sigma} = -\frac{\partial H}{\partial \mathbf{x}} \tag{15.48}$$

哈密顿量(15.46)是一阶方程组(15.48)的积分，因为

$$\frac{dH}{d\sigma} = \frac{\partial H}{\partial \mathbf{x}} \cdot \frac{d\mathbf{x}}{d\sigma} + \frac{\partial H}{\partial \mathbf{p}} \cdot \frac{d\mathbf{p}}{d\sigma} = 0 \tag{15.49}$$

用经典力学的语言，慢度$\mathbf{p}$是与位置$\mathbf{x}$共轭的广义动量，六维空间$(\mathbf{x}, \mathbf{p})$被称为相空间。

需要指出的是，(15.48)中的六个方程并不都是独立的。首先，程函方程(15.47)对慢度矢量的长度有所约束，因此将独立方程的个数减为五个。这个数字可以再减少一个，因为可以证明，三个空间坐标之一，即在射线上所处的位置是周期性的，也可以忽略(Goldstein 1980)。对上述考虑的系统性推演可以得出一个简约的四维哈密顿量，它仅依赖于所谓的射线中心坐标。详细的推导过程请见Červený (1985)或Farra 和 Madariaga (1987)。本书中我们不讨论射线中心坐标系，因为求解四个而非六个方程的优越性被处理简约哈密顿量的非欧拉几何特性所需的繁杂工具抵消了。在15.8.1节，我们会介绍一个简单而实用的、而且也只需要求解四个方程的射线追踪方法。

★15.3.2 其他形式

射线追踪方程还有许多其他的表达形式。首先，可以用射线弧长s或走时T而不是参数σ作为独立变量。可以得到如下形式

$$\frac{d\mathbf{x}}{ds} = \hat{\mathbf{p}}, \qquad \frac{d\mathbf{p}}{ds} = \boldsymbol{\nabla} v^{-1} \tag{15.50}$$

以及

$$\frac{d\mathbf{x}}{dT} = v^2\mathbf{p}, \qquad \frac{d\mathbf{p}}{dT} = -\boldsymbol{\nabla}(\ln v) \tag{15.51}$$

每一个独立变量的改变都对应于一个哈密顿量(15.46)的变换。因此(15.50)实际上就是哈密顿方程$d\mathbf{x}/ds = \partial_{\mathbf{p}} H'$, $d\mathbf{p}/ds = -\partial_{\mathbf{x}} H'$，其中的哈密顿量是

$$H' = \sqrt{\mathbf{p} \cdot \mathbf{p}} - v^{-1}(\mathbf{x}) = 0 \tag{15.52}$$

而(15.51)则是哈密顿方程$d\mathbf{x}/dT = \partial_{\mathbf{p}} H''$, $d\mathbf{p}/dT = -\partial_{\mathbf{x}} H''$，其中的哈密顿量是

$$H'' = \frac{1}{2}[(\mathbf{p} \cdot \mathbf{p})v^2(\mathbf{x}) - 1] = 0 \tag{15.53}$$

其次，可以将关于$\mathbf{x}$和$\mathbf{p}$的两个一阶方程合并成一个关于射线路径的二阶常微分方程：

$$\frac{d^2\mathbf{x}}{d\sigma^2}-\frac{1}{2}\boldsymbol{\nabla}v^{-2}=\mathbf{0} \tag{15.54}$$

$$\frac{d}{ds}\left(v^{-1}\frac{d\mathbf{x}}{ds}\right)-\boldsymbol{\nabla}v^{-1}=\mathbf{0} \tag{15.55}$$

$$\frac{d}{dT}\left(v^{-2}\frac{d\mathbf{x}}{dT}\right)+\boldsymbol{\nabla}(\ln v)=\mathbf{0} \tag{15.56}$$

最后，我们可以用(15.42)以及关系式$d/ds=\hat{\mathbf{p}}\cdot\boldsymbol{\nabla}$来消掉(15.55)和(15.56)中的一阶导数$d\mathbf{x}/ds$和$d\mathbf{x}/dT$，得到如下形式

$$\frac{d^2\mathbf{x}}{ds^2}+\boldsymbol{\nabla}_{\perp}(\ln v)=\mathbf{0},\qquad \frac{d^2\mathbf{x}}{dT^2}-\frac{1}{2}\boldsymbol{\nabla}_{\perp}v^2=\mathbf{0} \tag{15.57}$$

其中$\boldsymbol{\nabla}_{\perp}=\boldsymbol{\nabla}-\hat{\mathbf{p}}\hat{\mathbf{p}}\cdot\boldsymbol{\nabla}$为垂直于射线路径方向的梯度。

每一个射线哈密顿量H、H'、H''都分别有一个对应的射线拉格朗日量L、L'、L''。将σ作为自变量，并用函数符号上一点表示微分$d/d\sigma$，我们可以定义传统形式的L (Goldstein 1980)：

$$L(\mathbf{x},\dot{\mathbf{x}})=\mathbf{p}\cdot\dot{\mathbf{x}}-H(\mathbf{x},\mathbf{p}) \tag{15.58}$$

(15.58)中的拉格朗日量对慢度矢量$\mathbf{p}$没有任何依赖性，这可以通过计算$\partial_{\mathbf{p}}L$并借助哈密顿方程(15.48)来证实。将其以显式写开，我们有

$$L=\frac{1}{2}[\dot{\mathbf{x}}\cdot\dot{\mathbf{x}}+v^{-2}(\mathbf{x})] \tag{15.59}$$

哈密顿量H、拉格朗日量L和运动方程$\ddot{\mathbf{x}}-\frac{1}{2}\boldsymbol{\nabla}v^{-2}=\mathbf{0}$都是属于在静态势场$-\frac{1}{2}v^{-2}$中运动的单位质量质点的。要注意的是，当使用射线弧长s或走时T而不是参数σ为独立变量时，是不可能有这种简单的力学解释的。

*15.3.3 哈密顿原理与费马原理

射线追踪方程也可以从下面的哈密顿原理得到：

$$\delta\int_{\sigma_1}^{\sigma_2}L(\mathbf{x},\dot{\mathbf{x}})\,d\sigma=0 \tag{15.60}$$

方程(15.60)是在$\mathbf{x}$即位形空间的变分原理，相应的欧拉–拉格朗日方程$d(\partial_{\dot{\mathbf{x}}}L)/d\sigma-\partial_{\mathbf{x}}L=\mathbf{0}$恰恰就是二阶的射线追踪方程(15.54)。或者，我们也可以把相空间的哈密顿原理写成如下形式

$$\delta\int_{\sigma_1}^{\sigma_2}[\mathbf{p}\cdot\dot{\mathbf{x}}-H(\mathbf{x},\mathbf{p})]\,d\sigma=0 \tag{15.61}$$

此处的欧拉–拉格朗日方程则是一阶的哈密顿方程(15.48)。哈密顿原理的类似表述也可以分别用关于射线弧长s和走时T的泛函L'、H'和L''、H''得到。

费马原理规定沿两个固定点$\mathbf{x}_1$和$\mathbf{x}_2$之间的几何射线的走时是稳定的：

$$\delta\int_{\mathbf{x}_1}^{\mathbf{x}_2}\mathbf{p}\cdot d\mathbf{x}=\delta\int_{s_1}^{s_2}v^{-1}\,ds=\delta\int_{T_1}^{T_2}dT=0 \tag{15.62}$$

在对 (15.62) 做变分时，不容许将射线弧长 s 或走时 T 作为自变量。相反，它们与 $\mathbf{x}$ 和 $d\mathbf{x}/ds$ 或 $d\mathbf{x}/dT$ 一起都必须当作因变量。遵循 Lanczos (1962)，我们引入一个新的独立变量 ξ 来消掉 s 和 T 而得到

$$\sqrt{\frac{d\mathbf{x}}{d\xi}\cdot\frac{d\mathbf{x}}{d\xi}}=\frac{ds}{d\xi}=v\frac{dT}{d\xi} \tag{15.63}$$

于是费马原理 (15.62) 成为

$$\delta\int_{\xi_1}^{\xi_2} v^{-1}(\mathbf{x})\sqrt{\frac{d\mathbf{x}}{d\xi}\cdot\frac{d\mathbf{x}}{d\xi}}\,d\xi=0 \tag{15.64}$$

在经典力学中，上面的结果称为*雅可比形式的最小作用量原理* (Lanczos 1962; Goldstein 1980)。与 (15.64) 等价的欧拉–拉格朗日方程是

$$\frac{d}{d\xi}\left[v^{-1}\left(\frac{d\mathbf{x}}{d\xi}\cdot\frac{d\mathbf{x}}{d\xi}\right)^{-1/2}\frac{d\mathbf{x}}{d\xi}\right]-\left(\frac{d\mathbf{x}}{d\xi}\cdot\frac{d\mathbf{x}}{d\xi}\right)^{1/2}\boldsymbol{\nabla}v^{-1}=\mathbf{0} \tag{15.65}$$

这一方程用参数 ξ 来确定射线路径。已知 $\mathbf{x}(\xi)$，我们可以通过对方程 (15.63) 积分得到弧长 $s(\xi)$ 和走时 $T(\xi)$。或者，我们可以利用 (15.63) 将 (15.65) 转换为含有 s 或 T 的方程；这样一来，我们又重新得到 (15.55) 和 (15.56)。(15.60)–(15.62) 和 (15.64) 中的稳定积分在数值上均与沿射线路径的走时差 T_2-T_1 相等，在每一种不同的情形中，变分过程的细节与物理解释都不相同。

★15.3.4 塞雷特–弗勒内方程组

在本节中我们对三维曲线的几何性质做一个简要介绍。在此类讨论中习惯上是用弧长 s 作为自变量。详细的讨论可以参见任何经典微分几何教科书，如 Willmore (1959)。我们首先指出地震射线的单位慢度矢量 $\hat{\mathbf{p}}$ 在几何讨论中被称作*切向矢量*。在曲线上任意一点 $\mathbf{x}$ 处与该曲线重合的圆所在的平面叫作*密切平面*。密切平面与垂直于切向矢量的平面的交线叫作该曲线的主法向。*法向矢量* $\hat{\boldsymbol{\nu}}$ 是沿这条线的单位矢量。在出发点 $\mathbf{x}'$ 的初始方向可以从两个可能性中任选，之后 $\hat{\boldsymbol{\nu}}$ 必须沿曲线光滑变化。切向矢量的方向随弧长 s 的变化速率是曲线的*曲率*，用 κ 表示。可以很容易地证明，$d\hat{\mathbf{p}}/ds$ 在密切平面内，且与 $\hat{\mathbf{p}}$ 垂直，因此也与法向 $\hat{\boldsymbol{\nu}}$ 平行。曲率的正负号本来是任意的，在这里通过 $d\hat{\mathbf{p}}/ds=\kappa\hat{\boldsymbol{\nu}}$ 这一约束固定下来。具体来说，我们设定在球对称地球中向上弯折射线的曲率 κ 为正，而该射线的法向 $\hat{\boldsymbol{\nu}}$ 也指向上方，即曲率的中心。无论向上或向下弯折的射线，其绝对曲率的倒数 $|\kappa|^{-1}$ 是密切平面内相切圆的半径。曲线的*副法向*是垂直于密切平面的单位矢量 $\hat{\mathbf{b}}=\hat{\mathbf{p}}\times\hat{\boldsymbol{\nu}}$，其沿曲线弧长的变化率也与 $\hat{\boldsymbol{\nu}}$ 平行。习惯上我们定义密切平面的*扭矩*或扭曲率为 $d\hat{\mathbf{b}}/ds=-\tau\hat{\boldsymbol{\nu}}$。这里负号的作用是使当平面扭动的方向与 $\hat{\mathbf{p}}$ 形成右手螺旋时，扭矩 τ 的符号为正。总之，切向矢量、法向和副法向 $\hat{\mathbf{p}}$、$\hat{\boldsymbol{\nu}}$、$\hat{\mathbf{b}}$ 组成一个右手系正交基，其沿一个三维曲线的变化可以用塞雷特–弗勒内 (Serret-Frénet) 方程组来描述：

$$\frac{d\hat{\mathbf{p}}}{ds}=\kappa\hat{\boldsymbol{\nu}},\qquad \frac{d\hat{\boldsymbol{\nu}}}{ds}=\tau\hat{\mathbf{b}}-\kappa\hat{\mathbf{p}},\qquad \frac{d\hat{\mathbf{b}}}{ds}=-\tau\hat{\boldsymbol{\nu}} \tag{15.66}$$

曲率 κ 和扭矩 τ 可以用位置矢量 $\mathbf{x}(s)$ 的前三阶导数以显式表示为

$$\kappa^2=\frac{d^2\mathbf{x}}{ds^2}\cdot\frac{d^2\mathbf{x}}{ds^2} \tag{15.67}$$

$$\tau = \kappa^{-2}\left(\frac{d\mathbf{x}}{ds}\cdot\frac{d^2\mathbf{x}}{ds^2}\times\frac{d^3\mathbf{x}}{ds^3}\right) \tag{15.68}$$

方程 (15.66)–(15.68) 适用于三维空间的任意光滑曲线。将这些几何结果与射线追踪方程 (15.55) 结合，我们可以将射线的曲率和扭矩用波速对数的梯度表示：

$$\kappa = -\hat{\boldsymbol{\nu}}\cdot\boldsymbol{\nabla}(\ln v), \qquad \tau = -\kappa^{-1}\hat{\mathbf{p}}\cdot\boldsymbol{\nabla}\boldsymbol{\nabla}(\ln v)\cdot\hat{\mathbf{b}} \tag{15.69}$$

任一射线的扭曲会使垂直于射线路径的梯度始终与其法向 $\hat{\boldsymbol{\nu}}$ 平行，而与其副法向 $\hat{\mathbf{b}}$ 垂直：

$$\hat{\boldsymbol{\nu}} = -\kappa^{-1}\boldsymbol{\nabla}_\perp(\ln v), \qquad \hat{\mathbf{b}}\cdot\boldsymbol{\nabla}_\perp(\ln v) = 0 \tag{15.70}$$

按照我们的正负号规则，当曲率 κ 为正时，$\hat{\boldsymbol{\nu}}$ 指向波速下降的方向，而当曲率为负时，则指向波速增加的方向。图 15.1 显示了塞雷特–弗勒内三矢量 $\hat{\mathbf{p}}$、$\hat{\boldsymbol{\nu}}$、$\hat{\mathbf{b}}$ 沿地震射线的演化。

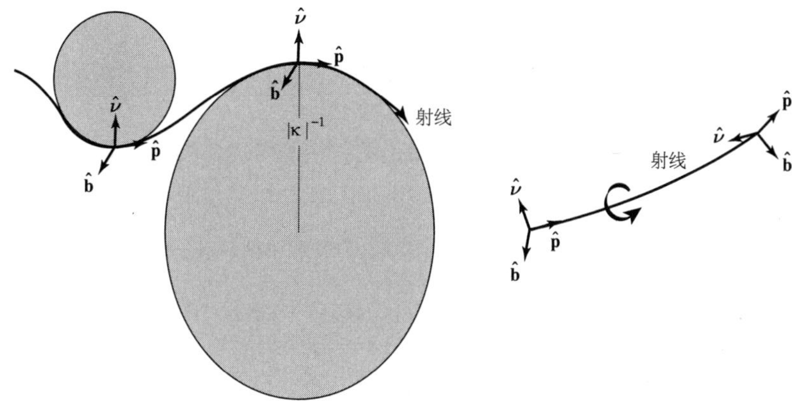

图 15.1 地震射线的曲率 κ 和扭矩 τ 示意图。单位慢度矢量 $\hat{\mathbf{p}}$ 处处与射线相切。(*左*) 阴影显示密切平面内的相切圆，射线法向 $\hat{\boldsymbol{\nu}}$ 指向其曲率中心或相反方向，相切圆半径为曲率绝对值的倒数 $|\kappa|^{-1}$。(*右*) 扭矩 τ 是法向 $\hat{\boldsymbol{\nu}}$ 和副法向 $\hat{\mathbf{b}} = \hat{\mathbf{p}}\times\hat{\boldsymbol{\nu}}$ 在围绕射线的右手系中随弧长的扭转率

15.4 振 幅 变 化

前述讨论的射线追踪方程使我们能够确定射线的轨迹和沿射线走时 T_{P} 或 T_{S} 的变化。下面我们要考虑的输运方程 (15.35) 则可以用来确定沿射线振幅 A_{P} 或 A_{S} 的变化。依照前面的做法，略掉辨识角标 P 和 S，我们将 (15.35) 写成通式

$$\boldsymbol{\nabla}\cdot\boldsymbol{\mathcal{K}} = 0 \tag{15.71}$$

其中

$$\boldsymbol{\mathcal{K}} = v\mathcal{E}\hat{\mathbf{p}} = \omega^2\rho v A^2\hat{\mathbf{p}} = \omega^2\rho v^2 A^2\mathbf{p} \tag{15.72}$$

可以用多种方法求解方程 (15.71) 来得到振幅 A 沿射线的变化。在下面的几节中我们介绍几种方法并指出它们之间的关系。振幅的确定在许多应用中都十分重要，包括波前外推。我们采

取一个比较有限的观点，将注意力限制在点源所辐射的波。

15.4.1 能量守恒

首先我们指出，微分关系$\boldsymbol{\nabla}\cdot\boldsymbol{\mathcal{K}}=0$有一个明确的物理解释：它表示体波能量守恒。要认识到这一点，我们考虑围绕从$\mathbf{x}_1$到$\mathbf{x}_2$的一条射线路径的无穷细的射线束，如图12.7所示。令V为该段射线束的体积，其（时变）表面∂V的向外单位法向为$\hat{\boldsymbol{\nu}}$。将(15.71)在V上积分，应用高斯定理，我们得到

$$\int_V \boldsymbol{\nabla}\cdot\boldsymbol{\mathcal{K}}\,dV=\int_{\partial V}\hat{\boldsymbol{\nu}}\cdot\boldsymbol{\mathcal{K}}\,d\Sigma=\|\boldsymbol{\mathcal{K}}\|_2\,d\Sigma_2-\|\boldsymbol{\mathcal{K}}\|_1\,d\Sigma_1=0 \tag{15.73}$$

其中$d\Sigma_1$和$d\Sigma_2$分别为在$\mathbf{x}_1$和$\mathbf{x}_2$截面的微分面积，这里我们还利用了在射线束侧面上$\hat{\boldsymbol{\nu}}\cdot\boldsymbol{\mathcal{K}}=0$这一事实。所有在$\mathbf{x}_1$进入射线束的能量都在$\mathbf{x}_2$离开，在侧面没有能量泄露，在完全弹性的射线束内也没有任何能量吸收。从方程(15.73)可以得到振幅变化关系(12.26)，为方便起见，我们在这里再次写出：

$$\frac{A_2}{A_1}=\left(\frac{\rho_2 v_2}{\rho_1 v_1}\right)^{-1/2}\left|\frac{d\Sigma_2}{d\Sigma_1}\right|^{-1/2} \tag{15.74}$$

如我们在12.1.8和15.4.3节中讨论的，上式中绝对值的作用是考虑在通过焦散时射线束微分面积正负号的变化。

★15.4.2 射线束面积

遵循Kline 和 Kay (1979)，我们可以得到方程(15.74)中射线束面积比$d\Sigma_2/d\Sigma_1$的显式表达式。考虑体积分

$$\int_V \boldsymbol{\nabla}\cdot\hat{\mathbf{p}}\,dV=\int_{\partial V}\hat{\boldsymbol{\nu}}\cdot\hat{\mathbf{p}}\,d\Sigma=d\Sigma_2-d\Sigma_1 \tag{15.75}$$

其中最后一个等式是因为V是一个无穷细射线束的体积。我们可以将(15.75)的左边表示为沿射线从$\mathbf{x}_1$到$\mathbf{x}_2$的线积分：

$$\int_V \boldsymbol{\nabla}\cdot\hat{\mathbf{p}}\,dV=\int_{s_1}^{s_2}\boldsymbol{\nabla}\cdot\hat{\mathbf{p}}\,d\Sigma\,ds \tag{15.76}$$

其中$d\Sigma(s)$是在射线上积分点的微分面积。比较公式(15.75)和(15.76)，我们得出

$$d\Sigma_2-d\Sigma_1=\int_{s_1}^{s_2}\boldsymbol{\nabla}\cdot\hat{\mathbf{p}}\,d\Sigma\,ds \tag{15.77}$$

这一线积分方程的解为

$$\frac{d\Sigma_2}{d\Sigma_1}=\exp\left(\int_{s_1}^{s_2}\boldsymbol{\nabla}\cdot\hat{\mathbf{p}}\,ds\right) \tag{15.78}$$

公式(15.78)中被积函数是在射线上一点s处波前的主曲率之和：

$$\boldsymbol{\nabla}\cdot\hat{\mathbf{p}}=\frac{1}{R_1}+\frac{1}{R_2} \tag{15.79}$$

其中R_1和R_2是相应的曲率半径。

$d\Sigma_2/d\Sigma_1$的另一个表达式可以通过将输运方程$\boldsymbol{\nabla}\cdot(\rho v^2 A^2\mathbf{p})=0$改写为如下形式得到

$$\frac{d}{d\sigma}\ln(\rho v^2 A^2) = -\boldsymbol{\nabla}\cdot\mathbf{p} \tag{15.80}$$

这里我们利用了沿射线$\mathbf{p}\cdot\boldsymbol{\nabla} = (d\mathbf{x}/d\sigma)\cdot\boldsymbol{\nabla} = d/d\sigma$这一事实。能量守恒定律$\rho v A^2\, d\Sigma =$ 常数使我们能够将此式转换为关于射线束面积的微分方程：

$$\frac{d}{d\sigma}\ln(v^{-1}d\Sigma) = \boldsymbol{\nabla}\cdot\mathbf{p} \tag{15.81}$$

对该方程积分可以得到

$$\frac{d\Sigma_2}{d\Sigma_1} = \frac{v_2}{v_1}\exp\left(\int_{\sigma_1}^{\sigma_2}\boldsymbol{\nabla}\cdot\mathbf{p}\, d\sigma\right) \tag{15.82}$$

这里的被积函数$\boldsymbol{\nabla}\cdot\mathbf{p}$是射线上$\sigma$点处走时的拉普拉斯：

$$\boldsymbol{\nabla}\cdot\mathbf{p} = \nabla^2 T \tag{15.83}$$

前面的结果(15.78)也可以从(15.82)通过$\boldsymbol{\nabla}\cdot\mathbf{p} = \boldsymbol{\nabla}\cdot(v^{-1}\hat{\mathbf{p}}) = v^{-1}\boldsymbol{\nabla}\cdot\hat{\mathbf{p}} - d(\ln v)/d\sigma$这一关系得到。

15.4.3 点源雅可比

要描述一条射线在固定点源$\mathbf{x}'$的起始出射方向只需要两个参数。此处我们不必对这两个参数做具体的选择，仅将它们表示为γ_1'和γ_2'，其中的撇号表示它们都是在$\mathbf{x}'$点处取值。从$\mathbf{x}'$出射的所有射线上任一给定点的坐标可以被看作是一个函数$\mathbf{x} = \mathbf{x}(\sigma, \gamma_1', \gamma_2')$，其中$\gamma_1'$和$\gamma_2'$标明射线，$\sigma$指定在射线上的位置。对射线参数的偏导数$\partial_{\gamma_1'}\mathbf{x} = (\partial\mathbf{x}/\partial\gamma_1')_{\sigma,\gamma_2'}$和$\partial_{\gamma_2'}\mathbf{x} = (\partial\mathbf{x}/\partial\gamma_2')_{\sigma,\gamma_1'}$均落在经过$\mathbf{x}$点的瞬时波前上。保证这一点的条件为

$$\mathbf{p}\cdot\partial_{\gamma'}\mathbf{x} = 0 \tag{15.84}$$

其中γ'代表γ_1'或γ_2'中任意一个。根据经典的几何关系(Willmore 1959)，无穷细的射线束面积可以用微分$d\gamma_1'$和$d\gamma_2'$表示：

$$d\Sigma = \hat{\mathbf{p}}\cdot(\partial_{\gamma_1'}\mathbf{x}\times\partial_{\gamma_2'}\mathbf{x})\, d\gamma_1'\, d\gamma_2' \tag{15.85}$$

(15.85)中的叉乘$\partial_{\gamma_1'}\mathbf{x}\times\partial_{\gamma_2'}\mathbf{x}$与传播方向$\hat{\mathbf{p}}$或者平行或者反平行，取决于$d\Sigma$的符号。

我们定义点源雅可比为下面的行列式

$$J = \frac{\partial(x_1, x_2, x_3)}{\partial(\sigma, \gamma_1', \gamma_2')} = \det\begin{pmatrix} \dfrac{\partial x_1}{\partial\sigma} & \dfrac{\partial x_1}{\partial\gamma_1'} & \dfrac{\partial x_1}{\partial\gamma_2'} \\[2ex] \dfrac{\partial x_2}{\partial\sigma} & \dfrac{\partial x_2}{\partial\gamma_1'} & \dfrac{\partial x_2}{\partial\gamma_2'} \\[2ex] \dfrac{\partial x_3}{\partial\sigma} & \dfrac{\partial x_3}{\partial\gamma_1'} & \dfrac{\partial x_3}{\partial\gamma_2'} \end{pmatrix} \tag{15.86}$$

借助运动学关系$d\mathbf{x}/d\sigma = \mathbf{p}$可以将其展开：

$$J = \mathbf{p}\cdot(\partial_{\gamma_1'}\mathbf{x}\times\partial_{\gamma_2'}\mathbf{x}) \tag{15.87}$$

$d\Sigma$和J这两个量同步变号，而且它们在沿射线上的所有点均有如下关系

$$d\Sigma = vJ\,d\gamma_1'\,d\gamma_2' \tag{15.88}$$

换句话说，vJ是联系微分射线束面积$d\Sigma$与射线参数γ_1'和γ_2'的雅可比。J的绝对值可以写成

$$|J| = v^{-1}\|\partial_{\gamma_1'}\mathbf{x}\times\partial_{\gamma_2'}\mathbf{x}\| = v^{-1}\sqrt{EG-F^2} \tag{15.89}$$

其中我们已经令

$$E = \partial_{\gamma_1'}\mathbf{x}\cdot\partial_{\gamma_1'}\mathbf{x}, \qquad G = \partial_{\gamma_2'}\mathbf{x}\cdot\partial_{\gamma_2'}\mathbf{x}, \qquad F = \partial_{\gamma_1'}\mathbf{x}\cdot\partial_{\gamma_2'}\mathbf{x} \tag{15.90}$$

将(15.86)中的独立变量σ换成s和T，我们得到另外的点源雅可比$J' = vJ$和$J'' = v^2J$。由于$d\Sigma = J'\,d\gamma_1'\,d\gamma_2'$这一实用性的解释，前一个等式被许多作者(如Červený 1985)用来作为进行射线振幅计算的基础。

*15.4.4 斯米尔诺夫引理

我们这里讨论一个求解输运方程(15.71)的普遍方法,它是基于Smirnov (1964) 以及Thomson 和 Chapman (1985)所描述的一个数学结果。斯米尔诺夫 (Smirnov) 引理指出

$$\frac{d}{d\sigma}(\ln J) = \boldsymbol{\nabla}\cdot\mathbf{p}, \quad \text{只要 } \frac{d\mathbf{x}}{d\sigma} = \mathbf{p} \text{ 成立} \tag{15.91}$$

要证明(15.91)，我们考虑下面的量

$$\frac{dJ}{d\sigma} = \frac{\partial(p_1,x_2,x_3)}{\partial(\sigma,\gamma_1',\gamma_2')} + \frac{\partial(x_1,p_2,x_3)}{\partial(\sigma,\gamma_1',\gamma_2')} + \frac{\partial(x_1,x_2,p_3)}{\partial(\sigma,\gamma_1',\gamma_2')} \tag{15.92}$$

其中$p_i = dx_i/d\sigma$。通过如下替换

$$\frac{\partial p_i}{\partial\sigma} = \frac{\partial p_i}{\partial x_j}\frac{\partial x_j}{\partial\sigma}, \qquad \frac{\partial p_i}{\partial\gamma_1'} = \frac{\partial p_i}{\partial x_j}\frac{\partial x_j}{\partial\gamma_1'}, \qquad \frac{\partial p_i}{\partial\gamma_2'} = \frac{\partial p_i}{\partial x_j}\frac{\partial x_j}{\partial\gamma_2'} \tag{15.93}$$

(15.92)中三个行列式的和可以展开成九个行列式的和。然而，这九个行列式中有六个恒等于零，因为它们的行之间是线性相关的。剩下的三个行列式可以合并而得到

$$\frac{dJ}{d\sigma} = \left(\frac{\partial p_j}{\partial x_j}\right)\frac{\partial(x_1,x_2,x_3)}{\partial(\sigma,\gamma_1',\gamma_2')} = (\boldsymbol{\nabla}\cdot\mathbf{p})\,J \tag{15.94}$$

这正是我们期望的结果(15.91)。

斯米尔诺夫引理的应用是很容易的，将(15.91)和(15.80)合并，我们得到

$$\frac{d}{d\sigma}\ln(\rho v^2A^2J) = 0 \tag{15.95}$$

方程(15.95)使我们能够将射线上先后两点$\mathbf{x}_1$和$\mathbf{x}_2$之间的振幅比用雅可比之间的比值来表示：

$$\frac{A_2}{A_1} = \left(\frac{\rho_2v_2^2}{\rho_1v_1^2}\right)^{-1/2}\left|\frac{J_2}{J_1}\right|^{-1/2} \tag{15.96}$$

当然，通过(15.88)中的表达式，我们也可以从(15.74)得到(15.96)的结果。但是，我们在15.8.8节和16.4.4节中会看到，斯米尔诺夫引理在其他场合可以有一系列不同的表示及应用。

15.4.5 几何扩散因子

与球对称地球的情形一样，我们定义如下正的几何扩散因子$\mathcal{R}(\mathbf{x},\mathbf{x}')$，在均匀介质中它与源点–接收点之间的距离$\|\mathbf{x}-\mathbf{x}'\|$类似

$$\mathcal{R}=\sqrt{|d\Sigma|/d\Omega} \tag{15.97}$$

其中$d\Omega$是在震源$\mathbf{x}'$处射线束所张的微分立体角。我们可以将该立体角用震源处单位慢度$\hat{\mathbf{p}}'$的偏导数表示为

$$d\Omega=\hat{\mathbf{p}}'\cdot(\partial_{\gamma_1'}\hat{\mathbf{p}}'\times\partial_{\gamma_2'}\hat{\mathbf{p}}')\,d\gamma_1'\,d\gamma_2'=\|\partial_{\gamma_1'}\hat{\mathbf{p}}'\times\partial_{\gamma_2'}\hat{\mathbf{p}}'\|\,d\gamma_1'\,d\gamma_2' \tag{15.98}$$

因而扩散因子与(15.86)中的雅可比有如下关系

$$\mathcal{R}=\sqrt{\frac{v|J|}{\|\partial_{\gamma_1'}\hat{\mathbf{p}}'\times\partial_{\gamma_2'}\hat{\mathbf{p}}'\|}}=\sqrt{\frac{\|\partial_{\gamma_1'}\mathbf{x}\times\partial_{\gamma_2'}\mathbf{x}\|}{\|\partial_{\gamma_1'}\hat{\mathbf{p}}'\times\partial_{\gamma_2'}\hat{\mathbf{p}}'\|}} \tag{15.99}$$

公式(15.78)可以用来将扩散因子表示成沿一条射线的线积分：

$$\mathcal{R}=\lim_{s'\to 0}s'\left|\exp\left(\frac{1}{2}\int_{s'}^{s}\boldsymbol{\nabla}\cdot\hat{\mathbf{p}}\,ds\right)\right| \tag{15.100}$$

这里我们使用了在震源附近即$s'\to 0$时$d\Sigma'\to s'^2d\Omega$这一极限关系。在均匀介质中，出射波前是一个球面，其表面散度为$\boldsymbol{\nabla}\cdot\hat{\mathbf{p}}=2s^{-1}$，因而(15.100)一如预期地退化为$\mathcal{R}=s=\|\mathbf{x}-\mathbf{x}'\|$。

15.4.6 动力学互易性

让我们用$\mathbf{p}=v^{-1}\hat{\mathbf{p}}$将微分面积(15.85)和微分立体角(15.98)改写为分量形式：

$$d\Sigma=v\varepsilon_{imn}\,p_i(\partial_{\gamma_1'}x_m)(\partial_{\gamma_2'}x_n)\,d\gamma_1'\,d\gamma_2' \tag{15.101}$$

$$d\Omega=v'^3\varepsilon_{jkl}\,p_j'(\partial_{\gamma_1'}p_k')(\partial_{\gamma_2'}p_l')\,d\gamma_1'\,d\gamma_2' \tag{15.102}$$

将走时看作是两个端点的函数$T(\mathbf{x},\mathbf{x}')=T(\mathbf{x}',\mathbf{x})$，我们可以用$\partial_{\gamma'}\mathbf{x}$将慢度的导数$\partial_{\gamma'}\mathbf{p}'$表示成$\partial_{\gamma'}\mathbf{p}'=-\partial_{\gamma'}\mathbf{x}\cdot\boldsymbol{\nabla}\boldsymbol{\nabla}'T$。将其代入(15.102)我们得到

$$d\Omega=v'^3\varepsilon_{jkl}\,p_j'(\partial_{\gamma_1'}x_m)(\partial_m\partial_k'T)(\partial_{\gamma_2'}x_n)(\partial_n\partial_l'T)\,d\gamma_1'\,d\gamma_2' \tag{15.103}$$

可以方便地引入一个两个端点的张量函数：

$$\mathbf{S}(\mathbf{x},\mathbf{x}')=(\det\boldsymbol{\nabla}\boldsymbol{\nabla}'T)(\boldsymbol{\nabla}\boldsymbol{\nabla}'T)^{-1}=\mathbf{S}^{\mathrm{T}}(\mathbf{x}',\mathbf{x}) \tag{15.104}$$

(15.104)的分量由克莱姆(Cramer)法则(A.36)给定：

$$S_{ij}(\mathbf{x},\mathbf{x}')=S_{ji}(\mathbf{x}',\mathbf{x})=\frac{1}{2}\varepsilon_{imn}\varepsilon_{jkl}(\partial_m\partial_k'T)(\partial_n\partial_l'T) \tag{15.105}$$

很容易证明的关系式$\varepsilon_{imn}S_{ij}=\varepsilon_{jkl}(\partial_m\partial_k'T)(\partial_n\partial_l'T)$使我们能够用$d\Sigma$将$d\Omega$表示为

$$d\Omega=v'^3\varepsilon_{imn}\,p_j'S_{ij}(\partial_{\gamma_1'}x_m)(\partial_{\gamma_2'}x_n)=vv'^3p_iS_{ij}p_j'\,d\Sigma \tag{15.106}$$

重新使用不变量符号，我们得到几何扩散因子$\mathcal{R}=\sqrt{|d\Sigma|/d\Omega}$的另一个显式表达式：

$$v(\mathbf{x}')\mathcal{R}(\mathbf{x},\mathbf{x}') = |\hat{\mathbf{p}}\cdot\mathbf{S}(\mathbf{x},\mathbf{x}')\cdot\hat{\mathbf{p}}'|^{-1/2} \tag{15.107}$$

对称性(15.104)使得(15.107)式的右边在震源与接收点互换时不变：

$$\mathbf{x}\to\mathbf{x}', \qquad \mathbf{x}'\to\mathbf{x}, \qquad \hat{\mathbf{p}}\to-\hat{\mathbf{p}}', \qquad \hat{\mathbf{p}}'\to-\hat{\mathbf{p}} \tag{15.108}$$

因此，$\mathcal{R}$满足动力学对称性或*互易关系*

$$v(\mathbf{x}')\mathcal{R}(\mathbf{x},\mathbf{x}') = v(\mathbf{x})\mathcal{R}(\mathbf{x}',\mathbf{x}) \tag{15.109}$$

公式(15.109)与12.1.7节的球对称地球中几何扩散所遵循的关系完全一样。Richards (1971)给出的上述关系，将这一结果推广到任意地球，他将其证明归功于G. E. Backus。

Snieder 和 Chapman (1998)为互易关系(15.109)中的波速因子$v(\mathbf{x})$和$v(\mathbf{x}')$提供了一个物理解释。假定在一个速度仅依赖于深度的介质中，震源$\mathbf{x}'$位于接收点$\mathbf{x}$的正下方。如果$v(\mathbf{x}')>v(\mathbf{x})$，从$\mathbf{x}'$向上出射的射线比从$\mathbf{x}$向下出射的射线发散要慢，因为射线会被高波速折射开去。因此从震源到接收点的扩散因子必须小于接收点到震源的：$\mathcal{R}(\mathbf{x},\mathbf{x}')<\mathcal{R}(\mathbf{x}',\mathbf{x})$。这一简单的例子显示出为什么“单纯的”几何扩散因子之间的互易性$\mathcal{R}(\mathbf{x},\mathbf{x}')=\mathcal{R}(\mathbf{x}',\mathbf{x})$并不成立。

15.4.7 焦散和焦点

射线上微分面积$d\Sigma$为零的奇异点称为*焦散*或*焦点*。如图12.8所示，这两种射线的奇异性的区别是射线面积同时“塌陷”的维度数目。波前的两个曲率半径中只有一个为零的是焦散，两个均为零的是焦点：

$$\begin{aligned}&\text{焦散:}\quad R_1R_2=0\\&\text{焦点:}\quad R_1=R_2=0\end{aligned} \tag{15.110}$$

在通过一个焦散后，射线束面积$d\Sigma$会改变符号，通过一个焦点后，可以认为改变了两次符号，因此仍然保留原来的符号。焦点是望远镜以及许多其他人造成像设备的设计重点，但是在地震学中极为少见。相反，焦散却是地震波射线在强烈不均匀介质中无所不在的现象。在三维空间中，焦散是由射线场的包络组成的二维面。除了折叠和尖端焦散以外，还有一些更复杂的类型；可能的形态可以用灾变理论来进行描述 (Poston & Stewart 1978)。我们在此不去讨论这些所谓的*衍射灾变*的形态分类，详细的处理请见Berry 和 Upstill (1980)、Kravtsov 和 Orlov (1990)。

正如12.1.8节讨论过的，每经过一个焦散，波的相位会有一个$\pi/2$的非几何相位提前。为了追踪这个累积的相移，我们引入马斯洛夫(Maslov)指数作为沿射线的正整数的计数，从$M=0$开始，射线每经过一次焦散加 1。在少有的经过焦点时马斯洛夫指数加2。从震源$\mathbf{x}'$和接收点$\mathbf{x}$出射的射线包络或焦散的位置与结构显然是不同的，但是每条射线与其反转射线上所经过的焦散数目总是相同的：

$$M(\mathbf{x}',\mathbf{x}) = M(\mathbf{x},\mathbf{x}') \tag{15.111}$$

*马斯洛夫指数互易性原理*的证明可以基于对M是射线上微分面积$d\Sigma$符号变化的次数这一观察，在15.4.6节中的讨论表明，这一数值并不依赖于射线追踪的方向。

15.4.8 动力学射线追踪

通过求哈密顿方程(15.48)相对于射线参数$\gamma' = \gamma_1'$、γ_2'的微分，我们可以得到在计算(15.99)时所需要的偏导数。由此得到12个偏导数$\partial_{\gamma'}\mathbf{x}$和$\partial_{\gamma'}\mathbf{p}$所满足的一组线性方程组：

$$\frac{d}{d\sigma}\begin{pmatrix}\partial_{\gamma'}\mathbf{x}\\ \\ \partial_{\gamma'}\mathbf{p}\end{pmatrix}=\begin{pmatrix}\partial_{\mathbf{p}}\partial_{\mathbf{x}}H & \partial_{\mathbf{p}}\partial_{\mathbf{p}}H\\ \\ -\partial_{\mathbf{x}}\partial_{\mathbf{x}}H & -\partial_{\mathbf{x}}\partial_{\mathbf{p}}H\end{pmatrix}\cdot\begin{pmatrix}\partial_{\gamma'}\mathbf{x}\\ \\ \partial_{\gamma'}\mathbf{p}\end{pmatrix} \tag{15.112}$$

作为后续参考，我们将(15.112)右边的六维张量表示为

$$\mathbf{A}=\begin{pmatrix}\partial_{\mathbf{p}}\partial_{\mathbf{x}}H & \partial_{\mathbf{p}}\partial_{\mathbf{p}}H\\ \\ -\partial_{\mathbf{x}}\partial_{\mathbf{x}}H & -\partial_{\mathbf{x}}\partial_{\mathbf{p}}H\end{pmatrix}=\begin{pmatrix}\mathbf{0} & \mathbf{I}\\ \\ \frac{1}{2}\boldsymbol{\nabla}\boldsymbol{\nabla}v^{-2} & \mathbf{0}\end{pmatrix} \tag{15.113}$$

从一个点源出射的射线要满足两个要求：

$$\partial_{\gamma'}\mathbf{x}'=\mathbf{0} \quad 和 \quad \mathbf{p}'\cdot\partial_{\gamma'}\mathbf{p}'=0 \tag{15.114}$$

依照(15.114)，我们必须在以下初始条件下对(15.112)做积分

$$\partial_{\gamma'}\mathbf{x}(0)=\mathbf{0}, \qquad \partial_{\gamma'}\mathbf{p}(0)=(\mathbf{I}-\hat{\mathbf{p}}'\hat{\mathbf{p}}')\cdot\partial_{\gamma'}\mathbf{p}' \tag{15.115}$$

一条邻近或傍轴射线上的位置$\mathbf{x}+\partial_{\gamma'}\mathbf{x}$和慢度$\mathbf{p}+\partial_{\gamma'}\mathbf{p}$两个矢量如图15.2所示。方程(15.112)被称为*动力学射线追踪方程*，以便将它们区别于运动学方程(15.48)。很容易通过将独立变量σ换成s或T，将哈密顿量H换成H'或H''而得到其他形式的方程。

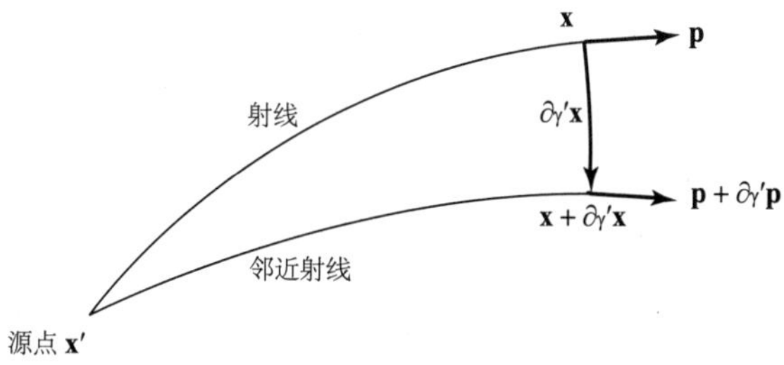

图 15.2 从震源$\mathbf{x}'$出射的一条中心射线与其邻近或傍轴射线示意图。两条射线上的位置矢量$\mathbf{x}$和$\mathbf{x}+\partial_{\gamma'}\mathbf{x}$具有相同的$\sigma$值，因此微分矢量$\partial_{\gamma'}\mathbf{x}$在波前内。波前的曲率造成了中心射线的慢度$\mathbf{p}$与傍轴射线的慢度$\mathbf{p}+\partial_{\gamma'}\mathbf{p}$之间的偏离

方程(15.84)对动力学射线追踪方程的解$\partial_{\gamma'}\mathbf{x}$和$\partial_{\gamma'}\mathbf{p}$提供了约束。另一个约束可以通过对程函方程(15.47)微分得到：

$$\begin{aligned}\partial_{\gamma'}H&=\partial_{\gamma'}\mathbf{x}\cdot\partial_{\mathbf{x}}H+\partial_{\gamma'}\mathbf{p}\cdot\partial_{\mathbf{p}}H\\&=-\frac{1}{2}\partial_{\gamma'}\mathbf{x}\cdot\boldsymbol{\nabla}v^{-2}+\partial_{\gamma'}\mathbf{p}\cdot\mathbf{p}=0\end{aligned} \tag{15.116}$$

在震源$\sigma=0$处施加(15.114)中的两个条件保证了对所有的$\sigma>0$，(15.84)和(15.116)均可得到满足。与运动学情形一样，也可以利用(15.84)和(15.116)的约束将(15.112)转化成一组8个

而非12个射线中心坐标系中的动力学射线追踪方程(Červený 1985; Farra & Madariaga 1987)。我们在15.8.5节中介绍这另外一组8个动力学方程。

★15.4.9 相空间传播算子

动力学射线追踪方程(15.112)在任意初始条件下更一般的解可以用震源与射线上一点σ之间的传播算子$\mathbf{P}(\sigma,0)$表示，传播算子定义为(Gilbert & Backus 1966)

$$\frac{d\mathbf{P}}{d\sigma}=\mathbf{A}\cdot\mathbf{P},\qquad \mathbf{P}(0,\sigma)\cdot\mathbf{P}(\sigma,0)=\mathbf{P}(0,0)=\mathbf{I} \tag{15.117}$$

这个六维传播算子的分量是终点的位置和慢度相对于起点的位置和慢度的 36 个偏导数：

$$\mathbf{P}(\sigma,0)=\begin{pmatrix}\dfrac{\partial x_1}{\partial x_1'} & \cdots & \dfrac{\partial x_1}{\partial p_3'}\\ \vdots & & \vdots\\ \dfrac{\partial p_3}{\partial x_1'} & \cdots & \dfrac{\partial p_3}{\partial p_3'}\end{pmatrix} \tag{15.118}$$

与任何相空间分析一样，初始点的位置$\mathbf{x}'$和慢度$\mathbf{p}'$被当作自变量。因而任一给定分量，如右上角分量其形式为$(\partial x_1/\partial p_3')_{x_1',x_2',x_3',p_1',p_2',\sigma}$。(15.118)可以很方便地用四个三维的亚传播算子表示：

$$\mathbf{P}=\begin{pmatrix}\mathbf{X_x} & \mathbf{X_p}\\ \mathbf{P_x} & \mathbf{P_p}\end{pmatrix} \tag{15.119}$$

只有右上方的亚算子$\mathbf{X_p}$是在计算点源的雅可比(15.86)和几何扩散因子(15.99)中需要的：

$$\partial_{\gamma'}\mathbf{x}=\mathbf{X_p}\cdot(\mathbf{I}-\hat{\mathbf{p}}'\hat{\mathbf{p}}')\cdot\partial_{\gamma'}\mathbf{p}' \tag{15.120}$$

当然，仅仅求解$\mathbf{X_p}$是不可能的，因为它与另外三个亚算子$\mathbf{X_x}$、$\mathbf{P_x}$和$\mathbf{P_p}$是耦合在一起的。

利用跟15.4.4节相似的推论可以很容易证明(15.118)中相空间传播算子的行列式满足

$$\frac{d}{d\sigma}(\det\mathbf{P})=(\operatorname{tr}\mathbf{A})(\det\mathbf{P}) \tag{15.121}$$

将方程(15.121)积分得到显式结果

$$\det\mathbf{P}(\sigma,0)=\exp\left(\int_0^\sigma\operatorname{tr}\mathbf{A}\,d\sigma\right) \tag{15.122}$$

这里我们使用了初始条件$\det\mathbf{P}(0,0)=\det\mathbf{I}=1$。六维张量(15.113)的迹为零：$\operatorname{tr}\mathbf{A}=0$。因此，在射线上每一点$\sigma$我们都必须有

$$\frac{\partial(x_1,x_2,x_3,p_1,p_2,p_3)}{\partial(x_1',x_2',x_3',p_1',p_2',p_3')}=\det\begin{pmatrix}\dfrac{\partial x_1}{\partial x_1'} & \cdots & \dfrac{\partial x_1}{\partial p_3'}\\ \vdots & & \vdots\\ \dfrac{\partial p_3}{\partial x_1'} & \cdots & \dfrac{\partial p_3}{\partial p_3'}\end{pmatrix}=1 \tag{15.123}$$

方程(15.123)确定了相空间内微分体积元的大小是守恒的，这被称为刘维尔(Liouville)定理(Goldstein 1980)。

*15.4.10 辛结构

运动学和动力学射线追踪方程可以用下述六维矢量写成简洁的形式

$$\mathbf{y} = \begin{pmatrix} \mathbf{x} \\ \mathbf{p} \end{pmatrix}, \qquad \partial_{\gamma'}\mathbf{y} = \begin{pmatrix} \partial_{\gamma'}\mathbf{x} \\ \partial_{\gamma'}\mathbf{p} \end{pmatrix} \tag{15.124}$$

我们用函数符号上面一点来表示对σ求导，并引入一个反对称的六维张量

$$\mathbf{J} = \begin{pmatrix} \mathbf{0} & \mathbf{I} \\ -\mathbf{I} & \mathbf{0} \end{pmatrix} = -\mathbf{J}^{\mathrm{T}} \tag{15.125}$$

方程(15.48)和(15.112)因而等价于

$$\dot{\mathbf{y}} = \mathbf{J}\cdot\partial_{\mathbf{y}}H, \qquad \partial_{\gamma'}\dot{\mathbf{y}} = \mathbf{J}\cdot\partial_{\mathbf{yy}}H\cdot\partial_{\gamma'}\mathbf{y} \tag{15.126}$$

上式被称为辛形式的相空间方程(Goldstein 1980)。辛矩阵

$$\partial_{\mathbf{yy}}H = \begin{pmatrix} \partial_{\mathbf{x}}\partial_{\mathbf{x}}H & \partial_{\mathbf{x}}\partial_{\mathbf{p}}H \\ \partial_{\mathbf{p}}\partial_{\mathbf{x}}H & \partial_{\mathbf{p}}\partial_{\mathbf{p}}H \end{pmatrix} = (\partial_{\mathbf{yy}}H)^{\mathrm{T}} \tag{15.127}$$

是哈密顿量的海森(Hessian)矩阵。很容易验证$\mathbf{A} = \mathbf{J}\cdot\partial_{\mathbf{yy}}H$。(15.118) 中的传播算子及其转置满足

$$\dot{\mathbf{P}} = \mathbf{J}\cdot\partial_{\mathbf{yy}}H\cdot\mathbf{P}, \qquad \dot{\mathbf{P}}^{\mathrm{T}} = \mathbf{P}^{\mathrm{T}}\cdot\partial_{\mathbf{yy}}H\cdot\mathbf{J}^{\mathrm{T}} \tag{15.128}$$

利用(15.128)以及等式 $\mathbf{J}\cdot\mathbf{J} = \mathbf{J}^{\mathrm{T}}\cdot\mathbf{J}^{\mathrm{T}} = -\mathbf{I}$ 我们得到

$$\begin{aligned}\frac{d}{d\sigma}\left(\mathbf{P}^{\mathrm{T}}\cdot\mathbf{J}\cdot\mathbf{P}\right) &= \mathbf{P}^{\mathrm{T}}\cdot\mathbf{J}\cdot\dot{\mathbf{P}} - \dot{\mathbf{P}}^{\mathrm{T}}\cdot\mathbf{J}^{\mathrm{T}}\cdot\mathbf{P} \\ &= -\mathbf{P}^{\mathrm{T}}\cdot\partial_{\mathbf{yy}}H\cdot\mathbf{P} + \mathbf{P}^{\mathrm{T}}\cdot\partial_{\mathbf{yy}}H\cdot\mathbf{P} = \mathbf{0}\end{aligned} \tag{15.129}$$

传播算子的初始值$\mathbf{P}(0,0) = \mathbf{I}$，因此乘积$\mathbf{P}^{\mathrm{T}}\cdot\mathbf{J}\cdot\mathbf{P}$的初始值是$\mathbf{J}$。方程(15.129)表明该值沿射线是不变的：

$$\mathbf{P}^{\mathrm{T}}\cdot\mathbf{J}\cdot\mathbf{P} = \mathbf{J} \tag{15.130}$$

任何从 $(\mathbf{x}',\mathbf{p}')$ 到 $(\mathbf{x},\mathbf{p})$ 的变换$\mathbf{P}$如果具有(15.130)的特性则被称作是辛变换。取(15.130)的行列式，并注意到$\det\mathbf{J} = 1$，我们得到$(\det\mathbf{P})^2 = 1$。初始条件要求我们必须选择正的平方根，这是一个对刘维尔定理的独立证明。

假如我们在(15.130)左边用$\mathbf{J}$点乘，右边用逆传播算子$\mathbf{P}^{-1}(\sigma,0) = \mathbf{P}(0,\sigma)$点乘，这样得到

$$\mathbf{P}^{-1} = -\mathbf{J}\cdot\mathbf{P}^{\mathrm{T}}\cdot\mathbf{J} \tag{15.131}$$

将分解式(15.119)代入，并进行所需要的转置和相乘，我们得到

$$\mathbf{P}^{-1}=\begin{pmatrix}\mathbf{P}_{\mathbf{p}}^{\mathrm{T}} & -\mathbf{X}_{\mathbf{p}}^{\mathrm{T}}\\ -\mathbf{P}_{\mathbf{x}}^{\mathrm{T}} & \mathbf{X}_{\mathbf{x}}^{\mathrm{T}}\end{pmatrix}\tag{15.132}$$

特别是点源的亚传播算子$\mathbf{X}_{\mathbf{p}}$满足

$$\mathbf{X}_{\mathbf{p}}(0,\sigma)=-\mathbf{X}_{\mathbf{p}}^{\mathrm{T}}(\sigma,0)\tag{15.133}$$

依照Kendall, Guest 和 Thomson (1992)，我们可以用辛对称关系(15.133)来验证几何扩散因子的动力学互易性(15.109)。我们首先将表达式(15.120)代入(15.87)，从而得到点源的雅可比，写成分量形式为:

$$\begin{aligned}vv'^2J&=\varepsilon_{jkl}\,\hat{p}_jX_{km}X_{ln}(\partial_{\gamma_1'}\hat{p}_m')(\partial_{\gamma_2'}\hat{p}_n')\\&=\frac{1}{2}\varepsilon_{imn}\varepsilon_{jkl}\,\hat{p}_i'\hat{p}_jX_{km}X_{ln}\|\partial_{\gamma_1'}\hat{\mathbf{p}}'\times\partial_{\gamma_2'}\hat{\mathbf{p}}'\|\end{aligned}\tag{15.134}$$

这里为简单起见我们略掉了$\mathbf{X}_{\mathbf{p}}$的下角标。借助克莱姆法则(A.36)，列维–奇维塔(Levi-Cività)乘积$\frac{1}{2}\varepsilon_{imn}\varepsilon_{jkl}\,\hat{p}_i'\hat{p}_jX_{km}X_{ln}$可以用$\det\mathbf{X}_{\mathbf{p}}$和三维逆亚传播矩阵$\mathbf{X}_{\mathbf{p}}^{-1}$来表示:

$$vv'^2J=(\det\mathbf{X}_{\mathbf{p}})(\hat{\mathbf{p}}'\cdot\mathbf{X}_{\mathbf{p}}^{-1}\cdot\hat{\mathbf{p}})\|\partial_{\gamma_1'}\hat{\mathbf{p}}'\times\partial_{\gamma_2'}\hat{\mathbf{p}}'\|\tag{15.135}$$

将(15.135)代入(15.99)，可以将初始点叉乘的绝对值$\|\partial_{\gamma_1'}\hat{\mathbf{p}}'\times\partial_{\gamma_2'}\hat{\mathbf{p}}'\|$消掉而得到扩散因子:

$$v'\mathcal{R}=|(\det\mathbf{X}_{\mathbf{p}})(\hat{\mathbf{p}}'\cdot\mathbf{X}_{\mathbf{p}}^{-1}\cdot\hat{\mathbf{p}})|^{1/2}\tag{15.136}$$

(15.136)右边的式子在做(15.108)所示的震源和接收点交换时是不变的,因此互易性关系(15.109)得到验证。走时的两点梯度和点源的亚传播算子之间的关系为$(\det\mathbf{X}_{\mathbf{p}})(\det\boldsymbol{\nabla}\boldsymbol{\nabla}'T)[\hat{\mathbf{p}}'\cdot\mathbf{X}_{\mathbf{p}}^{-1}\cdot\hat{\mathbf{p}}][\hat{\mathbf{p}}'\cdot(\boldsymbol{\nabla}\boldsymbol{\nabla}'T)^{-1}\cdot\hat{\mathbf{p}}]=1$。15.4.6节中给出的几何推论比上述解析证明要更普遍，因为那里的推论仅仅关注两个端点$\mathbf{x}$、$\mathbf{x}'$而不管两点之间射线上的“历程”。(15.109)的结果即使在具有任意多个边界作用的分段不连续地球模型中仍然成立。

★15.5 偏　　振

众所周知，SV波或SH波在球对称地球的光滑区域内部传播时会维持其偏振不变。这就产生了一个问题：在一个更普遍的横向不均匀地球的光滑区域内部剪切波的偏振是如何沿射线变化的？这个问题的答案不能从15.2节中的慢变分分析得到。我们必须采取下面要讨论的另外一种方法。

★15.5.1 经典JWKB分析

在这一经典的方法中我们关注的焦点不是拉格朗日量密度(15.7)，而是弹性动力学运动方程(15.1)。我们将一个更普遍的JWKB猜测解

$$\mathbf{s}=\left[\mathbf{A}^{(0)}+\omega^{-1}\mathbf{A}^{(1)}+\cdots\right]\exp(-i\omega T)\tag{15.137}$$

代入该方程，然后将其按ω^{-1}的幂级整理。由此得到的前两阶方程为

$$\left[(\rho - \|\mathbf{p}\|^2\mu)\mathbf{I} - (\kappa + \frac{1}{3}\mu)\mathbf{pp}\right] \cdot \mathbf{A} = \mathbf{0} \tag{15.138}$$

$$\begin{aligned} \boldsymbol{\nabla}(\kappa - \frac{2}{3}\mu)(\mathbf{p}\cdot\mathbf{A}) + \boldsymbol{\nabla}\mu\cdot(\mathbf{pA}+\mathbf{Ap}) \\ + (\kappa + \frac{1}{3}\mu)[\boldsymbol{\nabla}(\mathbf{p}\cdot\mathbf{A}) + (\boldsymbol{\nabla}\cdot\mathbf{A})\mathbf{p}] \\ + \mu[(\boldsymbol{\nabla}\cdot\mathbf{p})\mathbf{A} + 2\mathbf{p}\cdot\boldsymbol{\nabla}\mathbf{A})] = \mathbf{0} \end{aligned} \tag{15.139}$$

其中我们引入了慢度$\mathbf{p} = \boldsymbol{\nabla}T$，并且略去了$\mathbf{A}^{(0)} = \mathbf{A}$的上角标，因为我们只关心最低阶近似。第一个等式是程函方程(15.25)，第二个是矢量形式的*输运方程*。标量方程(15.26)可以通过将(15.139)与$\mathbf{A}$做点乘得到。

压缩波有$\|\mathbf{p}_\mathrm{P}\|^2 = \alpha^{-2}$以及相应的振幅：

$$\mathbf{A}_\mathrm{P} = A_\mathrm{P}\hat{\boldsymbol{\eta}}_\mathrm{P}, \quad 其中 \quad \hat{\boldsymbol{\eta}}_\mathrm{P} = \hat{\mathbf{p}}_\mathrm{P} \tag{15.140}$$

将(15.140)代入方程(15.139)，再与$A_\mathrm{P}\hat{\boldsymbol{\eta}}_\mathrm{P}$做点乘，我们得到预期的压缩波能量守恒定律$\boldsymbol{\nabla}\cdot(\rho\alpha A_\mathrm{P}^2\hat{\boldsymbol{\eta}}_\mathrm{P}) = 0$。剪切波有$\|\mathbf{p}_\mathrm{S}\|^2 = \beta^{-2}$以及

$$\mathbf{A}_\mathrm{S} = A_\mathrm{S}\hat{\boldsymbol{\eta}}_\mathrm{S}, \quad 其中 \quad \hat{\boldsymbol{\eta}}_\mathrm{S}\cdot\hat{\mathbf{p}}_\mathrm{S} = 0 \tag{15.141}$$

将(15.141)代入(15.139)，再与$A_\mathrm{S}\hat{\mathbf{p}}_\mathrm{S}$做叉乘，经过一番推导我们得到

$$[\boldsymbol{\nabla}\cdot(\rho\beta A_\mathrm{S}^2\hat{\boldsymbol{\eta}}_\mathrm{S})](\hat{\mathbf{p}}_\mathrm{S}\times\hat{\boldsymbol{\eta}}_\mathrm{S}) + 2\rho\beta A_\mathrm{S}^2(\hat{\mathbf{p}}_\mathrm{S}\times d\hat{\boldsymbol{\eta}}_\mathrm{S}/ds) = \mathbf{0} \tag{15.142}$$

其中s是弧长。方程(15.142)中的两项互相垂直，因此它们必须各自为零。除了能量守恒定律$\boldsymbol{\nabla}\cdot(\rho\beta A_\mathrm{S}^2\hat{\boldsymbol{\eta}}_\mathrm{S}) = 0$，我们还得到对剪切波偏振方向的约束：

$$\hat{\mathbf{p}}_\mathrm{S}\times\frac{d\hat{\boldsymbol{\eta}}_\mathrm{S}}{ds} = \mathbf{0} \tag{15.143}$$

以上方程表明偏振方向沿射线变化的方式是其变化率必须始终与剪切波传播的方向保持平行：$d\hat{\boldsymbol{\eta}}_\mathrm{S}/ds \parallel \hat{\mathbf{p}}_\mathrm{S}$。

*15.5.2 剪切波基矢量

为方便起见略去角标S，我们定义一对互相垂直的剪切波偏振矢量

$$\hat{\boldsymbol{\eta}}_1 = \hat{\boldsymbol{\nu}}\cos\psi + \hat{\mathbf{b}}\sin\psi, \qquad \hat{\boldsymbol{\eta}}_2 = -\hat{\boldsymbol{\nu}}\sin\psi + \hat{\mathbf{b}}\cos\psi \tag{15.144}$$

值得注意的是(15.144)中的两个基矢量与Popov 和 Pšenčík (1976)在同样问题的讨论中首次引入的不同，我们这里的$\hat{\boldsymbol{\eta}}_1$和$\hat{\boldsymbol{\eta}}_2$是通过法向$\hat{\boldsymbol{\nu}}$和副法向$\hat{\mathbf{b}}$顺时针旋转角度$\psi$得到的，如图15.3所示。$\hat{\mathbf{p}}$、$\hat{\boldsymbol{\eta}}_1$、$\hat{\boldsymbol{\eta}}_2$这三个矢量组成一个正交归一右手坐标系：$\hat{\mathbf{p}}\cdot(\hat{\boldsymbol{\eta}}_1\times\hat{\boldsymbol{\eta}}_2) = 1$。对(15.144)求微分，再引用塞雷特–弗勒内方程组(15.66)，我们得到

$$\frac{d\hat{\boldsymbol{\eta}}_1}{ds} = -\kappa\cos\psi\,\hat{\mathbf{p}} + (\tau + d\psi/ds)\hat{\boldsymbol{\eta}}_2 \tag{15.145}$$

$$\frac{d\hat{\boldsymbol{\eta}}_2}{ds} = \kappa\sin\psi\,\hat{\mathbf{p}} - (\tau + d\psi/ds)\hat{\boldsymbol{\eta}}_1 \tag{15.146}$$

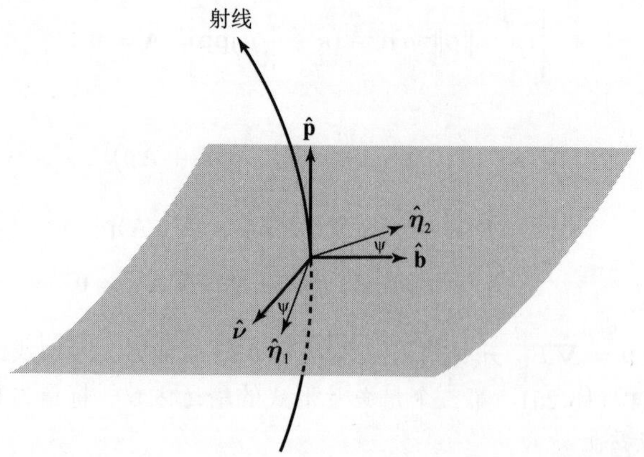

图 15.3 剪切波偏振矢量$\hat{\boldsymbol{\eta}}_1$和$\hat{\boldsymbol{\eta}}_2$与射线法向$\hat{\boldsymbol{\nu}}$和副法向$\hat{\mathbf{b}}$的关系。阴影平面与射线切向$\hat{\mathbf{p}}$垂直。$\hat{\boldsymbol{\nu}}$、$\hat{\mathbf{b}}$和$\hat{\boldsymbol{\eta}}_1$、$\hat{\boldsymbol{\eta}}_2$这四个矢量均位于此处的局地波前面内

其中κ和τ分别为射线的曲率和扭矩。可以看到，只要令

$$\frac{d\psi}{ds} = -\tau \tag{15.147}$$

我们便可以使$d\hat{\boldsymbol{\eta}}_1/ds$和$d\hat{\boldsymbol{\eta}}_2/ds$按需要的那样与$\mathbf{p}$平行。在震源$\mathbf{x}'$处，我们可以自由地选择两个任意的初始剪切波偏振矢量$\hat{\boldsymbol{\eta}}_1' = \hat{\boldsymbol{\nu}}'\cos\psi' + \hat{\mathbf{b}}'\sin\psi'$和$\hat{\boldsymbol{\eta}}_2' = -\hat{\boldsymbol{\nu}}'\sin\psi' + \hat{\mathbf{b}}'\cos\psi'$。这两个独立矢量沿射线的后续演化由下式确定

$$\hat{\boldsymbol{\eta}}_1 = \hat{\boldsymbol{\eta}}_1' - \int_0^s \kappa\cos\psi\,\hat{\mathbf{p}}\,ds, \qquad \hat{\boldsymbol{\eta}}_2 = \hat{\boldsymbol{\eta}}_2' + \int_0^s \kappa\sin\psi\,\hat{\mathbf{p}}\,ds \tag{15.148}$$

其中

$$\psi = \psi' - \int_0^s \tau\,ds \tag{15.149}$$

基矢量$\hat{\boldsymbol{\eta}}_1$和$\hat{\boldsymbol{\eta}}_2$围绕射线相对于法向$\hat{\boldsymbol{\nu}}$和副法向$\hat{\mathbf{b}}$以(15.147)中的速率扭转，该扭转与基矢量本身的扭转大小相等且方向相反。在这个意义上，横向不均匀地球中的剪切波可以说是“携带”着它的偏振在传播。

*15.6 边 界 效 应

此前我们对运动学和动力学射线追踪的讨论均局限于地球中包围震源的光滑区域内部。本节中我们考虑内外界面$\Sigma = \partial\oplus \cup \Sigma_{\mathrm{SS}} \cup \Sigma_{\mathrm{FS}}$的影响。

*15.6.1 斯涅尔定律

位移所满足的运动学边界条件(15.16)要求沿射线的走时必须连续：

$$[T]_-^+ = 0 \tag{15.150}$$

从(15.150)有$[\boldsymbol{\nabla}^\Sigma T]_-^+ = [\boldsymbol{\nabla} T - \hat{\mathbf{n}}\partial_n T]_-^+ = \mathbf{0}$。用慢度$\mathbf{p}$表示，上述条件成为

$$[\mathbf{p}^{\Sigma}]_{-}^{+} = [\mathbf{p} - \hat{\mathbf{n}}(\hat{\mathbf{n}} \cdot \mathbf{p})]_{-}^{+} = \mathbf{0} \tag{15.151}$$

这就是斯涅尔 (Snell) 定律，即慢度的切向分量必须连续。法向分量的跃变 $[\hat{\mathbf{n}} \cdot \mathbf{p}]_{-}^{+}$ 可以由该定律以及哈密顿量在边界两侧必须为零这一条件来确定：

$$[H]_{-}^{+} = \frac{1}{2}[\mathbf{p} \cdot \mathbf{p} - v^{-2}]_{-}^{+} = 0 \tag{15.152}$$

公式 (15.151)–(15.152) 中的出射波类型不必与入射波相同，此外，这两个条件不仅适用于透射波，也适用于反射波，但“跃变”符号 $[\cdot]_{-}^{+}$ 需要重新解释。在 P 到 P 或 S 到 S 反射中，慢度的法向分量发生反转：$\hat{\mathbf{n}} \cdot \mathbf{p} \to -\hat{\mathbf{n}} \cdot \mathbf{p}$。地球内光滑区域的哈密顿方程 (15.48) 以及边界 Σ 上的条件 (15.151)–(15.152) 使我们能够确定射线上任何一点的 $\mathbf{x}$ 和 $\mathbf{p}$，进而确定走时 T。

⋆15.6.2 几何扩散跃变

射线的截面积 $d\Sigma$ 及其相关的几何扩散因子 $\mathcal{R}$ 在边界上会有跃变不连续性。要计算 $[\mathcal{R}]_{-}^{+}$ 我们必须要知道傍轴矢量 $[\partial_{\gamma'}\mathbf{x}]_{-}^{+}$ 和 $[\partial_{\gamma'}\mathbf{p}]_{-}^{+}$。我们考虑一个具体的几何情形：一个波从下方入射到界面 Σ，在上方介质产生一个透射波。我们在给定入射波的扩散因子条件下寻求出射波扩散因子：即 $\mathcal{R}_{-} \to \mathcal{R}_{+}$。另一种透射情形 $\mathcal{R}_{+} \to \mathcal{R}_{-}$，以及两种反射情形 $\mathcal{R}_{-} \to \mathcal{R}_{-}$ 和 $\mathcal{R}_{+} \to \mathcal{R}_{+}$ 的推导只需要做些微的修改。

这里所考虑的情形如图 15.4 所示，中心射线和傍轴射线分别在不同“时刻” σ 和 $\sigma + d\sigma_{-}$ 入射到界面上的不同点 $\mathbf{x}$ 和 $\mathbf{x} + d\mathbf{x}_{-}$。我们用 $\mathbf{p}_{-}$ 表示入射波在 $\mathbf{x}$ 处的慢度，傍轴射线在“时刻” σ 的位置和慢度分别为 $\mathbf{x} + \partial_{\gamma'}\mathbf{x}_{-}$ 和 $\mathbf{p}_{-} + \partial_{\gamma'}\mathbf{p}_{-}$。我们可以利用下方介质中的哈密顿方程 (15.48) 的一阶积分将交点处的微分矢量 $d\mathbf{x}_{-}$ 和 $d\mathbf{p}_{-}$ 与入射波矢量 $\partial_{\gamma'}\mathbf{x}_{-}$ 和 $\partial_{\gamma'}\mathbf{p}_{-}$ 联系起来：

$$d\mathbf{x}_{-} = \partial_{\gamma'}\mathbf{x}_{-} + \partial_{\mathbf{p}}H_{-}\, d\sigma_{-} = \partial_{\gamma'}\mathbf{x}_{-} + \mathbf{p}_{-}\, d\sigma_{-} \tag{15.153}$$

$$d\mathbf{p}_{-} = \partial_{\gamma'}\mathbf{p}_{-} - \partial_{\mathbf{x}}H_{-}\, d\sigma_{-} = \partial_{\gamma'}\mathbf{p}_{-} + \frac{1}{2}\boldsymbol{\nabla} v_{-}^{-2}\, d\sigma_{-} \tag{15.154}$$

传播增量 $d\sigma_{-}$ 可以用两个交点均落在界面上 $\hat{\mathbf{n}} \cdot d\mathbf{x}_{-} = 0$ 这个一阶条件确定：

$$d\sigma_{-} = -\frac{\hat{\mathbf{n}} \cdot \partial_{\gamma'}\mathbf{x}_{-}}{\hat{\mathbf{n}} \cdot \mathbf{p}_{-}} \tag{15.155}$$

将公式 (15.155) 代入 (15.153)–(15.154)，我们得到

$$\begin{pmatrix} d\mathbf{x}_{-} \\ d\mathbf{p}_{-} \end{pmatrix} = \begin{pmatrix} \boldsymbol{\Pi}_{1-} & \mathbf{0} \\ \boldsymbol{\Pi}_{2-} & \mathbf{I} \end{pmatrix} \cdot \begin{pmatrix} \partial_{\gamma'}\mathbf{x}_{-} \\ \partial_{\gamma'}\mathbf{p}_{-} \end{pmatrix} \tag{15.156}$$

其中

$$\boldsymbol{\Pi}_{1-} = \mathbf{I} - \frac{\mathbf{p}_{-}\hat{\mathbf{n}}}{\hat{\mathbf{n}} \cdot \mathbf{p}_{-}}, \qquad \boldsymbol{\Pi}_{2-} = -\frac{1}{2}\frac{\boldsymbol{\nabla} v_{-}^{-2}\hat{\mathbf{n}}}{\hat{\mathbf{n}} \cdot \mathbf{p}_{-}} \tag{15.157}$$

为后续的方便起见，我们将 (15.156)–(15.157) 用一个明白的六维矢量符号表示：$d\mathbf{y}_{-} = \boldsymbol{\Pi}_{-} \cdot \partial_{\gamma'}\mathbf{y}_{-}$。

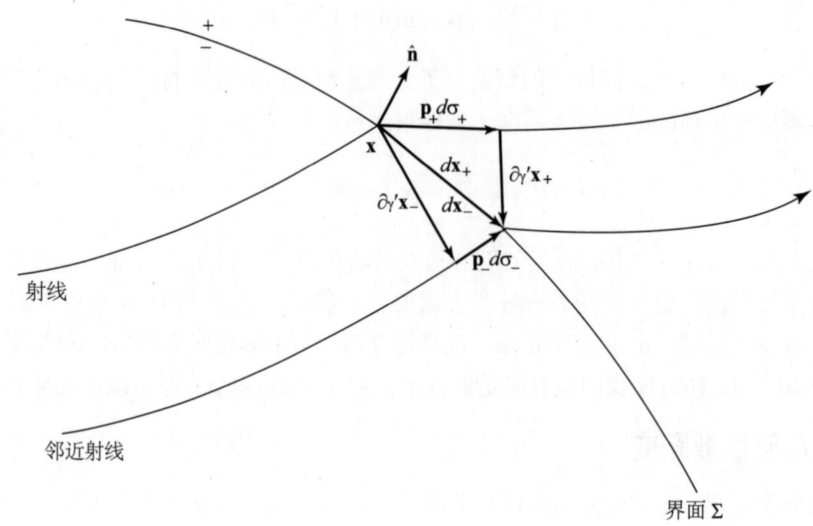

图 15.4 射线束从下方入射到界面的示意图。中心射线和傍轴射线分别在$\mathbf{x}$和$\mathbf{x}+d\mathbf{x}$点与界面Σ相交。在$\mathbf{x}$点界面的单位法向矢量为$\hat{\mathbf{n}}$。界面上下两侧的微分矢量$\partial_{\gamma'}\mathbf{x}_\pm$均位于波前面内

中心射线在$\mathbf{x}$点以慢度$\mathbf{p}_+$离开界面，我们用$\mathbf{x}+d\mathbf{x}_+$和$\mathbf{p}_+ + d\mathbf{p}_+$分别表示傍轴射线离开界面的位置和慢度。我们下一步的任务是将微分矢量$d\mathbf{x}_+$和$d\mathbf{p}_+$与$d\mathbf{x}_-$和$d\mathbf{p}_-$联系起来。因为中心和傍轴射线均必须连续，对傍轴位置的约束很简单：

$$[d\mathbf{x}]_-^+ = \mathbf{0} \tag{15.158}$$

要得到傍轴慢度的跃变$[d\mathbf{p}]_-^+$，我们不仅需要考虑波速的差异，还要考虑界面的曲率。从连续性条件(15.151)–(15.152)的微扰可以得到两个约束。解出微扰$d\mathbf{p}_\pm = \hat{\mathbf{n}}(\hat{\mathbf{n}}\cdot d\mathbf{p}_\pm) + d\mathbf{p}_\pm^\Sigma$，并注意到在$\mathbf{x}+d\mathbf{x}_\pm$的单位法向为$\hat{\mathbf{n}} + d\mathbf{x}_\pm \cdot \boldsymbol{\nabla}^\Sigma\hat{\mathbf{n}}$，我们有

$$[d\mathbf{p}^\Sigma - (\hat{\mathbf{n}}\cdot\mathbf{p})(d\mathbf{x}\cdot\boldsymbol{\nabla}^\Sigma\hat{\mathbf{n}})]_-^+ = \mathbf{0} \tag{15.159}$$

$$\begin{aligned}[dH]_-^+ &= [d\mathbf{x}\cdot\partial_\mathbf{x} H + d\mathbf{p}\cdot\partial_\mathbf{p} H]_-^+ \\ &= [-\frac{1}{2}\,d\mathbf{x}\cdot\boldsymbol{\nabla} v^{-2} + d\mathbf{p}\cdot\mathbf{p}]_-^+ = 0\end{aligned} \tag{15.160}$$

在推导傍轴的斯涅尔定律(15.159)时，我们已经利用了表面曲率矢量的切向特性，即$\hat{\mathbf{n}}\cdot\boldsymbol{\nabla}^\Sigma\hat{\mathbf{n}} = \boldsymbol{\nabla}^\Sigma\hat{\mathbf{n}}\cdot\hat{\mathbf{n}} = \mathbf{0}$。公式(15.160)可以被当作是光滑介质连续性条件(15.116)在界面的表现。经过一些适量的简单代数推导，这两个约束可以写成如下期望的形式：

$$\begin{pmatrix} d\mathbf{x}_+ \\ d\mathbf{p}_+ \end{pmatrix} = \begin{pmatrix} \mathbf{I} & \mathbf{0} \\ \mathbf{T}_1 & \mathbf{T}_2 \end{pmatrix} \cdot \begin{pmatrix} d\mathbf{x}_- \\ d\mathbf{p}_- \end{pmatrix} \tag{15.161}$$

其中

$$\mathbf{T}_1 = \hat{\mathbf{n}}\cdot(\mathbf{p}_+ - \mathbf{p}_-)\,\boldsymbol{\nabla}^\Sigma\hat{\mathbf{n}} - \left(1 - \frac{\hat{\mathbf{n}}\cdot\mathbf{p}_-}{\hat{\mathbf{n}}\cdot\mathbf{p}_+}\right)\hat{\mathbf{n}}\mathbf{p}_+\cdot\boldsymbol{\nabla}^\Sigma\hat{\mathbf{n}}$$

$$+\frac{1}{2}\left(\frac{1}{\hat{\mathbf{n}}\cdot\mathbf{p}_+}\right)\hat{\mathbf{n}}\boldsymbol{\nabla}(v_+^{-2}-v_-^{-2}) \tag{15.162}$$

$$\mathbf{T}_2=\mathbf{I}-\hat{\mathbf{n}}\hat{\mathbf{n}}+\left(\frac{\hat{\mathbf{n}}\cdot\mathbf{p}_-}{\hat{\mathbf{n}}\cdot\mathbf{p}_+}\right)\hat{\mathbf{n}}\hat{\mathbf{n}} \tag{15.163}$$

(15.162)–(15.163) 可以用六维矢量简写为 $d\mathbf{y}_+=\mathbf{T}\cdot d\mathbf{y}_-$。

到此为止我们均遵循了 Farra, Virieux 和 Madariaga (1989) 的处理方法。现在我们再进一步，用类似于 (15.153)–(15.154) 的方式把界面上侧矢量 $d\mathbf{x}_+$ 和 $d\mathbf{p}_+$ 外推来得到上方介质中新的傍轴矢量 $\partial_{\gamma'}\mathbf{x}_+$ 和 $\partial_{\gamma'}\mathbf{p}_+$:

$$d\mathbf{x}_+=\partial_{\gamma'}\mathbf{x}_++\partial_{\mathbf{p}}H_+\,d\sigma_+=\partial_{\gamma'}\mathbf{x}_++\mathbf{p}_+\,d\sigma_+ \tag{15.164}$$

$$d\mathbf{p}_+=\partial_{\gamma'}\mathbf{p}_+-\partial_{\mathbf{x}}H_+\,d\sigma_+=\partial_{\gamma'}\mathbf{p}_++\frac{1}{2}\boldsymbol{\nabla}v_+^{-2}\,d\sigma_+ \tag{15.165}$$

出射射线增量 $d\sigma_+$ 可以通过施加约束 $\mathbf{p}_+\cdot\partial_{\gamma'}\mathbf{x}_+=0$，即 $\mathbf{x}$ 和 $\mathbf{x}+\partial_{\gamma'}\mathbf{x}_+$ 落在同一个波前面内来确定:

$$d\sigma_+=\frac{\mathbf{p}_+\cdot d\mathbf{x}_+}{\mathbf{p}_+\cdot\mathbf{p}_+} \tag{15.166}$$

将 (15.166) 代入 (15.164)–(15.165)，我们得到

$$\begin{pmatrix}\partial_{\gamma'}\mathbf{x}_+\\ \\ \partial_{\gamma'}\mathbf{p}_+\end{pmatrix}=\begin{pmatrix}\boldsymbol{\Pi}_{1+} & \mathbf{0}\\ \\ \boldsymbol{\Pi}_{2+} & \mathbf{I}\end{pmatrix}\cdot\begin{pmatrix}d\mathbf{x}_+\\ \\ d\mathbf{p}_+\end{pmatrix} \tag{15.167}$$

其中

$$\boldsymbol{\Pi}_{1+}=\mathbf{I}-\frac{\mathbf{p}_+\mathbf{p}_+}{\mathbf{p}_+\cdot\mathbf{p}_+},\qquad \boldsymbol{\Pi}_{2+}=-\frac{1}{2}\frac{\boldsymbol{\nabla}v_+^{-2}\mathbf{p}_+}{\mathbf{p}_+\cdot\mathbf{p}_+} \tag{15.168}$$

我们将此式简写成 $d\mathbf{y}_+=\boldsymbol{\Pi}_+\cdot\partial_{\gamma'}\mathbf{y}_+$。

将上述结果合并在一起，我们得到最终的关系

$$\partial_{\gamma'}\mathbf{y}_+=\mathbf{B}\cdot\partial_{\gamma'}\mathbf{y}_-,\quad \text{其中}\quad \mathbf{B}=\boldsymbol{\Pi}_+\cdot\mathbf{T}\cdot\boldsymbol{\Pi}_- \tag{15.169}$$

以显式写开，公式 (15.169) 成为

$$\begin{pmatrix}\partial_{\gamma'}\mathbf{x}_+\\ \\ \partial_{\gamma'}\mathbf{p}_+\end{pmatrix}=\begin{pmatrix}\mathbf{B}_1 & \mathbf{0}\\ \\ \mathbf{B}_2 & \mathbf{B}_3\end{pmatrix}\cdot\begin{pmatrix}\partial_{\gamma'}\mathbf{x}_-\\ \\ \partial_{\gamma'}\mathbf{p}_-\end{pmatrix} \tag{15.170}$$

其中

$$\mathbf{B}_1=\boldsymbol{\Pi}_{1+}\cdot\boldsymbol{\Pi}_{1-} \tag{15.171}$$

$$\mathbf{B}_2=\boldsymbol{\Pi}_{2+}\cdot\boldsymbol{\Pi}_{1-}+\mathbf{T}_1\cdot\boldsymbol{\Pi}_{1-}+\mathbf{T}_2\cdot\boldsymbol{\Pi}_{2-} \tag{15.172}$$

$$\mathbf{B}_3=\mathbf{T}_2 \tag{15.173}$$

公式 (15.170) 是有边界存在时进行动力学射线追踪所需要的关系式。我们将线性系统 (15.112) 从震源 $\mathbf{x}'$ 积分到第一个界面的交点处，利用 (15.170) 从界面的 $-$ 侧跨越到 $+$ 侧，继续积分到下

一个界面，以此类推。严格来讲，出射傍轴矢量$\partial_{\gamma'}\mathbf{x}_+$和$\partial_{\gamma'}\mathbf{p}_+$应该在$\sigma + d\sigma_- + d\sigma_+$而不是在$\sigma$取值，但是，这个小区别在无穷细射线束的极限下是无关紧要的。需要指出的是，由于$\mathbf{p}_+ \cdot \partial_{\gamma'}\mathbf{x}_+ = 0$这一限制，$\mathbf{B}$不具有使其成为完备的边界传播算子所必要的六个自由度。因为这个原因，它不是一个辛变换，即$\mathbf{B}^{\mathrm{T}} \cdot \mathbf{J} \cdot \mathbf{B} \neq \mathbf{J}$。

⋆15.6.3 偏振与能量分配

除了(15.150)，JWKB射线叠加还要在所有射线与界面交点处满足

$$\sum_{\text{射线}} [\mathbf{A}]_-^+ = \mathbf{0}, \quad \text{在}\,\Sigma_{\mathrm{SS}}\,\text{上}, \quad \sum_{\text{射线}} [\hat{\mathbf{n}} \cdot \mathbf{A}]_-^+ = 0, \quad \text{在}\,\Sigma_{\mathrm{FS}}\,\text{上} \tag{15.174}$$

$$\sum_{\text{射线}} [\hat{\mathbf{n}} \cdot (\rho v A^2 \hat{\mathbf{p}})]_-^+ = 0, \quad \text{在所有}\,\Sigma\,\text{上} \tag{15.175}$$

前两个关系(15.174)显然是运动学连续性条件，第三个关系(15.175)则是动力学能量通量守恒定律(15.36)。式中的求和包括入射波和在界面所产生的所有反射和透射波。入射与出射的压缩波和剪切波之间的耦合在每一个界面点$\mathbf{x}$完全由方程(15.174)–(15.175)以及斯涅尔定律(15.151)给定。要从入射波振幅$\mathbf{A}^{\mathrm{inc}}$得到出射波振幅$\mathbf{A}^{\mathrm{out}}$，需要做的只是简单而繁琐的代数推导。我们这里不给出任何细节，只对基本的物理思想做一个简单的概述。对于射线中心坐标系中全面的处理，请见Červený, Molotkov 和 Pšenčík (1977)或Červený (1985)。

首先我们指出，利用入射或出射波的单位慢度$\hat{\mathbf{p}}$和Σ上每一点的单位法向$\hat{\mathbf{n}}$，可以定义局地的剪切波“水平”和“垂直”偏振：

$$\hat{\boldsymbol{\eta}}_{\mathrm{SH}} = \pm \frac{\hat{\mathbf{p}} \times \hat{\mathbf{n}}}{\|\hat{\mathbf{p}} \times \hat{\mathbf{n}}\|}, \qquad \hat{\boldsymbol{\eta}}_{\mathrm{SV}} = \pm(\hat{\boldsymbol{\eta}}_{\mathrm{SH}} \times \hat{\mathbf{p}}) \tag{15.176}$$

其中的正负号选取要与图12.5和图12.6中显示的球对称地球的规则一致。当然，“水平”和“垂直”以及SV和SH这些名称并不是很恰当的。与在球对称地球中一样，一个入射P波只产生出射P波和SV波。它们的振幅$A_{\mathrm{P}}^{\mathrm{out}}$和$A_{\mathrm{SV}}^{\mathrm{out}}$由平面波经典的 (能量)$^{1/2}$反射与透射系数控制，我们将这些系数写成便于记忆的带声调草书字母的组合如$\acute{\mathcal{P}}\grave{\mathcal{P}}$、$\acute{\mathcal{P}}\grave{\mathcal{S}}$、$\acute{\mathcal{K}}\grave{\mathcal{K}}$和$\acute{\mathcal{K}}\acute{\mathcal{S}}$(见12.1.6节)。出射SH波的振幅为$A_{\mathrm{SH}}^{\mathrm{out}} = 0$。剪切波入射会困难一些，因为依照(15.144)，它在到达时有$\hat{\boldsymbol{\eta}}_1^{\mathrm{inc}}$和$\hat{\boldsymbol{\eta}}_2^{\mathrm{inc}}$两个独立的偏振方向，而这些入射偏振方向通常不会与$\hat{\boldsymbol{\eta}}_{\mathrm{SV}}$和$\hat{\boldsymbol{\eta}}_{\mathrm{SH}}$平行。一个适用于任何类型入射波的普遍流程包含下列步骤：

1. 找到将入射波慢度–偏振三矢量$\hat{\mathbf{p}}^{\mathrm{inc}}$、$\hat{\boldsymbol{\eta}}_1^{\mathrm{inc}}$、$\hat{\boldsymbol{\eta}}_2^{\mathrm{inc}}$旋转到$\hat{\mathbf{p}}^{\mathrm{inc}}$、$\hat{\boldsymbol{\eta}}_{\mathrm{SV}}$、$\hat{\boldsymbol{\eta}}_{\mathrm{SH}}$的正交变换$\mathsf{Q}^{\mathrm{inc}}$。

2. 利用经典的 (能量)$^{1/2}$反射和透射系数计算所有出射P、SV和SH波的振幅。

3. 找到将出射波三矢量$\hat{\mathbf{p}}^{\mathrm{out}}$、$\hat{\boldsymbol{\eta}}_{\mathrm{SV}}$、$\hat{\boldsymbol{\eta}}_{\mathrm{SH}}$旋转到新的$\hat{\mathbf{p}}^{\mathrm{out}}$、$\hat{\boldsymbol{\eta}}_1^{\mathrm{out}}$、$\hat{\boldsymbol{\eta}}_2^{\mathrm{out}}$的正交变换$\mathsf{Q}^{\mathrm{out}}$。

第一步和第三步对入射P波是不必要的。上述流程所得到的结果是一个3×3的向前散射矩阵

$$\mathsf{S}_+ = \mathsf{Q}^{\mathrm{out}} \cdot \mathsf{S}_+^{\mathrm{sub}} \cdot \mathsf{Q}^{\mathrm{inc}} \tag{15.177}$$

它是由联系出射波振幅 $A_{\mathrm{P}}^{\mathrm{out}}$、$A_{\mathrm{S1}}^{\mathrm{out}}$、$A_{\mathrm{S2}}^{\mathrm{out}}$ 与入射波振幅 $A_{\mathrm{P}}^{\mathrm{inc}}$、$A_{\mathrm{S1}}^{\mathrm{inc}}$、$A_{\mathrm{S2}}^{\mathrm{inc}}$ 的特定射线的反射和透射系数组成的。震源 $\mathbf{x}'$ 和接收点 $\mathbf{x}$ 之间的每一条复合射线都有一系列这种散射矩阵，在射线路径上每一次与界面相交都会有一个。将所有射线反向，同样会有一系列如下形式的反向散射矩阵

$$\mathsf{S}_{-} = (\mathsf{Q}^{\mathrm{inc}})^{\mathrm{T}} \cdot \mathsf{S}_{-}^{\mathrm{sub}} \cdot (\mathsf{Q}^{\mathrm{out}})^{\mathrm{T}} \tag{15.178}$$

(15.177)–(15.178) 中位于中间的矩阵 $\mathsf{S}_{\pm}^{\mathrm{sub}}$ 是由 (12.25) 中的 6×6 散射矩阵的适当分量组成的。例如，对于660千米间断面下侧的反射波 $\mathrm{P}_{660}\mathrm{P}$、$\mathrm{P}_{660}\mathrm{S}$、$\mathrm{S}_{660}\mathrm{P}$、$\mathrm{S}_{660}\mathrm{S}$, 相应的分量为

$$\mathsf{S}_{\pm}^{\mathrm{sub}} = \begin{pmatrix} \acute{\mathcal{P}}\grave{\mathcal{P}} & \pm\acute{\mathcal{P}}\grave{\mathcal{S}} & 0 \\ \pm\acute{\mathcal{S}}\grave{\mathcal{P}} & \acute{\mathcal{S}}\grave{\mathcal{S}}_{\mathrm{SV}} & 0 \\ 0 & 0 & \acute{\mathcal{S}}\grave{\mathcal{S}}_{\mathrm{SH}} \end{pmatrix} \tag{15.179}$$

入射与出射波坐标变换的正交性 $(\mathsf{Q}^{\mathrm{inc}})^{\mathrm{T}} \cdot \mathsf{Q}^{\mathrm{inc}} = (\mathsf{Q}^{\mathrm{out}})^{\mathrm{T}} \cdot \mathsf{Q}^{\mathrm{out}} = \mathsf{I}$ 以及 6×6 矩阵的射线反转对称性关系 (12.20) 保证了 (15.177)–(15.178) 的每一对向前和向后散射矩阵满足

$$\mathsf{S}_{-} = \mathsf{S}_{+}^{\mathrm{T}}, \qquad \mathsf{S}_{+} = \mathsf{S}_{-}^{\mathrm{T}} \tag{15.180}$$

在每次遇到界面时，出射剪切波的偏振矢量可以任意选取。例如，可以直接令 $\mathsf{Q}^{\mathrm{out}} = \mathsf{I}$，这样有 $\hat{\boldsymbol{\eta}}_1^{\mathrm{out}} = \hat{\boldsymbol{\eta}}_{\mathrm{SV}}$ 和 $\hat{\boldsymbol{\eta}}_2^{\mathrm{out}} = \hat{\boldsymbol{\eta}}_{\mathrm{SH}}$。在下一个界面入射波的偏振矢 $\hat{\boldsymbol{\eta}}_1^{\mathrm{inc}}$ 和 $\hat{\boldsymbol{\eta}}_2^{\mathrm{inc}}$ 可以通过对公式 (15.148)–(15.149) 做一个显而易见的修改得到。在每个界面选择 $\hat{\boldsymbol{\eta}}_1^{\mathrm{out}}$ 和 $\hat{\boldsymbol{\eta}}_2^{\mathrm{out}}$ 的自由令人想起在震源处选择初始偏振矢量 $\hat{\boldsymbol{\eta}}_1'$ 和 $\hat{\boldsymbol{\eta}}_2'$ 的自由。

15.7 射线理论响应

我们至此已经有了给出射线理论响应所需要的所有要素。下面我们首先得到频率域的格林张量 $\mathbf{G}(\mathbf{x}, \mathbf{x}'; \omega)$，然后在15.7.2节中用它来确定频率域和时间域的矩张量源响应。

15.7.1 格林张量

暂时忽略界面作用和多重路径，我们假定从震源 $\mathbf{x}'$ 到接收点 $\mathbf{x}$ 仅有一条压缩波和两条剪切波射线。我们可以将JWKB格林张量即脉冲响应 $\mathbf{G}(\mathbf{x}, \mathbf{x}'; \omega)$ 写成这三条射线的叠加:

$$\mathbf{G} = \frac{1}{4\pi} \sum_{\text{射线}} \hat{\boldsymbol{\eta}}\hat{\boldsymbol{\eta}}' A'(\rho v)^{-1/2} \mathcal{R}^{-1} \exp(-i\omega T) \tag{15.181}$$

其中 $\hat{\boldsymbol{\eta}}'$ 和 $\hat{\boldsymbol{\eta}}$ 分别为震源和接收点的偏振矢量。压缩波的偏振处处与传播方向平行

$$\hat{\boldsymbol{\eta}}_{\mathrm{P}}' = \hat{\mathbf{p}}_{\mathrm{P}}', \qquad \hat{\boldsymbol{\eta}}_{\mathrm{P}} = \hat{\mathbf{p}}_{\mathrm{P}} \tag{15.182}$$

而剪切波在 $\mathbf{x}'$ 和 $\mathbf{x}$ 的偏振矢量则由公式 (15.148)–(15.149) 联系起来。几何扩散项 $(\rho v)^{-1/2}\mathcal{R}^{-1}$ 给出沿三条射线的振幅变换，遵循能量守恒定律 (15.74) 以及 (15.97) 中的定义。出射波的初始振幅 A' 仍为待定。

我们通过让 (15.181) 与均匀无限介质中的远场格林张量在震源附近相等来求得出射波的振幅。这一经典的远场脉冲响应 $\mathbf{G}_{\mathrm{hom}}(\mathbf{x}, \mathbf{x}'; \omega)$ 可以用震源与接收点之间的距离 $R = \|\mathbf{x} - \mathbf{x}'\|$

表示为(Aki & Richards 1980; Ben-Menahem & Singh 1981)

$$\mathbf{G}_{\text{hom}} = \frac{1}{4\pi}\sum_{\text{射线}} \hat{\boldsymbol{\eta}}'\hat{\boldsymbol{\eta}}'(\rho' v'^2 R)^{-1}\exp(-i\omega R/v') \tag{15.183}$$

注意到在接近震源的极限$\mathbf{x}\to\mathbf{x}'$时有$\hat{\boldsymbol{\eta}}\to\hat{\boldsymbol{\eta}}'$, $\rho\to\rho'$, $v\to v'$, $\mathcal{R}\to R$和$T\to R/v'$，我们得到$A'=(\rho' v'^3)^{-1/2}$。因此，微弱不均匀无限介质中的格林张量(15.181)为

$$\mathbf{G} = \frac{1}{4\pi}\sum_{\text{射线}} \hat{\boldsymbol{\eta}}\hat{\boldsymbol{\eta}}'(\rho\rho' v v'^3)^{-1/2}\mathcal{R}^{-1}\exp(-i\omega T) \tag{15.184}$$

需要对(15.184)中的结果进行三处修改以便能够将其推广到适用于被光滑边界$\Sigma=\partial\oplus\cup\Sigma_{\text{SS}}\cup\Sigma_{\text{FS}}$所分隔的若干光滑不均匀区域$\oplus=\oplus_{\text{S}}\cup\oplus_{\text{F}}$组成的地球模型。首先，我们必须对所有震源$\mathbf{x}'$与接收点$\mathbf{x}$之间的射线求和，包括三重震相和其他多重路径震相以及界面的反射与转换。其次，多重路径意味着焦散的存在，因此我们必须把由射线束截面积变号造成的非几何$\pi/2$相移考虑进来。最后，我们必须考虑在界面处因射线数目增加所带来的能量分配。完整的JWKB格林张量与球对称地球的(12.225)形式相同：

$$\mathbf{G} = \frac{1}{4\pi}\sum_{\text{射线}} \hat{\boldsymbol{\eta}}\hat{\boldsymbol{\eta}}'(\rho\rho' v v'^3)^{-1/2}\Pi\mathcal{R}^{-1}\exp(-i\omega T + iM\pi/2) \tag{15.185}$$

其中M是马斯洛夫指数，Π是给定射线的 (能量)$^{1/2}$反射和透射系数(15.177) 的适当乘积。将震源与接收点互换时，即$\mathbf{x}\to\mathbf{x}'$, $\mathbf{x}'\to\mathbf{x}$，偏振矢量互换并反向，即$\hat{\boldsymbol{\eta}}\to-\hat{\boldsymbol{\eta}}'$, $\hat{\boldsymbol{\eta}}'\to-\hat{\boldsymbol{\eta}}'$。此外，由于正向与反向传播走时的运动学等价性，即$T(\mathbf{x},\mathbf{x}')=T(\mathbf{x}',\mathbf{x})$，以及动力学上几何扩散因子、马斯洛夫指数和散射矩阵的对称性(15.109)、(15.111)和(15.180)，地震互易关系得到保证：

$$\mathbf{G}(\mathbf{x},\mathbf{x}';\omega) = \mathbf{G}^{\text{T}}(\mathbf{x}',\mathbf{x};\omega) \tag{15.186}$$

剪切波初始偏振矢量$\hat{\boldsymbol{\eta}}_1'$、$\hat{\boldsymbol{\eta}}_2'$在S波离开震源时是任意的。同样地，从每个界面所出射的S波的偏振矢量$\hat{\boldsymbol{\eta}}_1^{\text{out}}$、$\hat{\boldsymbol{\eta}}_2^{\text{out}}$也是任意的。然而，全部射线叠加的格林张量(15.185)并不随这些选择而变。

15.7.2 矩张量响应

对于一个震源位置在$\mathbf{x}_{\text{s}}$的同步矩张量源$\mathbf{M}(\omega) = \sqrt{2}M_0\hat{\mathbf{M}}\,m(\omega)$，射线理论的位移响应$s(\omega)=\hat{\boldsymbol{\nu}}\cdot\mathbf{s}(\mathbf{x},\omega)$也与球对称地球的(12.263)形式相同：

$$s(\omega) = \frac{1}{4\pi}\sum_{\text{射线}} \Xi\Sigma\Pi\mathcal{R}^{-1}m(\omega)\exp(-i\omega T + iM\pi/2) \tag{15.187}$$

其中

$$\Xi = (\rho v)^{-1/2}(\hat{\boldsymbol{\nu}}\cdot\hat{\boldsymbol{\eta}}) \tag{15.188}$$

$$\Sigma = \sqrt{2}M_0(\rho_{\text{s}} v_{\text{s}}^5)^{-1/2}[\hat{\mathbf{M}}:\frac{1}{2}(\hat{\mathbf{p}}_{\text{s}}\hat{\boldsymbol{\eta}}_{\text{s}}+\hat{\boldsymbol{\eta}}_{\text{s}}\hat{\mathbf{p}}_{\text{s}})] \tag{15.189}$$

这里M_0和$\hat{\mathbf{M}}$分别为地震的标量矩和单位震源机制张量，$m(\omega)$是归一化震源时间函数$\dot{m}(t)$的傅里叶变换。双点积$\hat{\mathbf{M}}:\frac{1}{2}(\hat{\mathbf{p}}_{\text{s}}\hat{\boldsymbol{\eta}}_{\text{s}}+\hat{\boldsymbol{\eta}}_{\text{s}}\hat{\mathbf{p}}_{\text{s}})$是地震波离开震源时的辐射花样。

从公式(15.187)的傅里叶反变换得到时间域的矩张量响应为

$$s(t)=\frac{1}{4\pi}\sum_{\text{射线}}\Xi\Sigma\Pi\mathcal{R}^{-1}\dot{m}_{\mathrm{H}}^{(M)}(t-T) \tag{15.190}$$

其中

$$\dot{m}_{\mathrm{H}}^{(M)}(t)=\frac{1}{\pi}\operatorname{Re}\int_{0}^{\infty}m(\omega)\exp(i\omega t+iM\pi/2)\,d\omega \tag{15.191}$$

所有$M=0$的波均沿最短走时射线路径传播，且表现出远场波形$\dot{m}(t)$。每一次经过焦散会带来一个希尔伯特变换：$\dot{m}(t)\rightarrow\dot{m}_{\mathrm{H}}(t)\rightarrow\cdots\rightarrow\dot{m}_{\mathrm{H}}^{(\mathrm{M})}(t)$。非弹性衰减以及相关的频散可以像(12.268)一样通过与一个额外的因果函数做卷积来考虑：

$$s(t)=\frac{1}{4\pi}\sum_{\text{射线}}\Xi\Sigma\Pi\mathcal{R}^{-1}\dot{m}_{\mathrm{H}}^{(M)}(t-T)*a(t) \tag{15.192}$$

其中

$$a(t)=\frac{1}{\pi}\operatorname{Re}\int_{0}^{\infty}\exp i\omega\left[t+\frac{1}{2}iT^{*}+\frac{1}{\pi}T^{*}\ln(\omega/\omega_{0})\right]d\omega \tag{15.193}$$

衰减时间T^{*}是由含有参考频率ω_0处的波速v_0和非弹性品质因子Q的射线积分给出

$$T^{*}=\int_{\mathbf{x}'}^{\mathbf{x}}\frac{ds}{v_{0}Q} \tag{15.194}$$

品质因子Q在压缩波部分的射线段上是Q_{α}，在剪切波部分的射线段上是Q_{β}。上述结果适用于乘积Π内包含的所有射线的反射和透射系数均为实数的情形。过临界反射可以通过对傅里叶反变换(15.190)做简单的推广来合成：

$$s(t)=\frac{1}{4\pi}\operatorname{Re}\sum_{\text{射线}}\Xi\Sigma\Pi\mathcal{R}^{-1}\dot{M}_{\mathrm{H}}^{(M)}(t-T)*a(t) \tag{15.195}$$

(15.195)中的$\dot{M}_{\mathrm{H}}^{(M)}(t)$是解析震源时间函数$\dot{M}(t)=\dot{m}(t)-i\dot{m}_{\mathrm{H}}(t)$的$M$次希尔伯特变换。

所有上述结果在射线截面积为零的焦散附近都失效。可以对(15.195)做类似于(12.270)的一致有效推广，所得到的查普曼–马斯洛夫表述将位移$s(t)$表示成对离开震源的一个射线家族γ_1'、γ_2'的一维或二维积分(Chapman & Drummond 1982; Thomson & Chapman 1985; Liu & Tromp 1996)。作为一般规律，地震讯号$s(t)$的振幅在焦散附近会特别强，正如$\mathcal{R}^{-1}\rightarrow\infty$的发散所可以预期的。的确，焦散这一词正是来源于希腊文$\kappa\alpha\upsilon\sigma\tau\acute{o}\sigma$，意思是“被烧焦的”。

15.8 实际数值实现

在本节中我们介绍一种计算射线理论合成地震图$s(t)$的实际数值算法。假定地震波速度是形如$v(r,\theta,\phi)$的给定函数，其中r是半径，θ是余维度，ϕ是经度。为简单起见，我们把注意力局限在内外界面$\Sigma=\partial\oplus\cup\Sigma_{\mathrm{SS}}\cup\Sigma_{\mathrm{FS}}$均为球对称的地球。当今绝大多数的全球三维模型均具有这一特征(Woodhouse & Dziewonski 1984; Su, Woodward & Dziewonski 1994; Masters, Johnson, Laske & Bolton 1996; Van der Hilst, Widiyantoro & Engdahl 1996; Dziewonski, Liu & Su 1997)。

15.8.1 运动学射线追踪

我们首先把慢度矢量$\mathbf{p}=\boldsymbol{\nabla}T$用球极坐标系中的协变分量表示：

$$\mathbf{p}=p_r\hat{\mathbf{r}}+r^{-1}p_\theta\,\hat{\boldsymbol{\theta}}+(r\sin\theta)^{-1}p_\phi\,\hat{\boldsymbol{\phi}} \tag{15.196}$$

其中

$$p_r=\partial_r T,\qquad p_\theta=\partial_\theta T,\qquad p_\phi=\partial_\phi T \tag{15.197}$$

程函方程(15.47)可以用位置和共轭的动量变量(r,θ,ϕ)和(p_r,p_θ,p_ϕ)表示为

$$H=\frac{1}{2}[p_r^2+r^{-2}p_\theta^2+(r\sin\theta)^{-2}p_\phi^2-v^{-2}(r,\theta,\phi)]=0 \tag{15.198}$$

哈密顿量$H(r,\theta,\phi,p_r,p_\theta,p_\phi)$的哈密顿方程为

$$\frac{dr}{d\sigma}=\frac{\partial H}{\partial p_r}=p_r \tag{15.199}$$

$$\frac{d\theta}{d\sigma}=\frac{\partial H}{\partial p_\theta}=r^{-2}p_\theta \tag{15.200}$$

$$\frac{d\phi}{d\sigma}=\frac{\partial H}{\partial p_\phi}=(r\sin\theta)^{-2}p_\phi \tag{15.201}$$

$$\frac{dp_r}{d\sigma}=-\frac{\partial H}{\partial r}=\frac{1}{2}\partial_r v^{-2}+r^{-3}[p_\theta^2+(\sin\theta)^{-2}p_\phi^2] \tag{15.202}$$

$$\frac{dp_\theta}{d\sigma}=-\frac{\partial H}{\partial \theta}=\frac{1}{2}\partial_\theta v^{-2}+r^{-2}\cot\theta\,(\sin\theta)^{-2}p_\phi^2 \tag{15.203}$$

$$\frac{dp_\phi}{d\sigma}=-\frac{\partial H}{\partial \phi}=\frac{1}{2}\partial_\phi v^{-2} \tag{15.204}$$

我们寻求方程组(15.199)–(15.204)在$r(0)=r'$, $\theta(0)=\theta'$, $\phi(0)=\phi'$和$p_r(0)=p_r'$, $p_\theta(0)=p_\theta'$, $p_\phi(0)=p_\phi'$这六个初始条件下的解。

我们引入射线上每一点(r,θ,ϕ)处的局地入射角i和方位角ζ。遵循Aki和Richards (1980)，我们定义i为从垂直向上方向开始测量的角度，ζ为从正南方向开始逆时针旋转的角度，如图15.5所示。 慢度矢量(15.196)可以用这两个射线方向的角度表示为

$$\mathbf{p}=v^{-1}(\cos i\,\hat{\mathbf{r}}+\sin i\cos\zeta\,\hat{\boldsymbol{\theta}}+\sin i\sin\zeta\,\hat{\boldsymbol{\phi}}) \tag{15.205}$$

可以很容易地验证(15.197)中的慢度协变分量

$$p_r=v^{-1}\cos i,\qquad p_\theta=rv^{-1}\sin i\cos\zeta$$

$$p_\phi=rv^{-1}\sin\theta\sin i\sin\zeta \tag{15.206}$$

满足程函方程(15.198)。我们可以应用关系式(15.206)将(15.199)–(15.204)变换为关于r、θ、ϕ和i、ζ的一阶方程组：

$$\frac{dr}{d\sigma}=v^{-1}\cos i \tag{15.207}$$

$$\frac{d\theta}{d\sigma}=r^{-1}v^{-1}\sin i\cos\zeta \tag{15.208}$$

$$\frac{d\phi}{d\sigma}=r^{-1}v^{-1}(\sin\theta)^{-1}\sin i\sin\zeta \tag{15.209}$$

$$\begin{aligned}\frac{di}{d\sigma}=&-\sin i\,(r^{-1}v^{-1}+\partial_r v^{-1})\\&+r^{-1}\cos i\,[\cos\zeta\,\partial_\theta v^{-1}+(\sin\theta)^{-1}\sin\zeta\,\partial_\phi v^{-1}]\end{aligned} \tag{15.210}$$

$$\begin{aligned}\frac{d\zeta}{d\sigma}=&-r^{-1}(\sin i)^{-1}\sin\zeta\,\partial_\theta v^{-1}\\&+r^{-1}(\sin\theta)^{-1}(\sin i)^{-1}\cos\zeta\,\partial_\phi v^{-1}\\&-r^{-1}v^{-1}\cot\theta\sin i\sin\zeta\end{aligned} \tag{15.211}$$

在震源出发时的入射角和方位角可以方便地作为两个射线参数的选择：

$$\gamma_1'=i',\qquad \gamma_2'=\zeta' \tag{15.212}$$

因而与 (15.207)–(15.211) 中的五个方程所对应的初始条件为 $r(0)=r'$, $\theta(0)=\theta'$, $\phi(0)=\phi'$ 和 $i(0)=i'$, $\zeta(0)=\zeta'$。

将经度 ϕ 作为独立变量，我们可以将上述结果进一步简化。用 (15.209) 消掉 σ，我们最终得到由四个方程组成的*运动学射线追踪方程组*：

$$\frac{dr}{d\phi}=r\sin\theta\cot i\,(\sin\zeta)^{-1} \tag{15.213}$$

$$\frac{d\theta}{d\phi}=\sin\theta\cot\zeta \tag{15.214}$$

$$\begin{aligned}\frac{di}{d\phi}=&\sin\theta\,(\sin\zeta)^{-1}(r\partial_r\ln v-1)\\&-\sin\theta\cot i\cot\zeta\,\partial_\theta\ln v-\cot i\,\partial_\phi\ln v\end{aligned} \tag{15.215}$$

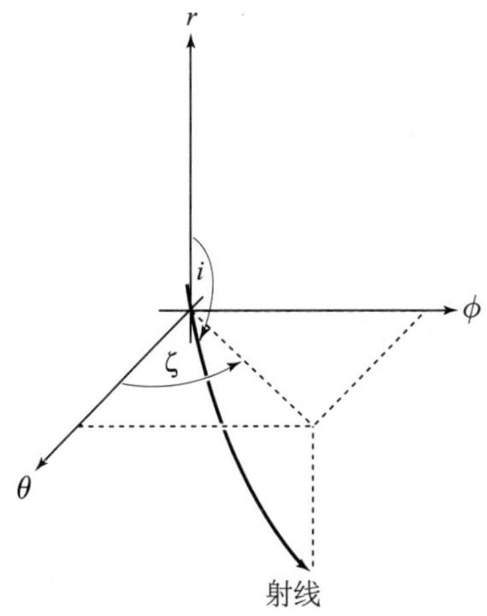

图 15.5 射线上任意一点处局地径向、余纬度和经度方向 r、θ、ϕ 的示意图。入射角 $0\leqslant i\leqslant\pi$ 为从垂直向上方向开始测量的角度，而方位角 $0\leqslant\zeta\leqslant 2\pi$ 为从正南方向开始逆时针旋转的角度。射线的瞬时传播方向可以用这两个角度完全给定

$$\frac{d\zeta}{d\phi} = -\cos\theta + \sin\theta\,(\sin i)^{-2}\partial_\theta \ln v \\ - (\sin i)^{-2}\cot\zeta\,\partial_\phi \ln v \tag{15.216}$$

在每一个球对称的不连续面上，这些方程的求解还需要借助连续性边界条件

$$[r]_-^+ = 0, \qquad [\theta]_-^+ = 0, \qquad [v^{-1}\sin i]_-^+ = 0, \qquad [\zeta]_-^+ = 0 \tag{15.217}$$

在对(15.213)–(15.217)积分之前，最好将地球模型做旋转，使震源和接收点均落在赤道上(见附录C.8.7)：

$$\theta' = \pi/2,\ \phi' = 0 \quad 和 \quad \theta = \pi/2,\ \phi = \Theta \tag{15.218}$$

其中$\cos\Theta = \cos\theta\cos\theta' + \sin\theta\sin\theta'\cos(\phi - \phi')$。而初始条件则成为

$$r(0) = r', \qquad \theta(0) = \pi/2, \qquad i(0) = i', \qquad \zeta(0) = \zeta' \tag{15.219}$$

由于在这样一个赤道坐标系内经度ϕ始终沿射线增加，因此不会出现与南北向传播的$\zeta = 0$和π对应的奇异性。

15.8.2 标射

一个两点射线追踪问题需要我们找到初始的出射角度i'和ζ'，使射线能够“击中”接收点。对于在地球表面$r = a$的接收点，终点条件是

$$r(\Theta) = a, \qquad \theta(\Theta) = \pi/2 \tag{15.220}$$

有一些迭代方法可以解决这一射线标射问题(Julian & Gubbins 1977)。任何时候如果还必须计算几何扩散因子$\mathcal{R}$，牛顿法都是自然的选择。为方便起见，略去自变量Θ，我们用下式更新i'和ζ'

$$\begin{pmatrix} \partial_{i'} r_n & \partial_{\zeta'} r_n \\ \partial_{i'}\theta_n & \partial_{\zeta'}\theta_n \end{pmatrix} \begin{pmatrix} i'_{n+1} - i'_n \\ \zeta'_{n+1} - \zeta'_n \end{pmatrix} = \begin{pmatrix} a - r_n \\ \pi/2 - \theta_n \end{pmatrix} \tag{15.221}$$

其中$n = 0, 1, 2, \cdots$表示迭代次数。需要的偏导数$\partial_{i'} r_n$、$\partial_{\zeta'} r_n$和$\partial_{i'}\theta_n$、$\partial_{\zeta'}\theta_n$可以从15.8.5节中的动力学射线追踪方程的解得到。一组估计较好的初始值i'_0、ζ'_0可以加快收敛，如我们在15.9.3节讨论的，微扰理论可以提供一个迭代的初始解。图15.6显示了一些在三维地球模型SKS12WM13 (Dziewonski, Liu & Su 1997)中所追踪的射线例子。图中显示了小规模的走时三重化在震中距大于$\Theta = 75$度时无所不在的现象。每个三重化中第三个到达的震相都经过了焦散，而前两个到达的震相则没有。模型SKS12WM13中的射线游走在球对称地球射线面的0.3度–0.4度距离以内。图15.7显示了典型的SS波射线轨迹。该震相的极小极大特性导致了射线路径的明显偏差，地表反射点可能会相对于球对称地球的位置偏移2度之多。

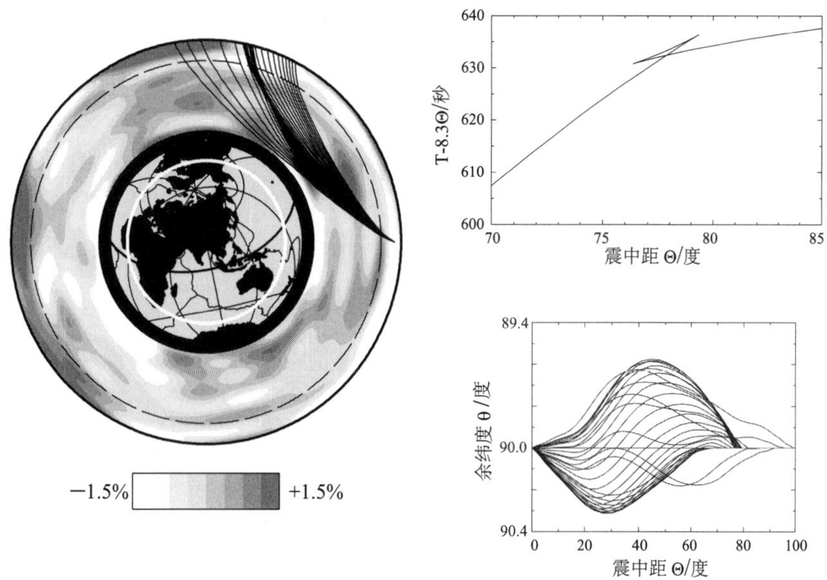

图 15.6 在$s_{\max}=12$的地球模型SKS12WM13中的S波射线。射线从深度为200千米的斐济地震震源向北美出射。(左)中间地图上的白色圆圈为通过震源和一组接收点的大圆，该大圆为用来做射线追踪的旋转后坐标系的赤道。外围的截面显示震源–接收点垂直截面内的剪切波速度微扰，长虚线的圆圈是670千米不连续面。灰度标尺显示$-1.5\%\leqslant\delta\beta/\beta\leqslant1.5\%$范围内的相对微扰，阴影越深速度越快。所有射线均到达地球经旋转后的赤道表面，这里的曲线是射线在截面上的投影。(右上)赤道面内扰动后射线的折合走时曲线显示出小尺度的三重化，相应的$\Theta\approx76.5$度和$\Theta\approx79$度的焦散在左图截面中十分明显。(右下)投影到地球表面的射线，纵坐标θ是旋转后的余纬度。接收点在赤道上的位置可以在此俯视图中明显看到

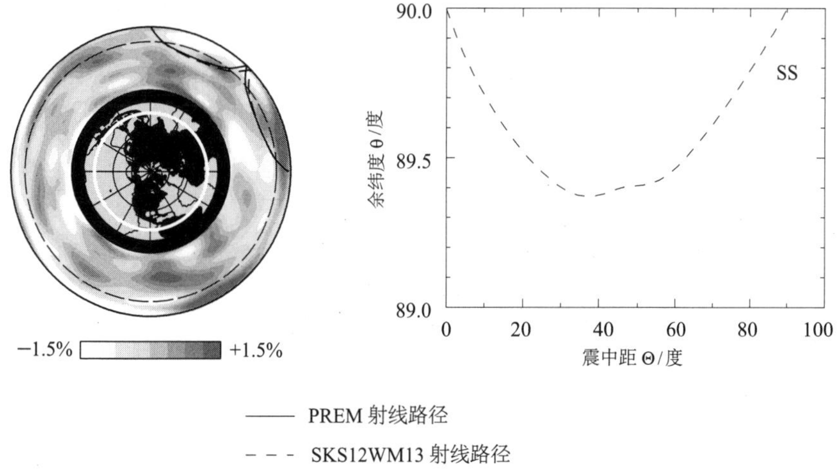

图 15.7 模型SKS12WM13和PREM中的SS射线路径比较。震源位于赤道上的格林尼治子午线处，接收点位于正东方震中距$\Theta=90$度处。PREM的地表反射点在$\Theta/2=45$度的东非裂谷附近。(左)微扰前(实线)和微扰后(虚线)的射线在模型SKS12WM13截面内的投影，关于中间地图与其他绘图的约定请见图15.6说明。(右)两条射线在地表的投影。PREM中的射线保持在赤道面内。相对于赤道面的偏离大约是典型远震S波的两倍

15.8.3 走时与衰减时间

结合微分关系$d\sigma = v^2 dT$和方程(15.209)我们可以得到走时沿射线的变化：

$$\frac{dT}{d\phi} = rv^{-1}\sin\theta\,(\sin i\,\sin\zeta)^{-1} \tag{15.222}$$

对其积分可以得到弹性地球内任何劣弧体波震相的总走时：

$$T = \int_0^{\Theta} rv^{-1}\sin\theta\,(\sin i\,\sin\zeta)^{-1}\,d\phi \tag{15.223}$$

同样地，非弹性地球中的衰减时间(15.194)为

$$T^* = \int_0^{\Theta} rv_0^{-1}Q^{-1}\sin\theta\,(\sin i\,\sin\zeta)^{-1}\,d\phi \tag{15.224}$$

其中v_0是在参考频率ω_0处的波速α_0或β_0，Q是相应的压缩波或剪切波品质因子Q_α或Q_β。与(15.218)一样，公式(15.223)和(15.224)中也假定震源和接收点均在赤道上。

15.8.4 几何扩散因子

射线束的微分面积(15.88)和射线束在震源所张的立体角可以用初始出射角度i'和ζ'表示成

$$d\Sigma = vJ\,di'\,d\zeta', \qquad d\Omega = \sin i'\,di'\,d\zeta' \tag{15.225}$$

因而几何扩散因子$\mathcal{R} = \sqrt{|d\Sigma|/d\Omega}$与雅可比

$$J = \frac{\partial(x_1,x_2,x_3)}{\partial(\sigma,i',\zeta')} = \det\begin{pmatrix} \dfrac{\partial x_1}{\partial\sigma} & \dfrac{\partial x_1}{\partial i'} & \dfrac{\partial x_1}{\partial\zeta'} \\ \dfrac{\partial x_2}{\partial\sigma} & \dfrac{\partial x_2}{\partial i'} & \dfrac{\partial x_2}{\partial\zeta'} \\ \dfrac{\partial x_3}{\partial\sigma} & \dfrac{\partial x_3}{\partial i'} & \dfrac{\partial x_3}{\partial\zeta'} \end{pmatrix} \tag{15.226}$$

之间的关系为$\mathcal{R} = \sqrt{v|J|/\sin i'}$。我们可以利用坐标变换的组合定理将$J$用球极坐标$(r,\theta,\phi)$表示：

$$\begin{aligned} J =& \frac{\partial(x_1,x_2,x_3)}{\partial(r,\theta,\phi)}\;\frac{\partial(r,\theta,\phi)}{\partial(i',\zeta',\phi)}\;\frac{\partial(i',\zeta',\phi)}{\partial(\sigma,i',\zeta')} \\ =& rv^{-1}\sin i\sin\zeta\;\frac{\partial(r,\theta)}{\partial(i',\zeta')} \end{aligned} \tag{15.227}$$

这里在推导第二个等式时我们已经对三个行列式做了计算，并且使用了(15.209)。以此得到的几何扩散因子在球极坐标系中的最终表达式为

$$\mathcal{R} = \sqrt{r\,(\sin i')^{-1}\sin i\sin\zeta\,|\Upsilon|} \tag{15.228}$$

这里我们引入了二维球极坐标系的雅可比

$$\Upsilon = \frac{\partial(r,\theta)}{\partial(i',\zeta')} = \frac{\partial r}{\partial i'}\frac{\partial\theta}{\partial\zeta'} - \frac{\partial r}{\partial\zeta'}\frac{\partial\theta}{\partial i'} \tag{15.229}$$

只有$\partial_{i'}r$、$\partial_{\zeta'}r$和$\partial_{i'}\theta$、$\partial_{\zeta'}\theta$这四个偏导数还需要计算。

15.8.5　动力学射线追踪

要计算这些偏导数，我们对(15.213)–(15.216)相对于初始出射角度i'和ζ'做微分，得到包含八个方程的动力学射线追踪方程组：

$$\begin{aligned}\frac{d}{d\phi}(\partial_{\gamma'}r) = &\sin\theta\cot i\,(\sin\zeta)^{-1}\partial_{\gamma'}r\\&+r\cos\theta\cot i\,(\sin\zeta)^{-1}\partial_{\gamma'}\theta\\&-r\sin\theta\,(\sin i)^{-2}(\sin\zeta)^{-1}\partial_{\gamma'}i\\&-r\sin\theta\cot i\cot\zeta\,(\sin\zeta)^{-1}\partial_{\gamma'}\zeta\end{aligned}\tag{15.230}$$

$$\frac{d}{d\phi}(\partial_{\gamma'}\theta) = \cos\theta\cot\zeta\,\partial_{\gamma'}\theta - \sin\theta\,(\sin\zeta)^{-2}\partial_{\gamma'}\zeta\tag{15.231}$$

$$\begin{aligned}\frac{d}{d\phi}(\partial_{\gamma'}i) = &[\sin\theta\,(\sin\zeta)^{-1}(r\partial_r^2\ln v+\partial_r\ln v)\\&-\cot i\,(\sin\theta\cot\zeta\,\partial_r\partial_\theta\ln v+\partial_r\partial_\phi\ln v)]\,\partial_{\gamma'}r\\&+[\sin\theta\,(\sin\zeta)^{-1}r\partial_r\partial_\theta\ln v+\cos\theta\,(\sin\zeta)^{-1}(r\partial_r\ln v-1)\\&-\cot i\,(\sin\theta\cot\zeta\,\partial_\theta^2\ln v+\partial_\theta\partial_\phi\ln v\\&+\cos\theta\cot\zeta\,\partial_\theta\ln v)]\,\partial_{\gamma'}\theta\\&+(\sin i)^{-2}(\sin\theta\cot\zeta\,\partial_\theta\ln v+\partial_\phi\ln v)\partial_{\gamma'}i\\&-\sin\theta\,(\sin\zeta)^{-2}[\cos\zeta\,(r\partial_r\ln v-1)-\cot i\,\partial_\theta\ln v]\,\partial_{\gamma'}\zeta\end{aligned}\tag{15.232}$$

$$\begin{aligned}\frac{d}{d\phi}(\partial_{\gamma'}\zeta) = &(\sin i)^{-2}(\sin\theta\,\partial_r\partial_\theta\ln v-\cot\zeta\,\partial_r\partial_\phi\ln v)\,\partial_{\gamma'}r\\&+[(\sin i)^{-2}(\sin\theta\,\partial_\theta^2\ln v-\cot\zeta\,\partial_\theta\partial_\phi\ln v\\&+\cos\theta\,\partial_\theta\ln v)+\sin\theta]\,\partial_{\gamma'}\theta\\&-2\cot i\,(\sin i)^{-2}(\sin\theta\,\partial_\theta\ln v-\cot\zeta\,\partial_\phi\ln v)\,\partial_{\gamma'}i\\&+(\sin i)^{-2}(\sin\zeta)^{-2}(\partial_\phi\ln v)\,\partial_{\gamma'}\zeta\end{aligned}\tag{15.233}$$

其中γ'表示i'或ζ'二者之一。这些方程需要在如下初始条件下求解

$$\begin{aligned}&\partial_{i'}r(0)=\partial_{\zeta'}r(0)=0,\qquad \partial_{i'}\theta(0)=\partial_{\zeta'}\theta(0)=0\\&\partial_{i'}\zeta(0)=\partial_{\zeta'}i(0)=0,\qquad \partial_{i'}i(0)=\partial_{\zeta'}\zeta(0)=1\end{aligned}\tag{15.234}$$

(15.230)–(15.233)中对未知偏导数的依赖是线性的，而且$\partial_{i'}r$、$\partial_{i'}\theta$、$\partial_{i'}i$、$\partial_{i'}\zeta$与$\partial_{\zeta'}r$、$\partial_{\zeta'}\theta$、$\partial_{\zeta'}i$、$\partial_{\zeta'}\zeta$所满足的方程是解耦的，与笛卡儿坐标系中的动力学射线追踪方程(15.112)一样。

在不连续面处，微分方程组(15.230)–(15.233)必须结合类似于(15.217)的条件来给定八个偏导数$\partial_{\gamma'}r$、$\partial_{\gamma'}\theta$、$\partial_{\gamma'}i$和$\partial_{\gamma'}\zeta$的跃变。让我们分别用r、θ、ϕ、i、ζ和$r+dr$、$\theta+d\theta$、$\phi+d\phi$、$i+di$、

$\zeta + d\zeta$来表示图15.4中的中心射线和傍轴射线在界面交点$\mathbf{x}$和$\mathbf{x} + d\mathbf{x}$处的参数。因为射线上每一点均由初始出射角度i'、ζ'和经度ϕ唯一确定，我们可以用di'、$d\zeta'$和$d\phi$将dr表示成$dr = di'\,\partial_{i'}r + d\zeta'\,\partial_{\zeta'}r + d\phi\,\partial_{\phi}r$。在一个球形边界，我们有$dr = 0$，因此$d\phi = -(dr/d\phi)^{-1}(di'\,\partial_{i'}r + d\zeta'\,\partial_{\zeta'}r)$，其中我们已经依照通常的约定用$dr/d\phi$取代了$\partial_\phi r$。连续性条件$[d\phi]_-^+ = 0$以及$di'$和$d\zeta'$的独立性意味着$(dr/d\phi)^{-1}\partial_{i'}r$和$(dr/d\phi)^{-1}\partial_{\zeta'}r$必须都是连续的。同样地，剩下的连续性条件(15.217)的微扰形式$[d\theta]_-^+ = 0$, $[-v^{-2}dv\sin i + v^{-1}di\cos i]_-^+ = 0$和$[d\zeta]_-^+ = 0$可以约束其他偏导数的跃变。在每一个球形不连续面完整的边界条件为

$$[(dr/d\phi)^{-1}\partial_{\gamma'}r]_-^+ = 0, \qquad [\partial_{\gamma'}\theta]_-^+ = 0$$

$$\begin{aligned}&[\cot i\,\partial_{\gamma'}i - (\partial_\theta \ln v)\,\partial_{\gamma'}\theta + (dr/d\phi)^{-1}\\&\times\{(d\theta/d\phi)\,\partial_\theta\ln v + \partial_\phi\ln v - \cot i\,(di/d\phi)\}\,\partial_{\gamma'}r]_-^+ = 0\\&[\partial_{\gamma'}\zeta - (dr/d\phi)^{-1}(d\zeta/d\phi)\partial_{\gamma'}r]_-^+ = 0\end{aligned} \tag{15.235}$$

在推导(15.235)的过程中，除了连续性条件$[d\theta/d\phi]_-^+ = 0$之外，我们还利用了斯涅尔定律$[v^{-1}\sin i]_-^+ = 0$。

★15.8.6 马斯洛夫指数

射线束的奇异性条件(15.110)可以用球极坐标表示成

$$\begin{aligned}&\text{焦散:}\quad (\partial_{i'}r)(\partial_{\zeta'}\theta) = (\partial_{\zeta'}r)(\partial_{i'}\theta) \neq 0\\&\text{焦点:}\quad (\partial_{i'}r)(\partial_{\zeta'}\theta) = (\partial_{\zeta'}r)(\partial_{i'}\theta) = 0\end{aligned} \tag{15.236}$$

通过追踪$\partial_{i'}r$、$\partial_{\zeta'}r$和$\partial_{i'}\theta$、$\partial_{\zeta'}\theta$这四个偏导数的符号变化，这些条件可以用来估计马斯洛夫指数M的数值。

★15.8.7 剪切波偏振

体波射线的法向$\hat{\boldsymbol{\nu}}$和副法向$\hat{\mathbf{b}}$可以用i、ζ和一个额外的扭转角$0 \leqslant \xi \leqslant 2\pi$表示为

$$\begin{aligned}\hat{\boldsymbol{\nu}} = {}&\sin i\cos\xi\,\hat{\mathbf{r}} + (\sin\zeta\sin\xi - \cos i\cos\zeta\cos\xi)\,\hat{\boldsymbol{\theta}}\\&- (\cos\zeta\sin\xi + \cos i\sin\zeta\cos\xi)\,\hat{\boldsymbol{\phi}}\end{aligned} \tag{15.237}$$

$$\begin{aligned}\hat{\mathbf{b}} = {}&-\sin i\sin\xi\,\hat{\mathbf{r}} + (\sin\zeta\cos\xi + \cos i\cos\zeta\sin\xi)\,\hat{\boldsymbol{\theta}}\\&- (\cos\zeta\cos\xi - \cos i\sin\zeta\sin\xi)\,\hat{\boldsymbol{\phi}}\end{aligned} \tag{15.238}$$

在射线上任一点的扭转角ξ由(15.70)中的两个几何关系确定，这意味着

$$\begin{aligned}\tan\xi = {}&[\sin\theta\cos i\cos\zeta\,\partial_\theta\ln v + \cos i\sin\zeta\,\partial_\phi\ln v\\&- r\sin\theta\sin i\,\partial_r\ln v]^{-1}(\cos\zeta\,\partial_\phi\ln v - \sin\theta\sin\zeta\,\partial_\theta\ln v)\end{aligned} \tag{15.239}$$

根据方程(15.69)，曲率κ和扭矩τ可以用r、θ、i、ζ和ξ表示：

$$\begin{aligned}\kappa = -r^{-1}[&\sin i\cos\xi\, r\partial_r \ln v \\ &+ (\sin\zeta\sin\xi - \cos i\cos\zeta\cos\xi)\,\partial_\theta \ln v \\ &- (\sin\theta)^{-1}(\cos\zeta\sin\xi + \cos i\sin\zeta\cos\xi)\,\partial_\phi \ln v]\end{aligned} \tag{15.240}$$

$$\begin{aligned}\tau = -\,\kappa^{-1}r^{-2}\{&-\sin i\cos i\sin\xi\, r^2\partial_r^2 \ln v \\ &+ \sin i\cos\zeta(\cos i\cos\zeta\sin\xi + \sin\zeta\cos\xi) \\ &\quad\times (r\partial_r \ln v + \partial_\theta^2 \ln v) \\ &+ \sin i\sin\zeta(\cos i\sin\zeta\sin\xi - \cos\zeta\cos\xi) \\ &\quad\times [r\partial_r \ln v + \cot\theta\,\partial_\theta \ln v + (\sin\theta)^{-2}\partial_\phi^2 \ln v] \\ &+ [\sin^2 i\cos\zeta\sin\xi - \cos i(\cos i\cos\zeta\sin\xi + \sin\zeta\cos\xi)] \\ &\quad\times (\partial_\theta \ln v - r\partial_r\partial_\theta \ln v) \\ &+ [\sin^2 i\sin\zeta\sin\xi - \cos i(\cos i\sin\zeta\sin\xi - \cos\zeta\cos\xi)] \\ &\quad\times (\sin\theta)^{-1}(\partial_\phi \ln v - r\partial_r\partial_\phi \ln v) \\ &- [\sin i\cos\zeta(\cos i\sin\zeta\sin\xi - \cos\zeta\cos\xi) \\ &\quad+ \sin i\sin\zeta(\cos i\cos\zeta\sin\xi + \sin\zeta\cos\xi)] \\ &\quad\times (\sin\theta)^{-1}(\cot\theta\,\partial_\phi \ln v - \partial_\theta\partial_\phi \ln v)\}\end{aligned} \tag{15.241}$$

要找到剪切波的偏振角 ψ，我们对方程 (15.147) 在赤道上的形式做积分：

$$\frac{d\psi}{d\phi} = -r\sin\theta(\sin i\sin\zeta)^{-1}\tau \tag{15.242}$$

关系式 (15.237)–(15.242) 与 (15.144) 一起确定了剪切波偏振矢量 $\hat{\boldsymbol{\eta}}_1$ 和 $\hat{\boldsymbol{\eta}}_2$ 沿射线的演化。

*15.8.8 斯米尔诺夫引理应用

在本节中，我们再介绍一种确定体波振幅沿射线变化的方法，这一方法的出发点是输运方程 (15.71) 在球极坐标下的形式：

$$\begin{aligned}&\partial_r(\rho v^2 A^2 r^2 \sin\theta\, p_r) + \partial_\theta(\rho v^2 A^2 \sin\theta\, p_\theta) + \partial_\phi[\rho v^2 A^2 (\sin\theta)^{-1} p_\phi] \\ &\quad= \partial_r(\rho v^2 A^2 r^2 \sin\theta\, dr/d\sigma) + \partial_\theta(\rho v^2 A^2 r^2 \sin\theta\, d\theta/d\sigma) \\ &\qquad+ \partial_\phi(\rho v^2 A^2 r^2 \sin\theta\, d\phi/d\sigma) = 0\end{aligned} \tag{15.243}$$

这里我们分别通过与 $r^2\sin\theta$ 做相乘并使用标量射线追踪方程组 (15.199)–(15.204) 来得到第一个和第二个形式。用 (15.209) 将 (15.243) 以 ϕ 而不是 σ 表示，我们有

$$\frac{d}{d\phi}\ln(\rho r v A^2 \sin i\sin\zeta) = -\partial_r(dr/d\sigma) - \partial_\theta(d\theta/d\sigma) \tag{15.244}$$

只要 r、θ、ϕ 满足标量射线追踪方程组 (15.199)–(15.201)，我们就可以借助斯米尔诺夫引理求解方程 (15.244) 得到雅可比 (15.229)：

$$\frac{d}{d\phi}(\ln\Upsilon) = \partial_r(dr/d\phi) + \partial_\theta(d\theta/d\phi) \tag{15.245}$$

(15.245) 的证明可以通过类似于 15.4.4 节中的简单计算：

$$\begin{aligned}\frac{d\Upsilon}{d\phi} &= \frac{\partial(dr/d\phi,\theta)}{\partial(i',\zeta')} + \frac{\partial(r,d\theta/d\phi)}{\partial(i',\zeta')} \\ &= \frac{\partial(r^2\sin^2\theta\, p_r/p_\phi,\theta)}{\partial(i',\zeta')} + \frac{\partial(r,\sin^2\theta\, p_\theta/p_\phi)}{\partial(i',\zeta')} \\ &= \left[\partial_r(r^2\sin^2\theta\, p_r/p_\phi) + \partial_\theta(\sin^2\theta\, p_\theta/p_\phi)\right]\frac{\partial(r,\theta)}{\partial(i',\zeta')} \\ &= \left[\partial_r(dr/d\phi) + \partial_\theta(d\theta/d\phi)\right]\Upsilon\end{aligned} \tag{15.246}$$

利用引理 (15.245) 我们可以把方程 (15.244) 改写为

$$\frac{d}{d\phi}\ln(\rho r v\, A^2 \sin i \sin\zeta\,\Upsilon) = 0 \tag{15.247}$$

从 (15.247) 可知射线上前后两点 (r_1, θ_1, ϕ_1) 和 (r_2, θ_2, ϕ_2) 的振幅比为

$$\frac{A_2}{A_1} = \left(\frac{\rho_2 r_2 v_2 \sin i_2 \sin\zeta_2}{\rho_1 r_1 v_1 \sin i_1 \sin\zeta_1}\right)^{-1/2}\left|\frac{\Upsilon_2}{\Upsilon_1}\right|^{-1/2} \tag{15.248}$$

根据雅可比关系式 (15.227)，方程 (15.96) 与 (15.248) 是一致的。

要使用振幅变化规律 (15.248)，我们将光滑无限介质内的格林张量 (15.181) 写为如下形式

$$\mathbf{G} = \frac{1}{4\pi}\sum_{\text{射线}} \hat{\boldsymbol{\eta}}\hat{\boldsymbol{\eta}}' B'(\rho r v \sin i \sin\zeta)^{-1/2}|\Upsilon|^{-1/2}\exp(-i\omega T) \tag{15.249}$$

与前面的做法一样，通过令公式 (15.249) 与均匀介质响应 (15.183) 在 $\mathbf{x} \to \mathbf{x}'$ 时相等，我们可以确定常数 B'。将方程 (15.230)–(15.231) 在震源附近积分，我们得到偏导数 $\partial_{i'}r \approx -r'\sin\theta'(\sin i')^{-2}(\sin\zeta')^{-1}\phi$, $\partial_{i'}\theta \approx 0$, $\partial_{\zeta'}r \approx -r'\sin\theta'\cot i'\cot\zeta'(\sin\zeta')^{-1}\phi$ 和 $\partial_{\zeta'}\theta \approx -\sin\theta'(\sin\zeta')^{-2}\phi$。因此 (15.229) 中的雅可比为

$$\Upsilon \approx r'(\sin\theta')^2(\sin i')^{-2}(\sin\zeta')^{-3}\phi^2 \approx (r'\sin\zeta')^{-1}R^2 \tag{15.250}$$

其中 $R \approx r'\sin\theta'(\sin i'\sin\zeta')^{-1}\phi$ 是离震源的笛卡儿距离。将方程组 (15.249)–(15.250) 与 (15.183) 比较，我们看到 $B' = (\rho' v'^3)^{-1/2}(\sin i')^{1/2}$。由此得到的 JWKB 格林张量为

$$\begin{aligned}\mathbf{G} = \frac{1}{4\pi}\sum_{\text{射线}} \hat{\boldsymbol{\eta}}\hat{\boldsymbol{\eta}}'(\rho\rho' v v'^3)^{-1/2}(\sin i')^{1/2}(r\sin i\sin\zeta)^{-1/2} \\ \times\, \Pi|\Upsilon|^{-1/2}\exp(-i\omega T + iM\pi/2)\end{aligned} \tag{15.251}$$

(15.185) 和 (15.251) 这两个结果完全一样，当然也必须如此。上述推导源自 Liu 和 Tromp (1996)。

15.8.9 球对称地球

我们现在证明，在球对称地球内，上述渐近射线理论退化为 12.1 和 12.5 节中所讨论的熟知结果。首先，我们指出关于 θ 和 ζ 的射线追踪方程 (15.214) 和 (15.216) 可以直接积分得到

$$\theta(\phi) = \pi/2, \qquad \zeta(\phi) = \pi/2 \tag{15.252}$$

这些关系只是表明所有射线均限定在包含震源、接收点和地心的平面内。剩下的关于r和i的方程(15.213)和(15.215)则转化为

$$\frac{dr}{d\phi} = r\cot i, \qquad \frac{di}{d\phi} = r(\dot{v}/v) - 1 \tag{15.253}$$

其中符号上的一点代表对r求导。连续性条件(15.217)要求在每一个不连续面有$[r]_-^+ = 0$和$[v^{-1}\sin i]_-^+ = 0$。很容易证明射线参数$p = rv^{-1}\sin i$在射线上是常数：

$$\frac{dp}{d\phi} = 0, \quad 在\oplus内 \quad 和 \quad [p]_-^+ = 0, \quad 在\Sigma上 \tag{15.254}$$

走时 (15.223) 成为

$$T = \int_0^{\Theta} \frac{r\,d\phi}{v\sin i} \tag{15.255}$$

如预期的，(15.253)和(15.255)中的结果与(12.4)和(12.7)是一致的。

偏导数$\partial_{\zeta'}\theta$和$\partial_{\zeta'}\zeta$所满足的动力学射线追踪方程(15.231)和(15.233)也可以积分，得到

$$\partial_{\zeta'}\theta(\phi) = -\sin\phi, \qquad \partial_{\zeta'}\zeta(\phi) = \cos\phi \tag{15.256}$$

偏导数$\partial_{i'}r$和$\partial_{i'}i$由(15.230)和(15.232)给出，且可写为

$$\frac{d}{d\phi}(\partial_{i'}r) = \cot i\,\partial_{i'}r - r(\sin i)^{-2}\partial_{i'}i \tag{15.257}$$

$$\frac{d}{d\phi}(\partial_{i'}i) = (rv^{-1}\ddot{v} - rv^{-2}\dot{v}^2 + v^{-1}\dot{v})\,\partial_{i'}r \tag{15.258}$$

方程(15.257)–(15.258)必须在初始条件$\partial_{i'}r(0) = 0$和$\partial_{i'}i(0) = 1$下求解。在每一个与界面的交点处，连续性条件(15.235)要求

$$[\tan i\,\partial_{i'}r]_-^+ = 0, \qquad [\cot i\,\partial_{i'}i - (v^{-1}\dot{v} - r^{-1})\,\partial_{i'}r]_-^+ = 0 \tag{15.259}$$

事实上，可以证明下式所表达的量

$$\cot i\,\partial_{i'}i - (v^{-1}\dot{v} - r^{-1})\,\partial_{i'}r = p^{-1}\partial_{i'}p = \cot i' \tag{15.260}$$

也是沿射线不变的。另外四个偏导数$\partial_{i'}\theta$、$\partial_{i'}\zeta$、$\partial_{\zeta'}r$和$\partial_{\zeta'}i$在球对称地球上均为零。在接收点经度$\phi = \Theta$，二维雅可比(15.229)成为$\Upsilon = -\sin\Theta\,\partial_{i'}r$。因此几何扩散因子(15.228)成为

$$\mathcal{R} = \sqrt{r(\sin i')^{-1}\sin i\sin\Theta\,|\partial_{i'}r|} \tag{15.261}$$

偏导数$\partial_{i'}r$与走时曲线曲率倒数$d\Theta/dp$的关系为

$$\partial_{i'}r = -rr'^2\cos i\cos i'\sin i\,(pv'^2\sin i)^{-1}(d\Theta/dp) \tag{15.262}$$

将几何等式(15.262)代入(15.261)，我们得到

$$v'\mathcal{R} = rr'\sqrt{\frac{|\cos i||\cos i'|\sin\Theta}{p}\left|\frac{d\Theta}{dp}\right|} \tag{15.263}$$

如预期的，该表达式与公式(12.29)一致。

球对称地球中射线的切向、法向和副法向在旋转后的赤道坐标系中表示为

$$\hat{\mathbf{p}} = \cos i\,\hat{\mathbf{r}} + \sin i\,\hat{\boldsymbol{\phi}}, \qquad \hat{\boldsymbol{\nu}} = \sin i\,\hat{\mathbf{r}} - \cos i\,\hat{\boldsymbol{\phi}} \qquad \hat{\mathbf{b}} = \hat{\boldsymbol{\theta}} \tag{15.264}$$

利用(15.264)，我们发现曲率和扭矩(15.69)简化为$\kappa = -pr^{-1}\dot{v}$和$\tau = 0$。在任何波速向下增加$\dot{v} < 0$的区域，曲率都是正的或向上的$\kappa > 0$。在任何波速向下减小的区域，曲率都是负的或向下的$\kappa < 0$。因为球对称地球中射线的扭矩为零$\tau = 0$，垂直和水平的剪切波偏振矢量是“守恒”的，即$\hat{\boldsymbol{\eta}}_1 = \hat{\boldsymbol{\eta}}_{\rm SV} = \hat{\boldsymbol{\nu}}$, $\hat{\boldsymbol{\eta}}_2 = \hat{\boldsymbol{\eta}}_{\rm SH} = \hat{\mathbf{b}}$。SV波和SH波的正偏振方向与在12.1.5节中所阐明的约定一致。

15.8.10 数值范例

图15.8对模型SKS12WM13 (Dziewonski, Liu & Su 1997)的几个不同大圆面内$\mathcal{R}^{-1}$随震中

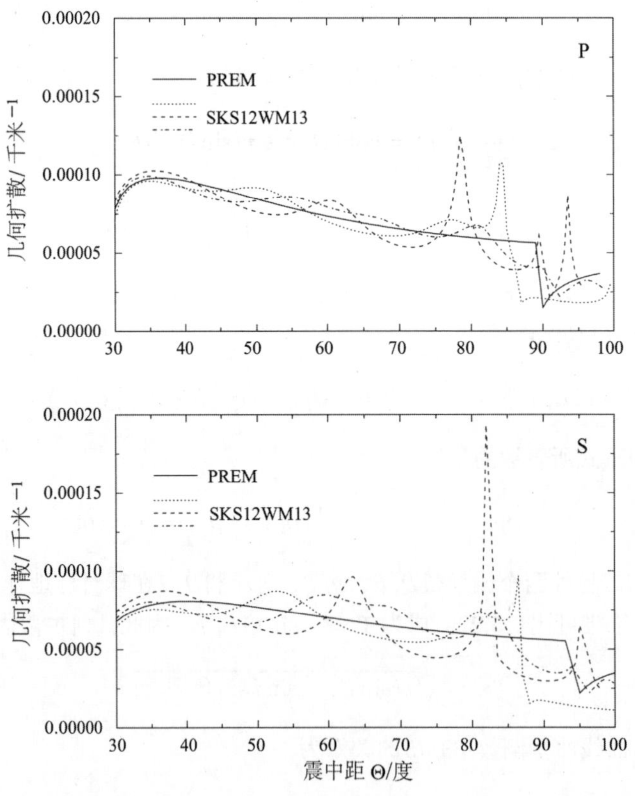

图 15.8 (15.228)中的几何扩散因子倒数$\mathcal{R}^{-1}$在模型SKS12WM13中几个不同大圆面内随震中距Θ的变化，并与(15.263)表示的在PREM中相应变化的比较。(上) P波。(下) S波。$\mathcal{R}^{-1}$的路径差异是由于横向不均匀性造成的射线聚焦与散焦效应

距Θ的变化与球对称地球模型PREM (Dziewonski, Liu & Su 1997)的结果做了比较。在$\Theta=75$ 度以外$\mathcal{R}^{-1}\to\infty$处的奇异性是由于地幔最底部强烈的横向不均匀性所造成的小尺度三重化的出现(见图15.6)。图15.9比较了用(15.192)计算的模型SKS12WM13和PREM中的合成地震图$s(t)$。假设的震源是脉冲式的，因此，径向分量中的P、PcP、pP、sP震相和横向分量中的S、ScS、sS、sScS震相都是形如$\delta(t-T)*a(t)$的被非弹性展宽了的狄拉克脉冲。相反，由于经过一个焦散，表面反射波PP和SS均为形如$\delta_{\mathrm{H}}(t)*a(t)$的希尔伯特变换后的逐渐上升式波形。所有从1994年玻利维亚大地震到密苏里州Cathedral Cave台站CCM的路径在模型SKS12WM13中均比PREM中略快，由于横向不均匀性造成的射线束的聚焦和散焦效应，波形的振幅也有一些微扰变化。

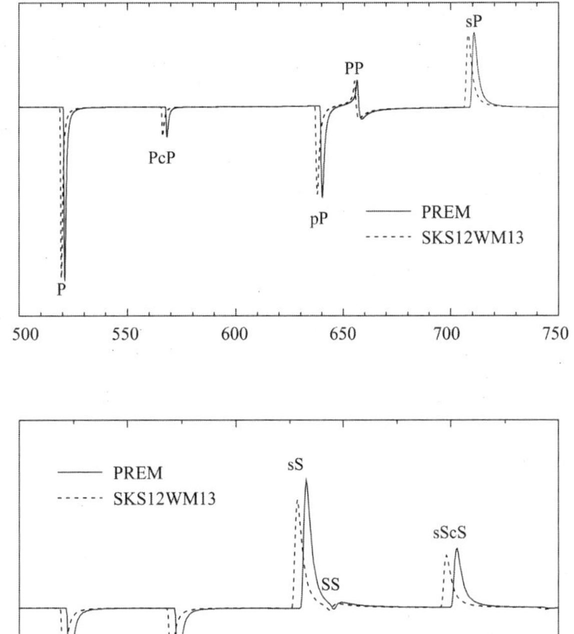

图 15.9 模型SKS12WM13和PREM中体波射线理论地震图$s(t)$。震源位置$\mathbf{x}_{\mathrm{s}}$和矩张量$\mathbf{M}$均为1994年6月9日玻利维亚深震的，接收点$\mathbf{x}$为位于美国密苏里州Cathedral Cave的GSN台站CCM，震中距为$\Theta=56.3$ 度。(上)径向($\hat{\boldsymbol{\nu}}=\hat{\mathbf{r}}$)分量。(下)横向($\hat{\boldsymbol{\nu}}=\hat{\mathbf{r}}\times\hat{\Theta}$)分量。这里所显示的走时异常是体波成像的基础。此处忽略了剪切波偏振矢量的扭转

15.9 射线微扰理论

在本节中，我们来探索近乎球对称地球模型$\oplus+\delta\oplus$的射线理论这一特例。相对于球对称模型的偏离必须是微弱而且光滑的，以满足射线微扰理论的适用性。

15.9.1 走时

我们已经看到，费马原理 (15.62) 指出地震波在固定的震源 $\mathbf{x}'$ 和接收点 $\mathbf{x}$ 之间的走时是其射线的稳定泛函。这一结果使我们可以用球对称地球中的微扰前射线路径上的积分来计算精度为一阶的走时微扰 $\delta T = T_{\oplus+\delta\oplus} - T_{\oplus}$ (Julian & Anderson 1968)：

$$\delta T = -\int_{\mathbf{x}'}^{\mathbf{x}} v^{-2}\,\delta v\,ds = -p^{-1}\int_0^{\Theta} r^2 v^{-3}\,\delta v\,d\phi \tag{15.265}$$

上式中最后一个等式假定震源和接收点均位于赤道上，与 (15.218) 相同。如果除了波速体积分布的微扰 δv 还有边界位置的微扰 δd，则需要对 (15.265) 做校正：

$$\delta T \to \delta T + \sum_d \delta T_d \tag{15.266}$$

其中的求和是对射线所遇到的所有边界。边界时间延迟 δT_d 的形式依赖于与边界的作用类型：

$$\delta T_d = \begin{cases} -\delta d\,[(v_d^{-2} - p^2 d^{-2})^{1/2}]_-^+, & \text{透射射线} \\ -2\,\delta d\,(v_{d+}^{-2} - p^2 d^{-2})^{1/2}, & \text{上侧反射} \\ +2\,\delta d\,(v_{d-}^{-2} - p^2 d^{-2})^{1/2}, & \text{下侧反射} \end{cases} \tag{15.267}$$

公式 (15.265)–(15.267) 提供了观测的走时异常 δT 与地球的横向不均匀性 δv 和 δd 之间的线性关系。它们是线性走时成像的基础。

图 15.10 比较了地球模型 SKS12WM13 中一些震源–台站对之间的线性近似 (15.265) 与精确射线追踪的结果。一阶微扰理论一致性地高估 P、PcP、PKIKP 和 S、ScS、SKS 这些透射

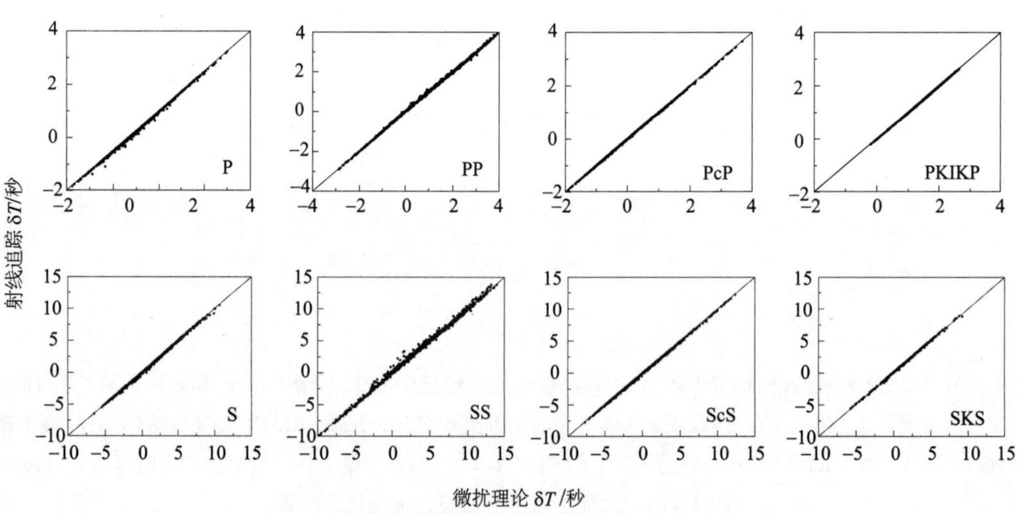

图 15.10 模型 SKS12WM13 中用一阶微扰理论和精确射线追踪计算的走时微扰 δT 散点图。每一幅图显示 1000 个震源–接收点路径，其中震源和接收点分别从哈佛大学矩张量目录的事件和全球地震台网的台站随机选取。震中距范围为 P: 30度 $\leqslant \Theta \leqslant$ 95度, S: 30度 $\leqslant \Theta \leqslant$ 80度, PP 和 SS: 60度 $\leqslant \Theta \leqslant$ 179度, PcP 和 ScS: 10度 $\leqslant \Theta \leqslant$ 75度, PKIKP: 130度 $\leqslant \Theta \leqslant$ 170度, SKS: 85度 $\leqslant \Theta \leqslant$ 130度

与地核反射震相的走时异常δT。这一现象是可以预期的费马原理的结果：任何没有经过焦散的波的几何射线都是*最短走时路径*。极小极大震相如PP和SS并无这种*费马偏差*。图15.10中精确与一阶近似结果之间普遍的高度一致性为全球大尺度成像研究中继续使用(15.265)–(15.267)提供了依据。在区域尺度上用于研究较强横向不均匀性的非线性反演方法也已经被开发出来(Sambridge 1990; Papazachos & Nolet 1997a; 1997b)。

★15.9.2 椭率校正

对体波走时观测做常规的椭率校正已经超过60年(Bullen 1937; 1963)。我们将在此讨论由Dziewonski 和 Gilbert (1976)给出的对这一问题的一种现代处理方法。令ψ和Ψ分别为从$\mathbf{x}'$到$\mathbf{x}$的射线路径上可变点的余纬度和震中距，如图15.11所示。这两个角弧长可以用下式与震源的余纬度θ'和接收点的方位角ζ'联系起来

$$\cos\psi = \cos\theta'\cos\Psi - \sin\theta'\sin\Psi\cos\zeta' \tag{15.268}$$

地球的流体静力学椭率是一个(14.31)给出的如下形式的二阶带状微扰：

$$\delta v = \frac{2}{3}r\varepsilon\dot{v}P_2(\cos\psi), \qquad \delta d = -\frac{2}{3}d\varepsilon_d P_2(\cos\psi) \tag{15.269}$$

利用球谐函数加法定理(B.74)，勒让德多项式$P_2(\cos\psi)$可以用可变点的震中距Ψ和固定的余纬度θ'和方位角ζ'表示：

$$P_2(\cos\psi) = \sum_{m=0}^{2}(-1)^m(2-\delta_{m0})\left[\frac{(2-m)!}{(2+m)!}\right] \times P_{2m}(\cos\Psi)P_{2m}(\cos\theta')\cos m\zeta' \tag{15.270}$$

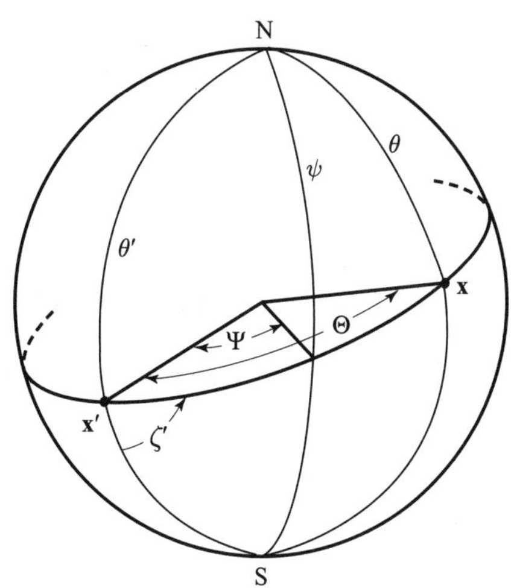

图 15.11 推导椭率校正公式(15.271)–(15.272)中用到的几何符号。角度θ'、θ和ψ分别为震源、接收点和射线上积分点的余纬度。积分点的震中坐标为Ψ和ζ'，前者为震中距，后者为到接收点路径的出射方位角，其定义与通常一样，从正南方向开始逆时针旋转

将 (15.269)–(15.270) 代入 (15.265)–(15.267)，我们可以把椭率走时微扰写成三个连带勒让德函数的和：

$$\delta T^{\text{ell}} = \sum_{m=0}^{2} \delta T_m(\Theta, h)\, P_{2m}(\cos\theta')\cos m\zeta' \tag{15.271}$$

其中的三个系数δT_0、δT_1、δT_2是指定射线震中距Θ和震源深度h的函数，由下式给定

$$\begin{aligned}\delta T_m = & -\frac{2}{3}(-1)^m(2-\delta_{m0})\left[\frac{(2-m)!}{(2+m)!}\right] \\ & \times\left\{p^{-1}\int_0^{\Theta} r^3v^{-3}\varepsilon\dot{v}P_2(\cos\Psi)\,d\Psi\right. \\ & -\sum_d^{\text{透射}} d\varepsilon_d\,[(v_d^{-2}-p^2d^{-2})^{1/2}]_-^+\,P_2(\cos\Psi_d) \\ & \left.\mp\sum_d^{\text{反射}} 2d\varepsilon_d(v_{d\pm}^{-2}-p^2d^{-2})^{1/2}P_2(\cos\Psi_d)\right\}\end{aligned} \tag{15.272}$$

第一个求和是对射线透射经过的所有界面，第二个是对射线反射的所有界面，上下符号的选取规则是在界面上侧的反射取上符号，下侧的反射取下符号。Doornbos (1988) 对计算 (15.272) 中系数的计算机程序做出了说明。在1991年的IASPEI地震走时表 (Kennett 1991) 中列出了用该程序计算的一些震相的δT_0、δT_1、δT_2数值。Kennett 和 Gudmundsson (1996) 讨论了将 (15.271)–(15.272) 的结果推广到像地核影区的$\mathrm{P_{diff}}$这些非几何震相所需要做的修改，还介绍了如何通过合并射线上各段的结果来计算像PP这些复合震相的椭率校正。需要指出的是以上所有文献中使用的都是Dziewonski 和 Gilbert (1976) 原来的约定，与这里的不同。特别是方位角的定义是从正北顺时针旋转，而不是从正南逆时针旋转，另外在等价于 (15.271) 的公式中使用的勒让德函数归一化定义也是比较不常用的。

*15.9.3 射线几何

球对称地球射线几何上的微小变化可以通过对哈密顿方程 (15.48) 做微扰分析来确定，也可以对射线中心坐标系中由四个方程组成的等价系统做微扰，Farra 和 Madariaga (1987)、Coates 和 Chapman (1990) 给出了射线中心系统的微扰分析结果。在本节中我们介绍Liu 和 Tromp (1996) 提出的射线微扰理论的第三种形式。这一方法特别适用于全球地震学应用，它将微扰理论用于四个球极坐标系的射线追踪方程 (15.213)–(15.216)。我们首先将注意力集中在不连续面为球对称的地球模型，边界微扰δd的效应将在15.9.4节做简要的考虑。

假设微扰前的球对称地球中一条射线位于赤道面内，其局地半径r和入射角i由 (15.253) 确定，我们考虑如下形式的微扰

$$r\to r+\delta r,\qquad \theta\to\pi/2+\delta\theta,\qquad i\to i+\delta i,\qquad \zeta\to\pi/2+\delta\zeta \tag{15.273}$$

将 (15.273) 代入 (15.213)–(15.216)，并忽略二阶项，我们得到微扰后的射线δr、$\delta\theta$、δi和$\delta\zeta$所满足的线性方程组：

$$\frac{d}{d\phi}\delta r = \cot i\,\delta r - r(\sin i)^{-2}\,\delta i \tag{15.274}$$

$$\frac{d}{d\phi}\delta\theta = -\delta\zeta \tag{15.275}$$

$$\begin{aligned}\frac{d}{d\phi}\delta i =&(rv^{-1}\ddot{v} - rv^{-2}\dot{v}^2 + v^{-1}\dot{v})\,\delta r + rv^{-1}\partial_r\delta v\\&- v^{-1}\cot i\,\partial_\phi\delta v - rv^{-2}\dot{v}\,\delta v\end{aligned} \tag{15.276}$$

$$\frac{d}{d\phi}\delta\zeta = \delta\theta + (\sin i)^{-2}v^{-1}\partial_\theta\delta v \tag{15.277}$$

相应的边界条件的微扰要求在每一个球形不连续面上有

$$\begin{gathered}[\tan i\,\delta r]_-^+ = 0, \qquad [\delta\theta]_-^+ = 0, \qquad [\delta\zeta]_-^+ = 0\\ [\cot i\,\delta i - (v^{-1}\dot{v} - r^{-1})\,\delta r - v^{-1}\delta v]_-^+ = 0\end{gathered} \tag{15.278}$$

在 (15.278) 的最后一个条件中 $-v^{-1}\delta v$ 一项的出现是因为入射波和反射或透射波所感受到的速度微扰可能是不同的。值得指出的是 δr 和 δi 所满足的方程和边界条件与 $\delta\theta$ 和 $\delta\zeta$ 的是解耦的。

我们先来求解离开赤道面的微扰 $\delta\theta$ 和 $\delta\zeta$。首先把方程 (15.275) 和 (15.277) 用 2×2 矩阵表示：

$$\frac{d\mathsf{y}}{d\phi} = \mathsf{Ay} + \mathsf{f} \tag{15.279}$$

其中

$$\mathsf{y} = \begin{pmatrix}\delta\theta\\ \delta\zeta\end{pmatrix}, \qquad \mathsf{f} = \begin{pmatrix}0\\ (\sin i)^{-2}v^{-1}\partial_\theta\delta v\end{pmatrix} \tag{15.280}$$

$$\mathsf{A} = \begin{pmatrix}0 & -1\\ 1 & 0\end{pmatrix} \tag{15.281}$$

通过直接代入可以很容易验证非齐次方程 (15.279) 的解是

$$\begin{aligned}\mathsf{y}(\phi) &= \mathsf{P}(\phi,0)\left[\int_0^\phi \mathsf{P}^{-1}(\tilde{\phi},0)\,\mathsf{f}(\tilde{\phi})\,d\tilde{\phi} + \mathsf{y}(0)\right]\\ &= \int_0^\phi \mathsf{P}(\phi,\tilde{\phi})\,\mathsf{f}(\tilde{\phi})\,d\tilde{\phi} + \mathsf{P}(\phi,0)\,\mathsf{y}(0)\end{aligned} \tag{15.282}$$

这里 P 是满足下列条件的 2×2 传播矩阵

$$\frac{d\mathsf{P}}{d\phi} = \mathsf{AP}, \qquad \mathsf{P}(\phi,\phi) = \mathsf{I} \tag{15.283}$$

(15.282) 中的第二个等式源于如下逆传播矩阵等式

$$\mathsf{P}(\phi,0)\,\mathsf{P}^{-1}(\tilde{\phi},0) = \mathsf{P}(\phi,0)\,\mathsf{P}(0,\tilde{\phi}) = \mathsf{P}(\phi,\tilde{\phi}) \tag{15.284}$$

从任意一点$0 \leqslant \tilde{\phi} \leqslant \Theta$到另一点$0 \leqslant \phi \leqslant \Theta$的传播矩阵的显式表示为

$$\mathsf{P}(\phi, \tilde{\phi}) = \begin{pmatrix} \cos(\phi - \tilde{\phi}) & -\sin(\phi - \tilde{\phi}) \\ \sin(\phi - \tilde{\phi}) & \cos(\phi - \tilde{\phi}) \end{pmatrix} \tag{15.285}$$

微扰后射线必须具有与微扰前射线相同的起点和终点，即

$$\mathsf{y}(0) = \begin{pmatrix} 0 \\ \delta\zeta' \end{pmatrix}, \quad \mathsf{y}(\Theta) = \begin{pmatrix} 0 \\ \delta\zeta \end{pmatrix} \tag{15.286}$$

其中$\delta\zeta'$和$\delta\zeta$分别为微扰后的离开赤道面的出射和到达的角度。将(15.286)代入(15.282)，我们得到闭合形式的结果

$$\delta\zeta' = -(\sin\Theta)^{-1} \int_0^{\Theta} \sin(\Theta - \phi)(\sin i)^{-2} v^{-1} \partial_\theta \delta v \, d\phi \tag{15.287}$$

$$\delta\zeta = (\sin\Theta)^{-1} \int_0^{\Theta} \sin\phi \, (\sin i)^{-2} v^{-1} \partial_\theta \delta v \, d\phi \tag{15.288}$$

公式(15.287)和(15.288)用垂直于球对称地球射线平面方向上的波速梯度$\partial_\theta \delta v$来确定起点与终点的微扰$\delta\zeta'$和$\delta\zeta$。积分是在微扰前的射线$r(\phi)$、$i(\phi)$上进行的。在中间一点$0 \leqslant \phi \leqslant \Theta$处，完整的解(15.282)是

$$\delta\theta(\phi) = -\int_0^{\phi} \sin(\phi - \tilde{\phi})(\sin\tilde{\imath})^{-2} \tilde{v}^{-1} \partial_\theta \delta\tilde{v} \, d\tilde{\phi} - \delta\zeta' \sin\phi \tag{15.289}$$

$$\delta\zeta(\phi) = \int_0^{\phi} \cos(\phi - \tilde{\phi})(\sin\tilde{\imath})^{-2} \tilde{v}^{-1} \partial_\theta \delta\tilde{v} \, d\tilde{\phi} + \delta\zeta' \cos\phi \tag{15.290}$$

其中波浪符号表示在哑变量$\tilde{\phi}$处取值。要注意的是，如预期的，$\delta\theta(0) = \delta\theta(\Theta) = 0$, 而$\delta\zeta(0) = \delta\zeta'$, $\delta\zeta(\Theta) = \delta\zeta$。

接下来我们来确定赤道面内的微扰δr和δi。它们所满足的方程(15.274)和(15.276)可以写为类似(15.279)的矩阵形式：

$$\frac{d\mathsf{y}}{d\phi} = \mathsf{A}\mathsf{y} + \mathsf{f} \tag{15.291}$$

为了考虑在界面上的跃变$[\delta r]_-^+$和$[\delta i]_-^+$，我们需要求方程(15.291)满足在微扰前射线上每个与界面作用处非齐次连续性条件下的解：

$$[\mathsf{B}\mathsf{y} + \mathsf{b}]_-^+ = 0 \tag{15.292}$$

方程(15.291)–(15.292)中2×1的列矢量y、b、f和2x2的矩阵A、B的定义为

$$\mathsf{y} = \begin{pmatrix} \delta r \\ \delta i \end{pmatrix}, \quad \mathsf{b} = \begin{pmatrix} 0 \\ -v^{-1}\delta v \end{pmatrix} \tag{15.293}$$

$$\mathsf{f} = \begin{pmatrix} 0 \\ rv^{-1}\partial_r\delta v - \cot i\, v^{-1}\partial_\phi\delta v - rv^{-2}\dot{v}\,\delta v \end{pmatrix} \tag{15.294}$$

$$\mathsf{A} = \begin{pmatrix} \cot i & -r(\sin i)^{-2} \\ rv^{-1}\ddot{v} - rv^{-2}\dot{v}^2 + v^{-1}\dot{v} & 0 \end{pmatrix} \tag{15.295}$$

$$\mathsf{B} = \begin{pmatrix} \tan i & 0 \\ -v^{-1}\dot{v} + r^{-1} & \cot i \end{pmatrix} \tag{15.296}$$

此时2×2的传播矩阵P必须满足一个额外的边界条件约束，因而完整的定义关系式成为

$$\frac{d\mathsf{P}}{d\phi} = \mathsf{AP}, \qquad [\mathsf{BP}]_-^+ = 0, \qquad \mathsf{P}(\phi,\phi) = \mathsf{I} \tag{15.297}$$

赤道面内传播矩阵的分量是四个偏导数

$$\mathsf{P}(\phi,\tilde{\phi}) = \begin{pmatrix} \partial_{\tilde{r}} r(\phi,\tilde{\phi}) & \partial_{\tilde{\imath}} r(\phi,\tilde{\phi}) \\ \partial_{\tilde{r}} i(\phi,\tilde{\phi}) & \partial_{\tilde{\imath}} i(\phi,\tilde{\phi}) \end{pmatrix} \tag{15.298}$$

其中$\tilde{r} = r(\tilde{\phi})$和$\tilde{\imath} = i(\tilde{\phi})$。方程(15.291)–(15.292)的解可以用 (15.298)的矩阵和它的逆

$$\mathsf{P}^{-1}(\phi,\tilde{\phi}) = \frac{1}{\det\mathsf{P}(\phi,\tilde{\phi})}\begin{pmatrix} \partial_{\tilde{\imath}} i(\phi,\tilde{\phi}) & -\partial_{\tilde{\imath}} r(\phi,\tilde{\phi}) \\ -\partial_{\tilde{r}} i(\phi,\tilde{\phi}) & \partial_{\tilde{r}} r(\phi,\tilde{\phi}) \end{pmatrix} \tag{15.299}$$

表示为

$$\begin{aligned} \mathsf{y}(\phi) &= \mathsf{P}(\phi,0)\left[\int_0^\phi \mathsf{P}^{-1}(\tilde{\phi},0)\,\mathsf{f}(\tilde{\phi})\,d\tilde{\phi} + \mathsf{y}(0)\right. \\ &\qquad \left. + \sum_d \mathsf{P}^{-1}(\phi_d,0)\left(\mathsf{B}_d^{\rm out}\right)^{-1}\left(\mathsf{b}_d^{\rm inc} - \mathsf{b}_d^{\rm out}\right)\right] \\ &= \int_0^\phi \mathsf{P}(\phi,\tilde{\phi})\,\mathsf{f}(\tilde{\phi})\,d\tilde{\phi} + \mathsf{P}(\phi,0)\,\mathsf{y}(0) \\ &\qquad + \sum_d \mathsf{P}(\phi,\phi_d)\left(\mathsf{B}_d^{\rm out}\right)^{-1}\left(\mathsf{b}_d^{\rm inc} - \mathsf{b}_d^{\rm out}\right) \end{aligned} \tag{15.300}$$

这里的求和是对微扰前射线路径上所遇到的所有边界，上角标inc和out分别表示在边界的入射和出射一侧取值。只有当$\delta v^{\rm inc}$和$\delta v^{\rm out}$不同时边界项才有贡献，此时它们的作用非常重要。

我们仍然要求微扰后与微扰前的射线必须具有相同的源和接收点：

$$\mathsf{y}(0) = \begin{pmatrix} 0 \\ \delta i' \end{pmatrix}, \qquad \mathsf{y}(\Theta) = \begin{pmatrix} 0 \\ \delta i \end{pmatrix} \tag{15.301}$$

将边界条件(15.301)代入(15.300)，并注意到$\tilde{r}(0) = r'$和$\tilde{\imath}(0) = i'$，我们发现微扰后的出射角

$\delta i'$ 和到达角 δi 由下式给出

$$\begin{aligned}\delta i' = & \frac{1}{\partial_{i'} r(\Theta)} \int_0^\Theta D^{-1}(\phi)\,[\partial_{r'} r(\Theta)\partial_{i'} r(\phi) - \partial_{i'} r(\Theta)\partial_{r'} r(\phi)] \\ & \times [rv^{-1}\partial_r \delta v - \cot i\, v^{-1}\partial_\phi \delta v - rv^{-2}\dot{v}\,\delta v]\,d\phi \\ & + \frac{1}{\partial_{i'} r(\Theta)} \sum_d D^{-1}(\phi_d^{\rm out}) \\ & \times [\partial_{r'} r(\Theta)\partial_{i'} r(\phi_d^{\rm out}) - \partial_{i'} r(\Theta)\partial_{r'} r(\phi_d^{\rm out})] \\ & \times \tan i_d^{\rm out}[(v^{-1}\delta v)_d^{\rm out} - (v^{-1}\delta v)_d^{\rm inc}] \end{aligned} \tag{15.302}$$

$$\begin{aligned}\delta i = & \frac{D(\Theta)}{\partial_{i'} r(\Theta)} \int_0^\Theta D^{-1}(\phi)\,\partial_{i'} r(\phi) \\ & \times [rv^{-1}\partial_r \delta v - \cot i\, v^{-1}\partial_\phi \delta v - rv^{-2}\dot{v}\,\delta v]\,d\phi \\ & + \frac{D(\Theta)}{\partial_{i'} r(\Theta)} \sum_d D^{-1}(\phi_d^{\rm out})\,\partial_{i'} r(\phi_d^{\rm out}) \\ & \tan i_d^{\rm out}[(v^{-1}\delta v)_d^{\rm out} - (v^{-1}\delta v)_d^{\rm inc}] \end{aligned} \tag{15.303}$$

其中

$$D(\phi) = \partial_{r'} r(\phi)\partial_{i'} i(\phi) - \partial_{i'} r(\phi)\partial_{r'} i(\phi) \tag{15.304}$$

公式 (15.302)–(15.303) 用赤道面内的波速梯度 $\partial_r \delta v$、$\partial_\phi \delta v$ 和边界差值 $(v^{-1}\delta v)_d^{\rm out} - (v^{-1}\delta v)_d^{\rm inc}$ 确定了微扰值 $\delta i'$、δi。在用标射法寻找给定震源与接收点之间的几何射线时，可以很方便地用 (15.287) 和 (15.302) 作为对初始的出射方位角 $\zeta_0' = \pi/2 + \delta\zeta'$ 和入射角 $i_0' = i' + \delta i'$ 的第一估计；这样做可以大大减少击中接收点所需要的对 (15.221) 的迭代次数。

微扰后射线的完整几何由方程 (15.289)–(15.290) 及以下公式确定

$$\begin{aligned}\delta r(\phi) = & \int_0^\phi D^{-1}(\tilde{\phi})\,[-\partial_{r'} r(\phi)\partial_{i'} r(\tilde{\phi}) + \partial_{i'} r(\phi)\partial_{r'} r(\tilde{\phi})] \\ & \times [rv^{-1}\partial_r \delta v - \cot i\, v^{-1}\partial_\phi \delta v - rv^{-2}\dot{v}\,\delta v]\,d\phi \\ & + \sum_d D^{-1}(\phi_d^{\rm out}) \\ & \times [-\partial_{r'} r(\phi)\partial_{i'} r(\phi_d^{\rm out}) + \partial_{i'} r(\phi)\partial_{r'} r(\phi_d^{\rm out})] \\ & \times \tan i_d^{\rm out}[(v^{-1}\delta v)_d^{\rm out} - (v^{-1}\delta v)_d^{\rm inc}] + \delta i'\,\partial_{i'} r(\phi) \end{aligned} \tag{15.305}$$

$$\begin{aligned}\delta i(\phi) = & \int_0^\phi D^{-1}(\tilde{\phi})\,[-\partial_{r'} i(\phi)\partial_{i'} r(\tilde{\phi}) + \partial_{i'} i(\phi)\partial_{r'} r(\tilde{\phi})] \\ & \times [rv^{-1}\partial_r \delta v - \cot i\, v^{-1}\partial_\phi \delta v - rv^{-2}\dot{v}\,\delta v]\,d\phi \\ & + \sum_d D^{-1}(\phi_d^{\rm out}) \\ & \times [-\partial_{r'} i(\phi)\partial_{i'} r(\phi_d^{\rm out}) + \partial_{i'} i(\phi)\partial_{r'} r(\phi_d^{\rm out})] \\ & \times \tan i_d^{\rm out}[(v^{-1}\delta v)_d^{\rm out} - (v^{-1}\delta v)_d^{\rm inc}] + \delta i'\,\partial_{i'} i(\phi) \end{aligned} \tag{15.306}$$

这里的求和是对所有位于震源与瞬时点ϕ之间的不连续面。很容易验证$\delta r(0)=\delta r(\Theta)=0$和$\delta i(0)=\delta i'$，$\delta i(\Theta)=\delta i$。图15.12比较了模型SKS12WM13中一对固定的震源与接收点之间精确的和一阶微扰的射线追踪结果。普遍来说，在这一光滑的地球模型($s_{\max}=12$)中微扰理论对几何射线可以做出很好的预测。

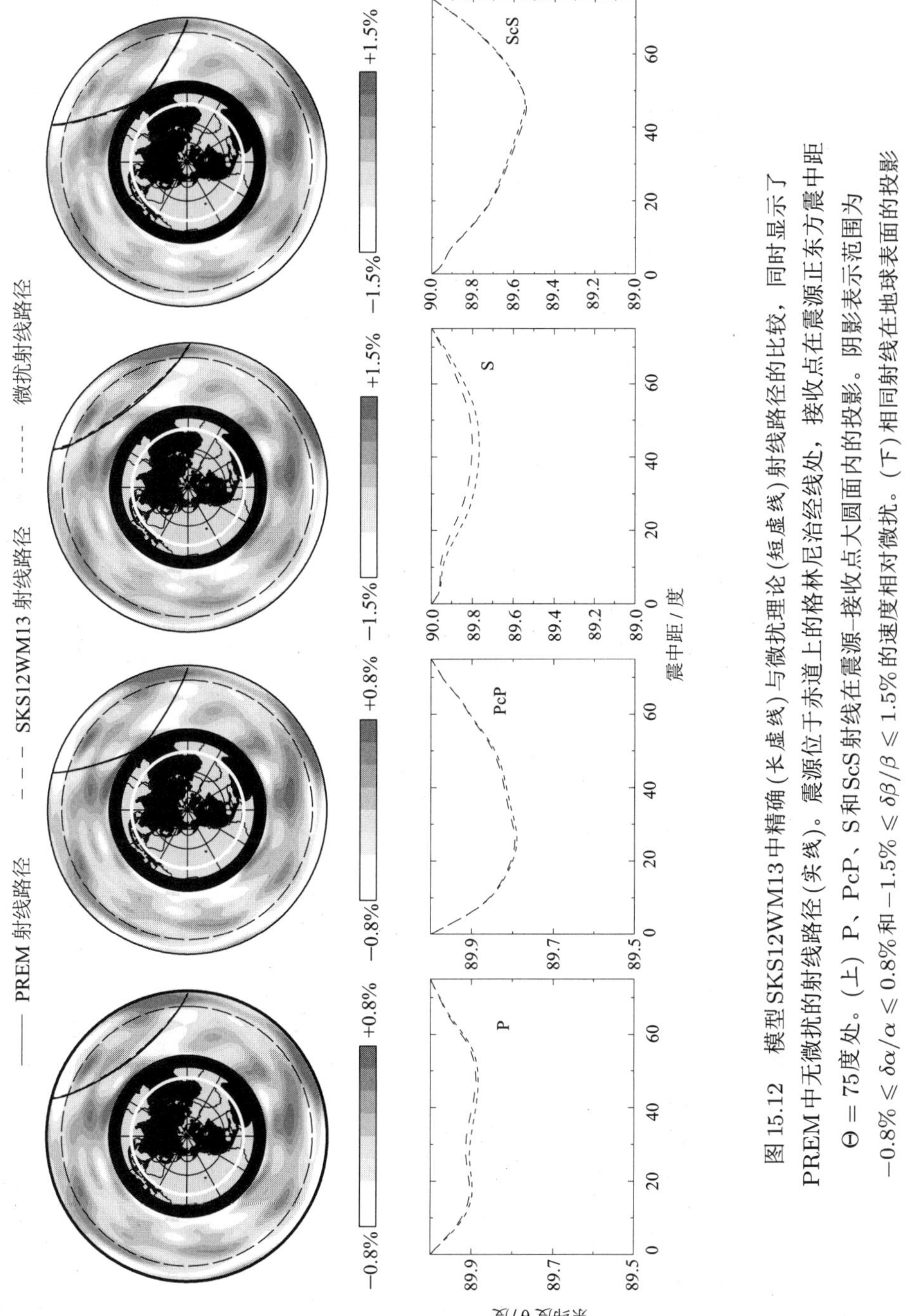

图 15.12　模型SKS12WM13中精确(长虚线)与微扰理论(短虚线)射线路径的比较，同时显示了PREM中无微扰的射线路径(实线)。震源位于赤道上的格林尼治经线处，接收点在震源正东方震中距$\Theta=75$度处。(上) P、PcP、S和ScS射线在震源-接收点大圆面内的投影。阴影表示范围为$-0.8\%\leqslant\delta\alpha/\alpha\leqslant0.8\%$和$-1.5\%\leqslant\delta\beta/\beta\leqslant1.5\%$的速度相对微扰。(下) 相同射线在地球表面的投影

图15.13和图15.14比较了模型SKS12WM13中一些射线路径在震源处精确和一阶近似的

入射角和方位角异常$\delta i'$和$\delta\zeta'$。图15.15和图15.16对到达接收点处的两个角度异常δi和$\delta\zeta$做了类似的比较。因子$(\sin i)^{-2}$的较大量级使传播方向较陡的波离开震源–接收点大圆面的微扰(15.287)和(15.288)对横向梯度$\partial_\theta\delta v$特别敏感。因此，反射震相PcP和ScS表现出大约两倍于折返震相P波和S波的出射与到达角度异常$\delta\zeta'$和$\delta\zeta$。

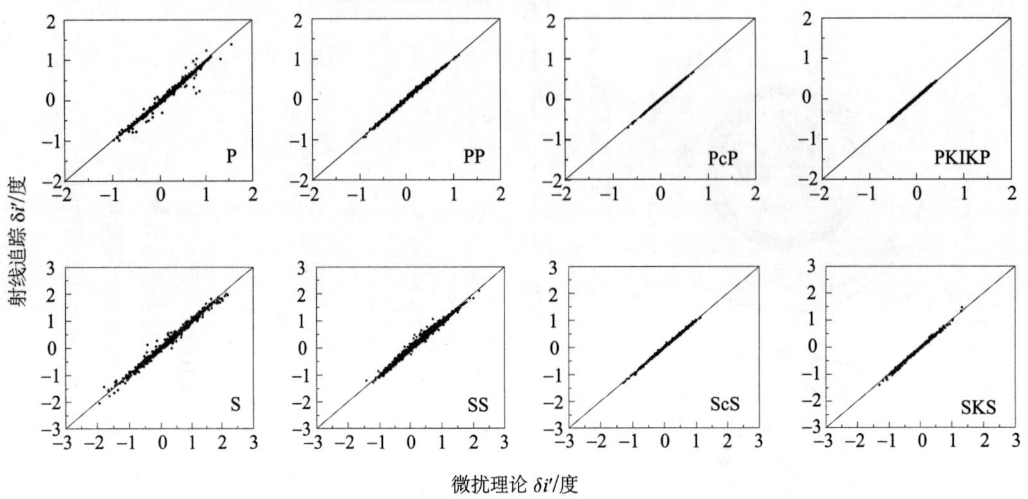

图 15.13 比较模型SKS12WM13中分别用一阶微扰理论和精确射线追踪计算的震源处出射角异常$\delta i'$的散点图。每一幅图显示了1000个随机选取的震源到接收点路径的结果，图15.10比较了相应的走时微扰δT。在接收点相应的δi异常见图15.15

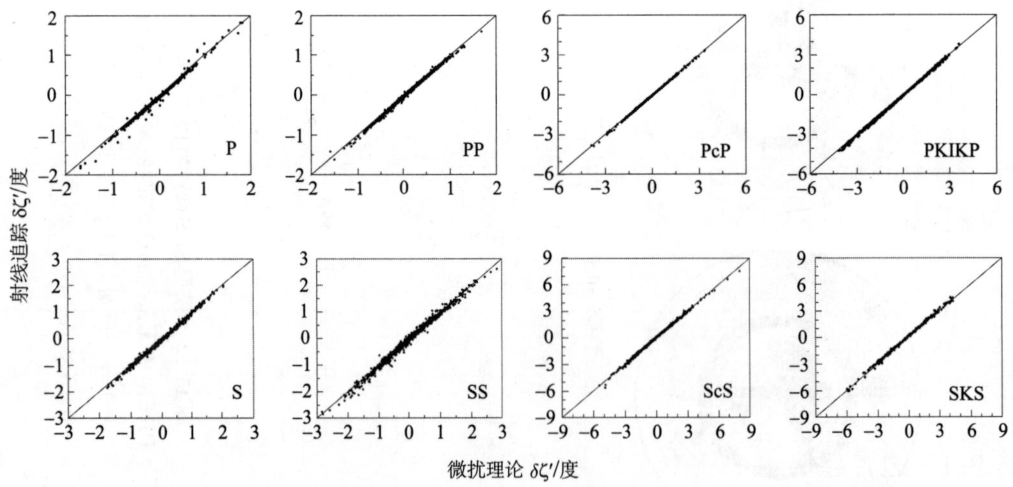

图 15.14 比较模型SKS12WM13中分别用一阶微扰理论和精确射线追踪计算的出射方位角异常$\delta\zeta'$的散点图。每一幅图显示了1000个随机选取的震源到接收点路径的结果。在接收点相应的$\delta\zeta$异常见图15.16

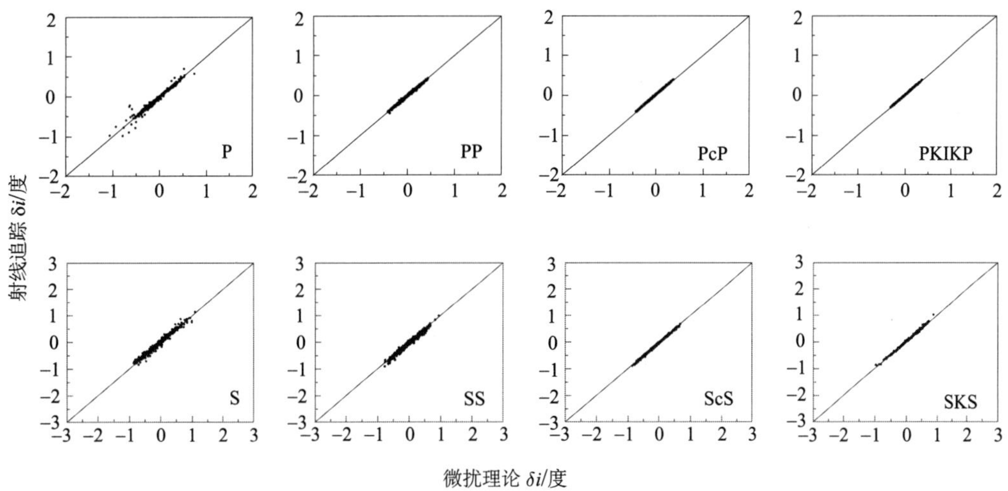

图 15.15　与图15.13相同，但显示的是在接收点观测的入射角δi异常。每一个散点图显示了1000个随机选取的震源到接收点路径的结果

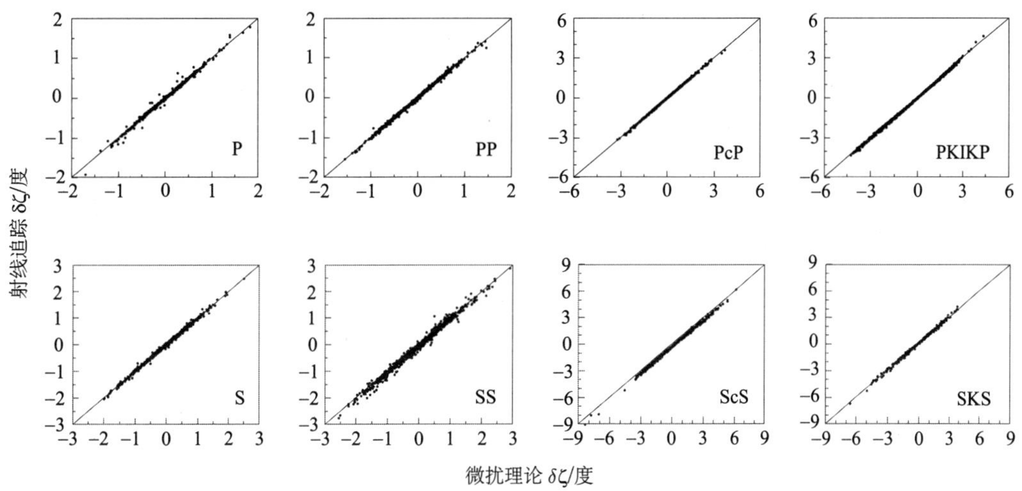

图 15.16　与图15.14相同，但显示的是在接收点到达的方位角$\delta\zeta$异常。图15.13–15.16中震中距的范围与图15.10中相同，即P: 30度 $\leqslant \Theta \leqslant$ 95度, S: 30度 $\leqslant \Theta \leqslant$ 80度, PP和SS: 60度 $\leqslant \Theta \leqslant$ 179度, PcP和ScS: 10度 $\leqslant \Theta \leqslant$ 75度, PKIKP: 130度 $\leqslant \Theta \leqslant$ 170度, SKS: 85度 $\leqslant \Theta \leqslant$ 130度

*15.9.4 边界起伏

Liu 和 Tromp (1996) 处理了初始为球形的界面有局部微扰δd的效应。我们这里仅直接引述他们的结果。出射与到达角度微扰(15.287)–(15.288)和(15.302)–(15.303)表现出额外的界面贡献。离开震源–接收点大圆面与大圆面内的偏转分别依赖于界面形状的横向梯度∂_θ和纵向梯

度∂_ϕ：

$$\delta\zeta' \to \delta\zeta' - (\sin\Theta)^{-1}\sum_d \sin(\Theta-\phi_d) \times(\cot i_d^{\text{out}} - \cot i_d^{\text{inc}})\,\partial_\theta \ln\delta d \tag{15.307}$$

$$\delta\zeta \to \delta\zeta + (\sin\Theta)^{-1}\sum_d \sin\phi_d(\cot i_d^{\text{out}} - \cot i_d^{\text{inc}})\,\partial_\theta \ln\delta d \tag{15.308}$$

$$\delta i' \to \delta i' - \frac{1}{\partial_{i'}r(\Theta)}\sum_d D^{-1}(\phi_d^{\text{out}}) \times[\partial_{r'}r(\Theta)\partial_{i'}r(\phi_d^{\text{out}}) - \partial_{i'}r(\Theta)\partial_{r'}r(\phi_d^{\text{out}})] \times\tan i_d^{\text{out}}(\cot i_d^{\text{out}} - \cot i_d^{\text{inc}})\,\partial_\phi \ln\delta d \tag{15.309}$$

$$\delta i \to \delta i - \frac{D(\Theta)}{\partial_{i'}r(\Theta)}\sum_d D^{-1}(\phi_d^{\text{out}})\,\partial_{i'}r(\phi_d^{\text{out}}) \times\tan i_d^{\text{out}}(\cot i_d^{\text{out}} - \cot i_d^{\text{inc}})\,\partial_\phi \ln\delta d \tag{15.310}$$

在接收点到达角度的异常δi和$\delta\zeta$可以通过对单一三分量记录或一组密集台阵记录的偏振分析来测量。上述结果使得这种数据可以在全球走时反演研究中用做补充的约束。$\delta\zeta$和δi对体积分布微扰的梯度$\partial_r\delta v$、$\partial_\theta\delta v$、$\partial_\phi\delta v$和界面形状梯度$\partial_\theta\delta d$、$\partial_\phi\delta d$的依赖是严格线性的。可能的震源位置误差$\delta r'$、$\delta\theta'$的影响可以通过分别在公式(15.308)和(15.310)的右边加上$(\sin\Theta)^{-1}\delta\theta'$和$-[D(\Theta)/\partial_{i'}r(\Theta)]\,\delta r'$来考虑。

射线几何方程(15.289)–(15.290)和(15.305)–(15.306)也因界面起伏的存在有所改动：

$$\delta\theta(\phi) \to \delta\theta(\phi) - \sum_d \sin(\phi-\phi_d) \times(\cot i_d^{\text{out}} - \cot i_d^{\text{inc}})\,\partial_\theta \ln\delta d \tag{15.311}$$

$$\delta\zeta(\phi) \to \delta\zeta(\phi) + \sum_d \cos(\phi-\phi_d) \times(\cot i_d^{\text{out}} - \cot i_d^{\text{out}})\,\partial_\theta \ln\delta d \tag{15.312}$$

$$\delta r(\phi) \to \delta r(\phi) - \sum_d D^{-1}(\phi_d^{\text{out}}) \times[-\partial_{r'}r(\phi)\partial_{i'}r(\phi_d^{\text{out}}) + \partial_{i'}r(\phi)\partial_{r'}r(\phi_d^{\text{out}})] \times\tan i_d^{\text{out}}(\cot i_d^{\text{out}} - \cot i_d^{\text{inc}})\,\partial_\phi \ln\delta d \tag{15.313}$$

$$\delta i(\phi) \to \delta i(\phi) - \sum_d D^{-1}(\phi_d^{\text{out}}) \times[-\partial_{r'}i(\phi)\partial_{i'}r(\phi_d^{\text{out}}) + \partial_{i'}i(\phi)\partial_{r'}r(\phi_d^{\text{out}})] \times\tan i_d^{\text{out}}(\cot i_d^{\text{out}} - \cot i_d^{\text{inc}})\,\partial_\phi \ln\delta d \tag{15.314}$$

公式(15.311)–(15.314)还可以应用于对地球的椭率和地壳厚度变化的校正。

*15.9.5 振幅微扰

弹性介质射线叠加公式(15.190)中的每一个讯号的振幅都是$A = \Xi\Sigma\Pi\mathcal{R}^{-1}$，即接收点偏振因子$\Xi$、点源激发因子$\Sigma$、界面作用因子$\Pi$以及几何扩散因子$\mathcal{R}^{-1}$的乘积。地球结构的三维微扰$\delta\alpha$、$\delta\beta$、$\delta\rho$、$\delta d$会引起所有四个因子的变化：

$$\delta A/A = \delta\Xi/\Xi + \delta\Sigma/\Sigma + \delta\Pi/\Pi - \delta\mathcal{R}/\mathcal{R} \tag{15.315}$$

(15.315)中前两项可以通过对定义公式(15.188)和(15.189)做微扰来得到：

$$\delta\Xi/\Xi = (\hat{\boldsymbol{\nu}}\cdot\boldsymbol{\delta}\hat{\boldsymbol{\eta}})/(\hat{\boldsymbol{\nu}}\cdot\hat{\boldsymbol{\eta}}) - \frac{1}{2}(\delta\rho/\rho + \delta v/v) \tag{15.316}$$

$$\begin{aligned}\delta\Sigma/\Sigma = {} & [\mathbf{M}\colon\frac{1}{2}(\boldsymbol{\delta}\hat{\mathbf{p}}_{\mathrm{s}}\hat{\boldsymbol{\eta}}_{\mathrm{s}} + \hat{\mathbf{p}}_{\mathrm{s}}\boldsymbol{\delta}\hat{\boldsymbol{\eta}}_{\mathrm{s}} + \boldsymbol{\delta}\hat{\boldsymbol{\eta}}_{\mathrm{s}}\hat{\mathbf{p}}_{\mathrm{s}} + \hat{\boldsymbol{\eta}}_{\mathrm{s}}\boldsymbol{\delta}\hat{\mathbf{p}}_{\mathrm{s}})] \\ & \div [\mathbf{M}\colon\frac{1}{2}(\hat{\mathbf{p}}_{\mathrm{s}}\hat{\boldsymbol{\eta}}_{\mathrm{s}} + \hat{\boldsymbol{\eta}}_{\mathrm{s}}\hat{\mathbf{p}}_{\mathrm{s}})] - \frac{1}{2}(\delta\rho_{\mathrm{s}}/\rho_{\mathrm{s}} + 5\,\delta v_{\mathrm{s}}/v_{\mathrm{s}})\end{aligned} \tag{15.317}$$

值得注意的是波速在震源处局地微扰$\delta v_{\mathrm{s}}/v_{\mathrm{s}}$导致的振幅异常$\delta A/A$会比在接收点处相应微扰$\delta v/v$所产生的振幅异常大五倍。在震源处单位慢度和偏振矢量的微扰$\boldsymbol{\delta}\hat{\mathbf{p}}_{\mathrm{s}}$和$\boldsymbol{\delta}\hat{\boldsymbol{\eta}}_{\mathrm{s}}$可以很容易地用出射角度的微扰 $\delta i'$和$\delta\zeta'$来表示。将接收点的压缩波偏振矢量微扰$\boldsymbol{\delta}\hat{\boldsymbol{\eta}}_{\mathrm{P}}$与$\delta i$和$\delta\zeta$联系起来也很容易。要得到入射剪切波的偏振矢量微扰$\boldsymbol{\delta}\hat{\boldsymbol{\eta}}_{\mathrm{SV}}$和$\boldsymbol{\delta}\hat{\boldsymbol{\eta}}_{\mathrm{SH}}$就比较困难一些，需要通过对方程(15.239)–(15.242)做微扰来考虑射线的扭转。射线扭转也会引起一连串的反射与透射系数的微扰$\delta\Pi/\Pi$。(15.315)中的最后一项可以通过对方程(15.261)做微扰而得到：

$$\begin{aligned}\delta\mathcal{R}/\mathcal{R} = {} & \frac{1}{2}(\cot i\,\delta i - \cot i'\,\delta i') \\ & + \frac{1}{2}(\partial_{i'}r)^{-1}\delta(\partial_{i'}r) - \frac{1}{2}(\sin\Theta)^{-1}\delta(\partial_{\zeta'}\theta)\end{aligned} \tag{15.318}$$

要得到$\delta(\partial_{i'}r)$和$\delta(\partial_{\zeta'}\theta)$这两个量需要对动力学射线追踪方程(15.230)–(15.233)做微扰。Liu 和 Tromp (1996)介绍了如何用沿微扰前射线路径上横向不均匀性的一阶导数$\partial_r\delta v$、$\partial_\phi\delta v$、$\partial_r\delta d$、$\partial_\phi\delta d$和二阶导数$\partial_r^2\delta v$、$\partial_r\partial_\phi\delta v$、$\partial_\phi^2\delta v$、$\partial_r^2\delta d$、$\partial_r\partial_\phi\delta d$、$\partial_\phi^2\delta d$来计算$\delta\mathcal{R}/\mathcal{R}$。最终的结果相当冗长，我们不在这里重复。

横向不均匀的非弹性会使方程(15.315)又额外增加一项：

$$\delta A/A = \delta\Xi/\Xi + \delta\Sigma/\Sigma + \delta\Pi/\Pi - \delta\mathcal{R}/\mathcal{R} + \exp(-\frac{1}{2}\omega\,\delta T^*) - 1 \tag{15.319}$$

其中

$$\delta T^* = \int_{\mathbf{x}'}^{\mathbf{x}} \frac{\delta Q^{-1}}{Q^{-1}}\frac{ds}{v_0 Q} \tag{15.320}$$

原则上讲，这一结果可以用于反演观测的振幅异常$\delta A/A$来得到非弹性的三维变化$\delta Q^{-1}/Q^{-1}$，该变化不必很小。然而，必须记住的是其他影响振幅的因素如$\delta\Xi/\Xi$、$\delta\Sigma/\Sigma$、$\delta\Pi/\Pi$和$\delta\mathcal{R}/\mathcal{R}$也同时存在。普遍来讲，体波讯号的振幅是其最不可靠的特性之一。由于这个原因，也因为众多能够影响$\delta A/A$的因素存在，(15.319)这个一般结果的应用是非常有限的。

第 16 章　面波JWKB理论

在最后这一章，我们利用与第15章中所发展的体波JWKB理论类似的面波理论来分析无自转流体静力学横向不均匀地球上的瑞利与勒夫波的传播。所得到的面波JWKB理论适用于地球的弹性与非弹性结构上任意强的三维变化。然而，变化必须是横向光滑的，即$\lambda/\Lambda_\Omega \ll 1$，其中$\lambda = 2\pi k^{-1}$是在单位球$\Omega$上的面波波长，$\Lambda_\Omega$是相应的不均匀性的横向尺度。对自由表面和内部固–固及固–液不连续面的光滑起伏，以及地球内部非球对称区域中体积分布的横向不均匀性都有所考虑。与对高频体波的处理一样，我们的分析是基于*慢变变分原理*，以此得到勒夫和瑞利波的局地径向本征函数、局地频散关系以及描述面波能量守恒的输运方程。频散关系确定了Ω上的面波射线几何，而输运方程则确定了相应的勒夫和瑞利波的振幅变化。

二维的传播特征使面波射线理论在许多方面比体波射线理论更简单。此外，我们假定没有横向的边界，因此不需要考虑几何扩散的不连续性与不同频散曲线分支之间的耦合。但另一方面，也有一些复杂性存在，特别是传播变得是多阶模式而且有频散，射线追踪也必须在单位球曲面上进行，而不是在三维的欧氏空间里。对面波JWKB理论做出重要贡献的包括Woodhouse (1974)、Babich，Chikhachevhe 和 Yanovskaya (1976)、Yomogida (1985)、Yomogida 和 Aki (1985)、Woodhouse 和 Wong (1986)、Jobert 和 Jobert (1987) 以及Keilis-Borok，Levshin 和 Others (1989)。在这里我们依照Tromp 和 Dahlen (1992a; 1992b)、Wang 和 Dahlen (1994; 1995) 的处理方法，维持我们一贯的约定，即$\exp(-i\omega t)$出现在从时间t到角频率ω变换的傅里叶积分中。

16.1　预 备 知 识

如同在前一章，我们用惯用的符号来表示分段连续的地球模型$\oplus = \oplus_{\mathrm{S}} \cup \oplus_{\mathrm{F}}$，它包含同心的固态和液态区域，以及分隔不同区域的互不相交的界面$\Sigma = \partial\oplus \cup \Sigma_{\mathrm{SS}} \cup \Sigma_{\mathrm{FS}}$，界面的向外单位法向矢量为$\hat{\mathbf{n}}$ (图3.1)。外部的自由表面以及内部的固–固和固–液不连续面的半径$d = a \cup d_{\mathrm{SS}} \cup d_{\mathrm{FS}}$可能随地理位置变化(见8.2节)。由于我们要寻求一种适用于地幔和地壳的面波理论，因此我们在分析中保留引力的影响。位移$\mathbf{s}$和欧拉引力势函数增量ϕ分别满足线性动量方程(4.149)和泊松方程(3.96)：

$$-\omega^2\rho\mathbf{s} + \boldsymbol{\nabla}(\rho\mathbf{s}\cdot\boldsymbol{\nabla}\phi) + \rho\boldsymbol{\nabla}\phi - [\boldsymbol{\nabla}\cdot(\rho\mathbf{s})]\boldsymbol{\nabla}\phi = \boldsymbol{\nabla}\cdot\mathbf{T} \tag{16.1}$$

$$\nabla^2\phi = -\boldsymbol{\nabla}\cdot(\rho\mathbf{s}) \tag{16.2}$$

我们将注意力局限于应力–应变关系是各向同性的地球，如(15.2)中一样：

$$\mathbf{T} = \kappa(\boldsymbol{\nabla}\cdot\mathbf{s})\mathbf{I} + 2\mu\mathbf{d} \tag{16.3}$$

其中κ和μ分别为不可压缩性和刚性，$\mathbf{d}=\frac{1}{2}[\boldsymbol{\nabla}\mathbf{s}+(\boldsymbol{\nabla}\mathbf{s})^{\mathrm{T}}]-\frac{1}{3}(\boldsymbol{\nabla}\cdot\mathbf{s})\mathbf{I}$为偏应变。求解弹性–引力方程组 (16.1)–(16.3) 需要在边界条件的约束下，包括运动学边界条件：在Σ_{SS}上$[\mathbf{s}]_-^+=\mathbf{0}$，在$\Sigma_{\mathrm{FS}}$上$[\hat{\mathbf{n}}\cdot\mathbf{s}]_-^+=0$，在$\Sigma$上$[\phi]_-^+=0$，以及动力学和引力边界条件 (4.150)–(4.152) 和 (3.97)：

$$\hat{\mathbf{n}}\cdot\mathbf{T}=\mathbf{0},\quad 在\,\partial\oplus\,上 \tag{16.4}$$

$$[\hat{\mathbf{n}}\cdot\mathbf{T}]_-^+=\mathbf{0},\quad 在\,\Sigma_{\mathrm{SS}}\,上 \tag{16.5}$$

$$[\hat{\mathbf{n}}\cdot\mathbf{T}]_-^+=\hat{\mathbf{n}}[\hat{\mathbf{n}}\cdot\mathbf{T}\cdot\hat{\mathbf{n}}]_-^+=\mathbf{0},\quad 在\,\Sigma_{\mathrm{FS}}\,上 \tag{16.6}$$

$$[\hat{\mathbf{n}}\cdot\boldsymbol{\nabla}\phi+4\pi G\rho\hat{\mathbf{n}}\cdot\mathbf{s}]_-^+=0,\quad 在所有\,\Sigma\,上 \tag{16.7}$$

由于我们所感兴趣的是时变波的传播，因此必须将$\mathbf{s}(\mathbf{x},\omega)$、$\phi(\mathbf{x},\omega)$和$\mathbf{T}(\mathbf{x},\omega)$作为复数来看待。像第 15 章一样，我们认为实数角频率是正的，即$\omega>0$。

运动方程 (16.1)–(16.2) 以及相应的边界条件 (16.4)–(16.7) 可以从变分原理$\delta\mathcal{I}'=0$得到，其中

$$\mathcal{I}'=\int_{\bigcirc}L'(\mathbf{s},\boldsymbol{\nabla}\mathbf{s},\boldsymbol{\nabla}\phi;\,\mathbf{s}^*,\boldsymbol{\nabla}\mathbf{s}^*,\boldsymbol{\nabla}\phi^*)\,dV \tag{16.8}$$

公式 (16.8) 中的积分是在全空间$\bigcirc$上，被积函数是各向同性地球的拉格朗日量密度，由下式给出

$$\begin{aligned}L'=&\frac{1}{2}[\omega^2\rho\mathbf{s}^*\cdot\mathbf{s}-\kappa(\boldsymbol{\nabla}\cdot\mathbf{s}^*)(\boldsymbol{\nabla}\cdot\mathbf{s})-2\mu\mathbf{d}^*:\mathbf{d}\\&-\rho(\mathbf{s}^*\cdot\boldsymbol{\nabla}\phi+\mathbf{s}\cdot\boldsymbol{\nabla}\phi^*)-\rho\mathbf{s}^*\cdot\boldsymbol{\nabla}\boldsymbol{\nabla}\Phi\cdot\mathbf{s}\\&-\frac{1}{2}\rho\boldsymbol{\nabla}\Phi\cdot(\mathbf{s}^*\cdot\boldsymbol{\nabla}\mathbf{s}+\mathbf{s}\cdot\boldsymbol{\nabla}\mathbf{s}^*-\mathbf{s}^*\boldsymbol{\nabla}\cdot\mathbf{s}-\mathbf{s}\boldsymbol{\nabla}\cdot\mathbf{s}^*)\\&-(4\pi G)^{-1}\boldsymbol{\nabla}\phi^*\cdot\boldsymbol{\nabla}\phi]\end{aligned} \tag{16.9}$$

其中Φ为初始引力势函数，G为引力常数。公式 (16.8) 和 (16.9) 分别是驻波作用量 (4.162) 和拉格朗日量密度 (4.164) 的行波等价形式。在此处的讨论中，更便利的做法是将$\mathbf{s}$和ϕ当作独立变量。因此，我们的 JWKB 分析是基于变更作用量$\mathcal{I}'$和拉格朗日量密度L'，而不是 (4.161) 和 (4.163) 中的行波表达式。(16.8) 中变更作用量的变分为

$$\begin{aligned}\delta\mathcal{I}'=&2\,\mathrm{Re}\int_{\oplus}\boldsymbol{\delta}\mathbf{s}^*\cdot[\partial_{\mathbf{s}^*}L'-\boldsymbol{\nabla}\cdot(\partial_{\boldsymbol{\nabla}\mathbf{s}^*}L')]\,dV\\&-2\,\mathrm{Re}\int_{\bigcirc}\delta\phi^*\,[\boldsymbol{\nabla}\cdot(\partial_{\boldsymbol{\nabla}\phi^*}L')]\,dV\\&-2\,\mathrm{Re}\int_{\Sigma}[\boldsymbol{\delta}\mathbf{s}^*\cdot(\hat{\mathbf{n}}\cdot\partial_{\boldsymbol{\nabla}\mathbf{s}^*}L')+\boldsymbol{\delta}\phi^*(\hat{\mathbf{n}}\cdot\partial_{\boldsymbol{\nabla}\phi^*}L')]_-^+\,d\Sigma\end{aligned} \tag{16.10}$$

对于任意满足容许性约束，即在Σ_{SS}上$[\boldsymbol{\delta}\mathbf{s}]_-^+=\mathbf{0}$，在$\Sigma_{\mathrm{FS}}$上$[\hat{\mathbf{n}}\cdot\boldsymbol{\delta}\mathbf{s}]_-^+=0$，及在$\Sigma$上$[\delta\phi]_-^+=0$的任意独立的变化$\boldsymbol{\delta}\mathbf{s}$和$\delta\phi$，该变分为零的充要条件为$\mathbf{s}$和$\phi$满足欧拉-拉格朗日方程

$$\partial_{\mathbf{s}^*}L'-\boldsymbol{\nabla}\cdot(\partial_{\boldsymbol{\nabla}\mathbf{s}^*}L'),\quad 在\,\oplus\,内 \tag{16.11}$$

$$\boldsymbol{\nabla}\cdot(\partial_{\boldsymbol{\nabla}\phi^*}L'),\quad 在\,\bigcirc\,内 \tag{16.12}$$

以及相应的边界条件

$$\hat{\mathbf{n}}\cdot(\partial_{\boldsymbol{\nabla}\mathbf{s}^*}L')=\mathbf{0},\quad 在\,\partial\oplus\,上 \tag{16.13}$$

$$[\hat{\mathbf{n}}\cdot(\partial_{\boldsymbol{\nabla}\mathbf{s}^*}L')]_-^+=\mathbf{0},\quad 在\,\Sigma_{\mathrm{SS}}\,上 \tag{16.14}$$

$$[\hat{\mathbf{n}}\cdot(\partial_{\boldsymbol{\nabla}\mathbf{s}^*}L)]_-^+=\hat{\mathbf{n}}[\hat{\mathbf{n}}\cdot(\partial_{\boldsymbol{\nabla}\mathbf{s}^*}L)\cdot\hat{\mathbf{n}}]_-^+=\mathbf{0},\quad 在\,\Sigma_{\mathrm{FS}}\,上 \tag{16.15}$$

$$[\hat{\mathbf{n}}\cdot(\partial_{\boldsymbol{\nabla}\phi^*}L')]_-^+=0,\quad 在\,\Sigma\,上 \tag{16.16}$$

方程 (16.11)–(16.12) 和 (16.13)–(16.16) 分别与 (16.1)–(16.2) 和 (16.4)–(16.7) 完全相同。对于稳定时变解，变更作用量的值为 $\mathcal{I}'=0$。

与 (16.9) 中拉格朗日量密度相应的能量体密度是 $E=E'=\omega\partial_\omega L'-L'$。在目前的情形，更有用的一个量是径向积分之后的*表面能量密度*，其定义为

$$E_\Omega=\int_0^\infty(\omega\partial_\omega L'-L')\,r^2dr \tag{16.17}$$

(3.284) 中的暂态弹性引力能量通量的频率域表达式为

$$\begin{aligned}\mathbf{K}'=\mathrm{Re}\,\{&i\omega[\kappa\mathbf{s}^*(\boldsymbol{\nabla}\cdot\mathbf{s})+2\mu(\mathbf{s}^*\cdot\mathbf{d})\\&-\rho\mathbf{s}^*(\mathbf{s}\cdot\boldsymbol{\nabla}\Phi)+\rho\phi^*\mathbf{s}+(4\pi G)^{-1}\phi^*\boldsymbol{\nabla}\phi]\}\end{aligned} \tag{16.18}$$

此处值得关注的量是*能量的横向总通量*：

$$\mathbf{K}'_\Omega=\int_0^\infty(\mathbf{I}-\hat{\mathbf{r}}\hat{\mathbf{r}})\cdot\mathbf{K}'\,r\,dr \tag{16.19}$$

能量所通过的表面是从地心出发的圆锥面，微分量 $r\,dr$ 考虑了圆锥上面元的面积对半径的依赖性。E_Ω 和 $\mathbf{K}'_\Omega$ 两者均可以被看作是在单位球 Ω 上位置 $\hat{\mathbf{r}}$ 的函数。以显式表达，这两个表面变量为

$$\begin{aligned}E_\Omega=\frac{1}{2}\int_0^\infty&[\omega^2\rho\mathbf{s}^*\cdot\mathbf{s}+\kappa(\boldsymbol{\nabla}\cdot\mathbf{s}^*)(\boldsymbol{\nabla}\cdot\mathbf{s})+2\mu\mathbf{d}^*{:}\mathbf{d}\\&+\rho(\mathbf{s}^*\cdot\boldsymbol{\nabla}\phi+\mathbf{s}\cdot\boldsymbol{\nabla}\phi^*)+\rho\mathbf{s}^*\cdot\boldsymbol{\nabla}\boldsymbol{\nabla}\Phi\cdot\mathbf{s}\\&+\frac{1}{2}\rho\boldsymbol{\nabla}\Phi\cdot(\mathbf{s}^*\cdot\boldsymbol{\nabla}\mathbf{s}+\mathbf{s}\cdot\boldsymbol{\nabla}\mathbf{s}^*+\mathbf{s}^*\boldsymbol{\nabla}\cdot\mathbf{s}-\mathbf{s}\boldsymbol{\nabla}\cdot\mathbf{s}^*)\\&+(4\pi G)^{-1}\boldsymbol{\nabla}\phi^*\cdot\boldsymbol{\nabla}\phi]\,r^2dr\end{aligned} \tag{16.20}$$

$$\begin{aligned}\mathbf{K}'_\Omega=\mathrm{Re}\int_0^\infty&i\omega(\mathbf{I}-\hat{\mathbf{r}}\hat{\mathbf{r}})\cdot[\kappa\mathbf{s}^*(\boldsymbol{\nabla}\cdot\mathbf{s})+2\mu(\mathbf{s}^*\cdot\mathbf{d})\\&-\rho\mathbf{s}^*(\mathbf{s}\cdot\boldsymbol{\nabla}\Phi)+\rho\phi^*\mathbf{s}+(4\pi G)^{-1}\phi^*\boldsymbol{\nabla}\phi]\,r\,dr\end{aligned} \tag{16.21}$$

在 (16.20) 和 (16.21) 中，径向积分均向外一直延伸到无穷远，但是只有引力场的自引力势能 $(8\pi G)^{-1}\boldsymbol{\nabla}\phi^*\cdot\boldsymbol{\nabla}\phi$ 和纯引力的通量 $\mathrm{Re}\,[i\omega(4\pi G)^{-1}\phi^*\boldsymbol{\nabla}\phi]$ 在地球外部 $\bigcirc-\oplus$ 不为零。E_Ω 和 $\mathbf{K}'_\Omega$ 的单位分别是 Ω 上单位立体弧度的能量和单位弧度的波前在单位时间内的能量。

16.2　慢变分原理

依照(B.157)中的矢量表述，我们寻求方程(16.1)–(16.2)和(16.4)–(16.7)的如下形式的JWKB解

$$\begin{aligned}\mathbf{s} =&(U\hat{\mathbf{r}} + k_{\mathrm{R}}^{-1}V\boldsymbol{\nabla}_1)A_{\mathrm{R}}\exp(-i\psi_{\mathrm{R}})\\&- k_{\mathrm{L}}^{-1}W(\hat{\mathbf{r}}\times\boldsymbol{\nabla}_1)A_{\mathrm{L}}\exp(-i\psi_{\mathrm{L}})\end{aligned} \tag{16.22}$$

$$\phi = PA_{\mathrm{R}}\exp(-i\psi_{\mathrm{R}}) \tag{16.23}$$

其中角标R和L分别代表瑞利和勒夫波。振幅A_{R}、A_{L}和相位ψ_{R}、ψ_{L}均假设为实数。在球对称地球上径向本征函数U、V、W和P都只是半径r的函数，并且与第11章讨论的一样，复数量$A_{\mathrm{R}}\exp(-i\psi_{\mathrm{R}})$和$A_{\mathrm{L}}\exp(-i\psi_{\mathrm{L}})$均为如下形式的行波勒让德函数

$$A\exp(-i\psi) \sim Q_{k-\frac{1}{2}\,m}^{(1,2)}(\cos\theta)\exp(im\phi) \tag{16.24}$$

在横向不均匀地球上，实函数U、V、W和P均被看作是局地径向本征函数，它们不仅依赖于半径r，同时也与其在单位球上的地理位置$\hat{\mathbf{r}} = (\theta,\phi)$有关。实的局地瑞利和勒夫波的波矢量是通过相位$\psi_{\mathrm{R}}$和$\psi_{\mathrm{L}}$定义的

$$\mathbf{k}_{\mathrm{R}} = \boldsymbol{\nabla}_1\psi_{\mathrm{R}}, \qquad \mathbf{k}_{\mathrm{L}} = \boldsymbol{\nabla}_1\psi_{\mathrm{L}} \tag{16.25}$$

相应的标量局地波数为$k_{\mathrm{R}} = \|\mathbf{k}_{\mathrm{R}}\|$和$k_{\mathrm{L}} = \|\mathbf{k}_{\mathrm{L}}\|$。

如同在15.2节的做法，我们将(16.22)–(16.23)中的JWKB表述代入(16.8)并仅保留小量参数λ/Λ_Ω的最低阶项，来得到慢变作用量。据此得到的JWKB作用量自然清楚地分为瑞利和勒夫波两部分：

$$\mathcal{I}' = \mathcal{I}'_{\mathrm{R}} + \mathcal{I}_{\mathrm{L}} \tag{16.26}$$

其中

$$\mathcal{I}'_{\mathrm{R}} = \int_{\bigcirc}\mathcal{L}'_{\mathrm{R}}(U,V,P,\partial_rU,\partial_rV,\partial_rPA_{\mathrm{R}},\boldsymbol{\nabla}_1\psi_{\mathrm{R}})\,dV \tag{16.27}$$

$$\mathcal{I}_{\mathrm{L}} = \int_{\oplus}\mathcal{L}_{\mathrm{L}}(W,\partial_rW,A_{\mathrm{L}},\boldsymbol{\nabla}_1\psi_{\mathrm{L}})\,dV \tag{16.28}$$

这里我们保留了$\mathcal{I}'_{\mathrm{R}}$和$\mathcal{L}'_{\mathrm{R}}$的撇号，但略去了$\mathcal{I}_{\mathrm{L}}$和$\mathcal{L}_{\mathrm{L}}$的，因为勒夫波本身并不伴随着任何引力微扰。(16.27)和(16.28)中的被积函数是与(15.18) 类似的慢变拉格朗日量密度：

$$\begin{aligned}\mathcal{L}'_{\mathrm{R}} = \frac{1}{2}[&\omega^2\rho(U^2+V^2) - \kappa(\partial_rU + 2r^{-1}U - kr^{-1}V)^2\\&- \frac{1}{3}\mu(2\partial_rU - 2r^{-1}U + kr^{-1}V)^2 - \mu(\partial_rV - r^{-1}V - kr^{-1}U)^2\\&- (k^2-2)\mu r^{-2}V^2 - 2\rho(U\partial_rP + kr^{-1}VP)\\&- 4\pi G\rho^2U^2 + 2\rho gr^{-1}U(2U - kV)\\&- (4\pi G)^{-1}(\partial_rP^2 + k^2r^{-2}P^2)]\,A_{\mathrm{R}}^2\end{aligned} \tag{16.29}$$

$$\mathcal{L}_\mathrm{L} = \frac{1}{2}[\omega^2\rho W^2 - \mu(\partial_r W - r^{-1}W)^2 - (k^2-2)\mu r^{-2}W^2]A_\mathrm{L}^2 \tag{16.30}$$

与在讨论体波时一样，在本章中我们用草书体字母表示在横向不均匀的尺度Λ_Ω上缓慢变化的密度和其他的量，与指数$\exp(-i\psi_\mathrm{R})$和$\exp(-i\psi_\mathrm{L})$相关的在波长尺度上变化的量已经在(16.29)和(16.30)中消掉了。公式(16.27)–(16.28)中的自变量显示，瑞利波密度$\mathcal{L}'_\mathrm{R}$依赖于U、V、P、$\partial_r U$、$\partial_r V$、$\partial_r P$、A_R和波矢量$\boldsymbol{\nabla}_1\psi_\mathrm{R}$,而勒夫波密度$\mathcal{L}_\mathrm{L}$则依赖于$W$、$\partial_r W$、$A_\mathrm{L}$和$\boldsymbol{\nabla}_1\psi_\mathrm{L}$。我们忽略了(16.29)中$k_\mathrm{R} = \|\boldsymbol{\nabla}_1\psi_\mathrm{R}\|$的下角标R，以及(16.30)中$k_\mathrm{L} = \|\boldsymbol{\nabla}_1\psi_\mathrm{L}\|$的下角标L，以便于将$\mathcal{L}'_\mathrm{R}$和$\mathcal{L}_\mathrm{L}$与相应的一维拉格朗日量密度(8.101)和(8.90)做比较。除了三维情形和额外的振幅因子A_R^2和A_L^2，唯一的差别是径向的全导数$\dot{U}$、$\dot{V}$、$\dot{W}$和$\dot{P}$被偏导数$\partial_r U$、$\partial_r V$、$\partial_r W$和$\partial_r P$所取代。

在(16.26)中慢变作用量$\mathcal{I}'$分解为$\mathcal{I}'_\mathrm{R}$和$\mathcal{I}_\mathrm{L}$两项表明，在小量λ/Λ_Ω的最低阶近似下，瑞利波和勒夫波是独立传播的。相同类型的基阶和高阶面波之间也是解耦的，给定类型和阶数的面波在传播中保持其类型。对面波做射线追踪并将射线上不同位置的振幅A_R、A_L，相位ψ_R、ψ_L和波矢量$\mathbf{k}_\mathrm{R}$、$\mathbf{k}_\mathrm{L}$联系起来所需要的全部信息都包含在瑞利和勒夫波的慢变拉格朗日量密度$\mathcal{L}'_\mathrm{R}$和$\mathcal{L}_\mathrm{L}$中。在下面两节中我们分别讨论这两种面波，从简单的开始。

16.2.1　勒夫波

为简洁起见，我们略去$\mathcal{I}_\mathrm{L}$、$\mathcal{L}_\mathrm{L}$和A_L的下角标，并考虑以下勒夫波慢变分原理

$$\begin{aligned}\delta\mathcal{I} = &\int_\oplus \delta W\left[\partial_W\mathcal{L} - r^{-2}\partial_r(r^2\partial_{\partial_r W}\mathcal{L})\right]dV \\ &+ \sum_d \left[\delta W\left(\partial_{\partial_r W}\mathcal{L}\right)\right]_-^+ \\ &+ \int_\Omega \delta A\left[\int_0^a \left(\partial_A\mathcal{L}\right) r^2 dr\right] d\Omega \\ &+ \int_\Omega \delta\psi\left\{\boldsymbol{\nabla}_1\cdot\left[\int_0^a \left(\partial_{\boldsymbol{\nabla}_1\psi}\mathcal{L}\right) r^2 dr\right]\right\} d\Omega = 0\end{aligned} \tag{16.31}$$

含有δA和$\delta\psi$的第二和第三个积分是在单位球Ω上，因为振幅A和相位ψ都与半径r无关。对于满足容许性约束，即在$r = d_\mathrm{SS}$上$[\delta W]_-^+ = 0$的任意变化，变分(16.31)为零的充要条件是函数W、A和ψ满足欧拉–拉格朗日方程

$$\partial_W\mathcal{L} - r^{-2}\partial_r(r^2\partial_{\partial_r W}\mathcal{L}) = 0, \quad \text{当} 0 \leqslant r \leqslant a \text{时} \tag{16.32}$$

$$\int_0^a \left(\partial_A\mathcal{L}\right) r^2 dr = 0, \quad \text{在}\Omega\text{上} \tag{16.33}$$

$$\boldsymbol{\nabla}_1\cdot\left[\int_0^a \left(\partial_{\boldsymbol{\nabla}_1\psi}\mathcal{L}\right) r^2 dr\right] = 0, \quad \text{在}\Omega\text{上} \tag{16.34}$$

以及边界条件

$$\partial_{\partial_r W}\mathcal{L} = 0, \quad \text{当} r = a \text{或} r = d_\mathrm{FS} \text{时} \tag{16.35}$$

$$[\partial_{\partial_r W}\mathcal{L}]_-^+ = 0, \quad \text{当} r = d_\mathrm{SS} \text{时} \tag{16.36}$$

以显式形式写开，方程(16.32)成为

$$r^{-2}\partial_r[\mu r^2(\partial_r W - r^{-1}W)] + \mu r^{-1}(\partial_r W - r^{-1}W)$$
$$+ [\omega^2\rho - (k^2-2)\mu r^{-2}]W = 0 \tag{16.37}$$

其中$-\partial_{\partial_r W}\mathcal{L}$恰恰是局地牵引力$T = \mu(\partial_r W - r^{-1}W)$，因此局地边界条件(16.35)–(16.36)成为

$$T = 0, \quad 当 r = a 或 r = d_{\mathrm{FS}} 时 \tag{16.38}$$

$$[T]_-^+ = 0, \quad 当 r = d_{\mathrm{SS}} 时 \tag{16.39}$$

方程(16.37)和边界条件(16.38)–(16.39)与在球对称地球中确定勒夫波位移W和牵引力T的关系式(8.45)和(8.50)–(8.52)几乎完全一样，唯一的差别是微分符号d/dr被偏微分符号∂_r所取代。不要忘记这里的自由表面以及内部不连续界面$d = a \cup d_{\mathrm{SS}} \cup d_{\mathrm{FS}}$可以有缓慢的起伏变化。

上面的结果应当这样来解释：在横向不均匀地球上的每一处地理位置$\hat{\mathbf{r}} = (\theta, \phi)$，我们建立一个假想的球对称模型，其结构参数$\kappa$、$\mu$、$\rho$、$d$与地表的$a\hat{\mathbf{r}}$点下方的结构一样。通过重复地求解方程(16.37)和边界条件(16.38)–(16.39)，我们可以确定每一点$\hat{\mathbf{r}}$在每一个频率ω的*局地径向本征函数*W和相应的*局地波数*k。在计算简正模式时，我们固定角次数l，因而波数就是$k = \sqrt{l(l+1)}$，然后确定基阶和高阶的本征频率ω。在计算面波时，更好的做法是固定ω而确定波数k。我们把单频的勒夫波想象为是在单位球Ω上点与点之间传播的。当一个波在传播时，它会“携带着”本身的局地径向结构W和波数k。用经典力学的语言，我们说W和k在射线上的变化是*绝热的*。

第二个慢变欧拉–拉格朗日方程(16.33)是*勒夫波频散关系*(11.59)的慢变表述：

$$\omega^2 I_1 - k^2 I_2 - I_3 = 0 \tag{16.40}$$

局地的径向积分I_1、I_2和I_3与(11.56)–(11.58)完全一样，只是$\dot{W}$被$\partial_r W$取代：

$$I_1 = \int_0^a \rho W^2\, r^2 dr \tag{16.41}$$

$$I_2 = \int_0^a \mu W^2\, dr \tag{16.42}$$

$$I_3 = \int_0^a \mu[(\partial_r W - r^{-1}W)^2 - 2r^{-2}W^2]\, r^2 dr \tag{16.43}$$

将两个频率为ω和$\omega + \delta\omega$，局地波数为k和$k + \delta k$，以及局地径向本征函数W和$W + \delta W$的波的局地频散关系相减，我们发现勒夫波的*局地群速度*$C = d\omega/dk$和*相速度*$c = \omega/k$由(11.67)的慢变形式联系起来：

$$C = \frac{I_2}{cI_1} \tag{16.44}$$

其中C和c都是传播的*角速率*，定义是每秒在单位球表面Ω上走过的弧度。我们用局地频散关系(16.40)作为16.3节中勒夫波射线追踪的基础。在这个意义上，这与体波中的程函方程(15.40)类似。

将JWKB表达式$\mathbf{s} = -k^{-1}W(\hat{\mathbf{r}}\times\boldsymbol{\nabla}_1)A\exp(-i\psi)$代入公式(16.20)和(16.21)，我们得到慢变能量密度和能量横向通量

$$\mathcal{E}_\Omega = \frac{1}{2}(\omega^2 I_1 + k^2 I_2 + I_3)A^2 = \omega^2 I_1 A^2 \tag{16.45}$$

$$\boldsymbol{\mathcal{K}}_\Omega = \omega I_2 A^2 \mathbf{k} = C\mathcal{E}_\Omega \hat{\mathbf{k}} \tag{16.46}$$

这里我们省略了$\boldsymbol{\mathcal{K}}_\Omega = \boldsymbol{\mathcal{K}}_{\Omega\mathrm{L}}$的撇号，并且分别用频散关系(16.40)和群速度等式(16.44)得到了最终的(16.45) 和 (16.46)两个结果。能量密度(16.45)是动能密度$\frac{1}{2}\omega^2 I_1 A^2$与弹性势能密度$\frac{1}{2}(k^2 I_2 + I_3)A^2$的和。频散关系确定了勒夫波在传播中能量是平均分配的，因此总的表面能量密度是动能密度的两倍。勒夫波能量通量的大小$\|\boldsymbol{\mathcal{K}}_\Omega\|$是波的群速度$C$与能量密度$\mathcal{E}_\Omega$的乘积，与体波一样。值得注意的是在公式(16.46)中出现的是C而不是相速度c，这是因为频散波的能量是以群速度传播的。

最后一个欧拉–拉格朗日方程(16.34)是输运方程(15.35)的勒夫波形式：

$$\boldsymbol{\nabla}_1 \cdot \boldsymbol{\mathcal{K}}_\Omega = 0 \tag{16.47}$$

我们将在16.4节中看到，该方程决定了勒夫波在射线上的振幅变化。局地频散关系(16.40)和输运方程(16.47)也可以利用表面变分原理$\delta\mathcal{I}_\Omega = 0$得到，其中

$$\mathcal{I}_\Omega = \int_\Omega \mathcal{L}_\Omega(A, \boldsymbol{\nabla}_1\psi)\,d\Omega \tag{16.48}$$

(16.48)中的慢变表面拉格朗日量密度为

$$\mathcal{L}_\Omega = \int_0^a \mathcal{L}\,r^2 dr = \frac{1}{2}(\omega^2 I_1 - k^2 I_2 - I_3)A^2 \tag{16.49}$$

与通常一样，表面拉格朗日量和能量密度两者之间由拉格朗日变换相连：$\mathcal{E}_\Omega = \omega\partial_\omega\mathcal{L}_\Omega - \mathcal{L}_\Omega$。通量(16.46)可以表示成$\boldsymbol{\mathcal{K}}_\Omega = \partial_{\mathbf{k}}\mathcal{L}_\Omega$。

16.2.2 瑞利波

(16.27)中瑞利波慢变作用量的变分可以表示成与(16.31)类似的形式：

$$\begin{aligned}
\delta\mathcal{I}' = &\int_\oplus \delta U\left[\partial_U\mathcal{L}' - r^{-2}\partial_r(r^2\partial_{\partial_r U}\mathcal{L}')\right] dV \\
&+ \int_\oplus \delta V\left[\partial_V\mathcal{L}' - r^{-2}\partial_r(r^2\partial_{\partial_r V}\mathcal{L}')\right] dV \\
&+ \int_\bigcirc \delta P\left[\partial_P\mathcal{L}' - r^{-2}\partial_r(r^2\partial_{\partial_r P}\mathcal{L}')\right] dV \\
&+ \sum_d \left[\delta U\,(\partial_{\partial_r U}\mathcal{L}') + \delta V\,(\partial_{\partial_r V}\mathcal{L}') + \delta P\,(\partial_{\partial_r P}\mathcal{L}')\right]_-^+ \\
&+ \int_\Omega \delta A\left[\int_0^\infty (\partial_A\mathcal{L}')\,r^2 dr\right] d\Omega \\
&+ \int_\Omega \delta\psi\left\{\boldsymbol{\nabla}_1\cdot\left[\int_0^\infty (\partial_{\boldsymbol{\nabla}_1\psi}\mathcal{L}')\,r^2 dr\right]\right\} d\Omega = 0
\end{aligned} \tag{16.50}$$

这里为简单起见我们略去了$\mathcal{I}'_{\mathrm{R}}$和$\mathcal{L}'_{\mathrm{R}}$的下角标。对于满足容许性约束，即在$r=d$上$[\delta U]_-^+=0$，在$r=d_{\mathrm{SS}}$上$[\delta V]_-^+=0$及在$r=d$上$[\delta P]_-^+=0$的任意变化，该变分为零的充要条件是$U$、$V$、$P$、$A$和$\psi$满足欧拉–拉格朗日方程

$$\partial_U\mathcal{L}'-r^{-2}\partial_r(r^2\partial_{\partial_r U}\mathcal{L}')=0,\quad 当0\leqslant r\leqslant a时 \tag{16.51}$$

$$\partial_V\mathcal{L}'-r^{-2}\partial_r(r^2\partial_{\partial_r V}\mathcal{L}')=0,\quad 当0\leqslant r\leqslant a时 \tag{16.52}$$

$$\partial_P\mathcal{L}'-r^{-2}\partial_r(r^2\partial_{\partial_r P}\mathcal{L}')=0,\quad 当0\leqslant r\leqslant \infty时 \tag{16.53}$$

$$\int_0^a(\partial_A\mathcal{L}')\,r^2dr=0,\quad 在\Omega上 \tag{16.54}$$

$$\boldsymbol{\nabla}_1\cdot\left[\int_0^a(\partial_{\boldsymbol{\nabla}_1\psi}\mathcal{L}')\,r^2dr\right]=0,\quad 在\Omega上 \tag{16.55}$$

以及边界条件

$$\partial_{\partial_r U}\mathcal{L}'=\partial_{\partial_r V}\mathcal{L}'=0,\quad 当r=a时 \tag{16.56}$$

$$[\partial_{\partial_r U}\mathcal{L}']_-^+=[\partial_{\partial_r V}\mathcal{L}']_-^+=0,\quad 当r=d_{\mathrm{SS}}时 \tag{16.57}$$

$$[\partial_{\partial_r U}\mathcal{L}']_-^+=\partial_{\partial_r V}\mathcal{L}'=0,\quad 当r=d_{\mathrm{FS}}时 \tag{16.58}$$

$$[\partial_{\partial_r P}\mathcal{L}']_-^+=0,\quad 当r=d时 \tag{16.59}$$

以显式写开，方程(16.51)–(16.53)成为

$$\begin{aligned}
&r^{-2}\partial_r[r^2(\kappa+\frac{4}{3}\mu)\partial_r U+(\kappa-\frac{2}{3}\mu)r(2U-kV)]\\
&\quad+r^{-1}[(\kappa+\frac{4}{3}\mu)\partial_r U+(\kappa-\frac{2}{3}\mu)r^{-1}(2U-kV)]\\
&\quad-3\kappa r^{-1}(\partial_r U+2r^{-1}U-kr^{-1}V)\\
&\quad-k\mu r^{-1}(\partial_r V-r^{-1}V+kr^{-1}U)+\omega^2\rho U\\
&\quad-\rho[\partial_r P+(4\pi G\rho-4gr^{-1})U+kgr^{-1}V]=0
\end{aligned} \tag{16.60}$$

$$\begin{aligned}
&r^{-2}\partial_r[\mu r^2(\partial_r V-r^{-1}V+kr^{-1}U)]\\
&\quad+\mu r^{-1}(\partial_r V-r^{-1}V+kr^{-1}U)\\
&\quad+k(\kappa-\frac{2}{3}\mu)r^{-1}\partial_r U+k(\kappa+\frac{1}{3}\mu)r^{-2}(2U-kV)\\
&\quad+[\omega^2\rho-(k^2-2)\mu r^{-2}]V-k\rho r^{-1}(P+gU)=0
\end{aligned} \tag{16.61}$$

$$\begin{aligned}
&\partial_r^2 P+2r^{-1}\partial_r P-k^2r^{-2}P\\
&\quad=-4\pi G(\partial_r\rho)U-4\pi G\rho[\partial_r U+r^{-1}(2U-kV)]
\end{aligned} \tag{16.62}$$

偏导数$-\partial_{\partial_r U}\mathcal{L}'$, $-\partial_{\partial_r V}\mathcal{L}'$和$-\partial_{\partial_r P}\mathcal{L}$分别为牵引力$R=(\kappa+\frac{4}{3}\mu)\partial_r U+(\kappa-\frac{2}{3}\mu)r^{-1}(2U-kV)$, $S=\mu(\partial_r V-r^{-1}V+kr^{-1}U)$和引力标量$(4\pi G)^{-1}\partial_r P+\rho U$。局地边界条件(16.56)–(16.59)

成为

$$R = S = 0, \quad 当 r = a 时 \tag{16.63}$$

$$[R]_-^+ = [S]_-^+ = 0, \quad 当 r = d_{\mathrm{SS}} 时 \tag{16.64}$$

$$[R]_-^+ = S = 0, \quad 当 r = d_{\mathrm{FS}} 时 \tag{16.65}$$

$$[\partial_r P + 4\pi G\rho U]_-^+ = 0, \quad 当 r = d 时 \tag{16.66}$$

与勒夫波一样，上述结果与球对称地球上相应的关系 (8.43)–(8.44) 和 (8.50)–(8.54) 几乎完全一样，只是 $\dot{U}$、$\dot{V}$ 和 $\dot{P}$ 被 $\partial_r U$、$\partial_r V$ 和 $\partial_r P$ 取代。在 Ω 上的每一点 $\hat{\mathbf{r}} = (\theta, \phi)$，弹性–引力边值问题 (16.60)–(16.66) 决定了*局地径向本征函数* U、V 和 P，以及*局地波数* k。一个频率为 ω 的单频瑞利波在传播过程中会“携带着”这些以绝热形式变化的量。

第一个表面欧拉–拉格朗日方程 (16.54) 是瑞利波频散关系 (11.77) 的慢变形式：

$$\omega^2 I_1 - k^2 I_2' - k I_3' - I_4' = 0 \tag{16.67}$$

其中

$$I_1 = \int_0^a \rho(U^2 + V^2)\, r^2 dr \tag{16.68}$$

$$I_2' = \int_0^a [\mu U^2 + (\kappa + \frac{4}{3}\mu)V^2]\, dr + \frac{1}{4\pi G}\int_0^\infty P^2\, dr \tag{16.69}$$

$$\begin{aligned} I_3' = \int_0^a [&\frac{4}{3}\mu V(\partial_r U - r^{-1}U) - 2\kappa V(\partial_r U + 2r^{-1}U) \\ &+ 2\mu U(\partial_r V - r^{-1}V) + 2\rho(VP + gUV)]\, r dr \end{aligned} \tag{16.70}$$

$$\begin{aligned} I_4' = \int_0^a &[(\kappa(\partial_r U + 2r^{-1}U)^2 + \frac{4}{3}\mu(\partial_r U - r^{-1}U)^2 \\ &+ \mu(\partial_r V - r^{-1}V)^2 - 2\mu r^{-2}V^2 \\ &+ \rho(4\pi G\rho U^2 + 2U\partial_r P - 4r^{-1}gU^2)]\, r^2 dr \\ &+ \frac{1}{4\pi G}\int_0^\infty (\partial_r P)^2\, r^2 dr \end{aligned} \tag{16.71}$$

瑞利波的*局地群速度* $C = d\omega/dk$ 和*相速度* $c = \omega/k$ 由方程 (11.79) 的慢变形式相联系：

$$C = \frac{I_2' + \frac{1}{2}k^{-1}I_3'}{cI_1} \tag{16.72}$$

将 JWKB 表达式 $\mathbf{s} = (U\hat{\mathbf{r}} + k^{-1}V\boldsymbol{\nabla}_1)A\exp(-i\psi)$ 和 $\phi = PA\exp(i\psi)$ 代入公式 (16.20) 和 (16.21)，我们得到慢变能量密度和横向能量通量

$$\mathcal{E}_\Omega = \frac{1}{2}(\omega^2 I_1 + k^2 I_2' + kI_3' + I_4')A^2 = \omega^2 I_1 A^2 \tag{16.73}$$

$$\boldsymbol{\mathcal{K}}_\Omega' = \omega(I_2' + \frac{1}{2}k^{-1}I_3')A^2\mathbf{k} = C\mathcal{E}_\Omega'\hat{\mathbf{k}} \tag{16.74}$$

与勒夫波一样，总的表面能量密度是动能密度的两倍，同时能量通量的大小 $\|\boldsymbol{\mathcal{K}}_\Omega'\|$ 是群速

度C与能量密度$\mathcal{E}_\Omega$的乘积。最终的欧拉–拉格朗日方程(16.55)是瑞利波输运方程：

$$\boldsymbol{\nabla}_1 \cdot \boldsymbol{\mathcal{K}}'_\Omega = 0 \tag{16.75}$$

局地频散关系(16.67)和输运方程(16.75)也可以利用表面变分原理$\delta\mathcal{I}'_\Omega = 0$得到，其中

$$\mathcal{I}'_\Omega = \int_\Omega \mathcal{L}'_\Omega(A, \boldsymbol{\nabla}_1\psi)\, d\Omega \tag{16.76}$$

表面拉格朗日量密度(16.49)的瑞利波形式为

$$\mathcal{L}'_\Omega = \int_0^\infty \mathcal{L}'\, r^2 dr = \frac{1}{2}(\omega^2 I_1 - k^2 I'_2 - kI'_3 - I'_4)A^2 \tag{16.77}$$

变换$\mathcal{E}'_\Omega = \omega\partial_\omega\mathcal{L}'_\Omega - \mathcal{L}'_\Omega$和$\boldsymbol{\mathcal{K}}'_\Omega = \partial_{\mathbf{k}}\mathcal{L}'_\Omega$建立了瑞利波表面能量密度(16.73)和能量通量(16.74)与表面拉格朗日量密度(16.77)之间的关系。

16.3 面波射线追踪

在本节中，我们介绍如何利用勒夫波和瑞利波的局地频散关系(16.40)和(16.67)来确定单位球Ω上的面波射线几何。为不失一般性，我们使用Ω上任意的曲线坐标系(x^1, x^2)。在后面的16.6节，我们再令$x^1 = \theta, x^2 = \phi$来引入球极坐标系。但是在目前x^1和x^2不需要是正交的。我们用取值为 1 和 2 的希腊字母如$\alpha, \beta, \ldots$来表示Ω上的表面矢量与张量的协变和逆变分量。对协变与逆变以及使用度量张量来对角标做升降不大熟悉的读者可以先行阅读一下附录A.6.3和A.6.4中的内容。

16.3.1 哈密顿形式

勒夫波和瑞利波的波矢量$\mathbf{k} = \boldsymbol{\nabla}_1\psi$是$\Omega$上的切向矢量，其协变分量为

$$k_1 = \frac{\partial\psi}{\partial x^1}, \qquad k_2 = \frac{\partial\psi}{\partial x^2} \tag{16.78}$$

局地波数$k = \sqrt{\mathbf{k}\cdot\mathbf{k}}$可以用这些协变分量表示为

$$k = \sqrt{g^{\alpha\beta}k_\alpha k_\beta} \tag{16.79}$$

其中$g^{\alpha\beta}$是单位球上度量张量$\mathbf{g} = \mathbf{I} - \hat{\mathbf{r}}\hat{\mathbf{r}}$的逆变分量：$g^{\alpha\beta} = (\boldsymbol{\nabla}_1 x^\alpha)\cdot(\boldsymbol{\nabla}_1 x^\beta)$。勒夫波和瑞利波的局地频散关系(16.40)和(16.67)可以用来确定作为位置$\hat{\mathbf{r}} = (x^1, x^2)$和圆频率$\omega$函数的波数$k$：

$$k = k(x^1, x^2, \omega) \tag{16.80}$$

与(15.46)类似，我们引入面波哈密顿量

$$H = \frac{1}{2}[g^{\alpha\beta}k_\alpha k_\beta - k^2(x^1, x^2)] \tag{16.81}$$

该量在之后将被当作是依赖频率ω的。在经典力学的架构下，x^1和x^2是描述面波射线路径的广义坐标，而k_1和k_2则是相应的共轭动量。由于频散关系(16.80)，哈密顿量(16.81)在射线路

径上为零。事实上，我们可以将方程

$$H(x^1, x^2, k_1, k_2) = 0 \tag{16.82}$$

看作是勒夫波或瑞利波频散关系的另一种表述，正如我们将 (15.47) 当作是体波程函方程的另一种形式一样。(16.78) 中的替换将 (16.82) 转换为关于面波相位 ψ 的一阶偏微分方程，可以用特征方法求解。特征方程就是关于哈密顿量 (16.81) 的*哈密顿方程*：

$$\frac{dx^\gamma}{d\sigma} = \frac{\partial H}{\partial k_\gamma}, \qquad \frac{dk_\gamma}{d\sigma} = -\frac{\partial H}{\partial x^\gamma} \tag{16.83}$$

与体波射线追踪方程 (15.48) 相比，此处唯一更复杂的地方是我们必须考虑度量张量 $\mathbf{g} = \mathbf{I} - \hat{\mathbf{r}}\hat{\mathbf{r}}$ 随地理位置的变化。面波射线追踪方程 (16.83) 的显式形式为

$$\frac{dx^\gamma}{d\sigma} = g^{\gamma\eta} k_\eta, \qquad \frac{dk_\gamma}{d\sigma} = -\frac{1}{2}\frac{\partial g^{\alpha\beta}}{\partial x^\gamma} k_\alpha k_\beta + \frac{1}{2}\frac{\partial k^2}{\partial x^\gamma} \tag{16.84}$$

(16.83) 和 (16.84) 中的因变量 σ 是*生成参数*，它与沿射线的相位 ψ，传播角距离 Δ 和走时 T 有关，与 (15.42) 类似：

$$d\psi = k^2\, d\sigma = k\, d\Delta = kC\, dT \tag{16.85}$$

对于每一组柯西初始条件

$$x^\gamma(0) = x'^\gamma, \qquad k_\gamma(0) = k'_\gamma \tag{16.86}$$

射线追踪方程 (16.84) 有唯一解。且因为

$$\frac{dH}{d\sigma} = \frac{\partial H}{\partial x^\gamma}\frac{dx^\gamma}{d\sigma} + \frac{\partial H}{\partial k_\gamma}\frac{dk_\gamma}{d\sigma} = 0 \tag{16.87}$$

哈密顿量 (16.81) 是方程组 (16.84) 的积分。我们可以对 (16.85) 积分得到射线上前后两点 $\hat{\mathbf{r}}_1$ 和 $\hat{\mathbf{r}}_2$ 之间的相位差：

$$\psi_2 - \psi_1 = \int_{\sigma_1}^{\sigma_2} k^2\, d\sigma = \int_{\Delta_1}^{\Delta_2} k\, d\Delta = \int_{T_1}^{T_2} kC\, dt \tag{16.88}$$

用类似 (15.45) 的方式，我们也可以将 (16.88) 用射线上的波数 (k_1, k_2) 和微分位置 (dx^1, dx^2) 表示：

$$\psi_2 - \psi_1 = \int_{\hat{\mathbf{r}}_1}^{\hat{\mathbf{r}}_2} k_\gamma\, dx^\gamma = \int_{\hat{\mathbf{r}}_1}^{\hat{\mathbf{r}}_2} \mathbf{k} \cdot d\hat{\mathbf{r}} \tag{16.89}$$

从数学上讲，面波射线的哈密顿量 (16.81) 与动能为 $T = \frac{1}{2}g^{\alpha\beta}k_\alpha k_\beta$，势能为 $V = -\frac{1}{2}k^2(x^1, x^2) < 0$ 的*摆动中球面摆*的哈密顿量完全一样。球面摆在摆动而不是振荡，因为在单位球 Ω 表面任何一点其势能都是负的。这也反映了勒夫波和瑞利波必须始终在传播这一事实：它们永远不能被围陷在任一表面势能的局地极小值处。由于频散关系 (16.82)，总能量为零：$H = T + V = 0$。

★16.3.2 其他形式

与体波一样，面波射线追踪方程也可以改写成众多的等价形式。我们首先指出哈密顿方程 (16.84) 有一个简洁的矢量形式：

$$\frac{d\hat{\mathbf{r}}}{d\sigma}=\mathbf{k},\qquad \frac{d\mathbf{k}}{d\sigma}=-k^2\hat{\mathbf{r}}+\frac{1}{2}\boldsymbol{\nabla}_1 k^2 \tag{16.90}$$

初始条件(16.86)的矢量形式是$\hat{\mathbf{r}}(0)=\hat{\mathbf{r}}'$, $\mathbf{k}(0)=\mathbf{k}'$。(16.90)中的两个一阶方程可以合并成一个二阶矢量方程

$$\frac{d^2\hat{\mathbf{r}}}{d\sigma^2}+k^2\hat{\mathbf{r}}=\frac{1}{2}\boldsymbol{\nabla}_1 k^2 \tag{16.91}$$

这是经典的受迫球面摆的运动方程。在波数不随地理位置变化时受力项$\frac{1}{2}\boldsymbol{\nabla}_1 k^2$为零，在这样一个球对称地球模型中面波的轨迹为大圆：$\hat{\mathbf{r}}(\sigma)=\hat{\mathbf{r}}'\cos\sigma+\hat{\mathbf{k}}'\sin\sigma$。以分量形式表示，方程(16.91)成为

$$\frac{d}{d\sigma}\left(g_{\gamma\eta}\frac{dx^\eta}{d\sigma}\right)-\frac{1}{2}\frac{\partial g_{\alpha\beta}}{\partial x^\gamma}\frac{dx^\alpha}{d\sigma}\frac{dx^\beta}{d\sigma}=\frac{1}{2}\frac{\partial k^2}{\partial x^\gamma} \tag{16.92}$$

其中$g_{\alpha\beta}=(\partial\hat{\mathbf{r}}/\partial x^\alpha)\cdot(\partial\hat{\mathbf{r}}/\partial x^\beta)$是度量张量$\mathbf{g}$的协变分量。在将(16.84)中的方程合并得到(16.92)时，我们使用了等式$\partial g^{\alpha\beta}/\partial x^\gamma=-g^{\alpha\mu}g^{\beta\nu}(\partial g_{\mu\nu}/\partial x^\gamma)$，该式可以很容易地对度量张量与其逆的关系$g^{\alpha\eta}g_{\eta\beta}=\delta^\alpha{}_\beta$求微分来验证。如果局地波矢量$\mathbf{k}$被当作是面波的共轭动量，那么相应的轨道角动量为

$$\mathbf{L}=\hat{\mathbf{r}}\times\mathbf{k} \tag{16.93}$$

沿射线的角动量变化率为

$$\frac{d\mathbf{L}}{d\sigma}=\frac{1}{2}\hat{\mathbf{r}}\times\boldsymbol{\nabla}_1 k^2 \tag{16.94}$$

在环绕球对称地球的大圆轨道上，角动量是守恒的：$d\mathbf{L}/d\sigma=\mathbf{0}$。

在希腊字母角标形式的哈密顿方程(16.84)中，我们也可以用角距离Δ而不是生成参数σ作为独立变量：

$$\frac{dx^\gamma}{d\Delta}=\frac{g^{\gamma\eta}k_\eta}{k},\qquad \frac{dk_\gamma}{d\Delta}=-\frac{1}{2k}\frac{\partial g^{\alpha\beta}}{\partial x^\gamma}k_\alpha k_\beta+\frac{\partial k}{\partial x^\gamma} \tag{16.95}$$

类似于(16.90)的相应矢量方程为

$$\frac{d\hat{\mathbf{r}}}{d\Delta}=\hat{\mathbf{k}},\qquad \frac{d\mathbf{k}}{d\Delta}=-k\hat{\mathbf{r}}+\boldsymbol{\nabla}_1 k \tag{16.96}$$

这两个一阶方程可以被合并成为一个二阶微分方程

$$\frac{d}{d\Delta}\left(k\frac{d\hat{\mathbf{r}}}{d\Delta}\right)+k\hat{\mathbf{r}}=\boldsymbol{\nabla}_1 k \tag{16.97}$$

利用关系$d/d\Delta=\hat{\mathbf{k}}\cdot\boldsymbol{\nabla}_1$，我们可以将(16.97)转化为另一个与(15.57)类似的受迫球面摆：

$$\frac{d^2\hat{\mathbf{r}}}{d\Delta^2}+\hat{\mathbf{r}}=\boldsymbol{\nabla}_\perp \ln k \tag{16.98}$$

其中$\boldsymbol{\nabla}_\perp=\boldsymbol{\nabla}_1-\hat{\mathbf{k}}\hat{\mathbf{k}}\cdot\boldsymbol{\nabla}_1$。需要指出的是，只有与路径垂直方向上的波数梯度会使面波偏离大圆$\hat{\mathbf{r}}(\Delta)=\hat{\mathbf{r}}'\cos\Delta+\hat{\mathbf{k}}'\sin\Delta$。角动量随弧长的变化率为

$$\frac{d\mathbf{L}}{d\Delta}=\hat{\mathbf{r}}\times\boldsymbol{\nabla}_1 k \tag{16.99}$$

最后，我们用走时T作为独立变量，控制方程成为

$$\frac{dx^\gamma}{dT} = C\left(\frac{g^{\gamma\eta}k_\eta}{k}\right) \tag{16.100}$$

$$\frac{dk_\gamma}{dT} = C\left(-\frac{1}{2k}\frac{\partial g^{\alpha\beta}}{\partial x^\gamma}k_\alpha k_\beta + \frac{\partial k}{\partial x^\gamma}\right) \tag{16.101}$$

或者等价的

$$\frac{d\hat{\mathbf{r}}}{dT} = C\hat{\mathbf{k}}, \qquad \frac{d\mathbf{k}}{dT} = C(-k\hat{\mathbf{r}} + \boldsymbol{\nabla}_1 k) \tag{16.102}$$

与 (16.97)–(16.99) 类似的形式为

$$\frac{d}{dT}\left(\frac{k}{C}\frac{d\hat{\mathbf{r}}}{dT}\right) + kC\hat{\mathbf{r}} = C\boldsymbol{\nabla}_1 k \tag{16.103}$$

$$\frac{d^2\hat{\mathbf{r}}}{dT^2} + C^2\hat{\mathbf{r}} = C^2\boldsymbol{\nabla}_\perp \ln k \tag{16.104}$$

$$\frac{d\mathbf{L}}{dT} = C\hat{\mathbf{r}} \times \boldsymbol{\nabla}_1 k \tag{16.105}$$

导数 $d/dT = \mathbf{C}\cdot\boldsymbol{\nabla}_1$ 是一个在射线上以群速度 $\mathbf{C} = C\hat{\mathbf{k}}$ 运动的观察者所感受到的时间变化率。当用 T 而不是 σ 或 Δ 做射线追踪时，必须给定群速度 $C(x^1, x^2)$ 以及波数 $k(x^1, x^2)$。

*16.3.3 哈密顿原理与费马原理

用符号上面一点代表对 σ 的微分，我们定义与 (16.81) 中的哈密顿量对应的射线拉格朗日量：

$$\begin{aligned} L(x^1, x^2, \dot{x}^1, \dot{x}^2) &= k_\gamma \dot{x}^\gamma - H(x^1, x^2, k_1, k_2) \\ &= \frac{1}{2}[g_{\alpha\beta}\dot{x}^\alpha\dot{x}^\beta + k^2(x^1, x^2)] \end{aligned} \tag{16.106}$$

射线轨迹 $x^\gamma(\sigma)$ 可以利用哈密顿原理得到

$$\delta\int_{\sigma_1}^{\sigma_2} L(x^1, x^2, \dot{x}^1, \dot{x}^2)\, d\sigma = 0 \tag{16.107}$$

相应的欧拉-拉格朗日方程 $d(\partial_{\dot{x}^\gamma}L)/d\sigma - \partial_{x^\gamma}L = 0$ 正是位形空间的射线追踪方程 (16.92)。另一方面，我们可以在相位空间将哈密顿原理表示为如下形式

$$\delta\int_{\sigma_1}^{\sigma_2} [k_\gamma\dot{x}^\gamma - H(x^1, x^2, k_1, k_2)]\, d\sigma = 0 \tag{16.108}$$

此时欧拉-拉格朗日方程就是 (16.84) 中的哈密顿方程。

费马原理规定在 Ω 上两个固定点之间的相位差 $\psi_2 - \psi_1$ 是稳定的：

$$\delta\int_{\hat{\mathbf{r}}_1}^{\hat{\mathbf{r}}_2} \mathbf{k}\cdot d\hat{\mathbf{r}} = \delta\int_{\Delta_1}^{\Delta_2} k\, d\Delta = \delta\int_{T_1}^{T_2} kC\, dT = 0 \tag{16.109}$$

与体波一样，在做 (16.109) 中的微扰时，我们不能将弧长 Δ 或走时 T 作为独立变量，相反，我们必须通过引入一个满足下式的新的自变量 ξ

$$\sqrt{g_{\alpha\beta}\frac{dx^\alpha}{d\xi}\frac{dx^\beta}{d\xi}}=\frac{d\Delta}{d\xi}=C\frac{dT}{d\xi} \tag{16.110}$$

来将Δ和T消掉。(16.110)中的替换将(16.109)变换为类似于(15.64)的变分关系：

$$\delta\int_{\xi_1}^{\xi_2}k(x^1,x^2)\sqrt{g_{\alpha\beta}\frac{dx^\alpha}{d\xi}\frac{dx^\beta}{d\xi}}\,d\xi=0 \tag{16.111}$$

这是面波的极小作用量原理的雅可比形式。与(15.65)类似，相对应的欧拉–拉格朗日方程是

$$\begin{aligned}\frac{d}{d\xi}&\left[k\left(g_{\alpha\beta}\frac{dx^\alpha}{d\xi}\frac{dx^\beta}{d\xi}\right)^{-1/2}g_{\gamma\eta}\frac{dx^\eta}{d\xi}\right]\\&-\frac{1}{2}k\left(g_{\alpha\beta}\frac{dx^\alpha}{d\xi}\frac{dx^\beta}{d\xi}\right)^{-1/2}\frac{\partial g_{\mu\nu}}{\partial x^\gamma}\frac{dx^\mu}{d\xi}\frac{dx^\nu}{d\xi}\\&-\left(g_{\alpha\beta}\frac{dx^\alpha}{d\xi}\frac{dx^\beta}{d\xi}\right)^{1/2}\frac{\partial k}{\partial x^\gamma}=0\end{aligned} \tag{16.112}$$

该方程用参数ξ决定射线路径。已知$x^\sigma(\xi)$，我们可以通过对(16.110)积分得到传播距离$\Delta(\xi)$和走时$T(\xi)$。或者，我们可以用(16.110)将(16.112)直接转换为(16.97)和(16.103)的希腊角标形式。以上处理表明哈密顿原理与费马原理基本上是等价的，与体波一样。

16.4 振幅变化

面波的振幅变化是相应的射线在单位球Ω上几何扩散的结果。用一种同时适用于勒夫波和瑞利波的处理方法，我们省略方程(16.75)中的撇号，并考虑一个通用形式的输运方程

$$\boldsymbol{\nabla}_1\cdot\boldsymbol{\mathcal{K}}_\Omega=0 \tag{16.113}$$

其中

$$\boldsymbol{\mathcal{K}}_\Omega=C\mathcal{E}_\Omega\hat{\mathbf{k}}=\omega^2CI_1A^2\hat{\mathbf{k}}=\omega cCI_1A^2\mathbf{k} \tag{16.114}$$

(16.113)–(16.114)与体波输运关系(15.71)–(15.72)之间的相似性是一目了然的，因此我们将做一个平行的分析。我们仍然把注意力局限于点源所激发的面波。

16.4.1 能量守恒

矢量$\boldsymbol{\mathcal{K}}_\Omega$是径向积分后的勒夫波和瑞利波横向能量通量，方程(16.113)表示的是*面波能量守恒*。为验证这一点，我们考虑一个包围先后两点$\hat{\mathbf{r}}_1$和$\hat{\mathbf{r}}_2$之间射线的无穷窄的面波射线束，如图16.1 所示。令Σ为该段射线束的表面积，$\partial\Sigma$为其边界。Σ的向外单位法向$\hat{\boldsymbol{\nu}}$是一个切向矢量，即$\hat{\mathbf{r}}\cdot\hat{\boldsymbol{\nu}}=0$。还要注意的是在射线束侧面$\hat{\boldsymbol{\nu}}\cdot\boldsymbol{\mathcal{K}}_\Omega=0$。将能量守恒定律(16.113)在$\Sigma$上积分，并在$\Omega$上应用高斯定理(A.77)，我们得到(15.73)的面波形式：

$$\begin{aligned}\int_\Sigma\boldsymbol{\nabla}_1\cdot\boldsymbol{\mathcal{K}}_\Omega\,d\Sigma&=\int_{\partial\Sigma}\hat{\boldsymbol{\nu}}\cdot\boldsymbol{\mathcal{K}}_\Omega\,dl\\&=\|\boldsymbol{\mathcal{K}}_\Omega\|_2\,dw_2-\|\boldsymbol{\mathcal{K}}_\Omega\|_1\,dw_1=0\end{aligned} \tag{16.115}$$

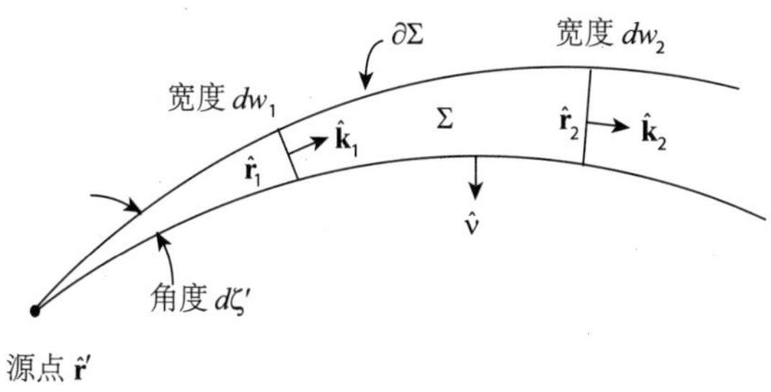

图 16.1 单位球Ω上勒夫波和瑞利波射线束示意图。在震源$\hat{\mathbf{r}}'$点射线束张开的微分出射角为$d\zeta'$。在$\hat{\mathbf{r}}_1$和$\hat{\mathbf{r}}_2$两点的单位波矢量分别为$\hat{\mathbf{k}}_1$和$\hat{\mathbf{k}}_2$。在两处的射线束宽度dw_1和dw_2以Ω上的弧度为单位

其中dw_1和dw_2分别是射线束在$\hat{\mathbf{r}}_1$和$\hat{\mathbf{r}}_2$的微分宽度。所有在$\hat{\mathbf{r}}_1$流入表面Σ的弹性–引力能量都在$\hat{\mathbf{r}}_2$流出，因此，在完全弹性地球上勒夫波和瑞利波的能量是守恒的。从方程(16.115)得到的振幅变化规律为

$$\frac{A_2}{A_1} = \left[\frac{(cCI_1)_2 k_2}{(cCI_1)_1 k_1}\right]^{-1/2} \left|\frac{dw_2}{dw_1}\right|^{-1/2} \tag{16.116}$$

如同在11.4和16.4.7节中所讨论的，上式中必须取绝对值以便考虑面波在经过焦散时射线束宽度符号的改变。

16.4.2 面波归一化

本书到此为止我们一直严格遵循本征函数的归一化约定$I_1 = 1$。现在，我们依照Tromp和 Dahlen (1992b)的做法，将归一化约定改为

$$cCI_1 = 1 \tag{16.117}$$

这一新的本征函数归一化关系使横向不均匀地球上勒夫波和瑞利波的JWKB分析特别方便。振幅变化规律(16.116)可以简化为

$$\frac{A_2}{A_1} = \left(\frac{k_2}{k_1}\right)^{-1/2} \left|\frac{dw_2}{dw_1}\right|^{-1/2} \tag{16.118}$$

除了一个常数因子之外，(16.117)中的归一化与Snieder 和 Nolet (1987)使用的完全一样。他们显示该归一化能够简化球对称地球上面波的格林张量$\mathbf{G}(\mathbf{x},\mathbf{x}';\omega)$和矩张量响应$\mathbf{a}(\mathbf{x},\omega)$表达式，特别是(11.23)和(11.33)中波速乘积的倒数$(cC)^{-1}$被1所取代。

★16.4.3 射线束宽度

通过类似于15.4.2节中的推导思路，可以得到射线束宽度比dw_2/dw_1的显式表达式。其推导是很容易的，我们在此不再重复，仅给出与公式(15.78)和(15.82)类似的面波结果：

$$\frac{dw_2}{dw_1} = \exp\left(\int_{\Delta_1}^{\Delta_2} \boldsymbol{\nabla}_1 \cdot \hat{\mathbf{k}}\, d\Delta\right) \tag{16.119}$$

$$\frac{k_2}{k_1}\frac{dw_2}{dw_1} = \exp\left(\int_{\sigma_1}^{\sigma_2} \boldsymbol{\nabla}_1 \cdot \mathbf{k}\, d\sigma\right) \tag{16.120}$$

(16.119) 和 (16.120) 中被积函数表面散度之间的关系是：$\boldsymbol{\nabla}_1\cdot\mathbf{k} = \boldsymbol{\nabla}_1\cdot(k\hat{\mathbf{k}}) = k\boldsymbol{\nabla}_1\cdot\hat{\mathbf{k}} + d(\ln k)/d\sigma$。

16.4.4 点源雅可比

从一个源点$\hat{\mathbf{r}}'$出射的一簇面波射线可以用一个变量来参数化，我们用ζ'来表示该参数。最终我们将把该射线参数确定为出射方位角，从正南方向逆时针旋转，范围是$0\leqslant\zeta'\leqslant 2\pi$，与15.8节中建立的体波约定一致。但是在目前，做这一具体的定义是不重要的，只要把ζ'当作是一个辨别从$\hat{\mathbf{r}}'$出射的不同射线的标志就够了。偏导数$\partial_{\zeta'}\hat{\mathbf{r}} = (\partial\hat{\mathbf{r}}/\partial\zeta')_\sigma$是$\Omega$上的切向矢量，且落在经过$\hat{\mathbf{r}}$点的波前内。确保这一结果的条件是

$$\hat{\mathbf{k}}\cdot\partial_{\zeta'}\hat{\mathbf{r}} = k_\gamma(\partial_{\zeta'}x^\gamma) = 0 \tag{16.121}$$

我们定义一个类似于 (15.86) 的二维点源雅可比：

$$\begin{aligned} J &= \frac{\partial(x^1,x^2)}{\partial(\sigma,\zeta')} = \frac{\partial x^1}{\partial\sigma}\frac{\partial x^2}{\partial\zeta'} - \frac{\partial x^1}{\partial\zeta'}\frac{\partial x^2}{\partial\sigma} \\ &= (g^{11}k_1 + g^{12}k_2)(\partial_{\zeta'}x^2) - (\partial_{\zeta'}x^1)(g^{21}k_1 + g^{22}k_2) \end{aligned} \tag{16.122}$$

我们可以像15.4.4节中那样，利用斯米尔诺夫引理将射线上的振幅变化用 (16.122) 中的雅可比表示。使用新的本征函数归一化定义 (16.117)，我们把面波输运关系 (16.113) 改写为

$$\boldsymbol{\nabla}_1\cdot(A^2\mathbf{k}) = 0 \tag{16.123}$$

或者等价的

$$\frac{d}{d\sigma}\ln A^2 = -\boldsymbol{\nabla}_1\cdot\mathbf{k} \tag{16.124}$$

曲面上的斯米尔诺夫引理要求

$$\frac{d}{d\sigma}\ln(gJ) = \boldsymbol{\nabla}_1\cdot\mathbf{k},\quad \text{只要有}\quad \frac{d\hat{\mathbf{r}}}{d\sigma} = \mathbf{k} \tag{16.125}$$

其中g(注意不要与引力加速度混淆)与表面Ω上的度量张量$\mathbf{g} = \mathbf{I} - \hat{\mathbf{r}}\hat{\mathbf{r}}$的协变及逆变分量之间的关系是

$$g = \sqrt{\det g_{\alpha\beta}} = \frac{1}{\sqrt{\det g^{\alpha\beta}}} \tag{16.126}$$

将相应的行列式展开可以很容易地验证

$$\frac{d}{d\sigma}\ln J = \frac{\partial k^\gamma}{\partial x^\gamma},\qquad \frac{d}{d\sigma}\ln g = \frac{1}{2}g^{\alpha\beta}\left(\frac{dg_{\alpha\beta}}{d\sigma}\right) \tag{16.127}$$

将 (16.127) 中的结果合并，我们可以证明 (16.125)：

$$\begin{aligned} \frac{d}{d\sigma}\ln(gJ) &= \frac{\partial k^\gamma}{\partial x^\gamma} + \frac{1}{2}g^{\alpha\beta}\left(\frac{dg_{\alpha\beta}}{d\sigma}\right) \\ &= \frac{\partial k^\gamma}{\partial x^\gamma} + \frac{1}{2}g^{\alpha\beta}\left(\frac{dg_{\alpha\beta}}{dx^\gamma}\right)k^\gamma \\ &= \frac{1}{2}g^{\alpha\beta}\frac{d}{dx^\gamma}(g_{\alpha\beta}k^\gamma) = \boldsymbol{\nabla}_1\cdot\mathbf{k} \end{aligned} \tag{16.128}$$

这里在倒数第二步我们利用了$g^{\alpha\beta}g_{\alpha\beta}=2$，在最后一步使用了(A.99)。比较公式(16.124)和(16.125)可以得到类似于(15.95)的结果：

$$\frac{d}{d\sigma}\ln(gJA^2)=0 \tag{16.129}$$

公式(16.129)使我们能够将振幅比(16.118)表示成雅可比的比值：

$$\frac{A_2}{A_1}=\left(\frac{g_2}{g_1}\right)^{-1/2}\left|\frac{J_2}{J_1}\right|^{-1/2} \tag{16.130}$$

事实上，在射线上任意一点，射线束的微分宽度dw和雅可比J都可以用一个类似于(15.88)的公式联系起来：

$$k\,dw=gJ\,d\zeta' \tag{16.131}$$

由于(16.131)，两个振幅变化规律(16.118)和(16.130)是等价的。

16.4.5 几何扩散因子

我们可以方便地定义一个单位球Ω上的几何扩散因子$S(\hat{\mathbf{r}},\hat{\mathbf{r}}')$：

$$S=|dw|/d\zeta' \tag{16.132}$$

(16.132)中的分子$|dw|$是射线束在接收点$\hat{\mathbf{r}}$处的绝对微分宽度，而分母$d\zeta'$则是该射线束在震源$\hat{\mathbf{r}}'$处所张开的立体角，如图16.1所示。在球对称地球上，该比值退化为$S=|\sin\Delta|$，其中Δ是绕大圆轨道走过的总距离。扩散因子S和雅可比J之间的关系为

$$kS=g|J| \tag{16.133}$$

我们可以将射线束的微分宽度表示成类似(15.101)的形式：

$$dw=\hat{\mathbf{k}}\cdot(\hat{\mathbf{r}}\times\partial_{\zeta'}\hat{\mathbf{r}})\,d\zeta' \tag{16.134}$$

因此几何扩散因子(16.132)成为

$$S=|\hat{\mathbf{k}}\cdot(\hat{\mathbf{r}}\times\partial_{\zeta'}\hat{\mathbf{r}})|=|(\hat{\mathbf{k}}\times\hat{\mathbf{r}})\cdot\partial_{\zeta'}\hat{\mathbf{r}}| \tag{16.135}$$

可以很容易证明$(\hat{\mathbf{k}}'\times\hat{\mathbf{r}}')\cdot\partial_{\zeta'}\hat{\mathbf{k}}'=-1$。出射波矢量的偏导数$\partial_{\zeta'}\mathbf{k}'=k'\partial_{\zeta'}\hat{\mathbf{k}}'$可以用震源与接收点之间的相位差$\psi(\hat{\mathbf{r}},\hat{\mathbf{r}}')=\psi(\hat{\mathbf{r}}',\hat{\mathbf{r}})$表示为$\partial_{\zeta'}\mathbf{k}'=\partial_{\zeta'}\hat{\mathbf{r}}\cdot\boldsymbol{\nabla}_1\boldsymbol{\nabla}_1'\psi$。结合这些结果，并利用(16.121)，我们得到

$$k'^{-1}[(\hat{\mathbf{k}}\times\hat{\mathbf{r}})\cdot\partial_{\zeta'}\hat{\mathbf{r}}]\,[(\hat{\mathbf{k}}\times\hat{\mathbf{r}})\cdot\boldsymbol{\nabla}_1\boldsymbol{\nabla}_1'\psi\cdot(\hat{\mathbf{k}}'\times\hat{\mathbf{r}}')]=-1 \tag{16.136}$$

将(16.136)中的几何等式代入(16.135)，我们得到扩散因子的另一个类似于(15.107)的表达式：

$$kS=kk'|(\hat{\mathbf{k}}\times\hat{\mathbf{r}})\cdot\boldsymbol{\nabla}_1\boldsymbol{\nabla}_1'\psi\cdot(\hat{\mathbf{k}}'\times\hat{\mathbf{r}}')|^{-1} \tag{16.137}$$

公式(16.137)的右侧在源点与接收点互换时是不变的：

$$\hat{\mathbf{r}}\to\hat{\mathbf{r}}',\qquad\hat{\mathbf{r}}'\to\hat{\mathbf{r}},\qquad\hat{\mathbf{k}}\to-\hat{\mathbf{k}}',\qquad\hat{\mathbf{k}}'\to-\hat{\mathbf{k}} \tag{16.138}$$

因此S满足*动力学互易关系*

$$k(\hat{\mathbf{r}})S(\hat{\mathbf{r}},\hat{\mathbf{r}}') = k(\hat{\mathbf{r}}')S(\hat{\mathbf{r}}',\hat{\mathbf{r}}) \tag{16.139}$$

公式(16.139)是(15.109)的面波形式，该结果是由Woodhouse 和 Wong (1986)首次建立的。

16.4.6 动力学射线追踪

要计算(16.122)中的雅可比，我们需要知道射线上的偏导数$\partial_{\zeta'}x^1$和$\partial_{\zeta'}x^2$。这些偏导数满足一个由(16.84)的微分得到的线性方程组：

$$\frac{d}{d\sigma}\left(\frac{\partial x^\gamma}{\partial \zeta'}\right) = \left(\frac{\partial g^{\gamma\eta}}{\partial x^\alpha}\right)k_\eta\left(\frac{\partial x^\alpha}{\partial \zeta'}\right) + g^{\gamma\eta}\left(\frac{\partial k_\eta}{\partial \zeta'}\right) \tag{16.140}$$

$$\begin{aligned}\frac{d}{d\sigma}\left(\frac{\partial k_\gamma}{\partial \zeta'}\right) = &-\frac{1}{2}\left(\frac{\partial^2 g^{\alpha\beta}}{\partial x^\gamma \partial x^\eta}k_\alpha k_\beta - \frac{\partial^2 k^2}{\partial x^\gamma \partial x^\eta}\right)\left(\frac{\partial x^\eta}{\partial \zeta'}\right)\\ &-\left(\frac{\partial g^{\alpha\beta}}{\partial x^\gamma}\right)k_\alpha\left(\frac{\partial k_\beta}{\partial \zeta'}\right)\end{aligned} \tag{16.141}$$

这一由四个方程组成的方程组要在点源初始条件下求解

$$\partial_{\zeta'}x^\gamma(0) = 0, \qquad \partial_{\zeta'}k_\gamma(0) = \partial_{\zeta'}k'_\gamma \tag{16.142}$$

$\hat{\mathbf{r}} + \partial_{\zeta'}\hat{\mathbf{r}}$和$\mathbf{k} + \partial_{\zeta'}\mathbf{k}$这两个量分别为*邻近或傍轴射线*上的位置矢量和波矢量。

16.4.7 马斯洛夫指数

与体波的情形一样，在Ω上相邻面波射线相交处的奇异值点称为*焦散*。焦散的经过可以通过记录(16.122)中雅可比的符号改变来追踪：

$$\text{焦散:}\quad J = 0 \tag{16.143}$$

我们再次引入马斯洛夫指数M作为一个正整数计数器，每当(16.143)满足时其数值加一。焦散经过的次数在震源与接收点互换时也是不变的：

$$M(\hat{\mathbf{r}},\hat{\mathbf{r}}') = M(\hat{\mathbf{r}}',\hat{\mathbf{r}}) \tag{16.144}$$

在球对称地球上焦散位于源点$\hat{\mathbf{r}}'$及其对跖点$-\hat{\mathbf{r}}'$。从$\hat{\mathbf{r}}$出发的射线也同样在$\pm\hat{\mathbf{r}}$两处表现出焦散。无论射线经过多少个完整的或部分大圆轨道，(16.144)中的互易关系显然都是满足的。更一般地，在略微不均匀的地球上，焦散是震源及其对跖点附近有多个尖点的闭合曲线，如16.6.7节所显示的。对于足够小的扰动，关系式(16.144)仍然是明显的。事实上，它适用于任意光滑的地球模型，甚至面波相速度c有较大横向变化的模型。勒夫波和瑞利波在每一次经过震源或其对跖点的焦散时均经历一个$\pi/2$的非几何相位提前。这一所谓的*球极相移*是由Brune, Nafe 和 Alsop (1961)首次针对球对称地球提出的。

16.4.8 非弹性

可以很容易地在面波JWKB理论中引入轻微的、横向不均匀的非弹性效应。像通常一样，我们用依赖于频率的复数模量来取代完全弹性的不可压缩性和刚性参数：

$$\kappa \to \kappa_0[1 + \frac{2}{\pi}Q_\kappa^{-1}\ln(\omega/\omega_0)] + i\kappa_0 Q_\kappa^{-1} \tag{16.145}$$

$$\mu \to \mu_0[1 + \frac{2}{\pi}Q_\mu^{-1}\ln(\omega/\omega_0)] + i\mu_0 Q_\mu^{-1} \tag{16.146}$$

其中角标0代表在参考频率ω_0处取值。(16.145)和(16.146)的实部分别是频率为ω的单频勒夫波或瑞利波所“看到”的实数的不可压缩性和刚性。我们通过在方程(16.37)和(16.60)–(16.62)及相应的边界条件(16.38)–(16.39)和(16.63)–(16.66)中直接引入这些依赖于频率的模量来考虑非弹性频散对局地实数波数k和局地径向本征函数U、V、P和W的影响。我们将忽略虚部微扰$i\kappa_0 Q_\kappa^{-1}$和$i\mu_0 Q_\mu^{-1}$对U、V、W和P的影响，而它们对局地波数的影响则可以通过扰动局地频散关系(16.40)和(16.67)来得到。同9.2和9.7节中一样，瑞利原理是这一分析中的关键环节，唯一的区别在于在这里我们固定ω对k做微扰，而不是固定k对ω做微扰。在11.8节中我们对这两种不同的微扰做了详细描述。将波数的虚部微扰表示成$k \to k - i\,\delta k$，使用当前的符号，我们有

$$\delta k_{\rm L} = \frac{k_{\rm L}^2\delta I_2 + \delta I_3}{2k_{\rm L}I_2}, \qquad \delta k_{\rm R} = \frac{k_{\rm R}^2\delta I_2' + k_{\rm R}\delta I_3' + \delta I_4'}{2k_{\rm R}I_2' + I_3'} \tag{16.147}$$

其中角标L和R分别表示勒夫波和瑞利波。(16.147)中微扰后的径向积分δI_2、δI_3和$\delta I_2'$、$\delta I_3'$、$\delta I_4'$为

$$\delta I_2 = \int_0^a \mu_0 Q_\mu^{-1} W^2\, dr \tag{16.148}$$

$$\delta I_3 = \int_0^a \mu_0 Q_\mu^{-1}[(\partial_r W - r^{-1}W)^2 - 2r^{-2}W^2]\, r^2 dr \tag{16.149}$$

$$\delta I_2' = \int_0^a [\mu_0 Q_\mu^{-1}U^2 + (\kappa_0 Q_\kappa^{-1} + \frac{4}{3}\mu_0 Q_\mu^{-1})V^2]\, dr \tag{16.150}$$

$$\begin{aligned}\delta I_3' = \int_0^a [&\frac{4}{3}\mu_0 Q_\mu^{-1}V(\partial_r U - r^{-1}U) - 2\kappa_0 Q_\kappa^{-1}V(\partial_r U + 2r^{-1}U) \\ &+ 2\mu_0 Q_\mu^{-1}U(\partial_r V - r^{-1}V)]\, rdr\end{aligned} \tag{16.151}$$

$$\begin{aligned}\delta I_4' = \int_0^a [&(\kappa_0 Q_\kappa^{-1}(\partial_r U + 2r^{-1}U)^2 + \frac{4}{3}\mu_0 Q_\mu^{-1}(\partial_r U - r^{-1}U)^2 \\ &+ \mu_0 Q_\mu^{-1}(\partial_r V - r^{-1}V)^2 - 2\mu_0 Q_\mu^{-1}r^{-2}V^2]\, r^2 dr\end{aligned} \tag{16.152}$$

习惯上我们把微扰(16.147)用相应驻波的时间品质因子表示。利用公式(16.44)和(16.72)，我们发现$\delta k = (ck)/(2CQ)$，其中

$$Q_{\rm L}^{-1} = \frac{k_{\rm L}^2\delta I_2 + \delta I_3}{\omega^2 I_{1\rm L}}, \qquad Q_{\rm R}^{-1} = \frac{k_{\rm R}^2\delta I_2' + k_{\rm R}\delta I_3' + \delta I_4'}{\omega^2 I_{1\rm R}} \tag{16.153}$$

得到的结果是波的振幅随离开源点的角距离做指数衰减，其形式为

$$\exp(-ik\Delta) \to \exp(-ik\Delta)\exp(-\omega\Delta/2CQ) \tag{16.154}$$

很容易验证勒夫波和瑞利波的局地品质因子(16.153)与(9.54)完全一样。因子C出现在(16.154) 的分母中,因为被耗散的波的能量以群速度传播。严格来说,为了与(16.148)–(16.152)一致,C应该在横向不均匀弹性参数为κ_0和μ_0的参考频率处的地球模型中计算,为简单起见我们省略了表示这一条件的角标0。在实际中,也可以用频率为ω的单频波列的实际传播速度C,结果的误差可以忽略不计。

16.5 JWKB响应

至此我们已经汇集了用来表示横向不均匀地球对点源JWKB面波响应所需要的所有组成部分。在以下两节,我们推导JWKB格林张量$\mathbf{G}(\mathbf{x},\mathbf{x}';\omega)$以及对矩张量源的加速度响应$\mathbf{a}(\mathbf{x},\omega)$。

16.5.1 格林张量

首先,我们用新的本征函数归一化条件(16.117)来改写球对称地球上的远场面波格林张量(11.23):

$$\begin{aligned}\mathbf{G}_{\text{spher}}(\mathbf{x},\mathbf{x}';\omega) &= \sum_{\text{模式}}\sum_{\text{射线}}(8\pi k|\sin\Delta|)^{-1/2}\\ &\times[\hat{\mathbf{r}}U - i\hat{\mathbf{k}}V + i(\hat{\mathbf{r}}\times\hat{\mathbf{k}})W][\hat{\mathbf{r}}'U' + i\hat{\mathbf{k}}'V' - i(\hat{\mathbf{r}}'\times\hat{\mathbf{k}}')W']\\ &\times\exp i\,(-k\Delta + M\pi/2 - \pi/4)\exp(-\omega\Delta/2CQ)\end{aligned} \tag{16.155}$$

(16.155)中的第一个求和是对不同面波模式即频散曲线分支求和,第二个则是对绕大圆轨道走过不同周数的射线或陆续到达讯号的求和,如图11.3所示。勒夫波和瑞利波都包含在双重求和中,对于前者$U=V=0$,而对于后者$W=0$。马斯洛夫指数M就是$s-1$,其中$s=1,2,3,\ldots$是到达讯号的序号。我们可以将横向不均匀地球上的JWKB格林张量写成类似于(16.155)的形式:

$$\begin{aligned}\mathbf{G}(\mathbf{x},\mathbf{x}';\omega) &= \sum_{\text{模式}}\sum_{\text{射线}}(kS)^{-1/2}[\hat{\mathbf{r}}U - i\hat{\mathbf{k}}V + i(\hat{\mathbf{r}}\times\hat{\mathbf{k}})W]\,\mathbf{A}'\\ &\times\exp i\left(-\int_0^\Delta k\,d\Delta + M\frac{\pi}{2}\right)\exp\left(-\omega\int_0^\Delta\frac{d\Delta}{2CQ}\right)\end{aligned} \tag{16.156}$$

这里我们期望能够确定未知矢量$\mathbf{A}'$。因子$(kS)^{-1/2}$源于射线上因几何扩散造成的振幅变化,遵循弹性能量守恒定律(16.118)和(16.132)的定义。在震源$\hat{\mathbf{r}}'$附近,考虑局地均匀的地球模型,我们通过将(16.156)中$s=1$的射线结果与(16.155)的结果相匹配来确定$\mathbf{A}'$。近震源的几何扩散因子直接就是$S\to\sin\Delta$,因而

$$\mathbf{A}' = (1/8\pi)^{1/2}[\hat{\mathbf{r}}'U' + i\hat{\mathbf{k}}'V' - i(\hat{\mathbf{r}}'\times\hat{\mathbf{k}}')W']\exp(-i\pi/4) \tag{16.157}$$

因此横向不均匀地球上的JWKB格林张量成为

$$\begin{aligned}\mathbf{G}(\mathbf{x},\mathbf{x}';\omega) &= \sum_{\text{模式}}\sum_{\text{射线}}(8\pi kS)^{-1/2}\\ &\times[\hat{\mathbf{r}}U - i\hat{\mathbf{k}}V + i(\hat{\mathbf{r}}\times\hat{\mathbf{k}})W][\hat{\mathbf{r}}'U' + i\hat{\mathbf{k}}'V' - i(\hat{\mathbf{r}}'\times\hat{\mathbf{k}}')W']\end{aligned}$$

$$\times \exp i\left(-\int_0^{\Delta} k\,d\Delta + M\frac{\pi}{2} - \frac{\pi}{4}\right)\exp\left(-\omega\int_0^{\Delta}\frac{d\Delta}{2CQ}\right) \tag{16.158}$$

由于(16.139)和(16.144)中的几何互易关系，(16.158)中的JWKB响应在震源与接收点做(16.138)式的互易时是不变的

$$\mathbf{G}(\mathbf{x},\mathbf{x}';\omega) = \mathbf{G}^{\mathrm{T}}(\mathbf{x}',\mathbf{x};\omega) \tag{16.159}$$

16.5.2 矩张量响应

对位于$\mathbf{x}_{\mathrm{s}}$的依赖频率的矩张量$\mathbf{M}(\omega)$震源的加速度响应可以用格林张量(16.158)表示为

$$\mathbf{a}(\mathbf{x},\omega) = i\omega\mathbf{M}:\boldsymbol{\nabla}_{\mathrm{s}}\mathbf{G}^{\mathrm{T}}(\mathbf{x},\mathbf{x}_{\mathrm{s}};\omega) \tag{16.160}$$

在最低阶近似下，对震源坐标$\mathbf{x}_{\mathrm{s}}$的梯度算子$\boldsymbol{\nabla}_{\mathrm{s}}$仅作用在振荡型路径积分$\exp(-i\int_0^{\Delta}k\,d\Delta)$以及面波从震源出发时的偏振矢量$\hat{\mathbf{r}}_{\mathrm{s}}U_{\mathrm{s}} + i\hat{\mathbf{k}}_{\mathrm{s}}V_{\mathrm{s}} - i(\hat{\mathbf{r}}_{\mathrm{s}}\times\hat{\mathbf{k}}_{\mathrm{s}})W_{\mathrm{s}}$上。我们可以将横向不均匀地球上的面波加速度表示成

$$\begin{aligned}\mathbf{a}(\mathbf{x},\omega) = i\omega\sum_{\text{模式}}\sum_{\text{射线}}&(8\pi kS)^{-1/2}[\hat{\mathbf{r}}U - i\hat{\mathbf{k}}V + i(\hat{\mathbf{r}}\times\hat{\mathbf{k}})W]\\ &\times(\mathbf{M}:\mathbf{E}_{\mathrm{s}}^{*})\exp i\left(-\int_0^{\Delta}k\,d\Delta + M\frac{\pi}{2} - \frac{\pi}{4}\right)\\ &\times\exp\left(-\omega\int_0^{\Delta}\frac{d\Delta}{2CQ}\right)\end{aligned} \tag{16.161}$$

其中

$$\begin{aligned}\mathbf{E}_{\mathrm{s}} = {}&\partial_r U_{\mathrm{s}}\hat{\mathbf{r}}_{\mathrm{s}}\hat{\mathbf{r}}_{\mathrm{s}} + r_{\mathrm{s}}^{-1}(U_{\mathrm{s}} - k_{\mathrm{s}}V_{\mathrm{s}})\hat{\mathbf{k}}_{\mathrm{s}}\hat{\mathbf{k}}_{\mathrm{s}} + r_{\mathrm{s}}^{-1}U_{\mathrm{s}}(\hat{\mathbf{r}}_{\mathrm{s}}\times\hat{\mathbf{k}}_{\mathrm{s}})(\hat{\mathbf{r}}_{\mathrm{s}}\times\hat{\mathbf{k}}_{\mathrm{s}})\\ &-\frac{1}{2}i(\partial_r V_{\mathrm{s}} - r_{\mathrm{s}}^{-1}V_{\mathrm{s}} + k_{\mathrm{s}}r_{\mathrm{s}}^{-1}U_{\mathrm{s}})(\hat{\mathbf{r}}_{\mathrm{s}}\hat{\mathbf{k}}_{\mathrm{s}} + \hat{\mathbf{k}}_{\mathrm{s}}\hat{\mathbf{r}}_{\mathrm{s}})\\ &+\frac{1}{2}i(\partial_r W_{\mathrm{s}} - r_{\mathrm{s}}^{-1}W_{\mathrm{s}})[\hat{\mathbf{r}}_{\mathrm{s}}(\hat{\mathbf{r}}_{\mathrm{s}}\times\hat{\mathbf{k}}_{\mathrm{s}}) + (\hat{\mathbf{r}}_{\mathrm{s}}\times\hat{\mathbf{k}}_{\mathrm{s}})\hat{\mathbf{r}}_{\mathrm{s}}]\\ &+\frac{1}{2}k_{\mathrm{s}}r_{\mathrm{s}}^{-1}W_{\mathrm{s}}[\hat{\mathbf{k}}_{\mathrm{s}}(\hat{\mathbf{r}}_{\mathrm{s}}\times\hat{\mathbf{k}}_{\mathrm{s}}) + (\hat{\mathbf{r}}_{\mathrm{s}}\times\hat{\mathbf{k}}_{\mathrm{s}})\hat{\mathbf{k}}_{\mathrm{s}}]\end{aligned} \tag{16.162}$$

表示震源处JWKB应变张量。(16.158)和(16.161)的结果与球对称地球上的远场格林张量(11.23)和矩张量响应(11.33)几乎完全一样，只是几何扩散因子$|\sin\Delta|^{-1/2}$由$S^{-1/2}$取代，还有震源到接收点的相位延迟和衰减$\exp(-ik\Delta)\exp(-\omega\Delta/2CQ)$换成了$\exp(-i\int_0^{\Delta}k\,d\Delta)\exp(-\omega\int_0^{\Delta}d\Delta/2CQ)$。(16.162)中的应变与(11.39)几乎完全一样，只是把波数k换成k_{s}，以及把径向导数$\dot{U}_{\mathrm{s}}$、$\dot{V}_{\mathrm{s}}$、$\dot{W}_{\mathrm{s}}$换成偏导数$\partial_r U_{\mathrm{s}}$、$\partial_r V_{\mathrm{s}}$、$\partial_r W_{\mathrm{s}}$。

为了给我们在16.8节将要介绍的微扰理论做准备，可以把加速度(16.161)在接收点$\mathbf{x}$处的$\hat{\boldsymbol{\nu}}$分量$a(\omega) = \hat{\boldsymbol{\nu}}\cdot\mathbf{a}(\mathbf{x},\omega)$写成更方便的形式

$$a = \sum_{\text{模式}}\sum_{\text{射线}}A\exp(-i\psi) \tag{16.163}$$

其中

$$A = A_{\mathrm{r}}A_{\mathrm{p}}A_{\mathrm{s}},\qquad \psi = \psi_{\mathrm{r}} + \phi_{\mathrm{p}} + \psi_{\mathrm{s}} \tag{16.164}$$

振幅$A_{\rm s}$、$A_{\rm p}$、$A_{\rm r}$和相位$\psi_{\rm s}$、$\phi_{\rm p}$、$\psi_{\rm r}$由如下显式给出

$$A_{\rm s}\exp(-i\psi_{\rm s}) = i\omega(\mathbf{M}:\mathbf{E}_{\rm s}^*)\exp(-i\pi/4) \tag{16.165}$$

$$\begin{aligned}A_{\rm p}\exp(-i\psi_{\rm p}) =&(8\pi kS)^{-1/2}\exp i\left(-\int_0^\Delta k\,d\Delta + M\frac{\pi}{2}\right)\\ &\times\exp\left(-\int_0^\Delta \frac{\omega}{2CQ}\,d\Delta\right)\end{aligned} \tag{16.166}$$

$$A_{\rm r}\exp(-i\psi_{\rm r}) = \hat{\boldsymbol{\nu}}\cdot[\hat{\mathbf{r}}U - i\hat{\mathbf{k}}V + i(\hat{\mathbf{r}}\times\hat{\mathbf{k}})W] \tag{16.167}$$

下角标s、p和r分别表示与震源、路径和接收点相关的贡献。对于勒夫波，矩张量$\mathbf{M}$与震源处应变共轭$\mathbf{E}_{\rm s}^*$的双点积为

$$\begin{aligned}\mathbf{M}:\mathbf{E}_{\rm s}^* =& i(\partial_r W_{\rm s} - r_{\rm s}^{-1}W_{\rm s})(M_{r\theta}\sin\zeta_{\rm s} - M_{r\phi}\cos\zeta_{\rm s})\\ &- k_{\rm s}r_{\rm s}^{-1}W_{\rm s}[\frac{1}{2}(M_{\theta\theta}-M_{\phi\phi})\sin 2\zeta_{\rm s} - M_{\theta\phi}\cos 2\zeta_{\rm s}]\end{aligned} \tag{16.168}$$

而瑞利波的结果则是

$$\begin{aligned}\mathbf{M}:\mathbf{E}_{\rm s}^* =& M_{rr}\partial_r U_{\rm s} + (M_{\theta\theta}+M_{\phi\phi})r_{\rm s}^{-1}(U_{\rm s} - \frac{1}{2}k_{\rm s}V_{\rm s})\\ &+ i(\partial_r V_{\rm s} - r_{\rm s}^{-1}V_{\rm s} + k_{\rm s}r_{\rm s}^{-1}U_{\rm s})(M_{r\phi}\sin\zeta_{\rm s} + M_{r\theta}\cos\zeta_{\rm s})\\ &- k_{\rm s}r_{\rm s}^{-1}V_{\rm s}[M_{\theta\phi}\sin 2\zeta_{\rm s} + \frac{1}{2}(M_{\theta\theta}-M_{\phi\phi})\cos 2\zeta_{\rm s}]\end{aligned} \tag{16.169}$$

这里的M_{rr}、$M_{r\theta}$、$M_{r\phi}$、$M_{\theta\theta}$、$M_{\theta\phi}$、$M_{\phi\phi}$是球极坐标系中$\mathbf{M}$的六个独立分量，如公式(5.124)所展示的，角度$0\leqslant\zeta_{\rm s}\leqslant 2\pi$是单位球$\Omega$上面波射线路径的出射方位角，定义为在震源$\hat{\mathbf{r}}_{\rm s}$处从正南方开始逆时针旋转的角度。震源项

$$\begin{aligned}A_{\rm s}\exp(-i\psi_{\rm s}) = \omega\big\{&[M_{rr}\partial_r U_{\rm s} + (M_{\theta\theta}+M_{\phi\phi})r_{\rm s}^{-1}(U_{\rm s} - \frac{1}{2}k_{\rm s}V_{\rm s})]e^{i\pi/4}\\ &- (\partial_r V_{\rm s} - r_{\rm s}^{-1}V_{\rm s} + k_{\rm s}r_{\rm s}^{-1}U_{\rm s})(M_{r\phi}\sin\zeta_{\rm s} + M_{r\theta}\cos\zeta_{\rm s})e^{-i\pi/4}\\ &- k_{\rm s}r_{\rm s}^{-1}V_{\rm s}[M_{\theta\phi}\sin 2\zeta_{\rm s} + \frac{1}{2}(M_{\theta\theta}-M_{\phi\phi})\cos 2\zeta_{\rm s}]e^{i\pi/4}\\ &- (\partial_r W_{\rm s} - r_{\rm s}^{-1}W_{\rm s})(M_{r\theta}\sin\zeta_{\rm s} - M_{r\phi}\cos\zeta_{\rm s})e^{-i\pi/4}\\ &- k_{\rm s}r_{\rm s}^{-1}W_{\rm s}[\frac{1}{2}(M_{\theta\theta}-M_{\phi\phi})\sin 2\zeta_{\rm s} - M_{\theta\phi}\cos 2\zeta_{\rm s}]e^{i\pi/4}\big\}\end{aligned} \tag{16.170}$$

为勒夫波和瑞利波的复数辐射花样，在11.4节和11.7.2节中以$R(\zeta_{\rm s})$表示。事实上，公式(16.170)与公式(11.34)几乎完全一样，只是大圆出射方位角Φ(奇数s)和$\Phi+\pi$(偶数s)被$\zeta_{\rm s}$取代，同时k和$\dot{U}_{\rm s}$、$\dot{V}_{\rm s}$、$\dot{W}_{\rm s}$分别被$k_{\rm s}$和$\partial_r U_{\rm s}$、$\partial_r V_{\rm s}$、$\partial_r W_{\rm s}$取代。

16.6 实际数值实现

在本节中，我们简要介绍一个追踪面波射线并计算射线上相位与振幅变化的实用方法，该方法与15.8节中计算体波的方法相似。我们假定地球介质的不可压缩性、刚性和密度是距地

心的半径r、余纬度θ和经度ϕ的给定函数$\kappa(r,\theta,\phi)$、$\mu(r,\theta,\phi)$和$\rho(r,\theta,\phi)$。同样地，假定不连续面半径的函数形式为$d(\theta,\phi)$。接收点$\mathbf{x}$的球极坐标为(r,θ,ϕ)，震源$\mathbf{x}'$则为(r',θ',ϕ')。

16.6.1　局地模式

要计算JWKB响应，我们需要知道震源$\mathbf{x}'$和接收点$\mathbf{x}$处局地位移本征函数U、V、W以及它们的径向导数$\partial_r U$、$\partial_r V$、$\partial_r W$。这些函数的取得需要在每一组震源和接收点的地理位置(θ',ϕ')和(θ,ϕ)处运行一次修改版本的简正模式计算程序如`MINEOS`或`OBANI`。图16.2显示了在随机选取的20个地震震中和50个GSN台站位置上，地球模型SH12WM13 (Su, Woodward & Dziewonski 1994)中165秒周期的基阶勒夫波和瑞利波的U、V、W和$\partial_r U$、$\partial_r V$、$\partial_r W$随深度的变化。在最浅部的100千米内U、$\partial_r V$和W的变化约为15%，而在100千米到300千米深度范围上$\partial_r U$、V和$\partial_r W$的变化则可达30%。要注意图中显示的是JWKB归一化的本征函数，即在单位球Ω上的每一点均有$cCI_1=1$。

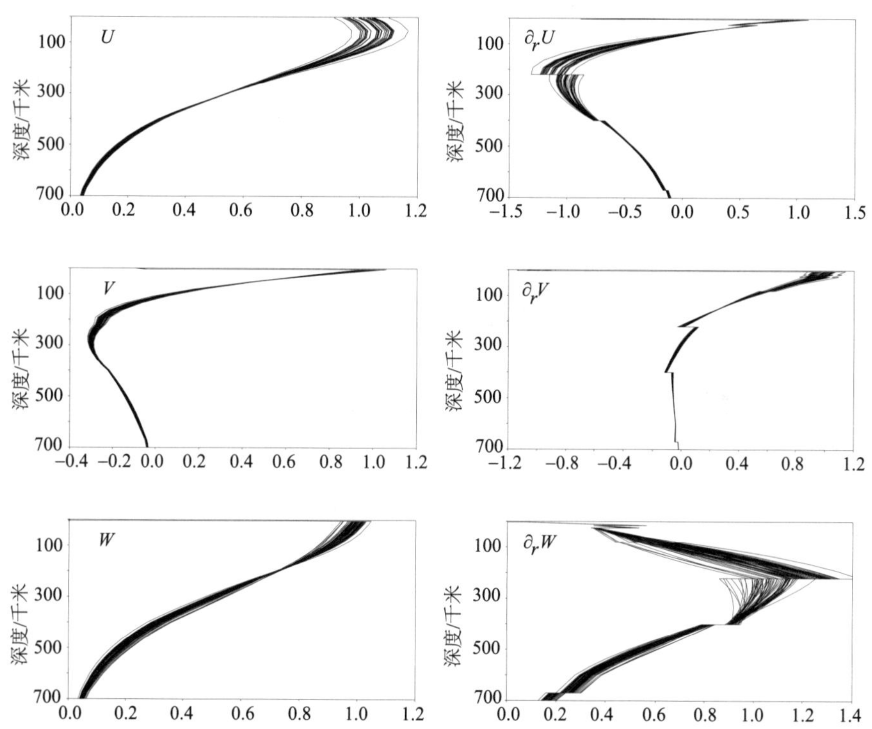

图 16.2　在20个地震震中和50个GSN台站的地理位置(θ,ϕ)处，地球模型SH12WM13中本征函数U、V、W及其径向导数$\partial_r U$、$\partial_r V$、$\partial_r W$随深度的变化。显示的是JWKB归一化的165秒周期的基阶模式本征函数，即$cCI_1=1$。瑞利波函数U、V和$\partial_r U$、$\partial_r V$的绘图比例为使其平均值在自由表面为单位长度。而勒夫波的绘图比例为使W和$\partial_r W$的平均值分别在海底和144千米深处为单位长度

我们必须知道面波传播中所走过的每一点(θ,ϕ)处的局地频散关系$k=k(\theta,\phi,\omega)$和相速度$c(\theta,\phi,\omega)$。一般来讲不可能在射线上的每一点都去运行`MINEOS`或`OBANI`，因此我们采用11.8节中所描述的微扰理论。我们假定局地波数和相速度是相对于球对称平均地球模型的微扰，即

$k \to k + \delta k$和$c \to c + \delta c$。在Ω上任意点的波数、相速度和本征频率微扰可以由公式(11.93)联系起来：

$$\frac{\delta k}{k} = -\frac{\delta c}{c} = -\frac{c}{C}\frac{\delta\omega}{\omega} \tag{16.171}$$

其中C是微扰前群速度。这样得到的局地频散关系和相速度变化精确到局地结构参数微扰$\delta\kappa$、$\delta\mu$、$\delta\rho$和δd的一阶。对于不受地壳厚度较大横向变换强烈影响的长周期($T > 100$秒)勒夫波和瑞利波，该近似是足够好的。

16.6.2 运动学射线追踪

进行面波射线追踪时，方便的做法是将余纬度和经度作为广义坐标：

$$x^1 = \theta, \qquad x^2 = \phi \tag{16.172}$$

此处度量张量$\mathbf{g} = \mathbf{I} - \hat{\mathbf{r}}\hat{\mathbf{r}}$的协变和逆变分量为

$$g_{\theta\theta} = 1, \qquad g_{\theta\phi} = g_{\phi\theta} = 0, \qquad g_{\phi\phi} = \sin^2\theta \tag{16.173}$$

$$g^{\theta\theta} = 1, \qquad g^{\theta\phi} = g^{\phi\theta} = 0, \qquad g^{\phi\phi} = (\sin\theta)^{-2} \tag{16.174}$$

因此射线追踪的哈密顿量(16.81)成为

$$H = \frac{1}{2}[k_\theta^2 + (\sin\theta)^{-2}k_\phi^2 - k^2(\theta,\phi)] = 0 \tag{16.175}$$

球极坐标下的哈密顿量$H(\theta,\phi,k_\theta,k_\phi)$所满足的哈密顿方程(16.83)–(16.84)为

$$\frac{d\theta}{d\sigma} = k_\theta \tag{16.176}$$

$$\frac{d\phi}{d\sigma} = (\sin\theta)^{-2}k_\phi \tag{16.177}$$

$$\frac{dk_\theta}{d\sigma} = \frac{1}{2}\partial_\theta k^2 + \cot\theta(\sin\theta)^{-2}k_\phi^2 \tag{16.178}$$

$$\frac{dk_\phi}{d\sigma} = \frac{1}{2}\partial_\phi k^2 \tag{16.179}$$

对于从(θ',ϕ')在$0 \leqslant \zeta' \leqslant 2\pi$方向出射的射线，其初始条件为$\theta(0) = \theta'$, $\phi(0) = \phi'$和$k_\theta(0) = k'\cos\zeta'$, $k_\phi(0) = k'\sin\zeta'$。

与15.8.1节中将体波射线追踪的六个方程(15.199)–(15.204)减少为(15.213)–(15.216)中的四个方程的做法一样，面波射线追踪方程组(16.176)–(16.179)也可以从四个减少为两个。为此，我们引入射线上任意点(θ,ϕ)处的*局地方位角*或*传播方向*$0 \leqslant \zeta \leqslant 2\pi$ (图16.3)。波矢量可以用这个方位角表示为

$$\mathbf{k} = k\cos\zeta\,\hat{\boldsymbol{\theta}} + k\sin\zeta\,\hat{\boldsymbol{\phi}} \tag{16.180}$$

可以很容易地证明波矢量的协变分量

$$k_\theta = k\cos\zeta, \qquad k_\phi = k\sin\theta\sin\zeta \tag{16.181}$$

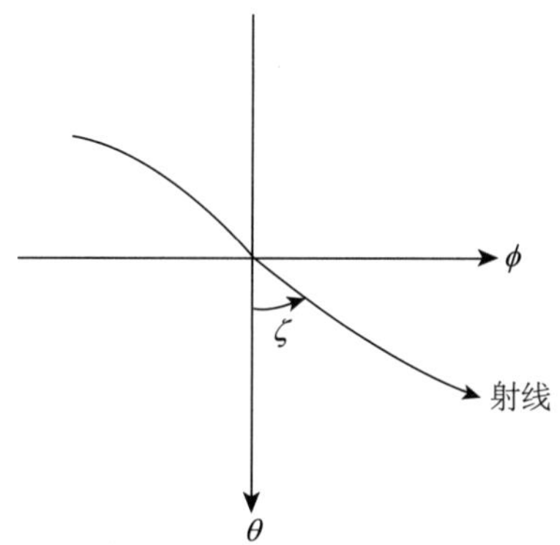

图16.3 一条面波射线在点(θ,ϕ)的传播方向由方位角$0\leqslant\zeta\leqslant 2\pi$给定，其定义为从正南方开始逆时针旋转。在震源$(\theta',\phi')$的出射方位角就是带撇号的角度$\zeta'$

满足频散关系(16.175)。利用关系式(16.181)，我们可以将射线追踪方程组(16.176)–(16.179)转换为控制θ、ϕ和ζ的三个常微分方程：

$$\frac{d\theta}{d\sigma}=k\cos\zeta \tag{16.182}$$

$$\frac{d\phi}{d\sigma}=k(\sin\theta)^{-1}\sin\zeta \tag{16.183}$$

$$\frac{d\zeta}{d\sigma}=-\sin\zeta\,\partial_\theta k+(\sin\theta)^{-1}\cos\zeta\,\partial_\phi k-k\cot\theta\sin\zeta \tag{16.184}$$

方程组(16.182)–(16.184)可以在初始条件$\theta(0)=\theta'$, $\phi(0)=\phi'$, $\zeta(0)=\zeta'$下进行积分求解。

最后，我们可以用经度ϕ做自变量，借助(16.183)来消掉生成参数σ。这样最终得到的是描述余纬度θ和方位角ζ演化的两个一阶微风方程：

$$\frac{d\theta}{d\phi}=\sin\theta\cot\zeta \tag{16.185}$$

$$\frac{d\zeta}{d\phi}=-\cos\theta+\sin\theta\,\partial_\theta\ln c-\cot\zeta\,\partial_\phi\ln c \tag{16.186}$$

其中$c=\omega/k$是面波的局地相速度。与体波情形一样，更好的做法是将地球模型做旋转使震源和接收点均位于赤道上，以避免两极的坐标奇异值：

$$\theta'=\pi/2,\ \phi'=0\quad \text{和}\quad \theta=\pi/2,\ \phi=\Theta \tag{16.187}$$

其中$\cos\Theta=\cos\theta\cos\theta'+\sin\theta\sin\theta'\cos(\phi-\phi')$。因而(16.185)–(16.186)所对应的柯西初始条件为

$$\theta(0)=\pi/2,\qquad \zeta(0)=\zeta' \tag{16.188}$$

正如预期的，如果我们设定$r=1$, $i=\pi/2$，并做替换$v\to c$，体波射线追踪方程组(15.213)–(15.216)将转化为(16.185)–(16.186)。

16.6.3 标射

要找到一条沿劣弧传播的G1或R1射线的出射角度ζ',使其能够“击中”位于$\theta=\pi/2$, $\phi=\Theta$的接收点，我们通过迭代来求解类似于方程(15.221)的一个一维方程：

$$\partial_{\zeta'}\theta_n(\Theta)\,(\zeta'_{n+1}-\zeta'_n)=\pi/2-\theta_n(\Theta) \tag{16.189}$$

其中$n=0,1,2,\ldots$是迭代序数。用16.8节中的射线微扰理论可以得到初始迭代值ζ'_0的最佳选择。要追踪一条在ϕ减小方向沿优弧传播的G2或R2射线，我们在赤道上"向后"转

$$\theta'=\pi/2,\ \phi'=0 \quad 和 \quad \theta=\pi/2,\ \phi=2\pi-\Theta \tag{16.190}$$

同时将(16.189)中的$\partial_{\zeta'}\theta_n(\Theta)$和$\theta_n(\Theta)$分别用$\partial_{\zeta'}\theta_n(2\pi-\Theta)$和$\theta_n(2\pi-\Theta)$替换。同样地，对G3、R3和G4、R4我们分别"向前"和"向后"追踪到$2\pi+\Theta$和$4\pi-\Theta$经度，依此类推。

16.6.4 相位和衰减率

一个波的相位ψ的纵向变化率是

$$\frac{d\psi}{d\phi}=\frac{k\,d\Delta}{d\phi}=k\sin\theta(\cos\zeta)^{-1} \tag{16.191}$$

可以对这一方程积分得到沿劣弧传播的G1或R1射线上累积的相位和衰减：

$$\int_0^{\Delta}k\,d\Delta=\int_0^{\Theta}k\sin\theta(\cos\zeta)^{-1}\,d\phi \tag{16.192}$$

$$\int_0^{\Delta}\frac{d\Delta}{2CQ}=\int_0^{\Theta}\frac{\sin\theta(\cos\zeta)^{-1}}{2CQ}\,d\phi \tag{16.193}$$

可以很容易地将这些结果推广来计算沿优弧或多周的G2, G3,…或R2, R3,…射线的相位和衰减。方程(16.192)和(16.193)分别是(15.223)和(15.224)的面波形式。

16.6.5 几何扩散

当震源和接收点均在赤道上时，选择$x^1=\theta, x^2=\phi$，点源的雅可比(16.122)变为

$$\begin{aligned}J&=\frac{\partial(\theta,\phi)}{\partial(\sigma,\zeta')}=\frac{\partial(\theta,\phi)}{\partial(\phi,\zeta')}\,\frac{\partial(\phi,\zeta')}{\partial(\sigma,\zeta')}\\&=-k\,(\sin\theta)^{-1}\sin\zeta\,(\partial_{\zeta'}\theta)\end{aligned} \tag{16.194}$$

其中$\partial_{\zeta'}\theta$在这里表示经度ϕ固定时的偏导数，同时在推导最后一个等式中我们使用了(16.183)。表面度量张量的行列式为$g=\sqrt{\det g_{\alpha\beta}}=\sin\theta$，因而几何扩散因子(16.133)为

$$S=k^{-1}g|J|=\sin\zeta\,|\partial_{\zeta'}\theta| \tag{16.195}$$

要得到S我们需要在面波轨迹上计算偏导数$\partial_{\zeta'}\theta=(\partial\theta/\partial\zeta')_\phi$。对运动学射线追踪方程(16.185)–(16.186)求相对于初始出射角度ζ'的微分，我们得到由两个线性方程组成的*动力学射线追踪方程组*：

$$\frac{d}{d\phi}\,(\partial_{\zeta'}\theta)=\cos\theta\cot\zeta\,\partial_{\zeta'}\theta-\sin\theta\,(\sin\zeta)^{-2}\,\partial_{\zeta'}\zeta \tag{16.196}$$

$$\begin{aligned}\frac{d}{d\phi}\,(\partial_{\zeta'}\zeta)=&\,[\sin\theta\,\partial_\theta^2\ln c-\cot\zeta\,\partial_\theta\partial_\phi\ln c+\cos\theta\,\partial_\theta\ln c\\&+\sin\theta]\,\partial_{\zeta'}\theta+(\cos\zeta)^{-2}(\partial_\phi\ln c)\,\partial_{\zeta'}\zeta\end{aligned} \tag{16.197}$$

利用初始条件

$$\partial_{\zeta'}\theta(0) = 0, \qquad \partial_{\zeta'}\zeta(0) = 1 \tag{16.198}$$

可以对上述耦合方程组(16.196)和(16.197)积分来得到$\partial_{\zeta'}\theta$和$\partial_{\zeta'}\zeta$。面波射线束的奇异值条件(16.143)则成为

$$\text{焦散:}\quad \partial_{\zeta'}\theta = 0 \tag{16.199}$$

该条件确定了邻近的面波射线相交而造成焦散的地理位置。通过追踪射线上偏导数$\partial_{\zeta'}\theta$的符号改变，我们可以计算马斯洛夫指数M的数值。

16.6.6 球对称地球

在球对称地球上，两点射线追踪问题(16.185)–(16.187)的解是赤道大圆上的劣弧：

$$\theta(\phi) = \pi/2, \qquad \zeta(\phi) = \pi/2, \qquad 0 \leqslant \phi \leqslant \Theta \tag{16.200}$$

如预期的，一个G1或R1波沿震源与接收点之间的测地线即最短路径传播。G2或R2波在相反方向沿优弧传播，G3或R3波在赤道上绕过一圈之后到达接收点，依此类推。根据费马原理(16.109)，后续到达$s = 2, 3, \ldots$的波列所走过的角距离

$$\Delta = \begin{cases} \Theta + (s-1)\pi, & s \text{ 为奇数} \\ s\pi - \Theta, & s \text{ 为偶数} \end{cases} \tag{16.201}$$

是稳定的。然而，它们所对应的大圆弧在所有可能的射线路径所构成的空间中是位于鞍点而不是局地极小值点。这种绕地球多周的面波震相的极小极大特征对于赤道上相距$\pi/2 < \Theta < \pi$的震源和接收点来说在几何上是显而易见的。一方面G2或R2的长度为$2\pi - \Theta$的优弧射线路径显然可以通过叠加一个小的正弦振荡来加长。另一方面，也可以通过展平所有振荡，但增加其与赤道夹角而使中点落在赤道的北边或南边来缩短。

在球对称地球上初值问题(16.196)–(16.198)的唯一解是

$$\partial_{\zeta'}\theta(\phi) = -\sin\phi, \qquad \partial_{\zeta'}\zeta(\phi) = \cos\phi \tag{16.202}$$

因此，一个传播了距离 Δ 的波的几何扩散因子(16.195)就是$S = |\sin\Delta|$，这从简单的几何考虑是很明显的。焦散是震源及其对跖点，如图 16.4 所示。这些焦散与相应射线路径的稳

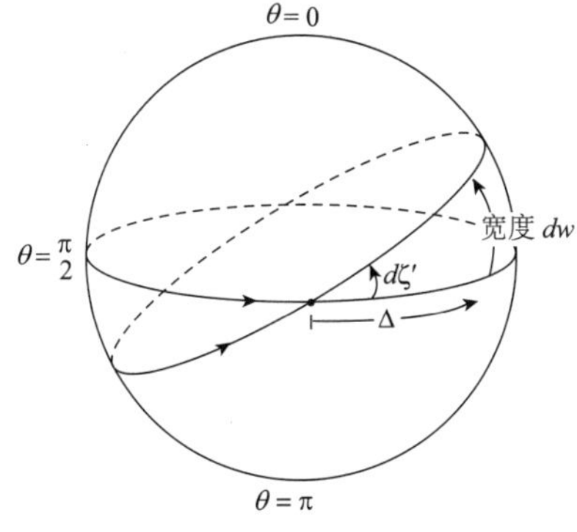

图16.4 在球对称地球模型上面波轨迹为大圆。邻近的射线先是在对跖点相交，然后在回到震源时再次相交，依此类推。几何扩散因子是$S = |dw|/d\zeta' = |\sin\Delta|$，其中$\Delta$是传播的角距离

定特性之间有密切的关联：最先到达的G1或R1波是沿测地线路径传播，并且尚未经过焦散，而后续到达的G2, G3,...或R2, R3,...则是沿极小极大路径，并且已经经过了一个焦散。笼统来讲，马斯洛夫指数M是在射线路径空间中线性独立方向的数目，在这些方向上，沿射线上的累积相位$\int_0^\Delta k\, d\Delta$可能会减小而非增加。这种焦散的经过次数与费马原理的稳定特性之间的关联在有横向不均匀性时仍然维持。事实上，它是JWKB近似下线性波动传播的普遍性质(Gutzwiller 1990)。

*16.6.7 焦散的形态

我们用模型M84A (Woodhouse & Dziewonski 1984)中150秒基阶瑞利波这样一个具体例子来显示横向不均匀地球上面波焦散的特性。这些波的相速度$c+\delta c$是用最高次数为$s_{\max}=8$的球谐函数叠加表示的，点与点之间的变化量级为$\delta c/c=\pm 2-3\%$。为追踪面波射线，我们将模型旋转到使微扰前的路径在赤道上，然后对方程(16.185)–(16.186)用可变阶数龙格–库塔法做数值积分。图16.5显示了从位于赤道上的格林尼治经线即$\theta'=90$度, $\phi'=0$度处的假想震源出发的方位角间隔为4度的一簇射线。以中央点为震源，图的左中部及上部显示了向西(180度$<\zeta'<$360度)出发的绕赤道前三周射线，而向东(0度$<\zeta'<$180度)出发的前三周射线则显示在右中部和下部，整幅图应该被看作是一个连续的条带，为了显示方便而在$\phi=\pm 400$度

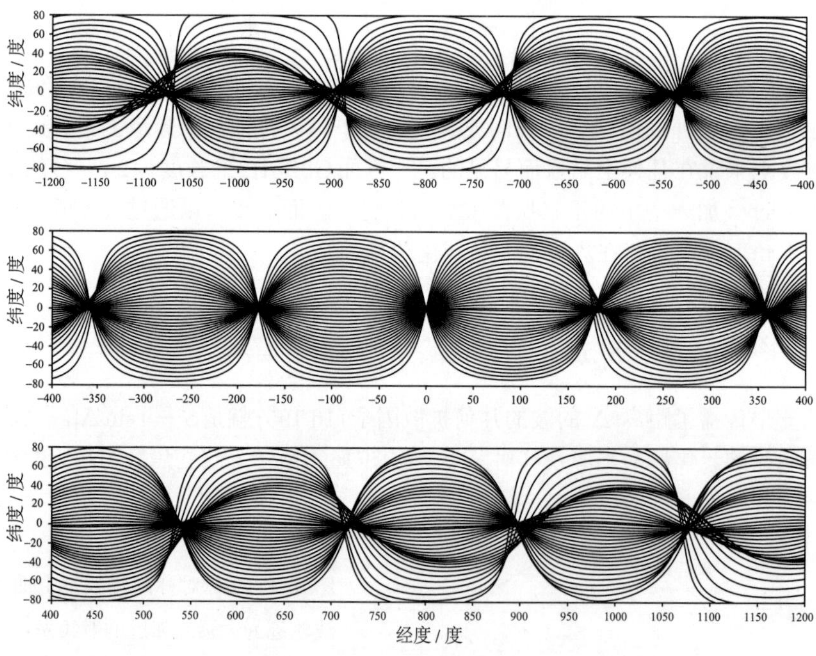

图 16.5 从一个位于赤道上格林尼治经线处的假想震源(中图中心点)出发的面波射线。使用的相速度分布是地球模型M84A中150秒周期的基阶瑞利波相速度。中图的左半部分和上图显示向西出发的前三周射线，而中图的右半部分和下图则显示向东出发的相应射线。整幅图是重复的线性圆柱投影，上图的右侧边界(经度−400度)和下图的左侧边界(经度400度)分别与中图的左右侧边界重叠。经过北极与南极附近的射线没有显示

处被切成三块。在震源及其对跖点附近的焦散十分明显，在每一处有一半的焦散出现在左边和上边，另一半则出现在右边和下边。

图16.6放大显示了在R1与R2相互干涉的第一个对跖点焦散和R2与R3干涉的第一个震源焦散的中央部分。每个焦散都是一条闭合的曲线，表现为有16个尖点的一条连续演化的切线(Wang, Dahlen & Tromp 1993)。这一形态总的特性可以基于灾变理论来理解，面波的焦散是有多个尖点的闭合曲线，因为折叠与尖点是二维空间中仅有的结构上稳定的灾变(Poston & Stewart 1978; Berry & Upstill 1980)。面波相速度$c+\delta c$的每一个足够强的局地极小值或极大值都带来一个尖点，因此总的个数是地球模型中球谐函数最大次数的两倍。在距离震源或其对跖点足够远的任何地方，都只有两个与R1–R2和R2–R3相应的波到达。而在震源或其对跖点附近的接收点，由于折叠的多重性，则可能会有四个、六个或更多的几何射线到达。地球表面上出人意料的大部分地区都被这些错综复杂的折叠焦散所占据。R1–R2和R2–R3焦散的一些尖点延伸到距离对跖点和震源20度–30度的地方。由于波的横向折射的不断增大，R3–R4、R4–R5及后续的焦散甚至会延伸得更远。几何扩散因子的发散$S^{-1}\to\infty$使得面波响应的JWKB表达式(16.161)在震源及其对跖点附近不成立。Tromp 和 Dahlen (1993)发展了另一个马斯洛夫表达式。

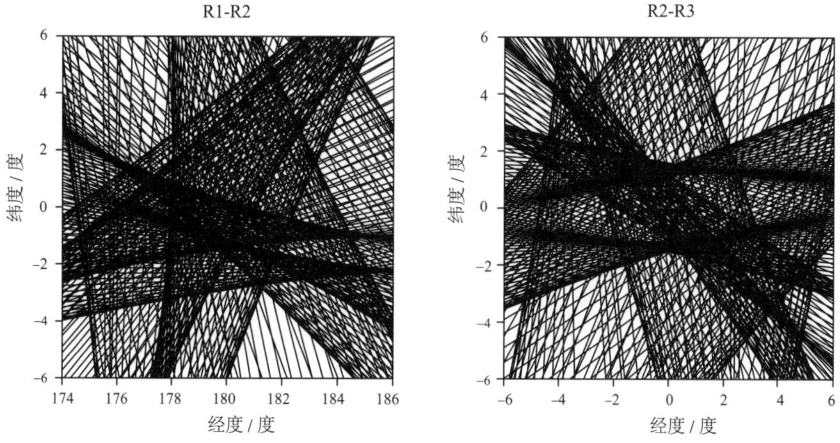

图 16.6　模型M84A中150秒周期瑞利波的首个对跖点(R1–R2)和震源(R2–R3)焦散的放大俯视图。每个焦散都是从位于$\theta'=\pi/2,\ \phi'=0$的震源出发的射线形成的包络线。每条射线在单一切点处经过这些以及后续的焦散

★16.6.8 海啸

我们在8.8.11节中曾经提到，海啸是地震产生的表面重力波，它是具有中性分层的液态外核与表面海洋的地球模型中真正的基阶模式。我们在11.6.3节中证明了海啸的表面相速度非常接近于浅水波速度：$ac=\sqrt{gh}$，其中g为引力加速度，$h(\theta,\phi)$为随地理位置变化的水深。我们可以利用这一关系以及我们所已知的海底深度来确定全球海啸相速度分布图$c(\theta,\phi)$。Woods 和 Okal (1987)、Satake (1988)首次用这一相速度图对全球的海床进行了海啸射线追踪。图16.7显示了1960年智利大地震所产生的海啸波轨迹。要注意的是因太平洋深度的横向变化而导致的强烈的海啸波能量聚焦与散焦。在强烈聚焦地区，如新西兰、日本、尼加拉瓜和哥斯达

黎加，很有可能会受到由海啸的爬坡效应带来的近岸灾难。

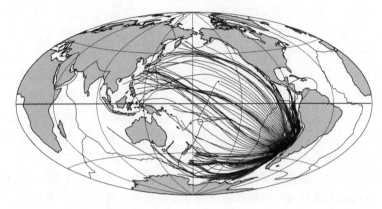

图 16.7 从1960年智利地震震中以等间隔出射角出发的海啸波轨迹

对于任何给定的海岸地点，我们可以利用震源–接收点的互易性原理来确定潜在的可能导致海啸灾害的地震震中位置。我们考虑一个在给定海岸地点的假想海啸源，然后追踪出到达邻近或周围海床周边的射线，如图16.8所示的塔希提岛的例子。那些表现出强烈“互易聚焦”的地震活动区域就是最有可能生成影响给定海岸地点的海啸源点。例如，可以看出塔希提特别易于受到菲律宾、库页岛以及南美洲海岸某些地区地震产生海啸的影响。这一互易地图是由Woods 和 Okal (1987)提出的。

海啸波在传播中其局地本征函数U和V根据水深h的变化以绝热方式做调整，通过在垂直方向伸展来充满传播速度较快的深水区，而在速度较慢的浅水大陆架、海底台地或扩张洋脊处则会收缩且振幅增大。我们在图16.9中显示了沿南太平洋的一条剖面海啸模式局地径向结构的变化，如8.8.11节所指出的，位移以水平向为主，要注意图中所画的是$V/10$而不是V。在大洋开阔处海啸波的高度是由横向折射造成的射线束宽度变化以及这里显示的浅水放大效应两者决定的。当海啸到达海岸以后，最后在非线性爬坡阶段所造成的破坏是由港湾的局地几何与海水深度控制的。

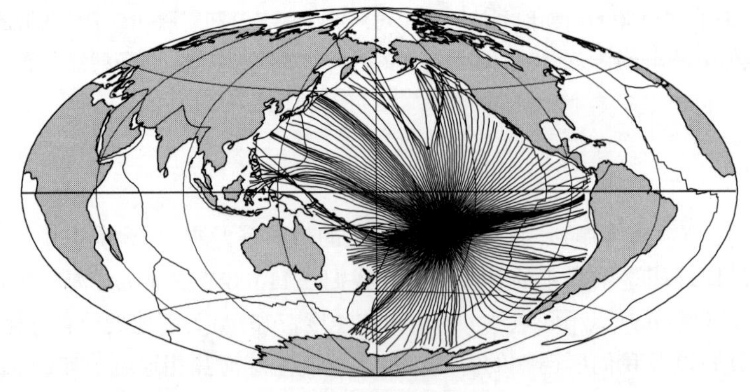

图 16.8 一个位于塔希提岛的地震所产生的海啸波轨迹。射线以等间隔出射角出发，地震互易原理可以用来识别环太平洋带有生成海啸潜在危险的震源区

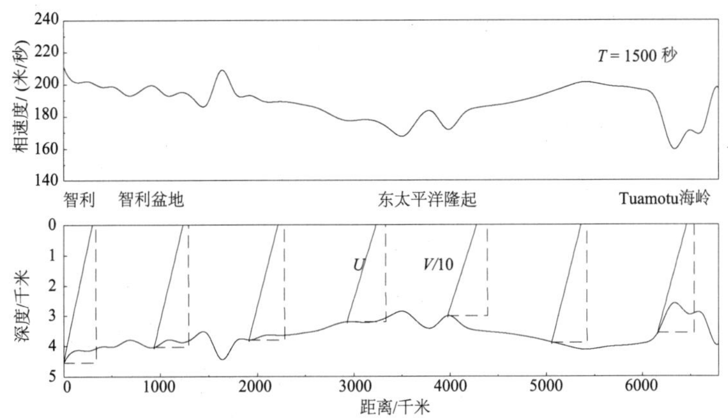

图 16.9 (上) 沿一条从智利穿越东太平洋脊到土阿莫土 (Tuamotu) 海岭的6500千米长剖面的浅水重力波速度 $ac = \sqrt{gh}$。(下) 沿同一剖面的局地本征函数 U (实线) 和 $V/10$ (虚线) 的变化。局地模式根据海底深度 h 的缓慢变化以绝热方式调整。切向位移在整个水层近乎均匀。这里所显示的是JWKB归一化 ($cCI_1 = 1$) 的 $2\pi/\omega = 1500$ 秒的海啸波位移

★16.7 JWKB理论的适用性

由于物理上的简单和数值上的高效，面波JWKB理论是计算长周期合成地震图很有用的方法。然而，与其他基于射线的方法一样，它的适用性受到严格限制。首先，如我们所见，它在邻近射线相交的震源及其对跖点焦散附近是不成立的。其次，即使远离焦散，JWKB理论也仅在横向不均匀性是光滑的极限情形下才成立。波的角波长 $\lambda = 2\pi k^{-1}$ 必须小于不均匀性的角尺度 Λ_Ω 这一要求是必要但不充分条件。一个充要条件是相速度微扰在围绕面波射线的第一菲涅尔带宽度上没有明显变化，第一菲涅尔带是满足以下条件的单次散射点 $\hat{\mathbf{r}}''$ 的位置 (Kravtsov & Orlov 1990)

$$|\psi(\hat{\mathbf{r}}'', \hat{\mathbf{r}}') + \psi(\hat{\mathbf{r}}, \hat{\mathbf{r}}'') - \psi(\hat{\mathbf{r}}, \hat{\mathbf{r}}')| \leqslant \pi \tag{16.203}$$

其中 $\psi(\hat{\mathbf{r}}'', \hat{\mathbf{r}}') = \int_{\hat{\mathbf{r}}'}^{\hat{\mathbf{r}}''} \mathbf{k} \cdot d\hat{\mathbf{r}}$, $\psi(\hat{\mathbf{r}}, \hat{\mathbf{r}}'') = \int_{\hat{\mathbf{r}}''}^{\hat{\mathbf{r}}} \mathbf{k} \cdot d\hat{\mathbf{r}}$ 和 $\psi(\hat{\mathbf{r}}, \hat{\mathbf{r}}') = \int_{\hat{\mathbf{r}}'}^{\hat{\mathbf{r}}} \mathbf{k} \cdot d\hat{\mathbf{r}}$ 分别为震源–散射点、散射点–接收点和震源–接收点射线路径上的累积相位。在略微不均匀的地球上，震源到接收点之间中点位置上典型散射点处的面波菲涅尔带角宽度是 $\delta \approx \sqrt{\lambda/2}$；因而，以简单的启发式推论，我们得到远离焦散的面波JWKB理论的成立条件为 (Wang & Dahlen 1995)

$$\sqrt{\lambda/2\Lambda_\Omega^2} \ll 1 \tag{16.204}$$

由于球对称的几何特性，随着绕大圆周数的增加，在震源到接收点和接收点到震源焦散处菲涅尔带宽度 $\delta \to 0$，而不是无限增长。由于这个原因，(16.204) 中的限制条件在适用于劣弧面波G1和R1的同时也适用于G2、G3、…和R2, R3,…。

面波JWKB理论的适用性也可以通过与更精确的模式耦合方法计算结果比较来评估。在14.3.7节所描述的同分支模式耦合方法中，勒夫波到瑞利波的散射以及勒夫波或瑞利波的一个分支到另一个分支之间的散射虽然没有考虑，但JWKB理论中所忽略的衍射和其他

有限频波的传播效应是都包含的。我们在图16.10中比较了在模型S12WM13中用JWKB计算的相位、到达方位角和振幅异常与用同分支模式耦合方法计算的合成加速度图得到的相应结果。所有的比较都是使用发生在1977-1984年间的20个地震在50个GSN台站的径向记录中150秒基阶瑞利波—总共1000条震源–接收点路径。加速度图$a(t)$是用实数对称的变分方法计算的，分支${}_0\mathrm{S}_l$上每一个目标多态模式均与其最邻近的±5个模式耦合。相位和振幅异常$\psi-\psi_{\mathrm{spher}\oplus}$和$(A-A_{\mathrm{spher}\oplus})/A_{\mathrm{spher}\oplus}$是通过与相应的球对称地球的加速度图$a_{\mathrm{spher}\oplus}(t)$做互相关来测量的，使用了以所关注周期的R1波到时为中心的一小时长时窗。到达方位角异常$\zeta-\zeta_{\mathrm{spher}\oplus}$的测量使用了一个使横向分量能量极小的算法。为了减小数值误差，在处理前先将南北和东西分量旋转到与无微扰射线到达方向夹±45度角的分量上。为了避免震源及其对跖点处焦散处相邻波列的重叠，我们只考虑震源–接收点之间的距离在60度 $<\Theta<$ 120度 范围内的路径；我们还舍弃了一小部分同一地震的所有台站中微扰后振幅相对较小的路径，这些地震图中的面波在离开震源时接近辐射花样的节点方向。最终的数据集由略多于500条劣弧路径组成。总的来说，在$s_{\max}=12$和$\Lambda_\Omega\approx 60$度的地球模型S12WM13中，JWKB的结果与用模式耦合方法得到的测量值有较好的一致性。对相位异常的估计$\psi-\psi_{\mathrm{spher}\oplus}$要比对到达方位角的估计$\zeta-\zeta_{\mathrm{spher}\oplus}$更精确，而这两者又比振幅异常的估计$(A-A_{\mathrm{spher}\oplus})/A_{\mathrm{spher}\oplus}$都更精确。我们在16.8节中会看到，这是微弱不均匀地球上近似结果可以预期的特征。一阶的相位、到达方位角和振幅微扰$\delta\psi$、$\delta\zeta$和$\delta A/A$分别依赖于相速度异常在路径垂直方向上的零阶、一阶和二阶导数，因此，从某种意义上说，这三种测量数据会“看到”越来越“粗糙”的地球图像。

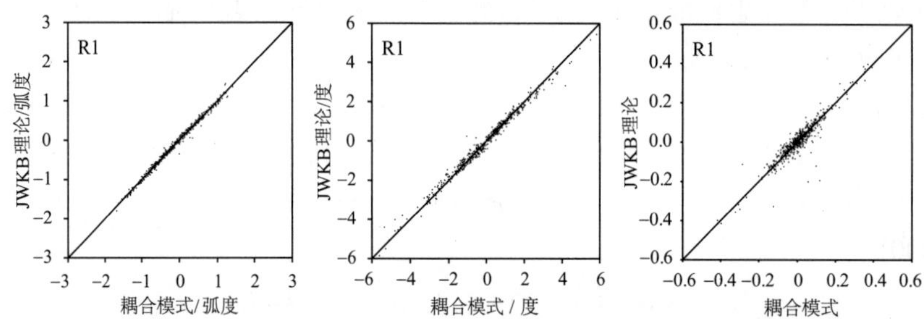

图 16.10 JWKB理论估计与用模式耦合方法在Su, Woodward 和 Dziewonski (1994)的S12WM13模型中计算的合成加速度图所得结果比较。所有结果均来自震中距为60度 $<\Theta<$ 120度的150秒瑞利波R1，每一个点代表一条劣弧路径。(左)相位异常$\psi-\psi_{\mathrm{spher}\oplus}$，单位为弧度。(中)到达方位角异常$\zeta-\zeta_{\mathrm{spher}\oplus}$，单位为度，其定义为在接收点从正南方开始逆时针旋转。(右)无量纲（相对的）振幅异常$(A-A_{\mathrm{spher}\oplus})/A_{\mathrm{spher}\oplus}$

JWKB理论有一种高估相位和振幅异常绝对值$|\psi-\psi_{\mathrm{spher}\oplus}|$和$|A-A_{\mathrm{spher}\oplus}|/A_{\mathrm{spher}\oplus}$的倾向。这一偏差是由于有限频的波前平滑现象—衍射会将射线理论无限高频波前中的杂乱性平滑掉。我们用一个简单的数值实验结果来阐明这一效应：我们用一个矩张量为各向同性$\mathbf{M}=M_0\mathbf{I}$的假想爆破源，并在震中距$\Theta=90$度的圆周上设置一系列接收点。使用各向同性震源可以消除辐射花样的影响。图16.11比较了在模型S12WM13中由秘鲁海岸附近的一个爆破源产生的150秒基阶瑞利波R1–R4的JWKB和模式耦合得到的相位和振幅异常，可

以看到JWKB理论对辐射波场相位和振幅的预测是十分精确的。为考察粗糙的横向变化对面波传播的效应，我们通过在模型S12WM13中加入由伪随机数构成的高次数项结构来构建一个最大角次数为$s_{\max}=36$和$\Lambda_\Omega\approx 45$度的“模型”，并使加入的速度微扰能量小于150秒瑞利波相速度微扰δc的10%。图16.12显示了在这一比S12WM13更粗糙一点的模型中从阿拉斯加东南部、北大西洋脊和南非的三个爆破源产生的瑞利波的比较。JWKB与模式耦合得到的相位异常之间的一致性不如图16.11中的R1波那样好，两种异常的差别均与(16.204)中启发式推测的适用标准一致。在这个例子中，波前平滑对振幅异常$A-A_{\mathrm{spher}\,\oplus}$的影响特别显著。在更粗糙的模型中，与真实的有限频相位相比，JWKB的相位异常$\psi-\psi_{\mathrm{spher}\,\oplus}$也会表现出相似的“皱纹”。

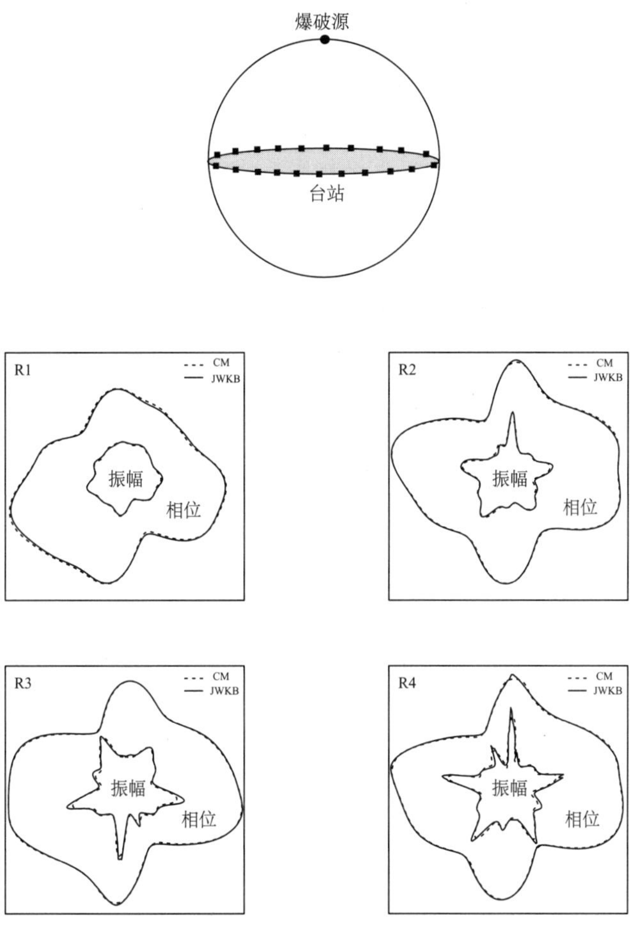

图 16.11 模型S12WM13中与秘鲁海岸附近的一个爆破源距离为$\Theta=90$度的150秒瑞利波R1–R4的相位异常$\psi-\psi_{\mathrm{spher}\,\oplus}$ (外环曲线)与振幅异常$A-A_{\mathrm{spher}\,\oplus}$ (内环曲线)的极坐标图。外环曲线实际上就是150秒面波波前的快照，而内环曲线则显示波前上的振幅变化。最上图显示震源–接收点几何位置。缩写CM代表模式耦合

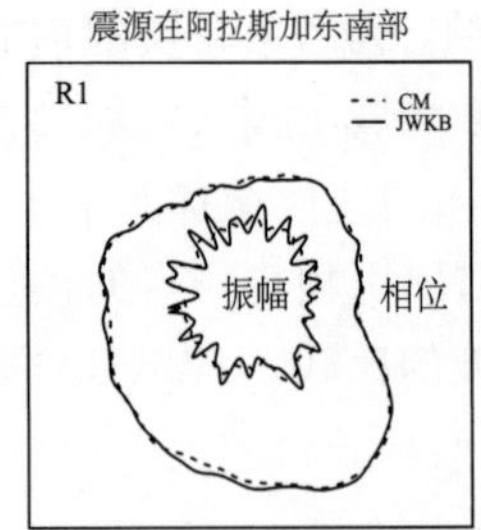

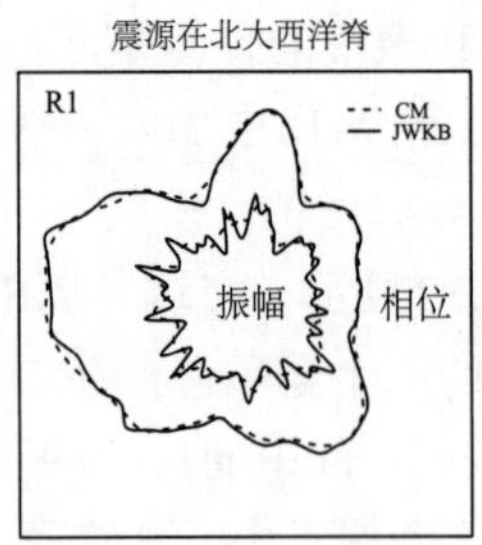

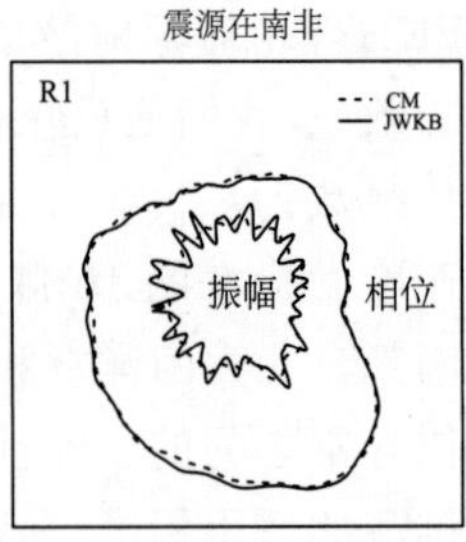

图 16.12　与图16.11相同，但是分别来自阿拉斯加东南部、北大西洋脊和南非三个爆破源，且地球模型为适度粗糙化了的S12WM13。150秒R1波均传播了微扰前的震中距$\Theta = 90$度。有限频衍射效应有将波前在形状、特别是振幅上的“皱纹”平滑化的趋势

16.8　射线微扰理论

如果我们假设地球的横向不均匀性微弱且光滑，因而勒夫波和瑞利波的相速度可以被当作是相对于一个球对称地球中均匀速度的一阶微扰：

$$c \to c + \delta c, \quad \text{其中} \quad |\delta c| \ll c \tag{16.205}$$

在这样的地球模型中，射线将稍许偏离球对称地球上的大圆射线，因此，面波的振幅和相位也会产生微扰：

$$A \to A + \delta A, \qquad \psi \to \psi + \delta\psi \tag{16.206}$$

其中

$$\frac{\delta A}{A} = \frac{\delta A_{\mathrm{r}}}{A_{\mathrm{r}}} + \frac{\delta A_{\mathrm{p}}}{A_{\mathrm{p}}} + \frac{\delta A_{\mathrm{s}}}{A_{\mathrm{s}}} \tag{16.207}$$

$$\delta\psi = \delta\psi_{\mathrm{r}} + \delta\psi_{\mathrm{p}} + \delta\psi_{\mathrm{s}} \tag{16.208}$$

下角标s、p和r分别对应于震源、路径和接收点。我们可以利用类似于15.9节中射线微扰理论的面波形式来确定微扰后的射线几何以及振幅和相位的一阶微扰$\delta A_{\mathrm{s}}/A_{\mathrm{s}}$、$\delta A_{\mathrm{p}}/A_{\mathrm{p}}$、$\delta A_{\mathrm{r}}/A_{\mathrm{r}}$和$\delta\psi_{\mathrm{s}}$、$\delta\psi_{\mathrm{p}}$、$\delta\psi_{\mathrm{r}}$。我们遵循一贯的做法，使用可互换的撇号和下角标s，如$\zeta' = \zeta_{\mathrm{s}}$，来指明在震源处取值的变量。

16.8.1　费马相位

与体波一样，费马原理使我们能够利用沿微扰前大圆射线路径的积分来确定震源与接收点之间累积相位的一阶微扰：

$$\delta\psi_{\mathrm{p}} = \int_0^{\Delta} \delta k\, d\phi = -\omega c^{-2} \int_0^{\Delta} \delta c\, d\phi \tag{16.209}$$

这里我们仍然假设震源和接收点均位于赤道上。(16.209)的结果适用于所有G1, G2,...和R1, R2,...波。对于绕地球不同周数的波，积分是在射线的整个路径长度$\Theta, 2\pi - \Theta, \ldots$上。图16.13比较了一些第一和第二到达的勒夫波和瑞利波的费马相位延迟$\delta\psi_{\mathrm{p}}$和精确的用两点射线追踪

计算的沿实际路径的相位延迟 $\psi_{\mathrm{p}}-\psi_{\mathrm{p}}^{\mathrm{spher}\oplus}$。所有G1和R1波精确的相位延迟总是小于近似的费马延迟

$$\psi_{\mathrm{p}}-\psi_{\mathrm{p}}^{\mathrm{spher}\oplus}<\delta\psi_{\mathrm{p}} \tag{16.210}$$

这与变分原理是一致的：实际劣弧面波的射线路径是最小相位路径。G2、R1以及其他绕地球更多圈面波的稳定射线路径不是最小相位的，因而在那些极小极大震相中看不到这样的费马偏差。

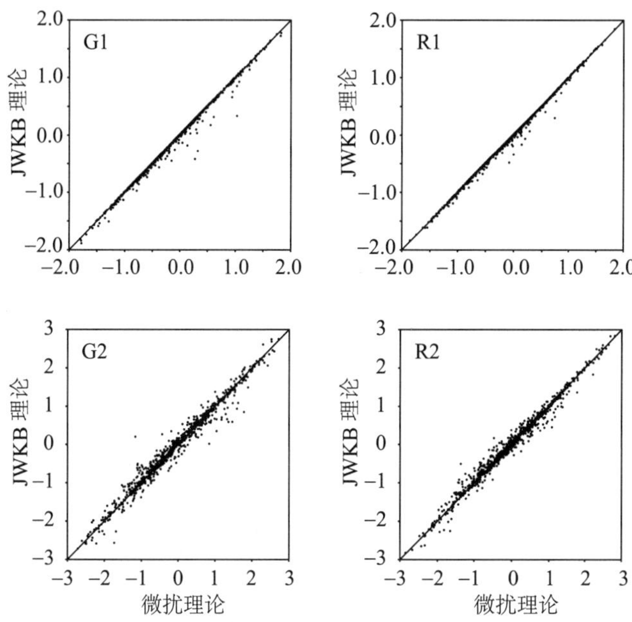

图 16.13 模型S12WM13中165秒基阶面波的一阶路径相位异常 ψ_{p} 与精确的JWKB相位异常 $\psi_{\mathrm{p}}-\psi_{\mathrm{p}}^{\mathrm{spher}\oplus}$ 的散点图比较。850个点中每个点代表一个G1、R1、G2或R2路径。图中相位的单位是弧度。在上面两幅图中可以看出先到的G1和R1波有明显的费马偏差，而在下面两幅图显示的后到且经过对跖点焦散的G2和R2中则看不到

16.8.2 频率和震源虚拟偏移

在矩张量响应(16.163)–(16.164)的所谓路径平均或大圆近似中，对球对称地球振幅 $A=A_{\mathrm{r}}A_{\mathrm{p}}A_{\mathrm{s}}$ 的微扰被忽略了，而只考虑路径贡献(16.209)所导致的相位 $\psi_{\mathrm{r}}+\psi_{\mathrm{p}}+\psi_{\mathrm{s}}$ 的一阶微扰：

$$\delta A=0, \qquad \delta\psi=\delta\psi_{\mathrm{p}} \tag{16.211}$$

我们可以用 δk 在劣弧段和整个大圆的平均值把到达次序为奇数和偶数的波的一阶相位延迟(16.209)写成

$$\delta\psi=\begin{cases}\delta\hat{k}\,\Theta+\delta\bar{k}\,(s-1)\pi, & s\text{为奇数}\\[2ex] \delta\bar{k}\,s\pi-\delta\hat{k}\,\Theta, & s\text{为偶数}\end{cases} \tag{16.212}$$

其中

$$\delta\hat{k} = \frac{1}{\Theta}\int_0^\Theta \delta k\, d\phi, \qquad \delta\bar{k} = \frac{1}{2\pi}\oint \delta k\, d\phi \tag{16.213}$$

这一行波相移也可以用相对于球对称地球的波数和震中距的虚拟微扰 $\delta\bar{k}$ 和 $\delta\Theta$ 来表示

$$\delta\psi = \begin{cases} \delta\bar{k}\,\Delta + k\,\delta\Theta, & s\,\text{为奇数} \\ \delta\bar{k}\,\Delta - k\,\delta\Theta, & s\,\text{为偶数} \end{cases} \tag{16.214}$$

令 (16.212) 与 (16.214) 中的相移相等，我们得到

$$\frac{\delta\Theta}{\Theta} = -\frac{\delta\hat{k} - \delta\bar{k}}{k} = \frac{\delta\hat{c} - \delta\bar{c}}{c} = \frac{c}{C}\frac{\delta\hat{\omega} - \delta\bar{\omega}}{\omega} \tag{16.215}$$

$\delta\hat{\omega}$ 和 $\delta\bar{\omega}$ 分别为相应简正模式即驻波的本征频率微扰 $\delta\omega$ 在劣弧段和整个大圆上的平均值：

$$\delta\hat{\omega} = \frac{1}{\Theta}\int_0^\Theta \delta\omega\, d\phi, \qquad \delta\bar{\omega} = \frac{1}{2\pi}\oint \delta\omega\, d\phi \tag{16.216}$$

这些结果使我们能够通过对球对称地球上使用的模式叠加方法做少许改动就可以近似地计算横向不均匀地球上的合成加速度图 (Woodhouse & Dziewonski 1984)。需要做的只是把公式 (10.51)–(10.60) 中每个模式的本征频率 ω 和震中距 Θ 分别换成 $\omega + \delta\bar{\omega}$ 和 $\Theta + \delta\Theta$。要注意的是这些替换必须对每个模式和每条路径都要做，但是尽管如此，这种方法需要的时间比相应的球对称地球的叠加没有多多少，因此效率极高。尽管在确定 (16.215) 中的震源虚拟偏移时要求所有走过不同周数到达的面波一阶相位微扰 (16.212) 和 (16.214) 都要相等，但是大圆近似本质上还是短时近似，因为绕大圆周数较多的射线路径会越来越偏离微扰前的大圆（见 14.3.7 节和 16.8.4 节）。

★16.8.3 椭率校正

在 14.2.2 节我们证明了地球的流体静力学椭率 ε 和非球对称的离心势函数 $\psi - \bar{\psi}$ 对一个孤立简正多态模式的联合效应可以表示成一个对角型的 $(2l+1)\times(2l+1)$ 分裂矩阵

$$H^{\mathrm{ell}}_{mm'} = \omega a^{\mathrm{ell}}(1 - 3m^2/k^2)\,\delta_{mm'} \tag{16.217}$$

其中 ω 是微扰前的本征频率，$k = \sqrt{l(l+1)}$。a^{ell} 为无量纲椭率分裂参数，由下式给出

$$\begin{aligned} a^{\mathrm{ell}} = {} & \frac{l(l+1)}{2(2l+3)(2l-1)\omega^2} \\ & \times \int_0^a \frac{2}{3}\varepsilon\Big\{\kappa\big[\bar{V}_\kappa - (\eta+1)\check{V}_\kappa\big] + \mu\big[\bar{V}_\mu - (\eta+1)\check{V}_\mu\big] \\ & \quad + \rho\big[(\bar{V}_\rho - \omega^2\bar{T}_\rho) - (\eta+3)(\check{V}_\rho - \omega^2\check{T}_\rho\big]\Big\} r^2 dr \end{aligned} \tag{16.218}$$

其中 $\eta = r\dot{\varepsilon}/\varepsilon$ 和 $\bar{V}_\kappa$、$\check{V}_\kappa$、$\bar{V}_\mu$、$\check{V}_\mu$ 和 $\bar{V} - \omega^2\bar{T}_\rho$、$\check{V}_\rho - \omega^2\check{T}_\rho$ 分别为公式 (D.183)–(D.189) 中定义的椭率的不可压缩性、刚性和密度积分核。在目前讨论的问题中，可以方便地把椭率看作是对 $n = 0, 1, 2, \ldots$ 的环型或球型模式局地本征频率 ω 或等价的勒夫波或瑞利波相速度 c 的二次带状微扰

$$\delta\omega^{\mathrm{ell}} = \delta\omega^{\mathrm{ell}}_{20}X_{20}(\theta), \qquad \delta c^{\mathrm{ell}} = \delta c^{\mathrm{ell}}_{20}X_{20}(\theta) \tag{16.219}$$

其中$X_{20}(\theta) = \frac{1}{4}\sqrt{5/\pi}\,(3\cos^2\theta - 1)$和$\delta c_{20}^{\mathrm{ell}}/c = (c/C)(\delta\omega_{20}^{\mathrm{ell}}/\omega)$，与通常一样。我们可以利用分裂矩阵(16.217)的渐近表达式(14.141)把(16.219)中的系数与椭率分裂参数(16.218)联系起来：

$$H_{mm'}^{\mathrm{ell}} \approx \frac{1}{8}\sqrt{5/\pi}\,\delta\omega_{20}^{\mathrm{ell}}\,(1 - 3m^2/k^2)\,\delta_{mm'} \tag{16.220}$$

这一近似的成立条件是$k \gg 1$。比较(16.217)和(16.220)，我们看到

$$\delta\omega_{20}^{\mathrm{ell}} = 4\sqrt{4\pi/5}\,\omega a^{\mathrm{ell}}, \qquad \delta c_{20}^{\mathrm{ell}} = 4\sqrt{4\pi/5}\,(c^2/C)a^{\mathrm{ell}} \tag{16.221}$$

要计算流体静力学椭球形横向不均匀地球上的JWKB加速度图(16.161)，除了要考虑对面波相速度的二次带状贡献$\delta c^{\mathrm{ell}} = 4\sqrt{4\pi/5}\,(c^2/C)a^{\mathrm{ell}}X_{20}(\theta)$之外，还要像14.1.5节中讨论的那样将震源和台站的位置从地理坐标系转换到地心坐标系。在Woodhouse-Dziewonski大圆近似下椭率的影响可以通过将下面两项

$$\delta\bar{\omega}^{\mathrm{ell}} = \omega a^{\mathrm{ell}}(1 - 3\cos^2\bar{\theta}) \tag{16.222}$$

$$\delta\Theta^{\mathrm{ell}} = -3(c/C)a^{\mathrm{ell}}\sin\Theta\sin^2\bar{\theta}\cos 2\phi_{\mathrm{mp}} \tag{16.223}$$

分别加到每个球对称地球模式的频率和震源的虚拟偏移中。公式(16.223)是将微扰(16.219)代入(16.215)的结果，角度ϕ_{mp}是劣弧中点相对于震源–接收点大圆极点$(\bar{\theta},\bar{\phi})$的方位角，定义为从正南方逆时针旋转。

⋆16.8.4 射线几何

要确定对G1或R1面波轨迹几何的微扰，我们在运动学射线追踪方程(16.185)和(16.186)中做如下替换：

$$\theta \to \pi/2 + \delta\theta, \qquad \zeta \to \pi/2 + \delta\zeta \tag{16.224}$$

假定震源和接收点都在赤道上，经度分别为$\phi = 0$和$\phi = \Theta$，因而微扰前的射线路径由(16.200)给定。精确到微扰$\delta\theta$和$\delta\zeta$的一阶，我们可以得到微扰后射线所满足的线性方程组：

$$\frac{d}{d\phi}\delta\theta = -\delta\zeta, \qquad \frac{d}{d\phi}\delta\zeta = \delta\theta + c^{-1}\partial_\theta\delta c \tag{16.225}$$

方程组(16.225)可以像(15.279)一样写成2×2的矩阵形式：

$$\frac{d\mathsf{y}}{d\phi} = \mathsf{A}\mathsf{y} + \mathsf{f} \tag{16.226}$$

其中

$$\mathsf{y} = \begin{pmatrix} \delta\theta \\ \delta\zeta \end{pmatrix}, \qquad \mathsf{f} = \begin{pmatrix} 0 \\ c^{-1}\delta c \end{pmatrix}, \qquad \mathsf{A} = \begin{pmatrix} 0 & -1 \\ 1 & 0 \end{pmatrix} \tag{16.227}$$

系数矩阵A与(15.279)中的完全一样，传播矩阵也没变：

$$\mathsf{P}(\phi,\tilde{\phi}) = \begin{pmatrix} \cos(\phi - \tilde{\phi}) & -\sin(\phi - \tilde{\phi}) \\ \sin(\phi - \tilde{\phi}) & \cos(\phi - \tilde{\phi}) \end{pmatrix} \tag{16.228}$$

利用传播矩阵(16.226)，(16.226)的解可以写成(15.282)的形式：

$$\mathsf{y}(\phi) = \int_0^{\phi} \mathsf{P}(\phi,\tilde{\phi})\,\mathsf{f}(\tilde{\phi})\,d\tilde{\phi} + \mathsf{P}(\phi,0)\,\mathsf{y}(0) \tag{16.229}$$

端点条件要求微扰后射线必须与微扰前射线具有同样的震源出发点并到达同一接收点：

$$\mathsf{y}(0) = \begin{pmatrix} 0 \\ \delta\zeta' \end{pmatrix}, \qquad \mathsf{y}(\Theta) = \begin{pmatrix} 0 \\ \delta\zeta \end{pmatrix} \tag{16.230}$$

其中$\delta\zeta'$和$\delta\zeta$分别表示微扰后的出射和到达方位角。将(16.230)代入(16.229)，我们得到

$$\delta\zeta' = -(c\sin\Theta)^{-1}\int_0^{\Theta}\sin(\Theta-\phi)\,\partial_\theta\delta c\,d\phi \tag{16.231}$$

$$\delta\zeta = (c\sin\Theta)^{-1}\int_0^{\Theta}\sin\phi\,\partial_\theta\delta c\,d\phi \tag{16.232}$$

公式(16.231)和(16.232)分别是(15.287)和(15.288)的面波形式。正如预期的，震源与接收点经度的互换$\phi \longleftrightarrow \Theta-\phi$导致角度的互换$\delta\zeta \longleftrightarrow \delta\zeta'$。与(15.289)和(15.290)类似，在$0\leqslant\phi\leqslant\Theta$之间所有点上完整的解是

$$\delta\theta(\phi) = -c^{-1}\int_0^{\phi}\sin(\phi-\tilde{\phi})\,\partial_\theta\delta\tilde{c}\,d\tilde{\phi} - \delta\zeta'\sin\phi \tag{16.233}$$

$$\delta\zeta(\phi) = c^{-1}\int_0^{\phi}\cos(\phi-\tilde{\phi})\,\partial_\theta\delta\tilde{c}\,d\tilde{\phi} + \delta\zeta'\cos\phi \tag{16.234}$$

其中波浪号代表在积分变量$\tilde{\phi}$处取值。要注意，如预期的，$\delta\theta(0)=\delta\theta(\Theta)=0$，而$\delta\zeta(0)=\delta\zeta'$和$\delta\zeta(\Theta)=\delta\zeta$。一阶出射方位角微扰(16.231)为基于(16.189)的精确两点射线追踪提供了有用的迭代初始值$\zeta_0'=\pi/2+\delta\zeta'$。

图16.14比较了模型S12WM13中一些震源–接收点组合的165秒R1和G1波出射与到达方位角一阶微扰(16.231)–(16.232)与精确的JWKB方位角偏移$\zeta'-\zeta'_{\mathrm{spher}\,\oplus}$和$\zeta-\zeta_{\mathrm{spher}\,\oplus}$。微扰理论为大多数方位角偏移提供了尚属精确的预测，基本上都在$|\zeta'-\zeta'_{\mathrm{spher}\,\oplus}|<5$ 度–6 度和$|\zeta-\zeta_{\mathrm{spher}\,\oplus}|<5$ 度–6 度范围内；对于一小部分偏折明显的射线误差较大。最大偏折出现在相速度横向梯度$\partial_\theta\delta c$较大的路径，与(16.231)–(16.232)式相符。

上述结果可以很容易地推广到后续到达的面波。在接收点观测到的G1，G2,...或R1，R2,...波到达方位角异常为(Woodhouse & Wong 1986)

$$\delta\zeta = \begin{cases} \delta\hat{\zeta}\,\Theta + \delta\bar{\zeta}\,(s-1)\pi, & s\text{为奇数} \\ \delta\hat{\zeta}\,\Theta - \delta\bar{\zeta}\,s\pi, & s\text{为偶数} \end{cases} \tag{16.235}$$

其中$\delta\hat{\zeta}$和$\delta\bar{\zeta}$分别为$(c\sin\Theta)^{-1}\sin\phi\,\partial_\theta\delta c$在劣弧段和大圆的平均值。入射波到达方位角随绕大圆的周数呈线性增大。一个正的逆时针微扰，即$\delta\zeta>0$，对应于$s=1,3,\ldots$的沿正东略微偏北方向传播的入射波，或是$s=2,4,\ldots$的沿正西略微偏南方向传播的入射波，因而绕大圆周数为奇数或偶数的波，其方位角偏移的累积结果是相反的。在震源处的出射方位角异常表现出类似的奇数向左、偶数向右或奇数向右、偶数向左的绕大圆周数依赖性：

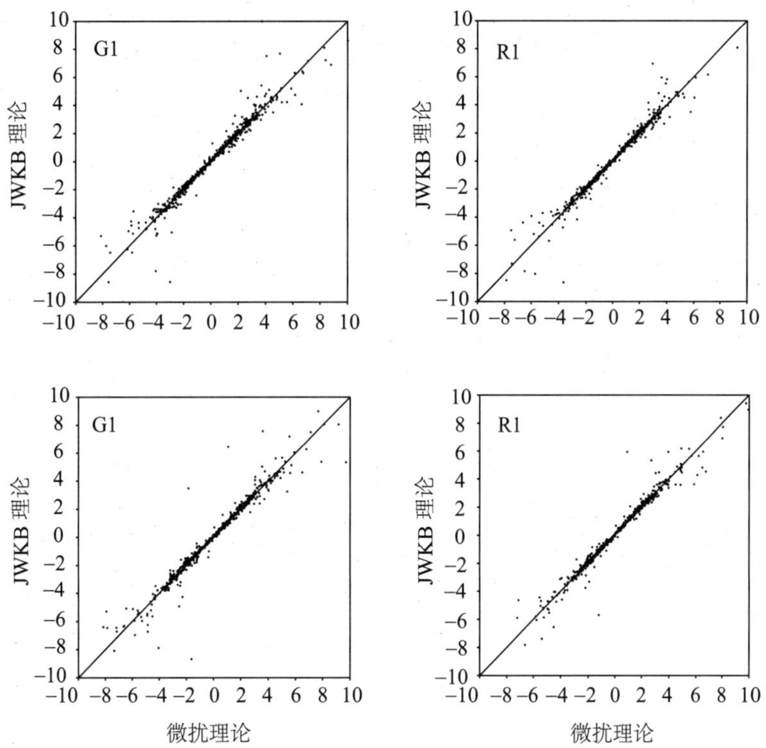

图 16.14 模型S12WM13中165秒基阶面波的一阶方位角异常与精确的JWKB偏转的散点图比较。(上)出射方位角异常$\delta\zeta'$与$\zeta'-\zeta'_{\mathrm{spher}\oplus}$的比较。(下)到达方位角异常$\delta\zeta$与$\zeta-\zeta_{\mathrm{spher}\oplus}$的比较。850个点中的每一点代表一个G1或R1路径。方位角异常的单位是度

$$\delta\zeta' = \begin{cases} \delta\hat{\zeta}'\,\Theta + \delta\bar{\zeta}'\,(s-1)\pi, & s\text{为奇数} \\ \delta\hat{\zeta}'\,\Theta - \delta\bar{\zeta}'\,s\pi, & s\text{为偶数} \end{cases} \tag{16.236}$$

其中$\delta\hat{\zeta}'$和$\delta\bar{\zeta}'$分别为$(c\sin\Theta)^{-1}\sin(\Theta-\phi)\,\partial_\theta\delta c$在劣弧段和大圆的平均值。(16.235)和(16.236)中的结果只是精确到相速度微扰δc的一阶精度。但是，奇数和偶数周面波的分离及其沿有系统性差别的射线路径传播的倾向得到了精确射线追踪的证实。

*16.8.5 几何扩散

我们曾经看到球对称地球上的偏导数$\partial_{\zeta'}\theta$和$\partial_{\zeta'}\zeta$由公式(16.202)给出，我们要求在有微弱不均匀性的地球上有

$$\partial_{\zeta'}\theta \to -\sin\phi + \delta(\partial_{\zeta'}\theta), \qquad \partial_{\zeta'}\zeta \to \cos\phi + \delta(\partial_{\zeta'}\zeta) \tag{16.237}$$

从(16.166)和(16.195)可以得到G1或R1面波几何振幅的一阶微扰

$$\frac{\delta A_{\mathrm{p}}}{A_{\mathrm{p}}} = -\frac{1}{2}\left(\frac{\delta k}{k} + \frac{\delta S}{S}\right) = -\frac{1}{2}\left[\frac{\delta k}{k} - \frac{\delta(\partial_{\zeta'}\theta)}{\sin\Theta}\right] \tag{16.238}$$

要计算$\delta(\partial_{\zeta'}\theta)$,我们需要对动力学射线追踪方程组(16.196)–(16.197)做微扰。利用(16.224)和(16.237)，我们得到微扰后偏导数所满足的一个线性方程组：

$$\frac{d}{d\phi}\delta(\partial_{\zeta'}\theta) = -\delta(\partial_{\zeta'}\zeta) \tag{16.239}$$

$$\frac{d}{d\phi}\delta(\partial_{\zeta'}\zeta) = \delta(\partial_{\zeta'}\theta) + c^{-1}(-\sin\phi\,\partial_\theta^2\delta c + \cos\phi\,\partial_\phi\delta c) \tag{16.240}$$

要求解(16.239)–(16.240)，我们注意到可以将它们写成如下形式

$$\frac{d\mathsf{y}}{d\phi} = \mathsf{A}\mathsf{y} + \mathsf{f} \tag{16.241}$$

其中2×2矩阵A仍然由(16.227)给出，同时

$$\mathsf{y} = \begin{pmatrix} \delta(\partial_{\zeta'}\theta) \\ \\ \delta(\partial_{\zeta'}\zeta) \end{pmatrix}, \qquad \mathsf{f} = \begin{pmatrix} 0 \\ \\ c^{-1}(-\sin\phi\,\partial_\theta^2\delta c + \cos\phi\,\partial_\phi\delta c) \end{pmatrix} \tag{16.242}$$

微扰后的初始条件(16.198)成为$\delta(\partial_{\zeta'}\theta)(0) = 0,\ \delta(\partial_{\zeta'}\zeta)(0) = 0$，或者等价的$\mathsf{y}(0) = \mathsf{0}$。利用(16.229)我们得到

$$\delta(\partial_{\zeta'}\theta)(\phi) = -c^{-1}\int_0^\phi \sin(\phi-\tilde\phi)(-\sin\tilde\phi\,\partial_\theta^2\delta\tilde c + \cos\tilde\phi\,\partial_\phi\delta\tilde c)\,d\tilde\phi \tag{16.243}$$

$$\delta(\partial_{\zeta'}\zeta)(\phi) = c^{-1}\int_0^\phi \cos(\phi-\tilde\phi)(-\sin\tilde\phi\,\partial_\theta^2\delta\tilde c + \cos\tilde\phi\,\partial_\phi\delta\tilde c)\,d\tilde\phi \tag{16.244}$$

与前面一样，波浪号表示在积分变量$\tilde\phi$的位置取值。将(16.243)在端点$\phi=\Theta$处计算的结果代入公式(16.238)，我们最终得到由射线束聚焦和散焦造成的振幅微扰的显示表达式：

$$\frac{\delta A_{\mathrm{p}}}{A_{\mathrm{p}}} = \frac{\delta c'+\delta c}{2c} + (2c\sin\Theta)^{-1}\int_0^\Theta [\sin(\Theta-\phi)\sin\phi\,\partial_\theta^2\delta c - \cos(\Theta-2\phi)\,\delta c]\,d\phi \tag{16.245}$$

两个积分核$\sin(\Theta-\phi)\sin\phi$和$\cos(\Theta-2\phi)$均以射线路径中点为对称点，因而(16.245)中的振幅微扰在$0\longleftrightarrow\Theta$的互换下是不变量。为了显示这一*源点-接收点互易性*，我们已经对含有沿路径导数$\partial_\phi\delta c$的项做了分部积分。正如我们可以预期的，在低速通道$\partial_\theta^2\delta c>0$内的传播导致聚焦与振幅放大，即$\delta A_{\mathrm{p}}>0$，而在高速通道$\partial_\theta^2\delta c<0$内的传播导致散焦与振幅减小，即$\delta A_{\mathrm{p}}<0$。

要将(16.245)推广到绕大圆更多周数的G2, G3,...和R2, R3,...波，只需要将震中距Θ换成相应的波所走过的距离$\Delta = 2\pi-\Theta, 2\pi+\Theta,\ldots$。为了突出振幅对绕大圆周数的依赖性，我们可以把得到的结果表示成类似于(16.209)和(16.235)的形式：

$$\frac{\delta A_{\mathrm{p}}}{A_{\mathrm{p}}} = \begin{cases} \dfrac{\delta c'+\delta c}{2c} + \dfrac{\delta\hat A_{\mathrm{p}}}{A_{\mathrm{p}}}\Theta + \frac{\delta\bar A_{\mathrm{p}}}{A_{\mathrm{p}}}(s-1)\pi, & s\text{为奇数} \\[2ex] \dfrac{\delta c'+\delta c}{2c} + \dfrac{\delta\hat A_{\mathrm{p}}}{A_{\mathrm{p}}}\Theta - \dfrac{\delta\bar A_{\mathrm{p}}}{A_{\mathrm{p}}}s\pi, & s\text{为偶数} \end{cases} \tag{16.246}$$

其中$\delta\hat{A}_{\mathrm{p}}/A_{\mathrm{p}}$和$\delta\bar{A}_{\mathrm{p}}/A_{\mathrm{p}}$分别为公式(16.245)中的被积函数在劣弧段和大圆的平均。Lay 和 Kanamori (1985)首次指出绕大圆不同周数到达的面波有振幅高低交替变化的现象，其后这一现象也频繁地被观测到，(16.246)中的结果为这一现象提供了一阶的解释。振幅对绕大圆周数的依赖性实际上更复杂，因为我们已经看到随着传播距离的增加，射线微扰理论的适用性减小。但是总的趋势是只要$s=1,3,\ldots$的波振幅减小，则$s=2,4,\ldots$的波振幅就会增大，反之亦然。

*16.8.6 初始振幅与相位

震源和接收点对相位和振幅微扰的贡献$\delta\psi$和δA可以由公式(16.165)和(16.167)确定：

$$\delta\psi_{\mathrm{s}} == -\mathrm{Im}\left[\frac{\mathbf{M}:\boldsymbol{\delta}\mathbf{E}_{\mathrm{s}}^{*}}{\mathbf{M}:\mathbf{E}_{\mathrm{s}}^{*}}\right],\qquad \frac{\delta A_{\mathrm{s}}}{A_{\mathrm{s}}} = \mathrm{Re}\left[\frac{\mathbf{M}:\boldsymbol{\delta}\mathbf{E}_{\mathrm{s}}^{*}}{\mathbf{M}:\mathbf{E}_{\mathrm{s}}^{*}}\right] \tag{16.247}$$

$$\delta\psi_{\mathrm{r}} = -\mathrm{Im}\left[\frac{\hat{\boldsymbol{\nu}}\cdot\boldsymbol{\delta}\mathbf{s}}{\hat{\boldsymbol{\nu}}\cdot\mathbf{s}}\right],\qquad \frac{\delta A_{\mathrm{r}}}{A_{\mathrm{r}}} = \mathrm{Re}\left[\frac{\hat{\boldsymbol{\nu}}\cdot\boldsymbol{\delta}\mathbf{s}}{\hat{\boldsymbol{\nu}}\cdot\mathbf{s}}\right] \tag{16.248}$$

这里我们已经令$\mathbf{s}=\hat{\mathbf{r}}U-i\hat{\mathbf{k}}V+i(\hat{\mathbf{r}}\times\hat{\mathbf{k}})W$。在对震源应变共轭$\mathbf{E}_{\mathrm{s}}^{*}$和接收点位移$\mathbf{s}$做微扰时，我们将忽略径向本征函数的微扰$\delta U$、$\delta V$和$\delta W$，因为它们无法通过瑞利原理的简单应用做闭合形式的计算。震源和接收点处切向偏振矢量$\hat{\mathbf{k}}_{\mathrm{s}}$、$\hat{\mathbf{r}}_{\mathrm{s}}\times\hat{\mathbf{k}}_{\mathrm{s}}$和$\hat{\mathbf{k}}$、$\hat{\mathbf{r}}\times\hat{\mathbf{k}}$的几何微扰可以用出射与到达方位角微扰$\delta\zeta_{\mathrm{s}}$和$\delta\zeta$ 给出

$$\delta\hat{\mathbf{k}}_{\mathrm{s}} = \delta\zeta_{\mathrm{s}}(\hat{\mathbf{r}}_{\mathrm{s}}\times\hat{\mathbf{k}}_{\mathrm{s}}),\qquad \delta(\hat{\mathbf{r}}_{\mathrm{s}}\times\hat{\mathbf{k}}_{\mathrm{s}}) = -\delta\zeta_{\mathrm{s}}\,\hat{\mathbf{k}}_{\mathrm{s}} \tag{16.249}$$

$$\delta\hat{\mathbf{k}} = \delta\zeta(\hat{\mathbf{r}}\times\hat{\mathbf{k}}),\qquad \delta(\hat{\mathbf{r}}\times\hat{\mathbf{k}}) = -\delta\zeta\,\hat{\mathbf{k}} \tag{16.250}$$

对勒夫波，我们得到

$$\begin{aligned}\mathbf{M}:\boldsymbol{\delta}\mathbf{E}_{\mathrm{s}}^{*} &= i(\partial_r W_{\mathrm{s}} - r_{\mathrm{s}}^{-1}W_{\mathrm{s}})(M_{r\theta}\cos\zeta_{\mathrm{s}} + M_{r\phi}\sin\zeta_{\mathrm{s}})\,\delta\zeta_{\mathrm{s}}\\ &\quad - k_{\mathrm{s}}r_{\mathrm{s}}^{-1}W_{\mathrm{s}}[(M_{\theta\theta}-M_{\phi\phi})\cos 2\zeta_{\mathrm{s}} + 2M_{\theta\phi}\sin 2\zeta_{\mathrm{s}}]\,\delta\zeta_{\mathrm{s}}\\ &\quad - r_{\mathrm{s}}^{-1}W_{\mathrm{s}}[\tfrac{1}{2}(M_{\theta\theta}-M_{\phi\phi})\sin 2\zeta_{\mathrm{s}} - M_{\theta\phi}\cos 2\zeta_{\mathrm{s}}]\,\delta k_{\mathrm{s}}\end{aligned} \tag{16.251}$$

$$\delta\psi_{\mathrm{r}} = 0,\qquad \frac{\delta A_{\mathrm{r}}}{A_{\mathrm{r}}} = -\left[\frac{\hat{\boldsymbol{\nu}}\cdot\hat{\mathbf{k}}}{\hat{\boldsymbol{\nu}}\cdot(\hat{\mathbf{r}}\times\hat{\mathbf{k}})}\right]\delta\zeta \tag{16.252}$$

而对瑞利波则有

$$\begin{aligned}\mathbf{M}:\boldsymbol{\delta}\mathbf{E}_{\mathrm{s}}^{*} &= i(\partial_r V_{\mathrm{s}} - r_{\mathrm{s}}^{-1}V_{\mathrm{s}} + k_{\mathrm{s}}r_{\mathrm{s}}^{-1}U_{\mathrm{s}})(M_{r\phi}\cos\zeta_{\mathrm{s}} - M_{r\theta}\sin\zeta_{\mathrm{s}})\,\delta\zeta_{\mathrm{s}}\\ &\quad - k_{\mathrm{s}}r_{\mathrm{s}}^{-1}V_{\mathrm{s}}[2M_{\theta\phi}\cos 2\zeta_{\mathrm{s}} - (M_{\theta\theta}-M_{\phi\phi})\sin 2\zeta_{\mathrm{s}}]\,\delta\zeta_{\mathrm{s}}\\ &\quad - [\tfrac{1}{2}(M_{\theta\theta}+M_{\phi\phi})r_{\mathrm{s}}^{-1}V_{\mathrm{s}} - ir_{\mathrm{s}}^{-1}U_{\mathrm{s}}(M_{r\phi}\sin\zeta_{\mathrm{s}} + M_{r\theta}\cos\zeta_{\mathrm{s}})]\,\delta k_{\mathrm{s}}\\ &\quad - r_{\mathrm{s}}^{-1}V_{\mathrm{s}}[M_{\theta\phi}\sin 2\zeta_{\mathrm{s}} + \tfrac{1}{2}(M_{\theta\theta}-M_{\phi\phi})\cos 2\zeta_{\mathrm{s}}]\,\delta k_{\mathrm{s}}\end{aligned} \tag{16.253}$$

$$\delta\psi_{\mathrm{r}} = \mathrm{Im}\left[\frac{\hat{\boldsymbol{\nu}}\cdot iV(\hat{\mathbf{r}}\times\hat{\mathbf{k}})}{\hat{\boldsymbol{\nu}}\cdot(U\hat{\mathbf{r}}-iV\hat{\mathbf{k}})}\right]\delta\zeta \tag{16.254}$$

$$\frac{\delta A_{\mathrm{r}}}{A_{\mathrm{r}}}=-\mathrm{Re}\left[\frac{\hat{\boldsymbol{\nu}}\cdot iV(\hat{\mathbf{r}}\times\hat{\mathbf{k}})}{\hat{\boldsymbol{\nu}}\cdot(U\hat{\mathbf{r}}-iV\hat{\mathbf{k}})}\right]\delta\zeta \tag{16.255}$$

如果接收点的偏振是径向 ($\hat{\boldsymbol{\nu}}=\hat{\mathbf{r}}$) 或是水平向但与微扰前偏振重合（勒夫波 $\hat{\boldsymbol{\nu}}=\hat{\mathbf{r}}\times\hat{\mathbf{k}}$，瑞利波 $\hat{\boldsymbol{\nu}}=\hat{\mathbf{k}}$)，则在*接收点没有一阶相位或振幅微扰*，这当然是任何观测研究中通常的做法。对震源微扰 $\delta\psi_{\mathrm{s}}$ 和 $\delta A_{\mathrm{s}}/A_{\mathrm{s}}$ 的主要贡献来自于图16.15所示的现象：微扰后射线所具有的复数辐射花样 (16.170) 是在 $\zeta_{\mathrm{s}}+\delta\zeta_{\mathrm{s}}$ 方位角上，与微扰前大圆方位角 ζ_{s} 稍有不同。由于这个原因，最大微扰倾向于发生在辐射的节点附近。

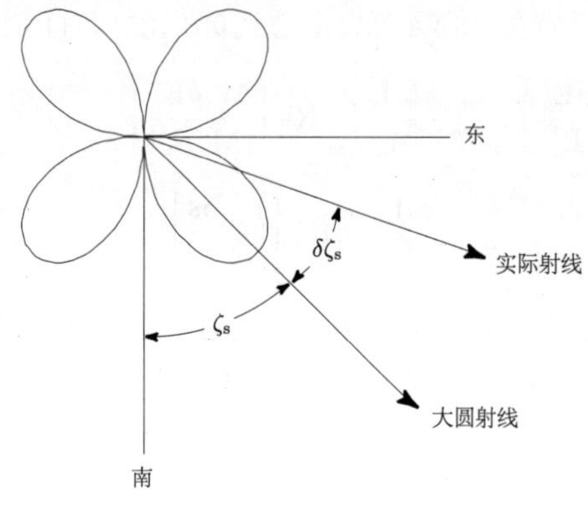

图16.15 典型面波的振幅辐射花样 $|R(\zeta_{\mathrm{s}})|$ 示意图。球对称地球上的一条大圆射线以方位角 ζ_{s} 离开震源，而在横向不均匀地球上相应的微扰后的射线以方位角 $\zeta_{\mathrm{s}}+\delta\zeta_{\mathrm{s}}$ 离开震源

图16.16比较了模型S12WM13中一些劣弧路径的G1和R1波用射线微扰理论得到的一阶振幅异常 $\delta A/A=\delta A_{\mathrm{p}}/A_{\mathrm{p}}+\delta A_{\mathrm{s}}/A_{\mathrm{s}}$ 与用精确射线理论得到的异常 $(A-A_{\mathrm{spher}\,\oplus})/A_{\mathrm{spher}\,\oplus}$。很明显 $\delta A/A$ 比图16.14中显示的一阶出射和到达方位角异常 $\delta\zeta_{\mathrm{s}}$ 和 $\delta\zeta$ 都更大，而这三者又都比图16.13中显示的一阶费马相位异常 $\delta\psi_{\mathrm{p}}$ 更大。这一结果反映了引起这些异常的主要因素分别对与路径垂直方向的二阶、一阶和零阶导数 $\partial_\theta^2\delta c$、$\partial_\theta\delta c$ 和 δc 的依赖性。

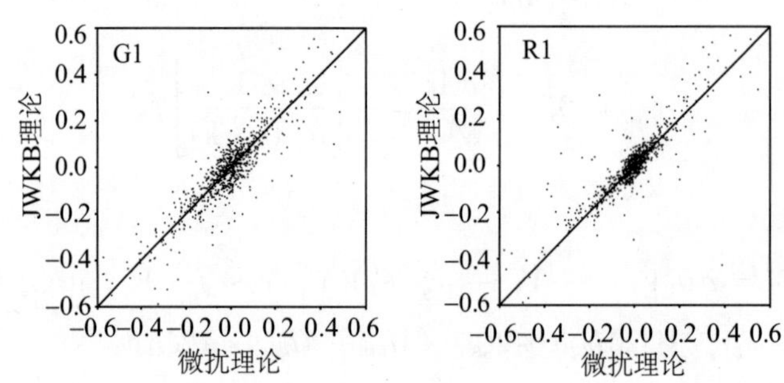

图 16.16 模型S12WM13中165秒基阶面波的一阶振幅异常 $\delta A/A$ (来自路径和震源两者的影响) 与精确的JWKB异常 $(A-A_{\mathrm{spher}\,\oplus})/A_{\mathrm{spher}\,\oplus}$ 的散点图比较。850个点中每个点代表一个G1或R1路径。精确的异常计算中考虑了震源和台站处本征函数 U_{s}、V_{s}、W_{s} 和 U、V、W 随地理位置的变化，这一变化在微扰计算中则被忽略了

*16.8.7 理论地震图比较

图16.17显示了两个用本章所描述的方法计算的地球模型S12WM13中面波合成地震图的例子。图中左半部分显示了1979年2月16日秘鲁海岸附近的地震在位于澳大利亚Charters Towers的地震站CTAO记录到的R1瑞利波射线路径和径向分量波形，右半部分则显示了1978年11月29日墨西哥瓦哈卡地震在位于中国北京的地震站BJT记录到的G1勒夫波射线路径和波形。最上面的两幅图显示了精确的相对于无微扰大圆路径的射线偏离，图的背景则分别显示了从震源到接收点路径周围165秒R1和G1波相速度相对微扰$\delta c/c$。下部的三行图显示了来自三种不同计算方法的结果比较：①通过对运动学和动力学射线追踪方程的龙格–库塔积分得到的精确的JWKB理论解，其中考虑了震源和接收点处径向本征函数U_s、V_s、W_s和U、V、W随地理位置的变化；②一阶射线微扰理论解，忽略了U_s、V_s、W_s和U、V、W的横向变化；③ Woodhouse-Dziewonski大圆近似解，其中横向不均匀性是通过在球对称地球简正模式叠加程序中引入频率和震中距虚拟偏移$\omega \to \omega + \delta\bar{\omega}$和$\Theta \to \Theta + \delta\Theta$来处理的。合成位移地震图$\hat{\boldsymbol{\nu}} \cdot \mathbf{s}(\mathbf{x}, t)$包括了周期$T = 2\pi/\omega$在50-500秒范围内的所有基阶面波，其勒夫波的群速度窗口为3.2–4.7千米/秒，瑞利波群速度窗口则为3.5–5.0千米/秒。每一幅图中都用相应的球对称地球

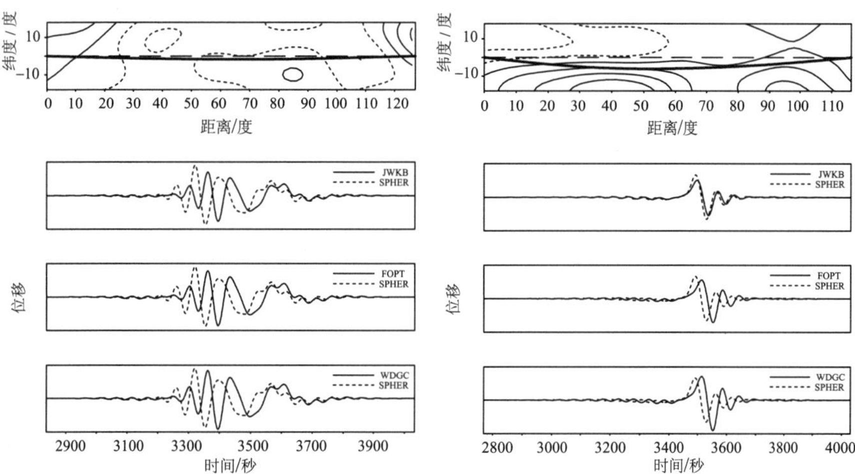

图 16.17 (左上)从1979年2月16日秘鲁地震到位于澳大利亚Charters Towers的地震站CTAO的R1波JWKB射线路径，背景是模型S12WM13中165秒基阶瑞利波$\delta c/c$的等值线图。(右上)从1978年11月11日墨西哥瓦哈卡地震到位于中国北京的地震站BJT的G1波JWKB射线路径，背景是模型S12WM13中165秒基阶瑞利波$\delta c/c$的等值线图。两幅地图都经过旋转使震源和接收点分别位于赤道上的左右两端。面波射线是在旋转后坐标系中追踪的。JWKB和大圆射线路径分别以粗实线和长虚线显示，而δc的正负值则分别为细实线和短虚线等值线，等值线间隔为1%。其余几幅图显示合成位移地震图的JWKB计算结果(第二行)，一阶射线微扰理论计算结果(第三行)，以及Woodhouse-Dziewonski大圆近似方法计算结果(最下行)。R1的径向分量地震图(左)满刻度值是0.28毫米，G1的横向分量地震图(右)满刻度值是4.06毫米。每幅图中比较了模型S12WM13(实线)与球对称地球模型(虚线)的波形。SPHER表示球对称地球的合成图，FOPT是一阶射线微扰理论的缩写，WDGC是Woodhouse-Dziewonski大圆近似的缩写。在频率域中频谱的两端使用了10%余弦衰减窗以便压制时间序列的抖动

地震图作为比较的标准。从秘鲁到CTAO的R1射线路径相对于微扰前大圆路径仅有大约2度的偏折，此时一阶微扰理论和大圆近似的结果都十分接近于JWKB波形。虽然振幅稍有偏差，然而波形中的相位始终彼此一致。这条射线路径经过了南太平洋的一个低速区，因此相对于球对称地球的结果有显著的相位延迟。从瓦哈卡到北京的G1射线则沿太平洋海岸传播，相对于微扰前大圆路径有大约5度的偏折。此时一阶微扰理论和大圆近似所得到的波形与JWKB波形有较大差别。瓦哈卡到北京的路径有过渡带的特点，在垂直于路径方向上速度梯度$\partial_\theta \delta c$较大。总的来说，两种近似方法对这种射线路径效果都不好，对于路径上的高速或低速区，它们效果最佳的情况是射线与δc的等值线以大角度相交，而不是沿着等值线走。

16.9 面波层析成像

在本章中我们的重点是放在发展JWKB方法来解决*正演问题*：计算在光滑、横向不均匀地球上的长周期面波合成地震图。在这最后一节中，我们介绍几种方法，它们的目的是解决面波的*反演问题*：

> *给定一组已知发震时间t_{s}、震中位置$\mathbf{x}_{\mathrm{s}}$和矩张量$\mathbf{M}$的地震观测波形$\mathbf{a}_{\mathrm{obs}}(\mathbf{x},t)$，找到相对于地球平均球对称结构的三维微扰$\delta\kappa$、$\delta\mu$、$\delta\rho$、$\delta d$或$\delta\alpha$、$\delta\beta$、$\delta\rho$、$\delta d$。*

我们将重点放在反演过程所依据的假设和近似，而不是结果的呈现或比较，因为它们只有在结合全球地震成像与地球动力学的更广泛的讨论中才会更有意义，这些内容都超出了本书的范围。

16.9.1 伍德豪斯-达翁斯基 (Woodhouse-Dziewonski) 方法

正如第1章所指出的，Woodhouse 和 Dziewonski (1984) 开启了现代地幔三维结构的研究。在他们的开创性工作中发展了一种*波形拟合*的方法，这一方法建立在16.8.2节中所介绍的大圆近似的基础上，到今天还在使用。一个长周期加速度图$a(t)=\hat{\boldsymbol{\nu}}\cdot\mathbf{a}(\mathbf{x},t)$可以写成(10.63)中简正多态模式${}_n\mathrm{S}_l$和${}_n\mathrm{T}_l$的叠加：

$$a(t)=\sum_{\text{多态模式}} A\cos\omega t\exp(-\gamma t) \tag{16.256}$$

弹性横向不均匀性可以通过引入频率和震源虚拟偏移$\delta\bar{\omega}$ 和 $\delta\Theta$来考虑。因而得到对加速度(16.256)的微扰

$$\delta a(t)=\sum_{\text{多态模式}}\left[\delta\Theta\,\partial_\Theta A\cos\omega t-\delta\bar{\omega}\,A\sin\omega t\right]\exp(-\gamma t) \tag{16.257}$$

偏导数$\partial_\Theta A$可以利用公式(10.52)–(10.60)很容易地计算。使用(16.215)，我们可以将(16.257)表示成局地本征频率微扰分别在劣弧段和大圆的平均两部分之和：

$$\begin{aligned}\delta a(t)=&\sum_{\text{多态模式}}\delta\hat{\omega}\,(c/C\omega)\partial_\Theta A\cos\omega t\exp(-\gamma t)\\&-\sum_{\text{多态模式}}\delta\bar{\omega}\left[A\sin\omega t+(c/C\omega)\partial_\Theta A\cos\omega t\right]\exp(-\gamma t)\end{aligned} \tag{16.258}$$

微扰 $\delta\omega(\theta,\phi)$ 与具有 (a,θ,ϕ) 点下方相同一维结构的球对称地球的完全一样。为简洁起见，在下面讨论中我们将 (9.12) 中的 $\delta\kappa$、$\delta\mu$、$\delta\rho$、δd 依赖性或者 (9.20) 中的 $\delta\alpha$、$\delta\beta$、$\delta\rho$、δd 依赖性用缩写符号表示为

$$\delta\omega = \int_0^a \delta\oplus\, K_\oplus\, dr \tag{16.259}$$

将结构微扰用实数表面球谐函数展开

$$\delta\oplus = \sum_{st} \delta\oplus_{st}\mathcal{Y}_{st} \tag{16.260}$$

我们可以将 (16.258) 中的未知量表示成

$$\delta\hat{\omega} = \sum_{st}\left[\int_0^a \delta\oplus_{st}\, K_\oplus\, dr\right]\hat{\mathcal{Y}}_{st} \tag{16.261}$$

$$\delta\bar{\omega} = \sum_{st}\left[\int_0^a \delta\oplus_{st}\, K_\oplus\, dr\right]\bar{\mathcal{Y}}_{st} \tag{16.262}$$

其中 $\mathcal{Y}_{st}$ 的劣弧和大圆平均 $\hat{\mathcal{Y}}_{st}$ 和 $\bar{\mathcal{Y}}_{st}$ 均为已知函数，它们可以通过将震源–接收点路径旋转到赤道很容易地计算，详细讨论请见附录B.9和C.8.7。将 (16.261)–(16.262) 代入，我们获得微扰 $\delta a(t)$ 与三维地球模型展开系数 $\delta\oplus_{st}(r)$ 之间的线性关系：

$$\delta a(t) = \sum_{st}\int_0^a \delta\oplus_{st}(r)\, K_{\oplus st}(r,t)\, dr \tag{16.263}$$

其中

$$\begin{aligned} K_{\oplus st} = &\sum_{\text{多态模式}} (c/C\omega)\partial_\Theta A\cos\omega t\exp(-\gamma t)\, K_\oplus\, \hat{\mathcal{Y}}_{st} \\ &- \sum_{\text{多态模式}} [A\sin\omega t + (c/C\omega)\partial_\Theta A\cos\omega t]\exp(-\gamma t)\, K_\oplus\, \bar{\mathcal{Y}}_{st} \end{aligned} \tag{16.264}$$

公式 (16.263)–(16.264) 为迭代最小二乘反演提供了依据，反演的目标是将一组合成地震图与观测记录之间的残差 $\sum_{\text{路径}}\int_{t_1}^{t_2}[a(t)-a_{\text{obs}}(t)]^2\,dt$ 达到极小，在每次迭代中虚拟频率和震源位置得到更新，$\omega\to\omega+\delta\bar{\omega}$, $\Theta\to\Theta+\delta\Theta$，同时积分核 $K_{\oplus st}(r,t)$ 也要重新进行计算。这一方法的主要优点是它使得整个长周期波形 $a_{\text{obs}}(t)$ 均可以用来约束未知参数 $\delta\oplus_{st}$。特别是除了绕大圆多圈的基阶 $(n=0)$ 面波以外，所有以几乎相同群速度传播的高阶模式 $(n=1,2,\ldots)$ 也都包含在内。

16.9.2 波形分割法

如果在一个区域内部有许多震源和台站，使得该区域有很好的交叉路径覆盖，则可以通过利用较高频率的体波和面波来获得分辨度较高的地壳与上地幔结构模型。Nolet (1990) 特别为这种实际应用开发了*波形分割法*。这一方法所关注的是 (16.161) 中沿劣弧 $(s=1)$ 的震相。费马原理被用来计算路径对相位的贡献，而由于射线束聚焦与散焦引起的振幅变化则忽略了。频

率域加速度响应$a(\omega)$可以用面波模式或频散分支叠加的形式表示为

$$a(\omega) = \sum_{\text{模式}} A_{\rm r}\exp(-i\psi_{\rm r})A_{\rm s}\exp(-i\psi_{\rm s})(8\pi k\sin\Theta)^{-1/2}$$
$$\times\exp(-ik\Theta)\exp(-i\,\delta\hat{k}\,\Theta)\exp(-\omega\Theta/2CQ) \tag{16.265}$$

其中k、C和Q^{-1}分别为微扰前球对称地球中的波数、群速度和品质因子倒数，已知的震源和接收点贡献$A_{\rm s}\exp(-i\psi_{\rm s})$和$A_{\rm r}\exp(-i\psi_{\rm r})$分别由公式(16.165)和(16.167)给定。在(16.265)的JWKB-费马表达式中唯一的未知量是局地波数微扰δk的劣弧平均

$$\delta\hat{k} = \frac{1}{\Theta}\int_0^{\Theta}\delta k\,d\Delta \tag{16.266}$$

它可以用三维结构在相应的微扰前大圆射线路径上的平均

$$\delta\hat{\oplus} = \frac{1}{\Theta}\int_0^{\Theta}\delta\oplus\,d\Delta \tag{16.267}$$

而形式化地表示为

$$\delta\hat{k} = -C^{-1}\int_0^{a}\delta\hat{\oplus}\,K_{\oplus}\,dr \tag{16.268}$$

作为第一步，我们使用非线性最优化方法来寻找一个最佳的*路径平均微扰*$\delta\hat{\oplus}(r)$使得在每一个地震图适当选取的时窗内时间域波形残差$\int_{t_1}^{t_2}[a(t)-a_{\rm obs}(t)]^2\,dt$为极小。由于径向参数化的模型空间维度相对较低，因此可以用共轭梯度算法来进行可靠且有效的非线性搜索。局部极小值可以通过对$a_{\rm obs}(t)$做滤波，先对长周期部分波形做拟合来避免。第二步，将得到的沿一组路径的平均模型微扰结合在一起来确定区域三维结构$\delta\oplus(r,\theta,\phi)$。通过(16.267)中的关系，每一个地震图都提供了一个单独的*线性*约束。将由残差函数的二阶偏导数组成的海森矩阵对角化，我们可以得到一组*独立的*线性方程，其右侧为已知的方差，因而可以进行分辨率分析。这种波形分割法的一大优点是其极大的灵活性。沿不同的路径可以使用不同的弹性和非弹性背景模型参数$\oplus$和Q^{-1}，在每个震源和接收点也可以视情形使用不同的本征函数$U_{\rm s}$、$V_{\rm s}$、$W_{\rm s}$和U、V、W。与Woodhouse-Dziewonski大圆近似(16.256)一样，JWKB-费马求和公式(16.265)中也包含了高阶模式($n=1,2,\ldots$)，因而在0度$\leqslant\Theta\leqslant$30度震中距范围内的三重化S波、SS、SSS,...等多次反射波以及基阶G1和R1波都包含在拟合过程中。Nolet与其合作者们已经使用这一方法得到了一些地区的上地幔剪切波速度异常$\delta\beta$的模型，包括中欧(Zielhuis & Nolet 1994)，北美(Van der Lee 1996; Van der Lee & Nolet 1997)和菲律宾海板块(Lebedev, Nolet & Van der Hilst 1997)。

16.9.3 相速度层析成像

不同于用一个三维地球模型$\delta\oplus$或一组不同的路径平均模型$\delta\hat{\oplus}$来拟合一组频率域观测地震图

$$a_{\rm obs}(t) = \sum_{\text{模式}}\sum_{\text{射线}} A_{\rm obs}\exp(-i\psi_{\rm obs}) \tag{16.269}$$

许多研究者更倾向于从地震图中提取面波振幅$A_{\rm obs}$和相位$\psi_{\rm obs}$。的确，正如我们在第1章中指出的，这是经典的面波层析成像方法。这一方法最易于应用在长周期基阶面波，因为它们与到达较早的高阶模式分离得较好。在较长的震源–接收点路径上强烈的频散导致相位$\psi_{\rm obs}$随

频率ω快速变化，在这种情形下简单的傅里叶或周期图分析会产生频谱估计中的偏差，这一点已经众所周知。要减小这一偏差，有必要对波形进行“去频散”，通常所采用的方法是使用交叉频谱或匹配滤波技术，来测量振幅和相位相对于如下球对称地球合成波形的振幅和相位残差$\delta A = A_{\mathrm{obs}} - A_{\mathrm{spher}\,\oplus}$和$\delta\psi = \psi_{\mathrm{obs}} - \psi_{\mathrm{spher}\,\oplus}$

$$a_{\mathrm{spher}\,\oplus}(t) = \sum_{\text{模式}}\sum_{\text{射线}} A_{\mathrm{spher}\,\oplus}\exp(-i\psi_{\mathrm{spher}\,\oplus}) \tag{16.270}$$

震源对相位差别的贡献$\delta\psi_{\mathrm{s}}$一般是忽略的，这样就可以用一阶费马近似将$\delta\psi = \delta\psi_{\mathrm{p}}$与面波相速度微扰$\delta c$联系起来

$$\delta\psi = -\omega c^{-2}\underbrace{\int_{\hat{\mathbf{r}}_{\mathrm{s}}}^{\hat{\mathbf{r}}}\delta c\, d\Delta}_{\text{大圆}} \tag{16.271}$$

类似表达式也可以通过精确的JWKB关系来建立

$$\delta\psi = \omega\ \underbrace{\int_{\hat{\mathbf{r}}_{\mathrm{s}}}^{\hat{\mathbf{r}}}\frac{d\Delta}{c+\delta c}}_{\text{真实射线路径}} - \frac{\omega\Delta}{c} \tag{16.272}$$

公式(16.271)和(16.272)为相速度层析成像提供了基础。微扰δc可以用表面球谐函数$\mathcal{Y}_{st}$展开(Wong 1989)或者是把单位球面进行区块或三角形网格化，然后用局部基函数做参数化(Zhang & Tanimoto 1993; Wang, Tromp & Ekström 1998)。在实践中，大多数层析成像工作都不会超越(16.271)中的费马近似。如果δc的横向变化过于强烈，可以对初步的费马模型通过在$c+\delta c$的模型中做射线追踪，并利用(16.272)来进行迭代改进。独立的相位延迟测量$\delta\psi$不仅可以来自$s=1$的劣弧路径观测，还可以来自$s=2,3,\ldots$的绕大圆数周的面波。此外，还可以用环球传播的面波来测量大圆相位延迟$\delta\psi_{s+2}-\delta\psi_s$，这些数据的一个附加优点是它们与矩张量$\mathbf{M}$无关。当周期$T=2\pi/\omega$小于100–150秒时，相速度的横向微扰$\delta c$会大到足以使路径上的相位变化(16.271)–(16.272)达到几个周期。此时在单一周期单独的相速度异常测量值$\delta\psi$与$\delta\psi\pm 2N\pi$无法区分。这一周波跳跃现象可以用一种“逐步导入”的技术来消除，即用长周期测量来锁定正确的$(N=0)$周波，因为对于长周期总有$|\psi_{\mathrm{obs}}-\psi_{\mathrm{PREM}}|\leqslant\pi$，然后再利用观测的频散关系连续性条件将测量延展到较短周期。不确定性也可以很容易地赋予测量值$\delta\psi$，由此得到的δc横向分布图可以被当作是中间“观测数据”，通过与其他数据比较或者联合使用来约束地球的三维弹性结构$\delta\oplus$。

当代面波相速度研究能够利用来自若干全球和区域性地震台网持续增长的大量宽频带数字地震记录。表16.1比较了近期几个层析成像研究的特点，用来进行相位差$\delta\psi$测量的震源–接收点路径数目绝对使人瞩目。Laske 和 Masters (1996)的研究非常有独特性，他们在相位测量$\delta\psi$的基础上引入了通过对三分量记录做多时窗频谱偏振分析所得到的面波到达方位角测量数据$\delta\zeta$，一阶关系(16.235)被用来拟合到达方位角数据，$\delta\zeta$对δc在垂直于路径方向导数的依赖性可以提高对高次数结构的分辨度。Laske和Masters的工作的一个副产品是他们发现全球地震台网几个台站的“南北”和“东西”分量有5度–15度的方向偏差！

图16.18和图16.19显示了Ekström, Tromp 和 Larson (1997)得到的勒夫波和瑞利波相速

度的相对变化$\delta c/c$。这些$s_{\max}=40$的模型解释了观测到的相位残差$\psi_{\rm obs}-\psi_{\rm PREM}$中70%–96%的方差，证实了原始频散测量的高质量与内在一致性。这些速度分布图中许多明显特征，包括冰岛热点和红海断裂带周围的低速区，在其他研究中也可以看到，也都有明确的构造解释。在较长周期($2\pi/\omega>150$秒勒夫波和$2\pi/\omega>75$秒瑞利波)，稳定的大陆克拉通表现出高速，而大洋中脊则为低速。在较为古老且较深的大洋盆地处，由于扩张的岩石圈变冷而造成的高速也非常明显。

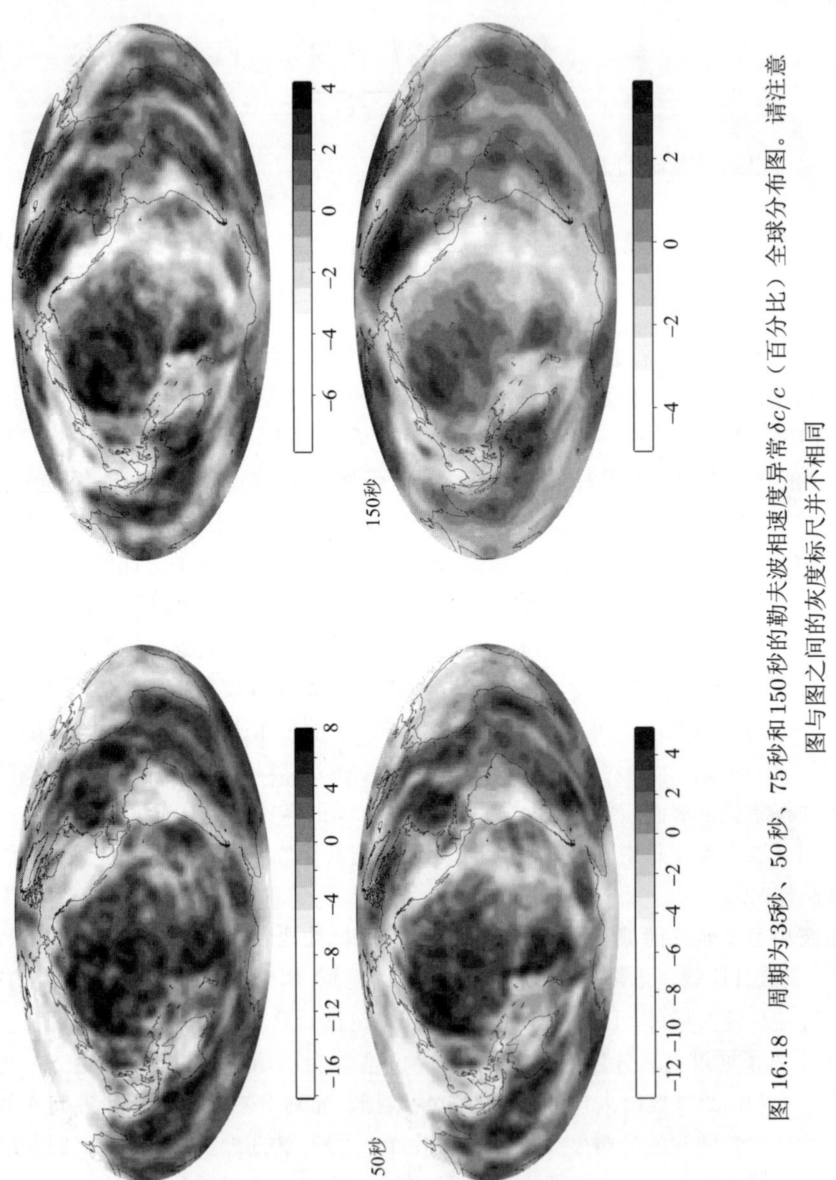

图 16.18 周期为35秒、50秒、75秒和150秒的勒夫波相速度异常$\delta c/c$（百分比）全球分布图。请注意图与图之间的灰度标尺并不相同

表 16.1 近期几项基阶勒夫波和瑞利波相速度分析中所使用的周期范围与震源–接收点路径数目

参考文献	周期范围/秒	路径数目
Trampert 和 Woodhouse (1995)	40–150	24,000
Trampert 和 Woodhouse (1996)	40–150	62,000
Zhang 和 Lay (1996)	85–250	30,000
Ekström, Tromp 和 Larson (1997)	35–150	56,000
Laske 和 Masters (1996)	75–250	11,000

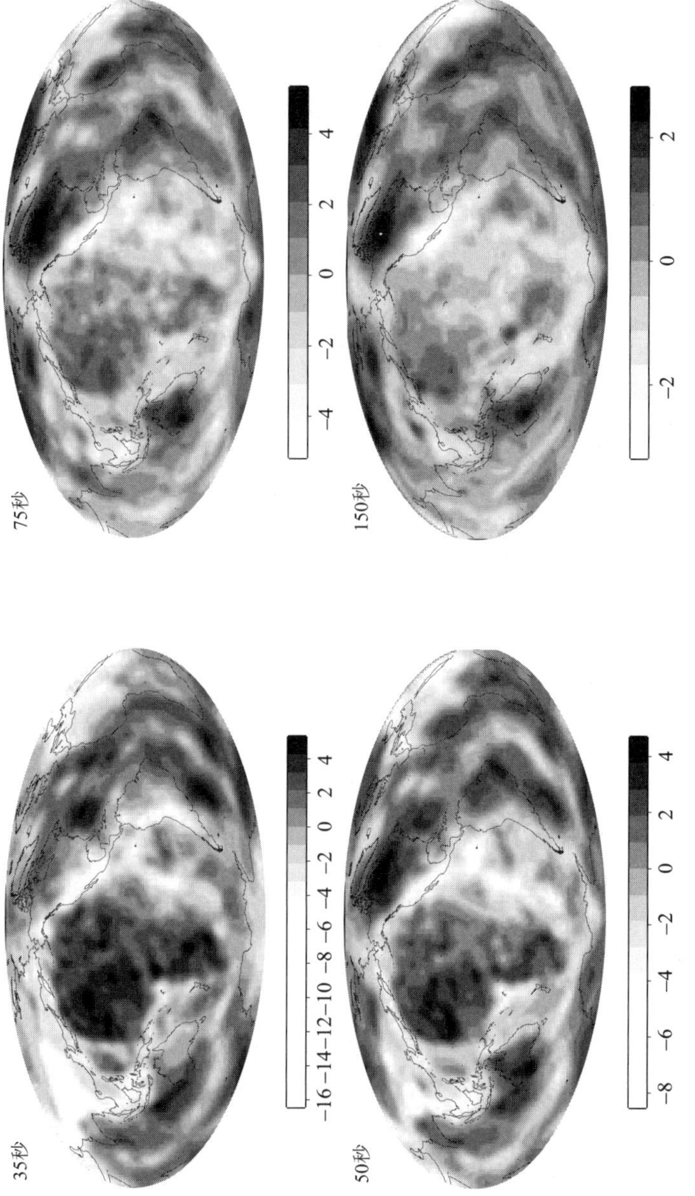

图 16.19 周期为35秒、50秒、75秒和150秒的瑞利波相速度异常 $\delta c/c$ （百分比）全球分布图。请注意图与图之间的灰度标尺并不相同

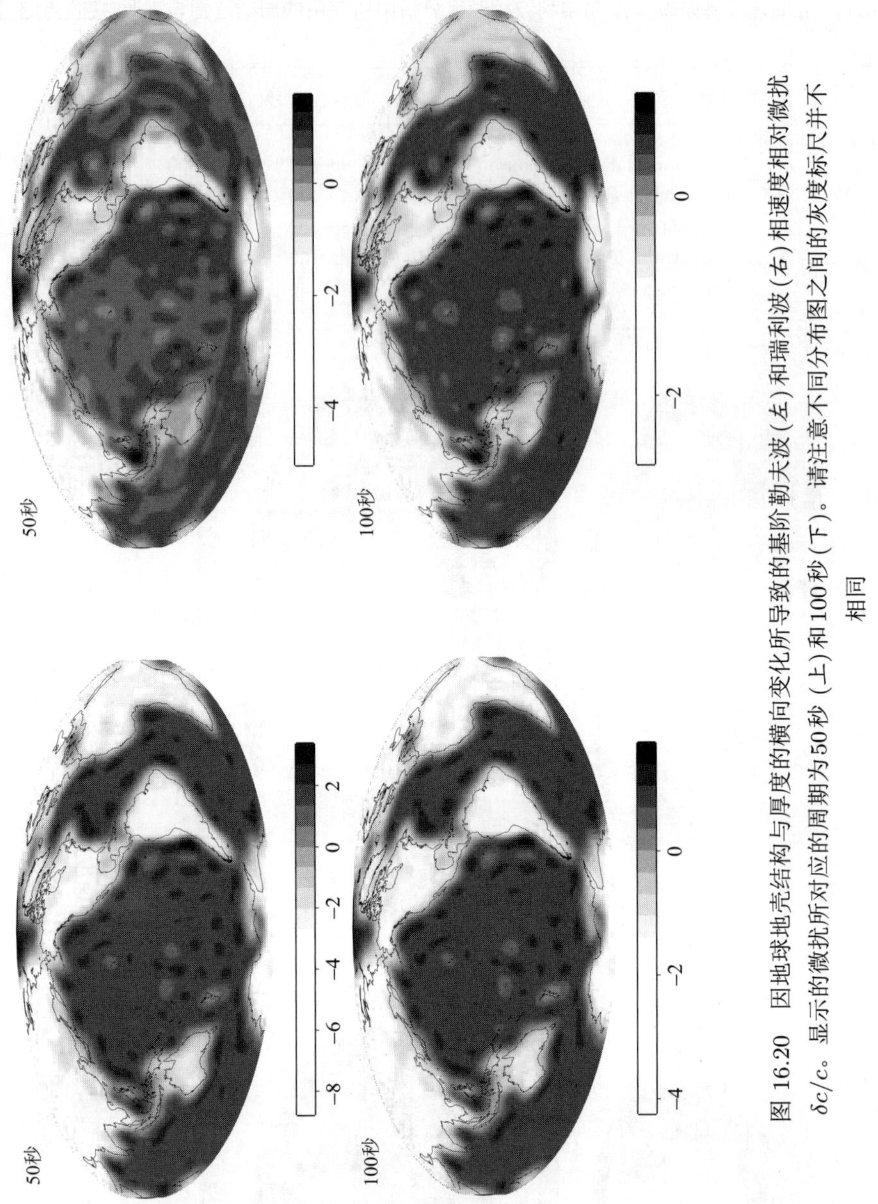

图 16.20 因地球地壳结构与厚度的横向变化所导致的基阶勒夫波(*左*)和瑞利波(*右*)相速度相对微扰 $\delta c/c$。显示的微扰所对应的周期为50秒(上)和100秒(下)。请注意不同分布图之间的灰度标尺并不相同

在利用如图16.18和16.19所示的相速度分布图来约束上地幔三维结构$\delta\alpha$、$\delta\beta$、$\delta\rho$、δd之前，必须对地壳厚度与结构横向变化的影响做校正。一阶微扰理论给出的校正在较短和中等周期时会不够精确。要说明这一点，我们剥掉PREM模型的球对称地壳，换上横向变化的模型CRUST5.1 (Mooney, Laske & Masters 1998)，来分析地壳变化的影响。我们选取一些圆频率，在一些θ、ϕ格点上计算精确的局地模式，并用表面球谐函数$\mathcal{Y}_{st}$来拟合相应的局地面波相速度$\delta c_{\mathrm{crust}}$分布。图16.20显示了得到的地壳相速度异常分布。在活动的挤压造山带地区，如阿尔卑斯–喜马拉雅造山带以及地壳厚度超过70千米的青藏高原，对50秒勒夫波的相速度校正为$-12\% \leqslant \delta c_{\mathrm{crust}} \leqslant -10\%$。事实上，这些短周期面波的相速度由地壳结构的影响所主导。50秒勒夫波的弗雷歇积分核K_β在50–60千米深度以下小到可以忽略不计，因此图16.18和16.20

中的观测与模型预测分布图看起来几乎一样并不奇怪。在周期长于150秒时地壳校正的重要性大大降低，特别是瑞利波。

对高阶勒夫波和瑞利波相位残差$\psi_{\mathrm{obs}}-\psi_{\mathrm{PREM}}$进行可靠测量难度更高，因为周期$2\pi/\omega\leqslant 50-100$秒的面波在时间域几乎同时到达(见11.6.1–11.6.2节和11.7.1节)。我们在引言部分所介绍的Nolet (1977)和Cara (1978)的开创性工作中使用了多个台站的阵列方法来分离$n=1,2,\ldots$的高阶分支。在后续研究中，Stutzmann 和 Montagner (1993; 1994)用单站法来分析一组震源位置相近的地震记录。这一方法在震源深度差别较大时效果最佳，因为对不同目标分支的激发振幅很不一样。不幸的是所需的具有多震源几何特征的路径数目十分有限，因此造成对相速度微扰δc的横向分辨度较差。很明显，最理想的是能够开发出基于与球对称地球单一分支地震图做互相关的单站、单震源方法，Van Heijst 和 Woodhouse (1997)在解决这一难题的方向上取得了一些最新进展。

16.9.4 非弹性层析成像

一些地震学家已经尝试使用观测的G1, G2,…和R1, R2,…振幅异常$\delta A=A_{\mathrm{obs}}-A_{\mathrm{PREM}}$来约束地球非弹性$\delta Q^{-1}/Q^{-1}$的全球性横向变化。这个问题已经被证明是极难解决的，因为有众多其他因素会引起相当的面波振幅变化，包括震源位置$\mathbf{x}_{\mathrm{s}}$和机制$\mathbf{M}$的不确定性，还有射线束聚焦与散焦，以及我们还了解不够完善的弹性横向不均匀性δc所带来的其他影响，比如图16.15所显示的辐射花样效应。总的振幅相对微扰可以表示成

$$\frac{\delta A}{A}=\frac{\delta A_{\mathrm{g}}}{A_{\mathrm{g}}}+\exp\left(-\frac{\omega}{2CQ}\int_0^{\Delta}\frac{\delta Q^{-1}}{Q^{-1}}\,d\Delta\right)-1 \tag{16.273}$$

其中右边第一项$\delta A_{\mathrm{g}}/A_{\mathrm{g}}=\delta A_{\mathrm{p}}/A_{\mathrm{p}}+\delta A_{\mathrm{s}}/A_{\mathrm{s}}+\cdots$囊括了相互竞争的几何路径、震源及其他效应，第二项中的积分是沿微扰前的劣弧或更多周的大圆射线路径。在全球非弹性层析成像研究中有几种方法用来处理几何上的变化。简单地用现有的相速度分布图来对横向波速变化δc的效应做校正是不现实的，因为$\delta A_{\mathrm{p}}/A_{\mathrm{p}}$对约束很差的小尺度结构依赖性很强。早期的工作试图利用这样一个观察，即根据(16.246)中对轨道数s的奇偶交替依赖性，从一阶射线微扰理论可以得到

$$\left(\frac{\delta A_{\mathrm{p}}}{A_{\mathrm{p}}}\right)_{s=4}-\left(\frac{\delta A_{\mathrm{p}}}{A_{\mathrm{p}}}\right)_{s=2}+\left(\frac{\delta A_{\mathrm{p}}}{A_{\mathrm{p}}}\right)_{s=3}-\left(\frac{\delta A_{\mathrm{p}}}{A_{\mathrm{p}}}\right)_{s=1}=0 \tag{16.274}$$

由于(16.236)中出射方位角微扰$\delta\zeta_{\mathrm{s}}$的交替依赖性，震源项也满足类似的关系

$$\left(\frac{\delta A_{\mathrm{s}}}{A_{\mathrm{s}}}\right)_{s=4}-\left(\frac{\delta A_{\mathrm{s}}}{A_{\mathrm{s}}}\right)_{s=2}+\left(\frac{\delta A_{\mathrm{s}}}{A_{\mathrm{s}}}\right)_{s=3}-\left(\frac{\delta A_{\mathrm{s}}}{A_{\mathrm{s}}}\right)_{s=1}=0 \tag{16.275}$$

在这一近似下，来自于四个轨道的复合数据

$$D=\frac{a_{s=4}}{a_{s=2}}\times\frac{a_{s=3}}{a_{s=1}} \tag{16.276}$$

应该仅依赖于非弹性微扰的大圆平均：

$$\delta D=\exp\left(-\frac{\omega}{CQ}\oint\frac{\delta Q^{-1}}{Q^{-1}}\,d\Delta\right) \tag{16.277}$$

Romanowicz (1990) 利用公式 (16.277) 得到了第一个二次球谐的全球上地幔非弹性模型。Durek, Ritzwoller 和 Woodhouse (1993) 的后续模拟研究证明，与一阶射线微扰理论的背离足以削弱 (16.274)–(16.275) 中的线性关系而使它们不能作为非弹性层析成像定量研究的唯一基础。他们认为 D 是一个已经对相速度变化“失去敏感性”的量。在反演 $s=2,4,6$ 的 δQ^{-1} 模型之前，他们用已有的 δc 分布图做了一个额外的“去偏差”校正。Romanowicz (1995) 使用单周的 R1 和 R2 振幅测量值得到了第一个包含奇偶次数 $(s=1-6)$ 的全球 δQ^{-1} 模型。她用主观的标准对数据进行了严格筛选，删除辐射节点附近振幅过小的记录以及受聚焦与散焦较强影响的观测数据，从而寻求将 $\delta A_{\mathrm{s}}/A_{\mathrm{s}}$ 和 $\delta A_{\mathrm{p}}/A_{\mathrm{p}}$ 的重要性减到最低。

16.9.5 超越射线路径平均近似

所有基于 JWKB 近似的波形反演方法均有一个共同的特点：$s=1$ 部分的地震图 $a(t)$ 仅仅依赖于横向不均匀弹性结构 $\oplus$ 在劣弧路径上的平均 $\hat{\oplus}$。波形的变化与地球模型的变化以一个一维 (径向) 的弗雷歇积分核联系起来：

$$\delta a=\int_0^a \delta\hat{\oplus}\, K_{\oplus}^{\mathrm{1D}}\, dr \tag{16.278}$$

对于基阶勒夫波和瑞利波，这并非是不合理的近似，但是对于更早到达的高阶面波则有问题。从直觉上，人们会期望时间较早的横向分量波形 $a(t)=\hat{\mathbf{\Phi}}\cdot\mathbf{a}(\mathbf{x},t)$ 的敏感度应该集中在相应的 SS, $\mathrm{SS_{SH}}$, $\mathrm{SSS_{SH}},\ldots$ 体波射线附近。Li 和 Tanimoto (1993) 证明了对 $\hat{\oplus}$ 的依赖性从本质上是 JWKB 近似中没有考虑 $n'\neq n$ 的跨分支耦合的结果。通过在 $a(t)$ 的简正模式叠加表达式中考虑不同的 ${}_n\mathrm{T}_l$ 和 ${}_n\mathrm{S}_l$ 多态模式之间的耦合，他们得到了如下形式的二维弗雷歇积分核

$$\delta a=\int_{\Sigma} \delta\oplus\, K_{\oplus}^{\mathrm{2D}}\, dA \tag{16.279}$$

其中 Σ 代表微扰前的射线平面。公式 (16.279) 已经被 Li 和 Romanowicz (1995; 1996) 用来作为全球层析成像工作的基础。Marquering 和 Snieder (1995; 1996) 使用考虑 $n'\neq n$ 频散分支耦合的更简洁的行波表达式得到了相似的二维射线平面内的敏感度关系。Zhao 和 Jordan (1998) 使用 (16.279) 获得了对 $a_{\mathrm{obs}}(t)$ 处理后所得泛函的二维弗雷歇积分核，泛函包括与球对称地球合成地震图 $a_{\mathrm{spher}\,\oplus}(t)$ 做互相关得到的走时异常。所有这些研究都使用了稳相近似，其适用性依赖于在与射线平面垂直方向上横向变化是光滑的这一较强的条件。为了克服这一限制，Marquering, Nolet 和 Dahlen (1998) 利用波恩近似以及 $a(t)$ 的行波表达式得到了如下形式的完全三维的波形敏感核关系

$$\delta a=\int_{\oplus} \delta\oplus\, K_{\oplus}^{\mathrm{3D}}\, dV \tag{16.280}$$

这些在波形与走时敏感核开发上超越一维射线路径平均近似的努力代表了当今全球地震层析成像的理论前沿。这一领域仍然处于蓬勃发展的状态，在目前即使是肤浅的综合讨论也还为时尚早。

附　　录

附录 A　矢量和张量

在地球自由振荡所满足的方程中出现的物理量是矢量和张量，如位移、速度、应变和应力；我们对这些方程的讨论以读者具有最基础的矢量和张量分析知识为前提。在本附录中我们针对使用的符号和一些基本结果做一个归纳。这里并不做任何证明，因为我们的目的不是要取代如Willmore (1959) 和Marsden 和 Hughes (1983) 等更系统性的数学讨论。不同于这些作者，我们在这里基本上采用笛卡儿的观点，只有当我们在三维空间中的二维面上引入曲线坐标系时，才会对协变和逆变加以区分。

A.1　张量作为多重线性泛函

根据定义，张量是普通三维矢量空间上的一个多重线性泛函。或者，我们可以把一个q阶张量视为一线性算子，它作用于一个p阶张量，产生一个$q-p$阶张量。为了形象说明这两个概念的含义，更方便的是用一个比我们最终采用的吉布斯发明的更抽象的符号。

A.1.1　矢量

矢量是一个几何对象，通常被想象为一个箭头，有其大小和方向。我们用粗体字母来表示矢量；矢量$\mathbf{u}$的大小以$\|\mathbf{u}\|$来表示。单位长度的矢量则在上方以一个帽子符号来区分：$\|\hat{\mathbf{n}}\|=1$。两个矢量$\mathbf{u}$和$\mathbf{v}$的标量积或*点积*为$\mathbf{u}\cdot\mathbf{v}=\|\mathbf{u}\|\,\|\mathbf{v}\|\cos\theta$，其中$\theta$是两个矢量之间夹的锐角。请注意有$\mathbf{u}\cdot\mathbf{v}=\mathbf{v}\cdot\mathbf{u}$和$\|\mathbf{u}\|=(\mathbf{u}\cdot\mathbf{u})^{1/2}$。两个矢量的矢量积或*叉乘积*是一个大小为$\|\mathbf{u}\times\mathbf{v}\|=\|\mathbf{u}\|\,\|\mathbf{v}\|\sin\theta$的矢量，其方向由“右手法则”所定义。一般有$\mathbf{u}\times\mathbf{v}=-\mathbf{v}\times\mathbf{u}$和$\mathbf{u}\times\mathbf{u}=\mathbf{0}$，其中$\mathbf{0}$是零矢量。三个矢量的*三重积*满足$\mathbf{u}\cdot(\mathbf{v}\times\mathbf{w})=\mathbf{w}\cdot(\mathbf{u}\times\mathbf{v})=\mathbf{v}\cdot(\mathbf{w}\times\mathbf{u})$，而双重叉乘积的定义为$\mathbf{u}\times(\mathbf{v}\times\mathbf{w})=(\mathbf{u}\cdot\mathbf{w})\mathbf{v}-(\mathbf{u}\cdot\mathbf{v})\mathbf{w}$。

在笛卡儿坐标系$(\hat{\mathbf{x}},\,\hat{\mathbf{y}},\,\hat{\mathbf{z}})$中，一个矢量$\mathbf{u}$的分量为$u_x=\hat{\mathbf{x}}\cdot\mathbf{u}$, $u_y=\hat{\mathbf{y}}\cdot\mathbf{u}$, $u_z=\hat{\mathbf{z}}\cdot\mathbf{u}$。$\mathbf{u}$可以用三个分量表示为$\mathbf{u}=u_x\hat{\mathbf{x}}+u_y\hat{\mathbf{y}}+u_z\hat{\mathbf{z}}$。我们还可以采用更简洁的编号坐标轴$(\hat{\mathbf{x}}_1,\,\hat{\mathbf{x}}_2,\,\hat{\mathbf{x}}_3)$来取代$(\hat{\mathbf{x}},\,\hat{\mathbf{y}},\,\hat{\mathbf{z}})$：

$$u_i=\hat{\mathbf{x}}_i\cdot\mathbf{u},\qquad \mathbf{u}=u_i\hat{\mathbf{x}}_i \tag{A.1}$$

公式(A.1)体现了求和约定的表达方式，其中单一角标代表三个独立方程，而任何重复角标都意味着求和。两个矢量的点积以分量表示成$\mathbf{u}\cdot\mathbf{v}=u_iv_i$，而叉乘积$\mathbf{w}=\mathbf{u}\times\mathbf{v}$则为$w_i=\varepsilon_{ijk}u_jv_k$。符号$\varepsilon_{ijk}$是列维–奇维塔(Levi-Cività)交替符号，当$\{i,j,k\}$是$\{1,2,3\}$的偶数排列时，其值为1，当$\{i,j,k\}$是$\{1,2,3\}$的奇数排列时，其值为-1，其余则为0。该符号满足以下等式

$$\begin{aligned}\varepsilon_{ijk}\varepsilon_{lmn}=&\ \delta_{il}\delta_{jm}\delta_{kn}+\delta_{in}\delta_{jl}\delta_{km}+\delta_{im}\delta_{jn}\delta_{kl}\\&-\delta_{il}\delta_{jn}\delta_{km}-\delta_{in}\delta_{jm}\delta_{kl}-\delta_{im}\delta_{jl}\delta_{kn}\end{aligned} \tag{A.2}$$

$$\varepsilon_{ijk}\varepsilon_{imn} = \delta_{jm}\delta_{kn} - \delta_{jn}\delta_{km} \tag{A.3}$$

$$\varepsilon_{ijk}\varepsilon_{ijn} = 2\delta_{kn}, \qquad \varepsilon_{ijk}\varepsilon_{ijk} = 6 \tag{A.4}$$

其中δ_{ij}是克罗内克尔符号，定义为当$i=j$时，其值为1，当$i \neq j$时，其值为0。在本附录中，我们大多都会使用角标符号；然而，在某些情况下，例如在A.7节等处，我们发现使用“传统”的坐标轴($\hat{\mathbf{x}}$, $\hat{\mathbf{y}}$, $\hat{\mathbf{z}}$)会更方便。

A.1.2　线性泛函

一个*线性泛函*只是一个定义在三维矢量空间上的线性标量函数。以$f(\mathbf{u})$表示由泛函f赋予矢量$\mathbf{u}$的标量，我们要求

$$f(a\mathbf{u} + b\mathbf{v}) = af(\mathbf{u}) + bf(\mathbf{v}) \tag{A.5}$$

如同矢量一样，线性泛函的存在与任何笛卡儿坐标系无关，从这个意义上说，线性泛函是一个*几何对象*。利用 Misner, Thorne 和 Wheeler (1973) 的花哨但物理上有说服力的类比，我们将线性泛函f想象为一台有一个投币口的角子机。每当一个矢量被投入投币口，机器就会吐出一个标量：

$$\begin{array}{c} f(\cdot) \rightarrow \text{标量} \\ \uparrow \\ \text{矢量} \end{array} \tag{A.6}$$

如果投入矢量$a\mathbf{u} + b\mathbf{v}$的线性组合，机器就会按(A.5)生成标量的线性组合$af(\mathbf{u}) + bf(\mathbf{v})$。线性泛函的线性组合则显而易见地定义为 $(af + bg)(\mathbf{u}) = af(\mathbf{u}) + bg(\mathbf{u})$。

对于任一线性泛函f，都有一个唯一的矢量$\mathbf{f}$，它对所有矢量$\mathbf{u}$都满足

$$f(\mathbf{u}) = \mathbf{f}\cdot\mathbf{u} \tag{A.7}$$

我们称$\mathbf{f}$为f 的代表。可以很容易证明，如果$\mathbf{f}$为f 的代表，$\mathbf{g}$为g 的代表，则$a\mathbf{f}+b\mathbf{g}$为 $af+bg$ 的代表。任何如同(A.7)一样保持矢量运算规则的对应关系都被称为同构的。因为线性泛函和代表它们的矢量是代数不可区分的，我们在后面将会视它们为*相同的几何对象*，只是从不同的角度来看。将一个矢量$\mathbf{f}$想象为具有一个线性投币口的角子机(A.6)，而不是一个箭头，初看起来像是奇怪的做法。然而，如我们接下来要讨论的，这种视角转换的优点是可以很容易推广到更高阶的张量。

A.1.3　多重线性泛函

一个q阶多重线性泛函，也被称为*q阶张量*，是一个有q个线性投币口，输入矢量而输出标量的角子机：

$$T(\underbrace{\cdot, \cdots\cdots, \cdot}_{q\text{ 个矢量投币口}}) \rightarrow \text{标量} \tag{A.8}$$

将一组有序矢量$\mathbf{u}_1, \ldots, \mathbf{u}_q$依序投入这些投币口，张量$T$会产生一个标量，表示为$T(\mathbf{u}_1, \ldots, \mathbf{u}_q)$。将一个矢量的线性组合投入到任一投币口，我们会得到一个标量的线性组合：

$$T(\cdots,a\mathbf{u}+b\mathbf{v},\cdots)=aT(\cdots,\mathbf{u},\cdots)+bT(\cdots,\mathbf{v},\cdots) \tag{A.9}$$

阶数同为q的张量可分别与标量相乘并相加，形成线性组合，如$aT+bP$。一个一阶张量就是一个矢量，而一个零阶张量则默认为一个标量。

q阶张量T和p阶张量P的外积或张量积是$q+p$阶张量TP，定义为

$$TP(\underbrace{\cdot,\cdots\cdots,\cdot}_{q+p\text{ 个投币口}})=T(\underbrace{\cdot,\cdots,\cdot}_{q\text{ 个投币口}})P(\underbrace{\cdot,\cdots,\cdot}_{p\text{ 个投币口}}) \tag{A.10}$$

由于张量中投币口的次序很重要，所以通常$PT=TP$并不成立。两个线性泛函的张量乘积fg被称为双并矢，而q个线性泛函的张量乘积$f_1\cdots f_q$被称为q阶多并矢。

一个二阶张量的迹或缩并为

$$\operatorname{tr}T=T(\hat{\mathbf{x}}_i,\hat{\mathbf{x}}_i) \tag{A.11}$$

这里重复的角标仍然意味着求和。更一般地，我们定义一个q阶张量的第r个和第s个投币口的缩并为

$$\operatorname{tr}_{rs}T(\cdot,\cdots\cdots,\cdot)=T(\cdots,\underset{\substack{\uparrow\\ \text{第 }r\text{ 个投币口}}}{\hat{\mathbf{x}}_i},\cdots,\underset{\substack{\uparrow\\ \text{第 }s\text{ 个投币口}}}{\hat{\mathbf{x}}_i},\cdots) \tag{A.12}$$

很容易证明，$\operatorname{tr}T$和$\operatorname{tr}_{rs}T$均与用来计算它们的笛卡儿坐标系$(\hat{\mathbf{x}}_1,\hat{\mathbf{x}}_2,\hat{\mathbf{x}}_3)$无关。缩并总是将张量降低两阶，因而机器$\operatorname{tr}_{rs}T$有$q-2$个投币口。

一个二阶张量的转置是通过将两个投币口的顺序互换得到的：

$$T^{\mathrm{T}}(\mathbf{u},\mathbf{v})=T(\mathbf{v},\mathbf{u}) \tag{A.13}$$

更一般地，我们将q阶张量的第r个和第s个投币口的转置表示为

$$\Pi_{rs}T(\cdots,\underset{\substack{\uparrow\\ \text{第 }r\text{ 个投币口}}}{\mathbf{u}},\cdots,\underset{\substack{\uparrow\\ \text{第 }s\text{ 个投币口}}}{\mathbf{v}},\cdots)=T(\cdots,\underset{\substack{\uparrow\\ \text{第 }r\text{ 个投币口}}}{\mathbf{v}},\cdots,\underset{\substack{\uparrow\\ \text{第 }s\text{ 个投币口}}}{\mathbf{u}},\cdots) \tag{A.14}$$

一个对称二阶张量满足$S^{\mathrm{T}}=S$，而一个反对称二阶张量则满足$A^{\mathrm{T}}=-A$。二阶单位张量和三阶交替张量的定义为

$$I(\mathbf{u},\mathbf{v})=\mathbf{u}\cdot\mathbf{v},\qquad \Lambda(\mathbf{u},\mathbf{v},\mathbf{w})=\mathbf{u}\cdot(\mathbf{v}\times\mathbf{w}) \tag{A.15}$$

这两个张量对于每个投币口都分别是对称的和反对称的,即$I^{\mathrm{T}}=I$, 而$\Lambda=-\Pi_{12}\Lambda=-\Pi_{13}\Lambda=-\Pi_{23}\Lambda$。

A.1.4 分量

一个矢量$\mathbf{f}$的三个分量$f_i=\hat{\mathbf{x}}_i\cdot\mathbf{f}$由相应的线性泛函$f$以$f_i=f(\hat{\mathbf{x}}_i)$给定。一个$q$阶张量的$3^q$个分量由类似的方式所定义：

$$T_{i_1\cdots i_q}=T(\hat{\mathbf{x}}_{i_1},\cdots,\hat{\mathbf{x}}_{i_q}) \tag{A.16}$$

正如每个矢量$\mathbf{f} = f_i\hat{\mathbf{x}}_i$完全由其在任一笛卡儿坐标系中的分量所决定，每个张量也是如此；事实上，

$$T = T_{i_1\cdots i_q}\hat{\mathbf{x}}_{i_1}\cdots\hat{\mathbf{x}}_{i_q} \tag{A.17}$$

(A.17) 式两边的机器对任一有序的矢量序列$T(\mathbf{u}_1, \ldots, \mathbf{u}_q) = T_{i_1\cdots i_q}\hat{\mathbf{x}}_{i_1}\cdots\hat{\mathbf{x}}_{i_q}(\mathbf{u}_1, \ldots, \mathbf{u}_q)$赋予相同的标量。这$3^q$个多并矢$\hat{\mathbf{x}}_{i_1}\cdots\hat{\mathbf{x}}_{i_q}$构成了一个所有$q$阶张量空间的基。例如，一个二阶张量可以用九个双并矢$\hat{\mathbf{x}}_i\hat{\mathbf{x}}_j$写为$T = T_{ij}\hat{\mathbf{x}}_i\hat{\mathbf{x}}_j$的形式。

张量运算可以用分量来进行；一个q阶张量与一个p阶张量的外积为

$$(TP)_{i_1\cdots i_q j_1\cdots j_p} = T_{i_1\cdots i_q}P_{j_1\cdots j_p} \tag{A.18}$$

二阶张量的迹为

$$\operatorname{tr} T = T_{ii} \tag{A.19}$$

更一般地，对于一个q阶张量有

$$(\operatorname{tr}_{rs}T)_{i_1\cdots i_{q-2}} = T_{i_1\cdots \underset{\substack{\uparrow\\ \text{第 } r \text{ 个角标}}}{j}\cdots \underset{\substack{\uparrow\\ \text{第 } s \text{ 个角标}}}{j}\cdots i_{q-2}} \tag{A.20}$$

转置张量T^{T}和$\Pi_{rs}T$的角标有所置换：$T^{\mathrm{T}}_{ij} = T_{ji}$和$(\Pi_{rs}T)_{\cdots j\cdots k\cdots} = T_{\cdots k\cdots j\cdots}$，其中后一个表达式中省略号表示未受影响的角标。对称二阶张量S的分量满足$S_{ij} = S_{ji}$，而反对称张量A的分量满足$A_{ij} = -A_{ji}$。

一个q阶张量在一个新的带撇号笛卡儿坐标系$(\hat{\mathbf{x}}'_1, \hat{\mathbf{x}}'_2, \hat{\mathbf{x}}'_3)$中的$3^q$个分量$T'_{i_1\cdots i_q}$与其在原来不带撇号坐标系$(\hat{\mathbf{x}}_1, \hat{\mathbf{x}}_2, \hat{\mathbf{x}}_3)$中的分量$T_{j_1\cdots j_q}$之间的关系为

$$\begin{aligned}
T'_{i_1\cdots i_q} &= T(\hat{\mathbf{x}}'_{i_1}, \ldots, \hat{\mathbf{x}}'_{i_q}) \\
&= T((\hat{\mathbf{x}}'_{i_1}\cdot\hat{\mathbf{x}}_{j_1})\hat{\mathbf{x}}_{j_1}, \ldots, (\hat{\mathbf{x}}'_{i_q}\cdot\hat{\mathbf{x}}_{j_q})\hat{\mathbf{x}}_{j_q}) \\
&= (\hat{\mathbf{x}}'_{i_1}\cdot\hat{\mathbf{x}}_{j_1})\cdots(\hat{\mathbf{x}}'_{i_q}\cdot\hat{\mathbf{x}}_{j_q})T(\hat{\mathbf{x}}_{j_1}, \ldots, \hat{\mathbf{x}}_{j_q}) \\
&= (\hat{\mathbf{x}}'_{i_1}\cdot\hat{\mathbf{x}}_{j_1})\cdots(\hat{\mathbf{x}}'_{i_q}\cdot\hat{\mathbf{x}}_{j_q})T_{j_1\cdots j_q}
\end{aligned} \tag{A.21}$$

坐标轴刚性旋转下分量之间的变换关系 (A.21) 是很多张量入门讨论的起点；这里具有线性投币口角子机的处理方式与之完全等效，却具有一种更强的几何意味。

A.1.5 各向同性张量

(A.15) 中定义的二阶单位张量和三阶交替张量的分量分别为克罗内克尔符号和列维–奇维塔交替符号：

$$I_{ij} = \delta_{ij}, \qquad \Lambda_{ijk} = \varepsilon_{ijk} \tag{A.22}$$

像I和Λ这样在所有右手坐标系$(\hat{\mathbf{x}}_1, \hat{\mathbf{x}}_2, \hat{\mathbf{x}}_3)$中都具有相同分量的张量被称作是各向同性的。各向同性的一阶张量只有唯一的零矢量。每个各向同性的二阶张量都是单位张量I的倍数，而每个各向同性的三阶张量都是交替张量Λ的倍数。更高阶的各向同性张量是角标置换后的I或Λ的乘积的线性组合。例如，最一般的四阶各向同性张量的形式为$aII+b\Pi_{23}(II)+c\Pi_{24}(II)$，

其中a、b和c为标量。我们将上述一到四阶张量的结果以分量形式归纳在表A.1中。

表 A.1 最一般的一到四阶各向同性张量

阶数	各向同性矩阵的形式
0	所有标量
1	仅有零矢量
2	$a\delta_{ij}$
3	$a\varepsilon_{ijk}$
4	$a\delta_{ij}\delta_{kl}+b\delta_{ik}\delta_{jl}+c\delta_{il}\delta_{jk}$

注：严格说来，三阶交替张量是手性各向同性而不是完全各向同性，因为其分量在从右手笛卡儿坐标系变换到左手坐标系时会改变符号。除了零张量之外，没有任何阶数q为奇数的张量是完全各向同性的

A.1.6 楔形算子

楔形算子$\wedge$作用于一个二阶张量T，产生的矢量$\wedge T$为

$$\wedge T=\mathrm{tr}_{23}\mathrm{tr}_{35}(\Lambda T) \tag{A.23}$$

用角标符号可以将其写为更容易理解的形式:

$$(\wedge T)_i=\varepsilon_{ijk}T_{jk} \tag{A.24}$$

将楔形算子作用于一个双并矢，可以得到双并矢中两个矢量的叉乘积：

$$\wedge(\mathbf{fg})=\mathbf{f}\times\mathbf{g} \tag{A.25}$$

事实上，上式提供了使用该名称的动机，因为叉乘积$\mathbf{f}\times\mathbf{g}$的另一个写法是$\mathbf{f}\wedge\mathbf{g}$。当且仅当被作用的张量为对称$(T^{\mathrm{T}}=T)$时，楔形算子作用所得到的矢量为0，即$\wedge T=\mathbf{0}$。

A.2 张量作为线性算子

我们也可以把一个q阶张量看作是有单一线性投币口的机器，当输入p阶张量时它输出$q-p$阶张量。从物理的观点，张量作为线性算子的这种几何图像常常是更自然的。我们首先考虑$q=2$阶张量，且$p=q-p=1$。

A.2.1 二阶张量

一个矢量取值的线性算子ψ是一个如下形式的有单一投币口的机器

$$\begin{array}{c}\psi(\,\cdot\,)\rightarrow \text{矢量}\\ \uparrow\\ \text{矢量}\end{array} \tag{A.26}$$

投入一个矢量的线性组合会产生一个输出矢量的线性组合：

$$\psi(a\mathbf{u}+b\mathbf{v})=a\psi(\mathbf{u})+b\psi(\mathbf{v}) \tag{A.27}$$

线性算子的线性组合可以用一个已经熟悉的方式定义：$(a\psi+b\chi)(\mathbf{u})=a\psi(\mathbf{u})+b\chi(\mathbf{u})$。每个线性算子$\psi$按以下对应关系生成一个唯一的二阶张量$T_\psi$：

$$T_\psi(\mathbf{u},\mathbf{v})=\mathbf{u}\cdot\psi(\mathbf{v}) \tag{A.28}$$

该对应关系是同构的，因为$T_{a\psi+b\chi}=aT_\psi+bT_\chi$。单位张量$I$是由单位算子所产生，它只是将输入矢量原封不动地输出，即$\psi(\mathbf{u})=\mathbf{u}$。当然这也是其名称的来源。

线性算子的转置ψ^{T}定义为

$$\psi^{\mathrm{T}}(\mathbf{u})\cdot\mathbf{v}=\mathbf{u}\cdot\psi(\mathbf{v}) \tag{A.29}$$

很显然$(\psi^{\mathrm{T}})^{\mathrm{T}}=\psi$。一个算子的转置和由它所生成的张量的转置是一样的，因为$T_{\psi^{\mathrm{T}}}=(T_\psi)^{\mathrm{T}}$。一个对称线性算子满足$\psi^{\mathrm{T}}=\psi$，而一个反对称算子满足$\psi^{\mathrm{T}}=-\psi$。而两个算子乘积的定义是

$$\psi\chi(\mathbf{u})=\psi(\chi(\mathbf{u})) \tag{A.30}$$

惯例上是右边的算子先作用，也就是说，我们把χ的输出投入ψ。算子的乘积一般是不互易的：即$\psi\chi\neq\chi\psi$。在转置时算子的顺序对换：即$(\psi\chi)^{\mathrm{T}}=\chi^{\mathrm{T}}\psi^{\mathrm{T}}$。由$T_{\psi\chi}$生成的张量$T_{\psi\chi}$是什么？不是$T_\psi T_\chi$，因为这是一个四阶张量。事实上，它应该是

$$T_{\psi\chi}=\mathrm{tr}_{23}(T_\psi T_\chi) \tag{A.31}$$

一旦建立了这些结果，我们便可以开始对二阶张量和矢量线性算子不做区别，就像我们对矢量和线性泛函不做区别一样。在以下的部分，我们将不再区分ψ和T_ψ；用相同的符号来表示一个线性算子和它所生成的张量。

A.2.2 二阶张量的分量

简单来讲，一个线性算子T的分量T_{ij}就是其对应张量的分量。线性关系$\mathbf{u}=T(\mathbf{v})$可以用角标符号写为熟悉的形式

$$u_i=T_{ij}v_j \tag{A.32}$$

将分量T_{ij}排列成一个3×3矩阵，我们可以将(A.32)式以显式写开为

$$\begin{pmatrix} u_1 \\ u_2 \\ u_3 \end{pmatrix}=\begin{pmatrix} T_{11} & T_{12} & T_{13} \\ T_{21} & T_{22} & T_{23} \\ T_{31} & T_{32} & T_{33} \end{pmatrix}\begin{pmatrix} v_1 \\ v_2 \\ v_3 \end{pmatrix} \tag{A.33}$$

(A.33)这一结果使我们可以通过矩阵相乘来计算线性算子$T=T_{ij}\hat{\mathbf{x}}_i\hat{\mathbf{x}}_j$在矢量$\mathbf{v}=v_j\hat{\mathbf{x}}_j$处的值。

一个线性算子作用于笛卡儿单位矢量$\hat{\mathbf{x}}_1$、$\hat{\mathbf{x}}_2$、$\hat{\mathbf{x}}_3$的结果可以用张量的分量表示为

$$T(\hat{\mathbf{x}}_i)=T_{ji}\hat{\mathbf{x}}_j \tag{A.34}$$

T_{ij}在(A.32)中和T_{ji}在(A.34)中的出现是一个无法避免的特性，Halmos (1958)称之为“角标

的任性”。

A.2.3 行列式和逆

一个线性算子T的行列式是其在任一笛卡儿坐标系中分量矩阵的行列式，其定义为

$$\det T = \frac{1}{6}\varepsilon_{ijk}\varepsilon_{lmn}T_{il}T_{jm}T_{kn} \tag{A.35}$$

无论使用什么坐标系$\hat{\mathbf{x}}_1$，$\hat{\mathbf{x}}_2$，$\hat{\mathbf{x}}_3$，(A.35) 都会得到同样的结果；这确保了$\det T$是一个几何对象。算子乘积的行列式是它们行列式的乘积：$\det TP = (\det T)(\det P)$。一个非奇异算子$T$的行列式为非零：即 $\det T \neq 0$。每一个这种算子都有一个唯一的逆T^{-1}，它满足当且仅当$\mathbf{u} = T(\mathbf{v})$时，$\mathbf{v} = T^{-1}(\mathbf{u})$；换句话说，$T^{-1}T = TT^{-1} = I$。若两个线性算子$T$和$P$均为可逆的，则它们的乘积亦为可逆，且$(TP)^{-1} = P^{-1}T^{-1}$。一个算子的转置的逆就是其逆的转置：$(T^{\mathrm{T}})^{-1} = (T^{-1})^{\mathrm{T}}$。有鉴于此，我们将使用浓缩的符号$T^{-\mathrm{T}}$。显然有$\det T^{\mathrm{T}} = \det T$ 以及$\det T^{-1} = (\det T)^{-1}$。逆算子$T^{-1}$的分量$T^{-1}_{ij}$可以用$T$的行列式$\det T$及其分量$T_{ij}$表示为

$$T^{-1}_{ij} = \frac{1}{2}(\det T)^{-1}\varepsilon_{imn}\varepsilon_{jkl}T_{km}T_{ln} \tag{A.36}$$

(A.36) 式是简明角标形式的求解三元联立线性方程组的著名算法：克莱姆 (Cramer) 法则。

A.2.4 高阶张量

$q > 2$阶的张量或多重线性泛函Γ与单投币口的线性算子之间也有同构关系

$$\begin{array}{c} \Gamma(\,\cdot\,) \rightarrow (q-p)\text{阶张量} \\ \uparrow \\ p\text{阶张量} \end{array} \tag{A.37}$$

与二阶张量的对应关系一样，保持投币口的正确顺序是很重要的；与 (A.32) 式类似，张量$T = \Gamma(\varepsilon)$的分量为

$$T_{i_1\cdots i_{q-p}} = \Gamma_{i_1\cdots i_{q-p}j_1\cdots j_p}\varepsilon_{j_1\cdots j_p} \tag{A.38}$$

任何线性本构关系都具有 (A.38) 的形式。例如，在经典弹性介质中联系应力T_{ij}和应变ε_{kl}的胡克“定律”为$T_{ij} = \Gamma_{ijkl}\varepsilon_{kl}$。在这一特例中，四阶弹性张量的对称性$\Gamma_{ijkl} = \Gamma_{jikl} = \Gamma_{ijlk} = \Gamma_{klij}$使我们能够变换角标的顺序。在更一般情况下，这样做是不容许的。

A.3 吉布斯符号

吉布斯 (1901) 所发展的不变符号体系，为处理矢量和二阶张量提供了一种非常方便的工具。我们在此做一个概括的介绍，本书自始至终都使用了这种符号。矢量和张量都以粗体字母表示。一般来说，矢量用小写字母，而张量用大写字母 (但若此惯例与公认的地震学传统相冲突时，我们会忽略它；例如，我们以小写的$\boldsymbol{\varepsilon}$来表示无穷小应变张量)。张量$\mathbf{T}$的转置写成$\mathbf{T}^{\mathrm{T}}$，逆写成$\mathbf{T}^{-1}$，而转置的逆写成$\mathbf{T}^{-\mathrm{T}}$。两个张量$\mathbf{T}$和$\mathbf{P}$的外积用$\mathbf{TP}$表示，中间没有乘积的符号。因此，由矢量$\mathbf{f}_1,\ldots,\mathbf{f}_q$形成的$q$阶多并矢表示成$\mathbf{f}_1\cdots\mathbf{f}_q$；我们在说明$3^q$个多并矢$\hat{\mathbf{x}}_{i_1}\cdots\hat{\mathbf{x}}_{i_q}$构成

q阶张量空间的基时已经使用了这一写法。双重线性泛函$\mathbf{T}$赋予矢量$\mathbf{u}$和$\mathbf{v}$的标量用$\mathbf{u}\cdot\mathbf{T}\cdot\mathbf{v}$表示，而线性算子$\mathbf{T}$赋予$\mathbf{u}$的矢量则用$\mathbf{T}\cdot\mathbf{u}$表示。转置算子$\mathbf{T}^{\mathrm{T}}$赋予$\mathbf{u}$的矢量表示为$\mathbf{T}^{\mathrm{T}}\cdot\mathbf{u}=\mathbf{u}\cdot\mathbf{T}$。最后，两个张量$\mathbf{T}$和$\mathbf{P}$的算子乘积表示成$\mathbf{T}\cdot\mathbf{P}=\mathrm{tr}_{23}(\mathbf{TP})$。

这个符号的优美之处在于，“点”具有“四重含义”。首先，在两个矢量$\mathbf{u}$和$\mathbf{v}$之间，它是普通的点积$\mathbf{u}\cdot\mathbf{v}$；将一个矢量$\mathbf{u}$在右边点乘张量$\mathbf{T}$，得到相应的线性算子$\mathbf{T}\cdot\mathbf{u}$的值，而将同一个矢量在左边点乘$\mathbf{T}$，则得到转置线性算子$\mathbf{u}\cdot\mathbf{T}=\mathbf{T}^{\mathrm{T}}\cdot\mathbf{u}$的值。最后，两个张量$\mathbf{T}$和$\mathbf{P}$之间的“点”表示算子乘积$\mathbf{T}\cdot\mathbf{P}$。这样一个多用途的点积使我们能够在某些公式中随意去除或添加括号，如$\mathbf{u}\cdot\mathbf{T}\cdot\mathbf{v}=\mathbf{u}\cdot(\mathbf{T}\cdot\mathbf{v})=(\mathbf{u}\cdot\mathbf{T})\cdot\mathbf{v}$。我们立刻能够看出，算子乘积$(\mathbf{uf})\cdot(\mathbf{gv})$是加权的双并矢$\mathbf{u}(\mathbf{f}\cdot\mathbf{g})\mathbf{v}$。一个非奇异张量的逆满足$\mathbf{T}^{-1}\cdot\mathbf{T}=\mathbf{T}\cdot\mathbf{T}^{-1}=\mathbf{I}$，其中$\mathbf{I}$为单位张量。算子点积的转置和逆则分别由$(\mathbf{T}\cdot\mathbf{P})^{\mathrm{T}}=\mathbf{P}^{\mathrm{T}}\cdot\mathbf{T}^{\mathrm{T}}$和$(\mathbf{T}\cdot\mathbf{P})^{-1}=\mathbf{P}^{-1}\cdot\mathbf{T}^{-1}$给定。

每一个“点”都表示相邻投币口的缩并，因此很容易将一个以吉布斯符号表示的不变表达式转化为角标符号，反之亦然。标量$\mathbf{u}\cdot\mathbf{T}\cdot\mathbf{v}$为$u_iT_{ij}v_j$，而矢量$\mathbf{T}\cdot\mathbf{u}$ 和$\mathbf{u}\cdot\mathbf{T}=\mathbf{T}^{\mathrm{T}}\cdot\mathbf{u}$的分量则分别为$T_{ij}u_j$和$u_jT_{ji}=T_{ij}^{\mathrm{T}}u_j$。我们也使用双点积来表示两个相邻角标的缩并：

$$\mathbf{T}:\mathbf{P}=\mathrm{tr}(\mathbf{T}^{\mathrm{T}}\cdot\mathbf{P})=\mathrm{tr}(\mathbf{T}\cdot\mathbf{P}^{\mathrm{T}})=T_{ij}P_{ij} \tag{A.39}$$

我们在本书中很少会有需要定义二阶张量范数的场合；如果有的话，我们始终是指弗罗贝纽斯(Frobenius)即普通的欧式范数$\|\mathbf{T}\|=(\mathbf{T}:\mathbf{T})^{1/2}$。

矢量和双并矢的*叉乘积*也可以用无须括号的方式来定义：

$$\mathbf{u}\times\mathbf{vw}=(\mathbf{u}\times\mathbf{v})\mathbf{w},\qquad \mathbf{vw}\times\mathbf{u}=\mathbf{v}(\mathbf{w}\times\mathbf{u}) \tag{A.40}$$

要得到矢量与一般二阶张量的叉乘积，只需展开$\mathbf{u}=u_k\hat{\mathbf{x}}_k$和$\mathbf{T}=T_{ij}\hat{\mathbf{x}}_i\hat{\mathbf{x}}_j$ 并利用其线性性质。由此我们发现

$$\mathbf{P}=\mathbf{u}\times\mathbf{T},\qquad \mathbf{M}=\mathbf{T}\times\mathbf{u} \tag{A.41}$$

的分量可以表示为

$$P_{ij}=\varepsilon_{ikl}u_kT_{lj},\qquad M_{ij}=\varepsilon_{jlk}T_{il}u_k \tag{A.42}$$

对矢量乘张量或张量乘矢量的叉乘积进行转置的结果为$(\mathbf{u}\times\mathbf{T})^{\mathrm{T}}=-\mathbf{T}^{\mathrm{T}}\times\mathbf{u}$和$(\mathbf{T}\times\mathbf{u})^{\mathrm{T}}=-\mathbf{u}\times\mathbf{T}^{\mathrm{T}}$。两个更高阶张量的单点积或叉乘积可以用类似的方式来理解；在任何诸如$\mathbf{T}\cdot\mathbf{P}$或$\mathbf{T}\times\mathbf{P}$的组合中，都是由左边张量的最后一个投币口与右边张量的第一个投币口进行缩并或叉乘。

在上述严格的吉布斯符号之上，我们做两个小修改。首先，我们对双点积稍加推广，以$\mathbf{T}=\mathbf{\Gamma}:\boldsymbol{\varepsilon}$和$\boldsymbol{\varepsilon}:\mathbf{\Gamma}:\boldsymbol{\varepsilon}$分别表示$T_{ij}=\Gamma_{ijkl}\varepsilon_{kl}$和$\varepsilon_{ij}\Gamma_{ijkl}\varepsilon_{kl}$。其次，我们利用“三个点”来表示两个高阶张量*所有*角标的依序缩并：

$$\mathbf{T}\,\vdots\,\mathbf{P}=\mathrm{tr}_{12}\mathrm{tr}_{13}\cdots\mathrm{tr}_{1q}\mathrm{tr}_{1\,q+1}(\mathbf{TP})=T_{i_1\cdots i_q}P_{i_1\cdots i_q} \tag{A.43}$$

一个张量的3^q个分量可以用该不变符号表示为$T_{i_1\cdots i_q}=(\hat{\mathbf{x}}_{i_1}\cdots\hat{\mathbf{x}}_{i_q})\,\vdots\,\mathbf{T}$。$\mathbf{T}$的欧氏范数为$\|\mathbf{T}\|=(\mathbf{T}\,\vdots\,\mathbf{T})^{1/2}$。

尽管有上述扩展，许多涉及更高阶张量的更复杂运算还是无法用吉布斯符号书写成优雅的形式。例如，分量为u_jT_{ijk}和$P_{jk}M_{ijkl}$的张量表达式分别为$\mathbf{u}\cdot(\Pi_{12}\mathbf{T})$和$\mathbf{P}:(\Pi_{23}\Pi_{12}\mathbf{M})$。面

对这种棘手的表达式，大多数人会直接把它们转换成角标符号来理解其含义。在本书中，我们尽可能多地使用吉布斯符号；然而，只要有助于理解，我们也会毫不犹豫地使用角标符号。

A.4 笛卡儿和极坐标分解

每个对称张量$\mathbf{S} = \mathbf{S}^{\mathrm{T}}$都有三个实数本征值$\lambda_1$、$\lambda_2$、$\lambda_3$和与其对应的三个相互垂直的单位本征矢量$\hat{\boldsymbol{\eta}}_1$、$\hat{\boldsymbol{\eta}}_2$、$\hat{\boldsymbol{\eta}}_3$，满足以下条件

$$\mathbf{S}\cdot\hat{\boldsymbol{\eta}}_1 = \lambda_1\hat{\boldsymbol{\eta}}_1, \qquad \mathbf{S}\cdot\hat{\boldsymbol{\eta}}_2 = \lambda_2\hat{\boldsymbol{\eta}}_2, \qquad \mathbf{S}\cdot\hat{\boldsymbol{\eta}}_3 = \lambda_3\hat{\boldsymbol{\eta}}_3 \tag{A.44}$$

我们可以将该张量以三个双并矢之和写为对角形式：

$$\mathbf{S} = \lambda_1\hat{\boldsymbol{\eta}}_1\hat{\boldsymbol{\eta}}_1 + \lambda_2\hat{\boldsymbol{\eta}}_2\hat{\boldsymbol{\eta}}_2 + \lambda_3\hat{\boldsymbol{\eta}}_3\hat{\boldsymbol{\eta}}_3 \tag{A.45}$$

由相对于基$\hat{\boldsymbol{\eta}}_1$、$\hat{\boldsymbol{\eta}}_2$、$\hat{\boldsymbol{\eta}}_3$的分量组成的矩阵显然就是

$$\begin{pmatrix} S_{11} & S_{12} & S_{13} \\ S_{21} & S_{22} & S_{23} \\ S_{31} & S_{32} & S_{33} \end{pmatrix} = \begin{pmatrix} \lambda_1 & 0 & 0 \\ 0 & \lambda_2 & 0 \\ 0 & 0 & \lambda_3 \end{pmatrix} \tag{A.46}$$

一个正定对称张量对每个矢量$\mathbf{u}$都满足$\mathbf{u}\cdot\mathbf{S}\cdot\mathbf{u} > 0$。一个对称张量为正定的条件是其所有本征值均为正，即$\lambda_1 > 0, \lambda_2 > 0, \lambda_3 > 0$。但是如果$\mathbf{u}\cdot\mathbf{S}\cdot\mathbf{u} \geqslant 0$，则$\mathbf{S}$被称为是半正定的；在这种情况下，其本征值只是非负的：即$\lambda_1 \geqslant 0, \lambda_2 \geqslant 0, \lambda_3 \geqslant 0$。每个正定对称张量都有唯一的正定平方根，满足关系$\mathbf{S}^{1/2}\cdot\mathbf{S}^{1/2} = \mathbf{S}$。要得到$\mathbf{S}^{1/2}$，我们将$\mathbf{S}$对角化，并取本征值的平方根：

$$\mathbf{S}^{1/2} = \sqrt{\lambda_1}\hat{\boldsymbol{\eta}}_1\hat{\boldsymbol{\eta}}_1 + \sqrt{\lambda_2}\hat{\boldsymbol{\eta}}_2\hat{\boldsymbol{\eta}}_2 + \sqrt{\lambda_3}\hat{\boldsymbol{\eta}}_3\hat{\boldsymbol{\eta}}_3 \tag{A.47}$$

当且仅当两个对称张量$\mathbf{S}$和$\mathbf{S}'$满足对易关系$\mathbf{S}\cdot\mathbf{S}' = \mathbf{S}'\cdot\mathbf{S}$时，它们具有相同的本征矢量$\hat{\boldsymbol{\eta}}_1$、$\hat{\boldsymbol{\eta}}_2$、$\hat{\boldsymbol{\eta}}_3$。

每个反对称张量$\mathbf{A} = -\mathbf{A}^{\mathrm{T}}$都可以通过如下同构关系

$$\mathbf{a} = -\frac{1}{2}\wedge\mathbf{A}, \qquad \mathbf{A} = -\mathbf{a}\cdot\boldsymbol{\Lambda} \tag{A.48}$$

与一个唯一的矢量相对应，反之亦然，其中$\wedge$为楔形算子，$\boldsymbol{\Lambda}$为三阶交替张量。用角标符号，(A.48)式可以写为

$$a_i = -\frac{1}{2}\varepsilon_{ijk}A_{jk}, \qquad A_{jk} = -a_i\varepsilon_{ijk} \tag{A.49}$$

$\mathbf{A}$的分量矩阵可以用矢量$\mathbf{a}$的分量表示为

$$\begin{pmatrix} A_{11} & A_{12} & A_{13} \\ A_{21} & A_{22} & A_{23} \\ A_{31} & A_{32} & A_{33} \end{pmatrix} = \begin{pmatrix} 0 & -a_3 & a_2 \\ a_3 & 0 & -a_1 \\ -a_2 & a_1 & 0 \end{pmatrix} \tag{A.50}$$

一个反对称张量与任一矢量$\mathbf{u}$的点积等价于其对应矢量与该矢量的叉乘积：

$$\mathbf{A}\cdot\mathbf{u} = \mathbf{a}\times\mathbf{u} \tag{A.51}$$

用其转置做点乘相当于反转叉乘的顺序：$\mathbf{A}^{\mathrm{T}}\cdot\mathbf{u}=\mathbf{u}\cdot\mathbf{A}=\mathbf{u}\times\mathbf{a}$。

每个二阶张量都可以写成一个对称张量和一个反对称张量之和：

$$\mathbf{T}=\mathbf{S}+\mathbf{A} \tag{A.52}$$

其中

$$\mathbf{S}=\frac{1}{2}(\mathbf{T}+\mathbf{T}^{\mathrm{T}}),\qquad \mathbf{A}=\frac{1}{2}(\mathbf{T}-\mathbf{T}^{\mathrm{T}}) \tag{A.53}$$

这一关系类似于将复数表示为实部与虚部之和：$z=x+iy$，其中$x=\frac{1}{2}(z+z^*)$和$y=\frac{1}{2i}(z-z^*)$，因此(A.52)式有时被称为张量$\mathbf{T}$的*笛卡儿分解*。

一个*正交张量*满足$\mathbf{Q}\cdot\mathbf{Q}^{\mathrm{T}}=\mathbf{Q}^{\mathrm{T}}\cdot\mathbf{Q}=\mathbf{I}$，或等价的$\mathbf{Q}^{-1}=\mathbf{Q}^{\mathrm{T}}$。由于$\det\mathbf{Q}^{\mathrm{T}}=\det\mathbf{Q}$，且$\det\mathbf{I}=1$，因此$(\det\mathbf{Q})^2=1$。满足$\det\mathbf{Q}=1$的正交张量被称为是*正常的*，而满足$\det\mathbf{Q}=-1$的正交张量则被称为是*非正常的*。每个正常正交张量对应于一个*刚性旋转*，在笛卡儿坐系$\hat{\boldsymbol{\sigma}}_1$、$\hat{\boldsymbol{\sigma}}_2$、$\hat{\boldsymbol{\sigma}}_3$中其分量矩阵为

$$\begin{pmatrix} Q_{11} & Q_{12} & Q_{13} \\ Q_{21} & Q_{22} & Q_{23} \\ Q_{31} & Q_{32} & Q_{33} \end{pmatrix}=\begin{pmatrix} \cos\gamma & -\sin\gamma & 0 \\ \sin\gamma & \cos\gamma & 0 \\ 0 & 0 & 1 \end{pmatrix} \tag{A.54}$$

将$\mathbf{Q}$作用于任一矢量$\mathbf{u}$，得到一个绕$\hat{\boldsymbol{\sigma}}_3$轴转过角度$\gamma$的矢量$\mathbf{Q}\cdot\mathbf{u}$；$\gamma>0$的旋转方向由右手定则给定。反之，每一个刚性旋转都可以表示为一个在笛卡儿坐标系$\hat{\boldsymbol{\sigma}}_1$、$\hat{\boldsymbol{\sigma}}_2$、$\hat{\boldsymbol{\sigma}}_3$中形如(A.54)的正常正交张量，这一表述被称为*欧拉定理*。在任一笛卡儿系中给定分量矩阵$\mathbf{Q}$，有限旋转角γ可以利用不变量关系$\mathrm{tr}\,\mathbf{Q}=Q_{11}+Q_{22}+Q_{33}=1+2\cos\gamma$得到。每个不正常的正交张量也对应于一个刚性旋转，只是在旋转之前或之后有一个镜像反射。

每个非奇异张量可以用两种方式写为正定对称张量和正交张量的乘积：

$$\mathbf{T}=\mathbf{Q}\cdot\mathbf{R}=\mathbf{L}\cdot\mathbf{Q} \tag{A.55}$$

这两个分解都是唯一的；其中右和左对称张量可以用显式分别表示为

$$\mathbf{R}=(\mathbf{T}^{\mathrm{T}}\cdot\mathbf{T})^{1/2}=\mathbf{R}^{\mathrm{T}},\qquad \mathbf{L}=(\mathbf{T}\cdot\mathbf{T}^{\mathrm{T}})^{1/2}=\mathbf{L}^{\mathrm{T}} \tag{A.56}$$

而正交张量为

$$\mathbf{Q}=\mathbf{T}\cdot\mathbf{R}^{-1}=\mathbf{L}^{-1}\cdot\mathbf{T} \tag{A.57}$$

很容易验证$\mathbf{Q}$满足$\mathbf{Q}\cdot\mathbf{Q}^{\mathrm{T}}=\mathbf{Q}^{\mathrm{T}}\cdot\mathbf{Q}=\mathbf{I}$；至于它是正常或非正常，则取决于$\det\mathbf{T}>0$或是$\det\mathbf{T}<0$。(A.55)式同样类似于复数的极坐标表达式：$z=re^{i\gamma}$，其中$r=(x^2+y^2)^{1/2}$和$\gamma=\arctan(y/x)$。正因如此，它也被称为*极坐标分解*。

A.5 梯度、散度及其他

一个*张量场*是一个规则，它将一个张量$\mathbf{T}$赋予全部或部分三维空间中的每一点$\mathbf{r}$。如果存在一个具有以下特性的张量场$\boldsymbol{\nabla}\mathbf{T}$,

$$\mathbf{T}(\mathbf{r}+d\mathbf{r})=\mathbf{T}(\mathbf{r})+d\mathbf{r}\cdot\boldsymbol{\nabla}\mathbf{T}(\mathbf{r})+\cdots \tag{A.58}$$

那么我们说$\mathbf{T}$在点$\mathbf{r}$处是可微的，式中省略号表示微分长度$\|d\mathbf{r}\|$的二阶或更高阶项。如果$\mathbf{T}$是一个分量为$T_{j_1\cdots j_q}$的q阶张量场，那么$\boldsymbol{\nabla}\mathbf{T}$则是一个分量为$\partial_i T_{j_1\cdots j_q}$的$q+1$阶张量场。我们称$\boldsymbol{\nabla}\mathbf{T}$为张量场$\mathbf{T}$的*梯度*；梯度符号可以被当作形如$\boldsymbol{\nabla}=\hat{\mathbf{x}}_i\partial_i$的矢量算子。两个张量的乘积的梯度满足*链式法则*：

$$\boldsymbol{\nabla}(\mathbf{TP})=(\boldsymbol{\nabla}\mathbf{T})\mathbf{P}+\mathbf{T}(\boldsymbol{\nabla}\mathbf{P}) \tag{A.59}$$

或等价的$\partial_i(T_{j_1\cdots j_q}P_{k_1\cdots k_p})=(\partial_i T_{j_1\cdots j_q})P_{k_1\cdots k_p}+T_{j_1\cdots j_q}(\partial_i P_{k_1\cdots k_p})$。

标量场的梯度是一个矢量$\boldsymbol{\nabla}\psi$，它与ψ的等值面垂直。ψ的双重梯度是一个对称二阶张量$\boldsymbol{\nabla}\boldsymbol{\nabla}\psi=(\boldsymbol{\nabla}\boldsymbol{\nabla}\psi)^{\mathrm{T}}$，其分量为$\partial_i\partial_j\psi=\partial_j\partial_i\psi$。我们严格遵守这样一个惯例，就是像$\boldsymbol{\nabla}$这样的微分算子只作用于*紧邻其右*的场，用$\boldsymbol{\nabla}\psi\cdot\boldsymbol{\nabla}\chi$表示，而不用括号充斥的$(\boldsymbol{\nabla}\psi)\cdot(\boldsymbol{\nabla}\chi)$。括号在表达一个乘积的梯度时是必须的，如$\boldsymbol{\nabla}(\mathbf{u}\cdot\boldsymbol{\nabla}\psi)$。我们绝不会将一个算子作用于它左边的场；因此，我们将伴随位移$\mathbf{u}$的应变写为$\frac{1}{2}[\boldsymbol{\nabla}\mathbf{u}+(\boldsymbol{\nabla}\mathbf{u})^{\mathrm{T}}]$，而不是$\frac{1}{2}(\boldsymbol{\nabla}\mathbf{u}+\mathbf{u}\boldsymbol{\nabla})$。

一个q阶张量场的*散度*是一个$q-1$阶张量场，其定义为

$$\boldsymbol{\nabla}\cdot\mathbf{T}=\mathrm{tr}_{12}(\boldsymbol{\nabla}\mathbf{T}) \tag{A.60}$$

而它的*拉普拉斯*则是一个同阶张量场

$$\nabla^2\mathbf{T}=\boldsymbol{\nabla}\cdot(\boldsymbol{\nabla}\mathbf{T})=\mathrm{tr}_{12}(\boldsymbol{\nabla}\boldsymbol{\nabla}\mathbf{T}) \tag{A.61}$$

$\boldsymbol{\nabla}\cdot\mathbf{T}$和$\nabla^2\mathbf{T}$的分量分别为$\partial_i T_{ij_1\cdots j_{q-1}}$和$\partial_i^2 T_{j_1\cdots j_q}$。在符号上，我们可以写为$\nabla^2=\boldsymbol{\nabla}\cdot\boldsymbol{\nabla}=\partial_i^2$。矢量场$\mathbf{u}$的散度是一个标量场$\boldsymbol{\nabla}\cdot\mathbf{u}=\partial_i u_i$，它的拉普拉斯是一个分量为$\partial_i^2 u_j$的矢量场$\nabla^2\mathbf{u}$。二阶张量场$\mathbf{T}$的散度是一个分量为$\partial_i T_{ij}$的矢量场$\boldsymbol{\nabla}\cdot\mathbf{T}$。

一个矢量场$\mathbf{u}$的*旋度*$\boldsymbol{\nabla}\times\mathbf{u}$是一个分量为$\varepsilon_{ijk}\partial_j u_k$的矢量场。梯度的旋度为零，即$\boldsymbol{\nabla}\times\boldsymbol{\nabla}\psi=\mathbf{0}$，旋度的散度也为零，即$\boldsymbol{\nabla}\cdot(\boldsymbol{\nabla}\times\mathbf{u})=0$。矢量叉乘积的散度为$\boldsymbol{\nabla}\cdot(\mathbf{u}\times\mathbf{v})=\mathbf{v}\cdot\boldsymbol{\nabla}\times\mathbf{u}-\mathbf{u}\cdot\boldsymbol{\nabla}\times\mathbf{v}$，而叉乘积的旋度为$\boldsymbol{\nabla}\times(\mathbf{u}\times\mathbf{v})=\mathbf{v}\cdot\boldsymbol{\nabla}\mathbf{u}+(\boldsymbol{\nabla}\cdot\mathbf{v})\mathbf{u}-\mathbf{u}\cdot\boldsymbol{\nabla}\mathbf{v}-(\boldsymbol{\nabla}\cdot\mathbf{u})\mathbf{v}$。旋度的旋度为$\boldsymbol{\nabla}\times(\boldsymbol{\nabla}\times\mathbf{u})=\boldsymbol{\nabla}(\boldsymbol{\nabla}\cdot\mathbf{u})-\nabla^2\mathbf{u}$。二阶张量$\mathbf{T}$的旋度$\boldsymbol{\nabla}\times\mathbf{T}$是一个分量为$\varepsilon_{ijk}\partial_j T_{kl}$的张量。更高阶张量的旋度也可以据此定义；一般的规则是，$\boldsymbol{\nabla}$与$\mathbf{T}$的第一个投币口做叉乘。

如果$\mathbf{T}$为一具有表面∂V和外法向单位矢量$\hat{\mathbf{n}}$的连接区域V内持续可微的张量场，则有

$$\int_V \boldsymbol{\nabla}\cdot\mathbf{T}\,dV=\int_{\partial V}\hat{\mathbf{n}}\cdot\mathbf{T}\,d\Sigma \tag{A.62}$$

这当然就是*高斯定理*，也是本书中最经常用到的数学结论。值得注意的是，$\boldsymbol{\nabla}$和$\hat{\mathbf{n}}$均与张量$\mathbf{T}$的第一个角标缩并；用分量符号，(A.62)式成为

$$\int_V \partial_i T_{ij_1\cdots j_{q-1}}\,dV=\int_{\partial V}\hat{n}_i T_{ij_1\cdots j_{q-1}}\,d\Sigma \tag{A.63}$$

该定理的“如果”从句十分重要：只要$\mathbf{T}$在复合区域$V_1\cup V_2$内是分段持续可微的，就必须对两部分体积分别进行积分。如果Σ是V_1和V_2之间的边界，则可将高斯定理(A.62)推广为

$$\int_V \boldsymbol{\nabla}\cdot\mathbf{T}\,dV=\int_{\partial V}\hat{\mathbf{n}}\cdot\mathbf{T}\,d\Sigma-\int_\Sigma[\hat{\mathbf{n}}\cdot\mathbf{T}]_-^+\,d\Sigma \tag{A.64}$$

其中单位法向矢量$\hat{\mathbf{n}}$指向Σ的+侧，如图A.1所示。在本书的许多应用中，上述结果导致在地球内部的各个内部界面处的跃变项$[\hat{\mathbf{n}}\cdot\mathbf{T}]_-^+ = [\hat{n}_i T_{ij_1\cdots j_{q-1}}]_-^+$。当$\Sigma$是一个埋入$V$内的定向表面（例如断层）时，结果(A.64)仍然适用；这一结论很容易用极限推论来证明：在被刺破的有一个"裂缝"V_ε的体积$V - V_\varepsilon$上积分，然后使"裂缝"逐渐塌缩到Σ的两侧上。

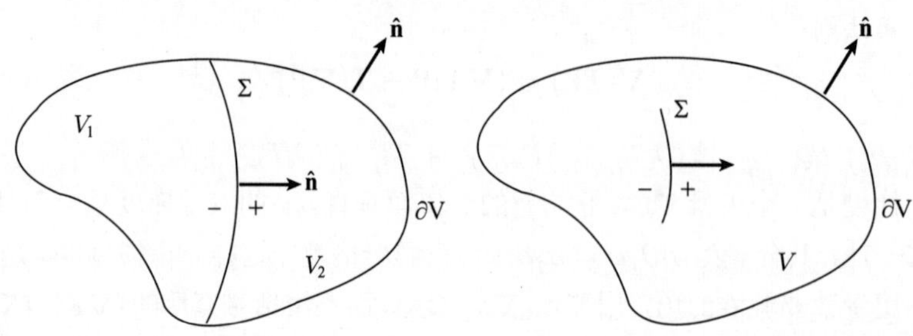

图 A.1 (左)包含两个连接区域V_1和V_2的复合积分区域，两个区域被界面Σ分隔开，界面两侧$\hat{\mathbf{n}}\cdot\mathbf{T}$有一个不连续的跃变。(右)积分区域$V$中埋有定向表面$\Sigma$，表面两侧$\hat{\mathbf{n}}\cdot\mathbf{T}$有不连续跃变。广义形式的高斯定理(A.64)适用于这两种情况

A.6 表 面

到目前为止，我们只讨论了矢量和张量以及在三维欧式空间中作用于它们的梯度和相关算子。在定量全球地震学中也经常会遇到涉及在二维曲面上定义的矢量和张量的代数和微分运算。在本节中，我们将讨论经典微分几何的基本概念，并将其用于这些运算。

A.6.1 切向矢量和张量

在单位法向为$\hat{\mathbf{n}}$的定向表面Σ上定义的任一矢量可以写成如下形式

$$\mathbf{u} = \hat{\mathbf{n}}u_n + \mathbf{u}^\Sigma \tag{A.65}$$

其中$u_n = \hat{\mathbf{n}}\cdot\mathbf{u}$，$\hat{\mathbf{n}}\cdot\mathbf{u}^\Sigma = 0$。$u_n$当然是$\mathbf{u}$的法向分量。任何具有$\hat{\mathbf{n}}\cdot\mathbf{u}^\Sigma = 0$性质的矢量$\mathbf{u}^\Sigma$被称为*切向矢量*。表达式(A.65)将$\mathbf{u}$分解为其法向和切向部分。任何二阶张量都可以用类似但稍许复杂的方式分解：

$$\mathbf{T} = \hat{\mathbf{n}}\hat{\mathbf{n}}T_{nn} + \hat{\mathbf{n}}\mathbf{T}^{n\Sigma} + \mathbf{T}^{\Sigma n}\hat{\mathbf{n}} + \mathbf{T}^{\Sigma\Sigma} \tag{A.66}$$

其中$T_{nn} = \hat{\mathbf{n}}\cdot\mathbf{T}\cdot\hat{\mathbf{n}}$。$\mathbf{T}^{n\Sigma}$和$\mathbf{T}^{\Sigma n}$为满足$\hat{\mathbf{n}}\cdot\mathbf{T}^{n\Sigma} = \hat{\mathbf{n}}\cdot\mathbf{T}^{\Sigma n} = 0$的切向矢量，而$\mathbf{T}^{\Sigma\Sigma}$是所谓的*切向张量*，以$\hat{\mathbf{n}}\cdot\mathbf{T}^{\Sigma\Sigma} = \mathbf{T}^{\Sigma\Sigma}\cdot\hat{\mathbf{n}} = \mathbf{0}$定义。$\mathbf{T}$的转置为

$$\mathbf{T}^{\mathrm{T}} = \hat{\mathbf{n}}\hat{\mathbf{n}}T_{nn} + \mathbf{T}^{n\Sigma}\hat{\mathbf{n}} + \hat{\mathbf{n}}\mathbf{T}^{\Sigma n} + (\mathbf{T}^{\Sigma\Sigma})^{\mathrm{T}} \tag{A.67}$$

如果$\mathbf{T}$是一个对称张量，则有$\mathbf{T}^{\Sigma n} = \mathbf{T}^{n\Sigma}$，$(\mathbf{T}^{\Sigma\Sigma})^{\mathrm{T}} = \mathbf{T}^{\Sigma\Sigma}$。

两个矢量的点积为

$$\mathbf{u}\cdot\mathbf{v} = u_n v_n + \mathbf{u}^\Sigma\cdot\mathbf{v}^\Sigma \tag{A.68}$$

一个张量与一个矢量的左、右点积分别为

$$\mathbf{T}\cdot\mathbf{u}=\hat{\mathbf{n}}(T_{nn}u_n+\mathbf{T}^{n\Sigma}\cdot\mathbf{u}^{\Sigma})+\mathbf{T}^{\Sigma n}u_n+\mathbf{T}^{\Sigma\Sigma}\cdot\mathbf{u}^{\Sigma} \tag{A.69}$$

$$\mathbf{u}\cdot\mathbf{T}=\hat{\mathbf{n}}(u_nT_{nn}+\mathbf{u}^{\Sigma}\cdot\mathbf{T}^{\Sigma n})+u_n\mathbf{T}^{n\Sigma}+\mathbf{u}^{\Sigma}\cdot\mathbf{T}^{\Sigma\Sigma} \tag{A.70}$$

显然，$\mathbf{T}\cdot\hat{\mathbf{n}}=\hat{\mathbf{n}}T_{nn}+\mathbf{T}^{\Sigma n}$，而$\hat{\mathbf{n}}\cdot\mathbf{T}=\hat{\mathbf{n}}T_{nn}+\mathbf{T}^{n\Sigma}$。最后，两个张量的双点积为

$$\mathbf{T}:\mathbf{P}=T_{nn}P_{nn}+\mathbf{T}^{\Sigma n}\cdot\mathbf{P}^{\Sigma n}+\mathbf{T}^{n\Sigma}\cdot\mathbf{P}^{n\Sigma}+\mathbf{T}^{\Sigma\Sigma}:\mathbf{P}^{\Sigma\Sigma} \tag{A.71}$$

最简单的切向张量是*表面单位张量*$\mathbf{I}^{\Sigma\Sigma}$，其定义为

$$\mathbf{I}=\hat{\mathbf{n}}\hat{\mathbf{n}}+\mathbf{I}^{\Sigma\Sigma} \tag{A.72}$$

该张量名副其实，因为对任何切向矢量$\mathbf{u}^{\Sigma}$，都有$\mathbf{I}^{\Sigma\Sigma}\cdot\mathbf{u}^{\Sigma}=\mathbf{u}^{\Sigma}\cdot\mathbf{I}^{\Sigma\Sigma}=\mathbf{u}^{\Sigma}$。很明显，表面单位张量是对称的：$(\mathbf{I}^{\Sigma\Sigma})^{\mathrm{T}}=\mathbf{I}^{\Sigma\Sigma}$。

A.6.2 表面梯度

三维梯度算子也可以分解为法向和切向部分：

$$\boldsymbol{\nabla}=\hat{\mathbf{n}}\partial_n+\boldsymbol{\nabla}^{\Sigma} \tag{A.73}$$

其中$\partial_n=\hat{\mathbf{n}}\cdot\boldsymbol{\nabla}$，$\hat{\mathbf{n}}\cdot\boldsymbol{\nabla}^{\Sigma}=0$。切向部分$\boldsymbol{\nabla}^{\Sigma}$被称为*表面梯度*算子。由于$\boldsymbol{\nabla}^{\Sigma}$只涉及与表面$\Sigma$相切方向的微分，它可以作用于任何在$\Sigma$上定义的标量、矢量或张量场，无论该场在表面以外是否也有定义。正如$\boldsymbol{\nabla}\psi$是标量场ψ在三维空间中变化最快方向上的变化率的一个度量，标量场的表面梯度$\boldsymbol{\nabla}^{\Sigma}\psi$也是$\psi$在$\Sigma$上变化最快的切向方向上的变化率的一个度量。在将算子(A.73)作用于如(A.65)–(A.66)中分解后的矢量和二阶张量时，必须记住表面梯度也要作用于可变的单位法向矢量$\hat{\mathbf{n}}$；例如，一个矢量场的散度是$\boldsymbol{\nabla}\cdot\mathbf{u}=(\partial_n+\boldsymbol{\nabla}^{\Sigma}\cdot\hat{\mathbf{n}})u_n+\boldsymbol{\nabla}^{\Sigma}\cdot\mathbf{u}^{\Sigma}$，其中$\boldsymbol{\nabla}^{\Sigma}\cdot\hat{\mathbf{n}}=\mathrm{tr}\,(\boldsymbol{\nabla}^{\Sigma}\hat{\mathbf{n}})$。同样值得注意的是，两个串联的算子$\boldsymbol{\nabla}^{\Sigma}\boldsymbol{\nabla}^{\Sigma}$并不是对称的；事实上，很容易证明

$$[\boldsymbol{\nabla}^{\Sigma}\boldsymbol{\nabla}^{\Sigma}-\hat{\mathbf{n}}\,(\boldsymbol{\nabla}^{\Sigma}\hat{\mathbf{n}})\cdot\boldsymbol{\nabla}^{\Sigma}]^{\mathrm{T}}=\boldsymbol{\nabla}^{\Sigma}\boldsymbol{\nabla}^{\Sigma}-\hat{\mathbf{n}}\,(\boldsymbol{\nabla}^{\Sigma}\hat{\mathbf{n}})\cdot\boldsymbol{\nabla}^{\Sigma} \tag{A.74}$$

三维拉普拉斯算子$\nabla^2=\boldsymbol{\nabla}\cdot\boldsymbol{\nabla}$可以用法向导数$\partial_n$和表面梯度$\boldsymbol{\nabla}^{\Sigma}$写为

$$\nabla^2=\partial_n^2+(\boldsymbol{\nabla}^{\Sigma}\cdot\hat{\mathbf{n}})\partial_n+(\nabla^{\Sigma})^2 \tag{A.75}$$

用一个虽不标准但却显而易见的名称，我们将二维的标量微分算子

$$(\nabla^{\Sigma})^2=\boldsymbol{\nabla}^{\Sigma}\cdot\boldsymbol{\nabla}^{\Sigma}=\mathrm{tr}\,(\boldsymbol{\nabla}^{\Sigma}\boldsymbol{\nabla}^{\Sigma}) \tag{A.76}$$

称为*表面拉普拉斯*；在更专业的数学论述中，(A.76)被称为贝尔特拉米(Beltrami)算子。

如果$\mathbf{v}^{\Sigma}$是一个定向曲面Σ上持续可微的切向矢量场，*二维广义高斯定理*表明

$$\int_{\Sigma}\boldsymbol{\nabla}^{\Sigma}\cdot\mathbf{v}^{\Sigma}\,d\Sigma=\int_{\partial\Sigma}\hat{\mathbf{b}}\cdot\mathbf{v}^{\Sigma}\,dL \tag{A.77}$$

其中线积分是沿着曲面Σ的边界$\partial\Sigma$；单位法向矢量$\hat{\mathbf{b}}$与Σ相切且在$\partial\Sigma$上指向Σ的外部。对于

二阶切向张量场$\mathbf{T}^{\Sigma\Sigma}$，有一个类似的结果，即

$$\int_{\Sigma} \boldsymbol{\nabla}^{\Sigma} \cdot \mathbf{T}^{\Sigma\Sigma}\, d\Sigma = \int_{\partial\Sigma} \hat{\mathbf{b}} \cdot \mathbf{T}^{\Sigma\Sigma}\, dL \tag{A.78}$$

闭合的表面是没有边界的，因此，如果曲面Σ是闭合的，则(A.77)和(A.78)两式简化为

$$\int_{\Sigma} \boldsymbol{\nabla}^{\Sigma} \cdot \mathbf{v}^{\Sigma}\, d\Sigma = 0, \qquad \int_{\Sigma} \boldsymbol{\nabla}^{\Sigma} \cdot \mathbf{T}^{\Sigma\Sigma}\, d\Sigma = \mathbf{0} \tag{A.79}$$

A.6.3 协变与逆变

令x^1、x^2为Σ上的二维（未必正交的）曲线坐标系，并以∂_α表示对x^α的普通偏导数（非协变导数）。连接表面上坐标为(x^1, x^2)的点$\mathbf{r}$和坐标为(x^1+dx^1, x^2+dx^2)的相邻点$\mathbf{r}+d\mathbf{r}$的微分切向矢量为

$$d\mathbf{r} = dx^\alpha(\partial_\alpha \mathbf{r}) \tag{A.80}$$

表面梯度算子$\boldsymbol{\nabla}^{\Sigma}$和偏导数$\partial_\alpha$之间的关系为

$$\boldsymbol{\nabla}^{\Sigma} = (\boldsymbol{\nabla}^{\Sigma} x^\alpha)\partial_\alpha, \qquad \partial_\alpha = (\partial_\alpha \mathbf{r}) \cdot \boldsymbol{\nabla}^{\Sigma} \tag{A.81}$$

(A.80)–(A.81)式及后续讨论中的希腊角标取值均为1和2；任何重复角标均意味着求和，且在上角标或下角标中只能出现一次。

$\boldsymbol{\nabla}^{\Sigma} x^1$、$\boldsymbol{\nabla}^{\Sigma} x^2$和$\partial_1 \mathbf{r}$、$\partial_2 \mathbf{r}$均可作为二维基，用来表示表面$\Sigma$上的任意切向矢量和切向张量。这两组基都不是正交归一的；但是，两者之间有关系

$$(\boldsymbol{\nabla}^{\Sigma} x^\alpha) \cdot (\partial_\beta \mathbf{r}) = \delta^\alpha{}_\beta, \qquad (\partial_\alpha \mathbf{r}) \cdot (\boldsymbol{\nabla}^{\Sigma} x^\beta) = \delta_\alpha{}^\beta \tag{A.82}$$

在这个意义上，它们互为对偶基。$\delta^\alpha{}_\beta$和$\delta_\alpha{}^\beta$均表示二维克罗内克尔符号，当$\alpha=\beta$时，它等于1，否则为0；这里使用了两个不同但是相等的符号，以便符合对于角标的上下以及顺序都必须有所区分的约定。我们把注意力放在满足 $\hat{\mathbf{n}} \cdot (\partial_1 \mathbf{r} \times \partial_2 \mathbf{r}) > 0$和$\hat{\mathbf{n}} \cdot (\boldsymbol{\nabla}^{\Sigma} x^1 \times \boldsymbol{\nabla}^{\Sigma} x^2) > 0$的右手曲线坐标系。

一个切向矢量$\mathbf{u}^{\Sigma}$的协变分量u_α和逆变分量u^α的定义为

$$\mathbf{u}^{\Sigma} = u_\alpha(\boldsymbol{\nabla}^{\Sigma} x^\alpha) = u^\alpha(\partial_\alpha \mathbf{r}) \tag{A.83}$$

一个切向张量$\mathbf{T}^{\Sigma\Sigma}$的协变分量$T_{\alpha\beta}$、逆变分量$T^{\alpha\beta}$以及两种混合分量$T_\alpha{}^\beta$和$T^\alpha{}_\beta$可以同样地定义为

$$\begin{aligned}\mathbf{T}^{\Sigma\Sigma} &= T^{\alpha\beta}(\partial_\alpha \mathbf{r})(\partial_\beta \mathbf{r}) = T_{\alpha\beta}(\boldsymbol{\nabla}^{\Sigma} x^\alpha)(\boldsymbol{\nabla}^{\Sigma} x^\beta) \\ &= T^\alpha{}_\beta(\partial_\alpha \mathbf{r})(\boldsymbol{\nabla}^{\Sigma} x^\beta) = T_\alpha{}^\beta(\boldsymbol{\nabla}^{\Sigma} x^\alpha)(\partial_\beta \mathbf{r})\end{aligned} \tag{A.84}$$

要得到一个给定矢量$\mathbf{u}^{\Sigma}$或张量$\mathbf{T}^{\Sigma\Sigma}$的分量，我们用对偶基与其点乘，并利用(A.82)式，得到

$$u_\alpha = (\partial_\alpha \mathbf{r}) \cdot \mathbf{u}^{\Sigma}, \qquad u^\alpha = (\boldsymbol{\nabla}^{\Sigma} x^\alpha) \cdot \mathbf{u}^{\Sigma} \tag{A.85}$$

和

$$T_{\alpha\beta} = (\partial_\alpha \mathbf{r}) \cdot \mathbf{T}^{\Sigma\Sigma} \cdot (\partial_\beta \mathbf{r}) \tag{A.86}$$

$$T^{\alpha\beta} = (\boldsymbol{\nabla}^{\Sigma} x^{\alpha}) \cdot \mathbf{T}^{\Sigma\Sigma} \cdot (\boldsymbol{\nabla}^{\Sigma} x^{\beta}) \tag{A.87}$$

$$T_{\alpha}{}^{\beta} = (\partial_{\alpha}\mathbf{r}) \cdot \mathbf{T}^{\Sigma\Sigma} \cdot (\boldsymbol{\nabla}^{\Sigma} x^{\beta}) \tag{A.88}$$

$$T^{\alpha}{}_{\beta} = (\boldsymbol{\nabla}^{\Sigma} x^{\alpha}) \cdot \mathbf{T}^{\Sigma\Sigma} \cdot (\partial_{\beta}\mathbf{r}) \tag{A.89}$$

每个投币口都为切向的更高阶张量的协变、逆变和混合分量可以用类似的方式定义。

A.6.4 度量张量

由于历史原因，表面单位张量$\mathbf{I}^{\Sigma\Sigma}$的分量通常写为

$$g_{\alpha\beta} = (\partial_{\alpha}\mathbf{r}) \cdot (\partial_{\beta}\mathbf{r}), \qquad g^{\alpha\beta} = (\boldsymbol{\nabla}^{\Sigma} x^{\alpha}) \cdot (\boldsymbol{\nabla}^{\Sigma} x^{\beta}) \tag{A.90}$$

$$g_{\alpha}{}^{\beta} = (\partial_{\alpha}\mathbf{r}) \cdot (\boldsymbol{\nabla}^{\Sigma} x^{\beta}), \qquad g^{\alpha}{}_{\beta} = (\boldsymbol{\nabla}^{\Sigma} x^{\alpha}) \cdot (\partial_{\beta}\mathbf{r}) \tag{A.91}$$

对偶关系(A.82)意味着$g_{\alpha}{}^{\beta} = \delta_{\alpha}{}^{\beta}$和$g^{\alpha}{}_{\beta} = \delta^{\alpha}{}_{\beta}$；因此

$$\mathbf{I}^{\Sigma\Sigma} = (\partial_{\alpha}\mathbf{r})(\boldsymbol{\nabla}^{\Sigma} x^{\beta}) = (\boldsymbol{\nabla}^{\Sigma} x^{\alpha})(\partial_{\beta}\mathbf{r}) = \boldsymbol{\nabla}^{\Sigma}\mathbf{r} \tag{A.92}$$

(A.92)式的缩并为

$$\mathrm{tr}\,\mathbf{I}^{\Sigma\Sigma} = \boldsymbol{\nabla}^{\Sigma} \cdot \mathbf{r} = 2 \tag{A.93}$$

(A.92)和(A.93)这两个结果推广了熟知的三维空间等式$\mathbf{I} = \boldsymbol{\nabla}\mathbf{r}$和$\mathrm{tr}\,\mathbf{I} = \boldsymbol{\nabla} \cdot \mathbf{r} = 3$。

将(A.85)式用于两种基矢量场$\partial_{\alpha}\mathbf{r}$和$\boldsymbol{\nabla}^{\Sigma} x^{\alpha}$后，我们发现

$$\partial_{\alpha}\mathbf{r} = g_{\alpha\beta}(\boldsymbol{\nabla}^{\Sigma} x^{\beta}), \qquad \boldsymbol{\nabla}^{\Sigma} x^{\alpha} = g^{\alpha\beta}(\partial_{\beta}\mathbf{r}) \tag{A.94}$$

(A.94) 式表明，对称的协变和逆变分量矩阵 $g_{\alpha\beta}$ 和 $g^{\alpha\beta}$ 互为彼此的逆：

$$g_{\alpha\gamma} g^{\gamma\beta} = g_{\alpha}{}^{\beta}, \qquad g^{\alpha\gamma} g_{\gamma\beta} = g^{\alpha}{}_{\beta} \tag{A.95}$$

这是角标升降规则的一个特例，它可以将一个切向矢量$\mathbf{u}^{\Sigma}$的逆变分量转换为协变分量，或者将协变分量转换为逆变分量：

$$u_{\alpha} = g_{\alpha\beta} u^{\beta}, \qquad u^{\alpha} = g^{\alpha\beta} u_{\beta} \tag{A.96}$$

也可以用于切向张量$\mathbf{T}^{\Sigma\Sigma}$：

$$T_{\alpha\beta} = g_{\alpha\gamma} T^{\gamma}{}_{\beta} = g_{\alpha\gamma} g_{\beta\eta} T^{\gamma\eta}, \qquad T^{\alpha\beta} = g^{\alpha\gamma} T_{\gamma}{}^{\beta} = g^{\alpha\gamma} g^{\beta\eta} T_{\gamma\eta} \tag{A.97}$$

两个切向矢量的点积可以写成下面任何一种等价形式

$$\mathbf{u}^{\Sigma} \cdot \mathbf{v}^{\Sigma} = u_{\alpha} v^{\alpha} = u^{\alpha} v_{\alpha} = g_{\alpha\beta} u^{\alpha} v^{\beta} = g^{\alpha\beta} u_{\alpha} v_{\beta} \tag{A.98}$$

利用角标符号升降规则，涉及更高阶切向张量的点积同样可以用张量的协变、逆变或混合分量来表达。一个切向矢量的*表面散度*为

$$\boldsymbol{\nabla}^{\Sigma} \cdot \mathbf{u}^{\Sigma} = \frac{1}{2} g^{\alpha\beta} \partial_{\gamma}(g_{\alpha\beta} u^{\gamma}) \tag{A.99}$$

(A.93) 式以希腊角标形式可以表示为 $g^{\alpha\beta}g_{\alpha\beta} = g^{\alpha}{}_{\alpha} = 2$。

曲面 Σ 上坐标为 (x^1, x^2) 的点 $\mathbf{r}$ 和坐标为 $(x^1 + dx^1, x^2 + dx^2)$ 的相邻点 $\mathbf{r} + d\mathbf{r}$ 之间的距离平方 ds^2 为

$$ds^2 = d\mathbf{r} \cdot d\mathbf{r} = g_{\alpha\beta}\, dx^\alpha dx^\beta \tag{A.100}$$

(A.100) 式表明表面单位张量 $\mathbf{I}^{\Sigma\Sigma}$ 是 Σ 上的*度量张量*。$g_{\alpha\beta}\, dx^\alpha dx^\beta$ 这一微分–几何表达式被称为*第一基本形式*。

A.6.5 曲率张量

传统上用来衡量表面 Σ 的曲率是借由如下的量

$$\mathbf{F}^{\Sigma\Sigma} = (\boldsymbol{\nabla}^\Sigma \mathbf{I}^{\Sigma\Sigma}) \cdot \hat{\mathbf{n}} = (\boldsymbol{\nabla}^\Sigma \boldsymbol{\nabla}^\Sigma \mathbf{r}) \cdot \hat{\mathbf{n}} \tag{A.101}$$

从定义 (A.101) 可以明显看出 $\mathbf{F}^{\Sigma\Sigma}$ 是一个对称切向张量；即 $\hat{\mathbf{n}} \cdot \mathbf{F}^{\Sigma\Sigma} = \mathbf{F}^{\Sigma\Sigma} \cdot \hat{\mathbf{n}} = \mathbf{0}$ 和 $(\mathbf{F}^{\Sigma\Sigma})^{\mathrm{T}} = \mathbf{F}^{\Sigma\Sigma}$。从坐标为 $(x^1 + dx^1, x^2 + dx^2)$ 的点 $\mathbf{r} + d\mathbf{r}$ 到在 Σ 上坐标为 (x^1, x^2) 的点 $\mathbf{r}$ 并与 Σ 相切平面的垂直距离 dn 为

$$dn = \frac{1}{2}(d\mathbf{r} \cdot \mathbf{F}^{\Sigma\Sigma} \cdot d\mathbf{r}) = \frac{1}{2} f_{\alpha\beta}\, dx^\alpha dx^\beta \tag{A.102}$$

其中 $f_{\alpha\beta} = (\partial_\alpha \mathbf{r}) \cdot \mathbf{F}^{\Sigma\Sigma} \cdot (\partial_\beta \mathbf{r})$ 为 $\mathbf{F}^{\Sigma\Sigma}$ 的协变分量。与单位法向矢量 $\hat{\mathbf{n}}$ 方向相同的微分距离 dn 为正。由于相切平面的几何构建明确认定表面 Σ 是掩埋在三维欧氏空间中的，因此 $\mathbf{F}^{\Sigma\Sigma}$ 被称为“非固有”*曲率张量*。二次表达式 $\frac{1}{2} f_{\alpha\beta} dx^\alpha dx^\beta$ 被称为*第二基本形式*。

取 $\mathbf{I}^{\Sigma\Sigma} \cdot \hat{\mathbf{n}} = (\boldsymbol{\nabla}^\Sigma \mathbf{r}) \cdot \hat{\mathbf{n}} = \mathbf{0}$ 的表面梯度，我们得到曲率张量的另一个表达式：

$$\mathbf{F}^{\Sigma\Sigma} = -\boldsymbol{\nabla}^\Sigma \hat{\mathbf{n}} \tag{A.103}$$

$\mathbf{F}^{\Sigma\Sigma}$ 的对称性意味着

$$(\boldsymbol{\nabla}^\Sigma \hat{\mathbf{n}})^{\mathrm{T}} = \boldsymbol{\nabla}^\Sigma \hat{\mathbf{n}} \tag{A.104}$$

单位法向矢量的散度为

$$\boldsymbol{\nabla}^\Sigma \cdot \hat{\mathbf{n}} = \frac{1}{R_1} + \frac{1}{R_2} \tag{A.105}$$

其中 $1/R_1$ 和 $1/R_2$ 是 Σ 在 $\mathbf{r}$ 点处的两个*主曲率*。在这一背景下，最后一个有用的关系式为 $\boldsymbol{\nabla}^\Sigma \mathbf{I}^{\Sigma\Sigma} = -\boldsymbol{\nabla}^\Sigma(\hat{\mathbf{n}}\hat{\mathbf{n}})$。

A.7 球极坐标

令 $r = \|\mathbf{r}\|$ 为从原点到点 $\mathbf{r} = x\hat{\mathbf{x}} + y\hat{\mathbf{y}} + z\hat{\mathbf{z}}$ 的径向距离，$0 \leqslant \theta \leqslant \pi$ 为极轴或 $\hat{\mathbf{z}}$ 轴与 $\mathbf{r}$ 的夹角，$0 \leqslant \phi \leqslant 2\pi$ 为 $\hat{\mathbf{x}}$ 轴与 $\mathbf{r}$ 在赤道上的投影 $x\hat{\mathbf{x}} + y\hat{\mathbf{y}}$ 之间的夹角。任意点 $\mathbf{r}$ 都可以用这些*球极坐标*来唯一地定义；角度 θ 和 ϕ 分别为地心系统中的*余维度*和*经度*。点 $\mathbf{r}$ 的笛卡儿坐标 (x, y, z) 与其球极坐标 (r, θ, ϕ) 之间的关系为

$$x = r\sin\theta\cos\phi, \qquad y = r\sin\theta\sin\phi, \qquad z = r\cos\theta \tag{A.106}$$

反之，以 x、y、z 表示 r、θ、ϕ 的关系式为

$$r = \sqrt{x^2+y^2+z^2}, \qquad \theta = \arctan(\sqrt{x^2+y^2}/z)$$

$$\phi = \arctan(y/x) \tag{A.107}$$

单位矢量$\hat{\mathbf{r}}$、$\hat{\boldsymbol{\theta}}$、$\hat{\boldsymbol{\phi}}$的方向分别为$r$、$\theta$、$\phi$增加的方向，它们组成一个局地右手正交归一基，且与笛卡儿坐标系的基$\hat{\mathbf{x}}$、$\hat{\mathbf{y}}$、$\hat{\mathbf{z}}$存在以下关系

$$\hat{\mathbf{r}} = \hat{\mathbf{x}}\sin\theta\cos\phi + \hat{\mathbf{y}}\sin\theta\sin\phi + \hat{\mathbf{z}}\cos\theta \tag{A.108}$$

$$\hat{\boldsymbol{\theta}} = \hat{\mathbf{x}}\cos\theta\cos\phi + \hat{\mathbf{y}}\cos\theta\sin\phi - \hat{\mathbf{z}}\sin\theta \tag{A.109}$$

$$\hat{\boldsymbol{\phi}} = -\hat{\mathbf{x}}\sin\phi + \hat{\mathbf{y}}\cos\phi \tag{A.110}$$

反之则有

$$\hat{\mathbf{x}} = \hat{\mathbf{r}}\sin\theta\cos\phi + \hat{\boldsymbol{\theta}}\cos\theta\cos\phi - \hat{\boldsymbol{\phi}}\sin\phi \tag{A.111}$$

$$\hat{\mathbf{y}} = \hat{\mathbf{r}}\sin\theta\sin\phi + \hat{\boldsymbol{\theta}}\cos\theta\sin\phi + \hat{\boldsymbol{\phi}}\cos\phi \tag{A.112}$$

$$\hat{\mathbf{z}} = \hat{\mathbf{r}}\cos\theta - \hat{\boldsymbol{\theta}}\sin\theta \tag{A.113}$$

矢量$\hat{\mathbf{r}}$、$\hat{\boldsymbol{\theta}}$、$\hat{\boldsymbol{\phi}}$的偏导数为

$$\partial_r\hat{\mathbf{r}} = \mathbf{0}, \qquad \partial_\theta\hat{\mathbf{r}} = \hat{\boldsymbol{\theta}}, \qquad \partial_\phi\hat{\mathbf{r}} = \hat{\boldsymbol{\phi}}\sin\theta \tag{A.114}$$

$$\partial_r\hat{\boldsymbol{\theta}} = \mathbf{0}, \qquad \partial_\theta\hat{\boldsymbol{\theta}} = -\hat{\mathbf{r}}, \qquad \partial_\phi\hat{\boldsymbol{\theta}} = \hat{\boldsymbol{\phi}}\cos\theta \tag{A.115}$$

$$\partial_r\hat{\boldsymbol{\phi}} = \mathbf{0}, \qquad \partial_\theta\hat{\boldsymbol{\phi}} = \mathbf{0}, \qquad \partial_\phi\hat{\boldsymbol{\phi}} = -\hat{\mathbf{r}}\sin\theta - \hat{\boldsymbol{\theta}}\cos\theta \tag{A.116}$$

三维单位张量可以写成两种等价形式中的任何一种：$\mathbf{I} = \hat{\mathbf{x}}\hat{\mathbf{x}} + \hat{\mathbf{y}}\hat{\mathbf{y}} + \hat{\mathbf{z}}\hat{\mathbf{z}} = \hat{\mathbf{r}}\hat{\mathbf{r}} + \hat{\boldsymbol{\theta}}\hat{\boldsymbol{\theta}} + \hat{\boldsymbol{\phi}}\hat{\boldsymbol{\phi}}$。

A.7.1 单位球

我们可以方便地将θ、ϕ视为单位球上的曲线坐标；我们用Ω来表示这个由所有$\|\hat{\mathbf{r}}\| = 1$的点组成的球面。三维梯度算子$\boldsymbol{\nabla} = \hat{\mathbf{x}}\partial_x + \hat{\mathbf{y}}\partial_y + \hat{\mathbf{z}}\partial_z$可以用偏导数$\partial_r$、$\partial_\theta$、$\partial_\phi$表示为

$$\boldsymbol{\nabla} = \hat{\mathbf{r}}\partial_r + r^{-1}\boldsymbol{\nabla}_1 \tag{A.117}$$

其中

$$\boldsymbol{\nabla}_1 = \hat{\boldsymbol{\theta}}\partial_\theta + \hat{\boldsymbol{\phi}}(\sin\theta)^{-1}\partial_\phi \tag{A.118}$$

算子$\boldsymbol{\nabla}_1$是单位球上的无量纲表面梯度。Ω上三个单位矢量$\hat{\mathbf{r}}$、$\hat{\boldsymbol{\theta}}$、$\hat{\boldsymbol{\phi}}$的表面梯度为

$$\boldsymbol{\nabla}_1\hat{\mathbf{r}} = \hat{\boldsymbol{\theta}}\hat{\boldsymbol{\theta}} + \hat{\boldsymbol{\phi}}\hat{\boldsymbol{\phi}} \tag{A.119}$$

$$\boldsymbol{\nabla}_1\hat{\boldsymbol{\theta}} = -\hat{\boldsymbol{\theta}}\hat{\mathbf{r}} + \hat{\boldsymbol{\phi}}\hat{\boldsymbol{\phi}}\cot\theta \tag{A.120}$$

$$\boldsymbol{\nabla}_1\hat{\boldsymbol{\phi}} = -\hat{\boldsymbol{\phi}}\hat{\mathbf{r}} - \hat{\boldsymbol{\phi}}\hat{\boldsymbol{\theta}}\cot\theta \tag{A.121}$$

取(A.119)–(A.121)三式的迹，我们得到

$$\boldsymbol{\nabla}_1\cdot\hat{\mathbf{r}} = 2, \qquad \boldsymbol{\nabla}_1\cdot\hat{\boldsymbol{\theta}} = \cot\theta, \qquad \boldsymbol{\nabla}_1\cdot\hat{\boldsymbol{\phi}} = 0 \tag{A.122}$$

应用楔形算子$\wedge$可以得到类似的关系式

$$\boldsymbol{\nabla}_1 \times \hat{\mathbf{r}} = \mathbf{0}, \qquad \boldsymbol{\nabla}_1 \times \hat{\boldsymbol{\theta}} = \hat{\boldsymbol{\phi}}, \qquad \boldsymbol{\nabla}_1 \times \hat{\boldsymbol{\phi}} = -\hat{\boldsymbol{\theta}} + \hat{\mathbf{r}} \cot\theta \tag{A.123}$$

正如预期的，(A.122) 中的第一个公式与 (A.93) 和 (A.105) 中的一般法则是相符的。

由于$\mathbf{r} \times \boldsymbol{\nabla} = \hat{\mathbf{r}} \times \boldsymbol{\nabla}_1$，算子$\mathbf{r} \times \boldsymbol{\nabla} = \hat{\mathbf{x}}(y\partial_z - z\partial_y) + \hat{\mathbf{y}}(z\partial_x - x\partial_z) + \hat{\mathbf{z}}(x\partial_z - z\partial_x)$也可被认为是在单位球面上作用的。无量纲叉乘积$\hat{\mathbf{r}} \times \boldsymbol{\nabla}_1$的球极坐标表达式为

$$\hat{\mathbf{r}} \times \boldsymbol{\nabla}_1 = -\hat{\boldsymbol{\theta}}(\sin\theta)^{-1}\partial_\phi + \hat{\boldsymbol{\phi}}\,\partial_\theta \tag{A.124}$$

正如点积$d\mathbf{r} \cdot \boldsymbol{\nabla}_1\psi$是标量场$\psi$在具有无穷小位移点 $\hat{\mathbf{r}} + d\hat{\mathbf{r}}$处的变化的一个度量，标量三重积$d\boldsymbol{\omega} \cdot \hat{\mathbf{r}} \times \boldsymbol{\nabla}_1\psi$可以被视为标量场$\psi$在具有无穷小旋转点$\hat{\mathbf{r}} + d\boldsymbol{\omega} \times \hat{\mathbf{r}}$处的变化的一个度量：

$$\psi(\hat{\mathbf{r}} + d\hat{\mathbf{r}}) = \psi(\hat{\mathbf{r}}) + d\hat{\mathbf{r}} \cdot \boldsymbol{\nabla}_1\psi(\hat{\mathbf{r}}) + \cdots \tag{A.125}$$

$$\psi(\hat{\mathbf{r}} + d\boldsymbol{\omega} \times \hat{\mathbf{r}}) = \psi(\hat{\mathbf{r}}) + d\boldsymbol{\omega} \cdot \hat{\mathbf{r}} \times \boldsymbol{\nabla}_1\psi(\hat{\mathbf{r}}) + \cdots \tag{A.126}$$

我们将无量纲算子$\hat{\mathbf{r}} \times \boldsymbol{\nabla}_1$ 称为表面旋度。在 (A.126) 式中与旋转矢量$d\boldsymbol{\omega}$点乘的部分可以写成几种等价形式$\hat{\mathbf{r}} \times \boldsymbol{\nabla}_1\psi = \mathbf{r} \times \boldsymbol{\nabla}\psi = -\boldsymbol{\nabla} \times (\mathbf{r}\psi) = -\boldsymbol{\nabla}_1 \times (\hat{\mathbf{r}}\psi)$ 之一。在附录B.12中，我们会看到$\boldsymbol{\nabla}_1$和$\hat{\mathbf{r}} \times \boldsymbol{\nabla}_1$这两个算子在用标量表达$\Omega$上的切向矢量场中扮演了平行的角色。

表面梯度$\boldsymbol{\nabla}_1$和旋度$\hat{\mathbf{r}} \times \boldsymbol{\nabla}_1$的重复作用产生更高阶的张量算子，其中前四个是

$$\begin{aligned}\boldsymbol{\nabla}_1\boldsymbol{\nabla}_1 = {} & -\hat{\boldsymbol{\theta}}\hat{\mathbf{r}}\,\partial_\theta - \hat{\boldsymbol{\phi}}\hat{\mathbf{r}}\,(\sin\theta)^{-1}\partial_\phi + \hat{\boldsymbol{\theta}}\hat{\boldsymbol{\theta}}\,\partial_\theta^2 \\ & + (\hat{\boldsymbol{\theta}}\hat{\boldsymbol{\phi}} + \hat{\boldsymbol{\phi}}\hat{\boldsymbol{\theta}})(\sin\theta)^{-1}(\partial_\theta\partial_\phi - \cot\theta\,\partial_\phi) \\ & + \hat{\boldsymbol{\phi}}\hat{\boldsymbol{\phi}}\,[(\sin\theta)^{-2}\partial_\phi^2 + \cot\theta\,\partial_\theta]\end{aligned} \tag{A.127}$$

$$\begin{aligned}\boldsymbol{\nabla}_1(\hat{\mathbf{r}} \times \boldsymbol{\nabla}_1) = {} & \hat{\boldsymbol{\theta}}\hat{\mathbf{r}}\,(\sin\theta)^{-1}\partial_\phi - \hat{\boldsymbol{\phi}}\hat{\mathbf{r}}\,\partial_\theta \\ & - (\hat{\boldsymbol{\theta}}\hat{\boldsymbol{\theta}} - \hat{\boldsymbol{\phi}}\hat{\boldsymbol{\phi}})(\sin\theta)^{-1}(\partial_\theta\partial_\phi - \cot\theta\,\partial_\phi) \\ & + \hat{\boldsymbol{\theta}}\hat{\boldsymbol{\phi}}\,\partial_\theta^2 - \hat{\boldsymbol{\phi}}\hat{\boldsymbol{\theta}}\,[(\sin\theta)^{-2}\partial_\phi^2 + \cot\theta\,\partial_\theta]\end{aligned} \tag{A.128}$$

$$\begin{aligned}(\hat{\mathbf{r}} \times \boldsymbol{\nabla}_1)\boldsymbol{\nabla}_1 = {} & \hat{\boldsymbol{\theta}}\hat{\mathbf{r}}\,(\sin\theta)^{-1}\partial_\phi - \hat{\boldsymbol{\phi}}\hat{\mathbf{r}}\,\partial_\theta \\ & - (\hat{\boldsymbol{\theta}}\hat{\boldsymbol{\theta}} - \hat{\boldsymbol{\phi}}\hat{\boldsymbol{\phi}})(\sin\theta)^{-1}(\partial_\theta\partial_\phi - \cot\theta\,\partial_\phi) \\ & - \hat{\boldsymbol{\theta}}\hat{\boldsymbol{\phi}}\,[(\sin\theta)^{-2}\partial_\phi^2 + \cot\theta\,\partial_\theta] + \hat{\boldsymbol{\phi}}\hat{\boldsymbol{\theta}}\,\partial_\theta^2\end{aligned} \tag{A.129}$$

$$\begin{aligned}(\hat{\mathbf{r}} \times \boldsymbol{\nabla}_1)(\hat{\mathbf{r}} \times \boldsymbol{\nabla}_1) = {} & \hat{\boldsymbol{\theta}}\hat{\mathbf{r}}\,\partial_\theta + \hat{\boldsymbol{\phi}}\hat{\mathbf{r}}\,(\sin\theta)^{-1}\partial_\phi \\ & + \hat{\boldsymbol{\theta}}\hat{\boldsymbol{\theta}}\,[(\sin\theta)^{-2}\partial_\phi^2 + \cot\theta\,\partial_\theta] + \hat{\boldsymbol{\phi}}\hat{\boldsymbol{\phi}}\,\partial_\theta^2 \\ & - (\hat{\boldsymbol{\theta}}\hat{\boldsymbol{\phi}} + \hat{\boldsymbol{\phi}}\hat{\boldsymbol{\theta}})(\sin\theta)^{-1}(\partial_\theta\partial_\phi - \cot\theta\,\partial_\phi)\end{aligned} \tag{A.130}$$

无量纲双重梯度$\boldsymbol{\nabla}_1\boldsymbol{\nabla}_1$和无量纲双重旋度$(\hat{\mathbf{r}} \times \boldsymbol{\nabla}_1)(\hat{\mathbf{r}} \times \boldsymbol{\nabla}_1)$都是不对称的；事实上，

$$(\boldsymbol{\nabla}_1\boldsymbol{\nabla}_1 - \hat{\mathbf{r}}\boldsymbol{\nabla}_1)^{\mathrm{T}} = \boldsymbol{\nabla}_1\boldsymbol{\nabla}_1 - \hat{\mathbf{r}}\boldsymbol{\nabla}_1 \tag{A.131}$$

$$[(\hat{\mathbf{r}} \times \boldsymbol{\nabla}_1)(\hat{\mathbf{r}} \times \boldsymbol{\nabla}_1) - (\hat{\mathbf{r}}\boldsymbol{\nabla}_1)^{\mathrm{T}}]^{\mathrm{T}}$$

$$= (\hat{\mathbf{r}} \times \boldsymbol{\nabla}_1)(\hat{\mathbf{r}} \times \boldsymbol{\nabla}_1) - (\hat{\mathbf{r}}\boldsymbol{\nabla}_1)^{\mathrm{T}} \tag{A.132}$$

$$[\boldsymbol{\nabla}_1(\hat{\mathbf{r}} \times \boldsymbol{\nabla}_1) - \hat{\mathbf{r}}(\hat{\mathbf{r}} \times \boldsymbol{\nabla}_1)]^{\mathrm{T}} = (\hat{\mathbf{r}} \times \boldsymbol{\nabla}_1)\boldsymbol{\nabla}_1 - \hat{\mathbf{r}}(\hat{\mathbf{r}} \times \boldsymbol{\nabla}_1) \tag{A.133}$$

(A.131) 是一般曲面 Σ 上对称关系 (A.74) 的一个特例。

三维拉普拉斯算子 $\nabla^2 = \boldsymbol{\nabla} \cdot \boldsymbol{\nabla}$ 的球坐标表达式为

$$\nabla^2 = \partial_r^2 + 2r^{-1}\partial_r + r^{-2}\nabla_1^2 \tag{A.134}$$

(A.127) 和 (A.130) 两式的缩并均可以得到表面拉普拉斯算子 $\nabla_1^2 = \boldsymbol{\nabla}_1 \cdot \boldsymbol{\nabla}_1 = (\hat{\mathbf{r}} \times \boldsymbol{\nabla}_1) \cdot (\hat{\mathbf{r}} \times \boldsymbol{\nabla}_1)$

$$\nabla_1^2 = \partial_\theta^2 + \cot\theta\,\partial_\theta + (\sin\theta)^{-2}\partial_\phi^2 \tag{A.135}$$

(A.128) 和 (A.129) 两式的缩并证实无量纲梯度和旋度处处正交: $\boldsymbol{\nabla}_1 \cdot (\hat{\mathbf{r}} \times \boldsymbol{\nabla}_1) = (\hat{\mathbf{r}} \times \boldsymbol{\nabla}_1) \cdot \boldsymbol{\nabla}_1 = 0$。最后，我们注意到 $\boldsymbol{\nabla}_1 \times \boldsymbol{\nabla}_1 = -(\hat{\mathbf{r}} \times \boldsymbol{\nabla}_1) \times (\hat{\mathbf{r}} \times \boldsymbol{\nabla}_1) = \hat{\mathbf{r}} \times \boldsymbol{\nabla}_1$，而 $\boldsymbol{\nabla}_1 \times (\hat{\mathbf{r}} \times \boldsymbol{\nabla}_1) = -(\hat{\mathbf{r}} \times \boldsymbol{\nabla}_1) \times \boldsymbol{\nabla}_1 = \hat{\mathbf{r}}\,\nabla_1^2 - \boldsymbol{\nabla}_1$。

Ω 上的表面单位张量 $\mathbf{I}^{\Omega\Omega} = \mathbf{I} - \hat{\mathbf{r}}\hat{\mathbf{r}} = \hat{\boldsymbol{\theta}}\hat{\boldsymbol{\theta}} + \hat{\boldsymbol{\phi}}\hat{\boldsymbol{\phi}}$ 的协变和逆变分量为 $g_{11} = 1, g_{12} = g_{21} = 0, g_{22} = \sin^2\theta$ 和 $g^{11} = 1, g^{12} = g^{21} = 0, g^{22} = (\sin\theta)^{-2}$，这里我们设定 $x^1 = \theta$ 和 $x^2 = \phi$。我们可以利用这些结果来定义和整理切向矢量 $\mathbf{u}^\Omega$ 的协变分量 u_α 和逆变分量 u^α，以及切向张量 $\mathbf{T}^{\Omega\Omega}$ 的协变分量 $T_{\alpha\beta}$、逆变分量 $T^{\alpha\beta}$ 与混合分量 $T_\alpha{}^\beta$ 和 $T^\alpha{}_\beta$；然而，正如我们接下来要讨论的，用"普通"或物理球极分量来进行运算不仅在物理上更具吸引力，数学上也不会更费力气。

A.7.2 物理分量

三维矢量场可以写成如下形式

$$\mathbf{u} = u_r\hat{\mathbf{r}} + u_\theta\hat{\boldsymbol{\theta}} + u_\phi\hat{\boldsymbol{\phi}} \tag{A.136}$$

其中 $u_r = \hat{\mathbf{r}} \cdot \mathbf{u}$, $u_\theta = \hat{\boldsymbol{\theta}} \cdot \mathbf{u}$ 和 $u_\phi = \hat{\boldsymbol{\phi}} \cdot \mathbf{u}$。二阶张量场的相应表达式为

$$\begin{aligned}\mathbf{T} = {} & T_{rr}\hat{\mathbf{r}}\hat{\mathbf{r}} + T_{r\theta}\hat{\mathbf{r}}\hat{\boldsymbol{\theta}} + T_{r\phi}\hat{\mathbf{r}}\hat{\boldsymbol{\phi}} \\ & + T_{\theta r}\hat{\boldsymbol{\theta}}\hat{\mathbf{r}} + T_{\theta\theta}\hat{\boldsymbol{\theta}}\hat{\boldsymbol{\theta}} + T_{\theta\phi}\hat{\boldsymbol{\theta}}\hat{\boldsymbol{\phi}} \\ & + T_{\phi r}\hat{\boldsymbol{\phi}}\hat{\mathbf{r}} + T_{\phi\theta}\hat{\boldsymbol{\phi}}\hat{\boldsymbol{\theta}} + T_{\phi\phi}\hat{\boldsymbol{\phi}}\hat{\boldsymbol{\phi}}\end{aligned} \tag{A.137}$$

其中 $T_{rr} = \hat{\mathbf{r}}\cdot\mathbf{T}\cdot\hat{\mathbf{r}}, T_{r\theta} = \hat{\mathbf{r}}\cdot\mathbf{T}\cdot\hat{\boldsymbol{\theta}}, \ldots, T_{\phi\phi} = \hat{\boldsymbol{\phi}}\cdot\mathbf{T}\cdot\hat{\boldsymbol{\phi}}$。一般而言，当我们在本书中用球极坐标写出如 u_ϕ 或 $T_{\phi\phi}$ 这样的表达式时，我们指的是 (A.136) 和 (A.137) 式中所示的 $\mathbf{u}$ 和 $\mathbf{T}$ 的物理分量，而并非其相应的协变分量 $\sin\theta\,u_\phi$ 和 $\sin^2\theta\,T_{\phi\phi}$。利用局地基矢量 $\hat{\mathbf{r}}$、$\hat{\boldsymbol{\theta}}$、$\hat{\boldsymbol{\phi}}$ 的正交归一性，矢量和张量积可以很容易地用物理分量来计算。例如，两个矢量 $\mathbf{u}$ 和 $\mathbf{v}$ 的点积是 $\mathbf{u}\cdot\mathbf{v} = u_rv_r + u_\theta v_\theta + u_\phi v_\phi$，而叉乘积则为 $\mathbf{u} \times \mathbf{v} = \hat{\mathbf{r}}(u_\theta v_\phi - u_\phi v_\theta) + \hat{\boldsymbol{\theta}}(u_\phi v_r - u_r v_\phi) + \hat{\boldsymbol{\phi}}(u_r v_\theta - u_\theta v_r)$。两个张量的双重点积为 $\mathbf{T}:\mathbf{P} = T_{rr}P_{rr} + T_{r\theta}P_{\theta r} + \cdots + T_{\phi\phi}P_{\phi\phi}$。

三维导数可以利用分解公式 (A.117)–(A.118) 和微分基矢量关系 (A.119)–(A.121) 直接计算。矢量场 $\boldsymbol{\nabla}\mathbf{u}$ 的梯度及其对应的对称张量 $\boldsymbol{\varepsilon} = \dfrac{1}{2}[\boldsymbol{\nabla}\mathbf{u} + (\boldsymbol{\nabla}\mathbf{u})^{\mathrm{T}}]$ 可以写为

$$\begin{aligned}\boldsymbol{\nabla}\mathbf{u} = {} & (\partial_r u_r)\hat{\mathbf{r}}\hat{\mathbf{r}} + r^{-1}(\partial_\theta u_\theta + u_r)\hat{\boldsymbol{\theta}}\hat{\boldsymbol{\theta}} \\ & + r^{-1}[(\sin\theta)^{-1}\partial_\phi u_\phi + u_r + u_\theta\cot\theta]\hat{\boldsymbol{\phi}}\hat{\boldsymbol{\phi}}\end{aligned}$$

$$
\begin{aligned}
&+(\partial_r u_\theta)\hat{\mathbf{r}}\hat{\boldsymbol{\theta}}+r^{-1}(\partial_\theta u_r-u_\theta)\hat{\boldsymbol{\theta}}\hat{\mathbf{r}}\\
&+(\partial_r u_\phi)\hat{\mathbf{r}}\hat{\boldsymbol{\phi}}+r^{-1}[(\sin\theta)^{-1}\partial_\phi u_r-u_\phi]\hat{\boldsymbol{\phi}}\hat{\mathbf{r}}\\
&+r^{-1}(\partial_\theta u_\phi)\,\hat{\boldsymbol{\theta}}\hat{\boldsymbol{\phi}}+r^{-1}[(\sin\theta)^{-1}\partial_\phi u_\theta-u_\phi\cot\theta]\hat{\boldsymbol{\phi}}\hat{\boldsymbol{\theta}}
\end{aligned}\tag{A.138}
$$

和

$$
\begin{aligned}
\boldsymbol{\varepsilon}=&(\partial_r u_r)\hat{\mathbf{r}}\hat{\mathbf{r}}+r^{-1}(\partial_\theta u_\theta+u_r)\hat{\boldsymbol{\theta}}\hat{\boldsymbol{\theta}}\\
&+r^{-1}[(\sin\theta)^{-1}\partial_\phi u_\phi+u_r+u_\theta\cot\theta]\hat{\boldsymbol{\phi}}\hat{\boldsymbol{\phi}}\\
&+\frac{1}{2}[\partial_r u_\theta+r^{-1}(\partial_\theta u_r-u_\theta)](\hat{\mathbf{r}}\hat{\boldsymbol{\theta}}+\hat{\boldsymbol{\theta}}\hat{\mathbf{r}})\\
&+\frac{1}{2}\{\partial_r u_\phi+r^{-1}[(\sin\theta)^{-1}\partial_\phi u_r-u_\phi]\}(\hat{\mathbf{r}}\hat{\boldsymbol{\phi}}+\hat{\boldsymbol{\phi}}\hat{\mathbf{r}})\\
&+\frac{1}{2}r^{-1}[\partial_\theta u_\phi+(\sin\theta)^{-1}\partial_\phi u_\theta-u_\phi\cot\theta](\hat{\boldsymbol{\theta}}\hat{\boldsymbol{\phi}}+\hat{\boldsymbol{\phi}}\hat{\boldsymbol{\theta}})
\end{aligned}\tag{A.139}
$$

(A.138) 或 (A.139) 的缩并所得到的散度 $\boldsymbol{\nabla}\cdot\mathbf{u}=\operatorname{tr}\boldsymbol{\varepsilon}$ 为

$$
\begin{aligned}
\boldsymbol{\nabla}\cdot\mathbf{u}=&\,\partial_r u_r\\
&+r^{-1}[2u_r+\partial_\theta u_\theta+u_\theta\cot\theta+(\sin\theta)^{-1}\partial_\phi u_\phi]
\end{aligned}\tag{A.140}
$$

(A.140) 中括号内的表达式是表面散度:

$$
\boldsymbol{\nabla}_1\cdot\mathbf{u}=2u_r+\partial_\theta u_\theta+u_\theta\cot\theta+(\sin\theta)^{-1}\partial_\phi u_\phi \tag{A.141}
$$

一个矢量场的旋度 $\boldsymbol{\nabla}\times\mathbf{u}$ 为

$$
\begin{aligned}
\boldsymbol{\nabla}\times\mathbf{u}=&\,r^{-1}[\partial_\theta u_\phi+u_\phi\cot\theta-(\sin\theta)^{-1}\partial_\phi u_\theta]\hat{\mathbf{r}}\\
&+[r^{-1}(\sin\theta)^{-1}\partial_\phi u_r-\partial_r u_\phi-r^{-1}u_\phi]\hat{\boldsymbol{\theta}}\\
&+(\partial_r u_\theta+r^{-1}u_\theta-r^{-1}\partial_\theta u_r)\hat{\boldsymbol{\phi}}
\end{aligned}\tag{A.142}
$$

而拉普拉斯算子 $\nabla^2\mathbf{u}=\boldsymbol{\nabla}(\boldsymbol{\nabla}\cdot\mathbf{u})-\boldsymbol{\nabla}\times(\boldsymbol{\nabla}\times\mathbf{u})$ 为

$$
\begin{aligned}
\nabla^2\mathbf{u}=&\,\{[\partial_r^2+2r^{-1}\partial_r+r^{-2}(\partial_\theta^2+\cot\theta\,\partial_\theta+(\sin\theta)^{-2}\partial_\phi^2)]u_r\\
&-2r^{-2}[u_r+\partial_\theta u_\theta+u_\theta\cot\theta+(\sin\theta)^{-1}\partial_\phi u_\phi]\}\,\hat{\mathbf{r}}\\
&+\{[\partial_r^2+2r^{-1}\partial_r+r^{-2}(\partial_\theta^2+\cot\theta\,\partial_\theta+(\sin\theta)^{-2}\partial_\phi^2)]u_\theta\\
&+r^{-2}[2\partial_\theta u_r-(\sin\theta)^{-2}u_\theta-2(\sin\theta)^{-1}\cot\theta\,\partial_\phi u_\phi]\}\,\hat{\boldsymbol{\theta}}\\
&+\{[\partial_r^2+2r^{-1}\partial_r+r^{-2}(\partial_\theta^2+\cot\theta\,\partial_\theta+(\sin\theta)^{-2}\partial_\phi^2)]u_\phi\\
&+r^{-2}(\sin\theta)^{-1}[2\partial_\phi u_r+2\cot\theta\,\partial_\phi u_\theta-(\sin\theta)^{-1}u_\phi]\}\,\hat{\boldsymbol{\phi}}
\end{aligned}\tag{A.143}
$$

(A.143) 式中第一、第三和第五行分别为标量拉普拉斯算子 $\nabla^2 u_r$、$\nabla^2 u_\theta$ 和 $\nabla^2 u_\phi$。最后，二阶张量场的散度 $\boldsymbol{\nabla}\cdot\mathbf{T}$ 为

$$
\begin{aligned}
\boldsymbol{\nabla}\cdot\mathbf{T}=&\,\{\partial_r T_{rr}+r^{-1}[\partial_\theta T_{\theta r}+(\sin\theta)^{-1}\partial_\phi T_{\phi r}\\
&+2T_{rr}-T_{\theta\theta}-T_{\phi\phi}+\cot\theta\,T_{\theta r}]\}\,\hat{\mathbf{r}}
\end{aligned}
$$

$$
\begin{aligned}
&+ \{\partial_r T_{r\theta} + r^{-1}[\partial_\theta T_{\theta\theta} + (\sin\theta)^{-1}\partial_\phi T_{\phi\theta} \\
&+ 2T_{r\theta} + T_{\theta r} + \cot\theta(T_{\theta\theta} - T_{\phi\phi})]\}\,\hat{\boldsymbol{\theta}} \\
&+ \{\partial_r T_{r\phi} + r^{-1}[\partial_\theta T_{\theta\phi} + (\sin\theta)^{-1}\partial_\phi T_{\phi\phi} \\
&+ 2T_{r\phi} + T_{\phi r} + \cot\theta(T_{\theta\phi} + T_{\phi\theta})]\}\,\hat{\boldsymbol{\phi}}
\end{aligned} \tag{A.144}
$$

上述表达式十分冗长，而$\boldsymbol{\nabla}(\boldsymbol{\nabla}\cdot\mathbf{u})$和$\boldsymbol{\nabla}\times(\boldsymbol{\nabla}\times\mathbf{u})$则让人更难忍受，这为我们在附录B和C中要介绍的$\mathbf{u}$和$\mathbf{T}$的其他表达方式提供了足够的理由。

附录 B 球谐函数

球谐函数是单位球面上正交归一的基函数。由于地球接近球形，因此，这些函数在地球物理学的许多分支中扮演重要角色是毫不奇怪的。像外部引力势和基本地磁场这样的大规模数据规约处理，以及诸如地球内部三维压缩或剪切波速度与核幔边界以下熔融富铁物质流速的模型或理论预测，其结果通常都是用球谐函数展开的。此外，球谐函数自然地出现在球对称无自转地球模型的弹性–引力自由振荡的分析中；它们使运动方程分离成环型和球型两组可以进行数值积分的径向标量常微分方程。

贯穿全书，我们始终强调实数球谐函数$\mathcal{Y}_{lm}$的使用，因为它们是在模式分裂和耦合计算中最自然也最方便的基。但是，我们在本附录中首先定义复数球谐函数Y_{lm}。我们用来构建和分析这些函数的操作方法是基于角动量的量子力学理论。Edmonds (1960) 这一简洁的经典专著为这一题目提供了极好的易于上手的入门读物；Varshalovich, Moskalev 和 Khersonskii (1988) 有更为详尽的讨论。在本附录中我们对球谐函数的概述与最近另一部也是针对地球物理学家的专著 (Backus, Parker & Constable 1996) 相似。他们的处理比我们的更具教学的氛围，因为他们讨厌“可以证明”这种语言。然而，我们讨论了一些被他们遗漏的但与全球地震学有关的议题，包括实数矢量球谐函数$\mathbf{P}_{lm}$、$\mathbf{B}_{lm}$、$\mathbf{C}_{lm}$以及复数次数的行波球谐函数$Q_{\lambda m}^{(1)}$和$Q_{\lambda m}^{(2)}$。

还有一个很有用的符号，一个单位球面Ω上的复数标量函数ψ如果满足

$$\int_\Omega \psi^* \psi \, d\Omega < \infty \tag{B.1}$$

则ψ被称为是*平方可积*的，式中星号表示复共轭。两个平方可积函数ψ和χ的*内积*的定义为

$$\langle \psi, \chi \rangle = \int_\Omega \psi^* \chi \, d\Omega \tag{B.2}$$

如果$\langle \psi, \chi \rangle = 0$，则称$\psi$和$\chi$这两个函数为*正交的*。单一函数$\psi$的*范数*$\|\psi\|$为$\|\psi\| = \langle \psi, \psi \rangle^{1/2}$。如果函数$\psi$和$\chi$为实数的，那么 (B.1) 和 (B.2) 式中的星号可以省略。在A.7节中归纳了这里所采用的单位球的几何性质。

B.1 调和齐次多项式

次数为l的*齐次多项式*是三维空间中位置$\mathbf{r} = x\hat{\mathbf{x}} + y\hat{\mathbf{y}} + z\hat{\mathbf{z}}$的实数或复数函数，其形式为

$$H_l(\mathbf{r}) = \sum_{\alpha,\beta,\gamma} C_{\alpha\beta\gamma} x^\alpha y^\beta z^\gamma \tag{B.3}$$

其中α、β和γ为非负整数，它们必须满足

$$\alpha + \beta + \gamma = l \tag{B.4}$$

(B.4) 这一条件限定了求和式 (B.3) 中的每个单项式的总次数都是l；故称为“齐次”。一个复数多项式有复数系数$C_{\alpha\beta\gamma}$，而实数多项式则有实数系数$C_{\alpha\beta\gamma}$。每个齐次多项式在半径为r的球面上的值可以从它在单位球面Ω上的值通过以下关系来决定：

$$H_l(\mathbf{r}) = r^l \sum_{\alpha,\beta,\gamma} C_{\alpha\beta\gamma} \left(\frac{x}{r}\right)^\alpha \left(\frac{y}{r}\right)^\beta \left(\frac{z}{r}\right)^\gamma = r^l H_l(\hat{\mathbf{r}}) \tag{B.5}$$

次数为l的实数或复数齐次多项式空间的维度是$\frac{1}{2}(l+1)(l+2)$，因为这就是满足约束条件 (B.4) 的独立非负整数α、β、γ组合的数目。

一个l次调和齐次多项式是一个满足拉普拉斯方程

$$\nabla^2 Y_l = 0 \tag{B.6}$$

的l次齐次多项式$Y_l(\mathbf{r})$。遵循Kellogg (1967)，我们可以通过考虑以下表达式

$$Y_l = a_l + a_{l-1}z + \cdots + a_0 z^l \tag{B.7}$$

来确定调和齐次多项式空间的维度，这里每个a_s都是x和y的s次齐次多项式。从使 (B.7) 式为调和的条件 (B.6) 可以得到多项式a_s满足的一系列递推关系。因此我们有

$$\begin{aligned} Y_l = a_l + a_{l-1}z - \frac{1}{2!}z^2\nabla^2 a_l - \frac{1}{3!}z^3\nabla^2 a_{l-1} \\ + \frac{1}{4!}z^4\nabla^2\nabla^2 a_l + \frac{1}{5!}z^5\nabla^2\nabla^2 a_{l-1} - \cdots \end{aligned} \tag{B.8}$$

从 (B.8) 我们可以发现Y_l完全由最前面的两个多项式$a_l(x,y)$和$a_{l-1}(x,y)$所决定。对于a_l和a_{l-1}分别有$l+1$个和l个线性独立的选择；因此实数或复数调和齐次多项式空间的维度是$2l+1$。l次调和齐次多项式Y_l的另一个名称是*立体球谐函数*。

用归纳法可以证明每一个l次齐次多项式都可以用如下形式写为立体球谐函数$Y_l, Y_{l-2}, \ldots$的唯一线性组合

$$H_l = \begin{cases} Y_l + r^2 Y_{l-2} + \cdots + r^l Y_0, & l\text{为偶数} \\ Y_l + r^2 Y_{l-2} + \cdots + r^{l-1} Y_1, & l\text{为奇数} \end{cases} \tag{B.9}$$

合并同类项，我们也可以将H_l用一个唯一的l次立体球谐函数和一个唯一的$l-2$次非调和齐次多项式来表示：

$$H_l = Y_l + r^2 H_{l-2} \tag{B.10}$$

包含直接求和分解式 (B.10) 中函数H_l和$r^2 H_{l-2}$的空间的维度分别为$\frac{1}{2}(l+1)(l+2)$和$\frac{1}{2}(l-1)l$；这也为立体或表面球谐函数Y_l的维度是$2l+1$提供了另一个证明。

利用关系$Y_l(\mathbf{r}) = r^l Y_l(\hat{\mathbf{r}}) = r^l Y_l(\theta,\phi)$，将立体球谐函数限定在单位球面上的点$\hat{\mathbf{r}} = (\theta,\phi)$，得到的结果被称为*表面球谐函数*。我们以相同的符号来表示立体和表面球谐函数，仅用自变量来区分函数$Y_l(\mathbf{r})$与$Y_l(\hat{\mathbf{r}}) = Y_l(\theta,\phi)$，或者当没有给出自变量时由上下文决定。将拉普拉斯方程 (B.6) 展开为$[\partial_r^2 + 2r^{-1}\partial_r + r^{-2}\nabla_1^2][r^l Y_l(\theta,\phi)] = 0$，我们发现所有$l$次表面球谐函数均满足*球坐标亥姆霍兹方程*

$$\nabla_1^2 Y_l + l(l+1)Y_l$$

$$= [\partial_\theta^2 + \cot\theta\,\partial_\theta + (\sin\theta)^{-2}\partial_\phi^2 + l(l+1)]Y_l = 0 \tag{B.11}$$

如果愿意的话，我们也可以通过寻求偏微分方程(B.11)的分离变量解来构建一组由$2l+1$个线性独立的l次表面球谐函数所组成的基。然而在此我们介绍一个利用量子力学中角动量算子特性的纯代数的构建程序。在附录C中，我们将展示如何通过考虑自旋以及轨道角动量将这种代数方法推广到矢量和更高阶的张量球谐函数。

B.2　角动量算子

量子力学中的可观测量是以埃尔米特线性算子表示的；动量算子为$-i\hbar\boldsymbol{\nabla}$，与其对应的角动量算子为$-i\hbar(\mathbf{r}\times\boldsymbol{\nabla}) = -i\hbar(\hat{\mathbf{r}}\times\boldsymbol{\nabla}_1)$。后一个算子是复数表面球谐函数分析的基本要素；由于我们对量子力学应用不感兴趣，我们设普朗克常数$\hbar$为1，并将无量纲矢量

$$\mathbf{L} = -i(\hat{\mathbf{r}}\times\boldsymbol{\nabla}_1) = i[\hat{\boldsymbol{\theta}}(\sin\theta)^{-1}\partial_\phi - \hat{\boldsymbol{\phi}}\partial_\theta] \tag{B.12}$$

称为*角动量算子*。

我们可以将$\mathbf{L}$视为一个作用在r、θ、ϕ的标量函数上的三维算子，或是一个局限于单位球面Ω上的二维算子；对后一种情形，它将仅依赖于θ、ϕ的标量场映射到切向矢量场：$\hat{\mathbf{r}}\cdot\mathbf{L} = 0$。角动量算子的平方$L^2 = \mathbf{L}\cdot\mathbf{L}$是负的表面拉普拉斯算子：

$$L^2 = -\nabla_1^2 = -[\partial_\theta^2 + \cot\theta\,\partial_\theta + (\sin\theta)^{-2}\partial_\phi^2] \tag{B.13}$$

在笛卡儿坐标系(x,y,z)中，我们可以把算子$\mathbf{L}$和L^2写为

$$\mathbf{L} = \hat{\mathbf{x}}L_x + \hat{\mathbf{y}}L_y + \hat{\mathbf{z}}L_z, \qquad L^2 = L_x^2 + L_y^2 + L_z^2 \tag{B.14}$$

其中

$$L_x = -i(y\partial_z - z\partial_y), \qquad L_y = -i(z\partial_x - x\partial_z)$$
$$L_z = -i(x\partial_y - y\partial_x) \tag{B.15}$$

利用球极坐标表达式(B.12)或笛卡儿坐标表达式(B.14)可以很容易证明

$$\mathbf{L}\times\mathbf{L} = i\mathbf{L} \tag{B.16}$$

两个任意标量或矢量线性算子$\mathcal{A}$和$\mathcal{B}$的*对易子*的定义为

$$[\mathcal{A},\mathcal{B}] = \mathcal{A}\mathcal{B} - \mathcal{B}\mathcal{A} \tag{B.17}$$

显然，$[\mathcal{A},\mathcal{B}] = -[\mathcal{B},\mathcal{A}]$。如果$[\mathcal{A},\mathcal{B}]$为零，我们说算子$\mathcal{A}$和$\mathcal{B}$为*可对易的*。可对易性的概念在量子力学中扮演了根本的角色：当且仅当两个可观测量的算子为可对易时，它们具有共同的本征函数基，且可以被同时确定而不会违背海森堡测不准原理。角动量的叉乘积关系(B.16)可以用对易子符号(B.17)写成以下形式

$$[L_x, L_y] = iL_z, \qquad [L_y, L_z] = iL_x, \qquad [L_z, L_x] = iL_y \tag{B.18}$$

(B.18) 显示笛卡儿分量 L_x、L_y、L_z 互相之间是不可对易的。另一方面，可以很容易验证 L^2 与 $\mathbf{L}$ 是可对易的，因而与任一分量也是可对易的：

$$[L^2, L_x] = [L^2, L_y] = [L^2, L_z] = 0 \tag{B.19}$$

因此，角动量 $\mathbf{L}$ 的两个正交分量不能同时被确定；但是，它的平方 L^2 及其任何一个分量是可以的。从定义 (B.12) 中可以明确看出，$\mathbf{L}$ 与 ∂_r 以及任何仅依赖于半径的标量或矢量函数 $f(r)$ 是可对易的：$[\partial_r, \mathbf{L}] = \mathbf{0}$ 及 $[f(r), \mathbf{L}] = \mathbf{0}$。从这一结果以及球极坐标形式的拉普拉斯算子 $\nabla^2 = \partial_r^2 + 2r^{-1}\partial_r + r^{-2}\nabla_1^2$，我们有 $[\nabla^2, \mathbf{L}] = \mathbf{0}$。(B.19) 表明，表面拉普拉斯算子和表面旋度算子是可对易的：$[\nabla_1^2, \hat{\mathbf{r}} \times \boldsymbol{\nabla}_1] = \mathbf{0}$。另一方面，表面拉普拉斯算子和表面梯度算子之间不可对易；事实上，有 $[\nabla_1^2, \boldsymbol{\nabla}_1] = -2\hat{\mathbf{r}}\,\nabla_1^2$。

在下一节中，我们将借助于两个阶梯算子

$$L_+ = L_x + iL_y, \qquad L_- = L_x - iL_y \tag{B.20}$$

来构建单位球上的一组正交归一基函数。算子 $L_\pm$ 满足的对易关系为

$$[L^2, L_\pm] = 0, \qquad [L_z, L_\pm] = \pm L_\pm, \qquad [L_+, L_-] = 2L_z \tag{B.21}$$

我们可以用 $L_\pm$ 和 L_z 将 L^2 表示为下面两种形式的任何一个

$$L^2 = L_+L_- + L_z^2 - L_z = L_-L_+ + L_z^2 + L_z \tag{B.22}$$

利用 (B.12) 和几何关系 (A.109)–(A.110)，可以得到球极坐标中 L_x、L_y 和 L_z 的显式表达式：

$$L_x = i(\sin\phi\,\partial_\theta + \cot\theta\cos\phi\,\partial_\phi) \tag{B.23}$$

$$L_y = i(-\cos\phi\,\partial_\theta + \cot\theta\sin\phi\,\partial_\phi) \tag{B.24}$$

$$L_z = -i\partial_\phi \tag{B.25}$$

阶梯算子 (B.20) 的相应表达式为

$$L_\pm = e^{\pm i\phi}(\pm\partial_\theta + i\cot\theta\,\partial_\phi) \tag{B.26}$$

取 (B.26) 的复共轭，我们看到 $(L_\pm)^* = -L_\mp$。

如果 $\mathcal{A}$ 为一个将单位球 Ω 映射到其自身的标量或矢量算子，它的伴随算子 $\mathcal{A}^\dagger$ 的定义为 $\langle\psi, \mathcal{A}\chi\rangle = \langle\mathcal{A}^\dagger\psi, \chi\rangle$。显而易见，取该关系的复共轭可得 $(\mathcal{A}^\dagger)^\dagger = \mathcal{A}$。角动量算子 (B.12) 是一个自伴随或埃尔米特算子：

$$\mathbf{L}^\dagger = \mathbf{L}. \tag{B.27}$$

对 (B.27) 的证明最直接的是其 L_z 分量：

$$\begin{aligned}\langle\psi, L_z\chi\rangle &= \int_\Omega \psi^*(L_z\chi)\,d\Omega = \int_\Omega \psi^*(-i\partial_\phi\chi)\,d\Omega \\ &= \int_\Omega (-i\partial_\phi\psi)^*\chi\,d\Omega = \int_\Omega (L_z\psi)^*\chi\,d\Omega = \langle L_z\psi, \chi\rangle\end{aligned} \tag{B.28}$$

这里我们对经度ϕ进行了分部积分而得到第三个等式。由于坐标轴$\hat{\mathbf{x}}$、$\hat{\mathbf{y}}$、$\hat{\mathbf{z}}$可以任意选取，算子L_x和L_y也均为埃尔米特算子；这一点可以利用表达式(B.23)–(B.24)并对θ和ϕ进行分部积分而直接验证。同样可以证明角动量平方算子也是埃尔米特算子：$(L^2)^\dagger = (\mathbf{L}\cdot\mathbf{L})^\dagger = \mathbf{L}^\dagger\cdot\mathbf{L}^\dagger = \mathbf{L}\cdot\mathbf{L} = L^2$。而两个阶梯算子互为彼此的伴随算子：$(L_\pm)^\dagger = L_\mp$。

B.3 基 的 构 建

埃尔米特算子的本征值均为实数，且相应的本征函数相互正交。因此，我们就利用埃尔米特算子L^2和L_z来构建复数表面球谐函数的基。可对易性$[L^2, L_z] = 0$确保我们能够找到这两个算子的共同本征函数。用称为级数的第二个角标m来区分这些本征函数，我们有

$$L^2 Y_{lm} = l(l+1)Y_{lm}, \qquad L_z Y_{lm} = mY_{lm} \tag{B.29}$$

将L_z的球极坐标表达式(B.25)代入(B.29)中第二个本征值方程，我们发现每个基都必须有如下形式

$$Y_{lm}(\theta,\phi) = X_{lm}(\theta)\exp(im\phi) \tag{B.30}$$

从(B.30)可以看到，为保证Y_{lm}的单值性，级数m必须为整数。

利用对易关系(B.21)，很容易证明函数$L_\pm Y_{lm}$是L^2和L_z的共同本征函数，且相应的本征值分别为$l(l+1)$和$m\pm 1$：

$$L^2(L_\pm Y_{lm}) = L_\pm(L^2 Y_{lm}) = l(l+1)(L_\pm Y_{lm}) \tag{B.31}$$

$$L_z(L_\pm Y_{lm}) = (L_\pm L_z \pm L_\pm)Y_{lm} = (m\pm 1)(L_\pm Y_{lm}) \tag{B.32}$$

现在我们可以看到如此命名的原因：升级算子L_+将Y_{lm}变换为常数乘以$Y_{l\,m+1}$，而降级算子L_-将Y_{lm}变换为常数乘以$Y_{l\,m-1}$：

$$L_\pm Y_{lm} = c_\pm Y_{l\,m\pm1} \tag{B.33}$$

变换后函数$L_\pm Y_{lm}$的平方范数与Y_{lm}的平方范数之间的关系为

$$\begin{aligned}\|L_\pm Y_{lm}\|^2 &= \langle L_\pm Y_{lm}, L_\pm Y_{lm}\rangle = \langle Y_{lm}, L_\mp L_\pm Y_{lm}\rangle \\ &= \langle Y_{lm}, (L^2 - L_z^2 \mp L_z)Y_{lm}\rangle \\ &= (l\mp m)(l\pm m+1)\,\|Y_{lm}\|^2\end{aligned} \tag{B.34}$$

由于只有当一个函数恒为零时该函数的范数才会为零，因此有$L_\pm Y_{l\,\pm l} = 0$。无论是升级还是降级，持续下去都有一个自然的终点；L_z的本征值局限在$-l \leqslant m \leqslant l$的范围内。因此，每一个整数次数$0 \leqslant l \leqslant \infty$有$2l+1$个表面球谐函数基$Y_{lm}$。

L^2和L_z的埃尔米特性质确保不同次数$l \neq l'$和不同级数$m \neq m'$的球谐函数Y_{lm}和$Y_{l'm'}$是正交的。我们进一步规定，每个基必须为单位长度；这使得所有基都是正交归一的：

$$\langle Y_{lm}, Y_{l'm'}\rangle = \int_\Omega Y_{lm}^* Y_{l'm'}\,d\Omega = \delta_{ll'}\delta_{mm'} \tag{B.35}$$

在 (B.34) 中当 $-l \leqslant m \leqslant l$ 时令 $\|Y_{lm}\|^2 = 1$，并利用 (B.33)，我们得到 $|c_\pm|^2 = (l \mp m)(l \pm m + 1)$。平方根 $c_\pm$ 的符号可以任意选择。

从 $L_\pm Y_{l\,\pm l} = e^{\pm i\phi}(\pm\partial_\theta + i\cot\theta\,\partial_\phi)[X_{l\,\pm l}(\theta)e^{\pm il\phi}] = 0$ 这个条件我们得到一个常微分方程

$$\left(\frac{d}{d\theta} - l\cot\theta\right) X_{l\,\pm l} = 0 \tag{B.36}$$

它可以用来确定级数最高和最低的本征函数对余纬度的依赖性。方程 (B.36) 的解为 $X_{l\,\pm l} = A_\pm(\sin\theta)^l$。积分常数 $A_{\pm l}$ 可以用归一化条件 $\|Y_{l\,\pm l}\|^2 = 1$ 确定，符号仍然是不确定的。以最低级本征函数 $Y_{l\,-l}$ 作为第一个正交归一基，并用升级算子来构建其余的基 $Y_{l\,-l+1}, \ldots, Y_{l0}, \ldots, Y_{ll}$，我们定义

$$Y_{l-l} = \left(\frac{2l+1}{4\pi}\right)^{1/2} \frac{\sqrt{(2l)!}}{2^l l!}(\sin\theta)^l\, e^{-il\phi} \tag{B.37}$$

和

$$Y_{lm} = \left[\frac{(l-m)!}{(l+m)!}\right]^{1/2} \left[\frac{1}{(2l)!}\right]^{1/2} (L_+)^{l+m}\, Y_{l\,-l} \tag{B.38}$$

这里我们选择了符号 $\operatorname{sgn} A_- = 1$ 和 $\operatorname{sgn} c_+ = 1$。我们也可以将最高级本征函数 Y_{ll} 作为第一个基，并用降级算子来构建其余的基 $Y_{l\,l-1}, \ldots, Y_{l0}, \ldots, Y_{l\,-l}$；再选择符号为 $\operatorname{sgn} A_+ = (-1)^l$ 和 $\operatorname{sgn} c_- = 1$ 便得到另一种等价于 (B.37)–(B.38) 的定义：

$$Y_{ll} = (-1)^l \left(\frac{2l+1}{4\pi}\right)^{1/2} \frac{\sqrt{(2l)!}}{2^l l!}(\sin\theta)^l\, e^{il\phi} \tag{B.39}$$

和

$$Y_{lm} = \left[\frac{(l+m)!}{(l-m)!}\right]^{1/2} \left[\frac{1}{(2l)!}\right]^{1/2} (L_-)^{l-m}\, Y_{ll} \tag{B.40}$$

由此得到的基函数满足本征值方程 (B.29) 和正交归一化条件 (B.35) 以及阶梯关系

$$L_\pm Y_{lm} = \sqrt{(l \mp m)(l \pm m + 1)}\, Y_{l\,m\pm 1} \tag{B.41}$$

通过定义当 $|m| > l$ 时 $Y_{lm} = 0$，(B.41) 式将对所有的 m 都成立。这里我们所做的符号选择来自 Condon 和 Shortley(1935)、Edmonds (1960)。

要得到表面球谐函数 Y_{lm} 的显式表达式，我们需要确定算子 L_- 和 L_+ 分别重复作用于 Y_{ll} 和 $Y_{l\,-l}$ 的结果。用归纳法很容易证明

$$\begin{aligned}(L_\pm)^{l\pm m}\left[(\sin\theta)^l e^{\mp il\phi}\right] &= (\sin\theta)^{\pm m} \\ &\times \left(\pm\frac{1}{\sin\theta}\frac{d}{d\theta}\right)^{l\pm m} (\sin\theta)^{2l} e^{im\phi}\end{aligned} \tag{B.42}$$

因此，(B.37)–(B.38) 和 (B.39)–(B.40) 等价于

$$\begin{aligned}Y_{lm} = &\left(\frac{2l+1}{4\pi}\right)^{1/2} \frac{1}{2^l l!} \left[\frac{(l-m)!}{(l+m)!}\right]^{1/2} \\ &\times (\sin\theta)^m \left(\frac{1}{\sin\theta}\frac{d}{d\theta}\right)^{l+m} (\sin\theta)^{2l} e^{im\phi}\end{aligned}$$

$$= (-1)^l \left(\frac{2l+1}{4\pi}\right)^{1/2} \frac{1}{2^l l!} \left[\frac{(l+m)!}{(l-m)!}\right]^{1/2}$$
$$\times (\sin\theta)^{-m} \left(-\frac{1}{\sin\theta}\frac{d}{d\theta}\right)^{l-m} (\sin\theta)^{2l} e^{im\phi} \tag{B.43}$$

比较上述两个表达式，我们得到一个重要关系

$$Y_{l\,-m} = (-1)^m Y_{lm}^* \tag{B.44}$$

由于相应的立体球谐函数$Y_{lm}(\mathbf{r}) = r^l Y_{lm}(\hat{\mathbf{r}})$为$l$次齐次多项式，我们还必须有$Y_{lm}(-\hat{\mathbf{r}}) = (-1)^l Y_{lm}(\hat{\mathbf{r}})$，或等价的

$$Y_{lm}(\pi-\theta, \phi+\pi) = (-1)^l Y_{lm}(\theta, \phi) \tag{B.45}$$

(B.45)这一结果表明，每个Y_{lm}在径向反转变换(穿过原点的反射)下是对称或反对称的，取决于次数l是偶数还是奇数。用量子力学的术语，我们说Y_{lm}的宇称是$(-1)^l$。表B.1中列出了前几个表面和立体球谐函数的显式公式。

表 B.1 次数l为0到3的复数表面球谐函数$Y_{lm}(\hat{\mathbf{r}})$及相应的立体球谐函数$Y_{lm}(\mathbf{r}) = r^l Y_{lm}(\hat{\mathbf{r}})$

l m	$Y_{lm}(\hat{\mathbf{r}})$	$Y_{lm}(\mathbf{r})$
0 0	$\frac{1}{2\sqrt{\pi}}$	$\frac{1}{2\sqrt{\pi}}$
1 0	$\frac{1}{2}\sqrt{\frac{3}{\pi}}\cos\theta$	$\frac{1}{2}\sqrt{\frac{3}{\pi}}\,z$
1 ±1	$\mp\frac{1}{2}\sqrt{\frac{3}{2\pi}}\sin\theta\, e^{\pm i\phi}$	$\mp\frac{1}{2}\sqrt{\frac{3}{2\pi}}\,(x\pm iy)$
2 0	$\frac{1}{4}\sqrt{\frac{5}{\pi}}\,(3\cos^2\theta-1)$	$\frac{1}{4}\sqrt{\frac{5}{\pi}}\,(2z^2-x^2-y^2)$
2 ±1	$\mp\frac{1}{2}\sqrt{\frac{15}{2\pi}}\sin\theta\cos\theta\, e^{\pm i\phi}$	$\mp\frac{1}{2}\sqrt{\frac{15}{2\pi}}\,z(x\pm iy)$
2 ±2	$\frac{1}{4}\sqrt{\frac{15}{2\pi}}\sin^2\theta\, e^{\pm 2i\phi}$	$\frac{1}{4}\sqrt{\frac{15}{2\pi}}\,(x\pm iy)^2$
3 0	$\frac{1}{4}\sqrt{\frac{7}{\pi}}\cos\theta\,(5\cos^2\theta-3)$	$\frac{1}{4}\sqrt{\frac{7}{\pi}}\,z(2z^2-3x^2-3y^2)$
3 ±1	$\mp\frac{1}{8}\sqrt{\frac{21}{\pi}}\sin\theta\,(5\cos^2\theta-1)\,e^{\pm i\phi}$	$\mp\frac{1}{8}\sqrt{\frac{21}{\pi}}\,(x\pm iy)(4z^2-x^2-y^2)$
3 ±2	$\frac{1}{4}\sqrt{\frac{105}{2\pi}}\cos\theta\sin^2\theta\, e^{\pm 2i\phi}$	$\frac{1}{4}\sqrt{\frac{105}{2\pi}}\,z(x\pm iy)^2$
3 ±3	$\mp\frac{1}{8}\sqrt{\frac{35}{\pi}}\sin^3\theta\, e^{\pm 3i\phi}$	$\mp\frac{1}{8}\sqrt{\frac{35}{\pi}}\,(x\pm iy)^3$

B.4 连带勒让德函数

将表达式$Y_{lm}(\theta,\phi)=X_{lm}(\theta)e^{im\phi}$代入球面亥姆霍兹方程$\nabla_1^2 Y_{lm}+l(l+1)Y_{lm}=0$，我们发现余纬度函数$X_{lm}(\theta)$满足常微分方程

$$\frac{d^2X}{d\theta^2}+\cot\theta\,\frac{dX}{d\theta}+\left[l(l+1)-\frac{m^2}{\sin^2\theta}\right]X=0 \tag{B.46}$$

变量替换$\mu=\cos\theta$将其转变为勒让德方程

$$(1-\mu^2)\frac{d^2X}{d\mu^2}-2\mu\frac{dX}{d\mu}+\left[l(l+1)-\frac{m^2}{1-\mu^2}\right]X=0 \tag{B.47}$$

方程(B.47)在$-1\leqslant\mu\leqslant 1$区间上的规范解是次数为$l$、级数为$-l\leqslant m\leqslant l$的连带勒让德函数，其定义为

$$P_{lm}(\mu)=\frac{1}{2^l l!}(1-\mu^2)^{m/2}\left(\frac{d}{d\mu}\right)^{l+m}(\mu^2-1)^l \tag{B.48}$$

这些函数满足固定级数的正交归一化关系

$$\int_{-1}^{1}P_{lm}(\mu)P_{l'm}(\mu)\,d\mu=\frac{2}{2l+1}\frac{(l+m)!}{(l-m)!}\delta_{ll'} \tag{B.49}$$

以及一系列三项递推关系，例如

$$(l-m+1)P_{l+1\,m}-(2l+1)\mu P_{lm}+(l+m)P_{l-1\,m}=0 \tag{B.50}$$

$$\begin{aligned}&(1-\mu^2)^{1/2}P_{l\,m+1}-2m\mu P_{lm}\\&\qquad+(l+m)(l-m+1)(1-\mu^2)^{1/2}P_{l\,m-1}=0\end{aligned} \tag{B.51}$$

$$P_{l+1\,m}-\mu P_{lm}-(l+m)(1-\mu^2)^{1/2}P_{l\,m-1}=0 \tag{B.52}$$

$$\mu P_{lm}-P_{l-1\,m}-(l-m+1)(1-\mu^2)^{1/2}P_{l\,m-1}=0 \tag{B.53}$$

$$\begin{aligned}&(l-m+1)P_{l+1\,m}+(1-\mu^2)^{1/2}P_{l\,m+1}\\&\qquad-(l+m+1)\mu P_{lm}=0\end{aligned} \tag{B.54}$$

$$(l-m)\mu P_{lm}-(l+m)P_{l-1\,m}+(1-\mu^2)^{1/2}P_{l\,m+1}=0$$

P_{lm}的导数由以下任一等价公式给出

$$\begin{aligned}(1-\mu^2)\frac{dP_{lm}}{d\mu}&=(1-\mu^2)^{1/2}P_{l\,m+1}-m\mu P_{lm}\\&=m\mu P_{lm}-(l+m)(l-m+1)(1-\mu^2)^{1/2}P_{l\,m-1}\\&=(l+1)\mu P_{lm}-(l-m+1)P_{l+1m}\\&=(l+m)P_{l-1\,m}-l\mu P_{lm}\end{aligned} \tag{B.55}$$

改变级数或自变量的符号则有

$$P_{l\,-m}(\mu)=(-1)^m\frac{(l-m)!}{(l+m)!}P_{lm}(\mu) \tag{B.56}$$

$$P_{lm}(-\mu)=(-1)^{l+m}P_{lm}(\mu) \tag{B.57}$$

我们可以用连带勒让德函数(B.48)来表示表面球谐函数$Y_{lm}(\theta,\phi)=X_{lm}(\theta)e^{im\phi}$：

$$X_{lm}(\theta)=(-1)^m\left(\frac{2l+1}{4\pi}\right)^{1/2}\left[\frac{(l-m)!}{(l+m)!}\right]^{1/2}P_{lm}(\cos\theta) \tag{B.58}$$

与(B.49)和(B.56)–(B.57)类似的正交归一化条件和对称关系为

$$\int_0^{\pi}X_{lm}(\theta)X_{l'm}(\theta)\,\sin\theta\,d\theta=\frac{1}{2\pi}\,\delta_{ll'} \tag{B.59}$$

和

$$X_{l-m}(\theta)=(-1)^mX_{lm}(\theta) \tag{B.60}$$

$$X_{lm}(\pi-\theta)=(-1)^{l+m}X_{lm}(\theta) \tag{B.61}$$

(B.61)式表明X_{lm}相对于赤道面$\theta=\pi/2$为对称或反对称的，分别取决于$l+m$为偶数或奇数。

在极点$\theta\approx0$和$\theta\approx\pi$附近，X_{lm}的极限性质为

$$X_{lm}(\theta)\approx\begin{cases}(-1)^mb_{lm}\theta^{|m|}, & \text{当}-l\leqslant m<0\text{时}\\[2ex] b_{l0}[1-\dfrac{1}{4}l(l+1)\theta^2], & \text{当}m=0\text{时}\\[2ex] b_{lm}\theta^m, & \text{当}0<m\leqslant l\text{时}\end{cases} \tag{B.62}$$

$$X_{lm}(\pi-\theta)\approx\begin{cases}(-1)^lb_{lm}\theta^{|m|}, & \text{当}-l\leqslant m<0\text{时}\\[2ex] (-1)^lb_{l0}[1-\dfrac{1}{4}l(l+1)\theta^2], & \text{当}m=0\text{时}\\[2ex] (-1)^{l+m}b_{lm}\theta^m, & \text{当}0<m\leqslant l\text{时}\end{cases} \tag{B.63}$$

其中

$$b_{lm}=\frac{(-1)^m}{2^{|m|}|m|!}\left(\frac{2l+1}{4\pi}\right)^{1/2}\left[\frac{(l+|m|)!}{(l-|m|)!}\right]^{1/2} \tag{B.64}$$

在极点处只有零级的球谐函数是非零的：

$$X_{lm}(0)=X_{lm}(\pi)=0,\quad \text{当}0<|m|<l\text{时} \tag{B.65}$$

而

$$X_{l0}(0)=\sqrt{(2l+1)/4\pi},\qquad X_{l0}(\pi)=(-1)^l\sqrt{(2l+1)/4\pi} \tag{B.66}$$

Gilbert 和 Dziewonski(1975) 用(B.62)–(B.64)这些结果得出了震中坐标系中球对称地球对矩张量震源的简正模式响应；在本书第10章中，我们用一种不同的推导方法得到了相同的结果。

B.5 勒让德多项式

$m=0$级连带勒让德函数是经典的l次勒让德多项式：

$$P_l(\mu)=\frac{1}{2^l l!}\left(\frac{d}{d\mu}\right)^l(\mu^2-1)^l \tag{B.67}$$

定义关系式(B.67)被称为罗德里格斯(Rodrigues)公式。勒让德多项式在单位区间上的正交性使它们适宜于内插应用。它们也出现在点质量引力势函数展开式中：

$$\frac{1}{\|\mathbf{r}-\mathbf{r}'\|}=\frac{1}{r}\sum_{l=0}^{\infty}\left(\frac{r'}{r}\right)^l P_l(\cos\Theta) \tag{B.68}$$

其中$\cos\Theta=\hat{\mathbf{r}}\cdot\hat{\mathbf{r}}'=\cos\theta\cos\theta'+\sin\theta\sin\theta'\cos(\phi-\phi')$.

球谐函数加法定理

$$\sum_{m=-l}^{l}Y_{lm}^*(\hat{\mathbf{r}}')Y_{lm}(\hat{\mathbf{r}})=\left(\frac{2l+1}{4\pi}\right)P_l(\cos\Theta) \tag{B.69}$$

使我们可以将(B.68)写为一个标准的球谐函数展开式：

$$\frac{1}{\|\mathbf{r}-\mathbf{r}'\|}=\frac{1}{r}\sum_{l=0}^{\infty}\left(\frac{4\pi}{2l+1}\right)\left(\frac{r'}{r}\right)^l\sum_{m=-l}^{l}Y_{lm}^*(\hat{\mathbf{r}}')Y_{lm}(\hat{\mathbf{r}}) \tag{B.70}$$

(B.68)和(B.70)两式在$r'<r$时成立；而在$r'>r$时，相应的结果可以通过$r\longleftrightarrow r'$这一简单互换得到。在附录C.8中，我们将证明(B.69)是描述两个先后相接的有限旋转矩阵所满足的更普遍的加法定理的一个特例，并以此来对其加以验证。Backus, Parker 和 Constable (1996) 给出了一个更简单的证明：首先确立一个具有$Y_l(\hat{\mathbf{r}})=\frac{1}{4\pi}\int_\Omega K(\hat{\mathbf{r}},\hat{\mathbf{r}}')Y_l(\hat{\mathbf{r}}')\,d\Omega'$性质的自生成积分核$K(\hat{\mathbf{r}},\hat{\mathbf{r}}')$的存在，然后证明$K(\hat{\mathbf{r}},\hat{\mathbf{r}}')=(2l+1)P_l(\hat{\mathbf{r}}\cdot\hat{\mathbf{r}}')$。

通过比较(B.48)和(B.67)两式，我们看到级数为正$(m>0)$的连带勒让德函数可以用$P_l(\mu)$表示为：

$$P_{lm}(\mu)=(1-\mu^2)^{m/2}\left(\frac{d}{d\mu}\right)^m P_l(\mu) \tag{B.71}$$

(B.71)式表明，当级数为偶数$(m=2,4,\ldots)$时，$P_{lm}(\mu)$是一个l次多项式。而当级数为奇数$(m=1,3,\ldots)$时，它并不是一个多项式。

B.6 实数球谐函数

$2l+1$个复数表面球谐函数$Y_{lm}(\theta,\phi)=X_{lm}(\theta)e^{im\phi}$，$-l\leqslant m\leqslant l$，为原子和分子角动量的量子理论中本质上是复数的波函数提供了一组自然基。另一方面，在许多地球物理应用中，我们希望对本质上是实数的场做展开；这时更为方便的是包含$2l+1$个实数函数$\sqrt{2}X_{ll}(\theta)\cos l\phi,\ldots,X_{l0}(\theta),\ldots,\sqrt{2}X_{ll}(\theta)\sin l\phi$的基。我们保留$-l\leqslant m\leqslant l$这一级数角标范围，并以手写体字母来表示这些实数表面球谐函数：

$$\mathcal{Y}_{lm}(\theta,\phi)=\begin{cases}\sqrt{2}X_{l|m|}(\theta)\cos m\phi, & \text{当}-l\leqslant m<0\text{时}\\ X_{l0}(\theta), & \text{当}m=0\text{时}\\ \sqrt{2}X_{lm}(\theta)\sin m\phi, & \text{当}0<m\leqslant l\text{时}\end{cases}\tag{B.72}$$

由(B.72)定义的手写体球谐函数$\mathcal{Y}_{lm}$，$-l\leqslant m\leqslant l$，其正交归一的含义是

$$\int_{\Omega}\mathcal{Y}_{lm}\mathcal{Y}_{l'm'}\,d\Omega=\delta_{ll'}\delta_{mm'}\tag{B.73}$$

此外，它们也满足实数球谐函数加法定理

$$\sum_{m=-l}^{l}\mathcal{Y}_{lm}(\theta',\phi')\mathcal{Y}_{lm}(\theta,\phi)=\left(\frac{2l+1}{4\pi}\right)P_l(\cos\Theta)\tag{B.74}$$

其中$\cos\Theta=\cos\theta\cos\theta'+\sin\theta\sin\theta'\cos(\phi-\phi')$。贯穿本书，我们使用手写体字母所表示的实数球谐函数 (B.72)作为实数基；球对称弹性和非弹性地球的本征函数分别在第8章和9.9节中以$\mathcal{Y}_{lm}$表示，其中$-l\leqslant m\leqslant l$。

零级实数球谐函数$\mathcal{Y}_{l0}$沿余纬度方向有l个节点，沿经度方向没有节点，因此被称为是带状的，$\pm l$级实数球谐函数$\mathcal{Y}_{l\pm l}$沿余纬度方向没有节点，沿经度方向有$2l$个节点，被称为是条状的。级数为$-l<m<l$的实数球谐函数$\mathcal{Y}_{l\pm m}$沿余纬度方向有$l-|m|$个节点，沿经度方向有$2|m|$个节点，被称为是网状的。这种命名很容易记：条状球谐函数的正和负的区域形状就像一瓣瓣的橙子，而网状球谐函数正负区域则像是网格化的单位球。在图B.1中，我们展示了

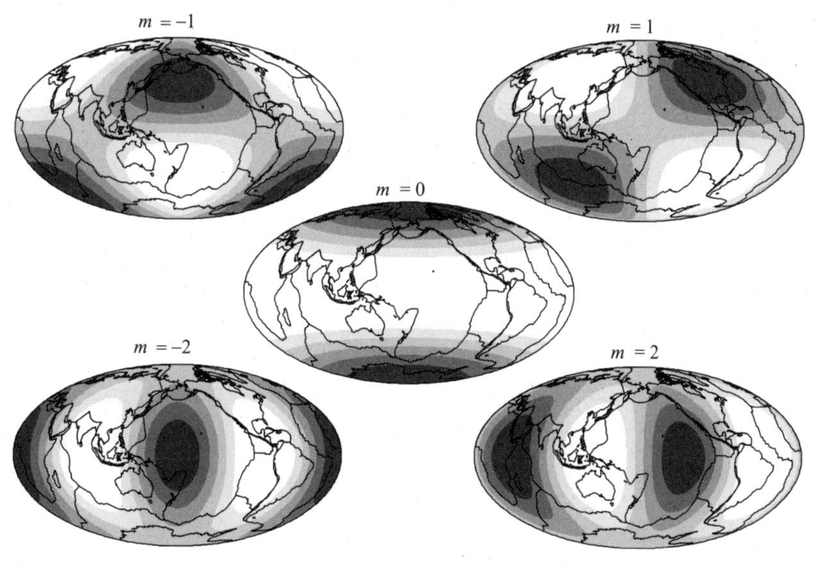

图 B.1 五个实数表面球谐函数$\mathcal{Y}_{2-2}$、$\mathcal{Y}_{2-1}$、$\mathcal{Y}_{20}$、$\mathcal{Y}_{21}$、$\mathcal{Y}_{22}$。阴影和非阴影区域分别对应正值和负值。单位球的整个表面用以$\phi=\pi$为中心的埃托夫等面积投影显示。格林尼治子午线与边缘椭圆重合。图中叠加了地球的海岸线和板块边界以供参考

五个次数为2的实数球谐函数$\mathcal{Y}_{2\,-2}$、$\mathcal{Y}_{2\,-1}$、$\mathcal{Y}_{20}$、$\mathcal{Y}_{21}$、$\mathcal{Y}_{22}$，而图B.2则展示了五个次数为8的偶数级数的球谐函数$\mathcal{Y}_{80}$、$\mathcal{Y}_{82}$、$\mathcal{Y}_{84}$、$\mathcal{Y}_{86}$、$\mathcal{Y}_{88}$。

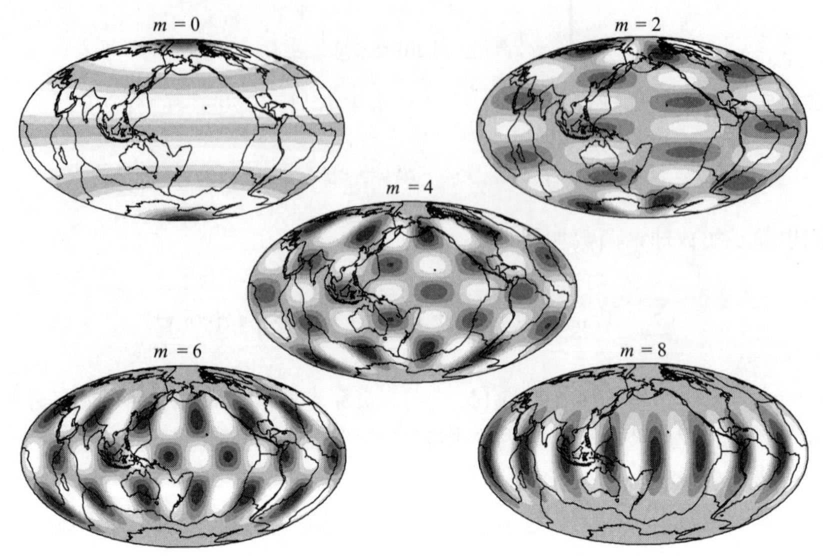

图 B.2 五个偶数级数的实数表面球谐函数$\mathcal{Y}_{80}$、$\mathcal{Y}_{82}$、$\mathcal{Y}_{84}$、$\mathcal{Y}_{86}$、$\mathcal{Y}_{88}$。地图投影和其他细节同图 B.1

B.7 渐近表达式

在$l \gg 1$极限下成立的$X_{lm}(\theta)$的渐近表达式可以通过将JWKB近似应用于其满足的微分方程(B.47)而得到。利用替换

$$X = (1-\mu^2)^{-1/2}Z \tag{B.75}$$

可以将勒让德方程转换为一维的薛定谔方程：

$$\varepsilon^2\,\frac{d^2Z}{d\mu^2} + \left[\frac{a^2-\mu^2+\varepsilon^2}{(1-\mu^2)^2}\right]Z = 0 \tag{B.76}$$

其中

$$\varepsilon = \frac{1}{\sqrt{l(l+1)}}, \qquad a = \left[1-\frac{m^2}{l(l+1)}\right]^{1/2} \tag{B.77}$$

遵循Brussaard 和 Tolhoek(1957)，我们寻求方程(B.76)在$\varepsilon \ll 1$极限下具有如下形式的解

$$Z = A\exp(i\varepsilon^{-1}\psi) \tag{B.78}$$

将(B.78)带入，并令ε幂次相同的项相等，则从最低阶我们发现JWKB相位ψ和振幅A分别满足程函方程和输运方程：

$$\left(\frac{d\psi}{d\mu}\right)^2 - \frac{a^2-\mu^2}{(1-\mu^2)^2} = 0, \qquad \frac{d}{d\mu}\left(A^2\frac{d\psi}{d\mu}\right) = 0 \tag{B.79}$$

在我们感兴趣的区间 $-1 \leqslant \mu \leqslant 1$ 上有两个折返点 $\mu = \pm a$。对应的折返余纬度分别位于北半球和南半球的 θ_0 和 $\pi - \theta_0$ 处，这里

$$\theta_0 = \arcsin\left(\frac{|m|}{\sqrt{l(l+1)}}\right) \approx \arcsin\left(\frac{|m|}{l+\dfrac{1}{2}}\right) \tag{B.80}$$

渐近解在中部区域 $\theta_0 \ll \theta \ll \pi - \theta_0$ 是振荡的，而在两个极区 $0 \leqslant \theta \ll \theta_0$ 和 $\pi - \theta_0 \ll \theta \leqslant \pi$ 则是瞬逝的。振荡解的形式为

$$\begin{aligned} X \approx\ & C_+(a^2-\mu^2)^{-1/4}\exp\left(i\varepsilon^{-1}\int_0^{\mu}\frac{\sqrt{a^2-\nu^2}}{1-\nu^2}d\nu\right) \\ & + C_-(a^2-\mu^2)^{-1/4}\exp\left(-i\varepsilon^{-1}\int_0^{\mu}\frac{\sqrt{a^2-\nu^2}}{1-\nu^2}d\nu\right) \end{aligned} \tag{B.81}$$

其中复数常数 C_+ 和 C_- 为待定。通过要求振荡解 (B.81) 与瞬逝解在折返点 $\mu = \pm a$ 处光滑连接，并借助 JWKB 归一化条件 $\int_{-a}^{a} X^2\, d\mu \approx 1/2\pi$，我们得到实数结果

$$X \approx \frac{1}{\pi}(a^2-\mu^2)^{-1/4}\cos\left[\varepsilon^{-1}\int_0^{\mu}\frac{\sqrt{a^2-\nu^2}}{1-\nu^2}d\nu - (l+m)\frac{\pi}{2}\right] \tag{B.82}$$

(B.82) 中的相位积分可以通过将被积函数改写为

$$\frac{\sqrt{a^2-\nu^2}}{1-\nu^2} = \frac{1}{\sqrt{a^2-\nu^2}} - \frac{1-a^2}{(1-\nu^2)\sqrt{a^2-\nu^2}} \tag{B.83}$$

而进行解析计算。(B.83) 中第一项的积分可以立即得到，而第二项的积分则需经过替换 $\xi = \mu(a^2-\nu^2)^{1/2}$。经过一些整理，我们可以将次数为 l、级数为非负 $(m \geqslant 0)$ 的归一化连带勒让德函数的渐近表达式写为

$$\begin{aligned} X_{lm}(\theta) \approx\ & \frac{1}{\pi}(\sin^2\theta - \sin^2\theta_0)^{-1/4} \\ & \times \cos\Big[(l+\frac{1}{2})\arccos(\cos\theta/\cos\theta_0) \\ & \qquad - m\arccos(\cot\theta/\cot\theta_0) + m\pi - \frac{1}{4}\pi\Big] \end{aligned} \tag{B.84}$$

级数为负数 $m < 0$ 的相应结果可以从对称关系 $X_{l\,-m} = (-1)^m X_{lm}$ 得到。图 B.3 显示，(B.84) 式在振荡区间 $\theta_0 \ll \theta \ll \pi - \theta_0$ 内为精确的球谐函数 X_{lm} 提供了很好的近似，即使在次数较低的 $l = 8$ 时。在折返余纬度 θ_0 和 $\pi - \theta_0$ 附近的发散是 JWKB 近似的一个特征；用艾里函数所做的更完整的处理不仅可以分别得到瞬逝区间 $0 \leqslant \theta \ll \theta_0$ 和 $\pi - \theta_0 \ll \theta \leqslant \pi$ 内良好的渐近表达式，还能够较好地描述折返余纬度附近的过渡行为 (Backus, Parker & Constable 1996)。

在量子力学中，我们可以将渐近表达式

$$\begin{aligned} Y_{lm}(\theta,\phi) \approx\ & \frac{1}{\pi}(\sin^2\theta - \sin^2\theta_0)^{-1/4} \\ & \times \cos\Big[(l+\frac{1}{2})\arccos(\cos\theta/\cos\theta_0) \end{aligned}$$

$$-m\arccos(\cot\theta/\cot\theta_0)+m\pi-\frac{1}{4}\pi]e^{im\phi} \tag{B.85}$$

视为一个角动量为$L=l+\dfrac{1}{2}$且$L_z=m$的在轨粒子的半经典波函数，如图B.4所示。

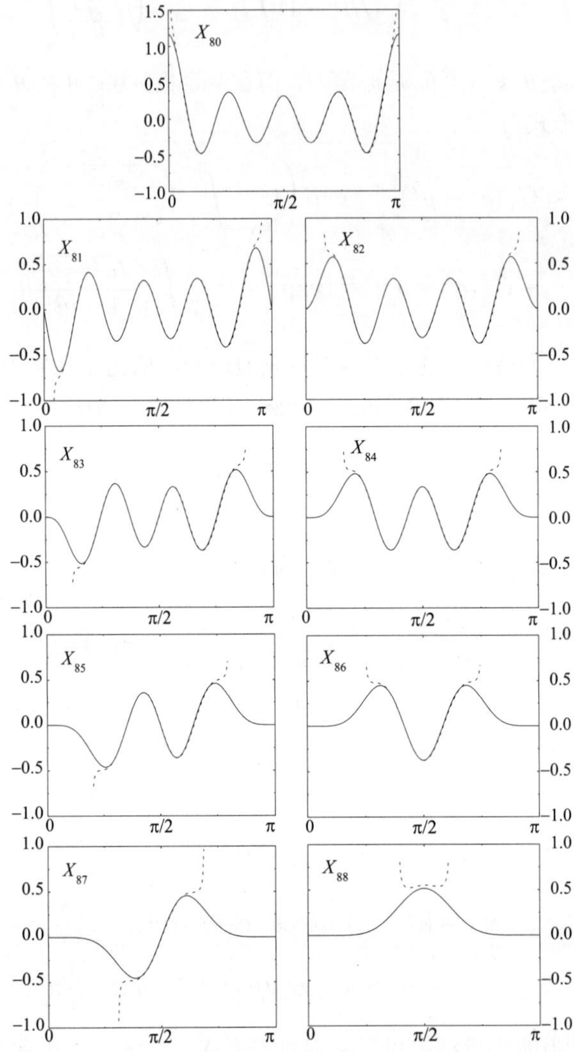

图 B.3 精确(实线)和渐近(虚线)余纬球谐函数X_{80}、X_{81}、X_{82}、X_{83}、X_{84}、X_{85}、X_{86}、X_{87}、X_{88}。当$m\geqslant 0$时，X_{lm}显然有$l-m$个节点(参考图B.2)。除去$m=l$的非振荡情形，渐近近似式(B.84)在折返余纬度$\theta_0\ll\theta\ll\pi-\theta_0$之间能够准确地描述$l\gg 1$时的$X_{lm}$

两个赤道面上的分量L_x和L_y为未定；因此，在θ_0和$\pi-\theta_0$折返的所有大圆轨道对Y_{lm}有同样的贡献。根据量子力学对应原理，平方模量$|Y_{lm}|^2\approx(1/2\pi^2)(\sin^2\theta-\sin^2\theta_0)^{-1/2}$是在余维度$\theta$和$\theta+d\theta$之间发现该粒子的经典概率。

在$m\ll l$极限下，(B.84)式在振荡区间$0\ll\theta\ll\pi$内可以进一步简化为

$$X_{lm}(\theta) \approx \frac{1}{\pi}(\sin\theta)^{-1/2}\cos\left[(l+\frac{1}{2})\theta + m\pi/2 - \pi/4\right] \tag{B.86}$$

同原来的相位积分表达式(B.82)一样，这一低阶的渐近近似对正负m都成立。相应的复数表面球谐函数$Y_{lm}(\theta,\phi) = X_{lm}(\theta)e^{im\phi}$可以被视为是高倾角的近极点轨道($\theta_0 \approx 0$和$\pi - \theta_0 \approx \pi$)上粒子的半经典波函数。(B.86)式中被忽略项的数量级为$(l+\frac{1}{2})^{-1}$；对于带状球谐函数$m=0$这一特例，展开式的下一项为(Robin 1958)：

$$\begin{aligned} X_{l0}(\theta) \approx \frac{1}{\pi}(\sin\theta)^{-1/2}\Big\{&\cos\left[(l+\frac{1}{2})\theta - \pi/4\right] \\ &+ \frac{1}{8}(l+\frac{1}{2})^{-1}\cot\theta\sin\left[(l+\frac{1}{2})\theta - \pi/4\right]\Big\} \end{aligned} \tag{B.87}$$

在余纬度节点$(l+\frac{1}{2})\theta \approx \frac{3}{4}\pi, \frac{7}{4}\pi, \ldots, (l-\frac{1}{4})\pi$附近，拓展的关系式(B.87)提供了一个更佳的近似。

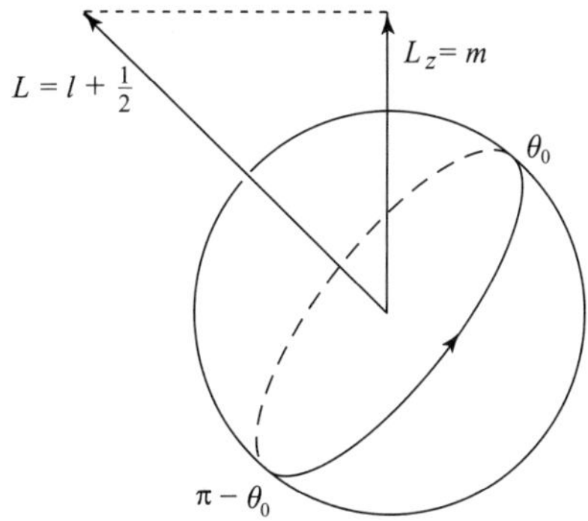

图 B.4 一个单位球面Ω上南北半球折返余纬度θ_0和$\pi - \theta_0$之间在轨量子力学粒子的半经典描述。角动量$\mathbf{L}$的大小$L = l + \frac{1}{2}$及其z分量长度$L_z = m$可以同时被确定。由于L_x和L_y为未定，故其轨道必须被认为是以一种不确定的方式围绕着$\hat{\mathbf{z}}$轴在做“进动”

B.8 球谐函数展开

令$\psi(\theta,\phi)$为单位球面上一个平方可积的复数函数，其拉普拉斯系数为

$$\psi_{lm} = \langle Y_{lm}, \psi\rangle = \int_\Omega Y_{lm}^*\psi\, d\Omega \tag{B.88}$$

我们来考虑一个用有限个表面球谐函数的线性组合来近似ψ的问题，以最小二乘的标准，我们试图找到系数$\hat{\psi}_{lm}$，以满足

$$\|\psi - \sum_{l=0}^{L}\sum_{m=-l}^{l}\hat{\psi}_{lm}Y_{lm}\|^2 = \text{极小} \tag{B.89}$$

利用正交归一性关系(B.35)，我们可以将(B.89)的左边写为以下形式

$$\begin{aligned}\|\psi-\sum_{l=0}^{L}\sum_{m=-l}^{l}\hat{\psi}_{lm}Y_{lm}\|^2&=\int_{\Omega}|\psi-\sum_{l=0}^{L}\sum_{m=-l}^{l}\hat{\psi}_{lm}Y_{lm}|^2\,d\Omega\\&=\|\psi\|^2+\sum_{l=0}^{L}\sum_{m=-l}^{l}|\hat{\psi}_{lm}-\psi_{lm}|^2-\sum_{l=0}^{L}\sum_{m=-l}^{l}|\psi_{lm}|^2\end{aligned}\tag{B.90}$$

很明显，这一分解在$\hat{\psi}_{lm}=\psi_{lm}$时有最小值。因此，叠加到第$L$次球谐函数的部分拉普拉斯求和

$$\psi_L=\sum_{l=0}^{L}\sum_{m=-l}^{l}\psi_{lm}Y_{lm}\tag{B.91}$$

是在最小二乘意义上对ψ的最佳的有限球谐函数近似，它包含$1+3+\cdots+(2L+1)=(L+1)^2$项。该近似的平方误差为

$$\|\psi-\psi_L\|^2=\int_{\Omega}|\psi-\psi_L|^2\,d\Omega=\|\psi\|^2-\sum_{l=0}^{L}\sum_{m=-l}^{l}|\psi_{lm}|^2\tag{B.92}$$

可以证明,对于任一平方可积函数,我们能够让该截断误差要多小有多小:$\lim_{L\to\infty}\|\psi-\psi_L\|^2=0$。而无限拉普拉斯求和

$$\psi=\sum_{l=0}^{\infty}\sum_{m=-l}^{l}\psi_{lm}Y_{lm},\quad 其中\quad \psi_{lm}=\int_{\Omega}Y_{lm}^{*}\psi\,d\Omega\tag{B.93}$$

则被称为平均收敛。ψ的平方范数是对展开系数平方的无限求和：

$$\|\psi\|^2=\int_{\Omega}|\psi|^2\,d\Omega=\sum_{l=0}^{\infty}\sum_{m=-l}^{l}|\psi_{lm}|^2\tag{B.94}$$

(B.94)这一结果是球谐函数形式的帕塞瓦尔定理。归一化的内环求和

$$\sigma_l^2=\frac{1}{2l+1}\sum_{m=-l}^{l}|\psi_{lm}|^2\tag{B.95}$$

是函数ψ在单位面积上次数l的方差或功率。单位球上的狄拉克delta函数

$$(\sin\theta)^{-1}\delta(\theta-\theta')\delta(\phi-\phi')=\sum_{l=0}^{\infty}\sum_{m=-l}^{l}Y_{lm}^{*}(\theta',\phi')Y_{lm}(\theta,\phi)\tag{B.96}$$

对于所有$l\geqslant 0$都有平坦的功率谱：$\sigma_l^2=1/4\pi$。一个实数函数ψ当然可以展开成(B.93)的形式；此时复数拉普拉斯系数满足$\psi_{l\,-m}=(-1)^m\psi_{lm}^{*}$。或者，我们可以用更经济的做法，将$\psi$用实数表面球谐函数(B.72)来展开：

$$\psi=\sum_{l=0}^{\infty}\sum_{m=-l}^{l}\Psi_{lm}\mathcal{Y}_{lm},\quad 其中\quad \Psi_{lm}=\int_{\Omega}\mathcal{Y}_{lm}\psi\,d\Omega\tag{B.97}$$

实数和复数展开系数Ψ_{lm}和ψ_{lm}之间有如下关系

$$\Psi_{lm} = \begin{cases} \sqrt{2}\,\mathrm{Re}\,\psi_{l|m|}, & \text{当} -l \leqslant m < 0 \text{时} \\ \psi_{l0}, & \text{当} m = 0 \text{时} \\ -\sqrt{2}\,\mathrm{Im}\,\psi_{lm}, & \text{当} 0 < m \leqslant l \text{时} \end{cases} \tag{B.98}$$

在许多应用中，为方便起见，通常都避免负数级数，而将展开式(B.97)写为较长但更易理解的形式：

$$\psi = \sum_{l=0}^{\infty} \left[a_{l0} X_{l0} + \sqrt{2} \sum_{m=1}^{l} X_{lm} (a_{lm} \cos m\phi + b_{lm} \sin m\phi) \right] \tag{B.99}$$

其中

$$a_{l0} = \int_{\Omega} X_{l0}\, \psi \, d\Omega \tag{B.100}$$

$$a_{lm} = \sqrt{2} \int_{\Omega} (X_{lm} \cos m\phi)\, \psi \, d\Omega, \quad \text{当} 1 \leqslant m \leqslant l \text{时} \tag{B.101}$$

$$b_{lm} = \sqrt{2} \int_{\Omega} (X_{lm} \sin m\phi)\, \psi \, d\Omega, \quad \text{当} 1 \leqslant m \leqslant l \text{时} \tag{B.102}$$

实数场(B.97)或(B.99)–(B.102)的帕塞瓦尔定理(B.94)为

$$\|\psi\|^2 = \sum_{l=0}^{\infty} \sum_{m=-l}^{l} \Psi_{lm}^2 = \sum_{l=0}^{\infty} \left[a_{l0}^2 + \sum_{m=1}^{l} (a_{lm}^2 + b_{lm}^2) \right] \tag{B.103}$$

该展开式在单位面积上次数l的功率为

$$\sigma_l^2 = \frac{1}{2l+1} \sum_{m=-l}^{l} \Psi_{lm}^2 = \frac{1}{2l+1} \left[a_{l0}^2 + \sum_{m=1}^{l} (a_{lm}^2 + b_{lm}^2) \right] \tag{B.104}$$

上述所有讨论适用于单位球面Ω上的场$\psi(\theta,\phi)$。三维场$\psi(\mathbf{r})$可以用球谐函数Y_{lm}、$\mathcal{Y}_{lm}$或$\sqrt{2}\,X_{ll}\cos l\phi, \cdots, X_{l0}, \cdots, \sqrt{2}\,X_{ll}\sin l\phi$展开，只要让系数$\psi_{lm}$、$\Psi_{lm}$或$a_{l0}$、$a_{lm}$、$b_{lm}$是半径$r$的函数即可。

大地测量学所使用的标准规范与(B.99)–(B.102)相似，只是奇数m的实数球谐函数的符号不同，且平方范数为4π而不是1 (Lambeck 1988；Stacey 1992)。此时一个实数场的展开式为：

$$\psi = \sum_{l=0}^{\infty} \sum_{m=0}^{l} p_{lm} (c_{lm} \cos m\phi + s_{lm} \sin m\phi) \tag{B.105}$$

其中$p_{lm} = \sqrt{4\pi(2-\delta_{m0})}\,(-1)^m X_{lm}$。大地测量学中的展开系数与(B.100)–(B.102)中的系数之间的关系为

$$c_{lm} = \sqrt{4\pi}\,(-1)^m a_{lm}, \qquad s_{lm} = \sqrt{4\pi}\,(-1)^m b_{lm} \tag{B.106}$$

地磁学中经常用到的所谓准归一化施密特(Schmidt)球谐函数与X_{lm}和p_{lm}都不一样(Chapman & Bartels 1940；Backus, Parker & Constable 1996)。地球物理学界的一个琐碎却难以逃避的烦恼是，球谐函数的符号和归一化规范在不同的学科（甚至不同的研究）之间都有所不同，因此在比较或使用其结果时必须十分小心。在这方面量子力学没有那么巴

尔干化，Condon 和 Shortley(1935) 和 Edmonds (1960) 中的复数球谐函数 Y_{lm} $(-l \leqslant m \leqslant l)$ 已经几乎是通用的了。

B.9 绕大圆弧的积分

我们根据单位球面 Ω 上以右手法则定义的正极点 $\bar{\mathbf{r}}$ 来指定一个定向大圆路径，如果该路径是依序连接 $\hat{\mathbf{r}}_1$ 和 $\hat{\mathbf{r}}_2$ 两点的测地线优弧的延伸，如图 B.5 所示，则 $\bar{\mathbf{r}} = (\hat{\mathbf{r}}_1 \times \hat{\mathbf{r}}_2)/\|\hat{\mathbf{r}}_1 \times \hat{\mathbf{r}}_2\|$。该大圆弧极点的球极坐标 $(\bar{\theta}, \bar{\phi})$ 可以用“源点”和“接收点”坐标 (θ_1, ϕ_1) 和 (θ_2, ϕ_2) 表示为

$$\cos\bar{\theta} = \frac{\sin\theta_2 \sin\theta_1 \sin(\phi_2 - \phi_1)}{\sin\Theta} \tag{B.107}$$

$$\tan\bar{\phi} = \frac{\sin\theta_2 \cos\theta_1 \cos\phi_2 - \cos\theta_2 \sin\theta_1 \cos\phi_1}{\cos\theta_2 \sin\theta_1 \sin\phi_1 - \sin\theta_2 \cos\theta_1 \sin\phi_2} \tag{B.108}$$

其中 $\cos\Theta = \hat{\mathbf{r}}_1 \cdot \hat{\mathbf{r}}_2 = \cos\theta_2 \cos\theta_1 + \sin\theta_2 \sin\theta_1 \cos(\phi_2 - \phi_1)$。

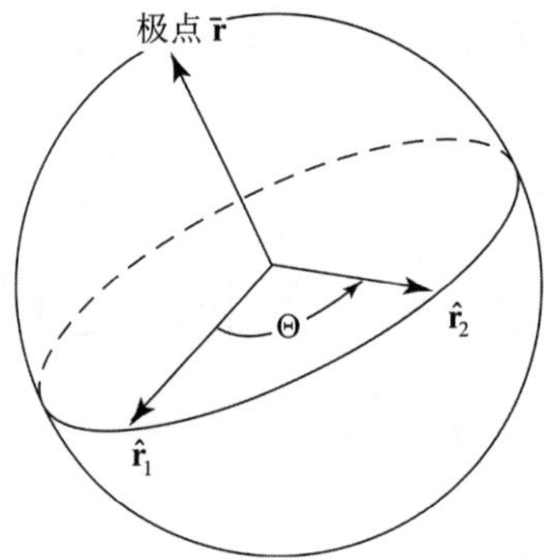

图 B.5 一个依次通过 $\hat{\mathbf{r}}_1$ 和 $\hat{\mathbf{r}}_2$ 两点的定向大圆路径的极点 $\bar{\mathbf{r}} = (\hat{\mathbf{r}}_1 \times \hat{\mathbf{r}}_2)/\|\hat{\mathbf{r}}_1 \times \hat{\mathbf{r}}_2\|$。反向大圆弧的极点是对跖点 $-\bar{\mathbf{r}}$

一个函数 $\psi(\theta, \phi)$ 的大圆平均的定义为

$$\bar{\psi}(\bar{\theta}, \bar{\phi}) = \frac{1}{2\pi} \oint_{\bar{\theta}, \bar{\phi}} \psi(\theta, \phi)\, d\Delta \tag{B.109}$$

其中积分是在整个圆周上进行，$d\Delta$ 为微分角弧长。我们可以将 $\bar{\psi}$ 视为单位球面上位置的一个连续函数，它是通过对所有可能的定向大圆积分并将平均值赋予极点。由于绕大圆的积分方向无关紧要，我们一定会得到

$$\bar{\psi}(\pi - \bar{\theta}, \bar{\phi} + \pi) = \bar{\psi}(\bar{\theta}, \bar{\phi}) \tag{B.110}$$

也就是说，任何场 ψ 的大圆平均 $\bar{\psi}$ 一定是 Ω 上位置 $\bar{\mathbf{r}}$ 的偶函数。

次数为 l 的表面球谐函数的大圆平均为

$$\frac{1}{2\pi} \oint_{\bar{\theta}, \bar{\phi}} Y_l(\theta, \phi)\, d\Delta = P_l(0) Y_l(\bar{\theta}, \bar{\phi}) \tag{B.111}$$

这一异常简单的结果，可以依照 Roberts 和 Ursell (1960) 通过考虑一个 $\hat{\mathbf{z}}$ 轴通经极点 $(\bar{\theta}, \bar{\phi})$ 的球

极坐标系来证明。函数$Y_l(\bar{\theta},\bar{\phi})$在该坐标系中可以写为球谐函数基$Y_{lm}$的线性组合，这里$-l \leqslant m \leqslant l$。带状球谐函数$Y_{l0}$满足(B.111)式，两边的值均为$\sqrt{(2l+1)/4\pi}\,P_l(0)$，所有非带状球谐函数也满足该式，但两边的值为零。因此，(B.111)对一般的实数或复数球谐函数Y_l都是成立的。在附录C.8中，我们利用由Backus (1964)率先提出的一个更一般的推导，来为此大圆等式提供另一个证明。后一个推导同时还提供了一个计算(θ_1,ϕ_1)和(θ_2,ϕ_2)两点之间的优弧上积分的方法。

$\bar{\psi}(\bar{\theta},\bar{\phi})$的球谐函数展开系数$\bar{\psi}_{lm}$与被平均的函数$\psi(\theta,\phi)$的系数$\psi_{lm}$存在以下关系：

$$\bar{\psi}_{lm} = P_l(0)\,\psi_{lm} \tag{B.112}$$

勒让德多项式$P_l(0)$的显式表达式为

$$P_l(0) = \begin{cases} 0, & l\text{为奇数} \\ (-1)^{l/2}\,l!\,2^{-l}[(l/2)!]^{-2}, & l\text{为偶数} \end{cases} \tag{B.113}$$

不存在任何奇数次的系数$\bar{\psi}_{lm}$，这与对(B.110)的简单观察是一致的。基本上，由于大圆路径上对跖点$\pm\hat{\mathbf{r}}$的抵消作用，任何奇数次球谐函数的积分为零。偶数高次数的渐近极限$P_l(0)\to(-1)^{l/2}\sqrt{2/\pi l}$表明大圆积分是一个平滑过程：如果$\psi$的功率谱$\sigma_l^2$以$l^{-\alpha}$的形式衰减，那么$\bar{\psi}$的功率谱就会以$l^{-\alpha-1}$的形式衰减。(B.111)式适用于实数球谐函数(B.72)，因而(B.112)对相应的系数$\bar{\Psi}_{lm}$和Ψ_{lm}是成立的。表B.2列出了当$l=0,2,4,6,\cdots$时$P_l(0)$的值。

表 B.2　次数l为偶数的大圆平均滤波系数$P_l(0)$的数值

次数l	$P_l(0)$值
0	1
2	$-1/2$
4	$3/8$
6	$-5/16$
⋮	
∞	$(-1)^{l/2}\sqrt{2/\pi l}$

注：$l\to\infty$时的极限是用斯特林(Stirling)公式来近似(B.113)中的阶乘而得到的渐近表达式。

B.10　实际中的考量

计算表面球谐函数的最佳程序取决于具体的应用。要在一个球对称地球上合成简正模式地震图，我们只需要连带勒让德函数P_{l0}、P_{l1}、P_{l2}和它们的余纬度导数。这些可以利用固定级数的递推关系(B.50)来计算，这样在次数l递增的方向上迭代是稳定的。为了使端点$\mu=\pm1$附近的误差最小，并得到在$-1\leqslant\mu\leqslant1$区间内一致有效的结果，最好定义一个辅助函数R_{lm}：

$$P_{lm}(\mu) = (1-\mu^2)^{m/2}R_{lm}(\mu) \tag{B.114}$$

经预处理后的递推关系

$$(l-m+1)R_{l+1\,m}-(2l+1)\mu R_{lm}+(l+m)R_{l-1\,m}=0 \tag{B.115}$$

的初始值则为 $R_{00}=1,\ R_{10}=\mu,\ R_{11}=1,\ R_{21}=3\mu$ 和 $R_{22}=3,\ R_{32}=15\mu$。导数 $dP_{l0}(\cos\theta)/d\theta$, $dP_{l1}(\cos\theta)/d\theta$ 和 $dP_{l2}(\cos\theta)/d\theta$ 可以从 (B.55) 中的第二个或第四个等式得到：

$$\begin{aligned}\frac{dP_{lm}}{d\theta}&=-m\cot\theta\,P_{lm}+(l+m)(l-m+1)P_{l\,m-1}\\&=l\cot\theta\,P_{lm}-(l+m)\csc\theta\,P_{l-1\,m}\end{aligned} \tag{B.116}$$

(B.115) 的每次迭代其舍入误差都会乘以一个数量级为 1 的因子，因而需要的结果可以精确地计算到非常高的次数，而不会有明显的精度损失。

要计算非球对称地球上实数或复数的源点和接收点矢量，我们需要所有级数的 X_{lm} 和 $dX_{lm}/d\theta$。此时最简单的方法是利用固定次数的递推关系 (B.51)，它在级数 m 递减的方向递推结果是稳定的。以下式定义一个辅助函数 W_{lm}：

$$X_{lm}=(\sin\theta)^m W_{lm} \tag{B.117}$$

我们可以将该关系写为如下经预处理后的形式

$$\begin{aligned}&(1-\mu^2)\sqrt{(l-m)(l+m+1)}\,W_{l\,m+1}+2m\mu W_{lm}\\&\quad+\sqrt{(l+m)(l-m+1)}\,W_{l\,m-1}=0\end{aligned} \tag{B.118}$$

其中 $\mu=\cos\theta$。(B.118) 的初始值为

$$W_{ll}=(-1)^l\left(\frac{2l+1}{4\pi}\right)^{1/2}\frac{\sqrt{(2l)!}}{2^l l!},\qquad W_{l\,l-1}=-\sqrt{2l}\,\mu W_{ll} \tag{B.119}$$

要注意的是，没有必要将递推进行到 $m=0$ 以下；级数为负数的可以用对称性 $X_{l\,-m}=(-1)^{l+m}X_{lm}$ 得到。在 $m=l$ 附近，每次迭代的舍入误差都会乘上一个数量级为 $\sqrt{l}$ 的因子；正因如此，即便在 (B.118) 的计算中用双精度，也只能提供令人满意的结果到次数 $l\approx 200$。Libbrecht (1985) 介绍了一个基于级数和次数均可变的递推关系 (B.52) 的稍微复杂一点的方法，必要的话可以用来计算更高次数的球谐函数 X_{lm}。余纬度导数 $dX_{lm}/d\theta$ 可以用下式计算：

$$\begin{aligned}\frac{dX_{lm}}{d\theta}&=\frac{1}{2}\sqrt{(l-m)(l+m+1)}\,X_{l\,m+1}\\&\quad-\frac{1}{2}\sqrt{(l+m)(l-m+1)}\,X_{l\,m-1}\end{aligned} \tag{B.120}$$

它是 (B.55) 中前两个等式合并和修改的结果。

Masters 和 Richards-Dinger (1998) 提出了另一种方法，能够同时计算 X_{lm} 和 $dX_{lm}/d\theta$。他们将 (B.55) 中的前两个等式改写为一对耦合的递推关系：

$$X_{l\,m-1}=-\frac{dX_{lm}/d\theta+m\cot\theta X_{lm}}{\sqrt{(l+m)(l-m+1)}} \tag{B.121}$$

$$\frac{dX_{l\,m-1}}{d\theta}=(m-1)\cot\theta X_{l\,m-1}$$

$$+\sqrt{(l+m)(l-m+1)}\,X_{lm} \tag{B.122}$$

稳定的迭代方向同样是从$m=l$递减到$m=0$；此时的初始值为

$$X_{ll}=(-1)^l\left(\frac{2l+1}{4\pi}\right)^{1/2}\frac{\sqrt{(2l)!}}{2^l l!}(\sin\theta)^l,\qquad \frac{dX_{ll}}{d\theta}=l\cot\theta X_{ll} \tag{B.123}$$

由于没有做任何预处理，在次数较大$l\gg 1$时，(B.123)在极点余纬度$\theta\approx 0$或$\theta\approx\pi$附近会出现下溢。在这种情况下，他们通过用$X_{ll}=(-1)^l$作为迭代初始值来确定符号，并在递减到$m=0$的递推过程中将X_{lm}及其导数$dX_{lm}/d\theta$进行缩放，以避免溢出。在计算结束时，再将这种缩放去除，同时容许下溢发生；对最终的结果做归一化，使其与球谐函数的加法定理相符：

$$\sum_{m=-l}^{l}X_{lm}^2=(2l+1)/4\pi \tag{B.124}$$

B.11 复数勒让德函数

勒让德多项式$P_l(\mu)$和连带勒让德函数$P_{lm}(\mu)$的定义可以做大幅拓展，以容许所有的三个参数l、m和μ均为复数。在本书中我们不需要这样做；全面性的讨论请见Erdélyi, Magnus, Oberhettinger 和 Tricomi (1953)和Robin (1958)。在单位球面上的行波分析中会遇到次数λ为复数、级数为非负整数$m=0,1,2,\ldots$和自变量为$-1\leqslant\mu\leqslant 1$的实数勒让德函数；我们在此对这些地震学中使用的函数的重要特性做一个概述。

B.11.1 第一类和第二类勒让德函数

我们在第11章和第12章对面波和体波格林函数张量的分析中使用了算子形式，使我们能够避免以显式来处理级数$m\neq 0$的情况。因此，我们首先考虑方位上对称的级数为$m=0$的函数。由于勒让德方程

$$(1-\mu^2)\frac{d^2X}{d\mu^2}-2\mu\frac{dX}{d\mu}+\lambda(\lambda+1)X=0 \tag{B.125}$$

是二阶的，它有两个线性独立解，通常以P_λ和Q_λ来表示，分别称为第一类和第二类勒让德函数。鉴于我们的目的，将它们以积分表达式来定义最为方便：

$$P_\lambda(\mu)=\frac{2}{\pi}\,\mathrm{Im}\int_0^\infty\left(\mu-i\sqrt{1-\mu^2}\cosh t\right)^{-\lambda-1}dt \tag{B.126}$$

$$Q_\lambda(\mu)=\mathrm{Re}\int_0^\infty\left(\mu-i\sqrt{1-\mu^2}\cosh t\right)^{-\lambda-1}dt \tag{B.127}$$

该式在$\mathrm{Re}\,\lambda>-1$时成立。通过选择被积函数中乘方的主值，可以使P_λ和Q_λ均为单值函数。

第一类勒让德函数与非负整数次数$\lambda=0,1,\ldots$的勒让德多项式(B.67)相同。而相应的第二类勒让德函数$Q_0,Q_1,\ldots$可以表示为

$$Q_l(\mu)=\frac{1}{2}P_l(\mu)\ln\left(\frac{1+\mu}{1-\mu}\right)-M_{l-1} \tag{B.128}$$

其中$M_{-1}=0$，而当$l>0$时

$$M_{l-1} = \frac{2l-1}{1(l-0)} P_{l-1} + \frac{2l-5}{3(l-1)} P_{l-3} + \frac{2l-9}{5(l-2)} P_{l-5} + \cdots \tag{B.129}$$

在端点 $\mu = \pm 1$ 处的对数奇点是所有复数次数 Q_λ 的特性，而不仅仅是对 $\lambda = 0, 1, \ldots$ 的；当 $\lambda \neq 0, \pm 1, \ldots$ 时，P_λ 在 $\mu = -1$ 处有单一的对数奇点。(B.126)–(B.127) 两式向 $\mathrm{Re}\,\lambda \leqslant -1$ 区域的解析延拓满足对称关系

$$P_{-\lambda-1} = P_\lambda, \qquad Q_{-\lambda-1} = Q_\lambda - \pi \cot \lambda\pi \, P_\lambda \tag{B.130}$$

(B.130) 中的第二个公式表明，Q_λ 在每个负整数 $\lambda = -1, -2, \ldots$ 处都有一个简单极点。自变量为正负的勒让德函数之间具有以下关系

$$P_\lambda(-\mu) = \cos \lambda\pi \, P_\lambda(\mu) - \frac{2}{\pi} \sin \lambda\pi \, Q_\lambda(\mu) \tag{B.131}$$

$$Q_\lambda(-\mu) = -\cos \lambda\pi \, Q_\lambda(\mu) - \frac{\pi}{2} \sin \lambda\pi \, P_\lambda(\mu) \tag{B.132}$$

B.11.2 行波勒让德函数

本书中使用的*行波勒让德函数*是 Nussenzveig (1965) 中所描述的：

$$Q_\lambda^{(1,2)} = \frac{1}{2}\left(P_\lambda \pm \frac{2i}{\pi} Q_\lambda\right) \tag{B.133}$$

其中左边的前、后两个上角标分别对应于右边的上、下两个符号。当 $\mathrm{Re}\,\lambda > -1$ 时，我们有显式积分表达式

$$Q_\lambda^{(1,2)}(\mu) = \pm \frac{i}{\pi} \int_0^\infty \left(\mu \pm i\sqrt{1-\mu^2} \cosh t\right)^{-\lambda-1} dt \tag{B.134}$$

从 (B.130)–(B.132) 以及定义 (B.133)，我们发现

$$Q_{-\lambda-1}^{(1,2)} = Q_\lambda^{(1,2)} \mp i \cot \lambda\pi \, P_\lambda \tag{B.135}$$

$$Q_\lambda^{(1,2)}(-\mu) = e^{\mp i\lambda\pi} Q_\lambda^{(2,1)}(\mu) \tag{B.136}$$

$Q_\lambda^{(1)}$ 和 $Q_\lambda^{(2)}$ 这两个行波勒让德函数均在负整数 $\lambda = -1, -2, \ldots$ 处有简单极点，这些极点在两者相加后抵消，而形成第一类勒让德函数 P_λ。综合上述次数和自变量替换 $\lambda \to -\lambda-1$ 和 $\mu \to -\mu$ 的结果，我们可以得到不同类型勒让德函数之间的其他关系，例如：

$$P_\lambda(-\mu) = e^{\mp i\lambda\pi} P_\lambda(\mu) \pm 2i \sin \lambda\pi \, Q_\lambda^{(1,2)}(\mu) \tag{B.137}$$

和

$$\begin{aligned} Q_{-\lambda-1}^{(1,2)}(\mu) &= -e^{\pm 2i\lambda\pi} Q_\lambda^{(1,2)}(\mu) \\ &\quad \pm i e^{\pm i\lambda\pi} \tan(\lambda + \frac{1}{2})\pi \, P_\lambda(-\mu) \end{aligned} \tag{B.138}$$

我们用 (B.138) 式将球对称地球的行波格林函数张量表示为 (11.14) 这一最容易理解的形式。

四种勒让德函数在复数次数 $|\lambda| \gg 1$ 极限下的渐近表达式为

$$P_{\lambda-\frac{1}{2}}(\cos\theta) \approx \left(\frac{2}{\pi\lambda\sin\theta}\right)^{1/2} \cos(\lambda\theta - \pi/4) \tag{B.139}$$

$$Q_{\lambda-\frac{1}{2}}(\cos\theta) \approx -\left(\frac{\pi}{2\lambda\sin\theta}\right)^{1/2} \sin(\lambda\theta - \pi/4) \tag{B.140}$$

$$Q^{(1,2)}_{\lambda-\frac{1}{2}}(\cos\theta) \approx \left(\frac{1}{2\pi\lambda\sin\theta}\right)^{1/2} \exp\left[\mp i(\lambda\theta - \pi/4)\right] \tag{B.141}$$

(B.139)–(B.141) 式在振荡区间 $0 \ll \theta \ll \pi$ 和 $|\arg\lambda| \ll \pi$ 的扇形区域内处处成立。很明显，P_λ 和 Q_λ 表示余纬度驻波，而 $Q^{(1)}_\lambda$ 和 $Q^{(2)}_\lambda$ 则分别表示沿 θ 增大和减小的方向传播的行波。

B.11.3 连带勒让德函数

正整数级数 $m = 1, 2, \ldots$ 的*连带勒让德函数*可以类比于 (B.71) 式定义为

$$P_{\lambda m}(\mu) = (1-\mu^2)^{m/2}\left(\frac{d}{d\mu}\right)^m P_\lambda(\mu) \tag{B.142}$$

$$Q_{\lambda m}(\mu) = (1-\mu^2)^{m/2}\left(\frac{d}{d\mu}\right)^m Q_\lambda(\mu) \tag{B.143}$$

而类比 (B.133) 式，连带行波勒让德函数为

$$Q^{(1,2)}_{\lambda m} = \frac{1}{2}\left(P_{\lambda m} \pm \frac{2i}{\pi} Q_{\lambda m}\right) \tag{B.144}$$

显然，我们也可以用 $Q^{(1,2)}_\lambda$ 将 $Q^{(1,2)}_{\lambda m}$ 表示为

$$Q^{(1,2)}_{\lambda m}(\mu) = (1-\mu^2)^{m/2}\left(\frac{d}{d\mu}\right)^m Q^{(1,2)}_\lambda(\mu) \tag{B.145}$$

(B.144) 中左、右半平面函数可以由 (B.138) 式的推广联系起来：

$$\begin{aligned} Q^{(1,2)}_{-\lambda-1\,m}(\mu) &= -e^{\pm 2i\lambda\pi} Q^{(1,2)}_{\lambda m}(\mu) \\ &\quad \pm i(-1)^m e^{\pm i\lambda\pi}\tan(\lambda+\frac{1}{2})\pi\, P_{\lambda m}(-\mu) \end{aligned} \tag{B.146}$$

(B.146) 式被用于行波矩张量响应 (11.29) 的推导中。四种连带勒让德函数的渐近表达式为

$$\begin{aligned} P_{\lambda-\frac{1}{2}\,m}(\cos\theta) &\approx (-\lambda)^m \left(\frac{2}{\pi\lambda\sin\theta}\right)^{1/2} \\ &\quad \times \cos(\lambda\theta + m\pi/2 - \pi/4) \end{aligned} \tag{B.147}$$

$$\begin{aligned} Q_{\lambda-\frac{1}{2}\,m}(\cos\theta) &\approx -(-\lambda)^m \left(\frac{\pi}{2\lambda\sin\theta}\right)^{1/2} \\ &\quad \times \sin(\lambda\theta + m\pi/2 - \pi/4) \end{aligned} \tag{B.148}$$

$$\begin{aligned} Q^{(1,2)}_{\lambda-\frac{1}{2}\,m}(\cos\theta) &\approx (-\lambda)^m \left(\frac{1}{2\pi\lambda\sin\theta}\right)^{1/2} \\ &\quad \times \exp\left[\mp i(\lambda\theta + m\pi/2 - \pi/4)\right] \end{aligned} \tag{B.149}$$

以上结果在 $|\lambda| \gg 1$ 的极限下当级数为小的正整数 $m = 1, 2, \ldots$ 时成立。Clemmow (1961)，Burridge (1966) 和 Ansell (1973) 中讨论了这两个行波勒让德函数的另一种定义，其中保持了

$\exp[\mp i(\lambda\theta + m\pi/2 - \pi/4)]$这一基本的渐近特征。

B.12 矢量球谐函数

到目前为止，我们只考虑了标量场ψ的表面球谐函数展开。在本节中，我们讨论将矢量场$\mathbf{u}$用*矢量球谐函数*展开的问题。为具体化起见，我们假定$\mathbf{u}$为实数的，并用实数标量球谐函数$\mathcal{Y}_{lm}$来定义表面球谐函数，其中$-l \leqslant m \leqslant l$；然而，以类比的方式，完全可以用$Y_{lm}$来定义复数的矢量球谐函数，其中$-l \leqslant m \leqslant l$。在附录C中，我们将考虑用复数广义球谐函数来展开矢量和更高阶的张量场。

B.12.1 切向矢量的亥姆霍兹表示

基本思路是用三个标量场来表示$\mathbf{u}$，且每一个标量场都用$\mathcal{Y}_{lm}$来展开，其中$-l \leqslant m \leqslant l$。一个显而易见的出发点是$\mathbf{u} = u_r\hat{\mathbf{r}} + u_\theta\hat{\boldsymbol{\theta}} + u_\phi\hat{\boldsymbol{\phi}}$这一三分量形式；然而，它有一个不良的特性，即在极点$\theta = 0$和$\theta = \pi$处为奇点。一个更有效的方法是基于将切向矢量场$\mathbf{u}^\Omega = \mathbf{u} - u_r\hat{\mathbf{r}}$写为表面梯度和表面旋度之和的*亥姆霍兹表示*：

$$\mathbf{u}^\Omega = \boldsymbol{\nabla}_1 V - \hat{\mathbf{r}} \times \boldsymbol{\nabla}_1 W \tag{B.150}$$

其中

$$\int_\Omega V\, d\Omega = \int_\Omega W\, d\Omega = 0 \tag{B.151}$$

对于单位球面Ω上的任一切向矢量$\mathbf{u}^\Omega$，存在唯一的一组标量场V和W，既满足(B.150)式，且在(B.151)式的意义上平均值为零。(B.150)式中表面旋度项负号的引入是为了便于与较早的矢量球谐函数的惯例相一致(Morse & Feshbach 1953)。

在(B.150)式两边点乘算子$\boldsymbol{\nabla}_1$和$\hat{\mathbf{r}}\times\boldsymbol{\nabla}_1$，并利用关系式$\boldsymbol{\nabla}_1\cdot\boldsymbol{\nabla}_1 = (\hat{\mathbf{r}}\times\boldsymbol{\nabla}_1)\cdot(\hat{\mathbf{r}}\times\boldsymbol{\nabla}_1) = \nabla_1^2$和$\boldsymbol{\nabla}_1\cdot(\hat{\mathbf{r}}\times\boldsymbol{\nabla}_1) = (\hat{\mathbf{r}}\times\boldsymbol{\nabla}_1)\cdot\boldsymbol{\nabla}_1 = 0$，我们得到解耦的方程

$$\nabla_1^2 V = \boldsymbol{\nabla}_1\cdot\mathbf{u}^\Omega, \qquad \nabla_1^2 W = -(\hat{\mathbf{r}}\times\boldsymbol{\nabla}_1)\cdot\mathbf{u}^\Omega \tag{B.152}$$

要利用这些方程来得到标量场V和W，必须要求解表面拉普拉斯算子的逆，也就是说，我们必须能够求解非齐次方程$\nabla_1^2\psi = \chi$而得到$\psi = \nabla_1^{-2}\chi$。将$\nabla_1^2\psi = \chi$在Ω上积分，并应用高斯定理，我们发现解存在的条件是$\int_\Omega \chi\, d\Omega = 0$。因此方程右侧$\chi$的球谐函数展开没有零次项：

$$\chi = \sum_{l=1}^{\infty}\sum_{m=-l}^{l} \chi_{lm}\mathcal{Y}_{lm} \tag{B.153}$$

施加约束条件(B.153)，并利用关系$\nabla_1^2\mathcal{Y}_{lm} = -l(l+1)\mathcal{Y}_{lm}$，我们可以将逆$\psi = \nabla_1^{-2}\chi$写成以下唯一的形式：

$$\psi = -\sum_{l=1}^{\infty}\sum_{m=-l}^{l} \frac{\chi_{lm}}{l(l+1)}\,\mathcal{Y}_{lm} \tag{B.154}$$

在空间域相应的结果为(Backus 1958)

$$\psi(\hat{\mathbf{r}}) = \frac{1}{4\pi}\int_\Omega \chi(\hat{\mathbf{r}}')\ln(1-\hat{\mathbf{r}}\cdot\hat{\mathbf{r}}')\,d\Omega' \tag{B.155}$$

总之，在单位球面Ω上平均值为零的所有平方可积函数χ的空间内，(B.154)或(B.155)均可完善地定义算子∇_1^{-2}。该逆算子是线性的，且只要χ足够光滑，则有$\nabla_1^2\nabla_1^{-2}\chi = \nabla_1^{-2}\nabla_1^2\chi = \chi$。将这些结果用于(B.152)式，我们得到

$$V = \nabla_1^{-2}(\boldsymbol{\nabla}_1\cdot\mathbf{u}^\Omega), \qquad W = -\nabla_1^{-2}[(\hat{\mathbf{r}}\times\boldsymbol{\nabla}_1)\cdot\mathbf{u}^\Omega] \tag{B.156}$$

$\mathbf{u}^\Omega$是否能够用V和W以(B.150)式给定仍是个问题。要得到肯定的回答，只需要考虑剩余的切向矢量$\boldsymbol{\delta}^\Omega = \mathbf{u}^\Omega - \boldsymbol{\nabla}_1 V + \hat{\mathbf{r}}\times\boldsymbol{\nabla}_1 W$，并考虑到$\boldsymbol{\nabla}_1\cdot\boldsymbol{\delta}^\Omega = (\hat{\mathbf{r}}\times\boldsymbol{\nabla}_1)\cdot\boldsymbol{\delta}^\Omega = 0$，而这意味着$\boldsymbol{\delta}^\Omega = \mathbf{0}$。

B.12.2 球型场和环型场

为统一化起见，用U表示径向分量u_r，我们可以将单位球面Ω上的任意矢量场$\mathbf{u}$用三个标量场来表示：

$$\mathbf{u} = \hat{\mathbf{r}}\,U + \boldsymbol{\nabla}_1 V - \hat{\mathbf{r}}\times\boldsymbol{\nabla}_1 W \tag{B.157}$$

其中$\int_\Omega V\,d\Omega = \int_\Omega W\,d\Omega = 0$。一个形如$\hat{\mathbf{r}}\,U + \boldsymbol{\nabla}_1 V$的矢量场被称为球型的，而形如$-\hat{\mathbf{r}}\times\boldsymbol{\nabla}_1 W$的矢量场则被称为环型的。因此，(B.157)式表示将任一矢量场$\mathbf{u}$分解为其球型和环型部分。要注意的是，球型场既有径向分量也有切向分量，而环型场则是纯切向的。球型场的纯切向部分$\boldsymbol{\nabla}_1 V$没有统一的名称；Backus (1986)建议将其称为纵向(consoidal)的。

将U、V和W这三个标量场用实数标量球谐函数$\mathcal{Y}_{lm}$展开，其中$-l \leqslant m \leqslant l$，就自然得到径向、纵向和横向的矢量球谐函数$\hat{\mathbf{r}}\,\mathcal{Y}_{lm}$、$\boldsymbol{\nabla}_1\mathcal{Y}_{lm}$和$-\hat{\mathbf{r}}\times\boldsymbol{\nabla}_1\mathcal{Y}_{lm}$。然而，最好还是将其重新归一化；我们定义三个次数为$0 < l \leqslant \infty$、级数为$-l \leqslant m \leqslant l$的实数矢量球谐函数$\mathbf{P}_{lm}$、$\mathbf{B}_{lm}$和$\mathbf{C}_{lm}$：

$$\mathbf{P}_{lm} = \hat{\mathbf{r}}\,\mathcal{Y}_{lm} \tag{B.158}$$

$$\mathbf{B}_{lm} = \frac{\boldsymbol{\nabla}_1\mathcal{Y}_{lm}}{\sqrt{l(l+1)}} = \frac{[\hat{\boldsymbol{\theta}}\partial_\theta + \hat{\boldsymbol{\phi}}(\sin\theta)^{-1}\partial_\phi]\mathcal{Y}_{lm}}{\sqrt{l(l+1)}} \tag{B.159}$$

$$\mathbf{C}_{lm} = \frac{-\hat{\mathbf{r}}\times\boldsymbol{\nabla}_1\mathcal{Y}_{lm}}{\sqrt{l(l+1)}} = \frac{[\hat{\boldsymbol{\theta}}(\sin\theta)^{-1}\partial_\phi - \hat{\boldsymbol{\phi}}\partial_\theta]\mathcal{Y}_{lm}}{\sqrt{l(l+1)}} \tag{B.160}$$

次数和级数均为零的球谐函数被假设是纯径向的：$\mathbf{P}_{00} = (4\pi)^{-1/2}\hat{\mathbf{r}}$，其中$\mathbf{B}_{00} = \mathbf{C}_{00} = \mathbf{0}$。定义(B.159)–(B.160)中多出来的系数$1/\sqrt{l(l+1)}$使得矢量球谐函数为正交归一的：

$$\int_\Omega \mathbf{P}_{lm}\cdot\mathbf{P}_{l'm'}\,d\Omega = \delta_{ll'}\delta_{mm'} \tag{B.161}$$

$$\int_\Omega \mathbf{B}_{lm}\cdot\mathbf{B}_{l'm'}\,d\Omega = \delta_{ll'}\delta_{mm'} \tag{B.162}$$

$$\int_\Omega \mathbf{C}_{lm}\cdot\mathbf{C}_{l'm'}\,d\Omega = \delta_{ll'}\delta_{mm'} \tag{B.163}$$

$$\int_\Omega \mathbf{P}_{lm}\cdot\mathbf{B}_{l'm'}\,d\Omega = 0 \tag{B.164}$$

$$\int_\Omega \mathbf{P}_{lm} \cdot \mathbf{C}_{l'm'}\, d\Omega = 0 \tag{B.165}$$

$$\int_\Omega \mathbf{B}_{lm} \cdot \mathbf{C}_{l'm'}\, d\Omega = 0 \tag{B.166}$$

(B.161) 式是标量球谐函数 $\mathcal{Y}_{lm}$ 的正交归一性 (B.73) 式的直接结果，而 (B.164)–(B.166) 则显然是点点成立的等式。要验证 (B.162)–(B.163)，我们注意到，根据 (A.79) 中闭合表面上的高斯定理，有

$$\int_\Omega \boldsymbol{\nabla}_1 \mathcal{Y}_{lm} \cdot \boldsymbol{\nabla}_1 \mathcal{Y}_{l'm'}\, d\Omega = -\int_\Omega (\nabla_1^2 \mathcal{Y}_{lm}) \mathcal{Y}_{l'm'}\, d\Omega$$
$$= l(l+1) \int_\Omega \mathcal{Y}_{lm} \mathcal{Y}_{l'm'}\, d\Omega = l(l+1)\delta_{ll'}\delta_{mm'} \tag{B.167}$$

在 $l' = l$ 且 $m' = m$ 的特例下，归一化关系 (B.167) 简化为 $\|\boldsymbol{\nabla}_1 \mathcal{Y}_{lm}\| = \sqrt{l(l+1)}\, \|\mathcal{Y}_{lm}\| \approx (l + \frac{1}{2})\, \|\mathcal{Y}_{lm}\|$。这与我们在 B.7 节中所看到的次数较高的标量球谐函数的渐近波数为 $l + \frac{1}{2}$ 是相符的。

矢量球谐函数 $\mathbf{P}_{lm}$、$\mathbf{B}_{lm}$ 和 $\mathbf{C}_{lm}$ 能够用来展开单位球面 Ω 上的矢量场，与标量球谐函数 $\mathcal{Y}_{lm}$ 被用来展开标量场的方式相同：

$$\mathbf{u} = \sum_{l=0}^{\infty} \sum_{m=-l}^{l} U_{lm}\mathbf{P}_{lm} + V_{lm}\mathbf{B}_{lm} + W_{lm}\mathbf{C}_{lm} \tag{B.168}$$

系统性地应用正交归一关系 (B.161)–(B.166)，可以得到以下展开系数 U_{lm}、V_{lm}、W_{lm}

$$U_{lm} = \int_\Omega (\mathbf{P}_{lm} \cdot \mathbf{u})\, d\Omega \tag{B.169}$$

$$V_{lm} = \int_\Omega (\mathbf{B}_{lm} \cdot \mathbf{u})\, d\Omega \tag{B.170}$$

$$W_{lm} = \int_\Omega (\mathbf{C}_{lm} \cdot \mathbf{u})\, d\Omega \tag{B.171}$$

请注意 $V_{00} = W_{00} = 0$，与约束条件 (B.151) 相符。对 (B.168) 式的理解是，对于满足 $\int_\Omega \|\mathbf{u}\|^2\, d\Omega < \infty$ 的平方可积矢量场，在其平均收敛的意义上等号是成立的，与实数标量球谐函数展开式 (B.97) 的解释一样。$\|\mathbf{u}\|^2$ 的积分是展开系数的平方之和：

$$\int_\Omega \|\mathbf{u}\|^2\, d\Omega = \sum_{l=0}^{\infty} \sum_{m=-l}^{l} (U_{lm}^2 + V_{lm}^2 + W_{lm}^2) \tag{B.172}$$

上述所有适用于单位球面 Ω 上矢量场 $\mathbf{u}(\theta, \phi)$ 的结果都可以立即推广到三维矢量场 $\mathbf{u}(\mathbf{r})$。唯一不同的是，系数 U_{lm}、V_{lm}、W_{lm} 成为半径 r 的函数。

表达式 (B.168) 的一个有用的特性是，它使三维矢量场的散度 $\boldsymbol{\nabla} \cdot \mathbf{u}$、旋度 $\boldsymbol{\nabla} \times \mathbf{u}$ 以及相关的二阶导数 $\boldsymbol{\nabla}(\boldsymbol{\nabla} \cdot \mathbf{u})$, $\boldsymbol{\nabla} \times (\boldsymbol{\nabla} \times \mathbf{u})$ 和 $\nabla^2 \mathbf{u} = \boldsymbol{\nabla}(\boldsymbol{\nabla} \cdot \mathbf{u}) - \boldsymbol{\nabla} \times (\boldsymbol{\nabla} \times \mathbf{u})$ 等的分解都非常容易。以下衍生的结果也很容易证明：

$$\boldsymbol{\nabla}_1 \cdot \mathbf{P}_{lm} = 2\mathcal{Y}_{lm}, \qquad \boldsymbol{\nabla}_1 \times \mathbf{P}_{lm} = \sqrt{l(l+1)}\, \mathbf{C}_{lm} \tag{B.173}$$

$$\boldsymbol{\nabla}_1\cdot\mathbf{B}_{lm}=-\sqrt{l(l+1)}\,\mathcal{Y}_{lm},\qquad \boldsymbol{\nabla}_1\times\mathbf{B}_{lm}=-\mathbf{C}_{lm}\tag{B.174}$$

$$\boldsymbol{\nabla}_1\cdot\mathbf{C}_{lm}=0,\qquad \boldsymbol{\nabla}_1\times\mathbf{C}_{lm}=\sqrt{l(l+1)}\,\mathbf{P}_{lm}+\mathbf{B}_{lm}\tag{B.175}$$

$$\nabla_1^2\mathbf{P}_{lm}=-[l(l+1)+2]\,\mathbf{P}_{lm}+2\sqrt{l(l+1)}\,\mathbf{B}_{lm}\tag{B.176}$$

$$\nabla_1^2\mathbf{B}_{lm}=2\sqrt{l(l+1)}\,\mathbf{P}_{lm}-l(l+1)\,\mathbf{B}_{lm}\tag{B.177}$$

$$\nabla_1^2\mathbf{C}_{lm}=-l(l+1)\,\mathbf{C}_{lm}\tag{B.178}$$

利用(B.173)–(B.178)式，我们得到

$$\boldsymbol{\nabla}\cdot\mathbf{u}=\sum_{l=0}^{\infty}\sum_{m=-l}^{l}\left\{\frac{dU_{lm}}{dr}+\frac{1}{r}\left[2U_{lm}-\sqrt{l(l+1)}\,V_{lm}\right]\right\}\mathcal{Y}_{lm}\tag{B.179}$$

$$\begin{aligned}\boldsymbol{\nabla}\times\mathbf{u}=&\sum_{l=0}^{\infty}\sum_{m=-l}^{l}\left[\frac{\sqrt{l(l+1)}}{r}\,W_{lm}\right]\mathbf{P}_{lm}+\left(\frac{dW_{lm}}{dr}+\frac{W_{lm}}{r}\right)\mathbf{B}_{lm}\\&-\left\{\frac{dV_{lm}}{dr}+\frac{1}{r}\left[V_{lm}-\sqrt{l(l+1)}\,U_{lm}\right]\right\}\mathbf{C}_{lm}\end{aligned}\tag{B.180}$$

$$\begin{aligned}\boldsymbol{\nabla}(\boldsymbol{\nabla}\cdot\mathbf{u})=&\sum_{l=0}^{\infty}\sum_{m=-l}^{l}\left\{\frac{d^2U_{lm}}{dr^2}+\frac{1}{r}\left[2\,\frac{dU_{lm}}{dr}-\sqrt{l(l+1)}\;\frac{dV_{lm}}{dr}\right]\right.\\&\left.-\frac{1}{r^2}\left[2U_{lm}-\sqrt{l(l+1)}\,V_{lm}\right]\right\}\mathbf{P}_{lm}\\&+\frac{\sqrt{l(l+1)}}{r}\left\{\frac{dU_{lm}}{dr}+\frac{1}{r}\left[2U_{lm}-\sqrt{l(l+1)}\,V_{lm}\right]\right\}\mathbf{B}_{lm}\end{aligned}\tag{B.181}$$

$$\begin{aligned}\boldsymbol{\nabla}\times(\boldsymbol{\nabla}\times\mathbf{u})=&\sum_{l=0}^{\infty}\sum_{m=-l}^{l}\left\{-\frac{\sqrt{l(l+1)}}{r}\left[\frac{dV_{lm}}{dr}\right.\right.\\&\left.\left.+\frac{1}{r}\left(V_{lm}-\sqrt{l(l+1)}\,U_{lm}\right)\right]\right\}\mathbf{P}_{lm}\\&-\left[\frac{d^2V_{lm}}{dr^2}+\frac{2}{r}\frac{dV_{lm}}{dr}-\frac{\sqrt{l(l+1)}}{r}\,\frac{dU_{lm}}{dr}\right]\mathbf{B}_{lm}\\&-\left[\frac{d^2W_{lm}}{dr^2}+\frac{2}{r}\frac{dW_{lm}}{dr}-\frac{l(l+1)}{r^2}\,W_{lm}\right]\mathbf{C}_{lm}\end{aligned}\tag{B.182}$$

$$\begin{aligned}\nabla^2\mathbf{u}=&\sum_{l=0}^{\infty}\sum_{m=-l}^{l}\left\{\frac{d^2U_{lm}}{dr^2}+\frac{2}{r}\frac{dU_{lm}}{dr}-\frac{2}{r^2}\,U_{lm}\right.\\&\left.+\frac{\sqrt{l(l+1)}}{r^2}\left[2V_{lm}-\sqrt{l(l+1)}\,U_{lm}\right]\right\}\mathbf{P}_{lm}\\&+\left\{\frac{d^2V_{lm}}{dr^2}+\frac{2}{r}\frac{dV_{lm}}{dr}+\frac{\sqrt{l(l+1)}}{r^2}\left[2U_{lm}-\sqrt{l(l+1)}V_{lm}\right]\right\}\mathbf{B}_{lm}\end{aligned}$$

$$+\left[\frac{d^2W_{lm}}{dr^2}+\frac{2}{r}\frac{dW_{lm}}{dr}-\frac{l(l+1)}{r^2}W_{lm}\right]\mathbf{C}_{lm} \tag{B.183}$$

从(B.179)–(B.180)中我们看到环型场的散度为零，而球型场的旋度是环型的，反之亦然。因此，(B.181)–(B.183)中的二阶导数均不会改变球型或环型矢量场的特性。在8.6.1节和8.6.2节的讨论中，我们看到$\boldsymbol{\nabla}\cdot\mathbf{u}$、$\boldsymbol{\nabla}\times\mathbf{u}$、$\boldsymbol{\nabla}(\boldsymbol{\nabla}\cdot\mathbf{u})$、$\boldsymbol{\nabla}\times(\boldsymbol{\nabla}\times\mathbf{u})$和$\nabla^2\mathbf{u}$的这些特性是球对称地球的自由振荡解耦成独立的球型和环型振荡的原因。

表B.3完整地列出了在球对称地球径向拉格朗日量密度和能量密度的计算中所遇到的涉及$\hat{\mathbf{r}}\mathbf{P}_{lm}$、$\hat{\mathbf{r}}\mathbf{B}_{lm}$、$\hat{\mathbf{r}}\mathbf{C}_{lm}$和$\boldsymbol{\nabla}_1\mathbf{P}_{lm}$、$\boldsymbol{\nabla}_1\mathbf{B}_{lm}$、$\boldsymbol{\nabla}_1\mathbf{C}_{lm}$的双点乘组合的积分。这些结果是利用单位球面$\Omega$上的高斯定理以及表面算子等式(A.127)–(A.130)而得到的。值得注意的是，所有涉及如$\boldsymbol{\nabla}_1\mathbf{B}_{lm}:\boldsymbol{\nabla}_1\mathbf{C}_{l'm'}$的球型–环型组合的积分均为零。正如我们在8.6.4节中所讨论的，这也为球对称地球的拉格朗日量分解为独立的球型和环型项提供了解释。

表 B.3　在单位球面Ω上涉及三个矢量球谐函数表面梯度的面积分

$$\int_\Omega (\hat{\mathbf{r}}\mathbf{B}_{lm})^{\mathrm{T}}:(\boldsymbol{\nabla}_1\mathbf{B}_{l'm'})\,d\Omega=-\delta_{ll'}\delta_{mm'}$$

$$\int_\Omega (\hat{\mathbf{r}}\mathbf{C}_{lm})^{\mathrm{T}}:(\boldsymbol{\nabla}_1\mathbf{C}_{l'm'})\,d\Omega=-\delta_{ll'}\delta_{mm'}$$

$$\int_\Omega (\hat{\mathbf{r}}\mathbf{B}_{lm})^{\mathrm{T}}:(\boldsymbol{\nabla}_1\mathbf{P}_{l'm'})\,d\Omega=\sqrt{l(l+1)}\,\delta_{ll'}\delta_{mm'}$$

$$\int_\Omega (\boldsymbol{\nabla}_1\mathbf{P}_{lm}):(\boldsymbol{\nabla}_1\mathbf{P}_{l'm'})\,d\Omega=[l(l+1)+2]\,\delta_{ll'}\delta_{mm'}$$

$$\int_\Omega (\boldsymbol{\nabla}_1\mathbf{P}_{lm})^{\mathrm{T}}:(\boldsymbol{\nabla}_1\mathbf{P}_{l'm'})\,d\Omega=2\,\delta_{ll'}\delta_{mm'}$$

$$\int_\Omega (\boldsymbol{\nabla}_1\mathbf{B}_{lm}):(\boldsymbol{\nabla}_1\mathbf{B}_{l'm'})\,d\Omega=l(l+1)\,\delta_{ll'}\delta_{mm'}$$

$$\int_\Omega (\boldsymbol{\nabla}_1\mathbf{B}_{lm})^{\mathrm{T}}:(\boldsymbol{\nabla}_1\mathbf{B}_{l'm'})\,d\Omega=[l(l+1)-1]\,\delta_{ll'}\delta_{mm'}$$

$$\int_\Omega (\boldsymbol{\nabla}_1\mathbf{C}_{lm}):(\boldsymbol{\nabla}_1\mathbf{C}_{l'm'})\,d\Omega=l(l+1)\,\delta_{ll'}\delta_{mm'}$$

$$\int_\Omega (\boldsymbol{\nabla}_1\mathbf{C}_{lm})^{\mathrm{T}}:(\boldsymbol{\nabla}_1\mathbf{C}_{l'm'})\,d\Omega=-\delta_{ll'}\delta_{mm'}$$

$$\int_\Omega (\boldsymbol{\nabla}_1\mathbf{P}_{lm}):(\boldsymbol{\nabla}_1\mathbf{B}_{l'm'})\,d\Omega=-2\sqrt{l(l+1)}\,\delta_{ll'}\delta_{mm'}$$

$$\int_\Omega (\boldsymbol{\nabla}_1\mathbf{P}_{lm})^{\mathrm{T}}:(\boldsymbol{\nabla}_1\mathbf{B}_{l'm'})\,d\Omega=-\sqrt{l(l+1)}\,\delta_{ll'}\delta_{mm'}$$

注：许多密切相关的积分都可利用任意二阶张量$\mathbf{F}$和$\mathbf{G}$之间显而易见的等式$\mathbf{F}^{\mathrm{T}}:\mathbf{G}=\mathbf{F}:\mathbf{G}^{\mathrm{T}}$和$\mathbf{F}:\mathbf{G}=\mathbf{F}^{\mathrm{T}}:\mathbf{G}^{\mathrm{T}}$来计算。所有其他涉及$\hat{\mathbf{r}}\mathbf{P}_{lm}$、$\hat{\mathbf{r}}\mathbf{B}_{lm}$、$\hat{\mathbf{r}}\mathbf{C}_{lm}$、$\boldsymbol{\nabla}_1\mathbf{P}_{lm}$、$\boldsymbol{\nabla}_1\mathbf{B}_{lm}$、$\boldsymbol{\nabla}_1\mathbf{C}_{lm}$与它们转置的双点乘组合的积分均为零

B.12.3 极向场

一个螺旋矢量场$\boldsymbol{\omega}$的散度处处为零：

$$\boldsymbol{\nabla}\cdot\boldsymbol{\omega}=0 \tag{B.184}$$

这样的场可以写为$\boldsymbol{\omega}=\hat{\mathbf{r}}U+\boldsymbol{\nabla}_1 V+\hat{\mathbf{r}}\times\boldsymbol{\nabla}_1 Q$的形式，为了方便起见，在这里以及下文中我们将环型标量W用$-Q$替换。约束条件(B.184)的标量表达式为

$$(r\partial_r+2)U+\nabla_1^2 V=0 \tag{B.185}$$

对于任何规范场V，存在一个唯一的规范场P，在$r=0$处为零，且满足

$$V=-r^{-1}\partial_r(rP) \tag{B.186}$$

如果U和V满足方程(B.185)，则$\partial_r[r^2(U-r^{-1}\nabla_1^2 P)]=0$。这进一步意味着

$$U=r^{-1}\nabla_1^2 P \tag{B.187}$$

这里我们使用了U在$r=0$处的规范性来消去积分常数。如果V在所有球面上的平均值为零，则P和U也是如此。上述考量表明，一个螺旋矢量场$\boldsymbol{\omega}$可以由两个标量P和Q完全确定。将(B.186)–(B.187)代入$\boldsymbol{\omega}=\hat{\mathbf{r}}U+\boldsymbol{\nabla}_1 V+\hat{\mathbf{r}}\times\boldsymbol{\nabla}_1 Q$，我们得到所谓的米氏(Mie)分解式(Backus 1958; 1986; Backus, Parker & Constable 1996)：

$$\begin{aligned}\boldsymbol{\omega}&=\boldsymbol{\nabla}\times(\mathbf{r}\times\boldsymbol{\nabla}P)+\mathbf{r}\times\boldsymbol{\nabla}Q\\&=-\boldsymbol{\nabla}\times(\boldsymbol{\nabla}\times\mathbf{r}P)-\boldsymbol{\nabla}\times\mathbf{r}Q\end{aligned} \tag{B.188}$$

对于每一螺旋矢量场$\boldsymbol{\omega}$，存在唯一的一组标量场P和Q，满足(B.188)式，且$\int_\Omega P\,d\Omega=\int_\Omega Q\,d\Omega=0$。将米式分解式与$\mathbf{r}$和$\mathbf{r}\times\boldsymbol{\nabla}$两者点乘，我们发现

$$P=\nabla_1^{-2}(\mathbf{r}\cdot\boldsymbol{\omega}),\qquad Q=\nabla_1^{-2}[\mathbf{r}\cdot(\boldsymbol{\nabla}\times\boldsymbol{\omega})] \tag{B.189}$$

任一螺旋场的径向分量在任一球面上的平均值为零；这为在(B.189)中应用逆拉普拉斯算子∇_1^{-2}提供了支持。

任何具有$\boldsymbol{\nabla}\times(\mathbf{r}\times\boldsymbol{\nabla}P)$形式的矢量场被称为极向的。因此米式分解式(B.188)将任一螺旋场$\boldsymbol{\omega}$分解为极向和环向的部分。根据定义，环向场的旋度是极向的；反之，极向场的旋度是环向的。事实上，对于任何满足(B.188)的$\boldsymbol{\omega}$都有：

$$\boldsymbol{\nabla}\times\boldsymbol{\omega}=\boldsymbol{\nabla}\times(\mathbf{r}\times\boldsymbol{\nabla}Q)-\mathbf{r}\times\boldsymbol{\nabla}(\nabla^2 P) \tag{B.190}$$

螺旋场的拉普拉斯$\nabla^2\boldsymbol{\omega}=-\boldsymbol{\nabla}\times(\boldsymbol{\nabla}\times\boldsymbol{\omega})$为

$$\nabla^2\boldsymbol{\omega}=\boldsymbol{\nabla}\times[\mathbf{r}\times\boldsymbol{\nabla}(\nabla^2 P)]+\mathbf{r}\times\boldsymbol{\nabla}(\nabla^2 Q) \tag{B.191}$$

(B.191)这一特性使得分解式(B.188)对满足矢量亥姆霍兹方程

$$\nabla^2\boldsymbol{\omega}+k^2\boldsymbol{\omega}=\mathbf{0} \tag{B.192}$$

以及$\boldsymbol{\nabla}\cdot\boldsymbol{\omega}=0$这一约束的螺旋场特别方便。电场$\mathbf{E}$和磁场$\mathbf{B}$在自由空间处处均满足 (B.184) 和 (B.192)；与环型电场相对应的磁场是球型的，反之亦然(Mie 1908; Stratton 1941)。

B.12.4 调和势函数场

如果$\boldsymbol{\omega}$是无旋的，即$\boldsymbol{\nabla}\times\boldsymbol{\omega}=\mathbf{0}$，同时是螺旋的，即$\boldsymbol{\nabla}\cdot\boldsymbol{\omega}=0$，则它可以写成如下形式

$$\boldsymbol{\omega}=-\boldsymbol{\nabla}\psi,\quad \text{其中}\quad \nabla^2\psi=0 \tag{B.193}$$

调和势函数ψ与极向和环向标量P和Q的关系为(Backus 1986；Backus, Parker & Constable 1996)：

$$\psi=\partial_r(rP),\qquad P=-\nabla_1^{-2}(r\partial_r\psi),\qquad Q=0 \tag{B.194}$$

球极坐标中拉普拉斯方程$\nabla^2\psi=0$的一般解为

$$\psi=\sum_{l=0}^{\infty}\sum_{m=-l}^{l}\left[g_{lm}(a/r)^{l+1}+h_{lm}(r/a)^{l}\right]\mathcal{Y}_{lm}(\theta,\phi) \tag{B.195}$$

其中a为一特征半径，如地球的半径或核幔边界半径。实数常数g_{lm}和h_{lm}分别为由r以下区域的内部源和r以上区域的外部源所产生的场的所谓高斯系数。(B.195)式对在两部分源区之间球壳内任何调和的ψ都是成立的。如果$\boldsymbol{\omega}=-\boldsymbol{\nabla}\psi$处处均为螺旋的，那么因为$\int_\Omega\hat{\mathbf{r}}\cdot\boldsymbol{\omega}\,d\Omega=0$这一约束，对次数的求和要从$l=1$开始，而不是$l=0$。外部引力势和基本地磁场的传统表达式都是基于(B.195)这一结果；然而，正如我们在B.8节指出的，这两种应用中通常采用了不同的球谐函数归一化。

附录 C　广义球谐函数

一个能够将附录 B 中所讨论的标量和矢量球谐函数展开拓展到更高阶张量场的方法显然是令人期待的。Backus (1967) 发展了一种势函数表示，将二阶切向张量场$\mathbf{T}^{\Omega\Omega}$用四个标量场表示，类似于切向矢量场的两个势函数表达式$\mathbf{u}^{\Omega} = \boldsymbol{\nabla}_1 V - \hat{\mathbf{r}} \times \boldsymbol{\nabla}_1 W$，并用其简洁地推导了球对称地球模型的环型和球型自由振荡所满足的径向微分方程，还得到了地幔中可能的初始静态应力场的详尽结果。他的表述方法可以与切向矢量及张量分解$\mathbf{T} = \hat{\mathbf{r}}\hat{\mathbf{r}}T_{rr} + \hat{\mathbf{r}}\mathbf{T}^{r\Omega} + \mathbf{T}^{\Omega r}\hat{\mathbf{r}} + \mathbf{T}^{\Omega\Omega}$结合使用，来定义九个二阶张量球谐函数，类似于三个矢量球谐函数$\mathbf{P}_{lm}$、$\mathbf{B}_{lm}$、$\mathbf{C}_{lm}$。然而，该方法植根于经典微分几何，很难推广到更高阶张量$\mathbf{T}$。

在本附录中，我们介绍一个更有效同时也是更常规的方法，将任意阶数的张量场用广义球谐函数展开。Gelfand 和 Shapiro (1956) 首次将广义球谐函数展开系统地应用于求解经典张量微分方程。他们的结果被 Burridge (1969) 加以提练并置于实用的基础上，随后 Phinney 和 Burridge (1973) 将其应用于地球自由振荡的研究。广义球谐函数和旋转群$O(3)$表述之间有密切的联系；然而，我们在此不会将精力花在这些理论细节上。我们有一个具体且更有限的目标：发展一套数学系统来处理涉及球极坐标中的矢量和更高阶张量的代数和微分关系式。一旦掌握了几个基本概念，就能够使用该系统象转动齿轮一样容易地进行广义球谐函数计算，而不用考虑分析中的群论支撑。

在继续之前，需要谨慎地指出本附录中所描述的广义矢量球谐函数并不是电场和磁场之间相互作用的量子理论研究中常用的矢量简谐函数 (Edmonds 1960)。后者是用由三个复数笛卡儿矢量$-\frac{1}{\sqrt{2}}(\hat{\mathbf{x}} + i\hat{\mathbf{y}})$、$\hat{\mathbf{z}}$、$\frac{1}{\sqrt{2}}(\hat{\mathbf{x}} - i\hat{\mathbf{y}})$所构成的一组基展开的，而 Gelfand-Shapiro-Burridge 球谐函数则是以我们在附录 C.2.2 中所定义的正则球极基矢量$\hat{\mathbf{e}}_-$、$\hat{\mathbf{e}}_0$、$\hat{\mathbf{e}}_+$和$\hat{\mathbf{e}}^-$、$\hat{\mathbf{e}}^0$、$\hat{\mathbf{e}}^+$表示的。量子–电磁矢量简谐函数的表达被置于严格的经典框架内，并由 James (1976) 扩展至任意阶的张量；他极富可读性的论文为该题目提供了一个全面介绍。然而，我们在本书中不去讨论 Edmonds-James 张量球谐函数的特性，因为基于历史的原因，它从未被用于理论全球地震学。

通过与 (B.2) 类比，我们定义单位球面Ω上两个 (不一定是切向) 张量场$\mathbf{T}$和$\mathbf{P}$的内积为

$$\langle \mathbf{T}, \mathbf{P} \rangle = \int_{\Omega} \mathbf{T}^* \vdots \mathbf{P} \, d\Omega \tag{C.1}$$

其中三重点积表示对所有球极分量的缩并：$\mathbf{T}^* \vdots \mathbf{P} = T^*_{rr\cdots r} P_{rr\cdots r} + T^*_{\theta r\cdots r} P_{\theta r\cdots r} + \cdots T^*_{\phi\phi\cdots\phi} P_{\phi\phi\cdots\phi}$。对于单位球面上的两个张量场$\mathbf{T}$和$\mathbf{P}$，如果有$\langle \mathbf{T}, \mathbf{P} \rangle = 0$，则称它们是正交的。由内积 (C.1) 得到的张量范数用$|||\mathbf{T}||| = \langle \mathbf{T}, \mathbf{T} \rangle^{1/2}$表示。用三条竖线是为了要与复数的欧氏范数$\|\mathbf{T}\| = (\mathbf{T}^* \vdots \mathbf{T})^{1/2}$有所区别。

C.1 角动量回顾

我们首先考虑在附录B.2中引入的角动量算子$\mathbf{L}$至此尚未提及的一个性质。我们将看到，$\mathbf{L}$自然地出现在刚体旋转下标量场变换特性的分析中；然而，如果我们试图也用它来描述矢量和更高阶张量场的变换特性，则必须将其加以推广。从一个不带撇笛卡儿坐标系$(\hat{\mathbf{x}}, \hat{\mathbf{y}}, \hat{\mathbf{z}})$到一个带撇笛卡儿坐标系$(\hat{\mathbf{x}}', \hat{\mathbf{y}}', \hat{\mathbf{z}}')$的刚性旋转可以用如下矩阵描述：

$$\mathsf{R} = \begin{pmatrix} \hat{\mathbf{x}}\cdot\hat{\mathbf{x}}' & \hat{\mathbf{y}}\cdot\hat{\mathbf{x}}' & \hat{\mathbf{z}}\cdot\hat{\mathbf{x}}' \\ \hat{\mathbf{x}}\cdot\hat{\mathbf{y}}' & \hat{\mathbf{y}}\cdot\hat{\mathbf{y}}' & \hat{\mathbf{z}}\cdot\hat{\mathbf{y}}' \\ \hat{\mathbf{x}}\cdot\hat{\mathbf{z}}' & \hat{\mathbf{y}}\cdot\hat{\mathbf{z}}' & \hat{\mathbf{z}}\cdot\hat{\mathbf{z}}' \end{pmatrix} \tag{C.2}$$

所有由方向余弦组成的这种矩阵都是适当正交的：$\mathsf{R}^{-1} = \mathsf{R}^{\mathrm{T}}$和$\det\mathsf{R} = 1$。单位球面$\Omega$上一点带撇和不带撇坐标$\hat{\mathbf{r}} = x\hat{\mathbf{x}} + y\hat{\mathbf{y}} + z\hat{\mathbf{z}} = x'\hat{\mathbf{x}}' + y'\hat{\mathbf{y}}' + z'\hat{\mathbf{z}}'$之间的关系为

$$\begin{pmatrix} x' \\ y' \\ z' \end{pmatrix} = \mathsf{R}\begin{pmatrix} x \\ y \\ z \end{pmatrix} \tag{C.3}$$

欧拉定理断言，每一适当正交矩阵R都与一矢量$\boldsymbol{\omega}$同构，该矢量的方向$\hat{\boldsymbol{\omega}}$为旋转轴，其长度$\|\boldsymbol{\omega}\|$为以弧度为单位的右手旋转角。逆矩阵或转置矩阵$\mathsf{R}^{-1} = \mathsf{R}^{\mathrm{T}}$与矢量$-\boldsymbol{\omega}$相对应，而单位矩阵$\mathsf{I}$则与零矢量相对应。

需要强调的是，(C.3)式中的(x', y', z')和(x, y, z)是同一点$\hat{\mathbf{r}}$在两个笛卡儿系中的坐标。这种*被动*的观点在地球物理应用中是最方便的，也是我们在此唯一采用的；*主动*的观点是保持正交归一轴$(\hat{\mathbf{x}}, \hat{\mathbf{y}}, \hat{\mathbf{z}})$固定，而观察点$\hat{\mathbf{r}} = x\hat{\mathbf{x}} + y\hat{\mathbf{y}} + z\hat{\mathbf{z}}$移动到$\hat{\mathbf{r}}' = x'\hat{\mathbf{x}} + y'\hat{\mathbf{y}} + z'\hat{\mathbf{z}}$，这常常在量子力学中用来描述物理系统的旋转对波函数的影响(Schiff 1968)。如图C.1所示，一个围绕单一固定轴的被动旋转$\boldsymbol{\omega}$与一个等量且反向的主动旋转$-\boldsymbol{\omega}$是等效的。

从$(\hat{\mathbf{x}}, \hat{\mathbf{y}}, \hat{\mathbf{z}})$到$(\hat{\mathbf{x}}', \hat{\mathbf{y}}', \hat{\mathbf{z}}')$的旋转$\mathsf{R}_1$和随后从$(\hat{\mathbf{x}}', \hat{\mathbf{y}}', \hat{\mathbf{z}}')$到$(\hat{\mathbf{x}}'', \hat{\mathbf{y}}'', \hat{\mathbf{z}}'')$的旋转$\mathsf{R}_2$这两个相继旋转的净效果可以表述为

$$\begin{pmatrix} x'' \\ y'' \\ z'' \end{pmatrix} = \mathsf{R}_2\mathsf{R}_1\begin{pmatrix} x \\ y \\ z \end{pmatrix} \tag{C.4}$$

其中

$$\mathsf{R}_2\mathsf{R}_1 = \begin{pmatrix} \hat{\mathbf{x}}'\cdot\hat{\mathbf{x}}'' & \hat{\mathbf{y}}'\cdot\hat{\mathbf{x}}'' & \hat{\mathbf{z}}'\cdot\hat{\mathbf{x}}'' \\ \hat{\mathbf{x}}'\cdot\hat{\mathbf{y}}'' & \hat{\mathbf{y}}'\cdot\hat{\mathbf{y}}'' & \hat{\mathbf{z}}'\cdot\hat{\mathbf{y}}'' \\ \hat{\mathbf{x}}'\cdot\hat{\mathbf{z}}'' & \hat{\mathbf{y}}'\cdot\hat{\mathbf{z}}'' & \hat{\mathbf{z}}'\cdot\hat{\mathbf{z}}'' \end{pmatrix}\begin{pmatrix} \hat{\mathbf{x}}\cdot\hat{\mathbf{x}}' & \hat{\mathbf{y}}\cdot\hat{\mathbf{x}}' & \hat{\mathbf{z}}\cdot\hat{\mathbf{x}}' \\ \hat{\mathbf{x}}\cdot\hat{\mathbf{y}}' & \hat{\mathbf{y}}\cdot\hat{\mathbf{y}}' & \hat{\mathbf{z}}\cdot\hat{\mathbf{y}}' \\ \hat{\mathbf{x}}\cdot\hat{\mathbf{z}}' & \hat{\mathbf{y}}\cdot\hat{\mathbf{z}}' & \hat{\mathbf{z}}\cdot\hat{\mathbf{z}}' \end{pmatrix} \tag{C.5}$$

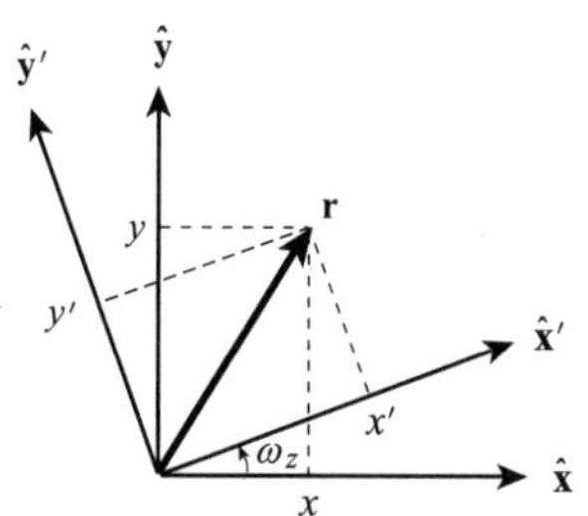

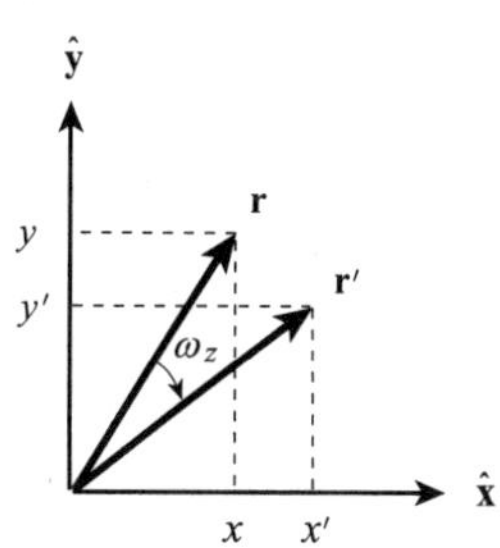

图 C.1 (左) 围绕$\hat{\mathbf{z}}$轴旋转了角度ω_z的被动旋转示意图。观测点的位置矢量$\mathbf{r} = x\hat{\mathbf{x}} + y\hat{\mathbf{y}} = x'\hat{\mathbf{x}}' + y'\hat{\mathbf{y}}'$保持不变。如图所示，当$\omega_z > 0$时，坐标轴$\hat{\mathbf{x}}$、$\hat{\mathbf{y}}$被逆时针旋转至$\hat{\mathbf{x}}'$、$\hat{\mathbf{y}}'$。(右) 用等效的主动观点，坐标轴是不变的；而每一点$\mathbf{r} = x\hat{\mathbf{x}} + y\hat{\mathbf{y}}$被顺时针旋转至新的位置$\mathbf{r}' = x'\hat{\mathbf{x}} + y'\hat{\mathbf{y}}$

要注意R_2含有$\hat{\mathbf{x}}' \cdot \hat{\mathbf{y}}''$这样的方向余弦，而不是$\hat{\mathbf{x}} \cdot \hat{\mathbf{y}}''$。在这个意义上，我们应该将有序序列$\mathsf{R}_1, \mathsf{R}_2, \ldots$中的每个被动旋转看作是围绕一系列经过*旋转过的*轴的旋转$\boldsymbol{\omega}_1, \boldsymbol{\omega}_2, \ldots$。等效的等量且反向的主动旋转系列$-\boldsymbol{\omega}_1, -\boldsymbol{\omega}_2, \ldots$是以相同的顺序，但却是围绕*固定的*轴(Wolf 1969)。由于两个相继有限旋转的顺序是重要的，因此相应的矩阵是不可对易的：$\mathsf{R}_2\mathsf{R}_1 \neq \mathsf{R}_1\mathsf{R}_2$。用来“去除”一个先前的旋转的逆矩阵当然是个例外：$\mathsf{R}^{-1}\mathsf{R} = \mathsf{R}\mathsf{R}^{-1} = \mathsf{I}$。要“去除”两个或更多个接续旋转，必须也依照相反的顺序：$(\mathsf{R}_2\mathsf{R}_1)^{-1} = \mathsf{R}_1^{-1}\mathsf{R}_2^{-1}$。

我们试图确定旋转R或$\boldsymbol{\omega}$对单位球面Ω上的标量、矢量或更高阶张量场的影响。由于欧氏长度$x'^2 + y'^2 + z'^2 = x^2 + y^2 + z^2$在刚性旋转(C.3)下是不变的，我们得到的结果同样适用于三维空间的场。在下文中，我们将着眼于Ω上的二维场$\psi(\hat{\mathbf{r}})$、$\mathbf{u}(\hat{\mathbf{r}})$和$\mathbf{T}(\hat{\mathbf{r}})$，同时认识到只需放松$x'^2 + y'^2 + z'^2 = x^2 + y^2 + z^2 = 1$这一限制条件，就可以把$\hat{\mathbf{r}}$换成$\mathbf{r}$。

一个实数或复数标量场$\psi(\hat{\mathbf{r}})$在每一点$\hat{\mathbf{r}} = x\hat{\mathbf{x}} + y\hat{\mathbf{y}} + z\hat{\mathbf{z}} = x'\hat{\mathbf{x}}' + y'\hat{\mathbf{y}}' + z'\hat{\mathbf{z}}'$都有一个确定值。在原来不带撇坐标系中，我们以$\psi(x, y, z)$来表示该值。在旋转后的坐标系中，它由一个*不同的函数*$\psi'(x', y', z')$表示。在每一点$\hat{\mathbf{r}}$处，这两个函数具有相同值的条件为

$$\psi'(x', y', z') = \psi(x, y, z) \tag{C.6}$$

我们把(C.6)式左右两边的函数当作是用坐标来确定场的数值的规则。这两个规则是不同的，因为左边的规则在$(x',\, y',\, z')$的值和右边在$(x,\, y,\, z)$的值必须是相等的。我们试图寻找带撇和不带撇函数之间的关系算子$\mathcal{D}(\mathsf{R})$或$\mathcal{D}(\boldsymbol{\omega})$：

$$\psi'(x, y, z) = \mathcal{D}(\boldsymbol{\omega})\, \psi(x, y, z) \tag{C.7}$$

要注意(C.6)和(C.7)两式之间的根本区别：对于后者，自变量x、y、z(或等价的x'、y'、z')是哑变量，在两边是一样的。算子$\mathcal{D}(\boldsymbol{\omega})$可以被认为是对用坐标确定场的数值的*规则做了改变*。如果我们希望得到$\psi'(x', y', z')$，则必须在应用算子$\mathcal{D}(\boldsymbol{\omega})$之前，计算 (C.7)式中原来的函数$\psi$在带撇坐标$(x',\, y',\, z')$处的值。通过这一哑变量替换，并与(C.6)相比较，我们发现

$$\mathcal{D}(\boldsymbol{\omega})\, \psi(x', y', z') = \psi(x, y, z) \tag{C.8}$$

(C.8) 式也可以用与等量且反向旋转所对应的*逆旋转算子* $\mathcal{D}^{-1}(\boldsymbol{\omega}) = \mathcal{D}(-\boldsymbol{\omega})$ 改写为

$$\psi(x', y', z') = \mathcal{D}^{-1}(\boldsymbol{\omega})\,\psi(x, y, z) \tag{C.9}$$

(C.9) 这一结果提供了对旋转算子的第二个同样有效的解释：逆算子 $\mathcal{D}^{-1}(\boldsymbol{\omega})$ 对 ψ 的作用可以被视为是不改变规则，但却是做了从 (x, y, z) 到 (x', y', z') 的*坐标改变*。在本附录的剩余部分，我们将坚持 (C.7) 式所表示的第一种解释。

当旋转角度 $d\boldsymbol{\omega}$ 为*无穷小*时，很容易找到 ψ' 和 ψ 之间的关系；此时带撇和不带撇的单位矢量之间有如下关系

$$\hat{\mathbf{x}}' \approx \hat{\mathbf{x}} + d\boldsymbol{\omega} \times \hat{\mathbf{x}}, \qquad \hat{\mathbf{y}}' \approx \hat{\mathbf{y}} + d\boldsymbol{\omega} \times \hat{\mathbf{y}}, \qquad \hat{\mathbf{z}}' \approx \hat{\mathbf{z}} + d\boldsymbol{\omega} \times \hat{\mathbf{z}} \tag{C.10}$$

因而旋转矩阵 (C.2) 的形式为

$$\mathsf{R} \approx \begin{pmatrix} 1 & d\omega_z & -d\omega_y \\ -d\omega_z & 1 & d\omega_x \\ d\omega_y & -d\omega_x & 1 \end{pmatrix} \tag{C.11}$$

将 (C.3) 和 (C.11) 代入 (C.6) 中，并忽略 $\|d\boldsymbol{\omega}\|$ 的二阶项，我们得到 $\psi' = \mathcal{D}(d\boldsymbol{\omega})\psi \approx \psi + (d\boldsymbol{\omega} \times \hat{\mathbf{r}}) \cdot \boldsymbol{\nabla}_1\psi$，或者等价的

$$\mathcal{D}(d\boldsymbol{\omega})\psi \approx (1 + i\, d\boldsymbol{\omega} \cdot \mathbf{L})\psi \tag{C.12}$$

其中 $\mathbf{L} = -i(\hat{\mathbf{r}} \times \boldsymbol{\nabla}_1) = -i[(y\partial_z - z\partial_y)\hat{\mathbf{x}} + (z\partial_x - x\partial_z)\hat{\mathbf{y}} + (x\partial_y - y\partial_x)\hat{\mathbf{z}}]$ 为角动量算子。

有了一阶结果 (C.12)，很容易得到控制有限旋转的算子 (C.7)。假设坐标轴已经过一个初始旋转 $\boldsymbol{\omega}$，因而有 $\psi' = \mathcal{D}(\boldsymbol{\omega})\psi$。进一步的无穷小旋转 $d\boldsymbol{\omega}$ 的影响则为 $\psi' = \mathcal{D}(\boldsymbol{\omega} + d\boldsymbol{\omega})\psi$，其中

$$\mathcal{D}(\boldsymbol{\omega} + d\boldsymbol{\omega}) \approx (1 + i\, d\boldsymbol{\omega} \cdot \mathbf{L})\, \mathcal{D}(\boldsymbol{\omega}) \tag{C.13}$$

取 $d\boldsymbol{\omega}$ 趋于零的极限，我们看到 $\mathcal{D}(\boldsymbol{\omega})$ 满足一阶常微分方程

$$d\mathcal{D}/d\boldsymbol{\omega} = i\mathbf{L}\mathcal{D} \tag{C.14}$$

在 $\mathcal{D}(\mathbf{0}) = 1$ 这一边界条件下，方程 (C.14) 的解为

$$\mathcal{D}(\boldsymbol{\omega}) = \exp(i\boldsymbol{\omega} \cdot \mathbf{L}) \tag{C.15}$$

角动量算子 $\mathbf{L}$ 被称为是控制标量场的有限旋转算子 (C.15) 的*生成算子*。

一个实数或复数矢量场 $\mathbf{u}(\mathbf{r})$ 同样可以用两个坐标系中不同的函数 $\mathbf{u}(x, y, z)$ 和 $\mathbf{u}'(x', y', z')$ 表示；与 (C.6) 式类比，我们必须有

$$\mathbf{u}'(x', y', z') = \mathbf{u}(x, y, z) \tag{C.16}$$

我们再次引入一个将不带撇场转换到带撇场的旋转算子 $\mathcal{D}(\mathsf{R})$ 或 $\mathcal{D}(\boldsymbol{\omega})$：

$$\mathbf{u}'(x, y, z) = \mathcal{D}(\boldsymbol{\omega})\, \mathbf{u}(x, y, z) \tag{C.17}$$

要得到$\mathcal{D}(\boldsymbol{\omega})$，我们将不带撇场写为$\mathbf{u}=u_x\hat{\mathbf{x}}+u_y\hat{\mathbf{y}}+u_z\hat{\mathbf{z}}$。分量$u_x$、$u_y$、$u_z$为标量场，在无穷小旋转$d\boldsymbol{\omega}$下，其变换以算子(C.12)来描述：

$$\mathcal{D}(d\boldsymbol{\omega})u_x\approx(1+i\,d\boldsymbol{\omega}\cdot\mathbf{L})u_x,\qquad \mathcal{D}(d\boldsymbol{\omega})u_y\approx(1+i\,d\boldsymbol{\omega}\cdot\mathbf{L})u_y$$

$$\mathcal{D}(d\boldsymbol{\omega})u_z\approx(1+i\,d\boldsymbol{\omega}\cdot\mathbf{L})u_z \tag{C.18}$$

单位矢量$\hat{\mathbf{x}}$、$\hat{\mathbf{y}}$、$\hat{\mathbf{z}}$被同一旋转变换为

$$\mathcal{D}(d\boldsymbol{\omega})\hat{\mathbf{x}}\approx\hat{\mathbf{x}}-d\boldsymbol{\omega}\times\hat{\mathbf{x}},\qquad \mathcal{D}(d\boldsymbol{\omega})\hat{\mathbf{y}}\approx\hat{\mathbf{y}}-d\boldsymbol{\omega}\times\hat{\mathbf{y}}$$

$$\mathcal{D}(d\boldsymbol{\omega})\hat{\mathbf{z}}\approx\hat{\mathbf{z}}-d\boldsymbol{\omega}\times\hat{\mathbf{z}} \tag{C.19}$$

(C.10)和(C.19)之间符号的差异反映了变换的被动性质。如果我们将(C.19)中的笛卡儿轴矢量$\hat{\mathbf{x}}$、$\hat{\mathbf{y}}$、$\hat{\mathbf{z}}$换成$\hat{\mathbf{x}}'$、$\hat{\mathbf{y}}'$、$\hat{\mathbf{z}}'$，那么我们可以将变换后的矢量$\mathcal{D}\hat{\mathbf{x}}'$、$\mathcal{D}\hat{\mathbf{y}}'$、$\mathcal{D}\hat{\mathbf{z}}'$视为是原来的矢量在无穷小变换$\mathcal{D}(d\boldsymbol{\omega})$后所“遗留”下来的“残余”。

我们可以用类似(C.18)的形式把(C.19)式改写为:

$$\mathcal{D}(d\boldsymbol{\omega})\hat{\mathbf{x}}\approx(1+i\,d\boldsymbol{\omega}\cdot\mathbf{S})\hat{\mathbf{x}},\qquad \mathcal{D}(d\boldsymbol{\omega})\hat{\mathbf{y}}\approx(1+i\,d\boldsymbol{\omega}\cdot\mathbf{S})\hat{\mathbf{y}}$$

$$\mathcal{D}(d\boldsymbol{\omega})\hat{\mathbf{z}}\approx(1+i\,d\boldsymbol{\omega}\cdot\mathbf{S})\hat{\mathbf{z}} \tag{C.20}$$

(C.20)式中的量$\mathbf{S}=\hat{\mathbf{x}}S_x+\hat{\mathbf{y}}S_y+\hat{\mathbf{z}}S_z$是一个矢量算子，它对单位矢量$\hat{\mathbf{x}}$、$\hat{\mathbf{y}}$、$\hat{\mathbf{z}}$的影响可以用显式表示为:

$$\mathbf{S}\hat{\mathbf{x}}=-i(\hat{\mathbf{y}}\hat{\mathbf{z}}-\hat{\mathbf{z}}\hat{\mathbf{y}}),\qquad \mathbf{S}\hat{\mathbf{y}}=-i(\hat{\mathbf{z}}\hat{\mathbf{x}}-\hat{\mathbf{x}}\hat{\mathbf{z}})$$

$$\mathbf{S}\hat{\mathbf{z}}=-i(\hat{\mathbf{x}}\hat{\mathbf{y}}-\hat{\mathbf{y}}\hat{\mathbf{x}}) \tag{C.21}$$

很容易证明算子(C.21)的平方是

$$S^2=\mathbf{S}\cdot\mathbf{S}=S_x^2+S_y^2+S_z^2=2 \tag{C.22}$$

而其自叉乘积则是

$$\mathbf{S}\times\mathbf{S}=i\mathbf{S} \tag{C.23}$$

综合(C.18)和(C.20)的结果，我们得到类似于标量关系(C.12)的矢量变换关系:

$$\begin{aligned}&\mathcal{D}(d\boldsymbol{\omega})[u_x\hat{\mathbf{x}}+u_y\hat{\mathbf{y}}+u_z\hat{\mathbf{z}}]\\&\qquad\approx\mathbf{u}+i\,d\boldsymbol{\omega}\cdot[(\mathbf{L}u_x)\hat{\mathbf{x}}+(\mathbf{L}u_y)\hat{\mathbf{y}}+(\mathbf{L}u_z)\hat{\mathbf{z}}\\&\qquad\qquad+u_x(\mathbf{S}\hat{\mathbf{x}})+u_y(\mathbf{S}\hat{\mathbf{y}})+u_z(\mathbf{S}\hat{\mathbf{z}})]\end{aligned} \tag{C.24}$$

在下文中，我们将用如下便捷的符号来改写(C.24)和其他相似的关系式

$$\mathcal{D}(d\boldsymbol{\omega})\mathbf{u}\approx(1+i\,d\boldsymbol{\omega}\cdot\mathbf{J})\mathbf{u},\quad 其中\quad \mathbf{J}=\mathbf{L}+\mathbf{S} \tag{C.25}$$

在此处更一般的背景下，矢量$\mathbf{L}$被称为轨道角动量算子；该算子反映了因无穷小旋转$d\boldsymbol{\omega}$而造成的ψ或u_x、u_y、u_z对x,y,z的依赖性的变化。而矢量$\mathbf{S}$则被称为自旋角动量算子，其作

用是在不影响分量u_x、u_y、u_z的同时，根据定义(C.21)来重整笛卡儿单位矢量$\hat{\mathbf{x}}$、$\hat{\mathbf{y}}$、$\hat{\mathbf{z}}$。将$\mathbf{L}$和$\mathbf{S}$合并起来构成一个总角动量算子看上去不像是可取的做法，因为$\mathbf{L}$和$\mathbf{S}$分别作用于独立的对象；我们写成$\mathbf{J}=\mathbf{L}+\mathbf{S}$相加的形式，是基于一个明确的认识，就是(C.25)式只是对较长的(C.24)式的一个简化的缩写。在下文中，我们将不再纠缠于区分轨道和自旋角动量，而是直接使用总角动量算子$\mathbf{J}$，写成

$$\begin{aligned}\mathbf{J}\mathbf{u}=(\mathbf{J}u_x)\hat{\mathbf{x}}+(\mathbf{J}u_y)\hat{\mathbf{y}}+(\mathbf{J}u_z)\hat{\mathbf{z}}\\+u_x(\mathbf{J}\hat{\mathbf{x}})+u_y(\mathbf{J}\hat{\mathbf{y}})+u_z(\mathbf{J}\hat{\mathbf{z}})\end{aligned}\tag{C.26}$$

这里我们将$\mathbf{J}u_x=\mathbf{L}u_x$, $\mathbf{J}u_y=\mathbf{L}u_y$, $\mathbf{J}u_z=\mathbf{L}u_z$以及$\mathbf{J}\hat{\mathbf{x}}=\mathbf{S}\hat{\mathbf{x}}$, $\mathbf{J}\hat{\mathbf{y}}=\mathbf{S}\hat{\mathbf{y}}$, $\mathbf{J}\hat{\mathbf{z}}=\mathbf{S}\hat{\mathbf{z}}$视为当然的。$\mathbf{J}=\hat{\mathbf{x}}J_x+\hat{\mathbf{y}}J_y+\hat{\mathbf{z}}J_z$作用于笛卡儿单位矢量$\hat{\mathbf{x}}$、$\hat{\mathbf{y}}$、$\hat{\mathbf{z}}$的显式结果为

$$J_x\hat{\mathbf{x}}=\mathbf{0},\qquad J_x\hat{\mathbf{y}}=i\hat{\mathbf{z}},\qquad J_x\hat{\mathbf{z}}=-i\hat{\mathbf{y}}\tag{C.27}$$

$$J_y\hat{\mathbf{x}}=-i\hat{\mathbf{z}},\qquad J_y\hat{\mathbf{y}}=\mathbf{0},\qquad J_y\hat{\mathbf{z}}=i\hat{\mathbf{x}}\tag{C.28}$$

$$J_z\hat{\mathbf{x}}=i\hat{\mathbf{y}},\qquad J_z\hat{\mathbf{y}}=-i\hat{\mathbf{x}},\qquad J_z\hat{\mathbf{z}}=\mathbf{0}\tag{C.29}$$

(C.27)–(C.29)式只是将(C.21)换了一个写法。

利用与从(C.12)到(C.15)一样的推论，我们可以将微分关系$\mathcal{D}(d\boldsymbol{\omega})\approx 1+i\,d\boldsymbol{\omega}\cdot\mathbf{J}$积分，而得到与有限旋转相应的变换关系$\mathbf{u}'=\mathcal{D}(\boldsymbol{\omega})\mathbf{u}$:

$$\mathcal{D}(\boldsymbol{\omega})=\exp(i\boldsymbol{\omega}\cdot\mathbf{J})\tag{C.30}$$

总角动量算子$\mathbf{J}$是矢量场满足的有限旋转算子(C.30)的生成算子。围绕任一坐标轴旋转了角度ω_x、ω_y、ω_z的有限旋转对旋转轴没有影响，例如: $\exp(i\omega_z J_z)\hat{\mathbf{z}}=\hat{\mathbf{z}}$。另一方面，利用指数算子的泰勒级数展开并重新整理展开项，我们发现$\exp(i\omega_z J_z)\hat{\mathbf{x}}=\hat{\mathbf{x}}\cos\omega_z-\hat{\mathbf{y}}\sin\omega_z$和$\exp(i\omega_z J_z)\hat{\mathbf{y}}=\hat{\mathbf{x}}\sin\omega_z+\hat{\mathbf{y}}\cos\omega_z$。如图C.2所示，这相当于$\hat{\mathbf{x}}$和$\hat{\mathbf{y}}$被动地顺时针旋转过角度$\omega_z>0$。

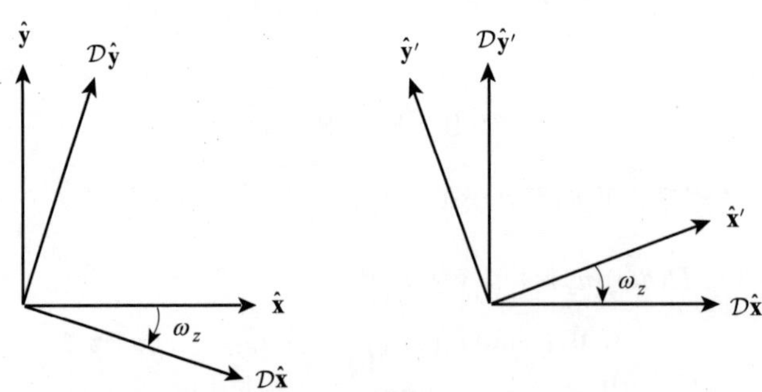

图 C.2 (左)不带撇单位矢量$\hat{\mathbf{x}}$、$\hat{\mathbf{y}}$受算子$\mathcal{D}=\exp(i\omega_z J_z)$作用的被动变换。变换后的矢量$\mathcal{D}\hat{\mathbf{x}}$、$\mathcal{D}\hat{\mathbf{y}}$被顺时针旋转了角度$\omega_z>0$。(右)当算子$\mathcal{D}=\exp(i\omega_z J_z)$作用于带撇的单位矢量$\hat{\mathbf{x}}'$、$\hat{\mathbf{y}}'$时，其结果$\mathcal{D}\hat{\mathbf{x}}'$、$\mathcal{D}\hat{\mathbf{y}}'$可以看作为被旋转到$\hat{\mathbf{x}}'$、$\hat{\mathbf{y}}'$的矢量$\hat{\mathbf{x}}$、$\hat{\mathbf{y}}$的原形

先有$\boldsymbol{\omega}_1$再有$\boldsymbol{\omega}_2$的两个相继有限旋转的结果为

$$\mathcal{D}(\boldsymbol{\omega}_2)\mathcal{D}(\boldsymbol{\omega}_1) = \exp(i\boldsymbol{\omega}_2 \cdot \mathbf{J}) \exp(i\boldsymbol{\omega}_1 \cdot \mathbf{J}) \tag{C.31}$$

依照惯例，最右边的算子最先作用，然后是左边的算子。两个无穷小旋转$d\boldsymbol{\omega}_1$和$d\boldsymbol{\omega}_2$的顺序并不重要，因而$\mathcal{D}(d\boldsymbol{\omega}_2)\mathcal{D}(d\boldsymbol{\omega}_1) \approx 1 + i(d\boldsymbol{\omega}_2 + d\boldsymbol{\omega}_1)\cdot\mathbf{J} \approx \mathcal{D}(d\boldsymbol{\omega}_1)\mathcal{D}(d\boldsymbol{\omega}_2)$。然而，两个有限旋转是不可对易的：$\mathcal{D}(\boldsymbol{\omega}_2)\mathcal{D}(\boldsymbol{\omega}_1) \neq \mathcal{D}(\boldsymbol{\omega}_1)\mathcal{D}(\boldsymbol{\omega}_2)$。旋转算子的逆为

$$\mathcal{D}^{-1}(\boldsymbol{\omega}) = \mathcal{D}(-\boldsymbol{\omega}) = \exp(-i\boldsymbol{\omega}\cdot\mathbf{J}) \tag{C.32}$$

算子相乘$\mathcal{D}(\boldsymbol{\omega}_2)\mathcal{D}(\boldsymbol{\omega}_1)$和矩阵相乘$\mathsf{R}_2\mathsf{R}_1$是同义的，且$\mathcal{D}^{-1}(\boldsymbol{\omega})$是与$\mathsf{R}^{-1}$相应的算子。

有限旋转算子(C.30)也可以用来描述更高阶张量的变换特性；也就是说，如果$\mathbf{T}(\mathbf{r})$是一个满足$\mathbf{T}'(x',y',z') = \mathbf{T}(x,y,z)$的任意阶张量场，则有

$$\mathbf{T}'(x,y,z) = \mathcal{D}(\boldsymbol{\omega})\,\mathbf{T}(x,y,z) \tag{C.33}$$

对于二阶张量$\mathbf{T} = T_{xx}\hat{\mathbf{x}}\hat{\mathbf{x}} + T_{xy}\hat{\mathbf{x}}\hat{\mathbf{y}} + \cdots + T_{zz}\hat{\mathbf{z}}\hat{\mathbf{z}}$，(C.26)式可以推广为

$$\begin{aligned}\mathbf{JT} = {} & (\mathbf{J}T_{xx})\hat{\mathbf{x}}\hat{\mathbf{x}} + (\mathbf{J}T_{xy})\hat{\mathbf{x}}\hat{\mathbf{y}} + \cdots + (\mathbf{J}T_{zz})\hat{\mathbf{z}}\hat{\mathbf{z}} \\ & + T_{xx}(\mathbf{J}\hat{\mathbf{x}})\hat{\mathbf{x}} + T_{xy}(\mathbf{J}\hat{\mathbf{x}})\hat{\mathbf{y}} + \cdots + T_{zz}(\mathbf{J}\hat{\mathbf{z}})\hat{\mathbf{z}} \\ & + T_{xx}\hat{\mathbf{x}}(\mathbf{J}\hat{\mathbf{x}}) + T_{xy}\hat{\mathbf{x}}(\mathbf{J}\hat{\mathbf{y}}) + \cdots + T_{zz}\hat{\mathbf{z}}(\mathbf{J}\hat{\mathbf{z}})\end{aligned} \tag{C.34}$$

(C.34)式可以直接地拓展至任意阶张量；一般来说，在多并矢表达式中，$\mathbf{J}$依序作用于每个分量以及每个单位矢量。作用于两个任意阶张量$\mathbf{T}$和$\mathbf{P}$的乘积的结果是

$$\mathbf{J}(\mathbf{TP}) = (\mathbf{JT})\mathbf{P} + \mathbf{T}(\mathbf{JP}) \tag{C.35}$$

显然，在处理更高阶张量$\mathbf{T}$时，继续使用传统的符号如u_x、u_y、u_z和$T_{xx}, T_{xy}, \ldots, T_{zz}$会相当繁琐。我们将在C.2节中使用更合理的角标符号把上述结果在球极坐标中重新表示。

由于轨道和自旋角动量算子作用于不同的对象，它们满足$\mathbf{L}\times\mathbf{S} = -\mathbf{S}\times\mathbf{L}$。将此结果与$\mathbf{L}\times\mathbf{L} = i\mathbf{L}$和$\mathbf{S}\times\mathbf{S} = i\mathbf{S}$两个等式结合，我们发现总角动量算子的叉乘积为

$$\mathbf{J}\times\mathbf{J} = i\mathbf{J} \tag{C.36}$$

我们可以将(C.36)这一结果改写为分量J_x、J_y、J_z的一组对易关系式：

$$[J_x, J_y] = iJ_z, \qquad [J_y, J_z] = iJ_x, \qquad [J_z, J_x] = iJ_y \tag{C.37}$$

总角动量平方算子$J^2 = \mathbf{J}\cdot\mathbf{J} = J_x^2 + J_y^2 + J_z^2$与$\mathbf{J}$是可对易的，因此与$\mathbf{J}$的所有分量也是可对易的：

$$[J^2, J_x] = [J^2, J_y] = [J^2, J_z] = 0 \tag{C.38}$$

此外，$\mathbf{J}$与偏导数算子∂_r以及任何仅依赖半径r的标量、矢量或张量函数$f(r)$都是可对易的：$[\partial_r, \mathbf{J}] = \mathbf{0}$和$[f(r), \mathbf{J}] = \mathbf{0}$。类比于(B.20)式，我们定义总角动量阶梯算子$J_\pm$为

$$J_+ = J_x + iJ_y, \qquad J_- = J_x - iJ_y \tag{C.39}$$

这些算子所满足的对易关系为

$$[J^2, J_\pm] = 0, \qquad [J_z, J_\pm] = \pm J_\pm, \qquad [J_+, J_-] = 2J_z \tag{C.40}$$

用 $J_\pm$ 和 J_z，我们可以将 J^2 表示成以下两种形式的任何一个

$$J^2 = J_+J_- + J_z^2 - J_z = J_-J_+ + J_z^2 + J_z \tag{C.41}$$

(C.37)–(C.41) 中的每一个总角动量关系与其在 B.2 节中对应的轨道角动量公式 (B.18)–(B.22) 中的都是完全一样的。

C.2 球 极 坐 标

余纬度和经度坐标 $(\theta,\ \phi)$ 和 $(\theta',\ \phi')$ 可以用通常的方式与原来的和旋转后的笛卡儿坐标轴 $\hat{\mathbf{x}}$、$\hat{\mathbf{y}}$、$\hat{\mathbf{z}}$ 和 $\hat{\mathbf{x}}'$、$\hat{\mathbf{y}}'$、$\hat{\mathbf{z}}'$ 联系起来。单位球面 Ω 上的张量场 $\mathbf{T}(\hat{\mathbf{r}})$ 的带撇和不带撇表述之间的关系式 (C.33) 可以写为如下形式

$$\mathbf{T}'(\theta, \phi) = \mathcal{D}(\boldsymbol{\omega})\, \mathbf{T}(\theta, \phi) \tag{C.42}$$

一个三维场 $\mathbf{T}(\mathbf{r})$ 以相同的方式变换，只要将 (C.42) 中的坐标 $(\theta,\ \phi)$ 换成 $(r,\ \theta,\ \phi)$。其中半径 r 在绕原点 $\mathbf{0}$ 的刚性旋转 $\boldsymbol{\omega}$ 下是不变量。

C.2.1 单位矢量变换

(A.108)–(A.110) 式将球极单位矢量 $\hat{\mathbf{r}}$、$\hat{\boldsymbol{\theta}}$、$\hat{\boldsymbol{\phi}}$ 与笛卡儿单位矢量联系起来。利用这些关系式以及轨道角动量算子 L_x、L_y、L_z 的球极表达式 (B.23)–(B.25)，我们得到

$$J_x\hat{\mathbf{r}} = \mathbf{0}, \qquad J_x\hat{\boldsymbol{\theta}} = i(\sin\theta)^{-1}\cos\phi\,\hat{\boldsymbol{\phi}}, \qquad J_x\hat{\boldsymbol{\phi}} = -i(\sin\theta)^{-1}\cos\phi\,\hat{\boldsymbol{\theta}} \tag{C.43}$$

$$J_y\hat{\mathbf{r}} = \mathbf{0}, \qquad J_y\hat{\boldsymbol{\theta}} = i(\sin\theta)^{-1}\sin\phi\,\hat{\boldsymbol{\phi}}, \qquad J_y\hat{\boldsymbol{\phi}} = -i(\sin\theta)^{-1}\sin\phi\,\hat{\boldsymbol{\theta}} \tag{C.44}$$

$$J_z\hat{\mathbf{r}} = J_z\hat{\boldsymbol{\theta}} = J_z\hat{\boldsymbol{\phi}} = \mathbf{0} \tag{C.45}$$

以阶梯算子 $J_\pm$ 表示的相应关系式为

$$J_\pm\hat{\mathbf{r}} = \mathbf{0}, \qquad J_\pm\hat{\boldsymbol{\theta}} = i(\sin\theta)^{-1}e^{\pm i\phi}\,\hat{\boldsymbol{\phi}}, \qquad J_\pm\hat{\boldsymbol{\phi}} = -i(\sin\theta)^{-1}e^{\pm i\phi}\,\hat{\boldsymbol{\theta}} \tag{C.46}$$

角动量平方算子 $J^2 = J_x^2 + J_y^2 + J_z^2$ 的作用则得到一个标量乘以原来的输入矢量:

$$J^2\hat{\mathbf{r}} = \mathbf{0}, \qquad J^2\hat{\boldsymbol{\theta}} = (\sin\theta)^{-2}\hat{\boldsymbol{\theta}}, \qquad J^2\hat{\boldsymbol{\phi}} = (\sin\theta)^{-2}\hat{\boldsymbol{\phi}} \tag{C.47}$$

笼统地讲，我们可以将 $\hat{\mathbf{r}}$、$\hat{\boldsymbol{\theta}}$、$\hat{\boldsymbol{\phi}}$ 视为 J^2 的“本征值”为 0 和 $(\sin\theta)^{-2}$ 的广义本征矢量。在下一节中，我们将引入两组三元复数单位矢量，它们是算子 J_z、$J_\pm$ 和 J^2 的共同本征矢量。

C.2.2 对偶正则基

为提高效率，我们采用便捷的角标符号，用其将球极单位矢量表示为

$$\hat{\mathbf{e}}_1 = \hat{\mathbf{r}}, \qquad \hat{\mathbf{e}}_2 = \hat{\boldsymbol{\theta}}, \qquad \hat{\mathbf{e}}_3 = \hat{\boldsymbol{\phi}} \tag{C.48}$$

在本附录中，斜体角标$i, j, k, \ldots$的取值为$\{1,2,3\}$，用于标记矢量和张量相对于上述基的（普通物理）分量。我们定义下、上正则基矢量$\hat{\mathbf{e}}_-$、$\hat{\mathbf{e}}_0$、$\hat{\mathbf{e}}_+$和$\hat{\mathbf{e}}^-$、$\hat{\mathbf{e}}^0$、$\hat{\mathbf{e}}^+$为

$$\hat{\mathbf{e}}_- = \frac{1}{\sqrt{2}}(\hat{\boldsymbol{\theta}} - i\hat{\boldsymbol{\phi}}), \qquad \hat{\mathbf{e}}_0 = \hat{\mathbf{r}}, \qquad \hat{\mathbf{e}}_+ = -\frac{1}{\sqrt{2}}(\hat{\boldsymbol{\theta}} + i\hat{\boldsymbol{\phi}}) \tag{C.49}$$

和

$$\hat{\mathbf{e}}^- = \frac{1}{\sqrt{2}}(\hat{\boldsymbol{\theta}} + i\hat{\boldsymbol{\phi}}), \qquad \hat{\mathbf{e}}^0 = \hat{\mathbf{r}}, \qquad \hat{\mathbf{e}}^+ = -\frac{1}{\sqrt{2}}(\hat{\boldsymbol{\theta}} - i\hat{\boldsymbol{\phi}}) \tag{C.50}$$

希腊字母角标$\alpha, \beta, \gamma, \ldots$的取值为$\{-,0,+\}$或等价的$\{-1,0,1\}$，用来标记上述两组基。作为该符号的一个例子，我们指出(C.49)和(C.50)只是互为复数共轭：即$\hat{\mathbf{e}}^\alpha = \hat{\mathbf{e}}_\alpha^*$。此外，在下式的意义上：

$$\hat{\mathbf{e}}_\alpha^* \cdot \hat{\mathbf{e}}_\beta = \delta_{\alpha\beta}, \qquad \hat{\mathbf{e}}^{\alpha *} \cdot \hat{\mathbf{e}}^\beta = \delta^{\alpha\beta} \tag{C.51}$$

每组正则基都是正交归一的。最后，这两组基互为对偶；即

$$\hat{\mathbf{e}}_\alpha \cdot \hat{\mathbf{e}}^\beta = \delta_\alpha{}^\beta, \qquad \hat{\mathbf{e}}^\alpha \cdot \hat{\mathbf{e}}_\beta = \delta^\alpha{}_\beta \tag{C.52}$$

对于上、下希腊角标做出区分的必要性使我们必须在(C.51)–(C.52)式中使用所有四个克罗内克尔符号$\delta_{\alpha\beta}$、$\delta^{\alpha\beta}$、$\delta_\alpha{}^\beta$和$\delta^\alpha{}_\beta$。

我们可以利用角标符号将定义(C.49)–(C.50)改写为简洁的形式

$$\hat{\mathbf{e}}_\alpha = (\hat{\mathbf{e}}_i \cdot \hat{\mathbf{e}}_\alpha)\,\hat{\mathbf{e}}_i, \qquad \hat{\mathbf{e}}^\alpha = (\hat{\mathbf{e}}_i \cdot \hat{\mathbf{e}}^\alpha)\,\hat{\mathbf{e}}_i \tag{C.53}$$

反之，球极坐标基也可以用正则基来表示

$$\hat{\mathbf{e}}_i = (\hat{\mathbf{e}}^\alpha \cdot \hat{\mathbf{e}}_i)\,\hat{\mathbf{e}}_\alpha = (\hat{\mathbf{e}}_\alpha \cdot \hat{\mathbf{e}}_i)\,\hat{\mathbf{e}}^\alpha \tag{C.54}$$

(C.54)式中的复数矩阵分量$\hat{\mathbf{e}}^\alpha \cdot \hat{\mathbf{e}}_i$和$\hat{\mathbf{e}}_\alpha \cdot \hat{\mathbf{e}}_i$用显式给定为

$$\begin{pmatrix} \hat{\mathbf{e}}^- \cdot \hat{\mathbf{e}}_1 & \hat{\mathbf{e}}^0 \cdot \hat{\mathbf{e}}_1 & \hat{\mathbf{e}}^+ \cdot \hat{\mathbf{e}}_1 \\ \hat{\mathbf{e}}^- \cdot \hat{\mathbf{e}}_2 & \hat{\mathbf{e}}^0 \cdot \hat{\mathbf{e}}_2 & \hat{\mathbf{e}}^+ \cdot \hat{\mathbf{e}}_2 \\ \hat{\mathbf{e}}^- \cdot \hat{\mathbf{e}}_3 & \hat{\mathbf{e}}^0 \cdot \hat{\mathbf{e}}_3 & \hat{\mathbf{e}}^+ \cdot \hat{\mathbf{e}}_3 \end{pmatrix} = \begin{pmatrix} 0 & 1 & 0 \\ \frac{1}{\sqrt{2}} & 0 & -\frac{1}{\sqrt{2}} \\ \frac{i}{\sqrt{2}} & 0 & \frac{i}{\sqrt{2}} \end{pmatrix} \tag{C.55}$$

和

$$\begin{pmatrix} \hat{\mathbf{e}}_- \cdot \hat{\mathbf{e}}_1 & \hat{\mathbf{e}}_0 \cdot \hat{\mathbf{e}}_1 & \hat{\mathbf{e}}_+ \cdot \hat{\mathbf{e}}_1 \\ \hat{\mathbf{e}}_- \cdot \hat{\mathbf{e}}_2 & \hat{\mathbf{e}}_0 \cdot \hat{\mathbf{e}}_2 & \hat{\mathbf{e}}_+ \cdot \hat{\mathbf{e}}_2 \\ \hat{\mathbf{e}}_- \cdot \hat{\mathbf{e}}_3 & \hat{\mathbf{e}}_0 \cdot \hat{\mathbf{e}}_3 & \hat{\mathbf{e}}_+ \cdot \hat{\mathbf{e}}_3 \end{pmatrix} = \begin{pmatrix} 0 & 1 & 0 \\ \frac{1}{\sqrt{2}} & 0 & -\frac{1}{\sqrt{2}} \\ -\frac{i}{\sqrt{2}} & 0 & -\frac{i}{\sqrt{2}} \end{pmatrix} \tag{C.56}$$

复数正则基之间的变换为幺正变换，这是因为

$$(\hat{\mathbf{e}}_i \cdot \hat{\mathbf{e}}_\alpha)(\hat{\mathbf{e}}^\alpha \cdot \hat{\mathbf{e}}_j) = (\hat{\mathbf{e}}_i \cdot \hat{\mathbf{e}}^\alpha)(\hat{\mathbf{e}}_\alpha \cdot \hat{\mathbf{e}}_j) = \delta_{ij} \tag{C.57}$$

要注意，(C.54) 和 (C.57) 式中使用了求和约定。斜体角标遵循常用的基本规则；而重复希腊角标则必须在上、下不同的位置出现。

两组三元矢量正则基 $\hat{\mathbf{e}}_-$、$\hat{\mathbf{e}}_0$、$\hat{\mathbf{e}}_+$ 和 $\hat{\mathbf{e}}^-$、$\hat{\mathbf{e}}^0$、$\hat{\mathbf{e}}^+$ 实际上就是我们想要的总角动量算子 J_z、$J_\pm$ 和 J^2 的共同本征矢量。从 (C.45)–(C.47)，我们推导出

$$J_z\hat{\mathbf{e}}_\alpha = J_z\hat{\mathbf{e}}^\alpha = \mathbf{0} \tag{C.58}$$

$$J_\pm\hat{\mathbf{e}}_\alpha = \alpha(\sin\theta)^{-1}e^{\pm i\phi}\,\hat{\mathbf{e}}_\alpha, \qquad J_\pm\hat{\mathbf{e}}^\alpha = -\alpha(\sin\theta)^{-1}e^{\pm i\phi}\,\hat{\mathbf{e}}^\alpha \tag{C.59}$$

$$J^2\hat{\mathbf{e}}_\alpha = \alpha^2(\sin\theta)^{-2}\,\hat{\mathbf{e}}_\alpha, \qquad J^2\hat{\mathbf{e}}^\alpha = \alpha^2(\sin\theta)^{-2}\,\hat{\mathbf{e}}^\alpha \tag{C.60}$$

(C.58)–(C.60) 这些结果在构建广义球谐函数中起到关键性的作用；的确，它们正是引入正则基的动机。

C.2.3 协变和逆变分量

一个 q 阶张量 $\mathbf{T}$ 可以用其普通球极分量表示成以下形式

$$\mathbf{T} = T_{i_1\cdots i_q}\hat{\mathbf{e}}_{i_1}\cdots\hat{\mathbf{e}}_{i_q} \tag{C.61}$$

其中

$$T_{i_1\cdots i_q} = (\hat{\mathbf{e}}_{i_1}\cdots\hat{\mathbf{e}}_{i_q})\,\vdots\,\mathbf{T} \tag{C.62}$$

同一张量也可用其相对于正则基的协变和逆变分量来表示：

$$\mathbf{T} = T_{\alpha_1\cdots\alpha_q}\hat{\mathbf{e}}^{\alpha_1}\cdots\hat{\mathbf{e}}^{\alpha_q} = T^{\alpha_1\cdots\alpha_q}\hat{\mathbf{e}}_{\alpha_1}\cdots\hat{\mathbf{e}}_{\alpha_q} \tag{C.63}$$

其中

$$T_{\alpha_1\cdots\alpha_q} = (\hat{\mathbf{e}}_{\alpha_1}\cdots\hat{\mathbf{e}}_{\alpha_q})\,\vdots\,\mathbf{T} \tag{C.64}$$

$$T^{\alpha_1\cdots\alpha_q} = (\hat{\mathbf{e}}^{\alpha_1}\cdots\hat{\mathbf{e}}^{\alpha_q})\,\vdots\,\mathbf{T} \tag{C.65}$$

分量 (C.62) 和 (C.64)–(C.65) 之间由幺正变换矩阵 (C.55)–(C.56) 相联系：

$$T_{\alpha_1\cdots\alpha_q} = (\hat{\mathbf{e}}_{\alpha_1}\cdot\hat{\mathbf{e}}_{i_1})\cdots(\hat{\mathbf{e}}_{\alpha_q}\cdot\hat{\mathbf{e}}_{i_q})\,T_{i_1\cdots i_q} \tag{C.66}$$

$$T^{\alpha_1\cdots\alpha_q} = (\hat{\mathbf{e}}^{\alpha_1}\cdot\hat{\mathbf{e}}_{i_1})\cdots(\hat{\mathbf{e}}^{\alpha_q}\cdot\hat{\mathbf{e}}_{i_q})\,T_{i_1\cdots i_q} \tag{C.67}$$

还可以定义许多协变–逆变混合的正则分量，如 $T_{\alpha_1}{}^{\alpha_2\cdots\alpha_q} = (\hat{\mathbf{e}}_{\alpha_1}\hat{\mathbf{e}}^{\alpha_2}\cdots\hat{\mathbf{e}}^{\alpha_q})\,\vdots\,\mathbf{T} = (\hat{\mathbf{e}}_{\alpha_1}\cdot\hat{\mathbf{e}}_{i_1})(\hat{\mathbf{e}}^{\alpha_2}\cdot\hat{\mathbf{e}}_{i_2})\cdots(\hat{\mathbf{e}}^{\alpha_q}\cdot\hat{\mathbf{e}}_{i_q})\,T_{i_1\cdots i_q}$。

一个矢量可以写成 $\mathbf{u} = u_\alpha\hat{\mathbf{e}}^\alpha = u^\alpha\hat{\mathbf{e}}_\alpha$，其中 $u_\alpha = \hat{\mathbf{e}}_\alpha\cdot\mathbf{u}$ 和 $u^\alpha = \hat{\mathbf{e}}^\alpha\cdot\mathbf{u}$。一个二阶张量有四种正则形式：

$$\mathbf{T} = T_{\alpha\beta}\hat{\mathbf{e}}^\alpha\hat{\mathbf{e}}^\beta = T^{\alpha\beta}\hat{\mathbf{e}}_\alpha\hat{\mathbf{e}}_\beta = T_\alpha{}^\beta\hat{\mathbf{e}}^\alpha\hat{\mathbf{e}}_\beta = T^\alpha{}_\beta\hat{\mathbf{e}}_\alpha\hat{\mathbf{e}}^\beta \tag{C.68}$$

其中

$$T_{\alpha\beta} = \hat{\mathbf{e}}_\alpha\cdot\mathbf{T}\cdot\hat{\mathbf{e}}_\beta, \qquad T^{\alpha\beta} = \hat{\mathbf{e}}^\alpha\cdot\mathbf{T}\cdot\hat{\mathbf{e}}^\beta \tag{C.69}$$

$$T_\alpha{}^\beta = \hat{\mathbf{e}}_\alpha\cdot\mathbf{T}\cdot\hat{\mathbf{e}}^\beta, \qquad T^\alpha{}_\beta = \hat{\mathbf{e}}^\alpha\cdot\mathbf{T}\cdot\hat{\mathbf{e}}_\beta \tag{C.70}$$

一个对称张量$\mathbf{T}=\mathbf{T}^{\mathrm{T}}$的分量(C.69)–(C.70)满足对称关系$T_{\alpha\beta}=T_{\beta\alpha}$，$T^{\alpha\beta}=T^{\beta\alpha}$和$T_{\alpha}{}^{\beta}=T^{\beta}{}_{\alpha}$，$T^{\alpha}{}_{\beta}=T_{\beta}{}^{\alpha}$。

单位张量$\mathbf{I}$的协变和逆变分量为

$$g_{\alpha\beta}=\hat{\mathbf{e}}_{\alpha}\cdot\hat{\mathbf{e}}_{\beta},\qquad g^{\alpha\beta}=\hat{\mathbf{e}}^{\alpha}\cdot\hat{\mathbf{e}}^{\beta} \tag{C.71}$$

或者等价的

$$\begin{pmatrix} g_{--} & g_{-0} & g_{-+} \\ g_{0-} & g_{00} & g_{0+} \\ g_{+-} & g_{+0} & g_{++} \end{pmatrix}=\begin{pmatrix} g^{--} & g^{-0} & g^{-+} \\ g^{0-} & g^{00} & g^{0+} \\ g^{+-} & g^{+0} & g^{++} \end{pmatrix} =\begin{pmatrix} 0 & 0 & -1 \\ 0 & 1 & 0 \\ -1 & 0 & 0 \end{pmatrix} \tag{C.72}$$

根据对偶关系(C.52)，混合分量$g_{\alpha}{}^{\beta}=\hat{\mathbf{e}}_{\alpha}\cdot\hat{\mathbf{e}}^{\beta}$和$g^{\alpha}{}_{\beta}=\hat{\mathbf{e}}^{\alpha}\cdot\hat{\mathbf{e}}_{\beta}$只是克罗内克尔符号$\delta_{\alpha}{}^{\beta}$和$\delta^{\alpha}{}_{\beta}$。我们可以将$g_{\alpha\beta}$和$g^{\beta\alpha}$这两个量视为度量张量的协变和逆变分量，用惯常的做法，它们可以将希腊角标升起和降下。因此对一个矢量$\mathbf{u}$有

$$u_{\alpha}=g_{\alpha\beta}u^{\beta},\qquad u^{\alpha}=g^{\alpha\beta}u_{\beta} \tag{C.73}$$

而对一个二阶张量$\mathbf{T}$则有：

$$T_{\alpha\beta}=g_{\alpha\gamma}T^{\gamma}{}_{\beta}=g_{\alpha\gamma}g_{\beta\eta}T^{\gamma\eta},\quad T^{\alpha\beta}=g^{\alpha\gamma}T_{\gamma}{}^{\beta}=g^{\alpha\gamma}g^{\beta\eta}T_{\gamma\eta} \tag{C.74}$$

我们可以将$\mathbf{I}$用其分量表示为任何一种等价形式：$\mathbf{I}=g_{\alpha\beta}\hat{\mathbf{e}}^{\alpha}\hat{\mathbf{e}}^{\beta}=g^{\alpha\beta}\hat{\mathbf{e}}_{\alpha}\hat{\mathbf{e}}_{\beta}=\hat{\mathbf{e}}^{\alpha}\hat{\mathbf{e}}_{\alpha}=\hat{\mathbf{e}}_{\alpha}\hat{\mathbf{e}}^{\alpha}$。

三阶交替张量$\mathbf{\Lambda}$的协变和逆变分量为

$$\varepsilon_{\alpha\beta\gamma}=\hat{\mathbf{e}}_{\alpha}\cdot(\hat{\mathbf{e}}_{\beta}\times\hat{\mathbf{e}}_{\gamma}),\qquad \varepsilon^{\alpha\beta\gamma}=\hat{\mathbf{e}}^{\alpha}\cdot(\hat{\mathbf{e}}^{\beta}\times\hat{\mathbf{e}}^{\gamma}) \tag{C.75}$$

$\varepsilon_{\alpha\beta\gamma}$和$\varepsilon^{\alpha\beta\gamma}$与列维-席维塔交替符号$\varepsilon_{ijk}$拥有相同的排列性质；事实上

$$\varepsilon_{\alpha\beta\gamma}=\begin{cases} i, & \text{当}\alpha,\beta,\gamma\text{为}-,0,+\text{的偶数排列时} \\ -i, & \text{当}\alpha,\beta,\gamma\text{为}-,0,+\text{的奇数排列时} \\ 0, & \text{其余情形} \end{cases} \tag{C.76}$$

和

$$\varepsilon^{\alpha\beta\gamma}=\begin{cases} -i, & \text{当}\alpha,\beta,\gamma\text{为}-,0,+\text{的偶数排列时} \\ i, & \text{当}\alpha,\beta,\gamma\text{为}-,0,+\text{的奇数排列时} \\ 0, & \text{其余情形.} \end{cases} \tag{C.77}$$

交替张量可以写为$\mathbf{\Lambda}=\varepsilon_{\alpha\beta\gamma}\hat{\mathbf{e}}^{\alpha}\hat{\mathbf{e}}^{\beta}\hat{\mathbf{e}}^{\gamma}=\varepsilon^{\alpha\beta\gamma}\hat{\mathbf{e}}_{\alpha}\hat{\mathbf{e}}_{\beta}\hat{\mathbf{e}}_{\gamma}$。

C.2.4 点积与叉乘积

两个矢量点积$\mathbf{u}\cdot\mathbf{v}=u_iv_i$的正则表达式可以写成下面四个等价形式中的任何一个

$$u_\alpha v^\alpha = u^\alpha v_\alpha = g_{\alpha\beta}u^\alpha v^\beta = g^{\alpha\beta}u_\alpha v_\beta \tag{C.78}$$

同样地，两个二阶张量的双点积$\mathbf{T}:\mathbf{P}=T_{ij}P_{ij}$可以写为

$$T_{\alpha\beta}P^{\alpha\beta} = T^{\alpha\beta}P_{\alpha\beta} = g_{\alpha\gamma}g_{\beta\eta}T^{\alpha\beta}P^{\gamma\eta} = g^{\alpha\gamma}g^{\beta\eta}T_{\alpha\beta}P_{\gamma\eta} \tag{C.79}$$

以及一些涉及混合分量$T_\alpha{}^\beta$、$T^\alpha{}_\beta$和$P_\alpha{}^\beta$、$P^\alpha{}_\beta$的中间表达式。两个矢量的叉乘积$\mathbf{w}=\mathbf{u}\times\mathbf{v}$可以用纯协变和逆变的交替符号(C.76)–(C.77)表示为

$$w_\alpha = \varepsilon_{\alpha\beta\gamma}u^\beta v^\gamma, \qquad w^\alpha = \varepsilon^{\alpha\beta\gamma}u_\beta v_\gamma \tag{C.80}$$

对此更是有一大批涉及度量张量协变和逆变分量以及交替张量混合分量的等价的中间关系式存在。

为简单起见，我们在之后所有涉及到物理矢量和张量变量$\mathbf{u}$和$\mathbf{T}$的推导中，都将用它们的逆变分量u^α和$T^{\alpha_1\cdots\alpha_q}$来进行。唯一用到的协变分量是单位张量$g_{\alpha\beta}$和交替张量$\varepsilon_{\alpha\beta\gamma}$的；混合分量将完全避免使用。两个矢量点积$\mathbf{u}\cdot\mathbf{v}=g_{\alpha\beta}u^\alpha v^\beta$和两个张量双点积$\mathbf{T}:\mathbf{P}=g_{\alpha\gamma}g_{\beta\eta}T^{\alpha\beta}P^{\gamma\eta}$的逆变分量的显式表达式为

$$\mathbf{u}\cdot\mathbf{v} = -u^-v^+ + u^0v^0 - u^+v^- \tag{C.81}$$

$$\begin{aligned}\mathbf{T}:\mathbf{P} = {} & T^{--}P^{++} - T^{-0}P^{+0} + T^{-+}P^{+-} \\ & - T^{0-}P^{0+} + T^{00}P^{00} - T^{0+}P^{0-} \\ & + T^{+-}P^{-+} - T^{+0}P^{-0} + T^{++}P^{--}\end{aligned} \tag{C.82}$$

矢量叉乘积的逆变分量$w^\alpha=g^{\alpha\eta}\varepsilon_{\eta\beta\gamma}u^\beta v^\gamma$为$w^-=i(u^0v^- - u^-v^0)$, $w^0=i(u^+v^- - u^-v^+)$和$w^+=i(u^+v^0-u^0v^+)$。

两个更高阶张量的缩并可以用它们的逆变分量写为

$$\mathbf{T}:\mathbf{P} = g_{\alpha_1\beta_1}\cdots g_{\alpha_q\beta_q}T^{\alpha_1\cdots\alpha_q}P^{\beta_1\cdots\beta_q} \tag{C.83}$$

利用正交归一关系(C.51)，涉及复数共轭的缩并比(C.83)更为简单：

$$\mathbf{T}^*:\mathbf{P} = \delta_{\alpha_1\beta_1}\cdots \delta_{\alpha_q\beta_q}T^{\alpha_1\cdots\alpha_q*}P^{\beta_1\cdots\beta_q} \tag{C.84}$$

(C.84)式右边似乎应该写为更简洁的形式$T^{\alpha_1\cdots\alpha_q*}P^{\alpha_1\cdots\alpha_q}$；然而这样做会违背我们的重复希腊角标必须出现在上、下不同位置的规定。

C.2.5 算子 J 的埃尔米特性质

单位球面Ω上的两个复数张量场$\mathbf{T}$和$\mathbf{P}$的内积(C.1)的分量表达式为

$$\langle\mathbf{T},\mathbf{P}\rangle = \int_\Omega \delta_{\alpha_1\beta_1}\cdots\delta_{\alpha_q\beta_q}T^{\alpha_1\cdots\alpha_q*}P^{\beta_1\cdots\beta_q}\,d\Omega \tag{C.85}$$

有了(C.85)，我们终于准备完毕，可以来建立总角动量算子为自伴随或埃尔米特算子这一重要结果：

$$\mathbf{J}^\dagger = \mathbf{J} \tag{C.86}$$

如同附录B中轨道角动量的例子，对球极分量J_z的讨论是最简单的。由于该算子无论对正则基矢量还是度量张量都没有影响，因此如同在(B.28)式中一样对ϕ进行分部积分就足以证明$\langle \mathbf{T}, J_z\mathbf{P}\rangle = \langle J_z\mathbf{T}, \mathbf{P}\rangle$。直接证明$\langle \mathbf{T}, J_x\mathbf{P}\rangle = \langle J_x\mathbf{T}, \mathbf{P}\rangle$和$\langle \mathbf{T}, J_y\mathbf{P}\rangle = \langle J_y\mathbf{T}, \mathbf{P}\rangle$较为复杂；然而，我们仍然可以依靠一个论据，就是由于笛卡儿坐标轴$\hat{\mathbf{x}}$、$\hat{\mathbf{y}}$、$\hat{\mathbf{z}}$可以任意选择，因此$J_z^\dagger = J_z$意味着$J_x^\dagger = J_x$和$J_y^\dagger = J_y$。角动量平方算子也是埃尔米特的，而两个阶梯算子则互为彼此的伴随算子：$(J^2)^\dagger = J^2$和$(J_\pm)^\dagger = J_\mp$。$\mathcal{D}(\boldsymbol{\omega}) = \exp(i\boldsymbol{\omega}\cdot\mathbf{J})$的伴随是$\mathcal{D}^\dagger(\boldsymbol{\omega}) = \exp(-i\boldsymbol{\omega}\cdot\mathbf{J})$。由于其伴随算子和逆算子是相同的，即

$$\mathcal{D}^\dagger(\boldsymbol{\omega}) = \mathcal{D}^{-1}(\boldsymbol{\omega}) \tag{C.87}$$

因而有限旋转算子为幺正的。

C.3 基 的 构 建

遵循与B.3节中相同的步骤，我们构建一个作为可对易的埃尔米特算子J^2和J_z共同本征函数的广义表面球谐函数的正交归一基。我们以$\mathbf{Y}_{lm}^N(\theta,\phi)$来表示这些局限于单位球表面的球谐函数，并且类比于(B.29)而规范

$$J^2\mathbf{Y}_{lm}^N = l(l+1)\mathbf{Y}_{lm}^N, \qquad J_z\mathbf{Y}_{lm}^N = m\mathbf{Y}_{lm}^N \tag{C.88}$$

假设$\mathbf{Y}_{lm}^N$为q阶张量，我们将其用正则基矢量展开为

$$\mathbf{Y}_{lm}^N = Y_{lm}^N\hat{\mathbf{e}}_{\alpha_1}\cdots\hat{\mathbf{e}}_{\alpha_q} \tag{C.89}$$

我们称$\mathbf{Y}_{lm}^N$为张量球谐函数，而称Y_{lm}^N为相应的标量球谐函数。与前面一样，该张量和标量的下角标是球谐函数的次数l和级数m；我们下面会看到，上角标N依赖于张量$\mathbf{Y}_{lm}^N$的阶数q。本征值方程(C.88)中的第二个方程意味着每个标量球谐函数都必须具有如下形式

$$Y_{lm}^N(\theta,\phi) = X_{lm}^N(\theta)\exp(im\phi) \tag{C.90}$$

上式表明级数m必须为整数，以确保Y_{lm}^N在单位球上是单值的。每个广义表面球谐函数都由关系$\mathbf{Y}_{lm}^N(\mathbf{r}) = r^l\mathbf{Y}_{lm}^N(\theta,\phi)$生成一个相应的立体球谐函数；然而，这些三维函数在理论中没有任何重要作用。

类比于(B.31)–(B.32)，我们可以利用对易关系(C.40)证明张量$J_\pm\mathbf{Y}_{lm}^N$为J^2和J_z的本征值分别为$l(l+1)$和$m\pm1$的本征函数：

$$J^2(J_\pm\mathbf{Y}_{lm}^N) = J_\pm(J^2\mathbf{Y}_{lm}^N) = l(l+1)(J_\pm\mathbf{Y}_{lm}^N) \tag{C.91}$$

$$J_z(J_\pm\mathbf{Y}_{lm}^N) = (J_\pm J_z \pm J_\pm)\mathbf{Y}_{lm}^N = (m\pm1)(J_\pm\mathbf{Y}_{lm}^N) \tag{C.92}$$

升级算子J_+将$\mathbf{Y}_{lm}^N$变换为一个常数乘以$\mathbf{Y}_{l\,m+1}^N$，而降级算子则将其变换为常数乘以$\mathbf{Y}_{l\,m-1}^N$：

$$J_{\pm}\mathbf{Y}_{lm}^{N} = c_{\pm}\mathbf{Y}_{l\,m\pm1}^{N} \tag{C.93}$$

与推导(B.34)所用的论据一样，张量$J_{\pm}\mathbf{Y}_{lm}^{N}$和$\mathbf{Y}_{lm}^{N}$的范数平方之间有关系：

$$|||J_{\pm}\mathbf{Y}_{lm}^{N}|||^2 = (l \mp m)(l \pm m + 1)\,|||\mathbf{Y}_{lm}^{N}|||^2 \tag{C.94}$$

将阶梯算子$J_{\pm}$重复作用于$\mathbf{Y}_{l\mp l}^{N}$，最终得到$J_{\pm}\mathbf{Y}_{l\pm l}^{N} = \mathbf{0}$这一结果。阶梯算子在$2l+1$次作用后的终止意味着其次数$l$必须是正的半整数或整数。在量子力学中，有必要用半整数的量子数来描述具有自旋的质点和质点系统的角动量；然而在此，由于m是整数，因此l也必须为整数。因此，对每一个非负数的次数l，都有$2l+1$个整数级数$-l \leqslant m \leqslant l$。

由于J^2和J_z这两个算子的埃尔米特性质，具有不同次数$l \neq l'$、不同级数$m \neq m'$或不同上角标$N \neq N'$的两个广义球谐函数$\mathbf{Y}_{lm}^{N}$和$\mathbf{Y}_{l'm'}^{N'}$是正交的。通过以下条件

$$\langle \mathbf{Y}_{lm}^{N}, \mathbf{Y}_{l'm'}^{N'} \rangle = \int_{\Omega} \mathbf{Y}_{lm}^{N*} \,\vdots\, \mathbf{Y}_{l'm'}^{N'}\, d\Omega = \delta_{ll'}\delta_{mm'}\delta_{NN'} \tag{C.95}$$

我们使得这组基成为正交归一的。结合方程(C.93)和(C.95)，我们发现常数$c_{\pm}$满足$|c_{\pm}|^2 = (l \mp m)(l \pm m + 1)$。

通过将阶梯终止关系$J_{\pm}\mathbf{Y}_{l\pm l}^{N} = \mathbf{0}$做显式展开

$$\begin{aligned} &J_{\pm}[X_{l\pm l}^{N}(\theta)\exp(\pm il\phi)\hat{\mathbf{e}}_{\alpha_1}\cdots\hat{\mathbf{e}}_{\alpha_q}] \\ &\quad = [J_{\pm}X_{l\pm l}^{N}(\theta)\exp(\pm il\phi)]\hat{\mathbf{e}}_{\alpha_1}\cdots\hat{\mathbf{e}}_{\alpha_q} \\ &\qquad + X_{l\pm l}^{N}(\theta)\exp(\pm il\phi)(J_{\pm}\hat{\mathbf{e}}_{\alpha_1})\cdots\hat{\mathbf{e}}_{\alpha_q} \\ &\qquad\qquad \vdots \\ &\qquad + X_{l\pm l}^{N}(\theta)\exp(\pm il\phi)\hat{\mathbf{e}}_{\alpha_1}\cdots(J_{\pm}\hat{\mathbf{e}}_{\alpha_q}) = \mathbf{0} \end{aligned} \tag{C.96}$$

可以得到最高与最低级数的球谐函数$\mathbf{Y}_{l\pm l}^{N}$。利用(B.26)和(C.59)中的结果，我们得到一个类似于(B.36)的随余纬度变化的标量函数$X_{l\pm l}^{N}(\theta)$所满足的常微分方程：

$$\left[\frac{d}{d\theta} - l\cot\theta \pm N(\sin\theta)^{-1}\right] X_{l\pm l}^{N} = 0 \tag{C.97}$$

这里我们终于首次得到了上角标的鉴别条件

$$N = \alpha_1 + \cdots + \alpha_q \tag{C.98}$$

方程(C.97)的解为$X_{l\pm l}^{N} = A_{\pm}(\sin\frac{1}{2}\theta)^{l\mp N}(\cos\frac{1}{2}\theta)^{l\pm N}$。为确保规范性，整数$N$必须在$-l \leqslant N \leqslant l$范围内。绝对值$|A_{\pm}|$可以通过$|||\mathbf{Y}_{l\pm l}^{N}||| = 1$这一条件来确定。同标量的情形一样，常数$c_{\pm}$和$A_{\pm}$的符号仍可任意选择。

选择$\operatorname{sgn} A_{-} = 1$和$\operatorname{sgn} c_{+} = 1$，并从最低级数的基随阶梯上升，我们得到广义球谐函数

$$\begin{aligned} \mathbf{Y}_{l\,-l}^{N} = &\left(\frac{2l+1}{4\pi}\right)^{1/2}\left[\frac{(2l)!}{(l+N)!(l-N)!}\right]^{1/2} \\ &\times (\sin\frac{1}{2}\theta)^{l+N}(\cos\frac{1}{2}\theta)^{l-N}e^{-il\phi}\,\hat{\mathbf{e}}_{\alpha_1}\cdots\hat{\mathbf{e}}_{\alpha_q} \end{aligned} \tag{C.99}$$

和

$$\mathbf{Y}_{lm}^{N} = \left[\frac{(l-m)!}{(l+m)!}\right]^{1/2} \left[\frac{1}{(2l)!}\right]^{1/2} (J_{+})^{l+m}\, \mathbf{Y}_{l-l}^{N} \tag{C.100}$$

选择 $\operatorname{sgn} A_{+} = (-1)^{l+N}$ 和 $\operatorname{sgn} c_{-} = 1$，并从最高级数的基随阶梯下降，则可得到另一组等价的表达式：

$$\begin{aligned}\mathbf{Y}_{ll}^{N} &= (-1)^{l+N} \left(\frac{2l+1}{4\pi}\right)^{1/2} \left[\frac{(2l)!}{(l+N)!(l-N)!}\right]^{1/2} \\ &\quad \times (\sin\frac{1}{2}\theta)^{l-N} (\cos\frac{1}{2}\theta)^{l+N} e^{il\phi}\, \hat{\mathbf{e}}_{\alpha_1} \cdots \hat{\mathbf{e}}_{\alpha_q}\end{aligned} \tag{C.101}$$

和

$$\mathbf{Y}_{lm}^{N} = \left[\frac{(l+m)!}{(l-m)!}\right]^{1/2} \left[\frac{1}{(2l)!}\right]^{1/2} (J_{-})^{l-m}\, \mathbf{Y}_{ll}^{N} \tag{C.102}$$

(C.99)–(C.100) 和 (C.101)–(C.102) 中的定义对所有取值范围为

$$0 \leqslant l \leqslant \infty, \qquad -l \leqslant m \leqslant l, \qquad -l \leqslant N \leqslant l \tag{C.103}$$

的整数次数 l、级数 m 和上角标 $N = \alpha_1 + \cdots + \alpha_q$ 成立。用这一方式定义的广义球谐函数 $\mathbf{Y}_{lm}^{N}$ 满足本征值关系 (C.88)、正交归一关系 (C.95) 以及阶梯算子关系

$$J_{\pm}\mathbf{Y}_{lm}^{N} = \sqrt{(l \mp m)(l \pm m + 1)}\, \mathbf{Y}_{l\,m\pm 1}^{N} \tag{C.104}$$

在 (C.103) 的范围之外，即 $|m| > l$ 以及 $|N| > l$，可以简单地定义 $\mathbf{Y}_{lm}^{N} = \mathbf{0}$。这便使得 (C.104) 式对于所有 m 值都成立，如同其标量的对应关系式 (B.41)。将 (C.99)–(C.102) 式与普通球谐函数相应的定义 (B.37)–(B.40) 相比较，我们得到 $Y_{lm}^{0} = Y_{lm}$；这正是我们做上述符号选择的动机。

通过归纳，可以证明 (B.42) 式的推广形式为

$$\begin{aligned}&(J_{\pm})^{l\pm m} \left[(\sin\frac{1}{2}\theta)^{l\pm N} (\cos\frac{1}{2}\theta)^{l\mp N} e^{\mp il\phi}\, \hat{\mathbf{e}}_{\alpha_1} \cdots \hat{\mathbf{e}}_{\alpha_q}\right] \\ &= \left\{2^{l\pm m} (\sin\frac{1}{2}\theta)^{\pm m \mp N} (\cos\frac{1}{2}\theta)^{\pm m \pm N}\right. \\ &\quad \left.\times \left(\pm\frac{1}{\sin\theta}\frac{d}{d\theta}\right)^{l\pm m} \left[(\sin\frac{1}{2}\theta)^{2l\pm 2N} (\cos\frac{1}{2}\theta)^{2l\mp 2N}\right]\right\} \\ &\quad \times e^{im\phi}\, \hat{\mathbf{e}}_{\alpha_1} \cdots \hat{\mathbf{e}}_{\alpha_q}\end{aligned} \tag{C.105}$$

将 (C.105) 这一结果用于 (C.99)–(C.102)，我们得到显式表达式

$$\begin{aligned}\mathbf{Y}_{lm}^{N} &= \left(\frac{2l+1}{4\pi}\right)^{1/2} \left[\frac{1}{(l+N)!(l-N)!}\right]^{1/2} \left[\frac{(l-m)!}{(l+m)!}\right]^{1/2} \\ &\quad \times \left\{2^{l+m} (\sin\frac{1}{2}\theta)^{m-N} (\cos\frac{1}{2}\theta)^{m+N}\right. \\ &\quad \left.\times \left(\frac{1}{\sin\theta}\frac{d}{d\theta}\right)^{l+m} \left[(\sin\frac{1}{2}\theta)^{2l+2N} (\cos\frac{1}{2}\theta)^{2l-2N}\right]\right\}\end{aligned}$$

$$\times e^{im\phi}\,\hat{\mathbf{e}}_{\alpha_1}\cdots\hat{\mathbf{e}}_{\alpha_q}$$

$$= (-1)^{l-N}\left(\frac{2l+1}{4\pi}\right)^{1/2}\left[\frac{1}{(l+N)!(l-N)!}\right]^{1/2}\left[\frac{(l+m)!}{(l-m)!}\right]^{1/2}$$

$$\times\left\{2^{l-m}(\sin\frac{1}{2}\theta)^{-m+N}(\cos\frac{1}{2}\theta)^{-m-N}\right.$$

$$\left.\times\left(-\frac{1}{\sin\theta}\frac{d}{d\theta}\right)^{l-m}\left[(\sin\frac{1}{2}\theta)^{2l-2N}(\cos\frac{1}{2}\theta)^{2l+2N}\right]\right\}$$

$$\times e^{im\phi}\,\hat{\mathbf{e}}_{\alpha_1}\cdots\hat{\mathbf{e}}_{\alpha_q} \tag{C.106}$$

对比上式中的两个表达式，我们推出

$$\mathbf{Y}_{l\,-m}^{-N} = (-1)^m\mathbf{Y}_{lm}^{N*} \tag{C.107}$$

上式为对称关系(B.44)的推广。在得到(C.107)的过程中，我们利用了$\hat{\mathbf{e}}_{-\alpha_1}\cdots\hat{\mathbf{e}}_{-\alpha_q} = (-1)^N$ $(\hat{\mathbf{e}}_{\alpha_1}\cdots\hat{\mathbf{e}}_{\alpha_q})^*$这一事实。

在本节的最后，我们指出上述符号的模糊性。符号Y_{lm}^N表示一个唯一的标量广义球谐函数；然而，$\mathbf{Y}_{lm}^N$实际上却是一组无穷多个阶数$q\geqslant|N|$的张量的缩写：

$$\begin{gathered}\mathbf{Y}_{lm}^0 = \{Y_{lm}^0,\,Y_{lm}^0\hat{\mathbf{e}}_0,\,Y_{lm}^0\hat{\mathbf{e}}_0\hat{\mathbf{e}}_0,\,Y_{lm}^0\hat{\mathbf{e}}_-\hat{\mathbf{e}}_+,\,Y_{lm}^0\hat{\mathbf{e}}_+\hat{\mathbf{e}}_-,\ldots\},\\ \mathbf{Y}_{lm}^{\pm1} = \{Y_{lm}^{\pm1}\hat{\mathbf{e}}_\pm,\,Y_{lm}^{\pm1}\hat{\mathbf{e}}_0\hat{\mathbf{e}}_\pm,\,Y_{lm}^{\pm1}\hat{\mathbf{e}}_\pm\hat{\mathbf{e}}_0,\ldots\},\\ \mathbf{Y}_{lm}^{\pm2} = \{Y_{lm}^{\pm2}\hat{\mathbf{e}}_\pm\hat{\mathbf{e}}_\pm,\ldots\}\\ \vdots\end{gathered} \tag{C.108}$$

每一个具有$\alpha_1+\cdots+\alpha_q = N$的有序多并矢$\hat{\mathbf{e}}_{\alpha_1}\cdots\hat{\mathbf{e}}_{\alpha_q}$都对应于相同的广义标量球谐函数$Y_{lm}^N$。标量球谐函数满足：

$$Y_{l\,-m}^{-N} = (-1)^{m+N}Y_{lm}^{N*} \tag{C.109}$$

由于相应多并矢的正交性，两个具有不同上角标$N\neq N'$的广义球谐函数$\mathbf{Y}_{lm}^N$和$\mathbf{Y}_{l'm'}^{N'}$是正交的。另一方面，当$N = N'$时，(C.95)式意味着

$$\int_\Omega Y_{lm}^{N*}\,Y_{l'm'}^N\,d\Omega = \delta_{ll'}\delta_{mm'} \tag{C.110}$$

涉及$N\neq N'$的两个标量球谐函数乘积$Y_{lm}^{N*}\,Y_{l'm'}^{N'}$的面积分在实际中从未出现过。

C.4 广义勒让德函数

将表达式$\mathbf{Y}_{lm}^N(\theta,\phi) = X_{lm}^N(\theta)e^{im\phi}\hat{\mathbf{e}}_{\alpha_1}\cdots\hat{\mathbf{e}}_{\alpha_q}$代入本征值问题$J^2\mathbf{Y}_{lm}^N = l(l+1)\mathbf{Y}_{lm}^N$，我们发现余纬度标量函数$X_{lm}^N$满足常微分方程

$$(1-\mu^2)\frac{d^2X}{d\mu^2} - 2\mu\frac{dX}{d\mu}$$

$$+\left[l(l+1)-\frac{m^2-2mN\mu+N^2}{1-\mu^2}\right]X=0 \tag{C.111}$$

其中$\mu=\cos\theta$。如预期的，所谓的广义勒让德方程(C.111)在$N=0$时退化为普通勒让德方程(B.47)。遵循 Phinney 和 Burridge(1973)，我们定义次数为l、级数为$-l\leqslant m\leqslant l$以及上角标为$-l\leqslant N\leqslant l$的广义勒让德函数为

$$\begin{aligned}P_{lm}^N(\mu)=&\frac{1}{2^l}\left[\frac{1}{(l+N)!(l-N)!}\right]^{1/2}\left[\frac{(l+m)!}{(l-m)!}\right]^{1/2}\\&\times(1-\mu)^{-\frac{1}{2}(m-N)}(1+\mu)^{-\frac{1}{2}(m+N)}\\&\times\left(\frac{d}{d\mu}\right)^{l-m}\left[(\mu-1)^{l-N}(\mu+1)^{l+N}\right]\end{aligned} \tag{C.112}$$

方程(C.111)在$-1\leqslant\mu\leqslant 1$范围内的这些规范解在$N=0$时并不退化为连带勒让德函数$P_{lm}(\mu)$；事实上

$$P_{lm}^0=(-1)^m\left[\frac{(l-m)!}{(l+m)!}\right]^{1/2}P_{lm} \tag{C.113}$$

广义勒让德函数(C.112)的归一化是为了有如下结果

$$P_{lm}^N(1)=\delta_{Nm} \tag{C.114}$$

其中δ_{Nm}是$(2l+1)\times(2l+1)$的克罗内克尔符号。这一定义有助于我们试图在C.7节和C.8节中确定张量积和有限旋转的矩阵分量。

零次的广义勒让德函数为$P_{00}^0=1$，一次的广义勒让德函数则为

$$P_{1m}^N=\begin{array}{c}\begin{matrix}N=-1 & \quad N=0 & \quad N=1\end{matrix}\\\begin{pmatrix}\frac{1}{2}(1+\cos\theta) & \frac{1}{\sqrt{2}}\sin\theta & \frac{1}{2}(1-\cos\theta)\\ -\frac{1}{\sqrt{2}}\sin\theta & \cos\theta & \frac{1}{\sqrt{2}}\sin\theta\\ \frac{1}{2}(1-\cos\theta) & -\frac{1}{\sqrt{2}}\sin\theta & \frac{1}{2}(1+\cos\theta)\end{pmatrix}\end{array}\begin{matrix}m=-1\\ m=0\\ m=1\end{matrix} \tag{C.115}$$

两个级数m和上角标N相同的广义勒让德函数的正交归一关系为

$$\int_{-1}^{1}P_{lm}^N(\mu)P_{l'm}^N(\mu)\,d\mu=\left(\frac{2}{2l+1}\right)\delta_{ll'} \tag{C.116}$$

(C.116)式推广了普通勒让德函数的正交归一关系(B.49)。标量球谐函数X_{lm}^N由广义勒让德函数给定

$$X_{lm}^N(\theta)=\left(\frac{2l+1}{4\pi}\right)^{1/2}P_{lm}^N(\cos\theta) \tag{C.117}$$

正如我们之前指出的，X_{lm}^0与X_{lm}的确是相同的。

广义勒让德函数P_{lm}^N满足一系列的对称关系：

$$P_{l-m}^N(\mu) = (-1)^{l+N} P_{lm}^N(-\mu), \qquad P_{lm}^{-N}(\mu) = (-1)^{l+m} P_{lm}^N(-\mu)$$
$$P_{l-m}^{-N}(\mu) = (-1)^{m+N} P_{lm}^N(\mu), \qquad P_{lN}^m(\mu) = (-1)^{m+N} P_{lm}^N(\mu)$$
$$P_{l-N}^{-m}(\mu) = P_{lm}^N(\mu) \tag{C.118}$$

这些关系对X_{lm}^N也同样成立。

从张量方程(C.104)，我们得到标量微分关系

$$\begin{aligned}&\left[\pm d/d\theta + N(\sin\theta)^{-1} - m\cot\theta\right] P_{lm}^N \\ &\quad = \sqrt{(l\mp m)(l\pm m+1)}\, P_{l\,m\pm1}^N\end{aligned} \tag{C.119}$$

结合(C.118)和(C.119)，我们也可以推导出

$$\begin{aligned}&\left[\pm d/d\theta + N\cot\theta - m(\sin\theta)^{-1}\right] P_{lm}^N \\ &\quad = \sqrt{(l\pm N)(l\mp N+1)}\, P_{lm}^{N\mp1}.\end{aligned} \tag{C.120}$$

在(C.119)和(C.120)两式中分别取正负号并相加，我们得到递推关系：

$$\begin{aligned}\left[N(\sin\theta)^{-1} - m\cot\theta\right] P_{lm}^N =& \frac{1}{2}\sqrt{(l+m)(l-m+1)}\, P_{l\,m-1}^N \\ &+ \frac{1}{2}\sqrt{(l-m)(l+m+1)}\, P_{l\,m+1}^N\end{aligned} \tag{C.121}$$

$$\begin{aligned}\left[N\cot\theta - m(\sin\theta)^{-1}\right] P_{lm}^N =& \frac{1}{2}\sqrt{(l+N)(l-N+1)}\, P_{lm}^{N-1} \\ &+ \frac{1}{2}\sqrt{(l-N)(l+N+1)}\, P_{lm}^{N+1}\end{aligned} \tag{C.122}$$

在所有这些关系中，广义勒让德函数的自变量都是$\mu = \cos\theta$。

(C.121)或(C.122)式都可以被当作计算$(2l+1)\times(2l+1)$个函数P_{lm}^N的实际算法的基础，这里$-l \leqslant m \leqslant l$, $-l \leqslant N \leqslant l$。考虑到数值计算的稳定性，有必要用$N$固定的递推关系(C.121)，从$m=-l$向上、$m=l$向下同时递推。向下递推的起始值为

$$P_{ll}^N = (-1)^{l+N}\left[\frac{(2l)!}{(l+N)!(l-N)!}\right]^{1/2} (\sin\frac{1}{2}\theta)^{l-N}(\cos\frac{1}{2}\theta)^{l+N} \tag{C.123}$$

$$P_{l\,l-1}^N = \sqrt{2l}\,(\sin\theta)^{-1}(N/l - \cos\theta)\, P_{ll}^N \tag{C.124}$$

而向上递推的起始值则是

$$P_{l-l}^N = \left[\frac{(2l)!}{(l+N)!(l-N)!}\right]^{1/2} (\sin\frac{1}{2}\theta)^{l+N}(\cos\frac{1}{2}\theta)^{l-N} \tag{C.125}$$

$$P_{l-l+1}^N = \sqrt{2l}\,(\sin\theta)^{-1}(N/l + \cos\theta)\, P_{l-l}^N \tag{C.126}$$

两个递推的最佳汇合点是$m = N\mu = N\cos\theta$。还有其他的选择；例如，可以用m固定的关系式(C.122)，从$N=l$向下、$N=-l$向上同时迭代，并汇合于$N = m\mu^{-l}$；也可以用(C.121)和

(C.122) 两式，从 $m = N = l$ 向下，或从 $m = N = -l$ 向上迭代，并利用对称关系 (C.118) 来补上剩余的值。我们将在 C.8.2 节中推导广义勒让德函数的加法定理

$$\sum_{m=-l}^{l} P_{lm}^{N}(\mu) P_{lm}^{N'}(\mu) = \delta_{NN'} \tag{C.127}$$

正如 (B.124) 式被用来重归一化普通球谐函数 X_{lm}，$-l \leqslant m \leqslant l$，或验证其精度一样，上述结果也可以用来重归一化函数 P_{lm}^{N}，$-l \leqslant m \leqslant l$，$-l \leqslant N \leqslant l$，或验证其精度。$P_{lm}^{N}$ 对余纬度的导数可以用 $P_{l\,m\pm1}^{N}$ 或 $P_{lm}^{N\pm1}$ 表示为

$$\begin{aligned}\frac{dP_{lm}^{N}}{d\theta} &= \frac{1}{2}\sqrt{(l-m)(l+m+1)}\,P_{l\,m+1}^{N} \\ &\qquad - \frac{1}{2}\sqrt{(l+m)(l-m+1)}\,P_{l\,m-1}^{N} \\ &= \frac{1}{2}\sqrt{(l+N)(l-N+1)}\,P_{lm}^{N-1} \\ &\qquad - \frac{1}{2}\sqrt{(l-N)(l+N+1)}\,P_{lm}^{N+1}\end{aligned} \tag{C.128}$$

Masters 和 Richards-Dinger (1998) 描述了另一个算法，其中 P_{lm}^{N} 和 $dP_{lm}^{N}/d\theta$ 是用类似于 (B.121)–(B.122) 的一对耦合递推关系式，通过向下和向上迭代来同时计算的。

C.5 广义展开

与将复数标量场 $\psi(\theta,\phi)$ 用普通球谐函数 $Y_{lm}(\theta,\phi)$ 展开相似，单位球面 Ω 上平方可积的复数张量场 $\mathbf{T}(\theta,\phi)$ 可以用广义表面球谐函数 $\mathbf{Y}_{lm}^{N}(\theta,\phi)$ 展开。我们将 $\mathbf{T}$ 用其相对于正则基 $\hat{\mathbf{e}}_{-}$、$\hat{\mathbf{e}}_{0}$、$\hat{\mathbf{e}}_{+}$ 的逆变分量表示，并将每个分量展开为如下形式

$$T^{\alpha_1\cdots\alpha_n} = \sum_{l=0}^{\infty}\sum_{m=-l}^{l} T_{lm}^{\alpha_1\cdots\alpha_n} Y_{lm}^{N} \tag{C.129}$$

其中 $N = \alpha_1 + \cdots + \alpha_q$。由此产生的 q 阶张量场 $\mathbf{T} = T^{\alpha_1\cdots\alpha_q}\hat{\mathbf{e}}_{\alpha_1}\cdots\hat{\mathbf{e}}_{\alpha_q}$ 的广义球谐函数表达式为

$$\begin{aligned}\mathbf{T} &= \sum_{l=0}^{\infty}\sum_{m=-l}^{l} T_{lm}^{\alpha_1\cdots\alpha_q} Y_{lm}^{N}\hat{\mathbf{e}}_{\alpha_1}\cdots\hat{\mathbf{e}}_{\alpha_q} \\ &= \sum_{l=0}^{\infty}\sum_{m=-l}^{l} T_{lm}^{\alpha_1\cdots\alpha_q}\mathbf{Y}_{lm}^{N}\end{aligned} \tag{C.130}$$

其中后一个简写式中隐含了对 $\alpha_1,\ldots,\alpha_q$ 的求和。利用正交归一关系 (C.95)，复数展开系数 $T_{lm}^{\alpha_1\cdots\alpha_q}$ 为

$$T_{lm}^{\alpha_1\cdots\alpha_q} = \langle \mathbf{Y}_{lm}^{N}, \mathbf{T}\rangle = \int_{\Omega} Y_{lm}^{N*} T^{\alpha_1\cdots\alpha_q}\, d\Omega \tag{C.131}$$

需要注意的是，当 $l < |N|$ 时，$T_{lm}^{\alpha_1\cdots\alpha_q} = 0$。只要容许展开系数 $T_{lm}^{\alpha_1\cdots\alpha_q}$ 是半径 r 的函数，三维张量场 $\mathbf{T}(\mathbf{r})$ 也可以表示成 (C.129)–(C.130) 的形式。实数张量场的系数满足 $T_{l\,-m}^{-\alpha_1\cdots-\alpha_q} = (-1)^m T_{lm}^{\alpha_1\cdots\alpha_q *}$。帕塞瓦尔定理的张量形式为

$$|||\mathbf{T}|||^2 = \int_\Omega \mathbf{T}^* : \mathbf{T}\, d\Omega = \sum_{l=0}^{\infty} \sum_{m=-l}^{l} |T_{lm}^{\alpha_1 \cdots \alpha_q}|^2 \tag{C.132}$$

上述关系式推广了(B.93)–(B.94)中为人熟知的标量结果。

矢量场$\mathbf{u}$的广义球谐函数表达式为

$$\mathbf{u} = \sum_{l=0}^{\infty} \sum_{m=-l}^{l} \left(u_{lm}^{-} Y_{lm}^{-}\, \hat{\mathbf{e}}_{-} + u_{lm}^{0} Y_{lm}^{0}\, \hat{\mathbf{e}}_{0} + u_{lm}^{+} Y_{lm}^{+}\, \hat{\mathbf{e}}_{+} \right) \tag{C.133}$$

其中

$$u_{lm}^{\alpha} = \int_\Omega Y_{lm}^{\alpha *} u^{\alpha}\, d\Omega = \int_\Omega Y_{lm}^{\alpha *} \hat{\mathbf{e}}^{\alpha} \cdot \mathbf{u}\, d\Omega \tag{C.134}$$

我们也可以将$\mathbf{u}$用复数形式的矢量球谐函数表达式(B.168)–(B.171)来表示：

$$\mathbf{u} = \sum_{l=0}^{\infty} \sum_{m=-l}^{l} \left\{ u_{lm} \hat{\mathbf{r}}\, Y_{lm} + \frac{1}{\sqrt{l(l+1)}} \times [v_{lm} \boldsymbol{\nabla}_1 Y_{lm} - w_{lm} (\hat{\mathbf{r}} \times \boldsymbol{\nabla}_1 Y_{lm})] \right\} \tag{C.135}$$

其中

$$u_{lm} = \int_\Omega \hat{\mathbf{r}}\, Y_{lm}^* \cdot \mathbf{u}\, d\Omega \tag{C.136}$$

$$v_{lm} = \frac{1}{\sqrt{l(l+1)}} \int_\Omega \boldsymbol{\nabla}_1 Y_{lm}^* \cdot \mathbf{u}\, d\Omega \tag{C.137}$$

$$w_{lm} = -\frac{1}{\sqrt{l(l+1)}} \int_\Omega (\hat{\mathbf{r}} \times \boldsymbol{\nabla}_1 Y_{lm}^*) \cdot \mathbf{u}\, d\Omega \tag{C.138}$$

正则展开系数u_{lm}^{-}、u_{lm}^{0}、u_{lm}^{+}与复数矢量球谐函数系数u_{lm}、v_{lm}、w_{lm}之间的关系是怎样的？借助等式(C.120)，我们可以得到表面梯度(A.118)和旋度(A.124)作用于复数表面球谐函数Y_{lm}的结果：

$$\boldsymbol{\nabla}_1 Y_{lm} = \sqrt{l(l+1)/2}\, \left(Y_{lm}^{-} \hat{\mathbf{e}}_{-} + Y_{lm}^{+} \hat{\mathbf{e}}_{+} \right) \tag{C.139}$$

$$\hat{\mathbf{r}} \times \boldsymbol{\nabla}_1 Y_{lm} = i\sqrt{l(l+1)/2}\, \left(Y_{lm}^{-} \hat{\mathbf{e}}_{-} - Y_{lm}^{+} \hat{\mathbf{e}}_{+} \right) \tag{C.140}$$

利用(C.139)–(C.140)，我们发现$u_{lm} = u_{lm}^{0}$且

$$v_{lm} = \frac{1}{\sqrt{2}} \left(u_{lm}^{-} + u_{lm}^{+} \right), \qquad w_{lm} = \frac{i}{\sqrt{2}} \left(u_{lm}^{-} - u_{lm}^{+} \right) \tag{C.141}$$

$$u_{lm}^{-} = \frac{1}{\sqrt{2}} (v_{lm} - i w_{lm}), \qquad u_{lm}^{+} = \frac{1}{\sqrt{2}} (v_{lm} + i w_{lm}) \tag{C.142}$$

(C.141)–(C.142)式显示张量场$\mathbf{u}$的球型和环型部分在广义球谐函数表达式(C.133)中是混合在一起的。需要注意却又令人安心的是，$v_{00} = w_{00} = 0$意味着$u_{00}^{-} = u_{00}^{+} = 0$，反之亦然。利用类似于(B.98)的关联小写与大写系数的公式，实数矢量场(B.168)–(B.171)的实数矢量球谐函数系数U_{lm}、V_{lm}、W_{lm}也可以与复数系数u_{lm}、v_{lm}、w_{lm}联系起来。这些公式与(C.141)–

(C.142) 一起表达了 U_{lm}、V_{lm}、W_{lm} 与广义球谐函数系数 u^{-}_{lm}、u^{0}_{lm}、u^{+}_{lm} 之间的关系。

C.6 张量场梯度

在许多球极坐标系的连续介质力学应用中，我们需要计算一个三维张量场的梯度，

$$\boldsymbol{\nabla}\mathbf{T}(\mathbf{r}) = \left[\hat{\mathbf{e}}_0\partial_r + r^{-1}\boldsymbol{\nabla}_1\right]\sum_{l=0}^{\infty}\sum_{m=-l}^{l} T_{lm}^{\alpha_1\cdots\alpha_n}(r)\mathbf{Y}_{lm}^{N}(\theta,\phi) \tag{C.143}$$

要计算 (C.143)，最基本的要素是广义球谐函数的表面梯度：

$$\begin{aligned}\boldsymbol{\nabla}_1\mathbf{Y}_{lm}^{N}(\theta,\phi) = \frac{1}{\sqrt{2}}\big\{&\hat{\mathbf{e}}_-[\partial_\theta + i(\sin\theta)^{-1}\partial_\phi]\\ &+\hat{\mathbf{e}}_+[-\partial_\theta + i(\sin\theta)^{-1}\partial_\phi]\big\}\left[X_{lm}^{N}(\theta)e^{im\phi}\hat{\mathbf{e}}_{\alpha_1}\cdots\hat{\mathbf{e}}_{\alpha_q}\right]\end{aligned} \tag{C.144}$$

很容易证明 $[\pm\partial_\theta + i(\sin\theta)^{-1}\partial_\phi]\hat{\mathbf{e}}_\alpha = \alpha\cot\theta\,\hat{\mathbf{e}}_\alpha - \sqrt{2}\,\hat{\mathbf{e}}_{\alpha\pm1}$，其中的 $\hat{\mathbf{e}}_\alpha$ 在 $|\alpha| > 1$ 时定义为零。利用这一结果和递推关系 (C.120)，经过一些代数运算，我们可以证明：

$$\begin{aligned}\boldsymbol{\nabla}_1\mathbf{Y}_{lm}^{N} = {}&\Omega_l^{N}Y_{lm}^{-1+N}\,\hat{\mathbf{e}}_-\hat{\mathbf{e}}_{\alpha_1}\hat{\mathbf{e}}_{\alpha_2}\cdots\hat{\mathbf{e}}_{\alpha_q}\\ &-Y_{lm}^{N}\,\hat{\mathbf{e}}_-\hat{\mathbf{e}}_{(\alpha_1+1)}\hat{\mathbf{e}}_{\alpha_2}\cdots\hat{\mathbf{e}}_{\alpha_q}\\ &-Y_{lm}^{N}\,\hat{\mathbf{e}}_-\hat{\mathbf{e}}_{\alpha_1}\hat{\mathbf{e}}_{(\alpha_2+1)}\cdots\hat{\mathbf{e}}_{\alpha_q}\\ &\quad\vdots\\ &-Y_{lm}^{N}\,\hat{\mathbf{e}}_-\hat{\mathbf{e}}_{\alpha_1}\hat{\mathbf{e}}_{\alpha_2}\cdots\hat{\mathbf{e}}_{(\alpha_q+1)}\\ &+\Omega_l^{-N}Y_{lm}^{1+N}\,\hat{\mathbf{e}}_+\hat{\mathbf{e}}_{\alpha_1}\hat{\mathbf{e}}_{\alpha_2}\cdots\hat{\mathbf{e}}_{\alpha_q}\\ &-Y_{lm}^{N}\,\hat{\mathbf{e}}_+\hat{\mathbf{e}}_{(\alpha_1-1)}\hat{\mathbf{e}}_{\alpha_2}\cdots\hat{\mathbf{e}}_{\alpha_q}\\ &-Y_{lm}^{N}\,\hat{\mathbf{e}}_+\hat{\mathbf{e}}_{\alpha_1}\hat{\mathbf{e}}_{(\alpha_2-1)}\cdots\hat{\mathbf{e}}_{\alpha_q}\\ &\quad\vdots\\ &-Y_{lm}^{N}\,\hat{\mathbf{e}}_+\hat{\mathbf{e}}_{\alpha_1}\hat{\mathbf{e}}_{\alpha_2}\cdots\hat{\mathbf{e}}_{(\alpha_q-1)}\end{aligned} \tag{C.145}$$

这里我们定义了系数

$$\Omega_l^{\pm N} = \sqrt{\frac{1}{2}(l\pm N)(l\mp N+1)} \tag{C.146}$$

因而张量场梯度 (C.143) 为

$$\begin{aligned}\boldsymbol{\nabla}\mathbf{T} = \sum_{l=0}^{\infty}\sum_{m=-l}^{l}\Bigg\{&\left[\frac{dT_{lm}^{\alpha_1\cdots\alpha_q}}{dr}\right]Y_{lm}^{N}\,\hat{\mathbf{e}}_0\hat{\mathbf{e}}_{\alpha_1}\hat{\mathbf{e}}_{\alpha_2}\cdots\hat{\mathbf{e}}_{\alpha_q}\\ &+r^{-1}T_{lm}^{\alpha_1\cdots\alpha_q}\Big[\Omega_l^{N}Y_{lm}^{-1+N}\,\hat{\mathbf{e}}_-\hat{\mathbf{e}}_{\alpha_1}\hat{\mathbf{e}}_{\alpha_2}\cdots\hat{\mathbf{e}}_{\alpha_q}\\ &\qquad-Y_{lm}^{N}\,\hat{\mathbf{e}}_-\hat{\mathbf{e}}_{(\alpha_1+1)}\hat{\mathbf{e}}_{\alpha_2}\cdots\hat{\mathbf{e}}_{\alpha_q}\\ &\qquad-Y_{lm}^{N}\,\hat{\mathbf{e}}_-\hat{\mathbf{e}}_{\alpha_1}\hat{\mathbf{e}}_{(\alpha_2+1)}\cdots\hat{\mathbf{e}}_{\alpha_q}\end{aligned}$$

$$
\begin{aligned}
&\vdots\\
&-Y_{lm}^{N}\,\hat{\mathbf{e}}_{-}\hat{\mathbf{e}}_{\alpha_1}\hat{\mathbf{e}}_{\alpha_2}\cdots\hat{\mathbf{e}}_{(\alpha_q+1)}\\
+\,&\Omega_l^{-N}Y_{lm}^{1+N}\,\hat{\mathbf{e}}_{+}\hat{\mathbf{e}}_{\alpha_1}\hat{\mathbf{e}}_{\alpha_2}\cdots\hat{\mathbf{e}}_{\alpha_q}\\
&-Y_{lm}^{N}\,\hat{\mathbf{e}}_{+}\hat{\mathbf{e}}_{(\alpha_1-1)}\hat{\mathbf{e}}_{\alpha_2}\cdots\hat{\mathbf{e}}_{\alpha_q}\\
&-Y_{lm}^{N}\,\hat{\mathbf{e}}_{+}\hat{\mathbf{e}}_{\alpha_1}\hat{\mathbf{e}}_{(\alpha_2-1)}\cdots\hat{\mathbf{e}}_{\alpha_q}\\
&\vdots\\
&-Y_{lm}^{N}\,\hat{\mathbf{e}}_{+}\hat{\mathbf{e}}_{\alpha_1}\hat{\mathbf{e}}_{\alpha_2}\cdots\hat{\mathbf{e}}_{(\alpha_q-1)}\Big]\Big\}
\end{aligned}
\tag{C.147}
$$

C.6.1 逆变导数

(C.147) 式可以写为不太烦琐的形式

$$
\begin{aligned}
\boldsymbol{\nabla}\mathbf{T}=\sum_{l=0}^{\infty}\sum_{m=-l}^{l}\Bigg\{&\left[\frac{dT_{lm}^{\alpha_1\cdots\alpha_q}}{dr}\right]Y_{lm}^{N}\,\hat{\mathbf{e}}_0\hat{\mathbf{e}}_{\alpha_1}\hat{\mathbf{e}}_{\alpha_2}\cdots\hat{\mathbf{e}}_{\alpha_q}\\
&+r^{-1}\Big[\Omega_l^{N}T_{lm}^{\alpha_1\alpha_2\cdots\alpha_q}-T_{lm}^{(\alpha_1-1)\alpha_2\cdots\alpha_q}-T_{lm}^{\alpha_1(\alpha_2-1)\cdots\alpha_n}\\
&-\cdots-T_{lm}^{\alpha_1\alpha_2\cdots(\alpha_q-1)}\Big]Y_{lm}^{-1+N}\,\hat{\mathbf{e}}_{-}\hat{\mathbf{e}}_{\alpha_1}\hat{\mathbf{e}}_{\alpha_2}\cdots\hat{\mathbf{e}}_{\alpha_q}\\
&+r^{-1}\Big[\Omega_l^{-N}T_{lm}^{\alpha_1\alpha_2\cdots\alpha_q}-T_{lm}^{(\alpha_1+1)\alpha_2\cdots\alpha_q}-T_{lm}^{\alpha_1(\alpha_2+1)\cdots\alpha_q}\\
&-\cdots-T_{lm}^{\alpha_1\alpha_2\cdots(\alpha_q+1)}\Big]Y_{lm}^{1+N}\,\hat{\mathbf{e}}_{+}\hat{\mathbf{e}}_{\alpha_1}\hat{\mathbf{e}}_{\alpha_2}\cdots\hat{\mathbf{e}}_{\alpha_q}\Bigg\}
\end{aligned}
\tag{C.148}
$$

这里我们规定，任何系数$T_{lm}^{(\alpha_1\pm1)\alpha_2\cdots\alpha_q},\ldots,T_{lm}^{\alpha_1\alpha_2\cdots(\alpha_q\pm1)}$在$|\alpha_1\pm1|>1,\ldots,|\alpha_q\pm1|>1$时均为零。如果我们将$(q+1)$阶张量$\boldsymbol{\nabla}\mathbf{T}$的逆变分量表示为

$$
\begin{aligned}
\partial^{\sigma}T^{\alpha_1\cdots\alpha_q}&=(\hat{\mathbf{e}}^{\sigma}\hat{\mathbf{e}}^{\alpha_1}\cdots\hat{\mathbf{e}}^{\alpha_q}):\boldsymbol{\nabla}\mathbf{T}\\
&=(\hat{\mathbf{e}}^{\sigma}\cdot\hat{\mathbf{e}}_i)(\hat{\mathbf{e}}^{\alpha_1}\cdot\hat{\mathbf{e}}_{j_1})\cdots(\hat{\mathbf{e}}^{\alpha_q}\cdot\hat{\mathbf{e}}_{j_q})\partial_i T_{j_1\cdots j_q}
\end{aligned}
\tag{C.149}
$$

则$\boldsymbol{\nabla}\mathbf{T}$的广义球谐函数展开为

$$
\begin{aligned}
\boldsymbol{\nabla}\mathbf{T}&=(\partial^{\sigma}T^{\alpha_1\cdots\alpha_q})\,\hat{\mathbf{e}}_{\sigma}\hat{\mathbf{e}}_{\alpha_1}\cdots\hat{\mathbf{e}}_{\alpha_e}\\
&=\sum_{l=0}^{\infty}\sum_{m=-l}^{l}(\partial^{\sigma}T_{lm}^{\alpha_1\cdots\alpha_q})\,Y_{lm}^{\sigma+N}\,\hat{\mathbf{e}}_{\sigma}\hat{\mathbf{e}}_{\alpha_1}\cdots\hat{\mathbf{e}}_{\alpha_e}\\
&=\sum_{l=0}^{\infty}\sum_{m=-l}^{l}(\partial^{\sigma}T_{lm}^{\alpha_1\cdots\alpha_q})\,\mathbf{Y}_{lm}^{\sigma+N}
\end{aligned}
\tag{C.150}
$$

(C.148) 式表明$\boldsymbol{\nabla}\mathbf{T}$和$\mathbf{T}$的展开系数之间存在关系：

$$
\begin{aligned}
\partial^{-}T_{lm}^{\alpha_1\cdots\alpha_q}=r^{-1}\Big[&\Omega_l^{N}T_{lm}^{\alpha_1\alpha_2\cdots\alpha_q}-T_{lm}^{(\alpha_1-1)\alpha_2\cdots\alpha_q}\\
&-T_{lm}^{\alpha_1(\alpha_2-1)\cdots\alpha_q}-\cdots-T_{lm}^{\alpha_1\alpha_2\cdots(\alpha_q-1)}\Big]
\end{aligned}
\tag{C.151}
$$

$$\partial^0 T_{lm}^{\alpha_1\cdots\alpha_q} = \frac{dT_{lm}^{\alpha_1\cdots\alpha_q}}{dr} \tag{C.152}$$

$$\begin{aligned}\partial^+ T_{lm}^{\alpha_1\cdots\alpha_q} = r^{-1}\Big[&\Omega_l^{-N} T_{lm}^{\alpha_1\alpha_2\cdots\alpha_q} - T_{lm}^{(\alpha_1+1)\alpha_2\cdots\alpha_q} \\ &-T_{lm}^{\alpha_1(\alpha_2+1)\cdots\alpha_q} - \cdots - T_{lm}^{\alpha_1\alpha_2\cdots(\alpha_q+1)}\Big]\end{aligned} \tag{C.153}$$

在形式上，我们可以将∂^σ视为一个由(C.151)–(C.153)所定义的逆变导数算子。该算子保有链式法则这一重要特性；也就是说，不变量关系

$$\boldsymbol{\nabla}(\mathbf{TP}) = (\boldsymbol{\nabla}\mathbf{T})\mathbf{P} + \mathbf{T}(\boldsymbol{\nabla}\mathbf{P}) \tag{C.154}$$

意味着

$$\begin{aligned}&\partial^\sigma(T^{\alpha_1\cdots\alpha_q}P^{\beta_1\cdots\beta_p}) \\ &\quad= (\partial^\sigma T^{\alpha_1\cdots\alpha_q})P^{\beta_1\cdots\beta_p} + T^{\alpha_1\cdots\alpha_q}(\partial^\sigma P^{\beta_1\cdots\beta_p})\end{aligned} \tag{C.155}$$

然而，需要注意的是，这一关系并不进一步意味着$\partial^\sigma(T^{\alpha_1\cdots\alpha_q}P^{\beta_1\cdots\beta_p})_{lm} = (\partial^\sigma T_{lm}^{\alpha_1\cdots\alpha_q})P_{lm}^{\beta_1\cdots\beta_p} + T_{lm}^{\alpha_1\cdots\alpha_q}(\partial^\sigma P_{lm}^{\beta_1\cdots\beta_p})$。

C.6.2 特例

其他导数算子，特别是散度和旋度以及这些导数的更高阶组合，如拉普拉斯算子，可以很容易地根据度量和交替张量的缩并和对易性质 (C.72) 和(C.76)–(C.77) 用∂^σ来表示。事实上，涉及单一场的不变微分表达式要写出其广义球谐函数角标形式几乎像写出其笛卡儿角标分量形式一样容易。我们通过确定表C.1中所列的一些常用标量、矢量和二阶张量导数的展开系数来说明这一点。标量场

$$\psi = \sum_{l=0}^{\infty}\sum_{m=-l}^{l} \psi_{lm} Y_{lm}^0 \tag{C.156}$$

的梯度为

$$\boldsymbol{\nabla}\psi = \sum_{l=0}^{\infty}\sum_{m=-l}^{l} (\partial^\alpha \psi_{lm})\, Y_{lm}^\alpha\, \hat{\mathbf{e}}_\alpha \tag{C.157}$$

其中

$$\partial^0\psi_{lm} = \frac{d\psi_{lm}}{dr}, \qquad \partial^\pm\psi_{lm} = \Omega_l^0 r^{-1}\psi_{lm} \tag{C.158}$$

矢量场

$$\mathbf{u} = \sum_{l=0}^{\infty}\sum_{m=-l}^{l} u_{lm}^\beta Y_{lm}^\beta\, \hat{\mathbf{e}}_\beta \tag{C.159}$$

的梯度为

$$\boldsymbol{\nabla}\mathbf{u} = \sum_{l=0}^{\infty}\sum_{m=-l}^{l} (\partial^\alpha u_{lm}^\beta)\, Y_{lm}^{\alpha+\beta}\, \hat{\mathbf{e}}_\alpha\hat{\mathbf{e}}_\beta \tag{C.160}$$

其中

$$\partial^0 u^0_{lm} = \frac{du^0_{lm}}{dr}, \qquad \partial^0 u^\pm_{lm} = \frac{du^\pm_{lm}}{dr} \tag{C.161}$$

$$\partial^\pm u^0_{lm} = r^{-1}(\Omega^0_l u^0_{lm} - u^\pm_{lm}), \qquad \partial^\pm u^\pm_{lm} = \Omega^2_l r^{-1} u^\pm_{lm} \tag{C.162}$$

$$\partial^\pm u^\mp_{lm} = r^{-1}(\Omega^0_l u^\mp_{lm} - u^0_{lm}) \tag{C.163}$$

表 C.1 标量场ψ、矢量场$\mathbf{u}$和二阶张量场$\mathbf{T}$的梯度以及相关导数的广义球谐函数表达式

不变量表达式	笛卡儿角标分量	广义球谐函数展开系数
$\boldsymbol{\nabla}\psi$	$\partial_i\psi$	$\partial^\alpha\psi_{lm}$
$\boldsymbol{\nabla}\mathbf{u}$	$\partial_i u_j$	$\partial^\alpha u^\beta_{lm}$
$\frac{1}{2}[\boldsymbol{\nabla}\mathbf{u}+(\boldsymbol{\nabla}\mathbf{u})^{\mathrm{T}}]$	$\frac{1}{2}(\partial_i u_j + \partial_j u_i)$	$\frac{1}{2}(\partial^\alpha u^\beta_{lm} + \partial^\beta u^\alpha_{lm})$
$\boldsymbol{\nabla}\cdot\mathbf{u}$	$\partial_i u_i$	$g_{\alpha\beta}\,\partial^\alpha u^\beta_{lm}$
$\boldsymbol{\nabla}\times\mathbf{u}$	$\varepsilon_{ijk}\partial_j u_k$	$g^{\alpha\eta}\varepsilon_{\eta\beta\gamma}\,\partial^\beta u^\gamma_{lm}$
$\boldsymbol{\nabla}\cdot\mathbf{T}$	$\partial_i T_{ij}$	$g_{\sigma\alpha}\,\partial^\sigma T^{\alpha\beta}_{lm}$
$\boldsymbol{\nabla}^2\psi$	$\partial^2_i\psi$	$g_{\alpha\beta}\,\partial^\alpha\partial^\beta\psi_{lm}$
$\nabla^2\mathbf{u}$	$\partial^2_i u_j$	$g_{\sigma\alpha}\partial^\sigma\partial^\alpha u^\beta_{lm}$
$\boldsymbol{\nabla}(\boldsymbol{\nabla}\cdot\mathbf{u})$	$\partial_i\partial_j u_j$	$g_{\alpha\beta}\,\partial^\sigma\partial^\alpha u^\beta_{lm}$
$\boldsymbol{\nabla}\times(\boldsymbol{\nabla}\times\mathbf{u})$	$\varepsilon_{ijk}\varepsilon_{kpq}\partial_j\partial_p u_q$	$g^{\alpha\eta}g^{\gamma\sigma}\varepsilon_{\eta\beta\gamma}\,\varepsilon_{\sigma\mu\nu}\,\partial^\beta\partial^\mu u^\nu_{lm}$

注：除了最后两行以外，所有展开系数均在正文中有更详细的解释。更复杂的导数组合可以用类似的方式从不变量形式或笛卡儿角标符号改写为广义球谐函数符号。由于度量张量和交替张量均为常量，导数$\partial^\sigma g_{\alpha\beta}$和$\partial^\sigma\varepsilon_{\alpha\beta\gamma}$均为零

在对 (C.161)–(C.163) 做化简的过程中，我们利用了等式$\Omega^N_l = \Omega^{-N+1}_l$。对称的梯度$\boldsymbol{\varepsilon} = \frac{1}{2}[\boldsymbol{\nabla}\mathbf{u}+(\boldsymbol{\nabla}\mathbf{u})^{\mathrm{T}}]$由下式给定：

$$\boldsymbol{\varepsilon} = \sum_{l=0}^{\infty}\sum_{m=-l}^{l} \varepsilon^{\alpha\beta}_{lm} Y^{\alpha+\beta}_{lm}\,\hat{\mathbf{e}}_\alpha\hat{\mathbf{e}}_\beta \tag{C.164}$$

其中$\varepsilon^{\alpha\beta}_{lm} = \frac{1}{2}(\partial^\alpha u^\beta_{lm} + \partial^\beta u^\alpha_{lm}) = \varepsilon^{\beta\alpha}_{lm}$，或等价的

$$\varepsilon^{00}_{lm} = \frac{du^0_{lm}}{dr}, \qquad \varepsilon^{\pm\pm}_{lm} = \Omega^2_l r^{-1} u^\pm_{lm} \tag{C.165}$$

$$\varepsilon_{lm}^{0\pm} = \varepsilon_{lm}^{\pm 0} = \frac{1}{2}\left(\frac{du_{lm}^{\pm}}{dr} - \frac{u_{lm}^{\pm}}{r} + \frac{\Omega_l^0 u_{lm}^0}{r}\right) \tag{C.166}$$

$$\varepsilon_{lm}^{\pm\mp} = \frac{1}{2}\Omega_l^0 r^{-1}(u_{lm}^- + u_{lm}^+) - r^{-1}u_{lm}^0 \tag{C.167}$$

矢量场的散度和旋度分别为

$$\begin{aligned}\boldsymbol{\nabla}\cdot\mathbf{u} &= \sum_{l=0}^{\infty}\sum_{m=-l}^{l}(g_{\alpha\beta}\partial^{\alpha}u^{\beta})\,Y_{lm}^0 \\ &= \sum_{l=0}^{\infty}\sum_{m=-l}^{l}\left[\frac{du_{lm}^0}{dr} + \frac{2u_{lm}^0}{r} - \frac{\Omega_l^0(u_{lm}^- + u_{lm}^+)}{r}\right]Y_{lm}^0\end{aligned} \tag{C.168}$$

和

$$\mathbf{w} = \boldsymbol{\nabla}\times\mathbf{u} = \sum_{l=0}^{\infty}\sum_{m=-l}^{l} w_{lm}^{\alpha}\,Y_{lm}^{\alpha}\,\hat{\mathbf{e}}_{\alpha} \tag{C.169}$$

其中

$$w_{lm}^0 = i\Omega_l^0 r^{-1}(u_{lm}^- - u_{lm}^+) \tag{C.170}$$

$$w_{lm}^{\pm} = \mp i\left(\frac{du_{lm}^{\pm}}{dr} + \frac{u_{lm}^{\pm}}{r} - \frac{\Omega_l^0 u_{lm}^0}{r}\right) \tag{C.171}$$

一个二阶张量场

$$\mathbf{T} = \sum_{l=0}^{\infty}\sum_{m=-l}^{l} T_{lm}^{\alpha\beta}\,Y_{lm}^{\alpha+\beta}\,\hat{\mathbf{e}}_{\alpha}\hat{\mathbf{e}}_{\beta} \tag{C.172}$$

的散度为一矢量场

$$\mathbf{w} = \boldsymbol{\nabla}\cdot\mathbf{T} = \sum_{l=0}^{\infty}\sum_{m=-l}^{l} w_{lm}^{\beta}\,Y_{lm}^{\beta}\,\hat{\mathbf{e}}^{\beta} \tag{C.173}$$

其系数为

$$w_{lm}^0 = \frac{dT_{lm}^{00}}{dr} + \frac{T_{lm}^{-+} + 2T_{lm}^{00} + T_{lm}^{+-}}{r} - \frac{\Omega_l^0(T_{lm}^{-0} + T_{lm}^{+0})}{r} \tag{C.174}$$

$$w_{lm}^{\pm} = \frac{dT_{lm}^{0\pm}}{dr} + \frac{2T_{lm}^{0\pm} + T_{lm}^{\pm 0}}{r} - \frac{\Omega_l^0 T_{lm}^{\mp\pm} + \Omega_l^2 T_{lm}^{\pm\pm}}{r} \tag{C.175}$$

如果$\mathbf{T}$为对称的，因而$T_{lm}^{\alpha\beta} = T_{lm}^{\beta\alpha}$，则(C.174)–(C.175)可简化为

$$w_{lm}^0 = \frac{dT_{lm}^{00}}{dr} + \frac{2(T_{lm}^{00} + T_{lm}^{-+})}{r} - \frac{\Omega_l^0(T_{lm}^{0-} + T_{lm}^{0+})}{r} \tag{C.176}$$

$$w_{lm}^{\pm} = \frac{dT_{lm}^{0\pm}}{dr} + \frac{3T_{lm}^{0\pm}}{r} - \frac{\Omega_l^0 T_{lm}^{-+} + \Omega_l^2 T_{lm}^{\pm\pm}}{r} \tag{C.177}$$

在(C.168)中设$\mathbf{u} = \boldsymbol{\nabla}\psi$，我们得到标量场的拉普拉斯：

$$\nabla^2\psi = \sum_{l=0}^{\infty}\sum_{m=-l}^{l}\left[\frac{d^2\psi_{lm}}{dr^2} + \frac{2}{r}\frac{d\psi_{lm}}{dr} - \frac{l(l+1)\psi_{lm}}{r^2}\right]Y_{lm}^0 \tag{C.178}$$

最后，在 (C.174)–(C.175) 中令 $T_{lm}^{\alpha\beta} = \partial^\alpha u_{lm}^\beta$，我们得到矢量场的拉普拉斯：

$$\mathbf{w} = \nabla^2\mathbf{u} = \sum_{l=0}^{\infty}\sum_{m=-l}^{l} w_{lm}^\beta Y_{lm}^\beta \hat{\mathbf{e}}_\beta \tag{C.179}$$

其中

$$\begin{aligned} w_{lm}^0 =& \frac{d^2u_{lm}^0}{dr^2} + \frac{2}{r}\frac{du_{lm}^0}{dr} - \frac{[l(l+1)+2]u_{lm}^0}{r^2} \\ &+ \frac{2\Omega_l^0(u_{lm}^- + u_{lm}^+)}{r^2} \end{aligned} \tag{C.180}$$

$$w_{lm}^\pm = \frac{d^2u_{lm}^\pm}{dr^2} + \frac{2}{r}\frac{du_{lm}^\pm}{dr} - \frac{l(l+1)u_{lm}^\pm}{r^2} + \frac{2\Omega_l^0 u_{lm}^0}{r^2} \tag{C.181}$$

在简化最后两个表达式时，我们利用了 $(\Omega_l^0)^2+1 = \frac{1}{2}[l(l+1)+2]$ 和 $(\Omega_l^0)^2+(\Omega_l^2)^2 = l(l+1)$ 这两个简单等式。利用关系式 (B.98) 和 (C.141)–(C.142)，矢量场的散度、旋度和拉普拉斯可以用传统的矢量球谐函数展开系数 U_{lm}、V_{lm}、W_{lm} 而非 u_{lm}^-、u_{lm}^0、u_{lm}^+ 来表示。在做了这一转换后，我们会发现，如预期的，(C.168)–(C.171) 和 (C.179)–(C.181) 与 (B.179)–(B.180) 和 (B.183) 是等价的。

C.7 张 量 乘 积

我们接下来考虑一个 q 阶张量场与一个 p 阶张量场乘积的广义球谐函数表达式。这个问题与量子力学中自旋-自旋、自旋-轨道和轨道-轨道耦合的分析密切相关；下面的大部分内容只是关于两个角动量算子 $\mathbf{J}_1$ 与 $\mathbf{J}_2$ 相加理论 (Edmonds 1960) 的转述，但是省略了过多的量子力学术语。

C.7.1 两个广义球谐函数的乘积

我们首先考虑一对阶数分别为 q 和 p 的广义表面球谐函数 $\mathbf{Y}_{l_1m_1}^{N_1} = Y_{l_1m_1}^{N_1}\hat{\mathbf{e}}_{\alpha_1}\cdots\hat{\mathbf{e}}_{\alpha_q}$ 和 $\mathbf{Y}_{l_2m_2}^{N_2} = Y_{l_2m_2}^{N_2}\hat{\mathbf{e}}_{\beta_1}\cdots\hat{\mathbf{e}}_{\beta_p}$，其相应的上角标分别为 $N_1 = \alpha_1+\cdots+\alpha_q$ 和 $N_2 = \beta_1+\cdots+\beta_p$。这两个量的乘积

$$\mathbf{Y}_{l_1m_1}^{N_1}\mathbf{Y}_{l_2m_2}^{N_2} = Y_{l_1m_1}^{N_1}Y_{l_2m_2}^{N_2}\hat{\mathbf{e}}_{\alpha_1}\cdots\hat{\mathbf{e}}_{\alpha_q}\hat{\mathbf{e}}_{\beta_1}\cdots\hat{\mathbf{e}}_{\beta_p} \tag{C.182}$$

是一个在单位球 Ω 上的 $q+p$ 阶张量场。像任何这类场一样，它可以写成广义球谐函数 $\mathbf{Y}_{lm}^N = Y_{lm}^N\hat{\mathbf{e}}_{\alpha_1}\cdots\hat{\mathbf{e}}_{\alpha_q}\hat{\mathbf{e}}_{\beta_1}\cdots\hat{\mathbf{e}}_{\beta_p}$ 的线性组合

$$\mathbf{Y}_{l_1m_1}^{N_1}\mathbf{Y}_{l_2m_2}^{N_2} = \sum_{l=0}^{\infty}\sum_{m=-l}^{l}\langle\mathbf{Y}_{lm}^N, \mathbf{Y}_{l_1m_1}^{N_1}\mathbf{Y}_{l_2m_2}^{N_2}\rangle\,\mathbf{Y}_{lm}^N \tag{C.183}$$

其中 $N = N_1 + N_2$。这里使用了正交归一关系 (C.95) 来确定标量展开系数

$$\langle\mathbf{Y}_{lm}^N, \mathbf{Y}_{l_1m_1}^{N_1}\mathbf{Y}_{l_2m_2}^{N_2}\rangle = \int_\Omega \mathbf{Y}_{lm}^{N*} : \mathbf{Y}_{l_1m_1}^{N_1}\mathbf{Y}_{l_2m_2}^{N_2}\,d\Omega \tag{C.184}$$

在(C.183)中我们使用了通常的无穷求和极限；然而，很显然内环求和仅有一个级数为$m = m_1 + m_2$的项。事实上，外环对次数l的求和也是有限的。要看到这点并确定实际极限，我们注意到对于固定的l_1、N_1和l_2、N_2，存在$(2l_1+1)(2l_2+1)$个可能的乘积$\mathbf{Y}_{l_1m_1}^{N_1}\mathbf{Y}_{l_2m_2}^{N_2}$，其中每个乘积都可以展开成(C.183)的形式。在这些展开式中，唯一可能出现的球谐函数$\mathbf{Y}_{lm}^{N}$必须有$-l \leqslant m \leqslant l$，其中$m = m_1 + m_2$，且$-l_1 \leqslant m_1 \leqslant l_1$和$-l_2 \leqslant m_2 \leqslant l_2$。这就使次数$l$被限制于$l_1$和$l_2$两者之差的绝对值与两者之和之间，即$|l_1 - l_2| \leqslant l \leqslant l_1 + l_2$。要表示所有可变级数乘积$\mathbf{Y}_{l_1m_1}^{N_1}\mathbf{Y}_{l_2m_2}^{N_2}$所需要的总项数与乘积的数目是一样的，因为

$$\sum_{l=|l_1-l_2|}^{l_1+l_2}\sum_{m=-l}^{l}(2l+1) = (2l_1+1)(2l_2+1) \tag{C.185}$$

由于对m的求和消失了，因此任一形式为(C.183)的特定展开式只有$2\min\{l_1, l_2\}+1$项。

综上所述，(C.183)式中的展开系数满足以下选择定理：

$$\langle \mathbf{Y}_{lm}^{N}, \mathbf{Y}_{l_1m_1}^{N_1}\mathbf{Y}_{l_2m_2}^{N_2}\rangle = 0, \quad \text{除非} \begin{cases} N = N_1 + N_2 \\ m = m_1 + m_2 \\ |l_1 - l_2| \leqslant l \leqslant l_1 + l_2 \end{cases} \tag{C.186}$$

(C.186)中最后一个约束条件被称为*三角形条件*，因为它表示的是整数l_1、l_2和l必须组成一个封闭三角形三边的几何要求。我们将会看到，在某些情形下，符合(C.186)的系数也可能为零。然而，我们总是可以将(C.183)式替换为

$$\mathbf{Y}_{l_1m_1}^{N_1}\mathbf{Y}_{l_2m_2}^{N_2} = \sum_{l=|l_1-l_2|}^{l_1+l_2}\sum_{m=-l}^{l}\langle \mathbf{Y}_{lm}^{N}, \mathbf{Y}_{l_1m_1}^{N_1}\mathbf{Y}_{l_2m_2}^{N_2}\rangle\, \mathbf{Y}_{lm}^{N} \tag{C.187}$$

为避免杂乱，我们将在本节后续部分省略求和极限；在所有情况下，该极限都是由选择定理(C.186)决定的。在许多场合，同(C.187)式一样，对m或N的求和都消失了。

我们可以将(C.184)写为包含三个广义标量球谐函数的面积分：

$$\langle \mathbf{Y}_{lm}^{N}, \mathbf{Y}_{l_1m_1}^{N_1}\mathbf{Y}_{l_2m_2}^{N_2}\rangle = \int_{\Omega} Y_{lm}^{N*} Y_{l_1m_1}^{N_1} Y_{l_2m_2}^{N_2}\, d\Omega \tag{C.188}$$

将$Y_{lm}^{N}(\theta, \phi) = \sqrt{(2l+1)/4\pi}\, P_{lm}^{N}(\cos\theta)e^{im\phi}$代入，我们可以将该式简化为三个广义连带勒让德函数的积分：

$$\begin{aligned}\langle \mathbf{Y}_{lm}^{N}, \mathbf{Y}_{l_1m_1}^{N_1}\mathbf{Y}_{l_2m_2}^{N_2}\rangle =& \frac{1}{2}\left[\frac{(2l+1)(2l_1+1)(2l_2+1)}{4\pi}\right]^{1/2} \\ &\times (-1)^{m+N}\int_{-1}^{1} P_{l\,-m}^{-N} P_{l_1m_1}^{N_1} P_{l_2m_2}^{N_2}\, d\mu\end{aligned} \tag{C.189}$$

在这些结果的推导中，我们将$N = N_1 + N_2$和$m = m_1 + m_2$视为理所当然的。(C.189)式表明所有的展开系数皆为实数：

$$\langle \mathbf{Y}_{lm}^{N}, \mathbf{Y}_{l_1m_1}^{N_1}\mathbf{Y}_{l_2m_2}^{N_2}\rangle^{*} = \langle \mathbf{Y}_{lm}^{N}, \mathbf{Y}_{l_1m_1}^{N_1}\mathbf{Y}_{l_2m_2}^{N_2}\rangle \tag{C.190}$$

此外，对称性$P_{lN}^{m}=(-1)^{m+N}P_{lm}^{N}$使我们可以推得

$$\langle \mathbf{Y}_{lN}^{m}, \mathbf{Y}_{l_1N_1}^{m_1}\mathbf{Y}_{l_2N_2}^{m_2}\rangle = \langle \mathbf{Y}_{lm}^{N}, \mathbf{Y}_{l_1m_1}^{N_1}\mathbf{Y}_{l_2m_2}^{N_2}\rangle \tag{C.191}$$

因为阶梯算子$J_{\pm}$互为彼此的伴随算子，我们有

$$\begin{aligned}\langle J_{\pm}\mathbf{Y}_{lm}^{N}, \mathbf{Y}_{l_1m_1}^{N_1}\mathbf{Y}_{l_2m_2}^{N_2}\rangle =&\langle \mathbf{Y}_{lm}^{N}, J_{\mp}(\mathbf{Y}_{l_1m_1}^{N_1})\mathbf{Y}_{l_2m_2}^{N_2}\rangle \\ &+\langle \mathbf{Y}_{lm}^{N}, \mathbf{Y}_{l_1m_1}^{N_1}J_{\mp}(\mathbf{Y}_{l_2m_2}^{N_2})\rangle\end{aligned} \tag{C.192}$$

利用等式(C.104)，我们得到递推关系：

$$\begin{aligned}&\sqrt{(l\mp m)(l\pm m+1)}\,\langle \mathbf{Y}_{l\,m\pm1}^{N}, \mathbf{Y}_{l_1m_1}^{N_1}\mathbf{Y}_{l_2m_2}^{N_2}\rangle \\ &\quad=\sqrt{(l_1\pm m_1)(l_1\mp m_1+1)}\,\langle \mathbf{Y}_{lm}^{N}, \mathbf{Y}_{l_1\,m_1\mp1}^{N_1}\mathbf{Y}_{l_2m_2}^{N_2}\rangle \\ &\quad+\sqrt{(l_2\pm m_2)(l_2\mp m_2+1)}\,\langle \mathbf{Y}_{lm}^{N}, \mathbf{Y}_{l_1m_1}^{N_1}\mathbf{Y}_{l_2\,m_2\mp1}^{N_2}\rangle\end{aligned} \tag{C.193}$$

一个相似的关系可以通过将对称关系(C.191)中的角标N_1、N_2、N和m_1、m_2、m互换而得到。

C.7.2 两个任意张量的乘积

假设$\mathbf{T}$是一个q阶任意张量场，$\mathbf{P}$是一个p阶的任意张量场：

$$\mathbf{T}=\sum_{l_1m_1}T_{l_1m_1}^{\alpha_1\cdots\alpha_q}\mathbf{Y}_{l_1m_1}^{N_1}, \qquad \mathbf{P}=\sum_{l_2m_2}P_{l_2m_2}^{\beta_1\cdots\beta_p}\mathbf{Y}_{l_2m_2}^{N_2} \tag{C.194}$$

它们的乘积$\mathbf{B}=\mathbf{TP}$是如下$q+p$阶的张量场：

$$\begin{aligned}\mathbf{B}&=\sum_{l_1m_1}\sum_{l_2m_2}T_{l_1m_1}^{\alpha_1\cdots\alpha_q}P_{l_2m_2}^{\beta_1\cdots\beta_p}\mathbf{Y}_{l_1m_1}^{N_1}\mathbf{Y}_{l_2m_2}^{N_2} \\ &=\sum_{lm}B_{lm}^{\alpha_1\cdots\alpha_q\beta_1\cdots\beta_p}\mathbf{Y}_{lm}^{N}\end{aligned} \tag{C.195}$$

其中

$$B_{lm}^{\alpha_1\cdots\alpha_q\beta_1\cdots\beta_p}=\sum_{l_1m_1}\sum_{l_2m_2}\langle \mathbf{Y}_{lm}^{N}, \mathbf{Y}_{l_1m_1}^{N_1}\mathbf{Y}_{l_2m_2}^{N_2}\rangle\, T_{l_1m_1}^{\alpha_1\cdots\alpha_q}P_{l_2m_2}^{\beta_1\cdots\beta_p} \tag{C.196}$$

从(C.195)–(C.196)式可以看到，我们可以将$\langle \mathbf{Y}_{lm}^{N}, \mathbf{Y}_{l_1m_1}^{N_1}\mathbf{Y}_{l_2m_2}^{N_2}\rangle$视为一个变换“矩阵”的分量，它将乘积$\mathbf{TP}$的展开系数$(TP)_{lm}^{\alpha_1\cdots\alpha_q\beta_1\cdots\beta_p}$与$\mathbf{T}$和$\mathbf{P}$的系数乘积$T_{l_1m_1}^{\alpha_1\cdots\alpha_q}P_{l_2m_2}^{\beta_1\cdots\beta_p}$联系起来。

C.7.3 维格纳3-j 符号

受对称关系(C.191)的启发，我们将变换矩阵分量$\langle \mathbf{Y}_{lm}^{N}, \mathbf{Y}_{l_1m_1}^{N_1}\mathbf{Y}_{l_2m_2}^{N_2}\rangle$对三个上角标$N_1$、$N_2$、$N$和三个级数$m_1$、$m_2$、$m$的依赖性表示为

$$\begin{aligned}\langle \mathbf{Y}_{lm}^{N}, \mathbf{Y}_{l_1m_1}^{N_1}\mathbf{Y}_{l_2m_2}^{N_2}\rangle =&(-1)^{N+m}\left[\frac{(2l+1)(2l_1+1)(2l_2+1)}{4\pi}\right]^{1/2} \\ &\times\begin{pmatrix} l & l_1 & l_2 \\ -N & N_1 & N_2\end{pmatrix}\begin{pmatrix} l & l_1 & l_2 \\ -m & m_1 & m_2\end{pmatrix}\end{aligned} \tag{C.197}$$

(C.197) 中的符号是量子力学的习惯；其中的两个阵列被称为维格纳 (Wigner) 3-j 符号，是由符号中的角标数字所确定的实数。每个 3-j 符号的第一行必须符合三角形条件，而根据选择定理 (C.186)，第二行的数字之和必须为零。(C.188) 式使得我们可以将 (C.197) 用相应的标量球谐函数表示：

$$\int_{\Omega} Y_{lm}^{N*} Y_{l_1m_1}^{N_1} Y_{l_2m_2}^{N_2}\, d\Omega = (-1)^{N+m}\left[\frac{(2l+1)(2l_1+1)(2l_2+1)}{4\pi}\right]^{1/2} \times \begin{pmatrix} l & l_1 & l_2 \\ -N & N_1 & N_2 \end{pmatrix}\begin{pmatrix} l & l_1 & l_2 \\ -m & m_1 & m_2 \end{pmatrix} \tag{C.198}$$

借助正交归一关系 (C.95)，我们得到等价关系

$$Y_{l_1m_1}^{N_1} Y_{l_2m_2}^{N_2} = \sum_l \sum_N \sum_m (-1)^{N+m}\left[\frac{(2l+1)(2l_1+1)(2l_2+1)}{4\pi}\right]^{1/2} \times \begin{pmatrix} l & l_1 & l_2 \\ -N & N_1 & N_2 \end{pmatrix}\begin{pmatrix} l & l_1 & l_2 \\ -m & m_1 & m_2 \end{pmatrix} Y_{lm}^{N} \tag{C.199}$$

广义勒让德函数 (C.112) 的类似结果为

$$\int_{-1}^{1} P_{lm}^{N} P_{l_1m_1}^{N_1} P_{l_2m_2}^{N_2}\, d\mu = 2\begin{pmatrix} l & l_1 & l_2 \\ N & N_1 & N_2 \end{pmatrix} \times \begin{pmatrix} l & l_1 & l_2 \\ m & m_1 & m_2 \end{pmatrix} \tag{C.200}$$

和

$$P_{l_1m_1}^{N_1} P_{l_2m_2}^{N_2} = \sum_l \sum_N \sum_m (2l+1)\begin{pmatrix} l & l_1 & l_2 \\ N & N_1 & N_2 \end{pmatrix} \times \begin{pmatrix} l & l_1 & l_2 \\ m & m_1 & m_2 \end{pmatrix} P_{lm}^{N} \tag{C.201}$$

很容易证明，上式的逆，即将 P_{lm}^{N} 用乘积 $P_{l_1m_1}^{N_1} P_{l_2m_2}^{N_2}$ 来表示的关系为

$$(2l+1)^{-1}\delta_{ll'} P_{lm}^{N} = \sum_{N_1N_2} \sum_{m_1m_2} \begin{pmatrix} l & l_1 & l_2 \\ N & N_1 & N_2 \end{pmatrix} \times \begin{pmatrix} l' & l_1 & l_2 \\ m & m_1 & m_2 \end{pmatrix} P_{l_1m_1}^{N_1} P_{l_2m_2}^{N_2} \tag{C.202}$$

在 (C.201)–(C.202) 中设定自变量 $\mu = 1$，并利用 (C.114)，我们得到 3-j 正交归一关系

$$\sum_l \sum_m (2l+1)\begin{pmatrix} l & l_1 & l_2 \\ m & N_1 & N_2 \end{pmatrix}\begin{pmatrix} l & l_1 & l_2 \\ m & m_1 & m_2 \end{pmatrix}$$

$$= \delta_{N_1 m_1} \delta_{N_2 m_2} \tag{C.203}$$

$$\sum_{m_1 m_2} \begin{pmatrix} l & l_1 & l_2 \\ N & m_1 & m_2 \end{pmatrix} \begin{pmatrix} l' & l_1 & l_2 \\ m & m_1 & m_2 \end{pmatrix}$$
$$= (2l+1)^{-1} \delta_{ll'} \delta_{Nm} \tag{C.204}$$

这里我们改变了(C.200)–(C.202)中N和m的符号，以便得到更为对称的表述。

从(C.193)，我们得到一个3-j符号的计算方法，它基于如下3-j符号第二行的递推关系

$$-\sqrt{(l \mp m)(l \pm m + 1)} \begin{pmatrix} l & l_1 & l_2 \\ -m \mp 1 & m_1 & m_2 \end{pmatrix}$$
$$= \sqrt{(l_1 \pm m_1)(l_1 \mp m_1 + 1)} \begin{pmatrix} l & l_1 & l_2 \\ -m & m_1 \mp 1 & m_2 \end{pmatrix}$$
$$+ \sqrt{(l_2 \pm m_2)(l_2 \mp m_2 + 1)} \begin{pmatrix} l & l_1 & l_2 \\ -m & m_1 & m_2 \mp 1 \end{pmatrix} \tag{C.205}$$

令$m = -l$和$m_1 = -l_1$，我们得到

$$\begin{pmatrix} l & l_1 & l_2 \\ l & -l_1 + 1 & -l + l_1 - 1 \end{pmatrix}$$
$$= \left[\frac{(-l + l_1 + l_2)(l - l_1 + l_2 + 1)}{2l_1} \right]^{1/2} \begin{pmatrix} l & l_1 & l_2 \\ l & -l_1 & -l + l_1 \end{pmatrix} \tag{C.206}$$

将这一结果重复使用$l_1 + m_1$次，我们得到

$$\begin{pmatrix} l & l_1 & l_2 \\ l & m_1 & -l - m_1 \end{pmatrix} = (-1)^{l_1 + m_1}$$
$$\times \left[\frac{(-l + l_1 + l_2 + 1)!(l + l_2 + m_1)!(l_1 - m_1)!}{(2l_1)!(l - l_1 + l_2)!(-l + l_2 - m_1)!(l_1 + m_1)!} \right]^{1/2}$$
$$\times \begin{pmatrix} l & l_1 & l_2 \\ l & -l_1 & -l + l_1 \end{pmatrix} \tag{C.207}$$

正交归一关系(C.204)规定了

$$\sum_{m_1} \begin{pmatrix} l & l_1 & l_2 \\ l & -m_1 & -l + m_1 \end{pmatrix}^2 = \frac{1}{2l+1} \tag{C.208}$$

联合(C.207)和(C.208)与阶乘等式

$$\sum_{m_1} \frac{(l + l_2 + m_1)!(l_1 - m_1)!}{(-l + l_2 - m_1)!(l_1 + m_1)!}$$
$$= \frac{(l + l_1 + l_2 + 1)!(l - l_1 + l_2)!(l + l_1 - l_2)!}{(2l+1)!(-l + l_1 + l_2)!} \tag{C.209}$$

我们发现

$$\begin{pmatrix} l & l_1 & l_2 \\ l & -l_1 & -l+l_1 \end{pmatrix}^2 = \frac{(2l)!(2l_1)!}{(l+l_1+l_2+1)!(l+l_1-l_2)!} \tag{C.210}$$

3-j 符号 (C.210) 的正负号可以任意选择。Condon 和 Shortley (1935) 和 Edmonds (1960) 所做的传统量子力学选择为

$$\begin{pmatrix} l & l_1 & l_2 \\ l & -l_1 & -l+l_1 \end{pmatrix} = \sqrt{\frac{(2l)!(2l_1)!}{(l+l_1+l_2+1)!(l+l_1-l_2)!}} \tag{C.211}$$

在 (C.205) 中，我们也可以令 $m = l$ 和 $m_1 = l_1$；那样的话正负号的选择必须有所不同：

$$\begin{pmatrix} l & l_1 & l_2 \\ -l & l_1 & l-l_1 \end{pmatrix} = (-1)^{l+l_1+l_2}\sqrt{\frac{(2l)!(2l_1)!}{(l+l_1+l_2+1)!(l+l_1-l_2)!}} \tag{C.212}$$

其余的 3-j 符号就可以用 (C.211)–(C.212) 这两个等价结果中的任何一个作为起点，通过递推关系 (C.205) 来计算。由于起始的 3-j 符号只依赖于 l、l_1 和 l_2，因此正负号的选择对展开系数 (C.197) 没有影响。

最终的结果可以写成多种形式，其中最具对称性的是 (Racah 1942; Edmonds 1960)

$$\begin{aligned}\begin{pmatrix} l & l_1 & l_2 \\ m & m_1 & m_2 \end{pmatrix} = &(-1)^{l_1+l_2+m} \\ &\times \frac{\sqrt{(l+l_1-l_2)!(l-l_1+l_2)!(-l+l_1+l_2)!}}{\sqrt{(l+l_1+l_2+1)!}} \\ &\times \sqrt{(l+m)!(l-m)!(l_1+m_1)!(l_1-m_1)!(l_2+m_2)!(l_2-m_2)!} \\ &\times \sum_k \frac{(-1)^k}{D_k}\end{aligned} \tag{C.213}$$

其中

$$\begin{aligned}D_k =& k!(-l+l_1+l_2-k)!(l_1-m_1-k)!(l_2+m_2-k)! \\ &(l-l_1-m_2+k)!(l-l_2+m_1+k)!\end{aligned} \tag{C.214}$$

维格纳 (1959) 给出了另一个用群论方法得到的对称性稍弱的表达式：

$$\begin{aligned}\begin{pmatrix} l & l_1 & l_2 \\ m & m_1 & m_2 \end{pmatrix} = &(-1)^{l_1+l_2+m} \\ &\times \frac{\sqrt{(l+l_1-l_2)!(l-l_1+l_2)!(-l+l_1+l_2)!(l+m)!(l-m)!}}{\sqrt{(l+l_1+l_2+1)!(l_1+m_1)!(l_1-m_1)!(l_2+m_2)!(l_2-m_2)!}} \\ &\times \sum_k \frac{(-1)^k(l+l_2+m_1-k)!(l_1-m_1+k)!}{k!(l-m-k)!(l-l_1+l_2-k)!(l_1-l_2+m+k)!}\end{aligned} \tag{C.215}$$

(C.213)–(C.214) 或 (C.215) 都可以用来进行维格纳 3-j 符号的数值计算；进行审慎的分组可以改善大阶乘计算中的问题。由于每个 3-j 符号的平方都是一个有理分数，这使得必要时可以采用精确算术来计算。Rotenberg, Bivins, Metropolis 和 Wooten (1959) 给出了一个最高到 8 次

的 3-j 符号的精确列表。Schulten 和 Gordon (1975a; 1976) 描述了另一个同时用到上、下两行递推关系的计算程序。

3-j 符号 (C.213)–(C.215) 的列分量的偶数排列不会改变其数值：

$$\begin{pmatrix} l_1 & l_2 & l \\ m_1 & m_2 & m \end{pmatrix} = \begin{pmatrix} l_2 & l & l_1 \\ m_2 & m & m_1 \end{pmatrix} = \begin{pmatrix} l & l_1 & l_2 \\ m & m_1 & m_2 \end{pmatrix} \tag{C.216}$$

而奇数排列则相当于乘以 $(-1)^{l+l_1+l_2}$：

$$\begin{pmatrix} l_1 & l & l_2 \\ m_1 & m & m_2 \end{pmatrix} = \begin{pmatrix} l & l_2 & l_1 \\ m & m_2 & m_1 \end{pmatrix} = \begin{pmatrix} l_2 & l_1 & l \\ m_2 & m_1 & m \end{pmatrix} = (-1)^{l+l_1+l_2} \begin{pmatrix} l & l_1 & l_2 \\ m & m_1 & m_2 \end{pmatrix} \tag{C.217}$$

第二行符号改变的结果为

$$\begin{pmatrix} l & l_1 & l_2 \\ -m & -m_1 & -m_2 \end{pmatrix} = (-1)^{l+l_1+l_2} \begin{pmatrix} l & l_1 & l_2 \\ m & m_1 & m_2 \end{pmatrix} \tag{C.218}$$

除了 (C.216)–(C.218) 之外，还有一些更微妙的对称性，总共有 72 个 (Regge 1958)。固定 l_1、m_1 和 l_2、m_2 数值的 3-j 符号 (C.213)–(C.215) 的数目为 $\min\{l_1, l_2\} + 1$。这为将内积 $\langle \mathbf{Y}_{lm}^{N}, \mathbf{Y}_{l_1m_1}^{N_1} \mathbf{Y}_{l_2m_2}^{N_2} \rangle$ 用 (C.197) 中单一可分离的表达式来表示提供了一个后验的证据。

C.7.4 特例

第二行有 $m = m_1 = m_2 = 0$ 的 3-j 符号非常简单。(C.218) 式表明

$$\begin{pmatrix} l & l_1 & l_2 \\ 0 & 0 & 0 \end{pmatrix} = 0, \quad \text{当} l + l_1 + l_2 \text{为奇数时} \tag{C.219}$$

另一方面，如果 $\Sigma = l + l_1 + l_2$ 为偶数，则有

$$\begin{pmatrix} l & l_1 & l_2 \\ 0 & 0 & 0 \end{pmatrix} = (-1)^{\Sigma/2} \sqrt{\frac{(\Sigma - 2l)!(\Sigma - 2l_1)!(\Sigma - 2l_2)!}{(\Sigma + 1)!}} \times \frac{(\Sigma/2)!}{(\Sigma/2 - l)!(\Sigma/2 - l_1)!(\Sigma/2 - l_2)!} \tag{C.220}$$

其他特别值得关注的 3-j 符号包括，当 $l + l_1 + l_2$ 为偶数时有

$$\begin{pmatrix} l & l_1 & l_2 \\ -1 & 0 & 1 \end{pmatrix} = -\frac{L + L_2 - L_1}{2\sqrt{LL_2}} \begin{pmatrix} l & l_1 & l_2 \\ 0 & 0 & 0 \end{pmatrix} \tag{C.221}$$

$$\begin{pmatrix} l & l_1 & l_2 \\ -2 & 0 & 2 \end{pmatrix} = \frac{(L + L_2 - L_1)(L + L_2 - L_1 - 2) - 2LL_2}{2\sqrt{L(L-2)L_2(L_2-2)}}$$

$$\times \begin{pmatrix} l & l_1 & l_2 \\ 0 & 0 & 0 \end{pmatrix} \tag{C.222}$$

以及当$\Sigma = l + l_1 + l_2$为奇数时有

$$\begin{aligned} \begin{pmatrix} l & l_1 & l_2 \\ -1 & 0 & 1 \end{pmatrix} = & -\frac{1}{2\sqrt{LL_2}} \\ & \times \sqrt{(\Sigma+1-2l)(\Sigma+1-2l_1)(\Sigma+1-2l_2)} \\ & \times \sqrt{(\Sigma+2)(\Sigma+4)/(\Sigma+3)} \\ & \times \begin{pmatrix} l+1 & l_1+1 & l_2+1 \\ 0 & 0 & 0 \end{pmatrix} \end{aligned} \tag{C.223}$$

$$\begin{aligned} \begin{pmatrix} l & l_1 & l_2 \\ -2 & 0 & 2 \end{pmatrix} = & \frac{L+L_2-L_1-2}{2\sqrt{L(L-2)L_2(L_2-2)}} \\ & \times \sqrt{(\Sigma+1-2l)(\Sigma+1-2l_1)(\Sigma+1-2l_2)} \\ & \times \sqrt{(\Sigma+2)(\Sigma+4)/(\Sigma+3)} \\ & \times \begin{pmatrix} l+1 & l_1+1 & l_2+1 \\ 0 & 0 & 0 \end{pmatrix} \end{aligned} \tag{C.224}$$

在(C.221)–(C.224)式中，我们使用了简写符号$L = l(l+1)$, $L_1 = l_1(l_1+1)$和$L_2 = l_2(l_2+1)$。

C.7.5 冈特积分与亚当斯积分

三个普通球谐函数的乘积在单位球上的积分由$m = m_1 = m_2 = 0$的3-j符号(C.219)–(C.220)给定

$$\begin{aligned} \int_\Omega Y_{lm}^* Y_{l_1m_1} Y_{l_2m_2}\, d\Omega = & (-1)^m \left[\frac{(2l+1)(2l_1+1)(2l_2+1)}{4\pi}\right]^{1/2} \\ & \times \begin{pmatrix} l & l_1 & l_2 \\ 0 & 0 & 0 \end{pmatrix} \begin{pmatrix} l & l_1 & l_2 \\ -m & m_1 & m_2 \end{pmatrix} \end{aligned} \tag{C.225}$$

进一步通过有针对性的处理可以得到三个勒让德多项式乘积的积分：

$$\int_{-1}^{1} P_l P_{l_1} P_{l_2}\, d\mu = 2 \begin{pmatrix} l & l_1 & l_2 \\ 0 & 0 & 0 \end{pmatrix}^2 \tag{C.226}$$

形如(C.225)和(C.226)的三乘积的积分最早是由Gaunt (1929)和Adams (1878)分别得到的。

由次数为s的横向不均匀性所导致的次数为l的孤立多态模式分裂可以用(C.225)的一个特例来描述：

$$\int_\Omega Y_{lm}^* Y_{st} Y_{lm'}\, d\Omega = (-1)^m (2l+1) \left(\frac{2s+1}{4\pi}\right)^{1/2}$$

$$\times \begin{pmatrix} l & s & l \\ 0 & 0 & 0 \end{pmatrix} \begin{pmatrix} l & s & l \\ -m & t & m' \end{pmatrix} \tag{C.227}$$

积分(C.227)所满足的次数和级数的选择定理为

$$\int_\Omega Y_{lm}^* Y_{st} Y_{lm'}\, d\Omega = 0, \quad 除非 \begin{cases} s\text{为偶数} \\ 0 \leqslant s \leqslant 2l \\ t = m - m' \end{cases} \tag{C.228}$$

带状或轴对称不均匀性Y_{00}、Y_{20}、Y_{40}带来的效应依赖于以下符号

$$\begin{pmatrix} l & 0 & l \\ -m & 0 & m \end{pmatrix} = (-1)^{l+m} \left[\frac{(2l)!}{(2l+1)!}\right]^{1/2} \tag{C.229}$$

$$\begin{aligned} \begin{pmatrix} l & 2 & l \\ -m & 0 & m \end{pmatrix} =& (-1)^{l+m} \left[\frac{(2l-2)!}{(2l+3)!}\right]^{1/2} \\ & \times 2\left[3m^2 - l(l+1)\right] \end{aligned} \tag{C.230}$$

$$\begin{aligned} \begin{pmatrix} l & 4 & l \\ -m & 0 & m \end{pmatrix} =& (-1)^{l+m} \left[\frac{(2l-4)!}{(2l+5)!}\right]^{1/2} \\ & \times \{6(l+2)(l+1)l(l-1) \\ & +[50 - 60l(l+1)]m^2 + 70m^4\} \end{aligned} \tag{C.231}$$

特别是，(C.227)和(C.230)式意味着

$$\int_\Omega Y_{lm}^* P_2 Y_{lm}\, d\Omega = \frac{l(l+1) - 3m^2}{(2l-1)(2l+3)} \tag{C.232}$$

C.7.6 3-j 的渐近式

光滑地球模型上的分裂和耦合可以用维格纳3-j符号描述，其中的一个次数(模型不均匀性)远远小于另外两个次数：

$$\begin{pmatrix} l & s & l' \\ -m & t & m' \end{pmatrix}, \quad 其中 \quad s \ll l,\ s \ll l' \tag{C.233}$$

形如(C.233)的3-j符号的渐近近似为

$$\begin{pmatrix} l & s & l' \\ -m & t & m' \end{pmatrix} \approx \frac{(-1)^{l+m}}{\sqrt{l+l'+1}} P_{st}^{l-l'}\left(\frac{m+m'}{l+l'+1}\right) \tag{C.234}$$

基于斯特林公式在(C.213)的阶乘计算中的应用，Brussaard 和 Tolhoek (1957)给出一个与(C.234)式等价结果的简单证明。我们修改了平方根的自变量和广义勒让德函数$P_{st}^{l-l'}$，以确保在做$l \longleftrightarrow l'$, $m \longleftrightarrow m'$和$t \longleftrightarrow -t$互换时，左右两边都维持不变。对于$l = l'$这一特例，

(C.234) 简化为

$$\begin{pmatrix} l & s & l \\ 0 & 0 & 0 \end{pmatrix} \approx \frac{(-1)^l}{\sqrt{2l+1}} P_{s0}(0) \tag{C.235}$$

$$\begin{pmatrix} l & s & l \\ -m & t & m' \end{pmatrix} \approx \frac{(-1)^{l+m}}{\sqrt{2l+1}} P_{st}^0 \left(\frac{m+m'}{2l+1}\right) \tag{C.236}$$

联合 (C.235) 和 (C.236)，并利用 (C.90) 和 (C.117)，我们得到一个有用的冈特积分 (C.227) 在 $s \ll l$ 时的渐近公式：

$$\int_\Omega Y_{lm}^* Y_{st} Y_{lm'} \, d\Omega \approx P_{s0}(0) Y_{st}^0(\eta, 0), \quad 其中 \quad \cos\eta = \frac{m+m'}{2l+1} \tag{C.237}$$

通过启发式推论，Ponzano 和 Regge (1968) 将 (C.234) 推广，得到了一个在 s、l 和 l' 均很大时成立的公式。然而，他们的推论过于冗长，我们不在此重复，其后，Miller (1974) 通过分析量子和经典力学之间的对应关系证明了这一推论，Schulten 和 Gordon (1975b) 利用递推关系 (C.205) 的离散 JWKB 分析，也证明了该推论。

C.8 张量场的旋转

在本附录一开始，我们考虑了被动有限旋转对标量、矢量或张量场的影响。在最后这一节，我们重提这个话题，并明确展示如何对一个以广义球谐函数展开的场做旋转。

C.8.1 欧拉角

众所周知，每一个有限旋转都可以用它的三个欧拉角来描述。这几个角可以有许多不同的定义方法；完整的讨论可以参考 Goldstein (1980)。我们遵循 Edmonds (1960) 的约定，将一个从不带撇坐标系 x、y、z 到另一个带撇坐标系 x'、y'、z' 的旋转定义为如下有序旋转 (图 C.3)：

1. 围绕 z 轴旋转角度 $0 \leqslant \alpha \leqslant 2\pi$，形成中间坐标系 ξ、η、$\zeta = z$。该旋转由下述矩阵表示：

$$\mathsf{A} = \begin{pmatrix} \cos\alpha & \sin\alpha & 0 \\ -\sin\alpha & \cos\alpha & 0 \\ 0 & 0 & 1 \end{pmatrix} \tag{C.238}$$

2. 围绕 η 轴旋转角度 $0 \leqslant \beta \leqslant \pi$，形成第二个中间坐标系 ξ'、$\eta' = \eta$、ζ'。这一围绕所谓交点线旋转的矩阵可以表示为：

$$\mathsf{B} = \begin{pmatrix} \cos\beta & 0 & -\sin\beta \\ 0 & 1 & 0 \\ \sin\beta & 0 & \cos\beta \end{pmatrix} \tag{C.239}$$

3. 围绕 ζ' 轴旋转角度 $0 \leqslant \gamma \leqslant 2\pi$，形成最终坐标系 x'、y'、$z' = \zeta'$。描述这第三个旋转的

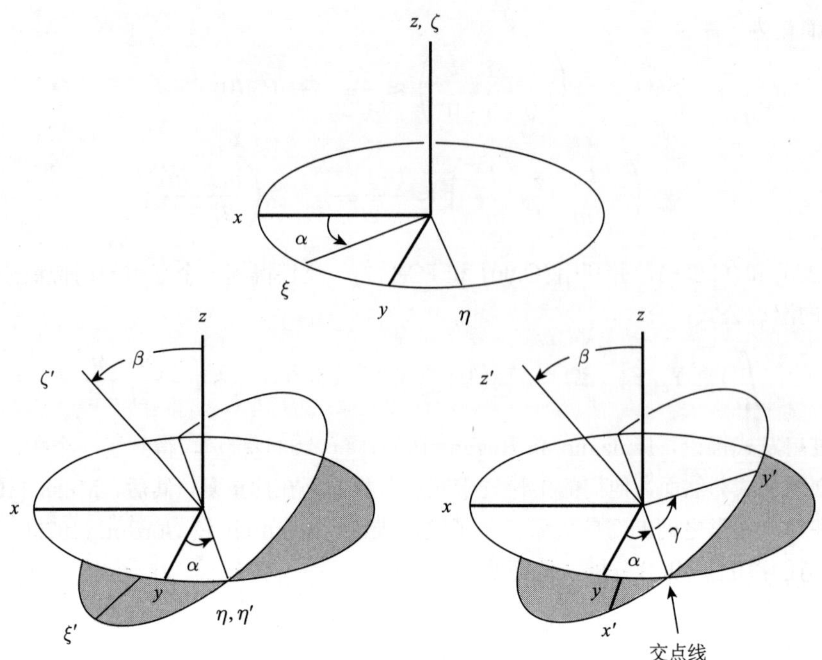

图 C.3 定义三个欧拉角的有序轴向旋转：(上) 围绕 z 轴转动角度 α 的旋转 A；(左下) 围绕交点线 η 转动角度 β 的旋转 B；(右下) 围绕 ζ' 轴转过角度 γ 的旋转 C。点 $\mathbf{r}$ 的坐标从 (x, y, z) 变换为 (x', y', z')

矩阵为：

$$\mathsf{C} = \begin{pmatrix} \cos\gamma & \sin\gamma & 0 \\ -\sin\gamma & \cos\gamma & 0 \\ 0 & 0 & 1 \end{pmatrix} \tag{C.240}$$

这一系列轴向旋转的净效应可以由 (C.238)–(C.240) 中三个矩阵的乘积来描述

$$\mathsf{R} = \mathsf{CBA} \tag{C.241}$$

将矩阵相乘，我们得到

$$\mathsf{R} = \begin{pmatrix} \cos\alpha\cos\beta\cos\gamma - \sin\alpha\sin\gamma & \sin\alpha\cos\beta\cos\gamma + \cos\alpha\sin\gamma & -\sin\beta\cos\gamma \\ -\cos\alpha\cos\beta\sin\gamma - \sin\alpha\cos\gamma & -\sin\alpha\cos\beta\sin\gamma + \cos\alpha\cos\gamma & \sin\beta\sin\gamma \\ \cos\alpha\sin\beta & \sin\alpha\sin\beta & \cos\beta \end{pmatrix} \tag{C.242}$$

相应的有限旋转算子 (C.30) 为

$$\mathcal{D} = \mathcal{D}_C\mathcal{D}_B\mathcal{D}_A = \exp(i\gamma J_z)\,\exp(i\beta J_y)\,\exp(i\alpha J_z) \tag{C.243}$$

很容易证明，图 C.3 的最终位形也可以由另一组有序旋转得到：

1. 围绕 z 轴旋转角度 $0 \leqslant \gamma \leqslant 2\pi$。

2. 围绕初始 y 轴旋转角度 $0 \leqslant \beta \leqslant \pi$。

3. 围绕初始 z 轴旋转角度 $0 \leqslant \alpha \leqslant 2\pi$。

在下面的讨论中，我们将依照图中所示的做法，即每个相继旋转 $1 \to 2 \to 3$ 都是围绕已经被旋转过的轴而进行。(C.243) 式中的操作顺序当然也必须遵守。(A.54) 和 (C.238) 两式之间的符号差异反映了后者的被动特性。

C.8.2 广义球谐函数的旋转

令 $\mathbf{Y}_{lm}^N(\theta,\phi)$ 为单位球面 Ω 上的广义球谐函数，且

$$\mathbf{Y'}_{lm}^N(\theta,\phi) = \mathcal{D}\mathbf{Y}_{lm}^N(\theta,\phi) = \mathcal{D}_C\mathcal{D}_B\mathcal{D}_A\mathbf{Y}_{lm}^N(\theta,\phi) \tag{C.244}$$

为其旋转后等价形式。根据定义，$\mathbf{Y'}_{lm}^N(\theta',\phi') = \mathbf{Y}_{lm}^N(\theta,\phi)$，其中 (θ',ϕ') 和 (θ,ϕ) 是同一点在带撇和不带撇坐标系中的坐标。要得到旋转后张量场 $\mathbf{Y'}_{lm}^N(\theta,\phi)$，我们必须确定三算子乘积 (C.243) 作用于 $\mathbf{Y}_{lm}^N(\theta,\phi)$ 的结果。由于每个广义球谐函数都是总角动量 z 分量的本征函数，即 $J_z\mathbf{Y}_{lm}^N = m\mathbf{Y}_{lm}^N$，因此最右边算子 $\mathcal{D}_A = \exp(i\alpha J_z)$ 的作用结果为

$$\begin{aligned}\exp(i\alpha J_z)\mathbf{Y}_{lm}^N &= \left(1 + i\alpha J_z - \frac{1}{2}\alpha^2 J_z^2 + \cdots\right)\mathbf{Y}_{lm}^N \\ &= (1 + im\alpha - \frac{1}{2}m^2\alpha^2 + \cdots)\mathbf{Y}_{lm}^N \\ &= e^{im\alpha}\,\mathbf{Y}_{lm}^N\end{aligned} \tag{C.245}$$

要确定绕交点线旋转 $\mathcal{D}_B = \exp(i\beta J_y)$ 的作用，我们将其相应的生成算子写为 $J_y = \frac{1}{2}i(J_- - J_+)$ 的形式，并利用阶梯关系 (C.104)：

$$\begin{aligned}J_y\mathbf{Y}_{lm}^N = &\frac{1}{2}i\sqrt{(l+m)(l-m+1)}\,\mathbf{Y}_{l\,m-1}^N \\ &-\frac{1}{2}i\sqrt{(l-m)(l+m+1)}\,\mathbf{Y}_{l\,m+1}^N\end{aligned} \tag{C.246}$$

由于阶梯终止的结果，J_y 对 $\mathbf{Y}_{lm}^N$ 的重复作用总是得到具有相同次数 l 和上角标 N 的球谐函数 $\{\mathbf{Y}_{l\,-l}^N,\dots,\mathbf{Y}_{l0}^N,\dots,\mathbf{Y}_{ll}^N\}$ 的线性组合。因此，$\exp(i\beta J_y)\,\mathbf{Y}_{lm}^N = \left(1 + i\beta J_y - \frac{1}{2}\beta^2 J_y^2 + \cdots\right)\mathbf{Y}_{lm}^N$ 可以写成如下形式：

$$\exp(i\beta J_y)\,\mathbf{Y}_{lm}^N = \sum_{m'=-l}^{l} d_{m'm}^{(l)}(\beta)\mathbf{Y}_{lm'}^N \tag{C.247}$$

其中系数 $d_{m'm}^{(l)}(\beta)$ 待定。最后的第三个旋转算子 $\mathcal{D}_C = \exp(i\gamma J_z)$ 作用于 (C.247) 中每个球谐函数 $\mathbf{Y}_{lm'}^N$ 的结果可以通过类似于 (C.245) 中的推论得到：

$$\exp(i\gamma J_z)\,\mathbf{Y}_{lm'}^N = e^{im'\gamma}\,\mathbf{Y}_{lm'}^N \tag{C.248}$$

综合上述结果，我们得到完全旋转后的球谐函数：

$$\mathbf{Y'}_{lm}^N = \sum_{m'=-l}^{l} \mathcal{D}_{m'm}^{(l)}(\alpha,\beta,\gamma)\mathbf{Y}_{lm'}^N \tag{C.249}$$

其中

$$\mathcal{D}^{(l)}_{m'm}(\alpha,\beta,\gamma) = e^{im'\gamma}\, d^{(l)}_{m'm}(\beta)\, e^{im\alpha} \tag{C.250}$$

我们可以将 (C.250) 中的量视为一个 $(2l+1)\times(2l+1)$ 变换矩阵的分量：

$$\mathcal{D}^{(l)}_{m'm}(\alpha,\beta,\gamma) = \langle \mathbf{Y}^N_{lm'}, \mathbf{Y'}^N_{lm}\rangle = \langle \mathbf{Y}^N_{lm'}, \mathcal{D}\mathbf{Y}^N_{lm}\rangle \tag{C.251}$$

$\mathcal{D}^{(l)}_{m'm}(\alpha,\beta,\gamma)$ 的内积表达式 (C.251) 可以从 (C.249) 式和张量正交归一关系 (C.95) 得到。

我们现在来确定交点矩阵分量

$$d^{(l)}_{m'm}(\beta) = \langle \mathbf{Y}^N_{lm'}, \mathcal{D}_B\mathbf{Y}^N_{lm}\rangle \tag{C.252}$$

当围绕 $\hat{\mathbf{y}}$ 轴旋转角度 $\{0,\beta,0\}$ 时，带撇和不带撇坐标之间的关系为 $\theta'=\theta-\beta$, $\phi'=\phi$。广义球谐函数 $\mathbf{Y}^N_{lm}$ 在本初子午线上一点 $\theta=\beta+\beta'$, $\phi=0$ 的值可以用 $\mathbf{Y}^N_{l-l},\ldots,\mathbf{Y}^N_{l0},\ldots,\mathbf{Y}^N_{ll}$ 在 (同一) 点 $\theta'=\beta'$, $\phi'=0$ 的值表示为

$$\begin{aligned}\mathbf{Y}^N_{lm}(\theta=\beta+\beta',\phi=0) &= \mathbf{Y'}^N_{lm}(\theta'=\beta',\phi'=0)\\ &= \sum_{m'=-l}^{l} d^{(l)}_{m'm}(\beta)\mathbf{Y}^N_{lm'}(\theta'=\beta',\phi'=0)\end{aligned} \tag{C.253}$$

在直觉上，围绕 $\hat{\mathbf{y}}$ 轴的旋转显然不会影响本初子午线上的球极单位矢量 $\hat{\mathbf{r}}$、$\hat{\boldsymbol{\theta}}$、$\hat{\boldsymbol{\phi}}$；这一点可以通过在 (C.44) 中令 $\phi=0$ 来验证。子午线基矢量 $\hat{\mathbf{e}}_-$、$\hat{\mathbf{e}}_0$、$\hat{\mathbf{e}}_+$ 同样不受影响；因此，我们可以用广义勒让德函数 (C.112) 来将 (C.253) 写成如下形式

$$P^N_{lm}[\cos(\beta+\beta')] = \sum_{m'=-l}^{l} d^{(l)}_{m'm}(\beta)P^N_{lm'}(\cos\beta') \tag{C.254}$$

取 $\beta'\to 0$ 的极限，并利用归一化关系 (C.114)，我们得到一个简单结果

$$d^{(l)}_{m'm}(\beta) = P^{m'}_{lm}(\cos\beta) \tag{C.255}$$

(C.255) 式对正向旋转 $0\leqslant\beta\leqslant\pi$ 是成立的。将其代回原式，我们可以将 (C.254) 写为矩阵分量的关系式：

$$d^{(l)}_{m'm}(\beta+\beta') = \sum_{m''=-l}^{l} d^{(l)}_{m'm''}(\beta')\, d^{(l)}_{m''m}(\beta) \tag{C.256}$$

该式将先旋转 β 角再接着旋转 β' 角的整体旋转结果表示为两步旋转的单独作用。

C.8.3 矩阵分量的性质

有限旋转 $\{\alpha,\beta,\gamma\}$ 的逆是 $\{-\gamma,-\beta,-\alpha\}$；C.8.1 节中的每个轴向旋转都必须以相反的顺序加以"解除"。描述此逆旋转的矩阵是转置矩阵 $\mathsf{R}^{-1}=\mathsf{R}^{\mathrm{T}}=\mathsf{A}^{\mathrm{T}}\mathsf{B}^{\mathrm{T}}\mathsf{C}^{\mathrm{T}}$，且相应的旋转算子是伴随算子

$$\begin{aligned}\mathcal{D}^{-1} = \mathcal{D}^{\dagger} &= \mathcal{D}^{\dagger}_A\mathcal{D}^{\dagger}_B\mathcal{D}^{\dagger}_C\\ &= \exp(-i\alpha J_z)\,\exp(-i\beta J_y)\,\exp(-i\gamma J_z)\end{aligned} \tag{C.257}$$

类似于 (C.251) 的矩阵分量为

$$\begin{aligned}\mathcal{D}^{(l)}_{m'm}(-\gamma,\,-\beta,\,-\alpha)&=\langle\mathbf{Y}^N_{lm'},\mathcal{D}^\dagger\mathbf{Y}^N_{lm}\rangle=\langle\mathcal{D}\mathbf{Y}^N_{lm'},\mathbf{Y}^N_{lm}\rangle\\&=\langle\mathbf{Y}^N_{lm},\mathcal{D}\mathbf{Y}^N_{lm'}\rangle^*=\mathcal{D}^{(l)*}_{mm'}(\alpha,\beta,\gamma)\end{aligned}\tag{C.258}$$

令 $\alpha=\gamma=0$，并注意到 $d^{(l)}_{mm'}(\beta)$ 为实数，我们发现

$$d^{(l)}_{m'm}(-\beta)=d^{(l)}_{mm'}(\beta)\tag{C.259}$$

(C.258) 和 (C.259) 定义了欧拉角为负值 $-2\pi\leqslant\alpha<0$, $-\pi\leqslant\beta<0$, $-2\pi\leqslant\gamma<0$ 的 $\mathcal{D}^{(l)}_{m'm}(\alpha,\beta,\gamma)$ 和 $d^{(l)}_{m'm}(\beta)$。

旋转后球谐函数的正交归一性确保了

$$\langle\mathcal{D}\mathbf{Y}^N_{lm},\mathcal{D}\mathbf{Y}^N_{lm'}\rangle=\langle\mathbf{Y}^N_{lm},\mathcal{D}^\dagger\mathcal{D}\mathbf{Y}^N_{lm'}\rangle=\delta_{mm'}\tag{C.260}$$

或者等价的

$$\sum_{m''=-l}^{l}\mathcal{D}^{(l)*}_{m''m}(\alpha,\beta,\gamma)\,\mathcal{D}^{(l)}_{m''m'}(\alpha,\beta,\gamma)=\delta_{mm'}\tag{C.261}$$

在上式中令 $\alpha=\gamma=0$，或者在 (C.256) 中令 $\beta'=-\beta$，并利用 (C.259)，我们得到

$$\sum_{m''=-l}^{l}d^{(l)}_{m''m}(\beta)\,d^{(l)}_{m''m'}(\beta)=\delta_{mm'}\tag{C.262}$$

(C.261)–(C.262) 规范了 $(2l+1)\times(2l+1)$ 矩阵 (C.251)–(C.252) 是幺正的。将 (C.255) 代入 (C.262)，便可以从得到 (C.127) 这一结果。

从 (C.118) 中给出的广义勒让德函数 $P^{m'}_{lm}(\cos\beta)$ 的对称关系，可以立刻得到 $d^{(l)}_{m'm}(\beta)$ 所满足的对称关系。例如，对于一个固定旋转 β，我们有

$$d^{(l)}_{-m'\,-m}(\beta)=(-1)^{m+m'}d^{(l)}_{m'm}(\beta)\tag{C.263}$$

$$d^{(l)}_{mm'}(\beta)=(-1)^{m+m'}d^{(l)}_{m'm}(\beta)\tag{C.264}$$

$$d^{(l)}_{-m\,-m'}(\beta)=d^{(l)}_{m'm}(\beta)\tag{C.265}$$

我们可以轻而易举地将 (C.263)–(C.265) 扩展到完整矩阵分量；尤其是，我们发现 (C.250) 的复数共轭为

$$\mathcal{D}^{(l)*}_{m'm}(\alpha,\beta,\gamma)=(-1)^{m'+m}\,\mathcal{D}^{(l)}_{-m'\,-m}(\alpha,\beta,\gamma)\tag{C.266}$$

(C.201)–(C.202) 也可以用同样的方式扩展，而得到等价的矩阵分量关系

$$\begin{aligned}\mathcal{D}^{(l_1)}_{m_1'm_1}\mathcal{D}^{(l_2)}_{m_2'm_2}=&\sum_l\sum_{m'}\sum_m(2l+1)\begin{pmatrix}l&l_1&l_2\\m'&m_1'&m_2'\end{pmatrix}\\&\times\begin{pmatrix}l&l_1&l_2\\m&m_1&m_2\end{pmatrix}\mathcal{D}^{(l)*}_{m'm}\end{aligned}\tag{C.267}$$

$$(2l+1)^{-1}\,\delta_{ll'}\,\mathcal{D}^{(l)*}_{m'm} = \sum_{m_1'm_2'}\sum_{m_1m_2}\begin{pmatrix} l & l_1 & l_2 \\ m' & m_1' & m_2' \end{pmatrix}$$
$$\times\begin{pmatrix} l' & l_1 & l_2 \\ m & m_1 & m_2 \end{pmatrix}\mathcal{D}^{(l_1)}_{m_1'm_1}\mathcal{D}^{(l_2)}_{m_2'm_2} \tag{C.268}$$

其中略去了相同的自变量α、β、γ。利用变换矩阵 (C.261) 的幺正特性，我们得到完全对称的关系：

$$\sum_{m'}\sum_{m_1'}\sum_{m_2'}\mathcal{D}^{(l)}_{m'm}\mathcal{D}^{(l_1)}_{m_1'm_1}\mathcal{D}^{(l_2)}_{m_2'm_2}\begin{pmatrix} l & l_1 & l_2 \\ m' & m_1' & m_2' \end{pmatrix}$$
$$=\begin{pmatrix} l & l_1 & l_2 \\ m & m_1 & m_2 \end{pmatrix} \tag{C.269}$$

必要的话，该式可以进一步转化为类似的包含广义勒让德函数的对称关系式。

完整矩阵的分量对三个欧拉角$\{\alpha,\beta,\gamma\}$的积分是正交归一的，即

$$\frac{1}{8\pi^2}\int_0^{2\pi}\int_0^{\pi}\int_0^{2\pi}\mathcal{D}^{(l_1)*}_{m_1'm_1}\mathcal{D}^{(l_2)}_{m_2'm_2}\,d\alpha\sin\beta\,d\beta\,d\gamma$$
$$=(2l_1+1)^{-1}\delta_{l_1l_2}\delta_{m_1m_2}\delta_{m_1'm_2'} \tag{C.270}$$

利用 (C.200) 可以得到三个矩阵分量的积分

$$\frac{1}{8\pi^2}\int_0^{2\pi}\int_0^{\pi}\int_0^{2\pi}\mathcal{D}^{(l)}_{m'm}\mathcal{D}^{(l_1)}_{m_1'm_1}\mathcal{D}^{(l_2)}_{m_2'm_2}\,d\alpha\sin\beta\,d\beta\,d\gamma$$
$$=\begin{pmatrix} l & l_1 & l_2 \\ m' & m_1' & m_2' \end{pmatrix}\begin{pmatrix} l & l_1 & l_2 \\ m & m_1 & m_2 \end{pmatrix} \tag{C.271}$$

很明显，利用对称性 (C.266) 把 (C.271) 中的第一个分量变为复数共轭，便可以将其改写为类似于 (C.198) 的形式。而$1/8\pi^2$这一因子则可被认为是角积分的总“体积”。

C.8.4 加法定理

$\mathsf{R}_1=\{\alpha_1,\beta_1,\gamma_1\}$在先，$\mathsf{R}_2=\{\alpha_2,\beta_2,\gamma_2\}$随后的两个相继旋转的净结果是一个单一旋转$\mathsf{R}=\mathsf{R}_2\mathsf{R}_1=\{\alpha,\beta,\gamma\}$，其欧拉角为

$$\cos(\alpha-\alpha_1)=\frac{\cos\beta_2-\cos\beta\cos\beta_1}{\sin\beta\sin\beta_1} \tag{C.272}$$

$$\cos\beta=\cos\beta_1\cos\beta_2-\sin\beta_1\sin\beta_2\cos(\alpha_2+\gamma_1) \tag{C.273}$$

$$\cos(\gamma-\gamma_2)=\frac{\cos\beta_1-\cos\beta\cos\beta_2}{\sin\beta\sin\beta_2} \tag{C.274}$$

与这些旋转相应的算子满足$\mathcal{D}(\mathsf{R})=\mathcal{D}(\mathsf{R}_2)\mathcal{D}(\mathsf{R}_1)$，或等价的

$$\mathcal{D}^{(l)}_{m'm}(\alpha,\beta,\gamma)=\sum_{m''=-l}^{l}\mathcal{D}^{(l)}_{m'm''}(\alpha_2,\beta_2,\gamma_2)\,\mathcal{D}^{(l)}_{m''m}(\alpha_1,\beta_1,\gamma_1) \tag{C.275}$$

矩阵分量关系 (C.275) 是所谓*加法定理*的最一般形式。当$\{\alpha_1,\beta_1,\gamma_1\}=\{0,\beta,0\}$和$\{\alpha_2,\beta_2,\gamma_2\}$

$=\{0,\beta',0\}$时，它简化为单轴结果(C.256)，而当第二个旋转为第一个的逆(即$\{\alpha_2,\beta_2,\gamma_2\}=\{-\gamma_1,-\beta_1,-\alpha_1\}$)时，则简化成幺正关系式(C.261)。

对(C.275)式中的欧拉角做其他选择会产生一系列特殊的加法定理；例如，如果设定$m'=m=0$, $\{\alpha_1,\beta_1,\gamma_1\}=\{0,\theta_1,\phi_1\}$以及$\{\alpha_2,\beta_2,\gamma_2\}=\{\pi-\phi_2,\theta_2,0\}$，我们得到

$$\left(\frac{2l+1}{4\pi}\right)P_l(\cos\Theta)=\sum_{m=-l}^{l}Y_{lm}^*(\theta_2,\phi_2)Y_{lm}(\theta_1,\phi_1) \tag{C.276}$$

其中$\cos\Theta=\cos\theta_2\cos\theta_1+\sin\theta_2\sin\theta_1\cos(\phi_2-\phi_1)$。这一结果是经典的球谐函数加法定理(B.69)，它的推导也可以用更简单的方式，只要在如下旋转不变量表达式中

$$\sum_{m=-l}^{l}{Y'}_{lm}^{*}(\theta_2',\phi_2'){Y'}_{lm}(\theta_1',\phi_1')=\sum_{m=-l}^{l}Y_{lm}^*(\theta_2,\phi_2)Y_{lm}(\theta_1,\phi_1) \tag{C.277}$$

令左边的旋转后两点(θ_1',ϕ_1')和(θ_2',ϕ_2')其中的一个趋于北极或南极即可得到。

C.8.5 递推关系

矩阵分量$d_{m'm}^{(l)}(\beta)$可以利用广义勒让德函数满足的递推关系式(C.121)–(C.122)来计算。我们可以用固定m'的关系式

$$\begin{aligned}\left[m'(\sin\beta)^{-1}-m\cot\beta\right]d_{m'm}^{(l)}=&\frac{1}{2}\sqrt{(l+m)(l-m+1)}\,d_{m'\,m-1}^{(l)}\\&+\frac{1}{2}\sqrt{(l-m)(l+m+1)}\,d_{m'\,m+1}^{(l)}\end{aligned} \tag{C.278}$$

分别从$m=\pm l$向下和向上迭代，在$m=m'\cos\beta$处汇合；或者用固定m的关系式

$$\begin{aligned}\left[m'\cot\beta-m(\sin\beta)^{-1}\right]d_{m'm}^{(l)}=&\frac{1}{2}\sqrt{(l+m')(l-m'+1)}\,d_{m'-1\,m}^{(l)}\\&+\frac{1}{2}\sqrt{(l-m')(l+m'+1)}\,d_{m'+1\,m}^{(l)}\end{aligned} \tag{C.279}$$

分别从$m'=\pm l$向下和向上迭代，在$m'=m(\cos\beta)^{-1}$处汇合。还有其他的计算方案，例如，Edmonds (1960)展示了如何用雅可比多项式来表示分量$d_{m'm}^{(l)}(\beta)$，该多项式可以用另一种递推关系来计算。

C.8.6 任意张量的旋转

最后，我们考虑有限旋转$\{\alpha,\beta,\gamma\}$作用于以广义球谐函数表示的任意张量场

$$\mathbf{T}=\sum_{l=0}^{\infty}\sum_{m=-l}^{l}T_{lm}^{\alpha_1\cdots\alpha_n}\mathbf{Y}_{lm}^{N} \tag{C.280}$$

的结果。用(C.249)式可以得到旋转后的场为

$$\begin{aligned}\mathbf{T}'=\mathcal{D}\mathbf{T}&=\sum_{l=0}^{\infty}\sum_{m=-l}^{l}T_{lm}^{\alpha_1\cdots\alpha_n}\left(\mathcal{D}\mathbf{Y}_{lm}^{N}\right)\\&=\sum_{l=0}^{\infty}\sum_{m=-l}^{l}\sum_{m'=-l}^{l}\mathcal{D}_{m'm}^{(l)}(\alpha,\beta,\gamma)\,T_{lm}^{\alpha_1\cdots\alpha_n}\mathbf{Y}_{lm'}^{N}\end{aligned} \tag{C.281}$$

我们可以将 (C.281) 这一结果改写为类似于 (C.280) 的形式:

$$\mathbf{T}' = \sum_{l=0}^{\infty} \sum_{m=-l}^{l} T_{lm}'^{\alpha_1\cdots\alpha_q} \mathbf{Y}_{lm}^N \tag{C.282}$$

变换后的展开系数 $T_{lm}'^{\alpha_1\cdots\alpha_q}$ 与原来的系数 $T_{lm}^{\alpha_1\cdots\alpha_q}$ 之间有以下关系

$$T_{lm}'^{\alpha_1\cdots\alpha_q} = \sum_{m'=-l}^{l} \mathcal{D}_{mm'}^{(l)}(\alpha,\beta,\gamma)\, T_{lm'}^{\alpha_1\cdots\alpha_q} \tag{C.283}$$

要注意从基的变换关系式 (C.249) 到 (C.283) 式的“角标的任性”；变换后的系数 $T_{lm}'^{\alpha_1\cdots\alpha_q}$ 是用类似于 (A.33) 式的方式以普通矩阵相乘来计算的。用幺正性质 (C.261) 可以得到 (C.283) 的逆为

$$T_{lm}^{\alpha_1\cdots\alpha_q} = \sum_{m'=-l}^{l} \mathcal{D}_{m'm}^{(l)*}(\alpha,\beta,\gamma)\, T_{lm'}'^{\alpha_1\cdots\alpha_q} \tag{C.284}$$

旋转后的偏导数 $\partial/\partial T_{lm}'^{\alpha_1\cdots\alpha_n}$ 和原来的偏导数 $\partial/\partial T_{lm}^{\alpha_1\cdots\alpha_q}$ 之间的关系为

$$\partial/\partial T_{lm}'^{\alpha_1\cdots\alpha_q} = \sum_{m'=-l}^{l} \mathcal{D}_{mm'}^{(l)*}(\alpha,\beta,\gamma)\,(\partial/\partial T_{lm'}^{\alpha_1\cdots\alpha_q}) \tag{C.285}$$

和

$$\partial/\partial T_{lm}^{\alpha_1\cdots\alpha_q} = \sum_{m'=-l}^{l} \mathcal{D}_{m'm}^{(l)}(\alpha,\beta,\gamma)\,(\partial/\partial T_{lm'}'^{\alpha_1\cdots\alpha_q}) \tag{C.286}$$

变换关系 (C.285) 和 (C.286) 在涉及张量场 $\mathbf{T}$ 和 $\mathbf{T}' = \mathcal{D}\mathbf{T}$ 的反问题中是很有用的。

C.8.7 旋转至赤道

在本附录的最后，我们考虑将一个“源点” (θ_1,ϕ_1) 和一个“接收点” (θ_2,ϕ_2) 旋转至赤道的问题。我们要求旋转后的源点位于本初子午线上，因而有

$$\theta_1' = \pi/2,\ \phi_1' = 0 \quad 和 \quad \theta_2' = \pi/2,\ \phi_2' = \Theta \tag{C.287}$$

其中 Θ 为两点之间的测地角距离，由 $\cos\Theta = \cos\theta_2\cos\theta_1 + \sin\theta_2\sin\theta_1\cos(\phi_2-\phi_1)$ 给定。实现变换 (C.287) 的欧拉角 $\{\alpha,\beta,\gamma\}$ 为

$$\tan\alpha = \frac{\sin\theta_2\cos\theta_1\cos\phi_2 - \cos\theta_2\sin\theta_1\cos\phi_1}{\cos\theta_2\sin\theta_1\sin\phi_1 - \sin\theta_2\cos\theta_1\sin\phi_2} \tag{C.288}$$

$$\cos\beta = \frac{\sin\theta_2\sin\theta_1\sin(\phi_2-\phi_1)}{\sin\Theta} \tag{C.289}$$

$$\tan\gamma = \frac{\cos\theta_1\cos\Theta - \cos\theta_2}{\cos\theta_1\sin\Theta} \tag{C.290}$$

对比 (C.288)–(C.289) 和 (B.107)–(B.108)，我们看出

$$\alpha = \bar{\phi}, \qquad \beta = \bar{\theta} \tag{C.291}$$

前两个旋转(C.291)将$\hat{\mathbf{z}}$轴转到源点–接收点大圆的正的极点$(\bar{\theta},\bar{\phi})$，而第三个旋转则将本初子午线沿着新的赤道转到源点。图C.4展示了变换(C.287)；在这个例子中，测地线劣弧的两个端点(θ_1,ϕ_1)和(θ_2,ϕ_2)分别位于里约热内卢和开罗。要注意旋转的被动性：球面上的海岸线与其他特征的位置$\hat{\mathbf{r}}$保持不变，但是带撇和不带撇的坐标线却有所不同。

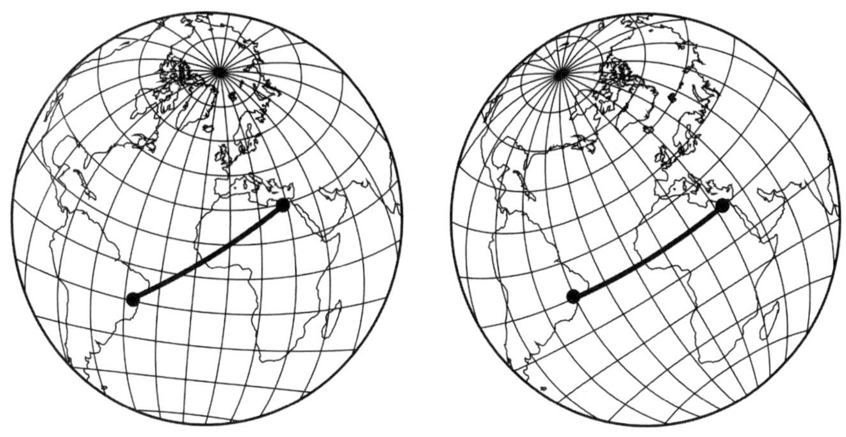

图 C.4 里约热内卢到开罗的劣弧路径的被动旋转。(左)粗线大圆弧表示原来的路径。(右)在带撇的新坐标系中，里约热内卢位于赤道和本初子午线的交点：$\theta_1'=\pi/2,\ \phi_1'=0$。开罗也在赤道上，在东方$\Theta\approx 90°$处：$\theta_2'=\pi/2,\ \phi_2'=\Theta$

除了其他用途之外，将(θ_1,ϕ_1)和(θ_2,ϕ_2)旋转到赤道上的这一结果还可以用来计算标量场ψ在源点和接收点之间测地路径上的积分：

$$\int_{\theta_1,\phi_1}^{\theta_2,\phi_2}\psi(\theta,\phi)\,d\Delta=\sum_{l=0}^{\infty}\sum_{m=-l}^{l}\psi_{lm}\int_{\theta_1,\phi_1}^{\theta_2,\phi_2}Y_{lm}(\theta,\phi)\,d\Delta \tag{C.292}$$

如我们在16.9节中所讨论的，当费马原理应用于面波层析成像时会出现形如(C.292)的路径积分；在这种情况下，场ψ是单频勒夫或瑞利波相速度的倒数。复数表面球谐函数Y_{lm}的积分为

$$\begin{aligned}\int_{\theta_1,\phi_1}^{\theta_2,\phi_2}Y_{lm}(\theta,\phi)\,d\Delta&=\int_0^{\Theta}Y_{lm}'(\pi/2,\phi')\,d\phi'\\&=\sum_{m'=-l}^{l}(i/m')\,X_{lm'}(\pi/2)\,(1-e^{im'\Theta})\,\mathcal{D}_{m'm}^{(l)}(\alpha,\beta,\gamma)\end{aligned} \tag{C.293}$$

其中我们借助了(C.249)，并将积分$\int_0^{\Theta}e^{im\phi'}\,d\phi'$进行了解析计算。将(C.293)代入(C.292)，我们发现

$$\begin{aligned}\int_{\theta_1,\phi_1}^{\theta_2,\phi_2}\psi(\theta,\phi)\,d\Delta=&\sum_{l=0}^{\infty}\sum_{m=-l}^{l}(i/m)\,X_{lm}(\pi/2)\,(1-e^{im\Theta})\\&\times\sum_{m'=-l}^{l}\mathcal{D}_{mm'}^{(l)}(\alpha,\beta,\gamma)\,\psi_{lm}\end{aligned} \tag{C.294}$$

这里我们互换了角标m和m'，目的是为了明确(C.294)中最后一个求和仅仅是变换后的展开系数ψ'_{lm}。利用简单关系式(B.98)，可以很容易地将实数场ψ的积分用实数的展开系数Ψ_{lm}或a_{l0}、a_{lm}、b_{lm}来表示。

在$\Theta \to 2\pi$极限下，(C.293)式中的量$(i/m')(1-e^{im'\Theta})$简化为$2\pi\delta_{m'0}$。因此，在一个完整的大圆路径$(\bar{\theta},\bar{\phi})$上，球谐函数$Y_{lm}$的平均值为

$$\frac{1}{2\pi}\oint_{\bar{\theta},\bar{\phi}} Y_{lm}(\theta,\phi)\,d\Delta = P_l(0)Y_{lm}(\bar{\theta},\bar{\phi}) \tag{C.295}$$

任何一个场的大圆平均的展开系数$\bar{\psi}_{lm}$与原来的系数ψ_{lm}之间的关系为$\bar{\psi}_{lm} = P_l(0)\,\psi_{lm}$。一如预期的，这些结果与(B.111)–(B.112)是一致的。

附录 D　完整地球目录

在最后这一章附录中，我们将给出接收点和源点矢量 r 和 s 以及动能、势能、非弹性和科里奥利矩阵 T、V、A 和 W 的分量的显式表达式。正如我们在 13.2 节所讨论的，这些难以消化却又非常重要的公式为合成模式耦合的地震图提供了基础。关于这一题目的发展过程并不是一帆风顺的，主要问题来自于早期对自由表面和其他界面位置微扰作用的不正确处理(Backus & Gilbert 1967，Dahlen 1968)。Woodhouse (1976) 指出了这些错误，并给出了球形界面微扰的 Fréchet 积分核的正确推导。之后，Dahlen (1976) 正确地计算了地球的流体静力学椭率对孤立多态模式的影响。Woodhouse 和 Dahlen (1978) 首次对横向不均匀微扰做出了正确的分析；他们给出了自耦合近似下微扰后本征频率和单态模式本征函数的计算方法，并推导了具有数值优势的椭率分裂参数的公式。随后，Woodhouse (1980) 发表了因地球的自转、椭率和各向同性横向不均匀性所引起的球型–球型、环型–环型和球型–环型模式耦合矩阵分量的完整目录。Tanimoto (1986) 和 Mochizuki (1986) 分别考虑了自耦合和完全耦合，将考虑体积分布的各向异性微扰所需的矩阵分量首次简化为可以做数值计算的形式。最后，Henson (1989) 和 Shibata, Suda 和 Fukao (1990) 将椭率和其他界面微扰公式推广到具横向各向同性初始模型。在最后这两项研究中，当作者们把他们的结果简化到 SNREI 初始模型时，发现了 Woodhouse (1980) 中各向同性椭率积分核的一些错误。

动能、势能和非弹性矩阵分量用附录 C 中所讨论的广义球谐函数来表示最为方便。由于它们都是复数，因此在一开始的代数化简中最好使用复数而非实数的本征函数。为了简洁和便于与前面的处理做比较，较为方便的也是引入新的径向本征函数，它们与本书中其余部分所使用的本征函数之间的关系为

$$u = U, \qquad v = k^{-1}V, \qquad w = k^{-1}W, \qquad p = P \tag{D.1}$$

这里与通常一样，$k = \sqrt{l(l+1)}$。实数和复数的本征基函数可以用小写的标量表示成

$$\mathbf{s}_k = u\hat{\mathbf{r}}\mathcal{Y}_{lm} + v\boldsymbol{\nabla}_1\mathcal{Y}_{lm} - w(\hat{\mathbf{r}} \times \boldsymbol{\nabla}_1\mathcal{Y}_{lm}), \qquad \phi_k = p\mathcal{Y}_{lm} \tag{D.2}$$

$$\tilde{\mathbf{s}}_k = u\hat{\mathbf{r}}Y_{lm} + v\boldsymbol{\nabla}_1 Y_{lm} - w(\hat{\mathbf{r}} \times \boldsymbol{\nabla}_1 Y_{lm}), \qquad \tilde{\phi}_k = pY_{lm} \tag{D.3}$$

其中 $\mathcal{Y}_{lm}$ 和 Y_{lm} 分别为 (B.72) 和 (B.30) 定义的 l 次 m 级实数和复数球谐函数。在本附录中，符号上方的波浪线表示用复数本征函数 (D.3) 所计算的量。我们首先给出复数的接收点和源点矢量 $\tilde{\mathsf{r}}$ 和 $\tilde{\mathsf{s}}$ 以及相关的能量、非弹性和科里奥利矩阵分量 $\tilde{\mathsf{T}}$、$\tilde{\mathsf{V}}$、$\tilde{\mathsf{A}}$ 和 $\tilde{\mathsf{W}}$ 的表达式；然后，再用附录 D.3 节中所描述的复数到实数的变换得到所期望的矢量 r、s 和矩阵 T、V、A 和 W。

D.1 接收点和源点矢量

球极分量$\tilde{s}_r = \hat{\mathbf{r}} \cdot \tilde{\mathbf{s}}_k$，$\tilde{s}_\theta = \hat{\boldsymbol{\theta}} \cdot \tilde{\mathbf{s}}_k$和$\tilde{s}_\phi = \hat{\boldsymbol{\phi}} \cdot \tilde{\mathbf{s}}_k$分别为

$$\tilde{s}_r = uY_{lm} \tag{D.4}$$

$$\tilde{s}_\theta = v\partial_\theta Y_{lm} + imw(\sin\theta)^{-1}Y_{lm} \tag{D.5}$$

$$\tilde{s}_\phi = imv(\sin\theta)^{-1}Y_{lm} - w\partial_\theta Y_{lm} \tag{D.6}$$

复数接收点矢量$\tilde{\mathrm{r}}$的分量$\tilde{r}_k = \hat{\boldsymbol{\nu}} \cdot \tilde{\mathbf{s}}_k^*(\mathbf{x})$由分量(D.4)–(D.6)给定：

$$\tilde{r}_k = \nu_r \tilde{s}_r^* + \nu_\theta \tilde{s}_\theta^* + \nu_\phi \tilde{s}_\phi^* \tag{D.7}$$

在附录B.10节中讨论了计算复数球谐函数Y_{lm}及其导数$\partial_\theta Y_{lm}$的实用步骤。

接收点位于$\theta = 0$或$\theta = \pi$之一的极点处属于一种特殊情况；在北极布设海底地震仪是一项技术上非常困难的任务，而在南极洲位于南极的SPA台站自全球标准地震台网(WWSSN)建立以来就一直装有一部三分量仪器。利用极限勒让德关系式(B.62)–(B.63)，我们发现(D.4)–(D.6)在$\theta = 0$简化为

$$\tilde{s}_r = \left(\frac{2l+1}{4\pi}\right)^{1/2} u\delta_{m0} \tag{D.8}$$

$$\tilde{s}_\theta = \frac{1}{2}\left(\frac{2l+1}{4\pi}\right)^{1/2} k(v + imw)(\delta_{m\,-1} - \delta_{m1}) \tag{D.9}$$

$$\tilde{s}_\phi = \frac{1}{2}\left(\frac{2l+1}{4\pi}\right)^{1/2} k(imv - w)(\delta_{m\,-1} - \delta_{m1}) \tag{D.10}$$

而在$\theta = \pi$则简化为

$$\tilde{s}_r = (-1)^l \left(\frac{2l+1}{4\pi}\right)^{1/2} u\delta_{m0} \tag{D.11}$$

$$\tilde{s}_\theta = \frac{1}{2}(-1)^l \left(\frac{2l+1}{4\pi}\right)^{1/2} k(v - imw)(\delta_{m\,-1} - \delta_{m1}) \tag{D.12}$$

$$\tilde{s}_\phi = \frac{1}{2}(-1)^l \left(\frac{2l+1}{4\pi}\right)^{1/2} k(-imv - w)(\delta_{m\,-1} - \delta_{m1}) \tag{D.13}$$

在极点处，只有与级数$-1 \leqslant m \leqslant 1$相关的项为非零。特别要注意的是，在SPA站的径向分量$(\hat{\boldsymbol{\nu}} = \hat{\mathbf{r}})$传感器只能感应到有方位对性称的$m = 0$单态模式。

利用(A.139)式，我们发现应变张量$\tilde{\boldsymbol{\varepsilon}}_k = \frac{1}{2}[\boldsymbol{\nabla}\tilde{\mathbf{s}}_k + (\boldsymbol{\nabla}\tilde{\mathbf{s}}_k)^{\mathrm{T}}]$的球极分量为

$$\tilde{\varepsilon}_{rr} = \dot{u}Y_{lm} \tag{D.14}$$

$$\begin{aligned}\tilde{\varepsilon}_{\theta\theta} =& r^{-1}uY_{lm} - r^{-1}v[\cot\theta\,\partial_\theta Y_{lm} - m^2(\sin\theta)^{-2}Y_{lm} + k^2 Y_{lm}] \\ &+ imr^{-1}w(\sin\theta)^{-1}(\partial_\theta Y_{lm} - \cot\theta\, Y_{lm})\end{aligned} \tag{D.15}$$

$$\tilde{\varepsilon}_{\phi\phi} = r^{-1}uY_{lm} + r^{-1}v[\cot\theta\,\partial_\theta Y_{lm} - m^2(\sin\theta)^{-2}Y_{lm}] - imr^{-1}w(\sin\theta)^{-1}(\partial_\theta Y_{lm} - \cot\theta\, Y_{lm}) \tag{D.16}$$

$$\tilde{\varepsilon}_{r\theta} = \frac{1}{2}[x\partial_\theta Y_{lm} + imz(\sin\theta)^{-1}Y_{lm}] \tag{D.17}$$

$$\tilde{\varepsilon}_{r\phi} = \frac{1}{2}[imx(\sin\theta)^{-1}Y_{lm} - z\partial_\theta Y_{lm}] \tag{D.18}$$

$$\tilde{\varepsilon}_{\theta\phi} = imr^{-1}v(\sin\theta)^{-1}(\partial_\theta Y_{lm} - \cot\theta\, Y_{lm}) + r^{-1}w[\cot\theta\,\partial_\theta Y_{lm} - m^2(\sin\theta)^{-2}Y_{lm} + \frac{1}{2}k^2 Y_{lm}] \tag{D.19}$$

这里我们定义了辅助变量

$$x = \dot{v} - r^{-1}v + r^{-1}u, \qquad z = \dot{w} - r^{-1}w \tag{D.20}$$

此外，也使用了勒让德方程 (B.46) 来消去对二阶导数 $\partial_\theta^2 Y_{lm}$ 的依赖性。复数源点矢量 $\tilde{\mathrm{s}}$ 的分量 $\tilde{s}_k = \mathbf{M}:\tilde{\boldsymbol{\varepsilon}}_k^*(\mathbf{x}_\mathrm{s})$ 为

$$\tilde{s}_k = M_{rr}\tilde{\varepsilon}^*_{rr\mathrm{s}} + M_{\theta\theta}\tilde{\varepsilon}^*_{\theta\theta\mathrm{s}} + M_{\phi\phi}\tilde{\varepsilon}^*_{\phi\phi\mathrm{s}} + 2M_{r\theta}\tilde{\varepsilon}^*_{r\theta\mathrm{s}} + 2M_{r\phi}\tilde{\varepsilon}^*_{r\phi\mathrm{s}} + 2M_{\theta\phi}\tilde{\varepsilon}^*_{\theta\phi\mathrm{s}} \tag{D.21}$$

其中下角标 s 仍然表示在震源 $\mathbf{x}_\mathrm{s}$ 处取值。

再次使用 (B.62)，可以证明在北极 $(\theta = 0)$ 处 (D.14)–(D.19) 简化为

$$\tilde{\varepsilon}_{rr} = \left(\frac{2l+1}{4\pi}\right)^{1/2} \dot{u}\,\delta_{m0} \tag{D.22}$$

$$\tilde{\varepsilon}_{\theta\theta} = \frac{1}{2}\left(\frac{2l+1}{4\pi}\right)^{1/2}\left[f\delta_{m0} + \frac{1}{4}k\sqrt{k^2-2} \times r^{-1}(2v+imw)(\delta_{m\,-2}+\delta_{m2})\right] \tag{D.23}$$

$$\tilde{\varepsilon}_{\phi\phi} = \frac{1}{2}\left(\frac{2l+1}{4\pi}\right)^{1/2}\left[f\delta_{m0} - \frac{1}{4}k\sqrt{k^2-2} \times r^{-1}(2v+imw)(\delta_{m\,-2}+\delta_{m2})\right] \tag{D.24}$$

$$\tilde{\varepsilon}_{r\theta} = \frac{1}{4}\left(\frac{2l+1}{4\pi}\right)^{1/2} k(x+imz)(\delta_{m\,-1}-\delta_{m1}) \tag{D.25}$$

$$\tilde{\varepsilon}_{r\phi} = \frac{1}{4}\left(\frac{2l+1}{4\pi}\right)^{1/2} k(imx-z)(\delta_{m\,-1}-\delta_{m1}) \tag{D.26}$$

$$\tilde{\varepsilon}_{\theta\phi} = \frac{1}{8}\left(\frac{2l+1}{4\pi}\right)^{1/2} k\sqrt{k^2-2}$$

$$\times r^{-1}(imv - 2w)(\delta_{m\,-2} + \delta_{m2}) \tag{D.27}$$

其中

$$f = r^{-1}(2u - k^2 v) \tag{D.28}$$

Gilbert 和 Dziewonski (1975) 使用 (D.22)–(D.27) 在震中坐标系 ($\theta_\mathrm{s} = 0$) 中计算了球对称地球对矩张量源的响应。值得注意的是，只有 $-2 \leqslant m \leqslant 2$ 的单态模式被激发。在10.3节中，我们使用另一种无须取极限的方法推出了这一结果。

D.2 微扰矩阵

动能矩阵 $\tilde{\mathsf{T}}$ 的分量用复数本征基函数 (D.3) 表示为

$$\tilde{T}_{kk'} = \int_\oplus \delta\rho(\tilde{\mathbf{s}}_k^* \cdot \tilde{\mathbf{s}}_{k'})\, dV - \int_\Sigma \delta d\,[\rho\, \tilde{\mathbf{s}}_k^* \cdot \tilde{\mathbf{s}}_{k'}]_-^+\, d\Sigma \tag{D.29}$$

其中 $\delta\rho$ 为体积分布的密度微扰，δd 是界面位置的微扰。弹性–重力势能矩阵可以方便地分为三项：

$$\tilde{\mathsf{V}} = \tilde{\mathsf{V}}^{\mathrm{iso}} + \tilde{\mathsf{V}}^{\mathrm{ani}} + \tilde{\mathsf{V}}^{\mathrm{cen}} \tag{D.30}$$

其中第一项囊括了所有各向同性的非球对称微扰，第二项容许在其之上可能的各向异性微扰，而第三项则包含了离心势的影响。这三个矩阵的分量为

$$\begin{aligned}
\tilde{V}_{kk'}^{\mathrm{iso}} = & \int_\oplus [\delta\kappa(\boldsymbol{\nabla}\cdot\tilde{\mathbf{s}}_k^*)(\boldsymbol{\nabla}\cdot\tilde{\mathbf{s}}_{k'}) + 2\delta\mu(\tilde{\mathbf{d}}_k^* : \tilde{\mathbf{d}}_{k'}) \\
& + \delta\rho\{\tilde{\mathbf{s}}_k^*\cdot\boldsymbol{\nabla}\tilde{\phi}_{k'} + \tilde{\mathbf{s}}_{k'}\cdot\boldsymbol{\nabla}\tilde{\phi}_k^* \\
& + 4\pi G\rho(\hat{\mathbf{r}}\cdot\tilde{\mathbf{s}}_k^*)(\hat{\mathbf{r}}\cdot\tilde{\mathbf{s}}_{k'}) + g\tilde{\Upsilon}_{kk'}\} \\
& + \frac{1}{2}\rho\boldsymbol{\nabla}(\delta\Phi)\cdot(\tilde{\mathbf{s}}_k^*\cdot\boldsymbol{\nabla}\tilde{\mathbf{s}}_{k'} + \tilde{\mathbf{s}}_{k'}\cdot\boldsymbol{\nabla}\tilde{\mathbf{s}}_k^* \\
& - \tilde{\mathbf{s}}_k^*\boldsymbol{\nabla}\cdot\tilde{\mathbf{s}}_{k'} - \tilde{\mathbf{s}}_{k'}\boldsymbol{\nabla}\cdot\tilde{\mathbf{s}}_k^*) + \rho\tilde{\mathbf{s}}_k^*\cdot\boldsymbol{\nabla}\boldsymbol{\nabla}(\delta\Phi)\cdot\tilde{\mathbf{s}}_{k'}]\, dV \\
& - \int_\Sigma \delta d\,[\frac{1}{2}\kappa_0(\boldsymbol{\nabla}\cdot\tilde{\mathbf{s}}_k^*)(\boldsymbol{\nabla}\cdot\tilde{\mathbf{s}}_{k'} - 2\hat{\mathbf{r}}\cdot\partial_r\tilde{\mathbf{s}}_k) \\
& + \frac{1}{2}\kappa_0(\boldsymbol{\nabla}\cdot\tilde{\mathbf{s}}_{k'})(\boldsymbol{\nabla}\cdot\tilde{\mathbf{s}}_k^* - 2\hat{\mathbf{r}}\cdot\partial_r\tilde{\mathbf{s}}_k^*) \\
& + \mu_0\tilde{\mathbf{d}}_k^* : (\tilde{\mathbf{d}}_{k'} - 2\hat{\mathbf{r}}\partial_r\tilde{\mathbf{s}}_{k'}) + \mu_0\tilde{\mathbf{d}}_{k'} : (\tilde{\mathbf{d}}_k^* - 2\hat{\mathbf{r}}\partial_r\tilde{\mathbf{s}}_k^*) \\
& + \rho\{\tilde{\mathbf{s}}_k^*\cdot\boldsymbol{\nabla}\tilde{\phi}_{k'} + \tilde{\mathbf{s}}_{k'}\cdot\boldsymbol{\nabla}\tilde{\phi}_k^* \\
& + 8\pi G\rho(\hat{\mathbf{r}}\cdot\tilde{\mathbf{s}}_k^*)(\hat{\mathbf{r}}\cdot\tilde{\mathbf{s}}_{k'}) + g\tilde{\Upsilon}_{kk'}\}]_-^+\, d\Sigma \\
& - \int_{\Sigma_{\mathrm{FS}}} \boldsymbol{\nabla}^\Sigma(\delta d)\cdot[\kappa_0(\boldsymbol{\nabla}\cdot\tilde{\mathbf{s}}_k^*)\tilde{\mathbf{s}}_{k'} + \kappa_0(\boldsymbol{\nabla}\cdot\tilde{\mathbf{s}}_{k'})\tilde{\mathbf{s}}_k^* \\
& + 2\mu_0(\hat{\mathbf{r}}\cdot\tilde{\mathbf{d}}_k^*\cdot\hat{\mathbf{r}})\tilde{\mathbf{s}}_{k'} + 2\mu_0(\hat{\mathbf{r}}\cdot\tilde{\mathbf{d}}_{k'}\cdot\hat{\mathbf{r}})\tilde{\mathbf{s}}_k^*]_-^+\, d\Sigma
\end{aligned} \tag{D.31}$$

$$\tilde{V}_{kk'}^{\mathrm{ani}} = \int_\oplus (\tilde{\boldsymbol{\varepsilon}}_k^* : \boldsymbol{\gamma} : \tilde{\boldsymbol{\varepsilon}}_{k'})\, dV \tag{D.32}$$

$$\tilde{V}_{kk'}^{\text{cen}} = \int_{\oplus} [\frac{1}{2}\rho\boldsymbol{\nabla}\psi \cdot (\tilde{\mathbf{s}}_k^* \cdot \boldsymbol{\nabla}\tilde{\mathbf{s}}_{k'} + \tilde{\mathbf{s}}_{k'} \cdot \boldsymbol{\nabla}\tilde{\mathbf{s}}_k^* - \tilde{\mathbf{s}}_k^*\boldsymbol{\nabla} \cdot \tilde{\mathbf{s}}_{k'} - \tilde{\mathbf{s}}_{k'}\boldsymbol{\nabla} \cdot \tilde{\mathbf{s}}_k^*) + \rho\tilde{\mathbf{s}}_k^* \cdot \boldsymbol{\nabla\nabla}\psi \cdot \tilde{\mathbf{s}}_{k'}]\, dV \tag{D.33}$$

其中$\tilde{\boldsymbol{\varepsilon}}_k = \frac{1}{2}[\boldsymbol{\nabla}\tilde{\mathbf{s}}_k + (\boldsymbol{\nabla}\tilde{\mathbf{s}}_k)^{\mathrm{T}}]$和$\tilde{\mathbf{d}}_k = \tilde{\boldsymbol{\varepsilon}}_k - \frac{1}{3}(\boldsymbol{\nabla} \cdot \tilde{\mathbf{s}}_k)\mathbf{I}$分别为应变和偏应变本征函数，且

$$\tilde{\Upsilon}_{kk'} = \frac{1}{2}[\tilde{\mathbf{s}}_k^* \cdot \boldsymbol{\nabla}(\hat{\mathbf{r}} \cdot \tilde{\mathbf{s}}_{k'}) + \tilde{\mathbf{s}}_{k'} \cdot \boldsymbol{\nabla}(\hat{\mathbf{r}} \cdot \tilde{\mathbf{s}}_k^*)] - \frac{1}{2}[(\hat{\mathbf{r}} \cdot \tilde{\mathbf{s}}_k^*)(\boldsymbol{\nabla} \cdot \tilde{\mathbf{s}}_{k'}) + (\hat{\mathbf{r}} \cdot \tilde{\mathbf{s}}_{k'})(\boldsymbol{\nabla} \cdot \tilde{\mathbf{s}}_k^*)] - 2r^{-1}(\hat{\mathbf{r}} \cdot \tilde{\mathbf{s}}_k^*)(\hat{\mathbf{r}} \cdot \tilde{\mathbf{s}}_{k'}) \tag{D.34}$$

参数κ_0和μ_0是在参考频率ω_0处的等熵不可压缩性和刚性，标量$\delta\kappa$和$\delta\mu$以及四阶张量$\boldsymbol{\gamma}$是相应的各向同性和各向异性微扰；$\delta\Phi$为引力势函数微扰，ψ为离心势函数。最后，非弹性和科里奥利矩阵的分量为

$$\tilde{A}_{kk'} = \int_{\oplus} [\kappa_0 q_\kappa(\boldsymbol{\nabla} \cdot \tilde{\mathbf{s}}_k^*)(\boldsymbol{\nabla} \cdot \tilde{\mathbf{s}}_{k'})\, dV + 2\mu_0 q_\mu(\tilde{\mathbf{d}}_k^* : \tilde{\mathbf{d}}_{k'})]\, dV \tag{D.35}$$

$$\tilde{W}_{kk'} = \int_{\oplus} \rho\,\tilde{\mathbf{s}}_k^* \cdot (i\boldsymbol{\Omega} \times \tilde{\mathbf{s}}_{k'})\, dV \tag{D.36}$$

其中$q_\kappa = Q_\kappa^{-1}$ 和$q_\mu = Q_\mu^{-1}$为体变和剪切品质因子倒数，$\boldsymbol{\Omega}$为地球自转角速度。

D.2.1 各向同性非球对称性和非弹性

各向同性的弹性和非弹性微扰可以方便地用复数球谐函数展开：

$$\delta\kappa = \sum_{s=1}^{s_{\max}} \sum_{t=-s}^{s} \delta\tilde{\kappa}_{st} Y_{st}, \qquad \delta\mu = \sum_{s=1}^{s_{\max}} \sum_{t=-s}^{s} \delta\tilde{\mu}_{st} Y_{st}$$

$$\delta\rho = \sum_{s=1}^{s_{\max}} \sum_{t=-s}^{s} \delta\tilde{\rho}_{st} Y_{st}, \qquad \delta\Phi = \sum_{s=1}^{s_{\max}} \sum_{t=-s}^{s} \delta\tilde{\Phi}_{st} Y_{st}$$

$$q_\kappa = \sum_{s=1}^{s_{\max}} \sum_{t=-s}^{s} \tilde{q}_{\kappa st} Y_{st}, \qquad q_\mu = \sum_{s=1}^{s_{\max}} \sum_{t=-s}^{s} \tilde{q}_{\mu st} Y_{st}$$

$$\delta d = \sum_{s=1}^{s_{\max}} \sum_{t=-s}^{s} \delta\tilde{d}_{st} Y_{st} \tag{D.37}$$

这里我们用展开系数$\delta\tilde{\kappa}_{st}$、$\delta\tilde{\mu}_{st}$、$\delta\tilde{\rho}_{st}$、$\delta\tilde{\Phi}_{st}$、$\tilde{q}_{\kappa st}$、$\tilde{q}_{\mu st}$和$\delta\tilde{d}_{st}$上的波浪线以别于在D.4.2节中引入的相应的实数展开系数。值得注意的是，求和是从$s = 1$开始，而非$s = 0$；这样确保微扰是严格非球对称的。微扰前的球对称初始模型κ_0、μ_0、ρ被视为地球单极子。在形式上，次数$s_{\max}$的极大值可以当作是无穷大的；当然，在任何数值实现中都需要在有限的$s_{\max}$值截断。矩阵分量$\tilde{T}_{kk'}$、$\tilde{V}_{kk'}^{\text{iso}}$和$\tilde{A}_{kk'}$是由地球体积$\oplus$内的三维积分以及在内、外界面$\Sigma$上的二维积分所组成的。(D.37) 中的展开式使得单位球面Ω上的积分能够利用附录C.7中得到的维格纳3-j公式进行解析计算。在D.2.3节中给出完整的结果之前，我们会用一个实例来展示这一简化为径向积分之和是如何做到的。

D.2.2 实例

在计算上最为繁琐的各向同性项是非球对称的刚性微扰对各向同性势能矩阵分量(D.31)的贡献：

$$\tilde{V}_{kk'}^{\mathrm{rig}} = \int_{\oplus} 2\delta\mu(\tilde{\mathbf{d}}_k^*:\tilde{\mathbf{d}}_{k'})\,dV \tag{D.38}$$

偏应变本征函数$\tilde{\mathbf{d}}_k$的广义球谐函数表达式为

$$\tilde{\mathbf{d}}_k = \tilde{d}^{\alpha\beta}\,Y_{lm}^{\alpha+\beta}\,\hat{\mathbf{e}}_\alpha\hat{\mathbf{e}}_\beta \tag{D.39}$$

其中

$$\begin{aligned} \tilde{d}^{00} &= \frac{1}{3}(2\dot{u}-f), \qquad \tilde{d}^{\pm\pm} = \frac{1}{2}k\sqrt{k^2-2}\,r^{-1}(v\pm iw) \\ \tilde{d}^{0\pm} &= d^{\pm 0} = \frac{\sqrt{2}}{4}k(x\pm iz), \qquad \tilde{d}^{\pm\mp} = \frac{1}{6}(2\dot{u}-f) \end{aligned} \tag{D.40}$$

逆变分量$\tilde{d}^{\alpha\beta}$是半径r、次数l和阶数n的函数，但如同径向本征函数u、v和w一样，它们与余纬度θ、经度ϕ和级数m无关。为简单起见，我们省略对非球对称性角标s和t求和的范围，并利用(C.198)，将三维积分(D.38)整理为

$$\begin{aligned} \tilde{V}_{kk'}^{\mathrm{rig}} &= \sum_{st}\int_{\oplus} 2\delta\tilde{\mu}_{st}Y_{st}(\tilde{d}^{\alpha\beta}Y_{lm}^{\alpha+\beta}\hat{\mathbf{e}}_\alpha\hat{\mathbf{e}}_\beta)^*:(\tilde{d}'^{\eta\sigma}Y_{l'm'}^{\eta+\sigma}\hat{\mathbf{e}}_\eta\hat{\mathbf{e}}_\sigma)\,dV \\ &= \sum_{st}\int_{\oplus} 2\delta\tilde{\mu}_{st}\,\tilde{d}^{\alpha\beta*}\tilde{d}'^{\alpha\beta}Y_{lm}^{\alpha+\beta*}Y_{st}Y_{l'm'}^{\alpha+\beta}\,dV \\ &= \sum_{st}\int_0^a 2\delta\tilde{\mu}_{st}\,\tilde{d}^{\alpha\beta*}\tilde{d}'^{\alpha\beta}\,r^2dr\int_{\Omega} Y_{lm}^{\alpha+\beta*}Y_{st}Y_{l'm'}^{\alpha+\beta}\,d\Omega \\ &= \sum_{st}(-1)^{\alpha+\beta+m}\left[\frac{(2l+1)(2s+1)(2l'+1)}{4\pi}\right]^{1/2} \\ &\quad\times\begin{pmatrix} l & s & l' \\ -\alpha-\beta & 0 & \alpha+\beta\end{pmatrix}\begin{pmatrix} l & s & l' \\ -m & t & m'\end{pmatrix} \\ &\quad\times\int_0^a 2\delta\tilde{\mu}_{st}\,\tilde{d}^{\alpha\beta*}\tilde{d}'^{\alpha\beta}\,r^2dr \\ &= \sum_{st}(-1)^m\left[\frac{(2l+1)(2s+1)(2l'+1)}{4\pi}\right]^{1/2}\begin{pmatrix} l & s & l' \\ -m & t & m'\end{pmatrix} \\ &\quad\times\int_0^a \delta\tilde{\mu}_{st}\left[\frac{1}{3}(2\dot{u}-f)(2\dot{u}'-f')B_{lsl'}^{(0)+}+(xx'+zz')B_{lsl'}^{(1)+}\right. \\ &\quad -i(xz'-zx')B_{lsl'}^{(1)-}+r^{-2}(vv'+ww')B_{lsl'}^{(2)+} \\ &\quad \left.-ir^{-2}(vw'-wv')B_{lsl'}^{(2)-}\right]r^2dr \end{aligned} \tag{D.41}$$

其中带撇的符号$d'^{\alpha\beta}$和u'、v'、w'、x'、z'、f'表示它们与带撇的本征函数$\tilde{\mathbf{s}}_{k'}$相关联，同时我们还定义了

$$
\begin{aligned}
B_{lsl'}^{(N)\pm} =& \frac{1}{2}(-1)^N \left[1 \pm (-1)^{l+s+l'}\right] \left[\frac{(l+N)!(l'+N)!}{(l-N)!(l'-N)!}\right]^{1/2} \\
&\times \begin{pmatrix} l & s & l' \\ -N & 0 & N \end{pmatrix}
\end{aligned} \tag{D.42}
$$

在将各项合并而得到最终结果(D.41)的过程中,我们使用了维格纳3-j符号的对称关系(C.218)。

D.2.3 伍德豪斯 (Woodhouse) 积分核

动能矩阵$\tilde{\mathsf{T}}$、各向同性弹性–重力势能矩阵$\tilde{\mathsf{V}}^{\text{iso}}$和非弹性矩阵$\tilde{\mathsf{A}}$的分量(D.29)、(D.31)和(D.35)的最终形式为

$$
\begin{aligned}
\tilde{T}_{kk'} =& \sum_{st}(-1)^m \left[\frac{(2l+1)(2s+1)(2l'+1)}{4\pi}\right]^{1/2} \begin{pmatrix} l & s & l' \\ -m & t & m' \end{pmatrix} \\
&\times \left\{\int_0^a \delta\tilde{\rho}_{st} T_\rho \, r^2 dr + \sum_d d^2 \delta\tilde{d}_{st} \, [T_d]_-^+\right\}
\end{aligned} \tag{D.43}
$$

$$
\begin{aligned}
\tilde{V}_{kk'}^{\text{iso}} =& \sum_{st}(-1)^m \left[\frac{(2l+1)(2s+1)(2l'+1)}{4\pi}\right]^{1/2} \begin{pmatrix} l & s & l' \\ -m & t & m' \end{pmatrix} \\
&\times \left\{\int_0^a \left(\delta\tilde{\kappa}_{st} V_\kappa + \delta\tilde{\mu}_{st} V_\mu + \delta\tilde{\rho}_{st} V_\rho + \delta\tilde{\Phi}_{st} V_\Phi + \delta\dot{\tilde{\Phi}}_{st} V_{\dot{\Phi}}\right) r^2 dr \right. \\
&\left. + \sum_d d^2 \delta\tilde{d}_{st} \, [V_d]_-^+\right\}
\end{aligned} \tag{D.44}
$$

$$
\begin{aligned}
\tilde{A}_{kk'} =& \sum_{st}(-1)^m \left[\frac{(2l+1)(2s+1)(2l'+1)}{4\pi}\right]^{1/2} \begin{pmatrix} l & s & l' \\ -m & t & m' \end{pmatrix} \\
&\times \int_0^a \left(\kappa_0 \tilde{q}_{\kappa st} V_\kappa + \mu_0 \tilde{q}_{\mu st} V_\mu\right) r^2 dr
\end{aligned} \tag{D.45}
$$

Woodhouse积分核T_ρ、T_d、V_κ、V_μ、V_ρ、V_Φ、$V_{\dot{\Phi}}$和V_d可以表示为

$$
T_\rho = uu' B_{lsl'}^{(0)+} + (vv' + ww') B_{lsl'}^{(1)+} - i(vw' - wv') B_{lsl'}^{(1)-} \tag{D.46}
$$

$$
T_d = -\rho T_\rho \tag{D.47}
$$

$$
V_\kappa = (\dot{u} + f)(\dot{u}' + f') B_{lsl'}^{(0)+} \tag{D.48}
$$

$$
\begin{aligned}
V_\mu =& \frac{1}{3}(2\dot{u} - f)(2\dot{u}' - f') B_{lsl'}^{(0)+} \\
&+ (xx' + zz') B_{lsl'}^{(1)+} - i(xz' - zx') B_{lsl'}^{(1)-} \\
&+ r^{-2}(vv' + ww') B_{lsl'}^{(2)+} - ir^{-2}(vw' - wv') B_{lsl'}^{(2)-}
\end{aligned} \tag{D.49}
$$

$$
V_\rho = \left[u\dot{p}' + \dot{p}u' - \frac{1}{2}g(4r^{-1}uu' + fu' + uf') + 8\pi G\rho uu'\right] B_{lsl'}^{(0)+}
$$

$$
\begin{aligned}
&+r^{-1}\left[(pv'+vp')+\frac{1}{2}g(uv'+vu')\right]B_{lsl'}^{(1)+}\\
&-ir^{-1}\left[(pw'-wp')+\frac{1}{2}g(uw'-wu')\right]B_{lsl'}^{(1)-}
\end{aligned}
\tag{D.50}
$$

$$
\begin{aligned}
V_\Phi=\;&s(s+1)\rho r^{-2}uu'B_{lsl'}^{(0)+}\\
&+\frac{1}{2}\rho r^{-1}(u\dot{v}'-\dot{u}v'+r^{-1}uv'-2fv')B_{l'ls}^{(1)+}\\
&+\frac{1}{2}i\rho r^{-1}(u\dot{w}'-\dot{u}w'+r^{-1}uw'-2fw')B_{l'ls}^{(1)-}\\
&+\frac{1}{2}\rho r^{-1}(\dot{v}u'-v\dot{u}'+r^{-1}vu'-2vf')B_{ll's}^{(1)+}\\
&-\frac{1}{2}i\rho r^{-1}(\dot{w}u'-w\dot{u}'+r^{-1}wu'-2wf')B_{ll's}^{(1)-}
\end{aligned}
\tag{D.51}
$$

$$
\begin{aligned}
V_{\dot\Phi}=\;&-\rho(fu'+uf')B_{lsl'}^{(0)+}\\
&+\frac{1}{2}\rho r^{-1}uv'B_{l'ls}^{(1)+}+\frac{1}{2}i\rho r^{-1}uw'B_{l'ls}^{(1)-}\\
&+\frac{1}{2}\rho r^{-1}vu'B_{ll's}^{(1)+}-\frac{1}{2}i\rho r^{-1}wu'B_{ll's}^{(1)-}
\end{aligned}
\tag{D.52}
$$

$$
\begin{aligned}
V_d=\;&-\kappa_0V_\kappa-\mu_0V_\mu-\rho V_\rho\\
&+\kappa_0\Big[(2\dot{u}\dot{u}'+\dot{u}f'+f\dot{u}')B_{lsl'}^{(0)+}\\
&\qquad-r^{-1}(\dot{u}+f)v'B_{l'ls}^{(1)+}-ir^{-1}(\dot{u}+f)w'B_{l'ls}^{(1)-}\\
&\qquad-r^{-1}v(\dot{u}'+f')B_{ll's}^{(1)+}+ir^{-1}w(\dot{u}'+f')B_{ll's}^{(1)-}\Big]\\
&+\mu_0\Big[\frac{2}{3}(4\dot{u}\dot{u}'-\dot{u}f'-f\dot{u}')B_{lsl'}^{(0)+}\\
&\qquad+(\dot{v}x'+x\dot{v}'+\dot{w}z'+z\dot{w}')B_{lsl'}^{(1)+}\\
&\qquad-i(\dot{v}z'-z\dot{v}'+x\dot{w}'-\dot{w}x')B_{lsl'}^{(1)-}\\
&\qquad-\frac{2}{3}r^{-1}(2\dot{u}-f)v'B_{l'ls}^{(1)+}-\frac{2}{3}ir^{-1}(2\dot{u}-f)w'B_{l'ls}^{(1)-}\\
&\qquad-\frac{2}{3}r^{-1}v(2\dot{u}'-f')B_{ll's}^{(1)+}+\frac{2}{3}ir^{-1}w(2\dot{u}'-f')B_{ll's}^{(1)-}\Big]
\end{aligned}
\tag{D.53}
$$

这些积分核依赖于模式角标k、k'和模型次数s，但它们与模型级数t无关。若有必要，使用如下显式表达式

$$
\begin{aligned}
\delta\tilde\Phi_{st}=-\frac{4\pi G}{2s+1}\bigg\{&r^{-s-1}\left(\int_0^r r^{s+2}\delta\tilde\rho_{st}\,dr-\sum_{d<r}d^{s+2}\delta\tilde d_{st}[\rho]_-^+\right)\\
&+r^s\left(\int_r^a r^{-s+1}\delta\tilde\rho_{st}\,dr-\sum_{d>r}d^{-s+1}\delta\tilde d_{st}[\rho]_-^+\right)\bigg\}
\end{aligned}
\tag{D.54}
$$

可以消去(D.44)中包含势函数微扰$\delta\Phi$和$\delta\dot\Phi$的项。将(D.54)代入，并做分部积分，我们得到势能矩阵分量$\tilde V_{kk'}^{\mathrm{iso}}$的另一个表达式。为避免重复书写，我们仅在此指出，下述三个替换

$$V_\rho \to V_\rho + \frac{4\pi G}{2s+1}\left\{r^s \int_r^a r^{-s}\left[(s+1)V_{\dot{\Phi}} - rV_\Phi\right]dr \right.$$
$$\left. - r^{-s-1}\int_0^r r^{s+1}\left(sV_{\dot{\Phi}} + rV_\Phi\right)dr\right\} \tag{D.55}$$

$$V_\Phi \to 0, \qquad V_{\dot{\Phi}} \to 0 \tag{D.56}$$

的综合效应会使最终的结果保持不变。在(D.37)中我们规定$\delta\kappa$、$\delta\mu$、$\delta\rho$、$\delta\Phi$、q_κ、q_μ和δd的复数球谐函数展开都是从$s=1$开始；然而，(D.43)–(D.56)这些结果也适用于地球单极子$(s=0)$微扰。经过对Woodhouse积分核表达式的仔细观察，发现正号上角标因子$B^{(1)+}$、$B^{(2)+}$对应于球型-球型和环型-环型耦合，而负号上角标因子$B^{(1)-}$、$B^{(2)-}$则对应于球型–环型耦合。

仅仅使用如下形式的3-j符号：

$$\begin{pmatrix} l & s & l' \\ 0 & 0 & 0 \end{pmatrix} \quad 和 \quad \begin{pmatrix} l+1 & s+1 & l'+1 \\ 0 & 0 & 0 \end{pmatrix} \tag{D.57}$$

以及等式

$$B_{lsl'}^{(1)+} = \frac{1}{2}(L+L'-S)B_{lsl'}^{(0)+} \tag{D.58}$$

$$B_{lsl'}^{(2)+} = \frac{1}{2}[(L+L'-S)(L+L'-S-2) - 2LL']B_{lsl'}^{(0)+} \tag{D.59}$$

$$B_{lsl'}^{(1)-} = \frac{1}{2}\sqrt{(\Sigma+1-2l)(\Sigma+1-2l')(\Sigma+1-2s)}$$
$$\times\sqrt{(\Sigma+2)(\Sigma+4)/(\Sigma+3)}\,B_{l+1\,s+1\,l'+1}^{(0)+} \tag{D.60}$$

$$B_{lsl'}^{(2)-} = \frac{1}{2}(L+L'-S-2)$$
$$\times\sqrt{(\Sigma+1-2l)(\Sigma+1-2l')(\Sigma+1-2s)}$$
$$\times\sqrt{(\Sigma+2)(\Sigma+4)/(\Sigma+3)}\,B_{l+1\,s+1\,l'+1}^{(0)+} \tag{D.61}$$

我们也可以写出积分核T_ρ、T_d、V_κ、V_μ、V_ρ、V_Φ、$V_{\dot{\Phi}}$和V_d的表达式，这里我们已经令$\Sigma = l+l'+s$，$L=l(l+1)$，$L'=l'(l'+1)$和$S=s(s+1)$。这些结果可以从3-j等式(C.221)–(C.224)得到。

本节中列出的所有公式都是由Woodhouse (1980)首次给出正确推导的。我们这里的积分核(D.46)–(D.53)与其文中的(A36)–(A42)是一致的，只需要在后者的最后一行中纠正一个明显的角标错位$(B_{ll''l'}^{(0)+} \to B_{l'l''l}^{(0)+})$。

D.2.4 直接数值积分

与诸如大陆边缘、活动的或已经消亡的俯冲带或者大洋中脊相关的有强烈的横向梯度的球谐函数表达式需要在截断的展开式(D.37)中取很大的角次数极大值$s_{\max}$。这样的话，用维格纳3-j符号来计算矩阵分量$\tilde{T}_{kk'}$、$\tilde{V}_{kk'}^{\rm iso}$和$\tilde{A}_{kk'}$时，计算上的负担会是很可观的。为了减少这一负担，Lognonné 和 Romanowicz (1990)发展了另外一种谱方法来计算(D.29)和(D.31)–(D.35)中的积分。我们来简要地描述一下这个数值积分方法，如同先前一样考虑非球对称的刚性微扰分量$\tilde{V}_{kk'}^{\rm rig}$。我们舍弃$\delta\mu$的球谐函数展开，将(D.41)的第三行改写为

$$\tilde{V}_{kk'}^{\rm rig} = \int_0^{2\pi} \left[\int_0^{\pi} X_{lm}^{\alpha+\beta}(\theta)\, M(\theta,\phi) \sin\theta\, d\theta \right] e^{-i(m-m')\phi}\, d\phi \tag{D.62}$$

其中

$$M(\theta,\phi) = \left[\int_0^a 2\delta\mu(r,\theta,\phi)\, d^{\alpha\beta*}(r) d'^{\alpha\beta}(r)\, r^2 dr \right] X_{l'm'}^{\alpha+\beta}(\theta) \tag{D.63}$$

我们可以将(D.62)视为函数(D.63)的广义勒让德–傅里叶变换。$\tilde{T}_{kk'}$、$\tilde{V}_{kk'}^{\rm iso}$和$\tilde{A}_{kk'}$中的每一项都有相似的解释；每个变换中的乘子均为$X_{lm}^{N}(\theta)\, e^{-i(m-m')\phi}$，其中$-2 \leqslant N \leqslant 2$。

对余纬度$0 \leqslant \theta \leqslant \pi$内层积分可以用高斯–勒让德求积法计算；我们在此回顾一下该方法的主要特点(Press, Flannery, Teukolsky & Vetterling 1992)。对每一有限整数I，总有一组且仅有一组节点$\mu_i = \cos\theta_i$，$i = 1,2,\ldots,I$，以及相应的权重w_i, $i = 1,2,\ldots,I$，使得

$$\int_0^{\pi} Q(\cos\theta) \sin\theta\, d\phi = \int_{-1}^{1} Q(\mu)\, d\mu = \sum_{i=1}^{I} w_i Q(\mu_i) \tag{D.64}$$

对每一个低于$2I-1$次多项式$Q(\mu)$均为恒等式。节点μ_i是勒让德多项式$P_I(\mu)$的根，其对应的权重w_i为

$$w_i = \frac{2}{(1-\mu_i^2)[dP_l/d\mu]_{\mu=\mu_i}^2} \tag{D.65}$$

任一余纬度函数$f(\theta)$的积分都可以用类似于(D.64)的结果来近似：

$$\int_0^{\pi} f(\theta) \sin\theta\, d\theta \approx \sum_{i=1}^{I} w_i f(\theta_i) \tag{D.66}$$

要计算(D.62)中的余纬度项，我们取$f(\theta) = X_{lm}^{\alpha+\beta}(\theta) M(\theta,\phi)$。

经度的$0 \leqslant \phi \leqslant 2\pi$积分必须对所有$-l-l' \leqslant m-m' \leqslant l+l'$范围内的级数进行计算。这可以用快速傅里叶变换极为有效地实现。在此情况下矩阵分量(D.62)可以表示为

$$\tilde{V}_{kk'}^{\rm rig} \approx \frac{2\pi}{J} \sum_{j=0}^{J-1} \sum_{i=1}^{I} w_i X_{lm}^{\alpha+\beta}(\theta_i)\, M(\theta_i,\phi_j)\, e^{-i(m-m')\phi_j} \tag{D.67}$$

其中$\phi_j = 2\pi j/J$, $j = 0,\ldots,J-1$。(D.67)式的近似精度取决于高斯–勒让德和傅里叶节点的数目。为了避免因频率混叠造成的误差，有必要取$I \approx \dfrac{1}{2}(l+l'+s_{\max})$和$J \approx 2(l+l'+s_{\max})$。基于(D.67)及其推广的一个直接积分算法是计算矩阵分量$\tilde{T}_{kk'}$、$\tilde{V}_{kk'}^{\rm iso}$和$\tilde{A}_{kk'}$中一种用途广泛的方法，因为它并不局限于形如(D.37)的球谐函数模型。任何种类的表达式，只要容许在地理节点(θ_i,ϕ_j)上计算微扰$\delta\kappa$、$\delta\mu$、$\delta\rho$、$\delta\Phi$、q_κ、q_μ、δd，该方法均适用。在大多数应用中，较为有利的做法是在进行数值高斯–勒让德–傅里叶变换之前，先计算所有的径向积分，如$\int_0^a 2\delta\mu(r,\theta_i,\phi_j) d^{\alpha\beta*}(r) d'^{\alpha\beta}(r)\, r^2 dr$。

D.2.5 自转

复数科里奥利矩阵分量(D.36)可以简化为

$$\tilde{W}_{kk'} = m\Omega\delta_{ll'}\delta_{mm'} \int_0^a \rho W^{\rm S}\, r^2 dr$$

$$- i\Omega(S_{lm}\delta_{l\,l'+1} + S_{l'm}\delta_{l\,l'-1})\delta_{mm'}\int_0^a \rho W^{\mathrm{A}}\, r^2 dr \tag{D.68}$$

其中

$$S_{lm} = \left[\frac{(l+m)(l-m)}{(2l+1)(2l-1)}\right]^{1/2} \tag{D.69}$$

控制自耦合和球型–球型耦合的对称积分核 W^{S}，以及控制球型–环型耦合的反对称积分核 W^{A} 的定义为

$$W^{\mathrm{S}} = vv' + uv' + vu' + ww' \tag{D.70}$$

$$\begin{aligned} W^{\mathrm{A}} = &\frac{1}{2}(k^2 - k'^2 - 2)uw' + \frac{1}{2}(k^2 - k'^2 + 2)wu' \\ &+ \frac{1}{2}(k^2 + k'^2 - 2)(vw' - wv') \end{aligned} \tag{D.71}$$

离心势矩阵分量 (D.33) 可写成以下形式

$$\begin{aligned} \tilde{V}^{\mathrm{cen}}_{kk'} = &\frac{2}{3}\Omega^2\delta_{\sigma\sigma'}\delta_{nn'}\delta_{ll'}\delta_{mm'} - \frac{2}{3}k^2\Omega^2\delta_{ll'}\delta_{mm'}\int_0^a \rho W^{\mathrm{S}}\, r^2 dr \\ &+ (-1)^m\sqrt{(2l+1)(2l'+1)}\begin{pmatrix} l & 2 & l' \\ -m & 0 & m \end{pmatrix}\delta_{mm'} \\ &\times \int_0^a \left(\frac{1}{3}\Omega^2 r^2 V_{\Phi}^{s=2} + \frac{2}{3}\Omega^2 r V_{\dot{\Phi}}^{s=2}\right) r^2 dr \end{aligned} \tag{D.72}$$

其中 σ 表示S或T，因而 $\delta_{\sigma\sigma'}\delta_{nn'}\delta_{ll'}\delta_{mm'} = \delta_{kk'}$。(D.72) 中前两项代表球面平均离心势函数 $\bar{\psi} = -\frac{1}{3}\Omega^2 r^2$ 的贡献，最后面第三项则是非球对称势函数 $\psi - \bar{\psi} = \frac{1}{3}\Omega^2 r^2 P_2(\cos\theta)$ 的贡献。$V_{\Phi}^{s=2}$ 和 $V_{\dot{\Phi}}^{s=2}$ 是次数为2的Woodhouse积分核 (D.50) 和 (D.51)。值得注意的是，两个环型多态模式 ${}_n\mathrm{T}_l$ 和 ${}_{n'}\mathrm{T}_{l'}$ 之间不存在自转耦合。

D.2.6 椭率

地球的流体静力学椭率是一个形如 (14.31) 的二次非球对称微扰：

$$\delta\kappa = \frac{2}{3}r\varepsilon\dot{\kappa}P_2(\cos\theta), \qquad \delta\mu = \frac{2}{3}r\varepsilon\dot{\mu}P_2(\cos\theta)$$

$$\delta\rho = \frac{2}{3}r\varepsilon\dot{\rho}P_2(\cos\theta), \qquad \delta\Phi = \frac{2}{3}(r\varepsilon g - \frac{1}{2}\Omega^2 r^2)P_2(\cos\theta)$$

$$\delta d = -\frac{2}{3}d\varepsilon_d P_2(\cos\theta) \tag{D.73}$$

我们将动能和各向同性弹性–重力势能矩阵分解为来自椭率的部分以及来自任何其他横向不均匀性部分：

$$\tilde{\mathsf{T}} = \tilde{\mathsf{T}}^{\mathrm{ell}} + \tilde{\mathsf{T}}^{\mathrm{lat}}, \qquad \tilde{\mathsf{V}}^{\mathrm{iso}} = \tilde{\mathsf{V}}^{\mathrm{ell}} + \tilde{\mathsf{V}}^{\mathrm{lat}} \tag{D.74}$$

将 (D.73) 代入 (D.43)–(D.44) 所得到的椭率矩阵分量为

$$\tilde{T}^{\mathrm{ell}}_{kk'} = (-1)^m\sqrt{(2l+1)(2l'+1)}\begin{pmatrix} l & 2 & l' \\ -m & 0 & m \end{pmatrix}\delta_{mm'}$$

$$\times\left\{\int_0^a \frac{2}{3}r\varepsilon\dot{\rho}T_\rho^{s=2}\,r^2dr-\sum_d\frac{2}{3}d^3\varepsilon_d[T_d^{s=2}]_-^+\right\} \tag{D.75}$$

$$\begin{aligned}\tilde{V}_{kk'}^{\mathrm{ell}}=&(-1)^m\sqrt{(2l+1)(2l'+1)}\begin{pmatrix}l&2&l'\\-m&0&m\end{pmatrix}\delta_{mm'}\\&\times\left\{\int_0^a\Big(\frac{2}{3}r\varepsilon\dot{\kappa}V_\kappa^{s=2}+\frac{2}{3}r\varepsilon\dot{\mu}V_\mu^{s=2}+\frac{2}{3}r\varepsilon\dot{\rho}V_\rho^{s=2}\right.\\&+\frac{2}{3}(r\varepsilon g-\frac{1}{2}\Omega^2r^2)V_\Phi^{s=2}+\frac{2}{3}[\varepsilon(\eta+1)g+r\varepsilon\dot{g}-\Omega^2r]V_{\dot{\Phi}}^{s=2}\Big)\,r^2dr\\&\left.-\sum_d\frac{2}{3}d^3\varepsilon_d[V_d^{s=2}]_-^+\right\}\end{aligned} \tag{D.76}$$

其中我们引入了

$$\eta=r\dot{\varepsilon}/\varepsilon \tag{D.77}$$

如果注意到

$$\sum_d\frac{2}{3}d^3\varepsilon_d[T_d^{s=2}]_-^+=-\int_0^a\frac{2}{3}\big[\varepsilon(\eta+3)T_\rho^{s=2}+r\varepsilon\dot{T}_\rho^{s=2}\big]r^2dr \tag{D.78}$$

$$\sum_d\frac{2}{3}d^3\varepsilon_d[V_d^{s=2}]_-^+=-\int_0^a\frac{2}{3}\big[\varepsilon(\eta+3)V_\rho^{s=2}+r\varepsilon\dot{V}_\rho^{s=2}\big]r^2dr \tag{D.79}$$

对不连续面d的求和就可以并入径向积分。

利用u、v、w和p所满足的径向方程，可以消去(D.78)–(D.79)中的导数$\dot{T}_\rho^{s=2}$和$\dot{V}_\rho^{s=2}$。要完成这一简化过程需要大量的代数运算。但是，这一辛苦努力的回报却是相当可观的：模型的导数$\dot{\kappa}$、$\dot{\mu}$和$\dot{\rho}$也被消去了！这使得椭率矩阵分量可以表示成不需要数值微分的形式：

$$\begin{aligned}\tilde{T}_{kk'}^{\mathrm{ell}}=&(R_{lm}\delta_{ll'}+\frac{3}{2}S_{lm}S_{l'+1\,m}\delta_{l\,l'+2}+\frac{3}{2}S_{l+1\,m}S_{l'm}\delta_{l\,l'-2})\delta_{mm'}\\&\times\int_0^a\frac{2}{3}\varepsilon\rho\big[\bar{T}_\rho^{\mathrm{S}}-(\eta+3)\check{T}_\rho^{\mathrm{S}}\big]\,r^2dr\\&-3im(S_{lm}\delta_{l\,l'+1}+S_{l'm}\delta_{l\,l'-1})\delta_{mm'}\\&\times\int_0^a\frac{2}{3}\varepsilon\rho\big[\bar{T}_\rho^{\mathrm{A}}-(\eta+3)\check{T}_\rho^{\mathrm{A}}\big]\,r^2dr\end{aligned} \tag{D.80}$$

$$\begin{aligned}\tilde{V}_{kk'}^{\mathrm{ell}}=&(R_{lm}\delta_{ll'}+\frac{3}{2}S_{lm}S_{l'+1\,m}\delta_{l\,l'+2}+\frac{3}{2}S_{l+1\,m}S_{l'm}\delta_{l\,l'-2})\delta_{mm'}\\&\times\int_0^a\frac{2}{3}\varepsilon\Big\{\kappa\big[\bar{V}_\kappa^{\mathrm{S}}-(\eta+1)\check{V}_\kappa^{\mathrm{S}}\big]+\mu\big[\bar{V}_\mu^{\mathrm{S}}-(\eta+1)\check{V}_\mu^{\mathrm{S}}\big]\\&+\rho\big[\bar{V}_\rho^{\mathrm{S}}-(\eta+3)\check{V}_\rho^{\mathrm{S}}\big]\Big\}r^2dr\\&-3im(S_{lm}\delta_{l\,l'+1}+S_{l'm}\delta_{l\,l'-1})\delta_{mm'}\\&\times\int_0^a\frac{2}{3}\varepsilon\Big\{-\kappa(\eta+2)\bar{V}_\kappa^{\mathrm{A}}+\mu\big[\bar{V}_\mu^{\mathrm{A}}-(\eta+1)\check{V}_\mu^{\mathrm{A}}\big]\\&+\rho\big[\bar{V}_\rho^{\mathrm{A}}-(\eta+3)\check{V}_\rho^{\mathrm{A}}\big]\Big\}r^2dr\end{aligned}$$

$$-(-1)^m\sqrt{(2l+1)(2l'+1)}\begin{pmatrix} l & 2 & l' \\ -m & 0 & m \end{pmatrix}\delta_{mm'}$$
$$\times\int_0^a\Big(\frac{1}{3}\Omega^2 r^2 V_\Phi^{s=2}+\frac{2}{3}\Omega^2 r V_{\dot\Phi}^{s=2}\Big)r^2dr \tag{D.81}$$

其中

$$R_{lm}=\frac{l(l+1)-3m^2}{(2l+3)(2l-1)} \tag{D.82}$$

此外

$$\bar{T}_\rho^{\mathrm{S}}=\frac{1}{2}(k^2-k'^2-6)uv'-\frac{1}{2}(k^2-k'^2+6)vu' \tag{D.83}$$

$$\check{T}_\rho^{\mathrm{S}}=uu'+\frac{1}{2}(k^2+k'^2-6)(vv'+ww') \tag{D.84}$$

$$\bar{T}_\rho^{\mathrm{A}}=uw'-wu' \tag{D.85}$$

$$\check{T}_\rho^{\mathrm{A}}=vw'-wv' \tag{D.86}$$

$$\bar{V}_\kappa^{\mathrm{S}}=-[\dot{u}+\frac{1}{2}(k^2-k'^2+6)r^{-1}v](\dot{u}'+f')$$
$$-(\dot{u}+f)[\dot{u}'-\frac{1}{2}(k^2-k'^2-6)r^{-1}v'] \tag{D.87}$$

$$\bar{V}_\mu^{\mathrm{S}}=-\frac{1}{3}[2\dot{u}+\frac{1}{2}(k^2-k'^2+6)(3\dot{v}-4r^{-1}v)](2\dot{u}'-f')$$
$$-[\frac{1}{2}(k^2-k'^2-6)\dot{u}+\frac{1}{2}(k^2+k'^2-6)\dot{v}$$
$$+\frac{1}{2}(k^2-k'^2+6)k'^2r^{-1}v]x'+[\frac{1}{2}(k^2-k'^2+6)k'^2$$
$$+3(k^2+k'^2-6)]r^{-1}(v\dot{v}'+w\dot{w}')-\frac{1}{2}(k^2+k'^2-6)z\dot{w}'$$
$$-\frac{1}{3}(2\dot{u}-f)[2\dot{u}'-\frac{1}{2}(k^2-k'^2-6)(3\dot{v}'-4r^{-1}v')]$$
$$+x[\frac{1}{2}(k^2-k'^2+6)\dot{u}'-\frac{1}{2}(k^2+k'^2-6)\dot{v}'$$
$$+\frac{1}{2}k^2(k^2-k'^2-6)r^{-1}v']-[\frac{1}{2}k^2(k^2-k'^2-6)$$
$$-3(k^2+k'^2-6)]r^{-1}(\dot{v}v'+\dot{w}w')-\frac{1}{2}(k^2+k'^2-6)\dot{w}z' \tag{D.88}$$

$$\bar{V}_\rho^{\mathrm{S}}=(r\dot{p}+4\pi G\rho ru+gu)f'-\frac{1}{2}(k^2-k'^2+6)r^{-1}gvu'$$
$$+3r^{-1}guu'+r^{-1}p[\frac{1}{2}(k^2+k'^2-6)v'-k^2u']$$
$$+f(r\dot{p}'+4\pi G\rho ru'+gu')+\frac{1}{2}(k^2-k'^2-6)r^{-1}guv'$$
$$+3r^{-1}guu'+r^{-1}[\frac{1}{2}(k^2+k'^2-6)v-k'^2u]p' \tag{D.89}$$

$$\check{V}_\kappa^{\mathrm{S}} = \frac{1}{2}[-\dot{u} + f + (k^2 - k'^2 + 6)r^{-1}v](\dot{u}' + f')$$
$$+ \frac{1}{2}(\dot{u} + f)[-\dot{u}' + f' - (k^2 - k'^2 - 6)r^{-1}v'] \tag{D.90}$$

$$\check{V}_\mu^{\mathrm{S}} = \frac{1}{2}[(k^2 + k'^2 - 8)(k^2 + k'^2 - 6) - 2k^2k'^2]r^{-2}(vv' + ww')$$
$$+ \frac{1}{2}(k^2 + k'^2 - 6)(xx' + zz' - \dot{v}x' - \dot{w}z' - x\dot{v}' - z\dot{w}')$$
$$- \frac{1}{3}[\dot{u} + \frac{1}{2}f - (k^2 - k'^2 + 6)r^{-1}v](2\dot{u}' - f')$$
$$- \frac{1}{3}(2\dot{u} - f)[\dot{u}' + \frac{1}{2}f + (k^2 - k'^2 - 6)r^{-1}v'] \tag{D.91}$$

$$\check{V}_\rho^{\mathrm{S}} = \frac{1}{2}u[2\dot{p}' + 8\pi G\rho u' + (k^2 - k'^2 - 6)gr^{-1}v']$$
$$+ \frac{1}{2}[2\dot{p} + 8\pi G\rho u - (k^2 - k'^2 + 6)gr^{-1}v]u'$$
$$+ \frac{1}{2}(k^2 + k'^2 - 6)r^{-1}(vp' + pv') \tag{D.92}$$

$$\bar{V}_\mu^{\mathrm{A}} = \dot{w}[2\dot{v}' - \dot{u}' + 3r^{-1}u' + (k^2 - k'^2 - 7)r^{-1}v']$$
$$+ r^{-1}w[\frac{5}{3}\dot{u}' - 7\dot{v}' + \frac{7}{3}k'^2r^{-1}v' - (k'^2 + \frac{8}{3})r^{-1}u']$$
$$- [2\dot{v} - \dot{u} + 3r^{-1}u - (k^2 - k'^2 + 7)r^{-1}v]\dot{w}'$$
$$- r^{-1}[\frac{5}{3}\dot{u} - 7\dot{v} + \frac{7}{3}k^2r^{-1}v - (k^2 + \frac{8}{3})r^{-1}u]w' \tag{D.93}$$

$$\bar{V}_\rho^{\mathrm{A}} = r^{-1}(p + gu)w' - r^{-1}w(p' + gu') \tag{D.94}$$

$$\bar{V}_\kappa^{\mathrm{A}} = r^{-1}w(\dot{u}' + f') - r^{-1}(\dot{u} + f)w' \tag{D.95}$$

$$\check{V}_\mu^{\mathrm{A}} = r^{-2}w(u' - v') + \frac{2}{3}r^{-1}w(2\dot{u}' - f') + \dot{w}\dot{v}'$$
$$- (k^2 + k'^2 - 8)r^{-2}wv' - r^{-2}(u - v)w'$$
$$- \frac{2}{3}r^{-1}(2\dot{u} - f)w' - \dot{v}\dot{w}' + (k^2 + k'^2 - 8)r^{-2}vw' \tag{D.96}$$

$$\check{V}_\rho^{\mathrm{A}} = \bar{V}_\rho^{\mathrm{A}} \tag{D.97}$$

我们在此确认并纠正了 Henson (1989) 和 Shibata, Suda 和 Fukao (1990) 所指出的在 Woodhouse (1980) 文中公式 (A23)–(A24)、(A30)–(A31) 和 (A34) 存在的印刷错误。值得注意的是，$s = 2$ 的重力势函数微扰 (D.73) 其中的一部分与非球对称离心势函数 $\psi - \bar{\psi}$ 大小相等但符号相反。这解释了当我们合并 (D.81) 和 (D.72) 来组成复合矩阵 $\tilde{\mathsf{V}}^{\mathrm{ell+cen}}$ 的分量时，两式中最后面的项相互抵消了。

D.2.7 各向异性

应变本征函数$\tilde{\boldsymbol{\varepsilon}}_k$的广义球谐函数表达式为

$$\tilde{\boldsymbol{\varepsilon}}_k = \tilde{\varepsilon}^{\alpha\beta}\mathbf{Y}_{lm}^{\alpha+\beta} = \tilde{\varepsilon}^{\alpha\beta}\,Y_{lm}^{\alpha+\beta}\,\hat{\mathbf{e}}_\alpha\hat{\mathbf{e}}_\beta \tag{D.98}$$

其中

$$\tilde{\varepsilon}^{00} = \dot{u}, \qquad \tilde{\varepsilon}^{\pm\pm} = \frac{1}{2}k\sqrt{k^2-2}\,r^{-1}(v\pm iw)$$
$$\tilde{\varepsilon}^{0\pm} = \tilde{\varepsilon}^{\pm 0} = \frac{\sqrt{2}}{4}k(x\pm iz), \qquad \tilde{\varepsilon}^{\pm\mp} = -\frac{1}{2}f \tag{D.99}$$

四阶各向异性弹性张量$\boldsymbol{\gamma}$也同样可以展开为

$$\boldsymbol{\gamma} = \sum_{st}\gamma_{st}^{\alpha\beta\zeta\eta}Y_{st}^{\alpha+\beta+\zeta+\eta}\hat{\mathbf{e}}_\alpha\hat{\mathbf{e}}_\beta\hat{\mathbf{e}}_\zeta\hat{\mathbf{e}}_\eta \tag{D.100}$$

正则逆变分量$\gamma^{\alpha\beta\zeta\eta}$与普通球极分量$\gamma_{rrrr},\ldots,\gamma_{\phi\phi\phi\phi}$之间存在以下关系：

$$\gamma^{0000} = \gamma_{rrrr} \tag{D.101}$$

$$\gamma^{++--} = \frac{1}{4}\gamma_{\theta\theta\theta\theta} + \frac{1}{4}\gamma_{\phi\phi\phi\phi} - \frac{1}{2}\gamma_{\theta\theta\phi\phi} + \gamma_{\theta\phi\theta\phi} \tag{D.102}$$

$$\gamma^{+-+-} = \frac{1}{4}\gamma_{\theta\theta\theta\theta} + \frac{1}{4}\gamma_{\phi\phi\phi\phi} + \frac{1}{2}\gamma_{\theta\theta\phi\phi} \tag{D.103}$$

$$\gamma^{+-00} = -\frac{1}{2}(\gamma_{\theta\theta rr} + \gamma_{\phi\phi rr}) \tag{D.104}$$

$$\gamma^{+0-0} = -\frac{1}{2}(\gamma_{\theta r\theta r} + \gamma_{\phi r\phi r}) \tag{D.105}$$

$$\gamma^{\pm 000} = \mp\frac{1}{\sqrt{2}}\gamma_{\theta rrr} + \frac{i}{\sqrt{2}}\gamma_{\phi rrr} \tag{D.106}$$

$$\begin{aligned}\gamma^{\pm\pm\mp 0} &= \pm\frac{1}{2\sqrt{2}}(\gamma_{\theta\theta\theta r} + 2\gamma_{\theta\phi\phi r} - \gamma_{\phi\phi\theta r})\\ &\quad + \frac{i}{2\sqrt{2}}(\gamma_{\theta\theta\phi r} - 2\gamma_{\theta\phi\theta r} - \gamma_{\phi\phi\phi r})\end{aligned} \tag{D.107}$$

$$\gamma^{+-\pm 0} = \pm\frac{1}{2\sqrt{2}}(\gamma_{\theta\theta\theta r} + \gamma_{\phi\phi\theta r}) - \frac{i}{2\sqrt{2}}(\gamma_{\theta\theta\phi r} + \gamma_{\phi\phi\phi r}) \tag{D.108}$$

$$\gamma^{\pm\pm 00} = \frac{1}{2}(\gamma_{\theta\theta rr} - \gamma_{\phi\phi rr}) \mp i\gamma_{\theta\phi rr} \tag{D.109}$$

$$\gamma^{\pm 0\pm 0} = \frac{1}{2}(\gamma_{\theta r\theta r} - \gamma_{\phi r\phi r}) \mp i\gamma_{\theta r\phi r} \tag{D.110}$$

$$\gamma^{\pm\pm +-} = -\frac{1}{4}(\gamma_{\theta\theta\theta\theta} - \gamma_{\phi\phi\phi\phi}) \pm \frac{i}{2}(\gamma_{\theta\theta\theta\phi} + \gamma_{\theta\phi\phi\phi}) \tag{D.111}$$

$$\gamma^{\pm\pm\pm 0} = \mp\frac{1}{2\sqrt{2}}(\gamma_{\theta\theta\theta r} - 2\gamma_{\theta\phi\phi r} - \gamma_{\phi\phi\theta r})$$

$$+\frac{i}{2\sqrt{2}}(\gamma_{\theta\theta\phi r}+2\gamma_{\theta\phi\theta r}-\gamma_{\phi\phi\phi r}) \tag{D.112}$$

$$\begin{aligned}\gamma^{\pm\pm\pm\pm}=&\frac{1}{4}\gamma_{\theta\theta\theta\theta}+\frac{1}{4}\gamma_{\phi\phi\phi\phi}-\frac{1}{2}\gamma_{\theta\theta\phi\phi}-\gamma_{\theta\phi\theta\phi}\\&\mp i(\gamma_{\theta\theta\theta\phi}-\gamma_{\theta\phi\phi\phi})\end{aligned} \tag{D.113}$$

弹性张量的力学和热力学对称性确保了

$$\gamma^{\alpha\beta\zeta\eta}=\gamma^{\beta\alpha\zeta\eta}=\gamma^{\alpha\beta\eta\zeta}=\gamma^{\zeta\eta\alpha\beta} \tag{D.114}$$

各向异性微扰矩阵(D.32)的分量为

$$\begin{aligned}\tilde{V}^{\text{ani}}_{kk'}=&\sum_{st}\int_0^a\tilde{\varepsilon}^{\alpha\beta*}_{lm}\gamma^{\alpha\beta\zeta\eta}_{st}\tilde{\varepsilon}^{\zeta'\eta'}_{l'm'}g_{\zeta\zeta'}g_{\eta\eta'}\,r^2dr\\&\times\int_\Omega Y^{\alpha+\beta*}_{lm}Y^{\alpha+\beta+\zeta+\eta}_{st}Y^{\zeta'+\eta'}_{l'm'}\,d\Omega\\=&\sum_{st}\int_0^a\tilde{\varepsilon}^{\alpha\beta*}_{lm}\gamma^{\alpha\beta\zeta\eta}_{st}\tilde{\varepsilon}^{\zeta'\eta'}_{l'm'}g_{\zeta\zeta'}g_{\eta\eta'}\,r^2dr\\&\times(-1)^{m+N}\left[\frac{(2l+1)(2s+1)(2l'+1)}{4\pi}\right]^{1/2}\\&\times\begin{pmatrix}l&s&l'\\-N&N-N'&N'\end{pmatrix}\begin{pmatrix}l&s&l'\\-m&t&m'\end{pmatrix}\end{aligned} \tag{D.115}$$

其中$N=\alpha+\beta$, $N'=\zeta'+\eta'$和$N-N'=\alpha+\beta+\zeta+\eta$。很容易将此式整理成适合数值计算的形式：

$$\begin{aligned}\tilde{V}^{\text{ani}}_{kk'}=&\sum_{st}(-1)^m\left[\frac{(2l+1)(2s+1)(2l'+1)}{4\pi}\right]^{1/2}\\&\times\begin{pmatrix}l&s&l'\\-m&t&m'\end{pmatrix}\sum_N\sum_I\int_0^a\Gamma_{NI}\,r^2dr\end{aligned} \tag{D.116}$$

对广义球谐函数角标N的求和是从-4到4，而对I的求和是从1到I_N，其中$I_0=5$, $I_{\pm1}=3$, $I_{\pm2}=3$, $I_{\pm3}=1$和$I_{\pm4}=1$。因此，有21个径向被积函数Γ_{NI}，每一个对应于21个独立展开系数$\gamma^{\alpha\beta\zeta\eta}_{st}$其中之一：

$$\Gamma_{01}=\dot{u}\dot{u}'B^{(0)+}_{lsl'}\gamma^{0000}_{st} \tag{D.117}$$

$$\begin{aligned}\Gamma_{02}=&\frac{1}{2}r^{-2}[(vv'+ww')B^{(2)+}_{lsl'}\\&-i(vw'-wv')B^{(2)-}_{lsl'}]\gamma^{++--}_{st}\end{aligned} \tag{D.118}$$

$$\Gamma_{03}=ff'B^{(0)+}_{lsl'}\gamma^{+-+-}_{st} \tag{D.119}$$

$$\Gamma_{04}=-(f\dot{u}'+\dot{u}f')B^{(0)+}_{lsl'}\gamma^{+-00}_{st} \tag{D.120}$$

$$\Gamma_{05} = -[(xx' + zz')B_{lsl'}^{(1)+} - i(xz' - zx')B_{lsl'}^{(1)-}]\gamma_{st}^{+0-0} \tag{D.121}$$

$$\Gamma_{11} = -\left[\Omega_l^0(x+iz)\dot{u}'\begin{pmatrix} l & s & l' \\ -1 & 1 & 0 \end{pmatrix} + \Omega_{l'}^0\,\dot{u}(x'+iz')\begin{pmatrix} l & s & l' \\ 0 & 1 & -1 \end{pmatrix}\right]\gamma_{st}^{+000} \tag{D.122}$$

$$\Gamma_{-11} = -\left[\Omega_l^0(x-iz)\dot{u}'\begin{pmatrix} l & s & l' \\ 1 & -1 & 0 \end{pmatrix} + \Omega_{l'}^0\,\dot{u}(x'-iz')\begin{pmatrix} l & s & l' \\ 0 & -1 & 1 \end{pmatrix}\right]\gamma_{st}^{-000} \tag{D.123}$$

$$\Gamma_{12} = -\Omega_l^0\Omega_{l'}^0\left[\Omega_l^2 r^{-1}(v+iw)(x'-iz')\begin{pmatrix} l & s & l' \\ -2 & 1 & 1 \end{pmatrix} + \Omega_{l'}^2\,r^{-1}(x-iz)(v'+iw')\begin{pmatrix} l & s & l' \\ 1 & 1 & -2 \end{pmatrix}\right]\gamma_{st}^{++-0} \tag{D.124}$$

$$\Gamma_{-12} = -\Omega_l^0\Omega_{l'}^0\left[\Omega_l^2 r^{-1}(v-iw)(x'+iz')\begin{pmatrix} l & s & l' \\ 2 & -1 & -1 \end{pmatrix} + \Omega_{l'}^2\,r^{-1}(x+iz)(v'-iw')\begin{pmatrix} l & s & l' \\ -1 & -1 & 2 \end{pmatrix}\right]\gamma_{st}^{--+0} \tag{D.125}$$

$$\Gamma_{13} = \left[\Omega_l^0(x+iz)f'\begin{pmatrix} l & s & l' \\ -1 & 1 & 0 \end{pmatrix} + \Omega_{l'}^0 f(x'+iz')\begin{pmatrix} l & s & l' \\ 0 & 1 & -1 \end{pmatrix}\right]\gamma_{st}^{+-+0} \tag{D.126}$$

$$\Gamma_{-13} = \left[\Omega_l^0(x-iz)f'\begin{pmatrix} l & s & l' \\ 1 & -1 & 0 \end{pmatrix} + \Omega_{l'}^0 f(x'-iz')\begin{pmatrix} l & s & l' \\ 0 & -1 & 1 \end{pmatrix}\right]\gamma_{st}^{-+-0} \tag{D.127}$$

$$\Gamma_{21} = \left[\Omega_l^0\Omega_l^2 r^{-1}(v+iw)\dot{u}'\begin{pmatrix} l & s & l' \\ -2 & 2 & 0 \end{pmatrix}\right.$$

$$+ \Omega_{l'}^0 \Omega_{l'}^2\, r^{-1} \dot{u}(v' + iw') \begin{pmatrix} l & s & l' \\ 0 & 2 & -2 \end{pmatrix} \Bigg] \gamma_{st}^{++00} \tag{D.128}$$

$$\Gamma_{-21} = \Bigg[\Omega_l^0 \Omega_l^2 r^{-1} (v - iw) \dot{u}' \begin{pmatrix} l & s & l' \\ 2 & -2 & 0 \end{pmatrix}$$

$$+ \Omega_{l'}^0 \Omega_{l'}^2\, r^{-1} \dot{u}(v' - iw') \begin{pmatrix} l & s & l' \\ 0 & -2 & 2 \end{pmatrix} \Bigg] \gamma_{st}^{--00} \tag{D.129}$$

$$\Gamma_{22} = \Omega_l^0 \Omega_{l'}^0 [(xx' - zz') + i(xz' + zx')] \times \begin{pmatrix} l & s & l' \\ -1 & 2 & -1 \end{pmatrix} \gamma_{st}^{+0+0} \tag{D.130}$$

$$\Gamma_{-22} = \Omega_l^0 \Omega_{l'}^0 [(xx' - zz') - i(xz' + zx')] \times \begin{pmatrix} l & s & l' \\ 1 & -2 & 1 \end{pmatrix} \gamma_{st}^{-0-0} \tag{D.131}$$

$$\Gamma_{23} = -\Bigg[\Omega_l^0 \Omega_l^2 r^{-1} (v + iw) f' \begin{pmatrix} l & s & l' \\ -2 & 2 & 0 \end{pmatrix}$$

$$+ \Omega_{l'}^0 \Omega_{l'}^2\, r^{-1} f(v' + iw') \begin{pmatrix} l & s & l' \\ 0 & 2 & -2 \end{pmatrix} \Bigg] \gamma_{st}^{+++-} \tag{D.132}$$

$$\Gamma_{-23} = -\Bigg[\Omega_l^0 \Omega_l^2 r^{-1} (v - iw) f' \begin{pmatrix} l & s & l' \\ 2 & -2 & 0 \end{pmatrix}$$

$$+ \Omega_{l'}^0 \Omega_{l'}^2\, r^{-1} f(v' - iw') \begin{pmatrix} l & s & l' \\ 0 & -2 & 2 \end{pmatrix} \Bigg] \gamma_{st}^{---+} \tag{D.133}$$

$$\Gamma_{31} = -\Omega_l^0 \Omega_{l'}^0 \Bigg[\Omega_l^2 r^{-1} (v + iw)(x' + iz') \begin{pmatrix} l & s & l' \\ -2 & 3 & -1 \end{pmatrix}$$

$$+ \Omega_{l'}^2\, r^{-1} (x + iz)(v' + iw') \begin{pmatrix} l & s & l' \\ -1 & 3 & -2 \end{pmatrix} \Bigg] \gamma_{st}^{+++0} \tag{D.134}$$

$$\Gamma_{-31} = -\Omega_l^0 \Omega_{l'}^0 \Bigg[\Omega_l^2 r^{-1} (v - iw)(x' - iz') \begin{pmatrix} l & s & l' \\ 2 & -3 & 1 \end{pmatrix}$$

$$+ \Omega_{l'}^2\, r^{-1} (x - iz)(v' - iw') \begin{pmatrix} l & s & l' \\ 1 & -3 & 2 \end{pmatrix} \Bigg] \gamma_{st}^{---0} \tag{D.135}$$

$$\Gamma_{41} = \Omega_l^0 \Omega_l^2 \Omega_{l'}^0 \Omega_{l'}^2\, r^{-2} [(vv' - ww')$$

$$+\, i(vw' + wv')] \begin{pmatrix} l & s & l' \\ -2 & 4 & -2 \end{pmatrix} \gamma_{st}^{++++} \tag{D.136}$$

$$\begin{aligned}\Gamma_{-41} = \Omega_l^0 \Omega_l^2 \Omega_{l'}^0 \Omega_{l'}^2\, r^{-2} [(vv' - ww') \\ - i(vw' + wv')] \begin{pmatrix} l & s & l' \\ 2 & -4 & 2 \end{pmatrix} \gamma_{st}^{----}\end{aligned} \tag{D.137}$$

这里我们使用了定义 (C.146)。次数 $s = 0$ 的系数描述了对一个 SNREI 初始模型的横向各向同性微扰：

$$\begin{aligned}\gamma_{00}^{0000} =\delta C, \qquad \gamma_{00}^{++--} = 2\,\delta N, \qquad \gamma_{00}^{+-+-} = \delta A - \delta N \\ \gamma_{00}^{+-00} = -\delta F, \qquad \gamma_{00}^{+0-0} = -\delta L\end{aligned} \tag{D.138}$$

这种球对称微扰会造成每个多态模式 ${}_n\mathrm{S}_l$ 或 ${}_n\mathrm{T}_l$ 简并本征频率的移动，但它不会引起任何分裂或多态模式之间的耦合。一个非球对称的各向异性微扰 $\boldsymbol{\gamma}^{\mathrm{asp}}$ 的广义球谐函数展开 (D.100) 从 $s = 1$ 开始，而不是 $s = 0$。(D.116)–(D.137) 这些结果是由 Mochizuki (1986) 最先正确地给出的。

D.2.8 对角线之和法则

(D.43)–(D.45) 和 (D.116) 中的每个矩阵分量都有通用形式

$$\tilde{M}_{kk'} = \sum_{st} (-1)^{l+m} \begin{pmatrix} l & s & l' \\ -m & t & m' \end{pmatrix} \|\tilde{M}_{\sigma nl;\sigma' n' l'}\|_{st} \tag{D.139}$$

其中 $\tilde{\mathsf{M}}$ 表示矩阵 $\tilde{\mathsf{T}}$、$\tilde{\mathsf{V}}^{\mathrm{iso}}$、$\tilde{\mathsf{V}}^{\mathrm{ani+asp}}$ 或 $\tilde{\mathsf{A}}$ 中的任何一个，而 σ 则仍然表示 S 或 T。$\|\tilde{M}_{\sigma nl;\sigma' n' l'}\|_{st}$ 这个量依赖于多态模式 ${}_n\mathrm{S}_l$ 或 ${}_n\mathrm{T}_l$ 和 ${}_{n'}\mathrm{S}_{l'}$ 或 ${}_{n'}\mathrm{T}_{l'}$，以及角标 s 和 t，但它们与级数 m 和 m' 无关。这些所谓转化或双竖线矩阵分量由 (D.139) 所定义；例如我们有

$$\begin{aligned}\|\tilde{T}_{\sigma nl;\sigma' n' l'}\|_{st} = (-1)^l \left[\frac{(2l+1)(2s+1)(2l'+1)}{4\pi}\right]^{1/2} \\ \times \left\{\int_0^a \delta\tilde{\rho}_{st} T_\rho\, r^2 dr + \sum_d d^2 \delta\tilde{d}_{st}\, [T_d]_-^+\right\}\end{aligned} \tag{D.140}$$

(D.139) 式将一般矩阵分量 $\tilde{M}_{kk'}$ 分解为与级数 (m 和 m') 无关的因子跟显式 3-j 因子相乘再求和的形式，这是个很有名的结果，在量子力学中被称为维格纳–埃卡特 (Wigner-Eckart) 定理。在 $\|\tilde{M}_{\sigma nl;\sigma' n' l'}\|_{st}$ 的定义中选用因子 $(-1)^l$ 是习惯 (Edmonds 1960)。要注意双竖线符号并不是表示矩阵 $\tilde{\mathsf{M}}$ 的任何范数或模量；事实上，转化矩阵分量 $\|\tilde{M}_{\sigma nl;\sigma' n' l'}\|_{st}$ 在一般情况下为复数。

$\tilde{\mathsf{M}}$ 的迹或对角线分量之和为

$$\operatorname{tr}\tilde{\mathsf{M}} = \sum_{\sigma nl} \sum_{st} \sum_m (-1)^{l+m} \begin{pmatrix} l & s & l \\ -m & t & m \end{pmatrix} \|\tilde{M}_{\sigma nl;\sigma nl}\|_{st} \tag{D.141}$$

利用 (C.227) 式以及球谐函数加法定理 (C.276)，可以计算对 m 的求和：

$$\sum_m (-1)^m \begin{pmatrix} l & s & l \\ -m & t & m \end{pmatrix} = \sum_m (2l+1)^{-1} \left(\frac{2s+1}{4\pi}\right)^{-1/2}$$

$$\times \begin{pmatrix} l & s & l \\ 0 & 0 & 0 \end{pmatrix}^{-1} \int_{\Omega} Y_{lm}^{*} Y_{st} Y_{lm}\, d\Omega$$

$$= \frac{1}{4\pi}\left(\frac{2s+1}{4\pi}\right)^{-1/2} \begin{pmatrix} l & s & l \\ 0 & 0 & 0 \end{pmatrix}^{-1} \int_{\Omega} Y_{st}\, d\Omega$$

$$= \begin{pmatrix} l & 0 & l \\ 0 & 0 & 0 \end{pmatrix}^{-1} \delta_{s0} = (-1)^{l}\sqrt{2l+1}\,\delta_{s0} \tag{D.142}$$

这里的重要结论是，对所有次数$s>0$，(D.142)式的值均为零。只要微扰前的地球模型κ_0、μ_0、ρ是地球单极子，就一定有

$$\operatorname{tr}\tilde{\mathsf{M}} = 0 \tag{D.143}$$

(D.143)这一结果由Gilbert (1971a)最先在这一地震学背景下清楚地阐释，它被称为对角线之和法则。$s=2$的椭率矩阵满足这一关系，此外$1\leqslant s\leqslant s_{\max}$的横向不均匀性、各向异性和非弹性矩阵也都满足这一关系：

$$\operatorname{tr}\tilde{\mathsf{T}}^{\mathrm{ell}} = \operatorname{tr}\tilde{\mathsf{T}}^{\mathrm{lat}} = 0 \tag{D.144}$$

$$\operatorname{tr}\tilde{\mathsf{V}}^{\mathrm{ell}} = \operatorname{tr}\tilde{\mathsf{V}}^{\mathrm{lat}} = \operatorname{tr}\tilde{\mathsf{V}}^{\mathrm{ani+asp}} = \operatorname{tr}\tilde{\mathsf{A}} = 0 \tag{D.145}$$

科里奥利矩阵(D.68)也能很容易被证明遵从对角线之和法则：

$$\operatorname{tr}\tilde{\mathsf{W}} = 0 \tag{D.146}$$

然而，由于球对称的势函数微扰$\bar{\psi} = -\frac{1}{3}\Omega^2 r^2$的存在，离心势矩阵(D.72)不满足对角线之和法则。事实上，它的迹为

$$\operatorname{tr}\tilde{\mathsf{V}}^{\mathrm{cen}} = \frac{2}{3}\Omega^2 \sum_{\sigma nl}(2l+1)\left[1 - k^2\int_0^a \rho(v^2+2uv+w^2)\,r^2dr\right] \tag{D.147}$$

由于$k^2\int_0^a \rho w^2\, r^2dr = 1$，环型多态模式${}_n\mathrm{T}_l$对(D.147)中的迹没有贡献。

D.3 复数基到实数基的变换

正如一开始承诺的，我们现在来展示如何将矢量$\tilde{\mathsf{r}}$、$\tilde{\mathsf{s}}$和矩阵$\tilde{\mathsf{T}}$、$\tilde{\mathsf{V}}$、$\tilde{\mathsf{W}}$的分量变换为r、s和T、V、W的对应分量。我们将(仅)在本节中稍微改变一下符号，用k作为多态模式的缩写代号，来代表${}_n\mathrm{S}_l$或${}_n\mathrm{T}_l$。为避免下角标的混乱，简便的做法是把级数下角标改写为上角标，将实数和复数本征函数之间的关系表示为

$$\mathbf{s}_k^{-m} = \frac{1}{\sqrt{2}}(\tilde{\mathbf{s}}_k^{m*} + \tilde{\mathbf{s}}_k^{m}) \tag{D.148}$$

$$\mathbf{s}_k^{0} = \tilde{\mathbf{s}}_k^{0} \tag{D.149}$$

$$\mathbf{s}_k^{m} = \frac{-i}{\sqrt{2}}(\tilde{\mathbf{s}}_k^{m*} - \tilde{\mathbf{s}}_k^{m}) \tag{D.150}$$

这里我们认定$m>0$。

D.3.1 接收点和源点矢量

借助 (D.148)–(D.150) 将实数接收点矢量 r 的分量用复数接收点矢量 r̃ 分量 (D.7) 来表示，我们得到

$$r_k^{-m} = \sqrt{2}\,\mathrm{Re}\,\tilde{r}_k^m, \qquad r_k^0 = \tilde{r}_k^0, \qquad r_k^m = -\sqrt{2}\,\mathrm{Im}\,\tilde{r}_k^m \tag{D.151}$$

实数和复数源点矢量 s 和 s̃ 的分量之间有相似的关系：

$$s_k^{-m} = \sqrt{2}\,\mathrm{Re}\,\tilde{s}_k^m, \qquad s_k^0 = \tilde{s}_k^0, \qquad s_k^m = -\sqrt{2}\,\mathrm{Im}\,\tilde{s}_k^m \tag{D.152}$$

(D.151) 和 (D.152) 显然只是一般标量变换关系 (B.98) 的特例。

D.3.2 微扰矩阵

在本节中，我们将用 M̃ 来表示所有非球对称动能或势能矩阵 $\tilde{\mathsf{T}}^{\mathrm{ell}}$、$\tilde{\mathsf{T}}^{\mathrm{lat}}$ 或 $\tilde{\mathsf{V}}^{\mathrm{ell}}$、$\tilde{\mathsf{V}}^{\mathrm{cen}}$、$\tilde{\mathsf{V}}^{\mathrm{lat}}$、$\tilde{\mathsf{V}}^{\mathrm{ani+asp}}$、Ã，唯有科里奥利矩阵 W̃ 除外。这些复数矩阵满足对称性

$$\tilde{M}_{kk'}^{mm'} = \tilde{M}_{k'k}^{m'm*} = (-1)^{m+m'}\tilde{M}_{kk'}^{-m-m'*} \tag{D.153}$$

$$\tilde{W}_{kk'}^{mm'} = \tilde{W}_{k'k}^{m'm*} = -(-1)^{m+m'}\tilde{W}_{kk'}^{-m-m'*} \tag{D.154}$$

上述两式中的第一、三个等号只是表明了 M̃ 和 W̃ 的埃尔米特性质：$\tilde{\mathsf{M}} = \tilde{\mathsf{M}}^{\mathrm{H}}$ 和 $\tilde{\mathsf{W}} = \tilde{\mathsf{W}}^{\mathrm{H}}$。而第二个等号则归因于微扰 $\delta\kappa$、$\delta\mu$、$\delta\rho$、$\delta\Phi$、q_κ、q_μ、δd 和 γ^{asp} 的实数特性以及球谐函数等式 $Y_{l\,-m} = (-1)^m Y_{lm}^*$。最后面第四个等号很容易用科里奥利矩阵表达式 (D.68) 来验证。借助于 (D.148)–(D.150) 和 (D.153)–(D.154)，可以得到复数到实数矩阵的变换关系：

$$M_{kk'}^{-m-m'} = \mathrm{Re}\,[\tilde{M}_{kk'}^{mm'} + (-1)^{m'}\tilde{M}_{kk'}^{m-m'}] \tag{D.155}$$

$$M_{kk'}^{mm'} = \mathrm{Re}\,[\tilde{M}_{kk'}^{mm'} - (-1)^{m'}\tilde{M}_{kk'}^{m-m'}] \tag{D.156}$$

$$M_{kk'}^{-mm'} = \mathrm{Im}\,[\tilde{M}_{kk'}^{mm'} - (-1)^{m'}\tilde{M}_{kk'}^{m-m'}] \tag{D.157}$$

$$M_{kk'}^{m-m'} = -\mathrm{Im}\,[\tilde{M}_{kk'}^{mm'} + (-1)^{m'}\tilde{M}_{kk'}^{m-m'}] \tag{D.158}$$

$$M_{kk'}^{-m0} = \sqrt{2}\,\mathrm{Re}\,\tilde{M}_{kk'}^{m0}, \qquad M_{kk'}^{0-m'} = \sqrt{2}\,\mathrm{Re}\,\tilde{M}_{kk'}^{0m'} \tag{D.159}$$

$$M_{kk'}^{m0} = \sqrt{2}\,\mathrm{Im}\,\tilde{M}_{kk'}^{m0}, \qquad M_{kk'}^{0m'} = \sqrt{2}\,\mathrm{Im}\,\tilde{M}_{kk'}^{0m'} \tag{D.160}$$

$$M_{kk'}^{00} = \tilde{M}_{kk'}^{00} \tag{D.161}$$

$$W_{kk'}^{-m-m'} = W_{kk'}^{mm'} = i\,\mathrm{Im}\,[\tilde{W}_{kk'}^{mm'}] \tag{D.162}$$

$$W_{kk'}^{-mm'} = -W_{kk'}^{m-m'} = -i\,\mathrm{Re}\,[\tilde{W}_{kk'}^{mm'}] \tag{D.163}$$

$$W_{kk'}^{-m0} = W_{kk'}^{0-m'} = W_{kk'}^{m0} = W_{kk'}^{0m'} = W_{kk'}^{00} = 0 \tag{D.164}$$

这里我们认定 $m > 0$ 和 $m' > 0$。由此得到的能量矩阵是实数且对称的，而科里奥利矩阵是纯虚数且反对称的：

$$\mathrm{Im}\,M_{kk'}^{mm'} = 0, \qquad \mathrm{Re}\,W_{kk'}^{mm'} = 0 \tag{D.165}$$

$$M_{kk'}^{mm'} = M_{k'k}^{m'm}, \qquad W_{kk'}^{mm'} = -W_{k'k}^{m'm} \tag{D.166}$$

新的科里奥利和椭率加离心矩阵分量可以用显式写为

$$\begin{aligned} W_{kk'}^{mm'} &= im\Omega\delta_{ll'}\delta_{m\,-m'}\int_0^a \rho W^{\mathrm{S}}\, r^2 dr \\ &\quad - i\Omega(S_{lm}\delta_{l\,l'+1} + S_{l'm}\delta_{l\,l'-1})\delta_{mm'}\int_0^a \rho W^{\mathrm{A}}\, r^2 dr \end{aligned} \tag{D.167}$$

$$\begin{aligned} T_{kk'}^{\mathrm{ell}} &= (R_{lm}\delta_{ll'} + \frac{3}{2}S_{lm}S_{l'+1\,m}\delta_{l\,l'+2} + \frac{3}{2}S_{l+1\,m}S_{l'm}\delta_{l\,l'-2})\delta_{mm'} \\ &\quad\times \int_0^a \frac{2}{3}\varepsilon\rho\big[\bar{T}_\rho^{\mathrm{S}} - (\eta+3)\check{T}_\rho^{\mathrm{S}}\big]\, r^2 dr \\ &\quad + 3m(S_{lm}\delta_{l\,l'+1} + S_{l'm}\delta_{l\,l'-1})\delta_{m\,-m'} \\ &\quad\times \int_0^a \frac{2}{3}\varepsilon\rho\big[\bar{T}_\rho^{\mathrm{A}} - (\eta+3)\check{T}_\rho^{\mathrm{A}}\big]\, r^2 dr \end{aligned} \tag{D.168}$$

$$\begin{aligned} V_{kk'}^{\mathrm{ell+cen}} &= \frac{2}{3}\Omega^2\delta_{\sigma\sigma'}\delta_{nn'}\delta_{ll'}\delta_{mm'} - \frac{2}{3}k^2\Omega^2\delta_{ll'}\delta_{mm'}\int_0^a \rho W^{\mathrm{S}}\, r^2 dr \\ &\quad + (R_{lm}\delta_{ll'} + \frac{3}{2}S_{lm}S_{l'+1\,m}\delta_{l\,l'+2} + \frac{3}{2}S_{l+1\,m}S_{l'm}\delta_{l\,l'-2})\delta_{mm'} \\ &\quad\times \int_0^a \frac{2}{3}\varepsilon\Big\{\kappa\big[\bar{V}_\kappa^{\mathrm{S}} - (\eta+1)\check{V}_\kappa^{\mathrm{S}}\big] + \mu\big[\bar{V}_\mu^{\mathrm{S}} - (\eta+1)\check{V}_\mu^{\mathrm{S}}\big] \\ &\qquad + \rho\big[\bar{V}_\rho^{\mathrm{S}} - (\eta+3)\check{V}_\rho^{\mathrm{S}}\big]\Big\} r^2 dr \\ &\quad + 3m(S_{lm}\delta_{l\,l'+1} + S_{l'm}\delta_{l\,l'-1})\delta_{m\,-m'} \\ &\quad\times \int_0^a \frac{2}{3}\varepsilon\Big\{-\kappa(\eta+2)\bar{V}_\kappa^{\mathrm{A}} + \mu\big[\bar{V}_\mu^{\mathrm{A}} - (\eta+1)\check{V}_\mu^{\mathrm{A}}\big] \\ &\qquad + \rho\big[\bar{V}_\rho^{\mathrm{A}} - (\eta+3)\check{V}_\rho^{\mathrm{A}}\big]\Big\} r^2 dr \end{aligned} \tag{D.169}$$

这里我们恢复了用下角标k代表单态模式而非多态模式的惯例。由于上角标中标有S和A的积分核分别具有对称性和反对称性，因此(D.167)–(D.169)满足(D.166)。最后我们指出，由于基变换(D.148)–(D.150)是幺正的，因此对角线之和的关系(D.144)–(D.147)仍然保持：

$$\mathrm{tr}\,\mathsf{T}^{\mathrm{ell}} = \mathrm{tr}\,\mathsf{T}^{\mathrm{lat}} = 0 \tag{D.170}$$

$$\mathrm{tr}\,\mathsf{V}^{\mathrm{ell}} = \mathrm{tr}\,\mathsf{V}^{\mathrm{lat}} = \mathrm{tr}\,\mathsf{V}^{\mathrm{ani+asp}} = \mathrm{tr}\,\mathsf{A} = 0 \tag{D.171}$$

$$\mathrm{tr}\,\mathsf{W} = 0, \qquad \mathrm{tr}\,\mathsf{V}^{\mathrm{cen}} = \mathrm{tr}\,\tilde{\mathsf{V}}^{\mathrm{cen}} \tag{D.172}$$

利用显式表达式(D.167)–(D.169)，$\mathrm{tr}\,\mathsf{W}$、$\mathrm{tr}\,\mathsf{T}^{\mathrm{ell}}$和$\mathrm{tr}\,\mathsf{V}^{\mathrm{ell+cen}}$的值可以通过直接求和来验证。

D.3.3 变换矩阵

复数到实数基的变换关系(D.151)–(D.152)和(D.155)–(D.164)可以用简洁的矩阵形式表示为：

$$\mathsf{r} = \mathsf{U}^{\mathrm{H}}\tilde{\mathsf{r}}, \qquad \mathsf{s} = \mathsf{U}^{\mathrm{H}}\tilde{\mathsf{s}} \tag{D.173}$$

$$\mathsf{M} = \mathsf{U}^{\mathrm{H}}\tilde{\mathsf{M}}\mathsf{U}, \qquad \mathsf{W} = \mathsf{U}^{\mathrm{H}}\tilde{\mathsf{W}}\mathsf{U} \tag{D.174}$$

其中上角标H表示埃尔米特转置。变换矩阵U为分块对角矩阵：

$$\mathsf{U} = \begin{pmatrix} \ddots & & & & & & \\ & \mathsf{U}_{-2-2} & & & & & \\ & & \mathsf{U}_{-1-1} & & & & \\ & & & \mathsf{U}_{00} & & & \\ & & & & \mathsf{U}_{11} & & \\ & & & & & \mathsf{U}_{22} & \\ & & & & & & \ddots \end{pmatrix} \tag{D.175}$$

这里我们再次将$k = \ldots, -2, -1, 0, 1, 2, \ldots$的含义改为代表多态模式。中间的或目标多态模式用$k = 0$表示。(D.175) 中每一个$(2l+1) \times (2l+1)$亚矩阵具有同样的形式：

$$\mathsf{U}_{kk} = \begin{pmatrix} \ddots & & & & & & \iddots \\ & \frac{1}{\sqrt{2}} & & & & \frac{i}{\sqrt{2}} & \\ & & -\frac{1}{\sqrt{2}} & & -\frac{i}{\sqrt{2}} & & \\ & & & 1 & & & \\ & & \frac{1}{\sqrt{2}} & & -\frac{i}{\sqrt{2}} & & \\ & \frac{1}{\sqrt{2}} & & & & -\frac{i}{\sqrt{2}} & \\ \iddots & & & & & & \ddots \end{pmatrix} \tag{D.176}$$

这里的符号如所示的方式沿上半部对角线和反对角线交替变换。由于该变换是幺正的，即

$$\mathsf{U}^{\mathrm{H}}\mathsf{U} = \mathsf{U}\mathsf{U}^{\mathrm{H}} = \mathsf{I} \tag{D.177}$$

我们可以对 (D.173)–(D.174) 求逆而得到复数接收点和源点矢量及微扰矩阵与相应的实数矢量及矩阵之间的关系：

$$\tilde{\mathsf{r}} = \mathsf{U}\mathsf{r}, \qquad \tilde{\mathsf{s}} = \mathsf{U}\mathsf{s} \tag{D.178}$$

$$\tilde{\mathsf{M}} = \mathsf{U}\mathsf{M}\mathsf{U}^{\mathrm{H}}, \qquad \tilde{\mathsf{W}} = \mathsf{U}\mathsf{W}\mathsf{U}^{\mathrm{H}} \tag{D.179}$$

在 (D.173)–(D.174) 和 (D.178)–(D.179) 中能量和科里奥利矩阵的变换是相同的，但在 (D.155)–(D.164) 中则不同，这是因为我们使用了另外的非埃尔米特对称性 (D.153)–(D.154) 来对后者进行了化简。

D.4 自 耦 合

孤立球型或环型多态模式${}_n\mathrm{S}_l$或${}_n\mathrm{T}_l$的分裂是受维度为$(2l+1) \times (2l+1)$的“自耦合”矩阵控制的。为方便起见，我们在本节中列出实数对称矩阵分量$T^{\mathrm{ell}}_{mm'}$、$T^{\mathrm{lat}}_{mm'}$、$V^{\mathrm{ell+cen}}_{mm'}$、$V^{\mathrm{lat}}_{mm'}$、

$V^{\text{ani}}_{mm'}$、$A_{mm'}$ 和虚数反对称分量 $W_{mm'}$。当然，这些结果也可以通过直接令 $\sigma'=\sigma$, $n'=n$ 和 $l'=l$ 而获得。

D.4.1 自转和椭率

在孤立多态模式近似下，控制地球自转和流体静力学椭率作用的矩阵分量为

$$W_{mm'} = im\Omega\delta_{m\,-m'}\int_0^a \rho(v^2+2uv+w^2)\,r^2dr \tag{D.180}$$

$$T^{\text{ell}}_{mm'} = R_{lm}\delta_{mm'}\int_0^a \frac{2}{3}\varepsilon\rho\big[\bar{T}_\rho-(\eta+3)\check{T}_\rho\big]r^2dr \tag{D.181}$$

$$\begin{aligned}V^{\text{ell+cen}}_{mm'} &= \frac{2}{3}\Omega^2\delta_{mm'}\left[1-k^2\int_0^a \rho(v^2+2uv+w^2)\,r^2dr\right]\\ &+ R_{lm}\delta_{mm'}\int_0^a \frac{2}{3}\varepsilon\Big\{\kappa\big[\bar{V}_\kappa-(\eta+1)\check{V}_\kappa\big]\\ &+\mu\big[\bar{V}_\mu-(\eta+1)\check{V}_\mu\big]+\rho\big[\bar{V}_\rho-(\eta+3)\check{V}_\rho\big]\Big\}r^2dr\end{aligned} \tag{D.182}$$

其中 R_{lm} 由 (D.82) 给定，且

$$\bar{T}_\rho = -6uv, \qquad \check{T}_\rho = u^2+(k^2-3)(v^2+w^2) \tag{D.183}$$

$$\bar{V}_\kappa = -2(\dot{u}+f)(\dot{u}+3r^{-1}v) \tag{D.184}$$

$$\begin{aligned}\bar{V}_\mu &= -\frac{2}{3}(2\dot{u}-f)(2\dot{u}+9\dot{v}-12r^{-1}v)\\ &\quad+2x\big[3\dot{u}-(k^2-3)\dot{v}-3r^{-1}k^2v)\big]\\ &\quad+18(k^2-2)r^{-1}(v\dot{v}+w\dot{w})-2(k^2-3)z\dot{w}\end{aligned} \tag{D.185}$$

$$\begin{aligned}\bar{V}_\rho &= 2f(r\dot{p}+4\pi G\rho ru+gu)-6r^{-1}guv\\ &\quad+6r^{-1}gu^2+2r^{-1}[(k^2-3)v-k^2u]p\end{aligned} \tag{D.186}$$

$$\check{V}_\kappa = -(\dot{u}+f)(\dot{u}-f-6r^{-1}v) \tag{D.187}$$

$$\begin{aligned}\check{V}_\mu &= (k^2-12)(k^2-2)r^{-2}(v^2+w^2)\\ &\quad+(k^2-3)(x^2+z^2-2x\dot{v}-2z\dot{w})\\ &\quad-\frac{2}{3}(2\dot{u}-f)(\dot{u}+\frac{1}{2}f-6r^{-1}v)\end{aligned} \tag{D.188}$$

$$\check{V}_\rho = 2(k^2-3)r^{-1}pv+u(2\dot{p}+8\pi G\rho u-6gr^{-1}v) \tag{D.189}$$

值得注意的是，T^{ell} 和 $\mathsf{V}^{\text{ell+cen}}$ 为对角矩阵，而科里奥利矩阵 W 则为反对角矩阵。

D.4.2 横向不均匀性和非弹性

地球的各向同性横向不均匀性和非弹性可以用实数球谐函数 $\mathcal{Y}_{st}$ 展开为

$$\delta\kappa = \sum_{s=1}^{s_{\max}} \sum_{t=-s}^{s} \delta\kappa_{st}\mathcal{Y}_{st}, \qquad \delta\mu = \sum_{s=1}^{s_{\max}} \sum_{t=-s}^{s} \delta\mu_{st}\mathcal{Y}_{st}$$

$$\delta\rho = \sum_{s=1}^{s_{\max}} \sum_{t=-s}^{s} \delta\rho_{st}\mathcal{Y}_{st}, \qquad \delta\Phi = \sum_{s=1}^{s_{\max}} \sum_{t=-s}^{s} \delta\Phi_{st}\mathcal{Y}_{st}$$

$$q_\kappa = \sum_{s=1}^{s_{\max}} \sum_{t=-s}^{s} q_{\kappa st}\mathcal{Y}_{st}, \qquad q_\mu = \sum_{s=1}^{s_{\max}} \sum_{t=-s}^{s} q_{\mu st}\mathcal{Y}_{st}$$

$$\delta d = \sum_{s=1}^{s_{\max}} \sum_{t=-s}^{s} \delta d_{st}\mathcal{Y}_{st} \tag{D.190}$$

(D.190) 中的实数展开系数与 (D.37) 中的复数系数之间的关系为

$$m_{st} = \begin{cases} \sqrt{2}\,\mathrm{Re}\,\tilde{m}_{s|t|}, & \text{当} -s \leqslant t < 0 \text{时} \\ \tilde{m}_{s0}, & \text{当} t = 0 \text{时} \\ -\sqrt{2}\,\mathrm{Im}\,\tilde{m}_{st}, & \text{当} 0 < t \leqslant s \text{时} \end{cases} \tag{D.191}$$

其中m_{st}表示$\delta\kappa_{st}$、$\delta\mu_{st}$、$\delta\rho_{st}$、$\delta\Phi_{st}$、$q_{\kappa st}$、$q_{\mu st}$或δd_{st}中的任意一个。自耦合矩阵$\mathsf{T}^{\mathrm{lat}}$、$\mathsf{V}^{\mathrm{lat}}$和$\mathsf{A}$的分量可以用三个实数球谐函数的积分来表示：

$$\begin{aligned} T_{mm'}^{\mathrm{lat}} = &\sum_{st} \int_\Omega \mathcal{Y}_{lm}\mathcal{Y}_{st}\mathcal{Y}_{lm'}\,d\Omega \\ &\times \left\{ \int_0^a \delta\rho_{st}T_\rho\, r^2 dr + \sum_d d^2 \delta d_{st}\, [T_d]_-^+ \right\} \end{aligned} \tag{D.192}$$

$$\begin{aligned} V_{mm'}^{\mathrm{lat}} = &\sum_{st} \int_\Omega \mathcal{Y}_{lm}\mathcal{Y}_{st}\mathcal{Y}_{lm'}\,d\Omega \\ &\times \left\{ \int_0^a \Big(\delta\kappa_{st}V_\kappa + \delta\mu_{st}V_\mu + \delta\rho_{st}V_\rho + \delta\Phi_{st}V_\Phi + \delta\dot{\Phi}_{st}V_{\dot{\Phi}} \Big) r^2 dr \right. \\ &\left. + \sum_d d^2 \delta d_{st}\, [V_d]_-^+ \right\} \end{aligned} \tag{D.193}$$

$$\begin{aligned} A_{mm'} = &\sum_{st} \int_\Omega \mathcal{Y}_{lm}\mathcal{Y}_{st}\mathcal{Y}_{lm'}\,d\Omega \\ &\times \int_0^a \Big(\kappa_0 q_{\kappa st}V_\kappa + \mu_0 q_{\mu st}V_\mu \Big) r^2 dr \end{aligned} \tag{D.194}$$

其中

$$T_\rho = u^2 + [k^2 - \frac{1}{2}s(s+1)](v^2 + w^2) \tag{D.195}$$

$$T_d = -\rho T_\rho \tag{D.196}$$

$$V_\kappa = (\dot{u} + f)^2 \tag{D.197}$$

$$V_\mu = \frac{1}{3}(2\dot{u} - f)^2 + [k^2 - \frac{1}{2}s(s+1)](x^2 + z^2) + \{k^2(k^2-2) - \frac{1}{2}s(s+1)[4k^2 - s(s+1) - 2]\} \times r^{-2}(v^2 + w^2) \tag{D.198}$$

$$V_\rho = [k^2 - \frac{1}{2}s(s+1)]r^{-1}(2vp + guv) + 8\pi G\rho u^2 + 2u\dot{p} - gu(2r^{-1}u + f) \tag{D.199}$$

$$V_\Phi = \rho[\frac{1}{2}s(s+1)r^{-1}(u\dot{v} - v\dot{u} - 2vf + r^{-1}uv) + s(s+1)r^{-2}u^2] \tag{D.200}$$

$$V_{\dot{\Phi}} = \rho[\frac{1}{2}s(s+1)r^{-1}uv - 2uf] \tag{D.201}$$

$$V_d = -\kappa_0 V_\kappa - \mu_0 V_\mu - \rho V_\rho + \kappa_0(\dot{u} + f)[2\dot{u} - s(s+1)r^{-1}v] + \mu_0\{2[k^2 - \frac{1}{2}s(s+1)](\dot{v}x + \dot{w}z) + \frac{2}{3}(2\dot{u} - f)[2\dot{u} - s(s+1)r^{-1}v]\} \tag{D.202}$$

如同一般的情况，引力势函数微扰$\delta\Phi$及其导数$\delta\dot{\Phi}$可以通过替换(D.55)–(D.56)，而从(D.193)中消去。在实际中，对分量(D.192)–(D.194)的计算最好从复数展开式(D.37)开始，用(C.227)计算复数积分$\int_\Omega Y_{lm}^* Y_{st} Y_{lm'}\, d\Omega$，然后再利用变换(D.155)–(D.161)。

D.4.3 球对称微扰

(D.192)–(D.194)这些结果也适用于对地球单极子$s = 0$的微扰。此时能量和非弹性矩阵为对角矩阵：

$$\mathsf{V}^{\mathrm{sph}} - \omega^2 \mathsf{T}^{\mathrm{sph}} = \delta\omega \mathsf{I}, \qquad \mathsf{A}^{\mathrm{sph}} = \gamma \mathsf{I} \tag{D.203}$$

其中$\delta\omega$和γ是多态模式简并本征频率和衰减率微扰。对比(D.195)–(D.202)和(9.13)–(9.16)，我们可以辨认出积分核

$$V_\kappa = 2\omega r^{-2} K_\kappa, \qquad V_\mu = 2\omega r^{-2} K_\mu \tag{D.204}$$

$$V_\rho - \omega^2 T_\rho = 2\omega r^{-2} K_\rho, \qquad V_d - \omega^2 T_d = 2\omega r^{-2} K_d \tag{D.205}$$

这里我们使用了替换(D.55)–(D.56)。

D.4.4 内核各向异性

控制一般各向异性微扰$\boldsymbol{\gamma}$的矩阵分量$V_{mm'}^{\mathrm{ani}}$,可以很容易地通过取(D.116)–(D.137)的特例来确定。在此最后一节中，我们将注意力局限于最具实际意义的物理问题：对称轴$\hat{\mathbf{z}}$与自转轴平行的固态内核横向各向同性(Tromp 1995)。在该情形下，四阶张量$\boldsymbol{\gamma}$有九个笛卡儿分量为

非零：

$$
\begin{aligned}
&\gamma_{xxxx}=\gamma_{yyyy}=\delta A, \qquad \gamma_{zzzz}=\delta C\\
&\gamma_{xyxy}=\delta N, \qquad \gamma_{xxyy}=\delta A-2\,\delta N\\
&\gamma_{xzxz}=\gamma_{yzyz}=\delta L, \qquad \gamma_{xxzz}=\gamma_{yyzz}=\delta F
\end{aligned} \tag{D.206}
$$

表 D.1 描述固态内核中共转横向各向同性的四阶弹性微扰张量$\gamma=\sum_{st}\gamma_{st}^{\alpha\beta\zeta\eta}Y_{st}^{\alpha+\beta+\zeta+\eta}\hat{\mathbf{e}}_\alpha\hat{\mathbf{e}}_\beta\hat{\mathbf{e}}_\zeta\hat{\mathbf{e}}_\eta$的广义球谐函数展开式的非零系数

系数	$s=0$	$s=2$	$s=4$
$\sqrt{\frac{2s+1}{4\pi}}\,\gamma_{s0}^{0000}$	$\frac{1}{15}(\lambda_1+2\lambda_2)$	$\frac{4}{21}(\lambda_3+2\lambda_4)$	$\frac{8}{35}\lambda_5$
$\sqrt{\frac{2s+1}{4\pi}}\,\gamma_{s0}^{\pm\pm\mp\mp}$	$\frac{2}{15}\lambda_2$	$-\frac{4}{21}\lambda_4$	$\frac{2}{35}\lambda_5$
$\sqrt{\frac{2s+1}{4\pi}}\,\gamma_{s0}^{\pm\mp\pm\mp}$	$\frac{1}{15}(\lambda_1+\lambda_2)$	$-\frac{2}{21}(\lambda_3+\lambda_4)$	$\frac{2}{35}\lambda_5$
$\sqrt{\frac{2s+1}{4\pi}}\,\gamma_{s0}^{\pm\mp00}$	$-\frac{1}{15}\lambda_1$	$-\frac{1}{21}\lambda_3$	$\frac{4}{35}\lambda_5$
$\sqrt{\frac{2s+1}{4\pi}}\,\gamma_{s0}^{\pm0\mp0}$	$-\frac{1}{15}\lambda_2$	$-\frac{1}{21}\lambda_4$	$\frac{4}{35}\lambda_5$
$\sqrt{\frac{2s+1}{4\pi}}\,\gamma_{s0}^{\pm000}$	0	$\frac{1}{7\sqrt{3}}(\lambda_3+2\lambda_4)$	$\frac{4}{7\sqrt{10}}\lambda_5$
$\sqrt{\frac{2s+1}{4\pi}}\,\gamma_{s0}^{\pm\pm\mp0}$	0	$-\frac{2}{7\sqrt{3}}\lambda_4$	$\frac{2}{7\sqrt{10}}\lambda_5$
$\sqrt{\frac{2s+1}{4\pi}}\,\gamma_{s0}^{\pm\mp\pm0}$	0	$-\frac{1}{7\sqrt{3}}(\lambda_3+\lambda_4)$	$\frac{2}{7\sqrt{10}}\lambda_5$
$\sqrt{\frac{2s+1}{4\pi}}\,\gamma_{s0}^{\pm\pm00}$	0	$\frac{2}{7\sqrt{6}}\lambda_3$	$\frac{4}{7\sqrt{10}}\lambda_5$
$\sqrt{\frac{2s+1}{4\pi}}\,\gamma_{s0}^{\pm0\pm0}$	0	$\frac{2}{7\sqrt{6}}\lambda_4$	$\frac{4}{7\sqrt{10}}\lambda_5$
$\sqrt{\frac{2s+1}{4\pi}}\,\gamma_{s0}^{\pm\pm\pm\mp}$	0	$-\frac{2}{7\sqrt{6}}(\lambda_3+2\lambda_4)$	$\frac{2}{7\sqrt{10}}\lambda_5$
$\sqrt{\frac{2s+1}{4\pi}}\,\gamma_{s0}^{\pm\pm\pm0}$	0	0	$\frac{2}{\sqrt{70}}\lambda_5$
$\sqrt{\frac{2s+1}{4\pi}}\,\gamma_{20}^{\pm\pm\pm\pm}$	0	0	$\frac{4}{\sqrt{70}}\lambda_5$

为消除任何可能的混淆，我们指出 (D.206) 中描述具有共转对称轴的横向各向同性微扰的五个系数 δC、δA、δL、δN 和 δF 不同于 (D.138) 中的具有径向对称轴的横向各向同性微扰的系数。要确定在复数基 $\hat{\mathbf{e}}_-$、$\hat{\mathbf{e}}_0$、$\hat{\mathbf{e}}_+$ 下 γ 的分量，我们可以采取从笛卡儿坐标直接变换到正则坐标，或者从笛卡儿坐标变换到球坐标，然后利用 (D.101)–(D.113) 中的结果来得到正则表达式。表 D.1 中列出了使用任一方式所得到的广义球谐函数展开系数 $\gamma_{st}^{\alpha\beta\zeta\eta}$。参数 λ_1、λ_2、λ_3、λ_4 和 λ_5 的定义为

$$
\begin{aligned}
\lambda_1 &= \delta C + 6\,\delta A - 4\,\delta L - 10\,\delta N + 8\,\delta F \\
\lambda_2 &= \delta C + \delta A + 6\,\delta L + 5\,\delta N - 2\,\delta F \\
\lambda_3 &= \delta C - 6\,\delta A - 4\,\delta L + 14\,\delta N + 5\,\delta F \\
\lambda_4 &= \delta C + \delta A + 3\,\delta L - 7\,\delta N - 2\,\delta F \\
\lambda_5 &= \delta C + \delta A - 4\,\delta L - 2\,\delta F
\end{aligned}
\tag{D.207}
$$

所有系数都是实数且具有级数 $t=0$；这正是微扰 (D.206) 的带状对称性可以预期的结果。有 5 个角次数为 $s=0$ 的系数由 λ_1 和 λ_2 确定，有 11 个次数为 $s=2$ 的系数由 λ_3 和 λ_4 确定，有 13 个次数为 $s=4$ 的系数由 λ_5 决定。

这样得到的 $(2l+1)\times(2l+1)$ 自耦合矩阵 $\tilde{\mathsf{V}}^{\mathrm{ani}} = \mathsf{V}^{\mathrm{ani}}$ 为实数且对角的：

$$
\begin{aligned}
V_{mm'}^{\mathrm{ani}} = \delta_{mm'} & \sum_{s=0,2,4} (-1)^m (2l+1) \left(\frac{2s+1}{4\pi}\right)^{1/2} \\
& \times \begin{pmatrix} l & s & l \\ -m & 0 & m \end{pmatrix} \sum_N \sum_I \int_0^c \Gamma_{NI}\, r^2 dr
\end{aligned}
\tag{D.208}
$$

其中

$$
\Gamma_{01} = \dot{u}^2 \begin{pmatrix} l & s & l \\ 0 & 0 & 0 \end{pmatrix} \gamma_{s0}^{0000} \tag{D.209}
$$

$$
\Gamma_{02} = 2\Omega_l^0\Omega_l^2\Omega_l^0\Omega_l^2 r^{-2}(v^2+w^2) \begin{pmatrix} l & s & l \\ -2 & 0 & 2 \end{pmatrix} \gamma_{s0}^{++--} \tag{D.210}
$$

$$
\Gamma_{03} = f^2 \begin{pmatrix} l & s & l \\ 0 & 0 & 0 \end{pmatrix} \gamma_{s0}^{+-+-} \tag{D.211}
$$

$$
\Gamma_{04} = -2f\dot{u} \begin{pmatrix} l & s & l \\ 0 & 0 & 0 \end{pmatrix} \gamma_{s0}^{+-00} \tag{D.212}
$$

$$
\Gamma_{05} = 2\Omega_l^0\Omega_l^0(x^2+z^2) \begin{pmatrix} l & s & l \\ -1 & 0 & 1 \end{pmatrix} \gamma_{s0}^{+0-0} \tag{D.213}
$$

$$
\Gamma_{11} = -4\Omega_l^0 x\dot{u} \begin{pmatrix} l & s & l \\ -1 & 1 & 0 \end{pmatrix} \gamma_{s0}^{+000} \tag{D.214}
$$

$$
\Gamma_{12} = -4\Omega_l^0\Omega_l^2\Omega_l^0 r^{-1}(vx+wz) \begin{pmatrix} l & s & l \\ -2 & 1 & 1 \end{pmatrix} \gamma_{s0}^{++-0} \tag{D.215}
$$

$$\Gamma_{13} = 4\Omega_l^0 xf \begin{pmatrix} l & s & l \\ -1 & 0 & 1 \end{pmatrix} \gamma_{s0}^{+-+0} \tag{D.216}$$

$$\Gamma_{21} = 4\Omega_l^0\Omega_l^2 r^{-1} v\dot{u} \begin{pmatrix} l & s & l \\ -2 & 2 & 0 \end{pmatrix} \gamma_{s0}^{++00} \tag{D.217}$$

$$\Gamma_{22} = 2\Omega_l^0\Omega_l^0 (x^2 - z^2) \begin{pmatrix} l & s & l \\ -1 & 2 & -1 \end{pmatrix} \gamma_{s0}^{+0+0} \tag{D.218}$$

$$\Gamma_{23} = -4\Omega_l^0\Omega_l^2 r^{-1} vf \begin{pmatrix} l & s & l \\ -2 & 2 & 0 \end{pmatrix} \gamma_{s0}^{+++-} \tag{D.219}$$

$$\Gamma_{31} = -4\Omega_l^0\Omega_l^2\Omega_l^0 r^{-1} (vx - wz) \begin{pmatrix} l & s & l \\ -2 & 3 & -1 \end{pmatrix} \gamma_{s0}^{+++0} \tag{D.220}$$

$$\Gamma_{41} = 2\Omega_l^0\Omega_l^2\Omega_l^0\Omega_l^2 r^{-2} (v^2 - w^2) \begin{pmatrix} l & s & l \\ -2 & 4 & -2 \end{pmatrix} \gamma_{s0}^{++++} \tag{D.221}$$

(D.116) 式中的正负被积函数 $\Gamma_{N\,\pm I}$ 在 (D.208) 中已经合并在一起。3-j 符号

$$\begin{pmatrix} l & s & l \\ -m & 0 & m \end{pmatrix}, \qquad s = 0, 2, 4 \tag{D.222}$$

用次数 l 和级数 $-l \leqslant m \leqslant l$ 以显式形式在 (C.229)–(C.231) 中给出。

参考文献

Adams, J. C., 1878. On the expression of the product of any two Legendre's coefficients by means of a series of Legendre's coefficients, *Proc. Roy. Soc. Lond.*, **27**, 63–71.

Agnew, D., Berger, J., Buland, R., Farrell, W., & Gilbert, F., 1976. International Deployment of Accelerometers: A network for very long period seismology, *EOS, Trans. Am. Geophys. Un.*, **57**, 180–188.

Aki, K., 1966. Generation and propagation of G waves from the Niigata earthquake of June 16, 1964—2. Estimation of earthquake moment, released energy, and strain-drop from the G wave spectrum, *Bull. Earthquake Res. Inst. Tokyo*, **44**, 23–88.

Aki, K. & Richards, P. G., 1980. *Quantitative Seismology*, Freeman, New York.

Akopyan, S. T., Zharkov, V. N., & Lyubimov, V. M., 1975. The dynamic shear modulus in the interior of the Earth, *Dokl. Akad. Nauk USSR, Earth Sci. Sect.*, **223**, 1–3.

Akopyan, S. T., Zharkov, V. N., & Lyubimov, V. M., 1976. Corrections to the eigenfrequencies of the Earth due to the dynamic shear modulus, *Izv., Bull. Akad. Sci. USSR, Phys. Solid Earth*, **12**, 625–630.

Alsop, L. E., Sutton, G. H., & Ewing, M., 1961. Free oscillations of the Earth observed on strain and pendulum seismographs, *J. Geophys. Res.*, **66**, 631–641.

Alterman, Z., Jarosch, H., & Pekeris, C. L., 1959. Oscillations of the Earth, *Proc. Roy. Soc. Lond., Ser. A*, **252**, 80–95.

Aly, J.-J. & Pérez, J., 1992. On the stability of a gaseous sphere against non-radial perturbations, *Mon. Not. Roy. Astron. Soc.*, **259**, 95–103.

Anderson, D. L., 1991. *Theory of the Earth*, Blackwell Scientific Publications, Boston, Massachusetts.

Anderson, D. L. & Minster, J. B., 1979. The frequency dependence of Q in the Earth and implications for mantle rheology and the Chandler wobble, *Geophys. J. Roy. Astron. Soc.*, **58**, 431–440.

Angenheister, G., 1906. Bestimmung der Fortpflanzungschwindigkeit und Absorption von Erdbeben-wellen, die durch den Gegenpunkt des Herdes gegangen sind, *Nachr. Königlichen Gesel l. Wissen. Göttingen, Math. Phys. Klasse*, pages 110–123.

Angenheister, G., 1921. Beobachtungen an pazifischen Beben, *Nachr. Königlichen Gesell. Wissen. Göttingen, Math. Phys. Klasse*, pages 113–146.

Ansell, J. H., 1973. Legendre functions, the Hilbert transform and surface waves on a sphere, *Geophys. J. Roy. Astron. Soc.*, **32**, 95–117.

Arnold, V. I., 1978. *Mathematical Methods of Classical Mechanics*, Springer-Verlag, New York.

Babich, V. M., Chikhachev, B. A., & Yanovskaya, T. B., 1976. Surface waves in a vertically inmoge-neous elastic half space with weak horizontal inhomogeneity, *Izv., Bull. Akad. Sci. USSR, Phys. Solid Earth*, **4**, 24–31.

Backus, G., 1986. Poloidal and toroidal fields in geomagnetic field modeling, *Rev. Geophys.*, **24**, 75–109.

Backus, G. E. & Gilbert, F., 1961. The rotational splitting of the free oscillations of the Earth, *Proc. Nat. Acad. Sci. USA*, **47**, 362–371.

Backus, G. E. & Gilbert, F., 1967. Numerical applications of a formalism for geophysical inverse problems, *Geophys. J. Roy. Astron. Soc.*, **13**, 247–276.

Backus, G. E. & Gilbert, F., 1968. The resolving power of gross Earth data, *Geophys. J. Roy. Astron. Soc.*, **16**, 169–205.

Backus, G. E. & Gilbert, F., 1970. Uniqueness in the inversion of gross Earth data, *Phil. Trans. Roy. Soc. Lond., Ser. A*, **266**, 169–205.

Backus, G. E. & Mulcahy, M., 1976a. Moment tensors and other phenomenological descriptions of seismic sources—I. Continuous displacements, *Geophys. J. Roy. Astron. Soc.*, **46**, 341–361.

Backus, G. E. & Mulcahy, M., 1976b. Moment tensors and other phenomenological descriptions of seismic sources—II. Discontinuous displacements, *Geophys. J. Roy. Astron. Soc.*, **47**, 301–329.

Backus, G., Parker, R., & Constable, C., 1996. *Foundations of Geomagnetism*, Cambridge University Press, Cambridge.

Backus, G. E., 1958. A class of self-sustaining spherical dynamos, *Ann. Phys. New York*, **4**, 372–447.

Backus, G. E., 1964. Geographical interpretation of measurements of average phase velocities of surface waves over great circular and great semi-circular paths, *Bull. Seismol. Soc. Am.*, **54**, 571–610.

Backus, G. E., 1967. Converting vector and tensor equations to scalar equations in spherical coordinates, *Geophys. J. Roy. Astron. Soc.*, **13**, 71–101.

Backus, G. E., 1977a. Interpreting the seismic glut moments of total degree two or less, *Geophys. J. Roy. Astron. Soc.*, **51**, 1–25.

Backus, G. E., 1977b. Seismic sources with observable glut moments of spatial degree two, *Geophys. J. Roy. Astron. Soc.*, **51**, 27–45.

Baker, T. F., Curtis, D. J., & Dodson, A. H., 1996. A new test of Earth tide models in central Europe, *Geophys. Res. Lett.*, **23**, 3559–3562.

Ben-Menahem, A. & Harkrider, D. G., 1964. Radiation patterns of seismic surface waves from buried dipolar point sources in a stratified Earth, *J. Geophys. Res.*, **69**, 2605–2620.

Ben-Menahem, A. & Singh, S. J., 1981. *Seismic Waves and Sources*, Springer-Verlag, New York.

Bender, C. M. & Orszag, S. A., 1978. *Advanced Mathematical Methods for Scientists and Engineers*, McGraw-Hill, New York.

Benioff, H., 1958. Long waves observed in the Kamchatka earthquake of November 4, 1952, *J. Geophys. Res.*, **63**, 589–593.

Benioff, H., Press, F., & Smith, S., 1961. Excitation of the free oscillations of the Earth by earth-quakes, *J. Geophys. Res.*, **66**, 605–619.

Berry, M. V. & Upstill, C., 1980. Catastrophe optics: morphologies of caustics and their diffraction patterns, *Prog. Opt.*, **18**, 257–346.

Binney, J. & Tremaine, S., 1987. *Galactic Dynamics*, Princeton University Press, Princeton, New Jersey.

Blackman, R. B. & Tukey, J. W., 1958. *The Measurement of Power Spectra*, Dover Publications, New York.

Bland, D. R., 1960. *The Theory of Linear Viscolelasticity*, Pergamon Press, Oxford.

Bolt, B. A. & Marussi, A., 1962. Eigenvibrations of the Earth observed at Trieste, *Geophys. J. Roy. Astron. Soc.*, **6**, 299–311.

Born, M., 1927. *The Mechanics of the Atom*, G. Bell, London.

Bracewell, R., 1965. *The Fourier Transform and Its Applications*, McGraw-Hill, New York.

Bretherton, F. P., 1968. Propagation in slowly varying waveguides, *Proc. Roy. Soc. Lond., Ser. A*, **302**, 555–576.

Bromwich, T., 1898. On the influence of gravity on elastic waves, and, in particular, on the vibrations of an elastic globe, *Proc. Lond. Math. Soc.*, **30**, 98–120.

Brune, J. N., 1964. Travel times, body waves and normal modes of the Earth, *Bull. Seismol. Soc. Am.*, **54**, 1315–1321.

Brune, J. N., 1966. P and S travel times and spheroidal normal modes of a homogeneous sphere, *J. Geophys. Res.*, **71**, 2959–2965.

Brune, J. N. & Dorman, J., 1963. Seismic waves and Earth structure in the Canadian shield, *Bull. Seismol. Soc. Am.*, **53**, 167–210.

Brune, J. N., Nafe, J. E., & Oliver, J., 1960. A simplified method for the analysis and synthesis of dispersed wavetrains, *J. Geophys. Res.*, **65**, 287–304.

Brune, J. N., Nafe, J. E., & Alsop, L. E., 1961. The polar phase shift of surface waves on a sphere, *Bull. Seismol. Soc. Am.*, **51**, 247–257.

Brussaard, P. J. & Tolhoek, H. A., 1957. Classical limits of Clebsch-Gordan coefficients, Racah coefficients and $D_{mn}^{l,m}(\phi, \theta, \psi)$–functions, *Physica*, **23**, 955–971.

Bukchin, B. G., 1995. Determination of stress glut moments of total degree two from teleseismic surface wave amplitude spectra, *Tectonophysics*, **248**, 185–191.

Buland, R., 1981. Free oscillations of the Earth, *Ann. Rev. Earth Planet. Sci.*, **9**, 385–413.

Buland, R. & Gilbert, F., 1976. Matched filtering for the seismic moment tensor, *Geophys. Res. Lett.*, **3**, 205–206.

Buland, R., Berger, J., & Gilbert, F., 1979. Observations from the IDA network of attenuation and splitting during a recent earthquake, *Nature*, **277**, 358–362.

Buland, R., Yuen, D. A., Konstanty, K., & Widmer, R., 1985. Source phase shift: A new phenomenon in wave propagation due to anelasticity, *Geophys. Res. Lett.*, **12**, 569–572.

Bullen, K. E., 1937. The ellipticity correction to travel times of P and S earthquake waves, *Mon. Not. Roy. Astron. Soc., Geophys. Suppl.*, **4**, 143–157.

Bullen, K. E., 1963. *An Introduction to the Theory of Seismology*, Cambridge University Press, Cambridge.

Bullen, K. E., 1975. *The Earth's Density*, Chapman and Hall, London.

Burridge, R., 1966. The Legendre functions of the second kind with complex argument in the theory of wave propagation, *J. Math. Phys.*, **45**, 322–330.

Burridge, R., 1969. Spherically symmetric differential equations, the rotation group, and tensor spherical functions, *Proc. Camb. Phil. Soc.*, **65**, 157–175.

Burridge, R., 1976. *Some Mathematical Topics in Seismology*, Courant Institute of Mathematical Sciences, New York University, New York.

Burridge, R. & Knopoff, L., 1964. Body force equivalents for seismic dislocations, *Bull. Seismol. Soc. Am.*, **54**, 1875–1888.

Cara, M., 1978. Regional variations of higher Rayleigh-mode phase velocities: a spatial-filtering method, *Geophys. J. Roy. Astron. Soc.*, **54**, 439–460.

Carpenter, E. W. & Davies, D., 1966. Frequency dependent seismic phase velocities: An attempted reconciliation between the Jeffreys/Bullen and Gutenberg models of the upper mantle, *Nature*, **212**, 134–135.

Cavendish, H., 1798. Experiments to determine the density of the Earth, *Phil. Trans. Roy. Soc. Lond.*, **58**, 469–526.

Červený, V., Molotkov, I. A., & Pšenčík, I., 1977. *Ray Method in Seismology*, Univerzita Karlova, Praha.

Červený, V., 1985. The application of ray tracing to the numerical modeling of seismic wavefields in complex structures. In Dohr, G. P., editor, *Seismic Shear Waves, Part A: Theory, Handbook of Geophysical Exploration*, volume 15A, pages 1–124. Geophysical Press, London.

Chandrasekhar, S. & Roberts, P. H., 1963. The ellipticity of a slowly rotating configuration, *Astro-phys. J.*, **138**, 801–808.

Chao, B. F. & Gross, R. S., 1995. Changes in the Earth's rotational energy induced by earthquakes, *Geophys. J. Int.*, **122**, 776–783.

Chao, B. F., Gross, R. S., & Dong, D.-N., 1995. Changes in global gravitational energy induced by earthquakes, *Geophys. J. Int.*, **122**, 784–789.

Chapman, C. H., 1976. A first-motion alternative to geometrical ray theory, *Geophys. Res. Lett.*, **3**, 153–156.

Chapman, C. H. & Drummond, R., 1982. Body-wave seismograms in inhomogeneous media using Maslov asymptotic theory, *Bull. Seismol. Soc. Am.*, **72**, S277–S317.

Chapman, C. H. & Orcutt, J. A., 1985. The computation of body wave seismograms in laterally homogeneous media, *Rev. Geophys.*, **23**, 105–163.

Chapman, S. & Bartels, J., 1940. *Geomagnetism*, Oxford University Press, Oxford.

Chapman, C. H., Chu, J.-Y., & Lyness, D. G., 1988. The WKBJ seismogram algorithm. In Doornbos, D. J., editor, *Seismological Algorithms: Computational Methods and Computer Programs*, pages 47–74. Academic Press, New York.

Chapman, C. H., 1978. A new method for computing synthetic seismograms, *Geophys. J. Roy. Astron. Soc.*, **54**, 481–518.

Choy, G. L. & Richards, P. G., 1975. Pulse distortion and Hilbert transformation in multiply reflected and refracted body waves, *Bull. Seismol. Soc. Am.*, **65**, 55–70.

Chree, C., 1889. The equations of an isotropic elastic solid in polar and cylindrical coordinates, their solution and applications, *Trans. Camb. Phil. Soc.*, **14**, 250–369.

Clairaut, A. C., 1743. *Théorie de la Figure de la Terre*, Paris.

Clemmow, P. C., 1961. An infinite Legendre integral transform and its inverse, *Proc. Camb. Phil. Soc.*, **57**, 547–560.

Clévédé, E. & Lognonné, P., 1996. Fréchet derivatives of coupled seismograms with respect to an anelastic rotating Earth, *Geophys. J. Int.*, **124**, 456–482.

Coates, R. T. & Chapman, C. H., 1990. Ray perturbation theory and the Born approximation, *Geophys. J. Int.*, **100**, 379–392.

Condon, E. U. & Shortley, G. H., 1935. *The Theory of Atomic Spectra*, Cambridge University Press, Cambridge.

Connes, J., Blum, P. A., Jobert, N., & Jobert, G., 1962. Observations des oscillations propres de la Terre, *Ann. Geophys.*, **18**, 260–268.

Courant, R. & Hilbert, D., 1966. *Methods of Mathematical Physics*, Wiley, London.

Cowling, T. G., 1941. The non-radial oscillations of polytropic stars, *Mon. Not. Roy. Astron. Soc.*, **101**, 369–373.

Cowling, T. G. & Newing, R. A., 1949. The oscillations of a rotating star, *Astrophys. J.*, **109**,149–158.

Cox, J. P., 1980. *Theory of Stellar Pulsation*, Princeton University Press, Princeton, New Jersey.

Creager, K. C., 1992. Anisotropy of the inner core from differential travel times of the phases PKP and PKIKP, *Nature*, **356**, 309–314.

Cummins, P. R., 1997. Earthquake near field and W phase observations at teleseismic distances, *Geophys. Res. Lett.*, **24**, 2857–2860.

Cummins, P. R., Geller, R. J., Hatori, T., & Takeuchi, N., 1994. DSM complete synthetic seismo-grams: SH, spherically symmetric, case, *Geophys. Res. Lett.*, **21**, 533–536.

Cummins, P. R., Geller, R. J., & Takeuchi, N., 1994. DSM complete synthetic seismograms: P-SV, spherically symmetric, case, *Geophys. Res. Lett.*, **21**, 1633–1666.

Cummins, P. R., Takeuchi, N., & Geller, R. J., 1997. Computation of complete syntheticseismograms for laterally heterogeneous models using the direct solution method, *Geophys. J. Int.*, **130**, 1–16.

Dahlen, F. A., 1968. The normal modes of a rotating, elliptical Earth, *Geophys. J. Roy. Astron. Soc.*, **16**, 329–367.

Dahlen, F. A., 1969. The normal modes of a rotating, elliptical Earth—II. Near-resonance multiplet coupling, *Geophys. J. Roy. Astron. Soc.*, **18**, 397–436.

Dahlen, F. A., 1972. Elastic dislocation theory for a self-gravitating elastic configuration with an initial static stress field, *Geophys. J. Roy. Astron. Soc.*, **28**, 357–383.

Dahlen, F. A., 1973. Elastic dislocation theory for a self-gravitating elastic configuration with an initial static stress field—II. Energy release, *Geophys. J. Roy. Astron.Soc.*, **31**, 469–484.

Dahlen, F. A., 1976. Reply to Comments by A. M. Dziewonski and R. V. Sailor on 'The correction of great circular phase velocity measurements for the rotation and ellipticity of the Earth', *J. Geophys. Res.*, **81**, 4951–4956.

Dahlen, F. A., 1977. The balance of energy in earthquake faulting, *Geophys. J. Roy. Astron. Soc.*, **48**, 239–261.

Dahlen, F. A., 1978. Excitation of the normal modes of a rotating Earth by an earthquake fault, *Geophys. J. Roy. Astron. Soc.*, **54**, 1–9.

Dahlen, F. A., 1979a. The spectra of unresolved split normal mode multiplets, *Geophys. J. Roy. Astron. Soc.*, **58**, 1–33.

Dahlen, F. A., 1979b. Exact and asymptotic synthetic multiplet spectra on an ellipsoidal Earth, *Geophys. J. Roy. Astron. Soc.*, **59**, 19–42.

Dahlen, F. A., 1980a. A uniformly valid asymptotic representation of normal mode multiplet spectra on a laterally heterogeneous Earth, *Geophys. J. Roy. Astron. Soc.*, **62**, 225–247.

Dahlen, F. A., 1980b. Addendum to "Excitation of the normal modes of a rotating Earth by an earthquake fault", *Geophys. J. Roy. Astron. Soc.*, **62**, 719–721.

Dahlen, F. A., 1982. The effect of data windows on the estimation of free oscillation parameters, *Geophys. J. Roy. Astron. Soc.*, **69**, 537–549.

Dahlen, F. A., 1987. Multiplet coupling and the calculation of synthetic long-period seismograms, *Geophys. J. Roy. Astron. Soc.*, **91**, 241–254.

Dahlen, F. A., 1993. Single-force representation of shallow landslide sources, *Bull. Seismol. Soc. Am.*, **83**, 130–143.

Dahlen, F. A. & Smith, M. L., 1975. The influence of rotation on the free oscillations of the Earth, *Phil. Trans. Roy. Soc. Lond., Ser. A*, **279**, 583–627.

Dahlen, F. A. & Sailor, R. V., 1979. Rotational and elliptical splitting of the free oscillations of the Earth, *Geophys. J. Roy. Astron. Soc.*, **58**, 609–623.

Davis, J. P. & Henson, I. H., 1986. Validity of the great circle average approximation for inversion of normal mode measurements, *Geophys. J. Roy. Astron. Soc.*, **85**, 69–92.

Defraigne, P., 1997. Geophysical model of the dynamical flattening of the Earth in agreement with the precession constant, *Geophys. J. Int.*, **130**, 47–56.

DeMets, C., Gordon, R. G., Argus, D. F., & Stein, S., 1990. Current plate motions, *Geophys. J. Int.*, **101**, 525–478.

Derr, J. S., 1969. Free oscillation observations through 1978, *Bull. Seismol. Soc. Am.*, **59**, 2079–2099. Dey-Sarkar, S. K. & Chapman, C. H., 1978. A simple method for the computation of body-wave seismograms, *Bull. Seismol. Soc. Am.*, **68**, 1577–1593.

Dickman, S. R., 1988. The self-consistent dynamic pole tide in non-global oceans, *Geophys. J.*, **94**, 519–543.

Dickman, S. R., 1993. Dynamic ocean-tide effects on Earth's rotation, *Geophys. J. Int.*, **112**, 448–470.

Dongarra, J. J. & Walker, D. W., 1995. Software libraries for linear algebra computations on high performance computers, *SIAM Review*, **37**, 151–180.

Doornbos, D. J., 1988. Asphericity and ellipticity corrections. In Doornbos, D. J., editor, *Seismological Algorithms: Computational Methods and Computer Programs*, pages 75–85. Academic Press, New York.

Dratler, J., Farrell, W. E., Block, B., & Gilbert, F., 1971. High-Q overtone modes of the Earth, *Geophys. J. Roy. Astron. Soc.*, **23**, 399–410.

Durek, J. J. & Ekström, G., 1995. Evidence of bulk attenuation in the asthenosphere from recordings of the Bolivian earthquake, *Geophys. Res. Lett.*, **22**, 2309–2312.

Durek, J. J. & Ekström, G., 1996. A radial model of anelasticity consistent with long-period surface-wave attenuation data, *Bull. Seismol. Soc. Am.*, **86**, 144–158.

Durek, J. J. & Ekström, G., 1997. Investigating discrepancies among measurements of travelling and standing wave attenuation, *J. Geophys. Res.*, **102**, 24529–24544.

Durek, J. J., Ritzwoller, M. H., & Woodhouse, J. H., 1993. Constraining upper mantle anelasticity using surface wave amplitude anomalies, *Geophys. J. Int.*, **114**, 249–272.

Dyson, J. & Schutz, B. F., 1979. Perturbations and stability of rotating stars—I. Completeness of normal modes, *Proc. Roy. Soc. Lond., Ser. A*, **368**, 389–410.

Dziewonski, A. M. & Anderson, D. L., 1981. Preliminary reference Earth model, *Phys. Earth Planet. Int.*, **25**, 297–356.

Dziewonski, A. M. & Gilbert, F., 1971. Solidity of the inner core of the Earth inferred from normal mode observations, *Nature*, **234**, 465–466.

Dziewonski, A. M. & Gilbert, F., 1972. Observations of normal modes from 84 recordings of the Alaskan earthquake of 1964 March 28, *Geophys. J. Roy. Astron. Soc.*, **27**, 393–446.

Dziewonski, A. M. & Gilbert, F., 1973. Observations of normal modes from 84 recordings of the Alaskan earthquake of 1964 March 28—II. Further remarks based upon new spheroidal overtone data, *Geophys. J. Roy. Astron. Soc.*, **35**, 401–437.

Dziewonski, A. M. & Gilbert, F., 1974. Temporal variation of the seismic moment tensor and the evidence of precursive compression for two deep earthquakes, *Nature*, **257**, 185–188.

Dziewonski, A. M. & Gilbert, F., 1976. The effect of small, aspherical perturbations on travel times and a re-examination of the corrections for ellipticity, *Geophys. J. Roy. Astron. Soc.*, **44**, 7–17.

Dziewonski, A. M. & Woodhouse, J. H., 1983. An experiment in systematic study of global seismicity: Centroid-moment tensor solutions for 201 moderate and large earthquakes of 1981, *J. Geophys. Res.*, **88**, 3247–3271.

Dziewonski, A. M. & Woodward, R. L., 1992. Acoustic imaging at the planetary scale, *Acoustical Imaging*, **19**, 785–797.

Dziewonski, A. M., Chou, T.-A., & Woodhouse, J. H., 1981. Determination of earthquake source parameters from waveform data for studies of global and regional seismicity, *J. Geophys. Res.*, **86**, 2825–2852.

Dziewonski, A. M., Liu, X.-F., & Su, W.-J., 1997. Lateral heterogeneity in the lowermost mantle. In Crossley, D., editor, *Earth's Deep Interior*, pages 11–50. Gordon and Breach, Amsterdam.

Eckart, C., 1960. *Hydrodynamics of Oceans and Atmospheres*, Pergamon Press, Oxford.

Edmonds, A. R., 1960. *Angular Momentum in Quantum Mechanics*, Princeton University Press, Princeton, New Jersey.

Ekström, G., 1989. A very broad band inversion method for the recovery of earthquake source parameters, *Tectonophysics*, **166**, 73–100.

Ekström, G., 1994. Anomalous earthquakes on volcano ring-fault structures, *Earth Planet. Sci. Lett.*, **128**, 707–712.

Ekström, G., 1995. Calculation of static deformation following the Bolivia earthquake by summation of the Earth's normal modes, *Geophys. Res. Lett.*, **22**, 2289–2292.

Ekström, G. & Dziewonski, A. M., 1985. Centroid-moment tensor solutions for 35 earthquakes in western North America, *Bull. Seismol. Soc. Am.*, **75**, 23–39.

Ekström, G., Tromp, J., & Larson, E. W. F., 1997. Measurements and global models of surface wave propagation, *J. Geophys. Res.*, **102**, 8137–8157.

Erdélyi, A., Magnus, W., Oberhettinger, F., & Tricomi, F. G., 1953. *Higher Transcendental Functions*, McGraw-Hill, New York.

Ewing, M. & Press, F., 1954. An investigation of mantle Rayleigh waves, *Bull. Seismol. Soc. Am.*,**44**, 127–148.

Ewing, W. M., Jardetzky, W. S., & Press, F., 1957. *Elastic Waves in Layered Media*, McGraw-Hill, New York.

Farra, V. & Madariaga, R., 1987. Seismic waveform modeling in heterogeneous media by ray perturbation theory, *J. Geophys. Res.*, **92**, 2697–2712.

Farra, V., Virieux, J., & Madariaga, R., 1989. Ray perturbation theory for interfaces, *Geophys. J. Int.*, **99**, 377–390.

Forsyth, D. W., 1975. The early structural evolution and anisotropy of the oceanic upper mantle, *Geophys. J. Roy. Astron. Soc.*, **43**, 103–162.

Freund, L. B., 1990. *Dynamic Fracture Mechanics*, Cambridge University Press, Cambridge.

Friederich, W. & Dalkolmo, J., 1995. Complete synthetic seismograms for a spherically symmetric earth by a numerical computation of the Green's function in the frequency domain, *Geophys. J. Int.*, **122**, 537–550.

Frohlich, C., 1990. Note concerning non-double-couple source components from slip along surfaces of revolution, *J. Geophys. Res.*, **95**, 6861–6866.

Garbow, B., Boyle, J., Dongarra, J., & Moler, C., 1977. *Matrix Eigensystem Routines-EISPACK Guide Extension*, Lecture Notes in Computer Science, Springer-Verlag, New York.

Gaunt, J. A., 1929. The triplets of helium, *Phil. Trans. Roy. Soc. Lond.*, **228**, 151–196.

Gelfand, I. M. & Shapiro, Z. Y., 1956. Representations of the group of rotations in three-dimensional space and their applications, *Am. Math. Soc. Transl.*, **2**, 207–316.

Geller, R. J. & Hara, T., 1993. Two efficient algorithms for iterative linearized inversion of seismic waveform data, *Geophys. J. Int.*, **115**, 695–710.

Geller, R. J. & Ohminato, T., 1994. Computation of synthetic seismograms and their partial derivatives for heterogeneous media with arbitrary natural boundary conditions using the direct solution method, *Geophys. J. Int.*, **116**, 421–446.

Geller, R. J. & Stein, S., 1979. Time domain attenuation measurements for fundamental spheroidal modes (${}_0S_6$–${}_0S_{28}$) for the 1977 Indonesian earthquake, *Bull. Seismol. Soc. Am.*, **169**, 1671–1691.

Geller, R. J., Hara, T., & Tsuboi, S., 1990. On the equivalence of two methods for computing partial derivatives of seismic waveforms, *Geophys. J. Int.*, **100**, 153–156.

Giardini, D., Li, X.-D., & Woodhouse, J. H., 1987. Three-dimensional structure of the Earth from splitting in free oscillation spectra, *Nature*, **325**, 405–411.

Giardini, D., Li, X.-D., & Woodhouse, J. H., 1988. Splitting functions of long-period normal modes of the Earth, *J. Geophys. Res.*, **93**, 13716–13742.

Gibbs, J. W., 1901. *Vector Analysis*, Charles Scribner's Sons, New York, transcribed by E. B. Wilson, reprinted in 1960 by Dover Publications, New York.

Gilbert, F., 1967. Gravitationally perturbed elastic waves, *Bull. Seismol. Soc. Am.*, **57**, 783–794.

Gilbert, F., 1971a. The diagonal sum rule and averaged eigenfrequencies, *Geophys. J. Roy. Astron.Soc.*, **23**, 119–123.

Gilbert, F., 1971b. Ranking and winnowing gross Earth data for inversion and resolution, *Geophys. J. Roy. Astron. Soc.*, **23**, 125–128.

Gilbert, F., 1971c. Excitation of the normal modes of the Earth by earthquake sources, *Geophys. J. Roy. Astron. Soc.*, **22**, 223–226.

Gilbert, F., 1973. Derivation of source parameters from low-frequency spectra, *Phil. Trans. Roy. Soc. Lond., Ser. A*, **274**, 369–371.

Gilbert, F., 1976a. The representation of seismic displacements in terms of travelling waves, *Geophys. J. Roy. Astron. Soc.*, **44**, 275–280.

Gilbert, F., 1976b. Differential kernels for group velocity, *Geophys. J. Roy. Astron. Soc.*, **44**, 649–660.

Gilbert, F., 1980. An Introduction to Low-Frequency Seismology. In Dziewonski, A. M. & Boschi, E., editors, *Fisica del l'interno del la Terra, Rendiconti del la Scuola Internazionale di Fisica "Enrico Fermi", LXXVII Corso*, pages 41–81, Varenna, Italy. North-Holland, Amsterdam.

Gilbert, F., 1994. Splitting of the free-oscillation multiplets by steady flow, *Geophys. J. Int.*, **116**, 227–229.

Gilbert, F. & Backus, G. E., 1966. Propagator matrices in elastic wave and vibration problems, *Geophysics*, **31**, 326–333.

Gilbert, F. & Backus, G. E., 1969. A computational problem encountered in a study of the Earth's normal modes. In *Proc. Fal l Joint Comp. Conf.*, Am. Fed. Inf. Proc. Soc., pages 1273–1277.

Gilbert, F. & Buland, R., 1976. An enhanced deconvolution procedure for retrieving the seismic moment tensor from a sparse network, *Geophys. J. Roy. Astron. Soc.*, **50**, 251–255.

Gilbert, F. & Dziewonski, A. M., 1975. An application of normal mode theory to the retrieval of structural parameters and source mechanisms from seismic spectra, *Phil. Trans. Roy. Soc. Lond., Ser. A*, **278**, 187–269.

Gilbert, F. & MacDonald, G. J. F., 1960. Free oscillations of the Earth—I. Toroidal oscillations, *J. Geophys. Res.*, **65**, 675–693.

Goldstein, H., 1980. *Classical Mechanics*, Addison-Wesley, Reading, Massachusetts.

Gross, B., 1953. *Mathematical Structure of the Theories of Viscoelasticity*, Hermann, Paris.

Gutenberg, B., 1924. Dispersion und Extinktion von seismischen Oberflächenwellen und der Aufbau der obersten Erdschichten, *Physik. Zeitschrift.*, **25**, 377–381.

Gutenberg, B. & Richter, C. F., 1934. On seismic waves (Part I), *Gerlands Beitr. Geophys.*, **43**, 56–133.

Gutzwiller, M. C., 1990. *Chaos in Classical and Quantum Mechanics*, Springer-Verlag, New York.

Halmos, P. R., 1958. *Finite-Dimensional Vector Spaces*, Van Nostrand, New York.

Hara, T., Tsuboi, S., & Geller, R. J., 1991. Inversion for laterally heterogeneous Earth structure using a laterally heterogeneous starting model: preliminary results, *Geophys. J. Int.*, **104**, 523–540.

Hara, T., Tsuboi, S., & Geller, R. J., 1993. Inversion for laterally heterogeneous Earth structure using iterative linearized waveform inversion, *Geophys. J. Int.*, **115**, 667–698.

Hara, T., Kuge, K., & Kawakatsu, H., 1995. Determination of the isotropic component of the 1994 Bolivia deep earthquake, *Geophys. Res. Lett.*, **22**, 2265–2268.

Hara, T., Kuge, K., & Kawakatsu, H., 1996. Determination of the isotropic component of deep-focus earthquakes by inversion of normal-mode data, *Geophys. J. Int.*, **127**, 515–528.

Harris, F. J., 1978. On the use of windows for harmonic analysis with the discrete Fourier transform, *Proc. IEEE*, **66**, 51–83.

Haskell, N. A., 1964. Radiation pattern of surface waves from point sources in a layered medium, *Bull. Seismol. Soc. Am.*, **54**, 377–393.

Hayes, W. D., 1973. Group velocity and nonlinear dispersive wave propagation, *Proc. Roy. Soc. Lond., Ser. A*, **332**, 199–221.

He, X. & Tromp, J., 1996. Normal-mode constraints on the structure of the Earth, *J. Geophys. Res.*, **87**, 7772–7778.

Heinz, D., Jeanloz, R., & O'Connell, R. J., 1982. Bulk attenuation in a polycrystalline Earth, *J. Geophys. Res.*, **87**, 7772–7778.

Henriksen, S. W., 1960. The hydrostatic flattening of the Earth, *Ann. Int. Geophys. Year*, **12**, 197–198.

Henson, I. H., 1989. Multiplet coupling of the normal modes of an elliptical, transversely isotropic earth, *Geophys. J.*, **98**, 457–459.

Horn, R. A. & Johnson, C. A., 1985. *Matrix Analysis*, Cambridge University Press, Cambridge.

Hoskins, L. M., 1920. The strain of a gravitating sphere of variable density and elasticity, *Trans. Am. Math. Soc.*, **21**, 1–43.

Ihmlé, P. F. & Jordan, T. H., 1994. Teleseismic search for slow precursors to large earthquakes, *Science*, **266**, 1547–1551.

Ihmlé, P. F. & Jordan, T. H., 1995. Source time function of the great 1994 Bolivia deep earthquake by waveform and spectral inversions, *Geophys. Res. Lett.*, **22**, 2253–2256.

Jackson, D. D., 1972. Interpretation of inaccurate, insufficient and inconsistent data, *Geophys. J. Roy. Astron. Soc.*, **28**, 97–110.

Jackson, J. D., 1962. *Classical Electrodynamics*, Wiley, New York.

Jackson, I., 1993. Progress in the experimental study of seismic wave attenuation, *Ann. Rev. Earth Planet. Sci.*, **21**, 375–406.

Jaerisch, P., 1880. Über der elastischen Schwingungen einer isotropen Kugel, *Crel le, J. Reine Angew. Math.*, **88**, 131–145.

James, R. W., 1976. New tensor spherical harmonics, for application to the partial differential equations of mathematical physics, *Phil. Trans. Roy. Soc. Lond., Ser. A*, **281**, 195–221.

Jeans, J. H., 1903. On the vibrations and stability of a gravitating planet, *Phil. Trans. Roy. Soc. Lond., Ser. A*, **27**, 157–184.

Jeans, J. H., 1927. The propagation of earthquake waves, *Proc. Roy. Soc. Lond., Ser. A*, **102**, 554–574.

Jeffreys, H., 1924. *The Earth*, Cambridge University Press, Cambridge, first edition.

Jeffreys, H., 1935. The surface waves of earthquakes, *Mon. Not. Roy. Astron. Soc., Geophys. Suppl.*, **3**, 253–261.

Jeffreys, H., 1958a. A modification of Lomnitz's law of creep in rocks, *Geophys. J. Roy. Astron. Soc.*, **1**, 92–95.

Jeffreys, H., 1958b. Rock creep, tidal friction and the moon's ellipticities, *Mon. Not. Roy. Astron. Soc.*, **118**, 14–17.

Jeffreys, H., 1961. Small corrections in the theory of surface waves, *Geophys. J. Roy. Astron. Soc.*, **6**, 115–117.

Jeffreys, H., 1963. On the hydrostatic theory of the figure of the Earth, *Geophys. J. Roy. Astron. Soc.*, **8**, 196–202.

Jeffreys, H., 1970. *The Earth*, Cambridge University Press, Cambridge, fifth edition.

Jiao, W., Wallace, T. C., Beck, S. L., Silver, P. G., & Zandt, G., 1995. Evidence for static displacements from the June 9, 1994 deep Bolivian earthquake, *Geophys. Res. Lett.*, **16**, 2285–2288.

Jobert, N., 1956. Évaluation de la période d'oscillation d'une sphère hétérogène, par application du principe de Rayleigh, *Comptes Rendus Acad. Sci. Paris*, **243**, 1230–1232.

Jobert, N., 1957. Sur la période propre des oscillations sphéroïdales de la Terre, *Comptes Rendus Acad. Sci. Paris*, **244**, 921–922.

Jobert, N., 1961. Calcul approché de la période des oscillations sphéroïdales de la Terre, *Geophys. J. Roy. Astron. Soc.*, **4**, 242–258.

Jobert, N. & Jobert, G., 1987. Ray tracing for surface waves. In Nolet, G., editor, *Seismic Tomography, with Applications in Global Seismology and Exploration Geophysics*, pages 275–300. Reidel, Dordrecht.

Jobert, N., Gaulon, R., Dieulin, A., & Roult, G., 1977. Sur les ondes de trés longue période, caractéristiques du manteau supérieur, *Comptes Rendus Acad. Sci. Paris, Sér. B*, **285**, 49–51.

Jordan, T. H., 1978. A procedure for estimating lateral variations from low-frequency eigenspectra data, *Geophys. J. Roy. Astron. Soc.*, **52**, 441–455.

Julian, B. R. & Anderson, D. L., 1968. Travel times, apparent velocities and amplitudes of body waves, *Bull. Seismol. Soc. Am.*, **58**, 339–366.

Julian, B. R. & Gubbins, D., 1977. Three-dimensional seismic ray tracing, *J. Geophys.*, **43**, 95–113.

Kanamori, H., 1970. Velocity and Q of mantle waves, *Phys. Earth Planet. Int.*, **2**, 259–275.

Kanamori, H., 1976. Re-examination of the Earth's free oscillations excited by the Kamchatka earthquake of November 4, 1952, *Phys. Earth Planet. Int.*, **11**, 216–226.

Kanamori, H., 1977. The energy release in great earthquakes, *J. Geophys. Res.*, **82**, 2981–2987.

Kanamori, H., 1993. W phase, *Geophys. Res. Lett.*, **20**, 1691–1694.

Kanamori, H. & Anderson, D. L., 1977. Importance of physical dispersion in surface wave and free oscillation problems: Review, *Rev. Geophys. Space Phys.*, **15**, 105–112.

Kanamori, H. & Given, J. W., 1982. Analysis of long-period seismic waves excited by the May 18, 1980 eruption of Mt. St. Helens: a terrestrial monopole?, *J. Geophys. Res.*, **87**, 5422–5432.

Kanamori, H. & Kikuchi, M., 1993. The 1992 Nicaragua Earthquake: a slow tsunami eartquake associated with subducted sediments, *Nature*, **361**, 714–716.

Kanamori, H. & Mori, J., 1992. Harmonic excitation of mantle Rayleigh waves by the 1992 eruption of Mount Pinatubo, Philippines, *Geophys. Res. Lett.*, **19**, 721–724.

Karato, S., 1993. Importance of anelasticity in the interpretation of seismic tomography, *Geophys. Res. Lett.*, **20**, 1623–1626.

Karato, S. & Spetzler, H. A., 1990. Defect microdynamics in crystals and solid-state mechanisms of seismic wave attenuation and velocity dispersion in the mantle, *Rev. Geophys.*, **29**, 399–421.

Kawakatsu, H., 1991. Insignificant isotropic component in the moment tensor of deep earthquakes, *Nature*, **351**, 50–53.

Kawakatsu, H., 1996. Observability of the isotropic component of a moment tensor, *Geophys. J. Int.*, **126**, 525–544.

Keilis-Borok, V. L., Levshin, A. L., Yanovskaya, T. B., Lander, A. V., Bukchin, B. G., Barmin, M. P., Ratnikova, L. I., & Its, E. N., 1989. *Seismic Surface Waves in a Lateral ly Inhomogenous Earth*, Kluwer, Dordrecht.

Keller, J. B., 1958. Corrected Bohr-Sommerfeld quantum conditions for nonseparable systems, *Ann. Phys. New York*, **4**, 180–188.

Keller, J. B. & Rubinow, S. I., 1960. Asymptotic solution of eigenvalue problems, *Ann. Phys. New York*, **9**, 24–75.

Kellogg, O. D., 1967. *Foundations of Potential Theory*, Springer-Verlag, New York.

Kendall, J.-M., Guest, W. S., & Thomson, C. J., 1992. Ray-theory Green's function reciprocity and ray-centered coordinates in anisotropic media, *Geophys. J. Int.*, **108**, 364–371.

Kennett, B. L. N., 1983. *Seismic Wave Propagation in Stratified Media*, Cambridge University Press, Cambridge.

Kennett, B. L. N., 1991. *IASPEI 1991 Seismological Tables*, Research School of Earth Sciences, Australian National University, Canberra.

Kennett, B. L. N. & Gudmundsson, O., 1996. Ellipticity corrections for seismic phases, *Geophys. J. Int.*, **127**, 40–48.

Kennett, B. L. N. & Nolet, G., 1979. The influence of upper mantle discontinuities upon the free oscillations of the Earth, *Geophys. J. Roy. Astron. Soc.*, **56**, 283–308.

Kikuchi, M. & Kanamori, H., 1982. Inversion of complex body waves, *Bull. Seismol. Soc. Am.*, **72**, 491–506.

Kikuchi, M. & Kanamori, H., 1994. The mechanism of the deep Bolivia earthquake of June 9, 1994, *Geophys. Res. Lett.*, **21**, 2341–2344.

Kinoshita, H., 1977. Theory of the rotation of the rigid Earth, *Celest. Mech.*, **15**, 277–326.

Kjartansson, E., 1979. Constant Q-wave propagation and attenuation, *J. Geophys. Res.*, **84**, 4737–4748.

Kline, M. & Kay, I. W., 1979. *Electromagnetic Theory and Geometrical Optics*, Krieger, New York.

Knopoff, L. & Randall, M. J., 1970. The compensated linear vector dipole: A possible mechanism for deep-focus earthquakes, *J. Geophys. Res.*, **75**, 4957–4963.

Kostrov, B. V., 1970. The theory of the focus for tectonic earthquakes, *Izv., Bull. Akad. Sci. USSR, Phys. Solid Earth*, **4**, 84–101.

Kostrov, B. V., 1974. Seismic moment and energy of earthquakes, and seismic flow of rock, *Izv., Bull. Akad. Sci. USSR, Phys. Solid Earth*, **1**, 23–40.

Kostrov, B. V. & Das, S., 1988. *Principles of Earthquake Source Mechanics*, Cambridge University Press, Cambridge.

Kravtsov, Y. A. & Orlov, Y. I., 1990. *Geometrical Optics of Inhomogeneous Media*, Springer-Verlag, New York.

Kuge, K. & Lay, T., 1994. Systematic non-double-couple components of earthquake mechanisms: The role of fault zone irregularity, *J. Geophys. Res.*, **99**, 15457–15467.

Lamb, H., 1882. On the vibrations of an elastic sphere, *Proc. Lond. Math. Soc.*, **13**, 189–212.

Lamb, H., 1904. On the propagation of tremors over the surface of an elastic solid, *Phil. Trans. Roy. Soc. Lond.*, **203**, 1–42.

Lamb, H., 1932. *Hydrodynamics*, Cambridge University Press, Cambridge, reprinted in 1945 by Dover Publications, New York.

Lambeck, K., 1988. *Geophysical Geodesy*, Oxford University Press, Oxford.

Lanczos, C., 1962. *The Variational Principles of Mechanics*, University of Toronto Press, Toronto.

Landau, L. D. & Lifshitz, E. M., 1965. *Quantum Mechanics: Non-Relativistic Theory*, Pergamon Press, Oxford.

Landau, L. D. & Lifshitz, E. M., 1971. *The Classical Theory of Fields*, Pergamon Press, Oxford.

Langston, C. A., 1981. Source inversion of seismic waveforms: The Koyna, India, earthquake of 13 September 1967, *Bull. Seismol. Soc. Am.*, **71**, 1–24.

Lapwood, E. R. & Usami, T., 1981. *Free Oscil lations of the Earth*, Cambridge University Press, Cambridge.

Laske, G. & Masters, G., 1996. Constraints on global phase velocity maps from long-period polarization data, *J. Geophys. Res.*, **101**, 16059–16075.

Lay, T. & Kanamori, H., 1985. Geometrical effects of global lateral heterogeneity on long-period surface wave propagation, *J. Geophys. Res.*, **90**, 605–621.

Lebedev, S., Nolet, G., & Van der Hilst, R. D., 1997. The upper mantle beneath the Philippine Sea region from waveform inversions, *Geophys. Res. Lett.*, **24**, 1851–1854.

Ledoux, P., 1951. The non-radial oscillations of gaseous stars and the problem of Beta Canis Majoris, *Astrophys. J.*, **114**, 373–384.

Levshin, A. L., 1981. The relation between P and S travel times, phase velocities of higher Rayleigh waves, and frequencies of spheroidal oscillations in a radially inhomogeneous earth, *Computational Seismology*, **13**, 103–109.

Li, X.-D. & Romanowicz, B., 1995. Comparison of global waveform inversions with and without considering cross-branch modal coupling, *Geophys. J. Int.*, **121**, 695–709.

Li, X.-D. & Romanowicz, B., 1996. Global mantle shear-velocity model developed using nonlinear asymptotic coupling theory, *J. Geophys. Res.*, **101**, 22245–22272.

Li, X.-D. & Tanimoto, T., 1993. Waveforms of long-period body waves in a slightly aspherical Earth model, *Geophys. J. Int.*, **112**, 92–102.

Li, X.-D., Giardini, D., & Woodhouse, J. H., 1991a. Large-scale three-dimensional even-degree structure of the Earth from splitting of long-period normal modes, *J. Geophys. Res.*, **96**, 551–557.

Li, X.-D., Giardini, D., & Woodhouse, J. H., 1991b. The relative amplitudes of mantle heterogeneity in P velocity, S velocity, and density from free oscillation data, *Geophys. J. Int.*, **105**, 649–657.

Libbrecht, K. G., 1985. Practical considerations for the generation of large order spherical harmonics, *Solar Physics*, **99**, 371–373.

Lighthill, J., 1978. *Waves in Fluids*, Cambridge University Press, Cambridge.

Liu, H.-P., Anderson, D. L., & Kanamori, H., 1976. Velocity dispersion due to anelasticity; implications for seismology and mantle composition, *Geophys. J. Roy. Astron. Soc.*, **47**, 41–58.

Liu, X.-F. & Tromp, J., 1996. Uniformly valid body-wave theory, *Geophys J. Int.*, **127**, 461–491.

Lognonné, P., 1991. Normal modes and seismograms in an anelastic rotating Earth, *J. Geophys. Res.*, **96**, 365–395.

Lognonné, P. & Romanowicz, B., 1990. Fully coupled Earth's vibrations: The spectral method, *Geophys. J. Int.*, **102**, 20309–20319.

Lognonné, P., Clévédé, E., & Kanamori, H., 1998. Normal mode summation of seismograms and barograms in a spherical Earth with a realistic atmosphere, *Geophys. J. Int.* in press.

Lomnitz, C., 1956. Creep measurements in igneous rocks, *J. Geol.*, **64**, 473–479.

Lomnitz, C., 1957. Linear dissipation in solids, *J. Appl. Phys.*, **28**, 201–205.

Love, A. E. H., 1907. The gravitational stability of the Earth, *Phil. Trans. Roy. Soc. Lond., Ser. A*, **207**, 171–241.

Love, A. E. H., 1909. The yielding of the Earth to disturbing forces, *Proc. Roy. Soc. Lond., Ser. A*, **82**, 73–88.

Love, A. E. H., 1911. *Some Problems of Geodynamics*, Cambridge University Press, Cambridge, reprinted in 1967 by Dover Publications, New York.

Love, A. E. H., 1927. *A Treatise on the Mathematical Theory of Elasticity*, Cambridge University Press, Cambridge, reprinted in 1944 by Dover Publications, New York.

Luh, P. C., 1973. Free oscillations of the laterally inhomogeneous Earth: Quasi-degenerate multiplet coupling, *Geophys. J. Roy. Astron. Soc.*, **32**, 187–202.

Lyttleton, R. A., 1953. *The Stability of Rotating Liquid Masses*, Cambridge University Press, Cambridge.

Madariaga, R. I., 1972. Toroidal free oscillations of the laterally heterogeneous Earth, *Geophys. J. Roy. Astron. Soc.*, **27**, 81–100.

Malvern, L. E., 1969. *Introduction to the Mechanics of a Continuous Medium*, Prentice-Hall, Engle-wood Cliffs, New Jersey.

Marquering, H. & Snieder, R., 1995. Surface-wave mode coupling for efficient forward modelling and inversion of body-wave phases, *Geophys. J. Int.*, **120**, 186–208.

Marquering, H. & Snieder, R., 1996. Shear-wave velocity structure beneath Europe, the northeastern Atlantic and western Asia from waveform inversions including surface-wave mode coupling, *Geophys. J. Int.*, **127**, 283–304.

Marquering, H., Nolet, G., & Dahlen, F. A., 1998. Three-dimensional waveform sensitivity kernels, *Geophys. J. Int.*, **132**, 521–534.

Marsden, J. E. & Hughes, T. J. R., 1983. *Mathematical Foundations of Elasticity*, Prentice-Hall, Englewood Cliffs, New Jersey.

Masters, G., 1979. Observational constraints on the chemical and thermal structure of the Earth's interior, *Geophys. J. Roy. Astron. Soc.*, **57**, 507–534.

Masters, G., 1989. Seismic modelling of the Earth's large-scale three-dimensional structure, *Phil. Trans. Roy. Soc. Lond., Ser. A*, **328**, 329–349.

Masters, G. & Gilbert, F., 1981. Structure of the inner core inferred from observations of its spheroidal shear modes, *Geophys. Res. Lett.*, **8**, 569–571.

Masters, G. & Gilbert, F., 1983. Attenuation in the Earth at low frequencies, *Phil. Trans. Roy. Soc. Lond., Ser. A*, **308**, 479–522.

Masters, G. & Richards-Dinger, K., 1998. On the efficient calculation of ordinary and generalized spherical harmonics, *Geophys. J. Int.* in press.

Masters, G. & Widmer, R., 1995. Free oscillations: frequencies and attenuations. In Ahrens, T. J., editor, *Global Earth Physics: A Handbook of Physical Constants*, pages 104–125. American Geophysical Union, Washington, D.C.

Masters, G., Jordan, T. H., Silver, P. G., & Gilbert, F., 1982. Aspherical Earth structure from fundamental spheroidal mode data, *Nature*, **298**, 609–613.

Masters, G., Park, J., & Gilbert, F., 1983. Observations of coupled spheroidal and toroidal modes, *J. Geophys. Res.*, **88**, 10285–10298.

Masters, G., Johnson, S., Laske, G., & Bolton, H., 1996. A shear-velocity model of the mantle, *Phil. Trans. Roy. Soc. Lond., Ser. A*, **354**, 1385–1411.

McCowan, D. C. & Dziewonski, A. M., 1977. An application of the energy-moment tensor relation to estimation of seismic energy by point and line sources, *Geophys. J. Roy. Astron. Soc.*, **51**, 531–544.

Meissner, E., 1926. Elastische Oberflächen-Querwellen, *Proc. 2d Int. Congr. Appl. Mech.*, Zürich, pages 3–11.

Mendiguren, J., 1973. Identification of free oscillation spectral peaks for 1970 July 31, Colombian deep shock using the excitation criterion, *Geophys. J. Roy. Astron. Soc.*, **33**, 281–321.

Menke, W., 1984. *Geophysical Data Analysis: Discrete Inverse Theory*, Academic Press, New York.

Michelson, A. A. & Gale, H. G., 1919. The rigidity of the Earth, *Astrophys. J.*, **30**, 330–345.

Mie, G., 1908. Beiträge zur Optic trüber Medien, speziell kolloidaler Metallösungen, *Ann. Phys.*, **25**, 377–445.

Mikumo, T., 1968. Atmospheric pressure waves and tectonic deformation associated with the Alaskan earthquake of March 28, 1964, *J. Geophys. Res.*, **73**, 2009–2025.

Miller, W. H. Classical-limit quantum mechanics and the theory of molecular collisions. In Prigogine, I. & Rice, S. R., editors, *Advances in Chemical Physics*, volume XXV, pages 69–177. Wiley, New York, 1974.

Minster, J. B., 1978. Transient and impulse responses of a one-dimensional linearly attenuating medium—I. Analytical results, II—A parametric study, *Geophys. J. Roy. Astron. Soc.*, **52**, 497–501, 503–524.

Minster, J. B., 1980. Anelasticity and attenuation. In Dziewonski, A. M. & Boschi, E., editors, *Fisica del l'interno del la Terra, Rendiconti del la Scuola Internazionale di Fisica "Enrico Fermi",* LXXVII Corso, pages 152–212, Varenna, Italy. North-Holland, Amsterdam.

Minster, J. B. & Jordan, T. H., 1978. Present-day plate motions, *J. Geophys. Res.*, **83**, 5331–5354.

Misner, C. W., Thorne, K. S., & Wheeler, J. A., 1973. *Gravitation*, W. H. Freeman, San Francisco.

Mochizuki, E., 1986. The free oscillations of an anisotropic and heterogeneous earth, *Geophys. J. Roy. Astron. Soc.*, **86**, 167–176.

Mochizuki, E., 1992. Toroidal oscillations and SH body waves of an aspherical Earth, *Geophys. J. Int.*, **111**, 497–504.

Mochizuki, E., 1994. Asymptotic spheroidal oscillations of a transversely isotropic Earth, *J. hys. Earth*, **42**, 261–267.

Mooney, W. D., Laske, G., & Masters, G., 1998. CRUST 5.1: A global crustal model at 5×5 degrees, *J. Geophys. Res.*, **103**, 727–747.

Morelli, A., Dziewonski, A. M., & Woodhouse, J. H., 1986. Anisotropy of the inner core inferred from PKIKP travel times, *Geophys. Res. Lett.*, **13**, 1545–1548.

Morse, P. M. & Feshbach, H., 1953. *Methods of Theoretical Physics*, McGraw-Hill, New York.

Nábělek, J. L., 1985. Geometry and mechanism of faulting of the 1980 El Asnam, Algeria, earthquake from inversion of teleseismic body waves and comparison with field observations, *J. Geophys. Res.*, **90**, 12713–12728.

Nafe, J. & Brune, J. N., 1960. Observations of phase velocity for Rayleigh waves in the period range 100 to 400 seconds, *Bull. Seismol. Soc. Am.*, **50**, 427–439.

Ness, N. F., Harrison, J. C., & Slichter, L. B., 1961. Observations of the free oscillations of the Earth, *J. Geophys. Res.*, **66**, 621–629.

Nolet, G., 1976. *Higher modes and the determination of upper mantle structure.* PhD thesis, University of Utrecht.

Nolet, G., 1977. The upper mantle under western Europe inferred from the dispersion of Rayleigh modes, *J. Geophys.*, **43**, 265–285.

Nolet, G., 1990. Partitioned waveform inversion and two-dimensional structure under the Network of Autonomously Recording Seismographs, *J. Geophys. Res.*, **95**, 8499–8512.

Nowick, A. S. & Berry, B. S., 1972. *Anelastic Relaxation in Crystal line Solids*, Academic Press, New York.

Nussenzveig, H. M., 1965. High-frequency scattering by an impenetrable sphere, *Ann. Phys. New York*, **23**, 23–95.

O'Connell, R. J. & Budiansky, B., 1978. Measures of dissipation in viscoelastic media, *Geophys. Res. Lett.*, **5**, 5–8.

Odaka, T., 1978. Derivation of asymptotic frequency equations in terms of ray and normal mode theory and some related problems—Radial and spheroidal oscillations of an elastic sphere, *J. Phys. Earth*, **26**, 105–121.

Okal, E. A., 1982. Mode-wave equivalence and other asymptotic problems in tsunami theory, *Phys. Earth Planet. Int.*, **30**, 1–11.

Okal, E. A., 1990. Single forces and double couples: A theoretical review of their relative efficiency for the excitation of seismic and tsunami waves, *J. Phys. Earth*, **38**, 445–474.

Okal, E. A., 1996. Radial modes from the great 1994 Bolivian earthquake: No evidence for an isotropic component to the source, *Geophys. Res. Lett.*, **23**, 431–434.

Papazachos, C. & Nolet, G., 1997a. Non-linear arrival time tomography, *Annali di Geofisica*, **XL**, 85–97.

Papazachos, C. & Nolet, G., 1997b. P and S deep velocity structure of the Hellenic area obtained by robust nonlinear inversion of travel times, *J. Geophys. Res.*, **102**, 8349–8367.

Park, J., 1986. Asymptotic coupled-mode expressions for multiplet amplitude anomalies and frequency shifts on a laterally heterogeneous Earth, *Geophys. J. Roy. Astron. Soc.*, **90**, 129–169.

Park, J., 1990. The subspace projection method for constructing coupled-mode synthetic seismograms, *Geophys. J. Int.*, **101**, 111–123.

Park, J. & Gilbert, F., 1986. Coupled free oscillations of an aspherical, dissipative, rotating Earth: Galerkin theory, *J. Geophys. Res.*, **91**, 7241–7260.

Parker, R. L., 1994. *Geophysical Inverse Theory*, Princeton University Press, Princeton, New Jersey.

Pekeris, C. L., 1948. Theory of propagation of explosive sound in shallow water, *Geol. Soc. Am. Mem.*, **27**, 117 pages.

Pekeris, C. L. & Jarosch, H., 1958. The free oscillations of the Earth. In Benioff, H., Ewing, M., Howell, Jr., B. F., & Press, F., editors, *Contributions in Geophysics in Honor of Beno Gutenberg*, pages 171–192. Pergamon, New York.

Pekeris, C. L., Alterman, Z., & Jarosch, H., 1961a. Comparison of theoretical with observed values of the periods of the free oscillations of the Earth, *Proc. Nat. Acad. Sci. USA*, **47**, 91–98.

Pekeris, C. L., Alterman, Z., & Jarosch, H., 1961b. Rotational multiplets in the spectrum of the Earth, *Phys. Rev.*, **122**, 1692–1700.

Phinney, R. A. & Burridge, R., 1973. Representation of the elastic-gravitational excitation of a spherical Earth model by generalized spherical harmonics, *Geophys. J. Roy. Astron. Soc.*, **34**, 451–487.

Poisson, S. D., 1829. Mémoire sur l'équilibre et le mouvement des corps élastiques, *Mém. Acad. Roy. Sci. Inst. France*, **8**, 357–570.

Ponzano, G. & Regge, T. Semiclassical limit of Racah coefficients. In Bloch, F., Cohen, S. G., De-Shalit, A., Tambursky, S., & Talmi, I., editors, *Spectroscopic amd Group Theoretical Methods in Physics*, pages 1–58. North-Holland, Amsterdam, 1968.

Popov, M. M. & Pšenčík, I., 1976. Ray amplitudes in inhomogeneous media with curved interfaces, *Geofysikální Sborník*, **24**, 111–129.

Poston, T. & Stewart, I., 1978. *Catastrophe Theory and its Applications*, Pitman, Boston.

Poupinet, G. R., Pillet, R., & Souriau, A., 1983. Possible heterogeneity of the Earth's core deduced from PKIKP travel times, *Nature*, **305**, 204–206.

Press, F., 1956. Determination of crustal structure from phase velocity of Rayleigh waves—Part I. Southern California, *Bull. Geol. Soc. Am.*, **67**, 1647–1658.

Press, F. & Ewing, M., 1952. Two slow surface waves across North America, *Bull. Seismol. Soc. Am.*, **42**, 219–228.

Press, W. H., Flannery, B. P., Teukolsky, S. A., & Vetterling, W. T., 1992. *Numerical Recipes: The Art of Scientific Computing*, Cambridge University Press, Cambridge.

Radau, R., 1885. Sur la loi des densités à l'intérieur de la Terre, *Comptes Rendus Acad. Sci. Paris*, **100**, 972–974.

Randall, M. J., 1976. Attenuative dispersion and frequency shifts of the Earth's free oscillations, *Phys. Earth Planet. Int.*, **12**, P1–P3.

Ray, R. D., Eanes, R. J., & Chao, B. F., 1996. Detection of tidal dissipation in the solid Earth by satellite tracking and altimetry, *Nature*, **381**, 595–597.

Rayleigh, J. W. S., 1877. *The Theory of Sound*, Macmillan, London, reprinted in 1967 by Dover Publications, New York.

Rayleigh, J. W. S., 1885. On waves propagated along the plane surface of an elastic solid, *Proc. Lond. Math. Soc.*, **17**, 4–11.

Rayleigh, J. W. S., 1906. On the dilational stability of the Earth, *Proc. Roy. Soc. Lond., Ser. A*, **77**, 486–499.

Regge, T., 1958. Symmetry properties of Clebsch-Gordon's coefficients, *Nuovo Cimento*, **10**, 544–545.

Reid, H. F., 1910. *The Mechanics of the Earthquake, Report of the California State Earthquake Investigation Commission*, volume 11, Carnegie Institution of Washington Publication No. 87, Washington, D.C.

Resovsky, J. S. & Ritzwoller, M., 1995. Constraining odd-degree Earth structure with coupled free-oscillation overtones, *Geophys. Res. Lett.*, **4**, 372–447.

Resovsky, J. S. & Ritzwoller, M. H., 1998. New and refined constraints on three-dimensional earth structure from normal modes below 3 mHz, *J. Geophys. Res.*, **103**, 783–810.

Revenaugh, J. & Jordan, T. H., 1991. Mantle layering from ScS reverberations—1. Waveform inversion of zeroth-order reverberations, *J. Geophys. Res.*, **96**, 19749–19762.

Richards, P. G., 1971. An elasticity theorem for heterogeneous media, with an example of body wave dispersion in the Earth, *Geophys. J. Roy. Astron. Soc.*, **22**, 453–472.

Richards, P. G., 1974. Weakly coupled potentials for high-frequency elastic waves in continuously stratified media, *Bull. Seismol. Soc. Am.*, **64**, 1575–1588.

Riedesel, M. A., Agnew, D., Berger, J., & Gilbert, F., 1980. Stacking for the frequencies and *Q*s of ${}_0S_0$ and ${}_1S_0$, *Geophys. J. Roy. Astron. Soc.*, **62**, 457–471.

Ritzwoller, M. H. & Lavely, E. M., 1995. Three-dimensional models of the Earth's mantle, *Rev. Geophys.*, **33**, 1–66.

Ritzwoller, M., Masters, G., & Gilbert, F., 1986. Observations of anomalous splitting and their interpretation in terms of aspherical structure, *J. Geophys. Res.*, **91**, 10203–10228.

Ritzwoller, M., Masters, G., & Gilbert, F., 1988. Constraining aspherical structure with low-degree interaction coefficients: application to uncoupled multiplets, *J. Geophys. Res.*, **93**, 6369–6396.

Roberts, P. H. & Ursell, H. D., 1960. Random walk on a sphere and on a Riemannian manifold, *Phil. Trans. Roy. Soc. Lond., Ser. A*, **252**, 317–356.

Robin, L., 1958. *Fonctions Sphériques de Legendre et Fonctions Sphéroïdales*, Gauthier-Villars, Paris.

Rodi, W. L., Glover, P., Li, M. C., & Alexander, S. S., 1975. A fast, accurate method for computing group-velocity partial derivatives for Rayleigh and Love modes, *Bull. Seismol. Soc. Am.*, **65**, 1105–1114.

Romanowicz, B., 1987. Multiplet-multiplet coupling due to lateral heterogeneity: Asymptotic effects on the amplitude and frequency of the Earth's normal modes, *Geophys. J. Roy. Astron. Soc.*, **90**, 75–100.

Romanowicz, B. A., 1990. The upper mantle degree 2: Constraints and inferences from global mantle wave attenuation measurements, *J. Geophys. Res.*, **95**, 11051–11071.

Romanowicz, B. A., 1991. Seismic tomography of the earth's mantle, *Ann. Rev. Earth Planet. Sci.*, **19**, 77–99.

Romanowicz, B. A., 1995. A global tomographic model of shear attenuation in the upper mantle, *J. Geophys. Res.*, **100**, 12375–12394.

Romanowicz, B. A. & Lambeck, K., 1977. Mass and moment of inertia of the Earth, *Phys. Earth Planet. Int.*, **15**, P1–P4.

Romanowicz, B. & Roult, G., 1986. First-order asymptotics for the eigenfrequencies of the Earth and application to the retrieval of large-scale lateral variations of structure, *Geophys. J. R. Astron. Soc.*, **87**, 209–239.

Rotenberg, M., Bivins, R., Metropolis, N., & Wooten Jr., J. K., 1959. *The 3-j and 6-j symbols*, The Technology Press, Massachusetts Institute of Technology.

Roult, G., Romanowicz, B., & Montagner, J. P., 1990. 3-D upper mantle shear velocity and attenuation from fundamental mode free oscillation data, *Geophys. J. Roy. Astron. Soc.*, **101**, 61–80.

Russakoff, D., Ekström, G., & Tromp, J., 1998. A new analysis of the great 1970 Colombia earthquake and its isotropic component, *J. Geophys. Res.*, **102**, 20423–20434.

Sailor, R. V. & Dziewonski, A. M., 1978. Measurements and interpretation of normal mode attenuation, *Geophys. J. Roy. Astron. Soc.*, **53**, 559–581.

Saito, M., 1967. Excitation of free oscillations and surface waves by a point source in a vertically heterogeneous Earth, *J. Geophys. Res.*, **72**, 3689–3699.

Sambridge, M. S., 1990. Non-linear arrival time inversion: constraining velocity anomalies by seeking smooth models in 3-D, *Geophys. J. Int.*, **102**, 653–677.

Satake, K., 1988. Effects of bathymetry on tsunami propagation: application of ray tracing to tsunamis, *Pure Appl. Geophys.*, **126**, 27–36.

Sâto, Y., 1955. Analysis of dispersed surface waves by means of Fourier transform, *Bull. Earthquake Res. Inst. Tokyo Univ.*, **33**, 33–47.

Sâto, Y., 1958. Attenuation, dispersion and the wave guide of the G wave, *Bull. Seismol. Soc. Am.*, **48**, 231–251.

Savage, J. D., 1969. Steketee's paradox, *Bull. Seismol. Soc. Am.*, **59**, 381–384.

Schiff, L. I., 1968. *Quantum Mechanics*, McGraw-Hill, New York.

Scholte, J. G., 1947. The range of existence of Rayleigh and Stoneley waves, *Mon. Not. Roy. Astron. Soc., Geophys. Suppl.*, **5**, 120–126.

Schulten, K. & Gordon, R. G., 1975a. Exact recursive evaluation of $3j$ and $6j$ coefficients for quantum-mechanical coupling of angular momenta, *J. Math. Phys.*, **16**, 1961–1970.

Schulten, K. & Gordon, R. G., 1975b. Semiclassical approximations to $3j$ and $6j$ coefficients for quantum-mechanical coupling of angular momenta, *J. Math. Phys.*, **16**, 1971–1988.

Schulten, K. & Gordon, R. G., 1976. Recursive evaluation of $3j$ and $6j$ coefficients, *Comp. Phys. Comm.*, **11**, 269–278.

Seidelmann, P. K., 1982. 1980 IAU theory of nutation: the final report of the IAU working group on nutation, *Celest. Mech.*, **27**, 79–106.

Sezawa, K., 1927. Dispersion of elastic waves propagated on the surface of stratified bodies and on curved surfaces, *Bull. Earthquake Res. Inst. Tokyo Univ.*, **3**, 1–18.

Shearer, P. M., 1991. Imaging global body-wave phases by stacking long-period seismograms, *J. Geophys. Res.*, **96**, 20353–20364.

Shearer, P. M., 1994a. Imaging Earth's seismic response at long periods, *EOS, Trans. Am. Geophys. Un.*, **75**, 449–451.

Shearer, P. M., 1994b. Constraints on inner core anisotropy from ISC PKP(DF) data, *J. Geophys. Res.*, **99**, 19647–19660.

Shibata, N., Suda, N., & Fukao, Y., 1990. The matrix element for a transversely isotropic earth model, *Geophys. J. Int.*, **100**, 315–318.

Silver, P. G. & Jordan, T. H., 1981. Fundamental spheroidal mode observations of aspherical heterogeneity, *Geophys. J. Roy. Astron. Soc.*, **64**, 605–634.

Silver, P. G. & Jordan, T. H., 1982. Optimal estimation of scalar seismic moment, *Geophys. J. Roy. Astron. Soc.*, **70**, 755–787.

Silver, P. G. & Jordan, T. H., 1983. Total-moment spectra of fourteen large earthquakes, *J. Geophys. Res.*, **88**, 3273–3293.

Sipkin, S. A. & Jordan, T. H., 1979. Frequency dependence of Q_{ScS}, *Bull. Seismol. Soc. Am.*, **69**, 1055–1079.

Sipkin, S. A. & Jordan, T. H., 1980. Regional variation of Q_{ScS}, *Bull. Seismol. Soc. Am.*, **70**, 1071–1102.

Slichter, L. B., 1961. The fundamental free mode of the Earth's inner core, *Proc. Nat. Acad. Sci. USA*, **47**, 186–190.

Slichter, L. B., 1967. Spherical oscillations of the Earth, *Geophys. J. Roy. Astron. Soc.*, **14**, 171–177.

Smirnov, V. I., 1964. *A Course in Higher Mathematics*, volume 4, Pergamon, New York.

Smith, B., Boyle, J., Dongarra, J., Garbow, B., Ikebe, Y., Klema, V., & Moler, C., 1976. *Matrix Eigensystem Routines—EISPACK Guide*, Lecture Notes in Computer Science, Springer-Verlag, New York.

Smith, M. F. & Masters, G., 1989a. Aspherical structure constraints from free oscillation frequency and attenuation measurements, *J. Geophys. Res.*, **94**, 1953–1976.

Smith, M. F. & Masters, G., 1989b. The effect of Coriolis coupling of free oscillation multiplets on the determination of aspherical Earth structure, *Geophys. Res. Lett.*, **16**, 263–266.

Smith, M. L. & Dahlen, F. A., 1981. The period and Q of the Chandler wobble, *Geophys. J. Roy. Astron. Soc.*, **64**, 223–281.

Smith, M. L., 1976. Translational inner core oscillations of a rotating, slightly elliptical Earth, *J. Geophys. Res.*, **81**, 3055–3065.

Smith, M. L., 1977. Wobble and nutation of the Earth, *Geophys. J. Roy. Astron. Soc.*, **50**, 103–140.

Smith, S. W., 1966. Free oscillations excited by the Alaskan earthquake, *J. Geophys. Res.*, **71**, 1183–1193.

Snieder, R. & Chapman, C., 1998. The reciprocity properties of geometrical spreading, *Geophys. J. Int.*, **132**, 89–95.

Snieder, R. & Nolet, G., 1987. Linearized scattering of surface waves on a spherical Earth, *J. Geophys.*, **61**, 55–63.

Song, X. D. & Helmberger, D. V., 1995. Depth dependence of anisotropy of Earth's inner core, *J. Geophys. Res.*, **100**, 9805–9816.

Stacey, F. D., 1992. *Physics of the Earth*, Brookfield Press, Brisbane.

Stein, S. & Geller, R. J., 1978. Attenuation measurements of split normal modes for the 1960 Chilean and 1964 Alaskan earthquakes, *Bull. Seismol. Soc. Am.*, **68**, 1595–1611.

Steketee, J. A., 1958. Some geophysical applications of the elasticity theory of dislocations, *Can. J. Phys.*, **36**, 1168–1197.

Stevenson, D. J., 1987. Limits on lateral density and velocity variations in the Earth's outer core, *Geophys. J. R. Astron. Soc.*, **88**, 311–319.

Stoneley, R., 1924. Elastic waves at the surface of separation of two solids, *Proc. Roy. Soc. Lond., Ser. A*, **106**, 416–428.

Stoneley, R., 1925. Dispersion of surface waves, *Mon. Not. Roy. Astron. Soc., Geophys. Suppl.*, **1**, 280–282.

Stoneley, R., 1926a. The effect of the ocean on Rayleigh waves, *Mon. Not. Roy. Astron. Soc., Geophys. Suppl.*, **1**, 349–356.

Stoneley, R., 1926b. The elastic yielding of the Earth, *Mon. Not. Roy. Astron. Soc., Geophys. Suppl.*, **1**, 356–359.

Stoneley, R., 1928. A Rayleigh wave problem, *Proc. Leeds Phil. Lit. Soc. (Sci. Sect.)*, **1**, 217–225.

Stoneley, R., 1949. The seismological implications of aeolotropy in continental structure, *Mon. Not. Roy. Astron. Soc., Geophys. Suppl.*, **5**, 343–353.

Stoneley, R., 1961. The oscillations of the Earth. In Ahrens, L. H., Press, F., Rankama, K., & Runcorn, S. K., editors, *Physics and Chemistry of the Earth*, volume 4, pages 239–250. Pergamon Press, New York.

Stoneley, R. & Tillotson, E., 1928. The effect of a double surface layer on Love waves, *Mon. Not. Roy. Astron. Soc., Geophys. Suppl.*, **1**, 521–587.

Stratton, J. A., 1941. *Electromagnetic Theory*, McGraw-Hill, New York.

S.Tsuboi & Um, J., 1993. Anomalous amplification of the Earth's normal modes near the epicenter due to lateral heterogeneity, *Geophys. Res. Lett.*, **20**, 2379–2382.

Stutzmann, E. & Montagner, J. P., 1993. An inverse technique for retrieving higher mode phase velocity and mantle structure, *Geophys. J. Int.*, **113**, 669–683.

Stutzmann, E. & Montagner, J. P., 1994. Tomography of the transition zone from the inversion of higher mode surface waves, *Phys. Earth Planet. Inter.*, **86**, 99–115.

Su, W.-J., Woodward, R. L., & Dziewonski, A. M., 1994. Degree 12 model of shear velocity hetero-geneity in the mantle, *J. Geophys. Res.*, **99**, 6945–6981.

Takeuchi, H. & Saito, M., 1972. Seismic surface waves. In Bolt, B. A., editor, *Seismology: Surface Waves and Free Oscil lations, Methods in Computational Physics*, volume 11, pages 217–295. Academic Press, New York.

Takeuchi, H., Dorman, J., & Saito, M., 1964. Partial derivatives of surface wave phase velocity with respect to physical parameter changes within the Earth, *J. Geophys. Res.*, **69**, 3429–3441.

Takeuchi, H., 1950. On the earth tide of the compressible Earth of variable density and elasticity, *Trans. Am. Geophys. Un.*, **31**, 651–689.

Takeuchi, H., 1959. Torsional oscillations of the Earth and some related problems, *Geophys. J. Roy. Astron. Soc.*, **2**, 89–100.

Takeuchi, N., Geller, R. J., & Cummins, P. R., 1996. Highly accurate complete P-SV synythetic seismograms using modified DSM operators, *Geophys. Res. Lett.*, **23**, 1175–1178.

Tams, E., 1921. Über die Fortpflanzungsgeschwindigkeit der seismischen Oberflächenwellen längs kontinentaler und ozeanischer Wege, *Centralblatt Mineral. Geol. Paläntol.*, **2–3**, 44–52, 75–83.

Tanimoto, T., 1986. Free oscillations of a slightly anisotropic earth, *Geophys. J. Roy. Astron. Soc.*, **87**, 493–517.

Tanimoto, T., 1989. Splitting of normal modes and travel time anomalies due to the magnetic field of the Earth, *J. Geophys. Res.*, **94**, 3030–3036.

Tarantola, A., 1987. *Inverse Problem Theory*, Elsevier, Amsterdam.

Thomson, C. J. & Chapman, C. H., 1985. An introduction to Maslov's asymptotic method, *Geophys. J. Roy. Astron. Soc.*, **83**, 143–168.

Thomson, W., 1863a. On the rigidity of the Earth, *Phil. Trans. Roy. Soc. Lond.*, **153**, 573–582.

Thomson, W., 1863b. Dynamical problems regarding elastic spheroidal shells and spheroids of incompressible liquid, *Phil. Trans. Roy. Soc. Lond.*, **153**, 583–616.

Thomson, W. & Tait, P. G., 1883. *Treatise on Natural Philosophy*, Cambridge University Press, Cambridge.

Toksöz, M. N. & Anderson, D. L., 1966. Phase velocities of long-period surface waves and structure of the upper mantle—1. Great-circle Love and Rayleigh wave data, *J. Geophys. Res.*, **71**, 1649–1658.

Toksöz, M. N. & Ben-Menahem, A., 1963. Velocities of mantle Love and Rayleigh waves over multiple paths, *Bull. Seismol. Soc. Am.*, **53**, 741–764.

Tolstoy, I., 1973. *Wave Propagation*, McGraw-Hill, New York.

Trampert, J. & Woodhouse, J. H., 1995. Global phase velocity maps of Love and Rayleigh waves between 40 and 150 seconds, *Geophys. J. Int.*, **122**, 675–690.

Trampert, J. & Woodhouse, J. H., 1996. High resolution global phase velocity distribution, *Geophys. Res. Lett.*, **23**, 21–24.

Tromp, J., 1993. Support for anisotropy of the Earth's inner core, *Nature*, **366**, 678–681.

Tromp, J., 1995. Normal-mode splitting due to inner-core anisotropy, *Geophys. J. Int.*, **121**, 963–968.

Tromp, J. & Dahlen, F. A., 1990a. Summation of the Born series for the normal modes of the Earth, *Geophys. J. Int.*, **100**, 527–533.

Tromp, J. & Dahlen, F. A., 1990b. Free oscillations of a spherical anelastic Earth, *Geophys. J. Int.*, **103**, 707–723.

Tromp, J. & Dahlen, F. A., 1992a. Variational principles for surface wave propagation on a laterally heterogeneous Earth—I. Time-domain JWKB theory, *Geophys. J. Int.*, **109**, 581–598.

Tromp, J. & Dahlen, F. A., 1992b. Variational principles for surface wave propagation on a laterally heterogeneous Earth—II. Frequency-domain JWKB theory, *Geophys. J. Int.*, **109**, 599–619.

Tromp, J. & Dahlen, F. A., 1993. Maslov theory for surface wave propagation on a laterally heterogeneous earth, *Geophys. J. Int.*, **115**, 512–528.

Tsuboi, S. & Geller, R. J., 1987. Partial derivatives of synthetic seismograms for a laterally heterogeneous Earth, *Geophys. Res. Lett.*, **14**, 832–835.

Um, J. & Dahlen, F. A., 1992. Normal mode multiplet coupling on an aspherical, anelastic Earth, *Geophys. J. Int.*, **111**, 11–31.

Um, J., Dahlen, F. A., & Park, J., 1991. Normal mode multiplet coupling along a dispersion branch, *Geophys. J. Int.*, **106**, 111–135.

Unno, W., Osaki, Y., Ando, H., Saio, H., & Shibahashi, H., 1989. *Nonradial Oscil lations of Stars*, University of Tokyo Press, Tokyo.

Valette, B., 1986. About the influence of pre-stress upon the adiabatic perturbations of the Earth, *Geophys. J. Roy. Astron. Soc.*, **85**, 179–208.

Van der Hilst, R. D., Widiyantoro, S., & Engdahl, E. R., 1996. Evidence for deep mantle circulation from global tomography, *Nature*, **386**, 578–584.

Van der Lee, S., 1996. *The Earth's upper mantle: Its structure beneath North America and the 660 km discontinuity beneath Northern Europe*. PhD thesis, Princeton University.

Van der Lee, S. & Nolet, G., 1997. Upper mantle S velocity structure of North America, *J. Geophys. Res.*, **102**, 22815–22838.

van Heijst, H. J. & Woodhouse, J., 1997. Measuring surface-wave overtone phase velocity using a mode-branch stripping technique, *Geophys. J. Int.*, **131**, 209–230.

Varshalovich, D. A., Moskalev, A. N., & Khersonskii, V. K., 1988. *Quantum Theory of Angular Momentum*, World Scientific, London.

Vermeersen, L. L. A. & Vlaar, N. J., 1991. The gravito-elastodynamics of a pre-stressed elastic Earth, *Geophys. J. Roy. Astron. Soc.*, **104**, 555–563.

Vidale, J. E., Goes, S., & Richards, P. G., 1995. Near-field deformation seen on distant broadband seismograms, *Geophys. Res. Lett.*, **22**, 1–4.

Wahr, J. & Bergen, Z., 1986. The effects of mantle anelasticity on nutations, earth tides and tidal variations in rotation rate, *Geophys. J. Roy. Astron. Soc.*, **87**, 633–668.

Wahr, J. & de Vries, D., 1989. The possibility of lateral structure inside the core and its implications for nutation and earth tide observations, *Geophys. J. Int.*, **99**, 511–519.

Wahr, J. M., 1981a. A normal mode expansion for the forced response of a rotating Earth, *Geophys. J. Roy. Astron. Soc.*, **64**, 651–675.

Wahr, J. M., 1981b. Body tides on an elliptical, rotating, elastic and oceanless Earth, *Geophys. J. Roy. Astron. Soc.*, **64**, 677–703.

Wahr, J. M., 1981c. The forced nutations of an elliptical, rotating, elastic and oceanless Earth, *Geophys. J. Roy. Astron. Soc.*, **64**, 705–727.

Wald, D. J. & Heaton, T., 1994. Spatial and temporal distribution of slip for the 1992 Landers, California earthquake, *Bull. Seismol. Soc. Am.*, **84**, 668–691.

Wang, Z. & Dahlen, F. A., 1994. JWKB surface-wave seismograms on a laterally heterogeneous earth, *Geophys. J. Int.*, **119**, 381–401.

Wang, Z. & Dahlen, F. A., 1995. Validity of surface-wave ray theory on a laterally heterogeneous earth, *Geophys. J. Int.*, **123**, 757–773.

Wang, Z., Dahlen, F. A., & Tromp, J., 1993. Surface-wave caustics, *Geophys. J. Int.*, **114**, 311–324.

Wang, Z., Tromp, J., & Ekström, G., 1998. Global and regional surface-wave inversions: A spherical-spline parameterization, *Geophys. Res. Lett.*, **25**, 207–210.

Ward, S. N., 1980. Relationships between tsunami generation and an earthquake source, *J. Phys. Earth*, **28**, 441–474.

Watada, S., 1995. *Part I: Near-source acoustic coupling between the atmosphere and the solid Earth during volcanic eruptions, Part II: Nearfield normal mode amplitude anomalies of the Landers earthquake*. PhD thesis, California Institute of Technology, Pasadena.

Watada, S., Kanamori, H., & Anderson, D. L., 1993. An analysis of nearfield normal mode amplitude anomalies of the Landers earthquake, *Geophys. Res. Lett.*, **20**, 2611–2614.

Whitham, G. B., 1965. A general approach to linear and non-linear dispersive waves using a Lagrangian, *J. Fluid Mech.*, **22**, 273–283.

Whitham, G. B., 1974. *Linear and Non-Linear Dispersive Waves*, Wiley, New York.

Widmer, R., 1991. *The large-scale structure of the deep Earth as constrained by free oscillation observations*. PhD thesis, University of California, San Diego.

Widmer, R. & Zürn, W., 1992. Bichromatic excitation of long-period Rayleigh and air waves by the Mount Pinatubo and El Chichón volcanic eruptions, *Geophys. Res. Lett.*, **19**, 765–768.

Widmer, R., Masters, G., & Gilbert, F., 1991. Spherically symmetric attenuation within the Earth from normal mode data, *Geophys. J. Int.*, **104**, 541–553.

Widmer, R., Masters, G., & Gilbert, F., 1992. Observably split multiplets—data analysis and interpretation in terms of large-scale aspherical structure, *Geophys. J. Int.*, **111**, 559–576.

Widmer, R., Zürn, W., & Masters, G., 1992. Observation of low-order toroidal modes from the 1989 Macquarie Rise event, *Geophys. J. Int.*, **111**, 226–236.

Wiggins, R. A., 1972. The general linear inverse problem: Implications of surface waves and free oscillations for Earth structure, *Rev. Geophys. Space Phys.*, **10**, 251–285.

Wigner, E. P., 1959. *Group Theory and its Application to the Quantum Mechanics of Atomic Spectra*, Academic Press, New York.

Williams, J. G., 1994. Contributions to the Earth's obliquity rate, precession and nutation, *Astron. J.*, **108**, 711–724.

Willmore, T. J., 1959. *An Introduction to Differential Geometry*, Oxford University Press, Oxford. Wolf, A. A., 1969. Rotation operators, *Am. J. Phys.*, **37**, 531–536.

Wong, Y. K., 1989. *Upper mantle heterogeneity from phase and amplitude data of mantle waves.* PhD thesis, Harvard University.

Woodhouse, J. H., 1974. Surface waves in a laterally varying structure, *Geophys. J. Roy. Astron. Soc.*, **37**, 461–490.

Woodhouse, J. H., 1976. On Rayleigh's principle, *Geophys. J. Roy. Astron. Soc.*, **46**, 11–22.

Woodhouse, J. H., 1978. Asymptotic results for elastodynamic propagator matrices in plane-stratified and spherically-stratified Earth models, *Geophys. J. Roy. Astron. Soc.*, **54**, 263–280.

Woodhouse, J. H., 1980. The coupling and attenuation of nearly resonant multiplets in the Earth's free oscillation spectrum, *Geophys. J. Roy. Astron. Soc.*, **61**, 261–283.

Woodhouse, J. H., 1981a. The excitation of long-period seismic waves by a source spanning a structural discontinuity, *Geophys. Res. Lett.*, **8**, 1129–1131.

Woodhouse, J. H., 1981b. A note on the calculation of travel times in a transversely isotropic Earth model, *Phys. Earth Planet. Int.*, **25**, 357–359.

Woodhouse, J. H., 1983. The joint inversion of seismic waveforms for lateral heterogeneity in Earth structure and earthquake source parameters. In Kanamori, H. & Boschi, E., editors, *Fisica dell'interno della Terra, Rendiconti del la Scuola Internazionale di Fisica "Enrico Fermi", LXXXV Corso*, pages 366–397, Varenna, Italy. North-Holland, Amsterdam.

Woodhouse, J. H., 1988. The calculation of the eigenfrequencies and eigenfunctions of the free oscillations of the Earth and Sun. In Doornbos, D. J., editor, *Seismological Algorithms: Computational Methods and Computer Programs*, pages 321–370. Academic Press, New York.

Woodhouse, J. H. & Dahlen, F. A., 1978. The effect of a general aspherical perturbation on the free oscillations of the Earth, *Geophys. J. Roy. Astron. Soc.*, **53**, 335–354.

Woodhouse, J. H. & Dziewonski, A. M., 1984. Mapping the upper mantle: Three-dimensional modeling of Earth structure by inversion of seismic waveforms, *J. Geophys. Res.*, **89**, 5953–5986.

Woodhouse, J. H. & Girnius, T. P., 1982. Surface waves and free oscillations in a regionalized Earth model, *Geophys. J. Roy. Astron. Soc.*, **68**, 653–673.

Woodhouse, J. H. & Wong, Y. K., 1986. Amplitude, phase and path anomalies of mantle waves, *Geophys. J. Roy. Astron. Soc.*, **87**, 753–773.

Woodhouse, J. H., Giardini, D., & Li, X.-D., 1986. Evidence for inner-core anisotropy from splitting in free oscillation data, *Geophys. Res. Lett.*, **13**, 1549–1552.

Woods, M. T. & Okal, E. A., 1987. Effect of variable bathymetry on the amplitude of teleseismic tsunamis: a ray-tracing experiment, *Geophys. Res. Lett.*, **14**, 765–768.

Woodward, R. L. & Masters, G., 1991. Upper mantle structure from long-period differential travel times and free oscillation data, *Geophys. J. Int.*, **109**, 275–293.

Yomogida, K., 1985. Gaussian beams for surface waves in laterally slowly varying media, *Geophys. J. Roy. Astron. Soc.*, **82**, 511–533.

Yomogida, K. & Aki, K., 1985. Waveform synthesis of surface waves in a laterally heterogeneous Earth by the Gaussian beam method, *J. Geophys. Res.*, **90**, 7655–7688.

Yuen, D. A. & Peltier, W. R., 1982. Normal modes of the viscoelastic Earth, *Geophys. J. Roy. Astron. Soc.*, **69**, 495–526.

Yuen, P. C., Weaver, P. F., Suzuki, R. K., & Furumoto, A. S., 1969. Continuous, traveling coupling between seismic waves and the ionosphere evident in May 1968 Japan earthquake data, *J. Geophys. Res.*, **74**, 2256–2264.

Zener, C., 1948. *Elasticity and Anelasticity of Metals*, University of Chicago Press, Chicago.

Zhang, Y.-S. & Lay, T., 1996. Global surface wave phase velocity variations, *J. Geophys. Res.*, **101**, 8415–8436.

Zhang, Y.-S. & Tanimoto, T., 1993. High-resolution global upper mantle structure and plate tectonics, *J. Geophys. Res.*, **98**, 9793–9823.

Zhao, L. & Dahlen, F. A., 1993. Asymptotic eigenfrequencies of the Earth's normal modes, *Geophys. J. Int.*, **115**, 729–758.

Zhao, L. & Dahlen, F. A., 1995a. Asymptotic normal modes of the Earth—Part II. Eigenfunctions, *Geophys. J. Int.*, **121**, 585–626.

Zhao, L. & Dahlen, F. A., 1995b. Asymptotic normal modes of the Earth—Part III. Fréchet kernel and group velocity, *Geophys. J. Int.*, **122**, 299–325.

Zhao, L. & Dahlen, F. A., 1996. Mode-sum to ray-sum transformation in a spherical and aspherical Earth, *Geophys. J. Int.*, **126**, 389–412.

Zhao, L. & Jordan, T. H., 1998. Sensitivity of frequency-dependent travel times to laterally heterogeneous, anisotropic Earth structure, *Geophys. J. Int.* in press.

Zharkov, B. N. & Lyubimov, V. M., 1970a. Torsional oscillations of a spherically asymmetrical model of the Earth, *Izv., Bull. Akad. Sci. USSR., Phys. Solid Earth*, **2**, 71–76.

Zharkov, B. N. & Lyubimov, V. M., 1970b. Theory of spheroidal vibrations for a spherically asymmetrical model of the Earth, *Izv., Bull. Akad. Sci. USSR, Phys. Solid Earth*, **10**, 613–618.

Zharkov, V. N., 1978. *Physics of Planetary Interiors*, Pachart Publishing House, Tucson, Arizona.

Zielhuis, A. & Nolet, G., 1994. Shear wave velocity variations in the upper mantle beneath central Europe, *Geophys. J. Int.*, **117**, 695–715.

Zschau, J., 1978. Tidal friction in the solid Earth: Loading tides versus body tides. In Brosche, P. & Sündermann, J., editors, *Tidal Friction and the Earth's Rotation*, pages 62–94. Springer-Verlag, Berlin.

Zschau, J., 1986. Tidal friction in the solid Earth: Constraints from the Chandler wobble period. In Anderson, A. J. & Cazenave, A., editors, *Space Geodesy and Geodynamics*, pages 315–344. Academic Press, London.

Zürn, W. & Widmer, R., 1996. World-wide observation of bichromatic long-period Rayleigh waves excited during the June 15, 1991 eruption of Mount Pinatubo. In Newhall, C. G. & Punongbayan, R. S., editors, *Fire and Mud, Eruptions of Mount Pinatubo, Philippines*, pages 615–624. Philippine Institute of Volcanology and Seismology, Quezon City and University of Washington Press, Seattle.